Deutsche Geschichte

Vierter Band

Das Barockzeitalter

Von

Johannes Bühler

Berlin 1950

Walter de Gruyter & Co.

Vormals G. J. Göschen'sche Verlagshandlung – J. Guttentag, Verlagsbuchhandlung
Georg Reimer – Karl J. Trübner – Veit & Comp.

Deutsche Geschichte

Das Barockzeitalter

Von

Johannes Bühler

Mit 16 Tafeln

Berlin 1950

Walter de Gruyter & Co.

Vormals G. J. Göschen'sche Verlagshandlung – J. Guttentag, Verlagsbuchhandlung
Georg Reimer – Karl J. Trübner – Veit & Comp.

Archiv-Nr. 41 05 50
Gesamtherstellung: München 13, Schellingstraße 39

Inhaltsverzeichnis

TEIL I

TEIL II

TEIL I

Erstes Buch

Vom Augsburger Religionsfrieden zum Dreißigjährigen Krieg

DIE REGIERUNGSZEIT FERDINANDS I.

Der Augsburger Religionsfriede

Nachdem alle in der ersten Hälfte des 16. Jahrhunderts unternommenen Versuche gescheitert waren, die in der Reformation verlorengegangene Einheit des Glaubens durch gütliche Verhandlungen und mit Waffengewalt wiederherzustellen, setzte sich immer mehr die Überzeugung durch, nur ein von Protestanten und Katholiken anerkanntes Übereinkommen könne Reich und Volk vor unabsehbarem Unheil bewahren. Der auf dem Augsburger Reichstag des Jahres 1555 abgeschlossene Religionsfriede war die Frucht dieser Einsicht. Endgültig vermochte freilich auch er den konfessionellen Zwist nicht beizulegen. Toleranz im Sinne des Geltenlassens fremder religiöser Anschauungen und die sich aus ihr ergebende Religionsfreiheit lagen jener Zeit noch ferne. Katholiken und Protestanten waren gleicherweise der Meinung, allein im Besitze der Wahrheit zu sein, und hofften nach wie vor, irgendwann einmal den Glaubensgegner für immer überzeugen oder überwältigen zu können. Aber wenn auch die Spannungen zwischen den Religionsparteien nicht zu beheben waren, mußte doch ein Rechtszustand geschaffen werden, der ihre gegenseitigen Verhältnisse regelte, sollte die konfessionelle Spaltung nicht zur völligen Zerrüttung des Reiches führen. Man behandelte deshalb auf diesem Reichstag die religiösen Fragen nicht mehr wie bisher an und für sich, sondern nahm die Glaubensspaltung einfach als Tatsache hin und suchte nur Mittel und Wege, ein den Landfrieden nicht störendes Nebeneinander der Evangelischen und der Anhänger der alten Kirche und das Zusammenwirken beider in den allgemeinen Reichsangelegenheiten zu ermöglichen. Der Augsburger Religionsfriede sollte nichts anderes sein als ein Teil des auf jenem Reichstag beschlossenen Landfriedens.

Der Landfriede trug im Mittelalter, besonders seit König Rudolf I., vorwiegend provinziellen Charakter. In der Regel wurde bloß von Fall zu Fall für eine bestimmte Zeitdauer und ein bestimmtes Gebiet ein Landfriede vereinbart. Nur wer sich eidlich hierzu verpflichtete, was zuweilen durch einen königlichen Erlaß oder ein Reichsgesetz vorgeschrieben wurde, mußte solch einen Landfrieden halten. Ebenso war ein für das ganze Reich geltender „Reichslandfriede" jeweils zeitlich befristet und wurde landschaftsweise beschworen. Auf diese Weise konnte natürlich innerhalb des Reiches mit seinen Machtkämpfen, die auch durch das Verbot jeglicher Fehde für ewige Zeiten auf dem Wormser Reichstag von 1495 nicht beseitigt wurden, kein langdauernder Frieden zustande kommen. Als man auf dem Augsburger Reichstag daranging, durch ein neues Reichsgesetz diesem Übel abzuhelfen, wäre es das Nächstliegende gewesen, die Wahrung des Landfriedens dem Reichsoberhaupt zu übertragen. Davon wollten aber die Reichsfürsten nichts wissen, hätten sie doch von ihrer landesherrlichen Stellung viel eingebüßt, wenn die Erlassung von Friedensgeboten und die Exekutive gegen einen Fürsten, der den Landfrieden brach, in die Hand des Königs oder Kaisers gelegt worden wäre. Nun war Deutschland auf dem Wormser Reichstag von 1521 endgültig in zehn Kreise gegliedert worden: Österreich, Burgund, Kurrhein (Kurmainz, Kurtrier, Kurköln und Kurpfalz), Franken, Baiern, Schwaben, Oberrhein, Niederrhein-Westfalen, Obersachsen, Niedersachsen. Die Kreise hatten wie das Reich selbst eine ständische Verfassung: die zu einem Kreise gehörenden Reichsstände waren zugleich die Stände des betreffenden Kreises und berieten und beschlossen auf Kreistagen über die Angelegenheiten ihres Kreises. Auf dem Augsburger Reichstag wurden die Reichskreise mit der Aufrechterhaltung des Landfriedens betraut; auch sonst erhielten sie damals und in der Folgezeit wichtige Befugnisse und Aufgaben zugewiesen: die Verteilung der von Reichs wegen zu leistenden Abgaben und aufzustellenden Truppenkontingente auf die einzelnen Kreisstände, die Aufbringung der unmittelbaren Kreismilitärlasten, die Exekution reichsgerichtlicher Urteile gegen die Reichsstände eines Kreises, die Wahlen zum Reichskammergericht, die Errichtung einer Kreispolizei, die Aufsicht über das Münzwesen und ähnliches. Die Einberufung und Leitung der Kreistage oblag in der Regel den zwei bedeutendsten Fürsten eines Kreises, die militärische Führung der Kreistruppen und die Handhabung der Exekutivgewalt dem von den Kreisständen gewählten und auf Widerruf angestellten „Kreishauptmann" oder „Kreisobersten".

Noch weniger als der Land- wurde der Religionsfriede zentral geregelt. Die Kur- und die Reichsfürsten, die Grafen, Freiherren und Reichsritter erhielten das Recht, sich zur alten Lehre oder zur Augsburgischen Konfession zu bekennen, und das jus reformandi, den Religionsbann, kraft dessen sie für ihr Land beide Konfessionen oder nur eine zulassen konnten; im zweiten Falle sollten sie den Untertanen, welche die Religion ihres Landesherrn nicht annehmen wollten, freien Abzug mit ihrem Vermögen zugestehen. Für die Reichsstädte wurde vorgesehen, daß in ihnen jedermann für sich eines der beiden Bekenntnisse wählen dürfe. Im Reichskammergericht, das bisher öfters gegen Protestanten vorgegangen war, konnten nun auch Anhänger der

Augsburgischen Konfession Beisitzer werden. Die bischöfliche Jurisdiktion in den Gebieten evangelischer Landesherren wurde aufgehoben. Kein deutscher Fürst sollte mehr wegen „ketzerischer Bosheit" verfolgt und Konzilsdekrete, ebenso päpstliche Erlasse sollten in den Gebieten protestantischer Reichsstände fortan nicht mit Gewalt durchgeführt werden.

Die Bestimmungen für den Land- und für den Religionsfrieden versuchten dem Reiche auf Kosten der kaiserlichen Zentralgewalt zugunsten der Kreise und der Reichsstände eine feste Ordnung zu geben. Auch die Reichsaußenpolitik war nun fast ganz von den Ständen abhängig. Reichskriegserklärungen und Reichsverträge mußten von den Reichstagen beschlossen werden; wurde ein Kreis von einer fremden Macht angegriffen, dann sollten ihm je nach Umständen die benachbarten Kreise oder das Reichsaufgebot zu Hilfe kommen. Mit all dem waren die Bemühungen Karls V. um die Wiederherstellung der alten universalistischen Kaisermacht des Hochmittelalters und um die Rückführung des ganzen Reiches zum römisch-katholischen Glauben zunichte gemacht und der ständisch-partikularistische Charakter des Reiches besiegelt. Infolge der Entwicklung der innerpolitischen Verhältnisse seit dem Spätmittelalter und der religiösen im Reformationszeitalter wäre es kaum möglich gewesen, auf andere Weise der völligen Auflösung des Reichsverbandes vorzubeugen. Die letzten Regierungsjahre Karls V. hatten bewiesen, daß auch der mächtigste Kaiser nicht mehr imstande war, den Reichsfürsten seinen Willen aufzuzwingen, und diesen war es nicht zu verdenken, wenn sie sich weigerten, dem Reichsoberhaupte die Zügel der Regierung zu überlassen, war es doch im Religiösen wie im Politischen selbst Partei geworden. Nach den Auffassungen jener Zeit hatte der deutsche König oder Kaiser wie jeder Fürst die Gewissenspflicht, soweit seine Macht reichte, für den Glauben einzutreten, zu dem er sich bekannte, und im Politischen hätte ohne die Einschränkung der kaiserlichen Gewalt die Gefahr bestanden, daß das Reich ohne weiteres in Kriege verwickelt worden wäre, die ein Kaiser im Interesse seiner Hausmacht führte. Die Reichsstände lehnten es auf dem Augsburger Reichstag auch ab, die in die habsburgischen Kriege mit Frankreich verwickelten Niederlande in den Landfrieden aufzunehmen, weil sie sich dem für die Reichsgerichtsbarkeit in Sachen des Landfriedensbruches zuständigen Reichskammergericht nicht unterwarfen; außerdem bestanden in den Niederlanden die im übrigen Reiche aufgehobenen Ketzergerichte fort. Diese Sonderstellung im Land- und Religionsfrieden hat viel zur weiteren Entfremdung der Niederlande vom Reich beigetragen.

Über die Kreisverfassung, die Religionsfreiheit und das jus reformandi war auf dem Augsburger Reichstag eine grundsätzliche Einigung erzielt worden. Er hat damit wie kein anderer auf Jahrhunderte hinaus die deutsche Geschichte beeinflußt, zumal da auch der Westfälische Friede in wesentlichen Punkten auf die Beschlüsse dieses Reichstages, sie teils bestätigend, teils erweiternd, zurückgriff. Auch kulturgeschichtlich wurde er von großer Bedeutung. Das ihnen zustehende Recht „cuius regio eius religio", „wes das Land des der Glaube", veranlaßte die Landesfürsten, bis zu einem gewissen Grade auch die katholischen, immer mehr bisher von der Kirche ausgeübte Kulturfunktionen zu übernehmen, wodurch sich der moderne Kulturstaat vorbereitete. Im einzelnen wurde jedoch auf dem Augsburger

Reichstag nicht alles in rechtlich einwandfreier Form beseitigt, was späterhin den konfessionellen Frieden stören konnte. Vor allem war die Regelung der schwierigen Frage, wie es mit den geistlichen Territorien zu halten sei, unzulänglich. Eigentlich wäre auch auf sie der Grundsatz anzuwenden gewesen, daß der Augsburger Religionsfriede für die zur Augsburgischen Konfession übertretenden Landesherren ebenso zu gelten habe wie für die weltlichen. Es war aber nicht daran zu zweifeln, daß auf diese Weise wenigstens die meisten der größeren geistlichen Landesherrschaften von ihren adligen Inhabern dem Protestantismus zugeführt werden würden. Die Katholiken hätten dadurch nicht bloß weite und reiche Gebiete verloren, sondern die evangelischen über die katholischen Reichsstände in jeder Hinsicht das Übergewicht gewonnen. Die Protestanten waren deshalb so wenig geneigt, der Ausschließung der geistlichen Stände von der Religionsfreiheit zuzustimmen, wie die Katholiken, sie zuzugestehen. Um nun nicht an diesem einen Punkte das ganze Friedenswerk scheitern zu lassen, ersuchten beide Parteien den Vorsitzenden des Reichstages, König Ferdinand, um einen Ausgleich.

Ferdinand verfügte durch den „geistlichen Vorbehalt", geistliche Reichsstände könnten, wenn sie wollten, zur Augsburgischen Konfession übertreten, müßten aber dann, unbeschadet ihrer persönlichen Ehre, auf ihre Stellen verzichten. Auf Verlangen der Protestanten mußte aber dem Vorbehalt eine Erklärung angefügt werden, daß sie in ihn nicht eingewilligt hatten. Gegen die durch diesen Beisatz schon an sich abgeschwächte königliche Anordnung hatten die evangelischen Stände nur unter der Bedingung nicht Einspruch erhoben, daß den protestantischen Ritterschaften und Städten in den geistlichen Territorien freie Religionsübung zugebilligt wurde. Hierüber erließ der König eine „Deklaration". Bei früheren Verhandlungen im Jahre 1552 war indes vereinbart worden, daß derartige Deklarationen im Anschluß an einen Reichstag nicht mehr erfolgen sollten; deshalb wurde diese Deklaration dem Reichskammergericht nicht angezeigt, erhielt also keine Gesetzeskraft. Immerhin ist durch den geistlichen Vorbehalt und die Deklaration erreicht worden, daß beim „Reichsabschied" des Augsburger Reichstages die katholischen und die evangelischen Reichsstände die wesentlichsten Bestimmungen für einen nicht zeitlich begrenzten Land- und Religionsfrieden annahmen, gegenüber dem bisherigen Zustand ein gewaltiger Fortschritt, insbesondere für die Protestanten, die damit endlich eine reichsrechtlich geregelte Stellung erhielten.

Die Vereinbarungen des Augsburger Reichstages bargen freilich auch abgesehen von dem geistlichen Vorbehalt und von der Deklaration mancherlei Konfliktstoffe in sich. Da die Besitzverhältnisse in jener Zeit der sich erst allmählich konsolidierenden Territorial-Herrschaften und der sich vielfach überschneidenden Rechte des immer noch fortbestehenden Lehenswesens in zahlreichen Fällen nicht einwandfrei geklärt waren, mußten Abmachungen wie: die evangelischen Stände sollten die Kirchengüter behalten, die 1552 in ihren Händen gewesen und seitdem geblieben waren, oder von Kirchengütern, die Katholiken und Protestanten gemeinsam gehörten, nach Abzug der Aufwendungen für die eigenen religiösen Zwecke den katholischen Miteigentümern die Nettoeinkünfte überlassen, häufig zu Mißhelligkeiten zwischen evangelischen und katholischen Reichsständen führen. Überdies sollte der Religionsfriede nur für die

Katholiken und für die Anhänger der Augsburgischen Konfession gelten. Beiden Religionsparteien galten die übrigen protestantischen Richtungen als verdammenswerte Ketzereien. Zu ihnen wurde auch der Kalvinismus gerechnet. Er hatte sich eben erst im Westen des Reiches auszubreiten begonnen und war auf dem Augsburger Reichstag noch durch keinen Reichsstand vertreten. Als später einige Reichsstände dem Kalvinismus zuneigten, wurde dadurch die Aufrechterhaltung des Religionsfriedens sehr erschwert; denn die „Freistellung der Religion" bedeutete nur die Wahlfreiheit zwischen dem Katholizismus und der Augsburgischen Konfession. Schließlich konnten die katholischen Reichsstände jederzeit geltend machen, sie brauchten sich an den Augsburger Religionsfrieden nicht zu halten, weil ihn der Papst, dem in Glaubenssachen die letzte Entscheidung zustehe, abgelehnt hatte. Ein im Auftrage des Papstes von Jesuiten verfaßtes Gutachten erklärte, der Religionsfriede bestimme nicht, was sein solle, sondern verzeichne nur die Lage bei den derzeitigen Machtverhältnissen; sobald sich diese zugunsten der Katholiken änderten, hätten sie das Recht und die Pflicht, ihre alten Forderungen durchzusetzen.

Alles in allem hat der Augsburger Reichstag von 1555 mit seinen grundlegenden Bestimmungen aber doch für Deutschland das eigentliche Reformationszeitalter abgeschlossen. Einen allgemeinen Zustand von derart klar umrissener Eigenart, daß die dem Reformationszeitalter bis zum Dreißigjährigen Krieg folgenden sechs Jahrzehnte einen deutlich ausgeprägten Epochecharakter erhalten hätten, vermochte der Reichstag von 1555 freilich nicht herauszubilden. Nur aus praktischen Gründen der Geschichtswissenschaft wurden sie unter einem einheitlichen Begriff zusammengefaßt und nach einer ihrer auffallendsten Erscheinungen, der inneren Erstarkung und den äußeren Erfolgen des Katholizismus, die Epoche der Gegenreformation genannt. Aber in den dem Augsburger Reichstag folgenden zwei Jahrzehnten gewann die Augsburgische Konfession immer mehr an Boden, vorübergehend schien es geradezu, ganz Deutschland sollte nun doch protestantisch werden, auch reiften die Früchte der Gegenreformation großenteils erst in späterer Zeit. Und während der Katholizismus mit seinen auf dem Konzil von Trient neu gewonnenen Kräften die verlorengegangene Alleinherrschaft zurückzugewinnen trachtete, trat der Kalvinismus seine weltweiten Eroberungszüge an.

In der europäischen Politik zeigten sich nicht weniger Strömungen ganz entgegengesetzter Art. Noch war sie hauptsächlich von den rein dynastischen Bestrebungen der Machterweiterung ohne Rücksicht auf die Volksgrenzen beherrscht, doch regte sich nun in den einzelnen Ländern, in Frankreich, England, Schweden, den Niederlanden, Spanien und auch in Deutschland das Nationalgefühl so weit, daß es die Innen- und Außenpolitik wenigstens mittelbar beeinflußte. Im Nordosten Europas entbrannte infolge des Hochkommens von Schweden, des Vordringens von Rußland und Polen der Kampf um die Ostseeherrschaft. Von Südosten her stießen die Türken gegen das christliche Abendland vor. Das über Spanien, die österreichischen Erblande und große Teile Italiens gebietende Haus Habsburg suchte ebenso wie das Haus Valois-Bourbon auf dem französischen Throne die Hegemonie über Europa an sich zu reißen, die „Europäische Monarchie" zu errichten, wie man damals sagte und schrieb. Gegen das Übergewicht einer einzelnen Macht in Europa richtete sich jedoch die Theorie vom „europäischen Gleichgewicht". Die während des 15. Jahrhunderts in Italien entstandene und nur für das gegenseitige Verhältnis der Staaten Italiens angewendete Idee vom Gleichgewicht dehnten die Könige von Frankreich in ihrem Kampfe gegen die Habsburger, insbesondere gegen ihre spanische Linie, auf ganz Europa aus und gaben vor, dessen Freiheit zu verteidigen. Nach einem endgültigen Sieg über Spanien wäre aber aller Voraussicht nach die Vorherrschaft über Europa ohne weiteres an Frankreich gefallen, und davon wollten namentlich die kleineren Staaten so wenig wissen wie von irgendeiner anderen Hegemonie. Sie setzten sich deshalb, allen voran England, das auf diese Weise als „Zünglein an der Waage" selbst einen maßgebenden Einfluß in Europa zu erlangen hoffte, für das Gleichgewicht zwischen Spanien und Frankreich und damit für das europäische Gleichgewicht ein. Und wie über die Ziele der Politik gingen auch die Anschauungen über die in ihr anzuwendenden Mittel auseinander. Die einen, im wesentlichen die Anhänger des fürstlichen Absolutismus, verfochten den Grundsatz, im Interesse des Staatswohles sei jedes Mittel erlaubt, auch der öffentliche Justizmord und die geheime Beseitigung gefährlicher Untertanen und fremder Widersacher. Andere, in erster Linie die Vertreter des Feudalismus und des ständischen Staatsaufbaues, lehnten diese damals schon als Machiavellismus bezeichnete Auffassung entrüstet ab und erklärten, auch die öffentliche Gewalt habe sich an die verfassungsrechtlich festgelegten Gesetze zu halten. So tragen die rund sechzig Jahre vom Augsburger Religionsfrieden bis zum Dreißigjährigen Krieg innerhalb und großenteils auch außerhalb Deutschlands die Züge einer uneinheitlichen Übergangszeit.

Wahl Ferdinands. Kaiser und Reich

Am 25. September 1555, dem letzten Tag der Augsburger Reichsversammlung, war ein Gesandter Karls V. erschienen, seine Abdankung dem König Ferdinand mitzuteilen. Ein Jahr später fertigte Karl V. für die Kurfürsten eine Urkunde aus, worin er erklärte, er trete Ferdinand das Heilige Reich und das römische Kaisertum mit allen Rechten unwiderruflich ab. Da Ferdinand bereits im Jahre 1531 auf Veranlassung seines Bruders zum römischen König gewählt worden war, ein von den Kaisern des Mittelalters öfters angewandtes Verfahren, einem ihrer nächsten Angehörigen die Nachfolge auf dem Throne zu sichern, und da Ferdinand seitdem auf den meisten Reichstagen seinen Bruder vertreten und nach dessen Wunsch auf dem Augsburger Reichstag von 1555 aus eigener Macht als römischer König den Vorsitz und die Regierungsgeschäfte geführt hatte, verstieß Karls Übertragung des Kaisertums an seinen Bruder nicht gegen die Verfassung, doch mußte Ferdinand von den Kurfürsten noch eigens zum gewählten römischen Kaiser proklamiert werden. Es war dies keineswegs eine bloße Formsache, was auch darin zum Ausdruck kam, daß Ferdinand eine Wahlkapitulation zu beschwören hatte, wobei er sich verpflichtete, sich genau an die Reichstagsbeschlüsse von 1555 über den Land- und Religionsfrieden und an die Reichskammergerichtsordnung zu halten. Am 14. März

1558 wurde Ferdinand endlich zu Frankfurt feierlich zum Kaiser gekrönt. Papst Paul IV. war über diese Wendung der Dinge in Deutschland sehr unzufrieden. Den Augsburger Religionsfrieden hatte er als für den katholischen Glauben höchst widerwärtig verworfen und dann erklärt, Karl V. hätte auf die Kaiserwürde nicht ohne Einwilligung des römischen Stuhles verzichten dürfen. Die auch von Ketzern vorgenommene Wahl Ferdinands bezeichnete der Papst als null und nichtig und verlangte, der neue Kaiser solle auf seine Würde verzichten und abwarten, was Rom in dieser Sache anordnen werde. Aber weder Karl und sein Bruder Ferdinand noch die katholischen Kurfürsten und Fürsten Deutschlands beachteten den päpstlichen Einspruch. Die Zeiten, da ein Papst auf die Kaiserwahl einen maßgebenden Einfluß ausübte, waren endgültig vorüber.

Den Titel eines „römischen" Kaisers führte das Reichsoberhaupt indes nach wie vor. Niemand in Deutschland dachte daran, ihn aufzugeben. Mit ihm war der Ehrenvorrang vor allen Monarchen des christlichen Abendlandes verknüpft. Die Kurfürsten und Fürsten Deutschlands hielten, sei es nun bewußt oder unbewußt, noch aus einem weiteren Grunde an diesem Titel fest. Das „römisch" erinnerte nicht nur an die altehrwürdige bis auf Augustus zurückreichende Tradition des Kaisertums, sondern lenkte auch von einer Entwicklung ab, welche die monarchische Verfassung in anderen Staaten Europas nahm. Dem mittelalterlichen Kaisertum war keine eigentliche Regierungsgewalt in den nicht zum Reiche zählenden Ländern zugekommen, sondern bloß eine nicht näher bestimmte Oberhoheit in den gemeinsamen Angelegenheiten des christlichen Abendlandes, die nur von Fall zu Fall entsprechend der Macht eines Kaisers in dem politischen Kräftespiel Europas ausgeübt werden konnte. In demselben Maße, in dem in den außerdeutschen Ländern im Zusammenhang mit der Erstarkung ihrer monarchischen Gewalt sich die staatlichen Verhältnisse festigten, verlor das Kaisertum in der europäischen Politik an realer Bedeutung. Hätten die Deutschen, ebenso wie sie nun die römisch-päpstliche, einst oft ausschlaggebende Einmischung in die Frage der Thronfolge ausschalteten, ihr Reichsoberhaupt nicht mehr römisch sondern deutsch genannt, dann lag es nahe, daß damit die Idee eines nationalen Königtums, die eben jetzt im benachbarten Frankreich dem Regierungszentralismus gegen die feudalen Gewalten und Einrichtungen Vorschub leistete, auch in Deutschland gefördert worden wäre. Nichts aber widerstrebte so sehr wie eine zentrale Regierungsgewalt den in erster Linie auf ihre landesherrlichen Rechte bedachten deutschen Fürsten. Indem sie ihren Kaiser immer noch als römisch bezeichneten und die Fiktion seiner wenigstens ideellen Oberhoheit über die übrigen Herrscher der abendländischen Christenheit aufrechterhielten, fühlten sie sich diesen im Laufe der Zeit immer mehr gleichgestellt.

Das Ansehen der Reichsstände hatte sehr zugenommen, weil es ihnen gelungen war, die Reichsgewalt größtenteils an sich zu bringen. Sie übten sie vornehmlich auf den Reichstagen aus. Die Mitglieder des Reichstages setzten sich aus drei Kollegien zusammen: dem Kurfürstenkollegium, dem Reichsfürstenrat, dem auch die Reichsgrafen angehörten, und dem Städtekollegium. Sowohl auf den Reichstagen als auch zu den ihnen vorausgehenden meist sehr langwierigen Verhandlungen traten die einzelnen Kollegien oder Vertreter von ihnen für sich zu Beratungen zusammen. Auch unabhängig von den Reichstagen wurden des öfteren von den einzelnen ständischen Gruppen Tagungen abgehalten; die Beschlüsse der Kurfürsten- und Fürstentage gewannen immer mehr Bedeutung für die deutsche Innen- und Außenpolitik. Dadurch, daß die Ausübung der Zentralgewalt des Reiches mehr in den Händen der Stände als beim Kaiser lag, war auswärtigen Mächten die Möglichkeit gegeben, sich in die Reichspolitik einzumischen, wenn sie zur Vertretung ihrer Interessen auf den Reichstagen und sonstigen innerdeutschen Verhandlungen einflußreiche Reichsstände zu bestimmen vermochten. Die Könige von Frankreich und Spanien wandten hierfür beträchtliche Mittel auf; selbst Reichsfürsten ließen sich von ihnen regelmäßige Pensionen und Subsidien zahlen. Diesem Beispiele folgten die Räte der Fürsten und des Kaisers.

Der Ablauf der politischen Geschichte des Reiches vom Augsburger Religionsfrieden bis zum Ende des Reiches ist überhaupt großenteils durch die Art seiner Verfassung bedingt. Das Reichsoberhaupt, der römische Kaiser, wurde von den Kurfürsten gewählt. Sie gaben, wie schon seit Albrecht II. (1438—1439), ihre Stimme immer einem österreichischen Habsburger bis zu dem Aussterben der männlichen Linie im Jahre 1740, dann Karl VII. von Baiern, der Ansprüche auf die österreichische Erbfolge geltend machte, nach dessen Tode dem Gemahl von Karls VI. Tochter Maria Theresia, Franz I. von Lothringen, schließlich dessen Sohn, Enkel und Urenkel. Trotzdem war das Reich auch jetzt noch eine Wahl-, keine Erbmonarchie. Vor der Krönung mußte der Gewählte eine teils feststehende, teils den jeweiligen Verhältnissen angepaßte Wahlkapitulation beschwören, die unter anderem die Verpflichtung enthielt, daß er die wichtigeren Reichsgeschäfte in Gemeinschaft mit dem Reichstag oder wenigstens den Kurfürsten zu erledigen habe. Für das mit seiner ständischen Verfassung jetzt fast nur noch zu defensiven Maßnahmen in der Außenpolitik fähige Reich schien allen die Betrauung des größten und angesehensten Fürstenhauses mit der höchsten Würde am geratensten; die Bedenken der Reichsfürsten in früheren Jahrhunderten, dies könnte zu einer eigentlichen Erbmonarchie und zu einer sich daraus ergebenden Stärkung der Zentralgewalt führen, waren durch die Wahlkapitulationen beseitigt. Bei dem großen und oft maßgebenden Anteil des Kurfürstenkollegiums an der Reichsregierung war es allerdings sehr mißlich, daß die Kurfürsten in die zwei gleich starken Parteien der drei geistlichen Kurfürsten von Mainz, Köln und Trier und der drei weltlichen protestantischen von Sachsen, Brandenburg und der Pfalz zerfielen; die böhmische Kur war zwar nicht erloschen, wurde aber seit langem nicht mehr ausgeübt. Der konfessionelle Gegensatz wurde dadurch etwas überbrückt, daß in vielen Fällen Kursachsen sich an die geistlichen Kurfürsten und den Kaiser anschloß und die Kurpfalz und namentlich Kurbrandenburg zum Nachgeben bewog.

Das Reichskammergericht hatte einen vorwiegend ständischen Charakter und war mit seiner Zuständigkeit für Klagen über Landfriedensbrüche ein wichtiges Instrument der Innen- und Außenpolitik; den Vorsitzenden, der dem hohen Adel angehören mußte und fürstlichen Rang hatte, ernannte der Kaiser, die Mehrzahl der Assessoren oder Beisitzer, denen die Urteilssprechung oblag, wurde von den Reichsständen präsentiert. Die Verschleppung der Prozesse durch das

Reichskammergericht ist sprichwörtlich geworden; sie hatte ihren Grund weniger in einem Versagen des Gerichtes selbst als in der Unregelmäßigkeit, mit der die Stände ihre pflichtgemäßen Beiträge hierfür entrichteten, wodurch häufig der Geschäftsgang gestört wurde. Als oberstes kaiserliches Gericht war der Reichshofrat in Wien allein zuständig für Streitsachen in Reichslehensangelegenheiten, in Kriminalklagen gegen Reichsunmittelbare mit Ausnahme von Landfriedensbruch, in Ausübung der kaiserlichen Reservatrechte, z. B. der Verleihung des Privilegs, daß Untertanen eines Fürsten nicht an das Reichskammergericht appellieren durften, in der weltlichen Mitwirkung bei der Besetzung hoher Kirchenämter, in der Verleihung des Promotionsrechtes an Universitäten, in der Erteilung von Zoll-, Münz- und Stapelgerechtsamen an Landesherren und ähnlichem, ferner für die kaiserlichen Erblande und für die Ausübung der kaiserlichen Rechte, soweit der Kaiser dabei nicht an die Mitwirkung des Reichstages und der Kurfürsten gebunden war. Für die Kosten des Reichshofrates, der sich allmählich zu einem reinen Justizkollegium entwickelte, kamen die Kaiser allein auf, sie ernannten auch jeweils auf die Dauer ihrer Regierung dessen Mitglieder. Wegen ihres geringen Einflusses auf das Kammergericht waren die Kaiser bestrebt, möglichst viele der wichtigeren Fälle vor den Reichshofrat zu ziehen, der nun dem Reichskammergericht oftmals Konkurrenz machte. Die Kompetenzen der zwei höchsten Gerichtshöfe im Reiche waren für zahlreiche Fälle nicht klar geschieden, was zu mancherlei Unstimmigkeiten zwischen den Kaisern und den Reichsständen führte. — Ein stehendes Heer hatte das Reich nie. Im Kriegsfalle mußte innerhalb der einzelnen Reichskreise jeder Reichsstand die ihm auferlegte Zahl von Truppen stellen und sein Kontingent gegen Bezahlung aus Mitteln des Reiches mit Proviant versehen, so daß das Heer von einem ungeheuren Troß begleitet wurde. Bei der Ernennung von Reichsgeneralen war der Kaiser an die Zustimmung des Reichstages gebunden, der Generalfeldmarschall wurde erst bei Ausbruch des Krieges bestimmt.

Obwohl der Kaiser auf kaum einem Gebiete der Außen- und Innenpolitik und der Verwaltung des Reiches völlig freie Hand hatte, war doch die Persönlichkeit des jeweiligen Trägers der Krone für die Gestaltung der Geschicke des Reiches von nicht geringer Bedeutung. Die mancherlei entgegengesetzten Bestrebungen der einzelnen Landesfürsten, die in vielem unklaren und fließenden Rechtsverhältnisse, die verschiedenen, oft sehr begehrten Privilegien, deren Verleihung ihm zustand, seine in ihrer Gesamtheit nicht zu unterschätzenden Vorrechte und die eigene sehr beträchtliche Hausmacht boten dem Kaiser in zahlreichen Fällen Gelegenheit, auf Reichstagen und bei sonstigen Verhandlungen den Gang der Außen- und Innenpolitik in ihm erwünschte Bahnen zu lenken. Auch darf nicht übersehen werden, daß die Reichsstände wenigstens grundsätzlich die Autorität des Kaisers als ihres Oberhauptes bereitwillig anerkannten und davon überzeugt waren, von der Wohlfahrt des Reiches hänge zum guten Teil die Sicherheit und das Gedeihen ihrer eigenen Herrschaftsgebiete ab. Die Autorität des Kaisers gegenüber den Reichsständen kam unter anderem darin zum Ausdruck, daß ihre Hausgesetze, z. B. über die Erbfolgeordnung eines Fürstengeschlechts, vom kaiserlichen Hofrat genehmigt werden mußten. Wie ein tüchtiger Kaiser zur Aufrechterhaltung von Ruhe und Ordnung im ganzen Reiche wesentlich beizutragen vermochte, so machte sich auch ein Versagen des Reichsoberhauptes in der gesamten Politik empfindlich fühlbar. Zu einer der gewaltigen Volkskraft der Deutschen gemäßen Führung nach außen und im Innern wäre freilich auch der fähigste Kaiser nicht imstande gewesen. Die geschichtliche Entwicklung seit dem Sturze der Hohenstaufen im 13. Jahrhundert hatte dies unmöglich gemacht. Ein Versuch hierzu hätte, zumal nach dem Scheitern der auf die Wiederbelebung der Kaisermacht abzielenden Bemühungen Karls V., nur zu einer unheilvollen Verwirrung aller Verhältnisse führen können. Unter diesen Umständen war es naheliegend, daß sich die politische Energie der Kaiser wie der Territorialfürsten in erster Linie dem eigenen Lande zuwandte.

Kaiser Ferdinands Persönlichkeit und Außenpolitik

Nach den schweren Erschütterungen während der letzten Regierungsjahre Karls V. war König und dann Kaiser Ferdinand I. durchaus geeignet, die Entwicklung im Reiche in ruhigere Bahnen zu lenken. Er war am 10. März 1503 zu Alcala de Henares geboren und in Spanien erzogen worden. Nach dem Tode seines im Jahre 1506 gestorbenen Vaters Philipp hatte Ferdinands Großvater mütterlicherseits, König Ferdinand der Katholische von Spanien, die Absicht, ihn zu seinem Nachfolger zu machen. Als aber König Ferdinand im Jahre 1516 verschieden war, eilte Karl nach Spanien, setzte dort seine Erhebung zum König durch und schickte den jüngeren Bruder Ferdinand in die Niederlande. Im Teilungsvertrag zu Worms vom 21. April 1521 erhielt Ferdinand die deutschen Erblande der Habsburger: das Erzherzogtum Österreich, Steiermark, Kärnten, Krain und Vorderösterreich (der Breisgau, Besitzungen und Rechte im Elsaß und in einigen anderen südwestdeutschen Gebieten); außerdem ernannte ihn Karl, jetzt Kaiser, für die Jahre seiner Abwesenheit von Deutschland zu seinem Stellvertreter im Reiche. Dem jungen, damals der deutschen Sprache noch nicht mächtigen Erzherzog mit dem Gebaren eines Ausländers standen die Reichsfürsten zunächst mißtrauisch gegenüber. Aber je länger desto mehr kam in ihm die deutsche Art und das leutselige Wesen seines Großvaters Kaiser Maximilians I. zum Durchbruch. Und als sich bei den vielen und oft sehr schwierigen Verhandlungen, die Ferdinand als Stellvertreter seines Bruders während eines Menschenalters zu führen hatte, herausstellte, daß er es ehrlich meinte, gewann er das volle Vertrauen der katholischen wie der protestantischen Reichsfürsten. Insbesondere bewährte sich Ferdinand als geschickter und zuverlässiger Vermittler in den für die weitere Entwicklung entscheidenden Jahren vom Fürstenaufstand 1550, der unter Führung des Kurfürsten Moritz von Sachsen die Erfolge Karls V. im Schmalkaldischen Krieg zunichte gemacht hatte, bis zum Augsburger Reichstag von 1555. In diesen Jahren zeigte sich auch, daß Ferdinand, sosehr er sich sonst seinem kaiserlichen Bruder unterordnete, nicht gewillt war, dessen Pläne zur weiteren Aufrechterhaltung des spanischen Einflusses in Deutschland zu unterstützen.

Vom Augsburger Reichstag des Jahres 1555 an führte Ferdinand erst als König, dann als Kaiser die Regierungsgeschäfte auf eigene Verantwortung. In der Reichsaußenpolitik wären ihm infolge der mannigfachen Einschränkungen und Bindungen der kaiserlichen Gewalt durch die ständischen Einrichtungen auch dann kaum durchschlagende Erfolge beschieden gewesen, wenn er wie sein Bruder zu großen Unternehmungen und Kriegshandlungen geneigt hätte. — Der Verlust von Metz, Toul und Verdun an Frankreich stand noch in frischer Erinnerung. Der Kurfürst Moritz von Sachsen hatte 1552 in dem Vertrag von Chambord eingewilligt, König Heinrich II. von Frankreich für die den aufständischen Fürsten zu leistende Unterstützung diese drei Städte zu überlassen, jedoch unter dem Vorbehalte, daß sie nach wie vor im Reichsverbande bleiben sollten. Als die Franzosen die Städte in der Hand hatten, entfremdeten sie sie unter Nichtachtung dieser Vertragsbestimmung dem Reiche. Bei den Friedensverhandlungen im Frühjahr 1559 zwischen Frankreich und Karls V. Sohn Philipp II., dem König von Spanien und Herrn der Niederlande, kam auch die Angelegenheit der Städte und Bistümer Metz, Toul und Verdun zur Sprache, doch erklärte Philipp, erbittert darüber, daß sein Oheim Ferdinand und nicht er selbst Kaiser geworden war, diese Sache berühre ihn nicht. Daraufhin griff sie der Augsburger Reichstag von 1559 noch einmal auf, begnügte sich aber mit einem wirkungslosen Protest gegen die widerrechtliche Besitznahme der drei Städte und Bistümer durch Frankreich.

Noch weniger waren der Kaiser und die Stände bereit, ernstliche Anstrengungen für die Wahrung der Reichsrechte in Livland zu machen. Livland, das damals Livland, Kurland und Estland umfaßte, gehörte zwar rechtlich zum Deutschen Reiche, hatte aber keine gemeinsame Grenze mit ihm. In verschiedenartige und zueinander vielfach in Gegensatz stehende Gebiete zerspalten, war es hier nicht wie in Ostpreußen zu einer Umwandlung des Ordenslandes in einen einheitlichen weltlichen Staat gekommen. Die dadurch bedingte Wehrlosigkeit mußte Feinde von außen anlocken. Zu Anfang des Jahes 1558 fielen die Russen in Livland ein, im Mai ergab sich ihnen Narwa, im Juli Dorpat. Auf diese Ereignisse hin beschäftigte sich zum ersten Male die öffentliche Meinung Europas mit Rußland. Ein französischer Diplomat erklärte: „Wenn e i n Reich in Europa wachsen muß, wird es Rußland sein", und Kurfürst August von Sachsen meinte, die von Rußland drohende Gefahr sei eine allgemein europäische, die sich in Zukunft zu derselben Größe auswachsen werde wie die türkische.

Die Livländer wandten sich zunächst an den Augsburger Reichstag von 1559; er bewilligte ihnen eine Geldunterstützung, die jedoch nie ausbezahlt wurde. Den Hansestädten wurde 1560 von Reichs wegen verboten, den Russen Waffen zu liefern. Aber die Hansischen Kaufleute, besonders die Lübecker, kehrten sich nicht daran; sie wollten sich in dem gewinnbringenden Russengeschäft nicht stören lassen. Mit der Begründung, Kaiser und Reich wären zu entlegen, leitete sodann Ferdinand die Hilfsgesuche der Livländer an Polen, die skandinavischen Staaten, England und Spanien weiter. Dänemark, Schweden und namentlich Polen zeigten ein reges, allerdings auf ihren eigenen Nutzen bedachtes Interesse an Livland. In der Hoffnung, dadurch ganz Livland für sich behaupten zu können, erkannte im September

1559 der Ordensmeister Kettler die Schutzherrschaft des Königs von Polen und Großfürsten von Litauen Sigismund August an. Das hatte zunächst nur zur Folge, daß dieser sich sehr beträchtliche Stücke von Livland aneignete und diplomatische Verhandlungen mit Rußland einleitete; die Russen behielten trotzdem das Land zwischen Narwa und Wesenberg, dem Peipussee und dem Wirzjärw mit Dorpat. Die Bischöfe von Ösel und von Dorpat verkauften 1559 und 1560 ihre Gebiete an die Dänen. Die Stadt Reval und den nördlichen Teil von Estland gewann 1561 der Schwedenkönig Erich XIV., dazu noch 1563 sieben Ordensschlösser mit ihrem Herrschaftsbereich, die König Sigismund seinem Schwager, einem Bruder König Erichs, übergeben hatte. Nachdem die Russen 1560 einen erneuten Vorstoß bis Kurland unternommen hatten, unterwarf sich der Ordensmeister Kettler, um nicht alles zu verlieren, in einem Vertrag vom 28. November 1561 dem Polenkönig völlig. Dadurch erreichte Kettler, daß ihm Kurland und Semgallen mit der Hauptstadt Mitau als erbliches weltliches Herzogtum unter polnischer Lehenshoheit überlassen wurde unter Zuerkennung der deutschen Amtssprache, selbständiger Verwaltung und der Augsburgischen Konfession. So gingen unter Kaiser Ferdinand die baltischen Lande dem Reiche verloren; etwas spätere Versuche, die deutsche Oberhoheit über sie zurückzugewinnen, verliefen ergebnislos (S. 44).

Im Jahre 1521 hatte sich Ferdinand mit Anna, der Tochter Wladislaws, des Königs von Böhmen und Ungarn, vermählt. Wladislaw war bereits 1516 gestorben. Als dessen Sohn, der kinderlose König Ludwig II., in der Schlacht bei Mohacs 1526 im Kampfe gegen die Türken gefallen war, wurde der damalige Erzherzog Ferdinand König von Böhmen und Ungarn. Die dynastische Vereinigung mit diesen Ländern bildete eine der Voraussetzungen für Österreichs Aufstieg zur europäischen Großmacht (S. 205 f.); doch hatte Ferdinand I. in den österreichischen Erblanden, in Böhmen und namentlich in Ungarn, wo ihm der vom einheimischen Adel zum König gewählte und von den Türken unterstützte Johann Zapolya lange Zeit Widerstand leistete, mit zu großen Schwierigkeiten zu kämpfen, als daß schon unter seiner Regierung dieser Aufstieg hätte beginnen können. Der Kaiser sah sich im Jahre 1562 gezwungen, mit den Türken einen achtjährigen Waffenstillstand zu schließen und ihnen in Form eines jährlichen Ehrengeschenkes von dreißigtausend Dukaten Tribut zu zahlen. Das türkische Herrschaftsgebiet reichte damals bis an die Raab und an die Grenzen der Steiermark; Siebenbürgen behielt Johann Zapolyas Sohn Johann Sigismund unter türkischer Oberhoheit.

Die Grumbachschen Händel

Die auf dem Augsburger Reichstag von 1555 erlassenen Bestimmungen zur Wahrung des Landfriedens kamen erstmals bei den Grumbachschen Händeln zur Anwendung. Sie erinnern in manchem an die Fehden Sickingens. Während diese aber noch ohne Einschreiten der Reichsgewalt hatten ausgetragen werden können, griff sie in jenem, die damalige öffentliche Meinung heftig erregenden und seiner Begleitumstände wegen auch späteren Zeiten denkwürdigen Falle tatkräftig durch. —

Der im Jahre 1503 geborene, einem ostfränkischen Reichsrittergeschlecht entstammende Wilhelm von Grumbach war Lehensträger der Bischöfe von Würzburg und der Markgrafen von Ansbach-Bayreuth. Nachdem sein persönlicher Feind Melchior Zobel von Giebelstadt im Jahre 1544 Bischof von Würzburg geworden war, schloß sich Grumbach dem Markgrafen Albrecht Alcibiades von Bayreuth an und beteiligte sich an dessen Kriegszügen, auch an dem gegen das Bistum Würzburg. Daraufhin besetzte der Bischof die Güter Grumbachs. Zunächst hoffte dieser, sie mit Hilfe des Markgrafen zurückzugewinnen, dann suchte er nach dessen Tod im Jahre 1557 Zuflucht in Weimar. Hier wurde er von Herzog Johann Friedrich dem Mittleren, einem Sohne des von Kaiser Karl V. 1547 im Schmalkaldischen Krieg besiegten Kurfürsten Johann Friedrich, freundlich aufgenommen. Grumbach fiel nun in Würzburg ein, um den Bischof gefangenzunehmen, der dabei von einem der Mannen Grumbachs erschossen wurde, wohl gegen den Willen seines Herrn. Der Nachfolger des Getöteten erhob gegen Grumbach die Anklage wegen Landfriedensbruches, doch wollten die Reichsfürsten das Verfahren gegen ihn nicht aufnehmen, da er weitreichende Verbindungen, auch mit Frankreich, besaß. Und Herzog Johann Friedrich, der es nicht verschmerzen konnte, daß sein Vater und mit ihm die ernestinische Linie der Wettiner die Kurfürstenwürde und den größten Teil seines Landes an den albertinischen Zweig verloren hatte, hielt jetzt erst recht zu Grumbach.

Der Ritter fesselte den Herzog dadurch an sich, daß er ihm die Wiedererlangung der Kurwürde in sichere Aussicht stellte. Grumbach veranlaßte den Tausendschön genannten Bauern Hans Müller, der im Rufe stand, ein Wahrsager und Geisterseher zu sein, dem Herzog den baldigen Tod des Kurfürsten August von Sachsen zu prophezeien, und ließ dem also Getäuschten in einem Kristallglase einen Kurhut und überdies die Kaiserkrone erscheinen. Auch dafür, wie diese hochfliegenden Pläne zu verwirklichen wären, wußte Grumbach Rat. Die Ritterschaft würde sich wie einst zu Sickingens Zeiten leicht zu einem Kampfe wider die ihr verhaßte Macht der Fürsten bewegen lassen, und sicher würden Schweden und Frankreich, in der Ostseepolitik die Gegenspieler des mit den Albertinern verschwägerten und mit den Habsburgern verbündeten Dänen, dem Herzoge beistehen, das den Ernestinern von den Albertinern Entrissene zurückzugewinnen und die Habsburger zu stürzen. Da sowohl Grumbach als auch der Herzog Johann Friedrich Jahrgelder von der französischen Krone erhielten, bestand tatsächlich die Gefahr, es könne den beiden gelingen, mit ihren persönlichen Angelegenheiten neuen Zündstoff in die europäische Politik hineinzutragen.

Grumbach nahm zunächst seine eigene Sache wieder in Angriff. Am 4. Oktober 1563 erschien er mit achthundert Reitern vor Würzburg und erzwang unter Androhung der Plünderung vom Domkapitel die Anerkennung aller seiner Ansprüche; der Bischof, der gerade abwesend war, bestätigte nachträglich die Abmachung. Aber der Kaiser erklärte den Vertrag als ungültig, ächtete Grumbach als Friedensbrecher und verlangte vom Herzog die Ausweisung des Geächteten. Im Vertrauen auf die Prophezeiungen und in Erwartung der großen Dinge, die kommen sollten, hielt Johann Friedrich auch weiterhin seine schützende Hand über ihn. Grumbach rief seine Standesgenossen zu den Waffen, was ihm begegnete, könne jedem von ihnen zustoßen, und das Ganze gehe doch darauf hinaus, die Edelleute um ihre adligen Ehren und

Freiheiten zu bringen und den Bauern gleichzumachen. Wenn nun auch der von Grumbach geplante „Edelmannskrieg" nicht ausbrach, ist es doch erstaunlich, wer sich alles für den aufrührerischen Geächteten einsetzte: die fränkische Ritterschaft, die rheinischen Kurfürsten und namentlich das brandenburgische Haus. Mit Rücksicht auf den Schwiegervater Johann Friedrichs, den Kurfürsten Friedrich III. von der Pfalz, zeigte sich Kaiser Ferdinand schließlich doch zu gütlichen Verhandlungen bereit, starb jedoch bald darauf. Da nun Johann Friedrich und Grumbach erst recht ihre weit ausschauenden Unternehmungen betrieben, ächtete Kaiser Maximilian II. ihn abermals und im Dezember 1566 auch Johann Friedrich, der die Auslieferung Grumbachs verweigerte. Mit der Reichsexekution gegen die Geächteten wurde Kurfürst August von Sachsen betraut als der mächtigste Fürst des obersächsischen Kreises und der von seinem alten Widersacher am meisten Bedrohte. Mehrere Monate leisteten die Geächteten in dem festen Gotha Widerstand, im April 1567 ergab sich die Besatzung. Johann Friedrich wurde bis zu seinem Tode 1595 in Wien in Gefangenschaft gehalten, die seine Gattin Elisabeth in treuer Liebe mit ihm teilte. Grumbach war schon am 18. April 1567 auf dem Markt von Gotha mit seinen Genossen hingerichtet worden. Die Henker „schnitten aus Grumbach vier Stück, / nahmen sein ungetreu Herz zur Stund / und schlugen's ihm zweimal so frisch um den Mund".

Religionsgespräche. Gegensätze unter den Protestanten

Die religiösen Angelegenheiten, nach dem Grundsatz des „cuius regio eius religio" zugleich politische, beschäftigten auch weiterhin mehr als alles andere die Gemüter. Kaiser Ferdinand war davon überzeugt, daß die Glaubensspaltung nur eine vorübergehende Erscheinung sei. Er erhoffte sich deshalb immer noch von Religionsgesprächen, wie sie zum Beispiel auf dem Regensburger Reichstag von 1541 veranstaltet worden waren, eine Wiedervereinigung der Protestanten mit den Katholiken. Ferdinand gab deshalb gerne seine Einwilligung zu einem abermaligen Religionsgespräch, das 1557 in Worms abgehalten wurde. Es verlief ebenso ergebnislos wie alle früheren. Trotzdem drängten auf dem Augsburger Reichstag von 1559 die katholischen Reichsstände unter Hinweis darauf, daß nun nach Beendigung des spanisch-französischen Krieges das unterbrochene Konzil in Trient wieder zusammentreten könne, auf Ausgleichsverhandlungen hin. Die Protestanten lehnten sie jedoch ab und forderten, man solle sich einfach an den Augsburger Religionsfrieden halten. Um diesen nicht zu gefährden, entschied nun auch der Kaiser, die „Traktation der Religion sei bis auf andere und bessere Gelegenheit einzustellen". Solch eine Gelegenheit bot sich jedoch auch künftighin nicht. Denn der Gegensatz bestand nicht bloß, wie der Kaiser und manche mit ihm dachten, in verschiedenen Auffassungen über einzelne kirchliche Einrichtungen und an sich nicht besonders wichtige Punkte der christlichen Lehre, worüber man sich im Streite der Meinungen allzusehr erhitzt habe. Derartiges, wie etwa der Laienkelch beim Abendmahl, die Priesterehe oder die Verwendung des Kirchengutes stand zwar im Vordergrund der Agitation; in Wirklichkeit ging es aber um tiefere Dinge, um das Wesen des christlichen Glaubens und der Kirche.

In der immer mehr anschwellenden konfessionellen Kampfliteratur und im gegenseitigen Verhältnis der einzelnen evangelischen Landeskirchen machte sich für den Protestantismus das Fehlen einer für ihn in seiner Gesamtheit verbindlichen Lehrautorität und kirchlichen Oberleitung vielfach störend bemerkbar. Selbst das offizielle Bekenntnisbuch der deutschen Protestanten, die „Confessio Augustana" barg von vorneherein Keime des Zwiespaltes in sich. In ihrer ersten Fassung war sie von Melanchthon für die Verhandlungen des Augsburger Reichstages von 1530 ausgearbeitet worden und betonte das Gemeinsame in der Lehre der Protestanten und Katholiken. Als für die Reichstagsverhandlungen eingereichtes Gutachten hatte diese Schrift nicht veröffentlicht werden dürfen, es gab von ihr nur ein lateinisches und ein deutsches Original. Nach der Überreichung an den Reichstag hatten die Protestanten kein Exemplar im ursprünglichen Wortlaut davon, da Melanchthon die Augustana, die er als seine Privatarbeit betrachtete, für die dann in Druck gegebenen Ausgaben fortwährend veränderte. In der Auflage von 1540 wich er stärker als früher von dem katholischen Standpunkt ab und stellte namentlich die Abendmahlslehre in einer Weise dar, die der Auffassung Calvins entgegenkam. Als „Variata" wurde diese Ausgabe für einige Zeit allgemein maßgebend. Als sich aber der Gegensatz zwischen Calvin und den strengen Lutheranern verschärfte, warfen diese Melanchthon vor, er habe die Augustana eigenmächtig abgeändert. Auch sonst erregte Melanchthon mit manchen seiner Lehren bei verschiedenen evangelischen Theologen und ihren Anhängern Anstoß.

Bei den Protestanten machten sich jetzt gegenüber dem unmittelbar dem christlichen Leben dienenden lehrhaften und erbaulichen Schrifttum der Reformationszeit immer mehr Schriften breit, die sich in Spitzfindigkeiten verloren und in persönliche Rechthaberei mit engstirnigen Parteibildungen ausarteten, eine Erscheinung, wie sie von jeher und immer wieder in der Geschichte der Religionen und Kirchen zu beobachten ist. Auch der in solchen Fällen übliche Zwist blieb nicht aus, ob an den Äußerungen des ersten Hauptes einer neuen Bewegung unter allen Umständen buchstäblich festzuhalten sei, oder ob je nach Lage der Dinge davon abgegangen werden dürfe. Während Philipp Melanchthon und viele mit und nach ihm mit einer gewissen Selbständigkeit und Freiheit den jeweiligen Verhältnissen Rechnung zu tragen suchten und auf den weiteren Ausbau der Lehre und der kirchlichen Einrichtungen bedacht waren, brandmarkten der aus Albona in Istrien zugewanderte Matthias Flacius und seine Anhänger jede wirkliche und vermeintliche Abweichung von Luther als Sektiererei. Beides vermehrte die Streitigkeiten und versteifte die Gegensätze, der „Philippismus" infolge des ihm von vorneherein innewohnenden subjektiven Elementes, der „Flacianismus", weil sich an den Sätzen eines jeden Meisters herumdeuten läßt, und gar an denen eines Luther, der nichts weniger als ein Religionsstifter sein wollte, keinen systematischen Lehraufbau hinterließ, und dessen zum großen Teil von seinem leidenschaftlichen Temperament, von den Erregungen und Stimmungen der schöpferischen Stunde zeugende Worte und Schriften keineswegs frei von Widersprüchen sind.

War den Reichsständen für sich und ihre Gebiete die schwerwiegende Entscheidung anheimgegeben, ob katholisch oder evangelisch, so erst recht die Wahl der theologischen

Richtung innerhalb des Protestantismus. Reichsgesetzlich war allerdings nur das Augsburgische Bekenntnis zugelassen, und so versuchte eine größere Zahl evangelischer Fürsten bei einer Zusammenkunft in Frankfurt im Frühjahr 1558 und einer zweiten zu Naumburg im Januar 1561, wenigstens nach außen hin eine Einigung aller protestantischen Reichsstände auf der Grundlage der Augustana zu erzielen. Von der Naumburger Tagung wurden alle Theologen ferngehalten, da ihr blindwütiger Eifer doch nur das Friedenswerk gestört hätte, auch ward von vornherein erklärt, daß man keinerlei Lehrmeinung der Evangelischen verurteilen wollte. Am heftigsten prallten zu Naumburg die Meinungen darüber aufeinander, welche Ausgabe der Augustana als maßgebend gelten solle. Schließlich einigte sich die Mehrzahl der an der Tagung Beteiligten dahin, daß die Ausgabe von 1531 für alle Protestanten im Reiche verbindlich sei und die „Variata" von 1540 eine „stattlichere und ausführlichere Wiederholung" der Erstausgabe darstelle. Obwohl nicht alle protestantischen Reichsstände dem Beschluß der Naumburger Tagung beitraten, war nun doch verhütet worden, daß eine der deutschen evangelischen Landeskirchen wegen ihrer theologischen Richtung ohne weiteres als zu den Reichsgesetzen in Widerspruch stehend bezeichnet werden konnte, denn mit der Augustana-Ausgabe von 1531 oder der von 1540 stimmte jede der Landeskirchen wenigstens einigermaßen überein.

Damit war freilich künftigen Streitigkeiten über die Rechtmäßigkeit einer kalvinischen Landeskirche im Reiche der Boden nicht entzogen. Die Katholiken verabscheuten den Kalvinismus noch mehr als das Luthertum, weil er sich in verschiedenen Punkten noch weiter von der altkirchlichen Lehre entfernte, und die Erbitterung der Lutheraner gegen die Kalvinisten übertraf nicht selten die gegen die Katholiken. Bisher waren nur verhältnismäßig wenig Kalvinisten im Westen des Reiches aufgetaucht, nun aber ging Friedrich III. von der Pfalz, als Kurfürst einer der ersten Fürsten des Reiches, seit ungefähr 1560 daran, in seinem Lande ein Bekenntnis einzuführen, das einen kalvinistischen Einschlag hatte. Kaiser Ferdinand verbot dies dem Kurfürsten Friedrich als eine gegen die Reichsgesetze verstoßende Neuerung. Da sich aber Friedrich und andere Reichsstände, die um diese Zeit sich dem Kalvinismus näherten, darunter namentlich die rheinischen und wetterauischen Grafen, zur Augustana, wenn auch nur in der Form der „Variata" bekannten, kam es nicht zur Bekämpfung der Kalvinisten auf Grund der Reichsgesetze. Auch die niederrheinischen Gemeinden in Jülich, Kleve und Berg, die nicht über das Luthertum, sondern durch niederländische Flüchtlinge für den Protestantismus gewonnen waren, vermochten sich zu behaupten. Diese Gemeinden „unter dem Kreuz" waren die einzig rein kalvinischen in Deutschland, sie organisierten sich von unten her ohne landesherrliche Bevormundung im Geiste Calvins. Ihr vorbildliches Gemeindeleben und ihre Armenpflege haben später, im 19. Jahrhundert, den Anstoß zum Ausbau der Presbyterial- und Synodalverfassung und der Diakonissenanstalten in den lutherischen Landeskirchen gegeben.

Die theologischen Meinungsverschiedenheiten der evangelischen Landesherren, ebenso die gegensätzliche Einstellung der Alt- und Neuprotestanten zum Augsburger Religionsfrieden spielten vielfach auch in die Innen- und Außenpolitik hinein. Die Altprotestanten, das waren jene Reichsstände, welche die Reformation in ihren

Ländern schon vor 1555 durchgeführt hatten, betrachteten den Augsburger Religionsfrieden in Erinnerung an die schweren, oft aussichtslos scheinenden Kämpfe eines Menschenalters, die er gekostet hatte, als ein kostbares Gut, das nicht gefährdet werden durfte. In der Tat war es einem seit Jahrhunderten geltenden Rechtszustand gegenüber etwas Unerhörtes, daß der Anhänger einer von der katholischen Kirche feierlich verdammten Lehre nicht bloß keine Verfolgung als Ketzer von Reichs wegen mehr zu befürchten hatte, sondern ihn sogar das Reich in dem Recht beschützte, sich zu einem vom Papst verpönten Glauben zu bekennen. Da ist es wohl zu verstehen, daß jene, die diesen Kampf durchgefochten hatten, besorgten, ein weiteres Vorwärtsdrängen würde einen alle bisherigen Erfolge in Frage stellenden Rückschlag zur Folge haben. Anders dachten die Neuprotestanten. Für sie, die jetzt von der Grundlage des Religionsfriedens aus zur völligen Durchführung der zuvor nur mehr oder weniger in die Wege geleiteten Reformation ihres Landes schritten oder sich überhaupt erst zur Annahme des evangelischen Glaubens entschlossen, war der Augsburger Religionsfriede nicht ein Abschluß, sondern ein Anfang. Sie suchten die Altprotestanten zu bewegen, mit ihnen auf die Aufhebung des geistlichen Vorbehaltes und aller sonstigen die Ausbreitung des Protestantismus hemmenden Bestimmungen hinzuarbeiten; ehe dieses Ziel erreicht sei, sollte kein evangelischer Reichsstand sich an Reichstagsverhandlungen beteiligen, was eine Lahmlegung des wichtigsten Organes der Reichsregierung bedeutet hätte. Die Altprotestanten ließen sich auf derartige, ihrer Meinung nach höchst bedenkliche Vorschläge nicht ein, und so entstand eine die Gesamtinteressen des Protestantismus schädigende Spannung zwischen Alt- und Neuprotestanten.

Das Haupt der Altprotestanten war Kurfürst August I. von Sachsen; er regierte 1553—1586. Für die Führerstellung unter den Altprotestanten war er besonders geeignet als Inhaber des Landes, von dem die evangelische Lehre ihren Ausgang genommen hatte, als Hüter der Tradition von Wittenberg, wo Melanchthon bis zu seinem Lebensende im Jahre 1560 wirkte, und als der wegen seines Reichtums — er besaß zahlreiche vorzüglich verwaltete Domänen und ertragreiche Bergwerke — und wegen seines Geschickes bei Verhandlungen angesehenste Reichsfürst. Unter den Fürsten, auch den katholischen, hatte er einige Freunde, sonst war der immer auf seinen Vorteil bedachte und ihn auch auf krummen Wegen und mit kleinlichen Mitteln erstrebende Mann allerdings wenig beliebt. Den längere Zeit unentschlossen zwischen der Beibehaltung des katholischen und der Annahme des evangelischen Glaubens schwankenden Kurfürsten Joachim II. von Brandenburg gewann Kurfürst August endgültig für den Protestantismus und für den Anschluß an die altprotestantische Partei. Andererseits schloß sich Kurfürst August, soweit es sein evangelischer Standpunkt nur irgend zuließ, an die Habsburger an. Da er und Kurfürst Joachim mit ihrer Hilfe für Kursachsen und Brandenburg Sondervorteile zu erlangen trachteten, minderten sie die Stoßkraft des Gesamtprotestantismus und trugen dazu bei, daß sich der Katholizismus allmählich zu Gegenschlägen zu rüsten vermochte. Ihrer ganzen Einstellung nach neigten die Altprotestanten dazu, bei Streitfällen, wie sie sich besonders aus dem geistlichen Vorbehalt leicht ergeben konnten, lieber nachzugeben als es darüber zu kriegerischen Auseinandersetzungen kommen zu lassen, und im allgemeinen unterstützten auch späterhin Kursachsen und Kurbrandenburg die Politik der Habsburger. Die Altprotestanten vermieden es auch in der Regel, engere Verbindungen mit den außerdeutschen, namentlich den Protestanten Frankreichs einzugehen, schon weil diese der von den Lutheranern so sehr bekämpften Lehre Calvins anhingen.

Den größten Einfluß unter den neuprotestantischen Reichsständen gewann die Kurpfalz. Die Pfälzer Kurfürsten hatten bis zu dem Regierungsantritt Ottheinrichs im Jahre 1556 eine schwankende, den jeweiligen politischen Verhältnissen Rechnung tragende Religionspolitik betrieben, so daß in ihrem Lande verschiedene Richtungen des Protestantismus Fuß fassen konnten; nur Ottheinrich, der Pfalz-Neuburg als Sekundogenitur innehatte, war 1542 entschlossen auf die Seite der Protestanten getreten und hatte sich ihnen im Schmalkaldischen Krieg gegen Karl V. angeschlossen. Für seine Person als Freund Melanchthons Lutheraner, betraute Ottheinrich, nachdem er die Kurpfalz geerbt hatte, doch auch dem Kalvinismus nahestehende Männer mit hohen Regierungs- und Kirchenämtern. Heidelberg, seit langem die Haupt- und Residenzstadt der Kurpfalz, wurde nun der Sitz einer evangelischen Aktionspartei; außerdem nahm mit Ottheinrich der Gegensatz des pfälzischen Zweiges der Wittelsbacher zu den Habsburgern seinen Anfang. Kurfürst Friedrich III., der 1559 Ottheinrich nachfolgte, veranlaßte die Abfassung des Heidelberger Katechismus. Er enthielt Lehrmeinungen sowohl Melanchthons als auch Calvins, aber nicht dessen Prädestinationslehre. Da im Heidelberger Katechismus die Einteilung übersichtlicher und Fragen und Antworten klarer als im Lutherischen abgefaßt waren, fand er weit über das kurpfälzische Gebiet hinaus Verbreitung. Auch für die Kirchenverfassung der Kurpfalz übernahm Friedrich lutherische und kalvinische Einrichtungen. Obwohl er in Lehre und Kirchenregiment eine Mittelstellung zwischen Luthertum und Kalvinismus einnahm, war er doch ganz und gar von dem aktiv vorwärtsdrängenden Geist der Kalvinisten beseelt. Entgegen den Bestimmungen des Augsburger Religionsfriedens führte er den Protestantismus kalvinischer Prägung auch in Gebieten ein, die er gemeinsam mit anderen Reichsständen besaß. Soweit es ihm möglich war, bekämpfte er den Augsburger Religionsfrieden. Mit den französischen Hugenotten stand er in engem Einvernehmen und suchte, freilich vergeblich, die protestantischen Reichsstände für eine Unterstützung der von den Spaniern bedrängten reformierten Niederländer zu gewinnen. Den Einwendungen des Kurfürsten August von Sachsen, man solle den Kalvinisten nicht helfen, hielt er entgegen: „Dem Papste und seinem Anhang gilt es gleich, es sei einer lutherisch oder kalvinisch ... es ist zu besorgen, daß, wenn der päpstliche Hause einmal aufkommen und den Vorstreich erreichen würde, es den Lutheranern und Kalvinischen zugleich gelten und alle für einen Kuchen gerechnet werden möchten. Man solle nur auf das gemeine Werk sehen, denn was heute dem einen geschieht, möchte morgen dem anderen geschehen."

Fortschritte des Protestantismus

Trotz ihrer Lehrstreitigkeiten und ihrer Uneinigkeit in inner- und außenpolitischen Fragen machten die Protestanten noch unter Kaiser Ferdinand I. und seinem Nachfolger Maximilian II. große Fortschritte. Auch jene protestantischen Reichsstände, die den offenen Kampf für die Aufhebung des geistlichen Vorbehaltes ablehnten, verschmähten es nicht, den Weg zu benutzen, der sich zu seiner Umgehung gefunden hatte. Mag immerhin, hieß es, ein katholischer Bischof, der zur evangelischen Lehre übertritt, verpflichtet sein, auf sein Bistum zu verzichten, so gäbe es doch kein Verbot, daß ein bereits evangelisches Domkapitel einen evangelischen Bischof wähle. In Norddeutschland waren bereits viele Domherren evangelisch, und wo die Wahl eines protestantischen Kandidaten nicht glatt durchzugehen schien, halfen oft die Landesherren, in deren Gebiet ein Bistum lag oder an deren Land es angrenzte, mit sanftem Druck oder mit Gewalt nach. Nun versagte zwar die päpstliche Kurie in fast allen derartigen Fällen die auch reichsgesetzlich als notwendig anerkannte Bestätigung, aber auch da wußte man sich auf legale Weise zu helfen. Rom verlangte für die Bestätigung seit alters hohe Gebühren. Unter dem Vorwand, sie nicht sofort bezahlen zu können, bat man den Kaiser um vorläufige Belehnung mit den zum Bistum gehörigen Gebieten und Gerechtsamen auf einige Jahre. Inzwischen „leisteten die Untertanen den Eid, man setzte sich fest, man suchte die Bestätigung in Rom. Erlangte man sie auch nicht, so blieb man im Amte" (Ranke) und verschaffte sich eine Verlängerung des kaiserlichen Lehensindultes. Die Inhaber eines so erworbenen kirchlichen Stiftes führten entweder den Titel eines Erzbischofs, Bischofs, Reichsabtes oder den eines Administrators. Selbst der gut katholische Kaiser Ferdinand I. erteilte solche Lehensindulte.

Fortan wurden im Erzbistum Magdeburg kurbrandenburgische Prinzen zu Administratoren erwählt, in Merseburg, Naumburg und Meißen sächsische. Das Bistum Meißen verschmolz bald ganz mit Sachsen, die Bistümer Brandenburg, Havelberg und Lebus wurden allmählich der kurbrandenburgischen Verwaltung eingegliedert. Das Erzbistum Bremen, die Bistümer Lübeck, Verden, Minden und Halberstadt erhielten meist lutherische Administratoren aus den fürstlichen Häusern Braunschweig, Holstein, Brandenburg und Sachsen. Mit Ausnahme von Hildesheim gerieten alle norddeutschen Bistümer in die Hände protestantischer Administratoren. In den drei Kurerzbistümern Köln, Trier und Mainz konnten die Erzbischöfe längere Zeit wegen ihrer mehr oder weniger zum Protestantismus hinneigenden Domkapitel, deren Mitglieder hauptsächlich evangelischen Geschlechtern des rheinischen Hochadels angehörten, oder mit Rücksicht auf die benachbarten protestantischen Landesherren die Verbreitung der evangelischen Lehre nicht hindern, manche dieser Kirchenfürsten kümmerten sich überhaupt kaum um die religiösen Angelegenheiten ihres Gebietes. In Baiern hingen auch jetzt noch zahlreiche Adelsgeschlechter der neuen Lehre an. Die verhältnismäßig wenigen Reichsstädte, die fast ganz katholisch geblieben waren, strengten sich in der Regel nicht sehr an, Andersgläubige fernzuhalten; der Kölner Stadtrat zum Beispiel ließ die aus den Niederlanden zugewanderten Reformierten im großen und ganzen gewähren, da ihre Ausweisung Gewerbe und Handel von Köln geschädigt hätte. Selbst in den österreichischen Erblanden war die weitere Ausbreitung des Protestantismus nicht aufzuhalten; eine Abordnung österreichischer Landstände konnte trotz des Grundsatzes „cuius regio eius religio" auf dem Regensburger Reichstag von 1556 erklären, vordringlicher als die Beratungen über die Leistungen der Reichsstände für den Krieg gegen die Türken sei die Gewährung der Religionsfreiheit auch an die Landstände.

Kaiser Ferdinand nahm das Anwachsen des Protestantismus in seinen Erbländern keineswegs gleichmütig hin. Er war von der Wahrheit der katholischen Lehre vollkommen überzeugt und seiner Kirche treu ergeben; in seinen jüngeren Jahren hatte er sich als heftiger Gegner Luthers gezeigt, und auch später noch äußerte er sich gelegentlich abfällig über diejenigen, die sich von der allgemeinen, der katholischen Kirche absonderten. Aber blinder Glaubensfanatismus, der Menschen und Dinge einzig nach dem Bekenntnis beurteilt, lag dem Kaiser seinem ganzen Wesen nach ferne. Persönlichen Einfluß konnten bei ihm nur Männer von unbescholtenem Lebenswandel erlangen, und war solch ein Mann an seinem Hofe oder in seiner Umgebung Lutheraner, dann tat Ferdinand, als wüßte er nichts davon. Daß er über so manches hinwegsehen konnte, was mit seiner eigenen Glaubensauffassung nicht in Einklang stand, und daß man wußte, man könne sich auf sein Wort verlassen, dem verdankte er vor allem seine Erfolge als Vermittler zwischen den Katholiken und den Protestanten. Unbillig aber wäre es, ihm daraus einen Vorwurf zu machen, daß er als Kaiser und Landesherr den Katholizismus förderte. Im Augsburger Religionsfrieden war keineswegs der Protestantismus dem Katholizismus grundsätzlich gleichgestellt und die Idee von dem römischen Kaisertum als dem weltlichen Haupt der gesamten Christenheit aufgegeben worden; den sich zur Augsburgischen Konfession bekennenden Reichsständen wurde bloß aus Gründen der Staatsnotwendigkeit religiöse Duldung reichsrechtlich zugesichert. Auch jetzt noch verlangte die Wahlkapitulation vom Kaiser den Schutz des Papstes und der Kirche. Keiner der Kurfürsten hatte bei der Kaiserproklamation Ferdinands dagegen Einspruch erhoben. Dem Adel und den Städten seiner Erbländer bewilligte Ferdinand lediglich mit Rücksicht auf ihre ihm so bitter nötige Beihilfe gegen die Türken das Abendmahl in beiderlei Gestalt und die Priesterehe. Im übrigen drang er darauf, daß sich seine Untertanen an die Glaubenslehren und die Einrichtungen der katholischen Kirche hielten, womit er, ebenso wie mit der Durchführung der Beschlüsse des Konzils von Trient und der Begünstigung der Jesuiten, nur von dem ihm so gut wie jedem anderen deutschen Fürsten zustehenden Recht des „cuius regio eius religio" Gebrauch machte.

Das Konzil von Trient

Das in drei Sitzungsperioden, vom 13. Dezember 1545 bis 11. März 1547, vom 1. Mai 1551 bis 28. April 1552 und vom 13. Januar 1562 bis zum 4. Dezember 1563 abgehaltene Konzil von Trient zeitigte in wesentlichen Punkten andere Ergebnisse, als diejenigen erwarteten, die seit langem am meisten auf die Einberufung einer das ganze christliche Abendland umfassenden Kirchenversammlung hingedrängt hatten. Das waren zunächst die Vertreter des konziliaren Gedankens. Nach ihrer Auffassung sollte ein Konzil die allgemein als unbedingt notwendig empfundene Reform der Kirche, besonders des päpstlichen Hofes und der römischen Kurie, in

Angriff nehmen. Nach Ausbruch der Glaubensspaltung erhofften sodann viele ihre Beilegung durch ein Konzil und betrachteten es als eine seiner Hauptaufgaben, die Glaubenslehren möglichst so zu formulieren und die kirchlichen Einrichtungen so zu gestalten, daß damit auch die Protestanten guten Willens einverstanden sein könnten; sowohl Karl V. als auch Ferdinand I. traten hierfür ein. Aber auf dem Konzil von Trient setzte sich eine mit den ursprünglichen deutschen Reformwünschen nicht übereinstimmende Richtung durch.

Die heikle, seit dem 15. Jahrhundert die Gemüter stark erregende Frage, ob der Papst über dem Konzile oder dieses über dem Papst stehe, wurde zwar theoretisch nicht entschieden; da aber dem Papste die Auslegung und Ergänzung der Konzilsbeschlüsse überlassen wurde und er eine unter seiner Leitung stehende Kardinalskongregation einrichtete „pro interpretatione et executione sacrosancti concilii Tridentini", bedeutete das Konzil von Trient einen entscheidenden Schritt weiter zum Ausbau des päpstlichen Absolutismus. Das war das genaue Gegenteil von dem, was den Deutschen bei ihrer Forderung nach einem allgemeinen Konzil vorgeschwebt hatte. Von einer durchgreifenden Reform des päpstlichen Hofes und der päpstlichen Kurie wurde gemäß der, allerdings nicht offen ausgesprochenen, Auffassung abgesehen, daß das Konzil dem Papste nicht übergeordnet sei. Bei den Lehrfestsetzungen über Tradition und Schrift, über Erbsünde und Rechtfertigung und über Kirche und Sakramente wurde nicht eine Vermittlung zwischen dem katholischen und dem evangelischen Standpunkt angestrebt, vielmehr wurden auf der Grundlage des mittelalterlich-scholastischen Systems die katholischen Dogmen den evangelischen Lehrmeinungen schroff entgegengestellt und diese feierlich verurteilt. Im Kampf wider den Protestantismus ist sich die römische Kirche ihrer Eigenart voll bewußt geworden und hat dem mit den Beschlüssen des Konzils von Trient in einer für die Katholiken bis auf den heutigen Tag verbindlichen Form Ausdruck gegeben.

Die Abwehr der mit der Reformation hochgekommenen Ideen und Bestrebungen war nicht das einzige Ziel des Konzils von Trient. Die Kirche selbst, das heißt ihre Lehre und ihren hierarchischen Aufbau, hielt das Konzil nicht für reformbedürftig, wohl aber das kirchliche Leben. Und dafür traf das Konzil von Trient mit seinen Reformdekreten derart einschneidende Bestimmungen, daß es zur Grenzscheide zwischen dem mittelalterlichen und dem neuzeitlichen Katholizismus geworden ist. Eine Hauptquelle der kirchlichen Mißstände des Mittelalters war die unzulängliche wissenschaftliche und sittliche Bildung der großen Masse der Weltgeistlichen. Nur verhältnismäßig wenige von ihnen hatten Universitäten besucht, und die an den hohen Schulen herrschenden Zustände eigneten sich im allgemeinen wenig für die Vorbereitung auf den geistlichen Stand. Häufig erlernten die Pfarrer ihren Beruf in ungefähr derselben Weise wie die Handwerker und übten ihn zunächst als „Pfarrgesellen" aus. Das Konzil von Trient gebot nun den Bischöfen die Errichtung von Priesterseminaren, in denen eine für den Bischofssprengel ausreichende Zahl von Klerikern ihre wissenschaftliche und praktische Ausbildung erhalten sollte; auch die übrigen Voraussetzungen für die Erteilung der Priesterweihe wurden genauer bestimmt.

Bei den fortan regelmäßig abzuhaltenden Visitationen der Pfarreien war der Lebenswandel der Geistlichen und ihre Amtsführung zu prüfen. Die Pfarrer hatten dafür zu sorgen und darüber zu wachen, daß die Laien wenigstens einmal im Jahr beichteten und das Abendmahl empfingen und jeden Sonntag zur Messe gingen, außerdem wurde den Pfarrern die Pflicht der Sonntagspredigt nachdrücklich eingeschärft. Die Predigten sollten sich in erster Linie mit der christlichen Sittenlehre, mit der Erklärung der Messe und ähnlichem befassen, die für die Laien unfruchtbaren oder gar gefährlichen dogmatischen und theologischen Streitfragen aber übergehen. Für die Gültigkeit der Ehe wurde ihr Abschluß vor dem zuständigen Pfarrer und zwei oder drei Zeugen vorgeschrieben. Die bischöfliche Gewalt wurde zur Hebung der kirchlichen Zucht straffer zentralisiert, und die Domkapitel und in mancher Beziehung auch die Klöster wurden, besonders in der Ausübung der Seelsorge, den Bischöfen untergeordnet. Von den Auswüchsen, die sich im Laufe der Jahrhunderte bei der Besetzung geistlicher Stellen herausgebildet hatten, wurden wenigstens die schlimmsten beseitigt. Jeder neue Bischof hatte auf einen Auszug aus den Bestimmungen des Konzils von Trient, auf die „Professio fidei Tridentinae“, als auf das nun verbindliche Glaubensbekenntnis und die Richtschnur des Kirchenregimentes einen Eid abzulegen. Mit all dem hat sich die römische Kirche für ihr inneres Leben eine derart feste Grundlage geschaffen, wie sie sie vordem in solch umfassender Weise nie besessen hatte.

Trotzdem waren die Aussichten für eine Wiedererstarkung des Katholizismus in Deutschland zunächst gering. Die römische Kirche hatte hier nicht bloß in sehr großem Ausmaße Raum, Menschen und Kräfte an den Protestantismus verloren; nach diesen schweren Einbußen — in Norddeutschland gab es kein katholisches Fürstenhaus mehr — verfiel auch noch der ihr verbliebene Rest immer mehr einem, wie es schien, unheilbaren Siechtum. Selbst in Baiern, wo sich dank der Maßnahmen des von 1508 bis 1550 regierenden Herzogs Wilhelm IV. der Katholizismus von allen deutschen Ländern am besten behauptet hatte, waren infolge Priestermangels zahlreiche geistliche Stellen nicht besetzt. Bei den Visitationen eines beträchtlichen Teiles der bairischen Pfarreien im Jahre 1541 wurde festgestellt, ungefähr die Hälfte der Geistlichen habe „die Köchin als Konkubine und Kinder von ihr, wobei in Betracht kommt, daß ein ansehnlicher Teil der übrigen durch bejahrte Herren gebildet wird“. Daneben finden sich Rügen wie: „mit der Predigt geht es schlecht genug zu“, „ist oft bezecht“, „ist gern trunken“, „hat sich mit Branntwein angefüllt und gleich danach Messe gelesen“. Die Universität von Ingolstadt war die einzige bedeutendere deutsche Hochschule, auf der damals die altgläubige Richtung vorherrschte, und auch da gab es nur noch e i n e n Theologieprofessor, den alten Johann Eck, den bekannten Gegner Luthers. Unter diesen Umständen konnten die Beschlüsse und Dekrete des Konzils von Trient für Deutschland nur dann wirksam werden, wenn Kräfte von außen den Boden hierfür bearbeiteten. Sie standen in den Jesuiten bereit. Zwei von ihnen, Lainez und Salmeron, hatten schon auf dem Konzil von Trient als beratende Theologen im Sinne des Papstes eine ungemein rege Tätigkeit entfaltet, und ihnen vor allen ist es gelungen, daß bei den Formulierungen der Glaubenslehren jeder Anklang an protestantische Auffassungen vermieden wurde und ein sorgfältig abgewogener Ausgleich zwischen den verschiedenen Richtungen der mittelalterlichen Theologie zustande kam.

Die Jesuiten

Obwohl erbitterte Gegner aller irgendwie vom Geiste des Protestantismus berührten Neuerungen, waren die Jesuiten bei ihrem ersten Auftreten in Spanien, Paris und Rom den kirchlichen Behörden als der Ketzerei verdächtige Neuerer erschienen. Ihre Rechtgläubigkeit und ihren kirchlichen Gehorsam nachzuweisen, fiel den Jesuiten nun freilich leicht. Der Gründer ihrer Genossenschaft, Ignatius von Loyola, vertrat keine auffallenden theologischen Lehrmeinungen und setzte sich keine zur bisherigen Tradition in Widerspruch stehenden Ziele, der Inhalt seines Denkens und Wollens bewegte sich durchaus in den alten Bahnen des römischen Katholizismus. Nicht einmal der vielberufene Kadavergehorsam war etwas grundsätzlich Neues. Schon tausend Jahre vor Ignatius hatte Benedikt von Nursia in seiner Regel erklärt, der Mönch dürfe weder seinen Körper noch seinen Willen frei gebrauchen, habe nach dem Urteil und Befehl seines Oberen zu leben und jeden von dessen Aufträgen, selbst wenn etwas „Unmögliches" verlangt werde, auf der Stelle auszuführen, als wenn es sich um ein göttliches Gebot handle. Und dem jesuitischen Wahlspruch „Omnia ad maiorem Dei gloriam" war das benediktinische „Ut in omnibus Deus glorificetur", damit Gott in allem verherrlicht werde, längst vorausgegangen.

Unerhört neu aber war die mit äußerster Folgerichtigkeit von den Jesuiten durchgeführte innere Politisierung des römischen Katholizismus, das heißt die Auffassung der Gloria Dei analog der irdischen Herrscherherrlichkeit, die offensichtlich auf den Edelknaben Ignatius an dem Hofe des spanischen Königs Ferdinand des Katholischen einen gewaltigen Eindruck gemacht hatte, und die völlig unsentimentale Bewertung und Auswertung der im Katholizismus enthaltenen Elemente nach ihrer Zweckdienlichkeit für die also verstandene Gloria Dei. Schon in der Gestaltung des eigenen Lebens und in dem Aufbau der von ihm geschaffenen Organisation zeigte sich bei Ignatius der brennende Ehrgeiz, der untrügliche Blick für die Beurteilung von Verhältnissen und Menschen und die unbeugsame Energie des geborenen Politikers.

Bei der Belagerung von Pamplona durch die Franzosen im Jahre 1521 wurde der damals dreißig Jahre alte Don Inigo Lopez de Ricalde aus der baskischen Adelsfamilie Loyola verwundet. Auf seinem Krankenlager beschäftigte er sich in Gedanken viel mit einer von ihm verehrten Dame, deren Bild sich ihm immer mehr verklärte, und er bat, ihm Ritterromane zur Lektüre zu geben. Man legte ihm aber nur Heiligengeschichten vor und so vertiefte er sich in diese. Sie halfen ihm über die innere Krisis hinweg, daß er, der an einem Bein schwer Verletzte, den Offiziersberuf aufgeben müsse, und zeigten ihm ein anderes, für den gläubigen Spanier höheres Ziel. Wie wäre es, sagte er sich, wenn ich ein Heiliger würde gleich einem Franziskus und Dominikus — ja sie noch überträfe? Er verteilte seinen Besitz an die Armen und erreichte mit unerhörter seelischer Anspannung, daß er ein Heiliger wurde wie die, von denen er in frommen Legenden gelesen hatte; auch die darin mit ausschweifender Phantastik geschilderten Visionen stellten sich bei ihm ein. Die allerseligste Jungfrau Maria mit dem Jesuskinde erschien ihm. Er erkor sie zur Dame seines Herzens nach Ritterart, pilgerte nach Montserrat, hielt vor ihrem Gnadenbilde Fahnenwache und beichtete drei Tage lang die Sünden seines bisherigen Lebens. Dann machte er sich auf zur Wallfahrt nach Jerusalem, aber die an der Küste wütende Pest zwang ihn, in Manresa zu verweilen.

Das Stillhalten nach den Erschütterungen des vergangenen Jahres wühlte das Innere des seiner ganzen Natur nach zur Tat drängenden Mannes vollends auf. Ruhelos durchforschte er sein Gewissen und kasteite zur Buße seinen Leib aufs äußerste. Die christlichen Dogmen gestalteten sich ihm zu visionären Gebilden, die Höhen des Himmels öffneten sich ihm und die Tiefen der Hölle taten sich vor ihm auf. Nach einem halben Jahr überkam ihn, wie er selbst berichtet, ein Ekel vor dieser Qual, und es drängte ihn, diese Pein aufzugeben. Zugleich ging er aber auch daran, das furchtbare innere Ringen dieser Monate, das ihn bis an den Rand der Selbstvernichtung geführt hatte, fruchtbar zu machen für die Gloria Dei. Mit der Seelenkenntnis eines Menschen, der unter scharfsichtiger Selbstbeobachtung das Licht und das Dunkel der katholischen Glaubenswelt durchschritten und durchlitten hat, und mit der Meisterschaft eines Politikers, der jedes einzelne gemäß seiner Wirkungskraft zur Geltung bringen und einem einzigen großen Ziele unterzuordnen weiß, schuf Ignatius zu Manresa seine „Exercitia spiritualia", sein Exerzierbuch für die geistige und seelische Ausbildung des seine ganze Existenz in den Dienst der Gloria Dei stellenden kämpferischen Heiligen.

Die „Exercitia spiritualia" sind zugleich ein Erbauungsbuch und ein Exerzierreglement für die Hand des Exerzitienleiters, des geistlichen Unteroffiziers. Nach ihrer ursprünglichen Form sind die „Geistlichen Übungen" jeweils vier Wochen lang in völliger Weltabgeschiedenheit vorzunehmen und nicht bloß für die Jesuiten, sondern auch für Katholiken aller Stände bestimmt, insbesondere natürlich für die Geistlichen. Später haben neben den Jesuiten vielfach auch andere Ordenspriester und Weltgeistliche die Leitung von Exerzitien übernommen und ihre Durchführung den jeweiligen Verhältnissen angepaßt. Sehr oft wurden und werden sie in verkürzter Form, in zehn oder in drei Tagen abgehalten. Durch die „Exercitia spiritualia" des heiligen Ignatius vor allem ist der Geist des Jesuitismus in die katholische Welt eingedrungen. Seine zweckvolle politische Wendigkeit ist unbestritten. Dagegen scheint die Heiligkeit des jesuitischen Systems, das ist das Streben nach christlicher Vollkommenheit, vielen, insbesondere den Nichtkatholiken, sehr fraglich. Ein Blick in die „Exercitia spiritualia" zeigt jedoch, daß ihr Kern und Stern tatsächlich Heiligkeit ist.

Das katholische Frömmigkeits- und Heiligkeitsideal bildet die geistige und seelische Substanz des Jesuitismus, und ohne sie hätte er nicht jahrhundertelang außerordentliche Erfolge zu erzielen vermocht, wie denn keine Politik ohne ein hochgespanntes Ideal und ohne einen die Sehnsucht zahlreicher Menschen erfüllenden Inhalt dauernde Wirkungen hervorbringt. Aber christliche Heiligkeit mit ihren unbedingten Forderungen nach Wahrhaftigkeit, Feindesliebe und ähnlichem in engster Verbindung mit Politik, nicht bloß dann und wann angewandt, sondern gewissermaßen als Lebensstil, ergibt ein nicht immer harmonisches und sympathisches Gebilde. Außerdem hat der Jesuitismus mit seiner aufs äußerste getriebenen und auf ganz bestimmte Wirkungen berechneten Systematisierung der katholischen Frömmigkeit verschiedene ihrer Formen zur höchsten Entfaltung gebracht, aber auch dem Katholizismus manches von seiner früheren Natürlichkeit, Frische und Weite genommen. Der Jesuitismus ist überhaupt nicht so weitherzig, wie er zuweilen infolge seiner Anpassungsfähigkeit erscheint; wo er uneingeschränkt herrscht, macht sich bald eine gewisse Enge und Härte fühlbar trotz einer weitgehenden, durch die politische Haltung bedingten Laxheit in der Auffassung des Moralischen. Eine allgemein geschichtliche Bedeutung hat der Jesuitismus dadurch erlangt, daß er den nachtridentinischen Katholizismus, einen der Hauptfaktoren in der Politik und in der Kultur des Barockzeitalters, aufs stärkste beeinflußte. Da die Jesuiten sofort nach der Gründung ihres Ordens auch nach Deutschland vordrangen, ist sie auch für die deutsche Geschichte ein folgenschweres Ereignis geworden.

Die viel erörterte Art des Wirkens der Jesuiten und dessen Ergebnisse sind ohne Kenntnis der Grundlinien der Organisation und des in ihr sich bekundenden Geistes der Gesellschaft Jesu nicht zu verstehen. Nachdem sich Ignatius zu Manresa zu innerer Klarheit durchgerungen hatte, faßte er den Entschluß, sich der Mohammedanermission zu widmen. Während eines kurzen Aufenthaltes im Orient erkannte er, daß hier zur Zeit kein geeignetes Wirkungsfeld für ihn sei und daß ihm die für eine ersprießliche Seelsorgetätigkeit nötigen Kenntnisse fehlten. Er kehrte deshalb nach Spanien zurück und machte, angefangen von der Erlernung des Lateinischen, neun Jahre lang regelrecht den Studiengang eines Theologen durch, zuerst in Alcala und Salamanca und seit 1528 in Paris. Bereits in Spanien begann er damit, in engeren Kreisen seine Exerzitien abzuhalten, in Paris gewann er auf diese Weise mehrere seiner treuesten und fähigsten Jünger. In einer Kirche auf dem Montmartre schloß er sie 1534 zu einem Bunde zusammen. Zwei Jahre später begaben sie sich mit einigen neu gewonnenen Mitgliedern ihrer Genossenschaft nach Venedig, um des Ignatius früheren Plan der Mohammedanermission wiederaufzunehmen; Ignatius ließ sich hier zum Priester weihen.

Wegen des soeben mit der Türkei ausgebrochenen Krieges konnten Ignatius und seine Jünger nicht abfahren; sie reisten deshalb nach Rom. Immer wieder wurden sie gefragt, was sie eigentlich wären, und so nannten sie sich „Compañia de Jesús", die societas Jesu, was man in Deutschland mit „Fähnlein Jesu" übersetzte. Bei ihren Bemühungen, als kirchlicher Orden anerkannt zu werden, stießen sie auf große Schwierigkeiten; 1540 erhielten sie die vorläufige, 1543 die unbedingte päpstliche Bestätigung, Ignatius wurde 1541 zum ersten Ordensgeneral ernannt. Die Mitglieder der Gesellschaft verpflichteten sich zu den drei herkömmlichen Klostergelübden der Armut, der Keuschheit und des Gehorsams und darüber hinaus zu der unmittelbaren Dienstleistung auf päpstlichen Befehl, gleichviel ob sie „zu den Türken geschickt würden oder zu was immer für anderen Ungläubigen, zu irgendwelchen Irrgläubigen oder Gläubigen". Christliche Liebestätigkeit, die aber später mehr in den Hintergrund trat, Predigt, Seelenleitung durch Exerzitien und in der Beichte und Unterricht der Jugend im christlichen Glauben, was allmählich zur Übernahme des gesamten Unterrichts an den höheren Schulen in den katholischen Ländern erweitert wurde, waren die Hauptmittel zur Erreichung des Ordenszieles, der propagatio fidei, der Glaubensausbreitung.

In ihren Niederlassungen, die je nach Aufgaben und Größe verschiedene Bezeichnungen haben — die hauptsächlich für das Studium der Ordensmitglieder bestimmten Häuser heißen Kollegien —, führen die Jesuiten ein gemeinsames Leben; den äußerlichen klösterlichen Verpflichtungen und priesterlichen Standesrücksichten stehen sie jedoch im einzelnen Falle je nach Zweck und Umständen sehr frei gegenüber. Das bis dahin bei allen Mönchsorden übliche gemeinsame Chorgebet lehnte Ignatius für seine Gesellschaft ab; es beansprucht viel Zeit und bietet im allgemeinen keine solch unmittelbare und vielseitige Gelegenheit zu propagandistischer Wirkung wie Kanzel, Beichtstuhl und Schule. Erfordert es eine Aufgabe, dann können einzelne Jesuiten oder eine kleine Gruppe jahrelang außerhalb eines Ordenshauses auch in weltlicher Kleidung leben. Um so straffer sind die Gesamtorganisation und die Überwachung. Die Niederlassungen sind zu Provinzen und je mehrere Provinzen zu Assistenzen zusammengefaßt. Der von den Vorstehern und Deputierten der Provinzen auf Lebenszeit gewählte Jesuitengeneral ist der Alleinherrscher der Gesellschaft, dessen Obere er ernennt. Alle Oberen werden durch die ihnen beigegebenen Konsultoren und Admonitoren überwacht, und für den Jesuiten ist es strengste Gewissenspflicht, jede Verfehlung eines Mitbruders den Oberen zu melden. Nach der Probezeit legen die Jesuiten nur die „Scholastikergelübde", die einfachen Gelübde der Armut, der Keuschheit und des Gehorsams, ab und versprechen, sich später endgültig in die Gesellschaft aufnehmen zu lassen. Die für höhere Studien nicht Geeigneten werden weltliche Koadjutoren, die im wesentlichen den Laienbrüdern der Mönchsorden entsprechen. Die übrigen werden nach einer mehrjährigen Ausbildung zu Priestern geweiht und geistliche Koadjutoren. Von diesen legen die von den Oberen hierfür Bestimmten nach weiteren zwei Jahren das Gelübde der Treue gegen den Papst ab und sind nun eigentliche „Professen". Als Loyola am 31. Juli 1556 starb, waren unter den etwas über tausend Mitgliedern der Gesellschaft Jesu nur fünfunddreißig Professen. Spornt schon dieser allmähliche, in das Belieben des Oberen gestellte Aufstieg zu äußersten Anstrengungen an, so noch mehr die Bestimmung, daß jedes Mitglied jederzeit aus der Gesellschaft entlassen werden kann, während ihm selbst der Austritt nicht freisteht. Die menschlichen Regungen und Bestrebungen der Mitglieder der Gesellschaft werden ganz in den Dienst des Ordens gestellt und, soweit sie seine Zwecke nicht fördern, möglichst unterdrückt.

Trotz sorgfältiger Auswahl bei der Aufnahme und trotz fortwährender weiterer Prüfung bis zur Erhebung in den Stand der Professen hat es den Jesuiten nie an zahlreichem Zugang gefehlt. Die ganz und gar auf Aktivität eingestellte und ihre Mitglieder hierfür aufs trefflichste vorbereitende und einsetzende Gesellschaft Jesu nimmt für sich in Anspruch, im Kampf für die Gloria Dei an der Spitze zu stehen und das Elitekorps des Papsttums und der römischen Kirche zu sein. In deren weltweiter Organisation hat die societas Jesu dank ihrer Erfolge alsbald eine führende Stellung errungen. Im Jahre 1615 zählte sie bereits zweiunddreißig Provinzen, fünfhundertneunundfünfzig Niederlassungen und etwas über dreizehntausend Mitglieder. Einer solchen Genossenschaft anzugehören, lockt tatkräftige Naturen, die mit selbstloser Hingabe oder aus einem mehr oder weniger starken Geltungsbedürfnis heraus von glühendem Eifer für ein hohes Ziel beseelt sind. Da der Gesellschaft Jesu, wie dies in solchem Falle zu sein pflegt, von jeher Männer der einen und der anderen Art angehörten und die meisten etwas von beidem an sich haben, da ferner der Jesuit systematisch zur Selbsterniedrigung der eigenen Person und zu dem stolzen Bewußtsein erzogen wird, ein Mitglied der Gott wohlgefälligsten und der vorzüglichsten Körperschaft auf dem Erdenrund zu sein, und da zu dem allem die Durchsetzung der Religion mit Politik kommt, trägt die Compañia de Jesús den Januskopf des reinen Idealismus und der rücksichtslosen Herrschgier. Daher gingen und gehen die Urteile über den Orden des heiligen Ignatius von jeher weit auseinander.

Die Gesellschaft Jesu ist nicht eigens zur Bekämpfung des Protestantismus gegründet worden, gemäß den ihr von Loyola gestellten Aufgaben war es jedoch selbstverständlich, daß die Jesuiten sich alsbald aufmachten, den Katholizismus in Deutschland neu zu beleben und zum Gegenstoß gegen den Protestantismus auszuholen. Als erster Jesuit erschien in Deutschland Peter Faber. Er kam zu den in Worms 1540 und während des Regensburger Reichstages 1541 abgehaltenen Religionsgesprächen, beteiligte sich indes an ihnen nur wenig. Die Hauptsache war ihm, mit Männern von Rang und Einfluß in Verbindung zu kommen. Wie solche Persönlichkeiten zu behandeln sind, hatte Loyola schon als adliger Page am spanischen Königshofe gelernt und dann auch den Mitgliedern seines Ordens beigebracht. Die von Faber gelegentlich des Regensburger Reichstages veranstalteten Exerzitien fanden solchen Anklang, daß zu seiner Unterstützung zwei weitere Jesuiten nach Regensburg abgesandt wurden. Mit ihnen durchreiste er im folgenden Jahre in Begleitung des päpstlichen Nuntius Morone ganz Deutschland, um sich einen genaueren Einblick in die kirchlichen und politischen Verhältnisse des Reiches zu verschaffen. In Mainz wurde Faber 1543 mit dem jungen Holländer Peter de Hondt, genannt Canisius, bekannt und bewog ihn zum Eintritt in den Orden. Von geistlichen und weltlichen Fürsten gewannen die Jesuiten für sich zunächst Otto Truchseß von Waldburg, der 1543 Bischof von Augsburg wurde und 1544 die Kardinalswürde erhielt, den Mainzer Erzbischof Kardinal Albrecht von Brandenburg, den einstigen Förderer des Humanismus, den Mainzer Weihbischof Helding, Herzog Wilhelm IV. von Baiern und Ferdinand, damals noch römischer König.

In Köln wurde 1544 die erste Niederlassung des Ordens auf deutschem Boden gegründet. Die Jesuiten hatten hier jahrelang gegen den Widerstand des Rates, der Bürgerschaft und der Universität zu kämpfen, obwohl Köln eine der wenigen katholisch gebliebenen großen Reichsstädte war. Die Jesuiten wußten es aber doch auf allerlei Wegen zu erreichen, daß sie an der Universität festen Fuß fassen und ein Gymnasium errichten konnten. Der Kardinal Otto Truchseß, der sich 1546 von Jesuiten auf dem Konzil von Trient vertreten ließ, räumte ihnen das von ihm 1549 in Dillingen gestiftete Priesterseminar ein, das 1554 zu einer Universität ausgebaut wurde. Herzog Wilhelm IV. berief 1549 drei Jesuiten, darunter Canisius, an die nur noch ein Schattendasein fristende theologische Fakultät der Universität Ingolstadt. Da die den Jesuiten vom Herzog zugesagte wirtschaftliche Sicherung nicht zustande kam, sahen sie sich nach einigen Jahren gezwungen, Ingolstadt zu verlassen. Wilhelms Nachfolger, Herzog Albrecht V., holte sie aber 1556 wieder zurück. Sie erhielten eine eigene

Kirche und ein Ordenshaus, stellten Professoren für die Universität, im Jahre 1576 wurde ihnen das „Collegium Albertinum" zur Erziehung künftiger Priester übergeben. In München zogen die Jesuiten im Jahre 1559 ein, ihr 1560 eröffnetes Gymnasium wurde bald von zahlreichen Schülern besucht. Etwas später konnten die Jesuiten auch in Landshut, Landsberg und Straubing Niederlassungen gründen. In einer bairischen Schulordnung von 1569 wurde für alle Gymnasien die Unterrichtsmethode der Jesuiten vorgeschrieben. Am bairischen Hof, dem ersten der völlig unter ihren Einfluß geriet, wußten sie sich besonders dadurch festzusetzen, daß sie, anders als die weltlichen Räte, die Albrecht V. oft bittere Wahrheiten offen ins Gesicht sagten, behutsam und unauffällig auf den Herzog einwirkten, wobei sie sich an die Weisung Loyolas hielten, einem Fürsten nie mit Einwendungen oder Tadel zu begegnen.

Auf Veranlassung König Ferdinands entstand im Jahre 1552 zu Wien ein Jesuitenkolleg mit Canisius als Vorstand. Er wurde einer der vielseitigsten Berater des Königs und Kaisers und entfaltete als Diplomat, Universitäts- und Gymnasialprofessor, auch als Volksmissionar eine ungemein rege Tätigkeit. Die von ihm verfaßten, durch Klarheit und leichte Faßlichkeit ausgezeichneten Katechismen fanden sehr große Verbreitung. Unter Ferdinands Regierung wurden außerdem noch Kollegien zu Innsbruck, Prag, Olmütz in Mähren und Tyrnau in Ungarn errichtet. Bis zum Jahre 1567 zählte Deutschland elf solcher Kollegien, außer den bereits genannten die in Trier, Würzburg, Mainz und Speier. Damit war im ganzen noch katholischen Deutschland und den durch die Habsburger mit ihm eng verbundenen Ländern Böhmen und Ungarn für den jesuitischen Nachwuchs reichlich gesorgt, zumal da sich die Kollegiengründungen weiterhin stetig mehrten.

Die Führung des Jesuitenordens im römisch-päpstlichen Geiste ist durch die Zentralisierung der Gesellschaft Jesu in Rom gesichert, wo der General und die Assistenten von Italien, Frankreich, Spanien, England und Deutschland mit Einschluß von Böhmen, Ungarn und Polen ihren Sitz hatten. Große Hoffnungen für die Durchdringung Deutschlands mit diesem Geiste setzte Loyola außerdem auf das von ihm in Rom 1552 gestiftete „Collegium Germanicum". Hier sollten von Jesuiten deutsche Jünglinge erzogen werden vornehmlich zu dem Zweck, als Weltpriester die Protestanten zur katholischen Kirche zurückzuführen; er gab hierfür in einem 1554 verfaßten Angriffsplan auf das ketzerische Deutschland genaue Anweisungen. Wie schwer es aber war, die Deutschen mit dem Jesuitismus zu befreunden, zeigt neben den fortwährenden Verunglimpfungen und Verdächtigungen der Väter der Gesellschaft Jesu, selbst in Baiern, die Widerspenstigkeit der Zöglinge dieses Kollegs. Schon 1554 sahen sich die Jesuiten gezwungen, die Mehrzahl der deutschen Studenten wegen hartnäckigen Ungehorsams zu entlassen. Das Kolleg geriet gänzlich in Verfall, erst seit seiner Neugründung als „Collegium Germano-Hungaricum" durch Papst Gregor XIII. im Jahre 1573 stellte und stellt es so, wie es sich Ignatius gedacht hatte, Vorkämpfer des Jesuitismus in Deutschland, in neuerer Zeit allerdings mehr innerhalb des Katholizismus als unter Nichtkatholiken.

An den Jesuiten gewannen sodann auch die päpstlichen Gesandtschaften, die Nuntiaturen, eifrige Helfer. Im 16. Jahrhundert erforderte die sich immer mehr verflechtende europäische Politik den Ausbau von eigenen Einrichtungen für die internationale Diplomatie. Die einzelnen Staaten besoldeten im Auslande Geheimagenten und Berichterstatter, die größeren Reiche führten überdies gegenseitig ständige Gesandtschaften ein. Wie von ausländischen Fürsten wurden auch von deutschen neben Adligen und Geistlichen immer mehr bürgerliche Juristen für den diplomatischen Dienst herangezogen, und zwar neben Einheimischen besonders Italiener, da sich die neuen Formen der Diplomatie zuerst an den italienischen Renaissancehöfen des 15. Jahrhunderts ausgebildet hatten. Der römische Hof hatte im Mittelalter für bestimmte Zwecke Legaten nach Deutschland, Frankreich und anderen Ländern entsandt, im 15. Jahrhundert außerdem mit besonderen Aufgaben eigene Nuntiaturen betraut. Diese wurden nun mehr und mehr zu ständigen Gesandtschaften ausgebaut. Ihnen oblag gemäß dem Doppelcharakter des Papsttums als Oberhaupt des Kirchenstaates und aller Katholiken die diplomatische Vertretung ihres Souveräns und die Überwachung der Katholiken in den einzelnen Ländern. Dabei standen über ein Jahrhundert lang die Beaufsichtigung der Durchführung der Konzilsbeschlüsse von Trient und die Rückgewinnung der an den Protestantismus verlorenen Gebiete mit allen Mitteln der Politik im Vordergrunde. Die Jesuiten leisteten als Berater und Beichtväter fürstlicher Persönlichkeiten und als unermüdliche Arbeiter im Geiste des Tridentinums auf allen Gebieten der Seelsorge und der Erziehung den Nuntiaturen vorzügliche Dienste.

Tod Kaiser Ferdinands

Am 25. Juli 1564 schloß Kaiser Ferdinand die Augen für immer. Dank seiner gewinnenden menschlichen Eigenschaften und seiner realpolitischen Einstellung konnte er am Ende seiner Tage auf sein Lebenswerk, anders als sein Bruder Kaiser Karl V., mit Befriedigung zurückblicken. Karl hatte noch einmal die mittelalterliche Idee des Kaisertums zu verwirklichen versucht, hatte das Kaisertum seinem Hause auf dem Erbwege für alle Zeiten zu sichern getrachtet, hatte die Reichsverfassung zugunsten einer Verstärkung der kaiserlichen Gewalt insbesondere in der Außenpolitik abzuändern und die Glaubenseinheit in Deutschland wiederherzustellen unternommen. Mit all dem ist er gescheitert. Ferdinand nahm die völlige Unabhängigkeit der abendländischen Monarchien vom Kaisertum, das Recht der Kurfürsten, den Kaiser zu wählen, die weitgehende Selbständigkeit der Reichsfürsten nach innen und bis zu einem gewissen Grade auch in der auswärtigen Politik und den ständischen Charakter der Reichsverfassung als das Ergebnis einer mehrhundertjährigen Entwicklung hin und fand sich mit der Tatsache ab, daß es nun im Reiche zwei Konfessionen gäbe; nur im stillen hoffte er, irgendwann einmal würden die Protestanten schon wieder zur alten Kirche zurückkehren. Er erreichte damit, daß das Reich zwei Menschenalter hindurch von auswärtigen Kriegen, außer gegen die Türken, und von inneren Erschütterungen verschont blieb, wie sie die Regierungszeit Karls V. erfüllt hatten, und daß die durch den Augsburger Religionsfrieden im wesentlichen zufriedengestellten Altprotestanten kaum weniger als die katholischen Stände zu Kaiser und Reich hielten und weiterhin ihre Stimme bei den Kaiserwahlen einem Habsburger gaben. Mit der Förderung der Jesuiten und der Anerkennung der Tridentiner Reformdekrete gelang es Kaiser

Ferdinand wenigstens für seine österreichischen Erblande die ersten wirkungsvollen Maßnahmen zu der von ihm so sehr ersehnten Rekatholisierung zu treffen.

Diesen Erfolgen steht die Schwächung des Reiches im Westen und im Nordosten (S. 13) unter seiner Regierung gegenüber, doch ist es fraglich, ob er sie auch bei größerer Anstrengung und der Zurückstellung der habsburgischen Sonderinteressen hätte verhüten können. Was er zugunsten der alten Kirche im Reiche und in seinen Erblanden tat, war für ihn als überzeugtem Katholiken selbstverständlich, und seine Verdienste um den konfessionellen Frieden sind um so höher zu bewerten, als er dabei entgegen seinen eigenen Wünschen den Protestanten aus politischer Einsicht erhebliche Zugeständnisse machte. Alles in allem war Ferdinand, gemessen an den Verhältnissen jener Epoche, ein „löblicher Kaiser" und „Vater des Vaterlandes", wie ihn Lazarus von Schwendi nannte, ein deutscher Patriot und Militärschriftsteller, welcher, der künftigen Entwicklung vorauseilend, für die Einführung der allgemeinen Wehrpflicht und für die Aufstellung eines stehenden Heeres eintrat.

DIE REGIERUNGSZEIT MAXIMILIANS II.

Maximilians Charakter und Wahl

Bei Kaiser Karl V. ist von dem Augenblick an, da er als Zwanzigjähriger zum römischen Kaiser gewählt worden war, bis zum Verzicht des Sechsundfünfzigjährigen auf seine Kronen und Reiche kein Wandel des Charakters und der Ziele wahrzunehmen. Ferdinand entwickelte sich, seitdem er als Jüngling von achtzehn Jahren die Regierung der österreichischen Erblande und die Stellvertretung seines Bruders während dessen Abwesenheit vom Reiche übernommen hatte, vom spanischen Prinzen immer mehr zu einem deutschen Fürsten und hielt in seiner Politik, wenn er auch den jeweiligen Verhältnissen Rechnung trug, eine gerade Linie ein. Sein Sohn und Nachfolger Kaiser Maximilian II. erscheint gegenüber dem eindeutigen Wesen seines Vaters und seines Oheims Karl auffallend unausgeglichen und namentlich in der Behandlung der religiösen Fragen, die damals fast immer auch politische waren, widerspruchsvoll. Daher gehen die Meinungen über Kaiser Maximilian bei den neueren Geschichtsschreibern, die sich um die Herausarbeitung seines Charakterbildes bemühten, weit auseinander. Die einen fanden, er habe es wohl ehrlich gemeint, sei aber nicht fähig gewesen, sein Wollen in die Tat umzusetzen, auch sei seinen Bestrebungen um einen friedlichen Ausgleich zwischen den Konfessionen sein Festhalten an bestimmten theologischen Theorien im Wege gestanden. Andere hielten ihn für den Vertreter eines „Kompromißkatholizismus", der darauf abgezielt habe, durch Zurückdrängung der päpstlichen und der bischöflichen Gewalt und durch die Abschaffung verschiedener katholischer Gebräuche eine Einigung zwischen den Altgläubigen und den Evangelischen herbeizuführen; manchem galt er für einen Anhänger der Ideen des Erasmus von Rotterdam, der unter Beiseiteschieben der theologischen Lehrstreitigkeiten das Hauptgewicht auf die Vertiefung und Verinnerlichung des Glaubenslebens und auf die Ausübung der christlichen Liebe legte. Schließlich fehlte es nicht an Stimmen, die ihn für einen Heuchler erklärten, von dem man nicht wisse, ob er, um auf den Thron zu gelangen, seine evangelische Überzeugung geopfert oder immer ein doppeltes Spiel getrieben habe.

Maximilian ist jedoch nicht so schwer zu beurteilen, wie es nach diesen in ihren Ergebnissen so sehr voneinander abweichenden Untersuchungen scheint, von denen jede aber doch wertvolle Beiträge zu seiner Geschichte beigesteuert hat. Um ihm gerecht zu werden, darf nur das einzelne nicht zu sehr betont werden, vielmehr ist von der Persönlichkeit Maximilians als Ganzes auszugehen und zu beobachten, wie sie ihrer Art nach auf die sie umgebenden Verhältnisse und die an sie herantretenden Aufgaben reagierte. Maximilian war reich begabt und fein gebildet, hatte vielseitige geistige Interessen, besaß bestechende Umgangsformen, die ihm, verbunden mit einem natürlichen Wohlwollen, die Zuneigung von Fürsten, Diplomaten und einfachen Leuten gewannen. Er äußerte sich im vertraulichen mündlichen und schriftlichen Verkehr frei und offen, gelegentlich auch mit spöttischen Bemerkungen über ihm und dem Gesprächspartner Mißliebiges, arbeitete ausdauernd und war von brennendem Ehrgeiz beseelt, sich durch ruhmwürdige Taten auszuzeichnen. In seinem Denken, Fühlen und Wollen war er jedoch zu wenig selbständig und überlegen, als daß er auf irgendeinem Gebiete der inneren und äußeren Politik eine entscheidende Wendung herbeizuführen vermocht hätte. Er tat schließlich immer wieder das, was für ihn als den ältesten Sohn des Kaisers, als Kaiser und als Habsburger das Nächstliegende war.

Maximilian ist am 1. August 1527 geboren, in demselben Jahr wie sein Vetter Philipp, der Sohn Kaiser Karls V. Im Jahr 1548 begab sich Maximilian nach Spanien, heiratete Philipps Schwester Maria und mußte auf Wunsch Kaiser Karls zunächst in Spanien bleiben. Maximilian fühlte sich hier unter den steifen Kastilianern wie in der Verbannung, außerdem hatte er den Verdacht, er solle hier kaltgestellt und während seiner Abwesenheit von Deutschland bei den Verhandlungen über die Nachfolge im Kaisertum übergangen werden. Tatsächlich beabsichtigte damals Karl, weil er davon überzeugt war, daß die Verwirklichung der ihm Zeit seines Lebens vorschwebenden Kaiseridee nur dann verbürgt sei, wenn der Kaiser auch über die Machtmittel des spanischen Zweiges der Habsburger verfüge, Ferdinand zum Rücktritt von der römischen Königswürde zu bewegen und Philipp die Anwartschaft auf das Kaisertum zu sichern. Ferdinand erklärte, allerdings mit innerem Widerstreben, er sei bereit, die Wahl seines Neffen Philipp bei den Kurfürsten zu befürworten, aber auch, daß er ohne seinen Sohn Maximilian über diese Angelegenheit nicht weiter verhandeln wolle. So konnte dieser 1550 nach Deutschland zurückkehren. Als er hier ankam, zeigten sich bei ihm Krankheitserscheinungen, die er Vergiftungsversuchen in Spanien zuschrieb. Da die deutschen Fürsten eine Kandidatur Philipps ablehnten, sah sich Kaiser Karl gezwungen, auf die Nachfolge seines Sohnes Philipp im Reiche zu verzichten. Bei Maximilian kam nun zu der Abneigung gegen das spanische Wesen und gegen seinen kaiserlichen Oheim und Schwiegervater die Erbitterung gegen den eigenen Vater, der Karl in der Frage der Thronfolge so weit entgegengekommen war. Überhaupt geriet Maximilian je länger desto mehr in eine oppositionelle Stellung zu seinem Vater, er schien ihm allzu nachgiebig, friedfertig und altmodisch. Andererseits hielt lange Zeit auch Ferdinand von seinem ältesten Sohn nicht viel und ließ ihn nicht, wie dieser wünschte, an den Regierungsgeschäften teilnehmen.

Für einen jungen Prinzen wie Maximilian war es selbstverständlich, daß er sich mit den damals die Gemüter sehr erregenden Fragen eingehend beschäftigte und daß er davon überzeugt war, er sei dazu berufen, einmal die Rolle eines kaiserlichen Reformators zu übernehmen. Ebenso selbstverständlich machte das Neue, die evangelische Lehre, einen starken Eindruck auf ihn. Er berief den lutherisch gesinnten Prediger Pfauser an seinen Hof, las viel in der Bibel, studierte die Schriften Luthers und anderer Reformatoren, unterhielt einen lebhaften Briefwechsel mit vielen protestantischen Fürsten, namentlich mit dem für die Sache des Luthertums in seinem Lande und darüber hinaus rastlos tätigen Herzog Christoph von Württemberg. Auch mit Melanchthon und mit einigen von dessen Widersachern, Anhängern des Flacius, korrespondierte Maximilian. Seinem jugendlichen Überschwang und seiner oppositionellen Stimmung ließ er vor allem in seinen Mitteilungen an Herzog Christoph die Zügel schießen. Er spottete über das „säuberliche Conciliabulum von Trient", nannte dem Herzog Christoph gegenüber die Altgläubigen „unsere Feinde", bezeichnete sich gelegentlich als einen Anhänger der „gereinigten Lehre", deren Verbreitung er mit großer Aufmerksamkeit verfolge, und riet, die Protestanten sollten endlich ihre inneren Zwistigkeiten beilegen, weil man „dadurch dem Papst ganz den Hals absteche". Den geistlichen Vorbehalt seines Vaters im Augsburger Religionsfrieden hielt er, weil den Protestanten teilweise abträglich, für verfehlt. Kaiser Ferdinand, dem manche dieser Äußerungen und vieles von Maximilians Beziehungen zu protestantischen Fürsten zugetragen wurden, hatte nun schwere Bedenken gegen die Nachfolge seines ältesten Sohnes als Kaiser und erwog sogar, ihn ganz zu enterben, da zu befürchten sei, er werde zum Protestantismus übertreten und in den österreichischen Erblanden die evangelische Lehre einführen.

Der Gegensatz zwischen Vater und Sohn hatte sich bis zum Sommer 1560 so zugespitzt, daß Maximilian an Flucht dachte, mehrere protestantische Fürsten um Rat und durch einen Mittelsmann um Beistand bei weiterer Bedrückung bat. Die Antworten waren wenig ermutigend. Herzog Christoph bot dem Prinzen nur an, ihn in seinem Lande aufzunehmen, und Kurfürst Friedrich III. von der Pfalz sagte ihm Schutz für seine Person zu, nicht aber, daß er ihn in der Kaiserfrage unterstützen werde. Kurfürst August von Sachsen erklärte rundweg, seine Pflichten gegen Kaiser und Reich ließen es nicht zu, etwas für ihn zu tun. Unter diesen Umständen zeigte sich Maximilian den abermaligen Mahnungen seines Vaters zugänglich. Das Ausschlaggebende war wohl, daß Maximilian nicht gewillt war, seine ganze politische Zukunft dem Festhalten an einer religiösen Richtung zu opfern, der er mehr im allgemeinen als in ihrem bekenntnishaften Wesen zuneigte, und deren Anhänger in einander heftig bekämpfende Parteien zerfielen. Und wenn er schon an der endgültigen Entscheidungen möglichst ausweichenden und immer wieder auf Ausgleich bedachten Art seines Vaters Anstoß nahm, so bewies Maximilian das Verhalten der protestantischen Freunde in seiner Angelegenheit, daß ihnen erst recht kühner Tatenmut fehlte. Er ging deshalb immer mehr auf die Wünsche seines Vaters ein.

Schließlich erklärte sich Maximilian sogar bereit, vier seiner Söhne, zunächst die beiden ältesten, Rudolf und Ernst, zur Erziehung nach Spanien zu schicken und damit eine sichere Gewähr dafür zu bieten, daß die österreichischen Erblande nicht dem Protestantismus zugeführt würden. Ferdinand söhnte sich daraufhin mit Maximilian aus und setzte sich für seine Wahl zum römischen Könige und künftigen Kaiser ein. Seine bisherigen Ansichten gab Maximilian jedoch nicht völlig auf. Lieber ging er überhaupt nicht zum Abendmahl, als daß er es nur in der einen Gestalt des Brotes empfing, und zuweilen schrieb er noch in der alten Weise über religiöse Probleme an Herzog Christoph. Die Protestanten hielten deshalb das Entgegenkommen gegen den kaiserlichen Vater und Maximilians Gesuch an den Papst, er möge ihm den Empfang des Abendmahls unter beiderlei Gestalt gestatten, nur für kluge Nachgiebigkeit aus politischen Gründen. Davon, daß Maximilian vor den zu Prag versammelten Gesandten der geistlichen Kurfürsten einen feierlichen Eid ablegte, er wolle als ein gehorsamer Sohn der römischen Kirche leben und sterben, wie es seine Vorfahren getan, erfuhren die evangelischen Kurfürsten nichts.

Neben den katholischen geistlichen traten jetzt auch die protestantischen Kurfürsten von Sachsen und Brandenburg für die Wahl Maximilians zum römischen König ein. Nur Friedrich III. von der Pfalz wandte dagegen ein, wenn Maximilian der fünfte habsburgische Kaiser in unmittelbarer Aufeinanderfolge von Vater und Sohn würde, so werde das Kaisertum praktisch im Hause Österreich erblich und die „Libertät", die Freiheit der Reichsstände, durch dessen Übermacht erdrückt werden; vor allem hoffte der Pfälzer, daß er bei Eintreten eines Interregnums in Ausübung des ihm dann nach altem Herkommen zustehenden Reichsvikariates für Süddeutschland seine Reformations- und Säkularisationspläne ungestört durchführen könne. Als aber Friedrich merkte, Maximilian würde trotz seines Einspruches zum römischen König gewählt werden, gab er ihm mit den übrigen Kurfürsten am 27. November 1562 seine Stimme. Als Maximilian einige Tage später im wesentlichen dieselben Kapitulationen wie sein Vater beschwor, darunter auch die, den Papst und die römische Kirche zu schützen, waren die protestantischen Fürsten zwar darüber ungehalten, doch ging die Kaiserwürde nach dem Tode Ferdinands am 25. Juli 1564 ohne jeden Einspruch auf Maximilian über.

Augsburger Reichstag von 1566. Türkenkrieg

Am 12. Oktober 1565 berief Kaiser Maximilian einen Reichstag nach Augsburg, der am 25. März 1566 eröffnet wurde. Kurfürst Friedrich III. hoffte, er könne hier die Aufhebung des geistlichen Vorbehaltes durchsetzen und Maximilian endgültig für die evangelische Sache gewinnen. Aber die überwältigende Mehrheit der protestantischen Reichsstände lehnte es ab, den Kampf um die Aufhebung des geistlichen Vorbehaltes neuerdings aufzunehmen. Der Kaiser griff nun den Pfälzer

Kurfürsten aufs schärfste an. Er hatte es ihm nicht vergessen, daß er seine Wahl zu vereiteln gesucht hatte, außerdem sah er in dessen Hinneigung zu kalvinischen Lehren ein Hindernis für den konfessionellen Ausgleich. Zunächst erklärte Maximilian, er halte sich genau an den Augsburger Religionsfrieden, doch sei es eine Aufgabe dieses Reichstages, Beschlüsse gegen die innerhalb der evangelischen Partei entstandenen Sekten zu fassen. Damit zielte der Kaiser in erster Linie gegen den des Kalvinismus verdächtigen Pfälzer Kurfürsten. Die protestantischen Stände überreichten daraufhin dem Kaiser eine Beschwerdeschrift, worin sie sich gegen die Verhandlung ihrer internen Angelegenheiten auf einem Reichstage und vor allen Ständen verwahrten; überdies gäbe es in evangelischen Landen keine irrgläubigen Sekten, und falls solche auftauchen sollten, würden sie die Landesherren sofort beseitigen.

Jetzt griff der Kaiser den Kurfürsten direkt an. Durch sein Vorgehen in Gebieten gemischten Besitzes (S. 20) habe er den Religionsfrieden verletzt. Sämtliche Stände gaben ihre Zustimmung, daß der Kaiser in solchen Fällen, die ihren Grund in Abweichungen von der Augsburgischen Konfession hätten, nach eigenem Ermessen einzuschreiten habe. Friedrich wurde zu seiner Verantwortung vor den Reichstag geladen. Der Kurfürst bestritt, Kalvinist zu sein, er habe zu Naumburg die Augsburgische Konfession unterschrieben (S. 18). Seine Religion zu ändern verbiete ihm das Gewissen, irre er, so lasse er sich gerne aus der Heiligen Schrift eines Besseren belehren, vielleicht sei der Kaiser selbst sofort hierzu bereit. Der Kurfürst schloß: „Ich getröste mich des, daß mein Heiland Jesus Christus mir samt seinen Gläubigen die so gewisse Verheißung getan hat, daß alles, was ich um seiner Ehre oder Namens willen verlieren werde, mir in jener Welt hundertfältig soll erstattet werden. Tue damit Eurer Kaiserlichen Majestät mich untertänigst zu Gnaden empfehlen." Der Eindruck dieser Rede war so stark, „daß niemand unter den Kur- und Fürsten kein Wort geantwortet hat".

Der Kaiser unternahm noch einen dritten Versuch, dem Kurfürsten beizukommen. Maximilian wandte sich an mehrere evangelische Stände, sie sollten veranlassen, daß Friedrich aus der Liste der Mitglieder der Augsburgischen Konfession gestrichen werde, da er sich zu Naumburg nicht auf deren ursprüngliche Fassung, sondern auf die von 1540 verpflichtet habe. Die Protestanten gaben daraufhin dem Kaiser eine Erklärung ab, Kurfürst Friedrich weiche zwar in dem Artikel vom Abendmahl von der ersten Fassung der Augustana ab, stimme aber in vielen Punkten und so auch in dem Hauptartikel von der Rechtfertigung mit ihr überein. Sie selbst stünden zum Augsburgischen Bekenntnis in seinem „reinen, lauteren Verstande" und würden in ihren Kirchen keine Sekte, auch nicht die kalvinische, dulden. Trotzdem wären sie nicht gewillt, den Kurfürsten oder sonst jemanden aus dem Religionsfrieden auszuschließen, die nur in einigen Artikeln nicht mit ihnen übereinstimmten. Sie gäben auch weder jetzt noch künftig zu, solchen, die nicht zu ihrer Religionspartei gehörten, das Urteil darüber anheimzustellen, wer als Anhänger der Augsburgischen Konfession in ihrem wahren Verstande anzusehen sei. Der Kaiser erwiderte erbittert, bisher habe noch jede Ketzerei in einigen oder mehreren Punkten mit der wahren christlichen Lehre übereingestimmt und sich auf Gottes Wort berufen, wer aber in einer so wichtigen Lehre wie der über das heilige Abendmahl in Widerspruch zum Augsburgischen Bekenntnis stehe, habe keinen Anspruch auf den Religionsfrieden.

Die Protestanten waren sich darüber klar, daß sich bei Anerkennung dieses Grundsatzes leicht Vorwände finden ließen, gegen jeden von ihnen vorzugehen, und da „nunmehr offenbar geworden, was unter solchen Sachen gesucht würde", gaben die evangelischen Reichsstände eine zweite Erklärung ab, in der sie abermals betonten, sie wären keineswegs einverstanden mit einer Verurteilung von Glaubensgenossen im Reiche oder Auslande, die in einigen Artikeln von ihnen abwichen, auch dann nicht, wenn es sich um Kalvinisten handle. Die Reichsstände der Augsburgischen Konfession wollten der Verfolgung Evangelischer nicht Vorschub leisten, auch wäre zu besorgen, daß man ihnen selbst noch unter solchem Schein die katholische Abendmahlslehre von der Transsubstantiation aufdringe. Die Erweiterung des Papsttums aber gedächten sie nicht zu fördern. Obwohl Maximilian über die „wankelmütigen und unbeständigen Leute" sehr erbost war, die schon wiederholt gegen Kurfürst Friedrich als Kalvinisten Stellung genommen hatten, ließ er fortan diese Sache auf sich beruhen. Er war zu sehr auf die Unterstützung aller Reichsstände in dem unmittelbar bevorstehenden Kriege gegen die Türken angewiesen, als daß er es mit den Protestanten hätte verderben dürfen. Er mußte froh sein, daß sie nicht dem Antrage des Kurfürsten Friedrich beistimmten, dem Kaiser die Türkenhilfe zu verweigern, bis er den geistlichen Vorbehalt aufgehoben und auch sonst alles abgestellt habe, worüber sich die Evangelischen beschwert hatten.

Beide Seiten waren über den Verlauf des Reichstages verstimmt, der Kaiser, weil er sein Ziel gegen Kurfürst Friedrich nicht erreicht hatte, die Protestanten, weil sich von Maximilian nicht mehr erwarten ließ, er werde sich gegen sie so verhalten, wie sie früher gehofft hatten. Es schien, durch den Reichstag habe sich nichts geändert. Der Ausgleich der Konfessionen und die Reform des Papsttums, wovon bisher noch immer viel die Rede gewesen, war überhaupt nicht zur Sprache gekommen, und der Augsburger Religionsfrieden mit dem geistlichen Vorbehalt blieb auch weiterhin die Grundlage für das gegenseitige Verhältnis der beiden Konfessionen. Mittelbar hat der Reichstag von 1566 mit den Verhandlungen über den Kurfürsten Friedrich aber doch insofern ein wichtiges Ergebnis gezeitigt, als die evangelischen Stände sich dahin geeinigt hatten, den Ausschluß vom Religionsfrieden wegen des Abweichens von einigen Artikeln der Augustana nicht zu dulden und auch die Protestanten des Auslandes, hauptsächlich Kalvinisten, als Konfessionsverwandte anzuerkennen.

Der Reichstag bewilligte dem Kaiser eine hohe Türkenhilfe, und König Philipp II. von Spanien sowie Papst Pius V. übersandten beträchtliche Geldsummen zum Türkenkriege. Der Sohn Zapolyas, Johann Sigismund Zapolya von Siebenbürgen, hatte nach dem Tode Kaiser Ferdinands den mit ihm abgeschlossenen Waffenstillstand (S. 14) gebrochen und einige Eroberungen gemacht, aus denen ihn der Generalkapitän der deutschen Truppen Lazarus von Schwendi wieder verdrängte. Der greise Sultan Soliman II. der Prächtige eilte mit einem großen Heere Johann Sigismund zu Hilfe. Nach der Einnahme von Gyula starb der Sultan. Bald darauf fiel das von Zriny heldenhaft verteidigte Sziget in die Hände der Türken. Die ursprünglich sechzigtausend Mann starken deutschen Truppen, die schwer unter Krankheit gelitten hatten, liefen auseinander. Maximilian, der sich einst über die Nachgiebigkeit seines Vaters beklagt hatte, schloß am 17. Februar 1568 den Waffenstillstand von Adrianopel ab. Ebenso wie 1562 wurde ein jährlicher Tribut des Kaisers von dreißigtausend Dukaten auf acht Jahre und dazu die Überlassung der wichtigsten Plätze Ungarns an die Türken vereinbart.

Maximilian näherte sich nach dem Reichstag von 1566 noch mehr den Katholiken und dem ihm ehedem so verhaßten König Philipp II. von Spanien. Bei dessen einzigem Sohn mehrten sich die Anzeichen von geistiger Gestörtheit so sehr, daß an seiner Unfähigkeit, dem Vater auf dem Throne zu folgen, nicht mehr gezweifelt werden konnte. So bestand große Aussicht, daß einer der zwei Söhne Maximilians, die sich bereits seit 1563 in Spanien befanden, Philipp beerben würde und Spanien an den österreichischen Zweig der Habsburger fiele. Es war aber undenkbar, daß jemand König von Spanien wurde, dessen Vater der Hinneigung zu Ketzern verdächtig war. Am 24. Juli 1568 starb Don Carlos. Der König hatte ihn zuletzt in strengem Gewahrsam gehalten, die Feinde Philipps sprengten das Gerücht aus, er habe seinen Sohn ermorden lassen. Um Philipp, dessen dritte Gemahlin, eine französische Prinzessin, in demselben Jahre starb, noch mehr an sich zu fesseln, bewog ihn Maximilian, seine Tochter Anna zu heiraten. König Philipp, bisher schon Vetter und Schwager des Kaisers, wurde nun auch dessen Schwiegersohn. Diese enge Verbindung Maximilians mit Philipp wirkte sich für das Reich, insbesondere in den niederländischen Angelegenheiten, nachteilig aus.

Die Niederlande

Kaiser Karl V. hatte die Niederlande seinem Sohne Philipp II. hinterlassen. Nominell gehörten die zu dem burgundischen Kreise zusammengefaßten Provinzen der Niederlande, darunter Brabant, Luxemburg, Geldern, Flandern und Holland, immer noch zum Reiche, obwohl Karl V. 1548 sie aus der Gerichtsbarkeit und Steuerhoheit des Reiches gelöst hatte. König Philipp ging alsbald daran, die Niederlande aufs engste mit Spanien zu verbinden. Er ließ ihnen zwar ihre alte Verfassung, suchte aber durch die Neuorganisation der Generalstände oder Generalstaaten, der von den einzelnen Provinzen gewählten Abgeordneten, eine ständische Zentralverwaltung zu schaffen. Auf den Tagungen der Generalstaaten machte sich jedoch der dem König höchst unerwünschte Partikularismus der Provinzen geltend, und verschiedene Abgeordnete äußerten sich sehr freimütig über das spanische Regime. Auch in der eigentlichen königlichen Zentralbehörde, dem Staatsrat, der sich aus Mitgliedern des niederländischen Hochadels zusammensetzte und der dem Partikularismus der Generalstände entgegenwirken sollte, trat der Gegensatz der die Landesinteressen vertretenden Staatsräte zur spanischen Weltmachtpolitik offen zutage. Die Führer der Opposition im Staatsrat waren Prinz Wilhelm von Oranien, Graf Egmont und Graf Hoorne. Sie setzten sich in Madrid für die Wiedereinberufung der aufgelösten Generalstände und für die Milderung der strengen Religionsgesetze ein. Diese wurden nicht nur von den Protestanten, sondern auch von den niederländischen Katholiken abgelehnt, unter denen die Reformideen des Erasmus von Rotterdam weit verbreitet waren. Der König ging auf die Vorschläge Oraniens, Egmonts und Hoornes nicht ein, ordnete vielmehr in seinen Edikten vom Oktober 1565 genaueste Durchführung der Ketzergesetze an und erklärte, er wolle lieber hunderttausend Leben verlieren als dulden, daß man im geringsten die Religion verändere.

Unter den verschiedenen protestantischen Richtungen in den Niederlanden hatte der Kalvinismus den größten Einfluß erlangt. Mit Loyola und dem Jesuitismus haben Calvin und der Kalvinismus manches gemeinsam, stehen aber auch im schroffsten Gegensatz dazu. Wie Loyola war Calvin von glühendem Eifer für Gottes Ehre beseelt, wollte in deren Dienst den ganzen Menschen, die Gesellschaft und den Staat stellen und war ein Meister der Organisation und Politik. Während aber die Jesuiten gemäß den Jugendeindrücken Loyolas am spanischen Hofe und ihrer eigenen absolutistischen Verfassung, wo immer es nur anging für ihre Zwecke mit den absoluten Souveränen paktierten, lehnte Calvin im Hinblick auf die allbeherrschende, ausschließliche Souveränität Gottes jede unbeschränkte weltliche Herrschergewalt ab; Calvins Staatsideal war die Theokratie, der Gottesstaat auf Erden, den er zunächst in Genf verwirklichen wollte. Wie die katholische Kirche und Luther lehrte Calvin, der einzelne Untertan habe sich der rechtmäßigen Obrigkeit in allen Dingen zu fügen, die nicht gegen Gottes Gebot verstoßen, und dürfe auch in religiösen Angelegenheiten nur einen passiven Widerstand leisten, betonte aber, die Stände hätten das Recht und daher auch die Pflicht zum aktiven Widerstand gegen eine Gottes Gebot mißachtende Regierung. Nun neigte in den hauptsächlichsten Verbreitungsgebieten des Kalvinismus, in Frankreich, Schottland, den Niederlanden, Ungarn und Polen, der gegen die Monarchen frondierende Hochadel großenteils der Lehre Calvins zu, und so ergab sich für die Kalvinisten das Bündnis mit dem ständischen System wie für die Jesuiten der Bund mit dem Absolutismus.

Immer deutlicher zeigte es sich, daß die Kalvinisten in den Ländern, in denen sie Fuß gefaßt hatten, so namentlich in Frankreich und in den Niederlanden, sich ihr Lebensrecht nur in unerbittlichem Kampfe gegen den Monarchen erringen konnten. Die Anhänger Calvins gaben sich deshalb bald nicht mehr mit dem passiven Widerstand und der mehr oder weniger legalen Verteidigung ihrer Sache zufrieden, sondern beriefen sich immer mehr auf die Theorie von der Volkssouveränität und von der Strafgewalt des Volkes gegen die Fürsten. Manchenorts, so besonders in Schottland und in den Niederlanden, traten die niederen Stände, der kleine Landadel, Bürger und Handwerker, am entschiedensten für den Kalvinismus ein und griffen für ihn zu den Waffen. An weltgeschichtlicher Bedeutung überragt die Schöpfung Calvins die Loyolas. Mit ihrer politischen Aktivität, die nicht nur die Künste einer sich aller Mittel bedienenden Diplomatie anwandte, sondern auch Armeen fanatischer Glaubenskämpfer auf die Schlachtfelder führte, mit ihrer harten, kompromißlosen puritanischen Moral und mit ihren wirtschaftlichen Leistungen haben die Kalvinisten noch größere Erfolge errungen als die Jesuiten. In Deutschland ist das kalvinistische Element allerdings in verhältnismäßig geringem Umfange, hauptsächlich in den westlichen Grenzgebieten und durch die aus Frankreich zugewanderten Hugenotten, und fast nur in abgeschwächter Form (S. 18) zur Geltung gekommen. Braucht sich deshalb eine deutsche Geschichte mit dem Wesen des Kalvinismus nicht so eingehend zu befassen wie mit dem Jesuitismus, so war immerhin wenigstens anzudeuten, weshalb der Anstoß zu dem Aufstand in den Niederlanden gegen die Spanier gerade von den Kalvinisten ausging. Dieser Aufstand bot eine sehr günstige aber, hauptsächlich durch die Schuld Kaiser Maximilians II., verpaßte Gelegenheit, die Niederlande wieder enger mit dem Reiche zu verbinden.

Die Religionsedikte König Philipps vom Oktober 1565 riefen in den Niederlanden eine große Erregung hervor. Unter der Führung des Lutheraners Ludwig von Nassau, eines jüngeren Bruders des Prinzen Wilhelm von Oranien, einigte sich der „Adelsbund" im November 1565 auf das „Kompromiß" zum Widerstand gegen die Durchführung des Religionsediktes. Das Kompromiß hatte der zu Genf gebildete Kalvinist Marnix ausgearbeitet, ein Mitglied des niederländischen Landadels. Marnix war von echt kalvinistischem Glaubenseifer gegen den „antichristlichen" Tyrannen Philipp beseelt und trat zugleich für die ständischen Interessen des mittleren Adels ein. Die Opposition enthielt sich zunächst aller Gewalttaten und hoffte durch eine Demonstration ihr Ziel zu erreichen. Am 5. April 1566 erschienen sechshundert Edelleute, geführt von Ludwig von Nassau und dem katholischen Grafen Brederode, vor dem Schloß der Generalstatthalterin Margarethe von Parma, einer Halbschwester König Philipps, um ihr ihre Forderungen vorzulegen. Dabei rief einer der Ratsherrn der Regentin zu, die Demonstranten seien nur Leute vom Betteladel, gueux, woraus der Parteiname Geusen entstand.

Von den aus den Niederlanden geflohenen Kalvinisten kehrten immer mehr zurück, außerhalb der Städte wurde das Volk in Feld und Hain durch die „Heckenprediger" aufgewiegelt. Im August und September 1566 tobte von Westflandern über Brabant, Utrecht und Holland bis Friesland der Bildersturm. Die von den kalvinistischen Predigern fanatisierten Massen zertrümmerten die Heiligenstatuen, zerschnitten die Heiligenbilder und Meßbücher, zerschlugen die kirchlichen Geräte, hüllten sich in die liturgischen Gewänder und berauschten sich am Wein und Bier der Klöster. Marnix rühmte diese Ausschreitungen als Gottesgericht über den Götzendienst. Viele waren jedoch über dieses Treiben empört, und mit einigen Herren des Hochadels dämpfte Wilhelm von Oranien selbst den Aufruhr, erreichte aber auch bei der nun eingeschüchterten Regentin, daß sie den Kalvinisten die Freiheit zu predigen zugestand. Sie waren damit nicht zufrieden. Auf einer Synode zu Antwerpen erklärten sie den bewaffneten Widerstand gegen die Obrigkeit, welche die Landesgesetze verletzte, für erlaubt. Da aber auch ein von Brederode organisierter Aufstand der mit den Kalvinisten verbündeten Stände bald zusammenbrach, hätte eine auf den religiösen Frieden bedachte Politik der Regierung viel zur Entspannung der Gegensätze beitragen können.

Philipp II. verabscheute indes einen Religionsfrieden nach der Art des deutschen und verlangte die unbedingte Unterwerfung aller Ketzer. Sie zu erzwingen entsandte er 1567 mit weitreichenden Vollmachten und mit einem Heere von fast zwanzigtausend Mann den Herzog Alba in die Niederlande. Der vom Herzog eingesetzte „Rat der Unruhen" verfolgte jeden irgendwie ketzerischer Gesinnung Verdächtigen und fällte zahlreiche Bluturteile; auch Egmont und Hoorne wurden hingerichtet. Eine neue Empörung war die Folge. An die Spitze der Aufständischen stellte sich jetzt Prinz Wilhelm I. von Oranien. Er war schon im niederländischen Staatsrat der bedeutendste Führer der Opposition gewesen, hatte sich aber dann, weil er dem Rufe der Kalvinisten im Dezember 1566, den Oberbefehl über das von ihnen und den unzufriedenen Ständen aufgestellte Heer zu übernehmen, nicht folgen wollte, nach Deutschland auf die Bergfeste Dillenburg, das Stammschloß seines Geschlechtes, zurückgezogen, und hatte von hier aus an der diplomatischen und militärischen Vorbereitung für den Befreiungskampf der Niederlande einen hervorragenden Anteil genommen.

Als König Philipp II. im Oktober 1565 das Ersuchen um Milderung der Religionsgesetze mit verschärften Ketzeredikten beantwortet hatte, hatten sich die niederländischen Kalvinisten nach auswärtiger Hilfe umzusehen begonnen. Die Verhandlungen führten hauptsächlich die drei Brüder Wilhelm, Johann und Ludwig des auch in den Niederlanden begüterten Zweiges Dillenburg der Grafen von Nassau. Wilhelm, der in erster Ehe mit einer reichen Niederländerin, in zweiter mit einer Tochter des Kurfürsten Moritz von Sachsen und in vierter mit der Hugenottin Luise von Coligny verheiratet war, hatte 1544 von seinem Vetter Renatus, einem Sohne der Claudia von Orange und des Grafen Heinrich von Nassau-Breda, das in Südostfrankreich gelegene Fürstentum Orange geerbt und deshalb zugunsten seines Bruders Johann auf die Grafschaft Nassau-Dillenburg verzichtet. Ludwig, der jüngste der Brüder, versuchte seit 1565 die niederländischen, deutschen und französischen Protestanten in einem großen Bunde zu vereinigen. Zu diesem Zwecke besuchte er mit seinem Bruder Johann den Augsburger Reichstag von 1566. Sie erreichten dort aber nur, daß die deutschen Protestanten den Vorgängen in den Niederlanden etwas mehr Aufmerksamkeit schenkten; zu einem tatkräftigen Einschreiten konnten sich die bedächtigen und den aktiven Widerstand gegen die Obrigkeit grundsätzlich ablehnenden Lutheraner nicht entschließen. Albas Wüten erregte dann aber selbst bei katholischen Reichsständen schweren Anstoß. Militärische Hilfe leistete jedoch nur der Pfälzer Kurfürst, indem er seinem Sohne Johann Kasimir gestattete, Reiter für Wilhelm von Oranien anzuwerben. Dieser nahm auch selbst deutsche Truppen in Sold und schickte sie unter seinem Bruder Ludwig in die Niederlande.

Kurfürst August von Sachsen, mit dessen Nichte der Oranier vermählt war, forderte Kaiser Maximilian auf, zwischen dem König von Spanien und den Niederländern zu vermitteln. Der Kaiser nahm sich jedoch der niederländischen Angelegenheiten erst etwas an, nachdem im September 1568 die Gesandten der evangelischen und katholischen Kurfürsten bei ihm vorstellig geworden waren, er solle bei König Philipp darauf hinwirken, daß er den niederländischen Protestanten einen Religionsfrieden gleich dem von Augsburg gewähre und ihnen die Auswanderung gestatte. Ein Eingreifen des Kaisers war vor allem deshalb geboten, weil der niederländische Aufstand auf die niederrheinischen Gebiete des Reiches überzugreifen drohte. Überdies forderte Alba das Reich geradezu heraus, als er nach einem Sieg über Oraniens Söldner erklärte, er wolle sie über die deutsche Grenze verfolgen. Der Kaiser verlangte von Alba und Wilhelm, sie sollten einen Waffenstillstand schließen, und von Philipp durch den Erzherzog Karl von Steiermark einen völligen Kurswechsel in den Niederlanden. Der Erzherzog wurde in Madrid schnöde behandelt, der König und Alba wiesen es als schwere Kränkung zurück, sich mit den Empörern auf dieselbe Stufe stellen zu lassen. Der Kaiser lenkte ein, er wollte es wegen der Niederlande nicht zum Bruche mit Philipp kommen lassen und darüber, kurz nach dem Tode des Don Carlos, die Anwartschaft der deutschen Habsburger auf das spanische Erbe einbüßen (S. 38).

Wilhelm von Oranien knüpfte nun durch Coligny mit den französischen Hugenotten an und führte den Krieg zur See durch die verwegenen und fanatischen kalvinistischen Wassergeusen. Im Jahre 1573 trat er vom Katholizismus, in dem ihn sein lutherischer Vater aus politischen Gründen am Hofe Karls V. hatte erziehen lassen, offen zum Kalvinismus über, worauf ihm die Generalstaaten in aller Form den militärischen Oberbefehl und fürstliche Rechte übertrugen. Seit 1575 drang Wilhelm, genannt der Schweiger, auch zu Lande siegreich vor. Im Jahre 1579 schloß er die Provinzen Holland, Seeland, Utrecht, Geldern, Friesland, Oberyssel und Groningen zu dem freien niederländischen Staat zusammen, zu dem später noch als abhängige „Generalitätslande" die nördlichen Teile von Flandern, Brabant und Limburg kamen. Die von Flamen und Wallonen bewohnten katholischen Südprovinzen des burgundischen Kreises hatten sich bereits am 6. Januar 1579 in dem Sonderbund von Arras von Wilhelm dem Schweiger und den Nordprovinzen getrennt und unterwarfen sich endgültig der spanischen Herrschaft.

So verlor das Reich unter Maximilian und teilweise durch seine Schuld den letzten Rest von Einfluß auf die gesamten Niederlande. Die völlige Unabhängigkeit der niederländischen Republik von Deutschland und Spanien wurde allerdings erst 1648 im Westfälischen Frieden anerkannt. Die spanischen Niederlande fielen 1711 an den deutschen Zweig der Habsburger, dem sie bis 1797 verblieben.

Frankreich

Ebenso wurde damals darauf verzichtet, die konfessionellen Händel in Frankreich zum Vorteil des Reiches auszunutzen. Wie in den Niederlanden hatte in Frankreich der Protestantismus zuerst eine mehr lutherische Färbung gehabt, später sich aber, und zwar hier ausschließlich, der Kalvinismus durchgesetzt. Als die Hugenotten, Eidgenossen, so hießen in Frankreich die Kalvinisten, 1562 erstmals zu den Waffen griffen, um sich die Religionsfreiheit zu erkämpfen, suchten sie auch in Deutschland Hilfe, doch führte ihnen nur der Pfalzgraf Wolfgang von Zweibrücken Truppen zu. Im Frieden von Amboise, März 1563, wurde den Hugenotten die freie Ausübung ihrer Religion zugesichert. Sie fühlten sich indes bald wieder bedroht. Als sie 1567 abermals für ihren Glauben ins Feld zogen, ließ der Pfälzer Kurfürst Friedrich III. seinen zweiten Sohn Johann Kasimir mit ungefähr zehntausend Mann zu den Hugenotten stoßen. Der Zuzug der Deutschen glich das Übergewicht der katholischen Armee aus und bewog die ihren Sohn Karl IX. beherrschende Katharina von Medici zum Friedensschluß. Aber noch in demselben Jahre 1568 brach der dritte Religionskrieg in Frankreich aus. Als auch dieser 1570 zugunsten der Hugenotten geendet hatte, gewann deren Führer Coligny Einfluß auf König Karl, der in den Hugenotten Bundesgenossen sah wider die von der katholischen Partei und ihrem Führer Guise zum Nachteil Frankreichs unterstützten Spanier. Das veranlaßte die Königin-Mutter, am 24. August 1572, in der Bartholomäusnacht, Coligny mit ungefähr zweitausend seiner Glaubensgenossen ermorden zu lassen.

Die Folge dieser Bluttat war der vierte Bürgerkrieg, in dem sich die Hugenotten wiederum behaupteten. Am 30. Mai 1574 starb Karl IX. Das Willkürregiment seines Bruders Heinrichs III. bewirkte, daß sich während des 1574 entbrannten Bürgerkrieges auch Katholiken den Hugenotten anschlossen. Dank der ihnen abermals von Johann Kasimir geleisteten Waffenhilfe erreichten die Hugenotten in dem Frieden von Beaulieu 1576 das Zugeständnis der freien Religionsübung in ganz Frankreich mit Ausnahme von Paris. Und noch einmal leistete der Pfalzgraf seinen französischen Glaubensgenossen einen wesentlichen Dienst. Als der damals noch protestantische König Heinrich von Navarra, später König Heinrich IV. von Frankreich, im achten Hugenottenkrieg die Führung hatte, sandte ihm Johann Kasimir unter dem Burggrafen Fabian von Dohna deutsche Truppen. Sie hielten mehrere Abteilungen Heinrichs III. in Schach und ermöglichten so den Sieg Navarras bei Coutras am 20. Oktober 1587, wurden aber bald darauf von Guise bis auf einen geringen Rest aufgerieben.

Die vom Kaiser und selbst von den protestantischen deutschen Fürsten ungern gesehenen Unternehmungen der Pfälzer brachten dem Reiche keinen Vorteil; dagegen hat Frankreich die konfessionelle Spaltung in Deutschland schon unter Karl V. und später, besonders zur Zeit Ludwigs XIV., voll ausgenutzt. Es hätte nahegelegen, während der hugenottischen Unruhen wenigstens Metz, Toul und Verdun, über deren Wegnahme man noch immer empört war, dem Reiche zurückzugewinnen. Eine Unterstützung der Hugenotten durch das Reich hätte Frankreich höchstwahrscheinlich gezwungen, in allen strittigen Punkten nachzugeben. Aber das Reich war bei seiner ständischen Verfassung und unzulänglichen Organisation zu größeren Unternehmungen unfähig. Eine allgemeine Beteiligung der deutschen Protestanten an den Hugenottenkriegen hätte allerdings, auch wenn dies nicht beabsichtigt war, zu einer Stärkung der deutschen Stellung gegenüber Frankreich führen können, doch die lutherischen Fürsten besorgten, ein Bündnis mit den Hugenotten würde die katholischen Reichsstände und außerdeutschen Mächte zur Ausrottung des gesamten Protestantismus auf den Plan rufen, zumal da zu jener Zeit immer wieder Gerüchte über die Vorbereitung einer solchen Koalition auftauchten. Johann Kasimir, wagemutig und immer den Kopf voll weitausschauender Projekte, hätte freilich nichts mehr begrüßt als eine kriegerische Auseinandersetzung zwischen dem gesamten Protestantismus und dem Katholizismus. Der Pfalzgraf, der bei keiner seiner verschiedenen Unternehmungen in den Niederlanden und in Frankreich einen durchschlagenden Erfolg aufzuweisen hatte und nicht gerade in dem Rufe eines in jeder Lage zuverlässigen und schwierigen Verhältnissen gewachsenen Anführers stand, war indes nicht der Mann, der die bedächtigen lutherischen Reichsfürsten für seine ihnen höchst gefährlich und abenteuerlich scheinenden Pläne hätte gewinnen können.

Auf einem ihm eigentlich fernliegenden Gebiete war es dem trinkfesten Pfälzer, der sich selbst gern einen armen Reitersknaben nannte, aber doch beschieden, eine gewissermaßen europäische Sendung zu erfüllen. Nach dem Tode Friedrichs III. fiel die Kurpfalz an Ludwig; für seinen Lieblingssohn Johann Kasimir hatte Friedrich bei der Erbteilung ein kleines Territorium von der Kurpfalz als selbständigen Besitz mit dem weinberühmten Neustadt an der Haardt abgezweigt. Der ältere Bruder führte in der Kurpfalz wieder das Luthertum ein und vertrieb die dem Kalvinismus zuneigenden Professoren von der Universität Heidelberg. Sie wurden von Johann Kasimir freudig aufgenommen und konnten auf dem von ihm zu Neustadt gegründeten Casimirianum ihre Lehrtätigkeit fortsetzen. Bald überflügelte es die Heidelberger Universität und wurde für einige Zeit zur hohen Schule des Kalvinismus aller Länder.

Der siebenjährige Nordische Krieg. Polnische Thronfolge

Günstiger als im Westen schienen sich die Aussichten der deutschen Außenpolitik im Norden zu gestalten. Der Streit um Livland (S. 13) beschwor 1563 den siebenjährigen Nordischen Krieg herauf. Auf der einen Seite stand der mit Lübeck und Sigismund August von Polen verbündete Dänenkönig Friedrich II., auf der anderen Erich XIV. von Schweden, der sich 1561 durch einen zwanzigjährigen Waffenstillstand mit Rußland den Rücken gesichert hatte. Verschiedene Zusammenstöße zu Wasser und zu Lande brachten keine Entscheidung. Mehrere Vermittlungsversuche Frankreichs, des Kaisers und der evangelischen Reichsfürsten scheiterten. Erst ein Aufstand in Schweden im Jahre 1568 gegen König Erich bereitete eine Wendung vor. Erich wurde eingekerkert und an seiner Stelle Johann III. auf den Thron erhoben. Rußland, das die von ihm besetzten livländischen Gebiete noch nicht geräumt hatte, hielt sich jetzt nicht mehr an den Waffenstillstand. Dafür trat Johann III. in ein freundschaftliches Verhältnis zu dem mit ihm verschwägerten Polenkönig Sigismund August. Nachdem 1570 zwischen Polen und Rußland ein Waffenstillstand geschlossen worden war, unterstützte Sigismund August die deutschen Vermittlungsversuche. Am 13. Dezember 1570 wurden zu Stettin unter dem Vorsitz der kaiserlichen Gesandten die Friedensbedingungen unterzeichnet. Dänemark und Schweden, nicht aber Polen erkannten die Lehenshoheit des Reiches über Livland an. Johann III. sollte seine livländischen Eroberungen dem Kaiser zur Verfügung stellen und dafür das Reich Schweden die Kriegskosten ersetzen. Außerdem mußte Schweden Lübeck wieder den freien Handelsverkehr zugestehen, die Ansprüche auf dänisches Gebiet aufgeben und Lübeck und den Dänen eine beträchtliche Entschädigung leisten. Da aber das Reich von der zu Stettin vereinbarten Summe nichts zahlte, erklärte im Jahre 1577, bald nach Maximilians Tod, Johann III. die von ihm immer noch besetzten Teile Livlands, hauptsächlich Estland, als schwedisches Eigentum und den Anspruch des Reiches auf die Lehenshoheit als erloschen. Maximilians Nachfolger unternahm in dieser Angelegenheit keine weiteren Schritte; das Reich war nun aus der nordischen Politik ausgeschaltet. — Siegreiche Vorstöße der Schweden und der Polen verdrängten auch die Russen aus dem Baltikum. Nach Abschluß eines Vertrages im August 1583 zwischen König

Johann III. und Zar Iwan IV. hatten die Russen nur noch einen schmalen Streifen an der Ostsee bei der Narwamündung. Livland war eine Beute der Polen und Schweden geworden; die Dänen behielten nur die Insel Ösel.

Während der Kämpfe um Livland war als ein weiteres nordosteuropäisches Problem, mit dem sich Kaiser und Reich befaßten, die Frage der Nachfolge auf den polnischen Thron aufgetaucht. Der niedere Adel, die Schlachta, hatte 1530 durchgesetzt, daß in Zukunft der Herrscher vom Reichstag gewählt werden müsse, in dem die Schlachta ausschlaggebend war. Solange das Geschlecht der Jagellonen bestand, hatte dies nicht viel zu bedeuten, doch war zu erwarten, daß es mit Sigismund August aussterben werde, als auch dessen dritte Ehe kinderlos blieb. Sigismund August suchte in den letzten zehn Jahren seiner Regierung sein durch die Umtriebe der jeder Reform feindlichen Schlachta erschüttertes Reich zu festigen. Die Selbständigkeit der westpreußischen, im wesentlichen deutschen Städte wurde aufgehoben, und die preußischen Landstände wurden mit dem polnischen Reichstag verschmolzen. Dem König gelang es ferner, das durch Personalunion mit Polen vereinigte Litauen dem polnischen Reiche völlig einzugliedern, das dadurch auch Wolhynien, Podlesien, Podolien, das Gebiet von Smolensk und die Ukraine mit Kiew gewann.

Die Frage der Nachfolge war bei dem am 7. Juli 1572 erfolgten Tode Sigismund Augusts nicht gelöst. Ein Pole kam hierfür bei der Uneinigkeit des Adels von vorneherein nicht in Betracht. So richteten sich die Augen der Wähler nach Rußland, Österreich und Frankreich. Iwan IV. wäre zwar den Litauern erwünscht gewesen, die Schlachta lehnte jedoch den autokratischen russischen Zaren ab, und diesen selbst lockte es nicht, König von Polen zu werden. Iwan legte den Polen nahe, sich an den Kaiser zu wenden. Dem kam der Vorschlag des Zaren sehr gelegen. Auf solche Weise die Macht des eigenen Hauses zu mehren, lag ganz in der Linie der habsburgischen Politik, außerdem drohte die Gefahr, ein Österreich feindlicher König von Polen könnte sich mit der Türkei und Siebenbürgen verbünden. Maximilian schlug deshalb seinen zweiten Sohn, den Erzherzog Ernst, für die Wahl vor. Die Kurfürsten unterstützten im Hinblick auf die Türkei die Kandidatur des Erzherzogs und warben hierfür durch eine nach Warschau abgeordnete Gesandtschaft. Viele Polen fürchteten indes, ein Habsburger würde in ihrem Lande die Deutschen begünstigen, Polen zu einem Anhängsel von Österreich machen, wie dies mit Böhmen und Ungarn bereits geschehen war, und Polen in die Türkenkriege verwickeln. Da überdies die österreichischen Unterhändler in Warschau sehr ungeschickt vorgingen, gaben schließlich auch die ursprünglich einem Habsburger zuneigenden Polen dem vom Papste empfohlenen französischen Prinzen Heinrich von Anjou ihre Stimme. Er hielt sich aber nur wenige Monate in seinem Königreich auf. Sobald er die Nachricht vom Tode seines am 30. Mai 1574 kinderlos gestorbenen Bruders Karl IX. erfuhr, verließ er Polen fluchtartig; mit knapper Not entkam er dem zu seiner Festnahme aufgebotenen polnischen Landsturm. Heinrich hinterließ den Polen ein verhängnisvolles, ihm allerdings von ihnen selbst aufgezwungenes Vermächtnis, seine Wahlkapitulation, die „articuli Henriciani". Sie hoben die Erblichkeit der Krone endgültig auf, verpflichteten den König ein für allemal, sich bei wichtigen Regierungsmaßnahmen an die Beschlüsse des Senates und des Reichstages zu halten, und setzten fest, die Untertanen seien nicht zum Gehorsam verpflichtet, wenn der König gegen die Gesetze und Freiheiten der Nation verstoße. Damit „war der polnische Herrscher lediglich der Scheinkönig einer Adelsrepublik, und nicht bloß seiner Autorität, sondern aller staatlichen Ordnung und Entwicklungsmöglichkeit das Grab gegraben" (Platzhoff).

Heinrich von Anjou trug jetzt als Heinrich III. von Frankreich eine ihm mehr zusagende Krone, die Polen aber waren abermals ohne König. Da Heinrich sie ohne Abdankung verlassen hatte, verzögerte sich die Wahl. Wieder wurde Iwan IV. als Kandidat genannt, diesmal traten auch zahlreiche Mitglieder des niederen polnischen Adels für ihn ein, er betrieb aber seine Wahl so lässig, daß sie auch von seinen Anhängern fallen gelassen wurde. Die habsburgische Partei in Polen einigte sich schließlich auf die Wahl von Erzherzog Maximilian, einen Sohn des Kaisers. Inzwischen war noch ein weiterer Bewerber aufgetreten, der Fürst von Siebenbürgen, Stephan Bathory. Seine Hauptstütze war Sultan Murad III., der erklärte, er wünsche die Wahl Bathorys und würde nach der des Erzherzogs oder des Zaren Polen mit Krieg überziehen. Mitte Dezember 1575 fand endlich die Wahl statt; die Senatspartei entschied sich für Maximilian, die Schlachta für Stephan Bathory. Dieser begab sich sofort nach Polen, der Österreicher nahm erst im März 1576 die Wahl an unter der Voraussetzung, daß ihm das Reich im Kampfe gegen Bathory und die Türken beistehe. Die Stände gaben aber weder zu des Kaisers Plan einer europäischen Koalition gegen die Türken noch zu einer Beteiligung des Reiches an den polnischen Angelegenheiten ihre Zustimmung. Ebenso lehnten die Reichsstände Iwans IV. Vorschlag eines russisch-österreichischen Bündnisses und der Aufteilung Polens ab. Während so dem Kaiser in der Verfolgung seines Anspruches auf den polnischen Thron die Hände gebunden waren, machte Bathory in Polen schnelle Fortschritte; er wurde am 1. Mai 1576 in Krakau feierlich zum König gekrönt.

Wahl Rudolfs zum römischen König. Regensburger Reichstag von 1576

Mittelbar hat die polnische Königsfrage des Kaisers Politik aber doch gefördert. Die Erhebung Heinrichs von Anjou zum polnischen König hatte seine Mutter Katharina von Medici in ihren weitausschauenden Plänen ermutigt. War Polen in der Hand ihres Sohnes, dann konnte sie, wie sie hoffte, im Verein mit der Türkei auch von Osten her die Habsburger erfolgreich angreifen. In dem Hochgefühl dieser glänzenden Aussichten wandte sie sich an die protestantischen Reichsfürsten mit dem Vorschlag, sich mit Frankreich zu verbünden und einen ihrer Söhne zum Kaiser zu wählen. Die bereits wegen der Bartholomäusnacht (S. 43) gegen Katharina von Medici eingenommenen evangelischen Fürsten waren jedoch über diese Zumutung empört. Kurfürst August von Sachsen schloß sich noch enger an den Kaiser an, und diesem konnte es nur erwünscht sein, daß durch Katharinas Umtriebe die Frage der Wahl des künftigen Kaisers aufgerollt worden war. Gegen Rudolf, den in Spanien erzogenen ältesten Sohn Maximilians, hatten die Protestanten schwere Bedenken. Kurfürst Friedrich III. von der Pfalz arbeitete wieder auf ein Interregnum hin (S. 35). Eine kaiserlose Zwischenzeit hielt aber Kurfürst August von Sachsen für sehr bedenklich, und so war er schon gelegentlich eines Besuchs in Wien von Maximilian für Rudolfs Kandidatur gewonnen worden. Da infolge des französischen Vorstoßes eine Beschleunigung der Wahl notwendig schien, bestimmte August den mit ihm befreundeten Kurfürsten Johann Georg von Brandenburg, ebenfalls für Rudolfs Wahl einzutreten. Die geistlichen Kurfürsten waren schon von vorneherein dafür. Als Rudolfs Nachfolge bereits gesichert schien, war auch der Pfälzer damit einverstanden, um sich nicht den künftigen Kaiser zum Feinde zu machen.

Auf einer Tagung der Kurfürsten zu Regensburg im Oktober 1575 drohte allerdings die gut vorbereitete Wahl Rudolfs im letzten Augenblick noch zu scheitern, als die weltlichen Kurfürsten verlangten, er müsse sich verpflichten, Ferdinands Deklaration zum Augsburger Religionsfrieden durchzuführen, die den protestantischen Ritterschaften und Städten in den geistlichen Territorien Religionsfreiheit zugestand (S. 6). Die geistlichen Kurfürsten erklärten dagegen, sie würden bei der Aufnahme der Deklaration in die Wahlkapitulation Rudolf ihre Stimme nicht geben. Maximilian gelang es, beide Parteien damit zu beruhigen, daß zunächst die Ritterschaften und Städte in der Ausübung der evangelischen Religion nicht zu behindern seien, und daß die Frage der Deklaration auf dem nächsten Reichstag grundsätzlich geklärt werden solle. Daraufhin wurde Rudolf am 27. Oktober 1575 von den Kurfürsten einstimmig zum römischen König gewählt.

Zusammen mit der von Maximilian geforderten Unterstützung seiner Bestrebungen in Polen war von den Reichsständen auch sein Plan abgelehnt worden, zur Bekämpfung der Türken auf eine europäische Koalition hinzuarbeiten. Die Erörterungen hierüber trugen aber doch dazu bei, daß sich die Auffassung, zur Abwehr der Türkengefahr müsse von Reichs wegen mehr als bisher geschehen, in der deutschen Öffentlichkeit immer stärker durchsetzte. Man empfand es als beschämend, daß erst Ferdinand und dann Maximilian sich gezwungen gesehen hatten, gegen eine beträchtliche jährliche Tributzahlung von den Ungläubigen die Waffenruhe zu erkaufen; außerdem war stets zu besorgen, die Türken würden trotz des Waffenstillstandes in die österreichischen Erblande einfallen. Die Bewilligung einer ausreichenden Türkenhilfe war die wichtigste Aufgabe des von Kaiser Maximilian zum Juni 1576 nach Regensburg einberufenen Reichstages. Die evangelischen Reichsstände machten insbesondere auf Betreiben des Kurfürsten Friedrichs III. von der Pfalz ihre Zustimmung von der reichsgesetzlichen Anerkennung der Deklaration abhängig. Ihr widersetzten sich die katholischen Stände, deren einflußreichste Mitglieder bereits von dem Geiste der Gegenreformation beseelt waren. Unter der Führung des in Regensburg anwesenden päpstlichen Abgesandten Kardinal Morone wendeten die Katholiken ebenfalls das Druckmittel der Verweigerung der Türkenhilfe an; sie würden sie ablehnen, falls der Kaiser die Deklaration bestätige. Als es schon nahe daran war, daß sich der Reichstag ohne Ergebnis auflöse, reiste Herzog Albrecht von Baiern nach Dresden und bewog den sächsischen Kurfürsten August, seine Beauftragten in Regensburg anzuweisen, den Widerstand gegen die Türkenhilfe aufzugeben. Damit verlor die protestantische Opposition ihren stärksten Rückhalt. Der Regensburger Reichstag gewährte dem Kaiser eine Türkenhilfe in so reichlichem Ausmaße wie kein anderer Reichstag zuvor. Einen Tag nach Reichstagsschluß, am 12. Oktober 1576, starb der Kaiser.

Ergebnis der Regierung Maximilians. Der Protestantismus in den österreichischen Erbländern und im Reiche

Von all dem, was Maximilian während seiner zwölfjährigen Regierung anstrebte, hat er nur sehr wenig erreicht. Seine Versuche, den Kurfürsten Friedrich III. zu stürzen oder zur Aufgabe seiner den Kalvinismus begünstigenden Religionspolitik zu zwingen, mißlangen. Die schwächlichen Bemühungen, in den Niederlanden die Rechte des Reiches geltend zu machen, waren vergebens. Die Lehenshoheit des Reiches über Livland wurde von Dänemark und Schweden bestätigt, was sich jedoch in keiner Weise praktisch auswirkte. Die polnische Königskrone erhielt weder ein Sohn des Kaisers noch ein anderer Habsburger, sondern Bathory von Siebenbürgen. Maximilians weitausgreifende Pläne, die Macht der Türken völlig zu brechen, zerflossen in nichts, er mußte sich mit der Gewährung einer zwar recht beträchtlichen, aber doch nur notdürftig für den Grenzschutz ausreichenden Türkenhilfe begnügen. Ein halbes Jahr vor Maximilians Tod gebar seine mit dem ihm gleichaltrigen König Philipp II. vermählte Tochter einen Sohn, Philipp III., und so hatte der Kaiser umsonst sein möglichstes getan, sich mit dem ihm widerwärtigen Spanier gut zu stellen, um einem seiner Söhne die Anwartschaft auf die spanische Krone zu sichern. Die Wahl Rudolfs zum römischen König war Maximilians einziger voller Erfolg, und der stand in schroffstem Gegensatz zu seinen eigenen Zielen bei der Thronbesteigung: Ausschaltung des spanischen Wesens und Einflusses in Deutschland und Hebung der allgemeinen Bildung und Sittlichkeit, um dadurch von den theologischen Lehrstreitigkeiten abzulenken und die Konfessionen einander näherzubringen. Rudolf, der als elfjähriger Knabe von seinem Vater zur Erziehung an Philipps II. Hof geschickt worden war, fand großes Gefallen an der spanischen Etikette und begünstigte, soweit er sich überhaupt mit konfessionellen Auseinandersetzungen befaßte, nach seiner Thronbesteigung einseitig die Katholiken.

In seinen Erbländern Ober- und Niederösterreich, Böhmen und Ungarn, von dem er nur den westlichen Teil besaß — der mittlere war in den Händen der Türken und der Osten hatte sich als Großfürstentum Siebenbürgen unter Herrschern aus ungarischen Adelsfamilien selbständig gemacht —, hatte Maximilian ebenfalls, vor allem mit seiner Religionspolitik, nur halbe oder keine Erfolge. Großenteils lag dies daran, daß in den österreichischen Erbländern wie auch sonst in den deutschen Territorialherrschaften die Landstände, der Herrenstand mit den Grafen und Freiherren, die Prälaten, Ritter und Städte, ähnliche Rechte besaßen wie die Reichsstände im Reich und mit der Bewilligung oder Ablehnung von Steuern den Landesfürsten zu Zugeständnissen zwingen konnten. Außerdem stellte sich Maximilian eine unlösbare Aufgabe, die Einigung von Katholiken und Protestanten auf einer mittleren Linie, wobei er überdies keineswegs folgerichtig vorging. Auf das Verlangen der evangelischen Stände, die Jesuiten zu verjagen, erwiderte er, seines Amtes sei es nicht, die Jesuiten zu vertreiben, sondern die Türken; er hätte sich aber doch darüber klar sein müssen, daß die Jesuiten mit allen Mitteln seine auf konfessionellen Ausgleich bedachte Religionspolitik bekämpften. Verordnungen wie die, daß die Doktoren der Wiener Universität nicht mehr auf die Zugehörigkeit zur römisch-katholischen, sondern nur auf die zur katholischen Kirche zu verpflichten seien, und die „Assekuration" vom 15. Januar 1571, worin dem niederösterreichischen Adel, nicht aber den landesfürstlichen Städten, insbesondere Wien, die Augsburgische Konfession von 1530 und freie Religionsübung auf den Schlössern und Gütern zugestanden wurde, konnten die Protestanten nicht befriedigen.

In Böhmen gab es unter den drei bis vier Millionen Einwohnern nur dreihunderttausend Katholiken. Maximilians Versuche, die dem Katholizismus am nächsten stehende Gruppe der Utraquisten mit der alten Kirche zu versöhnen, von der sie sich fast nur durch den Empfang des Abendmahles in beiderlei Gestalt unterschieden, die zweite mehr protestantisch eingestellte Richtung der Utraquisten durch Zugeständnisse zu beschwichtigen, und die hauptsächlich unter dem Landvolk verbreiteten Böhmischen Brüder wegen ihrer Beziehungen zu den Kalvinisten und Wiedertäufern zu unterdrücken, steigerten nur die Verwirrung und bereiteten die späteren Unruhen in Böhmen vor (S. 84 ff.). In Ungarn behauptete sich neben dem Katholizismus der dem Kaiser so sehr verhaßte Kalvinismus. In Steiermark, Kärnten, Krain und dem Küstenland, die unter der Gesamtbezeichnung Innerösterreich bei der Erbteilung von 1564 an Maximilians Bruder Erzherzog Karl gefallen waren, erreichten die Protestanten durch die Grazer Pazifikation von 1572 für alle Mitglieder und Untertanen des Herren- und Ritterstandes Glaubens- und Kultusfreiheit. Der Erzherzog war zwar für seine Person dem Katholizismus weit mehr ergeben als sein kaiserlicher Bruder, aber wie dieser mußte er, insbesondere wegen der Aufbringung der Tributkosten für die Türken, auf die Wünsche der Landstände Rücksicht nehmen.

Den Fortschritten des Protestantismus in den österreichischen Erbländern steht jedoch die Verschlechterung seiner Gesamtlage im Reiche gegenüber. Die Glaubensstreitigkeiten mehrten sich. In Sachsen bekämpften sich die zunächst überwiegenden Philippisten, die Anhänger der von Melanchthon vertretenen Richtung, und die strengen Lutheraner, bis Kurfürst August schließlich den „Philippismus" als angeblich verkappten Kalvinismus gewaltsam unterdrückte. Hessen wurde nach dem Tode des 1567 gestorbenen Landgrafen Philipp unter seine Söhne Wilhelm und Georg in Unterhessen, Hessen-Kassel, und Oberhessen, Hessen-Darmstadt mit Marburg, geteilt. Landgraf Philipp hatte sich Zeit seines Lebens um den Zusammenschluß aller Protestanten bemüht, Georg führte nun in Oberhessen das strenge Luthertum ein und gründete die lutherische Universität Gießen; Wilhelm von Hessen-Kassel begünstigte in seinem Lande die kalvinistische Richtung. Während sich die Gegensätze innerhalb des Protestantismus eher vertieften als ausglichen, griff die von Rom aus einheitlich geleitete und vor allem von den Jesuiten gemäß den Beschlüssen des Konzils von Trient durchgeführte Gegenreformation immer mehr um sich.

Die Gegenreformation

In den geistlichen Fürstentümern, soweit sie nicht wie Magdeburg, Bremen, Halberstadt und Brandenburg bereits völlig in protestantischen Händen waren (S. 21), wurde, oft ohne Rücksicht auf Ferdinands Deklaration, die den Ständen und deren Untertanen in den geistlichen Territorien freie Religionsübung zusicherte, die Gegenreformation, das heißt die Neubelebung des Katholizismus und seiner Einrichtungen und die Ausrottung des Protestantismus, mit allen Mitteln in Angriff genommen. Als erster der geistlichen Kurfüsten leistete der Erzbischof von Trier Jakob von Eltz auf die professio fidei Tridentinae den Eid. Im Kurfürstentum Mainz hatte der 1555 vom Domkapitel zum Erzbischof gewählte Daniel Brendel von Hohenburg die Protestanten zunächst in Frieden gelassen, auch war die Mehrzahl der dem rheinischen Adel entstammenden Domherren evangelisch gesinnt. Seit der Gründung des Mainzer Jesuitenkollegs nahm sich Brendel jedoch in steigendem Maße der katholischen Interessen an und begann 1574 in dem zum Kurfürstentum gehörenden Eichsfeld mit der Gegenreformation. Auf Friedrich Grafen von Wied, von dem man nicht wußte, welchem Bekenntnis er eigentlich anhing, war 1567 Salentin Graf von Isenburg als Kurfürst von Köln gefolgt. Er hatte von einem geistlichen Herrn wenig oder nichts an sich, empfing auch die Weihen nicht und legte schließlich im Jahre 1577 seine Kurwürde und das erzbischöfliche Amt nieder, um sich zu verehelichen und, wie er sagte, „sein Geschlecht, das auf ihm bestehe, zu erweitern". Doch war er zweifellos katholischer Gesinnung und beschwor auch die professio fidei Tridentinae. Als er seine Abdankung vorbereitete, suchte er das Kölner Kurfürstentum dem streng katholischen bairischen Prinzen Ernst zu verschaffen und hielt den dieser Kandidatur widerstrebenden Domherren entgegen: „Jetzt wird es heißen, Vögelchen friß oder stirb!" Der von Salentin begünstigte Domherr Kaspar Gropper bahnte der Gegenreformation den Weg. Der Kölnische Krieg (S. 58) stellte hier die Herrschaft des Katholizismus zwar noch einmal in Frage, im großen und ganzen fiel aber doch bereits unter Kaiser Maximilian in den auch politisch ausschlaggebenden geistlichen Territorien, den Kur-Erzbistümern, die Entscheidung zugunsten der Gegenreformation. Ebenso wurde sie unter ihm und seinem Nachfolger Rudolf II. im Erzbistum Salzburg, wo schließlich 1588 die Nichtkatholiken ausgewiesen wurden, sowie in den Bistümern Augsburg, Eichstätt, Bamberg, Passau, Münster, Osnabrück, Paderborn und Breslau weiter ausgebaut oder nahm wenigstens ihren Anfang.

Große Aufregung rief die Ausrottung des Protestantismus in dem weit ausgedehnten Gebiete der Reichsabtei Fulda hervor. Die Ritterschaften und Städte hatten hier größtenteils die evangelische Lehre angenommen. Bei seiner Wahl zum Abte im Jahre 1570 sicherte Balthasar von Dermbach gemäß Ferdinands Deklaration den Rittern und Städten und deren Untertanen die Religionsfreiheit zu. Als er aber 1571 die Jesuiten ins Land gerufen hatte, begann er den Kampf gegen die Protestanten. Das Kapitel der Abtei und der Adel nötigten 1577 mit Hilfe von Kursachsen, Hessen und dem Markgrafen von Ansbach Dermbach zur Abdankung. Er appellierte an Kaiser und Reich, wurde 1602 wieder Herr der Reichsabtei und vermochte nun den Protestantismus in seinem Gebiete völlig zu vernichten. Bei der Absetzung Dermbachs hatte der Würzburger Bischof Echter von Mespelbrunn mitgewirkt in der Hoffnung, er würde mit Hilfe des evangelischen Adels Fulda mit seinem Bistum vereinigen können. Nachdem aber der Kölnische Krieg 1584 mit einer Niederlage der Protestanten geendet hatte, entfaltete Echter in seinem Bistum eine umfassende gegenreformatorische Tätigkeit, in deren Dienst er auch seine großzügige Förderung von Kunst und Wissenschaft stellte.

Von den weltlichen Fürstentümern kam die Gegenreformation in dem Herzogtum Baiern am frühesten vollständig zum Siege. Auch hier war die evangelische Lehre besonders unter dem landständischen Adel verbreitet. Herzog Albrecht V. glaubte ein weiteres Vordringen des Protestantismus durch die Gewährung des Laienkelches und der Priesterehe verhindern zu können und suchte hierfür um die päpstliche Erlaubnis nach. Während hierüber die Verhandlungen mit der römischen Kurie noch schwebten, gab sich auf einem Landtag im Frühjahr 1563 ein großer Teil des Adels mit diesen Zugeständnissen zufrieden, dreiundzwanzig Adlige unter Führung des Grafen Joachim von Ortenburg verlangten aber die Freistellung der Augsburgischen Konfession. Dies und noch mehr die Einführung der Reformation in der Grafschaft Ortenburg erbitterten den Herzog. Joachim glaubte sich in gutem Recht, weil Ortenburg eine Reichsgrafschaft sei, was der Herzog bestritt, der Ortenburg für eine bairische, landständische Grafschaft erklärte. Er beschlagnahmte die Güter und Papiere des Grafen. Dabei wurden Dokumente gefunden, die den Grafen und verschiedene bairische Adlige in den Verdacht einer Verschwörung gegen den Herzog brachten. Die zur Verantwortung Gezogenen konnten sich rechtfertigen, mußten aber doch vor dem Herzog kniefällig Abbitte leisten und sich verpflichten, gegen Albrecht nichts Feindliches zu unternehmen. Im April 1564 gestattete ein auf Drängen Kaiser Ferdinands und Herzog Albrechts erlassenes päpstliches Breve unter gewissen Voraussetzungen auch den Laien den Empfang des Abendmahles unter beiderlei Gestalt. Schon etwas zuvor hatten auf Veranlassung des Herzogs Erhebungen darüber begonnen, wieviele sich die Kommunion mit Brot und Wein reichen ließen. Dabei stellte sich heraus, daß deren Zahl in den einzelnen Landesteilen sehr verschieden und im ganzen geringer war, als man angenommen hatte; im Rentamt Landshut zum Beispiel waren es bloß fünftausend; in München soll es nur ein einziger gewesen sein, die Jesuiten hatten sich hier damit beholfen, daß sie die Hostie für die Laien in den Abendmahlswein tauchten. Nun ging Herzog Albrecht schärfer vor. Der Laienkelch sollte nur noch an einigen Orten geduldet und überall sollten die protestantischen Eiferer des Landes verwiesen werden. Den Einspruch der weltlichen Stände auf einem Landtag zu München anfangs 1568 gegen die sich rasch mehrenden Ausweisungen wies der Herzog schroff zurück. Mit dem am 31. Oktober 1569 erlassenen Religionsmandat setzten schließlich im Herzogtum Baiern die entscheidenden gegenreformatorischen Maßnahmen ein. Die 1570 errichtete landesherrliche oberste Kirchenbehörde, der Geistliche Rat, überwachte ihre Durchführung und sorgte dafür, daß alles Protestantische ausgemerzt und katholische Mißstände abgeschafft wurden. Da mit Ausnahme der Grafschaft Ortenburg die wenigen innerhalb Baierns gelegenen reichsunmittelbaren weltlichen Gebiete an das Herzogtum fielen, gab es auf altbairischem Boden bald nur noch in der Reichsstadt Regensburg und in der Grafschaft Ortenburg Protestanten.

Auch außerhalb Baierns bemühte sich Herzog Albrecht um die Festigung der katholischen Stellung. Er veranlaßte 1571 die Mündigkeitserklärung des zwölfjährigen Erbfolgers Philipp in der Markgrafschaft Baden-Baden, um zu verhüten, daß hier Markgraf Karl von Baden-Durlach, der Vetter von Philipps Vater, die Regentschaft übernehme und das Augsburgische Bekenntnis zur Staatskonfession erkläre. Philipp begab sich unter dem Namen Martin Eisengrein zum Studium nach Ingolstadt. Der vom bairischen Herzog mit den Regierungsgeschäften betraute Graf Ottheinrich von Schwarzenberg wies die evangelischen Prediger aus dem Lande, verpflichtete die Beamten auf das katholische Bekenntnis und sorgte mit Hilfe von Jesuiten für die Durchführung der Gegenreformation.

In den durch Personalunion miteinander vereinigten niederrheinischen Herzogtümern Jülich, Kleve und Berg und der Grafschaft Mark war die religiöse Lage sehr verworren. Die Herzöge Johann und sein Sohn Wilhelm V. wollten ursprünglich ihre Lande im Sinn des Erasmus von Rotterdam reformieren, doch wurde Wilhelm im Jahre 1543 von Kaiser Karl V. gezwungen, sowohl die erasmische als auch die lutherische Reformation rückgängig zu machen. Nun kam aber zu den in der Bevölkerung keineswegs völlig beseitigten reformatorischen Bestrebungen von den Niederlanden her ein starker Zustrom von Kalvinisten. Eben zu der Zeit, da Alba in den Niederlanden das Oberkommando übernahm, ging das Gerücht, Herzog Wilhelm sei daran, nun offen zum evangelischen Glauben überzutreten. Aber der Druck, den Alba auf den Herzog ausübte, bestimmte ihn, sich dem Katholizismus wieder mehr zu nähern. Die von den Beschlüssen der Landstände weitgehend abhängige jülichsche Politik verharrte allerdings noch in dem Gegensatz zu Spanien und Rom. Im Mai 1568 ließ Alba spanische Truppen in Kleve einrücken und herzogliche Untertanen gefangennehmen. Im Jahre 1570 bekundete der seit einigen Jahren erkrankte Herzog Wilhelm durch den Besuch der Messe seine nun wieder einwandfreie katholische Gesinnung. Seine Räte ordneten jetzt auch die Ausweisung evangelischer Prediger und Lehrer an, ketzerische Bücher wurden verboten und nur noch zuverlässig katholische Beamte angestellt. Herzog Albrecht von Baiern, der Schwager Herzog Wilhelms, nahm regen Anteil an diesen Vorgängen. Wilhelm sandte auch zwei seiner Töchter, die zum Protestantismus neigten, an den bairischen Hof. Die Prinzessinnen ließen sich jedoch nicht bekehren. Zu einem Bollwerk der Gegenreformation gleich Baiern wurden die Lande Herzog Wilhelms überhaupt nicht. Trotz der Verfolgung hielten viele am Protestantismus fest, dem die fortgesetzte Zuwanderung niederländischer Kalvinisten immer wieder neue Kräfte zuführte; im Jahre 1591 setzte sich in den bedeutenderen Städten von Jülich und Kleve die evangelische Religionsübung durch. Immerhin war es für die gegenreformatorische Bewegung am ganzen Niederrhein ein nicht zu unterschätzender Gewinn, daß in einem so weit ausgedehnten Gebiet nach mancherlei Schwankungen die katholische Religion wenigstens zur offiziell anerkannten wurde.

In Tirol war eine eigentliche Gegenreformation nicht notwendig. Die Täuferbewegung, die hier eine Zeitlang um sich gegriffen hatte, war schon um 1530 fast ganz unterdrückt worden und der Adel größtenteils katholisch geblieben. In den übrigen österreichischen Erbländern waren den Protestanten unter Kaiser Maximilian verschiedene Zugeständnisse gemacht worden, sie wurden jedoch bald nach seinem Tode immer mehr eingeschränkt oder gänzlich aufgehoben.

Ebenso wie die Haltung der Protestanten in allen den Ausgleich der Konfession betreffenden Fragen widersprach das Vordringen des ausgesprochen römischen Katholizismus und des Jesuitismus in den nicht evangelischen Ländern des Reiches den Zielen Maximilians, die er sich bei Antritt seiner Regierung gesteckt und die er nie völlig aufgegeben hatte. Gleich so manchem geistig regsamem Fürsten, der über das unter den gegebenen Verhältnissen Erreichbare hinausstrebt, hat Maximilian seine besten Kräfte fruchtlos verzettelt. Was sich zu seiner Zeit inner- und außerhalb des Reiches begab, war gewiß nicht ohne Bedeutung für die Zukunft; aber diese Geschehnisse gingen größtenteils ohne sein Zutun vor sich, und ihre Folgen waren andere, als sie Maximilian von seiner Regierung erwartet hatte.

DIE REGIERUNGSZEIT RUDOLFS II.

Rudolfs Persönlichkeit

Am 12. Oktober 1576 folgte Rudolf II., vierundzwanzig Jahre alt, seinem Vater auf dem Throne. Der jugendliche Herrscher hatte eine sehr hohe Vorstellung von seiner Würde. Zeit seines Lebens hielt Rudolf darauf, daß Seiner Majestät bei jeglichem Anlaß die gebührende Ehrerbietung erwiesen werde. Obwohl kaum mittelgroß, machte er bei Audienzen mit seinen leuchtenden, von buschigen Brauen überschatteten Augen, dem früh ergrauten Haar und seinem ganzen Auftreten einen wahrhaft kaiserlichen Eindruck. Er empfing die Botschafter fremder Mächte mit vornehmer Grandezza in altspanischer Tracht, an einen Tisch gelehnt oder auf sein Rapier gestützt. Die Gesandten staunten, wie rasch er den Kernpunkt auch der verwickeltsten politischen Probleme erfaßte. Bis zu seinem zwölften Jahre war Rudolf von seiner Mutter fromm erzogen worden und hatte dann während seines sechsjährigen Aufenthaltes am spanischen Hofe von Jesuiten neben dem Unterricht in den Glaubenslehren eine vielseitige und gründliche wissenschaftliche Bildung erhalten. Er besaß daher im Gegensatz zu seinem Vater eine eindeutig festgelegte religiöse Überzeugung, die des römischen Katholizismus, ließ sich aber weder der spanischen noch der päpstlichen Politik vorspannen. Trotz alledem erwies sich Rudolf während seiner langen Regierung von sechsunddreißig Jahren halt- und ratlos, nahm heute zurück, was er gestern angeordnet hatte, und fiel nicht selten von einem Extrem ins andere; in seinen späteren Jahren schwankte er selbst in seinen religiösen Ansichten. Und doch wäre gerade in dieser Zeit, da sich die konfessionell-politischen Gegensätze immer mehr zuspitzten, dem Reiche eine entschlossene und tatkräftige Oberleitung bitter nötig gewesen.

Das Mißverhältnis zwischen Rudolfs hervorragenden Geistesgaben und seiner grenzenlosen Nachlässigkeit in der Erfüllung der Pflichten seines hohen Amtes wird oft damit zu erklären versucht, er habe von seiner Urgroßmutter Johanna der Wahnsinnigen von Spanien eine krankhafte Veranlagung geerbt, die schließlich zu Geistesstörungen geführt habe. Verschiedene Anzeichen sprechen für diese Annahme, doch hat er auch noch, nachdem es bei ihm zu wirklichen oder scheinbaren Tobsuchts- und Wahnsinnsanfällen gekommen war, seit 1600, immer wieder während längerer Perioden Beweise eines klaren Geistes gegeben, verharrte indessen auch in solchen

Zeiten in seinem eigenbrötlerischen Wesen, von dem für einen Herrscher die Flucht vor der Öffentlichkeit am auffallendsten ist. Zu seinem ständigen Wohnsitz hatte er sich im Jahre 1584 die alte düstere Hofburg auf dem Hradschin in Prag erkoren. Hier lebte er gänzlich abgeschieden vom Treiben der Welt seinen wissenschaftlichen und künstlerischen Neigungen. Er befaßte sich dabei keineswegs bloß mit „halbwissenschaftlichem Sport und modischer Sammelwut"; was uns heute von Rudolfs Beschäftigungen so anmutet, ist in erster Linie auf die Rechnung seiner Zeit zu setzen.

Rudolf erwarb sich ausgebreitete Kenntnisse in fast allen Zweigen der Wissenschaft und sammelte mit so feinsinnigem Verständnis und Geschmack Bücher und Bilder, Münzen, Gemmen, Antiquitäten, Edelsteine, daß vieles davon heute noch zu einem sehr wertvollen Besitz öffentlicher Galerien und Museen zählt. In seinem nicht zu stillenden Wissensdurst und in seiner unersättlichen Freude an kostbaren und schönen Dingen, suchte er auch in die Geheimnisse der Alchimie und der Astrologie einzudringen, ließ sich aus fernen Erdteilen Kuriositäten aller Art besorgen, legte weit ausgedehnte Gärten an und hielt sich einen großen Marstall, nur um seine Augen an der Pracht der Blumen und an den herrlichen Tieren zu ergötzen. Auch derartiges nahm er durchaus ernst. Als der große dänische Astronom Tycho Brahe bei König Christian IV. in Ungnade gefallen war, berief ihn Rudolf nach Prag, und nach Brahes Tode ernannte er Kepler zum Hofastronomen. Damit erwarb sich Rudolf zu einer Zeit, in der seine geistige Zerrüttung angeblich schon weit fortgeschritten war, ein großes Verdienst um die Wissenschaft, wenn auch bei ihm das astronomische von dem astrologischen Interesse überwogen wurde. Alles in allem gebührt Rudolf in der Kulturgeschichte eine rühmliche Erwähnung; nebenher mag der auf Kulturkuriosa Erpichte die Wunderlichkeiten dieses einsiedlerischen Sonderlings vermerken und der Sittenrichter sich darüber ereifern, daß dieser gelehrte Hagestolz sich schweren Ausschweifungen hingab.

Für seine eigene Person und für das Reich wirkte es sich verhängnisvoll aus, daß Rudolf mit dem Kaiseramt seine privaten Neigungen nicht in Einklang zu bringen vermochte. Sie soweit wie unbedingt nötig hinter seine höheren Aufgaben zurückzustellen, fehlte ihm die sittliche Kraft, wie er sich auch in seiner Lebensführung nicht an die Vorschriften der Religion hielt, zu der er sich bekannte Bei seiner schwächlichen Natur, seiner inneren Unsicherheit und seiner Entschlußunfähigkeit war er von seiner Umgebung stark abhängig. Aber gerade das wollte er nicht wahrhaben, sondern ein durchaus selbständiger Landesfürst und Kaiser sein und vor allem scheinen. Um sich möglichst von fremden Einflüssen frei zu halten und seine Selbstherrlichkeit nach außen zu bekunden, gewährte er Gesandten auswärtiger Mächte und seinen höheren Beamten, unter denen sich ohnehin keine bedeutende Persönlichkeit befand, je länger er regierte, desto seltener Audienzen. Dafür lieh er, weil er ja doch der Anlehnung bedurfte, sein Ohr um so bereitwilliger den Einflüsterungen seiner Kammerdiener, meist minderwertige Kreaturen. Wer etwas vom Kaiser zu erlangen wünschte, suchte sie durch unwürdige Schmeichelei oder Bestechung für sich zu gewinnen. Aber auch auf diesem Wege war nicht viel zu erreichen, weil Rudolf höchst ungern bindende Zusagen machte und etwas unterschrieb; wenn er sich wirklich einmal dazu herbeiließ, setzte er sich meist doch wieder darüber hinweg.

So häuften sich die unerledigten Geschäfte und nahm der Wirrwarr im Reiche und in den Erbländern des Kaisers überhand. Zu dem Besuch von Reichs- und Landtagen war er immer schwerer zu bewegen. Im Jahre 1576 nahm er persönlich zum letztenmal teil an den ständischen Verhandlungen Österreichs, 1583 Ungarns und 1594 des Reiches. Fortan beauftragte er zunächst seinen Bruder Matthias und dann seinen Vetter Erzherzog Ferdinand von Steiermark mit seiner Stellvertretung auf den Reichstagen, wobei er sich allerdings in allen Fällen die endgültige Entscheidung vorbehielt, zu der er sich aber trotz des ausgedehnten Schriftwechsels zwischen den Reichstagen und dem Prager Hof kaum je aufraffte. Die Mitglieder des österreichischen Hauses setzten deshalb Rudolf immer mehr zu, er solle Anordnungen treffen, die einen geordneten Geschäftsgang ermöglichen, oder von der Regierung zurücktreten. Nun erst recht verstimmt und mißtrauisch gemacht, hielt sich der Kaiser in seiner Hofburg so verborgen, daß wiederholt das Gerücht auftauchte, er sei bereits gestorben, und man wolle nur, um Unruhen vorzubeugen, seinen Tod verheimlichen. Dies Gerücht zu widerlegen, zeigte sich Rudolf zuweilen an einem Fenster den Prager Bürgern.

Wenn Menschen, ohne von harten Schicksalsschlägen heimgesucht zu sein, schwer unter dem Leben leiden, rührt das vielfach daher, daß sie mit leidenschaftlicher Gier nach miteinander unvereinbaren Dingen streben. So wurde Kaiser Rudolf, der ungestört von äußeren Einwirkungen jede Stunde nur nach seinen rein persönlichen Neigungen verbringen und zugleich die Geschäfte eines großen Staates führen wollte, zu einem unseligen Menschen und zu einem Unglück für das Reich, dessen Oberhaupt er war.

Das Konkordienbuch der Evangelischen. Der Reichstag von 1582

Kaiser Maximilian hatte auf eine Einigung aller Protestanten auf der Grundlage der Augsburgischen Konfession unter Ausschluß der Kalvinisten hingearbeitet, weil er glaubte, daß sich dann vielleicht ein Ausgleich zwischen Evangelischen und Katholiken ermöglichen lasse. Auch von protestantischer Seite waren ähnliche Bestrebungen im Gange, allerdings nicht um die Annäherung an den Katholizismus zu erleichtern, sondern nur um die schädlichen Folgen der Zwietracht in den eigenen Reihen zu beseitigen. Bald nach dem Tode Maximilians schien diese Einigung zustande zu kommen. Nach langen Vorbereitungen, die besonders von Herzog Christoph von Württemberg und von Kurfürst August von Sachsen gefördert worden waren, wurde auf einer Zusammenkunft verschiedener hierfür beauftragter Theologen zu Torgau Ende Frühjahr 1576 das „Torgauer Buch" abgefaßt. Kurfürst August von Sachsen übersandte es zahlreichen Reichsständen zur Überprüfung. Nachdem sich diese hierzu geäußert hatten, fanden sich die meisten Teilnehmer der Torgauer Tagung im März 1577 zu weiteren Beratungen in Berg bei Magdeburg ein und einigten sich auf eine ausführliche Darlegung der evangelischen Lehre, auf die „Konkordienformel" und auf einen „kurzen, summarischen Auszug" daraus.

Die Konkordienformel hielt eine mittlere Linie ein zwischen den mehr oder weniger zum Kalvinismus neigenden Philippisten (S. 49) und den extremen Lutheranern und bestimmte den Glaubensbegriff lehrhafter als bisher: „Das Evangelium ist die Lehre, die besagt, was der Sünder glauben muß, damit ihm Gott seine Sünden vergibt." Als zur fünfzigjährigen Feier der Augsburgischen Konfession 1580 die „Formula Concordiae" oder „Das Konkordienbuch" mit den darin anerkannten Glaubensbekenntnissen veröffentlicht wurde, gaben hierzu mit ihrer Unterschrift vierundfünfzig Fürsten, Grafen und Freiherren und fünfunddreißig Reichsstädte ihre Zustimmung. Der Dänenkönig, als Herzog von Schleswig-Holstein deutscher Reichsstand, und eine verhältnismäßig geringe Zahl von weiteren protestantischen Reichsständen lehnten jedoch die Konkordienformel ab. Johann Kasimir regte die Abfassung einer reformierten Gegenkonkordie an; sie erschien im Jahre 1581 unter dem Titel „Bekenntnisharmonie der rechtgläubigen und reformierten Schriften". Aber wenn auch in diesem Falle wie bei allen vorausgegangenen ähnlichen Versuchen keine Übereinstimmung aller deutschen Protestanten erzielt wurde, ist immerhin die lutherische Kirche im eigentlichen Sinne durch das Konkordienwerk konstituiert worden; die völlige Selbständigkeit der einzelnen Landeskirchen blieb allerdings nach wie vor aufrechterhalten.

Obwohl die lutherischen Reichsstände in ihrer Mehrheit das Konkordienbuch angenommen und damit ihrer Kirche den inneren Frieden gegeben hatten, konnten sie sich zu einheitlichem Handeln nach außen immer noch nicht aufraffen. Das zeigte sich zunächst auf dem Augsburger Reichstag von 1582, dem ersten, den Kaiser Rudolf einberufen hat. Die auf dem Reichstage von 1576 bewilligte Türkenhilfe lief in diesem Jahre ab, die Reichsstände sollten sich auf dem Reichstag von 1582 zu einer neuen Türkensteuer verpflichten, außerdem sollte über Vorgänge in den Niederlanden beraten werden. Sowohl die katholischen als auch die evangelischen Stände kamen in ziemlich friedlicher Stimmung zum Reichstag. Wie bisher nahmen auch die Katholiken keinen Anstoß daran, daß sich an dem Reichstage unverehelichte protestantische Inhaber von Bistümern beteiligten. Man stellte sie gewissermaßen katholischen Bischöfen gleich, welche die kirchlichen Weihen nicht empfangen hatten, sich „erwählte Bischöfe" nannten und ihre geistliche Funktion durch Weihbischöfe ausüben ließen.

Als aber der verheiratete Administrator von Magdeburg Joachim Friedrich als Stellvertreter seines Vaters für Kurbrandenburg erschien und das Stimmrecht für das Erzbistum Magdeburg durch Bevollmächtigte ausüben lassen wollte, erklärten auf Betreiben des päpstlichen Kardinallegaten Madruzzi die katholischen Stände, sie würden den Reichstag verlassen, wenn Joachim Friedrich sich nicht entferne. Wären die Protestanten entschlossen für ihn eingetreten, dann hätten sie die katholischen Stände wahrscheinlich zum Einlenken bewegen können, weil sie großenteils ohnehin nur widerwillig dem Drängen Madruzzis nachgegeben hatten. Aber der Kurfürst August von Sachsen, immer darauf bedacht, daß am Augsburger Religionsfrieden nichts geändert werde und Gegensätze, die möglicherweise zur Reichstagsauflösung führen konnten, durch ein Kompromiß ausgeglichen würden, schlug vor, Joachim Friedrich solle diesmal noch sein Stimmrecht für Magdeburg ausüben dürfen, künftighin aber nicht eher einen Reichstag besuchen, als bis der Papst seine Wahl zum Administrator bestätigt habe. Darauf ließ sich jedoch Joachim Friedrich nicht ein, er verließ empört den Reichstag. Damit hatten die Protestanten eine günstige Gelegenheit versäumt, den geistlichen Vorbehalt wenigstens teilweise zu entkräften; denn wenn die Reichsstandschaft eines protestantischen Administrators, zumal eines verheirateten, einmal ausdrücklich von einem Reichstag anerkannt worden wäre, wäre damit der geistliche Vorbehalt für alle ähnlichen Fälle praktisch aufgehoben gewesen. So aber blieb der auf die Dauer unhaltbare Zustand bis auf weiteres bestehen, daß die evangelischen Inhaber eines geistlichen Fürstentums kein sicheres Recht auf die Reichsstandschaft hatten, und daß trotzdem ohne ihre Mitwirkung gefaßte Reichstagsentschließungen für ihre Länder verbindlich sein sollten.

In einer anderen Angelegenheit erzielten die Protestanten wenigstens einen vorübergehenden Erfolg. Der Aachener Rat hatte im Jahr 1560 festgesetzt, daß in ihn nur Katholiken als Mitglieder aufgenommen werden dürften. Da aber die Zahl der Evangelischen, besonders durch Einwanderung aus den Niederlanden, fortwährend zunahm, konnte den von den Protestanten Gewählten der Eintritt in den Stadtrat schließlich nicht mehr verwehrt werden; im Jahre 1580 war sogar die Mehrzahl der Aachener Ratsherren evangelisch. Trotzdem wollte die katholische Minderheit unter Berufung auf den Ratsbeschluß von 1560 verhindern, daß den Protestanten öffentlich die Gleichberechtigung zuerkannt werde, und wandte sich an den Kaiser und an benachbarte katholische Fürsten um Unterstützung. Rudolf lud den Rat von Aachen nicht zur Beteiligung am Reichstag ein und ernannte den Bischof von Lüttich und den Herzog von Jülich zu Kommissaren der Stadt. Die evangelischen Stände nahmen sich nun der Sache ihrer Aachener Glaubensgenossen auf dem Reichstag von 1582 an und erreichten, daß ihnen für den Augenblick das Regiment in der Stadt und die Freiheit der Religionsübung nicht genommen und die Kurfürsten von Sachsen und Köln als Vermittler aufgestellt wurden.

Die kaiserliche Verweigerung der Berufung der Stadt Aachen zum Reichstag veranlaßte die Reichsstädte zur Einreichung einer Beschwerdeschrift, in der sie sich beklagten, man wolle sie alle gleich Aachen von dem Religions- und Landfrieden und von ihrem Stande und ihrer Stimme im Reich verdrängen; fänden ihre Beschwerden kein Gehör, dann würden sie sich weder an den Beratungen des Reichstages beteiligen noch zur Türkenhilfe beisteuern. Der Kaiser wies die Beschwerdeschrift der Reichsstädte unter Zustimmung der geistlichen Kurfürsten und Augusts von Sachsen zurück. Die Städte ließen sich dadurch nicht einschüchtern, auch nicht durch den kaiserlichen Vizekanzler Dr. Viehäuser, der ihnen entgegenhielt, sie sollten wissen, daß wie Gott ihr Gott im Himmel also Cäsar, der Kaiser, ihr Gott auf Erden sei, und daß der Rat und die Bürger in den Reichsstädten dem Kaiser so untertan seien wie einem jeden Fürsten seine Bauern. Gegen die von den übrigen Mitgliedern des Reichstages dem Kaiser gewährte Türkenhilfe legten die Städte Protest ein. Rudolf ging nun doch nicht gegen sie vor, sondern verhandelte mit ihnen nach Reichstagsschluß weiter. Nach einigen Jahren willigten die Reichsstädte in die Zahlung des auf sie treffenden Teiles der Türkenhilfe ein; ob dies ihrem eigenen Ermessen anheimgestellt sei, oder ob sie dazu gemäß dem Reichstagsbeschluß der Kurfürsten und Fürsten verpflichtet wären, wurde nicht entschieden. Für die damalige Lage und für Rudolfs ganze Art ist es bezeichnend, daß auch die beiden anderen auf diesem Reichstag aufgetauchten

Probleme nicht grundsätzlich geklärt wurden: ob und inwieweit evangelischen Inhabern von geistlichen Fürstentümern Sitz und Stimme auf den Reichstagen zukäme, und ob es sich in der Aachener Sache um eine dauernde oder nur um eine für die nächste Zukunft bestimmte Regelung handle.

Der Kölnische Krieg

Schlimmer als ihre Versäumnisse auf dem Reichstag des Jahres 1582 wirkte sich für die Protestanten ihre Laßheit in dem Kampf um das Kölner Kurfürstentum und Erzbistum aus. Salentin Graf von Isenburg hatte im Herbst 1577 auf den Kurstuhl von Köln verzichtet (S. 50). Die Kölner Domherren weigerten sich, ihre Stimme dem von Salentin und auch von der römischen Kurie begünstigten bairischen Prinzen Ernst zu geben, und wählten Gebhard Truchseß von Waldburg. Er ließ sich zum Priester weihen, zeigte keinerlei Hinneigung zum Protestantismus, und so trug der Papst kein Bedenken, Gebhard als Erzbischof von Köln zu bestätigen. Im Domkapitel gab es weiterhin eine bairische Partei, und gegen sie suchte Gebhard einen Rückhalt an dem evangelischen Adel der Wetterau. Daraus ergaben sich allmählich nähere Beziehungen zu den Führern der protestantischen Partei im Erzstift Köln, der auch mehrere Mitglieder des Domkapitels angehörten. Wie so manche hohe geistliche Würdenträger jener Zeit war Gebhard ein großer Freund von Zechgelagen und schönen Frauen. Im Herbst 1579 lernte er die Gräfin Agnes von Mansfeld kennen, die Kanonissin in dem adligen Stift Gerresheim bei Düsseldorf war. Er faßte zu ihr eine tiefe Neigung und trug sich bald mit dem Gedanken, zum Protestantismus überzutreten, auf das Erzbistum zu verzichten und die Gräfin zu heiraten. Der Führer des protestantischen Adels der Wetterau war Graf Johann von Nassau. Sein Bruder Wilhelm von Oranien hatte 1578 Johanns Wahl zum Statthalter von Geldern durchgesetzt, und dieser bemühte sich seitdem, England und die Schweiz für ein Bündnis mit den aufständischen Niederländern zu gewinnen. Wenn nun Gebhard das Erzstift Köln behielt und sich den Niederländern anschloß, so gewannen sie damit für den weiteren Kampf um ihre religiöse und politische Freiheit am Niederrhein eine starke Rückendeckung. Im Verein mit Graf Adolf von Neuenahr gelang es Graf Johann von Nassau, Gebhard zu überreden, daß er auf sein Kurfürstentum und Erzbistum nicht verzichtete. An Weihnachten 1582 gab der Kurfürst seinen Übertritt zum Protestantismus öffentlich bekannt, verkündete im Januar 1583 die Religionsfreiheit für seine Gebiete und ehelichte bald darauf die Gräfin Mansfeld.

Gelang es Gebhard, sich in Köln als evangelischer Kurfürst und Inhaber des Erzstiftes zu behaupten, dann wären voraussichtlich außer Köln die westfälischen Bistümer protestantisch geworden und zahlreiche zu einem größeren oder geringeren Teil protestantische Dom- und Stiftskapitel in Süddeutschland dem Beispiele Gebhards gefolgt. Weiterhin wäre aus der Parität im Kurfürstenkolleg eine katholische Minderheit geworden, und dies hätte sicherlich Änderungen der Reichsverfassung zugunsten der Evangelischen und über kurz oder lang wahrscheinlich die Wahl eines protestantischen Fürsten zum Kaiser zur Folge gehabt. Ein Schritt von derartiger

Tragweite, der offensichtlich dem Vorbehalt Ferdinands zum Augsburger Religionsfrieden widersprach (S. 6), hätte einer sorgfältigen diplomatischen und militärischen Vorbereitung bedurft. Daran hatte es Gebhard völlig fehlen lassen. Als er mit seinen Plänen offen hervortrat, konnte er nur auf die Unterstützung des Grafen Johann von Nassau und Johann Kasimirs von der Pfalz rechnen. Die Kurfürsten von Sachsen und Brandenburg waren von vorneherein der Meinung, die ganze Sache sei übereilt, und beschränkten sich im Verlaufe der Angelegenheit auf wirkungslose Vermittlungsversuche. Eine Versammlung der Stände des Erzbistums Köln erklärte, Gebhard habe die Grundgesetze des Landes verletzt, weil in ihnen festgelegt war, daß der jeweilige Erzbischof zur Aufrechterhaltung der katholischen Religion verpflichtet sei. In solchen Fällen ging nach der Verfassung des Erzstifts die Regierung an das Domkapitel über. In ihm hatten die Katholiken die Mehrheit. Das Domkapitel zog Truppen gegen Gebhard zusammen und bat den damaligen spanischen Statthalter der Niederlande, Herzog Alexander von Parma, um Hilfe. Gebhard wich nach Westfalen aus, das dem Erzstift Köln angegliedert war. Hier wurde er am 12. März 1583 vom westfälischen Landtag freudig begrüßt und die Reformation überstürzt und unter mancherlei Ausschreitungen durchgeführt. Am 22. März belegte der Papst Gebhard als einen „mit unzähligen Lastern befleckten Ketzer und meineidigen Rebellen der Kirche" mit dem Bann, sprach ihm alle seine Ämter und Würden ab, entband die Geistlichen und Untertanen „des Apostaten" von ihren Gehorsamsverpflichtungen und forderte das Domkapitel auf, sofort einen neuen Erzbischof zu wählen. Die katholische Mehrheit des Kapitels einigte sich im Mai 1583 auf den bairischen Prinzen Ernst, und der Papst bestätigte ihn als Erzbischof von Köln.

Zum ersten Male seit dem Augsburger Religionsfrieden kam es nun in Deutschland zu einem Glaubenskrieg. Des Prinzen Ernst bewaffnete Macht bestand hauptsächlich aus ihm von seinem Vater, Herzog Wilhelm V., überlassenen bairischen und vom Herzog von Parma zur Verfügung gestellten spanischen Truppen. Gebhard war im wesentlichen auf die ihm von Johann Kasimir zugeführten sieben- bis achttausend Mann angewiesen; die Niederländer, eben hart von den Spaniern bedrängt, konnten nur geringe Hilfe leisten. Johann Kasimir war bloß halb bei der Sache; als Verbündeter eines Friedensbrechers mußte er Verstrickung in die Reichsacht befürchten. Nachdem sein älterer Bruder Ludwig VI. im Oktober 1583 gestorben war, begab er sich nach Heidelberg, um die vormundschaftliche Regierung für seinen Neffen über das Pfälzer Kurfürstentum zu übernehmen. Nun fielen die letzten Stützpunkte Gebhards im Rheingebiet, Godesberg, Bonn und Bedburg, in die Hände seiner Feinde. Da sich Gebhard auch in Westfalen nicht zu halten vermochte, entfloh er in die Niederlande. Nach Ernsts Anerkennung zu Beginn des Jahres 1585 durch die Kurfürsten war die Angelegenheit auch reichsrechtlich entschieden. Die Kriegshandlungen waren damit aber noch nicht beendet. Sie zogen sich zwischen Kurfürst Ernsts und Gebhards Anhängern bis zum Jahre 1590 hin, ohne etwas an der durch Gebhards Entweichen nach den Niederlanden geschaffenen Gesamtlage zu ändern. Viel Erbitterung rief das Verweilen spanischer Regimenter auf deutschem Boden hervor, doch verhallten die Beschwerden mehrerer Reichsfürsten hierüber beim Kaiser wirkungslos. Für den Protestantismus war es ein schwerer Schlag, daß in dem Kampf um Köln der viel umstrittene geistliche Vorbehalt auch von den weltlichen Kurfürsten als rechtsverbindlich hingenommen worden war, daß daraufhin verschiedene in ihrer Stellungnahme zur konfessionellen Frage bis dahin schwankende geistliche Reichsstände sich nun eindeutig für die katholische Sache entschieden, und daß dadurch die gesamte gegenreformatorische Bewegung einen großen Aufschwung nahm.

Der Straßburger Kapitelstreit. Gegenreformation in Aachen Der Vierklosterstreit

Gebhard hatte gleich vielen kirchlichen adligen Würdenträgern mehrere geistliche Ämter inne, die er auch als Erzbischof behalten hatte. Unter anderem war er Dekan des Straßburger Domkapitels. Dessen evangelische Mitglieder konnten bei Streitigkeiten mit ihren katholischen Amtsbrüdern auf die Unterstützung des Rates der protestantischen Reichsstadt Straßburg rechnen. Nach vorübergehendem Aufenthalt in den Niederlanden übersiedelte Gebhard nach Straßburg. Dem dortigen Domkapitel gehörten auch die mit Gebhard abgesetzten protestantischen Kölner Domherren aus den hochadligen Geschlechtern Winnenberg, Solms und Wittgenstein an. Der Bischof von Straßburg setzte die vom Papste exkommunizierten Kölner Domherren ab, die aber im Kapitel blieben und zur Stärkung ihrer Stellung bei Neuwahlen für Kandidaten aus protestantischen Fürstenhäusern eintraten. Im Jahre 1586 kam es zur ersten Doppelwahl; die Protestanten gaben ihre Stimme August von Brandenburg, die Katholiken dem Bischof Philipp von Regensburg, einem bairischen Prinzen. Auf diese Weise wurden von evangelischer Seite im Laufe der nächsten Jahre drei Herzöge, ein Fürst und ein Markgraf in das Domkapitel aufgenommen. Der Kaiser legte dagegen Verwahrung ein, griff aber dann doch nicht ernstlich durch.

Nach dem Tode des bisherigen Bischofs Johann von Manderscheid erkoren die evangelischen Domherren im Einvernehmen mit dem Stadtrat den fünfzehnjährigen Johann Georg von Brandenburg zum Administrator, die katholischen Karl von Lothringen, der bereits die Bistümer Metz, Toul und Verdun innehatte. Die Rechtslage war in diesem Falle unklar, da die protestantischen Reichsstände der Auffassung waren, daß ein evangelisches Domkapitel einen Mann ihres Glaubens zum Bischof oder Administrator wählen könne. Die Protestanten waren auch deshalb im Vorteil, weil der hugenottische Heinrich IV. von Frankreich ein Gegner des Lothringers war. Sie schritten alsbald zur Gewalt. Johann Georg eroberte die festen Plätze des Bistums Straßburg. Eine kaiserliche Kommission vermittelte im Februar 1593 einen Waffenstillstand, das Bistum wurde zwischen den beiden Parteien geteilt, die endgültige Regelung einer späteren zweiten kaiserlichen Kommission vorbehalten. König Heinrich IV. hatte nach seinem Übertritt zum Katholizismus im Juli 1593 keine Veranlassung mehr, das Bistum Straßburg dem Lothringer zu mißgönnen, der sich obendrein durch das Versprechen, den Habsburger Leopold von Steiermark zu seinem Koadjutor zu machen, den Kaiser verpflichtete. Nach weiteren Verhandlungen, die sich bis in den November 1604 hinzogen, verzichteten Johann Georg und seine Anhänger auf ihre Ansprüche gegen eine Geldabfindung.

Die auf dem Reichstag von 1582 mit der Vermittlung betrauten Kurfürsten von Trier und Sachsen vermochten die Religionsparteien in Aachen nicht miteinander zu versöhnen, und so reichte der eine die Katholiken, der andere die Evangelischen begünstigende Vorschläge an den Kaiser ein. Der übergab die Angelegenheit dem Reichshofrat, dessen Mitglieder in der Regel die katholischen Interessen möglichst förderten. Nachdem der Reichshofrat die Sache acht Jahre lang hingezogen hatte, entschied er im August 1593, der Zustand von 1560 (S. 57) sei wiederherzustellen. Die Aachener lehnten das Urteil des Reichshofrates mit der Begründung ab, er sei zu einer rechtsverbindlichen Auslegung des Augsburger Religionsfriedens nicht befugt. Da eben um diese Zeit die Zahl der Kalvinisten in jenen Gegenden zugenommen hatte, und da Spanien in die dem Tode König Heinrichs III. folgenden französischen Wirren verwickelt war, blieben die Aachener zunächst unbehelligt. Nachdem aber Heinrich IV. katholisch geworden war und am 2. Mai 1598 zu Vervins mit Spanien Frieden geschlossen hatte, verhängte Kaiser Rudolf über die Bürgermeister und Ratsherren von Aachen die Acht und beauftragte den Kurfürsten Ernst von Köln mit ihrer Vollstreckung. Der Kurfürst von Trier Johann von Schönburg, Herzog Johann Wilhelm von Jülich und der jüngste Bruder des Kaisers, Erzherzog Albrecht, der als Gemahl einer spanischen Prinzessin von Philipp II. zum Statthalter der Niederlande ernannt worden war, sollten dabei mitwirken.

Bei der Annäherung jülichscher und spanischer Truppen unterwarf sich Aachen dem Willen des Kaisers. Die protestantischen Amtsinhaber wurden abgesetzt, in den Rat durften nur noch Katholiken aufgenommen werden. Die Abwanderung vieler Evangelischer, unter ihnen die durch ihren Gewerbefleiß und ihre kaufmännische Tüchtigkeit hervorragendsten Bürger, schädigte die Stadt auf Jahrhunderte hinaus. Mit der gewaltsamen Rekatholisierung Aachens auf kaiserliche Anordnung war ein Präzedenzfall dafür geschaffen, daß Reichsstädten die Einführung der Reformation untersagt werden konnte.

Große Bestürzung rief im Herbst 1598 der Marsch eines zwanzigtausend Mann starken spanischen Heeres den Rhein hinab gegen Holland hervor. Die Truppen plünderten auf deutschem Gebiete, schritten gelegentlich zu Kriegshandlungen, schlugen ihre Winterquartiere im Münsterischen, Klevischen und Märkischen auf, und ihr General Mendoza erzwang an einigen Orten die Wiederherstellung des Katholizismus. Wie nun der Kaiser dagegen nur völlig wirkungslose Proteste einlegte und im übrigen die Dinge treiben ließ, wie die davon betroffenen Reichskreise unter stetem Hader ihrer Stände ein in jeder Beziehung untaugliches Heer aufstellten, wie dies vor Rees auseinandergejagt wurde und die ganze Sache ihr Ende mit dem ungestörten Abzug der spanischen Regimenter nahm, bewies in erschreckender Weise die Unzulänglichkeit der Kreisverfassung, auf der doch vor allem die Handlungsfähigkeit des Reiches für größere außenpolitische und insbesondere militärische Aufgaben beruhen sollte.

Die Verdrängung des Magdeburger Administrators von dem Reichstag, der Kölner Krieg, auch die Kölnische Stiftsfehde genannt, der Straßburger Kapitelstreit, die gewaltsame Rekatholisierung Aachens und die Durchzüge fremder Truppen durch Reichsgebiet sind nicht so sehr an und für sich als vielmehr ihrer Folgen wegen sowie als Anzeichen der Schwächung der protestantischen Stellung und der zerfahrenen

Zustände im Reich bemerkenswert. Ebenso verhält es sich mit dem Vierklosterstreit. Das Reichskammergericht stand unter der Aufsicht einer Visitationskommission, deren Mitglieder von den Reichsständen in einer bestimmten Reihenfolge gestellt wurden. Im Jahre 1588 hätte der Magdeburger Administrator als geistlicher Fürst in diese Kommission eintreten sollen. Die Katholiken wiesen ihn zurück, die Protestanten bestanden auf seiner Zulassung, und da keine Einigung zustande kam, unterblieben fortan bis zum Ende des alten deutschen Reiches im Jahre 1806 die bisherigen ordentlichen Visitationen. Die Kammerrichter gingen jetzt selbständiger vor und führten jetzt auch Prozesse über die Wiederherstellung geistlichen Besitzes durch, die sie früher unentschieden gelassen hatten, wenn nach dem Augsburger Religionsfrieden keine klare Rechtslage gegeben war. Sie sprachen nun drei Klöster und die Einkünfte eines vierten Klosters, welche protestantische Reichsstände an sich gebracht hatten, den katholischen Klägern zu, weil gemäß den Bestimmungen des Religionsfriedens nur das vor 1552 säkularisierte Kirchengut den derzeitigen Inhabern zu belassen sei. Damit gaben sich die Evangelischen nicht zufrieden. Auf dem im Dezember 1597 zu Regensburg eröffneten Reichstag (S. 65) wurde die in der Angelegenheit der vier Klöster von den Evangelischen geforderte Revision des Reichskammergerichtsurteils einer Deputation übertragen, die aus sämtlichen Kurfürsten sowie zehn katholischen und vier evangelischen Fürsten bestand. Als nach wiederholten Verhandlungen auch auf einer 1601 in Frankfurt abgehaltenen Tagung der Deputation keine Einigung zustande kam, wurde die Entscheidung für unbestimmte Zeit zurückgestellt. Nun hatten aber Revisionsanträge eine aufschiebende Wirkung, und so konnte der Vierklosterstreit auf dem Rechtswege nicht zum Austrag kommen. Um ähnlichen Fällen vorzubeugen, untersagte ein Fürstenrat im Jahr 1602 dem Reichskammergericht, in derartigen Streitsachen ein Urteil zu fällen. Entscheidungen des unter kaiserlichem Einflusse stehenden Reichshofgerichtes wurden aber besonders von den Protestanten vielfach als parteiisch empfunden. Das unter diesen Umständen um sich greifende Gefühl der Rechtsunsicherheit erschwerte die friedliche Beilegung der aus den unklaren und umstrittenen Bestimmungen des Augsburger Religionsfriedens sich ergebenden Konflikte immer mehr.

Regierungswechsel in Kursachsen und Kurbrandenburg

Die zunehmende Spannung zwischen den Religionsparteien bereitete endlich den Boden für einen engeren Zusammenschluß evangelischer Reichsstände vor. Er wurde durch den Wechsel der Regierungen in Kursachsen und in Brandenburg erleichert. Dem 1586 gestorbenen Kurfürsten August von Sachsen folgte sein Sohn Christian I. Dieser überließ die Leitung der Staatsgeschäfte seinem Kanzler Krell. Da Krell dem Kalvinismus zuneigte, stand einer Annäherung Kursachsens an Johann Kasimir, seit 1583 Administrator der Kurpfalz für seinen noch unmündigen Neffen Friedrich IV., und an Wilhelm von Hessen-Kassel nichts mehr im Wege, die sich schon seit längerem um eine politische Einigung der Protestanten bemühten. Auf Veranlassung Johann Kasimirs und Christians sandten die weltlichen Kurfürsten eine

Abordnung nach Prag, die dort wegen der Beschwerden der Protestanten vorstellig werden sollte. Sie wurde vom Kaiser abgewiesen; seine Räte erklärten, die katholische Auslegung des Augsburger Religionsfriedens bestehe zu Recht. Daraufhin waren Kursachsen und andere evangelische Reichsstände überzeugt, daß sie zur Selbsthilfe schreiten müßten. Auf einem Fürstentag zu Torgau anfangs Februar 1591 kamen sie überein, dem damals noch hugenottischen Heinrich IV. Truppen unter Christian von Anhalt zuführen zu lassen und einen Bund evangelischer Fürsten aufzurichten. Schon waren mehrere Fürsten bereit, ihm beizutreten, als Kurfürst Christians Tod im Oktober 1591 und die damit verknüpfte Abkehr Sachsens von der Bündnispolitik mit Kalvinisten der protestantischen Union ein Ende bereitete, noch ehe sie zustande gekommen war; doch blieb der Gedanke lebendig, einen derartigen Bund ins Leben zu rufen.

In Brandenburg kam im Jahre 1598 nach dem Tode des Kurfürsten Johann Georg dessen Sohn Joachim Friedrich, der bisherige Administrator von Magdeburg, zur Regierung. Er hielt zwar für seine Person an der Konkordienformel fest, berief aber Kalvinisten in seinen Rat und ließ seinen ältesten Sohn Johann Sigmund in Heidelberg studieren, wo er sich dem Kalvinismus näherte. Dadurch wurde die lutherische Haltung Kurbrandenburgs gelockert und Beziehungen zu den von jeher aktiveren und auf die Gesamtinteressen des Protestantismus innerhalb und außerhalb der Reichsgrenzen mehr bedachten Reformierten angebahnt. Dies war von um so größere Bedeutung, als mit Joachim Friedrich eine neue, die künftige Größe Brandenburg-Preußens vorbereitende Epoche in der Politik des kurfürstlichen Zweiges der Hohenzollern begann. Grundlegend hierfür wurde der von Joachim Friedrich und dem kinderlosen Markgrafen Georg Friedrich von Ansbach am 29. April 1599 unterzeichnete Geraische Hausvertrag. Dieses Hausgesetz bestimmte, daß die Kurmark und die Neumark mit allen etwaigen späteren Erwerbungen eine untrennbare Einheit unter dem jeweiligen Kurfürsten von Brandenburg bilden und nach dem Rechte der Erstgeburt in der geraden Linie des Mannesstammes vererbt werden sollten. Nach dem Tode des Markgrafen Georg Friedrich im Jahre 1603 fielen ebenfalls gemäß dem Vertrag von Gera Ansbach und Bayreuth als zwei selbständige Fürstentümer an die älteren Stiefbrüder Joachim Friedrichs und das Herzogtum Jägerndorf, das Georg Friedrichs Vater 1523 durch Kauf erworben hatte, an Joachim Friedrichs zweiten Sohn Johann Georg.

Als Herzog Albrecht Friedrich, der keinen männlichen Erben hatte, infolge einer Geisteskrankheit regierungsunfähig geworden war, war Markgraf Georg Friedrich von Ansbach Administrator von Preußen geworden. Nach dessen Tode wurde Kurfürst Joachim Friedrich Administrator von Preußen, ihm sollte sein ältester Sohn, der Kurerbprinz Johann Sigmund, erst als Administrator und nach dem Tode Albrecht Friedrichs als Herzog von Preußen folgen. Nun wollte aber Kaiser Rudolf das Herzogtum Jägerndorf als böhmisches Lehen einziehen, und einer Personalunion des Kurfürstentums Brandenburg mit dem Herzogtum Preußen widersetzten sich längere Zeit die Polen und ein Teil der preußischen Landstände. Überdies warf bereits die Brandenburg unmittelbar berührende Frage der Erbfolge in Jülich-Kleve (S. 68 ff.) ihre Schatten voraus. Aus diesen Gründen suchte Kurfürst Joachim Friedrich seine Stellung zu festigen durch Anlehnung an die niederländischen Generalstaaten, an

König Heinrich IV. von Frankreich und an Kurfürst Friedrich IV. von der Pfalz, der seit dem Tode seines am 6. Januar 1592 verstorbenen Vormundes und Oheims Johann Kasimir an der Spitze der evangelischen Aktionspartei stand. Die Verhandlungen zwischen den deutschen Protestanten und Heinrich IV. gestalteten sich sehr schwierig, sowohl wegen seines Glaubenswechsels als auch wegen seiner weitausschauenden Pläne, die auf die Vereinigung aller Evangelischen unter seinem Schutze zur Verteidigung der Generalstaaten und auf seine Vorherrschaft in den Rheinlanden hinausliefen. Kurfürst Joachim Friedrich beteiligte sich an diesen Verhandlungen nicht mehr, als sie den für ihn nächstliegenden Zweck erreicht hatten: die Einschüchterung der Polen und ihre Zustimmung zu seiner Administration in Preußen. Die mit der Hinwendung Joachim Friedrichs zur Kurpfalz vollzogene Abkehr von dem langjährigen Zusammengehen der kurbrandenburgischen mit der habsburgischen und kursächsischen Politik war dagegen ein nicht bloß für den Augenblick berechneter Schritt, sondern leitete, ebenso wie der Geraische Hausvertrag, eine neue Epoche in der Geschichte Kurbrandenburgs ein.

Die Reichstage von 1594–1608. Gegenreformation in Donauwörth Gründung der Union und der Liga

Der Streit um die Auslegung und Ausführung des Augsburger Religionsfriedens hatte verschiedene evangelische Stände in der Absicht, einen Kampfbund zu gründen, in steigendem Maße bestärkt, doch standen der Ausführung immer wieder Bedenken politischer und religiöser Art entgegen. Die Vorgänge auf den Reichstagen von 1594, 1597/98, 1603 und 1608 beseitigten jedoch schließlich diese Hemmungen. Kaiser Rudolf war bei seiner Menschenscheu und seinen autokratischen Neigungen gegen die Abhaltung von Reichstagen, auf denen nach altem Herkommen das Reichsoberhaupt zu erscheinen und den Vorsitz zu führen hatte. Die Notwendigkeit, die Reichsstände für die Gewährung der Türkenhilfe einzuberufen, bewog Rudolf aber doch, für 1594 einen Reichstag nach Regensburg ausschreiben zu lassen. Vor dessen Eröffnung folgten mehrere evangelische Reichsstände einer Einladung Kurfürst Friedrichs IV. nach Heilbronn, um sich hier über ihr Vorgehen auf dem kommenden Reichstag zu beraten. Sie beschlossen auf die Abstellung der evangelischen Beschwerden, auf die Zulassung der protestantischen Administratoren zu den Reichstagen und auf die Aufhebung der Zuständigkeit des Reichshofrates in Sachen des Religionsfriedens zu dringen, dem Kaiser diese Forderungen vorzulegen und, falls er sie nicht bewillige, sich von den Verhandlungen des Reichstages ferne zu halten. Da aber der Kurfürst von Sachsen und einige andere evangelische Stände sich dem Vorhaben der Kurpfalz widersetzten und die Beschwerdeschrift nicht unterzeichneten, besuchten Friedrich IV. und seine Gesinnungsgenossen doch den Reichstag. Hier trugen auch die Katholiken eine Reihe von Klagen vor und verlangten, daß die Bestimmungen des Religionsfriedens in einer die Protestanten schädigenden Weise durchzuführen seien. Die Mehrheit bewilligte zwar die Türkenhilfe, ohne daß die Minderheit dagegen Protest erhob, aber auch auf diesem Reichstag wurde keine der den inneren Frieden gefährdenden

Kaiser Ferdinand I. 1556
Kupferstich von Hans Sebald Lautensack
München, Staatliche Graphische Sammlung

Kaiser Rudolf II. 1608
Kupferstich von Egid Sadeler
nach einem Gemälde von Hans von Aachen

Kaiser Ferdinand II.
Kupferstich von Pieter Soutmann († 1657)

Fragen der Lösung nähergebracht. Die Gemüter hatten sich nur noch mehr erhitzt. Der Kreis um den Pfälzer Kurfürsten schloß sich unter dem Namen „Die Korrespondierenden" enger zusammen, und die heftigen Auseinandersetzungen hatten Kaiser Rudolf abgeschreckt, je wieder auf einem Reichstag zu erscheinen.

Auf dem nächsten Reichstag, der im Dezember 1597 abermals in Regensburg eröffnet wurde, hatte der Bruder des Kaisers, Erzherzog Matthias, den Vorsitz. Auch diesmal fand sich eine Mehrheit für die Türkenhilfe, doch erklärten die Korrespondierenden und der kurz nach Beginn des Reichstages zur Regierung gelangte Kurfürst Joachim Friedrich von Brandenburg, wer nicht für die Türkenhilfe gestimmt habe, sei nicht verpflichtet, die Türkensteuer zu entrichten. Setzte sich diese Auffassung durch, dann war bald kaum jemand mehr dazu zu bewegen, in einer Reichsangelegenheit Lasten auf sich zu nehmen. Die kaiserlichen Räte strengten deshalb gegen mehrere Korrespondierende den Prozeß beim Reichskammergericht an. Wurden sie verurteilt, so konnte in diesem Falle die Strafe nur die Reichsacht sein. Nun hatte es im allgemeinen lange Wege, bis ein solcher Prozeß zu Ende kam, aber das Gefühl der Unsicherheit wuchs doch bei den Protestanten so sehr, daß immer mehr von ihnen zu der Überzeugung kamen, nur die Wiederaufnahme des 1591 gescheiterten Planes einer protestantischen Union könne sie vor dem Schlimmsten bewahren. Auf dem Regensburger Reichstag von 1603 wagte Friedrich IV. unter dem Eindruck des schwebenden Reichskammergerichtsprozesses gegen Korrespondierende nicht, sich dem abermaligen Mehrheitsbeschluß für die Türkenhilfe zu widersetzen, beharrte aber grundsätzlich auf dem Rechte, nach der Ablehnung einer Steuer sich an ihrem Aufkommen nicht beteiligen zu müssen. Auch sonst, wie etwa wegen des immer noch nicht beigelegten Vierklosterstreites, gerieten Katholiken und Protestanten hart aneinander. Die Kurfürsten Friedrich IV. und Joachim Friedrich drohten den Reichstag zu verlassen, was leicht dessen völlige Sprengung hätte herbeiführen können; nur mit größter Mühe gelang es einem der kaiserlichen Räte, die zwei Kurfürsten in Regensburg bis zum Schlusse des Reichstages zurückzuhalten. Nach dessen Beendigung berichtete Erzherzog Matthias, der wiederum Kaiser Rudolf vertreten hatte, nach Prag: „Von nun an wird nicht nur für jedes Kammergerichtsurteil Revision begehrt und die Türkensteuer nach Belieben erlegt oder ganz verweigert werden, sondern das Kammergericht wird all sein Ansehen verlieren und sich wohl gar auflösen müssen; die Stände der beiden Bekenntnisse werden in die schlimmsten Händel miteinander geraten, die Stärkeren werden die Schwächeren unterdrücken, und allerlei weitaussehende Bündnisse werden im Reiche geschlossen werden. Ja, es kann ein Feuer entbrennen, bei welchem die Ausländer, die schon längst darauf warten, sich einmischen, während die kaiserlichen Lande den Türken preisgegeben werden."

Vorerst mehrte sich nur der Zündstoff für das von Erzherzog Matthias vorausgesagte Feuer, zunächst durch des Baiernherzogs Maximilian Vorgehen gegen die Reichsstadt Donauwörth. Hier hatte 1595 der Rat der überwiegend protestantischen Stadt begonnen, die Katholiken völlig zu verdrängen. Das erregte den Unwillen der Mönche des benachbarten Benediktinerklosters zum Heiligen Kreuz. Früher hatten sie die Fahnentücher zusammengerollt und Gesang und lautes Gebet unterlassen, wenn sie bei ihren Prozessionen auf städtisches Gebiet kamen, nun aber durchzogen sie es mit fliegenden Fahnen und unter Absingen von Litaneien. Gelegentlich einer der in der Kreuzwoche, der zweiten Woche vor Pfingsten, üblichen Bittprozessionen für das Gedeihen der Feldfrüchte stellte der Stadtammann den Zug, verlangte Senkung der Fahne und zwang nach einem Wortwechsel mit dem sich widersetzenden Abt einen Prozessionsteilnehmer, die Fahne auf das Klostergebiet hinüberzutragen. Daraufhin beschwerte sich der Abt bei dem Bischof von Augsburg wegen Verletzung des Religionsfriedens. Der Bischof gab die Klage an den Reichshofrat weiter, und dieser gebot, ohne die Angelegenheit zu untersuchen, dem Rat von Donauwörth, sich binnen sechsunddreißig Tagen zu verantworten und die Katholiken bis zur richterlichen Entscheidung in ihren Religionsübungen nicht mehr zu stören. Die darob empörte Bürgerschaft bewarf die Teilnehmer an einer Prozession, die sich am Markustage des folgenden Jahres über den Marktplatz bewegte, mit Steinen. Der Kaiser beauftragte nun den Baiernherzog Maximilian zunächst mit dem Schutze der Katholiken in Donauwörth und dann mit der Vollstreckung der Reichsacht, die am 3. August 1607 über die die Weisungen des Herzogs mißachtende Stadt ausgesprochen wurde. Als Maximilian im Dezember 1607 mit einem starken Aufgebot vor Donauwörth erschien, unterwarfen sich ihm Rat und Bürgerschaft. Der Herzog verlangte von der Stadt als Entschädigung für seine Exekutionskosten zweihunderttausend Gulden. Da Donauwörth diese Summe nicht aufzubringen vermochte, wandelte er allmählich die freie Reichsstadt in eine bairische Landstadt um und führte in ihr mit Hilfe der Jesuiten die Gegenreformation durch.

Die Katholiken jubelten über den Sturz des protestantischen Donauwörth, auf die Evangelischen machte er einen stärkeren Eindruck als die bisherigen im Zusammenhang mit der Auslegung des Religionsfriedens stehenden Konflikte. Denn in diesem Falle hatte der Kaiser, indem er ohne Einvernehmen mit den Kurfürsten über eine Reichsstadt die Acht verhängte und mit deren Vollzug nicht den zuständigen Reichskreis, sondern einen der entschiedensten Gegner des Protestantismus betraute, unter Nichtachtung allgemein anerkannter Rechtsgepflogenheiten die katholische Partei offener als sonst begünstigt. Daß Rudolf für den nächsten Reichstag seinen Vetter, Erzherzog Ferdinand von Steiermark, einen eifrigen Förderer der Gegenreformation, zu seinem Stellvertreter ernannte, erhöhte noch die Besorgnis der Evangelischen. Deshalb erklärten auf dem im Februar 1608 eröffneten Regensburger Reichstag sowohl die Korrespondierenden als auch Kursachsen und die auf seiner Seite stehenden Evangelischen, sie würden sich auf keine Verhandlungen über die Türkenhilfe einlassen, ehe der Religionsfriede neuerdings bestätigt sei. Ferdinand trat dafür ein, daß dies nur dann geschehen solle, wenn die protestantischen Stände die katholische Auslegung des Religionsfriedens annähmen, also auf die von ihnen seit 1552 vorgenommenen Säkularisationen verzichteten. Daraufhin erschien keiner von den Evangelischen mehr bei den Verhandlungen. Ferdinand war jetzt zu einigem Nachgeben bereit, die Korrespondierenden jedoch meinten, er wolle sie nur täuschen. Ende April verließen die Abordnungen von Kurpfalz und von Kurbrandenburg Regensburg, denen bald darauf weitere evangelische Stände folgten. Ferdinands Bemühungen, die Zurückgebliebenen, neben den Katholiken hauptsächlich Kursachsen, für eine Steuerbewilligung zu gewinnen, scheiterten. Der Reichstag löste sich, ohne einen Beschluß gefaßt zu haben, vollends auf. Damit war bis auf weiteres das lebenswichtigste Organ der Reichsverfassung, die höchste Instanz in allen entscheidenden Fragen der Innen- und Außenpolitik und des Rechtes, lahmgelegt und der Religionspolitik Kursachsens und seiner Anhänger, die um der Aufrechterhaltung des Religionsfriedens willen bis an die äußersten Grenzen des für die Protestanten Tragbaren gegangen waren, der Boden entzogen.

Die kursächsische Abordnung auf dem Regensburger Reichstag von 1608 hatte nach der Ablehnung der protestantischen Forderungen an den Dresdner Hof berichtet: „Was Kurpfalz seit Jahren prophezeit, ist eingetreten." Diese Erkenntnis sogar bei lutherischen Gegnern der Kurpfalz mehrte naturgemäß die Zahl ihrer Anhänger und begünstigte die Wiederaufnahme der Unionspläne. Der leichtlebige Kurfürst Friedrich IV. war allerdings nicht der Mann, selbst große Dinge zu vollbringen, doch stand ihm der für einen Prinzen aus einem der kleineren Fürstenhäuser jener Zeit ungewöhnlich gründlich gebildete, weitgereiste und äußerst regsame Christian I. von Anhalt zur Seite, dem freilich trotz mancher politischer und militärischer Erfolge der klare Blick des großen Staatsmannes und Feldherrn für das Erreichbare fehlte. Friedrich hatte ihn zu seinem Statthalter in der zur Kurpfalz gehörenden Oberpfalz ernannt und gewährte ihm überhaupt einen ausschlaggebenden Einfluß auf die Leitung der pfälzischen Politik; seine Stellung in der Pfalz behielt Christian auch noch bei, als er 1603 Fürst von Anhalt-Bernburg geworden war.

Unmittelbar im Anschluß an den Regensburger Reichstag im Mai 1608 gelang es Fürst Christian, auf einer Zusammenkunft mehrerer evangelischer Reichsstände zu Ahausen im Ansbachischen die Union zu gründen, an deren Zustandekommen er schon lange gearbeitet hatte. Ihr Zweck war, die im Gefolge der Reformation erworbenen Besitzungen und Rechte ihrer Mitglieder zu schützen, wenn nötig mit Waffengewalt. Man einigte sich zu Ahausen auf eine zehnjährige Dauer des Bundes. Regelmäßige Beiträge für die Bundeskasse und eine Kriegsverfassung, die für den Ernstfall die Aufstellung einer Armee von zwanzigtausend Mann vorsah, wurden vereinbart. Als erste traten der Union bei Kurfürst Friedrich von der Pfalz, Christian für sein Fürstentum Anhalt-Bernburg, Herzog Johann Friedrich von Württemberg, die Markgrafen Georg Friedrich von Baden-Durlach und Joachim Ernst von Brandenburg-Ansbach. Zum Bundesdirektor wurde der Kurfürst von der Pfalz und zu seinem Generalleutnant Fürst Christian von Anhalt gewählt. Etwas später ließen sich Kurfürst Johann Sigmund von Brandenburg, Landgraf Moritz von Hessen-Kassel und mehrere Reichsstädte, darunter Straßburg und Ulm, in die Union aufnehmen. Sie knüpfte auch bald Beziehungen zu Heinrich IV. von Frankreich, zu England und zu den Generalstaaten an, traf aber mit diesen fremden Mächten vorerst keine bindenden Abmachungen.

Auf katholischer Seite waren ebenfalls schon seit längerem Bestrebungen zu einem engeren Zusammenschluß im Gange. Wie bei den evangelischen Reichsständen der pfälzische, so hatte bei den Altgläubigen der bairische Zweig der Wittelsbacher die Führung. Der 1556 von dem Baiernherzog Albrecht V. gegründete Landsberger Bund hatte noch keine ausgesprochen konfessionellen Ziele verfolgt, er sollte nur dafür sorgen, daß sich an den zur Zeit des Abschlusses des Augsburger Religionsfriedens herrschenden Zuständen nichts ändere. Der Baiernherzog warb deshalb auch unter den evangelischen Reichsständen konservativer Richtung für seinen Bund und gewann das lutherische Nürnberg und das paritätische Augsburg dafür. Aber die seit 1560 offenkundige Förderung der Gegenreformation durch Herzog Albrecht und seinen Nachfolger Wilhelm V. und noch mehr die von Albrecht um 1566 eingeleitete Bistumspolitik seines Hauses stießen die Protestanten ab und erregten den Unwillen verschiedener katholischer Mitglieder des Landsberger Bundes. Die Versorgung nachgeborener Fürstensöhne und Söhne des Hochadels mit hohen kirchlichen Stellen war immer noch in Übung. Daß allein Herzog Albrechts Sohn Ernst die Bistümer Freising, Lüttich, Hildesheim, Münster, die Reichsabteien Stablo und Malmedy und das Erzbistum Köln erhielt, war eine schwere Beeinträchtigung anderer Familien gleichen oder ähnlichen Ranges und verschaffte Baiern eine ihm von den übrigen Reichsfürsten mißgönnte Macht. Außerdem hielten verschiedene Mitglieder bei dem günstigen Fortschreiten der Gegenreformation den Landsberger Bund für überflüssig und kümmerten sich nicht mehr um ihre Verpflichtungen. Deshalb löste ihn Herzog Maximilian auf, der 1598 Wilhelm V. gefolgt war.

Als sich aber infolge des Straßburger Bischofs-, des Vierklosterstreites und ähnlicher Vorfälle die konfessionellen Gegensätze erneut zuspitzten, dachte Maximilian daran, einen neuen, nun ausgesprochen katholischen Bund ins Leben zu rufen. Der Ausgang des Regensburger Reichstags von 1608 und die Gründung der Union ließen dies auch anderen katholischen Reichsständen geraten erscheinen. Am 10. Juli 1609 schloß sich eine größere Zahl von ihnen aus dem bairischen, schwäbischen und fränkischen Reichskreis zur Liga zusammen unter Herzog Maximilian als ihrem Kriegsobersten. Bald traten auch die drei geistlichen Kurfürsten und die Bischöfe von Speier und Worms der Liga bei. Die Festsetzung ihrer Dauer auf neun Jahre, also mit dem gleichen Endpunkt wie dem für die Union vorgesehenen, die Nachahmung ihrer Einrichtungen, die defensive Einstellung: Aufrechterhaltung des Land- und Religionsfriedens, ferner die Aufnahme von Beziehungen zu außerdeutschen Glaubensgenossen erweisen die Liga in allem als das katholische Gegenstück zur Union. Auch das hatten die zwei Bünde gemeinsam, daß sie nur einen Teil der ihrem Bekenntnis angehörenden Reichsstände umfaßten. Der Union gegenüber war die Liga insofern im Vorteil, als bei ihr eine glaubensmäßig bedingte Spannung wie die zwischen Lutheranern und Kalvinisten von vorneherein wegfiel. Dafür hatten bei der Liga die Rheinländer andere politische Interessen als die Baiern, Schwaben und Franken, und der maßgebende bairische Einfluß wurde den übrigen Mitgliedern allmählich lästig, so daß es schwerfiel, die einheitliche Führung aufrechtzuerhalten.

Der Jülich-Klevische Erbfolgestreit

Union und Liga waren ihrer inneren Struktur nach für weitausgreifende Unternehmungen wenig geeignete Defensivbünde. Da aber die zentralen Einrichtungen des Reiches: Kaisertum, Reichstag, Reichskammergericht und Reichshofrat und auch die Kreisverfassung immer mehr versagten, konnten bei gewichtigeren Zwischenfällen als bisher Union und Liga leicht zu feindlichen Lagern für einen inner- und außerdeutschen Krieg von bisher unerhörtem Ausmaße werden. Geraume Zeit schien es, als sollten die Auseinandersetzungen über die jülich-klevische Erbfolge eine solche Katastrophe heraufbeschwören. Herzog Johann von Jülich, Berg und Ravensberg hatte 1521 das Herzogtum Kleve und die Grafschaft Mark erworben, doch blieb es bei einer Personalunion; die einzelnen Gebiete behielten ihre eigene Verwaltung und ihre eigenen Landstände. Als Johanns Nachfolger Herzog Wilhelm der Reiche 1567 geistesschwach geworden war, schritten seine spanisch und katholisch gesinnten Räte zu gegenreformatorischen Maßnahmen (S. 52).

Dem widersetzten sich die klevisch-märkischen Stände. Auf ihre Seite trat Jakobe von Baden, die Gemahlin von Wilhelms einzigem noch lebenden Sohn, dem Erbprinzen Johann Wilhelm. Die Stände von Jülich und Berg waren in der Mehrzahl katholisch und stellten sich gegen Jakobe. Zur Unterstützung der katholischen Sache riefen Wilhelms Räte kaiserliche Kommissare herbei. Die Wirren steigerten sich, als um das Jahr 1590 auch der Erbprinz in Wahnsinn verfiel und 1592 nach dem Tode seines Vaters Herzog von Jülich-Kleve wurde. Im Jahre 1597 schied Jakobe aus dem Leben, ohne Kinder zu hinterlassen; höchstwahrscheinlich hat sie einer der katholischen Räte ermorden lassen. Auf Betreiben der katholischen Partei wurde der geisteskranke Herzog mit Antonie von Lothringen verheiratet. Auch diese Ehe blieb kinderlos, immerhin ruhte vorübergehend die seit längerem schwebende Erbfolgefrage und der mit ihr verbundene Streit um die Regentschaft. Sie wurde von Antonie von Lothringen und den katholischen Räten geführt, bis Johann Wilhelm am 25. März 1609 starb.

Als die einzigen großen weltlichen Territorien in Nordwestdeutschland waren die vereinigten Herzogtümer Jülich und Kleve mit ihren Nebenländern ein sehr begehrenswertes Erbe. Wegen der in ihnen immer noch nicht geklärten konfessionellen Verhältnisse berührte die durch den Tod des Herzogs Johann Wilhelm wieder akut gewordene Frage der Erbfolge über die Nächstbeteiligten hinaus weitere Kreise. Spanien widerstrebte dem Übergang der an die Niederlande grenzenden Herzogtümer an einen Protestanten, dagegen hatten die Generalstaaten, Frankreich und England ein großes Interesse daran, daß die Stellung Spaniens in diesen Gegenden nicht durch eine streng katholische Herrschaft in Jülich-Kleve gestärkt würde. Im Reiche selbst wünschten die Altgläubigen und ebenso die Evangelischen, daß ein Anhänger ihres Bekenntnisses zum Zuge käme. Die äußerst verwickelte Rechtslage bot jeder Partei Gelegenheit, sich einzumischen. Nach einem von Kaiser Karl V. verliehenen Privileg sollte im Falle des Aussterbens des Mannesstammes Jülich-Kleve ungeteilt an den Mannesstamm der Erbtochter kommen.

Die älteste Tochter Wilhelms, Marie Eleonore, bewog bei ihrer Heirat mit dem Herzog Albrecht von Preußen ihre Schwestern, auf ihre Ansprüche zu verzichten, ohne ihnen aber das Privileg vorzulegen. Als aus Marie Eleonores Ehe nur noch Töchter lebten und die Schwestern inzwischen von den Bestimmungen des Privilegs genauere Kenntnis erhalten hatten, beanspruchte der mit der zweiten Tochter Wilhelms vermählte Pfalzgraf Philipp Ludwig von Neuburg für seinen Sohn Wolfgang Wilhelm das Erbschaftsrecht auf Jülich-Kleve. Marie Eleonore bestand jedoch auf ihrem

Vertrag und übertrug ihre Rechte auf ihre älteste Tochter Anna, die mit Johann Sigmund von Brandenburg verheiratet war. Außerdem behauptete der Gatte der dritten Tochter Wilhelms, Pfalzgraf Johann von Zweibrücken, allen Töchtern Wilhelms käme das gleiche Recht zu. Der Mann der jüngsten Schwester Marie Eleonores war Markgraf Karl von Burgau, ein Sohn des Erzherzogs Ferdinand von Tirol aus dessen morganatischer Ehe mit Philippine Welser. Im Jahre 1606 war schließlich auch noch Kurfürst Christian II. von Sachsen mit weiter zurückliegenden kaiserlichen Privilegien hervorgetreten, von denen die älteren den gesamten Wettinern und das jüngste von 1544 nur den Ernestinern das Erbrecht auf Jülich-Kleve zusprachen.

Der Kaiser übertrug die vorläufige Regierung 1609 nach dem Tode Herzog Johann Wilhelms dessen Witwe Antonie von Lothringen und ihren Räten und verwies die Anwärter auf die Herzogtümer für die Entscheidung an den Reichshofrat. Damit wäre die endgültige Regelung in weite Ferne gerückt worden, und der Kaiser hätte inzwischen Gelegenheit gefunden, Karl von Burgau, dem zeitweilig von ihm und den Katholiken am meisten begünstigten Anwärter, oder einem anderen Habsburger die Herzogtümer unter dem Vorwand zu verschaffen, sie seien erledigte Reichslehen. Aber Johann Sigmund von Kurbrandenburg und Philipp Ludwig von Pfalz-Neuburg setzten sich alsbald in den Besitz der Länder des verstorbenen Herzogs und einigten sich unter Mitwirkung mehrerer evangelischer Reichsstände und mit der Zustimmung Johanns von Pfalz-Zweibrücken am 10. Juni 1609 im Dortmunder Vertrag, daß sie als die „Possidierenden" Jülich-Kleve gemeinsam verwalten und gegen jedermann verteidigen wollten, bis der Erbstreit durch einen gütlichen Vergleich oder durch ein Schiedsgericht protestantischer Fürsten beigelegt werde, weil mit Ausnahme Karls von Burgau alle Anwärter evangelisch seien.

Der Kaiser beantwortete den Dortmunder Vertrag mit der Ernennung seines Vetters, des Erzherzogs Leopold, Bischofs von Passau und seit 1607 auch Bischofs von Straßburg, zum Administrator von Jülich-Kleve. Am 23. Juli 1609 traf Leopold in der Festung Jülich ein. Sie war von ihrem Hauptmann kaiserlichen Kommissaren übergeben worden, die von hier aus die Herzogtümer zu regieren suchten. Im Namen des Kaisers befahl der Erzherzog den Possidierenden, das Land zu räumen. Sie mißachteten Leopolds Aufforderung. Beide Parteien begannen nun ihre kriegerischen Vorbereitungen; Leopold zog von Straßburg aus Truppen zusammen. Dadurch fühlten sich der Markgraf von Baden, der Kurfürst von Pfalz-Heidelberg und der Herzog von Württemberg als Mitglieder der Union und als Mitunterzeichner des Dortmunder Vertrages bedroht. Ihre Truppen überschritten im März 1610 den Rhein, wodurch auch das Elsaß in die Kriegswirren mit hineingezogen wurde.

Im Februar 1610 waren auf einer Tagung in Schwäbisch-Hall die Mitglieder der Union übereingekommen, gemeinsam mit Frankreich die Possidierenden für die Dauer des bevorstehenden Krieges mit Truppen zu unterstützen. König Heinrich IV. rüstete militärisch und diplomatisch. Er bewog die Generalstaaten und König Jakob I. von England, dem Bündnis gegen Erzherzog Leopold beizutreten. Dessen Truppen wurden von dem Feldherrn der Union, Christian von Anhalt, dem ein niederländisches Aufgebot zu Hilfe geeilt war, im Jülichschen geschlagen. Leopold wandte sich nun an Erzherzog Albrecht, seit 1595 Statthalter der spanischen Niederlande, um Unterstützung, während König Heinrich IV. bereits Anstalten traf, mit einem Heer von vierunddreißigtausend Mann über Belgien zu Christian von Anhalt zu stoßen. Schon schien ganz Westeuropa in den Krieg verwickelt zu werden, da wurde die Gefahr durch die Ermordung König Heinrichs IV. gebannt. Die Königin-Regentin Maria von Medici rückte von der Union allerdings nicht sofort ab, doch war vorauszusehen, daß die Possidierenden bald nur noch auf die Unterstützung der Union würden zählen können.

Die ganze Zeit über hatte Kurfürst Christian II. von Sachsen auf seine Belehnung mit dem gesamten jülich-klevischen Erbe hingearbeitet. Im Juli 1610 erfüllte ihm der Kaiser diesen Wunsch und erließ abermals ein Edikt gegen die Union. Sie kümmerte sich weder um die Belehnung Kursachsens noch um das kaiserliche Edikt. Nachdem sich die außerdeutschen Mächte aus dem Streit zurückgezogen hatten, begann sich die Liga einzumischen. Auf einer Münchner Tagung Ende August und anfangs September 1610 beschloß sie, gegen die Union vorzugehen, und bestellte den vor kurzem von Herzog Maximilian zum Oberbefehlshaber des bairischen Heeres ernannten Tilly (S. 135) zu ihrem Feldherrn. Gerade um diese Zeit traf Erzherzog Leopold mit der Union im Willstedter Vertrag ein Abkommen, wonach beide Parteien ihre Truppen aus dem Elsaß zurückziehen sollten. Unmittelbar darauf wurde der Erzherzog vollends aus dem Jülichschen verdrängt, und am 1. September ergab sich schließlich auch die Festung Jülich den Possidierenden. Damit hatte die Union ihr Ziel erreicht. Unter diesen Umständen den Kampf mit ihr aufzunehmen, waren die Mitglieder der Liga nicht geneigt. Sie sei ein reiner Defensivbund, machte insbesondere ihr Oberhaupt Maximilian geltend, außerdem sei zu befürchten, daß sich bei einem Angriff auf die Union alle evangelischen Stände und deren ausländische Verbündete auf die Seite der Possidierenden schlagen würden, und dafür sei man mit den eigenen Rüstungen noch zu sehr im Rückstande. Am 24. Oktober 1610 kam zwischen der Union und der Liga ein Vergleich zustande, in dem sich beide Teile verpflichteten, ihre Truppen zu entlassen.

Das jülich-klevische Erbe war nun fest in den Händen von Kurbrandenburg und Pfalz-Neuburg. Gemäß dem Dortmunder Vertrag sollten beide in Jülich und Kleve gemeinsam regieren. Dabei kam es fortwährend zu Reibereien, und bald strebte jeder der Possidierenden danach, die Alleinherrschaft an sich zu reißen. Wolfgang Wilhelm, der Erbprinz von Pfalz-Neuburg, wandte sich der Liga zu, wurde im Jahr 1613 katholisch und heiratete Magdalene, die Schwester Herzog Maximilians. Zu Weihnachten desselben Jahres trat der Brandenburger Kurfürst Johann Sigmund zum Kalvinismus über. Die bisher durch das ihnen gemeinsame lutherische Bekenntnis Verbundenen gehörten fortan den zwei einander am schärfsten gegenüberstehenden Konfessionen an. Im Frühjahr 1614 begannen die Possidierenden den offenen Krieg, Erzherzog Albrecht kam Wolfgang Wilhelm, der jetzt das väterliche Erbe antrat, mit spanischen Truppen zu Hilfe und besetzte verschiedene Plätze in Jülich und Berg und im Herzogtum Kleve die Festung Wesel. Moritz von Oranien unterstützte den Brandenburger. Aber Frankreich, England und die Generalstaaten wollten diesmal nicht Krieg, sondern Frieden. Sie zwangen im November die Possidierenden zu dem Vergleich von Xanten. Die Herzogtümer sollten zwar grundsätzlich vereinigt bleiben, aber Kurbrandenburg in Kleve, Mark, Ravensberg und Ravenstein, Pfalz-Neuburg in Jülich-Berg je eigene Verwaltungen einrichten. Der Streit um Jülich und Kleve war damit nicht völlig beigelegt, vielmehr setzten ihn die beiden Possidierenden in einer Art Kleinkrieg und während des Dreißigjährigen Krieges fort, und auch später noch tauchte der Streit wiederholt auf (S. 171). Immerhin brachte der Xantener Vertrag insofern einen Abschluß, als Kleve mit seinen Nebenländern mit geringen Unterbrechungen im wesentlichen bei Brandenburg-Preußen und Jülich bis zum Lunéviller Frieden von 1801 bei dem pfälzischen Zweig der Wittelsbacher blieb. Der Wiener Kongreß sprach schließlich 1814 auch die jülichschen Lande mit geringen Ausnahmen Preußen zu.

Der jülich-klevische Erbfolgestreit hat von jeher die Aufmerksamkeit auf sich gezogen, nicht nur weil er über das Schicksal weiter Landstriche an einem Brennpunkte der westeuropäischen Politik entschied. In diesem Streit traten bereits verschiedene der für den Dreißigjährigen Krieg charakteristischen Erscheinungen in einem Maße hervor, daß er oft als dessen Vorspiel bezeichnet wird. Rein religiöse und ausgesprochen politische Interessen waren schon im jülich-klevischen Erbfolgestreit sowohl bei einzelnen Persönlichkeiten als auch in den allgemeinen Tendenzen unentwirrbar miteinander verquickt. Liga und Union standen sich erstmals feindlich gegenüber. Ausländische Mächte beeinflußten den Verlauf der Ereignisse mehrfach ausschlaggebend und entsandten Truppen ins Reichsgebiet. Auch mit dem Schwedenkönig Gustav Adolf knüpfte die Union schon damals, im Januar 1613, Beziehungen an. Durch Sonderunternehmungen einzelner Beteiligter, zum Beispiel einem Einfall Christians von Ansbach in das Land des Bischofs von Würzburg, wurden die Verhandlungen über die Hauptpunkte erschwert und in die Länge gezogen. Angeworbene Truppen verließen auch nach Friedensschluß das Land nicht und plünderten es weiterhin aus, wie die des Erzherzogs Leopold das Elsaß nach dem Vertrag von 1610. Abteilungen der Spanier und der Generalstaaten blieben nach dem Xantener Vertrag in den festen Plätzen von Jülich und Kleve, die sie besetzt hatten, und dehnten sich auf dem Reichsgebiet noch weiter aus. Vorgänge ähnlicher Art haben nach dem Ausbruch des Dreißigjährigen Krieges wiederholt zu dessen Ausweitung und Verlängerung beigetragen.

Die Erwerbung der klevischen Lande durch Kurbrandenburg hatte für die Zukunft weitreichende Folgen. Nachdem es am Rhein festen Fuß gefaßt hatte, war es dauernd bestrebt, dazwischenliegende Gebiete sich anzugliedern, und nahm infolgedessen fortan an den Geschehnissen im Westen des Reiches stärksten Anteil. Mit Kleve und der weiteren Ausbreitung in jenen Gegenden gewann Kurbrandenburg und dann das Königreich Preußen Gebiete mit reger Handels- und Gewerbetätigkeit. Andererseits nahmen, als das Zeitalter der Industrie und Technik angebrochen war, diese zur Rheinprovinz zusammengefaßten Gebiete auch deshalb einen so großen Aufschwung, weil sie dem führenden deutschen Staat angehörten. Im Herzogtum Kleve gab es neben den beträchtlich überwiegenden Katholiken eine größere Zahl kalvinischer Gemeinden. Kurbrandenburg und das von Kurfürst Johann Sigmund 1618 ererbte Preußen waren lutherisch. Der Kurfürst, der 1613 zum Kalvinismus übergetreten war, verzichtete auf die Ausübung des ihm reichsrechtlich zustehenden Rechtes, von den Untertanen die Annahme seines eigenen Bekenntnisses zu verlangen. Damit wurde zum ersten Male der Grundsatz cuius regio eius religio durchbrochen, zwar nur aus staatspolitischen Erwägungen, aber es war doch ein wichtiger vorbereitender Schritt zur religiösen Toleranz überhaupt.

Religionskampf in Österreich. Türkenkrieg Zwist im Hause Habsburg. Rudolfs Tod

Kaiser Rudolf hatte wiederholt in die Auseinandersetzungen über das jülich-klevische Erbe eingegriffen, ohne ihren Verlauf und ihr Ergebnis beeinflussen zu können. Neben den allgemeinen Zuständen im Reiche und neben der persönlichen Unzulänglichkeit des Kaisers erklärt sich dies aus dem Fortgang der konfessionellen Kämpfe in den österreichischen Ländern und aus dem Zwist im Hause Habsburg. Zeitweilig waren die wegen der Gegenreformation besorgten evangelischen Stände der österreichischen Erblande nahe daran, sich zusammenzuschließen und sich mit der Union zu verbünden. Mit ihrer Opposition erreichten sie indes nur in einzelnen Fällen nicht ehrlich gemeinte und möglichst bald nicht mehr beachtete Zugeständnisse und erschwerten den Habsburgern, sich für die allgemeine katholische Sache im Reiche einzusetzen. In Nieder- und in Oberösterreich gewann Melchior Klesl auf den Erzherzog Ernst und dann auf den Erzherzog Matthias großen Einfluß. Klesl, der Sohn eines lutherischen Bäckermeisters in Wien, wurde als sechzehnjähriger Jüngling von den Jesuiten für den katholischen Glauben gewonnen, studierte bei ihnen, ward 1579 Dompropst in Wien, 1587 landesfürstlicher Kommissar bei den Ständen, 1590 Generalreformator der niederösterreichischen Lande, 1599 Kanzler des Erzherzogs Matthias. In allen diesen Stellungen förderte Klesl, ein in allen öffentlichen Geschäften ungemein gewandter Mann von etwas rauhen Sitten, aber einwandfreiem Lebenswandel, mit großem Erfolg die Gegenreformation.

In Oberösterreich kam es deshalb 1595 zu einem Aufstand der evangelischen Bauern. Da sie bei dieser Gelegenheit weitgehende wirtschaftliche Forderungen stellten, gerieten sie auch zu den protestantischen Landständen und Städten in Gegensatz und arbeiteten dadurch der Gegenreformation in die Hände; seit 1601 durften sich in Oberösterreich nur noch Adlige und ihre Bediensteten zum evangelischen Glauben bekennen. Erzherzog Karl von Innerösterreich (S. 49) sah sich im Jahr 1578 mit Rücksicht auf die Bedrohung seiner Lande durch die Türken gezwungen, im „Brucker Libell" den Bürgern in seinen Städten Gewissensfreiheit zu gewähren, suchte aber bald darauf seine in dem Libell gemachten Zusagen wieder zu umgehen. Der von den Jesuiten in Ingolstadt erzogene Sohn Karls Erzherzog Ferdinand ging, seit er 1590 zur Regierung gekommen war, mit aller Schärfe gegen die Protestanten vor. Das evangelische Kirchen- und Schulministerium wurde aufgehoben, Kommissionen durchzogen unter militärischem Schutz das Land, verjagten die protestantischen Prediger und führten gewaltsam den katholischen Gottesdienst ein. Bürger, die bei dem evangelischen Glauben bleiben wollten, mußten auswandern. Auch hier wurde schließlich nur noch den adligen Landständen und ihren unmittelbaren Dienern die Wahl des Bekenntnisses freigestellt. Vernichtet war aber mit all dem der Protestantismus in den österreichischen Erbländern noch nicht. Viele fügten sich nur zum Scheine und hofften wie die Evangelischen in Mähren und Böhmen, wo die Gegenreformation, wenn auch lässiger betrieben, ebenfalls Fortschritte gemacht hatte, ihre Lage würde infolge der Habsburger Familienstreitigkeiten bald wieder besser werden.

Die Türken bedrohten trotz des immer wieder mit ihnen erneuerten Waffenstillstandes fortwährend den Osten des Reiches. Nach einem für sie günstigen Friedensschluß mit den Persern wandten sie sich dem Westen zu. Im Jahre 1593 erklärte Sultan Mohammed III. dem Kaiser den Krieg. Die Türken eroberten im folgenden Jahre die Festung Raab, die Österreicher 1595 Gran. Im Jahre 1598 gewannen sie auch Raab wieder zurück. Inzwischen hatten aber die Türken die Stadt Erlau genommen und östlich davon eine kaiserliches Heer besiegt. Sigmund Bathorys Abtretung von Siebenbürgen an den Kaiser besserte die Lage nur vorübergehend. Im Jahre 1604 bildete es den Ausgangspunkt für die kriegerischen Unternehmungen des Stephan Bocskay, eines ungarischen Edelmannes. Er wurde im April 1605 zum Fürsten von Siebenbürgen und Ungarn gewählt, warf, von den Türken unterstützt, das kaiserliche Heer bis an die österreichische Grenze zurück und fiel plündernd in Mähren ein. Dieser schwere Schlag war zum großen Teil eine Folge der Politik Kaiser Rudolfs in Ungarn. Statt die Ungarn durch Entgegenkommen für sich zu gewinnen, hatte er sie durch Nichtachtung ihrer ständischen Rechte und das Verbot der Augsburgischen Konfession, die in den Städten Eingang gefunden hatte, und des Kalvinismus, zu dem sich viele Adlige bekannten, in das feindliche Lager getrieben. Bocskay versuchte auch die übrigen österreichischen Länder zur Empörung aufzureizen. Der Kaiser stand all dem rat- und hilflos gegenüber.

Da griffen Rudolfs Bruder und seine Vettern ein. Sie besprachen sich im April 1605 zu Linz und verlangten von ihm, er solle von Prag nach Preßburg oder Wien reisen und sich dort mit den Ständen seiner Länder, besonders den ungarischen, einigen oder seinem Bruder Matthias die Herrschaft in Ungarn übertragen. Der Kaiser bevollmächtigte Matthias zu Verhandlungen mit den Ungarn, verweigerte aber dann die Bestätigung des mit ihnen vereinbarten Vertrages. Um die Wiederaufnahme der ungarischen Beziehungen zu den Türken zu verhindern, schloß Matthias ohne Rücksicht auf den Kaiser am 23. Juni 1606 in Wien Frieden mit den Ungarn, hob die Gesetze gegen ihre Glaubensfreiheit auf und überließ Bocskay Siebenbürgen und die darangrenzenden ungarischen Gebiete. Im November kam auch mit den Türken in Zsitwa-Torok ein Waffenstillstand auf zwanzig Jahre zustande, dessen Bedingungen weniger entehrend waren als die früheren; doch behielten die Türken, was von den Eroberungen seit 1594 noch in ihren Händen war. Rudolf erkannte jetzt den Frieden und den Waffenstillstand an, rüstete aber zu einem neuen Kriege und mißtraute seinem Bruder noch mehr als bisher. Infolge der kriegerischen Vorbereitungen des Kaisers wurden die Ungarn wieder unruhig, und die Türken schickten sich an, in Steiermark und Niederösterreich einzufallen. Auch in Mähren und in den übrigen Erblanden gärte es. Matthias legte seinem kaiserlichen Bruder dar, daß ein Abweichen von der im

Frieden von Wien und in dem Waffenstillstand von Zsitwa-Torok eingeleiteten Politik zu einer Katastrophe des Hauses Habsburg führen müsse, fand aber kein Gehör.

Matthias gab jetzt jeden weiteren Versuch auf, sich mit Rudolf zu verständigen, berief eigenmächtig im Januar 1608 die nieder- und die oberösterreichischen Stände nach Wien und die ungarischen nach Preßburg. Er versprach den Ständen, er werde seinen Bruder, wenn es nicht anders ginge, mit Waffengewalt zwingen, den Frieden mit den Ungarn und Türken zu halten. Nachdem auch der Führer der mährischen Opposition, Zierotin, den Erzherzog um Hilfe gebeten hatte, brach dieser mit seinen Truppen auf, sich Prags zu bemächtigen. Wie immer in mißlicher Lage wußte sich auch diesmal der Kaiser nicht selbst zu helfen. Da bewog Christian von Anhalt, der wie andere evangelische Reichsstände einen völligen Sieg des Erzherzogs zu verhindern trachtete, die Protestanten in Böhmen, sich der Besitzergreifung ihres Landes durch Matthias zu widersetzen. So sahen sich die zwei Brüder am 24. Juni 1608 zu dem Vergleich von Lieben gezwungen. Matthias verließ Böhmen und wurde dafür vom Kaiser als Landesherr von Mähren, Ober- und Niederösterreich und als König von Ungarn anerkannt. Beide waren für die ihnen geleistete Hilfe den Protestanten zum Danke verpflichtet, den sie ihnen freilich nur widerwillig unter dem Druck der Verhältnisse abstatteten. In seinem „Majestätsbrief" vom 9. Juli 1609 sicherte der Kaiser allen seinen Untertanen in Böhmen Gewissensfreiheit zu und verlieh den böhmischen Ständen das Recht, in ihren Städten und Dörfern Kirchen und Schulen zu errichten sowie „Defensoren" aufzustellen, welche nach ihrem Ermessen protestantische Ständetage einberufen durften. Matthias bestätigte und erweiterte die den ungarischen Ständen im Wiener Frieden von 1606 zugebilligten Rechte und gewährte auch den Adligen und, in etwas abgeschwächter Form, den Städten Ober- und Niederösterreichs Bekenntnisfreiheit und freie Religionsübung. Diese Erfolge der Protestanten waren zugleich ein Sieg der Stände über die landesherrliche Gewalt.

Das Abkommen von Lieben hatte die feindlichen Brüder nicht wirklich versöhnt. Unablässig sann Rudolf darauf, wie er diesen Vertrag wieder rückgängig machen und sich an dem ihm so verhaßten Matthias rächen könne. Zu diesem Zwecke wandte sich der Kaiser an seinen Vetter Leopold und versprach ihm, ihn zum römischen König zu ernennen. Der maßlos ehrgeizige Erzherzog war mit seiner Stellung als Bischof von Passau und Straßburg seit längerem unzufrieden und führte nun die Truppen, die er im jülichschen Erbfolgestreit aufgestellt hatte, nach Böhmen, das sie, wie auch große Teile Österreichs, grauenvoll verheerten. Die Böhmen riefen Matthias zu Hilfe. Als er mit einem starken Aufgebot in Böhmen erschien, entwich Leopold mit seinen Söldnern. Am 24. März 1611 zog Matthias in Prag ein. Auf Klesls Rat zwang er seinen Bruder zum Verzicht auf Böhmen; am 23. Mai wurde Matthias unter dem Jubel des Volkes im Prager Dom zum König von Böhmen gekrönt. Mit Einwilligung seines Bruders blieb Rudolf als Kaiser in der Burg auf dem Hradschin. Weit entfernt, sich in sein Schicksal zu ergeben, trug er sich mit den abenteuerlichsten Plänen. Er näherte sich der Union und hoffte vor allem, deren kalvinistische Mitglieder würden ihm helfen, seine Erbländer zurückzugewinnen und seinen Bruder Matthias zu stürzen. Die Vermählung des nun sechzigjährigen Kaisers mit der Witwe des

Kurfürsten Friedrich IV. von der Pfalz sollte den Bund mit der Union und den Kalvinisten besiegeln. Schon hatte Rudolf Vorbereitungen getroffen, Prag zu verlassen, das er wegen des Undankes der von ihm so sehr begünstigten und geförderten Stadt in Grund und Boden verfluchte, da raffte ihn am 10. Januar 1612 eine schwere, mit Wassersucht verbundene Krankheit hinweg.

DIE REGIERUNGSZEIT DES KAISERS MATTHIAS

Nach Rudolfs Verscheiden trat zum ersten Male seit fast hundert Jahren ein Interregnum ein. Über Rudolfs Nachfolge war allerdings schon zu dessen Lebzeiten fast dreißig Jahre lang immer wieder aufs neue verhandelt worden. Aber sein stetes Mißtrauen, man möchte ihm die Zügel der Regierung entreißen, sobald feststehe, wer nach ihm Kaiser werden solle, und mancherlei Gegensätze im Reich, insbesondere die konfessionellen, hatten es nicht zur Ernennung und Wahl eines römischen Königs kommen lassen. Immerhin war im Oktober 1611 von den Kurfürsten auf einer Tagung in Nürnberg für den Mai des kommenden Jahres die Wahl des römischen Königs in Aussicht genommen und an den Kaiser eine Botschaft abgesandt worden, er möge hierzu seine Einwilligung geben. Obwohl er sie versagt hatte, hielten sie an diesem Termin fest und setzten ihre Beratungen über die Wahl fort. Als Kandidaten kamen die drei Brüder Rudolfs in Betracht: Matthias, König von Ungarn und Böhmen, der Deutschordensmeister Erzherzog Maximilian und der mit Isabella von Spanien vermählte Albrecht, Statthalter der spanischen Niederlande. Kurpfalz war für Maximilian. Die geistlichen Kurfürsten traten für Albrecht ein und gewannen für ihn auch Kursachsen, so daß für ihn eigentlich schon die Mehrheit der Stimmen gesichert war. Die sämtlichen österreichischen Erzherzöge mit Einschluß Albrechts einigten sich jedoch auf Matthias. Nun besorgten die geistlichen Kurfürsten, eine längere Dauer des Interregnums, während dessen der Kurfürst von der Pfalz Reichsvikar für Süddeutschland und der Kurfürst von Sachsen Reichsvikar für Norddeutschland war, könne sich für die katholische Sache schädlich auswirken; deshalb erklärten sich schließlich auch die geistlichen Kurfürsten für Matthias, denen sich dann auch Kursachsen anschloß. Da Rudolf inzwischen gestorben war, brauchte Matthias nicht erst zum römischen König gewählt zu werden. Auf dem Nürnberger Kurfürstentag drohten indes die Meinungsverschiedenheiten über die Wahlkapitulation des künftigen Kaisers noch einmal alles in Frage zu stellen. Den geistlichen Kurfürsten gelang es jedoch wiederum, Johann Georg von Kursachsen auf ihre Seite hinüberzuziehen, und dieser bewog Kurpfalz und Kurbrandenburg zum Nachgeben. Man einigte sich für die strittigen Punkte auf die weitmaschige Formel, der Kaiser verpflichte sich, jedermann schleunig und unparteiisch Recht widerfahren zu lassen. Am 13. Juni 1612 wurde Matthias einstimmig zum Kaiser gewählt.

Wie sein Bruder Rudolf besaß Matthias ein ausgesprochenes Selbstgefühl und eine hohe Vorstellung von seinem kaiserlichen Amte. In allem übrigen unterschied er sich aber von ihm. Matthias verlegte seine Residenz bald in das fröhliche Wien, zeigte sich gerne in der Öffentlichkeit, veranstaltete häufig prunkvolle Aufzüge mit

Trompetern an der Spitze und einigen tausend Reitern und Hunderten von Kutschen. Hinter den reitenden Trompetern saßen mitunter rotgeputzte Affen, und am Hofe trieben Schalksnarren ihr witziges und grobianisches Wesen. Matthias liebte geselligen Verkehr und war leutselig zu jedermann, genoß es aber auch, daß nun Kurfürsten und Fürsten bei feierlichen Anlässen mit ihren Baretten in der Hand sein Erscheinen erwarteten. Über all dem vernachlässigte er keineswegs seine Regentenpflichten; ein ausdauernder und gewissenhafter Arbeiter, verbrachte er viele Stunden an seinem Schreibtisch. Sein Kanzler Klesl hatte sich im Laufe der Jahre vom konfessionellen Eiferer zu einem Staatsmann entwickelt, der zwar die politische Vorherrschaft des Katholizismus im Reiche aufrechtzuerhalten trachtete, aber auch um die Herbeiführung eines ehrlichen Ausgleiches zwischen den altgläubigen und den evangelischen Reichsständen bemüht war. Er ließ sich dabei von ausgesprochen nationalen Gesichtspunkten leiten. Wie die Liebe zum Vaterland Frankreich unter Heinrich IV. die schwersten Gefahren habe überwinden lassen, so sollte es auch in Deutschland sein; die Voraussetzung hierfür sei allerdings, daß man allen Untertanen, auch den Protestanten, ihr Vaterland durch ein gesichertes Dasein lieb und wert mache.

Um Rudolfs Pläne zu durchkreuzen, sich mit Hilfe der Union wieder seiner an Matthias verlorenen Länder zu bemächtigen, hatte Klesl Beziehungen zu dem nur auf die Verteidigung des Besitzes und der Rechte der Mitglieder bedachten Flügel der Union aufgenommen. Der Führer dieser Richtung, Herzog Johann Friedrich von Württemberg, war durchaus bereit, sich mit Klesl über alle schwebenden Fragen friedlich zu einigen. Aber nach dem im April 1612 mit England abgeschlossenen Vertrag und nach der Vermählung Kurfürst Friedrichs V. von der Pfalz mit Elisabeth, der Tochter Jakobs I. von England, im Februar 1613 verstummten die auf Ausgleich bedachten Stimmen. Auf dem Bundestag zu Rothenburg im März 1613 kamen die Mitglieder der Union überein, auf dem für dieses Jahr einberufenen Reichstag alle ihre alten Forderungen und Beschwerden wieder vorzulegen und, solange man ihnen nicht gerecht geworden sei, an keinen anderen Verhandlungen teilzunehmen, und, wenn man nichts anderes erreiche, wie 1608 den Reichstag zu sprengen. Ähnlich gestalteten sich die Verhältnisse in der Liga. Hier vertrat vor allem der Kurfürst Johann Schweikhart von Mainz den Friedensgedanken und hatte sich schon seit längerem um die Gründung eines neuen, nicht konfessionellen Bundes aller reichstreuen Fürsten bemüht. Aber wegen einiger Übergriffe protestantischer Fürsten während des Interregnums nach Rudolfs Tod wandte Schweikhart sein Interesse wieder der Liga zu, die nun ebenfalls einen neuen Aufschwung nahm. Auf einer Tagung zu Frankfurt im März 1613 erklärten die Ligisten, bei Auseinandersetzungen über Streitfragen der Religionsparteien auf einem Reichstage habe die gesetzliche Regelung gemäß dem Mehrheitsbeschluß zu erfolgen; in allen den Religionsfrieden betreffenden Prozessen stehe die Entscheidung dem Reichskammergericht zu und im Falle einer Revision, wie etwa dem immer noch unerledigten Vierklosterstreit, der Visitationskommission; die Gerichtsgewalt des Kaisers stehe über der des Reichskammergerichtes, da er die Quelle aller Gerichtsbarkeit sei, und dergleichen mehr.

Auf dem am 13. August 1613 in Regensburg eröffneten Reichstag war die Stimmung anfänglich nicht so gereizt wie zu Beginn des Reichstages von 1608, auch kamen sich die Parteien im Verlauf der Verhandlungen hauptsächlich durch die Vermittlung des Erzherzogs Maximilian wiederholt näher. Da aber die Korrespondierenden mit ihrem Rothenburger Programm nicht durchdrangen, verließen sie wiederum den Reichstag. Trotzdem fand er dieses Mal einen regelrechten Abschluß. Anfangs September hatte man in Regensburg von dem Vorrücken eines großen türkischen Heeres Kunde erhalten. Der Kaiser, wegen seiner Freigebigkeit und kostspieligen Hofhaltung immer in Geldnöten, war ganz und gar auf die Türkenhilfe der Reichsstände angewiesen. Die evangelische Minderheit versagte sie ihm, weil er sich in allen strittigen Punkten zur katholischen Mehrheit gehalten hatte, dagegen hielt es diese für eine Ehrenpflicht, ihm eine beträchtliche Türkensteuer zu bewilligen. Am 22. Oktober kam durch Mehrheitsbeschluß ein ordnungsgemäßer „Reichsabschied" zustande. — Während des Reichstages gab sich die Liga eine neue Verfassung. Im Einvernehmen mit Klesl gelang es Kurfürst Schweikhart, seinen alten Plan zu verwirklichen. Die Liga wurde ihres rein konfessionellen Charakters entkleidet, so daß es nun auch Matthias mit seinem Amte als Reichsoberhaupt für vereinbar hielt, sich in sie aufnehmen zu lassen. An Stelle der einheitlichen Führung durch den Baiernherzog Maximilian wurden drei Direktorien eingerichtet: Österreich, Rhein und Baiern. All das geschah in der Erwartung, der Kurfürst von Sachsen würde mit den übrigen konservativen evangelischen Reichsständen der Liga beitreten. Diese Hoffnung erfüllte sich nicht, vielmehr verschärfte sich bald darauf die Lage noch mehr. Der mit der Umwandlung der Liga unzufriedene Baiernherzog schloß ihm gleichgesinnte oberdeutsche Reichsstände zu einer eigenen Gruppe, zu einer Liga in der Liga, zusammen. Im Jahre 1616 löste sich die alte Liga auf; es gab nun nur noch die verkleinerte, streng katholische, von Herzog Maximilian völlig abhängige Liga.

Nach dem Reichstage von 1613 waren noch weitere Kreise als nach dem von 1608 davon überzeugt, daß sich der konfessionelle Gegensatz mit seinen Besitz- und Rechtsstreitigkeiten in einem großen innerdeutschen Krieg entladen würde. Klesl wandte alles daran, durch seine Vermittlungs- oder, wie man damals sagte, Kompositionspolitik diesem Unheil vorzubeugen, und setzte sich zu diesem Zweck mit den Gemäßigten, den sogenannten „Politikern", beider Parteien in Verbindung. In der Regel wird behauptet, Klesls Vermittlungspolitik habe von vorneherein keine Aussicht auf Erfolg gehabt, weil er ein Mann der kleinen Aushilfen gewesen sei, der vor großen, entscheidenden Maßnahmen und Entschlüssen zurückschreckte. Von der damaligen Zeit aus gesehen, waren Klesls Vorschläge aber doch recht weitgehend und zielten darauf ab, durch Lösung eines der wichtigsten Probleme eine Atmosphäre des allgemeinen Verständigungswillens zu schaffen. Seit dem Augsburger Religionsfrieden hatten unter den Protestanten verschiedene Vorfälle das Gefühl hervorgerufen, sie könnten von Kaiser und Reich kein Recht erlangen und müßten zur Selbsthilfe greifen. Klesl hielt es deshalb für die vordringlichste Aufgabe, dafür zu sorgen, daß die evangelischen Stände wieder Zutrauen zu den höchsten Rechtsinstanzen des Reiches gewännen. Er vertrat nicht nur theoretisch die Auffassung, daß ein gleichmäßiges und unparteiisches Recht für alle Reichsstände gelten solle und den Protestanten ihre Freiheiten gewahrt bleiben müßten, sondern handelte auch nach diesem Grundsatze, indem er sich zum Beispiel für die Anerkennung des Sitz- und Stimmrechtes evangelischer Administratoren von Bistümern auf den Reichstagen und am Reichskammergericht einsetzte und sich um das Zustandekommen der erstmals von protestantischer Seite auf dem Reichstag von 1613 angeregten paritätischen „Kompositionskommission" bemühte. Durch sie sollten die Zwistigkeiten zwischen den katholischen und evangelischen Ständen endgültig beigelegt werden, da die Reichstage, das Reichskammer- und das Reichshofgericht hierzu nicht imstande waren.

Um den Widerstand der geistlichen Kurfürsten gegen die Einberufung einer Kompositionskommission zu brechen, verknüpfte Klesl seine Vermittlungsaktion mit der bereits in Fluß gekommenen Frage, wer dem Kaiser Matthias nachfolgen solle. Klesl machte geltend, vor einem Ausgleich mit den Protestanten würden Kurpfalz und Kurbrandenburg keinesfalls auf einem Wahltag erscheinen, und damit sei eine reichsrechtlich gültige Wahl eines römischen Königs unmöglich. Außerdem wies Klesl auf die neuerliche Erstarkung der Union hin. Zu ihrem Nürnberger Bundestag im Februar 1615 waren Gesandte aus England, Frankreich, Dänemark und den niederländischen Generalstaaten erschienen; ein Städtetag in Eßlingen im Oktober 1615 trat dem Bund der Union mit den Generalstaaten bei und erklärte sich zu einer beträchtlichen jährlichen Zahlung für die Bundeskasse bereit. Gelinge es nicht, alsbald Mittel und Wege zu einer friedlichen Einigung mit den Protestanten zu finden, so erklärte Klesl, dann stehe der letzte Zusammenhalt des Reiches auf dem Spiele. Aber die geistlichen Kurfürsten und der Baiernherzog mit seinem ligistischen Anhang lehnten jegliches Entgegenkommen und die Einberufung einer Kompositionstagung ab, die österreichischen Erzherzöge drangen vor allem auf Verhandlungen über die Thronfolge und bekämpften die diese Verhandlungen verzögernde Politik Klesls. Am 19. Juli 1618 setzten ihn die Erzherzöge Ferdinand und Maximilian gefangen. Der Kaiser war über die Eigenmächtigkeit der Erzherzöge zunächst sehr empört, nahm sie aber dann doch hin, ohne etwas für seinen langjährigen Berater und Kanzler zu tun.

Als Kaiser Matthias am 20. März 1619 starb, war weder die Frage der Komposition noch die der Nachfolge gelöst, doch hatte es den Anschein, beide Fragen würden alsbald geregelt werden. Noch zu Lebzeiten des Kaisers Matthias hatten seine Räte unter Vermittlung des Kurfürsten Johann Georg von Sachsen Kurpfalz und Kurbrandenburg zu Verhandlungen darüber bewogen, daß Erzherzog Ferdinand gewählt und in unmittelbarem Anschluß daran die Komposition in Angriff genommen werden sollte. Ferdinand wurde denn auch am 28. August 1619 zum Kaiser gewählt. Ein friedlicher Ausgleich zwischen Katholiken und Protestanten war aber nicht mehr möglich, denn Deutschland stand beim Tode des Kaisers Matthias, ohne daß sich jemand darüber klar war, bereits in den Anfängen des Dreißigjährigen Krieges.

Zweites Buch

Der Dreißigjährige Krieg

DIE URSACHEN DES KRIEGES

Zwei Menschenalter lang hatten sich die Kaiser und die meisten Reichsstände bemüht, wegen der strittigen Punkte des Augsburger Religionsfriedens es nicht zu einem allgemeinen innerdeutschen Krieg kommen zu lassen, sich aber damit begnügt, jeweils nur das Äußerste zu verhüten. Im übrigen war man in oft mit großer Erbitterung geführten Verhandlungen steckengeblieben. Auf diese Weise spitzten sich die Gegensätze immer mehr zu und ergriff immer weitere Kreise ein Gefühl der Unsicherheit. Einer friedlichen Entspannung dieser gefahrdrohenden und verworrenen Lage standen sehr große Schwierigkeiten im Wege. Das konfessionelle Element nahm im damaligen politischen Leben eine derartige Stellung ein; daß diese Epoche mit mehr Recht das konfessionelle als das Zeitalter der Gegenreformation (S. 7) genannt worden ist. Etwas zu geben, was die eigene Konfession wesentlich beeinträchtigte, widerstritt dem Zeitgeist und dem persönlichen Gewissen der meisten Reichsstände, mochten auch verschiedene von ihnen, zu ihrem Vorteil oder zur Aufrechterhaltung des Landes- und Religionsfriedens, in noch so vielen Einzelfällen zu Kompromissen bereit sein. Eine den inneren Frieden des Reiches auf die Dauer sichernde gesetzliche Regelung der im Augsburger Religionsfrieden nicht einwandfrei gelösten und nach ihm neu aufgetauchten Probleme konnte jedoch nicht zustande kommen, ohne daß beide Parteien oder eine von ihnen Zugeständnisse machte, deren Folgen sich kaum übersehen ließen. Jede Partei fürchtete, wenn sie irgendeine ihrer grundsätzlichen Forderungen preisgäbe, würde die andere so sehr das Übergewicht gewinnen, daß die Existenz der eigenen Konfession bedroht wäre.

Neben der konfessionellen Auseinandersetzung ging, vielfach mit ihr verquickt, das Ringen zwischen dem Kaiser und den Ständen um die Vorherrschaft im Reiche weiter. Immer noch verpflichteten sich die Kaiser in ihren Wahlkapitulationen, die katholische

Kirche zu schützen. Für einen tatkräftigen Kaiser lag es nahe, sich der katholischen Partei anzuschließen und mit ihrer Hilfe errungene Erfolge für die Stärkung der kaiserlichen Zentralgewalt zu nützen. Die Evangelischen mißtrauten großenteils schon an und für sich allem, was in ihren Angelegenheiten vom kaiserlichen Hofe kam; gelang es diesem auch noch, die ständische Verfassung des Reiches auszuhöhlen, dann mußten sie damit rechnen, daß die ihnen im Religionsfrieden zuerkannten Rechte ganz aufgehoben würden. Aber auch die katholischen Reichsstände wollten den Sieg ihrer Sache nicht um den Preis der Beschneidung ihrer Rechte zugunsten der kaiserlichen Zentralgewalt erkaufen. Und Katholiken wie Protestanten besorgten, sie würden in die Welthändel des spanischen und des österreichischen Zweiges des Hauses Habsburg hineingezogen werden, wenn einmal der Kaiser in der Weise Monarch von Deutschland würde wie der König von Frankreich in seinem Lande. Außer den ideellen und politischen Hemmungen mehr allgemeiner Art verhinderten die Sonderinteressen zahlreicher Reichsstände einen friedlichen Ausgleich; niemand wollte herausgeben, was seine Familie seit 1552, dem im Religionsfrieden festgesetzten Stichjahr, an Kirchengut im Besitz hatte, und keiner auf einen Anspruch verzichten, den er vom Religionsfrieden oder aus einem sonstigen Rechtsgrund herleitete.

Nach all dem drängt sich die Vermutung auf, Deutschland habe dem Verhängnis des Krieges nicht entrinnen können, der die Ohnmacht des Reiches besiegelte und der als eine Zeit unsäglicher Not und Drangsal wie nur wenige Ereignisse der Geschichte in der Erinnerung des Volkes lebendig geblieben ist. Während der dreiundsechzig Jahre nach dem Augsburger Religionsfrieden hatte sich Schritt für Schritt der Ausbruch des „Großen Krieges" vorbereitet, und die mannigfachen, sich teilweise überkreuzenden Interessengegensätze, die in ihm zum Austrag kamen, bewirkten dann immer wieder seine Verlängerung. Trotzdem war der Dreißigjährige Krieg nicht schlechthin unvermeidbar. „Wäre man dem Klesl gefolgt, hätte es keinen Schwedenkrieg gegeben", sagte man noch lange nach dem Krieg in München, wo einst Herzog Maximilian einer der entschiedensten Gegner der Kompositionspolitik Klesls gewesen war. Gegen dessen Vorschlag, den protestantischen Administratoren ehemals geistlicher Territorien Sitz und Stimme auf den Reichstagen zuzubilligen, hatte Maximilian eingewendet, dann würden die Katholiken ihre Stimmenmehrheit im Fürstenrat verlieren. Hier lag einer jener Fälle vor, in denen ein Nachgeben die Gesamtlage der Katholiken im Reiche verschlechtert hätte, das aber aus staatspolitischen Gründen geboten war. Mit der Reichsverfassung war es eigentlich unvereinbar, daß den rechtmäßig gewählten und vom Kaiser durch Lehensindult anerkannten Administratoren (S. 21) die Ausübung ihrer Befugnisse auf den Reichstagen und im Reichskammergericht verweigert wurde.

Nun hatten die Katholiken entgegen dem Proteste des Papstes schon auf dem Augsburger Reichstag von 1555 in einigen entscheidenden Punkten den Protestanten Zugeständnisse gemacht, und die von Kursachsen geführte konservative Partei der Evangelischen hatte wiederholt, besonders im Kölnischen Krieg, die gemeinsamen Interessen der Protestanten der Erhaltung des Friedens untergeordnet. Und selbst ein so eifriger Kämpfer für die Gegenreformation wie Klesl und mit ihm manche seiner Glaubensgenossen sahen in der Frage der Administratoren und ähnlichem die

Notwendigkeit der reichsrechtlichen Sicherstellung der evangelischen Reichsstände ein und waren bereit, die sich daraus ergebenden Nachteile für den Katholizismus hinzunehmen. All das zeigt, daß Zeitgeist und persönliche Gewissensbedenken doch keine unüberwindlichen Hindernisse für einen friedlichen Ausgleich der Konfessionsparteien zu sein brauchten. Auch waren sich weite Kreise darüber klar, daß ohne einen solchen Ausgleich ein die Grundlagen des Reiches erschütternder Religionskrieg ausbrechen würde, und keiner der mächtigeren Reichsfürsten wünschte einen Religionskrieg. Keine unausweichliche Notwendigkeit, kein böser Wille, nicht die Verkennung der Gesamtlage trieben das deutsche Volk in das Unglück des Dreißigjährigen Krieges hinein, sondern die politische Unfähigkeit, die einer friedlichen Regelung entgegenstehenden, allerdings sehr großen Schwierigkeiten zu beseitigen. In der politischen Geschichte sind zwangsläufige Entwicklungen seltener, als gemeinhin angenommen wird, doch muß der Weg des Unheils, wenn er einmal beschritten ist, nur zu oft bis zu seinem bitteren Ende gegangen werden.

DER BÖHMISCHE KRIEG

Kaiser Matthias und seine Brüder waren ohne Nachkommen. So empfahl sich die Wahl des 1578 geborenen Erzherzogs Ferdinand von Steiermark, der bereits zwei Söhne hatte, zum römischen König, damit nicht, wie jetzt schon zum zweiten Male, alsbald wiederum die Regelung der Nachfolge dadurch erschwert würde, daß der Kaiser keinen direkten Erben hinterließ. Nun war es bei den österreichischen Habsburgern eine Art Hausgesetz geworden, daß der Wahl eines ihrer Mitglieder zum römischen König oder zum Kaiser die Erhebung zum König von Böhmen vorauszugehen habe. Ehe sich aber der österreichische Zweig der Habsburger mit König Philipp III. von Spanien über die Erbfrage auseinandergesetzt hatte, konnte Ferdinand sich nicht offen um die böhmische Krone bewerben. In Madrid vertrat man gemäß dem spanischen Erbrecht den Standpunkt, als Schwiegersohn Kaiser Maximilians II. habe König Philipp III. ein näheres Anrecht auf Böhmen und Ungarn als Ferdinand von Steiermark, der der Vetter des jetzigen Königs dieser Länder, des Kaisers Matthias, und der Neffe des früheren Königs von Böhmen und Ungarn, Kaiser Maximilians II. war. Im Jahre 1613 machte Philipp seinen Anspruch in Wien geltend, erklärte sich aber bereit, darauf zu verzichten, wenn ihm das Elsaß und die übrigen vorderösterreichischen Gebiete überlassen würden, die für ihn als Verbindung zu der seit 1555 den spanischen Habsburgern gehörenden Freigrafschaft Burgund, zu dem ebenfalls 1555 an Philipp II. von Spanien gekommenen Mailand und zu den spanischen Niederlanden sehr begehrenswert waren.

Kaiser Matthias übertrug die Verhandlungen hierüber seinem Vetter Ferdinand als seinem voraussichtlichen Nachfolger, und Philipp III. bevollmächtigte den spanischen Grafen Oñate. Nach mancherlei Verzögerungen traf dieser im Februar 1617 in Prag ein. Ferdinand war für seine Bewerbung um Böhmen und dann um die Kaiserkrone auf die Unterstützung Philipps angewiesen, der auf die katholische Partei in Deutschland und auf manche protestantische Reichsstände, die Jahrgelder von ihm erhielten, einen großen Einfluß hatte. Am 20. März verpflichtete sich Ferdinand in einem Geheimvertrag, über den er nicht einmal den Kaiser unterrichtete, für die Anerkennung seiner Nachfolge in Böhmen und Ungarn dem König Philipp das Elsaß, die Landvogtei Hagenau und die Grafschaft Ortenau zu überlassen, sobald er oder seine Söhne in den Besitz dieser Landschaften kämen, ferner nach seiner Kaiserkrönung Philipp III. mit Finale und Piombino zu belehnen und ihn auch sonst in Italien zu fördern, soweit dies nach den dem römischen Kaiser dort noch verbliebenen Rechten möglich sei. Außerdem wurde vereinbart, daß im Falle des Aussterbens der eigenen männlichen Nachkommenschaft Böhmen und Ungarn an den spanischen Mannesstamm kommen sollten.

An den Oñate-Vertrag knüpfte sich der Ausbruch des Dreißigjährigen Krieges, großenteils auch seine lange Dauer und die Ausdehnung über Böhmen hinaus. Ohne König Philipps III. Zustimmung zur böhmischen Kandidatur Ferdinands hätte doch wohl vorerst einer der Brüder des Kaisers dessen Erbschaft angetreten. In diesem Falle wäre es kaum zu dem den großen Krieg einleitenden Aufstand in Böhmen gekommen. Der Vertrag bot Philipp ferner Gelegenheit, in die deutschen Verhältnisse einzugreifen, wodurch sich der Kampf der Konfessionsparteien verschärfte und versteifte, und die alte, auf die spanische Vorherrschaft in Europa abzielende Politik wieder aufzunehmen. Zu dieser ermutigte die allgemeine Lage. Der von Philipp II. im Jahre 1588 gegen die Königin Elisabeth eröffnete Krieg hatte sowohl der Vernichtung des Protestantismus in England als auch der Fernhaltung der englischen Seefahrer und Kaufleute von den neu entdeckten Küsten Asiens, Afrikas und Amerikas gegolten. Die vernichtende Niederlage der spanischen Armada im Sommer 1588 war ein schwerer Schlag für die gegenreformatorische Bewegung in ganz Europa gewesen. Während der folgenden Kriegsjahre wurde Spanien noch mehr geschwächt. So bedeutete der zwischen dem englischen König Jakob I. und Philipp III. im Jahre 1604 geschlossene Friede eine große Erleichterung für Spanien. Infolge der Friedenspolitik König Jakobs I. und der Revolution Cromwells hielt sich dann England bis auf einige mißglückte Einmischungsversuche von Jakobs Nachfolger König Karl I. den internationalen Auseinandersetzungen auf dem Festlande während des Dreißigjährigen Krieges ferne.

Mit den Generalstaaten hatte Philipp III. im April 1609 einen Waffenstillstand auf zwölf Jahre abgeschlossen. Nach dessen Ablauf brach zwar der Krieg aufs neue aus (S. 98), aber zunächst war Spanien bei seinen übrigen Unternehmungen doch nicht mehr durch Unruhen in den Niederlanden behindert. Vor allem brachte der Regierungswechsel in Frankreich nach der Ermordung König Heinrichs IV. eine Entlastung für Philipp III. Die Königin-Regentin Maria von Medici gab die spanienfeindliche Politik ihres Gemahls auf und schloß im August 1612 mit König Philipp einen Freundschaftsvertrag, der durch die Vermählung des jugendlichen Ludwigs XIII. mit der Infantin Donna Anna und der französischen Prinzessin Elisabeth mit dem spanischen Kronprinzen Don Philipp besiegelt wurde. Bei Ausbruch des Dreißigjährigen Krieges stellte sich deshalb auch Frankreich auf die Seite der Liga und der Habsburger, doch schlugen die freundschaftlichen Beziehungen Frankreichs zu ihnen allmählich ins Gegenteil um, als Kardinal Richelieu im Jahre 1624 der allmächtige

Leiter des französischen Staates geworden war. Von größtem Vorteil für die Habsburger war das Ausscheiden der Türken aus der europäischen Politik während der ganzen Dauer des Dreißigjährigen Krieges. Um freie Hand in den wiederum mit Persien ausgebrochenen Feindseligkeiten zu bekommen, erneuerte die Türkei im Juli 1615 zu Wien den Waffenstillstand von Zsitwa-Torok auf zwanzig Jahre.

Obwohl die allgemeine europäische Lage von Anfang an bei dem Ablauf des Dreißigjährigen Krieges mit hereinspielte, blieb er während seines ersten Abschnittes im wesentlichen auf Böhmen beschränkt. Seit langem gingen die Meinungen darüber auseinander, ob Böhmen ein Erb- oder ein Wahlreich sei. Matthias hatte von sich selbst in einer Urkunde von 1611 als „ordentlicher Weis gewählt zum designierten König in Böhemb" gesprochen. Auch Ferdinand I. hatte sich zum König von Böhmen wählen lassen. Maximilian II. und Rudolf II. waren dagegen der Frage, ob Erb- oder Wahlmonarchie, ausgewichen und hatten sich von den böhmischen Ständen zum „König annehmen" lassen. Auch Erzherzog Ferdinand begnügte sich mit seiner „Annahme", als ihm Kaiser Matthias gestattete, sich noch zu seinen Lebzeiten um die böhmische Krone zu bewerben. Ferdinand beseitigte die Bedenken der böhmischen Stände gegen ihn durch das Versprechen, er werde es mit ihren Privilegien halten wie „der gegenwärtige Kaiser und seine Vorfahren". Am 19. Juni 1617 wurde Ferdinand zum König von Böhmen und am 1. Juli 1618 zum König von Ungarn gekrönt.

Der Majestätsbrief Kaiser Rudolfs vom 9. Juli 1609 hatte den böhmischen Untertanen Gewissensfreiheit und den protestantischen Ständen weitgehende Rechte zugestanden. Alle Anlässe zu Konflikten zwischen Katholiken und Evangelischen waren dadurch aber doch nicht beseitigt. Schon bald nach dem Regierungsantritt des Matthias als König von Böhmen im Mai 1611 stellten sich Mißhelligkeiten ein, unter denen das Einschreiten des Abtes vom Kloster Braunau gegen den Bau einer evangelischen Kirche in der zu seiner Grundherrschaft gehörenden nordböhmischen Stadt Braunau sowie die Schließung und spätere Zerstörung der evangelischen Kirche in Klostergrab durch den Erzbischof von Prag große Erbitterung hervorriefen, weil die Protestanten nach dem Wortlaut des Majestätsbriefes zu Kirchenbauten innerhalb des königlichen Grundbesitzes berechtigt waren, und die geistlichen Güter in Böhmen zu den königlichen Gütern rechneten. Im September 1617 beschnitt ein kaiserlicher Erlaß die Selbstverwaltung Prags und unterstellte die Verwaltung des durch den Majestätsbrief geschützten evangelischen Kirchenvermögens den Königsrichtern.

Die mannigfachen Verstöße gegen die ständischen und religiösen Rechte der Böhmen veranlaßten die Defensoren (S. 75), einen Protestantentag zum 5. März 1618 einzuberufen, wozu sie der Majestätsbrief ermächtigte. Als die auf dieser Tagung beschlossene Eingabe an die kaiserlichen Statthalter zurückgewiesen worden war, traten die Protestanten am 21. Mai trotz kaiserlichen Verbotes zu einer abermaligen Tagung auf dem Hradschin zusammen. Auf ihr erschienen auch die kaiserlichen Räte und Statthalter Martinitz und Slawata. Die Protestanten befürchteten, wohl grundlos, die Statthalter würden zu Gewaltmaßnahmen schreiten. Graf von Thurn, der es auf einen endgültigen Bruch mit dem Kaiser abgesehen hatte, zerrte in der allgemeinen Erregung mit mehreren seiner Freunde Martinitz, Slawata und den Geheimsekretär Fabricius an die Fenster des Versammlungsraumes und warf sie in den an dieser Stelle achtundzwanzig Ellen tiefen Burggraben hinab. Nur Slawata wurde leicht verletzt, die beiden anderen blieben unversehrt. Die Katholiken feierten dies als ein großes Wunder; die Protestanten sagten, die drei seien so glimpflich davongekommen, weil sie auf einen Kehrichthaufen in dem Graben gefallen waren. Allenthalben war man der Überzeugung, daß der „Prager Fenstersturz" vom 26. Mai 1618 unabsehbare Folgen nach sich ziehen werde.

Die protestantischen Böhmen trafen Vorbereitungen für einen großen Aufstand. Sie setzten ein dreißigköpfiges Direktorium ein, Thurn und zwei andere Adlige erhielten den Auftrag, ein Heer aufzustellen. Die Jesuiten wurden vertrieben, ihre Güter und die einiger anderer verhaßter Personen eingezogen. Kaiser Matthias und Klesl hofften immer noch, den Konflikt durch Verhandlungen beilegen zu können, aber des Kaisers Bruder, Erzherzog Maximilian, König Ferdinand und der spanische Gesandte Oñate drangen auf die gewaltsame Unterdrückung des Aufstandes und setzten den ihnen auch aus anderen Gründen im Wege stehenden Klesl gefangen (S. 79). Der Kaiser ließ den Dingen freien Lauf. König Ferdinand beauftragte mit der Führung seines Heeres den Grafen Bucquoi, der zuvor in spanischen Diensten gestanden hatte. Den Böhmen führte Graf Ernst von Mansfeld einige tausend Mann zu. Mansfeld, aus dem belgischen Zweige seines Geschlechtes, hatte in der spanischen Armee gegen die Niederländer gefochten und später auf der Seite des Erzherzogs Leopold am jülichschen Erbfolgestreit teilgenommen, war 1610 zur Union übergegangen, schloß sich dann Herzog Karl Emanuel von Savoyen, einem Gegner der Habsburger, an, der in seinem Ehrgeiz vorübergehend sich selbst Hoffnung auf Böhmen und auf die Kaiserkrone machte, und wurde nun der erste der Söldnerführer und Parteigänger des Dreißigjährigen Krieges, die, nur auf ihren persönlichen Vorteil bedacht, den Krieg als Geschäft betrieben, und deren zuchtlose Horden überall, wohin sie kamen, der Schrecken der Bevölkerung wurden. Mit der Fahne hatte Mansfeld 1610 auch den Glauben gewechselt, er war vom Katholizismus zum Kalvinismus übergetreten. Einzig in seinem verwegenen Mute blieb er sich immer gleich; als er Ende November 1626 in einem bosnischen Dorfe seinen Tod herannahen fühlte, erwartete er ihn stehend, auf zwei Diener gestützt, in vollem Waffenschmuck.

Im Herbst 1618 kam es zu den ersten Kampfhandlungen in Böhmen. Die an Zahl überlegenen Truppen der Aufständischen drängten Bucquoi zurück, eroberten Pilsen und fielen in Österreich ein. Mähren, Ober- und Niederösterreich schlossen sich den Aufständischen an. Im Juni 1619 erschienen die böhmischen Truppen vor Wien, konnten es jedoch nicht einnehmen und kehrten nach Böhmen zurück. Wenige Tage zuvor war Mansfeld von Bucquoi bei Zablat geschlagen worden. Das schlecht verpflegte und geführte böhmische Heer, aber auch Bucquoi waren zu weiteren größeren Unternehmungen nicht mehr imstande. Der Kampf kam zum Stehen. Inzwischen hatte der Tod des Kaisers Matthias am 20. März 1619 eine neue Lage geschaffen.

Mit der böhmischen Krone war die Kurwürde verbunden. Nun erklärten die böhmischen Stände, bei der „Annahme" Ferdinands zum Könige sei es nicht mit rechten Dingen zugegangen, außerdem habe er sich nicht an seine bei dieser Gelegenheit abgegebenen Versprechungen gehalten, und so stehe es ihnen zu, bei der Kaiserwahl die Böhmen zukommende Stimme abzugeben. Schweikhart von Mainz schloß jedoch auf dem unter seinem Vorsitz im Juli zu Frankfurt eröffneten Kurfürstentag die böhmischen Gesandten wegen unzureichenden Rechtstitels von der Wahlhandlung aus. Damit waren Kurköln und Kurtrier sofort, Kursachsen und Kurbrandenburg nach einigem Sträuben einverstanden. Am 28. August 1619 wurde Ferdinand einstimmig zum Kaiser gewählt. Ungefähr gleichzeitig mit dem Frankfurter Kurfürstentag fand in Prag ein Generallandtag der böhmischen Kronländer statt, zu denen auch Mähren, Schlesien und die Lausitz gehörten. Die evangelische Mehrheit setzte die Annahme der „Konföderationsakte" durch; in ihr wurde Böhmen zum Wahlreich erklärt, während der Lebzeiten eines Königs die Neubesetzung des Thrones verboten und bestimmt, daß ein Verstoß des Königs gegen die Verfassung und die Religionsgesetze den Verlust der Krone zur Folge habe. Am 19. August beschloß der böhmische Landtag die Absetzung Ferdinands als König von Böhmen, einige Tage später gaben die Abgeordneten von Mähren, Schlesien und von der Lausitz hierzu ihre Zustimmung. Sowohl der Erlaß der Konföderationsakte als auch die Absetzung Ferdinands waren nach dem für Böhmen geltenden Staatsrecht revolutionäre Handlungen, da Ferdinand schon zwei Jahre zuvor vom böhmischen Landtag in aller Form zum König angenommen worden war; die Böhmen konnten eigentlich nur für sich geltend machen, daß sie auf andere Weise nicht zu ihrem Recht zu kommen vermocht hätten.

Eine starke Partei in Böhmen hätte am liebsten Johann Georg I. von Sachsen zum König erhoben, doch wollte der gleich seinen Vorgängern konservative Kurfürst sich nicht mit Aufständischen und Revolutionären einlassen. Mit großer Aufmerksamkeit hatte schon seit längerem Christian von Anhalt die Vorgänge in Böhmen verfolgt und im Sommer 1618 den böhmischen Direktoren vorgeschlagen, den jugendlichen Kurfürsten Friedrich V. von der Pfalz nach dem Tode des Kaisers Matthias zu ihrem Könige zu wählen. Als an Johann Georgs Ablehnung der Krone nicht mehr zu zweifeln war, erkoren fast alle der in Prag versammelten Stände am 24. August 1619 den Pfälzer Kurfürsten. In seiner Umgebung wurden zwar mancherlei Bedenken geäußert, er nahm aber doch am 28. September die Wahl an und brach mit einem stattlichen Gefolge, in dem sich auch Christian von Anhalt befand, nach Böhmen auf. Am 31. Oktober hielt der neue König mit großem Gepränge seinen Einzug in Prag.

Friedrich war für die Verteidigung seiner Krone in erster Linie auf das böhmische Heer angewiesen. Der auf ein gutes Einvernehmen mit Spanien bedachte König Jakob I. von England versagte seinem Schwiegersohn jeglichen Beistand. Die Union, deren Haupt Friedrich als Kurfürst von der Pfalz war, sicherte ihm ihren Schutz nur für seine pfälzischen Lande zu, falls sie wegen seines Kampfes um Böhmen angegriffen würden. Die niederländischen Generalstaaten beschränkten sich auf die Zahlung monatlicher Subsidien von fünfzigtausend Gulden. Ausgiebige Hilfe schien nur von Fürst Bethlen Gabor von Siebenbürgen zu kommen. Er wollte

Ungarn gewinnen und schloß sich zu diesem Zwecke der ungarischen Opposition und Böhmen an. Im Oktober 1619 eroberte er Preßburg. Am 21. November überschritt ein böhmisches Heer die Donau, um gemeinsam mit ungarischen Truppen sich Wiens zu bemächtigen. Aber die österreichische Hauptstadt war mit allem zur Verteidigung Nötigen gut versehen. So zogen die Böhmen auch dieses Mal unverrichteter Dinge ab. Bethlen Gabor mußte seine Truppen nach Ungarn zurückrufen, wo ihm eine katholische Gegenbewegung zu schaffen machte.

Bei Anspannung aller Kräfte wäre Böhmen wohl imstande gewesen, mit eigenen Mitteln auch einen starken Feind abzuwehren. Die Stände wollten jedoch trotz ihres großen Reichtums für die gemeinsame Sache keine Opfer bringen. Die einheimischen Generale unterschlugen die für die Armee bestimmten Gelder, die unzulänglich verpflegten und ausgerüsteten Söldner verkauften ihre Waffen, plünderten und versagten den Gehorsam. Christian von Anhalt war unermüdlich und kühn in seinen Plänen, aber ohne Ausdauer bei ihrer Durchführung, Mansfeld war, abgesehen von seiner persönlichen Tapferkeit, völlig unzuverlässig. König Friedrich verbrachte die Wintermonate untätig in Prag. Von Regierungsgeschäften und vom Kriegswesen verstand er nichts, mit seiner Prunk- und Verschwendungssucht brachte er die so schon zerrütteten Finanzen des Staates vollends in Unordnung. Der kostspielige Aufwand am Hofe erbitterte die Bevölkerung um so mehr, als der König und seine pfälzische Umgebung mit kalvinistischem Fanatismus gegen den Schmuck der Kirchen wüteten, an dem wie an verschiedenen anderen Überbleibseln des alten Glaubens die böhmischen Protestanten festgehalten hatten; sogar aus dem mit Kunstschätzen überreich ausgestatteten Prager Dom wurde alle Zier entfernt. In jeder Hinsicht unzureichend vorbereitet, aber von Natur leichtlebig und zuversichtlich wegen der Erfolge der Böhmen im vergangenen Jahre, sah der Pfälzer unbesorgt der Entscheidung entgegen.

Im Frühjahr 1620 zählte sein Heer mit Mansfelds Korps von fünftausend, mit den neuntausend Mann aus dem aufständischen Niederösterreich und mit den dreitausend von Bethlen Gabor neuerdings entsandten fünfundzwanzig- bis dreißigtausend Mann. Kaiser Ferdinand hatte zwar selbst nur ein kleines Heer, da sich seine Lande größtenteils in Aufruhr befanden, wußte sich aber ausgiebige fremde Hilfe zu verschaffen. Gleich bei Ausbruch des böhmischen Aufstandes hatten Matthias und Ferdinand Herzog Maximilian von Baiern um Unterstützung gebeten. Er war jedoch gegen die Habsburger wegen ihres Eingreifens in die Angelegenheiten der von ihm geführten Liga (S. 78) verstimmt und wenig geneigt, die Stellung der österreichischen Monarchie zu festigen. Im Oktober 1619 suchte nun Kaiser Ferdinand seinen Schwager Maximilian in München auf und bewog ihn zu einem Vertrag, worin ihm die unbeschränkte Befehlsgewalt über das Heer der wieder auf ihren alten Umfang gebrachten Liga und der volle Schaden- und Kostenersatz seiner Aufwendungen zugesichert wurde. Mündlich verpflichtete sich der Kaiser noch, Friedrich zu ächten und die Kurwürde von der pfälzischen Linie der Wittelsbacher auf die bairische zu übertragen. Der Papst, der dem Kaiser schon bisher monatlich zehntausend Gulden zugewendet hatte, verdoppelte diese Summe und bewilligte auch der Liga Geldmittel. König Philipp III. erklärte sich bereit, spanisch-niederländische

Truppen in die Kurpfalz einrücken zu lassen. Schließlich schickte der polnische König Sigismund III. Wasa dem Kaiser mehrere tausend Kosaken zu Hilfe. Selbst zwei evangelische Fürsten, Johann Georg I. von Kursachsen und Landgraf Ludwig V. von Hessen-Darmstadt, wußte Ferdinand unter Ausnutzung ihrer Gewinnsucht und ihres Gegensatzes als Lutheraner zu den Kalvinisten auf seine Seite zu ziehen.

Das Heer der Liga war ungefähr vierundzwanzigtausend Mann stark, als Maximilian, zum Aufbruch nach Österreich bereit, im Juni 1620 bei Günzburg an der Donau lagerte. Mehrere der durch seine Truppenzusammenziehung beunruhigten Mitglieder der Union hatten bei Ulm ebenfalls eine Armee aufgestellt, die aber nur dreizehntausend Mann zählte. Maximilian schlug der Union Verhandlungen vor. Im Juli einigten sich beide Parteien und verpflichteten sich gegenseitig, Frieden zu halten, auch die Kurpfalz sollte von der Liga nicht angegriffen werden, dagegen wurde Böhmen ausdrücklich von dem Vertrage ausgenommen und in ihm der Erzherzog Albrecht mit seinen in den spanischen Niederlanden stehenden Truppen nicht erwähnt. Maximilian erreichte damit, daß er, ohne etwas für sein Herzogtum befürchten zu müssen, nach Österreich und Böhmen marschieren, Erzherzog Albrecht aber nach seinem Belieben in die Kurpfalz einfallen oder sich an dem Zuge gegen Böhmen beteiligen konnte. Friedrichs Gegner hielten schon jetzt seine Sache für verloren und nannten ihn spöttisch den „Winterkönig". Maximilian fiel mit dem von Tilly geführten Heer in Oberösterreich ein und besetzte es gemäß den Abmachungen mit dem Kaiser als Pfand für die Baiern versprochenen Entschädigungen. Die Oberösterreicher verlangten von Maximilian die Bestätigung ihrer ständischen und religiösen Rechte, unterwarfen sich aber trotz der Weigerung des Herzogs, ihre Forderungen zu erfüllen, und stellten ein Kontingent für die Liga.

Die Truppen der Liga und die kaiserliche Armee unter Bucquoi rückten nach ihrer Vereinigung vor die Festung Pilsen, in der Mansfeld mit einer starken Besatzung lag. Er bot die Übergabe Pilsens gegen Bezahlung von vierhunderttausend Gulden, die Erhebung zum Reichsgrafen und die Ernennung zum Statthalter von Luxemburg an. Da der Vorschlag auch dem Kaiser mitgeteilt werden mußte, konnten Maximilian und Bucquoi die Verhandlungen mit Mansfeld in die Länge ziehen und inzwischen von ihm unbehindert ihren Marsch nach Prag fortsetzen. Bei ihrer Annäherung verschanzte sich das von Christian von Anhalt und Hohenlohe befehligte böhmische Heer auf dem Weißen Berg, einem Hügel unmittelbar vor den Mauern der Stadt. Innerhalb einer Stunde wurden am 8. November 1620 die Böhmen vernichtend geschlagen. Während des Kampfes saß König Friedrich in Prag bei einem fröhlichen Mahle. Als er die Niederlage erfuhr, entwichen er, seine Gattin, Anhalt, Hohenlohe, Thurn und die höchsten Beamten aus der Stadt in einem langen Wagenzug, in dem sie eiligst die kostbarsten Wertgegenstände untergebracht hatten. Die Sieger, die im ersten Augenblick sich der Größe ihres Erfolges nicht bewußt waren, zogen erst am folgenden Tage in Prag ein.

Durch die eine Schlacht am Weißen Berge waren dem Kaiser die Länder der Krone Böhmen zurückgewonnen. Nur verschiedene feste Plätze leisteten noch einige Zeit Widerstand, doch mußte sich auch von ihnen einer nach dem anderen ergeben. Die günstige Gelegenheit, vom Kaiser in Gnaden aufgenommen zu werden, hatte

Mansfeld durch seine allzuhohen Forderungen verpaßt. Er sammelte nun beträchtliche Teile des zersprengten Böhmenheeres um sich und setzte sich zunächst in der Oberpfalz fest, nachdem in seiner Abwesenheit das Korps in Pilsen die Festung im März 1621 für zweihunderttausend Gulden ausgeliefert hatte. Kurfürst Johann Georg von Sachsen hatte sich verpflichtet, Schlesien und die Lausitz zu besetzen. Er tat dies erst nach dem Siege der ligistisch-kaiserlichen Armee. Zur Entschädigung für seine Aufwendungen erhielt der Kurfürst die Lausitz erst als Pfand, später als erbliches Mannlehen. Johann Georg aus der brandenburgischen Linie des Hauses Hohenzollern wurde im Januar 1621 wegen seines Anschlusses an den Winterkönig geächtet und sein Herzogtum Jägerndorf vom Kaiser eingezogen; im Mai 1622 belehnte dieser damit den Fürsten Karl von Liechtenstein.

Zur Bestrafung der Böhmen und Mähren, die auf der Seite des vertriebenen Königs gestanden hatten, setzte Kaiser Ferdinand einen außerordentlichen Gerichtshof ein. Siebenundzwanzig Adlige und Bürger wurden in Prag, zum Teil unter grausamen Martern, hingerichtet. Die Güter und das Vermögen fast all derer, die nicht zum Kaiser gehalten hatten, wurden konfisziert und sehr viele Gegner Ferdinands des Landes verwiesen. Mindestens die Hälfte vom Grundbesitz des Königreiches Böhmen wechselte auf diese Weise den Eigentümer. Vieles davon wurde an Kirchen, Klöster und Günstlinge des Kaisers vergeben, das meiste infolge der eben eingetretenen und von der Regierung geförderten Münzverschlechterung um billiges Geld verschleudert. An Stelle der ehemals zahlreichen Rittergüter entstanden jetzt verhältnismäßig wenige Latifundien. Zugleich wurde mit äußerster Härte die ebenfalls vielfach mit Schädigung des Vermögens und mit Landesverweisungen verknüpfte Gegenreformation vorgenommen. Ähnlich gestalteten sich die Verhältnisse in Mähren.

In Ober- und Niederösterreich wurde der Protestantismus gewaltsam unterdrückt, in dem noch unter der Verwaltung Maximilians stehenden Oberösterreich brach 1626 ein Aufstand der über die Zwangsbekehrungen erbitterten Bauern aus (S. 122). Nur in der Lausitz und in Schlesien unterblieben dank der Vermittlung des Kurfürsten von Sachsen die Gegenreformation und bis auf wenige Ausnahmen die Bestrafung der Anhänger des Pfälzers. Die politischen und religiösen Maßnahmen des Kaisers in Böhmen fanden ihren Abschluß 1627 und 1628 in den „Verneuerten Landesordnungen", nachdem die ständischen Vorrechte und der Majestätsbrief wegen des Aufruhrs aufgehoben worden waren. Die Krone Böhmens wurde als erblich im Hause Österreich erklärt, und den Ständen blieb als einziges Recht das der Steuerbewilligung auf den Landtagen, in die wieder die Prälaten als erster Stand einzogen. Der tschechische Adel, der der Hauptträger der Opposition gegen die Habsburger gewesen war, hatte nun jeden Einfluß verloren, dafür bildete sich eine neue böhmische Aristokratie aus Familien deutscher, italienischer, spanischer und wallonischer Herkunft, die durch die Konfiskationen reich geworden waren. Neben dem seit der Hussitenzeit im öffentlichen Leben allein zugelassenen Tschechisch erhielt die deutsche Sprache Gleichberechtigung, überhaupt trat jetzt in Böhmen das deutsche Wesen mehr in den Vordergrund.

Die vielumstrittene Frage, ob und wieweit der Dreißigjährige Krieg ein Religionskrieg war, ist für den ersten Abschnitt, den Böhmischen Krieg, unschwer zu beantworten. Der Preis des Ringens war ein hohes politisches Ziel, eine Königskrone. Auch ohne jeden konfessionellen Hintergrund hätten die Habsburger Böhmen nicht kampflos preisgegeben und hätte der Pfälzer Kurfürst die Annahme der Krone Böhmens nicht verweigert. Die Stärkung der Gesamtstellung des Hauses Österreich durch die Unterwerfung Böhmens, die Umwandlung des ständischen in ein nahezu absolutistisches Regime und die Zurückdrängung des Tschechentums in Böhmen waren politische Ergebnisse. Für ihre Beteiligung am Kriege machte der Kaiser seinen Verbündeten große politische Zugeständnisse, und diese wiederum hatten weitreichende politische Folgen, vor allem die Verlängerung und die Ausweitung des Krieges nach der Beendigung der Kampfhandlungen in Böhmen. Aber der Anlaß zum böhmischen Aufstande, zu der durch ihn bedingten Wahl des Pfälzers zum Könige und zu dem daraus hervorgegangenen Kriege war in erster Linie religiös-konfessioneller Natur. Die böhmischen Stände hatten nahezu einmütig Ferdinand zum Könige „angenommen" und empörten sich erst gegen ihn, als er sich nicht an sein Versprechen hielt, die den Protestanten durch den Majestätsbrief zugesicherten Rechte zu achten. Die religiöse Revolution wurde allerdings zwangsläufig auch zu einer ständischen, weil die Stände zum größten Teil dem Protestantismus anhingen und die Beschränkung ihrer religiösen Freiheit zugleich eine Verletzung der ständischen Rechte war.

Der Kaiser hätte die Böhmen nicht aus eigener Kraft zu überwältigen vermocht. Seinen Sieg verdankte er hauptsächlich der Hilfe des Baiernherzogs, und dieser leistete sie ihm vor allem aus religiösen Gründen. Die ihm in Aussicht gestellte Übertragung der pfälzischen Kurwürde und die Erweiterung seines Gebietes hatten für Baiern keinen so großen Wert, wie der Zerfall der habsburgischen Macht gehabt hätte, die ohne Maximilians Eingreifen in den Böhmischen Krieg zu erwarten gewesen wäre. Und auch bei dem von ihm erhofften Gewinn hatte der Herzog neben den politischen religiöse Ziele im Auge, die für ihn den Verzicht auf etwaige größere persönliche Vorteile durch die Schwächung Österreichs aufwogen. Durch die Übertragung der Kurwürde von der protestantischen Pfalz auf Baiern wollte Maximilian den Katholiken die Mehrheit im Kurfürstenrat sichern, und er war fest entschlossen, in den Gebieten, die ihm zufallen sollten, die Gegenreformation durchzuführen. König Philipp III. und Erzherzog Albrecht, der Statthalter der spanischen Niederlande, wurden bei ihrer Beteiligung an dem Kriege außer von politischen auch von religiösen Beweggründen geleitet. Die reichlichen Geldspenden des Papstes an die Liga und an den Kaiser verliehen dem Ringen um Böhmen für Katholiken und Protestanten den Charakter eines Glaubenskrieges. Der Kaiser selbst sah in der Behauptung der böhmischen Königskrone mehr noch die Erfüllung einer Gewissenspflicht als eine politische Notwendigkeit. Papst Paul V., der Jesuitengeneral und die Kardinäle sandten nach der Schlacht am Weißen Berge an den Baiernherzog Glückwunschschreiben voll überschwenglichen Jubels. Auf dem Schlachtfeld erstand die Kirche „Unserer Lieben Frau zum Sieg", die Kosten dafür trugen Ferdinand und Maximilian gemeinsam. Zum Andenken an die Niederlage der die Marienverehrung ablehnenden Ketzer ließ der Papst in Rom die prunkvolle Kirche „Santa Maria della Vittoria" erbauen, und durch die Straßen Münchens zog über ein Jahrhundert lang alljährlich im November eine Gedächtnisprozession zur Feier des in diesem Monate im Jahre des Heiles 1620 über die Feinde der katholischen Kirche und der Heiligen erfochtenen Sieges.

In dem Kampfe um Böhmen haben bereits drei der Fürsten eine hervorragende Stellung eingenommen, die dem ganzen Dreißigjährigen Kriege oder doch einem großen Teil seines Verlaufes das besondere Gepräge gaben. Kaiser Ferdinand war von Natur gutmütig und leutselig, auf die Fürsorge für Arme und Notleidende verwendete er viel Zeit und Geld. Gerne folgte der in jeder Beziehung nur mittelmäßig begabte Fürst der Meinung anderer, besonders der seiner Beichtväter und seines ersten Ministers, des zum katholischen Glauben übergetretenen Freiherrn Hans Ulrich von Eggenberg aus Steiermark. In den Sitzungen seines Geheimen Rates, denen er regelmäßig beiwohnte, pflichtete Ferdinand immer der Ansicht der Mehrheit bei. Diese Eigenschaften machten sich jedoch in den großen Fragen der Politik seiner Zeit nicht geltend. Der sonst so gutherzige und nachgiebige Mann hielt unverrückbar daran fest, daß das Wohl der katholischen Kirche allem und jedem voranzugehen habe, und daß das sicherste Unterpfand für die Herrschaft der römischen Kirche die Aufrechterhaltung und der Ausbau der Macht Habsburgs sei. Das war Ferdinands Überzeugung schon in jungen Jahren noch vor seiner Anwartschaft auf den Kaiserthron. In seiner Studienzeit äußerte er, lieber würde er Land und Leute fahren lassen und im bloßen Hemde davonziehen, als sich zu Bewilligungen verstehen, die der Religion nachteilig werden könnten. Ehe er die Regierung über sein väterliches Erbe Innerösterreich antrat, wallfahrtete er nach Loretto und gelobte hier, alle Sekten und Irrlehren in seinem Lande zu vertilgen, wenn es nicht anders ginge, mit Gefahr seines Lebens. Nach diesem Grundsatze handelte er als Landesfürst und Kaiser. Wie glaubhaft versichert wird, vergoß er allerdings oft Tränen bei seinen harten Maßnahmen gegen Andersgläubige und beteuerte, er gäbe sein Leben hin, wenn er dadurch alle Ketzer gesund machen könne. Der zur Erreichung seines Zieles vor keinem Mittel zurückschreckende Glaubensfanatismus Ferdinands wird meist als die Frucht seiner Erziehung erst durch seine fromme Mutter Maria, eine bairische Prinzessin, und dann, von seinem zwölften Jahre an, durch die Jesuiten in Ingolstadt erklärt. Im Wesen Ferdinands lag aber doch auch etwas unbeugsam Festes, wie dies gerade bei Österreichern zuweilen neben einer gewissen unentschlossenen Weichheit und schlaffen Gleichgültigkeit begegnet, wenn es ihnen auf etwas wirklich ankommt.

Zwischen den Wittelsbachern und Habsburgern bestand seit langem ein Streit um den Vorrang. Baiern zählte zu den ältesten deutschen Herzogtümern, das aus der bairischen Ostmark hervorgegangene Österreich war erst im 12. Jahrhundert zum Herzogtum erhoben worden, und die Habsburger sind fast noch hundert Jahre Grafen im Südwesten des Reiches gewesen, nachdem die Wittelsbacher in den Besitz von Baiern gekommen waren. Dafür pochten die Habsburger darauf, daß sie den Titel Erzherzog führten und in ihrem Hause die Kaiserkrone nahezu erblich geworden war. Für Ferdinand ist nun sehr bezeichnend, daß er, beinahe noch im Knabenalter stehend, zu Ingolstadt gelegentlich eines Gottesdienstes, zu dem er etwas zu spät gekommen war, unter Hinweis auf seinen höheren Rang von seinem fünf Jahre älteren Vetter Maximilian verlangte, ihm den vordersten Kirchenstuhl zu überlassen. Ferdinands starres Festhalten an seinen dynastischen und konfessionellen Grundsätzen hat im Verein mit seinen geringen politischen Fähigkeiten viel dazu beigetragen, daß während seiner bis in die letzte Phase des Dreißigjährigen Krieges hineinreichenden Regierung auch gut begründete Friedensaussichten zerrannen.

An Glaubenseifer und in den Übungen katholischer Frömmigkeit stand der Baiernherzog Maximilian hinter seinem Vetter Ferdinand nicht zurück, an Verstandesstärke und Willenskraft hoch über ihm. Nur selten ließ sich Maximilian durch seine konfessionelle Einstellung dazu verleiten, in seinen mit äußerster Folgerichtigkeit und größter Ausdauer durchgeführten Unternehmungen die Grenzen des für ihn Erreichbaren zu überschreiten. Als ein Meister der Politik bewährte sich der durch die jesuitische Schule Gegangene auch darin, daß er Verbündete wie Gegner für seine Zwecke durch Verschweigen und Entstellung der Wahrheit trefflich hinters Licht zu führen verstand. Der in solchen Dingen selbst ungemein erfahrene französische Kardinal und Staatsmann Mazarin urteilte über ihn, er sei listig und verschlagen im höchsten Grade, man müsse diesem Manne, der auf nichts so sehr wie auf seinen Vorteil erpicht sei, durchaus mißtrauen. Maximilian ordnete aber seinen Nutzen, so sehr er auf ihn bedacht war, wie alles und jedes in seinem Privatleben, in seiner Landes- und in der Reichspolitik religiös-konfessionellen Zielen unter.

Das zeigte sich besonders zur Zeit der Verhandlungen über die Kaiserwahl gegen Ende der Regierung des Kaisers Matthias. Trotz des konfessionellen Gegensatzes bestanden zwischen den pfälzischen und den bairischen Wittelsbachern allerlei freundvetterliche Beziehungen. Um die der protestantischen Aktionspartei sehr unerwünschte Wahl Ferdinands zu verhindern, legte im Jahre 1617 Kurfürst Friedrich V. Maximilian die Bewerbung um die Kaiserkrone nahe; der Stimmen von Kurpfalz und Köln sei er sicher, Kurbrandenburg, Trier und schließlich auch Kursachsen würden sich gewinnen lassen. Für Friedrichs Plan sprachen Maximilians „lebhafter Ehrgeiz und hohes Ansehen unter den Fürsten, seine auf geschichtlichen Kenntnissen und persönlichen Erfahrungen beruhende Verstimmung gegen Österreich, die schwer bedrohte Lage der Habsburger, ihre geringen geistigen Fähigkeiten gegenüber Maximilians hoher Begabung, dazu der Wunsch nach Ausgleich und Frieden, der trotz allen Zwiespaltes hoch und nieder im Reich beseelte" (Riezler). Bei Maximilians Eingehen auf den Vorschlag des Pfälzers hätten sich für das Haus Wittelsbach die glänzendsten Aussichten eröffnet. Unter Maximilian als Kaiser hätten das Herzogtum Baiern, die Kurpfalz und die geistlichen Fürstentümer in wittelsbachischer Hand, voran Kurköln, eine durch Familienbande zusammengeschlossene Machtgruppe gebildet, der es unter den damaligen Verhältnissen kaum schwer gefallen wäre, den österreichischen Zweig der Habsburger zu überflügeln. Um sich gegen ihn auf die Dauer zu behaupten, hätte Maximilian allerdings auf die evangelischen Reichsstände Rücksicht nehmen und ihre seit einem halben Jahrhundert immer wieder erhobenen Forderungen auf einen ihren derzeitigen Bestand sichernden Ausgleich erfüllen müssen. Dazu wollte sich aber der Mann unter keinen Umständen verstehen, der in die Anweisung für die Erziehung seines Erstgeborenen geschrieben hat: „Gottes sichere und wahre Verehrung und Dienst findet sich allein bei der römisch-katholischen Kirche und außer ihr gibt es keine Gnade, kein Heil, keine Seeligkeit; draußen ist wie außerhalb der Arche Noäh nur tötliche Überschwemmung und ewige Verdammnis." Die Zurückweisung der von Friedrich von der Pfalz angebotenen Kaiserkrone, ebenso die Ferdinand im Böhmischen Kriege geleistete Hilfe, wodurch Österreich vor schweren Verlusten bewahrt wurde, aus religiösen Gründen stellen Maximilians opferbereite Überzeugungstreue in helles Licht. Innerhalb der ihm durch seine konfessionelle Enge gezogenen Grenzen hat Maximilian politisch, militärisch und kulturell für sein Herzogtum Tüchtiges geleistet, wie er überhaupt dank seiner guten, vorzüglich durchgebildeten Geistesgaben, seiner in sich gefestigten Persönlichkeit und seiner trefflichen Regenteneigenschaften die übrigen deutschen Fürsten seiner Epoche überragte.

Vierundfünfzig Jahre lang, von 1597 bis 1651, war Maximilian Herrscher von Baiern. Obwohl er in verschiedenen Fällen vor Ausbruch des Großen Krieges und während dessen Verlauf bewies, daß seine Äußerung „der beste Krieg ist kein Krieg" ehrlich gemeint war, hat er mit seiner Ablehnung der Ausgleichsvorschläge Klesls, mit seinem Vorgehen gegen Donauwörth und besonders mit seiner Unterstützung Kaiser Ferdinands im Kampfe um Böhmen entscheidend zum Ausbruch des Dreißigjährigen Krieges beigetragen. Der unmittelbar an den Böhmischen anschließende Pfälzische Krieg wurde durch des Baiernherzogs Entschädigungsansprüche hervorgerufen, und er hat allen voran die Annahme des Restitutionsediktes durchgesetzt (S. 120), auf das hin der Krieg nach dem Friedensschluß von Lübeck (S. 106) neu entbrannte. Im übrigen stand Maximilian jeweils wenigstens mit im Vordergrund der kriegerischen Auseinandersetzungen und politischen Verhandlungen, und auf katholischer Seite trug meist er die Hauptlast des Kampfes. Von der katholischen Geschichtschreibung wird des Baiernherzogs Treue gegen Kaiser und Reich viel gerühmt. Er faßte sie vor allem als eine religiös-konfessionelle Pflicht auf: dem Kaiser war er als der von Gott gesetzten Obrigkeit ergeben, und auf das Wohl des seiner Ansicht nach noch immer „herrlichen Corpus des römischen Reiches" war er bedacht, weil es eine heilige, die höchste gottgewollte weltliche Ordnung darstelle. Dabei war für ihn selbstverständlich, daß der Kaiser katholisch sein und das Reich zum mindesten vorwiegend einen katholischen Charakter haben müsse. Daneben besaß Maximilian ein allgemeines deutsches Empfinden, mit kräftigen Worten äußerte er sich des öfteren gegen das Eindringen fremdländischen, besonders des spanischen Wesens.

Seine grundsätzliche Einstellung zu Kaiser und Reich hinderte indes Maximilian nicht, seine Rechte als deutscher Reichsfürst gegenüber jedermann, auch dem Kaiser gegenüber, jederzeit entschieden geltend zu machen und in gelegentlicher Opposition gegen die habsburgische Hausmachts- und zentralistische Kaiserpolitik Anlehnung an Frankreich zu suchen; im letzten Abschnitt des Krieges zeichneten sich aber dann doch gerade wieder bairische Truppen im Kampfe gegen die französische Armee aus. Wenn schließlich Maximilian bei den zum Westfälischen Frieden führenden Verhandlungen für die Deutschland abträglichen Forderungen Frankreichs und trotz des scharfen päpstlichen Protestes für Zugeständnisse an die Protestanten eintrat, tat er es hauptsächlich, weil sonst kein Ende des entsetzlichen Kriegselendes abzusehen gewesen wäre. Hatte Maximilian einmal etwas als richtig und recht anerkannt, dann folgte er seiner Einsicht und seinem Gewissen und nahm entschlossen die Verantwortung auf sich. Die ihm während der Friedensverhandlungen vom päpstlichen Nuntius vorgetragenen Mahnungen der römischen Kurie wies er mit den Worten zurück: „Wären diejenigen, die zum Schutze der Religion vor allen berufen sind", — damit zielte er in erster Linie auf den Papst, dem er auch im gleichen Sinne schrieb — „von demselben Eifer beseelt gewesen, würden die Dinge anders stehen." Und daß Maximilian beim Westfälischen Frieden, als er sich über das Scheitern seiner ideellen Absichten klar geworden war, für sich und sein Land möglichst viel zu gewinnen trachtete, lag für ihn, den Realpolitiker von Natur und durch Selbsterziehung, nur allzu nahe.

Außer Maximilian hat von allen deutschen Fürsten bloß Kurfürst Johann Georg von Sachsen den ganzen Dreißigjährigen Krieg miterlebt. An seinem Ausbruch und seiner Dauer ist ihm jedenfalls keine unmittelbare Schuld zuzuschreiben, doch hat er die an und für sich verwickelten Verhältnisse durch seine zwiespältige Haltung wiederholt noch mehr verwirrt. Bereits bei der Wahl Ferdinands standen Wort und Tat des Kurfürsten miteinander in Widerspruch. Seine Räte hatten ihn gewarnt, für den Österreicher zu stimmen, worauf sie die Antwort erhielten: „Ich weiß, es wird nichts Gutes daraus, ich kenne Ferdinand. Aber ein Mann ist kein Mann, man muß die Sache Gott anheimstellen." Mit dieser gut lutherisch klingenden Ergebung in Gottes Willen ließ sich indes schlecht vereinen, daß Johann Georg sich eifrig für die Wahl Ferdinands einsetzte. Dann verbündete sich der Kurfürst mit dem Kaiser und mit Maximilian gegen den Pfälzer, damit ihm dieser als König von Böhmen nicht den Vorrang unter den evangelischen Reichsständen ablaufe und das Luthertum zugunsten des verhaßten Kalvinismus zurückdränge. Als der Kaiser das Restitutionsedikt erlassen hatte und Gustav Adolf in Deutschland erschienen war, suchte Johann Georg eine eigene evangelische Partei zu gründen, trat nach dem Scheitern dieses Planes zum Schwedenkönig, hierauf wieder zum Kaiser über und vereinbarte schließlich einen seinem Verbündeten schädlichen Waffenstillstand mit den Schweden. So grundsatzlos, wie er nach all dem scheinen könnte, war der Kurfürst aber doch nicht; mit seinem ungeschliffenen, derben und frommen Wesen machte er im persönlichen Umgang nach der Auffassung seiner Zeit den Eindruck eines Biedermannes. Er meinte es ernst mit seinem Luthertum, dem Dresdner Oberhofprediger Hoë von Hoenegg, einem fanatischen Gegner des Kalvinismus, gewährte er in politischen Dingen einen so großen Einfluß wie nur irgend einer der katholischen Fürsten seinem jesuitischen Beichtvater. Kaiser und Reich waren dem Sachsen nicht gleichgültig. Dem Schwedenkönig hat er sich nur widerstrebend angeschlossen, und gerne hätte er nach dessen Tod im Bunde mit dem Kaiser die Schweden und Franzosen aus Deutschland vertrieben.

Im großen und ganzen spielte Johann Georg während der dreißig Kriegsjahre freilich eine ziemlich klägliche Rolle. Seine fürstlichen Standesgenossen, großenteils gewaltige Zecher, überragte der von Mitlebenden „Bierjörg" und „Bierkönig" Genannte als Meister im Trinken, was bei verfänglichen politischen Äußerungen seinen Räten die willkommene Ausrede bot, Kurfürstliche Gnaden hätten das im Rausche gesagt. Statt seine und seines Landes Kräfte zusammenzuhalten, verbrachte er die meiste Zeit mit Trinken und auf Jagden, verschwendete trotz der durch den langen Krieg hervorgerufenen allgemeinen Not Unsummen für seine Hofhaltung und lag mit seinen Landständen, die ihm die Mittel hierfür nicht bewilligen wollten, andauernd im Streit. Das Schlimmste war, daß ihn sein starkes Geltungsbedürfnis auf das Feld der hohen Politik führte. Dazu fehlte ihm jede Eignung. Er hielt an der Überlieferung des Albertinischen Zweiges der Wettiner fest, für Kursachsen die führende Stellung im deutschen Protestantismus zu behaupten und zugleich in gutem Einvernehmen mit dem Hause Österreich zu stehen, obwohl diese Politik sinnlos geworden war, seitdem sich herausgestellt hatte, daß Ferdinand und die übrigen Habsburger darauf ausgingen, den Protestantismus womöglich völlig zu vernichten. Der allgemeinen evangelischen Sache, zu deren Schirmherr er sich berufen fühlte, tat er durch sein kurzsichtiges Vertrauen auf die Versprechungen des Kaisers, durch engherzige Feindseligkeit gegen alles Kalvinische und durch kleinliche Selbstsucht schweren Abtrag. Während Maximilian sein Äußerstes für den Sieg des Katholizismus tat, gab sich Johann Georg nach einigen Anstrengungen für die Interessen seiner Konfession immer wieder damit zufrieden, daß er selbst schadlos gehalten wurde. — Da der seiner Stellung nach erste unter den evangelischen Fürsten derart versagte, der zweite, Friedrich V. von der Pfalz, mit Hilfe Johann Georgs von dem Kaiser und dem Baiernherzog überwältigt worden war, der dritte evangelische Kurfürst, der 1619—1640 regierende Georg Wilhelm von Brandenburg religiös gleichgültig war und sich in seiner Politik vielfach dem sächsischen Kurfürsten anschloß, dem er es auch im Trinken, Verschwenden und in roher Jagdleidenschaft möglichst gleichtat, und da von den übrigen größeren evangelischen Fürsten sich keiner durch überragende politische Fähigkeiten und durch Tatkraft auszeichnete, durften Ferdinand und Maximilian mit gutem Grunde hoffen, ihre Auseinandersetzung mit dem Protestantismus würde sich weiterhin für sie so günstig gestalten wie im Böhmischen Krieg.

DER PFÄLZISCHE KRIEG

Böhmen hatte Kurfürst Friedrich V. verloren. Nun fragte sich, was aus seinen Erblanden, der Unter- oder Rheinpfalz und der Oberpfalz, werden sollte. Der spanische Feldherr Spinola hatte im Herbst 1620 verschiedene Orte des Pfälzers am Rhein, an der Nahe und an der Mosel besetzt, ohne auf einen ernstlichen Widerstand der Union zu stoßen, obwohl sie sich zur Verteidigung der Pfalz verpflichtet hatte (S. 86). Nach Beendigung des Böhmischen Krieges konnten dem Pfälzer seine Erbländer rechtmäßig nur auf dem Wege einer Reichsexekution für immer genommen werden, und die Voraussetzung dafür war seine Achtung. Kaiser Ferdinand verhängte sie über ihn im Januar 1621, angeblich wegen Majestätsbeleidigung und offenkundigen und fortgesetzten Landfriedensbruches, in Wirklichkeit, weil er Maximilian die Übertragung der Kurwürde von der Pfalz auf Baiern versprochen hatte, und weil er ihn mit pfälzischem Lande für seine Aufwendungen im Böhmischen Krieg entschädigen wollte und auf diese Weise das an den Baiernherzog verpfändete Oberösterreich zurückzuerhalten hoffte.

Friedrich hätte diesen Schlag abwenden können, wenn er dem Rate Johann Georgs von Sachsen gefolgt wäre, der ihm nach der Schlacht am Weißen Berge nahegelegt hatte, in aller Form auf Böhmen zu verzichten und um die kaiserliche Gnade nachzusuchen. Denn Friedrich hatte gegen Ferdinand nicht als Reichsoberhaupt, sondern wegen der umstrittenen Herrschaft in Böhmen die Waffen erhoben, auch der Tatbestand des Landfriedensbruches war in dieser Sache nicht ohne weiteres gegeben, überdies sollten in der Regel die Kurfürsten ihre Zustimmung zur Ächtung eines Reichsfürsten geben, wozu sie sich nur in ganz offenkundigen Fällen verstanden. Für Friedrich war es außerdem sehr günstig, daß Ferdinand mit seinem Vorschlag, Maximilian solle die Reichsexekution in der Oberpfalz und der Statthalter der spanischen Niederlande, Erzherzog Albrecht, in der Unterpfalz übernehmen und jeder das von ihm eroberte Gebiet behalten, zunächst auf Widerstand stieß. Der Baiernherzog lehnte die Verantwortung für die Acht und Exekution ab und erklärte, wenn Friedrich um sein ganzes Land kommen solle, habe es gemäß der Goldenen Bulle Kaiser Karls IV. von 1356 als wittelsbachisches Erbe ungeteilt an Baiern zurückzufallen. Der König von Spanien wünschte nicht unmittelbar vor Ablauf des zwölfjährigen Waffenstillstandes mit den Generalstaaten in einen Krieg um die Pfalz verwickelt zu werden, und wollte es nicht mit Friedrichs V. Schwiegervater, König Jakob I. von England verderben.

In völliger Verkennung seiner Lage stellte Friedrich, statt nach seiner Niederlage Böhmen bedingungslos aufzugeben, allerlei Forderungen, unter anderem, daß seine böhmischen Anhänger straflos bleiben sollten, und glaubte durch die Fortführung des Kampfes wenigstens im Besitz der Kurwürde und der pfälzischen Lande bleiben zu können. Er rechnete dabei auf die Hilfe der Union, des Königs von England, Kurbrandenburgs und Schwedens. Aber die Union, aus der seit dem Einfall Spinolas in die Pfalz immer mehr Mitglieder ausgetreten waren, löste sich am 14. Mai 1621 völlig auf und entließ ihre Truppen. Jakob I. stand eben mit dem Madrider Hof in Unterhandlungen wegen der von ihm sehnlich begehrten Verheiratung seines Sohnes mit einer spanischen Prinzessin und beschränkte sich deshalb in der Angelegenheit seines Schwiegersohnes trotz entschiedenen Eintretens des englischen Parlamentes für dessen Unterstützung auf vergebliche Vermittlungsversuche. Der Brandenburger Kurfürst Georg Wilhelm vermied im Hinblick auf seine Erwerbungen am Rhein und auf das eben erst gewonnene Preußen ängstlich jede Einmischung in gefährliche Händel, und sein Schwager, König Gustav Adolf, beabsichtigte mit der von ihm mit deutschen protestantischen Fürsten angestrebten Bündnispolitik vorerst nur, seine Stellung gegen Polen zu stärken. Zu derselben Zeit, im April 1621, da der Waffenstillstand zwischen Spanien und den Generalstaaten ablief und die maßlosen Forderungen Spaniens den Wiederausbruch des Krieges unvermeidlich machten, hatte Kurfürst Friedrich im Haag Aufnahme gefunden. Die Generalstaaten waren zuerst bereit, dem Pfälzer ein Heer zur Verfügung zu stellen, wenn ihn der Kaiser seines Kurfürstentums berauben wolle, gaben aber diesen Plan wieder auf, als sich ihnen König Jakob und die Union nicht anschlossen.

So verblieben Friedrich für kriegerische Unternehmungen nur drei Helfer, von denen keiner eine eigene größere Macht hinter sich hatte: Graf Ernst von Mansfeld,

Kurfürst Maximilian I. von Bayern
mit dem Thronfolger Ferdinand Maria. 1645
Gemälde von Nikolaus Prucker
München, Nationalmuseum

Johann Tserclaes von Tilly
Kupferstich von Pieter de Jode († 1634)
nach einem Gemälde von Anton van Dyck

Albrecht von Wallenstein
Gemälde von Anton van Dyck

Markgraf Georg Friedrich von Baden-Durlach und Christian von Halberstadt, der dritte Sohn des Herzogs Heinrich Julius von Braunschweig-Wolfenbüttel. Der badische Markgraf war eines der eifrigsten Mitglieder der Union gewesen, er hoffte nun nach ihrem Zerfall durch sein Eintreten für den Pfälzer eine führende Stellung im deutschen Protestantismus zu erlangen und sich in Baden-Baden behaupten zu können, das sein Bruder Ernst Friedrich 1594 besetzt hatte, und das mit dessen übrigem Erbe 1604 an ihn gefallen war. Der damals zweiundzwanzigjährige Christian, seit 1616 Administrator des Bistums Halberstadt und seit 1617 Propst in Braunschweig, hatte bereits als Oberstleutnant im Dienste der Generalstaaten gestanden. Friedrich übertrug den Oberbefehl über die von ihm angeworbenen Truppen dem Administrator von Halberstadt, der wegen seines verwegenen Mutes „der tolle Christian" genannt wurde. Seine Fahnen und Münzen trugen die Aufschrift „Gottes Freund, der Pfaffen Feind" und „Tout pour Dieu et pour elle!", „elle" war seine von ihm schwärmerisch verehrte, durch Schönheit ausgezeichnete Base Elisabeth, Friedrichs Gemahlin. Als der Pfaffen Feind hatte sich Christian bereits durch rücksichtslose Ausrottung alles Katholischen im Bistum Halberstadt erwiesen. Obwohl sorgfältig erzogen, wissenschaftlich gut gebildet und voll jugendlicher Ideale trieb er es ähnlich wie der Mansfelder, gleich dessen zuchtlosen Soldaten waren auch die des Halberstädters, wohin sie kamen, eine Geißel der Menschheit.

Mansfeld hatte sich nach seinem Abzug aus Böhmen in der Oberpfalz festgesetzt. Das bot Maximilian einen erwünschten Vorwand, den Krieg dorthin zu übertragen. Mansfeld wehrte längere Zeit Tillys Angriffe auf sein befestigtes Lager ab. Als aber Maximilian im September 1621 mit neuen Truppen in der Oberpfalz erschienen war und sich ihm die Festung Cham hatte ergeben müssen, erklärte sich Mansfeld bereit, gegen Bezahlung von zweihunderttausend Talern für sich und von sechshunderttausend Gulden für die Entlohnung und Entlassung seines Kriegsvolkes die Oberpfalz zu räumen. Maximilian ging auf diesen Vorschlag ein. Mansfeld verließ nun zwar die Oberpfalz, die von dem Baiernherzog besetzt wurde, löste aber sein Heer nicht auf, sondern führte es in die Rheinpfalz, um hier für die Sache Friedrichs weiter zu kämpfen. Daraufhin nahm Maximilian den Auftrag des Kaisers an, sich der Rheinpfalz zu bemächtigen, hielt aber den Schein aufrecht, daß es sich nur um eine Verfolgung Mansfelds, nicht um eine Reichsexekution gegen den geächteten Kurfürsten handle.

Mansfeld kam in die Rheinpfalz, bevor ihn der ihm nacheilende Tilly erreicht hatte. Statt Cordova, der inzwischen an Stelle Spinolas den Befehl über die hier noch stehenden spanischen Truppen erhalten hatte, anzugreifen, durchzog Mansfeld zuerst plündernd das Gebiet des Bischofs von Speier, fiel dann in das Elsaß ein und marschierte hierauf der niederländischen Grenze zu. Im Frühjahr 1622 verbündete er sich mit Markgraf Georg Friedrich von Baden-Durlach. Um die Vereinigung ihrer Truppen zu verhindern, griff Tilly am 27. April Mansfeld bei Wiesloch an und erlitt eine empfindliche Niederlage. Wenige Tage später trennte sich Mansfeld von dem nach der Schlacht zu ihm gestoßenen Markgrafen, weil sie sich über den Oberbefehl nicht einigen konnten. Zur selben Zeit führte Cordova Tilly seine Truppen zu, dessen Heer nun etwas über einundzwanzigtausend Mann zählte. Am 6. Mai gelang es Tilly, Markgraf Georg Friedrich bei Wimpfen entscheidend zu schlagen. Der Markgraf gab seine Sache verloren und entließ den Rest seines Heeres. Damit war einer der rührigsten Vorkämpfer des Protestantismus ausgeschaltet. Noch im gleichen Jahre entschied der Kaiser den Erbstreit um die Markgrafschaft Baden-Baden zu ungunsten Georg Friedrichs und gab sie der katholischen Linie des Hauses Baden zurück; Baden-Durlach hatte Georg Friedrich bereits zu Beginn des Feldzuges an seinen Sohn abgetreten, damit es im Falle des Scheiterns seiner Pläne vom Kaiser als das Land eines Friedensbrechers nicht ebenfalls dem katholischen Zweige überlassen würde.

Als Christian von Halberstadt im Juni den Main bei Höchst überschreiten wollte, wurde er von Tilly und Cordova in schnellem Zugriff überwältigt. Den Rest seiner Truppen führte er Mansfeld zu. Mansfeld, trotz dieser Verstärkung Tilly nicht mehr gewachsen, zog sich mit seinen Söldnern in die Generalstaaten zurück und trat in deren Dienste. Friedrich von der Kurpfalz, der sich im April zu dem Heere Mansfelds begeben hatte, kehrte nach dem Haag zurück. Mit der Übergabe von Heidelberg am 19. September und von Mannheim am 2. November 1622 an Tilly waren die Kriegshandlungen beendet. Durch Vermittlung des englischen Königs kam es zwischen Friedrich und dem Kaiser am 1. Mai 1623 zum Abschluß eines Waffenstillstandes auf fünfzehn Monate, dem die eigentlichen Friedensverhandlungen folgen sollten.

Nachdem auch im Pfälzischen Kriege die Waffen zu seinen Gunsten gesprochen hatten, verlangte der Baiernherzog die ihm vom Kaiser versprochene Übertragung der pfälzischen Kurwürde. Ferdinand hätte gern Maximilians Wunsch sofort erfüllt, doch waren damit vom Kurfürstenkollegium nur des Baiernherzogs Bruder Ferdinand, Kurfürst von Köln, und von den auswärtigen Mächten Frankreich und der Papst einverstanden. Auf einer Kurfürstentagung im Januar 1623 zu Regensburg, an der auch ein spanischer und ein französischer Gesandter teilnahmen, wurde beschlossen, daß die pfälzische Kurwürde Maximilian nur für seine Person verliehen werden und nach seinem Tode an den ältesten Sohn oder an andere Verwandte Friedrichs von der Pfalz fallen solle; insgeheim verpflichtete sich aber Ferdinand dafür zu sorgen, daß die Kurwürde erblich an den bairischen Zweig der Wittelsbacher kommen werde. Über die Rheinpfalz wurde zu Regensburg noch nicht endgültig entschieden. Vorerst blieb ihr linksrheinischer Teil unter einem spanischen Statthalter, der rechtsrheinische mit Heidelberg unter bairischer Verwaltung. Im April 1623 übergab der Kaiser an Maximilian als Pfand für seine Aufwendungen im Böhmischen und Pfälzischen Krieg die Oberpfalz mit der Zusicherung, sie für immer Baiern zu überlassen. — Maximilian sandte dem Papst nach Rom auf fünfzig Frachtwagen die Heidelberger Bibliothek, damals die reichhaltigste Büchersammlung Deutschlands, mit zahlreichen kostbaren Handschriften. Gregor XV. hatte dem Baiern zu verstehen gegeben, er möge auf diese Weise seine Dankbarkeit für die päpstlichen Hilfsgelder bekunden.

DER NIEDERSÄCHSISCH-DÄNISCHE KRIEG

Im Sommer 1621 war der Krieg zwischen Spanien und den Generalstaaten wieder ausgebrochen. Ende 1622 warb Mansfeld für sie in Ostfriesland zahlreiche Söldner. Der unter ihm als Generalleutnant stehende Christian von Halberstadt besetzte anfangs 1623 die Weserlinie bei Rinteln Um ihre Neutralität zu sichern, beschlossen die Mitglieder des niedersächsischen Kreises auf einer Tagung im Februar, Truppen aufzustellen. Christian hatte sich inzwischen mit Mansfeld überworfen, war bereit, in den Dienst des niedersächsischen Kreises zu treten und konnte nun ungehindert in dessen Gebiet einmarschieren. Als er aber hier weiterhin auf eigene Faust Truppen anwarb und in das Bistum Hildesheim einfiel, befürchteten Ferdinand und Maximilian, er werde sich wieder Mansfeld und den Generalstaaten anschließen. Der Kaiser beauftragte deshalb Maximilian, gegen Christian vorzugehen. Die Mitglieder des niedersächsischen Kreises störten den gegen Christian mit siebzehntausend Mann anrückenden Tilly bei seinem Marsch durch ihre Lande nicht; sie hofften auf diese Weise ihre Neutralität am besten wahren zu können.

Christian suchte sich wieder mit Mansfeld zu vereinen, wurde aber, ehe ihm dies gelang, bei Stadtlohn am 6. August 1623 von Tilly vernichtend geschlagen. Christian entfloh nach Holland; seine und die Truppen des mit ihm verbündeten Herzogs Wilhelm von Weimar befanden sich in völliger Auflösung, Reste davon entkamen in die Niederlande. Obwohl damit Maximilians eigentlicher Auftrag erledigt war, zog Tilly nicht ab, sondern ließ das ligistische Heer in Nord- und Mitteldeutschland Winterquartiere beziehen. Es hauste übel in den ganz oder überwiegend protestantischen Ländern. Unverhohlen gab Tilly zu erkennen, daß Norddeutschland zum alten Glauben zurückgeführt und die in seine Hand gefallenen ehemals geistlichen Besitzungen der katholischen Kirche zurückgegeben werden sollten. Der Kaiser dachte schon daran, seinen Sohn Leopold Wilhelm zum Bischof von Halberstadt wählen zu lassen. Wiederum bewährte sich die Taktik, Uneinigkeit in die Reihen der evangelischen Fürsten zu tragen durch die Gewährung von Sondervorteilen an einzelne von ihnen. Um so mehr mußten die übrigen protestantischen Fürsten den Verlust der von ihnen eingezogenen Bistümer und Klöster befürchten.

Für sich allein wäre der niedersächsische Kreis nicht imstande gewesen, die Absichten des Kaisers und der Liga zu vereiteln, zumal da die Habsburger in letzter Zeit auch anderwärts große Erfolge erzielt hatten. Seit dem Regierungsbeginn Ferdinands rechneten seine deutschen Gegner immer wieder auf die Unterstützung des siebenbürgischen Fürsten Bethlen Gabor. Er hatte sich am Böhmischen Krieg beteiligt und noch im Sommer 1621 österreichische Truppen besiegt und Mähren verwüstet, dann aber im Frieden von Nikolsburg am 6. Januar 1622 auf Ungarn verzichten müssen. Im Einverständnis mit Mansfeld und Christian von Halberstadt griff er im Sommer 1623 erneut zu den Waffen, sah sich aber am 8. Mai 1624 abermals gezwungen, mit dem Kaiser Frieden zu schließen. Ein Jahr später wurde der österreichisch-türkische Waffenstillstand von Zsitwa-Torok (S. 74) erneut verlängert. Die Habsburger hatten nun im Osten zunächst keinen Angriff zu gewärtigen. In Italien besaß der spanische Zweig der Habsburger Sizilien, Sardinien und das nahezu die ganze Mitte von Oberitalien umfassende Herzogtum Mailand und in Frankreich die Franche Comté. Sie war vom Sundgau, dem westlichsten der vorderösterreichischen Gebiete, nur durch die dem Herzog von Württemberg gehörende Grafschaft Mömpelgard getrennt. Die Abtretung der östlich vom Sundgau am rechten Rheinufer gelegenen vorderösterreichischen Grafschaft Ortenau war im Oñate-Vertrag (S. 83) Spanien in Aussicht gestellt worden. Von dem vorderösterreichischen Vorarlberg an erstreckten sich die Länder des österreichischen Zweiges der Habsburger fast über das gesamte Ostalpengebiet: Tirol reichte im Süden bis Trient, Kärnten grenzte teilweise an das Gebiet der Republik Venedig. Im Jahre 1623 sicherte sich der spanische König Philipp IV. das Durchzugsrecht durch das vielumstrittene Veltliner Tal, im Jahre zuvor hatte er das nördlich davon gelegene Bormio den Graubündenern abgekauft. Etwas später geriet fast der ganze nördliche Teil von Graubünden unter die Herrschaft von Kaiser Ferdinands Bruder Erzherzog Leopold, der auf sein Bischofsamt in Passau und Straßburg verzichtete, von seinem Bruder die Grafschaft Tirol erhielt und Begründer der jüngeren Linie Habsburg-Tirol wurde.

Die seit dem Oñate-Vertrag wieder in engster Fühlung miteinander stehenden spanischen und österreichischen Habsburger waren jetzt im Besitz der Alpenpässe und der Anmarschstraßen von Oberitalien zum Rheintal. In der Rheinpfalz hatten die Spanier während des Pfälzischen Krieges Fuß gefaßt. Der ihnen verbliebene Teil der Niederlande war fest in ihrer Hand. Nach Ausbruch des Krieges mit den Generalstaaten waren sie siegreich in deren südliche Provinzen vorgedrungen, die spanische setzte der holländischen Flotte hart zu. Wieder einmal schien es, als solle den Habsburgern die Vorherrschaft in Europa zufallen und das im Süden und Norden ganz und im Osten zum großen Teil von habsburgischen oder unter habsburgischem Einfluß stehenden Ländern umgebene Frankreich in der europäischen Politik völlig in den Hintergrund gedrängt werden. Aber von der unter der Regentschaft der Königin Maria sorgsam gepflegten Freundschaft mit Spanien begann sich Frankreich eben jetzt abzuwenden; die Verbindung, die es mit den von den Habsburgern gerade das Schlimmste befürchtenden Mitgliedern des niedersächsischen Kreises anknüpfte, war einer der Schachzüge der nunmehr auf die Sprengung der habsburgischen Umklammerung abzielenden französischen Außenpolitik, deren Kurs von Richelieu bestimmt wurde.

Im April 1624 war Armand du Plessis, der als Kardinal R i ch e l i e u in die Weltgeschichte einging, in das französische Ministerium aufgenommen worden, wenige Monate später, im August, hatte ihm König Ludwig XIII. die oberste Leitung der Staatsgeschäfte übertragen. Die achtzehn Jahre, die Richelieu an der Spitze des Staates stand, gelten mit Recht als eine eigene, auch auf die Folgezeit nachhaltig einwirkende Epoche der französischen Geschichte. Die Innen- und Außenpolitik seines Landes beherrschte Richelieu, getragen von dem unbedingten Vertrauen seines Königs, vollständig, und auf die Kultur Frankreichs übte der Erbauer des Palais Royal und des Hôtel Richelieu mit seiner kostbaren Kunstsammlung, seiner ausgezeichneten Bibliothek und seinem reich ausgestatteten Theater, der begeisterte Förderer des eben aufkommenden französischen Schauspieles, namentlich Corneilles, und der Gründer der Académie française einen weitreichenden Einfluß aus. Persönliches Machtstreben und der unbeugsame Wille, Frankreich den ersten Platz unter den europäischen Staaten zu erringen, flossen bei dem Kardinal in eins zusammen; seine und des Vaterlandes Feinde verfolgte er mit gleichem Hasse. Gut für sich und die Seinen zu sorgen, hielt er für durchaus zulässig, doch war ihm eine Pest im Staate, wer unter dem Vorwande, sich den öffentlichen Angelegenheiten zu widmen, seine eigenen betrieb. Der feingebildete und, wenn er wollte, bezaubernd liebenswürdige Kardinal und Minister hatte alle Eigenschaften des Geistes und Willens, die einen großen Staatsmann ausmachen, und er war einer der größten, die Frankreich je hervorgebracht hat. Von „einem freien, auf die obersten Ziele des menschlichen Daseins gerichteten Schwung der Seele" war sein politisches Wirken allerdings nicht getragen, dafür besaß er „den Scharfblick, der die zu erwartenden Folgen bis in die weiteste Ferne wahrnimmt, der unter dem Möglichen das Ausführbare, unter mancherlei Gutem das Bessere und Beste zu unterscheiden und festzustellen weiß" (Ranke). Klar erkannte Richelieu die Frankreich von den Habsburgern drohende Gefahr, die nach einem seiner Worte „aus dem Erdkreis ein Haus machen wollten". Richelieus Ausführungen in einer von ihm ein Jahr vor seiner Erhebung zum Minister verfaßten Denkschrift gipfeln in dem Satz: „Es scheint, als ob wir im Solde Spaniens stünden, um ihm zur Größe zu verhelfen und unseren Untergang zu beschleunigen." Die Todfeindschaft dieses überragenden Staatsmannes gegen die Habsburger ist dann Deutschland mehr noch als Spanien zum Verhängnis geworden.

In demselben Jahre, in dem Richelieu die Leitung des französischen Staates übernommen hatte, schloß er ein Bündnis mit Venedig und Savoyen und entriß den Spaniern das Veltlin. Im Oktober 1623 war das Projekt, König Jakobs I. Sohn mit einer spanischen Infantin zu verheiraten, nach langwierigen Verhandlungen an den konfessionellen Bedenken des Madrider Hofes endgültig gescheitert. Von französischer Seite wurde daraufhin die Verehelichung des englischen Kronprinzen Karl mit einer Schwester König Ludwigs XIII. in Aussicht genommen. Richelieu förderte diesen Plan mit großem Eifer und erreichte dadurch die Annäherung Englands an Frankreich. Im Juni 1624 kam ein Defensivbündnis beider Länder mit den Generalstaaten zustande. England erklärte sich zur Stellung von Truppen, Frankreich zur Zahlung von Hilfsgeldern bereit, außerdem suchten französische und englische Gesandte Gustav Adolf und Christian IV. von Dänemark zum Anschluß an das antihabsburgische Bündnis zu bewegen. Gustav Adolf schlug als nächstes Unternehmen die Vertreibung Tillys aus Niedersachsen vor, verlangte für sich den Oberbefehl über ein zu diesem Zweck von den deutschen Protestanten und von England aufzustellendes Heer und die Überlassung von Bremen und Wismar als Hafenplätze für seine eigenen Truppen. König Christian, seit langem ein Widersacher Gustav Adolfs, forderte nicht so viel, und so war England dafür, dem Dänen den Oberbefehl zu überlassen. Gustav Adolf stellte daraufhin seine deutschen Pläne zurück und nahm den Kampf mit Polen wieder auf, das er schon 1617/18 und 1621/22 bekriegt hatte.

Die Eifersucht auf Gustav Adolf war indes nicht der eigentliche Grund für Christians Eingreifen in die deutschen Verhältnisse, sondern nur der unmittelbare Anstoß hierzu. Als Herzog von Holstein war der Dänenkönig Reichsstand des niedersächsischen Kreises. Christian hatte dies dazu benützt, seinem Sohne Friedrich das Bistum Verden und die Anwartschaft auf das Bistum Bremen zu verschaffen, außerdem hoffte er, für ihn auch noch die Bistümer Halberstadt und Osnabrück zu gewinnen. Die bisherigen Erwerbungen und die Zukunftsaussichten des dänischen Königshauses in Norddeutschland waren aber durch den Sieg der ligistischen Truppen aufs äußerste bedroht. König Christian warb deshalb, nachdem er des englischen Einverständnisses sicher war, im Januar 1625 Truppen an und verhandelte mit den Ständen Niedersachsens. Erbittert über die katholischen Restaurationsbestrebungen, die hohen Kosten für die Einlagerung der ligistischen Truppen und über deren Ausschreitungen, schloß sich ein Teil der niedersächsischen Stände dem Dänenkönig an und wählte ihn im April zum Kreisobersten, damit er „den Religions- und Profanfrieden, auch die deutsche Libertät und Freiheit" verteidige.

Kurfürst Maximilian hatte dem Kaiser bereits des öfteren erklärt, er könne mit dem ligistischen Heer allein nicht auf die Dauer den Krieg führen. Diesen Vorstellungen zeigte sich der Kaiser besonders deshalb zugänglich, weil ihm die Abhängigkeit von dem Baiern längst lästig geworden war, doch fehlten Ferdinand die Mittel, eine eigene größere Armee zu unterhalten. Schon im Jahr 1623 hatte sich der böhmische Edelmann Albrecht von Waldstein oder Wallenstein bereit erklärt, vorschußweise für die Kosten zur Anwerbung von Truppen aufzukommen, wenn er den Oberbefehl über sie erhalte, und im Februar 1625 dieses Angebot wiederholt. Als nun Maximilian kurz vor Ausbruch des Dänischen Krieges seine Forderung nach Unterstützung des ligistischen durch ein starkes kaiserliches Heer erneuerte, ernannte der Kaiser am 7. April Wallenstein zum „Capo" seiner im Reiche und in den Niederlanden stehenden Truppen, gab ihm im Mai die Weisung, deren Lücken aufzufüllen und eine neue Armee aufzustellen. Am 25. Juli übertrug der Kaiser Wallenstein den Oberbefehl „über den in das Reich geschickten Sukkurs". Die Selbständigkeit, die Wallenstein gegenüber Tilly eingeräumt wurde, war nun freilich nicht nach dem Wunsche Maximilians, doch mußte er sich damit abfinden.

Inzwischen, im Mai 1625, war der Dänenkönig mit etwa siebzehntausend Mann in den niedersächsischen Kreis eingezogen und rückte die Weser aufwärts vor. Ende Juli überschritt Tilly bei Höxter die Weser, um seine Truppen in Niedersachsen zu verproviantieren. König Christian sah darin die Eröffnung der Feindseligkeiten, war jedoch infolge eines am 30. Juli bei Hameln erlittenen Unfalles außerstande, seine Armee selbst zu führen; sie wich vor Tilly bis Verden zurück. Wallenstein hatte in kurzer Zeit eine Armee von dreißigtausend Mann in Böhmen und Franken angeworben. Im August brach er mit ihr nach Niedersachsen auf. Tilly setzte sich im Braunschweigischen und Hildesheimischen fest, Wallenstein in den Bistümern Magdeburg und Halberstadt. Im November überwältigte Wallenstein eine kleinere dänische Abteilung nach heftiger Gegenwehr unweit Hannover. Gleichzeitig gelang es aber dem von den Generalstaaten zu Hilfe gesandten Mansfeld, mit einigen tausend Mann an der unteren Weser zu dem dänisch-niedersächsischen Heer zu stoßen. Am 9. Dezember 1625 verbündeten sich im Haag Christian IV., die Generalstaaten und Karl I. von England, der im März seinem Vater Jakob I. auf dem Throne gefolgt war. Unter anderem wurde hier beschlossen, Friedrich V. von der Pfalz zur Rückgewinnung seines Landes und der Kurwürde zu verhelfen. England und die Generalstaaten verpflichteten sich lediglich zur Zahlung von Subsidien an den Dänenkönig. Auf der anderen Seite bereitete Wallenstein die Übertragung des Erzbistums Magdeburg und des Bistums Halberstadt an Leopold Wilhelm, den zweiten Sohn Kaiser Ferdinands, vor.

Tilly schlug nun Wallenstein vor, mit seinen Truppen zu ihm an die Weser zu marschieren. Wallenstein verlangte von Tilly, sich mit ihm an der Elbe zu vereinigen. Jeder beharrte auf seinem Standpunkte. Im Februar 1626 zog der dänische Oberst Fuchs von Bimbach über die Altmark in das Magdeburgische und Mansfeld gegen Brandenburg. Fuchs rückte die Elbe aufwärts vor und wurde, ehe er sich mit Mansfeld vereinigen konnte, von Wallenstein bei Tangermünde geschlagen. Mansfeld griff am 25. April das stark verschanzte Lager Wallensteins an der Elbbrücke unweit Dessau an und erlitt dabei sehr schwere Verluste. Wallenstein nutzte seinen großen Erfolg in keiner Weise aus, ließ Mansfeld mit dem Rest seines Heeres ungestört entweichen und kam auch nicht zur rechten Zeit der Aufforderung des Kurfürsten Maximilian nach, sich Tilly anzuschließen und den ihrer vereinigten Truppenmacht kaum gewachsenen Dänenkönig zu einer Entscheidungsschlacht zu zwingen. Erst nach dem Tode des am 16. Juni gestorbenen Christian von Halberstadt, der seit Oktober 1625 im Dienste des Dänenkönigs gestanden war und eben noch von Hessen aus die Flanke des ligistischen Heeres bedroht hatte, verstand sich Wallenstein zu einem Vorstoß elbeabwärts mit Tilly gegen Christian IV. Unterdes hatte aber Mansfeld in der Mark Brandenburg seine Truppen wieder ergänzt, auch Verstärkung durch eine dänische Abteilung unter Johann Ernst von Weimar erhalten, und begann am 10. Juli 1626 von Havelberg aus seinen Vormarsch nach Schlesien. Da eben in Oberösterreich ein großer Bauernaufstand ausgebrochen war (S. 122) und Bethlen Gabor wiederum Vorbereitungen zu einem Krieg gegen den Kaiser traf, gab Wallenstein seinen Plan, gemeinsam mit Tilly zu operieren, auf und folgte anfangs August mit vierzehntausend Mann Mansfeld nach Schlesien. Zum Schutze von Mitteldeutschland ließ er einen beträchtlichen Teil seines Heeres in Sachsen stehen.

Nach Wallensteins Abzug ging König Christian zur Offensive über. Er fiel in das Eichsfeld ein und wollte sich von da aus der reichen Bistümer in Franken bemächtigen, bog aber dann doch vor dem ihm nachrückenden Tilly nordwärts ab. Am 27. August 1626 vernichtete dieser bei Lutter am Barenberge in einer Schlacht von wenigen Stunden das dänische Heer, obwohl es eine bessere Stellung innehatte und mit seinen fast dreißigtausend Mann wahrscheinlich auch zahlenmäßig dem Gegner überlegen war. Christian kam erst bei Stade zum Stehen. Die meisten seiner deutschen Verbündeten fielen von ihm ab, nur einige protestantische Administratoren von Bistümern und die Herzöge von Mecklenburg hielten ihm die Treue.

Wallenstein holte Mansfeld, der Schlesien und Mähren unter furchtbaren Verheerungen durchzogen hatte, erst am 30. September bei Neuhäusl in Ungarn ein und konnte, obwohl er ihn hier besiegte, dessen Vereinigung mit Bethlen Gabor nicht verhindern. Dieser war aber des Krieges bald überdrüssig und schloß am 28. Dezember mit dem Kaiser Frieden. Mansfeld hatte sich schon zuvor von Bethlen Gabor getrennt und beabsichtigte über Venedig nach England zu reisen, starb aber unterwegs am 30. November in einem Dorfe bei Sarajevo (S. 85). Die Truppen Mansfelds zogen sich nach Schlesien zurück. Im Sommer 1627 rieb sie Wallenstein bei Kosel auf, worauf er durch Brandenburg marschierte und anfangs September bei Lauenburg zu Tilly stieß. Da dieser einige Tage später vor Pinneberg schwer verwundet wurde, übernahm Wallenstein den Oberbefehl allein, verdrängte den Dänenkönig aus dem Reichsgebiet und ließ durch den General Grafen von Schlick auch noch einen großen Teil Jütlands besetzen.

Christians IV. Niederlagen in den Jahren 1626 und 1627 waren nicht bloß eine Folge des überlegenen Feldherrntums von Tilly und Wallenstein. Der Dänenkönig hatte sich in den Niedersächsischen Krieg im Vertrauen auf die ihm von England, den Generalstaaten und Frankreich zugesagte Hilfe und auf den von Bethlen Gabor und den Türken beabsichtigten Einfall in österreichisches Gebiet eingelassen. Die antihabsburgische Koalition zerfiel jedoch in kurzer Zeit. Im Jahre 1626 schloß Richelieu mit Spanien Frieden und am 20. April 1627 sogar ein gegen England gerichtetes Bündnis. Deshalb erhielt weder König Christian noch Bethlen Gabor von den Westmächten die Unterstützung, auf die beide gerechnet hatten. Und wegen des soeben zwischen Persien und der Türkei erneut ausgebrochenen Krieges hatte Bethlen Gabor auch an den Osmanen keinen Rückhalt. Da überdies der dänische Reichsrat gegen die Unternehmungen Christians in Deutschland war, ferner ihm die niedersächsischen Stände nur zum Teil und auch diese unzureichend beistanden, war der von allen Seiten im Stiche gelassene Dänenkönig den Heeren Tillys und Wallensteins schließlich nicht mehr gewachsen.

Auf katholischer Seite war man ebenfalls nicht einig, doch wirkten hier, wenigstens zunächst, die Meinungsverschiedenheiten auf die Kriegsoperationen nicht so stark ein. Gegenüber dem antihabsburgischen Defensivbündnis von 1624 (S. 101) hatte König Philipp IV. eine „beständige Liga" ins Leben rufen wollen. Sie sollte Spanien, die österreichischen und die übrigen katholischen Länder Deutschlands umfassen und gemeinsam in den Generalstaaten, in der Rheinpfalz, im niedersächsischen Kreis, in Oberitalien und Ungarn vorgehen. Kurfürst Maximilian wollte indes von einem Bunde nichts wissen, in dem seine Liga aufgehen sollte, und der die spanische Vorherrschaft in Deutschland besiegelt hätte, auch lehnten Maximilian und seine Liga eine Beteiligung am Spanischen Krieg gegen die Generalstaaten ab. Ebenso ging Kaiser Ferdinand auf König Philipps Vorschlag nicht ein und zog es vor, neben dem Heere der Liga eine eigene kaiserliche Armee durch Wallenstein aufstellen zu lassen. Unstimmigkeiten zwischen diesem und Tilly waren bei dem verschiedenen Charakter der zwei einander gleichgestellten Feldherren unausbleiblich, doch dachte wohl der Kaiser im Einvernehmen mit Maximilian, dem sich Tilly zu fügen hatte, in wichtigen Fällen einen Ausgleich herbeiführen zu können.

Aber je länger desto mehr machten sich auch zwischen dem Kaiser und dem bairischen Kurfürsten und seiner Liga Interessengegensätze geltend, die der eigensüchtige Wallenstein für seine Zwecke ausnützte. Solange es sich nur um Mißhelligkeiten wegen des Feldzugsplanes und der Quartierverteilung handelte, drang Maximilian in Tilly, nachzugeben. Als aber Wallenstein mit Kontributionen auch die katholischen Reichsstände derart belastete, daß sie kaum mehr imstande waren, die Mittel für den Unterhalt der ligistischen Truppen aufzubringen, seine eigene Armee aber fortwährend verstärkte und in sie zahlreiche protestantische Offiziere aufnahm, beklagten sich

Maximilian und andere katholische Reichsstände wiederholt beim Kaiser über Wallenstein. Diesem gelang es jedoch, sich vor zwei Abgesandten Ferdinands zu Bruck an der Leitha am 25. November 1626 völlig zu rechtfertigen, ihm wurde jetzt sogar bewilligt, seine Truppen auf siebzigtausend Mann zu verstärken, so daß er nun über eine für jene Zeit unerhörte Heeresmacht gebot. Dadurch steigerten sich die Besorgnis und der Unwille von Wallensteins Gegnern erst recht. Ein im Februar 1627 zu Würzburg abgehaltener Bundestag der Liga beschloß auf Baierns Antrag bei dem Kaiser Beschwerde gegen Wallenstein zu erheben, und ein am 18. Oktober zu Mühlhausen eröffneter Kurfürstentag richtete an Ferdinand ein „Abmahnungsschreiben", in dem es hieß, das Heer sei einem Direktorium zu unterstellen, dem die Reichsstände vertrauen könnten, daß in der Armee strengere Zucht und Ordnung eingeführt würden und weitere Werbungen unterblieben, sonst müßten die Kurfürsten selbst auf Mittel bedacht sein, des Kaisers Ruf und des Vaterlandes Wohlfahrt zu retten. Ferdinand hörte aber weder auf diese Vorstellungen, noch kümmerte er sich um die offenen und versteckten Drohungen, zumal da Wallenstein gerade in diesem Jahre beachtliche Erfolge über den Dänenkönig errang.

Anfangs 1628 schien es, die Sache des Dänenkönigs sei bereits verloren, denn außer den Inseln seines Reiches hatte er nur noch einen Teil Jütlands und ein paar feste Plätze in Norddeutschland inne. In Wien war man sich des Zusammenbruches seiner Macht so sicher, daß der Kaiser sich das damals zu Dänemark gehörige Schleswig anzueignen gedachte und Jütland Spanien zum Kaufe anbot. Ohne Flotte konnte man Christian IV. freilich nicht völlig bezwingen, weil er an seinen Inseln noch einigen Rückhalt hatte. Über den Plan einer habsburgischen Flotte im Norden war auf die spanische Anregung hin zwischen Madrid und Wien schon einige Male verhandelt worden. Früher hatte man dabei nur die Generalstaaten im Auge, jetzt auch Dänemark und Schweden. Gustav Adolfs siegreiches Vordringen in Polen und in dem ehemaligen Ordensland Preußen beunruhigten Kaiser Ferdinand und Philipp IV. aus politischen und religiösen Gründen. Als im Herbst 1627 die kaiserlichen Truppen Schleswig und einen großen Teil von Jütland besetzt hatten, nahm Wallenstein den von Spanien ausgegangenen Flottenplan auf und hoffte in Kürze die Herrschaft über die Ostsee zu gewinnen. Er hatte an diesem Plan auch ein ganz persönliches Interesse. Der Kaiser ächtete die Herzöge von Mecklenburg wegen ihres immer noch nicht gelösten Bündnisses mit dem Dänenkönig, übergab ihre Lande im Januar 1628 Wallenstein, zunächst als Pfandbesitz für die großen Summen, die er ihm zur Anwerbung der kaiserlichen Armee vorgestreckt hatte, und ernannte ihn zum „General des ozeanischen und baltischen Meeres".

Die Schnelligkeit, mit der Wallenstein ein Heer aufzustellen und zu organisieren verstand, hat immer wieder das Staunen der Mitwelt hervorgerufen. Er glaubte nun, ebenso rasch eine Flotte und Stützpunkte für sie schaffen zu können. Die Hansestädte, auf deren Beistand er hierfür angewiesen war, fürchteten jedoch ihre religiöse Freiheit und ihre ständischen Rechte einzubüßen, wenn sich Wallenstein zum Herrn der Ostsee gemacht habe, und überließen ihm weder Schiffe, noch nahmen sie in ihren Mauern Truppen Wallensteins als Besatzung auf. Herzog Bogislaw XIV. von Pommern öffnete ihm zwar die Tore einiger seiner Städte, als aber Wallenstein dies auch von der ebenfalls pommerschen Stadt Stralsund verlangte, lehnte die Bürgerschaft unter Berufung auf ihre Privilegien die Aufnahme einer kaiserlichen Besatzung ab. Wallenstein wollte sich um jeden Preis Stralsunds bemächtigen; auch wenn es mit Ketten am Himmel angeschlossen wäre, wolle er es einnehmen, soll er gesagt haben. Im Mai 1628 begann die Belagerung Stralsunds, im Juni übernahm Wallenstein selbst die Leitung. Die von Christian IV. und Gustav Adolf unterstützte Stadt leistete heldenhaften Widerstand. Schließlich zog Wallenstein Ende Juli unverrichteterdinge ab, als eine starke dänische Flotte sich vor Rügen zeigte. Er fürchtete, die Dänen könnten an einer anderen Stelle landen und ihm in den Rücken fallen. Tatsächlich fuhr König Christian nach Usedom und eroberte von da aus die Schanzen von Peenemünde und das Schloß von Wolgast. Der ihm rasch nachgeeilte Wallenstein schlug ihn bei Wolgast, die Dänen entgingen nur durch die Flucht auf ihre Schiffe völliger Vernichtung.

Das Scheitern seines Flottenplans und der Belagerung von Stralsund hatten Wallenstein gezeigt, daß er sich doch nicht so leicht zum Herrn der Ostsee machen konnte, wie er gemeint hatte; andererseits mußte der Dänenkönig aus der Niederlage bei Wolgast und aus dem Verlust der von den ligistischen Truppen eroberten holsteinischen Stadt Krempe, einer der wenigen Stützpunkte, die er auf dem Festlande noch gehabt hatte, den Schluß ziehen, daß er die ihm vom Feinde entrissenen Gebiete in absehbarer Zeit nicht mit Waffengewalt zurückgewinnen könne. Außerdem fürchtete der Dänenkönig, die Fortsetzung des Krieges würde Gustav Adolf Gelegenheit bieten, das Ziel zu erreichen, das sich Wallenstein gesteckt, aber nun aufgegeben hatte: die Herrschaft über die Ostsee. Wenn Christian trotzdem durch eine Zusammenkunft mit dem Schwedenkönig den Anschein erweckte, er wolle sich mit ihm verbünden, war dies ein äußerst geschickter politischer Schachzug. Wallenstein war daraufhin bereit, dem Dänenkönig einen erheblich günstigeren Frieden zu bewilligen, als es der militärischen Lage entsprach. Trotz des Einspruchs von Maximilian und der Liga setzte er beim Kaiser für den Dänenkönig vorteilhafte Bedingungen durch. In dem zu Lübeck am 22. Mai 1628 geschlossenen Frieden erhielt Christian alle im Kriege verlorenen Gebiete zurück und brauchte keine Kriegsentschädigung zu zahlen, doch mußte er für sich und seine Söhne alle Ansprüche auf niederdeutsche Bistümer und jede Einmischung in die innerdeutschen Verhältnisse aufgeben und damit seine deutschen Verbündeten preisgeben, für die er sich während der Verhandlungen vergebens eingesetzt hatte.

DAS KRIEGSWESEN

Während des Dänischen Krieges machten sich die Erscheinungen, die dem deutschen Volke den Dreißigjährigen Krieg zu einer Zeit des Schreckens werden ließen, erstmals in weiten Teilen des Reiches empfindlich bemerkbar. Wer bei der Beurteilung dieser Erscheinungen von den Millionenheeren, von den Milliardenaufwendungen für die Rüstungsindustrie und von den ungeheuren Zerstörungen des zweiten Weltkrieges ausgeht, wird sich allerdings fragen, ob für den Dreißigjährigen

Krieg auch heute noch die Bezeichnung der „Große Krieg" gerechtfertigt ist. Gemessen an den modernen Verhältnissen, waren die Heeresstärken damals sehr gering. Zu Beginn des Dreißigjährigen Krieges betrugen sie zwanzig- bis dreißigtausend Mann. Gustav Adolf landete in Deutschland mit etwa zwölftausendfünfhundert Mann, im Jahre 1632 hatten Wallenstein und Gustav Adolf je rund hunderttausend, im folgenden Jahre erreichte Wallenstein mit etwa hundertzwanzigtausend Mann die Höchstzahl des ganzen Krieges. Das sind aber vielfach nur Sollstärken, denn genauer bekannt ist meist nur die Zahl der Regimenter, die ihre Durchschnittsstärke von zehn Fähnlein mit je dreihundert Mann bei der Infanterie und von zehn Kompanien, Kornetts oder Schwadronen zu hundertzwanzig Mann bei der Kavallerie sehr oft nicht erreichten, zuweilen jedoch auch überschritten. Die Söldner wurden in der Regel mit ihrer Waffe angeworben, hatten also für ihre Ausrüstung selbst aufzukommen. Die Aufwendungen für die Artillerie waren mitunter ziemlich beträchtlich, aber doch nicht so hoch, daß dadurch die Finanzen eines Landes zerrüttet worden wären, und die Verwüstungen durch die Artillerie waren oft sehr gering; bei der Beschießung der Festung Hohentwiel im Jahre 1641 erreichten zum Beispiel von dreitausend Artilleriegeschossen nur ungefähr siebzig ihr Ziel, und auch diese richteten keinen nennenswerten Schaden an. Wenn trotz alledem das deutsche Volk wohl unter keinem der späteren Kriege mehr gelitten hat als unter dem Dreißigjährigen, so lag das, abgesehen von dessen Dauer, an der Art des damaligen Kriegswesens.

Als Mittel zur Aufbringung eines Heeres waren von früher her Lehensverpflichtung, Wehrpflicht und Werbung wenigstens theoretisch immer noch anerkannt. Von dem Kriegsdienst auf Grund eines Lehensverhältnisses war aber nicht mehr viel übrig. Auch das Rittertum hatte seine ehemalige Idee und Gestalt verloren. Der Ritterschlag kam als Belohnung für eine hervorragende kriegerische Leistung gänzlich ab, dafür erfolgte nun die Erhebung in den Adelsstand. Die Adligen kämpften nicht mehr in eigenen geschlossenen Abteilungen, sie ließen sich anwerben und dienten als Offiziere, in steigendem Maße auch in der Infanterie. Der Gedanke der allgemeinen Wehrpflicht war seit der germanischen Zeit nie völlig verschwunden. Während des Dreißigjährigen Krieges suchten ihn verschiedene Fürsten, insbesondere Maximilian von Baiern, für die Landesverteidigung in größerem Umfange zu verwirklichen. Meist kam man jedoch dabei nicht über das Planen hinaus, und wenn es einmal gelang, das Landesdefensionswesen durchzuführen, bewährte es sich nicht. Deshalb wurde der Dreißigjährige Krieg im großen und ganzen mit Söldnertruppen geführt, und darauf geht vieles von dem zurück, was dem deutschen Volke diesen Krieg zum Inbegriff von Kriegsnot und Kriegselend werden ließ.

Söldnerheere pflegen im Verhältnis zu ihrer Größe viel zu kosten. Ein Regiment zu Fuß mit dreitausend Mann kam monatlich auf vierhundert- bis vierhundertfünfzigtausend, ein Kavallerieregiment mit zwölfhundert Reitern auf zweihundertfünfzig- bis dreihunderttausend Gulden zu stehen, Wallensteins Armee zur Zeit ihres Höchststandes demnach auf vier bis fünf Millionen Gulden. Das waren lediglich die Beträge für den laufenden Sold: ein Generalleutnant im Felde erhielt monatlich zwei- bis dreitausend, ein Regimentsoberst bis zu fünfhundert, ein Rittmeister zweihundert, ein Leutnant fünfzig, ein Reiter fünfzehn Gulden. Die Sätze für die Infanterie waren etwas niedriger, der Monatssold für den Mann zu Fuß betrug sechs bis zehn Gulden. Außerdem wurden den höheren Offizieren häufig sehr beträchtliche Zuschüsse, den niederen Offizieren und den Mannschaften allerlei Vergütungen bezahlt. Auch die Werbegelder, die Liefergelder bis zur Musterung und Einstellung, die Dienstantritts- und die Entlassungsgelder verschlangen hohe Summen; die Kosten für die Aufstellung und die Abdankung eines Regimentes beliefen sich auf rund hundertfünfunddreißigtausend Gulden. Die Kosten des ligistischen und bairischen Heeres allein betrugen in den dreißig Kriegsjahren etwas über vierundfünfzigeinhalb Millionen Gulden. Hält man dem gegenüber, daß zum Beispiel in Baiern, einem der größten und am besten verwalteten deutschen Länder, jährlich an ordentlichen Staatseinnahmen eine bis eineinhalb Millionen Gulden erzielt wurden und im Jahre 1640 ein von seinem Arbeitgeber verköstigter Maurer einen Taglohn von zehn Kreuzern verdiente — sechzig Kreuzer gingen auf einen Gulden —, dann erhellt ohne weiteres, daß die Aufbringung der Kosten für die Armeen die damalige Staats- und Volkswirtschaft vor kaum zu bewältigende Aufgaben stellte. Offiziere und Mannschaften hatten aber außer dem Sold auch noch Verpflegung, „vivers“, zu beanspruchen. Hierfür werden in den „Verpflegsordinanzen“ unter anderem genannt: für einen Reiter oder Fußknecht täglich zwei Pfund Brot, zwei Maß Bier, eineinhalb Pfund Fleisch; in einem anderen Falle zwei Pfund Brot, ein Pfund Fleisch, eine Stadt- oder Landmaß Wein oder zwei Maß Bier; einem „Obrist zu Roß“ im kaiserlichen Heer mußten 1636 monatlich Lebensmittel im Wert von vierhundert Gulden „gereicht“ werden, einem Leutnant der Kavallerie im Wert von fünfzig, einem Leutnant der Infanterie von vierzig Gulden, einem Kaplan bei der Kavallerie von zwanzig Gulden. Dabei wurden das Pfund Brot zu zwei und das Pfund Fleisch zu je drei Kreuzern gerechnet.

Union und Liga versuchten die Kosten für ihre Truppen mit Beiträgen der Bundesmitglieder zu bestreiten, gerieten aber fortwährend in Geldverlegenheit. Das war der eigentliche Grund des Versagens der Union und ihrer Auflösung. Maximilian, das Haupt der Liga, behalf sich jahrelang vor allem damit, daß er, wie er einmal erklärte, im Laufe der Zeit „viele Millionen“ aufnahm. Aber auch das reichte nicht aus, um auf die Dauer ein Heer von einigen zwanzigtausend Mann zu unterhalten, und so verlangte er vom Kaiser eine ausgiebige militärische Unterstützung. Nun gab es wohl eine kaiserliche Armee von sechs Regimentern Fußvolk und vierundzwanzig Reiterkompanien, aber diese Truppen waren bei weitem nicht vollzählig und befanden sich in denkbar schlechtem Zustand. Ferdinand hatte weder Geld noch Kredit, um die Lücken aufzufüllen. Da erbot sich der schwerreiche Wallenstein, Ferdinand aus der Verlegenheit zu helfen. Mit dem Wallenstein im Mai 1625 erteilten Auftrag, die bisherige kaiserliche Armee auf den Sollstand zu bringen und eine zweite aufzustellen, und mit den hierfür von Wallenstein getroffenen großzügigen Maßnahmen begann ein neuer Abschnitt im damaligen Kriegswesen.

Die Werbungen wurden von Generalen, Obersten, Hauptleuten und Rittmeistern und unter den von diesen festgesetzten Bedingungen vorgenommen. Kriegsherren waren damals in Deutschland der Kaiser und die Landesfürsten. Der Kaiser führte jedoch kaum mehr als Reichsoberhaupt Krieg, sondern fast nur noch als Landesherr von Österreich, Böhmen und Ungarn. Maximilian war außer als Landesfürst von

Baiern gewissermaßen auch der Kriegsherr der Liga wegen seiner großen Aufwendungen für sie und seines entscheidenden Einflusses in ihr. Manche Befehlshaber, so besonders Mansfeld und Christian von Halberstadt, hatten sich, obwohl sie im Dienste eines Kriegsherrn standen, als Werber und Kommandeure eine nahezu unabhängige Stellung verschafft und wechselten mit ihren Regimentern nach gütlichem Übereinkommen oder eigenmächtig den Kriegsherrn. Diese Parteigänger, ein Gegenstück zu den italienischen Condottieri, galten mit ihrer verwilderten Soldateska schon zu ihrer Zeit als Auswüchse des Kriegswesens, sie errangen auch keine durchschlagenden Erfolge.

Erst Wallenstein hat die Werbeverhältnisse in ganz großem Maßstabe für seinen glänzenden Aufstieg zu benutzen gewußt. Dank seines Reichtums konnte Wallenstein die Werbungen für die kaiserliche Armee großenteils aus seinen eigenen Mitteln in Gang bringen. Da er sofort einen überraschend großen Zulauf von Soldaten hatte, gewann er vermögende Unterführer, die einen Teil der Werbungskosten übernahmen. Er war gewissermaßen auch geschäftlich ihr „Capo", und sie hatten deshalb am Gelingen seiner Unternehmungen ein sehr persönliches Interesse. Als Werbeherr stand Wallenstein seinem Kriegsherrn, dem Kaiser, wie ein Vertragspartner gegenüber, und Ferdinand mußte sich, weil er anders zu keiner großen, schlagkräftigen Armee kommen konnte, den Bedingungen des Werbeherrn fügen. Sie liefen auf unbeschränkte Handlungsfreiheit in allem hinaus, was unmittelbar und mittelbar die Aufstellung, den Unterhalt und die Führung der kaiserlichen Armee betraf.

Wallenstein hatte sich nur verpflichtet, „die Armee auf den Fuß zu bringen und Posto zu nehmen", nicht aber „den völligen Krieg auf seine Spesa zu führen". Nun war der Kaiser noch viel weniger imstande, für die Versorgung einer Armee als für die Kosten ihrer Anwerbung aufzukommen. Er gestattete deshalb Wallenstein, in eroberten Gebieten „leidliche Kontributionen" zu erheben. Die Auswirkung dieser Genehmigung übersah Ferdinand so wenig wie die des Werbeauftrages an Wallenstein. Hatte der Werbeauftrag zur Folge, daß die kaiserliche Armee zu einer unerwarteten Stärke anschwoll und deshalb auch die Gegner ihre Mannschaften in ungefähr demselben Maße vermehrten, so kam Wallenstein alsbald mit den ihm zugebilligten „leidlichen Kontributionen" nicht mehr aus, auch hier mußte ihm der Kaiser immer größere Zugeständnisse machen. Requirierungen und Einquartierungen zumal in Feindesland zu Lasten der Bevölkerung wurden von jeher vorgenommen, und Horden wie die Mansfelds hausten überall, wohin sie kamen, schlimm. Im allgemeinen suchten jedoch die Feldherren schon aus Gründen der Disziplin in diesen Dingen eine gewisse Ordnung aufrechtzuerhalten und schritten gegen Gewalttaten ein. Tilly zum Beispiel verlangte nur bei Ausbleiben des Soldes von der Bevölkerung ohne Bezahlung Naturallieferungen und gestattete, sie durch Geld abzulösen.

Das eigentliche Kontributionssystem hat erstmals Spinola als Feldherr der spanischen Truppen in der Pfalz im Winter 1620/21 angewendet. In den von ihm besetzten und teilweise in den angrenzenden Gebieten zwang er die Bevölkerung, seine Truppen unentgeltlich zu verpflegen und trieb von ihr überdies den Sold für seine Armee ein. Wallenstein baute nun das Kontributionssystem zu einem bis dahin in Deutschland in derartigem Umfange unbekannten Finanzsystem aus, das schließlich nahezu das ganze Reich umfaßte. Mit dem Ertrag der Kontributionen, im Grunde außerordentlichen Kriegssteuern, sollten die gesamten Kosten für Wallensteins Armee, schließlich auch für erst aufzustellende Truppen, bestritten werden; Naturallieferungen wurden nur als Abschlagszahlungen auf diese Steuer angerechnet. Am stärksten wurden die von den Truppen besetzten Gebiete herangezogen, insbesondere im eroberten Feindesland, das aber ebenfalls deutsches Land war. Sehr oft wurden die für die einzelnen Städte und Gebiete festgesetzten, an und für sich kaum erschwinglichen Kontributionen mehrmals erhöht; wenn eine Landesobrigkeit die ihr vorgeschriebenen Beträge nicht einzutreiben vermochte, schritten Wallensteins Offiziere und Beamte ein. Auf diese Weise wurden zum Beispiel in den Jahren 1625 bis 1627 im Erzbistum Magdeburg sechshundertsiebenundachtzigtausend Gulden erhoben. Eigentlich sollten durch die Kontributionen die Quartierlasten abgelöst sein, nur zu oft litt jedoch die Bevölkerung schwer unter ihnen auch noch nach der Bezahlung der Kontribution.

Durch das von Wallenstein ausgebildete und von anderen mehr oder weniger übernommene Kontributionssystem wurde die Armee gewissermaßen zu einer steuerbestimmenden und steuereintreibenden Behörde, die mit dieser Form der Aufbringung der Heereskosten eine Aufgabe übernahm, der die damals noch schwache Staatsmacht nicht gewachsen war. Obwohl den Armeen auf diesem Wege große Summen zuflossen, reichten sie oftmals zur Bestreitung des Soldes nicht aus, auch trafen sie häufig nicht rechtzeitig ein. Außerdem hielt es, je länger der Krieg dauerte, desto schwerer, in den durch Einquartierungen und Durchzüge von Truppen hart mitgenommenen Gegenden die Verpflegung der Truppen zu sichern. Bei ungenügender oder unpünktlicher Zahlung des Soldes und Lieferung der Lebensmittel konnte man die Soldaten nicht hindern, das ihnen Zustehende sich auf eigene Faust zu verschaffen. Die Versorgung des Trosses: der Knechte und Pferdejungen und der dem Heere folgenden Weiber, Kinder und Mägde, war überhaupt nicht geregelt. Der Troß stand aber an Zahl hinter den Truppen in der Regel nicht zurück, mitunter übertraf er sie sogar erheblich. Für den Unterhalt dieses „abgefeimbten, leichtlosesten Gesindleins, was nirgends in Landen und Stätten bleiben will", hatte die Bevölkerung ebenfalls aufzukommen, ob es nun von den Offizieren und Mannschaften etwas erhielt oder sich selbst mit Bettel und Diebstahl fortbrachte. Durch die Kontributionen und durch eigenmächtige Requirierungen der Offiziere, Mannschaften und des Trosses wurde der Bevölkerung, vielfach unter entsetzlichen Quälereien, das Letzte abgepreßt, was sie an Geld, Wertgegenständen und Nahrungsmitteln besaß.

Dabei handelte es sich keineswegs nur um das für den Unterhalt der Truppen Notwendige. Wilde Grausamkeit war überhaupt ebenso wie „viehisch lästerliches Vollsaufen und Fressen" und hemmungslose Unzucht unter der Soldateska des Dreißigjährigen Krieges in unerhörtem Ausmaße verbreitet. Die zeitgenössischen Berichte hierüber sind wohl im einzelnen nicht immer zuverlässig, auch sind Maximilian von Baiern und Tilly nicht ohne Erfolg gegen die schlimmsten Auswüchse eingeschritten, und das schwedische Heer hielt sich im wesentlichen von ihnen frei, solange Gustav Adolf lebte, aber im Laufe des Krieges nahm die unmenschliche Roheit allgemein überhand. Der „Schwedentrank", das Eintrichtern von Kot und Jauche, das Zutodeprügeln, das Abschlagen von Armen und Beinen, Notzucht bis zum Tode der unglücklichen Opfer und vieles dergleichen waren schließlich in der schwedischen wie in der kaiserlichen Armee im Schwange. Einem Bauern die Ohren abschneiden und ihn zu zwingen, sie zu essen, nachdem sie in Schmalz gebacken waren, galt als harmloser Spaß. Wurde eine Stadt vom Feinde im Sturme genommen, dann war das Schicksal ihrer Bewohner meist grauenvoll; sonst waren die Bauern körperlichen Mißhandlungen gewöhnlich mehr ausgesetzt als die Städter hinter ihren Mauern, vor Pest und bitterster Armut vermochten freilich auch sie nicht zu schützen.

Die Heere waren ein bunt zusammengewürfeltes Gemisch aus aller Herren Ländern. Auch das trug zu der Gefühllosigkeit der Armeen gegenüber der Bevölkerung bei. Gustav Adolf verfügte schon bald nach seiner Landung über deutsche und schottische Regimenter, auch Engländer und Irländer kämpften in seinen Reihen, den Kern seines Heeres bildeten jedoch schwedische Bauernsöhne. Alsbald nahmen indes die Ausländer, besonders die Deutschen, in der schwedischen Armee in steigendem Maße zu. Während des letzten Drittels des Krieges setzten sich die schwedischen Feldtruppen ganz überwiegend aus Söldnern deutscher Herkunft zusammen; Schweden und Finnen wurden hauptsächlich nur noch in den Garnisonen verwendet. Auch Franzosen standen nun im schwedischen Heere, sie galten als die schlechtesten, die Deutschen als die besten Soldaten. In der bairischen Armee dienten bei der Reiterei großenteils Wallonen. Von den zwölf Oberbefehlshabern, die das bairische Heer im Laufe des Dreißigjährigen Krieges führten, war außer Maximilian selbst kein einziger Baier. Ein im Jahre 1645 geworbenes bairisches Regiment von fünfzehnhundert Mann zählte fünfhundertvierunddreißig Deutsche, zweihundertachtzehn Italiener, vierundfünfzig Polen, fünfzehn Türken, ferner Lothringer, Burgunder, Griechen, Spanier usw. Die kaiserliche Armee setzte sich von Anfang an aus Angehörigen der verschiedensten Völkern zusammen, von den höheren Offizieren waren ziemlich viele Italiener, wie etwa der Generalleutnant Gallas und der Feldmarschall Piccolomini, die leichte Reiterei bestand großenteils aus „Kroaten", unter diesem Namen gingen die verschiedenen Völkerschaften der ungarischen Krone.

Die Bindung der Mannschaften, besonders des Fußvolkes, an den Kriegsherrn war sehr gering. Die während einer Schlacht oder bei Übergabe einer Festung Gefangengenommenen wurden meist größtenteils der Armee des Siegers eingereiht und Überläufer vom Feinde ohne weiteres in das eigene Heer aufgenommen. Die Offiziere sollten zwar auf Grund ihrer Kavaliersparole ihrem Kriegsherrn bis zur Verabschiedung die Treue halten, doch wechselten viele von ihnen gleich den einfachen Soldaten die Fahne, wenn der Sold zu lange ausblieb, die Verpflegung unzureichend war oder sonst ein Anlaß zur Unzufriedenheit gegeben war. Oft folgten dann die Mannschaften ihren Offizieren, was sich zuweilen auf die gesamte militärische und politische Lage auswirkte.

Bei der Infanterie gab es für die blanke wie für die Feuerwaffe je eine eigene Truppe, die Pikeniere und die Musketiere, und zwar zunächst im Verhältnis eins zu eins, im Laufe der Zeit kamen auf einen Pikenier zwei Musketiere. Als wichtigste Aufgabe der zu Beginn des Krieges noch sehr geschätzten und als Doppelsöldner bezeichneten und bezahlten Pikeniere galt der Schutz der Musketiere gegen die Angriffe der Kavallerie; die Verwendung und der geringe Erfolg der Pikenträger führte jedoch allmählich zu ihrer Mißachtung. Aber auch die Musketiere richteten nicht viel gegen die Kavallerie aus. Denn ein geübter Musketier vermochte in der Stunde nur vierundzwanzig Schüsse abzugeben, kam also bei der damaligen Schußweite von dreihundert Schritt nur zu einem Schuß auf die anreitende Kavallerie, dazu war das Treffen auf eine Entfernung von dreihundert, auch auf zweihundert Schritt Glückssache. Artillerie lag im allgemeinen nur in den Festungen und mußte aus ihnen für Belagerungen in mühsamem Transport erst herbeigeschafft werden. Kleinere Geschütze, Zwölf- bis herab auf Drei- und Zweipfünder, wurden oft in größerer Zahl beim Feldheere mitgeführt, doch spielte die Artillerie immer nur eine untergeordnete Rolle in der Schlacht. Das gesamte Geschützwesen hatte im wesentlichen noch einen zunftmäßigen, nicht militärischen Charakter. Die Anordnung Maximilians, Totschläger, Diebe, Ehebrecher und andere Verbrecher sollten unter die Artillerie gesteckt werden, weist darauf hin, daß sie gegenüber den anderen Waffen nicht als ganz ebenbürtig galt.

Am angesehensten war die Kavallerie. Vom Anfang des Krieges an kam ihr ein hoher Gefechtswert zu. In den letzten zehn Jahren wurden alle Schlachten ausschließlich durch die Kavallerie entschieden. Die Feldarmeen bestanden nun zur Hälfte oder mehr aus Kavallerie. Dadurch wuchsen die Kriegskosten, ein Kürassierpferd kostete fünfzig bis fünfundsechzig, ein Dragonerpferd achtundzwanzig bis vierzig Gulden. Als der „edelste, principalste und köstlichste Theil unter der Cavallerey" galten die „Lantzierer". Sie führten außer dem Degen und einem Faustrohr eine zwanzig Fuß lange Lanze. Gleich den Lanzierern waren die „Kürissen" schwer gewappnet, ihre Waffen waren ein Degen und zwei Pistolen. Diese beiden Gruppen bildeten die schwere Schlachtenreiterei. Leichter gerüstet waren die „Reuterschützen", auch „Karbiner, Arkebuserer, Bandelierreuter" genannt, mit einem Gewehr, das sie vom Pferde aus abfeuerten, und oft auch mit Pistolen. Die Dragoner waren ursprünglich nur Pikeniere oder Musketiere zu Pferde, sie stiegen zum Kampfe ab, allmählich glichen sich die Dragoner völlig der leichten Kavallerie an. Die leichteste Kavallerie, so zum Beispiel die Kroaten, wurde hauptsächlich für die Aufklärung verwendet, die Bewaffnung dieser irregulären Truppe war nicht genauer geregelt.

Im großen und ganzen waren die damaligen Armeen ein schwerfälliges Kampfinstrument. Beim Gebrauch der Pike wurden einundzwanzig, bei dem der Muskete hundertdreiundvierzig Kommandos erteilt, die Musketen legte man beim Abfeuern auf eine vier Fuß lange Gabel, das Feuern und Wiederladen beanspruchte neunundneunzig Tempi. Die Reiter feuerten ihre Pistolen in einer Schlacht fünf- bis sechsmal ab. Sehr umständlich war die Caracole der Arkebusiere; hatte ihr erstes Glied den Schuß abgegeben, dann mußte es „sich von der Stelle hinwegmachen, umb dem hindern folgenden Glied Raum zu geben, ihre Rohre auch abzubrennen", ebenso dann das zweite Glied und so fort. Die größten Fortschritte wurden in der Gefechtsführung erzielt. Unter anderem gliederte man die Infanterie in kleinere Abteilungen mit flacherer Aufstellung, die Kavallerie ritt nicht mehr in starrer Schlachtordnung, sondern in kleinen Schwadronen an. Dadurch wurden beide Truppengattungen beweglicher.

Den Anstoß zu den meisten taktischen Neuerungen gab Prinz Moritz von Oranien, weiter ausgebaut hat sie vor allem Gustav Adolf. Er führte in seinem Heer eine leichtere Muskete ein und erzielte dadurch, daß er unter die Infanterie Reiterabteilungen schob und die Infanterieregimenter mit zahlreichen leichten Geschützen versah, ein vorbildliches Zusammenwirken der wichtigsten Waffengattungen. Bei der Kavallerie schaffte er die schwierig auszuführende Caracole ab und legte großes Gewicht auf die Attacke mit blanker Waffe. Er übernahm auch von den Niederländern die von ihnen hoch entwickelte Kunst der Feldbefestigung. Im letzten Drittel des Krieges wurde aber die Taktik wieder ganz schablonenhaft. Die „Schlachtbilder sind im großen und ganzen vollkommen gleichartig. Die beiden Heere marschieren gegeneinander auf, die Infanterie in der Mitte, die Kavallerie auf beiden Flügeln. Nachdem man eine Weile gekämpft hat, wobei sowohl die Pistolen wie die blanken Waffen Verwendung finden, siegt die eine Partei auf einem oder beiden Flügeln. Ist das Glück beiden Parteien gleich hold gewesen, wird zwischen den beiden siegenden Flügeln der entscheidende Kampf ausgefochten. Ob der Kampf in der Mitte dem einen Teil ein entscheidendes Übergewicht gebracht hat oder nicht, bringt die Niederlage der Kavallerie immer auch die der Infanterie mit; in den meisten Fällen wird diese niedergehauen oder gefangengenommen und gezwungen, beim Sieger Dienst zu nehmen" (Sörensson).

Obwohl die Kavallerie das beherrschende Element der Armeen war, lebte in der Heerführung im allgemeinen kein draufgängerischer Reitergeist. Allerdings begegnet man vereinzelt Ansichten wie: „Von allen Kriegstaten die rühmlichste und woran am meisten gelegen, ist, eine Feldschlacht zu liffern", man kriegte jedoch, wie es in der deutschen Übersetzung von Henry de Rohans „Parfaict capitaine" aus dem Jahr 1642 heißt, „jetziger Zeit mehr wie ein Fuchs als wie ein Löwe" und hielt sich meist an den Grundsatz, den Graf Johann der Mittlere von Nassau in seinen „Etliche observationes, einen general belangend" mit den Worten ausgesprochen hat: „Man muß nicht leichtlich ohne großen vorteil mit dem feinde schlagen, ob er sich schon präsentieret, es were denn, daß mangell proviant und gelt auszuharren, darzu zwingen thete, denn nicht geschlagen werden ist auch eine große victoria". Die Feldherren des Dreißigjährigen Krieges waren Ermattungs-, nicht Vernichtungsstrategen, außer Unterführern wie Pappenheim und Johann von Werth bildeten nur Tilly, Banér und besonders Torstensson bis zu einem gewissen Grade Ausnahmen. Daß damals im allgemeinen der Ermattungsstrategie der Vorzug gegeben wurde, hatte seine guten Gründe. Auch der Sieger büßte meist zehn bis zwanzig vom Hundert seiner Mannschaft ein, und selbst große Siege brachten in der Regel keine Entscheidung. Wenn sich an einige Schlachten, an die vom Weißen Berge bei Prag 1620, von Breitenfeld 1631 und von Nördlingen 1634 weitreichende Folgen knüpften, so war dies vor allem durch die politische Lage bedingt, der Sieg auf der einen und die Niederlage auf der anderen Seite trieben nur rascher vorwärts, was bereits im Gange war. Der Besiegte vermochte sich fast immer ziemlich schnell zu erholen, weil jeweils in den einzelnen Schlachten beiderseits nur ein Teil der Streitmacht eingesetzt war. Der Geschlagene zog sich ebenso wie der Schwächere, der von vorneherein eine Schlacht vermeiden wollte, auf befestigte Stellungen zurück und ergänzte die Ausfälle mehr oder weniger aus seinen übrigen Truppen und durch Neuanwerbungen. Da die Kavallerie die einzige Offensivwaffe war, vermochte sich selbst ein erheblich unterlegenes Heer hinter ziemlich einfachen Feldbefestigungen zu behaupten, deshalb verzichtete man auch in der Regel darauf, sie anzugreifen. Die Armee des Siegers, die ja schon in der Schlacht empfindliche Einbußen erlitten hatte, schmolz dagegen auf dem Vormarsch immer mehr zusammen, weil sie dabei Überfällen ausgesetzt war und sich der zahlreichen, von feindlichen Garnisonen besetzten kleinen oder größeren Städte bemächtigen mußte. Aus diesen Gründen suchten die Feldherren ihren Willen dem Feinde mehr auf anderem Wege als durch Entscheidungsschlachten aufzuzwingen.

Die Armeen kosteten Geld, viel Geld; Johann Jakob von Wallhausen, einer der bedeutendsten Militärschriftsteller jener Zeit, übertrieb nicht, wenn er erklärte: „In summa, das erste und letzte, der Anfang und das Ende des Krieges ist Pecunia, Argentum et Aurum (Geld, Silber, Gold). Und wirdt auch recht gesagt: Pecuniae sunt bellorum nervi (die Gelder sind die Nerven des Krieges)." Die Heerführung zielte deshalb darauf ab, eigne Verluste möglichst zu vermeiden und den Feind Jahr für Jahr zu großen Neurekrutierungen und Remontierungen zu veranlassen. Hand in Hand damit ging die Erschwerung der feindlichen Verpflegung; gelang es, den Gegner längere Zeit in einem verhältnismäßig engumgrenzten Gebiet mit schlechten Verkehrsverhältnissen, das heißt in ziemlicher Entfernung von größeren Flüssen, festzuhalten, dann stellte sich Mangel an Lebensmitteln für die Soldaten und an Futter für die Pferde ein. Krankheiten aller Art lichteten die Reihen der ungenügend Versorgten, viele liefen zum Feinde über. Suchte man das Nötigste auf weiten Streifzügen zu beschaffen, so führte auch das zu großen Verlusten an Mannschaften, zumal wenn das feindliche Heer an Kavallerie überlegen war; auf diese Weise hat zum Beispiel Torstensson im Jahr 1644 die Armee des Gallas völlig aufgerieben. Die „eigne Armee konservieren, die feindliche zwingen, sich selbst zu konsumieren", darauf lief die Kriegskunst seit dem Dänischen Krieg immer mehr hinaus, und dadurch vor allem zog sich der Krieg mit seinen Leiden und Schrecken für die Bevölkerung so sehr in die Länge.

WALLENSTEIN

Die Aufstellung der Armeen auf dem Wege der Werbung, die Unfähigkeit des deutschen Reiches und der Einzelstaaten, einen großen und langen Krieg zu finanzieren und die Art der Kriegführung boten die äußeren Voraussetzungen für die volle Entfaltung von Wallensteins Persönlichkeit. Albrecht Wenzel Eusebius von Wallenstein wurde am 24. September 1583 nachmittags 4 Uhr 30 Minuten geboren. Er entstammte einem der ältesten und vornehmsten tschechischen Herrengeschlechter, dem der Markvartice, und zwar dem Zweige, der sich nach dem Schlosse Waldstein bei Turnau nannte. Es war im 13. Jahrhundert erbaut worden und hatte nach dem damaligen Brauch des tschechischen Adels einen deutschen Namen erhalten. Später machten die Tschechen aus Waldstein Walstejna und daraus die Deutschen Wallenstein. Auch die Mutter und Großmutter Wallensteins waren aus tschechischem Adel.

Nach dem Tode seiner Mutter 1593 wurde der junge Albrecht ihrem Schwager Heinrich Slawata von Chlum zur Erziehung übergeben. Er war wie Wallensteins Vater und Großvater ein eifriges Mitglied der böhmischen Brüdergemeinde. Im Herbst 1597 kam Albrecht an die Lateinschule zu Goldberg in Schlesien, zwei Jahre später an die Nürnberger Akademie Altdorf. Hier fiel er durch wüste Ausschreitungen, blutige Raufhändel, gottloses Fluchen und rohe Mißhandlung seines noch im Knabenalter stehenden Dieners auf. Im Februar 1600 mußte Wallenstein wegen seines Treibens Altdorf verlassen; die Frömmigkeit und das sittsame Wesen der böhmischen Brüder hatten also auf ihn keinen nachhaltigen Eindruck gemacht.

Wallenstein reiste nun zwei Jahre lang durch Deutschland, Frankreich und Italien, wobei ihn, wie damals für junge Adlige üblich, ein Mentor begleitete, der fränkische Mathematiker und Astronom Paul Virdungus, der Albrecht sicher schon für die Astrologie interessierte. Dann zeichnete sich Wallenstein in kaiserlichen Diensten bei den Kämpfen gegen die aufständischen Ungarn als Fähnrich durch Tapferkeit aus. Der Jesuit Veit Pachta gewann ihn bald darauf für das katholische Bekenntnis, wahrscheinlich im Herbst 1606 trat er in Olmütz dazu über. Im Jahre 1608 kam durch die Vermittlung Pachtas die Vermählung Wallensteins mit Lukrezia von Vičkov zustande. Lukrezia war eine schon etwas bejahrte Witwe und nicht gerade durch Schönheit ausgezeichnet, aber eine der reichsten Damen des mährischen Adels. Pachta hatte diese Heirat betrieben, um zu verhindern, daß ihre weit ausgedehnten Besitzungen in die Hände eines Ketzers fielen. Lukrezia machte Wallenstein 1610 zum Mitbesitzer ihrer Güter, wodurch er Mitglied des mährischen Herrenstandes wurde; am 23. März 1614 starb sie und hinterließ ihrem zweiten Gemahl als Alleinerben ihre sämtlichen Güter.

Nach seiner Verehelichung war Wallenstein eine Hauptstütze des Katholizismus und der Jesuiten in Mähren, sicher nicht bloß aus Berechnung. Er zwang seine Gutsleute mit härtestem Druck selbst unter eigenen wirtschaftlichen Opfern und mit Waffengewalt zur Annahme des katholischen Glaubens. Seine Frömmigkeitsübungen überstiegen das Maß des lediglich aus politischen Gründen Zweckmäßigen; er hielt von 1612 ab geraume Zeit jährlich die Exerzitien des heiligen Ignatius unter Leitung eines Jesuiten ab und besprach sich dabei eingehend über Glaubens- und Gewissensfragen. Sein reger Verkehr mit Karthäusern spricht ebenfalls dafür, daß er damals dem Katholizismus innerlich zugetan war, und daß er sich mit seinen reichlichen Schenkungen an Klöster und Kirchen nicht bloß in ein günstiges Licht bei den Habsburgern zu stellen suchte. In späteren Jahren stand er der katholischen Sache allerdings kühl gegenüber und haßte die Jesuiten. Es war nicht nur der Ausdruck einer gelegentlichen Gemütsaufwallung, als er gegenüber einem Verhandlungspartner äußerte: „Gott schändt! weiß der Herr nicht, daß ich den Jesuiten, den Hundsföttern so gram bin? Ich wollte, daß der Teufel die Hundsfötter schon längst geholt hätte. Ich will die Hundsfötter alle aus dem Reich und zu dem Teufel jagen." Der Widerspruch dieser zu seiner früheren Einstellung ist für Wallensteins Wesen sehr bezeichnend. Er begeisterte sich wohl auch für Ideen, aber immer nur bis zu einem gewissen Grade, die stärkste Triebfeder seines Denkens und Handelns war grenzenloser und hemmungsloser Ehrgeiz; als es ihm für die Erreichung seiner

Ziele förderlicher schien, berücksichtigte er nicht mehr einseitig die Interessen des Katholizismus, und die Jesuiten, die ihm dies verargten, betrachtete er fortan als seine Feinde.

Wallenstein war der geborene Unternehmer und Organisator, auch seine militärischen und politischen Aktionen standen im Grunde stets im Dienste seines Unternehmertums. Nach Ausbruch des böhmischen Aufstandes im Jahre 1618 beauftragten ihn die mährischen Stände, eine Armee zum Schutze ihres Landes aufzustellen und ernannten ihn zum Obersten eines dieser Regimenter. Kurz hernach wurde er auch kaiserlicher Oberst eines wallonischen Kürassierregimentes, das in den Niederlanden aufgestellt werden sollte. Alsbald begannen die überwiegend protestantischen Mähren Wallenstein zu mißtrauen. Er wollte nun sein und ein zweites, von Georg von Nachod befehligtes mährisches Regiment dem Kaiser zuführen, ließ den Oberstwachtmeister seines eigenen Regimentes ermorden, der, wie Nachods Soldaten, die Beteiligung an dem Verrat ablehnte, entnahm der mährischen Landeskasse widerrechtlich sechsundneunzigtausend Taler und marschierte mit seinen Truppen der ungarischen Grenze zu, um dort zu dem kaiserlichen Heere zu stoßen. Als aber mährische Abgeordnete Wallensteins Leute aufklärten, verließen sie ihn bis auf zweihundert Mann, die ihm nun nach Wien folgten. Die Böhmen und Mähren waren über diese „meineidige Treulosigkeit" erbost; Graf Thurn bemerkte: „Gott hat die hoffärtige Bestie in einen Fehl fallen lassen, dergleichen von einem Kavalier nicht bald erhört worden ist." Das Ganze war eine üble Schlappe für Wallenstein; selbst von katholischer Seite liefen beim Kaiser Beschwerden ein, weil Wallensteins Verhalten ihre Partei schwer geschädigt habe. Ferdinand mißbilligte denn auch öffentlich das Verhalten Wallensteins und erklärte, das Geld der mährischen Landeskasse sei ohne seinen Befehl genommen worden, er war aber nun völlig davon überzeugt, daß Wallenstein dem Hause Österreich und dem Katholizismus unbedingt ergeben sei. Er konnte jetzt nur noch im kaiserlichen Dienst hochkommen, seine Barmittel hatte er infolge des großen Aufwandes, den er trieb, aufgebraucht und seine Güter hatten die mährischen Stände zur Strafe für seinen Verrat eingezogen.

Im Frühjahr 1619 trafen die wallonischen Kürassiere von Wallensteins Regiment in Passau ein und kämpften, teilweise unter seiner persönlichen Führung, rühmlich gegen die aufständischen Böhmen. Nach der Schlacht am Weißen Berge besetzte Wallenstein eine Reihe böhmischer Städte, im Dezember 1621 ernannte ihn Ferdinand zum Befehlshaber der Prager Besatzung und am 18. Januar 1622 zum „Gubernator des Königsreichs Böhmen", das heißt zum Oberstquartiermeister für die in Böhmen liegenden Truppen. Wallenstein bereicherte sich vom Anfang seiner Tätigkeit in Böhmen an in einer Weise, daß er selbst bei seinen in solchen Dingen nichts weniger als feinfühlenden Zeitgenossen schweren Anstoß erregte. Als kaiserlicher Oberst und dann als Gubernator machte er Beute und erpreßte Brandschatzungen in größtem Umfange. Überdies erhielt er seine mährischen Güter zurück und Schadenersatz für den Verlust, den er durch ihre Wegnahme erlitten hatte. Seit Ende 1620 betrieb er einen bedeutenden Handel mit Wein, den er wohl zum geringsten Teil durch Kauf erworben hatte. So war er bald in der Lage, dem Kaiser und dem Fiskus Darlehen zu gewähren, wobei er die Verrechnungen hierüber immer zu seinen Gunsten vorzunehmen verstand. Im Jahre 1622 gründete er eine Gesellschaft zur Münzverschlechterung und ließ weit schlechtere Münzen prägen, als ihm nach den Abmachungen mit dem Fiskus erlaubt war. Mit diesem minderwertigen Gelde erwarb er zahlreiche Güter, die nach dem böhmischen Aufstand konfisziert worden waren. Daneben vergrößerte er seinen Grundbesitz durch zum Teil noch verwerflichere Mittel; er bewog zum Beispiel vier ihm nahe verwandte Brüder durch unehrliche Kniffe zum Verkauf ihrer Güter und leistete dann die versprochene Zahlung nicht. Nach dem damals geltenden Recht sollte er Forderungen Privater an die konfiszierten Güter, die er an sich gebracht hatte, befriedigen, er entzog sich aber auf unredliche Weise meist dieser Verpflichtung. Als er so binnen knapp vier Jahren zu einem riesigen Grundbesitz und Vermögen gekommen war, heiratete er am 9. Juni 1623 eine Tochter des Grafen Karl von Harrach, eines der Geheimräte und Vertrauten Kaiser Ferdinands. Drei Monate nach der Heirat erhob Ferdinand Wallenstein in den Reichsfürstenstand und im März 1624 die Herrschaft Friedland zu dem Fürstentum Friedland, am 13. Juni 1625 verlieh er Wallenstein den Titel Herzog von Friedland.

Als Raum für sein Fürstentum hatte sich Wallenstein in der nordöstlichen Ecke Böhmens ein Grenzgebiet gewählt, das an Schlesien und an die Lausitz stieß. Das war ein genialer Griff. Wenn irgendwo, so war es Wallenstein hier unter günstigen Umständen möglich, sein Land zu einem selbständigen Reichsfürstentum zu machen. Vorerst war er freilich noch ein Fürst unter der Krone Böhmen, doch gab er seinem Lande eine Organisation, als wäre es einer der größten Territorialstaaten des Reiches. Er stellte einen Landeshauptmann auf, richtete eine Hofkammer und eine Hofkanzlei mit gelehrten und adligen Räten ein, behielt einen großen Teil der von ihm erworbenen Besitzungen als Kammergüter für sich, die übrigen vergab er als Lehen. Seine adligen Lehensleute, fast dreihundert, die höhere Geistlichkeit und die Stadtgemeinden in seinem Gebiete sollten Landstände des Herzogtums Friedland werden, mit Genehmigung des Kaisers führte er ein landständisches Gericht ein, auch ein eigenes Bistum gedachte er in seinem Lande zu stiften. Nach Gitschin, das er zu seiner Hauptstadt erkor, berief er Adlige, Künstler, Kaufleute und Juden. Großartige Bauten und reich dotierte Wohltätigkeits- und Bildungsanstalten sollten den Glanz seiner Hauptstadt mehren. Dem wirtschaftlichen Aufbau seines Fürstentums widmete er sich mit einem für jene Zeit einzigartigen Eifer und Verständnis. Unter gleichmäßiger Berücksichtigung des Ackerbaus und der Viehzucht, des Gewerbes, des Innen- und Außenhandels führte er, mit strengster Folgerichtigkeit und auch vor harten Maßnahmen nicht zurückschreckend, bereits die Grundsätze des eben erst aufkommenden Merkantilismus (S. 247) durch und bahnte damit die künftige Entwicklung der Industrie Nordböhmens an. Seine Planwirtschaft lieferte ihm die Mittel für die Entfaltung von fürstlichem Pomp und bot ihm zugleich einen sicheren Rückhalt für seine militärischen Unternehmungen. Wenn alle anderen Quellen, auch die des Kontributionssystems versiegten, war er dank der blühenden Wirtschaft seines Fürstentums immer wieder imstande, sich Bargeld für seine Werbungen und Soldzahlungen zu verschaffen, außerdem ließ er in seinem Lande Waffen, Munition und Monturen in großen Mengen herstellen und stapelte sie in Magazinen auf.

Zu dem Herzogtum Friedland erwarb Wallenstein noch Mecklenburg. Nach der Ächtung der mit dem Dänenkönig verbündeten Herzöge von Mecklenburg-Schwerin und Mecklenburg-Güstrow überließ Ferdinand deren Lande im Januar 1628 Wallenstein unter dem Vorwand eines „wahren und echten Kaufes", in Wirklichkeit als Entgelt für seine bisherigen Aufwendungen für die kaiserliche Armee (S. 105), im Juni 1629 übertrug ihm der Kaiser das Herzogtum Mecklenburg als erbliches Reichslehen. Zeitweilig erstreckten sich Wallensteins Pläne auch auf den Süden und Osten; das stolze Venedig sollte gedemütigt und die Macht der Türken ein für allemal gebrochen werden (S. 143). Wieweit er während seines ersten Generalates im Zusammenhang mit diesen Plänen daran dachte, mit Spaniens Unterstützung das Kaisertum unter Zurückdrängen der „fürstlichen Libertät" der deutschen Landesherrn zu dem ausschlaggebenden Faktor in der europäischen Politik zu machen, ist nicht klar. Seine Gegner unterschoben ihm verschiedene Äußerungen hierüber, die er wohl nie getan hat, doch hat er manches gesagt, was sich in dieser Richtung bewegte, auch ist er zu jener Zeit bei Verhandlungen wiederholt entschieden für Kaiser und Reich eingetreten, aber sicher nicht weil er, wie manche behaupten, ein deutscher Patriot gewesen wäre.

Noch als fünfzehnjähriger Schüler in Goldberg hatte Wallenstein geringe Kenntnisse in der deutschen Sprache, auch später gebrauchte er im vertraulichen Verkehr oft und gerne seine tschechische Muttersprache. In seinem Herzogtum Friedland stellte er zahlreiche Tschechen als Beamte an. Für seine Kanzlei und für die amtlichen Verhandlungen schrieb er allerdings ausschließlich Deutsch vor. Dadurch sollte die Loslösung seines Territoriums von Böhmen und die Einreihung Friedlands in die Reichsfürstentümer erleichtert werden; außerdem war in jenen Gegenden das Deutschtum der Träger der höheren Kultur und das Deutsche die Sprache der für die Kulturgestaltung in den Städten ausschlaggebenden Schicht. Wollte Wallenstein sein Land und seine Hauptstadt Gitschin zu einem Brennpunkt kulturellen Lebens machen, dann mußte er ihnen, soweit nur möglich, einen deutschen Charakter geben; doch war ihm Nationalismus im modernen Sinne fremd wie der damaligen Adelsschicht, besonders der Böhmens überhaupt. Am Wiener Hof sprach man überwiegend italienisch; Kavaliere und Karrieremacher bevorzugten das Italienische, das so zur Umgangssprache vornehmlich europäisch fühlender und denkender Gesellschaftskreise wurde. Das wäre an und für sich dem Hochkommen eines politischen Universalismus ähnlich dem des Mittelalters günstig gewesen, und Wallenstein war, wie wir schon bemerkten, nicht unfähig, sich bis zu einem gewissen Grade für allgemeine Ideen zu begeistern; aber auch dabei hatte er in erster Linie die Befriedigung seines persönlichen Ehrgeizes vor Augen. So war es auch, als er kurz nach der Erwerbung von Mecklenburg durchsetzte, daß ihm der Kaiser den Titel „Generaloberst-Feldhauptmann" verlieh und die Armee fast ganz in seine Hände gab; einzig die Generäle sollten noch vom Kaiser ernannt werden und in gewissen Fällen nicht ausschließlich dem Befehle Wallensteins unterstehen. Bald tauchte das Gerücht auf, er gehe darauf aus, das Reich in eine absolute Monarchie unter seiner eigenen erblichen Herrschaft umzuwandeln, und er werde deshalb zu günstiger Stunde den Tod des Kaisers herbeiführen. Für die Absicht Wallensteins, Ferdinand zu beseitigen, liegen keine Beweise vor, aber soviel Wahres ist doch an dem Gerücht, daß sich Wallenstein über die ihm vom Kaiser zugegangenen Weisungen eigenmächtig hinwegzusetzen pflegte und, wenn es ihm für seine eigenen Interessen vorteilhaft schien, nie einer Sache oder einem Menschen die Treue hielt.

Der hochgewachsene Mann, dunkel von Haar und Haut, mit seinem durch den Knebelbart noch schmaler wirkenden Kopf, mit dem von Härte und Entschlossenheit zeugenden und doch von einem Anflug von Melancholie überschatteten Antlitz, der hohen, wie gemeißelten Stirn, den durchdringend blickenden Augen, die bald hell, bald dunkel erschienen, der großen Nase und dem kräftigen Mund gab schon in seinem Auftreten zu erkennen, daß er sich mehr zu sein dünkte als jeder andere. Bei festlichen Anlässen entfaltete er, angetan mit einem dunklen, scharlachrot verzierten Gewand und umgeben von einem zahlreichen, prachtvoll ausstaffierten Gefolge, größeren Prunk als irgendein Fürst, ja selbst als der Kaiser. Auch im Felde trug Wallenstein kostbare Kleidung. Er hielt sich viel für sich allein, verkehrte wenig mit seinen Offizieren und weihte sie nur teilweise in seine Pläne ein; sein ganzes Benehmen brachte ihn in den Ruf eines stolzen, kühlen, unnahbaren, unergründlichen Menschen. Wenn er sich mit dem Kaiser und den Fürsten des Reiches verglich, dann mochte er sich wohl zu seiner Selbsteinschätzung und zu seinem Ehrgeiz berechtigt wähnen; er übertraf sie alle an Verstandesschärfe, an Regsamkeit, an Kühnheit und Großzügigkeit des Planens und an administrativer Begabung. Dazu mußte einen Mann wie Wallenstein der rasche Aufstieg vom einfachen Edelmann zum Fürsten und Herzog zu dem Glauben verleiten, die Glücksgöttin Fortuna habe ihn zu dem Größten seiner und zu einem der Größten aller Zeiten auserkoren. Ein Genie im vollen Sinne des Wortes war Wallenstein aber nur als Unternehmer und Organisator. Als Feldherr waren ihm Tilly und noch mehr Gustav Adolf überlegen, immerhin eignete Wallenstein soviel soldatisches Wesen, daß er damit auf Offiziere und Mannschaften eine starke Anziehungskraft ausübte, und dank seiner militärischen Fähigkeiten und seiner Meisterschaft besonders im Stellungskriege errang er des öfteren bedeutende kriegerische Erfolge, doch ließ er sich wiederholt die Gelegenheit zu einem entscheidenden Schlag gegen den Feind entgehen. Der kaiserliche Generalissimus trug sich immer mit weitausschauenden und hochfliegenden politischen Plänen. Auch da hat er im einzelnen viel erreicht, aber alles in allem ist ihm gerade sein Versagen im Politischen zum Verhängnis geworden.

Als Feldherr und als Politiker hat Wallenstein zu seinen Lebzeiten bei Katholiken und Protestanten oft Anstoß erregt und ist der Nachwelt zum Rätsel geworden. Sein vielfach schwankendes und widerspruchsvolles Verhalten wird wenigstens zum Teil auf seine früh geschwächte Gesundheit und auf seinen Sternenglauben zurückgeführt. Wallenstein wurde häufig von schmerzvollen Podagraanfällen heimgesucht, was er selbst dem übermäßigen Weingenuß in seiner Jugend zuschrieb; aber Torstensson ließ sich trotz seines schwereren Gichtleidens von keinem noch so kühnen Unternehmen abschrecken. Auf die Prophezeiungen der Astrologen legte Wallenstein großes Gewicht. Besonders starken Eindruck machten auf ihn die Horoskope, die ihm Kepler 1608 und 1626 stellte. Wallenstein, hieß es in dem ersten, besitze ein unruhiges Gemüt, trachte unter Anwendung außerordentlicher Mittel nach

Neuerungen, sei zu hohen Dingen berufen, werde sich viele und große Feinde zuziehen, doch ihnen meist obsiegen. Dieses Horoskop bestärkte Wallenstein in seinem Sternenglauben; das zweite dagegen, in dem Kepler für März 1634 auf eine wunderbare Kreuzstellung der Planeten hinwies, die wahrscheinlich als Unglückszeichen aufzufassen sei, war ganz dazu angetan, Wallenstein in jenem, über sein Schicksal entscheidenden Jahr unsicher zu machen; aber doch nur, weil er überhaupt eine weder in religiösen, sittlichen oder politischen Idealen noch in sich selbst fest gegründete Persönlichkeit war. Darauf ist es auch zum guten Teil zurückzuführen, daß er trotz seines Weit- und Scharfblickes oftmals Personen, die allgemeine und seine eigene Lage falsch beurteilte und sich nicht so weit beherrschte, wie es seine hochgesteckten, ehrgeizigen Ziele erforderten. Die großen Worte, mit denen sich Wallenstein bei jeder Gelegenheit hervortat, sein grobes Schimpfen und seine Selbstüberhebung schafften ihm zahlreiche Feinde. Und viel verdarben ihm seine „schiefrigen Affekte", wie die Zeitgenossen seine Anfälle von Jähzorn und seine Wutausbrüche nannten. Da war er jeder Überlegung unfähig und unzugänglich dem vernünftigsten Rat, offenbarte, so verschlossen er sonst war, manche seiner geheimsten Gedanken und bot damit wie auch mit verschiedenen Handlungen und Unterlassungen reichlich Anlaß zu schwerwiegenden Verdächtigungen. Obwohl zum Teil unbegründet oder stark übertrieben, fanden sie leicht Glauben, weil das ganze Wesen und Gehaben dieses Mannes Verdacht erweckte.

RESTITUTIONSEDIKT. MANTUANISCHER ERBFOLGEKRIEG WALLENSTEINS ABSETZUNG

Tillys und Wallensteins Erfolge im Dänischen Krieg ermutigten den Kaiser und die Liga zu einem, wie sie hofften, entscheidenden Schlag gegen die Protestanten. Nachdem die katholischen Kurfürsten am 12. November 1627 auf einer Tagung zu Mühlhausen die Herausgabe sämtlicher seit 1552 eingezogenen Kirchengüter gefordert hatten, erließ Kaiser Ferdinand II. am 6. März 1629 das Restitutionsedikt. In ihm wurde den katholischen Reichsständen das Recht zuerkannt, alle andersgläubigen Untertanen des Landes zu verweisen, der Religionsfrieden auf die Katholiken und die Anhänger der Augustana in ihrer Fassung von 1530 beschränkt und die Rückgabe der Kirchengüter befohlen, die sich Protestanten seit dem im August 1552 abgeschlossenen Passauer Vertrag angeeignet hatten. Der erste Punkt hob die Deklaration Ferdinands I. (S. 6) auf, der zweite schloß alle zum Kalvinismus neigenden Reichsstände vom Religionsfrieden aus, und der dritte betraf die zwei Erzbistümer Bremen und Magdeburg, zwölf Bistümer und über fünfhundert Abteien. In strittigen Fällen sollten die Beklagten den ununterbrochenen Besitz mindestens seit dem August 1552 nachweisen, ohne daß ihr Einspruch aufschiebende Wirkung hatte.

Restitutionskommissare wurden mit der Durchführung des Ediktes in den einzelnen Reichskreisen beauftragt; wenn sie auf Widerstand stießen, sollten die Kommissare Truppen requirieren und mit Gewalt vorgehen. In kurzer Zeit verloren die bisherigen protestantischen Inhaber die Erzbistümer und Bistümer Bremen, Magdeburg, Halberstadt, Minden, Hildesheim, Verden und Osnabrück. Wenn auch noch, wie vom Kaiser beabsichtigt war, die brandenburgischen, sächsischen und pommerschen Landesbistümer den Katholiken zurückgegeben wurden, dann blieben dem Protestantismus in Nord- und Mitteldeutschland nur noch einige weltliche Territorien, deren Gebiete überdies von zahlreichen katholischen geistlichen Reichsständen durchsetzt gewesen wären. Die Landesfürsten in Württemberg, Hessen und Zweibrücken boten Truppen gegen die Durchführung des Restitutionsediktes auf, hatten aber keine Aussicht, sich gegen die Übermacht des Kaisers und der Liga behaupten zu können. Die evangelischen Reichsstände mußten außerdem befürchten, daß sich die Katholiken mit der Rückgabe der Kirchengüter nicht begnügten, sondern auch für deren Nutznießung während der Zeit ihrer Besetzung durch die Protestanten Zinsen und Zinseszinsen erzwingen würden, was den finanziellen Ruin der meisten evangelischen Landesfürsten zur Folge gehabt hätte.

Schon glaubten die Katholiken, den Protestantismus in Deutschland völlig vernichten zu können. Aber bald stellten sich bei der Durchführung der Restitution mancherlei Schwierigkeiten ein. Die meisten und reichsten Klöster hatten den Benediktinern, Zisterziensern, Prämonstratensern und Augustinerchorherren gehört. Nun machten die Jesuiten geltend, diese alten Orden hätten in der Reformationszeit versagt und wären infolge ihrer stark zusammengeschmolzenen Zahl von Mitgliedern nicht imstande, ihre früheren Klöster ausreichend zu besetzen, deshalb müßten sie, die Jesuiten, als wirtschaftlichen Rückhalt für ihr gegenreformatorisches Wirken einen beträchtlichen Teil der ehemaligen Klostergüter erhalten; die alten Orden waren jedoch keineswegs bereit, auf ihre Besitzrechte zu verzichten. Auf das Kloster- und anderes Kirchengut in den Restitutionsgebieten erhoben aber auch katholische weltliche Reichsstände Anspruch. Sie verlangten, diese Güter sollten ihnen als Entschädigung für ihre Kriegsaufwendungen zugewiesen werden. Am schädlichsten wirkte sich für die Katholiken der Kampf um die verschiedenen von der Restitution betroffenen Bistümer aus. Der Kaiser wollte den Einfluß der Liga in den Reichsangelegenheiten ausschalten, und die Mitglieder der Liga wollten den Kaiser nicht zu mächtig werden lassen. Die Stellung der einen und der anderen Partei wurde um so stärker, je mehr von den neu zu besetzenden Erzbistümern und Bistümern Mitglieder der Liga oder die Habsburger an sich brachten. In diesem Ringen suchten verschiedene Ligisten Anschluß an evangelische Reichsstände, insbesondere Maximilian von Baiern an Kurfürst Johann Georg von Sachsen, dem er trotz seines sonstigen opferbereiten Eintretens für die katholische Sache von den Habsburgern beanspruchte Kirchengüter zu überlassen bereit war.

Ein Jahr vor Erlaß des Restitutionsediktes kam es zu einem Ausgleich zwischen Kaiser Ferdinand und Maximilian über dessen Entschädigung für seine Kriegskosten. Maximilian hatte sie auf dreizehn Millionen Gulden berechnet und als Pfand dafür Oberösterreich, die Oberpfalz und die rechtsrheinische Unterpfalz erhalten. Auf dem Mühlheimer Kurfürstentag vom Herbst 1627 erklärte sich die katholische Majorität mit der erblichen Übertragung der pfälzischen Kurwürde auf Baiern und mit der Entschädigung Maximilians aus ehemaligem kurpfälzischem Besitz einverstanden. Daraufhin wurde zwischen dem Kaiser und Maximilian am 22. Februar 1628 ein

Vertrag abgeschlossen, wonach Baiern die Oberpfalz und die rechtsrheinische Unterpfalz als erblicher Besitz zugesprochen wurde. Im Mai desselben Jahres gab Maximilian dem Kaiser Oberösterreich zurück. Hier war im Jahre 1626 infolge der von Maximilian vorgenommenen Gegenreformation ein großer Bauernaufstand ausgebrochen, dem sich auch die Bürger verschiedener Städte angeschlossen hatten, und der erst nach blutigen und verlustreichen Kämpfen durch den bairischen Generalwachtmeister Pappenheim und den kaiserlichen General Löbl niedergeworfen werden konnte. Maximilian fiel deshalb der Verzicht auf Oberösterreich nicht schwer.

Durch diese Regelung wurden indes die zwischen dem Kaiser und Maximilian wegen Wallenstein seit längerem bestehenden Spannungen nicht beseitigt. Von Anfang an hatte Wallenstein ein gemeinsames Vorgehen der kaiserlichen mit der ligistischen Armee teils verweigert, teils erschwert, später trat sein Bestreben, das eigene Heer auf Kosten des ligistischen zu stärken, immer deutlicher hervor. Bis Februar 1627 hatte er ungefähr dreihundert ligistische Offiziere zu sich herübergelockt, selbst Tilly und Pappenheim suchte er durch das Versprechen für sich zu gewinnen, er werde jedem ein Fürstentum verschaffen; er benachteiligte auch bei jeder Gelegenheit, zum Beispiel bei der Verteilung von Quartieren, die Truppen der Liga. Die Vorstellungen Maximilians hierüber hatten bei Ferdinand keinen oder nur geringen Erfolg. Überdies verlieh Wallenstein mit seiner Armee dem Kaiser in steigendem Maße das Übergewicht über die Reichsstände und namentlich über Maximilian. Das zeigte sich unter anderem bei der Neubesetzung der infolge des Restitutionsediktes freigewordenen Bistümer. Ferdinands zweiter Sohn Leopold Wilhelm, der seit 1625 das Bistum Straßburg und seit 1626 Passau besaß, erhielt nun Magdeburg und Halberstadt, Franz Wilhelm von der bairischen Linie Wartenberg Osnabrück und Verden. Auch das Erzbistum Bremen hoffte Maximilian für Franz Wilhelm zu gewinnen, mußte aber dem Drucke Ferdinands weichen und Bremen Leopold Wilhelm überlassen. All das bestärkte Maximilian in seinem Verdacht, Wallenstein gehe darauf aus, die Reichsstände ihrer altüberkommenen Rechte zu berauben und den Kaiser zum absoluten Herrscher von Deutschland zu machen. Mit Zustimmung der Mitglieder der Liga und anderer Fürsten verlangte deshalb der bairische Kurfürst vom Kaiser, seine Armee zu verringern und Wallenstein zu entlassen. Ferdinand war aber weder zu dem einen noch zu dem anderen bereit, glaubte er doch gerade jetzt, Wallenstein und sein Heer nicht entbehren zu können.

Am 25. Dezember 1627 war Herzog Vinzenz II. von Mantua und Montferrat gestorben. Der nächstberechtigte Erbe war Karl von Nevers. Um zu verhindern, daß die zwei Herzogtümer an einen französischen Fürsten kämen, verbündete sich König Philipp IV. von Spanien mit Savoyen, fiel in Montferrat ein und veranlaßte den Kaiser als Oberlehensherrn der beiden Herzogtümer, sie im April 1628 unter Zwangsverwaltung zu stellen. Ein französisches Heer unter Ludwig XIII. entsetzte aber das von den Spaniern belagerte Casale, die wichtigste Festung des Herzogtums Montferrat. Im April 1629 schlossen Ludwig XIII., Karl von Nevers und Venedig ein Schutzbündnis. Papst Urban VIII., dem die weitere Ausbreitung der Spanier in Italien unerwünscht war, stellte sich ebenfalls auf die Seite Frankreichs. In der

Absicht, bei günstiger Gelegenheit von Metz aus in das Elsaß vorzustoßen, dehnte Richelieu die Landeshoheit Frankreichs über Metz, Toul und Verdun aus, seit 1552 waren die drei Bistümer unter französischer Schutzherrschaft gestanden. Nun beteiligte sich auch der Kaiser an dem Mantuanischen Erbfolgekrieg. Truppen Wallensteins unter Collalto marschierten im Herzogtum Mantua ein, spanische unter Spinola in Montferrat. Dagegen eroberten die Niederländer am 19. August 1629 Wesel, das der stärkste Stützpunkt der Spanier in Nordwestdeutschland war, und trotz deren Unterstützung durch Wallenstein am 14. September 1629 Herzogenbusch.

Gegen Ende dieses Jahres zog der Kaiser Truppen in Lothringen zusammen, zu Beginn des folgenden drangen sie in das Bistum Metz ein. Im März 1630 überschritt Richelieu mit französischen Truppen die Alpen und brachte in kurzer Zeit ganz Savoyen in seine Gewalt, hinderte aber weder Collalto an der Erstürmung der Stadt Mantua, noch Spinola an der erneuten Belagerung von Casale. Richelieu war damals wie auch noch während der folgenden fünf Jahre mehr darauf bedacht, den Ring der Habsburger um Frankreich mit den Mitteln der Diplomatie als durch eigene kriegerische Unternehmungen zu sprengen. Er verhandelte zu diesem Zwecke mit England, Holland, Schweden, Polen, katholischen und evangelischen deutschen Fürsten und erreichte dabei zunächst, daß im September 1629 unter seiner Mitwirkung ein Waffenstillstand auf sechs Jahre zwischen Gustav Adolf und dem mit dem Kaiser verbündeten König Sigismund III. von Polen zustande kam (S. 127), daß sich Maximilian von Baiern im Oktober 1629 bereit erklärte, mit Frankreich ein Defensivbündnis abzuschließen, und daß am 17. Juni 1630 der Waffenstillstand der Generalstaaten mit Frankreich zuungunsten Spaniens verlängert wurde. Infolge des Vordringens von Gustav Adolf sah sich dann der Kaiser im Jahre 1631 doch gezwungen, sich mit der Thronfolge des Hauses Nevers in den Herzogtümern Mantua und Montferrat abzufinden.

Am 3. Juli 1630 wurde zu Regensburg unter dem Vorsitz Kaiser Ferdinands ein Kurfürstentag eröffnet. Auf ihm waren im Auftrage Richelieus auch Brulart als offizieller Gesandter Frankreichs und der Kapuzinerpater Josef zugegen, des Kardinals vertrautester und ihn an politischer Skrupellosigkeit womöglich noch übertreffender Mitarbeiter. Gegenstand der Beratungen und Beschlüsse sollte nach dem Willen des Kaisers die Wahl seines ältesten Sohnes Ferdinand zum römischen König sein, ferner die Anbahnung eines allgemeinen Friedens, falls diese nicht gelänge, wären Vorkehrungen zu treffen für eine tatkräftigere Kriegführung, insbesondere durch die Beteiligung des Reiches und damit auch der Liga an den Feldzügen in Italien und gegen die Niederlande. Die Kurfürsten forderten dagegen vor allem die Absetzung Wallensteins. Sie beschwerten sich darüber, daß er jetzt noch, da kein Feind mehr im Lande stehe, das Reich mit Heeresmassen überschwemme und in ihm unchristlich und barbarisch hause. Auch auf die von Wallenstein in erschreckender Höhe erhobenen Kontributionen wiesen sie hin, von Brandenburg allein habe er zum Beispiel vierzig Millionen Taler erpreßt. Diese Unsummen verwende er keineswegs nur im Dienste des Kaisers, sondern auch für die eigene unerhört üppige Hofhaltung, und dem Beispiele Wallensteins folgend trieben die von ihm in übergroßer Zahl angeworbenen höheren Offiziere des kaiserlichen Heeres einen maßlosen Luxus. Ferdinand sträubte sich zunächst, hierin von Spanien unterstützt, den Generalissimus, dem er seine Machtstellung verdankte, zu entlassen. Als aber die katholischen Kurfürsten auf eine Einigung mit den evangelischen hinarbeiteten und diesen in Aussicht stellten, in ihren Ländern die Durchführung des Restitutionsediktes zu verhindern, verstand sich Kaiser Ferdinand im August 1630 dazu, Wallenstein „ohne Schädigung seiner Ehre und seines Besitzes" zu verabschieden. Dem Kaiser hatte hierzu auch sein Beichtvater Pater Lamormain geraten, wahrscheinlich im Auftrage des Papstes und des Jesuitengenerals.

Entgegen seinen Erwartungen sah sich Ferdinand, nachdem er Wallenstein geopfert hatte, gezwungen, den Kurfürsten und der Liga auch in anderen Punkten nachzugeben. Die kaiserlichen Truppen wurden verringert, das Heer der Liga als eigener Verband anerkannt und vermehrt, über beide Armeen erhielt Tilly den Oberbefehl, der Kaiser sollte künftig die Obersten nur auf Tillys Antrag ernennen und mußte sich verpflichten, ohne Zustimmung der Kurfürsten keinen Krieg zu erklären. Trotz dieser Zugeständnisse waren die Kurfürsten zu keinerlei Gegenleistungen bereit. Sie versagten dem Kaiser jeden Beistand im Mantuanischen Erbfolgekrieg und im Kampfe gegen die Niederlande und lehnten die Wahl von Ferdinands Sohn zum römischen König, die auch dem Papst, Frankreich und Venedig unerwünscht war, bis auf weiteres ab. In der mecklenburgischen Frage kam man keinen Schritt vorwärts; weder setzte der Kaiser die von ihm geächteten Herzöge wieder ein, noch bestätigten die Kurfürsten die Belehnung Wallensteins mit diesen Herzogtümern. Auf den Vorschlag Richelieus, sich bei einem Angriff auf das Elsaß und die vorderösterreichischen Erblande neutral zu verhalten, gingen zwar die Kurfürsten nicht ein, im übrigen blieben sie aber während der ganzen Regensburger Tagung mit Brulart und dem Pater Josef in bestem Einvernehmen. Maximilian von Baiern setzte weiterhin seine Verhandlungen mit Frankreich fort, sie führten zu einem durch Bagni, den päpstlichen Nuntius zu Paris, vermittelten, zu Fontainebleau im Mai 1631 abgeschlossenen französisch-bairischen Schutzbündnis. Das für den Kaiser und mittelbar auch für die Liga verhängnisvollste Ergebnis des Kurfürstentages war aber doch die Entlassung Wallensteins, denn gerade während der Regensburger Verhandlungen betrat der Schwedenkönig Gustav Adolf den deutschen Boden.

DER SCHWEDENKRIEG BIS ZUM PRAGER FRIEDEN

Gustav Adolf

Das Eingreifen Gustav Adolfs in die deutschen Verhältnisse und sein Eintreten für den Protestantismus in Deutschland hingen mit der politischen und religiösen Entwicklung Schwedens zusammen. Von 1397—1523 war Schweden Mitglied der Kalmarischen Union gewesen, der es mit Dänemark und Norwegen angehörte; Dänemark hatte in ihr die Vorherrschaft. Gegen König Christian II. von Dänemark erhoben sich die Schweden unter Führung Gustav Wasas. Im Jahre 1523 wurde er selbständiger König von Schweden, 1527 führte er in seinem Lande den Protestantismus in lutherischer Form ein. Sein ältester Sohn, der ihm als Erich XIV. 1560 folgte, wurde von seinem Bruder Johann gestürzt und im Kerker vergiftet. Nach seiner Thronbesteigung im Jahre 1568 begünstigte Johann III., ohne selbst die Konfession zu wechseln, unter dem Einfluß seiner Gattin Katharina, einer Schwester des letzten Polenkönigs aus dem Geschlecht der Jagellonen, die Versuche der Jesuiten, in Schweden die Gegenreformation einzuführen. Johanns ältester Sohn Sigismund wurde im katholischen Glauben erzogen. Die Polen wählten 1586 nach dem Tode Stephan Bathorys Sigismund zu ihrem König. Als Johann III. am 17. November 1592 gestorben war, wurde Sigismund III. auch König von Schweden. Vor seiner Krönung mußte er sich verpflichten, die protestantische Kirche in Schweden zu schützen. Als er aber sein Versprechen nicht hielt, ernannten die Schweden 1595 Johanns Bruder Karl, einen überzeugten Lutheraner, zum Reichsverweser. Er besiegte 1598 seinen Neffen, der den schwedischen Thron mit Waffengewalt zurückgewinnen wollte, wurde 1599 von den Schweden zum regierenden Erbfürsten und 1604 als Karl IX. zum König von Schweden erhoben. Er verschied am 30. Oktober 1611, ihm folgte sein Sohn Gustav Adolf.

Der bei Antritt seiner Regierung noch nicht ganz siebzehn Jahre alte König sah sich vor eine ungemein schwierige Aufgabe gestellt. Schweden lag im Krieg mit Dänemark; die schwedischen Eroberungen in Livland (S. 44) würden von den Russen bedroht, und Sigismund III. von Polen hielt seinen Anspruch auf Schweden immer noch aufrecht. Schweden aber zählte nur etwa eine Million Einwohner, durch langwährende Kriege war es verarmt, seine militärischen Einrichtungen waren für größere Unternehmungen ungeeignet, und der mächtige Adel neigte zur Widersetzlichkeit gegen die Krone. Trotz seiner Jugend erwies sich Gustav Adolf diesen Schwierigkeiten gewachsen. Sein Vater hatte den hochbegabten und geistig regsamen Knaben und Jüngling sorgfältig erzogen, den elfjährigen Sohn in die Sitzungen des Staatsrates mitgenommen und den Fünfzehnjährigen mit dem Kommando über eine kleinere Abteilung betraut, welche die Insel Öland eroberte. Schon in jungen Jahren las Gustav Adolf mit großem Eifer geschichtliche und kriegswissenschaftliche Werke, besonders solche über die niederländischen Freiheitskämpfe und über die Kriegs- und Befestigungskunst der Niederländer; zu seinem Lieblingshelden erkor er sich Wilhelm von Oranien.

Als Staatsmann und als Feldherr vereinigte Gustav Adolf kühles, vorsichtiges Überlegen mit raschem, tatkräftigem Zugreifen. Sein lebhaftes und zu Heftigkeit und Jähzorn neigendes Temperament hielt er durch strenge Selbstzucht im Zaum, in der Schlacht riß es ihn allerdings zu Tollkühnheit hin. Sein hochgemutes Wesen, seine offene und herzliche Art, die ihn aber nicht dazu verleitete, seiner königlichen Würde etwas zu vergeben, seine Zuverlässigkeit und Treue, seine persönliche Bescheidenheit, die sich in der Ablehnung von jeglichem Luxus und in der Bemerkung äußerte, man gehe in seiner Verherrlichung wohl zu weit, sein aufrichtiger lutherischer Glaube und seine kernige Frömmigkeit, vor allem natürlich seine außerordentlichen Leistungen und Erfolge gewannen ihm die Verehrung und Liebe seines Volkes und seiner Anhänger außerhalb Schwedens und die Achtung seiner politischen und konfessionellen Gegner. Die äußere Erscheinung des „Löwen aus Mitternacht" mit hellblondem Haar, leuchtenden blauen Augen und kühn gebogener Nase machte auf Freund und Feind ebenfalls einen gewaltigen Eindruck. Er war hochgewachsen, breitschulterig, in seinen letzten Jahren von wuchtiger Fülle.

Infolge der inneren Schwäche Schwedens zu Anfang seiner Regierung suchte Gustav Adolf zunächst den ein halbes Jahr vor dem Tode seines Vaters begonnenen Krieg mit Dänemark zu beenden und bewog durch verschiedene Zugeständnisse im Januar 1613 Christian IV. zum Friedensschluß. Hierauf wandte sich Gustav Adolf gegen Rußland. Nach harten Kämpfen und langwierigen Verhandlungen traten die Russen im Frieden von Stockholm am 27. Februar 1617 Kexholm, Ingermanland und Karelien an Schweden ab. Inzwischen hatte Gustav Adolf die wirtschaftliche Hebung seines Landes eingeleitet, den gegen seinen Vater widerspenstigen Adel mit der Krone versöhnt und für den Kriegsdienst begeistert und die bisherige bäuerliche Landwehr in ein straff organisiertes und ausgezeichnet diszipliniertes Heer umgewandelt, in dem an Stelle von Speer und Pike die Muskete die Hauptwaffe war. Also vorbereitet schritt er zur Auseinandersetzung mit dem Polenkönig Sigismund III., die er schon längst ins Auge gefaßt hatte.

Sigismund hielt sich als ältester Sohn Johanns III. für den legitimen Erben der schwedischen Krone; den Beschluß des schwedischen Reichstages von 1604, daß der König von Schweden künftighin stets Lutheraner sein müsse, nicht außerhalb des Landes residieren und kein anderes Reich in Personalunion mit Schweden vereinigen dürfe, erkannte der katholische Wasa und König von Polen nicht an. Die Habsburger setzten auf ihn große Hoffnungen und betrachteten den Warschauer Hof für ihre konfessionellen und politischen Bestrebungen als „septentrionalen" Außenposten, besonders seit der mit einer habsburgischen Prinzessin verheiratete Polenkönig im Jahre 1613 ein Bündnis mit Österreich geschlossen hatte. Nicht weniger eng als für Sigismund die Durchsetzung seiner schwedischen Herrschaftsansprüche, die Sache des Katholizismus und die Anlehnung an die Habsburger waren für Gustav Adolf die Behauptung seines Königtums, die protestantischen Interessen innerhalb und außerhalb seines Landes und die Annäherung an die Gegner der Habsburger miteinander verknüpft. Mit der Union in Deutschland verhandelte er erstmals im Jahre 1613 (S. 72), im April 1614 schloß er mit den Niederlanden ein Defensivbündnis, 1620 vermählte er sich mit Marie Eleonore, einer Schwester des Kurfürsten Georg Wilhelm von Brandenburg, und festigte dadurch seine Beziehungen zum deutschen Protestantismus.

Im Jahre 1611 hatte König Sigismund III. mit Karl IX. einen Waffenstillstand geschlossen, den Gustav Adolf zehn Jahre später kündigte, weil der Polenkönig immer noch nicht bereit war, auf die schwedische Krone zu verzichten, und weil auf friedlichem Wege keine Einigung über die Machtverteilung zwischen Polen und Schweden in Livland zu erreichen war. Gustav Adolf eroberte Livland und Kurland, spielte dann den Krieg nach Preußen hinüber und sperrte durch die Einschließung von Danzig den Polen den Zugang zum Meere. Der Hochadel des durch den Krieg völlig erschöpften Polens zwang unter Vermittlung Frankreichs Sigismund zu einem

Waffenstillstand mit Gustav Adolf. Dieser erhielt im Vertrag von Altmark am 26. September 1629 auf sechs Jahre Livland, die ostpreußische Küste von Braunsberg bis Memel und die Erträgnisse der Zölle von Pillau und Danzig. Der Ausgleich mit Polen kam Gustav Adolf sehr erwünscht, weil er schon längst beabsichtigte, sich an dem Großen Krieg in Deutschland zu beteiligen, war er sich doch darüber klar, daß, wie er selbst einmal gesagt hatte, „alle Kriege, die in Europa geführt werden, ineinander vermengt und zu einem geworden sind". Der bisherige Verlauf des Dreißigjährigen Krieges hatte diese Auffassung bestätigt. Während des böhmischen Aufstandes schickte Sigismund III. Ferdinand polnische Kosaken zu Hilfe. Friedrich V. von der Pfalz rechnete bei seiner Flucht aus Prag auf den Beistand Schwedens, den ihm Gustav Adolf allerdings wegen des eben ausgebrochenen Polenkrieges nicht leisten konnte. Wenige Jahre später aber war der Schwedenkönig nahe daran, die Führung im Kampfe der habsburgfeindlichen Mächte gegen den Kaiser und die Liga zu übernehmen (S. 101). Dann fühlte sich Gustav Adolf durch das Vordringen der Habsburger im Dänischen Krieg an die Ostsee, durch Wallensteins Flottenpläne und die Fortschritte der Gegenreformation, die nach einem völligen Sieg in Norddeutschland auf Schweden übergegriffen hätte, unmittelbar bedroht. Aus diesen Gründen unterstützte Gustav Adolf Stralsund, als es von Wallenstein belagert wurde, andererseits entsandte dieser zehntausend Mann nach Polen als Hilfstruppen für Sigismund in seinem Kampfe gegen Gustav Adolf. So war der Schwedenkönig bereits in den Großen Krieg verwickelt, noch ehe er deutschen Boden betreten hatte.

Von der Landung bis zur Schlacht von Breitenfeld

Am 6. Juli 1630 landete Gustav Adolf mit ungefähr zwölftausendfünfhundert Mann an der Nordwestküste von Usedom. Er kam nach Deutschland, weil er befürchten mußte, daß die in Mecklenburg und Pommern stehenden kaiserlichen Truppen nach Schweden übergreifen und ihn im Interesse des Polenkönigs und der Gegenreformation seines Thrones berauben würden, weil er sich zur Verwirklichung seines Planes, sich zum Herrn der Ostsee zu machen, der west- und ostpreußischen Küste bemächtigen wollte und weil er, wie er im Mai vor dem schwedischen Reichstag erklärte, die infolge des Restitutionsediktes „unterdrückten Religionsverwandten (in Deutschland) von dem päpstlichen Joche" befreien wollte. Das Politische und das Religiöse waren nach der damaligen gesamteuropäischen Lage und nach dem ganzen Wesen und den Absichten Gustav Adolfs so sehr miteinander verquickt, daß sich unmöglich entscheiden läßt, ob die Politik oder die Religion die Haupttriebfeder für die Einmischung des Schwedenkönigs mit bewaffneter Hand in die deutschen Verhältnisse war. Jedenfalls hat er sich auch aus ehrlicher religiöser Überzeugung des deutschen Protestantismus angenommen und ihn vor der Vernichtung bewahrt. Aber wenn dieser deshalb dem Schwedenkönig zu größtem Dank verpflichtet ist, wurde es, nicht bloß von Katholiken, oft beklagt, daß auf diese Weise zu den anderen fremden Mächten, zu Spanien, Frankreich und der päpstlichen Kurie auch noch Schweden auf die deutschen Verhältnisse starken Einfluß gewann und das Elend des Dreißigjährigen Krieges verlängert wurde, und dies gerade in einem Augenblick, da das Reich nach Tillys und Wallensteins Siegen nahe daran gewesen sei, zur politischen und konfessionellen Einheit zurückzukehren.

Aber damals galt nun einmal, besonders in Deutschland, die nationale Einheit nicht als ein Gut, vor dem alles übrige: politische Sonderbestrebungen, kulturelle Anliegen und vor allem das Religiöse zurückzutreten hätte, und die Vorgänge auf dem Regensburger Kurfürstentag von 1630 (S. 123) zeigen, wie weit zu jener Zeit der Kaiser in Wirklichkeit davon entfernt war, Deutschland zu einem einheitlichen Organismus umgestalten zu können. Soweit hier überhaupt von einer Schuld gegen die deutsche Nation gesprochen werden kann, trifft dieser Vorwurf jene, die Kaiser Ferdinand zwangen, Wallenstein zu entlassen, als eben Gustav Adolf auf Usedom landete, denn es ist sehr fraglich, ob ihm ein weiterer Vorstoß in das Innere des Reiches geglückt wäre, wenn Wallenstein noch das Oberkommando über die kaiserliche Armee geführt hätte.

Des Schwedenkönigs Zug nach Deutschland war ein gewagtes Unternehmen. Frankreich und die Niederlande hielten sich trotz Gustav Adolfs Drängen, gemeinsam mit ihm gegen die Habsburger vorzugehen, zunächst zurück, König Karl I. von England wollte sich nicht in einen Krieg einlassen, an dem sich Spanien beteiligte, Sigismund von Polen und Christian IV. von Dänemark lauerten darauf, bei der ersten Schwierigkeit, in die Gustav Adolf geraten würde, gegen ihn loszuschlagen. Und vor allem täuschte sich der Schwedenkönig in den Hoffnungen, die er auf die protestantischen Fürsten in Deutschland setzte. Sie befanden sich infolge des Restitutionsediktes allerdings großenteils in einer geradezu verzweifelten Stimmung und äußerten, sie würden lieber das Reich zugrunde richten und Germanien in seine alte Waldwildnis verwandeln, als ihren Glauben vergewaltigen lassen. Aber nur einige kleinere Landesherren, so der Administrator Christian Wilhelm von Magdeburg, Landgraf Wilhelm V. von Hessen-Kassel und die Herzöge von Weimar zeigten sich geneigt, sich dem Schwedenkönig anzuschließen.

Der Brandenburger Kurfürst Georg Wilhelm, der es mit Österreich und Polen gehalten hatte, flehte seinen Schwager an, ihn nicht ins Spiel einzumischen, sondern beiseite liegen zu lassen. Herzog Bogislaw XIV. von Pommern und selbst die vertriebenen Herzöge von Mecklenburg suchten in der Meinung, der Schwede sei dem Kaiser nicht gewachsen, ebenfalls ängstlich ihre Neutralität zu bewahren. Kurfürst Johann Georg von Sachsen hatte auf die ihm schon 1629 von Gustav Adolf zugegangene Aufforderung, im Falle seiner Landung auf seine Seite zu treten, keine Antwort gegeben und berief nun zum Februar 1631 eine Versammlung evangelischer Reichsstände ein, um hier eine „dritte Partei" zu gründen, die unter seiner Führung das Zünglein an der Waage zwischen dem Kaiser und dem Schwedenkönig bilden sollte, doch verlief der vom 20. Februar bis zum 12. April tagende Leipziger Konvent im großen und ganzen ergebnislos.

Der vorläufige Ausfall an außerdeutschen und deutschen Bundesgenossen, auf die Gustav Adolf gerechnet hatte, wurde jedoch durch Wallensteins Entlassung mehr als ausgeglichen. Der abgesetzte Generalissimus begab sich in seine Residenz Gitschin, scheinbar ohne Groll gegen den Kaiser, dessen Geist, wie aus den Sternen zu lesen sei, von dem des Baiern Maximilian regiert werde. Aber wie ergrimmt und rachedurstig Wallenstein tatsächlich war, verraten manche seiner späteren Äußerungen wie die, er würde ein zweites Mal den Oberbefehl nicht übernehmen, auch wenn seine Seele im Grunde der Hölle wäre und er sie durch den kaiserlichen Dienst erlösen könnte, oder wenn selbst Gott im Himmel es ihm geböte. Früher schon, noch im Sommer 1630, schädigte er Ferdinand dadurch empfindlich, daß er jegliche Heereslieferungen aus seinen böhmischen Besitzungen, aus dem Herzogtum Friedland und aus Mecklenburg verbot. Die in Pommern unter einem unbedeutenden Führer stehenden kaiserlichen Truppen gerieten infolge des Mangels an Lebensmitteln in Unordnung und leisteten dem geschickt manövrierenden und vorsichtig vordringenden Schwedenkönig geringen Widerstand.

Am Weihnachtstage des Jahres 1630 griff Gustav Adolf die kaiserliche Armee in ihrem Hauptlager zwischen Greifenhagen und Garz an, besiegte sie und verjagte sie aus Pommern, am Jahresende war fast ganz Pommern und ein Teil der Altmark in seiner Gewalt. Auf diese Erfolge hin verstand sich Frankreich am 23. Januar 1631 in dem Vertrag von Bärwalde zum Abschluß eines Bündnisses mit Gustav Adolf auf fünf Jahre, wonach er gegen jährliche Subsidien von einer Million Livres mit dreißigtausend Mann zu Fuß und sechstausend Reitern den Krieg in Deutschland „zum Schutz der gemeinschaftlichen Freunde, zur Sicherung der Ostsee, zur Freiheit des Handels und zur Restitution der unterdrückten und bedrängten Stände" des Reiches zu führen habe. Damit hatte Gustav Adolf eine fürs erste ausreichende finanzielle Grundlage, von der aus er bei fortschreitenden militärischen Operationen und der sich aus ihnen ergebenden Möglichkeit, in immer größeren Gebieten Kontributionen zu erheben, sein Heer allmählich weit über die im Bärwalder Vertrag vorgesehene Zahl vermehren konnte.

Von Pommern aus wandte sich Gustav Adolf nach Mecklenburg. Seine Truppen besetzten es in wenigen Monaten; im Juli 1631 zogen die Herzöge von Mecklenburg-Güstrow und Mecklenburg-Schwerin, von der Bevölkerung freudig begrüßt, in Güstrow ein. Wallenstein nahm den Verlust von Mecklenburg nicht schwer, es war für ihn immer ein unsicherer Besitz, weil die Kurfürsten mit der Übertragung des Herzogtums nicht einverstanden waren. — Inzwischen hatte die Auseinandersetzung zwischen Gustav Adolf und Tilly, dem nunmehrigen obersten Befehlshaber der ligistischen und der kaiserlichen Armee, begonnen. Tilly brach im Spätherbst 1630 von seinen Quartieren an der Weser auf und marschierte ostwärts gegen Magdeburg vor. Ein Teil der über die gegenreformatorischen Maßnahmen Leopold Wilhelms (S. 122) erbitterten Bürgerschaft hatte im Sommer 1630 den vertriebenen Administrator Christian Wilhelm zurückgerufen, der im Vertrauen auf Gustav Adolfs Hilfe den Kampf mit den in der Nähe der Stadt liegenden Abteilungen des kaiserlichen Heeres aufnahm und sie verjagte. Der Schwedenkönig vermochte aber zu jener Zeit die Magdeburger nur dadurch zu unterstützen, daß er zu ihnen seinen Obrist-Hofmarschall Dietrich von Falkenberg, einen hervorragenden Offizier, sandte. Ende November 1630 erhielt Pappenheim von Tilly den Befehl, mit zweitausend Mann nach Magdeburg vorzurücken, am 29. Dezember erschien Tilly selbst vor der Stadt.

Er zog aber mit dem Gros der Truppen alsbald wieder weiter, überschritt am 5. Januar 1631 bei Dessau die Elbe, erstürmte im März Neubrandenburg, ließ es ausplündern und machte sich dann auf, wieder nach Magdeburg zurückzukehren.

Des wichtigen Elbüberganges Magdeburg wollten sich die Schweden ebenso wie die Kaiserlichen bemächtigten, doch durfte sich Gustav Adolf nicht so weit nach Süden wagen, ehe sich die Kurfürsten von Brandenburg und Sachsen für ihn entschieden hatten, weil er bei einem Rückschlag befürchten mußte, daß diese seine Verbindung mit der Oder und der Ostsee gefährden könnten. Um sie zum Anschluß zu bewegen und Tilly von Magdeburg abzulenken, griff er Frankfurt an der Oder an, in dem eine starke kaiserliche Besatzung lag, nahm die Stadt am 13. April im Sturm und ließ sie ebenso ausplündern wie zuvor Tilly Neubrandenburg. Frankfurts Eroberung machte auf die Anhänger des Kaisers im ganzen Reiche einen gewaltigen Eindruck; die beiden evangelischen Kurfürsten rafften sich aber immer noch nicht zu einer klaren Stellungnahme auf. Erst als Gustav Adolf mit einem Heere vor Berlin erschien, willigte der Brandenburger am 13. Mai 1631 ein, ihm die Festung Spandau und nötigenfalls auch Küstrin zu überlassen. Außerdem wollte sich Gustav Adolf vor dem Versuch, Magdeburg zu entsetzen, zur Rückendeckung auch noch Wittenbergs versichern. Da fiel am 20. Mai, an demselben Tage, von dem die abschlägige Antwort des sächsischen Kurfürsten datiert war, nach heldenhafter Verteidigung Magdeburg in die Hände seiner Feinde. Fast die ganze Stadt ging dabei in Flammen auf. Für die Eroberer wie für Gustav Adolf war die Zerstörung dieses wichtigen Stützpunktes an der Elbe ein harter Schlag. Eher noch als Tilly mag Dietrich von Falkenberg, bevor er von einer Kugel tödlich getroffen wurde, den an mehreren Stellen gleichzeitig ausbrechenden Brand veranlaßt haben, doch ist die Schuldfrage bis heute nicht geklärt. Bei den äußerst erbitterten Straßenkämpfen kann das Feuer auch ohne absichtliche Brandlegung ausgebrochen sein.

Magdeburgs Fall, das seit langem als eine Hochburg des Protestantismus galt, rief bei den Katholiken ungeheuren Jubel, bei den Evangelischen tiefste Bestürzung hervor. Für Gustav Adolf war es militärisch von großem Nachteil, daß er Magdeburg nicht hatte entsetzen können, und sein im Volke weit verbreiteter Ruf, als Retter des Protestantismus nach Deutschland gekommen zu sein, wurde dadurch in Frage gestellt. Auch aus diesem Grunde ging Gustav Adolf schärfer gegen Georg Wilhelm vor, ließ Kanonen vor dem Berliner Schlosse auffahren und zwang seinen Schwager zur „Totalkonjunktion". Der Schwedenkönig, der damit die militärische Verfügung über das Kurfürstentum Brandenburg erhalten hatte, konnte nun unbesorgt die Elbe überschreiten und schlug im Juli auf ihrem linken Ufer bei Werben in der Altmark ein befestigtes Lager auf. Tilly zog von Thüringen, wohin er sich nach der Eroberung Magdeburgs mit der Hauptmacht seiner Truppen begeben hatte, ebenfalls zur Elbe, doch hielt sein Gegner die Zeit noch nicht für gekommen, sich mit ihm in eine größere Schlacht einzulassen. Mittlerweile erschienen im Werbener Lager der Hesse und der Bremer Administrator Johann Friedrich von Holstein, schlossen als erste deutsche Fürsten freiwillig in aller Form ein Bündnis mit Gustav Adolf, der die „absolute Direktion des Bundes und des Bundeskrieges" übernahm; Wilhelm von Weimar wurde schwedischer General und diente dem König auch als politischer

Vertrauensmann. Außerdem nahmen die Verhandlungen über die Vereinigung mit Kursachsen jetzt für den Schwedenkönig eine überraschend günstige Wendung.

Am Dresdner Hofe hatte seit kurzem den größten Einfluß in politischen und militärischen Angelegenheiten der uckermärkische Edelmann Hans Georg von Arnim. Zuvor war er in schwedischen, dann in polnischen und schließlich in kaiserlichen Diensten gestanden und hatte sich überall als tüchtiger und zuverlässiger Offizier bewährt. Aus der kaiserlichen Armee, in der er bis zum Feldmarschall aufgestiegen war, schied er aus, weil er als Protestant an dem Restitutionsedikt Anstoß nahm. Arnim war überhaupt ein Mann von festen Grundsätzen, wenn er auch bisher wiederholt den Dienst gewechselt hatte und nun bei Verfolgung seiner Ziele nicht immer gerade Wege ging. Sein deutsches Vaterland und sein lutherischer Glaube lagen dem Uckermärker gleicherweise am Herzen. Deshalb galt seine ganze Sorge der Wiederherstellung des Friedens im Reiche, der Verdrängung des ausländischen Einflusses in der deutschen Politik, der Vertreibung der fremden Soldateska von deutschem Boden und der Sicherung der Zukunft des deutschen Protestantismus. All das wollte auch, freilich nicht mit derselben klaren Entschlossenheit und mehr aus persönlichem Eigennutz und Geltungsbedürfnis, der Kurfürst Johann Georg von Sachsen. So nahm er Arnim nach dem Abgang von der kaiserlichen Armee bei sich auf und betraute ihn mit der Führung der Staatsgeschäfte.

Zuerst riet Arnim seinem neuen Herrn, sich dem Schwedenkönig nicht anzuschließen. Der Kurfürst folgte bei seiner immer noch habsburgfreundlichen Einstellung diesem Rat gerne, verfeindete sich aber bald darauf mit Tilly, der in Thüringen eingerückt war. Als Oberster des sächsischen Kreises, zu dem Thüringen gehörte, forderte ihn Johann Georg auf, das Land zu verlassen. Bei den Verhandlungen hierüber äußerte Tilly, Johann Georg solle in Befolgung des Restitutionsediktes die von Kursachsen eingezogenen Kirchengüter, vor allem die Bistümer Merseburg, Naumburg und Meißen, freiwillig herausgeben, ehe ihn der Kaiser dazu zwinge. Den über diese Zumutung empörten und für die Zukunft Schlimmes befürchtenden Kurfürsten bewog Arnim zur Aufstellung einer eigenen Armee, während Tilly die Überlassung von Sachsen als Operationsbasis gegen die Schweden und die Auflösung der von Arnim eben erst angeworbenen Truppen verlangte. Unter diesen Umständen war nun auch Arnim von der Notwendigkeit des Anschlusses an den Schwedenkönig überzeugt und wandte sich im Auftrage Johann Georgs an ihn um Hilfe. Im September 1631 wurde das schwedisch-sächsische Bündnis abgeschlossen und das kursächsische Heer dem Oberbefehl des Königs unterstellt. Unterdes war Tilly mit Genehmigung des Kaisers in Sachsen eingefallen und hatte Merseburg eingenommen. Am 16. September öffnete ihm Leipzig die Tore, um einem ähnlichen Schicksal wie Magdeburg zu entgehen; einen Tag zuvor hatten sich bei Düben die sächsischen Truppen mit den schwedischen Truppen vereinigt.

Kurz nach dem Einzug in Leipzig führte Tilly seine Truppen in ein verschanztes Lager bei dem nördlich der Stadt gelegenen Dorf B r e i t e n f e l d, um der von Düben her anrückenden feindlichen Armee den Weg zu verlegen. Tillys Heer zählte etwas über zwanzigtausend Mann zu Fuß und ungefähr zehntausend Reiter, je zur Hälfte Ligatruppen und Kaiserliche. Tillys Gegner waren weit stärker. Unter Gustav

Adolfs Fahnen kämpften sechzehntausend Mann zu Fuß und sechstausend Reiter, lauter erprobte und ausgezeichnet bewaffnete Truppen; die sächsische Armee, sechstausend Reiter und vierzehntausend Mann Fußvolk, bestand allerdings meist aus frisch angeworbenen Leuten von geringem Gefechtswert. Tilly hoffte, seine zahlenmäßige Unterlegenheit vor allem durch seine günstigere Stellung auszugleichen; er beherrschte die Höhen, seine Truppen hatten die Sonne im Rücken, und der Wind trieb den Schweden den Staub ins Gesicht. Die Schlacht wurde am Morgen des 17. September mit Scharmützeln und einem Artillerieduell eröffnet, wobei sich herausstellte, daß Tilly den Schweden in dieser Waffe nicht gewachsen war. Gegen zwei Uhr ritten die bairischen Kürassiere eine Attacke gegen die Sachsen auf dem linken Flügel. Nachdem diese eine Salve abgegeben hatten, flohen sie Hals über Kopf, erst bei Eilenburg konnte der sie persönlich führende Kurfürst Johann Georg die Reste zum Stehen bringen. Gleichzeitig hatte Pappenheim mit seinen Schwadronen den rechten unter Banér stehenden Flügel der Schwedischen angegriffen. Nach siebenmaligem vergeblichen Anritt mußte Pappenheim seine unter dem Feuer der Musketiere, die Gustav Adolf unter seine Kavallerie gemischt hatte, und der schwedischen Lederkanonen zusammengeschmolzenen Schwadronen aus dem Kampf ziehen. Die Flucht der Sachsen hatte die linke Flanke der Schweden entblößt, gegen sie ging Tilly mit seiner Infanterie aus dem Zentrum vor. Aber nun machte der linke schwedische Flügel unter Horn eine volle Schwenkung, so daß er der Front des Feindes gegenüberstand, und Gustav Adolf setzte Truppen aus dem zweiten Treffen ein. Die alten Ligaregimenter hielten sich zwar einige Zeit mit größter Tapferkeit, bis von dem durch Pappenheims Rückzug frei gewordenen rechten Flügel her ostgotische Reiter heransprengten und die Reihen von Tillys Fußvolk durchbrachen. Am Abend war der Schwedenkönig Herr des Schlachtfeldes. An Toten und Verwundeten, Gefangenen und Überläufern hatte Tilly ungefähr die Hälfte seines Heeres eingebüßt, mit den Trümmern seiner Armee rettete sich der verwundete, auf der Flucht mit knapper Not der Gefangenschaft entgangene zweiundsiebzigjährige Feldherr nach Halle. Die Schweden hatten nur fünfzehnhundert, die Sachsen dreitausend Mann verloren.

Winterquartier in Mainz. Feldzug nach Baiern

Die Schlacht bei Breitenfeld entwertete alle Erfolge des Kaisers und der Liga seit ihrem Siege am Weißen Berg. Tilly hatte den Ruhm der Unüberwindlichkeit eingebüßt, die Reste seiner Armee waren der des Schwedenkönigs in keiner Hinsicht mehr gewachsen. In Wien erwartete man voll Schrecken den Einmarsch des Feindes in die kaiserlichen Erblande. Die Protestanten, eben noch aufs äußerste bedroht, blickten voll Zuversicht in die Zukunft. Ob nun Ferdinand das Restitutionsedikt aufhob oder nicht, jedenfalls war er jetzt außerstande es durchzuführen. Mit Recht feierte die evangelische Bevölkerung Deutschlands Gustav Adolf als ihren Retter. Die Fürsten hatten freilich zum Teil immer noch mancherlei Bedenken gegen den nun so mächtig gewordenen fremden Helfer, dessen siegreichen Fahnen die Söldner zuströmten. Über die Fortsetzung des Krieges kam es alsbald zu einer Meinungsverschiedenheit mit dem sächsischen Kurfürsten. Dieser wünschte den Oberbefehl über die für den weiteren Kampf innerhalb des Reiches bestimmten Truppen; der Schwedenkönig sollte die kaiserlichen Erblande angreifen. Auf diese Weise hoffte Johann Georg seinen Plan der Gründung einer eigenen evangelischen Partei unter seiner Führung verwirklichen zu können und einem unmittelbaren Konflikt mit Ferdinand aus dem Wege zu gehen. Gustav Adolf vertauschte aber die Rollen. Johann Georg ließ indes nicht, wie der Schwedenkönig gewünscht hatte, Arnim gegen Schlesien vorrücken, sondern befahl ihm nur, die Ostgrenze Sachsens gegen die Kaiserlichen zu sichern. Arnim begnügte sich nicht mit der Ausführung dieses Auftrages, er marschierte in Böhmen ein, wofür Gustav Adolf eigentlich den böhmischen Emigranten Graf Thurn bestimmt hatte, und nahm am 15. November 1631 Prag ein.

Gustav Adolf hatte sich die Leitung der Kriegsoperationen im Reiche vorbehalten, weil er Johann Georg keine Gelegenheit zur Ausführung seiner Sonderpläne geben wollte, und weil er im Westen und Süden Deutschlands bessere Entschädigung für seine bisherigen Kriegsaufwendungen zu gewinnen hoffte. Außerdem überschätzte er die Widerstandskraft der Liga und traute dem Sachsen nicht zu, daß er sie zu brechen vermöge. Von Breitenfeld begab sich Gustav Adolf nach Erfurt, wo er die Winterquartiere zu beziehen gedachte. Da sich aber nirgends ein Feind zeigte, brach er am 6. Oktober 1631 auf, zog über den Thüringer Wald und fiel in das Bistum Würzburg ein. Würzburg öffnete seine Tore kampflos und zahlte achtzigtausend Taler Brandschatzung; die Feste Marienberg oberhalb der Stadt wurde am 18. Oktober im Sturm erobert. Hier fiel eine ungeheure Beute in die Hände der Schweden. Die Bewohner der Umgegend hatten ihre Wertgegenstände in die Festung gebracht. Die Bücher und Handschriften der bischöflichen Bibliothek, der Universität und des Jesuitenkollegs ließ Gustav Adolf nach Upsala bringen. Im Würzburgischen, dann auf ihrem weiteren Vormarsch auf der „Paffengasse" den Main abwärts erholten sich die schwedischen Truppen von den Entbehrungen in Livland und in den von den Wallensteinern ausgesogenen Gegenden Nordostdeutschlands. In Würzburg schloß Herzog Georg von Lüneburg ein Bündnis mit Gustav Adolf, ebenso traten die Markgrafen von Ansbach-Bayreuth, die überwiegend evangelische Ritterschaft Frankens und die Reichsstadt Nürnberg auf seine Seite. Tilly hatte inzwischen die Reste seiner Truppen gesammelt und neue angeworben, auch führte ihm der vom Kaiser gewonnene Herzog Karl von Lothringen fünfzehntausend Mann zu. Hierauf marschierte Tilly über Halberstadt, Hildesheim und Hessen an den Main, wurde aber von Gustav Adolf gezwungen, die Mainlinie aufzugeben und sich nach Süden zurückzuziehen. Am Ende des Jahres 1631 waren Würzburg, Frankfurt, Mainz und der größte Teil der Rheinpfalz in der Hand des Schwedenkönigs. Sein Winterquartier schlug er in Mainz auf und hielt hier Hof. Von überallher erschienen evangelische Reichsstände oder ihre Abgesandten, so auch der geächtete Kurfürst Friedrich V. von der Pfalz.

Gustav Adolf war in Deutschland erschienen, um Schwedens Interessen an der Ostsee gegenüber den weitausgreifenden Plänen der Habsburger zu verteidigen und den deutschen Protestanten in dem Kampf um ihre Existenz beizustehen. Ein festes Programm hierfür hatte er nicht von vorneherein aufgestellt, wie er überhaupt nach dem Zeugnis seines Staatskanzlers Oxenstierna der Gelegenheit und der Lage des Augenblicks folgte. Während seines Aufenthaltes in Mainz hielt Gustav Adolf den Zeitpunkt zu einer Ordnung der Dinge für gekommen, die eine reichliche „satisfactio", Entschädigung für Schwedens Kriegsaufwendung, und die „assecuratio", Sicherung des deutschen Protestantismus, verbürge. Zur „satisfactio" sollte Pommern an Schweden abgetreten werden, womit auch dessen Stellung an der Ostsee gefestigt würde; der Kurfürst von Brandenburg sollte zum Ersatz für seine Erbschaftsansprüche auf Pommern kirchliche Besitzungen erhalten. Der Schwedenkönig hatte sich schon bisher, besonders in Franken, von den Ständen der vor ihm geflohenen Ligafürsten als einstweiligem Landesherrn huldigen lassen und beabsichtigte über das, was er auf diese Weise an sich gebracht hatte und noch bringen würde als Entschädigung für sich und seine Anhänger und als Pfänder für Austauschverhandlungen zu verfügen. Ferner gedachte er einen immerwährenden Bund der protestantischen Reichsstände unter schwedischer Führung zu gründen. Dieses „evangelische Defensionswesen" sollte eine „assecuratio" für die deutschen Protestanten und zugleich ein Machtinstrument für Schweden sein. Ein derartiges „Corpus evangelicorum" hätte, wenigstens dem Buchstaben nach, nicht gegen die Reichsverfassung verstoßen, denn als Herzog von Pommern wäre der König von Schweden auch deutscher Reichsstand geworden und hätte das Recht gehabt, sich an die Spitze einer konfessionellen Gruppe in Deutschland zu stellen. Ob Gustav Adolf sich außerdem zum Kaiser wollte wählen lassen, ist nicht einwandfrei festzustellen. Die Äußerungen, die ihm hierüber zugeschrieben werden, sind nicht sicher verbürgt, und Oxenstierna hat später ausdrücklich erklärt, ein solcher Plan habe dem König ferngelegen, vielmehr sei sein Endziel die Errichtung eines großskandinavischen Reiches mit Einschluß aller Ostseeländer gewesen.

Für den Zusammenschluß in einem „Corpus evangelicorum" vermochte Gustav Adolf die protestantischen Fürsten jedoch nicht zu gewinnen. Sie befürchteten, als Mitglieder eines immerwährenden, unter straffer schwedischer Leitung stehenden Bundes ihre „Libertät" einzubüßen, auch widerstrebte es manchem von ihnen, einem fremden Monarchen auf die Dauer zu einer derartigen Machtstellung im Reiche zu verhelfen. Dagegen waren sie bereit, zur Durchsetzung ihrer konfessionellen und politischen Forderungen: Aufhebung des Restitutionsediktes, volle Religionsfreiheit, Wiedereinsetzung der vertriebenen Reichsstände und Rückgabe der den Protestanten seit dem böhmischen Krieg entrissenen Besitzungen, für die Kriegszeit mit Gustav Adolf Einzelbündnisse abzuschließen und sich ihm unterzuordnen. Er begnügte sich damit unter der Voraussetzung, daß sie ihre Streitkräfte seinem Befehl unterstellten, in ihren und den von ihm besetzten Ländern keine neuen Truppen anwarben und keine Kontribution erhoben und ihm beim Friedensschluß freie Hand für seine Entschädigungsansprüche ließen. Er konnte nun auch über die Gebiete seiner Bundesgenossen militärisch und wirtschaftlich verfügen und so bis zum Beginn des Jahres 1632 seine Armee auf achtzigtausend Mann vergrößern.

Im Mainzer Winterquartier wurde auf Wunsch des Kurfürsten Maximilian, dem Tilly die Lage als hoffnungslos geschildert hatte, über einen Neutralitätsvertrag zwischen der Liga und Gustav Adolf verhandelt. Die Besprechungen hierüber wie auch über einen Friedenskonvent, dessen Einberufung der Dänenkönig Christian IV.

und der Landgraf von Hessen-Darmstadt anregten, und den die des Krieges bereits müden Kurfürsten von Brandenburg und Sachsen befürworteten, verliefen indes ergebnislos. Der über die zweideutige Haltung Maximilians während der Verhandlungen erbitterte Schwedenkönig zog anfangs April 1632 bei Donauwörth über die Donau, erzwang am 15. April bei Rain in einem harten Kampf von sechs Stunden, in dem Tilly der rechte Schenkel von einer Kanonenkugel zerschmettert wurde, den Übergang über den Lech, ritt am 24. April in die Reichsstadt Augsburg ein, der er eine monatliche Kontribution von zwanzigtausend Taler auferlegte, und belagerte einige Tage vergebens die Festung Ingolstadt.

Hier erlöste am 30. April, einen Tag nachdem die Schweden sich vor der Stadt verschanzt hatten, der Tod Tilly von den Schmerzen seiner schweren Wunde und von dem Gram über seine Niederlage. Er war ein Wallone aus brabantischem Edelgeschlecht, seine Mutter hatte ihn nach dem Tode ihres Mannes den Jesuiten zur Erziehung übergeben. An den ihm von ihnen eingepflanzten Grundsätzen hielt er mit eisernem Willen und mit rücksichtsloser Härte gegen sich und andere zeitlebens fest. Für Wissenschaft und Politik hatten ihn seine Lehrer allerdings nicht zu begeistern vermocht, sein ganzer Sinn war darauf gerichtet, als Krieger für die Ideale Loyolas zu kämpfen. Nachdem er im spanischen Heere gegen die Niederländer und in Frankreich unter Heinrich I. von Lothringen, Herzog von Guise, gegen die Hugenotten gefochten hatte, trat er im Jahre 1600 in die kaiserliche Armee ein und rückte in ihr zum Feldmarschall auf. Im Jahre 1610 erhielt er von Kurfürst Maximilian die nach der damaligen Rangordnung über dem Feldmarschall stehende Stelle eines Generalleutnants in der bairischen Armee. Tilly erwarb sich um ihren Aufbau große Verdienste und bewährte sich dann bis zum Eingreifen des Schwedenkönigs als der beste Feldherr seiner Zeit; mit unerbittlicher Strenge — er ließ jedes Jahr wegen Raubes oder sonstiger Vergehen etwa zweihundert Mann aufknüpfen — sorgte er auch für eine verhältnismäßig gute Disziplin. Schließlich besiegt und dem Vordringen Gustav Adolfs gegenüber machtlos, schied der tapfere Soldat und fromme Christ vom irdischen Kampffeld, auf dem er so viele Siege errungen und Wunden davongetragen hatte, mit den Worten: „In te Domine speravi, non confundar in aeternum“.

Gustav Adolf entsandte einige tausend Reiter unter Horn gegen Regensburg, doch rückte noch vor dessen Ankunft der bairische Kurfürst anfangs Mai in die wirtschaftlich und strategisch wichtige Reichsstadt an der Donau ein. Einer Feldschlacht wich Maximilian aus, vor allem, weil sein Fußvolk dem des Gegners nicht gewachsen war. Der Schwedenkönig zog von Ingolstadt aus an die Isar und dann flußaufwärts. Am 16. Mai trafen die ersten schwedischen Abteilungen und am folgenden Tag der König selbst in München ein, dem er eine Brandschatzung von dreihunderttausend Talern auferlegte, im übrigen volle Sicherheit zusagte. Die kurfürstliche Bibliothek und die Kunstkammern, ferner die mit vierhundert Mann Sicherheitswache belegten Klöster und Häuser der geflohenen Vornehmen wurden allerdings ausgeplündert, sonst hatte die Stadt aber nichts zu leiden. Die Bürger kauften um Schleuderpreise die von den Soldaten mitgeschleppte Beute auf, und die Brauer machten mit ihrem im schwedischen Lager verzapften braunen Märzenbier ein ausgezeichnetes Geschäft. Ritt der Schwedenkönig durch die Straßen, dann drängte sich das Volk neugierig heran, und er warf ihm Münzen zu. Er hielt sich auch genau an den Bärwalder Vertrag (S. 129), in dem er sich Frankreich gegenüber verpflichtet hatte, die Untertanen katholischer Reichsstände bei ihrem Glauben zu lassen, und besuchte selbst öfters den katholischen Gottesdienst. Am 6. Juni, dem letzten Tage der Einquartierung, fand zum Vergnügen der Beteiligten und der Zuschauer ein Schaufechten zwischen Schweden und Münchnern statt. Auf dem Lande dagegen hausten die Schweden übel, brannten kleine Städte, Marktflecken, Dörfer und Schlösser nieder und ermordeten Männer und Frauen, wie es in solchem Umfange während des Großen Krieges noch nicht geschehen war. Der König wollte nach seinen eigenen Worten durch den Ruin des Landes dem Feinde seine Kräfte entziehen. Gustav Adolf verließ München, als er die Nachricht erhielt, der inzwischen wieder zum kaiserlichen Oberbefehlshaber ernannte Wallenstein beabsichtige, sich mit Kurfürst Maximilian zu vereinigen.

Wallenstein und Gustav Adolf. Schlacht bei Lützen

In seinem Herzogtum Friedland, wohin sich Wallenstein zurückgezogen hatte, stillzusitzen, ging wider die Natur des ehrgeizigen und rachsüchtigen Mannes. Er unterhielt nach allen Seiten Verbindungen, um bei günstiger Gelegenheit eine ähnliche Machtstellung wie die frühere zu erlangen. Verwandtschaftliche Bande verknüpften ihn mit einigen Führern der nach der Schlacht am Weißen Berge geflohenen Böhmen, von denen viele in den Armeen der den Habsburgern feindlichen Mächte standen. Für seine Verhandlungen mit diesen bediente sich Wallenstein zum Teil einiger dieser Emigranten, besonders des Sezyma Raschin, der nach dem Tode Wallensteins über dessen Beziehungen zu Gustav Adolf dem Kaiser ausführlich berichtete. Mit seinem ehemaligen Unterfeldherrn, dem nunmehr sächsischen Feldmarschall Arnim, blieb der Friedländer stets in Fühlung, unter anderem spielte er ihm Prag dadurch in die Hände (S. 133), daß er ihm den Wink zugehen ließ, die böhmische Hauptstadt sei eben ohne kaiserliche Besatzung. Aber auch mit dem Wiener Hof wußte sich Wallenstein immer noch gut zu stellen. Der Kaiser hatte ihn nur unter dem Druck der Liga entlassen und hörte gerne auf diejenigen seiner Räte, die, wie Questenberg, schon vor der Schlacht bei Breitenfeld für die Rückberufung Wallensteins mit der Begründung eintraten, Tilly hänge allzusehr vom bairischen Kurfürsten ab und sei wegen seines hohen Alters einem Gegner wie Gustav Adolf nicht gewachsen. Im Mai 1631 war es so weit, daß man zu Wien ernstlich an die Wiederernennung Wallensteins zum kaiserlichen Generalissimus dachte. Gegen sie sprachen sich aber nicht nur die in Dinkelsbühl versammelten Mitglieder der Liga aus, die hier zum letzten Male tagten, ohne zu ahnen, daß ihr Bund unter der Schlägen des Schwedenkönigs in kurzer Zeit zusammenbrechen werde, sondern auch Wallenstein selbst lehnte damals noch die Übernahme des Oberkommandos ab und entsandte unmittelbar darauf Raschin als Unterhändler zu Gustav Adolf, der die erste Anregung zu einem Meinungsaustausch gegeben zu haben scheint.

Zu diesem Schritt bewogen Wallenstein verschiedene Gründe. Je schlimmer die Lage des Kaisers wurde, desto größere Zugeständnisse mußte er ihm machen, wenn er sich vielleicht doch noch entschloß, den Oberbefehl zu übernehmen. Außerdem wollte sich Wallenstein darüber Klarheit verschaffen, ob ihm ein Anschluß an den Schweden größere Vorteile biete. Und vor allem befürchtete er, er werde bei einem Einfall der Emigranten in Böhmen, womit seit Gustav Adolfs Erscheinen in Deutschland zu rechnen war, das Herzogtum Friedland und seine böhmischen Besitzungen einbüßen. War er aber mit dem Schwedenkönig verbündet, dann würde ihn dieser vor derartigen Verlusten bewahren oder reichlich dafür entschädigen. Bei den Verhandlungen, die sich über den ganzen Sommer 1631 erstreckten, erklärte sich Gustav Adolf damit einverstanden, daß er, während er sich selbst gegen Tilly wende, Wallenstein für einen Einfall in die kaiserlichen Erblande zehn- bis zwölftausend Mann überlasse, ferner daß dieser unter dem wieder als König einzusetzenden Friedrich von der Pfalz Vizekönig von Böhmen werden solle. Nach seinem Siege von Breitenfeld ließ jedoch Gustav Adolf Wallenstein, dem er aus guten Gründen mißtraute, mitteilen, er könne ihm augenblicklich höchstens fünfzehnhundert Mann abgeben, was dieser, wie es auch gemeint war, als Absage auffaßte. Kurz bevor er sie erhielt, war er abermals aufgefordert worden, sich dem Kaiser wieder zur Verfügung zu stellen. Wallenstein zeigte sich nun nicht mehr so abgeneigt wie früher, weil er sicher damit rechnete, der Kaiser werde in der verzweifelten Lage, in der er sich seit der Schlacht von Breitenfeld befand, auf alle seine Bedingungen eingehen.

Trotzdem intrigierte Wallenstein in der alten Weise fort. Im Oktober legte er dem Kaiser nahe, einen Sonderfrieden mit Kurfürst Johann Georg von Sachsen zu schließen. Angeblich um den Dresdner Hof hierfür günstig zu stimmen, bewirkte Wallenstein in Wien, daß Tiefenbach, der Kommandeur des einzigen noch intakten kaiserlichen Korps, den Befehl erhielt, die Lausitz zu räumen und sich nach Schlesien zurückzuziehen. Arnim konnte nun mit der sächsischen Armee ungehindert in Böhmen einmarschieren (S. 133). Im November traf sich Wallenstein unter dem Vorwande, den Frieden mit Sachsen zu fördern, zu Kaunitz mit dem sächsischen Feldmarschall Arnim. Bei den Besprechungen trat Wallenstein für die Aufhebung des Restitutionsediktes, für die Verwandlung Böhmens in ein Wahlkönigtum, für die Gewährung freier Religionsübung nach der Augsburgischen Konfession in Böhmen und für die Rückgabe der konfiszierten böhmischen Güter an ihre früheren Besitzer ein, obwohl er sich darüber klar sein mußte, daß der Kaiser von all dem nichts bewilligen werde, und Arnim bei der damaligen Lage auf das Angebot eines Sonderfriedens mit dem Kaiser unter Ausschluß des Schwedenkönigs nicht eingehen würde. Wallenstein bezweckte mit der von ihm angeregten Kaunitzer Zusammenkunft, die Fäden zwischen sich und den Gegnern Ferdinands nicht ganz abreißen zu lassen, wenn er, wozu er damals bereits entschlossen war, wieder den Oberbefehl über die kaiserliche Armee übernehme. Er sagte deshalb auch zu Arnim, er sehe sich zur Rückkehr in den kaiserlichen Dienst genötigt, um das ihm gefährliche Mißtrauen des Wiener Hofes zu beschwichtigen, und versicherte, er werde auch fernerhin der Freund Gustav Adolfs bleiben und wolle sich so verhalten, daß der Kaiser mit Schmerzen erkennen werde, daß er einen Kavalier beleidigt habe.

Am 15. Dezember 1631 trat Wallenstein das Oberkommando über die kaiserliche Armee an, zunächst allerdings nur vorläufig. Die endgültigen Bedingungen wurden erst am 13. April 1632 festgesetzt. Wallenstein erhielt als Generaloberst und Feldhauptmann die Befehlsgewalt „in absolutissima forma"; über die Größe des Heeres, die Kriegführung und die Quartiere, auch in den kaiserlichen Erblanden, hatte er allein zu bestimmen, dem Hofkriegsrat wurde jegliche Einmischung untersagt. Ferner wurde Wallenstein das Recht zu diplomatischen Verhandlungen zuerkannt, wie weit auch das zu Friedensschlüssen, ist nicht ganz klar. Als Entschädigung wurde ihm „das höchste Regal im Reiche" versprochen, womit vielleicht die Erhebung in den Kurfürstenstand gemeint war, und für Mecklenburg einstweilen das Fürstentum Glogau pfandweise überlassen. In eroberten Gebieten sollte er allein Konfiskationen vornehmen dürfen, und bei Reichsfriedensverhandlungen sollten alle seine Ansprüche, besonders die auf Mecklenburg, berücksichtigt werden. So waren Wallenstein für sein zweites Generalat noch größere Befugnisse eingeräumt und noch glänzendere Aussichten eröffnet worden. Für den Kaiser bedeutete es eine Demütigung, daß er seinem Feldherrn derartige Zugeständnisse hatte machen müssen, und des Friedländers Widersacher, die seine Absetzung betrieben hatten, mußten gewärtigen, daß er seine Vollmachten dazu benützen werde, sich an ihnen zu rächen.

Als Wallenstein gegen Ende des Jahres 1631 mit der Anwerbung von Truppen begann, strömten ihm sofort wieder Söldner in großer Zahl zu. Sein nächstes Ziel war die Rückgewinnung Böhmens für den Kaiser. Er eroberte das ganze Land, Prags bemächtigte er sich am 25. Mai 1632. Dann wandte er sich nach Westen, der bairische Kurfürst zog ihm von Regensburg aus entgegen. Um ihre Vereinigung und den Abfall des sächsischen Kurfürsten Johann Georg zu verhüten, der nach dem Verlust von Böhmen ein noch unzuverlässigerer Bundesgenosse geworden war, brach Gustav Adolf am 7. Juni von München auf und begab sich mit der Hauptmacht seines Heeres über Donauwörth nach Fürth; einige Abteilungen ließ er unter Banér in Baiern und entsandte unter Horn Truppen an den Oberrhein. Bevor es der Schwedenkönig verhindern konnte, trafen sich Wallenstein und Maximilian, ihr Heer zählte vierzigtausend Mann „des schönsten und besten Volkes", die Armee Gustav Adolfs kaum halb soviel.

Die Gegner verschanzten sich nun, Gustav Adolf bei N ü r n b e r g, Wallenstein und Maximilian bei Zirndorf in der Nähe von Fürth. Sieben Wochen lang lagen sich hier die beiden Heere gegenüber. Gustav Adolf zog von verschiedenen Seiten her Truppen zusammen. Als sie denen des Feindes überlegen waren, griff er am 3. September dessen feste Stellung an. Aber Sturm auf Sturm wurde blutig abgeschlagen. Nachdem der König dreitausend Mann verloren hatte und unter anderen sein Feldzeugmeister Torstensson gefangengenommen worden war, verzichtete er darauf, die Verschanzungen noch weiter zu berennen. So gewaltig hatte er sich „bei dieser Impresa (Unternehmung) die Hörner abgestoßen", daß er Friedensvorschläge machte. Wallenstein bot er an, ihn für Mecklenburg mit einem Herzogtum Franken zu entschädigen. Aber der Friedländer hatte es dem Schweden nicht vergessen, daß er ihn schon einmal im Stiche gelassen hatte, und erklärte, ohne besondere kaiserliche Vollmacht lasse er sich nicht auf Verhandlungen ein, und am Wiener Hof dachte man nicht daran, Forderungen wie die Abschließung eines neuen

Religionsfriedens, die Überlassung Pommerns an Schweden als Reichslehen und reichliche Entschädigungen für die deutschen Bundesgenossen des Königs zu bewilligen.

Da Gustav Adolf in dem ausgesogenen Gebiet um Nürnberg sein Heer nicht mehr zu verpflegen vermochte, zog er am 18. September nach Süden. Wenige Tage später brachen auch Wallenstein und Maximilian ihr Lager ab, folgten aber nicht dem Schweden, wie dieser erwartet hatte, sondern marschierten gegen Sachsen. Unter starker gegenseitiger Verstimmung trennten sie sich in Koburg. Der Friedländer setzte mit seinen Truppen allein den Weg nach Sachsen fort und bemächtigte sich des Kurfürstentums; am 1. November fiel Leipzig in seine Hand. Gustav Adolf, der bis zur Donau vorgedrungen war, wandte sich am 18. Oktober auf den Hilferuf Johann Georgs wieder nordwärts. Am Morgen des 16. November 1632 griff er Wallenstein bei Lützen an. Der wechselvolle, von beiden Seiten mit äußerster Erbitterung geführte Kampf währte bis gegen sieben Uhr abends. Ungefähr um ein Uhr machte der Schwedenkönig an der Spitze des samländischen Reiterregimentes zur Unterstützung seines hart bedrängten linken Flügels einen Vorstoß und geriet dabei infolge seiner Kurzsichtigkeit und eines plötzlich einfallenden Nebels an eine Übermacht kaiserlicher Reiter. Er erhielt einen Schuß in den linken Oberarm, so daß der Knochen „durch die Kleider herausstach". Sein Pferd, das ebenfalls einen Schuß erhalten hatte, ging durch und sprengte unter die kaiserlichen Kürassiere. Ein Rückenschuß warf Gustav Adolf aus dem Sattel. Mit dem König wurden sein Page Leubelfing aus Nürnberg und ein Reitknecht erschlagen. Die Leiche des Königs wurde ausgeplündert. Herzog Bernhard von Weimar übernahm sofort den Oberbefehl. Die Schweden bargen die Leiche Gustav Adolfs und stürmten die stark ausgebauten Stellungen des Feindes, der linke und der rechte Flügel der Kaiserlichen gerieten ins Wanken. Wallenstein gelang es jedoch, die Schlacht noch einmal zum Stehen zu bringen, bis zum Einbruch der Dunkelheit wurde mit verbissener Wut weitergekämpft. Es kam zu keiner Entscheidung, doch galten die Schweden als Sieger, weil sie auf dem Schlachtfeld blieben, Wallenstein seine Truppen aber in der Nacht abziehen ließ.

Auf kaiserlicher Seite war der zum katholischen Glauben übergetretene Gottfried Heinrich Graf von Pappenheim tödlich verwundet worden. Nachdem er im Heere König Sigismunds von Polen gedient hatte, trug er als Oberstleutnant in der bairischen Armee viel zum Siege in der Schlacht am Weißen Berge bei, in der er sich zwanzig Wunden holte. Einige Jahre später ernannte ihn der Kaiser zum Chef eines Kürassierregimentes, das unter dem Namen „die Pappenheimer" berühmt wurde, und stellte ihn an die Spitze der spanischen Reiterei in der Lombardei. Hierauf beteiligte Pappenheim sich, wieder in der bairischen Armee, an der Niederwerfung des österreichischen Bauernaufstandes (S. 122) und am Niedersächsisch-Dänischen Krieg. Nach Wallensteins Absetzung rückte Pappenheim unter Tilly zum General der Kavallerie und Feldmarschall auf. Immer ungestüm zum Angriff drängend, hat er bei der Eroberung Magdeburgs entscheidend mitgewirkt, aber auch Tillys Niederlage bei Breitenfeld mit verschuldet. Pappenheim unternahm dann verschiedene Sonderaktionen in Nordwestdeutschland und in den Niederlanden. Auf Befehl des Kurfürsten Maximilian zog er schließlich im Oktober 1632 mit zehntausend Mann nach Sachsen und vereinigte sich am 6. November mit Wallenstein. Dieser entsandte ihn nach Halle, rief ihn aber bei der Nachricht von der Annäherung des Schwedenkönigs wieder zurück. Pappenheim erschien mit acht Reiterregimentern mittags auf dem Schlachtfeld von Lützen, als eben der linke Flügel der Kaiserlichen in größter Gefahr war, brachte die Fliehenden zum Stehen und holte zum Gegenschlag aus. Als er siegreich vorwärtsstürmte, trafen ihn drei Schüsse in die Brust. Am nächsten Tage starb er, achtunddreißig Jahre alt, auf der Pleißenburg. Sein Gesicht war nach den Worten des zeitgenössischen Dichters Balde eine einzige Narbe. Die Führung großer Heere hat das Schicksal Pappenheim versagt, der heißblütige Feldmarschall wäre hierfür auch kaum geeignet gewesen, die rechte Zeit wäre für den von rastlosem Offensivgeist Beseelten und den in überraschenden und verwegenen Anschlägen Unerschöpflichen erst gekommen, als nach dem Ausscheiden Tillys, Gustav Adolfs und Wallensteins der Große Krieg immer mehr in nur noch lose miteinander zusammenhängende Teile zerfiel.

Von Gustav Adolfs Tod bis zum Prager Frieden

Gustav Adolf war davon überzeugt gewesen, daß er den Schlachtentod sterben werde. „Da es gemeinhin geschieht", hatte er in seiner Abschiedsrede an das schwedische Volk vor seiner Abfahrt nach Deutschland gesagt, „daß der Krug so lange zum Wasser geht, bis er schließlich zerbricht, so wird es auch zuletzt mit mir so gehen, daß ich, nachdem ich bei so vielen Gelegenheiten und Gefahren für das Wohl des Reiches Schweden mein Blut habe vergießen müssen (und) bisher durch Gottes gnädigen Schutz am Leben geblieben bin, es schließlich doch werde lassen müssen." In dieser Voraussicht hat Gustav Adolf, der nur eine unmündige Tochter, die später zum katholischen Glauben übergetretene Königin Christine, hinterließ, zur Fortführung seines Werkes kurz vor der Lützener Schlacht Graf Axel O x e n s t i e r n a bestimmt. Er hatte in Rostock, Jena und Wittenberg Theologie, Staats- und Rechtswissenschaft studiert und war unter Karl IX. Gesandter in Mecklenburg gewesen. Gustav Adolf ernannte ihn bald nach seiner Thronbesteigung zum Reichskanzler; nach der Schlacht bei Breitenfeld berief er ihn nach Deutschland, weihte ihn in seine Pläne ein und übertrug ihm die Erledigung aller diplomatischen Geschäfte und die Fürsorge für das Kriegswesen an Rhein und Main. Von seinem König unterschied sich der kluge, gewandte Politiker und kenntnisreiche, tatkräftige Staatsmann besonders durch vorsichtiges Abwägen, er hatte ihm deshalb auch den Zug nach Deutschland widerraten. Für die religiöse Seite der Unternehmungen Gustav Adolfs hatte Oxenstierna wenig Sinn, die rein schwedischen Interessen wogen bei ihm entschieden vor. Er war deshalb fast nur auf die Entschädigungen Schwedens bedacht, wobei er das Hauptgewicht auf die dauernde Erwerbung von ganz Pommern legte; immerhin nahm er sich Karl Ludwigs, des Sohnes Friedrichs V. von der Pfalz, an und übergab ihm das Erbe seines am 29. November 1632 gestorbenen Vaters.

Wenn jetzt auch zum Teil in etwas anderem Sinne als dem Gustav Adolfs geführt, stand die schwedische Politik immerhin unter einer einheitlichen, der festen und zielklaren Leitung Oxenstiernas. Eingreifender und vor allem nachteiliger wirkte sich der

Tod des Königs auf die Armee aus. Trotz wiederholten Nachschubes aus der Heimat setzte sie sich schon in der letzten Zeit des Königs zu vier Fünftel aus Mannschaften zusammen, die in Deutschland angeworben worden waren. Gustav Adolf hatte zwar auch da noch einigermaßen die Zucht aufrechtzuerhalten vermocht, jetzt aber taten es die Truppen des schwedischen Heeres den Kaiserlichen an Grausamkeit und Beutegier gleich, zumal da der Sold nicht mehr regelmäßig ausbezahlt wurde und die bisherigen Unterfeldherren sich voll gegenseitiger Eifersucht veruneinigten. Außerdem verlangte der sächsische Kurfürst den Vorrang in dem bis dahin vom König allein ausgeübten Kriegsdirektorium oder wenigstens dessen Teilung und nahm den Plan wieder auf, als Führer der evangelischen Stände einen Ausgleich mit dem Kaiser anzubahnen.

Um sich diesen Bestrebungen gegenüber innerhalb des deutschen Protestantismus einen festen Rückhalt zu verschaffen, schloß Oxenstierna am 23. April 1633 mit den evangelischen Reichsständen der Kreise Schwaben, Franken, Ober- und Mittelrhein das Heilbronner Bündnis. Der militärische Oberbefehl blieb bei Schweden, das heißt bei Oxenstierna, für die politischen Angelegenheiten wurde ihm jedoch ein aus drei schwedischen und sieben reichsständischen Mitgliedern zusammengesetzter Rat beigegeben; die Aufrechterhaltung der von Gustav Adolf wenig berücksichtigten „Libertät" der deutschen Fürsten wurde jetzt in aller Form neben der Erkämpfung eines den Protestanten günstigen Friedens und neben einer ausreichenden Entschädigung Schwedens als Kriegsziel festgelegt. Die Bemühungen Oxenstiernas um die Einbeziehung des nieder- und des obersächsischen Kreises in den Heilbronner Bund scheiterten an dem Widerstreben der zwei bedeutendsten Fürsten dieser Kreise. Georg Wilhelm von Brandenburg verlangte Anerkennung seiner Ansprüche auf Pommern, wozu Oxenstierna nicht bereit war, und Johann Georg von Kursachsen machte immer weniger ein Hehl daraus, daß er von Schweden loszukommen und sich mit dem Kaiser zu versöhnen suchte.

Unmittelbar nach Gustav Adolfs Tod hatte Bernhard von Weimar den Befehl über die schwedischen Truppen bei Lützen an sich gerissen. Um diese Zeit bedrohte General Horn vom Elsaß aus die vorderösterreichischen Lande, befand sich Banér noch in Baiern und standen schwedische Abteilungen in Nordwest- und Mitteldeutschland. Da es noch völlig unklar war, auf welchem der verschiedenen, zum Teil weit voneinander entfernten Kriegsschauplätze eine Entscheidung fallen könne, und da von den bisherigen Unterführern des schwedischen Heeres keiner so hervorragte, daß er ohne weiteres zum Nachfolger des Königs als oberster Heerführer berufen erschien, beschränkte sich Oxenstierna darauf, den Kommandeuren der einzelnen Heeresgruppen allgemeine Richtlinien zu geben, und ließ ihnen im übrigen freie Hand. Zu dem Mangel an einer straffen militärischen Gesamtführung kam noch der Gegensatz zwischen den zwei angesehensten Feldherren, zwischen Horn und Bernhard von Weimar. Horn, ein Mann von ruhig abwägendem Urteil und ein umsichtiger Truppenführer, war nur darauf bedacht, der Sache seines schwedischen Vaterlandes zu dienen. Bernhard, ein nachgeborener Sohn der seit der Schlacht bei Mühlberg (1547) von der albertinischen auf ein kleines Gebiet zurückgedrängten ernestinischen Linie des sächsischen Hauses, wollte vor allem für sich ein eigenes Reichsfürstentum gewinnen. Je nachdem seine

Aussichten standen, erging sich Bernhard hoffnungsvoll in ausschweifenden Plänen oder gab sich kleinmütig einer verzweifelten Stimmung hin. Bald nach der Lützener Schlacht richtete er sein Hauptaugenmerk auf die Bistümer Bamberg und Würzburg. Er wollte sich ihrer bemächtigen und aus ihrem Besitz ein eigenes weltliches Herzogtum Franken gründen. Er lehnte deshalb den Vorschlag des sächsischen Kurfürsten ab, von Sachsen aus in Böhmen und von Schlesien aus in Mähren einzufallen, obwohl er damit Johann Georg wieder mehr auf die schwedische Seite hinüberzuziehen und den Kaiserlichen einen schweren Schlag zu versetzen vermocht hätte.

So hatte Wallenstein nach der Schlacht von Lützen ungehindert in Böhmen Winterquartiere beziehen und die Lücken seines stark zusammengeschmolzenen Heeres auffüllen können. Wie immer trug er sich auch jetzt mit großen Plänen. Kursachsen sollte, möglichst durch gütliche Verhandlungen, völlig von Schweden getrennt, der Kaiser besonders in religiösen Fragen zum Nachgeben gezwungen und die fremden Truppen sollten aus Deutschland verdrängt werden, so daß der Beendigung des Krieges nichts mehr im Wege stehe. Um dies zu erreichen, hätte Wallenstein die Grenzen seiner Macht erkennen, dem großen Ziel eines allgemeinen religiösen und politischen Friedens im Reiche seinen Ehrgeiz und seine persönlichen Neigungen und Abneigungen unterordnen und im Rufe eines vertrauenswürdigen, zuverlässigen Mannes stehen müssen. Von all dem war Wallenstein weit entfernt. Er hielt es nach seinen eigenen Worten im Hinblick auf eine friedliche Einigung für ein Glück, daß Gustav Adolf gefallen war, weil sich zwei Hähne doch nicht auf einem Mist vertragen hätten, machte sich indes nicht klar, daß er nach dem Tode des Schwedenkönigs, zu dessen Bekämpfung er zurückgerufen worden war und so außerordentlich große Vollmachten erhalten hatte, in den Augen seiner Gegner im katholischen Lager und des Kaisers viel von seiner Unentbehrlichkeit eingebüßt hatte. Wallenstein war nun keineswegs, wie er wähnte, einziger „Hahn", immerhin hätte er bei großen militärischen und diplomatischen Erfolgen seine bisherige Stellung im großen und ganzen behaupten können. Aber mehr denn je zeigte sich Wallenstein trotz der starken Worte, in denen er sich jetzt erst recht hervortat, als ein vor großen Entscheidungen zurückschreckender Zauderer. Wie weit er sich dabei im einzelnen von gut überlegten strategischen und auf das Wohl des Reiches gerichteten Erwägungen, von rein persönlichem Ehrgeiz, von seiner Rachgier und von seinem Glauben an die Astrologie leiten ließ und wie weit ihn das rasch fortschreitende Absinken seiner Körperkräfte hemmte, ist nicht zu ergründen, jedenfalls hat die Art seiner Kriegführung und seiner politischen Verhandlungen das Mißtrauen aller Parteien erregt und sein bitteres Ende herbeigeführt.

Bernhard von Weimar zog im Frühjahr 1633 von Mittelfranken aus südwärts und vereinigte sich am 8. April zwischen Donauwörth und Augsburg mit Horn. Die Schweden verheerten abermals das Baierland zwischen Lech und Isar. Kurfürst Maximilian wandte sich hilfeflehend an Wallenstein. Dieser versagte ihm aber jeden Beistand, weil er erst mit Kursachsen ins reine kommen wollte. Im März hatten zu Leitmeritz ohne Beteiligung Wallensteins zwischen kaiserlichen und kursächsischen Gesandten Verhandlungen stattgefunden. Selbst am Wiener Hof war man zu der Überzeugung gekommen, daß sich bei der fast sechsfachen Überzahl der Evangelischen im Reich das Restitutionsedikt nicht völlig durchführen lasse. Die kaiserlichen Abgesandten waren deshalb zu großen Zugeständnissen bereit, wie etwa dem der Gleichberechtigung der Konfessionen im Reiche, lehnten aber die Wiederherstellung der Verhältnisse in Böhmen, wie sie dort im Jahr 1618 bestanden hatten, ab und verlangten, daß für den Kaiser in seinen Erblanden ebenso wie für jeden Territorialfürsten der Grundsatz „cuius regio eius religio" zu gelten habe. Da über diese zwei Punkte keine Einigung zu erreichen war, trennte man sich in Leitmeritz ohne positives Ergebnis, jedoch mit dem Willen zur Wiederaufnahme der Verhandlungen. Nun hielt Wallenstein die Zeit seines Eingreifens für gekommen. Er überschritt am 19. Mai die böhmische Grenze und fiel in Schlesien ein. Hier hatte Arnim zu Beginn des Jahres große Erfolge erzielt, doch war dann seine Armee verlottert, unter anderem infolge eines Zwistes mit dem Befehlshaber des schwedischen Kontingentes in Schlesien, mit dem böhmischen Emigranten Graf Thurn. Dem Friedländer wäre es ein leichtes gewesen mit seinen fünfunddreißigtausend Mann, den nur halb so starken Feind zu überwältigen und sein Versprechen wahr zu machen, er werde mit einem Schlage eine Entscheidung herbeiführen.

Aber statt dem Gegner eine Schlacht zu liefern, lud Wallenstein Arnim zu einer Besprechung ein und vereinbarte mit ihm am 7. Juni 1633 einen Waffenstillstand. Dies schien den Verdacht des Kurfürsten Maximilian zu bestätigen, daß ihm Wallenstein nur aus Rachsucht, nicht weil er alle seine Truppen selbst benötigte, jede Hilfe verweigert hatte. Bei der Unterredung mit Arnim äußerte Wallenstein, er gedenke ohne Rücksicht auf den Kaiser Frieden zu machen und dann mit der katholischen und der evangelischen Armee wider den Türken zu gehen und diesem Hundsfötter wieder alles zu nehmen, was er von Europa an sich gebracht habe; man solle gemeinsam gegen jeden Verlängerer des gegenwärtigen Krieges und für einen Frieden kämpfen, in dem die Habsburger und die Mitglieder der Liga auf alle ihre seit 1618 errungenen Vorteile verzichten müßten. Damit überschritt der Friedländer die ihm vom Kaiser erteilten Vollmachten und beging einen schweren Vertrauensbruch. Der Dresdner Hof nahm Wallensteins Vorschläge nicht ernst, daraufhin kündigte dieser am 2. Juli den Waffenstillstand, ohne sich aber auch jetzt auf größere Kampfhandlungen einzulassen.

Als Grund für sein Verhalten gab Wallenstein später seine Verstimmung über das Eingreifen Spaniens an. König Philipp IV. hatte beschlossen, von Mailand aus ein Heer nach den Niederlanden zu entsenden. Eine Abteilung dieser Armee sollte am Oberrhein bleiben, um das Elsaß gegen die Schweden und Franzosen zu verteidigen, auch weiter nordwärts sollte die Etappenstraße von Italien nach Holland dauernd gesichert und vor allem der deutsche mit dem niederländischen Krieg verkettet werden. Der Kaiser und namentlich Maximilian, dem die Einmischung der Spanier in die deutschen Verhältnisse von jeher verhaßt war, widersetzten sich zuerst dem Vorhaben König Philipps, begrüßten aber dann das Erscheinen des spanischen Generals Feria mit neuntausend Mann am Bodensee zur Verteidigung Südwestdeutschlands. Das Auftreten eines von ihm unabhängigen Feldherrn auf katholischer Seite erklärte Wallenstein als einen Verstoß gegen die Bedingungen, unter denen er sein zweites Generalat angenommen hatte, doch war dies, sosehr er in der eifersüchtigen Wahrung seiner alleinigen Befehlsgewalt Ferias selbständiges Kommando als Beleidigung empfand, wie auch sein Widerspruch gegen die Verwendung fremdländischer Truppen im Reiche, an der er selbst praktisch nie festgehalten hat, nur ein Vorwand für den von ihm Mitte August auf vier Wochen neuerdings mit Kursachsen abgeschlossenen Waffenstillstand. Durch seine schroffe Ablehnung der spanischen Unternehmung in Deutschland machte sich der Friedländer nun auch den Madrider Hof, der bisher immer für ihn eingetreten war, zum Gegner.

Bei den Verhandlungen während des zweiten Waffenstillstandes erbot sich Wallenstein, seine Armee gemeinsam mit der sächsischen und schwedischen gegen den Kaiser marschieren zu lassen und ihn zur Annahme der bereits während des ersten Waffenstillstandes besprochenen Bedingungen zu zwingen. Am Dresdner und Berliner Hof schenkte man diesmal Wallenstein mehr Glauben und erwog mit ihm den Plan, daß er selbst die österreichischen Erblande und sein Unterfeldherr Holk mit Bernhard von Weimar Baiern angreifen sollten. Oxenstierna, der ebenfalls mit ins Vertrauen gezogen wurde, war dagegen der Ansicht, daß auf Wallenstein auch jetzt kein Verlaß sei, und meinte, man müsse auf alles gefaßt sein, jedenfalls würde man mit diesen Traktaten zum wenigsten das gewinnen, daß der Friedländer vor der ehrbaren Welt zum Schelmen werden würde entweder gegen seinen kaiserlichen Herrn oder gegen Sachsen und Schweden. Aus dem „Entweder — oder" des klugen schwedischen Reichskanzlers wurde aber ein „Sowohl — als auch". Die Umstände und Wallensteins Verhalten brachten es dahin, daß sich beide Seiten vom Friedländer betrogen fühlten, und gegen ihn selbst spielten von der einen Seite Leute seiner nächsten Umgebung und von der anderen Arnim ein unehrliches Spiel.

Auf die Nachricht, Feria rücke durch Tirol nach Südwestdeutschland vor, zog Horn Mitte August 1633 von Donauwörth nach dem Bodensee, um den dort und am Oberrhein stehenden schwachen schwedischen Kräften zu Hilfe zu kommen. Bernhard von Weimar weigerte sich, ihm dorthin zu folgen, er wollte sich vom Herzogtum Franken, das ihm Oxenstierna im Juni als schwedisches Lehen überlassen hatte, nicht so weit entfernen. Mitte September lief die von Wallenstein mit Kursachsen vereinbarte Waffenruhe ab. Er tat nichts, den Angriffsplan gegen den Kaiser ins Werk zu setzen, unterrichtete ihn vielmehr, allerdings nicht wahrheitsgetreu, über die Verhandlungen mit dessen Feinden, die er nur hinters Licht habe führen wollen. Wallenstein versuchte damit, den gegen ihn in Wien rege gewordenen Verdacht zu entkräften, blieb aber trotzdem nach wie vor mit Arnim in Fühlung. Dieser war auch jetzt noch der Überzeugung, der Friedländer beabsichtige, vom Kaiser abzufallen, und zog die Hälfte der in Schlesien stehenden sächsischen Truppen nach Sachsen zurück, die übrigen ließ er unter Graf Thurn in Schlesien. Wallenstein überfiel am 11. Oktober Thurn überraschend, nahm ihn gefangen und eroberte einige schlesische Städte. In Wien herrschte großer Jubel, daß nun endlich der alte böhmische Verschwörer unschädlich gemacht worden sei, doch ließ ihn Wallenstein bald wieder frei und verschärfte dadurch das Mißtrauen gegen sich. Seine schwankende Haltung beunruhigte auch Bernhard von Weimar. Er befürchtete, Wallenstein würde seinen General Holk in Franken einfallen lassen, unternahm eine Entlastungsoffensive, bemächtigte sich Neuburgs an der Donau, zog an Ingolstadt vorbei und zwang am 14. November den bairischen Befehlshaber in Regensburg zur Übergabe der wegen ihrer Wohlhabenheit und ihrer strategischen Lage wichtigen alten Reichsstadt.

Wallensteins Tod

Auf die Kunde von Bernhards Vorrücken war Wallenstein von Schlesien durch Böhmen an die oberpfälzische Grenze marschiert. Zu Furth im Wald bekam er die Nachricht von der Einnahme Regensburgs. Er hielt es daraufhin nicht mehr für geraten, Bernhard anzugreifen, kehrte nach Böhmen zurück, ließ seine Truppen die Winterquartiere beziehen und schlug sein Lager in Pilsen auf. Hier wurde ihm der vom 9. Dezember datierte Befehl des Kaisers überreicht, ohne Verzug die Armee wieder an den Feind zu führen und ihm die okkupierten Gebiete abzunehmen. Wallenstein berief seine Obersten zu einem Kriegsrat und ließ sich von ihnen bestätigen, daß die Ausführung des Befehles jetzt im Winter unmöglich sei. In der Art, wie der Friedländer die Angelegenheit vor seine Obersten gebracht hatte, sah man in Wien den Versuch, eine Verschwörung anzuzetteln. So gelang es Wallensteins Gegnern, besonders dem von ihm wiederholt im Stiche gelassenen und schwer gekränkten bairischen Kurfürsten, Ferdinand davon zu überzeugen, daß sein Generalissimus die Armee dem Feinde zuführen wolle. Ende Dezember entschloß sich der Kaiser, Wallenstein zum zweiten Male zu entlassen. Dieser war über die Umtriebe gegen ihn nicht in Unkenntnis geblieben und griff nun die nie völlig unterbrochenen Verhandlungen mit Sachsen und Schweden mit größerem Eifer als je auf. Außerdem teilte er auf einer nach Pilsen einberufenen und vom 11. bis 13. Januar 1634 tagenden Offiziersversammlung mit, er wolle abdanken, da man ihm, entgegen den mit ihm vereinbarten Bedingungen, zumute, einige seiner Regimenter an die Spanier abzugeben, nur wenn sich die Obersten verpflichteten, ihm die Treue zu halten, würde er bei der Armee bleiben. Die Obersten unterzeichneten, zum Teil betrunken, einen Revers, in dem sie bei ihrem Feldherrn auszuharren versprachen; ob dieser „erste Pilsener Schluß" die Klausel enthielt, der Revers gelte nur für die Dauer von Wallensteins kaiserlichem Dienstverhältnis, ist umstritten, nachträglich bedenklich gewordenen Offizieren wurde jedenfalls mündlich versichert, der Revers sei so aufzufassen.

Über die Vorgänge in Pilsen gelangten stark übertriebene Berichte nach Wien, die den Kaiser zu entscheidenden Maßnahmen veranlaßten. Am 24. Januar 1634 verfügte er in einem zunächst geheimgehaltenen Erlaß die Absetzung Wallensteins, ernannte dessen 1632 zum Feldmarschall erhobenen Unterfeldherrn Gallas zum einstweiligen Oberfeldherrn und entband Offiziere und Mannschaften jeglicher Pflicht gegen Wallenstein. Überdies wurde an Gallas, Piccolomini und Aldringen, der es vom Doppelsöldner zum Grafen und unter dem Friedländer zum Feldmarschall gebracht hatte, nach Pilsen der geheime Befehl mündlich übermittelt, das Haupt und die vornehmsten Mitverschworenen gefangenzusetzen oder als überführte Schuldige zu töten. Der Kaiser hätte das erste, die Gefangennahme und daran anschließend ein ordentliches Gerichtsverfahren, vorgezogen, aber General Piccolomini, der sich in der Schlacht bei Lützen ausgezeichnet und dem Wallenstein sein besonderes Vertrauen geschenkt hatte, stand schon seit längerem in nahen Beziehungen zu den Widersachern des Friedländers, denen er eifrig Material gegen ihn zutrug, und sah es von vorneherein auf dessen Ermordung ab. Am 18. Februar erklärte der Kaiser Wallenstein öffentlich als überführten Hochverräter. In diesen für sein Schicksal entscheidenden Wochen erwartete der Friedländer sehnlichst Arnim in Pilsen, auf den er von jeher bei seinen Plänen und Verhandlungen große Hoffnungen gesetzt hatte, der ihm aber trotz zeitweiligen scheinbaren Entgegenkommens als reichstreuer Deutscher, strenger Lutheraner und dem Vernichtungskampf wider die Habsburger abgeneigter Politiker insgeheim entgegenarbeitete. Indem ihn Arnim auch jetzt wieder mit halben Zusagen hinhielt und dann doch nicht in Pilsen erschien, trug er mittelbar viel zum Untergang Wallensteins bei. Am 20. Februar ließ dieser die Obersten, die noch bei ihm waren, einen zweiten Revers unterzeichnen, worin der erste als nicht gegen den Kaiser und die katholische Religion gerichtet erklärt wurde, schickte diesen Schluß mit seiner eigenhändigen Unterschrift nach Wien und bot seinen Rücktritt an. Fast gleichzeitig mit diesem letzten Versuch, den Kaiser wieder günstig für sich zu stimmen, wandte sich Wallenstein aber auch an Arnim und Bernhard von Weimar, sie möchten ihm Truppen entgegensenden, denen er sich dann anschließen werde. Am 21. Februar brach er von Pilsen mit nur noch wenigen Getreuen nach Eger auf, um näher an das sächsische und schwedische Heer heranzukommen. Unterwegs schloß sich ihm Oberst Butler aus einem irischen Geschlecht an, der den ersten Pilsener Revers unterschrieben hatte.

Wallenstein zog am 24. Februar 1634 in Eger ein. Er fühlte sich hier ganz sicher, weil die Besatzung der Stadt unter dem Befehl von Gordon und Leslie stand, zwei protestantischen Schotten, die ebenfalls den ersten Pilsener Schluß unterschrieben hatten. Aber Butlers und Gordons hatte sich Gallas bereits versichert, und Leslie schloß sich ihnen jetzt an. Gordon veranstaltete am folgenden Tage ein Bankett, dabei erschlugen auf Leslies Befehl sechs irische Soldaten drei unbedingte Anhänger Wallensteins, die Generale Trčka, Ilow und Kinski. Wallenstein, der sein Quartier im Hause des Bürgermeisters genommen hatte, war dem Bankett ferngeblieben. Ein irischer Kapitän Devereux drang mit einigen Dragonern in das Schlafzimmer Wallensteins ein und rief ihm zu „Schelm und Verräter". An einen Tisch gelehnt, die Lippen bewegend, aber ohne ein Wort hervorzubringen, die Arme ausgebreitet, traf den Friedländer, dessen Antlitz durch lange und schwere Krankheit schon vom Tode gezeichnet war, der Mordstahl.

Wallenstein ist gewiß nicht ohne eigene Schuld zugrunde gegangen. Das Verbrechen des Hochverrates liegt indessen bei ihm nicht so klar zutage, wie es seine Gegner und Ankläger hinstellten. Schriftliche Äußerungen, die ihn belasten konnten, vermied er, in seinen mündlichen gab er allerdings seinen vielfach wechselnden Stimmungen und Verstimmungen, seinem Haß und seiner Rachgier wie auch seinen hochfliegenden Plänen hemmungslos Ausdruck. Ob aber die Ohrenzeugen derartige Ergüsse im einzelnen zutreffend berichteten, ist in vielen Fällen fraglich. Bei seinen häufig sehr verfänglichen Verhandlungen pflegte er dem jeweiligen Gesprächspartner zu versichern, er halte auch weiterhin die Beziehungen zur Gegenseite aufrecht, um sie irrezuführen. Meist suchte er beide irgendwie zu täuschen, und so läßt sich auch aus seinen Verhandlungen kaum je ein zwingender Schluß auf seine wirklichen Absichten ziehen, zumal da er sich zu endgültigen Entscheidungen äußerst schwer entschloß und stets darauf bedacht war, sich bis zum letzten Augenblick jede Möglichkeit offen zu halten. Immerhin bot vieles von dem, was er gesprochen, getan und vor allem unterlassen hat, Grund genug, ihn ohne ein langwieriges Verfahren zum zweiten Male abzusetzen, ob er auch als Hochverräter zu bestrafen war, wäre in einem ordentlichen Gerichtsverfahren zu untersuchen gewesen. Der Kaiser wünschte deshalb die Gefangennahme Wallensteins. Nun war aber zu befürchten, daß dieser, ehe sie gelang, zum Feinde übergehen würde. Der Kaiser ließ sich von seinen Ratgebern von dem Rechte der Obrigkeit, einen gefährlichen Untertanen notfalls durch Mord zu beseitigen, überzeugen, erklärte Wallenstein als einen überführten Schuldigen und befahl ihn, wenn es die Umstände erforderten, sofort zu töten. Nach vollbrachter Tat fragte Ferdinand nicht mehr nach den Umständen, er bedauerte nur, daß Wallenstein und die drei Generale ohne Beichte gestorben waren, und ließ für das Heil ihrer Seelen dreitausend Messen lesen.

Die Mit- und Nachwelt beruhigte sich nicht so leicht über den „Fall Wallenstein". Zunächst spielte er eine große Rolle in der Streitliteratur des 17. Jahrhunderts. Die Ermordung des Friedländers wurde sofort von protestantischer Seite in zahlreichen Schriften als eines der bei den Spaniern und Jesuiten üblichen Verbrechen hingestellt. In Wien geriet man in Verlegenheit, weil sich in Wallensteins Papieren nicht, wie man erwartet hatte, eindeutiges Belastungsmaterial fand. Man behalf sich deshalb in dem als offiziös anerkannten „Ausführlichen und gründlichen Bericht der vorgewesten Friedländischen und seiner Adhärenten abscheulichen Prodition" und in verschiedenen Veröffentlichungen ähnlicher Art mit der Zusammenfassung alles dessen, was gegen Wallenstein sprach, und mit der Übergehung von jeglichem, was ihn entschuldigen konnte. Auf diese Weise gelang es, weite Kreise davon zu überzeugen, daß der Friedländer schon von seinem ersten Generalat an ein treuloser Verräter gewesen sei. Später befaßte sich die Geschichtswissenschaft mit dem Problem Wallenstein, das sich um so verwickelter darstellte, je mehr zeitgenössisches Aktenmaterial zutage gefördert wurde. Die politische Einstellung und die persönliche Auffassung der Forscher, ebenso der jeweilige Zeitgeist machten sich auch bei den wissenschaftlichen Untersuchungen und Beurteilungen des Wallensteinproblems und noch mehr in Werken halbwissenschaftlichen Charakters und in Dichtungen wie den Wallenstein-Dramen Schillers geltend. Doch soviel im einzelnen an dem Wallensteinproblem umstritten ist und bleiben wird, sicher ist, daß er letzten Endes weder an dem Unverständnis und der Bosheit seiner Feinde noch an einem blinden Verhängnis, sondern an seinem eigenen Wesen (S. 114 ff.) zugrunde ging: „Recht stets behält das Schicksal, denn das Herz / In uns ist sein gebiet'rischer Vollzieher."

Die Schlacht bei Nördlingen. Der Prager Frieden

Nach der Ermordung Wallensteins drang Oxenstierna erneut in Johann Georg von Sachsen, mit den Schweden gegen den Kaiser vorzugehen. In der Hoffnung auf kursächsische Unterstützung und auf den Anschluß von Teilen des ehemaligen Wallensteinheeres ließ Bernhard von Weimar nur noch wenige seiner Truppen in der Oberpfalz und wandte sich nordwärts, um in Böhmen einzufallen. Aber die kaiserliche

Armee, die jetzt dem Namen nach von Ferdinand, dem ältesten Sohn Ferdinands II., und tatsächlich von Gallas geführt wurde, hatte bereits die Gebirgspässe besetzt, und der kursächsische Feldmarschall Arnim hielt Bernhard, wie einst Wallenstein, mit leeren Versprechungen hin. Infolge von Bernhards Abzug konnte sich Gallas im Frühjahr 1634 fast der ganzen Oberpfalz bemächtigen. Dann rückte er gemeinsam mit Aldringen, der ein Kommando über bairisch-ligistische Truppen hatte, vor Regensburg, dessen schwedische Besatzung sich am 26. Juli nach siebenwöchiger Belagerung ergab. Horn hatte Feria (S. 143), dessen meist neapolitanische Truppen größtenteils den Strapazen eines Winterfeldzuges in Deutschland erlagen, hart zugesetzt und in Oberschwaben bedeutende Erfolge erzielt. Am 12. Juli brach er von Augsburg mit Bernhard von Weimar, der sich von Norden kommend hier mit ihm vereinigt hatte, auf, um Regensburg zu entsetzen, vermochte jedoch dessen Übergabe nicht zu verhindern. Die Schweden konnten sich infolgedessen an der Donau nicht mehr halten, verließen Baiern und zogen wieder nach Schwaben.

Die Hauptmacht der kaiserlichen und der ligistischen Armee rückte die Donau aufwärts bis Donauwörth vor, bog hierauf nach Norden ab und stand am 18. August vor N ö r d l i n g e n, das von einer schwedischen Besatzung und von der protestantischen Bürgerschaft tapfer verteidigt wurde. Bernhard und Horn waren sich darin einig, daß der Verlust Nördlingens so kurz nach dem Fall von Regensburg unbedingt vermieden werden müsse; während aber Bernhard für ein sofortiges Vorgehen eintrat, setzte Horn beim Kriegsrat durch, daß erst noch Verstärkungen herbeigerufen wurden. Unterdes erhielten jedoch auch die Gegner Zuzug; am 2. September traf der Kardinalinfant Don Ferdinand, der eine neue spanische Armee von fünfzehntausend Mann aus Italien nach den Niederlanden führte, vor Nördlingen ein. Da sich die Stadt voraussichtlich nur noch wenige Tage zu halten vermochte, griffen Bernhard und Horn den weit stärkeren Feind an. Am Abend des 5. und am Morgen des 6. September waren sie im Vorteil, dann wandte sich das Schlachtenglück. Die Schweden erlitten eine vernichtende Niederlage. Sie verloren an Toten und Gefangenen sechs- bis zehntausend Mann, dazu die ganze Artillerie und das Gepäck, Horn wurde gefangengenommen, Bernhard verwundet, er entkam mit knapper Not; die Gegner hatten etwa zweitausend Mann eingebüßt. Bernhard rettete sich nach Cannstatt und meldete von dort Oxenstierna, seine und Horns Armee seien von einem so argen Unglück betroffen worden, daß es nicht ärger hätte sein können. Es wäre noch größer geworden, wenn die Sieger die Geschlagenen nicht bloß einige Meilen weit verfolgt hätten; so konnten sich aber die Reste der Schweden in Frankfurt sammeln.

Die Schlacht von Nördlingen hatte ähnlich weitreichende Folgen wie die vom Weißen Berge und die von Breitenfeld. Nördlingen ergab sich am nächsten Tage. Die Schweden, die jetzt keine größere Armee im Felde stehen hatten, wurden aus fast ganz Schwaben und Franken vertrieben. Als Johann Georg die Nachricht von dem Siege des katholischen Heeres bei Nördlingen erhielt, entschloß er sich, wie er längst geplant, sich mit dem Kaiser zu versöhnen. Am 24. November 1634 einigten sich die Abordnungen Kaiser Ferdinands und Kurfürst Johann Georgs zu Pirna auf einen Präliminarvertrag, auf dessen Grundlage am 30. Mai 1635 der P r a g e r F r i e d e geschlossen wurde. Dabei war von beiden Seiten beabsichtigt, mit dem Separatfrieden einen allgemeinen Reichsfrieden anzubahnen, weshalb man sich nicht auf die Beilegung der Streitpunkte zwischen dem Kaiser und dem Kurfürsten beschränkte, sondern sich auch über Fragen verglich, welche die übrigen Reichsstände berührten.

Johann Georg wurden im Prager Frieden die Ober- und Niederlausitz als erbliche Lehen der Krone Böhmen und die magdeburgischen Ämter Jüterbog, Dahme, Burg und Querfurt zugesprochen. Außerdem sollte Kursachsen auf fünfzig Jahre im Besitz der Kirchengüter bleiben, die es 1620 hatte, und Johann Georgs Sohn August das Erzbistum Magdeburg auf Lebenszeit als Administrator erhalten. Für seine Person konnte der Kurfürst mit diesen Ergebnissen sehr zufrieden sein, dafür kam er dem Kaiser in den allgemeinen religiösen und politischen Angelegenheiten weit entgegen. Daß das Restitutionsedikt nicht aufrechterhalten werden könne, hatte man allerdings auch am Wiener Hof seit einiger Zeit eingesehen (S. 142), immerhin lief eindeutig auf eine Begünstigung der Katholiken hinaus, was im Prager Frieden vereinbart worden war. Als Stichtag für den Besitzstand der geistlichen Güter wurde für alle Reichsstände mit Ausnahme von Kursachsen der 12. November 1627 festgesetzt. Demnach sollten an die Katholiken zum Beispiel das Erzbistum Bremen und die Bistümer Verden, Hildesheim, Osnabrück, Minden und Halberstadt zurückfallen, weil sie damals von kaiserlichen und ligistischen Truppen besetzt waren. Aber auch das, was im Jahre 1627 von geistlichen Gütern in den Händen evangelischer Reichsstände war, wurde diesen nur auf vierzig Jahre überlassen, dann sollte darüber endgültig entschieden werden. Kalvinistischen Reichsständen wurde ein Recht auf ehemaliges Kirchengut überhaupt abgesprochen. Der geistliche Vorbehalt (S. 6) blieb in Geltung, protestantische Administratoren von Bistümern erhielten weder Sitz noch Stimme auf den Reichstagen, und mit Ausnahme von Schlesien wurde den Protestanten in den österreichischen Erbländern Religionsfreiheit verweigert. Alle Sonderbündnisse wurden verboten und damit sowohl die katholische Liga wie der evangelische Heilbronner Bund (S. 141) aufgehoben. Statt dessen sollte ein Reichsheer von achtzigtausend Mann aufgestellt werden und darin der Kurfürst von Sachsen und die Kurfürsten, die dem Frieden beitreten würden, eine selbständige Abteilung unter dem Oberbefehl des Kaisers führen. Als erste Aufgabe dieser Armee wurde die Vertreibung der Schweden und der Ende 1634 in Deutschland eingefallenen Franzosen (S. 150) ins Auge gefaßt. Von diesem Frieden waren die Kalvinisten ausgeschlossen, an die übrigen Reichsstände erging die Aufforderung, sich ihm anzuschließen. Ihr folgten alle außer den wenigen geächteten Fürsten, darunter Eberhard von Württemberg und Friedrich von Baden-Durlach, ferner dem Landgrafen von Hessen-Kassel, Bernhard von Weimar und einigen Reichsstädten. Noch im Laufe des Jahres 1635 konnte der Prager Friede als Reichsfriede proklamiert werden. Er schien dem Kaiser im Reiche viel Macht zu verleihen, den gegenreformatorischen Bestrebungen große Aussichten zu eröffnen, dem Wunsche des Kurfürsten Johann Georg entgegenzukommen, innerhalb des deutschen Protestantismus die ausschlaggebende Rolle zu spielen, und die Sehnsucht des deutschen Volkes nach innerer Ruhe und Befreiung vom Drucke der ausländischen Armeen zu erfüllen. Über die Regelung der konfessionellen Angelegenheiten waren jedoch viele Evangelische sehr verstimmt, auch Feldmarschall Arnim, der deshalb aus den kursächsischen Diensten schied.

Andererseits gingen manchen die Zugeständnisse an die Protestanten zu weit, und den Machtzuwachs des Kaisers betrachteten auch die katholischen Fürsten mit scheelen Augen. Die Mittel für den Unterhalt des Reichsheeres sollten durch Beiträge der Reichsstände aufgebracht werden, wovon nach früheren Erfahrungen wenig zu erwarten war. Unter diesen Umständen hoffte die französische Regierung die Auseinandersetzung mit den deutschen und spanischen Habsburger zu ihren Gunsten entscheiden zu können. Daran entzündete sich der Krieg aufs neue, und das deutsche Volk hatte nun unter der einheimischen und fremden Soldateska mehr denn je zu leiden.

DER FRANZÖSISCH-SCHWEDISCHE KRIEG

Zunächst schien es, auch Oxenstierna würde dem Prager Frieden beitreten. Je schwieriger sich die Kriegslage für das schwedische Heer gestaltete, desto unzuverlässiger zeigten sich seine zahlreichen deutschen Offiziere und Mannschaften. Um aber den Krieg allein weiterzuführen, war Schweden zu arm an Geld und Menschen. Außerdem lief in nächster Zeit der im September 1629 zwischen König Gustav Adolf und Polen auf sechs Jahre vereinbarte Waffenstillstand ab, und von König Christian IV. von Dänemark war ein gemeinsamer Angriff mit Polen gegen Schweden zu fürchten. Oxenstierna erklärte deshalb in dem „Schönebecker Projekt", so genannt nach der Stadt Schönebeck an der Elbe, er gäbe sich jetzt mit der Amnestie für die deutschen Anhänger Schwedens, mit der Vergütung der Kriegskosten und bis zu deren Bezahlung mit der vorübergehenden Besetzung einiger Orte in Pommern zufrieden. Im Vollgefühl seines Sieges verlangte jedoch der Kaiser, die Schweden sollten das Reich sofort verlassen, und wollte ihnen nur eine geringe Entschädigung in Geld bewilligen. Oxenstierna brach daraufhin die Verhandlungen ab, wozu ihn besonders die Haltung Frankreichs ermutigte.

Richelieu hatte nach dem Mantuanischen Erbfolgekrieg (S. 122) seine Politik fortgesetzt, unter möglichster Vermeidung einer offenen Kriegserklärung an Kaiser Ferdinand II. und König Philipp IV. die Umklammerung Frankreichs durch die Habsburger zu sprengen und die französische Herrschaft bis an den Rhein auszudehnen. Der Bedrohung von Norden suchte Richelieu erst durch Erneuerung der Subsidienverträge mit den Generalstaaten zu begegnen, dann schloß er mit ihnen im Februar 1635 ein Offensiv- und Defensivbündnis zur Vertreibung der Spanier aus den südlichen Provinzen der Niederlande. Um den Spaniern den Weg von dem unter ihrer Herrschaft stehenden Herzogtum Mailand nach Südwestfrankreich zu verlegen, bewog Richelieu im Sommer 1635 Savoyen, Mantua und Parma nach langwierigen Verhandlungen zu einem Bündnis mit Frankreich. Mit zähem Eifer bemühte sich Richelieu ferner, in den Gegenden des oberen und mittleren Rheines Stützpunkte zu gewinnen, von denen aus die Verbindung der Spanier mit ihren niederländischen Provinzen immer wieder gestört und die Eingliederung des linken Rheinufers in das französische Reich vorbereitet werden konnte; in den Jahren 1633 und 1634 nahm er die württembergische Grafschaft Mömpelgard, das Bistum Basel und mehrere Städte des Elsasses unter französischen Schutz.

Des Herzogtums Lothringen, das seit 870 zu Deutschland gehörte, sich zu bemächtigen, hatten schon wiederholt französische Könige versucht. Die Herzöge von Lothringen lehnten sich jeweils mehr an Deutschland oder Frankreich an, je nachdem sie sich davon größere Selbständigkeit erhofften. Nach dem Tode des 1624 gestorbenen Herzogs Heinrich II. war es fraglich, ob ihn seine älteste Tochter Nikoletta oder sein Bruder Franz beerben sollte. Dessen Sohn Karl erklärte mit Zustimmung der lothringischen Stände gegen den Einspruch Richelieus die weibliche Erbfolge als unzulässig, worauf Franz seine Rechte auf seinen Sohn übertrug, den dann Kaiser Ferdinand von Reichs wegen mit dem Herzogtum Lothringen belehnte. Richelieu zwang im Januar 1632 Herzog Karl IV. zu dem Vertrag von Vic, in dem sich dieser zum Anschluß an Frankreich und Schweden verpflichten mußte. Der Herzog hielt trotzdem seine bisherigen Beziehungen zu den Habsburgern aufrecht und verheiratete seine Schwester mit Gaston von Orléans, der Richelieus schärfster innenpolitischer Gegner war. Nun ließ der Kardinal Truppen in Lothringen einmarschieren in der festen Absicht, es nie wieder herauszugeben. Karl verließ sein Land, erhielt den Oberbefehl über die bairisch-ligistische Armee und führte sie in der Schlacht bei Nördlingen. König Ludwig XIII. annektierte daraufhin Lothringen. Im Prager Frieden wurde bestimmt, daß Karl IV. zur Rückgewinnung seines Herzogtums geholfen werden sollte, für Richelieu ein Grund mehr für seinen zunächst verdeckten Kampf gegen den Kaiser.

Im Gebiete der mittleren Mosel und des Mittelrheins hatte Philipp Christoph von Sötern, Erzbischof von Trier und Bischof von Speier, entrüstet über die Spanier, die sich Vogteirechte im Erzbistum Trier anmaßten und 1630 die Stadt Trier besetzten, und in Sorge wegen der sich 1631 seinem Lande nähernden schwedischen Truppen Richelieu um Hilfe gebeten. Er nahm den Erzbischof gerne in seinen Schutz. Zur Sicherung von Söterns Gebiet verlangte Richelieu die Auslieferung der Festungen Ehrenbreitstein und Philippsburg. Sötern war damit einverstanden, doch lehnte der Kommandant von Philippsburg die Übergabe ab, und so konnten zunächst nur in Ehrenbreitstein und in Trier französische Truppen einziehen. Einige Jahre später glückte den Spaniern ein Überfall auf Trier, wobei sie Sötern gefangennahmen. Dies diente Richelieu zum Vorwand, am 19. Mai 1635 dem König von Spanien den Krieg zu erklären.

Bei seiner Verbindung mit Schweden behielt Richelieu ebenfalls seine Interessen am Rheine im Auge. Er hatte es als einen Übergriff in sein Machtgebiet empfunden, als Gustav Adolf nach der Einnahme von Mainz (S. 133) den Rhein überschritt und neben anderen linksrheinischen Festungen Kreuznach einnahm. Nach dem Tode des Königs sollte der zur Heilbronner Tagung abgeordnete französische Gesandte von Oxenstierna die Übergabe der von den Schweden im Elsaß besetzten und einiger anderer Städte an Frankreich verlangen, konnte jedoch nur die Erneuerung des Bärwalder Vertrages erreichen. Als sich aber die Lage der Schweden verschlechtert hatte, erzwang Richelieu die Abtretung von Philippsburg, das in ihre Hände gekommen war und als der Schlüssel zur Rheinpfalz galt, und nach der Schlacht von Nördlingen die Auslieferung Mannheims und nun auch der elsässischen Städte; mit Ausnahme von Straßburg beherrschten jetzt die Franzosen fast das ganze Elsaß. So willkommen Richelieu wegen seiner Rheinpolitik die Schwächung der Schweden war, wäre ihm doch deren völliges Ausscheiden aus dem deutschen Krieg sehr unerwünscht gewesen. Bei einer persönlichen Besprechung am 28. April 1635 zu Compiègne vereinbarte deshalb Richelieu mit Oxenstierna ein neues Abkommen. Es wurde zwar von Königin Christine von Schweden nicht bestätigt, trug aber doch mit der Weiterzahlung der französischen Subsidien für die schwedischen Truppen dazu bei, daß Oxenstierna keinen Separatfrieden mit dem Kaiser schloß. Durch die gemeinsame Vermittlung von Frankreich, den Generalstaaten und England kam ferner am 12. September 1635 der Vertrag von Stuhmsdorf zustande, in dem der Waffenstillstand zwischen Polen und Schweden verlängert wurde und Schweden sich verpflichtete, die von Gustav Adolf im ehemaligen Ordensland Preußen eroberten Stützpunkte König Wladislaw IV. und dem Kurfürsten Georg Wilhelm von Brandenburg zu überlassen. Von Polen hatte Schweden also nichts zu befürchten, und Oxenstierna fand Christian IV. mit der Übergabe des Erzbistums Bremen an einen der Söhne des Dänen ab. Außerdem wirkte sich für die Schweden im Reiche die Verbindung Richelieus mit Herzog Bernhard von Weimar günstig aus.

Für die von ihm für das Jahr 1635 geplanten Feldzüge stellte Richelieu je ein Heer gegen die spanischen Niederlande, gegen das Herzogtum Mailand, zur Besetzung der Veltliner nach Tirol führenden Pässe und gegen den Oberrhein auf. Die vierte Armee sollte Bernhard von Weimar, der sich nach seiner Niederlage bei Nördlingen an den Oberrhein begeben hatte, unterstützen. Wie die übrigen Armeen versagte auch die vierte; die kaiserlichen Truppen gewannen Philippsburg, den größten Teil des Elsasses und das Erzbistum Trier. Diese Verluste bewogen Richelieu, mit Bernhard von Weimar am 27. Oktober 1635 den Vertrag von St. Germain abzuschließen. Ludwig XIII. übernahm die Kosten für die Aufbringung und den Unterhalt eines Heeres von achtzehntausend Mann, das der Herzog zwar „unter der Autorität des Königs", aber doch selbständig führen sollte. Dabei wurde immer noch die Fiktion aufrechterhalten, als handle es sich um einen innerdeutschen, nicht um einen Krieg Frankreichs gegen den Kaiser oder gar gegen das deutsche Reich. Bernhard erhielt, wie es in den offenen Artikeln des Vertrages hieß, die französischen Hilfsgelder als General der Armee des Heilbronner Bundes, der aber in Wirklichkeit nicht mehr bestand, und als Kriegszweck wurde die „Herstellung der Libertät Deutschlands", der Freiheit der Reichsstände gegenüber dem Kaiser, angegeben. Außer jährlichen Subsidien von vier Millionen Livres für seine Truppen und zweihunderttausend Livres für seine Person wurde Bernhard von Ludwig XIII. die Übertragung aller Rechte und Besitzungen des Hauses Österreich im Elsaß und die Bestätigung als Herzog von Franken (S. 144) zugesagt. In den Augen Richelieus bedeutete das keineswegs den endgültigen Verzicht Frankreichs auf die Erwerbung des Elsaß, sondern nur die einstweilige Überlassung an einen von Frankreich abhängigen Fürsten, auch wurden die französischen Besatzungen aus den militärisch wichtigen Orten des Elsaß nicht entfernt.

Schweden konnte infolge des Stuhmsdorfer Vertrages seine in Preußen und Livland stehenden Truppen zurückziehen und mit denen im Reiche vereinen. Der Beitritt der meisten ehemaligen Bundesgenossen, besonders Sachsens, zum Prager

Frieden und namentlich Bernhard von Weimars Übergang in den Dienst Frankreichs hatten für Schweden den Vorteil, daß es nun seine ganze Armee unter einen einheitlichen Oberbefehl stellen konnte, unter den Banérs, der sich durch kühnen Unternehmungsgeist und großzügige, umsichtige Heerführung gleicherweise auszeichnete. Oxenstierna hätte sich aber doch wohl kaum zur Fortsetzung des Krieges in Deutschland entschlossen, wenn nicht Frankreich unter Bernhard von Weimar ein Heer gegen den Kaiser aufgeboten hätte. Dadurch wurde ein großer Teil der kaiserlichen Armee im Südwesten festgehalten. Der schwedische Kanzler durfte darauf rechnen, daß er sich mit seinen vorerst verhältnismäßig geringen Streitkräften in Norddeutschland behaupten werde und daß er nach Erstarkung seiner Armee wieder nach Süden werde vordringen können.

So war das Eingreifen Frankreichs dafür entscheidend, daß der Große Krieg nicht durch den Prager Frieden beendet wurde, sondern sich noch weitere dreizehn Jahre hinzog, in denen Deutschland, zumal Norddeutschland und das Kurfürstentum Sachsen, mehr noch als in den vorausgegangenen siebzehn Jahren unter den Kriegswirren und der ständig zunehmenden Verwilderung der Soldateska zu leiden hatte. Der Krieg, in dem, wie der Kaiser, damit auch seinen protestantischen Gegnern gerecht werdend, im Sommer 1635 seinem Gesandten in Rom schrieb, „jeder Teil so ritterlich nicht für dieses zeitliche Gut und vergängliche Leben, sondern für der Seelen Heil und Seligkeit zu streiten und das Äußerste zu leiden bereit war", verlor seinen vorwiegend konfessionellen Charakter. Schweden kämpfte hauptsächlich um eine möglichst große Kriegsentschädigung und hatte außer dem Kaiser die zwei bedeutendsten protestantischen Landesfürsten, Johann Georg von Kursachsen und Georg Wilhelm von Brandenburg, zu Gegnern. In dem Ringen Richelieus mit Spanien, mit dem Kaiser und mit dem trotz seines früheren Bündnisses mit Frankreich (S. 123) auf kaiserlicher Seite stehenden Kurfürsten von Baiern ging es ebenfalls um rein Politisches. Dem damaligen Zeitgeist entsprechend war das religiöse Element freilich nicht ganz ausgeschaltet: Bernhard von Weimar zum Beispiel betrachtete sich immer noch als einen Vorkämpfer des Protestantismus, wenn er es auch in erster Linie auf Landerwerb für sich abgesehen hatte und sich Richelieu gegenüber verpflichten mußte, im Elsaß den Katholizismus zu schützen.

Die Kaiserlichen behaupteten trotz der Reorganisation des schwedischen Heeres und der im Dienste Frankreichs von Herzog Bernhard neu angeworbenen Armee das Übergewicht, das sie in der Schlacht bei Nördlingen errungen hatten, im großen und ganzen noch ungefähr drei Jahre. Die Schweden erzielten zwar im Spätherbst 1635 einige Erfolge und konnten sich nach dem von Banér am 4. Oktober 1636 bei Wittstock über kaiserliche und sächsische Truppen erfochtenen Siege Pommerns, Brandenburgs, Sachsens und Thüringens bemächtigen, wurden aber im nächsten Jahre gezwungen, sich wieder nach Pommern zurückzuziehen. Bernhard von Weimar mußte sich zunächst auf die Verteidigung des Elsaß beschränken, weil die französischen Hilfsgelder auf sich warten ließen. Von den südlichen Niederlanden stießen im Jahre 1636 spanische, kaiserliche und bairische Truppen nach Frankreich vor. Der verwegene, seine Gegner immer wieder durch neue Angriffe überraschende bairische Reiterführer

Johann von Werth kam so nahe an Paris heran, daß die Franzosen um ihre Hauptstadt in Sorge waren; noch im 19. Jahrhundert sangen sie ein Volkslied von Jean de Werth „qui fit pleurer le roy de France", doch drängte ein rasch zusammengezogenes Heer von fünfzigtausend Mann Spanier und Deutsche an die Grenze zurück. Im Jahre 1637 eroberte Werth die Festung Ehrenbreitstein, mißlang den Franzosen ein Anschlag auf Mailand, und vertrieben die Graubündner sie aus dem Veltlin. Im Sommer 1637 gelang es Bernhard nach einem Sieg über den Herzog von Lothringen in der Nähe von Gray an der Saône den Rhein bei Rheinfelden zu überschreiten, doch wurde Bernhard von Johann von Werth bald wieder auf das linke Ufer zurückgeworfen.

Zu den militärischen Schwierigkeiten kamen für Frankreich politische Rückschläge. Der Polenkönig Wladislaw IV. schloß ein Bündnis mit dem Kaiser. Die Beziehungen zu Schweden verschlechterten sich, hauptsächlich weil Königin Christine den Vertrag von Compiègne (S. 152) immer noch nicht bestätigte, so sehr, daß Richelieu Oxenstierna schließlich keine Hilfsgelder mehr bezahlte. Der Kaiser erklärte am 18. September 1636 Frankreich den Krieg, der eigentlich schon mit Herzog Bernhards Übertritt in französische Dienste begonnen hatte, und forderte den eben zu Regensburg tagenden Kurfürstenrat auf, sich der Kriegserklärung anzuschließen. Die Kurfürsten lehnten dies zwar ab, traten aber insofern auf die Seite des Kaisers, als sie von Frankreich die Räumung des Elsaß, Lothringens und der Bistümer Metz, Toul und Verdun verlangten. Bald darauf, im Dezember 1636, setzte Ferdinand II. die Wahl seines ältesten Sohnes Ferdinand zum römischen König durch. Auch das bedeutete eine politische Niederlage Frankreichs, denn Richelieu hatte sich, unterstützt von der römischen Kurie, um die Wahl des bairischen Kurfürsten bemüht, obwohl dieser im November 1634 und im Januar 1636 mit dem Kaiser Militärverträge abgeschlossen hatte und seine Truppen mehr als den vierten Teil des gesamten kaiserlichen Heeres ausmachten. Als Ferdinand II. am 15. Februar 1637 starb, folgte ihm der bereits zum römischen König Gewählte auf den Kaiserthron. Ferdinand III. war zu Beginn seiner Regierungszeit neunundzwanzig Jahre alt. Er hatte seit Wallensteins Tod nominell den Oberbefehl über die kaiserliche Armee geführt und sich auch persönlich, zum Beispiel in der Schlacht bei Nördlingen, als Feldherr bewährt. In weiten Kreisen hoffte man, ihm werde in Kürze gelingen, die Truppen der fremden Mächte aus dem Reiche zu verdrängen, doch gestaltete sich die Kriegslage des nächsten Jahres zuungunsten der Kaiserlichen.

Ende Januar 1638 überschritt Bernhard von Weimar wieder den Rhein und rückte vor Rheinfelden. Den Belagerten wollte eine kaiserliche Armee zu Hilfe kommen, sie wurde am 3. März von Bernhard geschlagen, ihre Führer, Savelli und Werth, gerieten in Gefangenschaft. Nach Rheinfelden eroberte der Herzog Freiburg und schloß dann Breisach ein. Auch diese Festung, die bedeutendste Süddeutschlands, suchten die Kaiserlichen zu entsetzen. Sie wurden am 9. August bei Wittenweiler abermals besiegt; im Dezember fiel Breisach. Unterdes hatte ein Ausgleich zwischen Oxenstierna und Richelieu stattgefunden. In einem zu Hamburg im März unterzeichneten Vertrag waren Schweden und Frankreich übereingekommen, von Sachsen und Oberdeutschland aus die kaiserlichen Erblande anzugreifen und bis zum gemeinsamen Friedensschluß im Kriege auszuharren. Banér zwang die Truppen des Kaisers, Mecklenburg und Vorpommern zu verlassen, wohin sie unter Gallas gedrungen waren, marschierte, durch Zuzug aus Schweden verstärkt, durch die Altmark, vernichtete am 14. April 1639 bei Chemnitz ein kaiserlich-sächsisches Heer und fiel in Böhmen ein. Bernhard von Weimar hatte sich von Breisach mit seinem Heer in die Freigrafschaft Burgund begeben. Im Sommer 1639 setzte der Herzog abermals über den Strom, um seine, in den Hamburger Abmachungen vorgesehene, aber durch Unstimmigkeiten mit Richelieu verzögerte Offensive aufzunehmen. Noch während ihrer Vorbereitung wurde Bernhard kurz vor Vollendung seines vierunddreißigsten Lebensjahres von einem schleichenden Fieber am 18. Juli 1639 zu Neuenburg am Rhein hinweggerafft.

Für Richelieu bedeutete der Tod des Herzogs einen Verlust und zugleich eine Entlastung. Einer der fähigsten Feldherren des Dreißigjährigen Krieges, hatte sich Bernhard von Weimar unter anderem durch sein Eingreifen in der Schlacht bei Lützen, durch die Eroberung Regensburgs und besonders durch seine glänzenden Waffentaten des Jahres 1638 großen Ruhm erworben; ein Heerführer, der ihn zu ersetzen vermochte, stand Frankreich damals nicht zu Gebote. Andererseits fühlte sich der Herzog nicht als Söldner, sondern als fürstlicher Bundesgenosse Frankreichs und betonte dies König Ludwig XIII. und Richelieu gegenüber nachdrücklich. Wie Bernhard im Dienste Schwedens danach strebte, Franken als Herzogtum für sich zu gewinnen, so hatte er bei seinen Unternehmungen für Frankreich es hauptsächlich auf die Erwerbung des Elsaß abgesehen, und darüber kam es immer wieder zu Zusammenstößen mit Richelieu, der zum Beispiel Breisach als rechtsrheinischen Brückenkopf für Frankreich beanspruchte. Indem der Herzog die völlige Herrschaft über das Elsaß zu erringen trachtete, wollte er aber zugleich dafür sorgen, daß es dem deutschen Reiche erhalten bleibe. Auch mit seinem Eintreten für den Protestantismus und für die deutsche Libertät meinte er es ehrlich; er lehnte deshalb vielversprechende Anerbieten des Wiener Hofes ab, der ihn auf die kaiserliche Seite herüberzuziehen versuchte. Vor allem anderen verfolgte Bernhard bei seinen Kriegstaten und politischen Verhandlungen das Ziel, vom Prinzen ohne Land zu einem der ersten Reichsfürsten mit einem weit ausgedehnten, reichen Gebiet aufzusteigen. Immerhin hatte sein Ausscheiden aus dem Großen Krieg zur Folge, daß nun bei den europäischen Auseinandersetzungen das konfessionelle Element noch mehr in den Hintergrund trat und daß für Frankreich am Oberrhein die Rücksicht wegfiel, die es auf Bernhard hatte nehmen müssen. Richelieu bemächtigte sich der im Elsaß und auf dem rechten Rheinufer von Bernhard eroberten Plätze, bewog dessen Obersten, unmittelbar in den französischen Dienst überzutreten und konnte nun frei über eine Armee verfügen, die sich in vielen Kämpfen erprobt hatte.

Die Kaiserlichen zwangen anfangs 1640 Banér zum Rückzug aus Böhmen und erfochten in der Folgezeit noch manchen Sieg, aber im großen und ganzen gewannen Frankreich und Schweden mehr und mehr das Übergewicht. Viel trugen hierzu die sich häufenden Schwierigkeiten König Philipps IV. bei. Im Juni 1640 brach in Barcelona ein Aufruhr aus, der sich bald über ganz Katalonien ausdehnte, ein halbes

Jahr später riß sich Portugal von Spanien los, mit dem es seit 1580 in Personalunion vereinigt war. Richelieu unterstützte sowohl die Katalonier als auch die Portugiesen und schwächte mit der von ihm ausgebauten französischen Flotte die spanische Stellung im Mittelmeer. Auch in Oberitalien erlitt Spanien empfindliche Verluste. — Ende 1640 marschierte Banér von Braunschweig, wohin er von Böhmen zurückgewichen war, nach Süddeutschland. Nachdem zu ihm unter Guébriant französische Truppen, die großenteils aus ehemaligen Regimentern Bernhards von Weimar bestanden, gestoßen waren, unternahm Banér im Januar 1641 einen Handstreich gegen Regensburg und den Reichstag, der eben dort abgehalten wurde, mußte aber unverrichteterdinge abziehen und wurde bis Halberstadt zurückgeworfen; hier starb er am 20. Mai, Strapazen und Ausschweifungen hatten seine Kräfte aufgezehrt. Dem ausgezeichneten Taktiker Banér folgte Torstensson, der bedeutendste schwedische Stratege im letzten Jahrzehnt des Großen Krieges. Im Frühjahr 1642 fiel er in Schlesien ein und drang dann nach Mähren vor, am 14. Juni eroberte er Olmütz. Einer starken feindlichen Übermacht ausbiegend, kehrte er nach Schlesien zurück und belagerte hierauf Leipzig. Ein kaiserliches Heer unter Erzherzog Leopold Wilhelm und Piccolomini suchte die Umklammerung zu sprengen, wurde jedoch am 2. November bei Breitenfeld vernichtend geschlagen. Anfang Dezember ergab sich Leipzig dem Sieger, bis Kriegsende blieb es von schwedischen Truppen besetzt. Am 4. Dezember 1642, ungefähr zu derselben Zeit, da die Schweden Leipzig eingenommen hatten, starb Richelieu. Weder dessen noch Ludwigs XIII. Tod am 14. Mai 1643 änderte etwas an der Haltung Frankreichs. Kardinal Mazarin, der Nachfolger Richelieus, und die Königin Anna, die für ihren noch unmündigen Sohn Ludwig XIV. die Regentschaft führte, setzten die Politik ihrer Vorgänger fort.

Von der Lausitz aus, in der er überwintert hatte, zog Torstensson im Sommer 1643 über Böhmen nach Mähren, wurde aber dann von Oxenstierna abberufen, um den alten Widersacher Schwedens, König Christian IV. von Dänemark, in seinem Lande anzugreifen. Nach mehreren Niederlagen sah sich der König, zumal ein von ihm erwartetes kaiserliches Hilfskorps zu spät eintraf, gezwungen, die Vermittlung Frankreichs anzunehmen, die zu dem am 13. August in Brömsebro abgeschlossenen Frieden führte. Dänemark mußte an Schweden unter anderem die Inseln Gotland und Ösel abtreten und ihm das Erzbistum Bremen überlassen. Schweden, das nun von Dänemark nichts mehr zu befürchten hatte, hoffte auch den Krieg in Deutschland bald siegreich beenden zu können. Torstensson hatte bereits im Sommer 1644 Dänemark verlassen, am 6. und 7. März 1645 besiegte er den kaiserlichen Feldmarschall Hatzfeld bei Jankau und stand im August vor Brünn in Mähren, gab aber bei der Annäherung starker feindlicher Kräfte die Belagerung der Stadt auf und wandte sich nach Nordböhmen. Nachdem er hier Leitmeritz erobert hatte, vereinbarte Kurfürst Johann Georg, um einem neuerlichen feindlichen Einfall in sein Land vorzubeugen, am 6. September mit Torstensson einen Waffenstillstand, in dem er ihm das Durchzugsrecht durch Sachsen einräumte.

Die bairischen Truppen führte im Jahr 1643 der aus Lothringen stammende General M e r c y. Er vereitelte, von Werth, der gegen Horn ausgewechselt worden war, tatkräftig unterstützt, die in diesem Jahr von den Franzosen unter Guébriant dreimal unternommenen Versuche nach Baiern vorzudringen; bei dem dritten wurde am 24. November unweit Tuttlingen eine ungefähr zwanzigtausend Mann starke französische Armee vernichtet, nachdem kurz zuvor der bei der Belagerung von Rottweil schwer verwundete Guébriant gestorben war. Sein Nachfolger wurde der neununddreißigjährige Vicomte de Turenne, außerdem wandte sich gegen Mercy der dreiundzwanzigjährige Ludwig Prinz von Condé, der, wie Turenne eine der großen Hoffnungen Frankreichs, im Mai 1643 bei Rocroi am Westrand der Ardennen einen glänzenden Sieg über die Spanier errungen hatte. Mercy eroberte am 28. Juli 1644 Freiburg im Breisgau, wurde einige Tage später von Turenne und Condé angegriffen, wehrte sie in zwei blutigen Gefechten ab, in denen die Franzosen mehr als siebzig, die Baiern fast dreißig Prozent ihres Fußvolkes verloren, gab dann aber doch Freiburg auf und marschierte über den Schwarzwald ostwärts.

Condé besetzte mehrere Städte am Rhein, darunter Speier, Philippsburg, Worms und Mainz. Im Frühjahr 1645 beabsichtigte Turenne in Baiern einzufallen, wurde am 5. Mai bei Mergentheim-Herbsthausen von Mercy geschlagen und zog sich hierauf nach Hessen zurück. Im Sommer unternahmen Turenne, Condé, Graf Königsmarck mit schwedischen und Geiso mit hessischen Truppen gemeinsam einen Feldzug gegen Baiern. Sie stießen am 3. August bei Allerheim, einem Dorfe östlich von Nördlingen, auf Mercy. Die Baiern und Kaiserlichen räumten das Schlachtfeld, als Mercy gefallen und ihr rechter Flügel durchbrochen war, aber auch die Gegner waren so geschwächt, daß sie den Kampf einstellen mußten und ihren Plan, in Baiern einzufallen, aufgaben. Dagegen konnten die Baiern und Kaiserlichen in Franken und Schwaben bald wieder zur Offensive übergehen und entrissen bis zum Ende des Jahres den Franzosen alle ihre Eroberungen auf dem rechten Rheinufer. Trotzdem war für Kurfürst Maximilian und den Kaiser der Tod Mercys ein schwerer Verlust. Man rühmte von diesem hervorragenden Strategen, er habe immer wieder die Absichten der Feinde durchschaut, als ob er bei ihrem Kriegsrat zugegen gewesen wäre, auch als Taktiker hat er, besonders in der Ausnutzung des Geländes, alle seine Gegner übertroffen.

Torstensson hatte sich auf seinen Feldzügen wegen eines schweren Gichtleidens seit Jahren einer Sänfte bedient; im Dezember 1645 gab er infolge der Verschlimmerung seiner Krankheit das Oberkommando an Wrangel ab, der sich wie sein Vorgänger schon unter Gustav Adolf ausgezeichnet hatte. Vor dem mit Übermacht anrückenden Erzherzog Leopold Wilhelm zog sich Wrangel im Januar 1646 an die Weser zurück und vereinigte sich im August bei Fritzlar mit Turenne. Nun gelang es den durch die schwedische Armee verstärkten Franzosen endlich über Franken nach Baiern vorzudringen und Maximilian, sowie dessen Bruder Ferdinand, den Kurfürsten von Köln, zu einem Waffenstillstand zu bewegen, der am 14. März 1647 auf sechs Monate in Ulm abgeschlossen wurde. Auch der Kurfürst von Mainz vereinbarte für sein rechtsrheinisches Gebiet mit Turenne eine Waffenruhe. Als aber daraufhin Johann von Werth mit einem großen Teil der bairischen Truppen in den Dienst des Kaisers übertrat, und dieser sich geneigt zeigte, auf Kosten Baierns sich mit Schweden und Frankreich zu verständigen und Karl Ludwig, dem Sohne Friedrichs V., die Rheinpfalz, unter Umständen auch die Oberpfalz und die Kurwürde zurückzugeben, kündigte Kurfürst Maximilian Schweden den Waffenstillstand, verbündete sich im September 1647 abermals mit dem Kaiser und sandte ihm zehntausend Mann zu Hilfe.

Wrangel wich vor der kaiserlich-bairischen Armee nach Niedersachsen aus, ging aber im Januar 1648 wieder nach Franken vor. Im März stieß hier Turenne zu ihm. Der Kurfürst hatte zwar mit Frankreich den Waffenstillstand erneuern wollen, Mazarin dies jedoch mit Rücksicht auf Schweden abgelehnt. Bei Zusmarshausen schlugen Wrangel und Turenne im Mai Maximilians Armee und verheerten dessen Land vom Lech bis zum Inn, im Juli wurden sie von kaiserlichen Truppen wieder bis zum Lech zurückgeworfen. Unterdes war Königsmarck mit einer zweiten schwedischen Armee durch die Oberpfalz nach Böhmen marschiert. Am 5. August fiel die Kleinseite von Prag mit dem Hradschin durch Verrat in seine Hand, doch wehrten die Besatzung und die Bürgerschaft der Altstadt die Angriffe der Schweden tapfer ab, bis die Nachricht von der am 24. Oktober vollzogenen Unterzeichnung des Westfälischen Friedens eintraf und dadurch Königsmarck zur Aufgabe der Belagerung gezwungen wurde.

DER WESTFÄLISCHE FRIEDE

Die lange Dauer des Krieges und seine grauenvollen Begleiterscheinungen riefen im deutschen Volke eine allgemeine Friedenssehnsucht hervor. Nachdem mehrere während des zweiten Kriegsjahrzehntes von verschiedenen Seiten unternommene Vermittlungsversuche gescheitert waren — so der im Winter 1631/32 vom Dänenkönig Christian IV., 1636 vom päpstlichen Nuntius Ginetti, 1638 von Frankreich und wiederum von Christian IV. — schien sich im Jahre 1640 eine begründete Aussicht auf den baldigen Beginn von Friedensverhandlungen zu eröffnen. Maximilian von Baiern war zu der Überzeugung gekommen, daß ein vollständiger Sieg der katholischen Partei ausgeschlossen sei, und regte deshalb zur Besprechung der Friedensfrage die Abhaltung eines Kurfürstentages an, der im Februar 1640 zu Nürnberg zusammentrat und den Kaiser veranlaßte, nach Regensburg den Reichstag einzuberufen. Siebenundzwanzig Jahre hatte kein Reichstag mehr stattgefunden; mit seinen sich von 23. September 1640 bis zum 10. Oktober 1641 hinschleppenden Verhandlungen erinnerte dieser Reichstag an die umständliche Schwerfälligkeit der früheren, doch zeigten hier die konfessionellen Parteien zum ersten Male nach langer Zeit den Willen zu gegenseitiger Verständigung und forderten, daß alles geschehen müsse, endlich den Frieden herbeizuführen, insbesondere sei die vom Kaiser immer noch festgehaltene Politik der Verquickung der deutschen Angelegenheiten mit den spanischen aufzugeben, weil sonst kein Ende des Krieges in Deutschland abzusehen sei.

Bei den daraufhin in Hamburg mit schwedischen und französischen Abordnungen aufgenommenen Besprechungen mußte Ferdinand III. im Dezember seine Zustimmung zum Beginn der Friedensverhandlungen im März 1642 geben, die zwar an verschiedenen Orten: mit Schweden und den evangelischen Reichsständen zu Osnabrück und mit Frankreich und den katholischen Ständen zu Münster, geführt werden, aber doch eine Einheit bilden sollten, ferner dazu, daß auf deutscher Seite der Friede mit den einzelnen in den Krieg verwickelten Reichsständen nicht im Namen von Kaiser und Reich zu schließen sei, denn weder Schweden noch Frankreich lägen mit dem Reiche als solchem im Kriege, sondern mit Ferdinand III. als dem Haupte des Hauses Österreich und mit seinen Verbündeten. Die letzte dieser Bestimmungen erlangte für den Gang und das Endergebnis der Verhandlungen eine große grundsätzliche Bedeutung, obwohl sich dann an ihnen auch Spanien, die Generalstaaten, Portugal, Savoyen, die Schweiz und mehrere italienische Staaten beteiligten, im August 1645 sämtliche deutsche Reichsstände ihre Zulassung zu den Verhandlungen durchsetzten und der päpstliche Nuntius Chigi sowie der venetianische Gesandte Contarini als Vermittler auf dem Kongreß erschienen.

Die Verhandlungen wurden nicht, wie ursprünglich vorgesehen, im März 1642 eröffnet, sie kamen erst im Laufe des Jahres 1644 allmählich in Gang und gerieten dann wiederholt ins Stocken. Diplomatische Auseinandersetzungen pflegten sich nicht nur im deutschen Reichstag, sondern ganz allgemein lange hinzuziehen, überdies waren auf dem Westfälischen Friedenskongreß, abgesehen von äußerst verzwickten sachlichen Problemen auch zahlreiche Schwierigkeiten anderer Art zu bewältigen. Allein schon daß er an zwei bei den damaligen Verhältnissen über eine Tagereise voneinander entfernten Orten abgehalten wurde, wirkte vielfach hemmend, und die im Zeitalter des Barocks üblichen Etikettenstreitigkeiten störten häufig den Fluß der Verhandlungen. Schien man bei einer Angelegenheit im Politischen gut vorwärts zu kommen, dann stellten oft konfessionelle Bedenken das bisher Erreichte wieder in Frage und umgekehrt, besonders auch deshalb, weil von den miteinander verbündeten Mächten Frankreich und Schweden die eine katholische, die andere protestantische Interessen vertrat.

Von den katholischen Reichsständen waren besonders Maximilian von Baiern und mehrere geistliche Fürsten bereit, zur Förderung des Friedenswerkes den Protestanten möglichst weit entgegenzukommen, und widersetzten sich den schroffen Forderungen des Kaisers, Spaniens und der drei Wortführer der „Extremisten", des Osnabrücker Bischofs Franz Wilhelm von Wartenberg, des Benediktinerabtes Adam Adami und des Gesandten des Augsburger Magistrates, des Doktors Leuchselring. Der 1645 aus der Gefangenschaft entlassene Kurfürst von Trier (S. 151) stand nach wie vor zu Frankreich und suchte in Münster unter Betonung, daß er diesen Krieg durchaus für keinen Religionskrieg halte, den „Generalfrieden" zu fördern. In Osnabrück lehnte der Kurfürst von Sachsen die von Schweden erstrebte Gleichberechtigung der Reformierten ab, und der Kurfürst von Brandenburg arbeitete wegen seiner Ansprüche auf Pommern in manchen Punkten gegen Schweden. Nicht einmal die Mitglieder der Gesandtschaften ein und desselben Staates waren sich infolge ihres persönlichen Ehrgeizes oder verschiedener sachlicher Auffassung einig. In vielen Fällen intrigierten die Franzosen Servien und d'Avaux, die Spanier Saavedra und de Brun und die Schweden Johann Oxenstierna, der Sohn des Kanzlers, und Adler Salvius gegeneinander. Die kaiserliche Abordnung wurde allerdings von ihrem Führer, dem geschäftsgewandten Grafen Trautmannsdorff, straff zusammengehalten, aber in ihren Gutachten stimmten selbst die Jesuiten nicht überein, die am Wiener Hof hielten es mit den Extremisten, und die am Münchner Hof empfahlen Nachgiebigkeit, soweit sie sich mit den katholischen Grundsätzen irgendwie vereinigen lasse.

Vor allem gestalteten sich die Verhandlungen des Westfälischen Kongresses deshalb so langwierig, weil bei ihrem Beginn keine militärische Entscheidung vorlag und auch während ihrer Dauer keine erfolgte. Infolgedessen war man von vorneherein auf Kompromisse angewiesen und schraubte jeweils die Gruppe, auf deren Seite sich gerade das Kriegsglück zu neigen schien, ihre Forderungen höher, während die noch nicht völlig überwundenen Gegner keineswegs zu größerer Nachgiebigkeit bereit waren. Die zunehmende Erschöpfung der kriegführenden Mächte und die allgemeine Friedenssehnsucht sorgten aber doch dafür, daß allmählich in immer mehr Punkten auf dem Ausgleichswege eine Einigung erzielt wurde und sich schließlich auch der Kaiser genötigt sah, am 24. Oktober 1648 das in mehreren Bänden die einzelnen Vereinbarungen enthaltende Westfälische „Friedensinstrument" zu unterzeichnen. Über die Ausführung verschiedener Friedensbestimmungen wurde dann allerdings noch lange weiterverhandelt.

Die Hauptursache für den Ausbruch des Dreißigjährigen Krieges war die Unfähigkeit der Kaiser und der Reichsstände, auf der während des Augsburger Reichstages von 1555 geschaffenen Grundlage die Interessengegensätze zwischen den Katholiken und Protestanten soweit auszugleichen, daß sie imstande gewesen wären, friedlich nebeneinander zu leben und in den großen politischen Angelegenheiten der Nation zusammenzuwirken (S. 80 ff.). Erst auf dem Westfälischen Kongreß wurden die Fragen endgültig entschieden, die fast hundert Jahre lang den konfessionellen immer wieder auch zu einem politischen Zwist hatten ausarten lassen.

Als Normaltermin für den g e i s t l i c h e n B e s i t z s t a n d wurde der 1. Januar 1624 festgesetzt. Dadurch verblieben den Katholiken die meisten Erzbistümer, Bistümer und Abteien in West- und Süddeutschland und den Protestanten in Mittel- und Norddeutschland die säkularisierten, nunmehr schlechthin als Herzogtümer oder Fürstentümer bezeichneten ehemals geistlichen Territorien; nur für das Bistum Osnabrück wurde die Sonderregelung getroffen, daß jeweils ein katholischer Bischof mit einem evangelischen Administrator abwechseln solle. Die protestantischen Inhaber von ehemaligem Kirchengut, mit dem die Reichsstandschaft verbunden war, erhielten Sitz und Stimme auf den Reichstagen; das Reichskammergericht mußte fortan paritätisch besetzt werden. Der geistliche Vorbehalt und das jus reformandi wurden zwar nicht aufgehoben, aber so ausgestaltet, daß sie keinen Anlaß zu Konflikten wie etwa der Kölner Stiftsfehde (S. 58) mehr boten. Der geistliche Vorbehalt galt jetzt auch für die Evangelischen, das heißt, ein ehemals geistliches Territorium, das sich am 1. Januar 1624 in der Hand eines protestantischen Reichsstandes befand, durfte nicht mehr rekatholisiert werden, selbst wenn dieser zum katholischen Glauben übertrat. Das jus reformandi bildete gewissermaßen nur noch die geschichtliche Grundlage für die konfessionelle Gliederung Deutschlands. Seit 1648 hat sich, abgesehen von den modernen Großstädten und der Auswirkung der Umsiedlungen im Gefolge des zweiten Weltkrieges, die regionale Verteilung der Bekenntnisse nicht mehr wesentlich geändert, weil gemäß dem Westfälischen Frieden ein Landesherr, der die Konfession wechselte, die Untertanen nicht mehr zwingen durfte, seinem Beispiel zu folgen.

Entspannend wirkte ferner die Bestimmung, daß es den von der herrschenden Konfession ihres Landes Abweichenden ohne Minderung ihrer staatsbürgerlichen Rechte erlaubt wurde, wenn auch keine öffentlichen Gottesdienste, so doch Hausandachten abzuhalten und ihre Kinder im eigenen Glauben zu erziehen. Für seine Erblande setzte der Kaiser allerdings durch, daß den Protestanten diese Vergünstigungen versagt wurden; nur dem niederösterreichischen und ungarischen Adel sowie für Schlesien mußte er sie auf Drängen Schwedens bewilligen. Um sich der jahrzehntelang mit aller Härte durchgeführten Gegenreformation zu entziehen, wanderten viele aus den österreichischen Ländern aus. Eine der wichtigsten Entscheidungen des Westfälischen Friedensvertrages auf religiösem Gebiet war die von dem brandenburgischen Kurfürsten durchgesetzte Anerkennung der Reformierten als gleichberechtigt mit den Katholiken und den Anhängern der Augsburgischen Konfession, sie gehörten mit diesen zum Corpus evangelicorum. Um der Vergewaltigung einer Religionspartei durch Mehrheitsbeschlüsse auf Reichstagen vorzubeugen, hatten in Zukunft in allen die Religion irgendwie berührenden Fragen das katholische und das evangelische Corpus je für sich zu beraten und zu beschließen und sich dann mit dem anderen gütlich auseinanderzusetzen.

Die Heftigkeit, mit der bei den Verhandlungen über den religiösen Ausgleich auf dem Westfälischen Kongreß die Meinungen aufeinanderprallten, läßt erkennen, daß man noch im konfessionellen Zeitalter stand. Der von der fürstlichen Mittelpartei den Extremisten in beiden Lagern abgerungene Ausgleich wies aber doch auf eine neue Epoche hin. Nachdem die Einsicht gesiegt hatte, für den Frieden müßten selbst im Konfessionellen Opfer gebracht werden, verlor es immer mehr seine beherrschende Stellung und bahnte sich das Zeitalter der Aufklärung an, das die Toleranz — und zwar nicht nur im Religiösen — auf den Schild erhob.

Für den weltlichen Besitz der Reichsstände wurde ebenfalls ein Normaltermin festgelegt, das Jahr 1618. Demnach hätten sämtliche Gebiete Kurfürst Friedrichs V. von der Pfalz seinem ältesten Sohn Karl Ludwig übergeben werden müssen, wofür sich Schweden mit großem Nachdruck einsetzte. Dagegen erhob jedoch Maximilian von Baiern mit Zustimmung des Kaisers, der katholischen Reichsstände und Frankreichs Einspruch. Es kam zu einem Vergleich, wonach mit Ausnahme einiger an Mainz fallender Amtsbezirke Karl Ludwig die Rheinpfalz zurückgegeben und eine neue, die achte Kur für den pfälzischen Zweig der Wittelsbacher geschaffen wurde; dieser sollte auch im Falle des Aussterbens der bairischen Linie deren Erbschaft antreten, was dann auch im Jahre 1777 geschah. Maximilian behielt die Oberpfalz und die ehemals pfälzische Kur. — Markgraf Friedrich V. von Baden-Durlach war vom Kaiser in den Prager Frieden nicht mit eingeschlossen worden und hatte sich daraufhin in die Schweiz geflüchtet. Friedrich wollte unter Berufung auf das Normaljahr 1618 Baden-Baden zurückgewinnen, das ihm 1622 ein Urteil des Reichshofrates abgesprochen hatte, dieses Urteil wurde aber anerkannt, und so erreichte der Markgraf nur, daß er in seine Heimat zurückkehren und in seinem Gebiete die inzwischen vorgenommenen gegenreformatorischen Maßnahmen nach dem

Stande von 1624 rückgängig machen konnte. — Auch Herzog Eberhard III. von Württemberg war nicht in den Prager Frieden aufgenommen, aber im Jahr 1638 begnadigt worden, wobei er auf einen Teil seines Landes hatte verzichten müssen. Durch den Westfälischen Frieden gewann Württemberg alles Verlorene zurück. — Hessen-Kassel wurde ein Teil von dem wieder zugesprochen, was es 1623 in einem Erbschaftsstreit mit Hessen-Darmstadt eingebüßt hatte, und die Abtei Hersfeld, deren sich 1627 nach Erlaß des Restitutionsediktes Erzherzog Leopold von Österreich-Tirol bemächtigt hatte.

Bei den Auseinandersetzungen mit den außerdeutschen Mächten über ihre territorialen Ansprüche kam ein Normaljahr von vorneherein nicht in Betracht. Schweden verlangte als „Satisfaktion" Pommern, Schlesien, die Hafenstädte Wismar und Warnemünde in Mecklenburg, das Erzbistum Bremen und das Bistum Verden. Nach langwierigen Verhandlungen gab es sich mit Vorpommern einschließlich Rügen, Stettin, einem Landstrich auf dem rechten Oderufer, Wismar, dem Erzbistum Bremen und dem Bistum Verden zufrieden. Friedrich Wilhelm von Brandenburg, der Große Kurfürst, der 1640 seinem Vater Georg Wilhelm gefolgt war, bekam als Entschädigung für die Schweden überlassenen Teile von Pommern, das ihm auf Grund eines brandenburgischen Erbvertrages mit den pommerschen Herzögen hätte ganz zufallen sollen, die Bistümer Kammin, Halberstadt, Minden und die Anwartschaft auf das Erzbistum Magdeburg, das erst nach dem Tode Prinz Augusts von Kursachsen mit Brandenburg vereinigt werden sollte. Mecklenburg erhielt für das an Schweden abgetretene Wismar die Bistümer Schwerin und Ratzeburg. — Für die Entlassung seiner in Deutschland stehenden Armee, der damals ungefähr fünfzigtausend deutsche Söldner angehörten, forderte Schweden zwanzig Millionen Taler, begnügte sich aber, als es dabei auf den Widerstand aller Reichsstände stieß, mit fünf Millionen. Bei dem Streit, wer sie aufzubringen habe, machten die Katholiken geltend, sie hätten die Schweden nicht gerufen, und diese, sie wären nicht gekommen, um ihren Glaubensgenossen zur Last zu fallen. Schließlich erklärten sich die katholischen und die evangelischen Stände gemeinsam zur Zahlung bereit. An ihr brauchten sich der bairische, österreichische und burgundische Kreis nicht zu beteiligen, der bairische und der österreichische, weil sie für die Abdankung ihrer eigenen Truppen aufzukommen hatten, der burgundische, weil er praktisch vom Reiche getrennt war. Im großen und ganzen bereitete das „Contentement der Soldateska" noch erhebliche Schwierigkeiten. Die entlassenen Söldner fanden großenteils nicht in das bürgerliche Leben zurück und durchzogen plündernd, brennend und mordend jahrelang das Land, bis sie allmählich durch die Selbsthilfe der Reichsstände, deren Gebiet sie heimsuchten, unschädlich gemacht wurden.

Frankreich beanspruchte hauptsächlich vom Hause Österreich Entschädigung, da es nur mit diesem, nicht auch mit dem Reiche im Kriege liege, wünschte aber, daß das Abkommen mit Ferdinand III. vom Reiche sanktioniert würde. Von Kurfürst Maximilian unterstützt, der damit das allgemeine Friedenswerk fördern und sich den französischen Beistand in der pfälzischen Frage sichern wollte, erreichte Frankreich, daß ihm ein großer Teil der vorderösterreichischen Lande und Gerechtsame überlassen wurde: der Sundgau, Breisach, die Landgrafschaften Ober- und Unterelsaß und die

Landvogtei über die „Dekapolis", zehn Reichsstädte im Elsaß. Mit der „Landgrafschaft Unterelsaß" war damals kein territorialer Besitz mehr verbunden, sondern nur noch Ehrenrechte ohne jede reale Bedeutung, doch machten Ferdinands Gesandte in Münster die in diesen Dingen unerfahrene französische Abordnung nicht darauf aufmerksam. Diese Unklarheit und die von den Franzosen nach ihrem Staatsrecht anders als von den Deutschen aufgefaßte Bestimmung, der König von Frankreich habe die bisherigen Freiheiten der elsässischen reichsunmittelbaren Stände anzuerkennen, wodurch aber seine Souveränität nicht beeinträchtigt werden solle, hat dann Ludwig XIV. für seine Reunionspolitik (S. 198 f.) ausgenützt. Im Westfälischen Frieden wurde Frankreich auch der Besitz der Städte und Bistümer Metz, Toul und Verdun, ferner das Besatzungsrecht in Philippsburg bestätigt. Es hatte nun seine Ostgrenze teilweise bis an den Rhein vorgeschoben und mit Breisach und dem Besatzungsrecht in Philippsburg Brückenköpfe auf dem rechten Ufer des Stromes gewonnen.

Die Abordnungen Ferdinands III., Ludwigs XIV. und der katholischen Reichsstände waren in Münster zuerst dafür, daß die zu Frankreich kommenden deutschen Gebiete staatsrechtlich auch weiterhin zum Reich gehören sollten und König Ludwig für sie die Reichsstandschaft erhalten sollte. Der Wiener Hof, an dem man befürchtete, der französische König werde sich als Mitglied des Reichsfürstenrates in alle wichtigeren Angelegenheiten, insbesondere auch in die Kaiserwahlen einmischen, entschied sich aber doch schließlich für die völlige Trennung dieser Gebiete vom Reiche, und Mazarin, der leitende französische Minister, war damit einverstanden, weil er die Zugehörigkeit seines Königs zum Reichsfürstenrat und zur „Fürstenbank" auf den Reichstagen für kaum vereinbar mit dessen Würde hielt. Dagegen scheiterten alle Versuche des Kaisers, das Herzogtum Lothringen Karl IV. wieder zu verschaffen. Ihm und König Philipp IV. von Spanien mußte er jede weitere Hilfe versagen, nachdem die fürstliche Mittelpartei in Münster durchgesetzt hatte, daß sich der Kaiser und das Reich und ebenso der König von Frankreich verpflichteten, den Feinden des anderen Teiles keinen Beistand mehr zu leisten.

Während des ganzen Krieges haben Fragen der R e i c h s v e r f a s s u n g eine große Rolle gespielt. In ihre Regelung auf dem Westfälischen Kongreß mischten sich Frankreich und Schweden ebenfalls ein, denn für die Behauptung und den Ausbau ihrer durch den Krieg gewonnenen Machtposition hing viel davon ab, wie diese Probleme gelöst würden, besonders die über das gegenseitige Verhältnis von Kaiser und Reichsständen. Aus dem Reichsverband schieden die Schweiz und die nördlichen Niederlande, die Generalstaaten, die später auch die Niederlande oder Holland hießen, endgültig aus, die südlichen, die spanischen Niederlande, die sich großenteils mit dem späteren Belgien decken, verblieben allerdings nominell in ihm, doch hatte dies keine praktische Bedeutung. Die Reichsstädte wurden jetzt den übrigen Reichsständen völlig gleichgestellt, auch hinsichtlich des Religionsbannes, des jus reformandi, aber dadurch kam kein neues Element in das deutsche Verfassungsleben, weil die Reichsstädte sich wirtschaftlich und politisch im Niedergang befanden und sich nur mehr wenig an den Reichstagen beteiligten. Den Reichsständen wurde das unbeschränkte jus territorii et superioritatis oder, wie es im französischen Entwurf heißt, droit de souverainité über ihre Untertanen und das Recht zuerkannt, untereinander und mit auswärtigen Mächten Bündnisse einzugehen, wenn sie nicht ausdrücklich gegen Kaiser und Reich gerichtet waren. Als Herrn über seine Erblande standen dem Kaiser dieselben Rechte und Befugnisse wie den Reichsfürsten zu; aber von Reichs wegen durfte er nur noch mit Zustimmung des Reichstages, in manchen Fällen genügte auch die des Kurfürstenrates, die Acht verhängen, Steuern erheben, Heere aufstellen, einen Krieg erklären, Friedensverhandlungen führen und Bündnisse schließen. — Reichskammergericht und Reichshofrat wurden einander gleichgestellt. Die Entscheidung hatte das eine oder das andere dieser Gerichte zu fällen, je nachdem eine Sache bei ihm zuerst anhängig gemacht wurde; dem Reichshofrat verblieb in gewissen Fällen das votum ad imperatorem, wonach der Kaiser das Urteil persönlich zu sprechen hatte.

Mit der Trennung der Schweiz und Hollands vom Reich, mit der weitgehenden außen- und innenpolitischen Unabhängigkeit der Reichsstände von Kaiser und Reich und mit der Bindung des Kaisers in fast allen wichtigeren Reichsangelegenheiten an die Einwilligung des Reichstages oder des Kurfürstenrates hat der Westfälische Friede nur den Schlußstrich unter eine geschichtliche Entwicklung von einem halben Jahrtausend gezogen. Was allmählich ein allerdings nicht genau festgelegtes und daher mancherlei Schwankungen unterworfenes Gewohnheitsrecht geworden war, das die Kaiser immer wieder, so namentlich Karl V. nach seinem Siege im Jahre 1547 über die Schmalkaldener und Ferdinand II. nach der Schlacht von Nördlingen, zu durchbrechen versucht hatten, war nun ein von dem Kaiser und den Reichsständen anerkanntes und international garantiertes Reichsgrundgesetz.

Auf dem Westfälischen Friedenskongreß haben alle Parteien einen größeren oder kleineren Teil ihrer Forderungen durchgesetzt. Den größten Gewinn erzielten die Reichsstände mit der grundsätzlichen Anerkennung der Souveränität über ihre Untertanen und der „Libertät" gegenüber Kaiser und Reich sowie Schweden und Frankreich mit der Erweiterung ihres Gebietes. Selbst Ferdinands III. Abordnung kam von Münster nicht mit leeren Händen zurück. Die Vermehrung der katholischen Kurstimmen infolge der Bestätigung der bairischen Kurwürde verbesserte die Aussicht der österreichischen Habsburger, daß auch in Zukunft einer von ihnen zum Kaiser gewählt werden würde. Ferdinand betrachtete auch die ihm für seine Erblande in der Regelung der konfessionellen Frage zugestandene Ausnahmestellung als einen großen Erfolg. Sie trug freilich zu einer gewissen, sich allmählich herausbildenden Entfremdung zwischen den Deutschen außerhalb und denen innerhalb der österreichischen Monarchie bei, förderte aber auch ihre innere Geschlossenheit und, hauptsächlich in den bildenden Künsten, die österreichische Kultur des Barockzeitalters.

Einzig für das Reich, das als solches weder in Münster noch in Osnabrück vertreten war, wurde der Westfälische Friede zu einem reinen Verzichtfrieden. Die Gebiete, die ohne jede Gegenleistung vom Reiche losgelöst wurden, standen zum Teil allerdings schon längst nicht mehr in einer lebendigen Verbindung mit ihm, und das meiste von dem, was der Kaiser an Frankreich abtrat, war auf Grund des Oñate-Vertrages bereits Spanien zugesagt (S. 83); in der Regel erfolgte aber auch dann, wenn ein Verzicht nur noch formale Bedeutung hatte, irgendeine Entschädigung. Und was, wie namentlich das an Schweden Abgetretene, im Reichsverbande blieb, diente in erster Linie den Interessen fremder Mächte, in deren Händen nun auch die Mündungsgebiete des Rheins, der Weser, der Elbe und der Oder ganz oder teilweise waren, für Deutschland ein schwerer Nachteil in einer Zeit des rasch zunehmenden überseeischen Handels und der Kolonialgründungen. Am schlimmsten wirkte es sich für das Reich aus, daß Frankreich, welches nun vom Oberrhein her einen Druck auf Süddeutschland ausübte, und das durch seine Erwerbungen an der Ost- und Nordsee zu d e r Großmacht des Nordens aufgestiegene Schweden als Garanten des Friedens nach ihrem Belieben sich in die innerdeutschen Verhältnisse einmischen konnten, und daß die Reichsstände das Recht erhalten hatten, mit ausländischen Staaten Bündnisse einzugehen.

Die meisten Deutschen empfanden aber doch den Abschluß des Westfälischen Friedens als ein Gnadengeschenk Gottes, wie dies in dem Kirchenlied Paul Gerhardts zum Ausdruck kommt: „Gottlob, nun ist erschollen / Das edle Fried- und Freudenwort, / Daß nunmehr ruhen sollen / Die Spieß und Schwerter und ihr Mord. / Wohlauf und nimm nun wieder / Dein Saitenspiel hervor, / O Deutschland, und sing Lieder / Im hohen vollen Chor. / Erhebe Dein Gemüte / Zu deinem Gott und sprich: / Herr, deine Gnad und Güte / Bleibt dennoch ewiglich." Über die Folgen des Westfälischen Friedens für das Reich machten sich die wenigsten Gedanken, doch bemühten sich jetzt die Staatsrechtslehrer eifrig um seine Definition. Da es keiner der immer noch als maßgebend geltenden aristotelischen Kategorien der Staatsverfassungen einzuordnen war, kam Samuel Pufendorf (S. 402) in seiner im Jahre 1667 unter dem Titel „De statu Imperii Germanici" erschienenen Untersuchung über das Wesen des Reiches zu dem Ergebnis, es sei ein irregulare aliquod corpus et monstro simile.

Die Verfassung des Reiches wies denn auch zahlreiche Anomalien auf. So bestand zum Beispiel das Lehensverhältnis zwischen dem Kaiser und den Fürsten immer noch fort, und so waren sie trotz ihrer Souveränitätsrechte keine eigentlichen Souveräne wie etwa die Könige von Spanien oder Frankreich. Aber die Belehnung der Fürsten durch den Kaiser war, abgesehen von Ausnahmefällen, zur bloßen Formsache geworden. Die Landesfürsten traten die Regierung ohne weiteres auf dem Erbwege an, erschienen auch nicht mehr persönlich zum Lehensempfang vor dem Kaiser, sie sandten an ihn nur Bevollmächtigte, die für sie den Lehenseid leisteten und gegen Entrichtung einer erheblichen Taxe die Belehnung erhielten. Sieht man nicht nur auf die äußeren Formen, sondern auf den tatsächlichen Zustand, dann war das Reich verfassungsrechtlich nach modernen Begriffen im großen und ganzen ein Bundesstaat auf ständischer Grundlage. Sein Oberhaupt, der Kaiser, hatte nicht bloß einen Ehrenvorrang vor den Bundesmitgliedern, den Reichsständen. Trotz der im Westfälischen Frieden festgelegten Einschränkung seiner Befugnisse vermochte er immer noch auf Grund seiner Reservatrechte (S. 11) und dank der Verbindung des Kaisertums mit der sich zu einer europäischen Großmacht entwickelnden österreichischen Monarchie in vielen Fällen auf die Verhältnisse im Reiche einen bestimmenden Einfluß auszuüben und Reichsstände mit wenig Land und Leuten gegen Übergriffe starker Nachbarn zu schützen. Diese Stände schlossen sich fester an den Kaiser an und hielten mehr als die übrigen am Reiche fest, so daß man schließlich unter „Reich" hauptsächlich Südwestdeutschland verstand, weil hier die kleinen Standesherrschaften am zahlreichsten waren.

Schon diese Verengung des Reichsbegriffes im damaligen Sprachgebrauch weist auf die Ohnmacht des Reiches hin. Sie war hauptsächlich dadurch bedingt, daß die größeren Landesfürsten den Einrichtungen für die Regierung und Verwaltung des Reiches gleichgültig gegenüberstanden und zu keinen Opfern für sie bereit waren. Auf dem Westfälischen Kongreß kam zwar auch die Reform der Kreisverfassung, des Reichstages, des Reichskammergerichtes und sonstiger Einrichtungen des Reiches zur Sprache und wurden hierüber Beschlüsse gefaßt, da aber Frankreich und Schweden die Entscheidung über derartige sie nicht interessierende Dinge den Reichsständen überließen, vertagten diese die weitere Beratung über die meisten Punkte, wie sie seit einigen Jahrhunderten zu tun pflegten, auf den nächsten Reichstag. Allein schon die Bestimmung, daß für jede Verfügung von Reichs wegen Einstimmigkeit der drei Kurien, des Kurfürsten-, des Fürsten- und des Städtekollegiums, notwendig sei, schloß eine ersprießliche Tätigkeit der Reichstage fast ganz aus. Die übelsten Folgen für den allgemeinen Zustand des Reiches hatte es, daß die Landesfürsten die ihnen im Westfälischen Frieden zugesicherten Freiheiten aufs äußerste ausnützten und häufig mißbrauchten.

Wären die in den Angelegenheiten des Reiches ausschlaggebenden Stände, die Kurfürsten voran, mehr um das Wohl des Reiches als um ihre Sondervorteile besorgt gewesen, dann hätten die verschiedenen für Deutschland nachteiligen außen- und innenpolitischen Bestimmungen des Westfälischen Friedens das Reich keineswegs jeglicher Möglichkeit beraubt, sich wieder unter den europäischen Mächten einen der Größe, der Zahl und der Leistungsfähigkeit des deutschen Volkes entsprechenden Platz zu erringen. Aber die Reichsstände dachten und empfanden nun einmal vorwiegend partikularistisch. Ihr Verhältnis zu Kaiser und Reich bestand großenteils nur noch in einer gewissen pietätvollen Anhänglichkeit, die auf den Erinnerungen an eine weit zurückliegende, glanzvolle Vergangenheit beruhte. Auch das war für die Deutschen als Nation nicht ohne Wert, schon weil dadurch in ihnen das Bewußtsein ihrer Zusammengehörigkeit aufrechterhalten wurde; aber der Staat, in dem und für den der Deutsche nun unmittelbar wirkte, und den er als sein eigentliches Vaterland betrachtete, war eines der rund dreihundert meist kleinen deutschen Territorien oder der winzigen eintausendvierhundert reichsunmittelbaren Herrschaftsgebiete, die zwar nicht die Landeshoheit und die Reichsstandschaft besaßen, aber, ausgestattet mit voller Gerichtsbarkeit und dem Besteuerungsrecht, an Verwaltungsbefugnissen den landesfürstlichen Territorien fast gleich standen. Von einer eigentlichen Geschichte des Reiches kann man nun kaum noch sprechen, doch sichert die Gesamtheit dessen, was vom Ende des Westfälischen Friedens bis zum Ende des Reiches in dessen einzelnen Teilen, vor allem auf verschiedenen Gebieten der Kultur, geleistet wurde, auch dieser Epoche einen ehrenvollen Platz in der deutschen Geschichte.

Drittes Buch

Das Jahrhundert nach dem Westfälischen Frieden

DER ABSOLUTISMUS IN DEUTSCHLAND

Der Westfälische Friede besiegelte den ständischen Charakter des Reiches. Nun hatte sich aber das Ständewesen damals bereits in vielem überlebt, und so wurde das Reich immer mehr zu einem anachronistischen Gebilde. Auch die geistlichen Territorien behielten im großen und ganzen die ständische Verfassung bei, weil die Wähler der Kirchenfürsten, die Domkapitulare, großenteils aus den Kreisen des landständischen Adels stammten; dagegen führten die meisten weltlichen Landesherren in ihren Gebieten die Staatsform des Absolutismus ein.

Ideelle Voraussetzungen für das Hochkommen des Absolutismus boten in Deutschland die teilweise Rezeption des römischen Rechtes (S. 405 f.) mit seiner Anerkennung der unumschränkten Gewalt des Herrschers, der Grundsatz „cuius regio eius religio" oder „wes das Land, des der Glaube", wonach die Entscheidung in der nach der Auffassung jener Zeit wichtigsten Frage dem Landesherrn anheimgestellt wurde, und das Eindringen von staatsrechtlichen Theorien aus Italien, Frankreich und England, die in der Lehre des Thomas Hobbes (S. 401) von der Allgewalt des Staates und ihres Trägers, des absoluten Monarchen, gipfelte. Solange die Stände das Steuerbewilligungsrecht besaßen, konnte sich jedoch das absolutistische System nicht durchsetzen. Als in der zweiten Hälfte des Mittelalters die Geldwirtschaft die Naturalwirtschaft zurückzudrängen begann, waren die hauptsächlich auf die Einkünfte aus ihrem Grundbesitz angewiesenen Fürsten nicht mehr imstande, die Kosten für ihre Hofhaltung, für die Verwaltung ihres Landes und namentlich für kriegerische Unternehmungen zu bestreiten. Die Landesherren mußten deshalb von den Bewohnern ihrer Gebiete Steuern erheben, waren aber hierfür infolge des korporativen Aufbaus von Wirtschaft, Gesellschaft und Staat auf die Zustimmung der Stände, Geistlichkeit,

Adel und städtische Bürgerschaften, angewiesen; die Bauern bildeten, weil sie großenteils grundhörig waren, im allgemeinen keinen Stand im staatsrechtlichen Sinne. Die Stände erzwangen als Gegenleistung für die Steuergenehmigung weitgehende Sonderrechte. Auf diese Weise erlangten die Landstände und ihre Versammlungen auf den Landtagen dem Landesherrn gegenüber eine ähnliche Stellung wie die Reichsstände und Reichstage gegenüber dem Kaiser. Je unabhängiger sich aber die Reichsstände von Kaiser und Reich machten, desto lästiger wurde ihnen die Abhängigkeit von den Ständen ihres eigenen Landes. Vielen Fürsten gelang es, die Landstände zu nur noch privatrechtlich privilegierten Korporationen herabzudrücken, weil die Landstände gegenüber ihrem Landesherrn zur Behauptung ihrer verfassungsrechtlichen Freiheiten nicht so geschlossen zusammenhielten wie die Reichsstände gegenüber dem Kaiser, und weil der engere Rahmen der landesfürstlichen Territorien Zentralisationsbestrebungen mehr begünstigte als das immer noch weiträumige Reich.

Der deutsche Absolutismus wandelte sich mehrmals. Zunächst war er christlich-patriarchalisch. In die Regelung der kirchlichen Verhältnisse hatten die Landesherren schon im Spätmittelalter oft eingegriffen. Während des Reformationszeitalters gewannen die katholisch gebliebenen Reichsstände als Hüter des alten Glaubens noch mehr Einfluß auf das Kirchenwesen, die evangelischen wurden geradezu die „obersten Bischöfe" ihres Landes, und beide übertrugen die Grundsätze für ihr geistlich-kirchliches großenteils auf ihr weltliches Regiment. Vom Mittelalter her bestand ferner noch geraume Zeit ein gewisses patriarchalisches Verhältnis zwischen Obrigkeit und Untertanen, wie sich überhaupt in Deutschland auf manchen Gebieten mittelalterliche Zustände länger erhielten als im Westen Europas. In Frankreich zeigten sich bereits unter König Ludwig XI. (1461—1483) Ansätze zum absolutistischen Regime, bis ins einzelnste durchgeführt hat es dann Ludwig XIV. (1643—1715). Gleichviel ob das Wort „L'état c'est moi" von ihm selbst herrührt oder nicht, jedenfalls kennzeichnet es treffend seinen absoluten Herrschaftsanspruch, wobei unter état nicht bloß der Staat, sondern Frankreich überhaupt zu verstehen ist. Ist der König gewissermaßen Frankreich selbst, dann hat sein Hof der Mittelpunkt der politischen Macht, des wirtschaftlichen Reichtums, der höheren Gesellschaft, der Kunst und des Geisteslebens zu sein, und tatsächlich war alles so am Hof des Sonnenkönigs von Versailles.

Die deutschen Landesherren eiferten dem Glanz und Prunk des französischen Hofes nach, dadurch wurde der christlich-patriarchalische vielfach vom höfischen Absolutismus französischer Prägung abgelöst, der besonders manche Duodezfürsten zu der Meinung verleitete, die Untertanen ihres kleinen Ländchens wären nur dazu da, ihnen die Mittel für einen Aufwand ähnlich dem des „Sonnenkönigs" zu verschaffen. Daneben kündigte sich aber auch bereits der aufgeklärte Absolutismus an in Äußerungen wie der des Kurfürsten Friedrich Wilhelm von Brandenburg: „Sic gesturus sum principatum, ut sciam, rem populi esse, non meam privatam", ich will mir bei meiner Regierung immer bewußt sein, daß sie eine Angelegenheit des Volkes, nicht meine private ist. Der Urenkel des Großen Kurfürsten, Friedrich der Große, betrachtete sich dann, völlig durchdrungen vom Geiste der Aufklärung des 18. Jahrhunderts, als den „premier serviteur de l'état". Das bedeutete keine Abschwächung, sondern in gewissem Sinne eine Steigerung des absolutistischen Prinzipes. Ist der Herrscher der erste Diener des Staates, dann ist er verpflichtet, von seinen Untertanen alles zu verlangen, wovon er glaubt, daß es das Staatswohl fördert, und je ernster er es mit dieser seiner Pflicht nimmt, desto straffer wird sein bis in die kleinsten Einzelheiten durchorganisiertes Regiment. Der aufgeklärte Absolutismus griff deshalb noch mehr als der höfische in das Leben der Untertanen aller Stände ein, und da „der erste Diener des Staates" völlig eigenmächtig entschied, was die Staatsraison gebiete, war er für seine Untertanen auch der „sterbliche Gott", wie schon Hobbes den absoluten Herrscher genannt hatte.

Keiner Kontrolle durch die Stände oder sonst eine öffentlich-rechtliche Körperschaft unterworfen, schuf der Absolutismus das System der Kabinettspolitik. Der Herrscher regierte nun ganz nach seinem Gutdünken von seinem „Kabinett" aus, unter Zuziehung einiger weniger ihm allein verantwortlicher Berater und hoher Beamten. Zweifellos wurden dabei nicht selten die Interessen der Dynastie über die Wohlfahrt des Landes gestellt, insbesondere in den häufig nur aus dynastischen Gründen unternommenen, die Bevölkerung aufs schwerste belastenden „Kabinettskriegen"; verschiedene der für den Ausbau von Verwaltung und Wirtschaft getroffenen Maßnahmen kamen immerhin mehr oder weniger auch der Bevölkerung zugute.

Die Zentralisierung des Verwaltungs- und Finanzwesens ermöglichte den Fürsten die Aufstellung von stehenden Armeen, eine der größten Umwälzungen in der Geschichte des Heerwesens. Die Heeresaufbringung erfolgte zwar zunächst noch fast ausschließlich auf dem Wege der Werbung, aber nun war der Fürst Kriegs- und Werbeherr zugleich. Neben die Werbung, die hiermit beauftragte Offiziere im In- und Ausland vornahmen, begann gegen Ende des 17. Jahrhunderts die Aushebung zu treten. Ihr lag der Gedanke zugrunde, daß die Untertanen ihrem Landesherrn mit Gut und Blut zu dienen hätten. Die allgemeine Wehrpflicht wurde indes noch nicht eingeführt. Viele brauchten von vorneherein nicht zu dienen, wie etwa in Preußen die Söhne von Edelleuten und Offizieren und Bürgersöhne, die ein Vermögen von über zehntausend Talern besaßen oder zu erwarten hatten. Außerdem wurden bei weitem nicht alle an und für sich zum Militärdienst Verpflichteten erfaßt. Die Landkreise und Städte hatten jeweils nur eine bestimmte Zahl Rekruten zu stellen. Bei dem „Kantonsystem" wurde den einzelnen Regimentern für die Aushebung eine gewisse Zahl von Haushaltungen in einem Teil des Landes zugewiesen, in der Mark Brandenburg zum Beispiel für ein Infanterieregiment fünftausend und für ein Kavallerieregiment achtzehnhundert, davon wurden jährlich pro Kompanie durchschnittlich nur drei Mann eingezogen, doch durften die Regimenter nach ihrem Belieben „enrollieren", das heißt aus diesen Haushaltungen junge Leute für etwaige Einberufungen in Listen eintragen. Die eifrig erörterte Frage, ob es vorteilhafter sei, mehr Inländer oder mehr Ausländer in die Armee einzustellen, beantwortete der französische Minister Choiseul (gestorben 1785): ein Ausländer habe den Wert von drei Mann, von einem Soldaten für das eigene Heer, von dem Soldaten, den man dem Gegner entzieht, und dem Mann, der der eigenen Wirtschaft erhalten bleibt. Andererseits war die Auslandswerbung vielen Zufälligkeiten unterworfen und kam teurer. Im allgemeinen befanden sich in den Armeen der deutschen Fürsten zahlreiche

Ausländer, so in der preußischen durchschnittlich ein bis zwei Drittel, darunter aber auch sehr viele Deutsche, weil nur das eigene Territorium als Inland galt.

Im stehenden Heere war es mit der Ungebundenheit des Lagerlebens vorbei, obwohl das Einquartierungssystem noch einige Zeit beibehalten wurde. Später ging man zur Kasernierung über, zuerst um 1670 in Baiern. Die Soldaten erhielten jetzt auch einheitliche Uniformen — früher hatten sie nur eine kriegerische Tracht nach ihrem Geschmack —, mußten den größten Teil des Tages auf dem Exerzierhof verbringen und wurden strengstens gedrillt. In der Taktik ergaben sich mancherlei Wandlungen aus der Einführung des Bajonettgewehres um 1700 und aus der Steigerung der Feuerkraft durch schnelleres — in der Minute bis zu viermal — und gleichzeitiges Schießen von möglichst vielen Soldaten bei der Infanterie. An der Ermattungsstrategie hielt man jedoch im allgemeinen fest, nur einzelne große Feldherren wie Prinz Eugen suchten die Kriegsentscheidung in der Schlacht. Zur Ausbildung von Offizieren wurden eigene Schulen geschaffen, Kurfürst Max Emanuel von Baiern gründete 1682 die erste deutsche Artillerieschule, Kurfürst Johann Georg von Sachsen 1692 das erste Kadettenkorps. Die Offiziere, meist Adlige, fühlten sich nun viel enger ihrem Kriegsherrn verbunden, dessen Landeskinder sie größtenteils waren. Neben solchen Vorzügen weist das Militärwesen jener Zeit sehr große Schattenseiten auf, namentlich grobe Mißbräuche bei der Werbung und rohe Prügelstrafen und im Zusammenhang damit massenhafte Desertionen. Im großen und ganzen wurde es in der Hand der Landesherrn, die ein stehendes Heer zu unterhalten vermochten, ein Machtinstrument, wie sie vordem keines besessen hatten.

DIE DURCHFÜHRUNG DES WESTFÄLISCHEN FRIEDENS
KAISERWAHL 1658
BÜNDNISPOLITIK DER REICHSSTÄNDE 1650–1668

Die Träger des politischen Geschehens in Deutschland waren nach dem Dreißigjährigen Krieg im wesentlichen die Reichsstände mit einer eigenen Militärmacht, die sogenannten armierten Stände. Sie beteiligten sich, je nachdem es ihnen für ihre Interessen förderlich schien, an den großen europäischen Auseinandersetzungen, an den Franzosen-, den Türken- und den nordischen Kriegen und wechselten dabei, wie auch bei den zahlreichen Bestrebungen, innerhalb des Reiches Sonderbündnisse zu schließen, häufig ihre Stellungnahme. Da außerdem lediglich die Territorialstaaten innerpolitische Entwicklungen aufweisen, wie etwa den Übergang vom ständischen zum absolutistischen System, wird der Eindruck erweckt, als ob es nur noch eine österreichische, brandenburg-preußische, bairische und sonstige Länderpolitik gegeben habe. Aber die Reichsangelegenheiten übten immer noch einigen Einfluß auf die Territorialstaaten aus, und die Innen- und Außenpolitik der größeren von diesen, namentlich Österreichs und Brandenburg-Preußens, gewannen in steigendem Maße Bedeutung für das deutsche Volk überhaupt. So verlor auch während des dem Westfälischen Frieden folgenden Jahrhunderts die deutsche Geschichte nicht jeden inneren Zusammenhang.

Zur Erledigung der vordringlichsten allgemein deutschen Angelegenheit nach dem Westfälischen Frieden, der Durchführung seiner Bestimmungen, wurde im April 1649 der „Nürnberger Exekutionstag" eröffnet. Hierzu waren zahlreiche Gesandte der Reichsstände erschienen. Die schwedische Abordnung führte Pfalzgraf Karl Gustav von Zweibrücken, durch seine Mutter ein Neffe Gustav Adolfs und seit dem letzten Kriegsjahre Generalissimus der schwedischen Truppen in Deutschland, die kaiserliche Generalleutnant Ottavio Piccolomini. Auf den Gang der Verhandlungen hatten dieser und Pfalzgraf Karl Gustav entscheidenden Einfluß, die französischen Gesandten traten in Nürnberg weniger hervor, weil ihr Land noch mit Spanien im Kriege lag und durch innere Unruhen, die Empörung der Fronde, erschüttert wurde. Die Richtlinien für die Durchführung der Friedensbestimmungen wurden zunächst in dem „Interimsrezeß" und dann am 26. Juli 1650 in dem „Friedensexekutions-Hauptrezeß" festgelegt.

Die beiden Kriegsparteien mußten Zug um Zug ihre Truppen entlassen und die von ihnen besetzten Gebiete und festen Plätze räumen. Soweit für die Restitutionen ein einwandfreies gerichtliches Urteil vorlag, sollten sie sofort in Kraft treten, die noch strittigen binnen dreier Monate von einer Reichsdeputation entschieden und vollzogen werden. Obwohl diese Deputation bis zum Juli 1651 tagte, vermochte sie nicht alle Restitutionsfälle zu bereinigen, unter anderem gaben die Schweden Hinterpommern, die Franzosen Lothringen und die von ihnen besetzten Plätze am Rhein nicht heraus. Brandenburg erhielt Hinterpommern erst im Mai 1653 zurück und mußte dabei einen beträchtlichen Landstrich auf dem rechten Oderufer sowie einen Teil der hinterpommernschen Seezölle den Schweden überlassen. Frankreich verzichtete erst in dem 1659 mit Spanien geschlossenen Pyrenäenfrieden auf Lothringen (S. 177) und die Städte am Rhein. Im Zusammenhang mit den Westfälischen Friedensbestimmungen lebte auch der jülich-klevische Erbfolgestreit (S. 68 ff.) wieder auf. Der Kurfürst von Brandenburg und der Pfalzgraf von Neuburg hatten sich 1647 vertraglich auf 1612 als Normaljahr für die konfessionelle Regelung geeinigt. Die Frage war nun, ob es dabei bleiben oder ob 1624 als Normaljahr zu gelten habe. Der Kurfürst versuchte bei dieser Gelegenheit sich des ganzen neuburgischen Anteiles durch einen Handstreich zu bemächtigen. Dagegen erhoben die jülich-klevischen Stände, der Kaiser und Spanien Einspruch, und so sah sich der Kurfürst gezwungen, den Vermittlungsvorschlag des Kaisers anzunehmen, daß an dem derzeitigen Zustand nichts geändert werden solle.

Auch auf dem von Ende Juni 1653 bis zum 17. Mai 1654 in Regensburg abgehaltenen Reichstag bildeten im Westfälischen Friedensvertrag offengelassene Verfassungsfragen den wichtigsten Gegenstand der Verhandlungen. Zur Sicherung der konfessionellen Parität bei der „ordentlichen Reichsdeputation" bekamen die drei evangelischen Kurfürsten eine vierte Stimme, die sie abwechselnd zu vertreten hatten. Dieser Deputation gehörte das ganze Kurfürstenkollegium und von den übrigen Kollegien eigene Deputierte an, sie hielt in den Jahren 1648 bis 1663, bis zum Beginn des „ewigen Reichstages" eigene Tagungen ab, wenn der Reichstag nicht versammelt war, und befaßte sich hauptsächlich mit der Wahrung des Landfriedens. Außerdem wurde auf dem Regensburger Reichstag von 1653/54 für die Nachkommen der von Kaiser Ferdinand III. zu Fürsten Ernannten und für alle, die in späterer Zeit zu Fürsten erhoben würden, die Zuerkennung der Reichsstandschaft von dem Besitz eines reichsunmittelbaren Territoriums abhängig gemacht und beschlossen, daß auf den Reichstagen das Votum der Reichsstädte erst eingeholt werden solle, nachdem die Kurfürsten und Fürsten einen einhelligen Beschluß gefaßt hätten: lehnten die Städte die Vorlage ab, dann war sie erledigt. Schließlich wurden die Landstände, die Bürger der landesherrlichen Städte und die sonstigen Untertanen der Reichsstände verpflichtet, ihrem Landesherren die Geldmittel für die zur Aufrechterhaltung des Landfriedens nötigen Festungen und Garnisonen zu bewilligen. Dies benutzten die Territorialfürsten zur Beschneidung oder Aufhebung der Steuerprivilegien ihrer Landstände und zum Unterhalt eines stehenden Heeres. Das Direktorium des auf diesem Reichstag wieder ins Leben gerufenen „Corpus evangelicorum" erhielt Kursachsen, woran auch der Übertritt des Kurfürsten Friedrich August II. zum Katholizismus (S. 213) im Jahre 1697 nichts änderte.

Die Frage, ob ein Mehrheitsbeschluß in Steuerangelegenheiten des Reiches für abwesende oder gegen ihn Einspruch erhebende Reichsstände bindend sei, blieb ungelöst. Dagegen gelang eine Einigung über die Ordnung des Reichsjustizwesens. Gemäß dem Westfälischen Friedensvertrag war das Reichskammergericht paritätisch mit fünfzig besoldeten Assessoren zu besetzen. Der Reichstag verteilte die Kosten hierfür auf die einzelnen Reichsstände, regelte die Prozeßordnung und das Revisionsverfahren neu und beschloß die Einberufung einer eigenen Kommission für die Erledigung der seit langem liegengebliebenen Revisionssachen. Der Erfolg dieser Maßnahmen war freilich gering. Die Beiträge für das Reichskammergericht gingen unregelmäßig und nur unvollständig ein. Infolgedessen wurde die vorgeschriebene Zahl der Assessoren nie erreicht, und die oft nur wenigen vermochten jeweils nur einen kleinen Teil der Prozesse durchzuführen. Die Kommission für die Entscheidung der Revisionen hätte im November 1654 zusammentreten sollen, kam aber erst im Mai 1767 zustande und gab zehn Jahre später den Versuch, das ungeheure Material zu bewältigen, wieder auf.

Die evangelischen Reichsstände forderten, auch das zweite oberste Gericht, der kaiserliche Reichshofrat, solle paritätisch zusammengesetzt werden und für ihn im großen und ganzen dieselbe Prozeßordnung wie für das Reichskammergericht gelten. Um zu verhüten, daß der Reichshofrat, bisher eines der hauptsächlichsten Instrumente der kaiserlichen Machtpolitik, unter den Einfluß der Reichsstände gerate, veröffentlichte Ferdinand III., ohne deren Wünsche zu berücksichtigen, kraft kaiserlicher Vollmacht am 16. März 1654 eine neue Reichshofratsordnung. — Der Reichstag von 1653/54 war der letzte, der mit der Ausarbeitung und Verlesung eines „Reichsabschiedes", der Zusammenfassung aller auf dem Reichstage zusammengekommenen Beschlüsse, endete. Der Reichsabschied von 1654 wurde deshalb fortan als der „jüngste Reichsabschied" bezeichnet.

Bald nach Schluß des Reichstages starb Ferdinand (IV.), der am 31. Mai 1653 zum römischen König gewählte älteste Sohn Kaiser Ferdinands III. Als dieser am 2. April 1657 aus dem Leben schied, hatten sich die Kurfürsten noch auf keinen Nachfolger geeinigt. Mazarin versuchte die Erhebung eines Habsburgers auf den Kaiserthron zu hintertreiben und die Kurfürsten für die Wahl Ferdinand Marias von Baiern oder, wenn dieser ablehnen würde, für die des Pfalzgrafen Philipp Wilhelm von Neuburg zu gewinnen, selbst seinen König, den damals neunzehnjährigen Ludwig XIV. zog der französische Staatsmann in den Kreis seiner Erwägungen, doch wurde, hauptsächlich weil Kurfürst Ferdinand Maria Mazarins Vorschlag ablehnte, der zweite Sohn Ferdinands III., der achtzehnjährige Leopold I., am 18. Juli 1658 einstimmig zum Kaiser erkoren. Zuvor hatte er sich in seiner Wahlkapitulation durch den „Assistenzartikel" verpflichtet, Spanien in seinem immer noch nicht beendeten Krieg mit Frankreich keinerlei Unterstützung zu gewähren. Damit wollten die Kurfürsten einer weiteren Verquickung der deutschen mit den spanischen Angelegenheiten vorbeugen. Als Gegenleistung ließen die Kurfürsten in die Kapitulation die „Reziprozitätsklausel" aufnehmen, Frankreich solle keinem Feinde des Kaisers und Reiches Beistand leisten: praktischen Wert hatte diese Klausel jedoch nicht, weil den französischen König niemand zwingen konnte, sich an sie zu halten. Mit der Bestimmung, die den Landständen verbot, ohne Wissen und Willen ihres Landesherrn eine Tagung einzuberufen, förderte die Wahlkapitulation in den Landesfürstentümern die Entwicklung vom Ständestaat zum absolutistischen Staat.

Der Westfälische Friede hatte den Reichsständen zwar die seit langem erstrebten Rechte und Freiheiten zuerkannt, aber keineswegs das Gefühl der Sicherheit gegeben. Wenn die Reichsgewalt, wie die Landesfürsten gewollt und erreicht hatten, schwach war, wer sollte dann den einzelnen von ihnen in einer Zeit außen- und innerpolitischer Spannungen schützen? Unter dem spanisch-französischen Konflikt hatten die westdeutschen Reichsstände noch mehrere Jahre nach dem Friedensschluß zu leiden. Schweden ging gegen einige norddeutsche Reichsstände in einer Weise vor, daß sie befürchteten, Schweden würde sie völlig unterdrücken. Die fürstlichen Reichsstände machten den Kurfürsten ihre Vorrechte streitig, evangelische und katholische Reichsstände mißtrauten sich nach wie vor, und die einen wie die anderen besorgten, der Kaiser würde bei günstiger Gelegenheit die Selbständigkeit der Reichsstände wieder beschneiden. Zu alledem bestand im katholischen Lager der Gegensatz zwischen Österreich und Baiern, im protestantischen die Rivalität zwischen Kursachsen und Brandenburg fort.

In dieser verworrenen Lage suchten sich verschiedene Reichsstände durch Bündnisse zu sichern. Zuerst, im August 1650, schlossen sich die Stände des oberrheinischen Kreises zusammen, um die Franzosen zu möglichst baldiger Räumung der von ihnen besetzten Gebiete zu bewegen und um die im Gefolge des spanisch-französischen Krieges die Reichsgrenzen überflutenden Truppen abzuwehren, von denen besonders die Regimenter des damals in spanischen Diensten stehenden Herzogs Karl IV. von Lothringen die Rhein- und Mosellande durch Einquartierungen und Kontributionen bedrückten. Diesem Bunde traten im folgenden Jahre Kurmainz, Kurköln und Kurtrier bei. Die drei Herzöge aus dem Hause Braunschweig, August von Wolfenbüttel, Christian Ludwig von Celle und Georg Wilhelm von Hannover-Kalenberg, ferner Landgraf Wilhelm VI. von Hessen-Kassel, Schweden für das Herzogtum Bremen und das Fürstentum Verden und der Paderborner Bischof Theodor Adolf von der Recke vereinigten sich 1652 zu einer militärisch-politischen Allianz.

Ein Bündnissystem mit weitgesteckten Zielen wollte Graf Georg Friedrich von Waldeck errichten. Er war 1620 geboren, hatte als Zwanzigjähriger Dienst in der niederländischen und 1651 in der brandenburgischen Armee genommen. Kurfürst Friedrich Wilhelm übertrug ihm nicht bloß militärische Aufgaben, er berief ihn auch in seinen Geheimen Rat und gewährte ihm maßgebenden Einfluß auf die Leitung der Politik. Graf Waldeck, ein Mann von rastlosem Unternehmungsgeist, war ein überzeugter Verfechter der deutschen Freiheit. Ihren gefährlichsten Widersacher sah er zunächst in den österreichischen Habsburgern wegen der engen Verbindung mit Spanien und weil er von ihnen die Unterdrückung der Protestanten und der fürstlichen Libertät befürchtete. Während des Reichstages von 1653/54 veranlaßte Graf Waldeck den Kurfürsten Friedrich Wilhelm von der kaiserlichen zur Oppositionspartei überzugehen. Sie vermochte daraufhin die Entscheidung über die Verbindlichkeit von Mehrheitsbeschlüssen zu verhindern (S. 172). Waldeck schlug Friedrich Wilhelm ferner vor, sich an die Spitze eines protestantischen Fürstenbundes zu stellen. Etwas später empfahl Waldeck, auch katholische Reichsstände in den Bund aufzunehmen und ihm durch eine Allianz mit Frankreich eine Rückendeckung zu geben. Er konnte jedoch nur die braunschweigischen Herzöge im Jahre 1655 zum Abschluß eines Schutzbündnisses mit Kurbrandenburg bewegen.

Mehr Erfolg als den Waldeckschen schien den Verhandlungen des Mainzer Kurfürsten Johann Philipp von Schönborn beschieden zu sein. Die Kurfürsten von Köln und Trier, der Pfalzgraf von Neuburg und der Bischof von Münster waren Ende 1654 eine Defensivallianz eingegangen. Im August 1655 ließ sich Schönborn in sie aufnehmen. Er bemühte sich mit großem Eifer darum, weitere katholische und auch evangelische Mitglieder für den nun unter seiner Führung stehenden Bund zu gewinnen und erreichte Mitte August 1658 den Abschluß der „Rheinischen Allianz". Ihr gehörten außer den Mitgliedern der Defensivallianz von 1654 die braunschweigischen Herzöge, der Landgraf von Hessen-Kassel, König Karl Gustav von Schweden für Bremen und Verden und Luwig XIV. an. Später folgten noch Kurfürst Friedrich Wilhelm und verschiedene kleinere Reichsfürsten. Für das auf zehntausend Mann veranschlagte Bundesheer sollte jedes Mitglied eine bestimmte Anzahl von Soldaten stellen, Frankreich zweitausendvierhundert. Schönborn hatte mit der Gründung der Rheinischen Allianz die Herstellung des Gleichgewichtes zwischen den Habsburgern und Frankreich und die Sicherung des Westfälischen Friedens sowie der reichsständischen Libertät beabsichtigt. Frankreich dagegen hoffte, die Allianz, in der es das Übergewicht hatte, für seine eigenen politischen Ziele benutzen zu können. Die deutschen Mitglieder waren jedoch nicht in allem Frankreich zu Willen. Darüber kam es zu Unstimmigkeiten, die zur Auflösung der Rheinischen Allianz nach ihrem zehnjährigen Bestehen führten (S. 187).

Die Bündnispolitik von 1650—1668 brachte keine irgendwie ins Gewicht fallenden Ergebnisse, sie ist nur bezeichnend für das allgemeine Gefühl der Unsicherheit in Deutschland und für die Unfähigkeit, diese zu beheben. Die Rheinische Allianz ist keineswegs eine Vorläuferin des Napoleonischen Rheinbundes gewesen, der von vorneherein als ein Machtinstrument für Frankreich gegründet wurde, was er auch tatsächlich war, während die von einem Deutschen ins Leben gerufene Rheinische

Allianz erst nachträglich von Mazarin und Ludwig XIV. gelegentlich für die französische Politik ausgenutzt wurde. Graf Waldecks damalige Bündnispläne weisen mit ihrer Zielsetzung, Kurfürst Friedrich Wilhelm solle sich des gesamten jülich-klevischen Erbes bemächtigen und werde dann, wenn er sich dadurch „am Rheine festgemacht habe", entweder „das Römische Reich in Flor und Aufnahme bringen oder ein groß Teil davon für sich behalten", zwar auf die künftige Entwicklung Brandenburg-Preußens hin, haben sie aber nicht beeinflußt, und etwas wie die bismarckische kleindeutsche Lösung lag Waldeck fern. Später sah Waldeck nicht mehr in den Habsburgern, sondern in Frankreich den Feind der deutschen und europäischen Freiheit, leistete als Feldherr und Diplomat Kaiser Leopold I. wesentliche Dienste und wurde von ihm 1682 in den Reichsfürstenstand erhoben.

SCHWEDISCH-POLNISCHER KRIEG
KURFÜRST FRIEDRICH WILHELM

Königin Christine von Schweden verzichtete am 16. Juni 1654 in aller Form auf die Krone, um offen als Katholikin und überhaupt ganz nach ihrem persönlichen Gutdünken leben zu können. Auf ihren Wunsch hatten bereits fünf Jahre zuvor die schwedischen Reichsstände ihren Vetter Karl Gustav, den Sohn von Gustav Adolfs Schwester Katharina und dem Pfalzgrafen Johann Kasimir von Zweibrücken-Kleeburg, der nach der Schlacht am Weißen Berg nach Schweden geflohen war, zum Thronfolger ernannt. Unmittelbar nach Christines Abdankung wurde er als Karl X. Gustav zum König gekrönt. Der Pfälzer auf dem schwedischen Thron war ein geborener Kriegsmann, der größte Feldherr seiner Zeit, und die inner- und außenpolitische Lage drängte zu kriegerischen Unternehmungen. Während der vormundschaftlichen Regierung nach dem Tode Gustav Adolfs und der selbständigen Herrschaft Christines waren die Verwaltung und die wirtschaftlichen Verhältnisse völlig in Unordnung geraten, war Schweden ein armes Land geworden, schwer belastet besonders auch durch die aus Deutschland zurückgekehrte Armee. Zu ihrer Entlassung konnte man sich, abgesehen von der Schwierigkeit, die an das Kriegs- und Lagerleben Gewöhnten wieder bürgerlichen Berufen zuzuführen, nicht entschließen, weil man damit die von Dänemark und Rußland bedrohte, nur auf der militärischen Kraft beruhende Großmachtstellung Schwedens eingebüßt hätte. Um sie zu behaupten, blieb als einziger Ausweg, die Truppen wieder gewinnbringend im Ausland zu beschäftigen. In Erkenntnis dieser Sachlage hatte der schwedische Staatsmann Adler Salvius schon im Jahre 1652 erklärt: „Andere Staaten fangen Krieg an, weil sie reich sind, Schweden, weil es arm ist." Die Weigerung des Polenkönigs Johann Kasimir, Karls X. Erhebung auf den schwedischen Thron anzuerkennen und die Schwierigkeiten, in denen sich Polen damals befand, boten die erwünschte Gelegenheit zu einem Kriege.

Zar Alexij hatte im Jahr 1654 Polen angegriffen und wandte sich nach der Eroberung von Smolensk, Polocz und Witebsk gegen Litauen. Karl X. fiel daraufhin im Juli 1655 in Polen ein, gewann in wenigen Monaten Posen, Gnesen, Kalisch,

Warschau und bemächtigte sich am 17. Oktober Krakaus. Johann Kasimir entwich nach Schlesien, seine Armee ergab sich Karl X. Da nun Polen unter den russischen und schwedischen Schlägen dem Zusammenbruch nahe schien, glaubte Karl X. es reif zur völligen Aufteilung und gedachte Westpreußen und einen breiten Landstrich von der Warthe bis zur Düna für Schweden zu erwerben. Er beanspruchte auch die Oberhoheit über Ostpreußen, das Kurfürst Friedrich Wilhelm als polnisches Lehen innehatte. Nachdem Karl X. von Polen aus nach Preußen vorgestoßen war und Thorn und Elbing erobert hatte, sah sich der Kurfürst in dem Königsberger Vertrag vom 17. Januar 1656 gezwungen, den Schwedenkönig als seinen Lehensherrn für Preußen, genauer Ostpreußen, denn Westpreußen gehörte unmittelbar zu Polen, und für das ihm von Karl X. zugesagte Bistum Ermland anzuerkennen. Inzwischen hatten sich die Polen von ihren Niederlagen erholt, auch war ihr König wieder zurückgekehrt. Karl X. glückte zwar noch einmal ein Vorstoß bis Jaroslaw, im April 1656 wurde er jedoch bis Warschau zurückgeworfen. Überdies gaben um diese Zeit die Russen den Krieg gegen Polen auf und bedrohten die schwedischen Besitzungen im Baltikum. Karl X. schloß deshalb am 25. Juni 1656 mit Friedrich Wilhelm das Marienburger Bündnis. Dieser verpflichtete sich, seine gesamte Streitmacht dem Schweden zuzuführen. Der Kurfürst sollte dafür die polnischen Provinzen Posen, Kalisch, Lenczycz und Sieradz erhalten, die Lehensabhängigkeit für Preußen jedoch nicht aufgehoben werden. Mit vereinten Kräften schlugen dann Karl X. und Friedrich Wilhelm vom 28.—30. Juli in einer dreitägigen Schlacht bei Warschau das an Zahl weit überlegene polnische Heer.

Die Sieger konnten ihren großen militärischen Erfolg nicht ausnützen. Friedrich Wilhelm trennte sich von Karl X., weil eine starke polnische Armee gegen Ostpreußen vorrückte. Mit seinen eigenen Truppen allein war Karl weder den in die schwedischen Gebiete des Baltikums eingedrungenen Russen noch den Westpreußen bedrohenden Polen gewachsen, außerdem mußte er damit rechnen, daß nun Dänemark das im Frieden von Brömsebro (S. 156) Verlorene zurückzugewinnen versuchen würde. Um auch unter diesen Umständen des Brandenburgers sicher zu sein, bewilligte ihm der Schwede am 20. November 1656 in dem Vertrag von Labiau die unbeschränkte Souveränität über Preußen und Ermland. König Friedrich III. von Dänemark erklärte im Mai 1657 Karl X. den Krieg, von Holstein aus zogen dänische Truppen gegen das Herzogtum Bremen, von Schonen und Norwegen aus unmittelbar gegen Schweden. Am Wiener Hof befürchtete man, König Karl werde sich, von Frankreich hierzu ermutigt, gegen die österreichischen Erblande wenden, da zur Zeit für ihn weitere Fortschritte in Polen ausgeschlossen waren. Österreich verbündete sich deshalb Ende Mai 1657 mit Polen. Eine österreichische Armee vertrieb im August die schwedische Besatzung aus Krakau und marschierte hierauf gegen Westpreußen. Franz von Lisola, damals der fähigste Diplomat Österreichs, hatte den brandenburgischen Kurfürsten schon seit längerem Karl X. zu entfremden gesucht. Durch Lisolas Vermittlung kam am 19. September 1657 in Wehlau ein Vertrag zwischen dem Polenkönig und dem Kurfürsten zustande. Friedrich Wilhelm schloß mit Johann Kasimir Frieden, räumte Ermland und die eroberten Gebiete in Polen, der König verzichtete auf die Lehensoberhoheit über Ostpreußen. Weiterhin vereinbarten sie

Andreas Schlüter, Reiterstandbild des Großen Kurfürsten Friedrich Wilhelm in Berlin. 1698

Kaiser Leopold I.
Gemälde eines unbekannten Malers gegen 1700
Akademie in Wien

Prinz Eugen von Savoyen
Kupferstich von B. Vogel († 1737)
nach einem Gemälde von Johann Kupetzki

am 6. November zu Bromberg, daß der Brandenburger Polen gegen Schweden mit Truppen unterstützen und dafür die an Hinterpommern grenzenden Ämter Lauenburg und Bütow, die Starostei Draheim und mit einer Rückkaufsklausel die Stadt Elbing erhalten solle.

Karl X. bekam Ende Juni 1657 die Nachricht von der dänischen Kriegserklärung. Sofort brach er von Polen auf, stand im Juli an der Elbe und zwang nach einem Feldzug, der, eine der glänzendsten Waffentaten des 17. Jahrhunderts, seinen Ruf als „nordischer Alexander" begründete, am 27. Februar 1658 König Friedrich III. zum Friedensvertrag von Roeskilde. Der Däne mußte Schonen, Blekinge, Halland, Bohuslän, Drontheim und die Insel Bornholm an Schweden abtreten. Dänemark und Schweden verpflichteten sich, die Durchfahrt zur Ostsee feindlichen Mächten zu sperren und die mit ihnen eingegangenen Pakte zu lösen. Polen und Brandenburg waren seit Juli und Oktober 1657 mit Dänemark verbündet, hatten aber nicht gewagt, ihm ohne Österreich zu Hilfe zu kommen, das sich vor der Wahl Leopolds in keine kriegerischen Unternehmungen einlassen wollte. Aus diesem Grunde unterblieb zunächst auch der im Februar 1658 zwischen Lisola und Montecuccoli als österreichischen Unterhändlern, Kurfürst Friedrich Wilhelm und König Johann Kasimir vereinbarte Feldzug gegen Karl X. Sie griffen ihn erst an, nachdem Leopolds Wahl zum Kaiser im Juli 1658 erfolgt war, und der Schwedenkönig im gleichen Monate den Krieg gegen Dänemark wieder aufgenommen hatte, weil es die zu Roeskilde eingegangenen Verpflichtungen nur unvollständig erfüllt habe. Abgesehen von der Eroberung Kurlands durch den in schwedischen Diensten stehenden Feldmarschall Graf Robert Douglas, brachte dieser Krieg Karl X. allenthalben schwere Rückschläge. Am 21. August 1658 erschien er vor Kopenhagen, konnte aber die tapfer verteidigte Stadt nicht einnehmen, obwohl er sie über ein Jahr lang belagerte. Eine brandenburgisch-österreichisch-polnische Armee unter dem Oberbefehl des Kurfürsten Friedrich Wilhelm verdrängte die Schweden in kurzer Zeit aus Holstein und Schleswig und eroberte im Dezember die Insel Alsen. Im Frühherbst 1659 entrissen der Kurfürst und der österreichische Feldherr Montecuccoli den Schweden Vorpommern und Westpreußen bis auf einige Städte. Im November von den Holländern, die eine Schädigung ihrer Handelsinteressen durch König Karl befürchteten, auf Fünen gelandete brandenburgische, österreichische, polnische und dänische Truppen rieben dort ein schwedisches Heer auf. Karl X. trug sich zwar noch mit großen Plänen, wäre jetzt aber doch wohl von der übermächtigen feindlichen Koalition völlig überwältigt worden, wenn sich nicht Frankreich seiner angenommen hätte.

Zu eben dieser Zeit, am 7. November 1659, wurde der Spanisch-Französische Krieg nach vierundzwanzigjähriger Dauer durch den Pyrenäen-Frieden beendet. Auch auf Deutschland hatte er mancherlei Rückwirkungen. König Philipp IV. erkannte jetzt den Westfälischen Frieden an und die Erwerbungen Frankreichs im Elsaß. Aus dem Herzogtum Jülich wurden die immer noch dort liegenden spanischen Truppen abgerufen. Herzog Karl IV. erhielt den größten Teil seines Landes zurück, jedoch unter Bedingungen, welche die Vorherrschaft Frankreichs in Lothringen sicherten, außerdem mußte er den Franzosen einen Korridor von Metz nach dem Elsaß einräumen. Die Überlassung eines Teiles von Luxemburg mit Diedenhofen an

Frankreich festigte dessen Stellung auch an der Mosel. Überdies mußte Spanien die Grafschaft Roussillon im Nordosten der Pyrenäen an Frankreich abtreten und von seinen nominell unter der Oberhoheit des Reiches stehenden niederländischen Provinzen nahezu die ganze Grafschaft Artois mit Arras und anderen Städten und einen Streifen von Westflandern.

Nach Abschluß des Pyrenäen-Friedens richtete der leitende französische Minister Mazarin sein Augenmerk besonders auf den Norden und Osten Europas. Eine empfindliche Schwächung Schwedens war Mazarin unerwünscht, er wollte sich seiner auch fernerhin als „Kettenhund" gegen Deutschland bedienen. Als Garantiemacht des Westfälischen Friedens verlangte Frankreich, Schweden müßten die ihm 1648 zugesprochenen Besitzungen und Rechte im Reiche erhalten bleiben. Der Kaiser und Polen hatten an der Fortsetzung des Krieges kein Interesse mehr, da sie von Schweden nach dessen Niederlagen und nach dem am 13. Februar 1660 erfolgten Tode Karls X. ein Übergreifen auf ihre Länder nicht mehr zu besorgen hatten. Dänemark und Brandenburg allein wagten keinen Widerspruch gegen Frankreichs Forderung, Schweden einen glimpflichen Frieden zu gewähren. Am 3. Mai einigten sich Leopold I., Polen und Brandenburg zu Oliva und am 6. Juni Dänemark zu Kopenhagen mit Schweden. Dänemark bekam von den schwedischen Eroberungen nur Drontheim und Bornholm zurück, die Ostsee wurde für alle Flotten freigegeben, im übrigen mußte Dänemark die Bedingungen des Roeskilder Friedens neuerdings anerkennen. Polen erklärte sich mit der Thronfolge des Hauses Pfalz-Zweibrücken in Schweden einverstanden und verzichtete ein für allemal auf den Teil Livlands, den Schweden schon früher erworben hatte, dafür gab Schweden Kurland und die wenigen festen Plätze Westpreußens zurück, die noch in seiner Hand waren. Dem Brandenburger Kurfürsten wurde der Besitz der ihm im Bromberger Vertrag von Polen abgetretenen Gebiete mit Ausnahme der Stadt Elbing und die volle Souveränität für Preußen bestätigt.

Preußen war zwar seit 1525 ein erbliches Lehen des Hauses Brandenburg unter der polnischen Krone, aber Kurfürst Friedrich Wilhelm und zuvor schon sein Vater Georg Wilhelm hatten die Belehnung erst nach langen Verhandlungen und mit großen Kosten von den polnischen Königen erhalten, auch unterstützten diese immer wieder die preußischen Stände gegen ihren brandenburgischen Landesherrn. So ist Preußen erst durch die am 3. Mai 1660 international anerkannte Loslösung aus dem polnischen Lehensverband ein sicherer Besitz für das Haus Brandenburg geworden. Überdies zählten jetzt die Kurfürsten von Brandenburg als von jeder Lehensabhängigkeit freie und außerhalb des Reichsverbandes stehende Herzöge von Preußen zu den europäischen Souveränen und hatten damit eine Stellung wie von den deutschen Fürsten einzig die Habsburger als Könige des ebenfalls vom Reiche völlig unabhängigen Ungarn. Realpolitische Bedeutung gewann dies allerdings erst durch die Herrscherpersönlichkeit des Kurfürsten Friedrich Wilhelm.

Als er, zwanzig Jahre alt, am 1. Dezember 1640 seinem Vater Georg Wilhelm folgte, trat er ein völlig zerrüttetes Erbe an. Die preußischen Landstände, eingefleischte Lutheraner und eigenbrötlerische Partikularisten, suchten die Belehnung des kalvinischen Brandenburgers mit dem Herzogtum zu hintertreiben. Georg Wilhelm hatte sich durch die Annahme des Prager Friedens (S. 149) die Schweden zu Feinden gemacht. Sie hielten seitdem beträchtliche Gebiete von Brandenburg besetzt, und in den übrigen Teilen des Kurfürstentums hausten die eigenen, ihrem Landesherrn den Gehorsam verweigernden Truppen übel. Die westlichen Besitzungen Kleve, Mark und Ravensberg wurden von den Spaniern und Holländern verheert. Der jugendliche Kurfürst zeigte sich indes den schwierigen Aufgaben, die ihn erwarteten, gewachsen. Er hatte als Prinz während eines dreijährigen Aufenthaltes in den Generalstaaten einen guten Blick für wirtschaftliche Dinge gewonnen, auf der Universität zu Leiden mannigfache geistige Anregungen erhalten und sich am Hof und im Feldlager Friedrich Heinrichs von Oranien in der Diplomatie und Kriegskunst geschult.

Durch kluges Nachgeben erreichte der Kurfürst die Belehnung mit Preußen; die guten Beziehungen zum Hause Oranien erleichterten ihm, die klevischen Lande fester an sich zu fesseln; der Abschluß eines Waffenstillstandes im Sommer 1641 für Brandenburg, die Entlassung der verwilderten Truppen und die Neuaufstellung einer zwar kleinen, aber zuverlässigen Armee verschafften ihm die Möglichkeit, wieder Herr im Kernlande seines Hauses zu werden. Großes Ansehen im Reiche und im Auslande erwarb er sich durch die Abkehr von der den Habsburgern ergebenen Politik seines Vaters, durch entschiedenes Eintreten für das Zustandekommen der Westfälischen Friedenskonferenz und seine rege, teilweise sehr erfolgreiche Tätigkeit auf ihr im allgemein protestantischen und in seinem eigenen Interesse.

Nach dem schwedisch-polnischen Krieg umfaßte das Herrschaftsgebiet des Kurfürsten Friedrich Wilhelm das Herzogtum Preußen mit dem Fürstentum Ermland von der Stadt Memel bis zur Weichsel zwischen der Abzweigung der Nogat und dem außerhalb des Herzogtums gelegenen Graudenz, Hinterpommern mit Lauenburg, Bütow und Draheim im Osten, dem ehemaligen Bistum Kammin und, seit 1679, einem schmalen Streifen an dem rechten Ufer der unteren Oder im Westen, die Neumark, Uckermark und Kurmark, das Fürstentum Halberstadt und einige kleinere Bezirke südlich und südwestlich davon, das Fürstentum Minden und die Grafschaft Ravensberg zwischen der mittleren Weser und der oberen Ems, die Grafschaft Mark rechts und links der mittleren Ruhr, und das Herzogtum Kleve an beiden Ufern des Niederrheins, das an einer schmalen Stelle die Maas berührte; das Herzogtum Magdeburg, worauf ihm das Anrecht im Westfälischen Frieden zugesprochen worden war, fiel im Jahre 1680 an den Kurfürsten.

Diese durch fremde Besitzungen teilweise weit von einander getrennten, nach Konfession, Bevölkerung und ihren bisherigen Einrichtungen sehr verschiedenen Lande begann Friedrich Wilhelm in einem einheitlichen absoluten Regime zusammenzufassen. Er beseitigte den Einfluß der Landstände auf die Regierung, wobei er namentlich im Herzogtum Preußen auf starken Widerstand stieß. Mit der Einrichtung des Geheimen Rates als allgemeiner Verwaltungsbehörde für sämtliche Landesteile, einer besonderen Finanz- und Heeresverwaltung und der Domänenverwaltung, später Hofkammer genannt, legte er den Grund zu dem viel gerühmten und viel geschmähten preußischen Beamtentum. Die allmählich zu Mustergütern ausgebauten staatlichen Domänen, die Kontribution, eine hauptsächlich für Heeres-

und Kriegszwecke bestimmte direkte Kopf- und Grundsteuer, und die Akzise, eine von Friedrich Wilhelm nach niederländischem Vorbild eingeführte indirekte Verbrauchssteuer, sicherten ihm ein regelmäßiges und beträchtliches Staatseinkommen. Aus Holland herbeigerufene Bauern hoben die Erträgnisse der Landwirtschaft, durch Aufnahme von Hugenotten, die nach Aufhebung der Religionsfreiheit durch das Edikt von Nantes 1685 aus Frankreich geflohen waren, entwickelte sich in Brandenburg eine blühende Industrie. Kanalbauten und die Neuorganisation der Post förderten Handel und Verkehr. Schiffahrt und Seehandel lagen Friedrich Wilhelm seit dem Aufenthalt in Holland sehr am Herzen. Er war jedoch nur auf die ostpreußischen Hafenstädte angewiesen, da es ihm trotz aller Anstrengungen nicht glückte, Schweden Vorpommern mit Stettin zu entreißen. In seinen letzten Jahren schuf er eine brandenburgische Kriegsflotte und gründete eine afrikanische Handelskompanie sowie eine Kolonie an der westafrikanischen Goldküste (S. 259). Seine Hauptsorge galt der Armee. Er gab Brandenburg-Preußen das erste stehende Heer, verknüpfte es aufs engste mit der Krone und bildete es zu einem schlagkräftigen Kampfinstrument aus, zunächst zählte es nur dreitausend, am Ende seiner Regierung hatte es eine Kriegsstärke von achtundzwanzigtausend Mann. In der dreitägigen Schlacht von Warschau bewährte es sich zum ersten Male, mit ihr beginnt die Kriegsgeschichte des preußischen Staates.

Brandenburg-Preußen, das vordem innerhalb und außerhalb des Reiches nur eine untergeordnete Rolle gespielt hatte, ist infolge der Leistungen des Kurfürsten Friedrich Wilhelm zum bedeutendsten deutschen Staat nach Österreich geworden; die Zeitgenossen nannten ihn deshalb den Großen Kurfürsten. Mit seinem ausschließlich auf den Vorteil des eigenen Hauses und Landes bedachten Streben und seiner machiavellistischen Außenpolitik stand er unter den deutschen Fürsten jener Epoche nicht allein. Aber keiner hat wie er trotz vieler Rückschläge und Enttäuschungen mit solcher nie erlahmenden Tatkraft während einer fast fünfzigjährigen Regierung an dem Ziele festgehalten, seinen Staat groß und mächtig zu machen, im Verhältnis zu den Kräften seines Landes so viel für die Armee aufgewendet und seine Hoffnungen so sehr auf kriegerische Unternehmungen gesetzt. Durch die Maßnahmen für eine einheitliche Verwaltungs-, Finanz- und Militärorganisation seiner Länder ist Kurfürst Friedrich Wilhelm der Begründer des brandenburgisch-preußischen Staates geworden, und sein Geist und sein Wollen sind in diesem Staate zweieinhalb Jahrhunderte wirksam geblieben.

TÜRKENKRIEG 1663/64
BEGINN DES IMMERWÄHRENDEN REICHSTAGES
KONFLIKTE IM REICH

Um das Jahr 1660 schien für fast ganz Europa eine Ära des Friedens anzubrechen. Der spanisch-französische Krieg mit seinen mancherlei Auswirkungen auf Deutschland war durch den Pyrenäen-Frieden beigelegt. Die Gebietsabtretungen Dänemarks im Kopenhagener Frieden hatten dem schwedischen Reich endlich seine natürlichen Grenzen innerhalb Skandinaviens gegeben, und den Kampf um die Vorherrschaft über das Ostseegebiet konnte Schweden in absehbarer Zeit nicht wieder aufnehmen, weil seine Mittel völlig erschöpft waren und nach dem Tode Karls X. für dessen noch im Kindesalter stehenden Sohn eine vormundschaftliche Regierung folgte. Der jugendliche Kaiser Leopold I. dachte damals an keine kriegerischen Unternehmungen. Der Hauptzweck der Rheinischen Allianz (S. 174) sollte nach dem Willen ihres Gründers, des Kurfürsten Johann Philipp von Schönborn, die Sicherung des Friedens im Reiche und in Europa sein. All dem gegenüber hatte es wenig zu bedeuten, daß die Feindseligkeiten zwischen Rußland und Polen noch nicht beendet waren. Aber ein unerwartetes erneutes Vordringen der Türken erschütterte sehr bald die weitverbreitete Friedenszuversicht des Jahres 1660, und kaum war die Türkengefahr abgewehrt, entstanden im Reiche ernstliche Zerwürfnisse.

Die Türkei lag seit 1645 mit Venedig im Kriege. Darin sah man infolge der Lässigkeit, mit der sie ihn lange Zeit führte, keine Bedrohung des Friedenszustandes, sondern nur ein Zeichen des Verfalls der türkischen Macht. Der von Sultan Mohammed IV. im Jahre 1656 zum Großwesir ernannte Mustapha Köprülü stellte jedoch die Kampfkraft der Osmanen wieder her. Als in dem unter türkischer Oberhoheit stehenden Siebenbürgen ein Thronstreit ausgebrochen war, griff der Großwesir erfolgreich ein und eroberte dabei Ende August 1660 Großwardein, eine wichtige Festung in Ostungarn. Obwohl dies für Kaiser Leopold als König von Ungarn eine Herausforderung war, beschränkte er sich auf gütliche Verhandlungen mit der Hohen Pforte, doch setzte sich, besonders als Achmed Köprülü seinem Vater als Großwesir gefolgt war, am Wiener Hof immer mehr die Überzeugung durch, daß sich ein Krieg mit der Türkei auf die Dauer nicht vermeiden lasse.

Mit seinen Erblanden allein durfte der Kaiser nicht wagen, den Kampf gegen den Türken aufzunehmen. Er entschloß sich deshalb zur Einberufung des Reichstages nach Regensburg auf den 8. Juni 1662, die Eröffnung fand, wie üblich mit erheblicher Verspätung, am 20. Januar 1663 statt. Im Dezember erschienen der Kaiser, vier Kurfürsten und viele Fürsten in Regensburg. Mit dem Pomp, der dabei entfaltet wurde, erinnerte dieser Reichstag an die früheren, auch mit der Aufrollung aller möglichen alten Streitfragen, ohne etwas zu ihrer Lösung beizutragen. Aber darin unterschied er sich von allen vorausgegangenen Reichstagen, daß er fort und fort tagte bis zum Ende des Reiches, weshalb man ihn den *Immerwährenden Reichstag* nannte. Die Reichsstände pflegten ihn nicht mehr selbst zu besuchen, er wurde zu einem Kongreß ihrer Gesandten. Der Kaiser war auf ihm durch einen Prinzipalkommissarius aus dem Fürstenstand und einen rechtskundigen Kommissarius vertreten. Das allgemeine Direktorium hatte der Erzkanzler, der Kurfürst von Mainz. Das Kurfürstenkollegium, der Reichsfürstenrat und das Städtekollegium besaßen je ein eigenes Direktorium, ebenso die Grafenkurien und die Prälatenbänke; das Stimmrecht dieser zwei Gruppen, der mit den Freien Herren vereinigten Grafen und der nicht gefürsteten Prälaten, war erst auf dem Reichstag von 1652/53 genauer geregelt worden. Über den immerwährenden Reichstag ist nicht weniger gespottet worden als über das Reichskammergericht. Er verschwendete unendlich viel Zeit und Mühe an kleinliche Rangstreitigkeiten und dergleichen, Beschlüsse von größerer Tragweite hat er nur selten gefaßt. Darüber sollte indes nicht vergessen werden, daß er in fortwährendem Meinungsaustausch die Verbindung der Reichsstände untereinander aufrechterhielt und damit auch das Bewußtsein von der politischen Einheit des Reiches.

Im Februar 1664, als der Türkenkrieg bereits in vollem Gange war, bewilligte der Reichstag die Mittel zur Aufstellung eines Heeres von dreißigtausend Mann, zu seinem Führer wurde Markgraf Leopold Wilhelm von Baden als „Feldmarschall der Reichs-Kreis-Armee" gewählt. Der Kaiser hatte in der Voraussicht, daß sich auch diesmal die Verhandlungen auf dem Reichstag über die Türkenhilfe lange hinziehen und die tatsächlichen Leistungen hinter den beschlossenen Beiträgen zurückbleiben würden, zuvor mehrere Reichsfürsten um Beistand angegangen. Verschiedene von ihnen sandten ihm bereits in der zweiten Hälfte des Jahres 1663 Truppen, das stärkste Kontingent, etwas über zweitausend Mann, Kurfürst Friedrich Wilhelm von Brandenburg. Dazu erhielt der Kaiser noch eine Hilfe, um die er nicht gebeten hatte und die ihm, wenigstens in dieser Form, nicht so ganz erwünscht war.

Von Frankreich hierzu veranlaßt hatte die Rheinische Allianz vor Einberufung des Reichstages durch die päpstliche Kurie dem Kaiser angeboten, unter ihrem eigenen Kommando eine Armee nach Ungarn zu entsenden, der sich eine weitere französische des Bundesmitgliedes Ludwig XIV. anschließen werde. Damit wollten dieser und Kurfürst Johann Philipp von Schönborn die selbständige politische Stellung der Allianz dem Reiche gegenüber deutlich zum Ausdruck bringen. Das zeigt besonders die Bestimmung, keines der Bundesmitglieder, die mit Ausnahme von Frankreich alle Reichsstände waren, dürfe sich in anderer Weise am Kampf gegen die Türken beteiligen. So peinlich dem Kaiser diese Einmischung Frankreichs und das eigenmächtige Vorgehen der Allianz waren, mußte er doch auf ihren Vorschlag eingehen, eine Ablehnung der in Aussicht gestellten recht beträchtlichen Waffenhilfe gegen den Feind der gesamten abendländischen Christenheit hätte allgemein Anstoß erregt. Die der Rheinischen Allianz angehörenden Reichsstände haben dann etwas über siebentausend, die Franzosen fast achttausend Mann ins Feld geschickt, vereinigt waren die zwei Gruppen ungefähr ebenso stark wie die Reichs-Kreis-Armee, sie trafen auch erheblich früher als diese auf dem Kriegsschauplatz ein. Der französische Befehlshaber Graf Coligny wurde, allerdings nur formell, dem Führer der deutschen Bundestruppen Graf Wolf Julius von Hohenlohe untergeordnet, um die Rheinische Allianz auch militärisch als Einheit erscheinen zu lassen. Die Armee des Kaisers zählte zu Beginn des Feldzuges zwölftausend Mann, in seinem weiteren Verlauf mit sechsunddreißigtausend Mann Fußvolk, vierundzwanzigtausend Reitern und irregulären Truppen mehr als alle Kontingente zusammen, die ihm zu Hilfe gesandt wurden.

Von Ungarn aus, wo er ein Heer von sechzigtausend Mann zusammengezogen hatte, eröffnete Achmed Köprülü im Frühjahr 1663 die Feindseligkeiten. Er eroberte Neuhäusel an der Neutra, tatarische Scharen stießen bis Brünn und Olmütz vor. Schon überlegte Leopold I., ob er aus Wien fliehen solle, und weitum im Reiche wurde, wie einst zu Karls V. Zeiten, die zu Gebet und Hilfe mahnende „Türkenglocke" geläutet. Nachdem aber die kaiserliche Armee bedeutend verstärkt worden war, und als immer mehr der Leopold I. versprochenen Kontingente im Kriegsgebiet eintrafen, gestaltete sich die Lage günstiger. Bei Lewenz an der Gran erfochten am 19. Juli 1664 kaiserliche Abteilungen und sich vorzüglich schlagende brandenburgische und sächsische Truppen einen glänzenden Sieg über die Türken und verjagten sie aus Neuhäusel.

Das Gros der christlichen Truppen erwartete auf dem linken Ufer der Raab bei Sankt Gotthard die von Achmed Köprülü geführte osmanische Hauptmacht, die den Zugang zur Steiermark erzwingen wollte. Am 1. August setzten zehn- bis vierzehntausend Türken, ihre besten Truppen, unbehindert vom Gegner über die Raab und überrannten die im Zentrum stehende Reichs-Kreis-Armee. Österreichische Reiter des rechten und Rheinbundtruppen und Franzosen des linken Flügels hinderten den Feind an weiterem Vordringen, vermochten ihn aber nicht über die Raab zurückzuwerfen und ihm den Flußübergang zu entreißen. Trotzdem blieb die Masse der Osmanen auf dem rechten Ufer. Nach einigem Zögern entschloß sich der Kriegsrat des christlichen Heeres, die auf dem linken Ufer stehenden Türken abermals anzugreifen. Die meisten von ihnen wurden in blutigem Handgemenge niedergemacht oder fanden auf der Flucht in den Fluten des hochgehenden Flusses den Tod. Nach dem Verlust seiner Kerntruppen gab Köprülü den Versuch, den Flußübergang zu forcieren, auf und marschierte nach einigen Tagen, von seinem sich nach Norden wendenden Gegner unbehelligt, ostwärts ab.

Im christlichen Lager erwartete man nach dem Erfolg von Sankt Gotthard allgemein die Fortsetzung des Krieges. Aber der Wiener Hof schloß schon am 10. August 1664 zu Vasvar insgeheim mit dem Großwesir einen Frieden auf zwanzig Jahre, dessen Bedingungen erst am 26. September der Öffentlichkeit bekanntgegeben wurden. Die Türken erhielten Neuhäusel, Großwardein und den entscheidenden Einfluß in Siebenbürgen, außerdem wurde vereinbart, daß zum Zeichen der Freundschaft der Kaiser dem Sultan zweihunderttausend Gulden übersenden und von diesem ein Gegengeschenk erhalten solle. Zu seinem großen Entgegenkommen bewogen Kaiser Leopold außer der Erschöpfung seiner Länder die dem Hause Österreich feindliche Gesinnung zahlreicher ungarischer Magnaten, das Mißtrauen gegen Frankreich und der über kurz oder lang zu erwartende Kampf um das spanische Erbe (S. 217).

Noch während des Türkenkrieges entspann sich im Westen des Reiches ein Streit, an dem sich zahlreiche Reichsstände beteiligten. Karl Ludwig, einem Sohn des 1621 geächteten Winterkönigs, war im Westfälischen Frieden die Kurpfalz zurückgegeben worden. Sie hatte während des Dreißigjährigen Krieges durch Abwanderung und Seuchen einen großen Teil ihrer Bevölkerung eingebüßt, die Felder lagen weithin brach. Der nun zweiunddreißigjährige Kurfürst hatte bis dahin fast sein ganzes Leben im Ausland zugebracht, durch seine Liebesaffären und politischen Abenteuer war er in den Ruf der Leichtfertigkeit und Unzuverlässigkeit gekommen. Er sorgte aber, nachdem er zur Regierung gelangt war, für den geistigen und wirtschaftlichen Aufbau seines Landes mit einer Umsicht und Tatkraft, die ihm niemand zugetraut hätte. Um Geldmittel und Arbeitskräfte für seine verarmten und entvölkerten Gebiete zu beschaffen, machte er unter anderem wieder Gebrauch von dem seit unvordenklichen Zeiten bestehenden, aber während des Dreißigjährigen Krieges in Vergessenheit geratenen Wildfangrecht der Pfälzer Kurfürsten. Danach durften diese nicht nur in ihren eigenen, sondern auch in den benachbarten Territorien die unehelich Geborenen und alle ohne bestimmtes Heimatrecht Zugezogenen gewissermaßen als freies Wild einfangen, das heißt, als ihre Leibeigenen erklären und zu den für sie üblichen Abgaben und Arbeitsleistungen zwingen. Als im Jahre 1663 der Mainzer Kurfürst Johann Philipp von Schönborn das Bistum Worms erhielt, in dem Karl Ludwig sein Wildfangrecht besonders rücksichtslos geltend machte, verband der Mainzer sich mit den Kurfürsten von Köln und Trier, dem Bischof von Straßburg, dem Herzog von Lothringen und anderen, „um ihre Lande und Leute vor dem vor Augen stehenden Untergang zu retten". Beide Seiten griffen zu den Waffen, im wesentlichen blieb es bei einem Papierkrieg mit einer Unmenge von juristischen Gutachten und Streitschriften. Vergebens suchten der Kaiser und der Kurfürst Friedrich Wilhelm von Brandenburg zu vermitteln. Schließlich wandte sich Karl Ludwig an Frankreich und Schweden als Garantiemächte des Westfälischen Friedens. Sie entschieden im Februar 1667, dem Pfälzer Kurfürsten stehe das Wildfangrecht zu, nur habe er bei dessen Ausübung die landesherrlichen Rechte der benachbarten Fürsten zu achten.

Mehr als in dem Streit um das Wildfangrecht erreichte Kurfürst Johann Philipp von Schönborn mit seinen Bemühungen, sich Erfurts zu bemächtigen. Es gehörte seit dem frühen Mittelalter zu dem Erzbistum Mainz, außerdem unterstand Erfurt der Schutzherrschaft erst der Landgrafen von Thüringen und dann Kursachsens. Im 14. Jahrhundert hatte jedoch die Stadt infolge ihres Reichtums und ihres weit ausgedehnten Besitzes — 72 Dörfer waren ihr untertan — eine fast völlig unabhängige Stellung gewonnen. Kaum war Johann Philipp Erzbischof und Kurfürst von Mainz geworden, sann er darauf, Erfurt ganz unter seine Botmäßigkeit zu bringen. Zunächst bestimmte er den Kurfürsten von Sachsen, gegen eine Entschädigung auf seine Schutzrechte über Erfurt zu verzichten. In der Stadt bekämpften sich damals Rat und Bürgerschaft aufs heftigste. Der Kaiser verhängte im Herbst 1663 über Erfurt die Reichsacht, nachdem von ihm wiederholt dorthin gesandte Vermittlungskommissionen hatten unverrichteterdinge abziehen müssen, und übertrug dem Mainzer auf dessen Wunsch die Exekution der Acht. Des ersten bewaffneten Angriffes konnten sich die Erfurter erwehren. Daraufhin bat der Kurfürst die Mitglieder der unter seiner Leitung stehenden Rheinischen Allianz, insbesondere König Ludwig XIV., um Beistand. Im Herbst 1664 rückte ein Heer von achtzehntausend Mann, darunter ein sechstausend Mann starkes französisches Kontingent, vor die Mauern Erfurts. Nach einer mehrwöchigen Belagerung ergab sich die Stadt am 15. Oktober 1664; Johann Philipp von Schönborn gliederte sie mit ihrem Gebiet als „Erfurter Staat" dem Kurfürstentum Mainz an.

Zu jener Zeit ereigneten sich verschiedene Zwischenfälle wie der von Erfurt. Auf Abrundung und straffe Zusammenfassung ihrer Territorien bedachte Fürsten suchten Städte ihres Bereiches, die eine gewisse Selbständigkeit beanspruchten oder schon hatten, fest in ihre Hand zu bekommen, andrerseits verteidigten diese Städte ihre Freiheit gerade jetzt besonders zäh, da sie von dem aufstrebenden fürstlichen Absolutismus die Aufhebung aller ständischen Vorrechte, die Belegung mit Garnisonen und die Belastung mit hohen Steuern befürchteten. Nahezu zehn Jahre währte der Kampf des Bischofs Christoph Bernhard von Galen mit Münster, der Hauptstadt seines Sprengels, bis er sie in seine Gewalt brachte. Bei Übergabe des in ein weltliches Herzogtum umgewandelten Erzbistums Bremen an Schweden war die Frage offen geblieben, ob die Stadt Bremen, wie ihre Bürger versicherten, reichsunmittelbar sei. Zweimal, 1652 und 1666, erschienen schwedische Truppen vor der Stadt, vermochten aber nicht die sich tapfer wehrenden Bremer zur Anerkennung der Oberhoheit ihres Königs und zur Aufnahme einer schwedischen Besatzung zu zwingen. Am 25. November 1666 wurde im Frieden von Habenhausen Bremen die Reichsunmittelbarkeit bestätigt. Einige Jahre später, im Januar 1672, setzten sie die Kölner für ihre Stadt gegen den bairischen Prinzen und Kölner Kurfürsten Maximilian Heinrich durch. Mit hundert Geschützen und zwanzigtausend Mann zogen im Sommer 1671 die Herzöge von Braunschweig vor die ihnen gemeinsam gehörende Stadt Braunschweig. Sie erhob zwar keinen Anspruch auf Reichsunmittelbarkeit, war aber im Laufe der Zeit nahezu unabhängig geworden und verweigerte die Huldigung. Das starke Aufgebot der Herzöge brach rasch den Widerstand der Bürger. Die Stadt wurde nun Eigentum des Herzogs von Wolfenbüttel, die übrigen Mitglieder des Hauses Braunschweig verzichteten auf ihren Anteil. Auch nach der Unterwerfung der Stadt behielten die Herzöge einen beträchtlichen Teil der hierfür eingesetzten Truppen als stehendes Heer und wurden so hinter Österreich und Brandenburg die drittstärkste Militärmacht im Reiche.

Die eben genannten und ähnliche Konflikte wurden nicht durch die hierfür bestimmten Organe des Reiches, den Reichstag, das Reichskammergericht, den Reichshofrat, entschieden, sondern durch gewaltsames Vorgehen einzelner Reichsstände oder durch das Eingreifen eines oder mehrerer deutscher Fürsten und auswärtiger Mächte. Im Jahre 1665 zog Galen auf Seiten Englands gegen die Generalstaaten ins Feld, wodurch das Reich und namentlich das Herzogtum Kleve in den englisch-holländischen Krieg verwickelt zu werden drohten. Das Erscheinen des mit einem Heere in Kleve eingezogenen Kurfürsten Friedrich Wilhelm von Brandenburg schüchterte den bischöflichen „Soldaten in der Soutane" derart ein, daß er sich im April 1666 zu einem bedingungslosen Frieden mit Holland verstand, und so eine Ausweitung des Krieges auf deutschen Boden unterblieb. Bremen verdankte die Anerkennung als freie Reichsstadt der entschlossenen Haltung seiner Bürger und dem Einspruch Dänemarks, Hollands und einiger deutscher Fürsten gegen das Vorgehen Schwedens, Köln in erster Linie der Vermittlung des brandenburgischen Kurfürsten und des Bischofs von Münster. Immer wieder waren eben innerdeutsche partikulare Gewalten und außerdeutsche Staaten für die Gestaltung der politischen Verhältnisse im Reiche ausschlaggebend.

DER DEVOLUTIONSKRIEG. BAIRISCHE POLITIK

Während mit den Kämpfen der Territorialfürsten gegen Landstände und Städte in Deutschland der Absolutismus sich noch im Angriffsstadium befand, hatte in Frankreich Mazarin die letzten Widerstände gegen ihn bereits gebrochen. So konnte

Ludwig XIV. in seinem Reiche, als er im Jahre 1661 nach dem Tode Mazarins die Zügel der Regierung selbst in die Hände nahm, unbehindert den höfischen Absolutismus ausbauen (S. 168). Auch außenpolitisch hatte Mazarin dem König ein vielversprechendes Erbe hinterlassen. Im Norden Europas besaß Frankreich an Schweden einen Bundesgenossen, der bei seiner Armut immer wieder auf französische Hilfsgelder angewiesen war, und den es sich durch die ihm im Kopenhagener Frieden vermittelten günstigen Bedingungen (S. 178) vor kurzem zu großem Danke verpflichtet hatte. Die Dienste, die Frankreich bei den Friedensverhandlungen in Oliva (S. 178) Polen leistete, hatten zur Folge, daß dieses sein über ein halbes Jahrhundert bestehendes Freundschaftsverhältnis mit Österreich löste und unter französischen Einfluß geriet. Durch den Westfälischen Frieden faßte Frankreich im Elsaß Fuß, außerdem boten ihm seine Stellungen als Garantiemacht dieses Friedens und dann auch als Mitglied der Rheinischen Allianz immer wieder Gelegenheit, in die deutschen Verhältnisse einzugreifen. Im Pyrenäen-Frieden (S. 177) war die Vorherrschaft in Europa von Spanien an Frankreich übergegangen, und Ludwig XIV. durfte hoffen, sie unbestritten behaupten zu können, zumal England, auch noch nach Beendigung der unter Cromwells Sohn Richard eingetretenen Wirren durch die Wiederherstellung der Monarchie im Jahre 1660, zunächst in erster Linie innerpolitische Aufgaben zu bewältigen hatte.

Ludwig XIV. suchte seine Macht besonders zur Erweiterung des französischen Gebietes zu benützen. Die nächste Gelegenheit dazu bot ihm, nachdem er das 1658 an England gekommene Dünkirchen dem englischen König um fünf Millionen Francs abgekauft hatte, der am 17. September 1665 erfolgte Tod König Philipps IV. von Spanien. In der belgischen Provinz Brabant galt das sogenannte Devolutionsrecht, wonach die Erbgüter eines Hauses den Kindern aus erster Ehe zufielen. Ludwig XIV. hatte, wie im Pyrenäen-Frieden vereinbart worden war, Maria Theresia, das einzige Kind aus Philipps IV. erster Ehe geheiratet, der Thronfolger Karl II. stammte aus zweiter Ehe. Unter willkürlicher Auslegung des Devolutionsrechtes erhob Ludwig XIV. für seine Gemahlin Anspruch auf die ganzen spanischen Niederlande. Zur Rückendeckung gegen Osten stellte er bei Metz eine Armee auf und schloß mit mehreren Fürsten der Rheinischen Allianz Sonderverträge, für ein Gesamtabkommen war sie bereits zu brüchig geworden. Im Mai 1667 rückte eine französische Armee unter Turenne in die spanischen Niederlande ein und eroberte die Hauptfestungen Flanderns; im September bezogen die französischen Truppen die Winterquartiere, ein weiterer militärischer Widerstand war nicht zu erwarten.

Obwohl sich Spanien im allgemeinen wenig darum kümmerte, daß seine niederländischen Provinzen als Glieder des burgundischen Kreises zum Reiche gehörten, suchte ihr Gouverneur jetzt doch beim Reichstag in Regensburg Hilfe. Die meisten Fürsten waren geneigt, sie zu gewähren; man sah in dem Vorstoß gegen Belgien nur den ersten Schritt Ludwigs XIV. zu weiteren ähnlichen Unternehmungen. Da aber der Kurfürstenrat ein Eingreifen verweigerte, kam der Reichstag über Erwägungen, wie ein friedliches Übereinkommen mit Ludwig XIV. angebahnt werden könne, nicht hinaus. Mehr Erfolg hatten die von dem englischen Diplomaten William Temple angeregten Verhandlungen. Sie führten zu der zwischen England, den Generalstaaten und Schweden im Januar 1668 im Haag zur Wiederherstellung und Sicherung des Friedens in Europa abgeschlossenen Tripelallianz. Auch sie beabsichtigte kein militärisches Vorgehen gegen Frankreich, immerhin übte sie auf Ludwig XIV. einen so starken Druck aus, daß er sich in dem am 2. Mai 1668 zu Aachen unterzeichneten Friedensvertrag mit den von seinen Truppen in Flandern eingenommenen festen Plätzen begnügte. Er rechnete darauf, sich ihrer bald als Sprungbrett zur Erreichung des Zieles bedienen zu können, das er sich bei Beginn des Krieges gesteckt hatte: die Gewinnung der gesamten spanischen Niederlande.

Gegen Ende des Devolutionskrieges wurde über die Verlängerung der Rheinischen Allianz verhandelt. Da ihre meisten Mitglieder Ludwig XIV. das ihm bisher bewilligte Recht des freien Durchzuges eines französischen Heeres durch ihre Gebiete nicht mehr zugestehen wollten, erklärte der König, er habe kein Interesse mehr an dem Bunde. Für sich allein konnten sich die deutschen Mitglieder nicht zu seiner Fortsetzung entschließen, und so verstrich der August 1668, der Endtermin der Allianz, ohne ihre Erneuerung. Infolge des auch während des Devolutionskrieges zutage getretenen Versagens des Reichstages in den wichtigsten Fragen der internationalen Politik war Kurfürst Johann Philipp von Mainz mehr denn je von der Notwendigkeit einer großen Föderation deutscher Fürsten zur Aufrechterhaltung des Friedens im Reiche und in ganz Europa überzeugt. Um sich hierüber zu beraten, traf er sich im August 1670 mit dem Trierer Kurfürsten Kaspar von der Leyen und mehreren anderen Persönlichkeiten des politischen Lebens in Bad Schwalbach. Hier arbeitete Leibniz, obwohl erst vierundzwanzig Jahre alt, damals Rat am obersten kurmainzischen Gerichtshof, eine Denkschrift aus, worin er die Richtlinien für die Gründung einer „wohlformierten und beständigen Allianz" aufstellte. Sie habe eine ähnliche Aufgabe zu erfüllen wie die Tripelallianz, sich aber dabei auf die Angelegenheiten Deutschlands zu beschränken, das vor allem gegen die Übermacht Frankreichs zu schützen sei. Habe sich Ludwig XIV. davon überzeugt, daß er einem durch die neue Allianz wieder erstarkten Deutschland gegenüberstehe, dann werde er andere Ziele ins Auge fassen. Die Levante, besonders Ägypten, eines „der bestgelegenen Länder der Welt", sei das gegebene Feld für den französischen Eroberungsdrang. Diese und ähnliche weitere Bemühungen führten indes nur zum Abschluß von Allianzen, die wie die früheren keinen maßgebenden Einfluß auf die deutsche und die europäische Politik ausübten.

Ungleich mehr erreichte Ludwigs XIV. Diplomatie. Von einem Eingreifen in den Devolutionskrieg hatte er den Kaiser dadurch abgehalten, daß er mit ihm seit dem Herbst 1667 über die in Aussicht stehende spanische Erbschaft verhandelte und am 19. Januar 1668 über ihre Teilung ein geheimes Abkommen traf. Kurfürst Friedrich Wilhelm hatte durch seine Gesandten auf dem Regensburger Reichstag das Hilfsgesuch des Gouverneurs der spanischen Niederlande nachdrücklich befürworten lassen. Als aber Ludwig XIV. damit drohte, dem Prinzen Condé oder dessen Sohn zur polnischen Königskrone zu verhelfen, sagte der Kurfürst am 15. Dezember 1667 gegen den Verzicht Ludwigs XIV. auf die Kandidatur irgendeines französischen Prinzen in Polen Neutralität im Devolutionskrieg zu. Ende Dezember 1669 schloß der Brandenburger überdies mit Frankreich ein Bündnis auf die Dauer von zehn Jahren. Er verpflichtete sich zur Stellung eines Hilfskorps von zehntausend Mann, wenn es wegen der spanischen Niederlande abermals zu einem Konflikt komme. Ludwig XIV. versprach dafür dem Kurfürsten die Bezahlung einer jährlichen Pension von vierzigtausend Talern und im Kriegsfall von hundertfünfzigtausend Talern Werbegeldern, außerdem sollten ihm die spanischen Gebiete Gelderns rechts der Maas überlassen werden. Als ihren größten Gewinn konnte die französische Diplomatie dieser Jahre die ihr geglückte enge Verbindung des bairischen Kurfürsten Ferdinand Maria mit Ludwig XIV. betrachten.

Entgegen dem Drängen Mazarins hatte sich 1657 der damals einundzwanzigjährige Ferdinand Maria nicht um die Kaiserkrone beworben (S. 173), was er damit begründet haben soll, er wolle lieber ein reicher Kurfürst als ein armer Kaiser sein. Jedenfalls hätte er sich durch seine eigene Kandidatur oder durch die Unterstützung einer anderen als der Leopolds in einen für Baiern damals aussichtslosen Kampf mit Österreich gestürzt. Nicht mehr so nüchtern beurteilte nach dem Tode von Kaiser Leopolds bis dahin einzigem nur wenige Monate alt gewordenen Sohne der zweiunddreißigjährige Kurfürst die Lage. Er war darüber verstimmt, daß er für seine entscheidende Wahlhilfe noch keinerlei Dank vom Hause Österreich empfangen hatte, und seine Gattin Adelaide Henriette von Savoyen, vom Beginne ihrer Ehe an von brennendem Ehrgeiz erfüllt, hatte ihren Gemahl bereits 1657 zur Annahme der Kandidatur zu bewegen versucht. Am Münchner Hofe fanden jetzt deshalb die Gerüchte gerne Glauben, daß Leopold nicht mehr zeugungsfähig sei und er, wie dies auch von dem spanischen König Karl II. zu erwarten sei, demnächst aus der Welt scheiden werde.

Im Ehevertrag der Mutter des Kurfürsten, einer Tochter Kaiser Ferdinands II., war festgesetzt, daß ihr oder ihren Nachkommen beim Aussterben des österreichischen Mannesstammes ein Erbrecht zustehe. Demnach war Ferdinand Maria als Sohn der ältesten erbberechtigten Prinzessin aus dem Hause Österreich Regredienterbe und hatte als solcher nach der Auffassung am Münchner Hofe vor allen anderen den Vorzug, so daß dem Kurfürsten der größere Teil von der gesamten österreichischen Erbmasse, darunter das Königreich Böhmen, zufallen müßte und er der gegebene Nachfolger Leopolds auf dem Kaiserthron wäre. Das Recht der Regredienterben war jedoch sehr umstritten; wollte er es seinerzeit für sich ganz oder auch nur in beträchtlichem Umfange durchsetzen, dann mußte sich Ferdinand Maria bereits jetzt um die Hilfe eines mächtigen Bundesgenossen bemühen. Er stand in König Ludwig XIV. bereit, denn schon seit langem arbeitete die französische Diplomatie darauf hin, Baiern, das von 1508 bis 1670 mit Frankreich im ganzen nur sechzehn Jahre verbündet war, sonst aber immer Freundschaft mit Österreich gehalten hatte, den Habsburgern zu entfremden.

In dem am 17. Februar 1670 in München unterzeichneten bairisch-französischen Hauptallianzvertrage verpflichteten sich beide Mächte gegenseitig zur Wahrung ihrer Interessen auf dem Reichstage und sonstigen Reichsversammlungen, zu genau umschriebenen Hilfeleistungen bei den zu erwartenden Auseinandersetzungen über das spanisch-habsburgische Erbe, in allen anderen Fällen zum Beistand erst nach besonderen Vereinbarungen hierüber und unter der Voraussetzung, daß dem um Unterstützung gebetenen Teil daraus kein Nachteil erwüchse. Erlischt der spanisch-habsburgische Mannesstamm, dann soll Baiern zwischen dem Kaiser und dem König von Frankreich eine friedliche Lösung in der Erbfolgefrage zu vermitteln suchen, kommt es aber zum Kriege, die Erklärung eines Reichskrieges an Frankreich verhindern, einzelne Reichsstände, die zugunsten Österreichs eingreifen wollen, dem Kaiser abspenstig machen und kaiserlichen Truppen, wenn nötig mit Gewalt, den Durchzug durch Baiern verwehren. Der König von Frankreich zahlt dafür dem Kurfürsten hundertachtzigtausend Taler zur Aufstellung einer Armee von neuntausend Mann und für ihren Unterhalt jährlich vierhunderttausend Gulden Subsidien. Wenn aber der Kaiser bei einem etwaigen spanischen Erbfolgekriege dem Kurfürsten für finanzielle oder militärische Hilfe ein günstigeres Angebot mache, dann sei ihm gestattet, sich dem Kaiser anzuschließen, ohne daß deshalb der bairisch-französische Freundschaftspakt grundsätzlich aufgehoben würde. Der Hauptallianzvertrag ließ Ferdinand Maria in diesem Falle deshalb freie Wahl, sich für Frankreich oder Österreich zu entscheiden, weil Ludwig XIV. in einer anderen Angelegenheit sich Baierns Beistand um jeden Preis sichern wollte.

Ludwig XIV. war fest davon überzeugt, daß ihm die Kaiserkrone gebühre. Seiner Ansicht nach war das Kaisertum das Erbe Karls des Großen und waren dessen rechtmäßige Nachfolger die zu Reims gekrönten Könige. Dabei ging es Ludwig XIV. nicht bloß um den Titel und um Ehrenvorrechte, er wollte vielmehr, wie er in den für seinen Sohn bestimmten politischen Anweisungen darlegte, das von den Deutschen zugrunde gerichtete Kaisertum, dessen Inhaber nur noch Generalkapitäne einer deutschen Republik wären, mit den ihm als dem Herrscher Frankreichs zur Verfügung stehenden Machtmitteln wieder zu Ehren bringen und zu seiner alten wahrhaft monarchischen Bestimmung zurückführen, worunter er den Absolutismus seiner eigenen Prägung verstand. Zuvor mußte er aber erst zum Kaiser gewählt sein, und dazu konnte ihm seiner Meinung nach nur der bairische Kurfürst verhelfen. Dieser gab indes die Hoffnung selbst Kaiser zu werden nicht ohne weiteres auf. Schließlich mußte er aber in einem Geheimartikel am 28. November 1670 fest zusagen, daß er auf bestmögliche Weise die Kaiserkrone ablehnen werde, wenn sie ihm von der Mehrheit des Kurfürstenkollegs angeboten würde, und daß er dann auf die Wahl des Königs von Frankreich zum Kaiser und auf seine eigene zum römischen König hinarbeiten würde.

Frankreich versprach als Gegenleistung, falls Leopold I. ohne männliche Nachkommenschaft sterbe, werde es sofort nach dessen Tod dem Kurfürsten zur Durchfechtung seiner gerechten Ansprüche auf österreichische Provinzen und besonders auf Böhmen sechshunderttausend Gulden für die Anwerbung und den Unterhalt eines Heeres zahlen und weiterhin, wenn die Erbfolge binnen Jahr und Tag nicht geregelt sei, bis zur Erledigung der Angelegenheit jährlich dreihunderttausend Gulden Subsidien. Zu den gleichen Leistungen verpflichtete sich Ludwig XIV. für den Fall, daß der Kaiser einen Sohn hinterließe und erst mit diesem der deutsch-österreichische Mannesstamm erlösche. Verschiedene Abmachungen in diesen Verträgen brachten Ludwig XIV. in den nächsten acht Jahren im einzelnen manche Vorteile, ihren Hauptzweck, seine Wahl zum Kaiser und die Ferdinands zum römischen König, erreichten sie nicht, weil der Kurfürst bereits am 26. Mai 1679 starb, Leopold I.

aber erst am 7. Mai 1705 und bei seinem Tode zwei gesunde Söhne von siebenundzwanzig und zwanzig Jahren am Leben waren. Als Einleitung der bairischen Großmachtpolitik, die der Sohn und der Enkel Ferdinand Marias fortsetzten, hat jedoch das 1670 abgeschlossene Bündnis Baierns mit Frankreich auch in der Geschichte des Reiches fast eineinhalb Jahrhunderte lang nachgewirkt.

Die Wittelsbacher waren der Meinung, daß sie von den Karolingern abstammten, ihr Geschlecht demnach älter und vornehmer sei als das der Bourbonen und das der Habsburger. Unter Kaiser Ludwig dem Baiern besaß das Haus Wittelsbach außer seinem Stammland Baiern Tirol und Kärnten, die Pfalzgrafschaft bei Rhein, die Grafschaften Holland, Hennegau, Seeland und Friesland, die Mark Brandenburg und die Niederlausitz. Nach dem Tode Kaiser Ludwigs im Jahre 1347 geriet hauptsächlich infolge von Erbteilungen die wittelsbachische Macht mehr und mehr in Verfall, um die Mitte des 15. Jahrhunderts begann sie wieder zuzunehmen. Unter Kurfürst Maximilian I. wurde Baiern nach Österreich der größte und mächtigste Staat in Süddeutschland und der erste absolut regierte in ganz Deutschland. Gleich seinem Vater berief Ferdinand Maria seine Stände nur einmal zu einem Landtag ein, der vom 2. Januar bis zum 2. März 1669 abgehalten wurde und der letzte in Baiern bis zum Jahre 1819 war. Auch im übrigen baute Ferdinand Maria das absolute Regime weiter aus. In dem stolzen Bewußtsein dem seiner Meinung nach edelsten Geschlechte in Europa anzugehören und der absolute Herrscher eines der größten deutschen Staaten zu sein und von seiner ehrgeizigen Gemahlin hierzu angetrieben, gedachte Ferdinand Maria, ehe er den Vertrag von 1670 mit Ludwig XIV. schloß, für sich die Kaiserkrone zu gewinnen und Baiern wieder eine Stellung zu verschaffen ähnlich der in den Tagen Kaiser Ludwigs.

Die Kräfte des Kurfürstentums Baiern allein reichten freilich für eine Großmachtpolitik nicht aus, deren nächstes Ziel die Erwerbung von Böhmen und von anderen Ländern des Hauses Österreich war. In ihrer Gesamtheit geboten die Wittelsbacher über ein so weites Gebiet wie innerhalb Deutschlands außer den österreichischen Habsburgern, deren Zukunft in jener Zeit vielen sehr problematisch schien, kein anderes Geschlecht. In den Händen der bairischen Linie waren Kurbaiern, Kurköln, von 1583 bis 1761 geradezu eine bairische Secundogenitur, und die Bistümer Lüttich, Hildesheim, Münster und Paderborn; in den Händen des pfälzischen Zweiges die Kurpfalz mit mehreren Nebenländern, dazu Jülich und Berg. Sehr wesentlich war es auch, daß von den jetzt acht Kurstimmen die Wittelsbacher über drei verfügten, über die von Baiern, der Pfalz und Köln. Außerdem stand Schweden von 1654 bis 1718 unter Königen, die aus der pfälzischen Linie Zweibrücken-Kleeburg stammten und die Herrschaft über ihr Heimatland beibehielten. Das Haus Wittelsbach wäre eines der mächtigsten in Europa geworden, wenn sich seine Mitglieder in einem Schutz- und Trutzbündnis vereinigt hätten. Gelegentlichen Versuchen zur Begründung einer wittelsbachischen Hausunion waren nur Erfolge von kurzer Dauer und ohne größere praktische Wirkung beschieden, hauptsächlich wegen der Eifersucht zwischen Kurbaiern und Kurpfalz.

Leichter als mit den Angehörigen des eigenen Geschlechtes verständigten sich die Wittelsbacher mit anderen Fürsten. Zeitweise waren die verschiedenen Zweige der

Wittelsbacher mit Ludwig XIV. zugleich verbündet oder erhielten wenigstens Hilfsgelder von ihm, ohne sich freilich deshalb besser miteinander zu vertragen. So enge und auf so lange Sicht wie Baiern durch die Verträge von 1670 und spätere ähnlicher Art hat sich aber keines der übrigen wittelsbachischen Länder mit Frankreich liiert. Die Verbindung mit ihm brachte Baiern gelegentlich vorübergehende Vorteile, aber auf fremden Krücken ist noch nie ein Staat eine Großmacht geworden, und so täuschten sich die bairischen Wittelsbacher in der Hoffnung, durch den Beistand Frankreichs zu einer Großmacht aufzusteigen, immer wieder.

DER NIEDERLÄNDISCHE UND DER SCHWEDISCHE KRIEG LUDWIGS XIV. REUNIONEN. DIE REICHSARMEE

Die Tripelallianz (S. 187) hatte Ludwig XIV. daran gehindert, sich die spanischen Niederlande ganz anzueignen. Er hielt jedoch an dieser Absicht fest und wollte jetzt auch noch möglichst viel von den freien Niederlanden an sich reißen. Er arbeitete deshalb auf die Sprengung der Tripelallianz hin. Die mit den holländischen Subsidienzahlungen unzufriedenen Schweden waren leicht zum Ausscheiden aus der Allianz zu bewegen und verbanden sich etwas später gegen reichliche Hilfsgelder mit Frankreich. Mit König Karl II. von England konnte Ludwig XIV. in einem 1670 zu Dover unterzeichneten Vertrag ein gemeinsames Vorgehen gegen die Generalstaaten vereinbaren; sie sollten bis auf einen geringen Rest zwischen Frankreich und England aufgeteilt werden. Auch in Deutschland bereitete die französische Diplomatie den Krieg sorgfältig vor. An dem Angriff gegen Holland versprachen sich zu beteiligen der Bischof Christoph Bernhard von Münster mit neuntausend und Kurfürst Maximilian Heinrich von Köln mit achtzehntausend Mann. Kurfürst Ferdinand Maria verpflichtete sich, zur Unterstützung seines Bruders Maximilian Heinrich ein bairisches Regiment nach Köln marschieren zu lassen, und Herzog Johann Friedrich von Braunschweig-Kalenberg stellte nach Kriegsbeginn Truppen für Frankreich auf. Kurfürst Johann Philipp von Mainz, Kurfürst Karl Ludwig von der Pfalz und Philipp Wilhelm, Pfalzgraf von Neuburg und Herzog von Jülich, verstanden sich zu Neutralitätsverträgen mit Ludwig XIV. Kaiser Leopold I. sagte ihm am 1. November 1671 vertraulich Neutralität für Kriege außerhalb des deutschen und spanischen Reiches zu. Kurfürst Friedrich Wilhelm dagegen schloß am 6. Mai 1672 trotz seiner früheren Abmachungen mit Frankreich (S. 187 f.) ein Bündnis mit den Generalstaaten, weil er davon überzeugt war, ihre von Frankreich und England beabsichtigte Zertrümmerung würde für ihn selbst und ganz Deutschland schädliche politische und wirtschaftliche Folgen haben und zur Gegenreformation in den freien Niederlanden führen.

Im Frühjahr 1672 erklärten England, Frankreich, der Kurfürst von Köln und der Bischof von Münster Holland den Krieg. Französische Truppen nahmen eine Reihe fester Plätze im Herzogtum Kleve ein, namentlich jene, in denen seit 1609 vom jülich-klevischen Erbfolgestreit her (S. 70) noch niederländische Garnisonen lagen, und besetzten dann nach der Eroberung von Arnheim, Utrecht, Nymwegen und anderen Städten die Provinzen Geldern und Utrecht; gleichzeitig fiel, teilweise nach harten Kämpfen, die Provinz Oberyssel in die Hände des Bischofs von Münster und des Kurfürsten von Köln. Schon bedrohten die Feinde auch die Provinzen Holland und Seeland, da ernannten die Generalstaaten am 8. Juli Prinz Wilhelm von Oranien, den späteren König Wilhelm III. von England, zu ihrem Generalkapitän und Generaladmiral auf Lebenszeit. Er ließ die Dämme der Kanäle durchstechen, verwehrte so den Gegnern weiteres Vordringen und traf hinter den überschwemmten Gebieten Maßnahmen für die Landesverteidigung.

Während dieser Kriegshandlungen war Mitte Juni ein Defensivbündnis zwischen Leopold I. und Friedrich Wilhelm von Brandenburg zustande gekommen. Sie unterließen aber eine Kriegserklärung an Frankreich, weil sie sich an ihre früheren Abmachungen mit Ludwig XIV. gebunden fühlten, und gaben als Zweck ihres Bündnisses lediglich die Aufrechterhaltung der durch den Westfälischen und Aachener Frieden geschaffenen Zustände an. Anfang September vereinigten sich im Halberstädtischen unter dem Befehl Montecuccolis stehende österreichische Truppen mit der vom Kurfürsten geführten brandenburgischen Armee, zusammen zwanzigtausend Mann. Der kaiserliche General hatte es gemäß seinem ihm in Wien erteilten Auftrag nur auf eine diplomatisch-militärische Demonstration abgesehen und wußte die darüber hinausgehenden Pläne des Kurfürsten immer wieder zu vereiteln. Infolgedessen blieb es bis Ende Herbst bei ergebnislosen Märschen und dazwischen langem Stilliegen hauptsächlich am Mittelrhein; immerhin wurden die Generalstaaten dadurch etwas entlastet, daß Ludwig XIV. nun ein starkes Aufgebot unter Turenne zur Sicherung der Rheinübergänge abstellen mußte.

Da ein Angriff auf die deutschen Bundesgenossen Frankreichs nicht gegen die Verträge mit Ludwig XIV. verstieß, war Montecuccoli schließlich damit einverstanden, daß die brandenburgisch-österreichische Armee Mitte Dezember vom Mittelrhein aufbrach, um sich in Westfalen gegen den Bischof von Münster und den Kurfürsten von Köln zu wenden. Ehe es aber hier zu einer größeren Schlacht mit den Truppen der beiden Kirchenfürsten kam, erschien Turenne mit einem Hilfskorps und manövrierte so geschickt, daß Friedrich Wilhelm und General Bournonville, der den erkrankten Montecuccoli abgelöst hatte, im Februar 1673 den für sie aussichtslosen Kampf aufgaben und sich bis an die Weser zurückzogen. Erbost über die Österreicher, die ihn während des ganzen nun verlorenen Feldzuges am Zugreifen im jeweils geeigneten Augenblick gehindert hatten, und über die Holländer, die ihm den Rest der vereinbarten Subsidien nicht ausbezahlten, weil er zu wenig geleistet habe, vollzog Kurfürst Friedrich Wilhelm eine seiner plötzlichen Wendungen, die ihn schon bei seinen Zeitgenossen in den Ruf brachten, er litte am politischen Wechselfieber. Er näherte sich wieder Frankreich und schloß am 16. Juni 1673 in Vossem mit Ludwig XIV. Frieden unter der Bedingung, daß ihm endlich die Festungen im Herzogtum Kleve übergeben und ihm achthunderttausend Livres Subsidien bewilligt würden.

Anfangs Sommer 1673 gingen die Franzosen in den Niederlanden wieder zur Offensive über. Nach der Einnahme von Maastricht Ende Juni gebot ihnen jedoch die Kriegskunst des Oraniers abermals Halt. Sie entschädigten sich dafür im Elsaß, wo ihnen die zehn Reichsstädte ohne jeden Widerstand in die Hand fielen; nur Straßburg bewahrte sich vorerst noch seine Freiheit. Dadurch und noch mehr durch das Treiben der französischen Soldateska im westlichen Reichsgebiet wurde der seit dem Devolutionskrieg in weiten Kreisen Deutschlands entflammte und sich vielfach in Flugschriften aussprechende Unwille gegen Ludwig XIV. gesteigert. Die öffentliche Meinung forderte ein Einschreiten des Kaisers, und er hörte um so bereitwilliger auf sie, als neuerdings Spannungen zwischen Spanien und Frankreich entstanden waren. In den Monaten Juli und August verbündeten sich der Kaiser, König Karl II. von Spanien, die Generalstaaten, König Christian V. von Dänemark, Herzog Karl IV. von Lothringen und Kurfürst Johann Georg II. von Sachsen gegen Ludwig XIV. Im August zog eine sechsunddreißigtausend Mann starke österreichische Armee von Eger aus nach Westdeutschland. Den Oberbefehl hatte Montecuccoli. Er stand damals in seinem fünfundsechzigsten Lebensjahr und seit 1625 mit geringen Unterbrechungen im kaiserlichen Dienste, hatte als Oberst bei Breitenfeld, Lützen, Nördlingen und Wittstock mitgekämpft, war 1639 bis 1642 in schwedischer Gefangenschaft, während der er sich mit der Kriegswissenschaft gründlich vertraut machte, wurde 1644 zum Feldmarschalleutnant und Hofkriegsrat ernannt und führte bis zum Ende des Dreißigjährigen Krieges und in den folgenden Kriegen, an denen Österreich beteiligt war, mehrmals ein selbständiges Kommando, in der Schlacht von Sankt Gotthard (S. 183) den Oberbefehl. Bisher hatten aber immer wieder irgendwelche Umstände den bedächtigen Meister der Ermattungsstrategie, der neben Turenne auch der bedeutendste Militärschriftsteller des 17. Jahrhunderts war, an der vollen Entfaltung seines Feldherrntums gehindert. Erst jetzt kam es ganz zur Geltung, weil Montecuccoli keine politischen Rücksichten mehr hemmten, deren letzte, Kaiser Leopolds Neutralitätsvertrag mit Ludwig XIV. vom 1. November 1671, durch Ablauf des Endtermins weggefallen war.

Turenne suchte Montecuccoli bei seinem Vormarsch am Main und an der Tauber aufzuhalten, wurde aber, ohne daß es zu einer größeren Schlacht kam, immer weiter zurückgedrängt und schließlich gezwungen, sich auf das linke Rheinufer zurückzuziehen. Anfang November 1673 überschritt der österreichische Feldherr bei Andernach ungehindert ebenfalls den Strom, vereinigte seine Truppen mit einer unter dem Befehl Wilhelms von Oranien stehenden holländisch-spanischen Armee und eroberte am 12. November Bonn. In den folgenden Wochen räumten die Franzosen bis auf wenige Festungen das von ihnen besetzte holländische Gebiet. Mit der militärischen änderte sich auch die politische Lage. Das Bündnis mit England hatte Ludwig XIV. wenig Vorteil gebracht. Wohl störte die englisch-französische Flotte die niederländische Schiffahrt empfindlich, aber aus der einzigen großen Seeschlacht in der Solebai am 7. Juni 1672 war der holländische Admiral de Ruyter als Sieger hervorgegangen. Trotzdem kam der französischen Diplomatie der Friedensschluß Karls II. von England mit den Generalstaaten im Februar 1674 sehr unerwünscht, hatte sie doch damit gerechnet, daß der König offen zum Katholizismus übertreten und dann mit Rücksicht auf die zu erwartende Opposition der Protestanten seines Landes in allem Frankreich willfahren würde. Um dem vorzubeugen und um zu verhüten, daß die Franzosen bei der geplanten Aufteilung Hollands die Rheinmündung für sich nähmen, zwang das englische Parlament den König zum Ausscheiden aus dem Kriege. Die Kurfürsten Lothar Friedrich von Mainz, Karl Ludwig von der Pfalz und Karl Kaspar von Trier gingen im März eine Offensivallianz gegen Ludwig XIV. ein. Im April machte Bischof Christoph Bernhard von Münster seinen Frieden mit den Generalstaaten, worauf er mit zehntausend Mann zum Kaiser überging, und schlossen sich mit Ausnahme Johann Friedrichs von Kalenberg die braunschweigischen Herzöge zum Angriff gegen Ludwig XIV. zusammen. Der Kurfürst Maximilian Heinrich von Köln söhnte sich am 11. Mai mit den Generalstaaten aus, und am 24. Mai raffte sich sogar der Reichstag in Regensburg zur Kriegserklärung an Frankreich auf. Schließlich, am 1. Juli, trat Kurfürst Friedrich Wilhelm von Brandenburg dem gegen Ludwig XIV. gerichteten Bündnis des Kaisers, Spaniens und der Generalstaaten bei.

Seine Mißerfolge im Jahre 1673 bewogen Ludwig XIV., vorerst von weiteren Unternehmungen abzusehen. Im Februar 1674 marschierten französische Truppen in die Rheinpfalz ein und verheerten sie. Unter dem persönlichen Befehl des Königs erschien dann im April eine Armee in der Franche Comté und vertrieb aus ihr in einem Feldzug von drei Monaten die Spanier. Nach Beendigung dieser Kriegsoperation überschritt Turenne, der inzwischen das Oberelsaß gesichert hatte, bei Philippsburg den Rhein, besiegte am 16. Juni bei Sinzheim an der Elsenz einen kaiserlichen General und Herzog Karl IV. von Lothringen und drängte hierauf eine unter dem Befehle von Bournonville stehende Armee in der Gegend von Frankfurt über den Main zurück. Andere kaiserliche Truppen, die zu einem holländisch-spanischen Heer gestoßen waren, beteiligten sich am 11. August an der blutigen Schlacht bei Senef in der Nähe von Charleroi. Die Schlacht endete zwar unentschieden, aber der französische Feldherr schwächte in ihr seine Gegner derart, daß sie ihn nicht mehr, wie sie beabsichtigt hatten, zum Rückzug aus den spanischen Niederlanden nach Frankreich zwingen konnten. Bournonville führte Ende September die kaiserliche Haupt- und die Reichsarmee bei Straßburg, das er besetzte, über den Rhein. Südwestlich der Stadt bei dem Dorfe Enzheim griff ihn am 4. Oktober Turenne an. Wie nach dem Ringen bei Senef betrachteten sich auch diesmal beide Parteien als Sieger. Turenne ging nach der Schlacht nordwestwärts bis Marlehnheim zurück, Bournonville ostwärts hinter die Ill und erwartete hier den mit zwanzigtausend Mann anrückenden Kurfürsten von Brandenburg. Er vereinigte Mitte Oktober seine Truppen mit denen des österreichischen Feldherrn und übernahm den Oberbefehl, vermochte aber infolge von Bournonvilles Widerstreben eine entschlossene Wiederaufnahme der Kampfhandlungen nicht durchzusetzen. Ende November bezogen die Deutschen Winterquartiere von Straßburg bis Basel, in denen sie von Turenne fortwährend beunruhigt wurden. Nach einem abermals unentschieden verlaufenen Gefecht am 5. Januar 1675 gaben die entmutigten Verbündeten das Elsaß auf und entwichen vor Turenne auf das rechte Ufer des Rheines.

Als Kurfürst Friedrich Wilhelm noch im Elsaß stand, fielen der schwedische Feldmarschall Karl Gustav von Wrangel und sein jüngerer Bruder Generalleutnant Waldemar Weihnachten 1674 von Vorpommern aus in die Uckermark ein; Ludwig XIV. hatte auf Grund seines Subsidienvertrages Schweden zu einer Entlastungsoffensive aufgefordert. Bis anfangs Juni 1675 verweilte der Kurfürst in

Franken, wo er nach dem Rückzug über den Rhein mit verschiedenen Mächten wegen ihrer Beteiligung an dem Kriege gegen Schweden verhandelte. Nachdem sich aber die Schweden mittlerweile zwischen den Städten Brandenburg und Havelberg zu einem Vorstoß über die Elbe gesammelt hatten, zog der Kurfürst in Eilmärschen von Franken nach Norden. Am 25. Juni überwältigte er die nichts ahnende feindliche Besatzung in Ratibor und zerriß damit die feindliche Front. Daraufhin suchte das bei Brandenburg unter dem Befehl Waldemar von Wrangels stehende Gros der Schweden nach Mecklenburg zu entkommen. Der Kurfürst holte an der Spitze von sechstausendvierhundert Reitern den fast doppelt so starken Gegner bei Fehrbellin ein und schlug ihn in einem mörderischen Ringen von zwei Stunden am Vormittag des 28. Juni 1675. Nur ihrer guten Führung und der Erschöpfung der Brandenburger, die seit mehreren Tagen nicht abgesattelt hatten, verdankten es die Schweden, daß sie sich, obwohl mehr als ein Drittel ihrer Mannschaften gefallen war, über Wittstock nach Mecklenburg zurückziehen konnten, wohin sich auch der Feldmarschall Wrangel mit seinen Truppen von Havelberg aus begab. Bei Fehrbellin hatte der Große Kurfürst erstmals, ohne auf Bundesgenossen Rücksicht nehmen zu müssen, gekämpft und dabei über ein ihm zahlenmäßig weit überlegenes, seit Jahrzehnten kriegserfahrenes Heer einen Sieg errungen, der ganz Europa aufhorchen ließ. Jetzt war die Mark Brandenburg frei vom Feinde, und das Reich, die Generalstaaten und Dänemark, mit denen der Kurfürst bisher vergebens verhandelt hatte, erklärten Schweden den Krieg.

Von Ende 1675 bis August 1676 entrissen dänische, münsterische, braunschweigische und brandenburgische Truppen den Schweden Wismar, das Fürstentum Verden und das Herzogtum Bremen. Seit dem Sieg der dänisch-holländischen Flotte und einiger brandenburgischer Fregatten bei der Insel Öland am 11. Juni 1676 beherrschten die Verbündeten die Ostsee. Die Vertreibung der Schweden aus Vorpommern begann Kurfürst Friedrich Wilhelm mit der Eroberung von Wollin, Swinemünde und Wolgast im Oktober und November 1675 und schloß sie mit der Eroberung von Greifswald am 16. November 1678 ab. Den härtesten Widerstand leistete ihm Stettin. Die Schweden wollten es um jeden Preis behaupten, und die Bürger wehrten sich bis zum äußersten, um ihre Stadt „bei der schwedischen Freiheit zu erhalten und vor dem Joche des märkischen Blutmenschen zu bewahren". Aber dem Kurfürsten lag nicht weniger daran, den wichtigsten Hafen- und Handelsplatz Pommerns zu gewinnen. Friedrich Wilhelm ließ über hundert Kanonen und Mörser vor Stettin auffahren, nach sechsmonatiger Belagerung mußte es sich ergeben. Für den Verlust von Pommern und von Rügen, aus dem sie im September 1678 von Dänen und Brandenburgern verjagt worden waren, suchten sich die Schweden durch die Besetzung Preußens zu entschädigen. Ende November 1678 fiel Feldmarschall Graf Horn mit sechzehntausend Mann von Livland aus in das Herzogtum ein und bemächtigte sich in schnellem Vorstoß des platten Landes. Als aber Friedrich Wilhelm mit neuntausend Mann seiner besten Truppen am 20. Januar 1679 bei Marienwerder erschien, entfloh Horn nordostwärts. Der Kurfürst eilte ihm über das zugefrorene Frische und dann das Kurische Haff bis nahe an die untere Düna nach. Horn brachte sich mit dem Rest seines auf dem Gewaltmarsch und in einigen Rückzugsgefechten stark zusammengeschmolzenen Heeres hinter den Mauern von Riga in Sicherheit. In der Auseinandersetzung mit Schweden hatte Kurfürst Friedrich Wilhelm auf allen Kriegsschauplätzen gesiegt, aber nicht, wie er glaubte, Vorpommern für immer gewonnen.

Durch den Angriff der Schweden wurde Kurfürst Friedrich Wilhelm von den Schlachtfeldern im Westen ferngehalten. Auch hier verlief, wenigstens während des Jahres 1675, im großen und ganzen der Krieg zugunsten der Deutschen. Während des Winters hatten sich die aus dem Elsaß zurückgenommenen Truppen im schwäbischen Kreis gut erholt, und ihre Lücken waren aufgefüllt worden. Im Frühjahr setzten sich die Deutschen und die Franzosen wieder in Bewegung. An der Spitze der Armeen standen Montecuccoli und Turenne, die zwei besten Kenner und Könner der damaligen schulgerechten Kriegskunst, der eine sechsundsechzig, der andere vierundsechzig Jahre alt. Fast zwei Monate lang wechselten sie zwischen dem Rhein und dem unteren Schwarzwald Zug und Gegenzug, jeder immer darauf lauernd, ob sich der Feind eine Blöße gäbe. Am 27. Juli entwickelte sich endlich in und bei Sasbach eine Schlacht. Als ein Vorstoß Montecuccolis den rechten Flügel Turennes gefährdete, begab sich dieser, um das ganze Gelände überschauen zu können, auf eine Anhöhe und wurde hier von einer deutschen Stückkugel mitten in die Brust getroffen. Dies hatte zur Folge, daß beide Armeen die Schlacht abbrachen und in ihren Stellungen verharrten, Montecuccoli, weil er als strenger Methodiker die durch den Tod des Gegenspielers plötzlich veränderte Lage erst genau überprüfen wollte, die Franzosen, weil sie der Verlust ihres hervorragenden Feldherrn entmutigte und sich bei ihnen zwei Generale um den Oberbefehl stritten.

Möglicherweise hätte Montecuccoli unter Ausnützung der Verwirrung des Feindes einen entscheidenden Sieg erringen können, doch erreichte er auch so, daß die Franzosen nach zwei Tagen an den Rhein zurückwichen und noch vor Überschreiten des Stromes in einem Gefecht sehr schwere Verluste erlitten und daß dann auch die Deutschen über den Rhein setzen konnten. Seine Endabsicht, die Rückgewinnung des Elsaß, vermochte Montecuccoli freilich nicht zu verwirklichen. Er stieß hier in dem zum Nachfolger Turennes ernannten Condé auf einen Gegner, der als Feldherr hinter seinem Vorgänger nicht zurückstand, aber anders als dieser mit kühnem Wagemut die Pläne des Feindes durchkreuzte. Montecuccoli mußte das Elsaß wieder verlassen, doch war nun wenigstens das rechte Rheinufer bis auf Philippsburg von den Franzosen frei. Nachdem Montecuccoli seine Truppen im schwäbischen und fränkischen Kreis Winterquartiere hatte beziehen lassen, begab er sich nach Wien, wo er bis zu seinem Tode am 16. Oktober 1680 als Präsident des Hofkriegsrates organisatorisch tätig war und sich literarischen Arbeiten widmete.

Ein anderes fast dreißigtausend Mann starkes deutsches Heer unter Herzog Karl IV. von Lothringen rückte im Sommer 1675 von Köln aus gegen die Mosel vor. Das Ziel war die Vertreibung der Franzosen, die sich in Trier festgesetzt hatten. Kaum waren die Deutschen vor der Stadt angelangt, erfuhren sie, daß von der Saar her eine französische Armee anmarschiere. Karl IV. zog ihr entgegen. Bei Conz an der Mündung der Saar in die Mosel schlug er sie vernichtend. Ihr Befehlshaber Marschall Crequi entkam nach Trier und wurde am 6. September bei der Erstürmung der Stadt durch den Lothringer gefangengenommen. Bei diesen Kämpfen zeichneten sich am meisten die elftausend Mann zählenden braunschweigischen Truppen der Herzöge Georg Wilhelm von Celle und Ernst August von Kalenberg, damals Inhaber des Bistums Osnabrück, aus. Im weiteren Verlauf des Krieges war den Deutschen nur noch ein größerer Erfolg beschieden, die Eroberung von Philippsburg im September 1676. Dafür gewannen die Franzosen durch die Einnahme von Freiburg im Breisgau und Kehl in den Jahren 1677 und 1678 zwei neue Stützpunkte auf dem rechten Rheinufer; auch Trier ging wieder an sie verloren. Die französische Nordarmee drang in den Jahren 1676 und 1677 in den spanischen Niederlanden weiter vor, konnte hier den Gegner aus mehreren festen Plätzen werfen und besiegte am 11. April 1667 Wilhelm von Oranien bei Mont Cassel. Aber wie im Schwedischen brachten auch im Niederländischen Krieg die endgültige Entscheidung nicht die Waffen, sondern diplomatische Verhandlungen.

Bald nach seinem Ausscheiden aus dem Kriege übernahm König Karl II. von England die Rolle eines Vermittlers. Dank seiner Bemühungen konnte im Frühjahr 1676 zu N y m w e g e n ein Friedenskongreß eröffnet werden. Schon die Behandlung der Frage, ob die am Kriege beteiligten deutschen Fürsten jeder für sich eine Abordnung zum Kongreß schicken dürften, beanspruchte viel Zeit. Der Kaiser verneinte die Frage, weil bei Verhandlungen über die Beendigung eines Reichskrieges ihm allein das Gesandtschaftsrecht zustehe, drang aber mit seiner Auffassung nicht durch. Frankreich hatte es darauf abgesehen, mit seinen Gegnern getrennt zum Abschluß zu kommen. Zuerst gelang ihm dies mit den Generalstaaten. Nach der Niederlage des Oraniers bei Mont Cassel gewann die kriegsmüde Aristokratenpartei die Oberhand, und Ludwig XIV. war so klug, den Generalstaaten, zu deren Vernichtung er den Krieg begonnen hatte, die günstigsten Bedingungen zu stellen. Er erklärte sich bereit, die Integrität Hollands anzuerkennen, ihm auch das von französischen Truppen besetzte Maastricht herauszugeben und auf den bisherigen, den Handel der Generalstaaten schwer schädigenden Zolltarif zu verzichten. Daraufhin schloß Holland am 10. August mit Frankreich Frieden. Spanien, von dem für den Kampf in seinen niederländischen Provinzen wichtigsten Bundesgenossen verlassen, machte am 17. September um den Preis der Abtretung der Franche Comté und von zwölf Festungen in dem ihm gehörenden Teil der Niederlande mit Frankreich Frieden.

Am Wiener Hof trat eine Partei für die Fortsetzung des Krieges ein; führe Leopold den „Reichskrieg" siegreich zu Ende, dann nähme das Kaisertum im Reiche wieder eine Stellung ein wie seit langem nicht mehr und könne die Souveränitätsrechte der Landesfürsten beschneiden. Andere wiesen dagegen auf die Gefahren im Osten hin, wo in Oberungarn mit französischer Unterstützung ein Aufstand ausgebrochen war, und darauf, daß die Weiterführung des Krieges, auf die in Wien auch Kurfürst Friedrich Wilhelm drängte, vor allem diesem zugute käme, der Kaiser aber kein Interesse daran habe, daß an der Ostsee ein neuer Vandalenkönig, der Brandenburger, hochkäme. Leopold I. schloß sich den Kriegsgegnern an und einigte sich am 5. Februar 1679 zu Nymwegen mit Frankreich und Schweden. Ludwig XIV. gab seine Ansprüche auf Philippsburg auf, behielt aber Freiburg im Breisgau; Leopold I. versprach, die Feinde Schwedens nicht zu unterstützen und den Franzosen freien

Durchzug durch das Reich zu gewähren, damit sie im Norden den Frieden erzwingen könnten. Dem nun auf sich allein gestellten Kurfürsten Friedrich Wilhelm blieb nichts anderes übrig, als sich dem Willen Ludwigs XIV. zu beugen. In dem am 29. Juni 1679 zu Saint Germain bei Paris unterzeichneten Friedensvertrag verpflichtete sich der Kurfürst, den Schweden alles zurückzugeben, was er seit 1675 erobert hatte, nur der von ihm 1653 abgetretene Streifen auf dem rechten Oderufer wurde ihm jetzt überlassen, außerdem verzichteten die Schweden ihrerseits auf die Seezölle der hinterpommerschen Häfen. Schließlich sagte auch Dänemark am 2. September im Frieden von Fontainebleau die Wiederherstellung des früheren Besitzstandes von Schweden zu. Es büßte also trotz seiner Niederlagen keines seiner Gebiete im Reiche ein.

Kurfürst Friedrich Wilhelm war darüber empört, daß er mit all seinen Anstrengungen im Niederländischen und seinen glänzenden Erfolgen im Schwedischen Krieg nichts für sich erreicht hatte. Besonders schmerzte ihn, daß er Vorpommern nicht behalten durfte, hatte er doch schließlich für einen Teil davon mit Stettin während der Friedensverhandlungen den Franzosen halb oder ganz Kleve, den Schweden das Herzogtum Preußen angeboten. Die Hauptschuld an seinem Mißgeschick maß er dem Kaiser und den Reichsständen zu, die, wie die braunschweigischen Herzöge, ohne Rücksicht auf ihn mit Frankreich und Schweden Frieden geschlossen hatten. Der Kurfürst fühlte sich von seinen deutschen Bundesgenossen schmählich verlassen, ja verraten. Tatsächlich hatte ihn das den Franzosen von Leopold I. zugestandene Durchzugsrecht durch das Reichsgebiet schwer geschädigt; denn daraufhin war eine dreißigtausend Mann starke französische Armee vom Niederrhein her in die westfälischen Gebiete des Kurfürsten einmarschiert, und dadurch vor allem sah er sich genötigt, alle Bedingungen Ludwigs XIV. anzunehmen. Und so entschloß sich der Kurfürst wieder einmal zu einer seiner schroffen Wendungen. Gegen reichliche Subsidienzahlungen ging er am 25. Oktober 1679 eine „enge Allianz" mit Ludwig XIV. ein, bewilligte ihm durch seine Lande das Durchzugsrecht und versprach, ihm oder dem französischen Kronprinzen seine Stimme bei der nächsten Kaiserwahl zu geben. Die Mit- und Nachwelt hat dies dem Brandenburger sehr verübelt. Aber zu jener Zeit war es nun einmal so, daß, angefangen vom Kaiser, fast jeder deutsche Fürst für seinen eigenen Vorteil auch hohe allgemein nationale Interessen preisgab und sich darüber ereiferte, wenn ein anderer dasselbe tat.

Ludwig XIV. hatte nach dem Devolutionskrieg durch Marschall Crequi im Sommer 1670 das Herzogtum Lothringen besetzen lassen. Von Reichs wegen war nichts dagegen geschehen, obwohl die Herzöge von Lothringen auf Grund verschiedener Reichslehen, die sie innehatten, Mitglieder des Reichsfürstenrates waren. Die Machtstellung, die Ludwig XIV. seit den Friedensschlüssen von 1679 in Europa einnahm, benutzte er nun zur Erweiterung seiner Herrschaft im linksrheinischen Reichsgebiet. Er behauptete, auf alle Lehen einen rechtlichen Anspruch zu haben, die irgendwann einmal zu einem der 1552, 1648, 1668 und 1679 Frankreich überlassenen Länder gehört hatten. Für die Untersuchung der einzelnen Fälle schuf er die Reunionskammern in Metz, Breisach und Besançon, die bis auf die Zeiten König Pippins vor tausend Jahren zurückgriffen, ein Verfahren, das für ähnliche

Zwecke schon der französische König Philipp der Schöne im 13. Jahrhundert angewandt hatte. Mit Ausnahme von Straßburg und Mühlhausen kam auf diese Weise im August 1680 das gesamte Elsaß unter die unumschränkte Souveränität Ludwigs XIV., wozu auch die unklaren Bestimmungen des Westfälischen Friedens über die elsässische Landvogtei (S. 163) der Breisacher Reunionskammer eine Handhabe bot.

Von den Reunionen wurden ferner zahlreiche Reichsstände außerhalb des Elsaß betroffen, die links des Rheins Besitzungen hatten, unter anderen die verschiedenen rheinpfälzischen Linien, die Wild- und Rheingrafen, die Grafen von Salm und von Saarbrücken, die Bistümer Straßburg, Speier und Lüttich, Kurtrier und Württemberg, das die Grafschaft Mömpelgard verlor. Alle diese Fürsten und Herren sollten für ihre mit Frankreich „wiedervereinigten" Länder oder Landesteile Ludwig XIV. als ihrem Oberlehensherren huldigen, und so eigentlich auch der König von Spanien für den größten Teil von Luxemburg, der König von Schweden für sein Stammland Zweibrücken-Kleeburg und Prinz Wilhelm von Oranien für seinen Anteil an der Grafschaft Chiny. Wurde der Lehenseid nicht geleistet, dann besetzten ohne weiteres französische Truppen die als der Reunion verfallen erklärten Gebiete und beschlagnahmten deren Einkünfte. Für Ludwig XIV. war es selbstverständlich, daß ihm, wenn er der Herr des Elsaß sei, auch die alte Reichsstadt Straßburg zufallen müsse. Da für ihre Reunion kein Grund und kein Scheingrund angegeben werden konnte und sich niemand fand, der die Stadt durch Verrat in die Hand des Königs gespielt hätte, ging er mit Gewalt vor. Er ließ Straßburg von einer fünfunddreißigtausend Mann starken Armee umzingeln. Gegen diese Übermacht war jeder bewaffnete Widerstand aussichtslos, und so übergab die Bürgerschaft ihre Stadt am 30. September 1681; am 23. Oktober zog der König, umgeben von seiner Familie, mit großem Pomp ein. Zur Erinnerung an die Einnahme Straßburgs wurde eine Denkmünze mit der Umschrift geprägt: „Clausa Germanis Gallia", versperrt ist nun den Germanen der Zugang zu Gallien.

Der Unwille des deutschen Volkes über die Reunionen und den Raub Straßburgs kam in vielen entrüsteten Flugschriften zum Ausdruck. Zahlreiche durch die Reunionen geschädigte oder ein ähnliches Vorgehen gegen sich befürchtende Reichsstände der Wetterau, des Westerwaldes, der Eifel und des fränkischen Kreises gingen auf Betreiben des damals in holländischen Diensten stehenden Grafen Waldeck (S. 174) ein Defensivbündnis ein. Es wurde durch des Kaisers Beitreten im Juni 1682 zur „Laxenburger Allianz" erweitert, die sich die Aufrechterhaltung des Westfälischen und des Nymweger Friedens zum Ziele setzte. Überdies schloß sich in demselben Jahre der Kaiser einem zwischen Holland und Spanien im Oktober 1681 geschlossenen Garantiepakt, dem „Assoziationstraktat" an. Ludwig XIV. hatte Spanien außer fast ganz Luxemburg die den Zugang zu Mailand deckende Festung Casale weggenommen. Während des Jahres 1683 kamen schließlich Verträge des Kaisers mit Kursachsen, Lüneburg-Kalenberg und Baiern zustande; in Baiern hatte Kurfürst Max Emanuel, verstimmt über die Reunionen und in der Hoffnung, der Schwiegersohn des Kaisers zu werden, mit der franzosenfreundlichen Politik seines Vaters Ferdinand Maria gebrochen. Trotz dieser Bündnisse und Verträge und trotz einer

Rechtsverwahrung des Reichstages und einer Konferenz in Frankfurt, auf der auch Frankreich vertreten war, verzichtete Ludwig XIV. auf keine seiner Reunionen, geschweige denn auf Straßburg. Er fühlte sich wegen eines unmittelbar bevorstehenden Türkenkrieges und wegen des 1681 und 1682 erneuerten Bündnisses mit Kurfürst Friedrich Wilhelm sicher, in dem sich dieser ausdrücklich zur Verteidigung der Reunionen erbot.

Ein positives Ergebnis zeitigte die durch das widerrechtliche und gewaltsame Vorgehen Ludwigs XIV. hervorgerufene Erregung und Beunruhigung aber doch: die während des Jahres 1681 vom Reichstag ausgearbeitete und beschlossene Reichskriegsverfassung, die bis zum Ende des Reiches in Geltung blieb. Als Normalstärke der Reichsarmee wurden vierzigtausend Mann festgesetzt, davon zwölftausend Reiter. Das war nur das „Simplum", es sollte je nach Umständen verdoppelt oder verdreifacht werden. Für die Einstellung der Truppen, ihre Bewaffnung und das Einexerzieren wurden die Behörden der zehn Reichskreise verantwortlich gemacht, für diese Aufgaben hatte jeder Kreis die zu ihm gehörenden Reichsstände je nach ihrer Leistungsfähigkeit heranzuziehen. Zur Aufbringung der Kosten für diese „Reichsarmatur" wurden eine allgemeine Reichskriegskasse, die sogenannte Reichsoperationskasse, und die Kreiskriegskassen geschaffen. Als stehendes Heer im eigentlichen Sinne ist die Reichsarmee nicht zu bezeichnen, weil sie je nach Lage der Verhältnisse unter das Simplum herabgesetzt oder ganz aufgelöst werden konnte, aber manche ihrer Einrichtungen waren immerhin die eines stehenden Heeres. Unmittelbar erstreckte sich die Organisation der Reichsarmee allerdings nur auf die kleineren Reichsstände; die „armierten Stände" (S. 170) ließen zu ihr von Fall zu Fall je nach besonderen Vereinbarungen alle oder einen Teil ihrer Truppen stoßen. Hinter deren Leistungen blieb die der vielfach aus kleinen und kleinsten Abteilungen zusammengesetzten übrigen Formationen meist zurück. Ihrem gelegentlichen Versagen verdankte die Reichsarmee den Spottnamen Reißausarmee. Die geringwertigen Elemente befanden sich aber in der Minderzahl. Im großen und ganzen waren die Reichstruppen besser als ihr Ruf. Standen sie unter dem Befehl eines tüchtigen kaiserlichen Feldherrn, dann schlugen auch sie sich tapfer, wie sich bald in den Türkenkriegen zeigte.

DER TÜRKENKRIEG 1683–1699. ÖSTERREICHS AUFSTIEG ZUR EUROPÄISCHEN GROSSMACHT

Nach dem Frieden von Vasvar (S. 183) gelang es dem Kaiser nicht, wie er gehofft hatte, die Unruhen in Ungarn niederzukämpfen, vielmehr griff die Aufstandsbewegung erneut um sich, seitdem sich der von Frankreich unterstützte Graf Emrich Thököly um 1670 an die Spitze der aufrührerischen Banden, der sogenannten Kuruzzen, gestellt hatte. Als er 1682 ein Bündnis mit dem Sultan geschlossen hatte und von ihm zum König von Oberungarn ernannt worden war, konnte man am Wiener Hof nicht mehr daran zweifeln, daß ein Türkenkrieg unmittelbar bevorstehe. Der Kaiser sah sich überall nach Hilfe um. Die Reichsarmee wurde zwar nicht aufgeboten, doch stellten der fränkische und der oberrheinische Kreis, die Kurfürsten Max Emanuel von Baiern und Johann Georg III. von Sachsen Kontingente von je acht- bis zehntausend Mann. Johann Sobieski, der seine im Jahr 1674 erfolgte Erhebung zum König von Polen Frankreich verdankte, führte auf den Wunsch des sich in der ganzen abendländischen Christenheit für die Abwehr der Türken einsetzenden Papstes Innozenz XI. dem Kaiser ungefähr vierzehntausend Mann zu. Auch Ludwig XIV. erklärte sich zur Beteiligung an dem Feldzuge bereit. Der Kaiser lehnte indes den Beistand des Königs ab, einmal weil er dessen Forderung nach Anerkennung der Reunionen zurückwies, und dann, weil man sich in Wien noch gut daran erinnerte, wie im Türkenkrieg von 1664 die Franzosen sich zwar hervorragend geschlagen hatten, aber gleichzeitig mit den Österreich feindlichen Ungarn in Fühlung gestanden waren.

Der türkische Feldherr Kara Mustafa zog im Juni 1683 von Ungarn aus nach Westen. Vor der gewaltigen Übermacht, es hieß, die Türken wären zweihunderttausend Mann stark, wich der an der Raab stehende kaiserliche Heerführer Herzog Karl V., der Neffe des im September 1675 gestorbenen Karl IV. von Lothringen, mit seinen etwa vierzigtausend Mann nach Wien zurück, ließ elftausend unter Graf Rüdiger von Starhemberg zur Verteidigung in der Stadt und überschritt dann die Donau. Am 12. Juli erschienen die ersten feindlichen Abteilungen vor Wien, in wenigen Tagen war es völlig eingeschlossen. Fast zwei Monate lang schlugen die Besatzung und die wehrfähigen Bürger Sturm um Sturm der immer wieder in dichten Massen andrängenden Türken ab, trotzten ihrem gewaltigen Geschützfeuer und ihrer hochentwickelten, die Belagerten auf die härteste Probe stellenden Minierkunst. Inzwischen vereinigten sich in der Donauebene bei Tulln die allmählich eintreffenden Truppen des fränkischen und des oberrheinischen Kreises, Baierns, Sachsens und Polens mit den Kaiserlichen. Die etwas über siebzigtausend Mann zählende christliche Armee marschierte nahe an Wien heran.

Der Oberbefehl war König Johann Sobieski übertragen worden, den sich glänzend bewährenden Angriffsplan hatte im wesentlichen Herzog Karl entworfen. In den frühen Morgenstunden des 12. Septembers begann am Kahlenberge die Schlacht und endete gegen Sonnenuntergang mit der Eroberung des Lagers der Türken und ihrer wilden Flucht zur ungarischen Grenze hin. Die Hauptlast des Kampfes trugen zuerst die deutschen Truppen; in den ersten Stunden des Nachmittags einige Zeit die Polen, deren Husaren und Lanzenreiter die starke türkische Kavallerie warfen, schließlich brach unter einem gemeinsamen Vorstoß aller christlichen Truppen der letzte Widerstand der Türken zusammen. Den Siegern fiel eine überreiche Beute in die Hände, Wien war befreit. Die sächsischen und die Kreistruppen sahen ihre Aufgabe mit der Niederlage der Türken, der größten, die sie bisher erlitten hatten, als erfüllt an und kehrten in ihre Heimat zurück. Der Polenkönig, der Lothringer und der bairische Kurfürst verweilten noch etwas in Wien, zogen dann die Donau hinab und entrissen, bevor sie die Winterquartiere aufsuchten, am 28. Oktober den Osmanen die Festung Gran.

Auf Betreiben des Papstes vereinigten sich im März 1684 Österreich, Polen und Venedig zur „Heiligen Liga"; jedes ihrer Mitglieder sollte für sich die Türken bekämpfen. Die Spannung zwischen Leopold I. und Ludwig XIV. verzögerte den Beginn der Kriegsoperationen der Kaiserlichen bis Mitte Juni, dann kamen sie jedoch, wenigstens zunächst, rasch vorwärts. Ende Juni konnten sie Pest auf dem linken Ufer der Donau einnehmen. Als sie aber Mitte Juli Ofen (Buda) auf dem rechten Ufer angriffen, stießen sie auf hartnäckigen Widerstand. Anfangs November mußte das sechzigtausend Mann starke christliche Heer — überwiegend kaiserliche, ferner Österreich treu ergebene ungarische, bairische und Truppen des oberrheinischen Kreises — trotz mehrerer hervorragender Waffentaten, besonders des von den Türken „Blauer König" genannten Kurfürsten Max Emanuel und des Markgrafen Ludwig Wilhelm von Baden, des „Türkenlouis", unverrichteterdinge von Ofen abziehen. Im Kampfe und durch Lagerkrankheiten hatte die christliche Armee etwas über ein Drittel ihres Bestandes eingebüßt. Da auch die Polen auf ihrem Kriegsschauplatz in Podolien keine wesentlichen Fortschritte machten und nur die Venezianer in Griechenland, wo sie Morea (den Peloponnes) eroberten, sowie einige kaiserliche Abteilungen in Oberungarn und Kroatien siegreich waren, bedeutete das Jahr 1684 für die Christen im großen und ganzen gegenüber den Ergebnissen von 1683 einen Rückschlag. Er wurde 1685 wieder wettgemacht durch eine schwere Niederlage der Osmanen bei Gran und durch die Eroberung von Neuhäusel an der Neutra und von Kaschau, der ersten Stadt, deren sich die Kaiserlichen in Oberungarn bemächtigen konnten. Nach der Einnahme von Kaschau gingen die meisten Kuruzzen zum Kaiser über, ihr Führer Thököly fiel beim Sultan in Ungnade und wurde als Gefangener nach Adrianopel gebracht. Das von Thökölys Gemahlin Helena tapfer verteidigte Munkacz war jetzt der letzte feste Platz der nur noch wenigen dem Kaiser feindlich gegenüberstehenden Ungarn, er konnte nun den Befehl zum Einmarsch in Siebenbürgen geben.

Das Jahr 1686 brachte Kaiser Leopold einen großen diplomatischen Erfolg. Der Brandenburger Kurfürst hatte gehofft, Frankreich werde ihm zur Gewinnung von Vorpommern verhelfen. Er war deshalb sehr enttäuscht, als er sich darüber klar wurde, daß ihn Ludwig XIV. nur immer wieder vertröstete, im Ernste aber nicht daran dachte, Schweden zur Abtretung von Vorpommern zu bewegen. Darüber verstimmt und auch als überzeugter Protestant ließ er Ludwigs XIV. die Glaubensfreiheit der Hugenotten aufhebendem Edikt von Nantes am 8. November 1685 das Edikt von Potsdam folgen, worin ihnen wohlwollende Aufnahme in seinen Landen zugesichert wurde. Außerdem wies er seine Agenten in den Frankreich zunächst gelegenen Städten an, den Hugenotten bei ihrer Flucht in das kurfürstliche Gebiet behilflich zu sein. In Frankreich äußerte man sich über das Vorgehen Friedrich Wilhelms in einer Weise, daß er mit einem baldigen Bruch des bisherigen Freundschaftsverhältnisses rechnen mußte. Infolgedessen nahmen die seit längerem zwischen ihm und dem Kaiser schwebenden Verhandlungen einen günstigen Verlauf. In einem anfangs Januar 1686 unterzeichneten Vertrag sagte der Kurfürst dem Kaiser die Stellung von siebentausend Mann für den Türkenkrieg zu, und in der am 22. März abgeschlossenen Defensivallianz versprach er, gemeinsam mit dem Kaiser jede Vergewaltigung des Reiches durch Frankreich unter dem Titel von Reunionen oder dergleichen abzuwehren, bei den bevorstehenden Streitigkeiten über das pfälzische und das spanische Erbe für die Rechte des Hauses Österreich einzutreten, bei einem neuen Angriff gegen die spanischen Niederlande sich an deren Verteidigung zu beteiligen, bei der nächsten Kaiserwahl für den Sohn Leopolds zu stimmen und auf alle schlesischen Ansprüche des Hauses Brandenburg zu verzichten. Der Kaiser verpflichtete sich dafür, dem Kurfürsten in Friedenszeiten jährlich hunderttausend Gulden und in Kriegszeiten hunderttausend Reichstaler Subsidien zu zahlen und ihm den Kreis Schwiebus zu übergeben.

Das Zustandekommen dieser Allianz, die eine vierzigjährige Periode guter Beziehungen des Hauses Brandenburg zu Österreich einleitete, war dem Kurprinzen Friedrich zu verdanken. Sein Vater hatte zuerst vom Kaiser die Herausgabe des Herzogtums Jägerndorf und der schlesischen Fürstentümer Liegnitz, Brieg und Wohlau gefordert, worauf die Hohenzollern ein Erbrecht hätten, und schließlich erklärt, er werde unter keinen Umständen mit Österreich ein Bündnis schließen, wenn er nichts von Schlesien erhielte, doch sei er bereit, sich mit Schwiebus zu begnügen. Leopold war davon überzeugt, daß alle diese Länder von Rechts wegen zu Böhmen gehörten und daß es gegen seine Ehre ginge und gegen seinen bei der Krönung zum böhmischen König geleisteten Eid verstoße, etwas davon abzutreten. In der richtigen Erkenntnis, für Brandenburg sei nach der Abkehr von Frankreich, dem er nie zugeneigt gewesen war, eine dauernde Verbindung mit Österreich wichtiger als die Erwerbung eines kleinen Landes ohne wirtschaftlichen Wert, versprach der Kurprinz in einem, auch vor seinem Vater geheimgehaltenen Abkommen, sofort nach dessen Tod dem Kaiser den Kreis Schwiebus zurückzugeben. Damit war das letzte einem Freundschaftspakt Österreich-Brandenburg entgegenstehende Hindernis beseitigt.

Ungefähr hunderttausend Mann stark rückten 1686 das kaiserliche Heer, darunter auch Ungarn, und die Truppen Baierns, Brandenburgs, Sachsens, des oberrheinischen und des fränkischen Kreises und Schwedens für seine zum Reiche gehörenden Gebiete ins Feld. Oberbefehlshaber war wieder Herzog Karl V. von Lothringen, neben ihm hatten Kurfürst Max Emanuel und später der badische Markgraf Ludwig Wilhelm je ein selbständiges Kommando. Das nächste größere Ziel war die Eroberung von Ofen. Es fiel am 2. September nach einer äußerst zähen, auch für die Belagerer sehr verlustreichen Verteidigung von mehr als zwei Monaten. Im Oktober wurden noch Fünfkirchen und Szegedin erobert. Am 12. August 1687 erlitten die Türken bei Mohacz eine vernichtende Niederlage. Fast ganz Ungarn war nun vom osmanischen Joch befreit. Das bewog die bisher zum größten Teil die österreichische Herrschaft ablehnenden ungarischen Stände auf dem Preßburger Reichstag von 1687 ihr Wahlrecht aufzugeben und das Erbrecht der Habsburger im Mannesstamm anzuerkennen. Am 9. Dezember wurde der neunjährige Josef, der älteste Sohn des Kaisers, als Erbkönig von Ungarn gekrönt. Bald darauf, am 8. Januar 1688, sagten sich auch die siebenbürgischen Stände von der Oberhoheit des Sultans los und huldigten dem Kaiser.

Im Sommer dieses Jahres erhielt an Stelle des erkrankten Lothringers Kurfürst Max Emanuel den von ihm seit langem erstrebten Oberbefehl. Ende Juli führte der Kurfürst die Armee aus Peterwardein, erzwang den Übergang über die Sawe und stand am 10. August vor Belgrad. Nach langen, blutigen Kämpfen mit der

Besatzung erstürmten am 6. September die Kaiserlichen und die Baiern, der „Blaue König" mit blankem Degen voran, unter schwerstem feindlichen Feuer die starke Festung, seit 1521 das wichtigste Ausfalltor der Osmanen nach dem Westen. Am Tage zuvor hatte der „Türkenlouis" in Bosnien, wo ihm bereits mehrere feste Plätze in die Hand gefallen waren, in einer Reiterschlacht den ihm fünffach überlegenen Gegner zurückgeworfen. Nachdem sich auch noch Semendria (Smederovo) hatte ergeben müssen und eine kaiserliche Abteilung in die Walachei vorgedrungen war, glaubte man in Wien, in absehbarer Zeit bis Konstantinopel vorstoßen zu können.

Kurfürst Max Emanuel übergab sein Kommando alsbald nach der Eroberung Belgrads dem kaiserlichen General Caprara und reiste über Wien in seine Heimat. Im Jahre 1689 erhielt Markgraf Ludwig Wilhelm den Oberbefehl. Er rechtfertigte das Vertrauen, das der Kaiser auf den „Türkenlouis" setzte; am 30. August errang er bei Batotschina und am 24. September bei Nisch in Serbien glänzende Siege. Im nächsten Jahre wirkte sich die starke Beanspruchung Österreichs durch den Krieg mit Frankreich (S. 209) an der türkischen Front nachteilig aus. Die Kaiserlichen mußten sich aus Serbien zurückziehen, Nisch, Semendria, Belgrad und andere Festungen gingen verloren, doch konnte Siebenbürgen behauptet werden. Dafür erfocht der Markgraf, nachdem Verstärkungen aus dem Westen, freilich unter Schwächung der französischen Front, und ein brandenburgisches Hilfskorps eingetroffen waren, am 19. August 1691 bei Slankamen in Sirmien den größten Sieg seiner ruhmreichen Feldherrnlaufbahn in einer der blutigsten Schlachten des 17. Jahrhunderts. Nun waren aber die Kräfte Österreichs erschöpft. Mit seiner zusammengeschmolzenen Armee konnte Ludwig Wilhelm außer der Eroberung von Großwardein am 5. Januar 1692 nicht mehr viel ausrichten, im Jahre 1693 wurde ihm das jetzt wichtigere Oberkommando am Rhein übertragen (S. 209). Während der folgenden vier Jahre schleppte sich der Krieg im Osten ohne nennenswerte Ereignisse hin, auf kaiserlicher wie auf türkischer Seite kommandierten unbedeutende Führer wenig zahlreiche und schlecht ausgerüstete Truppen.

Eine Wendung zum Besseren trat erst wieder 1697 mit der Ernennung des Prinzen Eugen zum Oberbefehlshaber der in Ungarn stehenden christlichen Armee ein. Bei seiner Geburt in Paris am 18. Oktober 1663 hatte niemand ahnen können, daß in ihm Deutschland der größte Feldherr seiner Zeit, ein hervorragender Staatsmann und Diplomat und ein feinsinniger Freund und Gönner der Kunst und Wissenschaft geschenkt werden sollte. Die Eltern, Prinz Eugen Moritz von Savoyen und Olympia Mancini, eine Nichte des Kardinals Mazarin, hatten den schwächlichen, kleinen und häßlichen Knaben für den geistlichen Stand bestimmt und ihm schon in früher Jugend zwei Abteien übertragen lassen. Er wollte aber Soldat, nicht Priester werden, doch beachtete ihn Ludwig XIV., dem er sein Anliegen vorzutragen wünschte, überhaupt nicht und bemerkte nur einige Tage später gegenüber dem Herzog von Orleans spöttisch: „Glauben Sie, daß ich einen großen Schaden erleide, wenn der kleine Abbé nicht wiederkommt?" Zwanzig Jahre alt trat Prinz Eugen in österreichische Dienste und zeichnete sich in den Türkenkriegen alsbald so sehr aus, daß er 1688 zum Feldmarschall-Leutnant befördert wurde. Dann kämpfte er einige Zeit an der Westfront und wurde hier 1693 Feldmarschall.

Nachdem Prinz Eugen im Sommer 1697 das Oberkommando im Osten übernommen hatte, reorganisierte er in kurzer Frist die Armee und rieb am 11. September in der Schlacht bei Zenta an der Theiß ein unter dem persönlichen Befehl des Sultans Mustafa II. stehendes osmanisches Heer fast völlig auf. Der Sultan entkam mit dem kleinen Rest seiner Truppen über Temesvar nach Belgrad. Prinz Eugen fiel sodann mit einer kleinen ausgewählten Abteilung seines Heeres in Bosnien ein, zerstörte Sarajewo, führte mehrere tausend Christen aus ihrer mohammedanischen Umgebung mit sich und siedelte sie in Ungarn an. Für das nächste Jahr plante er die Rückgewinnung Belgrads, aber in Wien vermochte man kurz nach der Beendigung des Krieges im Westen die Kosten für eine neue Rüstung nicht aufzubringen, auch rechnete man darauf, daß die Hohe Pforte sich auch so zu einem für Österreich vorteilhaften Frieden verstehen werde, und Frieden wollte man im Hinblick auf den nun endlich unmittelbar bevorstehenden Kampf um das spanische Erbe haben. Die Osmanen hatten sich von ihrer Niederlage bei Zenta nicht mehr erholt; vom Schwarzen Meer her befürchteten sie einen Angriff Zar Peters, mit den Russen setzten sich die einen Aufstand vorbereitenden Fürsten der Moldau und der Walachei in Verbindung, und Venedig machte eben ernstliche Anstrengungen zur Fortsetzung des Krieges.

So wünschten beide Seiten den Frieden, am dringendsten die Türken, weil ihre politische und militärische Lage erheblich schlechter war. Im Oktober 1698 trafen sich zu Karlowitz an der Donau die Friedensabordnungen des Kaisers, Polens, Rußlands, Venedigs und der Türkei, englische und holländische Diplomaten übernahmen die Vermittlung und traten dabei besonders für die Interessen des Kaisers ein. Am 26. Januar 1699 erfolgte die Unterzeichnung des Friedensvertrages. Polen durfte seine Eroberungen in der Ukraine und in Podolien behalten, Venedig wurde Morea zugesprochen und der bisherige Besitz an der Küste Dalmatiens erweitert, an Rußland mußte die Hohe Pforte Asow abtreten. Am meisten gewann der Kaiser: Ungarn, von dem den Osmanen nur das Temesvarer Banat blieb, ganz Siebenbürgen, Slavonien außer einem kleinen Gebiet westlich von dem immer noch türkischen Belgrad und den größeren Teil von Kroatien. Die Türkei bedeutete fortan keine Gefahr mehr für das christliche Europa.

In dem Türkenkriege von 1683—1699 hatte Österreich die Hauptlast getragen, und so ist es mit Recht im Karlowitzer Frieden am reichsten bedacht worden. Das Entscheidende war indes nicht der sehr beträchtliche Gewinn an Land und Leuten an und für sich. Der Herrschaftsbereich von Österreich, genauer des Hauses Österreich, eine Bezeichnung, die eben jetzt allgemein in Aufnahme kam, hatte sich bereits vor dem Kriege vom Oberrhein über Vorarlberg, Tirol, Steiermark, Kärnten, Krain, das Herzogtum Österreich und die Länder der böhmischen Krone bis nach Ungarn hinein erstreckt, auch war der Absolutismus durch den Sieg der Gegenreformation, die teilweise Beseitigung der ständischen Autonomie, die Errichtung einer stehenden landesherrlichen Armee im Jahre 1650 und verschiedene Maßnahmen zur Zentralisierung der Regierung und Verwaltung schon einigermaßen angebahnt. Trotzdem war Österreich, wenn auch die größte Macht in Deutschland, vor diesem Kriege nicht eigentlich eine europäische Großmacht, jedenfalls keine ersten Ranges. Im Westen wie im Osten stand es je einem ihm an Ausdehnung, Menschenzahl und Mitteln überlegenen Staate gegenüber, und der eine davon, Frankreich, war fast immer darauf bedacht, Österreich durch den anderen, die Türkei, Schwierigkeiten zu bereiten. Meist setzte Frankreich den Hebel in Ungarn und dem ursprünglich zu ihm gehörenden Siebenbürgen an, indem es hier die Feinde Österreichs unterstützte, denen dann die Türkei zu Hilfe kam, was insofern nahe lag, als sie seit 1541 im ungestörten Besitz des größten Teiles von Ungarn war und die Fürsten Siebenbürgens den Sultan als ihren Oberlehensherrn anerkannten.

All das hat sich durch die Ereignisse auf dem östlichen Kriegsschauplatz, durch die Preßburger Beschlüsse (S. 203), denen ähnliche der siebenbürgischen Stände folgten, und durch den Karlowitzer Frieden grundlegend geändert. Siebenbürgen und fast ganz Ungarn waren nun Österreich angegliedert, die ihm feindliche Opposition in diesen Ländern war im wesentlichen beseitigt. Die Stände behielten zwar dort noch erhebliche Sonderrechte, aber Ungarn und mit ihm Siebenbürgen waren fortan doch so enge mit Österreich verbunden, daß schon für diese Zeit von der österreichisch-ungarischen Monarchie gesprochen werden kann, wenn dies auch erst 1868 die offizielle Bezeichnung des Habsburgerreiches wurde. Durch diesen Krieg und den Karlowitzer Frieden hat die Türkei an Land und Leuten und besonders an Ansehen viel eingebüßt; Österreich dagegen war zu einer europäischen Großmacht ersten Ranges aufgestiegen und hatte in gewissem Sinne sogar Frankreich überflügelt, dieses konnte nun nicht mehr wie bisher die ungarisch-siebenbürgische Opposition und die Türkei gegen Österreich ausspielen. Überdies hat sich das Haus Österreich, während es seine großen Erfolge im Osten errang, im Westen gegen die gewaltige Kriegsmacht Ludwigs XIV. behauptet.

DER PFÄLZISCHE ERBFOLGEKRIEG. HANNOVER. KURSACHSEN. KÖNIGREICH PREUSSEN

Ludwig XIV. hatte gehofft, der Ausbruch des Türkenkrieges werde den Kaiser und mit ihm Spanien in der Frage der Reunionen zum Nachgeben bewegen. Um den Madrider Hof einzuschüchtern, ließ König Ludwig anfangs September 1683 eine Armee in die spanischen Niederlande einmarschieren, worauf ihm jedoch Spanien den Krieg erklärte. Er wurde von den Franzosen erfolgreich geführt, sie nahmen im Jahre 1684 die Festung Luxemburg ein, außerdem besetzten sie Trier. Der Kaiser dachte ebenfalls nicht daran, auf König Ludwigs Wünsche einzugehen, vielmehr beabsichtigte man in Wien nach dem großen Sieg über die Türken am Kahlenberg, auch mit Frankreich den Waffengang zu wagen; aber die Kurfürsten, durch die Fortschritte Frankreichs im Westen erschreckt und von der Aussichtslosigkeit eines Zweifrontenkrieges überzeugt, bestimmten den Kaiser, für sich und Spanien am 15. August 1684 in Regensburg einen Waffenstillstand auf zwanzig Jahre abzuschließen. Von Frankreich wurden dabei zwar die Reunionen, Straßburg und Luxemburg nicht zurückgefordert, aber auch Ludwig XIV. nicht, wie er gewollt hatte, in ihrem Besitz bestätigt.

Zu der Verstimmung hierüber kamen bei dem König bald weitere Gründe, sich an die zu Regensburg vereinbarte Waffenruhe nicht auf die Dauer zu halten. Am 26. Mai 1685 verschied Kurfürst Karl, der seinem Vater, dem um sein Land hochverdienten Karl Ludwig 1680 gefolgt war. Damit erlosch der Simmernsche Zweig des pfälzischen Hauses, der bisher die Kurpfalz regiert hatte, im Mannesstamm. Einem Erbvertrag gemäß fiel sie an Pfalzgraf Philipp Wilhelm von Neuburg. Nun war aber mit Ludwigs XIV. Bruder, Herzog Philipp von Orleans, des verstorbenen Kurfürsten Karl einzige Schwester Elisabeth Charlotte verehelicht, die durch ihre von echtem Pfälzer Temperament zeugenden und kulturgeschichtlich sehr aufschlußreichen Briefe berühmte Liselotte. Für sie, das heißt für Frankreich verlangte der König Simmern, Lautern und andere pfälzische Gebiete, obwohl Liselotte bei ihrer Heirat in aller Form jedem Erbanspruch auf pfälzisches Land entsagt hatte und über das Vorgehen ihres Schwagers unglücklich war.

Um den Anschein von Rechtlichkeit zu erwecken und wohl auch um zu einem ihm gelegenen Zeitpunkt losschlagen zu können, legte Ludwig XIV. seine Forderung dem derartige Angelegenheiten jahrelang in der Schwebe lassenden Regensburger Reichstag vor. Daraufhin schlossen sich am 9. Juli 1686 in Augsburg der Kaiser, die Könige von Spanien und Schweden, der fränkische und der bairische Kreis zu einem Defensivbund zusammen. Die von seinen Mitgliedern beschlossenen Maßnahmen kamen zwar nicht zur Ausführung, aber Ludwig XIV. wurde durch die Errichtung dieser Allianz wie auch durch die im gleichen Jahre zwischen dem Kaiser und dem Kurfürsten von Brandenburg vereinbarte (S.202) beunruhigt. Außerdem betrachtete es Ludwig XIV. als eine Niederlage, daß er die Wahl des von ihm begünstigten Wilhelm Egon von Fürstenberg, wie dessen Bruder Franz Egon seit vielen Jahren Schrittmacher der französischen Politik im Reiche, zum Kölner Kurfürsten und Erzbischofe nicht durchzusetzen vermochte. Und die Siege des kaiserlichen Heeres im Türkenkrieg empfand Ludwig XIV. wie eine persönliche Kränkung. Der Ruhm des die Ungläubigen weiter und weiter zurückdrängenden Kaisers begann den Glanz des immer wieder seine Waffen gegen Christen richtenden Sonnenkönigs zu überstrahlen, der überdies besorgen mußte, Leopold werde, nachdem er den Feind im Osten niedergerungen habe, den Kampf mit Frankreich aufnehmen. Am 20. September 1688 erhielt Ludwig XIV. die Nachricht von der Eroberung Belgrads durch die Christen. Einige Tage später, am 24. September, erließ er ein Kriegsmanifest. Es enthielt seine verschiedenen Beschwerden gegen Kaiser und Reich und gipfelte in der Behauptung, Frankreich sehe sich genötigt, seine Rechte, besonders die in der pfälzischen Angelegenheit, mit der Waffe zu verteidigen. Im Grunde hoffte Ludwig XIV. freilich, er werde seine Ziele, darunter auch die endgültige Anerkennung seiner Reunionen, allein schon durch eine militärische Demonstration großen Stiles erreichen.

Im Herbst 1688 überschritten mehrere französische Heeresgruppen die Reichsgrenze. Binnen weniger Wochen brachten sie mit Ausnahme einiger fester Plätze die vier Kurfürstentümer Pfalz, Trier, Mainz, Köln in ihre Gewalt und besetzten große Teile von Westfalen, Franken und Württemberg. Wie Ludwig XIV. gerechnet hatte, waren seine Truppen im allgemeinen nur auf schwache Abwehr gestoßen, entgegen seinen Erwartungen zeigte sich aber der Kaiser keineswegs eingeschüchtert, vielmehr entschloß er sich, den Kampf nun auch im Westen aufzunehmen. Kursachsen, Kurbrandenburg und andere armierte Stände schlossen sich ihm an. Im Spätherbst und während des Winters begannen deutsche Regimenter mit der Säuberung der Pfalz, Frankens und Württembergs von den Franzosen. Diese verheerten auf ihrem Rückmarsch planmäßig die Pfalz, um sie für den nachrückenden Feind „inutil“, nutzlos, zu machen. Dabei wurden das Heidelberger Schloß mit Pechkränzen in Brand gesteckt und die Kaisergräber im Speirer Dom geschändet; selbst in Frankreich sprach man von der „abominable incendie du Palatinat“.

Unter dem Eindruck der vom französischen Kriegsminister Louvois befohlenen Verwüstung der Pfalz beschloß der Reichstag im Februar 1689 den Reichskrieg. Nach Verdrängung der Franzosen aus Westfalen zog eine brandenburgische Armee von Wesel aus den Rhein aufwärts. Mit ihr vereinigten sich holländische Truppen Wilhelms III. Er war im Jahr 1688 als Gemahl der Prinzessin Maria, der ältesten Tochter des letzten Stuartkönigs Jakob II., von der parlamentarischen Opposition zur Vereitelung der gegenreformatorischen und absolutistischen Pläne seines Schwiegervaters aus den Niederlanden herbeigerufen und nach dessen Flucht am 13. Februar 1689 auf den englischen Thron erhoben worden und hatte für die Generalstaaten, deren Erbstatthalter er auch als englischer König blieb, ein Bündnis mit dem Kaiser geschlossen. Die brandenburgische Armee nahm in rascher Folge Neuß, Rheinberg und Kaiserswerth ein, in der starken Festung Bonn schlugen dagegen die Franzosen monatelang jeden Angriff ab. Den Oberbefehl über die Reichsarmee hatte Herzog Karl V. von Lothringen erhalten. Mitte Juli erschien er vor Mainz. Die Belagerung dieser Stadt gestaltete sich zu einer der denkwürdigsten jener Zeit. Außer Herzog Karl beteiligten sich daran die Kurfürsten Johann Georg von Sachsen und Max Emanuel von Baiern, mehrere andere deutsche Fürsten und Prinz Eugen. Am 8. September mußte sich Mainz ergeben, was man in Frankreich als schwere Niederlage empfand. Nun kam der Lothringer mit vierzehntausend Mann den Brandenburgern vor Bonn zu Hilfe, am 13. Oktober konnten die Deutschen auch in diese Festung als Sieger einziehen. So war den Franzosen 1689 fast alles verloren gegangen, was sie im vorigen Herbst auf deutschem Boden gewonnen hatten.

Die Lage Frankreichs schien sich noch mehr zu verschlechtern, als im Jahr 1690 Spanien und Savoyen dem zwischen Kaiser Leopold I., den Generalstaaten und England 1689 abgeschlossenen Bündnis, der sogenannten „Großen Allianz“, beitraten. Aber Ludwigs XIV. Heere errangen gerade auf den Kriegsschauplätzen außerhalb Deutschlands, die nun den Vorrang erhielten, beträchtliche Erfolge: im Sommer 1690 wurde von dem Marschall von Luxemburg bei Fleurus (Hennegau) eine unter dem Befehl des Fürsten Georg Friedrich von Waldeck stehende holländische und von General Catinat eine savoyische Armee bei Staffarda (Piemont) geschlagen, im April 1691 und im Juli 1692 eroberten die Franzosen Mons und Namur, zwei der stärksten Festungen in den spanischen Niederlanden, der Marschall von Luxemburg besiegte am 8. August 1692 bei Steenkerke und am 29. Juli 1693 bei Neerwinden Wilhelm III.; in Spanien bemächtigten sich die Franzosen gegen Kriegsende Barcelonas und Kataloniens. Nur in der Auseinandersetzung mit England zog Ludwig XIV. den kürzeren; der von ihm unterstützte König Jakob II. erlitt am 1. Juli 1690 am

Boynefluß in Irland eine entscheidende Niederlage, und am 29. Mai 1692 vernichteten die Engländer und Holländer am Kap La Hogue eine große französische Flotte, die ein für den Krieg gegen England bestimmtes Landungsheer an Bord hatte, doch beeinflußten diese Ereignisse die Verhältnisse auf dem Kontinent noch nicht unmittelbar.

Die Gegenden am Rhein waren noch 1689 auch für die Deutschen zu einem Kriegsgebiet zweiten Ranges geworden, weil sie ihre Streitkräfte hauptsächlich im Osten und zum großen Teil in Oberitalien einsetzten und weil sich neben den französischen Siegen in Spanien, Italien und den Niederlanden Mißhelligkeiten zwischen dem Kaiser und den armierten Ständen und dieser untereinander sowie der Tod Herzog Karls V. von Lothringen am 18. April 1690 nachteilig auswirkten. Erst im September 1692 wagte die nun von Markgraf Christian Ernst von Brandenburg-Bayreuth geführte Reichsarmee mit dem Übergang über den Rhein bei Speier wieder ein größeres Unternehmen, wich aber sofort auf das rechte Ufer zurück, als der französische Feldherr de Lorges bei Philippsburg den Strom überschritt. Nachdem de Lorges bei Ötisheim unweit Pforzheim eine ihm den Weg verlegende Abteilung auseinandergejagt hatte, ging Markgraf Christian Ernst hinter den Neckar in Deckung, die Franzosen verwüsteten die zwischen diesem und dem Rhein liegenden Gebiete und begaben sich dann in ihre Winterquartiere jenseits des Rheins.

Die mißlichen Verhältnisse an der Westfront veranlaßten Kaiser Leopold, den Markgrafen Ludwig Wilhelm von Baden vom Osten abzuberufen und ihm im Frühjahr 1693 den Oberbefehl über die Reichsarmee am Oberrhein zu übertragen. Mit den in erster Linie von den kleinen und mittleren Reichsständen des schwäbischen und fränkischen Kreises gestellten Mannschaften füllte Markgraf Ludwig Wilhelm die Lücken der von ihm in jeder Beziehung rasch aufs trefflichste reorganisierten Armee auf, doch zwang ihn ihre verhältnismäßig geringe Zahl, den Krieg hier in der Art eines Montecuccoli zu führen. Die Franzosen zogen unter de Lorges abermals über den Rhein und erschienen am 19. Mai vor Heidelberg. Die einigermaßen wiederhergestellte, von ihrem unfähigen Kommandanten schlecht verteidigte Stadt ergab sich nach wenigen Tagen und wurde nach der Einnahme vollends zerstört. Der Markgraf hatte bei Heilbronn eine stark verschanzte Stellung bezogen. Als sich de Lorges ihr näherte, schlug ihn der Türkenlouis am 5. Juni bei Klingenberg zurück. Die zwei Feldherren warteten hierauf das Eintreffen von Verstärkungen ab. Zu de Lorges stieß ein zwanzigtausend Mann starkes Korps, das Ludwig XIV. von seiner in den Niederlanden stehenden Armee abgezweigt hatte; mit Ludwig Wilhelm von Baden vereinigten sich sächsische, brandenburgische, hessische und pfälzische Truppen.

Anfangs August rückten die Franzosen wieder vor die Heilbronner Stellung des Markgrafen, wagten sie jedoch nicht anzugreifen, als sie sahen, daß ihnen ein unvermutet starker Feind gegenüberstand. Sie zogen unverrichteterdinge ab und marschierten langsam dem Rheine zu, das schwäbische Land verwüstend und brandschatzend wie vier Jahre zuvor die Pfalz. Die Deutschen beschränkten sich darauf, den zurückweichenden Franzosen durch zahllose Reiterüberfälle empfindliche Verluste zuzufügen. Auch in den folgenden Jahren wurde der Krieg im Westen außer einem Einfall des Markgrafen in das Elsaß beiderseits defensiv geführt. — Gegen Schluß des Krieges kam am 23. Januar 1697 zu Frankfurt a. M. eine „Assoziation" der Reichskreise Schwaben, Franken, Kurrhein, Baiern und Niederrhein-Westfalen zustande. Sie beschlossen, ein stehendes Heer von vierzigtausend Mann im Frieden und sechzigtausend Mann im Kriege aufzustellen und zu unterhalten. Außerdem hoffte man, mit der Zeit auch die übrigen Kreise, die armierten Stände und den Kaiser zum Anschluß an die Assoziation bewegen zu können. Da wenige Monate später Frieden wurde, unterblieb die Ausführung des Frankfurter Beschlusses, immerhin ist er bemerkenswert als ein ernstgemeinter Versuch, auf föderativer Grundlage die Wehrkraft des Reiches zu heben.

Schon Ende 1693 hatte Ludwig XIV. Friedensfühler ausgestreckt, seiner hohen Forderungen wegen jedoch vergebens. Als sich aber der Krieg Jahr um Jahr hinzog und Frankreich ungeheure Opfer kostete, ohne daß für seinen Endsieg irgendwelche Anzeichen sprachen, führte der König unter Verzicht auf verschiedene seiner früheren Ansprüche die Verhandlungen in einer Weise, daß er auch diesmal die feindliche Koalition sprengen und mit seinen Gegnern Sonderabkommen treffen konnte. Als ersten gewann er den Herzog Viktor Amadeus II. von Savoyen für sich durch die Rückgabe der wichtigen Festungen Casale und Pinerolo in einem zu Turin im August 1696 vereinbarten Separatfrieden. Der Kaiser hielt jetzt für rätlich, im Oktober mit Ludwig XIV. einen Neutralitätsvertrag zu schließen, wonach beide ihre Truppen von Italien abzuberufen hatten. Der König setzte nun seine starke italienische Armee teils in Spanien, teils in den Niederlanden ein, wodurch Frankreich auf diesen Kriegsschauplätzen das Übergewicht erlangte. Darüber verstimmt, erklärte Wilhelm III.: „Wenn das Haus Österreich die Neutralität Italiens bewilligt, so sehe ich nicht ein, wie wir den Krieg weiterführen sollen." Als nun Ludwig XIV. den Oranier als legitimen König von England anerkannte und den Generalstaaten einen für sie sehr günstigen Handelsvertrag bewilligte, hinderte nichts mehr die Verständigung der beiden Seemächte mit Frankreich. Dem König Karl II. von Spanien versprach Ludwig XIV. Barcelona, die Reunionen in den spanischen Niederlanden und fast alle von den Franzosen während des Pfälzischen Erbfolgekrieges gemachten Eroberungen, einschließlich der Festung Luxemburg, zurückzugeben. Am 20. September 1697 unterschrieben zu Rijswijk die Gesandten Englands, der Generalstaaten, Spaniens und Frankreichs einen diese Punkte enthaltenden Friedensvertrag.

Kaiser und Reich schlossen ebenfalls zu R i j s w i j k am 30. Oktober Frieden mit Frankreich. Ludwig XIV. verzichtete auf die deutschen Reunionen außerhalb des Elsasses, trat Kehl und Philippsburg an das Reich ab, zog seine Forderungen auf die pfälzischen Gebiete zurück und stimmte der Erhebung des bairischen Prinzen Josef Klemens zum Kurfürsten von Köln zu. Außerdem hatte der König dem Kaiser Leopold die Wahl freigestellt zwischen Straßburg oder, wofür sich dieser entschied, Freiburg im Breisgau. Im Reiche nahm man den Verlust des Elsasses schwer, namentlich den Straßburgs, der „Citadelle von ganz Deutschland", wie es Markgraf Ludwig Wilhelm von Baden nannte. Immerhin war für Ludwig XIV. der Friede von Rijswijk im großen und ganzen ein Verzichtfrieden, im Hinblick auf Deutschland allerdings am wenigsten. Eine gewisse Genugtuung bereitete es Ludwig XIV., daß fast alle evangelischen Reichsstände sehr ungehalten waren über die vom Pfälzer Kurfürsten

Johann Wilhelm angeregte Klausel in dem Friedensvertrag, wonach in den von Frankreich an das Reich zurückgegebenen Gebieten die katholische Konfession in dem derzeitigen Zustand zu verbleiben habe. Auf dem Rijswijker Kongreß wurde ferner die Lothringische Frage, wenn auch nur für kurze Zeit, geregelt. Als Herzog Karl IV. 1675 gestorben war, hatte Ludwig XIV. die Überlassung des von ihm 1670 annektierten Herzogtums (S. 198) Karl V., dem Neffen und Erbfolger Karls IV., angeboten, aber derartige Bedingungen gestellt, daß Karl V. vorzog, das Erbe nicht anzutreten und im Dienste des Kaisers zu bleiben. Auch nach Karls V. Tod am 18. April 1690 behielt Ludwig XIV. Lothringen, erst im Rijswijker Frieden trat er es mit Ausnahme von Saarlouis und Longwy in dem Umfange, den es 1670 hatte, an Karls V. Sohn Leopold ab.

Durch den Übergang der Kurpfalz von der evangelischen Simmernschen an die katholische Neuburgische Linie der Wittelsbacher (S. 207) bekamen die Katholiken zu ihren bisher fünf Kurstimmen eine sechste, die 1526 an das Haus Österreich gekommene böhmische ruhte allerdings seit Jahrhunderten. Die Protestanten wünschten jetzt zu ihren zwei Kurstimmen noch eine dritte. Hierfür kam vor allem das Haus Braunschweig als die drittstärkste deutsche Militärmacht (S. 185) in Betracht. Als der Kaiser nach Ausbruch des Pfälzischen Erbfolgekrieges auf ergiebige Hilfe aus dem Reiche angewiesen war, hoffte Herzog Ernst August, der rührigste und ehrgeizigste der Braunschweiger Herzöge, die Kurwürde gewinnen zu können. Er gehörte dem Neu-Lüneburgischen Zweig des Hauses Braunschweig an, der in die Linien Celle und Kalenberg mit Göttingen und Hannover zerfiel, war seit 1662 evangelischer Bischof von Osnabrück, hatte 1679 Kalenberg geerbt, besaß die sichere Anwartschaft auf Celle und führte in seinen Gebieten eine ihren Wohlstand fördernde straff absolutistische Verwaltung ein. Am Wiener Hof war man jedoch nicht geneigt, die Zahl der Kurfürsten zu vermehren, vor allem nicht durch einen protestantischen. Als aber Ernst August daranging, eine Fürstenpartei zu gründen, die den Kaiser zum Frieden mit Frankreich zwingen sollte, lenkte dieser ein. Er erhob trotz des Einspruches der Kurfürsten von Köln, Trier und der Pfalz und mehrerer anderer Fürsten Braunschweig-Lüneburg zu einem Kurfürstentum, das H a n n o v e r genannt wurde, und belehnte damit am 19. Dezember 1692 Ernst August.

Georg Ludwig, der 1698 seinem Vater Ernst August in der Regierung folgte, konnte in seiner Hand wieder alle Lande des Hauses Braunschweig-Lüneburg vereinigen. Auf dem Regensburger Reichstag gaben im Jahre 1708 endlich alle Kurfürsten ihre Zustimmung zu der Erhebung Hannovers zu einem Kurfürstentum, mit dem nun das Amt eines Reichs-Erzbannerherrn verbunden wurde. Bei dieser Gelegenheit setzte der Kaiser durch, daß das Königreich Böhmen wieder im Kurfürstenrate vertreten wurde. Acht Jahre später belehnte Leopold I. den Kurfürsten von Hannover mit dem Herzogtum Lauenburg, um das nach dem Tode des im Jahre 1689 gestorbenen letzten Herzogs aus dem Hause Sachsen-Lauenburg, Julius Franz, ein heftiger Streit entbrannt war. Kurfürst Georg Ludwig trug damals bereits die Königskrone von Großbritannien. Im englischen Thronfolgegesetz von 1701 war bestimmt worden, falls König Wilhelms III. Schwägerin Anna, die 1702 zur

Regierung kam, keine Leibeserben hinterließ, sollten die mit dem Kurfürsten Ernst August von Hannover vermählte Enkelin Jakobs I. Sophie und ihre protestantischen Nachkommen erbberechtigt werden. Da Königin Anna am 1. August 1714 kinderlos aus dem Leben schied, wurde Georg Ludwig, der Sohn der am 17. Juni 1714 gestorbenen Kurfürstin Sophie, König von England.

Die bis 1837 währende Vereinigung unter einem Herrscher hatte für Großbritannien, Deutschland und Hannover weitreichende Folgen. Die Könige von England nahmen nun als Kurfürsten von Hannover ein unmittelbares Interesse an der Gestaltung der politischen Verhältnisse auf dem Kontinent, und als Könige von England vermochten die Kurfürsten von Hannover ihre territorialen Bestrebungen nachdrücklich zu fördern. Sie gewannen das Herzogtum Bremen und das Fürstentum Verden von Schweden (S. 228), das Land Hadeln und gegen die Abtretung Vegesacks von der Reichsstadt Bremen das Amt Blumenthal und das Gericht Neuenkirchen. Neben Österreich und Brandenburg-Preußen erhielt jetzt Hannover dank seiner Verbindung mit England den größten Einfluß auf die innerdeutschen Angelegenheiten. Nachteilig wirkte sich nur aus, daß die Herrscher ihr Kurfürstentum durch Statthalter regieren ließen; dadurch kam in der an und für sich absolutistischen Regierung des Landes eine selbstsüchtige, jedem Fortschritt abholde Adelsklique hoch.

Hannover war ein Agrarland mit reichlichem Überschuß an landwirtschaftlichen Produkten, die in England einen günstigen Absatzmarkt fanden, wofür dieses Hannover mit den Erzeugnissen seiner sich eben rege entwickelnden Industrie versorgte. Für Kursachsen brachte dagegen die Verbindung mit einem Königreich durch Personalunion nur schwere wirtschaftliche Belastungen mit sich. Friedrich August, der zweite Sohn des Kurfürsten Johann Georg III., besaß einen brennenden Ehrgeiz und außergewöhnliche Körperkraft, weshalb er den Beinamen „der Starke" erhielt. Nach dem Tode seines Bruders, Johann Georgs IV., wurde er 1694 Kurfürst. Wie sein Bruder hielt Kurfürst Friedrich August an der großen Allianz gegen Frankreich fest, außerdem übernahm er den Oberbefehl über eine in Ungarn gegen die Türken kämpfende kaiserliche Armee. Seine Mißerfolge als Heerführer veranlaßten ihn, das Oberkommando im Jahre 1696 niederzulegen. Der Entschluß hierzu konnte ihm nicht allzu schwer fallen, bot sich ihm doch gerade jetzt ein für die Befriedigung seines Ehrgeizes besonders lockendes Ziel, das ihn alsbald ganz in Anspruch nahm.

Die Thronfolge in Polen beschäftigte die internationale Diplomatie schon einige Jahre vor dem am 17. Juni 1696 erfolgten Tode des Königs Johann Sobieski. Er hatte zwar mehrere Söhne, da aber Polen ein Wahlreich war, wurden außer ihnen noch verschiedene Kandidaten genannt, unter anderen der seit 1694 in zweiter Ehe mit Sobieskis Tochter Therese Kunigunde verheiratete Kurfürst Max Emanuel von Baiern, Markgraf Ludwig Wilhelm von Baden und der französische Prinz Conti. Schon schien es, nur noch dieser und der vom Wiener Hof unterstützte älteste Sohn Sobieskis, Jakob, würden ernstlich in Frage kommen, da bewarb sich auch Friedrich August um die polnische Königskrone. An ihn hatte bisher niemand gedacht, weil bloß ein Katholik König von Polen werden konnte, der Kurfürst von Sachsen aber Protestant und als Vorsitzender des Corpus evangelicorum (S. 172) gewissermaßen das Haupt der deutschen Protestanten war. Das bedeutete indes keine unüberwindliche Schwierigkeit für den nun Siebenundzwanzigjährigen, der als Prinz auf seinen Reisen alle sich ihm in Wien, Paris, Madrid, Lissabon, Florenz und Venedig bietenden Genüsse sinnenfroh und sinnenstark ausgekostet und dabei seine heimische Schwerfälligkeit und Enge abgestreift hatte, und der seiner ganzen Veranlagung nach religiösen Fragen im Grunde gleichgültig gegenüberstand. Einige Wochen vor der Wahl, am 1. Juni 1697, trat Kurfürst Friedrich August in Baden bei Wien zum katholischen Glauben über. Der Wiener Hof ließ den bis dahin von ihm begünstigten Jakob Sobieski fallen, der übrigens gegenüber dem Prinzen Conti bereits ins Hintertreffen geraten war. Noch zur rechten Zeit brachte der Kurfürst die für die Gewinnung einer beträchtlichen Zahl polnischer Wähler nötigen Bestechungsgelder auf, wichtiger noch war, daß er seiner Bewerbung auch militärisch Nachdruck zu geben vermochte.

Die Wahlhandlung begann am 26. Juni wie üblich bei dem Dorfe Wola unweit Krakau. Da immer mehr Wähler dem Sachsen zuneigten, rief der Kardinalprimas von Polen, der für den Prinzen Conti eintrat, gegen Abend des folgenden Tages diesen zum König aus, zog mit seinen Anhängern in den Dom von Krakau und stimmte hier das Te Deum an. Viele waren auf dem Wahlfelde geblieben. Sie erkoren unter Einhaltung der vorgeschriebenen Formen den Kurfürsten Friedrich August. Er eilte hierauf mit den von ihm in der Lausitz zusammengezogenen Truppen über die Grenze, ließ sich im Krakauer Dom von einem Bischof krönen und führte nun als Polenkönig den Namen August II. Prinz Conti segelte mit einer kleinen französischen Flotte vor Danzig, doch die Stadt schloß die Tore, der geplante Aufstand der Anhänger des Prinzen unterblieb, und als sich König August mit seinen sächsischen Reiterregimentern bei Oliva zeigte, kehrte Conti ohne seinen Fuß ans Land gesetzt zu haben, in seine Heimat zurück. Das Scheitern von Contis Kandidatur war ein schwerer Schlag für Ludwig XIV., der für die nahe bevorstehende Auseinandersetzung um das spanische Erbe große Hoffnungen auf einen Polenkönig aus dem Hause Bourbon gesetzt hatte.

Das polnische Königtum verlieh seinem Träger nur noch äußeren Glanz. So sehr sich Friedrich August daran ergötzte, wollte er doch die längst zerrüttete monarchische Gewalt wiederherstellen und den neu aufgekommenen absolutistischen Anschauungen gemäß ausgestalten. Das beste Mittel hierfür schienen ihm kriegerische Erfolge. Aber seine Einmischung in den Nordischen Krieg (S. 226) beschwor nur Unheil über Polen herauf. Am schlimmsten wirkten sich, allerdings erst nach seinem Tode, für das Land, dessen König er war, seine wiederholten Vorschläge aus, es zwischen ihm und anderen Mächten: Schweden, Preußen, Rußland und Österreich, zu teilen. Trotz alledem konnte ihm sein Sohn Friedrich August 1734 als August III. auf dem polnischen Thron folgen. Mit dem Tode Augusts III. im Jahre 1763 erlosch die kursächsische Periode für Polen. Sie hat dessen Untergang am Ende des 18. Jahrhunderts nicht heraufbeschworen, aber mehr beschleunigt als verzögert.

Kursachsen war die Personalunion mit Polen teuer zu stehen gekommen. Sachsen hatte nicht nur die Bestechungsgelder für die Königswahl Augusts II. aufbringen müssen, sondern er führte auch seine Kriege als König von Polen im wesentlichen auf sächsische Kosten und mit sächsischen Truppen. Durch den Übertritt Augusts II. und seines Sohnes zum Katholizismus büßte Kursachsen außerdem, obwohl es den Vorsitz im Corpus evangelicorum behielt, seine Stellung als Vormacht des deutschen Protestantismus ein, um die sich nun Hannover und Brandenburg-Preußen stritten. Auch sonst kam Sachsen gegenüber einigen anderen deutschen Staaten wirtschaftlich und politisch zurück, großenteils durch die Verschwendungssucht Augusts II. und Augusts III., doch hatte diese Entwicklung, durch die allerdings Dresden einer der Kulturmittelpunkte Deutschlands wurde, bereits unter dem Großvater Augusts II., unter Kurfürst Johann Georg II. eingesetzt.

Kurfürst Friedrich August von Sachsen war durch Wahl, Kurfürst Georg Ludwig von Hannover auf dem Erbwege König eines außerdeutschen Staates geworden, der brandenburgische Kurfürst Friedrich III. schuf sich sein Königtum selbst, das er zwar nach dem nicht dem Reiche eingegliederten Herzogtum Preußen nannte, aber zu zwei Drittel von jeher zum Reiche gehörende Gebiete umfaßte. Bereits im Jahre 1690, zwei Jahre nachdem er seinem Vater Friedrich Wilhelm in der Regierung gefolgt war, knüpfte Friedrich die ersten Verhandlungen in der Königsfrage mit der Wiener Hofburg an, doch verging noch ein Jahrzehnt, bis er sein Ziel erreichte. Außer dem grundsätzlichen Bedenken Kaiser Leopolds mußten erst noch in einigen anderen Angelegenheiten Meinungsverschiedenheiten zwischen dem Berliner und dem Wiener Kabinett überwunden werden.

Kurfürst Friedrich Wilhelm hatte in seinem Testament verfügt, den jüngeren Brüdern Friedrichs und deren Nachkommen sollte in einzelnen ihnen zugewiesenen Teilen des brandenburgischen Staates eine wenn auch vom regierenden Kurfürsten nicht völlig unabhängige, so doch bis zu einem gewissen Grade selbständige fürstliche Stellung eingeräumt werden. Alsbald nach dem Beginn der Regierung erklärte Kurfürst Friedrich III. das Testament seines Vaters für ungültig. Da dieser den Kaiser zum Testamentsvollstrecker bestimmt hatte, suchte Leopold I. weniger im Interesse der Erben als in seinem eigenen einen Druck auf den Kurfürsten auszuüben. Durch ausreichende Apanagen und sonstige Vergünstigungen stellte Friedrich seine Brüder zufrieden, und so hatte der Kaiser keinen Grund mehr zur Einmischung. — Sehr gegen seinen Willen sah sich Kurfürst Friedrich in der Schwiebuser Sache zum Nachgeben gezwungen. Er hatte sich in einem Geheimvertrag verpflichtet, nach dem Tode seines Vaters dem Kaiser den Kreis Schwiebus zurückzugeben (S. 203). Als Leopold auf die Erfüllung seines Versprechens drang, erklärte Friedrich, als Kurfürst brauche er sich nicht an die von ihm als Kurprinz gegebene Zusage halten, und stellte unberechtigte Gegenforderungen. Die Verhandlungen zogen sich lange hin, schließlich mußte Friedrich auf den Schwiebuser Kreis verzichten, wofür Leopold ihm den bisher verweigerten Titel „Herzog in Preußen" und die Anwartschaft auf Ostfriesland zubilligte. Noch in demselben Jahre 1695, in dem dieser für Friedrich wenig rühmliche Streit beigelegt wurde, entspann sich ein neuer um das Erbe des Hauses Mecklenburg-Güstrow. Er spitzte sich so zu, daß der brandenburgische Gesandte in Wien im Mai 1697 vom Kurfürsten abberufen wurde.

Obwohl es nun ausgeschlossen schien, daß der Kaiser den Kurfürsten jemals als König anerkennen würde, schickte dieser ein Jahr später wieder einen Gesandten nach

Wien. Er behandelte die Königsfrage äußerst vorsichtig und hielt sich zunächst nur bereit, sie bei günstiger Gelegenheit erneut aufzugreifen. Betriebsamer zeigten sich zwei Jesuiten, Pater Vota und Pater Wolff. In der Hoffnung, der Brandenburger ließe sich gleich dem Sachsen zum katholischen Glauben bekehren, versprachen sie Kurfürst Friedrich die Unterstützung seiner Königspläne besonders durch den Papst. Nun hat aber weder Friedrich jemals seinen Übertritt zur katholischen Kirche in Aussicht gestellt, noch haben die zwei Jesuiten die Sache des Kurfürsten so sehr gefördert, wie von manchen behauptet wurde; immerhin mochte namentlich Pater Vota, mit dem sich Friedrich und seine Gattin Sophie Charlotte öfters über religiöse Themen unterhielten, von vorneherein von der sieghaften Wahrheit seines Glaubens überzeugt, aus der einen oder anderen Bemerkung seiner Gesprächspartner etwas wie Zustimmung heraushören, und tatsächlich leisteten die beiden Jesuiten dem Kurfürsten einige ersprießliche Dienste, allerdings unter entscheidender Mitwirkung von anderer Seite.

Erhebliche Schwierigkeiten bereitete die Formulierung des Königstitels. „Wenn ich", äußerte Kurfürst Friedrich, „die königliche Dignität auf die brandenburgischen Lande nehmen will, so bin ich kein souveräner König." Völlig uneingeschränkte Souveränität besaß der Hohenzoller nur in seinem Herzogtum Preußen, alle seine übrigen Gebiete waren Reichslehen. Die Polen, großenteils schon an und für sich einer Standeserhöhung der brandenburgischen Kurfürsten abgeneigt, hätten aber an dem Titel „König von Preußen" sicher Anstoß genommen, weil Westpreußen zu ihrem Reiche gehörte. Da schlug Pater Vota in Anlehnung an „Herzog in Preußen" „König in Preußen" vor. Friedrich III. war damit einverstanden, waren doch auch sonst Bezeichnungen wie „König in Frankreich" oder „Erzherzog zu Österreich" üblich, und Vota, der als ehemaliger Beichtvater des Königs Johann Sobieski noch gute Beziehungen in Polen hatte, gelang es, dort weitere Kreise für die Bezeichnung „König in Preußen" zu gewinnen, was ja auch als König eines Teiles von Preußen aufgefaßt werden konnte. Ausschlaggebend war allerdings, daß so einflußreiche Männer wie Kardinal Radziejowski, Erzbischof von Gnesen und Primas von Polen, für das Königtum Friedrichs eintraten.

Ebenso wie um Polens Einverständnis bemühte sich Kurfürst Friedrich um das des Kaisers, nicht weil er sich von ihnen in der Königsfrage irgendwie abhängig fühlte, sondern weil sein Königstitel nur dann internationale Geltung erlangte, wenn er allgemein anerkannt wurde. Und dafür fiel vor allem die Stellungnahme des Kaisers ins Gewicht. Aber gerade Leopold I. hatte große politische und religiöse Bedenken, seine Zustimmung zur Annahme des Königstitels durch den Brandenburger zu geben und besonders zu seiner Krönung aus eigener Machtvollkommenheit. Für den Kampf um das spanische Erbe konnte indes der Kaiser die Waffenhilfe Friedrichs nicht entbehren, und so vermochten die durch dessen Gesandte am Wiener Hof für den Königsplan gewonnenen Minister Kaunitz und Harrach im Verein mit Pater Wolff die Bedenken Leopolds allmählich zu beschwichtigen. Am 16. November 1700 wurde in Wien der „Krontraktat" unterzeichnet, in dem sich der Kaiser verpflichtete, die preußische Königswürde anzuerkennen, wenn Kurfürst Friedrich III. „über kurz oder lang, zu welcher Zeit es ihm gefallen wird, wegen seines Herzogtums Preußen sich vor einen König proklamieren und krönen lassen wird". Der Kurfürst versprach, sobald die spanische Erbfolgefrage akut würde, auf eigene Kosten Leopold ein Hilfskorps von achttausend Mann zur Verfügung zu stellen und dafür zu sorgen, daß bei künftigen Kaiserwahlen die brandenburgische Kurstimme in erster Linie dem Erzhaus Österreich zufalle.

Am 15. Januar riefen in den Straßen Königsbergs Herolde feierlich die Erhebung des souveränen Herzogtums Preußen zum Königreich aus, und das Volk begrüßte König Friedrich I. und Königin Sophie Charlotte mit Hochrufen. Drei Tage später setzte der König im Audienzsaal des Königsberger Schlosses erst sich und dann seiner Gattin die Krone aufs Haupt. Nachdem hier eine Abordnung der Stände Friedrich I. gehuldigt hatte, begab er sich zur Schloßkirche und ließ von dem lutherischen Hofprediger Bernhard von Sanden und dem reformierten Prediger Benjamin Ursinus von Bär, die er aus diesem Anlaß zu evangelischen Bischöfen ernannt hatte, die kirchliche Zeremonie der Salbung vollziehen. Fast alle europäischen Staaten erkannten im Laufe der nächsten Jahre Friedrich I. als König an, nur die römische Kurie nannte bis 1787 den preußischen König „Markgraf von Brandenburg". Nach der ersten Teilung Polens im Jahre 1772, bei der Westpreußen und andere 1466 von Polen gewonnene Gebiete des alten Deutschordenslandes an Preußen fielen, wandelte Friedrich II. den Titel „König in Preußen" um in „König von Preußen".

Die Beamten, die in hohen Stellungen bereits dem Kurfürsten Friedrich Wilhelm gedient hatten, waren seines Sohnes Friedrich Königsplänen ablehnend oder wenigstens kühl gegenübergestanden; noch 1699 hatte der Geheime Rat Paul von Fuchs in einem Gutachten zur Königsfrage betont, in Wahrheit komme es nicht so sehr auf die Krone als auf die wirkliche königliche Macht an, „alle Zeit ein gute, wohl disziplinierte und geübte Armee auf den Beinen, ein Stück Geld im Beutel, ein kluges Conseil im Cabinet zu haben". Schon damals hatten manche den Eindruck, Friedrich I. habe es wie überhaupt so auch bei seinem Königtum mehr auf den Schein als auf das Sein abgesehen. Mit Ausnahme des Heerwesens hat denn auch Friedrich I. die von Paul von Fuchs erwähnten Machtgrundlagen seines Staates mehr erschüttert als befestigt, zumal nach der auf die Rechtlichkeit des Königs ein übles Licht werfenden Entlassung des leitenden Ministers Eberhard von Dankelmann, eines um das Haus Brandenburg schon unter Friedrichs Vater sehr verdienten Mannes. Die fortan von Friedrich in sein Conseil Berufenen waren hauptsächlich nur klug zu ihrem eigenen Vorteil und in Hofintrigen und hemmten in keiner Weise die Prunk- und Verschwendungssucht ihres Herrn, so daß mit den Finanzen das ganze innere Staatsleben in Unordnung geriet.

Doch gleichviel wieweit das Streben nach äußerem Glanz für den Kurfürsten Friedrich III. in der Königsfrage maßgebend gewesen war, auf jeden Fall hat er sie so gelöst, daß sein Königtum eine der für die deutsche Geschichte folgenschwersten Entwicklungen einleitete. Im streng staatsrechtlichen Sinne waren die Kurfürsten von Brandenburg Könige nur in und dann von Preußen, damit verband sich indes bei ihnen selbst, ihren Untertanen und schließlich international immer mehr die Vorstellung von ihrem Königtum in allen ihren Gebieten. Nun waren die Hohenzollernkönige in Preußen ganz unabhängig von Kaiser und Reich. Dies Gefühl der

Unabhängigkeit übertrug sich bei ihnen bis zu einem gewissen Grade auch auf die Stellung in ihren übrigen Ländern, zumal da sie sie besonders seit Friedrichs I. Nachfolger, König Friedrich Wilhelm I., völlig zu einem Staat, dem preußischen Staat, verschmolzen. Andererseits hatten die preußischen Könige infolge der Ausdehnung und der geographischen Lage ihres Staates großes Interesse an allen wichtigeren Reichsangelegenheiten und waren an ihrer Regelung als Mitglieder des Kurfürstenkollegiums maßgebend beteiligt.

Aus diesen beiden Elementen, dem sich allmählich, namentlich mit der zunehmenden militärischen Macht verstärkenden Gefühl der Unabhängigkeit von Kaiser und Reich und der neben Österreich hervorragendsten Stellung im Reiche, entwickelte sich in Preußen die Rivalität mit Österreich, die Geringschätzung des alten, des Ersten Reiches der Deutschen, und schließlich der Anspruch auf die Führung in Deutschland. Unter den zwei ersten preußischen Königen trat freilich von all dem noch nichts zutage; aber mit der Königskrönung Friedrichs I. zu Königsberg am 18. Januar 1701 nahm doch den Anfang, was die Kaiserproklamation Wilhelms I. am 18. Januar 1871 im Spiegelsaale des Schlosses von Versailles vollendete.

DER SPANISCHE ERBFOLGEKRIEG

Im Pyrenäen-Frieden von 1659 hatte Spanien den Westfälischen Frieden anerkannt, und damit war der letzte Strich unter den Dreißigjährigen Krieg gezogen. Gleichzeitig war aber auch durch die Vereinbarung der Ehe von Philipps IV. Tochter Maria Theresia mit Ludwig XIV. der Knoten zu einem neuen großen Krieg geschürzt worden. Da der vierundfünfzigjährige spanische König noch keinen Sohn hatte, stellte diese Ehe die Erbansprüche des österreichischen Zweiges der Habsburger auf Spanien in Frage. Sie beruhten darauf, daß Kaiser Leopold I. ein Sohn der Schwester Philipps IV. war und so über Philipp III. und Philipp II. in direkter Linie von Kaiser Karl V. abstammte. Die spanische Regierung setzte zwar durch, daß die Infantin Maria Theresia in ihrem Heiratsvertrag auf ihre Erbansprüche verzichtete, aber von französischer Seite betrachtete man diesen Verzicht nicht als unter allen Umständen rechtsverbindlich, außerdem enthielt er eine Klausel, die es Ludwig XIV. ermöglichte, ihn bei gegebener Gelegenheit anzufechten. Wider alles Erwarten erhielt Philipp IV. aus seiner zweiten Ehe mit Maria Anna von Österreich 1661 noch einen Sohn, Karl. Dadurch wurde indes die Lage nicht geklärt, sondern nur noch mehr verwirrt. Karl war von frühester Kindheit an kränklich, lebte aber doch fast vierzig Jahre lang. Er kam als Karl II. 1665 nach dem Tode seines Vaters auf den spanischen Thron, heiratete später erst Maria Luise von Orleans und dann Maria Anna von Pfalz-Neuburg, beide Ehen blieben kinderlos.

Die spanische Erbfolgefrage spielte infolgedessen seit 1559 vier Jahrzehnte lang in der internationalen und in der binnendeutschen Politik eine große Rolle. Von den während dieser langen Zeit unternommenen Lösungsversuchen hatte schließlich am meisten Aussicht die Erbfolge des bairischen Kurprinzen Josef Ferdinand aus der Ehe des Kurfürsten Max Emanuel mit der Tochter Kaiser Leopolds I. Maria Antonia, von der Mutterseite her eine Enkelin Philipps IV.; aber der Kurprinz starb sechs Jahre alt am 6. Februar 1699 noch vor Karl II., der am 1. November 1700 verschied. Er hatte noch kurz zuvor in einem Testament den Herzog Philipp von Anjou, einen Enkel Ludwigs XIV. und seiner Gattin Maria Theresia zum Erben der ganzen spanischen Monarchie bestimmt, um deren von den Seemächten England und Holland und vorübergehend auch von Ludwig XIV. und Leopold I. angestrebte Teilung zu verhindern. Das Testament wurde von Ludwig XIV. hocherfreut anerkannt; seiner Unterstützung sicher zog der Herzog von Anjou im Jahre 1701 nach dem Süden, und die Spanier huldigten ihm als ihrem König Philipp V. Vorerst dachte Kaiser Leopold I. ebenfalls nicht mehr an eine Teilung der spanischen Monarchie, er wollte sie auf Grund seines Erbrechtes, das kein Testament aufheben könne, ebenso in ihrer Gesamtheit für das Haus Österreich erwerben wie Ludwig XIV. für die Bourbonen.

Die Seemächte England und Holland zeigten sich zunächst geneigt, Ludwig XIV. wegen der spanischen Erbschaft keine Schwierigkeiten zu bereiten, sie wollten nur den französischen König veranlassen, ihnen für ihre Zurückhaltung beträchtliche Handelsvorteile und Leopold I. für den etwaigen Verzicht auf seine Erbrechte eine Entschädigung zu gewähren. Aber Ludwig XIV. wies das Anerbieten der Seemächte so schnöde zurück, daß sie sich dem Kaiser näherten. Ein Machtzuwachs des Hauses Österreich, wie es ihn durch die Erwerbung der ungeteilten spanischen Monarchie gewonnen hätte, war ihnen freilich unerwünscht, sie verhandelten mit dem Wiener Hof über eine Regelung, bei der ihnen selbst die spanischen Kolonien, Österreich die spanischen Niederlande und Besitzungen in Italien, das war gut die Hälfte von Italien, und den Bourbonen Spanien zufallen sollten. Kaiser Leopold stimmte diesem Vorschlage zu und schloß mit England und Holland am 7. September 1701 ein Bündnis, wie das von 1689 (S. 208) „Große Allianz" genannt. Der Kaiser war sich auch des Beistandes der beiden nach Österreich stärksten deutschen Militärmächte sicher, da er sie sich durch die Erhebung Hannovers zum Kurfürstentum und durch die Zustimmung zu der Begründung des preußischen Königtums verpflichtet hatte. König Friedrich I. trat außerdem als selbständiger Bundesgenosse der Großen Allianz bei. Nachdem sich ihr weiterhin die „fünf vorderen Reichskreise": der österreichische, schwäbische, fränkische, oberrheinische und kurrheinische im Frühjahr 1702 angeschlossen hatten, erklärte am 30. September 1702 der Reichstag zu Regensburg den Reichskrieg gegen Ludwig XIV. und seine Verbündeten. Im nächsten Jahre wurde auch König Pedro II. von Portugal ein Mitglied der Großen Allianz.

Auf seiten Ludwigs XIV. und Philipps V. standen zu Anfang des Krieges die meisten italienischen Staaten, auch Herzog Viktor Amadeus II. von Savoyen, der aber im Oktober 1703 zur Großen Allianz überging. Von deutschen Fürsten entschieden sich für Frankreich außer einigen unbedeutenden und dem alsbald durch Kurfürst Georg Ludwig von Hannover überwältigten Herzog Anton Ulrich von Wolfenbüttel nur Josef Clemens, Kurfürst von Köln und Bischof von Lüttich, Hildesheim und Regensburg, und sein Bruder Kurfürst Max Emanuel von Baiern. Dieser hatte die franzosenfreundliche Politik seines Vaters Ferdinand Maria aufgegeben und für Kaiser Leopold gegen die Türken und im Pfälzischen Erbfolgekrieg gegen

Ludwig XIV. gekämpft, von König Karl II. war er im Dezember 1691 zum Statthalter der spanischen Niederlande ernannt worden. Der bairische Kurfürst verhandelte noch im Sommer 1702 mit dem Kaiser und Wilhelm III. von Oranien, König von England und Generalstatthalter der freien Niederlande, schloß aber am 19. August 1702 ein Bündnis mit Ludwig XIV., der ihm die Kurpfalz mit der Pfalzgrafschaft Neuburg und den Königstitel versprach oder, wenn sich dies nicht erreichen lasse, die erbliche Statthalterschaft in den spanischen Niederlanden.

Der Kaiser, zunächst darauf bedacht, sich des italienischen Teiles der spanischen Erbschaft zu bemächtigen, betraute Prinz Eugen mit dem Befehl über eine österreichische Armee in Südtirol. In Oberitalien stand Marschall Catinat. Er besetzte den Ausgang der Pässe, von denen seiner Vermutung nach der kaiserliche Feldherr in die Lombardische Ebene herabzusteigen versuchen würde. In verwegenen, an Hannibals Alpenübergang erinnernden Märschen zog Prinz Eugen durch die Trientiner Alpen, erreichte, vom Gegner unbemerkt, Vicenza und schlug einige Tage später am 9. Juli 1701 den französischen Marschall bei Carpi, nördlich von Modena. Ludwig XIV. berief daraufhin Catinat ab, sein Kommando erhielt Marschall Villeroy, ein Günstling des Königs. Villeroy wurde von Prinz Eugen am 1. September bei Chiari di Lombardia besiegt und am 1. Februar 1702 in der Festung Cremona gefangengenommen. Ludwig XIV. ersetzte ihn durch den Herzog Ludwig von Vendôme, einen seiner besten Heerführer, und verstärkte die Armee in Italien auf achtzigtausend Mann. Mitte August griff Prinz Eugen, der trotz wiederholter Vorstellungen beim Wiener Hofkriegsrat keinen Nachschub erhalten hatte, mit seinen zusammengeschmolzenen Truppen den dreifach überlegenen Feind bei Luzzara an und konnte das Schlachtfeld behaupten. Während des Jahres 1702 unterblieben in Italien größere Kampfhandlungen; im Dezember übergab Prinz Eugen den Befehl dem Grafen Guido von Starhemberg und kehrte nach Wien zurück, wo er im folgenden Jahre Präsident des Hofkriegsrates wurde und das zerrüttete kaiserliche Heerwesen reorganisierte. Das Ergebnis seiner glänzenden Waffentaten in Italien war die Sicherung der österreichischen Stellung in Tirol.

Noch ehe im Sommer 1701 Prinz Eugen in Italien eingefallen war, hatte der bairische Prinz Kurfürst Josef Clemens französischen Truppen Zugang in sein Bistum Lüttich gewährt und ihnen die Rheinfestungen des Kurfürstentums Köln überlassen, doch wurden die Franzosen in den nächsten zwei Jahren aus diesen Gegenden von pfälzischen, preußischen und holländischen Abteilungen wieder vertrieben. Auch der Tod des kinderlosen Wilhelm III. von Oranien am 8. März 1702 brachte für die Große Allianz keine unmittelbaren Nachteile, obwohl dadurch der Erbschaftsstreit um das oranische Hausgut, die Fürstentümer Orange in Südfrankreich und Neuenburg (Neufchâtel) in der Schweiz, die Grafschaften Lingen und Mörs und zahlreiche Besitzungen in den Niederlanden, in Burgund und der Franche Comté, hervorgerufen und die in Wilhelm als König von England und Generalstatthalter der freien Niederlande gegebene Verbindung der zwei Seemächte gelockert wurden. In direkter Linie war der Preußenkönig Friedrich I. als Enkel einer oranisch-nassauischen Prinzessin der Haupterbe, doch hatte dazu Wilhelm III. in einem Testament, das erst nach seinem Tode bekannt wurde, einen seiner Seitenverwandten bestimmt und die Generalstaaten zum Testamentsvollstrecker bestellt. Friedrich I. stritt Wilhelms Testament an und besetzte sofort die im Reiche gelegenen Grafschaften Lingen und Mörs, hielt aber in der Überzeugung, dadurch am besten seine Erbschaftsinteressen zu fördern, nun erst recht an der Großen Allianz fest. Bei Ausbruch des Krieges hatte Wilhelm III. zum Befehlshaber der englischen Streitkräfte in den Niederlanden John Churchill, Graf und später Herzog von Marlborough, ernannt. Die Kampfhandlungen in diesen Gebieten blieben fürs erste ohne größeren Einfluß auf die Gesamtkriegslage; aber im weiteren Verlauf der kriegerischen und diplomatischen Auseinandersetzungen fiel immer mehr ins Gewicht, daß Marlborough, ein ebenso hervorragender Politiker wie Feldherr, das volle Vertrauen von Wilhelms Nachfolgerin auf dem englischen Thron, der Königin Anna, besaß und so als Staatsmann und Heerführer den großen Oranier bis zu einem gewissen Grade zu ersetzen vermochte, auch in dem Zusammenwirken der beiden Seemächte.

Wie schon im Pfälzischen Erfolgekrieg übernahm Markgraf Ludwig Wilhelm von Baden den Befehl am Oberrhein über eine hauptsächlich aus Kreistruppen bestehende Reichsarmee. Er eroberte am 11. September 1702 Landau in der Pfalz, eine französische Abteilung unter Tallard im Oktober Trier. Diese und andere Kriegsereignisse des Jahres 1702 ließen noch kein Übergewicht einer der Parteien erkennen, erst im folgenden Jahre schien sich die Waage zugunsten Ludwigs XIV. zu neigen. Am 9. Mai 1703 vereinigte sich bei Tuttlingen an der oberen Donau eine französische Armee mit der von Max Emanuel geführten bairischen, nachdem der Kurfürst Neuburg an der Donau und Regensburg erobert hatte. Er trennte sich alsbald wieder von Villars, um sich Tirols zu bemächtigen. Siegreich kam der Baier bis zum Brenner, von Italien her sollte Vendôme zu ihm stoßen. Da erhoben sich im oberen und unteren Inntal die Bauern und überwältigten an verschiedenen Stellen die feindlichen Truppen. Vendôme, dem Tiroler Unternehmen von vorneherein wenig geneigt, hatte erst Trient erreicht und kehrte auf die Nachricht von den Vorgängen nördlich des Brenners und von dem Abfall des Herzogs von Savoyen zur Großen Allianz nach Italien zurück.

Trotz des Scheiterns von Max Emanuels Tiroler Plan verschlechterte sich jetzt die Lage zum Nachteil des Kaisers. Markgraf Ludwig Wilhelm von Baden war vom Oberrhein her nach Augsburg gezogen, mit ihm sollte sich eine auf dem linken Donauufer vordringende kaiserliche Armee unter Graf Styrum verbinden. Ehe sie den Fluß überschritten hatte, wurde sie von Villars und dem bairischen Kurfürsten am 20. September bei Höchstädt an der Donau angegriffen, besiegt und gezwungen, sich nach den schweren Verlusten, die sie erlitten hatte, in der Richtung auf Nördlingen zurückzuziehen. Nach der Niederlage Styrums marschierte der Markgraf zum Bodensee ab. Augsburg fiel in die Hände des bairischen Kurfürsten, der gegen Ende des Jahres auch vor Passau rückte und es im Januar 1704 eroberte. Im Westen gewann Marschall Tallard Altbreisach und Landau in der Pfalz. Gefährlich wurden dem Kaiser diese Erfolge seiner Gegner besonders durch einen neuen Aufstand der Ungarn. Ihr Führer Rakoczi der Jüngere stand in Verbindung mit Frankreich und Baiern. Schon wurden Anstalten getroffen, um Wien gegen die in bedrohlicher Nähe streifenden ungarischen Reiter zu sichern. Max Emanuel hoffte, nun sei für das Haus Wittelsbach endlich die Zeit gekommen, die Habsburger zu überflügeln, und er werde vielleicht bald die Kaiserkrone tragen.

Inmitten dieser Nöte ließ sich Kaiser Leopold in seinem Glauben an die glorreiche Zukunft des Hauses Österreich nicht beirren. Gemäß einer neuen Vereinbarung mit England und Holland, der sich auch König Pedro II. von Portugal anschloß, wurde sogar der Teilungsplan (S. 218) aufgegeben und Leopolds zweiter Sohn Karl zum Universalerben für Spanien bestimmt. Er reiste nach England und segelte im Januar 1704 mit englisch-holländischen Truppen nach Lissabon, um von da aus den Bourbonen Philipp V. anzugreifen. Die erste große Entscheidung dieses Krieges fiel indes auf deutschem Boden. Prinz Eugen bewog Marlborough im Mai 1704 Belgien mit dem Hauptteil seiner Truppen zu verlassen und zur oberen Donau zu marschieren, wo eine französisch-bairische Armee stand. Anfang Juli warf Marlborough eine starke bairische Abteilung aus den Verschanzungen auf dem Schellenberg bei Donauwörth, worauf das westliche Baiern wie in den Zeiten des Dreißigjährigen Krieges verheert wurde.

Als Marschall Tallard vom Schwarzwald aus neue Truppen herangeführt und bei Augsburg mit denen Max Emanuels vereinigt hatte, kam es am 13. August, wiederum bei Höchstädt, zu einer Schlacht. Marlborough und Prinz Eugen erfochten einen glänzenden Sieg, ihre Gegner verloren von sechsundfünfzigtausend Mann etwa vierzehntausend Tote und Verwundete und dreizehntausend Gefangene, die Sieger von ihren zweiundfünfzigtausend Mann zwölftausend Tote und Verwundete. Die Ehre des Tages gebührte in erster Linie dem Engländer. Er befehligte ungefähr zwei Drittel der Armee, gab mit seinem kühnen Entschluß, mitten im Kampf die Angriffslinie zu ändern, den Ausschlag und zwang das in dem Dorfe Blindheim eingeschlossene französische Zentrum, sich zu ergeben, weshalb diese Schlacht noch heute bei den Briten Schlacht von Blenheim heißt. Der bairische Kurfürst war nicht mehr imstande, sich in seinem Lande zu halten und schloß sich den über den Rhein zurückweichenden französischen Truppen an. Auch Marlborough, Prinz Eugen und Ludwig Wilhelm von Baden zogen über den Strom; mit der Rückeroberung von Landau und Trier beendeten sie im Dezember ihre so erfolgreichen Kriegshandlungen des Jahres 1704. Frankreichs Kampfkraft und Ludwigs XIV. Kriegsruhm hatten empfindliche Einbußen erlitten, die Feinde der Großen Allianz waren aus Deutschland verdrängt, Österreich hatte wieder einmal eine gefährliche Krise glücklich überstanden. Baiern erhielt eine kaiserlich-österreichische Verwaltung. Die Maßnahmen ihrer Beamten führten zu Bauernaufständen, die im Blute der Empörer erstickt wurden; von den gegen München marschierenden Bauern kamen in der „Sendlinger Mordweihnacht" von 1705 zwei- bis dreitausend ums Leben oder erlitten schwere Verwundungen.

Nachdem er noch den Umschwung im Spanischen Erbfolgekrieg zugunsten Österreichs erlebt hatte, starb Kaiser Leopold am 5. Mai 1705. Sein am 26. Juli 1678 aus dritter Ehe mit Eleonore von Pfalz-Neuburg geborener Sohn Josef war bereits 1690 von den Kurfürsten einstimmig zum römischen König gewählt worden und erlangte jetzt ohne Widerspruch die Kaiserwürde. Der jugendliche, gut gewachsene Herrscher mit strahlenden blauen Augen war nicht nur äußerlich in allem das Gegenteil von seinem unansehnlichen, trübselig in die Welt schauenden Vater, der von Natur gutmütig und unentschlossen, die Dinge, solange es irgendwie ging, treiben ließ und allzuviel auf seine Ratgeber hörte, als frommer und der Kirche sehr ergebener Mann insbesondere auf die Jesuiten seiner Umgebung. Kaum hatte Josef I. die Regierung angetreten, berief er neue Männer in sein Kabinett und begann tatkräftig die Reorganisation des zerrütteten österreichischen Finanz- und Militärwesens; gegen die Jesuiten hatte er von jeher eine Abneigung, Prinz Eugen besaß bereits seit längerem sein volles Vertrauen. Auch im Reiche suchte Josef ein strafferes kaiserliches Regiment einzuführen, doch rief er damit nur Mißstimmung unter den Reichsständen hervor, seine schroffe Art erregte vor allem wiederholt am Berliner Hof Anstoß. Immerhin gab das Kurfürstenkollegium seine Zustimmung zur Verhängung der Reichsacht über Max Emanuel und seinen Bruder Josef Clemens. Die Achterklärung erfolgte — zum letztenmal in der deutschen Geschichte — auf die altüberkommene feierliche Weise: dem im Rittersaal der Wiener Hofburg auf erhöhtem Throne sitzenden Kaiser wurden beglaubigte Abschriften von den Lehensbriefen der Verurteilten überreicht. Er riß sie mitten durch und warf sie auf den Boden. Zwei Reichsherolde hoben sie auf, zerfetzten sie vollends und warfen sie durch das Fenster in den Burggraben hinab, „damit gleichwie solche Stücke alsdann durch den Wind zerstreuet, herunterflatternd zernichtet würden, also ihre Namen und Gedächtnis ganz vernichtet werden sollen".

Bis zum Ende der sechsjährigen Regierung Kaiser Josefs blieb der Großen Allianz das Waffenglück im wesentlichen treu. Im Sommer 1705 fiel Prinz Eugen abermals von Tirol aus in Oberitalien ein; an Truppenzahl weit unterlegen, mußte er nach einer Niederlage zurückweichen. Tief verstimmt begab er sich nach Wien und erklärte, er wäre wohl bereit, Gut und Blut dem Kaiser zu opfern, aber seine Ehre und Reputation in der Welt zu verlieren, sei tausendmal schlimmer als der Tod. Kaiser Josef und Marlborough, der sich eben am Wiener Hof aufhielt, versicherten ihm, sie würden ihm nun ausreichend Mannschaften und Geld zur Verfügung stellen, und hielten Wort. Am 7. Mai 1706 konnte Prinz Eugen die Franzosen, welche die Hauptstadt seines Vetters, des Herzogs Viktor Amadeus, belagerten, vernichtend schlagen. Turin fiel in die Hand des Siegers, die Lombardei wurde von den Feinden gesäubert, im Mai 1707 sandte Prinz Eugen ungefähr dreizehntausend Mann unter dem Befehl des Grafen Daun nach Süden, um das Königreich Neapel zu besetzen, was auch, ohne auf Widerstand zu stoßen, gelang.

Papst Klemens VII. hatte vom Beginn des Krieges an für Frankreich Partei genommen. Die dadurch hervorgerufenen Spannungen zwischen Kaiser und Papst führten jetzt, da Dauns Truppen in Gebieten, als deren Oberlehensherrn sich Klemens betrachtete, und selbst im Kirchenstaat Quartiere bezogen, schließlich dazu, daß er eine Armee gegen die kaiserliche aufbot. Als es aber hieß, General Daun werde Truppen gegen Rom marschieren lassen, darunter auch preußische, die sich vor Turin und in so manchen Schlachten dieses Krieges besonders ausgezeichnet hatten, unterzeichnete der Papst am 15. Januar 1709 einen Friedensvertrag, worin er sich verpflichtete, seine Armee aufzulösen und Karl, den Bruder Kaiser Josefs, als König von Spanien anzuerkennen. Der Beherrscher Spaniens ist der Habsburger trotzdem nicht geworden. Er zog zwar im Juni 1706 und im September 1710 in Madrid ein, konnte aber die Hauptstadt des Landes nie längere Zeit behaupten, und bald nach dem Siege seines

Feldherrn Guido von Starhemberg bei Villaviciosa am 10. Dezember 1710 mußte er Spanien für immer verlassen. Den Engländern dagegen verblieb das 1704 von ihnen genommene Gibraltar bis auf den heutigen Tag. Von größerer Wirkung als die päpstliche Anerkennung Karls war das Eingreifen Klemens VII. in die ungarischen Verhältnisse. Wie ihm ebenfalls im Friedensvertrag von 1709 auferlegt worden war, sandte er eine Bulle nach Ungarn, in der er erklärte, Josef I. sei der rechtmäßige Träger der ungarischen Königskrone, und in der er den Aufständischen Gehorsam gegen den Kaiser einschärfte. Da die Ungarn einige Zeit zuvor bei Trentschin eine schwere Niederlage erlitten hatten, machte die päpstliche Kundgebung auf die Empörer einen starken Eindruck. Die völlige Befriedung Ungarns erfolgte allerdings erst im Jahre 1711 auf der Grundlage eines Vergleiches.

Nur vor Toulon, das die Engländer 1707, ähnlich wie zuvor Gibraltar, als dauernden Stützpunkt für sich gewinnen wollten, und am Oberrhein erzielten die Franzosen Erfolge, die jedoch wegen der Vorgänge auf dem niederländischen Kriegsschauplatz an der Gesamtlage nichts änderten. Am 13. Mai 1706 schlug Marlborough bei Ramillies eine starke, unter dem Befehl von Max Emanuel und Marschall Villeroy stehende Armee vernichtend; die Franzosen verloren damit den größten Teil der von ihnen besetzten spanischen Niederlande. Zwei Jahre später, am 11. Juli 1708, erstritten Prinz Eugen und Marlborough bei Oudenaarde einen nicht minder glänzenden Sieg, nach dem sie die französische Grenze an verschiedenen Stellen überschritten und die starke Festung Lille einnahmen. Marlborough und Prinz Eugen hofften, im nächsten Jahre durch einen letzten entscheidenden Schlag Ludwig XIV. niederzwingen zu können. Die Schlacht bei Malplaquet am 22. September 1709, in der sie mit hunderttausend Mann neunzigtausend gut verschanzte Franzosen unter Villars angriffen und besiegten, wurde denn auch die größte und eine der blutigsten dieses Krieges, ja des ganzen 18. Jahrhunderts. Die französische Armee war indes keineswegs vernichtet, und trotz ihrer Niederlage waren ihre Verluste von elftausend Mann um die Hälfte geringer als die der Gegner; immerhin blieb die Große Allianz Frankreich an Kampfkraft und finanziellen Mitteln weit überlegen. Die nun alsbald eintretenden Änderungen in den politischen Verhältnissen der Alliierten verbesserten jedoch in steigendem Maße die Aussichten Ludwigs XIV. auf eine für ihn nicht allzu ungünstige Regelung des spanischen Erbfolgestreites.

Bei Beginn des Krieges hatte England ein aus konservativen Tories und liberalen Whigs zusammengesetztes Ministerium. Während des Krieges erhielten die Whigs in der Regierung immer mehr das Übergewicht und 1708 alle Ministerposten. Das Ziel der Whigs war die völlige Niederzwingung Ludwigs XIV., den sie als die Verkörperung des Absolutismus haßten. Im Jahre 1710 kamen die Tories ans Ruder. Sie beriefen zwar Marlborough von seinem Kommando in den Niederlanden nicht gleich ab, schränkten aber seine Befugnisse ein und knüpften mit Ludwig XIV. Verhandlungen an. Dadurch wurde auch die in den Generalstaaten seit längerem bestehende Friedensströmung gestärkt. Den Ausschlag für die Neuorientierung der Politik der Seemächte gegenüber Frankreich gab der Tod Josefs I., der am 17. April 1711 an einer Blatternkrankheit starb. Da er nur zwei Töchter hinterließ, erbte sein

Bruder Karl die Länder der österreichisch-ungarischen Monarchie; am 12. Oktober 1711 wurde er nach seiner Rückkehr aus Spanien zum Kaiser gewählt.

Ludwig XIV. hatte seit der Niederlage seiner Armee bei Höchstädt schon wiederholt seinen Friedenswillen zu erkennen gegeben und sich 1710 unter anderem sogar bereit erklärt, den Verbündeten zur Verdrängung Philipps V. aus Spanien Hilfsgelder zu zahlen und Straßburg und das Elsaß dem Reiche zurückzugeben. Er zog sein Angebot erst zurück, als an ihn auf Betreiben der Whigs das Ansinnen gestellt wurde, er müsse seinen Enkel mit Waffengewalt aus Spanien vertreiben. Jetzt aber, als die der englischen Regierung höchst unerwünschte Möglichkeit einer Vereinigung Spaniens mit der österreichisch-ungarischen Monarchie durch Personalunion bestand und die Whigs gestürzt waren, setzten Großbritannien und Holland die Eröffnung eines Friedenskongresses im Januar 1712 zu Utrecht durch.

In dem am 11. April 1713 von England, den Generalstaaten, Portugal, Preußen, Savoyen und Frankreich unterzeichneten Utrechter Friedensvertrag wurden Philipp V. Spanien und die spanischen Kolonien zugesprochen mit der Bedingung, daß Spanien nie mit Frankreich vereinigt werden dürfe; als Eventualerbe für Spanien wurde der Herzog von Savoyen in Aussicht genommen, der die Insel Sizilien als selbständiges Königreich und einige Landstriche an der Mailänder Grenze erhielt. An Großbritannien mußte Spanien Gibraltar und Port Mahon auf Minorka, Frankreich von seinen nordamerikanischen Kolonien die Gebiete an der Hudsonbai, Neuschottland und Neufundland abtreten. Holland wurde zum Schutze gegen Frankreich in den bisherigen spanischen Niederlanden eine Festungsbarriere eingeräumt. Preußen bekam den Spanien gehörenden Teil von Geldern und von dem oranischen Erbe das Fürstentum Neuchâtel.

Kaiser Karl VI. hatte ursprünglich gegen die Abhaltung eines Friedenskongresses Einspruch erhoben, dann zu einigen Vereinbarungen der Verhandlungspartner, namentlich zur Zurückziehung seiner Truppen aus Spanien seine Zustimmung gegeben, schließlich aber die Utrechter Abmachungen doch nicht unterzeichnet. Obwohl die englische Regierung Marlborough Ende 1711 aus den Niederlanden abberufen und seinem Nachfolger schon vor dem Friedensschluß verboten hatte, sich weiterhin an den Kämpfen gegen Frankreich zu beteiligen, setzten der Kaiser und mit ihm das Reich den Krieg fort. Erst als Marschall Villars im August 1713 Landau und im November Freiburg erobert hatte, beauftragte der Kaiser den Prinzen Eugen, die Verhandlungen auf der Grundlage der ihm von Ludwig XIV. zugegangenen Vorschläge zu führen. Am 7. März 1714 unterzeichneten in Rastatt Prinz Eugen und Marschall Villars den Friedensvertrag als Bevollmächtigte des Kaisers und des französischen Königs. Die spanischen Niederlande mit Ausnahme der zu Utrecht den Holländern überlassenen Festungen, Mailand, Mantua, mehrere spanische Küstenorte in Toskana, Neapel und Sardinien fielen an den Kaiser, die Festung Landau in der Pfalz wurde Frankreich überlassen. Max Emanuel und sein Bruder Josef Clemens erhielten ihre Kurfürstentümer Baiern und Köln mit ihren sonstigen Besitzungen zurück. — Zwischen dem Reich und König Ludwig fanden zu Baden im schweizerischen Aargau eigene Verhandlungen statt, die am 7. September 1714 mit der Annahme des Rastatter Friedens durch das Reich endeten.

Für das Reich hatten die gewissermaßen eine Einheit bildenden Friedensschlüsse von Utrecht, Rastatt und Baden keine unmittelbare Bedeutung, obwohl es Frankreich den Krieg erklärt und sich an ihm mit den Kreistruppen beteiligt hatte. Die Rückgabe Straßburgs und des Elsasses oder eine Entschädigung für diese Reichsgebiete kam bei den späteren Friedensverhandlungen überhaupt nicht mehr in Frage. Dies berechtigt indes nicht ohne weiteres, von einer Preisgabe der Interessen des Reiches durch das Haus Österreich zu sprechen. Um 1710 waren Kaiser Josef und seine Verbündeten überzeugt, sie würden in Kürze wie in allen Punkten so auch in der elsässischen Frage die Friedensbedingungen diktieren können, vier Jahre später hatte sich jedoch die Lage so geändert, daß Ludwig XIV. zu Rastatt nur mit Mühe davon abgebracht werden konnte, die elsässische Nordgrenze durch die Angliederung von Stadt und Amt Germersheim bis an die Queich vorzuschieben, und daß ihm die Festung und Reichsstadt Landau überlassen werden mußte. Übrigens war schon bei einer der verschiedenen ergebnislosen Verhandlungen der Jahre 1709 und 1710 auch die Rückkehr der Franche Comté, der Freigrafschaft Burgund, in den Reichsverband, wofür besonders Preußen eintrat, erwogen und dabei erneut betont worden: die Rückgewinnung der 1555 von der deutschen an die spanische Linie der Habsburger gekommenen, von Ludwig XIV. eroberten und ihm im Nymwegener Frieden überlassenen Freigrafschaft, seit dem Mittelalter ein deutsches Reichslehen, wäre für das Reich und das Haus Österreich wichtiger als das Elsaß, dessen Bewohner „plus François que les Parisiens" wären.

Spanien, das Hauptobjekt des Krieges, verlor seine europäischen Nebenländer, deren bedeutendste das Königreich beider Sizilien, das Süditalien mit Neapel, Sizilien und Sardinien umfaßte, und die niederländischen Provinzen, aus denen später Belgien hervorging. Für Spanien selbst wirkte sich der Übergang der Herrschaft auf die Bourbonen segensreich aus. Philipp V. reorganisierte den völlig zerrütteten Staat, und der wirtschaftliche Aufstieg hielt noch unter Philipps zwei nächsten Nachfolgern an. Eine Weltmacht oder auch nur ein ausschlaggebender Faktor in der europäischen Politik ist freilich Spanien trotz des riesigen ihm in Südamerika verbliebenen Kolonialbesitzes auch unter den Bourbonen nicht mehr geworden.

Ludwig XIV. glaubte sich nach seinen Anfangserfolgen im Spanischen Erbfolgekriege dem Ziele, Frankreich dauernd die Vormacht in Europa zu erringen, näher denn je. Schwere Niederlagen und die Erschöpfung der materiellen Hilfsmittel im weiteren Verlauf des Krieges schwächten Frankreich in einem Maße, daß es zu einer Macht zweiten Ranges herabzusinken schien. Wenn es davor bewahrt blieb, sogar keine Gebietsverluste erlitt, nach den Friedensschlüssen von Utrecht und Rastatt wieder als ein starker Militärstaat mit nach allen Seiten gesicherten Grenzen dastand und mit der internationalen Anerkennung des Bourbonen Philipp V. als König von Spanien auch einen großen Prestigeerfolg errungen hatte, so verdankte dies Ludwig XIV. vor allem einigen Zufällen: dem Sturze der Whigs und Marlboroughs und dem frühen Tode Kaiser Josefs I.

Daß nun doch ein Bourbone auf den spanischen Königsthron gekommen war, bedeutete eine große Enttäuschung für das Haus Österreich. Im übrigen trug es mit seinen Erwerbungen in Italien und den Niederlanden und der endgültigen Befriedung

Ungarns von allen Beteiligten, wenigstens fürs erste, den größten Gewinn davon. Vielleicht hätte Karl VI. um den Verzicht auf Belgien oder auf die Lombardei mit Mailand dem Reiche Straßburg und Teile des Elsasses verschaffen können, aber ein solches Opfer der eigenen dynastischen Interessen zugunsten des Reiches lag außerhalb des politischen Denkens und Strebens jener Zeit. Die großen Zukunftsaussichten, welche sich nun den Habsburgern dank ihrer Stellung im Reiche, in Italien und in den Niederlanden zu eröffnen schienen, haben sich freilich nur zum Teil verwirklicht, vor allem, weil Karl VI. ohne männliche Nachkommenschaft blieb (S. 230). Für das Haus Savoyen knüpfte sich dagegen an seine Rangerhöhung und seine Erwerbungen im Utrechter Frieden ein Aufstieg, den damals niemand ahnen konnte. König Viktor Amadeus mußte zwar im Jahre 1720 gegen das viel wertvollere Sizilien Sardinien eintauschen (S. 230), aber das mit dieser Insel Savoyen, Piemont und andere Gebiete Oberitaliens umfassende „Königreich Sardinien" wurde der Träger der unter Viktor Emanuel II., dem achten Könige von Sardinien, vollzogenen Einigung Italiens.

England beteiligte sich am Spanischen Erbfolgekrieg in erster Linie, um das Prinzip des Gleichgewichtes der Mächte gegenüber der von Frankreich erstrebten Vorherrschaft durchzusetzen. Außer diesem allgemeinen Ziele erreichte Großbritannien eine Reihe beträchtlicher Vorteile für sich. Wäre Belgien bei dem nun zu einer bourbonischen Monarchie gewordenen Spanien geblieben, so hätte England stets mit einem Angriff Frankreichs und Spaniens auf Holland und von da aus gegen die eigene, der Rheinmündung gegenüberliegende Küste rechnen müssen. Dieser Sorge war nun Großbritannien durch die Übergabe der spanischen Niederlande an Österreich ledig, zugleich waren die Generalstaaten, wenn sie auch eine starke Handelsmacht blieben, seit dem Spanischen Erbfolgekrieg nicht mehr zu einer wirklich selbständigen Großmachtpolitik fähig, sondern mußten sich nach England richten. Mit Port Mahon und namentlich Gibraltar gewann England wichtige Stützpunkte für den einträglichen Levantehandel und auf dem Weg nach Indien. Das spanische Amerika war allen fremden Mächten verschlossen; als einzige erhielt jetzt Großbritannien die Genehmigung, jährlich e i n Handelsschiff dorthin zu schicken und außerdem viertausendachthundert Negersklaven einzuführen, beides diente als Handhabe für einen beträchtlichen illegalen Handel. Die größten und weitestreichenden Folgen hatten die englischen Erwerbungen in Nordamerika auf Kosten Frankreichs. Bei den Verhandlungen und Abmachungen der Friedensschlüsse des Spanischen Erbfolgekrieges spielten überhaupt wie noch nie Handels- und Kolonialinteressen mit herein und kündigte sich eine die Grenzen Europas überschreitende Politik, die Weltpolitik der Neuzeit an.

DER GROSSE NORDISCHE KRIEG

Ungefähr zu derselben Zeit wie der Spanische Erbfolgekrieg entbrannte der Große Nordische Krieg. Im Jahre 1699 verbündeten sich König Friedrich IV. von Dänemark, August der Starke und Zar Peter I., um den achtzehnjährigen schwedischen

König Karl XII. anzugreifen. Die bisher von Schweden geschützten Herzöge von Holstein-Gottorp sollten gezwungen werden, für ihre schleswig-holsteinischen Gebiete die Lehenshoheit von Dänemark anzuerkennen, August der Starke hoffte, seine Stellung als König zu festigen durch die Rückgewinnung des 1629 von Polen an Schweden verlorenen Livland, und Peter der Große war überzeugt, den von Rußland seit einem Jahrhundert verfolgten Plan, sich in den Ostseegebieten festzusetzen, jetzt auf Kosten Schwedens verwirklichen zu können. Ohne Kriegserklärung ließ König August im Februar 1700 sächsische Truppen in Livland einmarschieren. Friedrich IV. eröffnete im März die Feindseligkeiten gegen Herzog Friedrich von Gottorp, und der Russe stieß im September nach Estland vor. Nachdem eine den Gottorper unterstützende starke holländisch-englisch-schwedische Flotte Kopenhagen zu beschießen begonnen hatte, das auch durch den auf Seeland gelandeten Karl XII. bedroht wurde, schloß Friedrich IV. am 18. August 1700 den Frieden von Travendal; der Däne mußte seine Ansprüche an den Gottorper Herzog aufgeben und dessen Souveränität anerkennen.

Eine ihm mehrfach überlegene russische Armee wurde von Karl XII. am 20. November bei Narwa geschlagen. Hierauf wandte er sich gegen König August und besiegte seine Truppen, größtenteils sächsische, von 1701—1706 in verschiedenen Schlachten. Auf Karls Drängen wählten die Polen an Stelle Augusts im Juli 1704 Stanislaus Lesczynski zum Könige. Im Sommer 1706 rückten die Schweden über Schlesien in das Kurfürstentum Sachsen ein, am 24. September sah sich August zum Frieden von Altranstädt gezwungen, in dem er als König von Polen abdanken mußte. Der fast einjährige Aufenthalt der Schweden war für Kursachsen eine sehr schwere Last. Solange Karl XII. hier verweilte, waren die Mitglieder der Großen Allianz in steter Sorge, er könne sich Ludwig XIV. anschließen, der das Übergreifen des Nordischen Krieges auf den Spanischen Erbfolgekrieg betrieb. Diese Gefahr wurde durch das Entgegenkommen des Kaisers gebannt; auf Verlangen König Karls versprach er den schlesischen Protestanten die ihnen im Westfälischen Frieden zugesicherte freie Religionsübung ohne Einschränkungen und entband Schweden von den Leistungen, zu denen es in seinen deutschen Gebieten für den Reichskrieg gegen Frankreich verpflichtet gewesen wäre. Anfangs September 1707 verließ Karl XII. Sachsen, um, wie er meinte, nun auch mit dem russischen Zaren abzurechnen.

Als der Nordische Krieg die deutschen Verhältnisse wieder mehr berührte, hatte sich die Lage völlig geändert: Karl XII. war am 8. Juli 1709 von Peter dem Großen bei Pultawa entscheidend geschlagen worden und dann mit ein- bis zweitausend Mann in die Türkei geflohen. König Friedrich IV. und August der Starke nahmen den Krieg wieder auf. Vor ihnen wichen Stanislaus Lesczynski und die schwedischen Truppen in Polen nach Pommern zurück. Im Jahre 1711 verloren die Schweden das Herzogtum Bremen an die Dänen. Russische, polnische, sächsische und dänische Abteilungen vereinigten sich in Mecklenburg, verheerten es ebenso wie das seit dem Westfälischen Frieden zu Schweden gehörende Vorpommern und belagerten Stralsund und Wismar. Die Schweden kämpften zwar gelegentlich noch erfolgreich, so entsetzte General Steenbock Stralsund und besiegte die Dänen bei Gadebusch in Mecklenburg, aber 1713 mußte er sich doch in Holstein mit seiner

Armee ergeben und Stettin wurde erobert. Der Krieg schleppte sich trotzdem immer noch weiter, schließlich traten auch Preußen und Hannover in den Kampf ein.

Am 25. Februar 1713 war König Friedrich I. gestorben. Sein Sohn Friedrich Wilhelm I. konnte sich nun, da Preußen kurz darauf den Utrechter Frieden unterzeichnet hatte und infolgedessen nicht mehr fast ausschließlich durch die westlichen Angelegenheiten in Anspruch genommen war, auch der nordischen in einer ihrer Wichtigkeit für den Hohenzollernstaat gemäßen Weise annehmen. Zunächst suchte Friedrich Wilhelm Pommern bis zur Peene und Stettin durch Verträge wie den am 6. Oktober 1713 zu Schwedt mit den Russen abgeschlossenen in seine Hand zu bekommen und dabei seine Neutralität aufrechtzuerhalten. Erst als Karl XII., der im Spätherbst 1714 in einem Ritt von sechzehn Tagen durch Ungarn, Österreich, Baiern, die Pfalz, Westfalen und Mecklenburg aus der Türkei zurückgekehrt war, sich auf keinerlei Verhandlungen einließ, erklärten ihm im Mai 1715 Friedrich Wilhelm und einige Monate später Georg Ludwig, Kurfürst von Hannover und seit kurzem König von England, den Krieg. Eine preußisch-dänische Armee zwang am Vorabend von Weihnachten Stralsund zur Übergabe, im nächsten Jahre ging den Schweden mit Wismar der letzte Stützpunkt im Reich verloren. Karl XII. hoffte jetzt durch die Eroberung von Norwegen wieder hochzukommen, bei seinem zweiten Einfall in dieses Land traf ihn am 11. Dezember 1718 in einem Laufgraben vor Frederikshall die tödliche Kugel.

Von Rechts wegen sollte der Nachfolger des unverehelicht aus dem Leben geschiedenen Königs der Sohn seiner ältesten Schwester, der Herzog Karl Friedrich von Holstein, werden. Der Adel, fest entschlossen, das von Karl XI. eingeführte absolutistische Regime zu stürzen, huldigte sofort Karls XII. jüngerer mit dem Erbprinzen von Hessen vermählten Schwester Ulrike Eleonore, nachdem sie sich mit einer Verfassungsänderung einverstanden erklärt hatte. Durch die neue Verfassung kam die höchste Gewalt an den einzig dem Reichstag verantwortlichen Reichsrat. Er nahm mit den einzelnen Feinden getrennt Friedensverhandlungen auf und war dabei wegen der zerrütteten Finanzverhältnisse Schwedens von vorneherein geneigt, Land für Geld preiszugeben. Im ersten dieser Friedensschlüsse, dem mit Hannover vom 20. November 1719, verzichtete Schweden gegen eine Million Reichstaler auf das Herzogtum Bremen und das Fürstentum Verden; am 1. Februar 1720 trat Schweden die Inseln Usedom und Wollin und Vorpommern bis zur Peene für eine Entschädigung von zwei Millionen an Preußen ab; August der Starke wurde von Schweden als polnischer König anerkannt und gab seine Zustimmung, daß Stanislaus Leszczynski, der nach der Schlacht von Pultawa Polen verlassen hatte und sich jetzt nach Frankreich begab, den Königstitel behalten durfte; Dänemark räumte die von ihm besetzten Gebiete und erhielt freie Hand gegen den Herzog von Holstein-Gottorp, der seinen Anteil an Schleswig im August 1721 Dänemark überlassen mußte. Nur gegen Zar Peter wollte der Reichsrat den Krieg fortsetzen, doch schloß er, als Schweden im Sommer 1721 von einer russischen Invasionsarmee heimgesucht worden war, am 10. September den Frieden von Nystad. Schweden verlor Livland, Estland, Ingermanland, einen Teil von Karelien und die Inseln Ösel, Dagö und Moon, Rußland gab an Schweden Finnland zurück und zahlte zwei Millionen Taler.

Die dem Großen Nordischen Krieg folgenden Friedensschlüsse stehen als Ganzes in ihrer Bedeutung hinter denen des Spanischen Erbfolgekrieges kaum zurück. Allerdings hat diesmal kein deutscher Staat einen so großen Gewinn wie 1714 Österreich in Rastatt davongetragen; immerhin umfaßten das Herzogtum Bremen und das Fürstentum Verden, die an Hannover gekommen sind, mit Ausnahme der reichsstädtischen Gebiete Bremens und Hamburgs das Land zwischen Elbe und Weser flußabwärts von Hamburg und Hoya bis zum Meere, erhielt Brandenburg-Preußen Vorpommern mit Stettin von der Peene bis zur Oder und verblieb den Schweden von dem ihnen im Westfälischen Frieden zugefallenen beträchtlichen deutschen Besitz nur noch Rügen mit dem vor der Insel liegenden Festland zwischen der Mecklenburger Bucht, der Peene und Tribsees. Das Hauptergebnis aber war das Ausscheiden Schwedens aus der Reihe der europäischen Großmächte und Rußlands Festsetzen an der Ostsee von Wiborg bis Riga. Der Vorstoß der Russen nach Livland im Jahre 1558 hatte erstmals die Aufmerksamkeit der öffentlichen Meinung Europas auf das moskowitische Reich hingelenkt (S. 13). Nun, da Peter der Große die Schweden für immer aus ihren Ostseeprovinzen verjagt hatte, war Rußland eine Großmacht geworden, die gleich der englischen am Westrande Europas vom Schicksal ausersehen war, sich zu einer Weltmacht zu entfalten.

TÜRKENKRIEG 1716/18. QUADRUPELALLIANZ. PRAGMATISCHE SANKTION

Als Kaiser Karl VI. nach dem Frieden von Rastatt freie Hand für neue Unternehmungen erhalten hatte, kam er dem mit ihm verbündeten Venedig zu Hilfe. Die Türken waren 1715 gegen den Peloponnes und andere Besitzungen der Lagunenstadt zu Felde gezogen und hatten in kurzer Zeit große Erfolge erzielt. Im Sommer 1716 brach Prinz Eugen auf, schlug am 5. August ein ihm weit überlegenes türkisches Heer bei Peterwardein, zwang am 13. Oktober die Festung Temesvar, den letzten Stützpunkt der Osmanen auf ungarischem Boden, zur Übergabe, rückte im Juni 1717 vor Belgrad, besiegte am 16. August eine zum Entsatz der Stadt herbeigeeilte, doppelt so starke Armee wie die Belagerer und zog sechs Tage später in die „Stadt und Festung Belgerad" ein. Die Frucht dieser glänzenden Waffentaten des Prinzen Eugen war der am 21. Juli 1718 in der kleinen serbischen Stadt Passarowitz unterzeichnete Friede. Die Türkei trat an den Kaiser das Banat, Nordserbien mit Belgrad, die kleine Walachei bis zur Aluta und Teile von Bosnien ab und schloß einen für Österreich günstigen Handelsvertrag.

Während Österreichs Kräfte durch den Türkenkrieg gebunden waren, holte Spanien zum Schlag gegen den Kaiser und den König Viktor Amadeus aus; der Habsburger Karl VI. hielt sich immer noch ebenso wie der Bourbone Philipp V. für den legitimen Erben aller spanischen Lande, auch hatten die beiden keinen eigenen Friedensvertrag geschlossen. Nachdem spanische Flotten auf Sardinien und Sizilien gelandet waren, vereinigten sich England, Frankreich, wo seit dem Tode des am 1. September 1715 verstorbenen Ludwigs XIV. Herzog Philipp von Orleans für den unmündigen Ludwig XV. die Regentschaft führte, Kaiser Karl und Holland zur „Quadrupelallianz" von 1718. Sie setzten 1720 einen Ausgleich durch, in dem Kaiser Karl Philipp V. als rechtmäßigen König von Spanien anerkannte und sich damit einverstanden erklärte, daß dessen ältestem Sohn aus zweiter Ehe mit Elisabeth Farnese von Parma das Erbrecht auf Parma, Piacenza und Toskana zuerkannt wurde, die vom Mittelalter her als Reichslehen galten; Sizilien wurde mit Neapel wieder zu dem Königreich beider Sizilien vereinigt und dem Kaiser übergeben. König Viktor Amadeus erhielt dafür Sardinien (S. 226).

Mit seinen Ländern vom Oberrhein bis zur Aluta, mit Belgien und den Erwerbungen in Italien hatte das Haus Österreich 1720 seinen Höchststand an Territorialbesitz erreicht. Neben dem Anwachsen an Land und Leuten war für den österreichischen Zweig der Habsburger indes seit längerem die Sorge hergegangen, er würde vielleicht in absehbarer Zeit gleich dem spanischen im Mannesstamme aussterben. Kaiser Leopold I. hatte deshalb 1703 mit seinen Söhnen Josef und Karl vor Karls Abreise nach Spanien das Pactum mutuae successionis abgeschlossen. Nach diesem Erbfolgevertrag sollte der männliche vor dem weiblichen Zweig zur Regierung kommen, so daß, falls Josef ohne männliche Nachkommenschaft sterbe, Karl und seine männlichen Erben auch in den österreichischen Ländern folgen sollten und umgekehrt, wenn aber der gesamte Mannesstamm erlösche, habe die weibliche Erbfolge nach dem Rechte der Erstgeburt zu gelten. Josef I. hinterließ bei seinem Tode 1711 nur zwei Töchter, und so folgte ihm gemäß dem Pactum von 1703 Karl in Österreich und damit auch als Kaiser.

Am 19. April 1713, ungefähr einen Monat nachdem er, dem Drucke der Seemächte in Utrecht weichend, Spanien hatte aufgeben müssen (S. 224), erließ Karl VI. die Pragmatische Sanktion als Hausgesetz, worin er die Unteilbarkeit der österreichischen Monarchie und für den Fall des Aussterbens im Mannesstamm die weibliche Erbfolge nach dem Erstgeburtsrecht vorschrieb. Seiner Ehe, die er 1708 mit Elisabeth von Braunschweig eingegangen war, entsproß 1716 als erstes Kind ein Knabe, er starb nach wenigen Monaten, dann folgten bis 1724 noch drei Töchter, die älteste, Maria Theresia, am 13. Mai 1717. Je geringer die Aussicht auf männliche Nachkommenschaft wurde, desto mehr rückte für den Kaiser die von ihm in der Pragmatischen Sanktion vorgesehene weibliche Erbfolge in den Vordergrund. Nun war bei einer solchen schon an und für sich mit der Anfechtung von verschiedenen Seiten zu rechnen, außerdem hätten nach dem Paktum von 1703 wahrscheinlich die Töchter des verstorbenen Kaisers Josef zuerst zum Zuge kommen sollen. Die Anerkennung der Pragmatischen Sanktion durch die Töchter Josefs bei ihrer Vermählung, durch die Stände der einzelnen österreichischen Erblande, durch die deutschen Fürsten und das Reich und durch die auswärtigen Mächte war in den letzten zwanzig Jahren seiner Regierung Karls Hauptsorge und die schwerste Belastung seiner Politik, denn die Rücksicht auf diese Anerkennung zwang ihn häufig zum Nachgeben in den mannigfachen Verwicklungen und Konflikten jener Zeit.

Zwischen dem Preußenkönig Friedrich Wilhelm I. und dem Kaiser bestanden Spannungen noch vom Nordischen Krieg her, weil der König in ihm eine Politik ohne Rücksicht auf Kaiser und Reich verfolgte und weil andrerseits Friedrich Wilhelm über das Vorgehen des Kaisers in dem Mecklenburger Zwischenfall verstimmt war. Herzog Karl Leopold von Mecklenburg-Schwerin bedrückte, unterstützt von einer russischen Armee, die 1716 Winterquartiere in seinem Herzogtum bezogen hatte, seine Landstände aufs äußerste. Sie beschwerten sich beim Kaiser. Als die meisten Russen auf Veranlassung der Engländer Mecklenburg verlassen hatten, beauftragte der Kaiser den Kurfürsten von Hannover und den Herzog von Wolfenbüttel mit der Reichsexekution gegen den allen Mahnungen unzugänglichen Mecklenburger. Er wurde von einer Exekutionsarmee vertrieben, und die Hannoveraner trafen Anstalten, sich seines Landes für immer zu bemächtigen. Als Kurfürst von Brandenburg war König Friedrich Wilhelm einer der zwei Direktoren des niedersächsischen Kreises, auch hatte er Erbansprüche auf Mecklenburg, und so verübelte er seine Ausschaltung bei der Reichsexekution dem Kaiser. Überdies fanden zum Verdrusse des Königs Klagen der Magdeburger Ritterschaft über ihn beim Reichshofrat in Wien williges Gehör. Dagegen stellte sich Baiern jetzt gut zu Österreich. Max Emanuel warb für den Kurprinzen Karl Albrecht um die älteste Tochter Kaiser Josefs I., doch wurde diese mit dem sächsischen Kurprinzen verheiratet, der bairische erhielt die jüngere.

Ebenso erfolgte bei den auswärtigen Mächten eine Umgruppierung. Die spanische Regierung überwarf sich mit der französischen, weil diese von der Vereinbarung zurücktrat, Ludwig XV. solle eine Tochter Philipps V. heiraten. Kaiser Karl hatte während seines Aufenthaltes auf der Pyrenäenhalbinsel als Kronprätendent die Bedeutung von Seefahrt und Welthandel kennengelernt. Er wollte nun die für ihn vorteilhaften politischen Ergebnisse des Rastatter und des Passarowitzer Friedens und des Ausgleichs von 1720 wirtschaftlich auswerten durch die Erklärung Triests und Fiumes zu Freihäfen und durch die Gründung und Förderung der Orientalischen Handelskompanie in Wien und der Ostendekompanie (S. 260) und damit die merkantile Vorherrschaft der Seemächte brechen, die auch Spanien als drückend empfand. Dagegen betrachteten England und die Generalstaaten ihren früheren Bundesgenossen Kaiser Karl als einen gefährlichen Konkurrenten in dem sich jetzt immer rascher entwickelnden Welthandel.

Diese Verhältnisse der binnen- und außerdeutschen Politik führten im Mai 1725 zu einer Allianz zwischen Karl VI. und Philipp V., ihr schlossen sich bald auch die Wittelsbacher und Rußland an, seit seiner Festsetzung an der Ostsee ein Rivale Englands in den nordeuropäischen Angelegenheiten. Auf der anderen Seite verbündeten sich am 3. September desselben Jahres zu Herrenhausen bei Hannover England, Frankreich, Holland und Preußen, doch spalteten sich die beiden Gruppen bald wieder auf. Wie der Kaiser mit allen Mitteln nach Sicherung der Pragmatischen Sanktion strebte, so der Preußenkönig nach der Erwerbung von Jülich-Berg oder eines möglichst großen Teiles davon bei dem in absehbarer Zeit zu erwartenden Aussterben der Pfalz-Neuburger Linie der Wittelsbacher. Dem im Dienste Karls VI. stehenden Feldmarschall und Diplomaten Graf Seckendorff gelang es, den König davon zu überzeugen, daß der Kaiser ihn in seiner Erbangelegenheit mehr fördern werde als die Mitglieder des Herrenhauser Bundes, und bewog ihn zu dem am 12. Oktober 1726 abgeschlossenen Vertrag von Wusterhausen. Friedrich Wilhelm erkannte die Pragmatische Sanktion an; dafür sollte der Kaiser die Pfälzer Wittelsbacher veranlassen, vom jülich-bergischen Erbe Brandenburg-Preußen Berg und Ravenstein abzutreten. Die Pfälzer lehnten jedoch eine Teilung ab und beanspruchten das ganze Erbe für Karl Theodor von Pfalz-Sulzbach. Das Ergebnis weiterer Verhandlungen zwischen dem Wiener und dem Berliner Hof war der Berliner Vertrag vom 23. Dezember 1728. Friedrich Wilhelm verpflichtete sich darin, Österreich bei der Durchführung der Pragmatischen Sanktion wenn nötig mit zehntausend Mann zu Hilfe zu kommen und den künftigen Gemahl Maria Theresias, der Tochter des Kaisers, falls er deutscher Abstammung wäre, zum Kaiser zu wählen; als Gegenleistung stellte Karl VI. den Verzicht auf seine pfalz-neuburgischen Erbschaftsansprüche von der Mutterseite her in Aussicht, die allerdings nicht ernstlich in Frage kamen. In Baiern war am 26. Februar 1726 Kurfürst Max Emanuel gestorben und sein Sohn Karl Albrecht im September dem österreichisch-spanischen Bündnis beigetreten. Bei dieser Gelegenheit hatte er die Pragmatische Sanktion anerkannt, aber schon im nächsten Jahre schloß er eine geheime Allianz mit Frankreich. Und auch der Kaiser selbst wechselte gewissermaßen die Front, indem er, um England zu gewinnen, die Ostendekompanie auflöste. Im Wiener Abkommen vom 16. März 1731 wurde nun die Pragmatische Sanktion von Großbritannien garantiert, dessen Beispiel bald darauf Holland und Spanien folgten.

POLNISCHER ERBFOLGEKRIEG. TÜRKENKRIEG 1737/39 TOD KAISER KARLS VI.

Die seit Beendigung des Nordischen Krieges zwölf Jahre lang mühsam aufrechterhaltene europäische Friedenspolitik brach mit dem Tode des am 1. Februar 1733 gestorbenen Königs August des Starken zusammen. Für die Wahl seines Sohnes, des sächsischen Kurfürsten Friedrich August II., setzten sich Rußland und, gegen Anerkennung der Pragmatischen Sanktion, der Kaiser ein, Ludwig XV. für Stanislaus Lesczynski, der schon einmal König von Polen gewesen war (S. 227 f.) und dessen Tochter Ludwig geheiratet hatte. Die Wahl der Polen fiel eindeutig zugunsten Lesczynskis aus. Trotzdem ließ Friedrich August, der einen Monat später von einer geringen Minorität erkoren wurde und der sich als Polenkönig August III. nannte, sächsische Truppen in Polen einrücken und traf der Kaiser große Kriegsvorbereitungen. Deshalb erklärten ihm Ludwig XV., Philipp V. und Karl Emanuel III., König von Sardinien, im Oktober den Krieg. Einzig der Preußenkönig war bereit Karl VI. beizustehen und wollte ihm fünfzigtausend Mann zur Verfügung stellen, doch traute ihm der Kaiser nicht und nahm nur die 1728 vereinbarte Hilfe von zehntausend Mann an, außerdem ließ später die Zarin Anna Iwanowna zwölftausend Mann zu dem kaiserlichen Heer am Oberrhein stoßen. Hier stand der nun siebzigjährige Prinz Eugen; er hielt sich dem ihm mehr als dreifach überlegenen Feind gegenüber in der Verteidigung.

In Italien erlitten die Österreicher Niederlage um Niederlage. Die Spanier eroberten bis auf einige Festungen Neapel und Sizilien, die französischen und sardinischen Truppen fast die ganze Lombardei; dagegen konnte sich August III. in Polen, wo die

Russen und Sachsen auf keinen ernstlichen Widerstand stießen, leicht durchsetzen. Nach zweijähriger Kriegsdauer waren die Kräfte Österreichs so erschöpft, daß der Kaiser im Oktober 1735 mit Frankreich einen Präliminarfrieden vereinbarte, dem sich die übrigen am Kriege Beteiligten allmählich anschlossen, und der endlich in Wien am 18. November 1738 als endgültiger Friede unterzeichnet wurde. König Lesczynski, der Schwiegervater Ludwigs XV., verzichtete auf Polen und bekam Lothringen, das nach seinem Tode mit Frankreich vereinigt werden sollte; Herzog Franz Stephan III. von Lothringen wurde mit dem Großherzogtum Toskana entschädigt, August III. von Sachsen als König von Polen anerkannt. Der Kaiser trat das Königreich beider Sizilien und die ehemals spanischen Küstenorte in Toskana an Don Carlos, den ältesten Sohn der spanischen Königin Elisabeth, ab, an König Karl Emanuel III. von Sardinien einige Stützpunkte in der Lombardei und erhielt dafür Parma und Piacenza und, was er für das wichtigste hielt und ihm den sonst zu ungleichen Tausch aufzuwiegen schien: die französische Garantie der Pragmatischen Sanktion.

Der Wiener Frieden war noch nicht abgeschlossen, als Österreich 1737 in der Hoffnung, die soeben in Italien erlittenen Verluste im Osten auszugleichen, und um seine im Polenkriege eingegangene Bundespflicht gegen Rußland zu erfüllen, in den Krieg eintrat, den dieses vor zwei Jahren gegen die T ü r k e i begonnen hatte. Da Prinz Eugen am 21. April 1736 gestorben war und der Kaiser keinen Feldherrn hatte, der ihn nur einigermaßen zu ersetzen imstande gewesen wäre, und da die österreichischen Finanzverhältnisse wieder einmal völlig zerrüttet waren, sah sich Karl VI., nachdem seine Truppen die Festungen Semendria (Smederowo) in Serbien, Mehadia in Ungarn und Orschowa in Rumänien verloren und eine blutige Niederlage vor Belgrad erlitten hatten, am 18. September 1739 im Frieden von Belgrad gezwungen, fast alles den Türken zurückzugeben, was Österreich im Frieden von Passarowitz (S. 229) erworben hatte, nur das Banat und Ungarn konnte es behaupten; die Grenze zwischen den Türken und Österreich verlief jetzt entlang der Donau und Save. Allein wollten die Russen den Krieg nicht fortsetzen, sie traten deshalb dem Belgrader Frieden bei. Sie behielten in ihm von ihren Eroberungen nur Asow, doch hatten ihre siegreichen Kämpfe am unteren Dnjestr und in den Gegenden am Nordufer des Schwarzen Meeres die Russen als die Erben weiter türkischer Gebiete angekündigt, während Österreichs Stellung im Südosten Europas schwer erschüttert war durch seine Niederlagen und den Belgrader Verzichtfrieden. Etwas über ein Jahr später, am 20. Oktober 1740, starb Kaiser Karl VI. unerwartet an den Folgen einer Erkältung.

Vor nahezu einem halben Jahrtausend, am 24. Oktober 1273, war mit König Rudolf der erste Habsburger Oberhaupt des Reiches geworden, und dreihundert Jahre lang, seit Albrechts II. Wahl am 18. März 1438, hatten die Habsburger in ununterbrochener Reihenfolge den Königs- und Kaiserthron des Reiches inne. Nun erlosch ihr Geschlecht im Mannesstamme. Den Erschütterungen, die zu jener Zeit, da die Dynastien gewissermaßen die Verkörperung des staatlichen Lebens waren, ein solches Ereignis hervorzurufen pflegte, hatte Karl VI. durch die um schwere Opfer erkauften Garantien der Pragmatischen Sanktion vorzubeugen versucht. Wäre er dem Rat des Prinzen Eugen gefolgt, vor allem für ein gut geordnetes Finanz- und

Heerwesen der österreichisch-ungarischen Monarchie zu sorgen, statt sich die Anerkennung der Sanktion so viel kosten zu lassen, und die Erzherzogin Maria Theresia mit dem bairischen Kurprinzen zu verehelichen, dann hätte sich die Erbfolge wohl ohne erhebliche Störungen vollzogen, doch wäre dabei infolge der Stellung des Hauses Wittelsbach das Haus Habsburg in ihm aufgegangen, ein Gedanke, mit dem sich Kaiser Karl nicht befreunden konnte. Er vermählte 1736 Maria Theresia mit Franz Stephan III. von Lothringen, der im Wiener Präliminarfrieden von 1735 auf sein Erbland verzichtet hatte und dafür zwei Jahre später nach dem Aussterben der Medici das Großherzogtum Toskana bekam. Franz Stephan begnügte sich praktisch immer mit der Rolle eines Prinzgemahls, obwohl ihn seine Gattin alsbald nach Antritt ihrer Herrschaft zum Mitregenten erhob und er 1745 als Franz I. zum Kaiser gekrönt wurde, und so war auch Lothringen in der neuen Bezeichnung Haus Habsburg-Lothringen nur das Anhängsel. Auf diese Weise behauptete sich zwar Habsburgs und Österreichs Namen und Rang, aber die Hoffnungen, die Karl VI. an die in- und ausländischen Garantien der Pragmatischen Sanktion geknüpft hatte, gingen nicht in Erfüllung. Sofort nach seinem Tode machten Kurfürst Karl Albrecht von Baiern, der sächsische Kurfürst und polnische König August III. und Philipp V. von Spanien Ansprüche auf das österreichische Erbe geltend, bald darauf, im Dezember 1740, fiel der Preußenkönig Friedrich II. in Schlesien ein, und im Sommer 1741 entbrannte der sich bis zum Aachener Frieden von 1748 hinziehende österreichische Erbfolgekrieg. Diese Kriege leiteten, namentlich durch den Aufstieg Preußens zu einer europäischen Großmacht und den dadurch bedingten österreichisch-preußischen Dualismus, eine neue Entwicklung der deutschen Geschichte ein.

AUSBLICK AUF DIE ENTWICKLUNG DES REICHES

Die in den gemeineuropäisch nationalistisch-imperialistischen Vorstellungen des 19. Jahrhunderts wurzelnde kleindeutsche und die nationalsozialistische Geschichtsauffassung hielt die nach dem Tode Kaiser Karls VI. einsetzende politische Entwicklung Deutschlands für zwangsläufig. Die Habsburger hätten das zerrüttete Reich nicht in Ordnung gebracht, dessen Interessen vielfach denen ihrer Hausmacht geopfert und sich dem Reiche mit dem Anwachsen ihres außerdeutschen Länderkomplexes immer mehr entfremdet. Auch die Hohenzollern wären nicht selten zum Schaden des Reiches vor allem auf ihren eigenen Vorteil bedacht gewesen, hätten aber in erster Linie deutsche Gebiete zu erwerben getrachtet, und je mehr davon in dem Königreich Preußen aufgingen, je mächtiger es nach außen wurde und je stärker sich in ihm der vom Großen Kurfürsten inaugurierte und von den Königen Friedrich Wilhelm I. und Friedrich II. pedantisch gründlich und heroisch-genial weitergebildete Preußengeist ausprägte, um so offenkundiger sei die sich schließlich in der Reichsgründung von 1870/71 erfüllende Berufung des Hohenzollernstaates zur deutschen Führung geworden, der seine Vollendung in Hitlers Großdeutschland gefunden habe.

Die Entwicklung zum Dualismus, von ihm zum Zweiten und von diesem zum Dritten Reich war indes nicht zwangsläufig, auch hier war nur, wie das so zu sein pflegt, das jeweils Folgende in manchem von Vorausgegangenem mitbedingt. Schon das erste Hochkommen des österreichisch-preußischen Dualismus knüpfte sich an Zufälliges: an den verhältnismäßig frühen Tod Karls VI. Die Gattin des damals Fünfundfünfzigjährigen war seit längerem kränklich, und es hieß, er habe sich gerade zu jener Zeit mit der Hoffnung getragen, daß ihm aus einer zweiten Ehe noch ein Sohn geboren werden könnte. Bei längerem Leben König Friedrich Wilhelms I. oder des Kaisers ist es sehr fraglich, ob König Friedrich II. je den ersten, das bisherige Kräfteverhältnis Österreich—Preußen verschiebenden Schritt, die Eroberung Schlesiens, unternommen hätte. Und eine Überprüfung der Lage des Reiches und im Reiche unter Karl VI. zeigt die Unhaltbarkeit von Thesen wie: „Es war eine Notwendigkeit unserer Entwicklung, daß die Überfülle unvereinbarer Gegensätze sich in dem Antagonismus zweier deutscher Großmächte (im österreichisch-preußischen Dualismus) kondensierte" (Erdmannsdörffer) oder: „Da Karl von Habsburg sich die Sorge für die deutsche Nation und das deutsche Reich nicht mehr als höchste Aufgabe gestellt hatte, mußte es über kurz oder lang dazu kommen, daß die Führung der Nation an ein anderes Fürstenhaus überging" (Naumann).

Im Alltag des politischen Lebens der Deutschen spielten Kaiser und Reich auch noch im 18. Jahrhundert eine nicht zu unterschätzende Rolle. Durch den Reichshofrat und auf Grund mannigfacher Befugnisse und Vorrechte (S. 11 f.) konnte der Kaiser in verschiedene, zum Teil schwerwiegende Angelegenheiten der Reichsfürsten eingreifen. So hatte zum Beispiel Karl VI. als Kaiser zu bestimmen, wer in Mecklenburg die Reichsexekution vorzunehmen habe, setzte dann im Jahre 1728 den Herzog Karl Leopold ab und übertrug dessen Bruder als kaiserlichem Kommissar die Regierung; der Kurfürst von Hannover mußte große Anstrengungen machen, um vom Kaiser mit Bremen und Verden, die als ehemalige geistliche Fürstentümer Reichslehen waren, belehnt zu werden; die Fürsten holten für Hausgesetze, wie die Einführung der Primogenitur, die kaiserliche Bestätigung ein, ebenso für Standeserhöhungen illegitimer Nachkommen und so fort. Unter Ausnützung dieser Möglichkeiten suchten Josef I. und Karl VI. nach großen kriegerischen Erfolgen die alte kaiserliche Macht wiederherzustellen, ja sie im Sinne des Absolutismus weiter auszubauen. Dieses Wunschbild hatte schon Ludwig XIV. die Erwerbung des Kaisertums für sich so begehrenswert erscheinen lassen (S. 189). Ebenso hatte das Reich mit seinen Einrichtungen, dem Reichskammergericht, der Kreisverfassung, den Kreisdirektorien, den Reichs- und Kreisarmeen und dem Reichstag nicht jede Wirkungsmöglichkeit eingebüßt und war die Reichsidee weder von den Fürsten noch vom Volke aufgegeben. Hätten die Reichstage keinerlei praktische Bedeutung mehr gehabt, wäre es gleichgültig gewesen, ob sich Reichs- und Kreistruppen an einem Feldzug beteiligten oder nicht, dann hätten auswärtige Mächte, besonders Frankreich, nicht erhebliche Kosten für Gesandte am Reichstag aufgewendet und noch weit größere dafür, daß deutsche Fürsten ihr möglichstes taten, ihren ausländischen Auftraggebern unerwünschte Beschlüsse des Reichstages zu hintertreiben, vor allem die Erklärung des Reichskrieges gegen sie.

Die eigentlich geschichtsbildenden Kräfte des deutschen politischen Lebens waren freilich nicht mehr Kaiser und Reich, sondern die „armierten Stände". Sie waren um so weniger geneigt, über ihren eigenen Vorteil hinaus sich nach den Wünschen des

Kaisers und den Interessen des Reiches zu richten, je mehr es ihnen gelang, in ihren Ländern das absolutistische System einzuführen. Bezeichnend für das Herrscherbewußtsein dieser Fürsten ist unter anderem, daß sich die ersten Hannoveraner auf dem englischen Thron als Kurfürsten mit absoluter Regierungsgewalt in gewissem Sinne mehr zu sein dünkten, denn als Könige von Großbritannien, welche sich nach Parlamentsbeschlüssen zu richten hatten. Zur Schwächung der kaiserlichen Gewalt und des Reichsbewußtseins in Norddeutschland trug viel bei, daß hier die drei größten Reichsstände von Kaiser und Reich unabhängige Königskronen trugen: der Kurfürst von Hannover die englische, der Kurfürst von Sachsen die polnische und der Kurfürst von Brandenburg die preußische; auch der 1720 bis 1751 in Schweden regierende König Friedrich war als Landgraf von Hessen-Kassel ein deutscher Fürst. Karl VI. sah sich bei Auseinandersetzungen mit ihnen über deutsche Angelegenheiten wiederholt gezwungen, auf die Politik ihrer außerdeutschen Länder Rücksicht zu nehmen; wenn er zum Beispiel England in einem Krieg oder bei Verhandlungen zum Verbündeten oder wenigstens nicht als Gegner haben wollte, durfte er sich den Kurfürsten von Hannover nicht wegen Lehenssachen zum Feinde machen. Für Friedrich Wilhelm I. bedeutete allerdings sein Königtum nicht in derselben Weise einen Stein mehr im diplomatischen Kräftespiel, dafür war er in seinem Königreich Herr wie keiner der drei anderen und mit den Maßnahmen für Verwaltung, Wirtschaft, Siedlung und Heer (S. 282) erreichte er, daß sein Staat, mit zweieinhalb Millionen der Einwohnerzahl nach unter den europäischen Staaten der zwölfte, der Heeresstärke nach mit dreiundachtzigtausend Mann hinter dem französischen mit hundertsechzigtausend, dem russischen mit hundertdreißigtausend und Österreich mit hunderttausend der vierte wurde.

Den Wittelsbachern war zwar ihr schwedisches Königtum und das Bistum Lüttich verlorengegangen, sie hatten aber zur Zeit von Karls VI. Tod außer ihren bisherigen Erbländern und kirchlichen Fürstentümern (S. 190) die Bistümer Regensburg, Osnabrück und Freising und damit den größten Teil des nichthabsburgischen katholischen Deutschlands inne. Die Wittelsbacher stellten sich ebenfalls zu Kaiser und Reich, wie sie es jeweils gerade in ihrem eigenen Interesse für zweckmäßig hielten; so näherte sich zum Beispiel Kurfürst Max Emanuel, nachdem er 1715 in sein Baierland zurückgekehrt war, Karl VI., hielt aber auch seine Verbindung mit Frankreich bis zu seinem Tode am 26. Februar 1726 aufrecht, sein Sohn und Nachfolger Karl Albrecht trat noch im gleichen Jahr dem österreichisch-spanischen Bündnis bei (S. 232) und schloß im nächsten Jahre eine geheime Allianz mit Ludwig XV., von dem er sich unter anderem Hilfe für die Durchsetzung seiner Ansprüche auf österreichische Erblande versprechen ließ, obwohl er das Jahr zuvor die Pragmatische Sanktion anerkannt hatte. Ein lebendiges Gefühl für Kaiser und Reich besaßen nur noch die kleineren Reichsstände, die in ihnen Schutz und Schirm gegen Übergriffe großer Nachbarn sahen. Diese Kreise hatten indes nur in Ausnahmefällen, wie etwa die Freiherrn und seit 1701 Reichsgrafen von Schönborn, von denen in der zweiten Hälfte des 17. und in den ersten Jahrzehnten des 18. Jahrhunderts Familienmitglieder Erzbischöfe und Kurfürsten von Mainz, Bischöfe von Würzburg, Worms und Speier und Vizekanzler in Wien waren, Einfluß auf die deutsche Innen- und Außenpolitik, aber nicht in dem Maße und nicht so nachhaltig wie die armierten Stände.

Karl VI., seit längerem über die Eigenmächtigkeiten der „königlichen" Kurfürsten, besonders in den mit dem Nordischen Krieg zusammenhängenden Fragen, verstimmt, beabsichtigte die Machtstellung, die er nach dem Frieden von Passarowitz und dem Ausgleich mit Philipp V. von Spanien (S. 229 f.) erlangt hatte, zur Festigung der kaiserlichen Gewalt zu benützen, wofür namentlich auch Friedrich Karl von Schönborn, der Vorstand der Reichskanzlei in Wien, eintrat. Andere, so auch Prinz Eugen, waren der Auffassung, das Kaisertum habe mehr der Stärkung der österreichischen Monarchie zu dienen als diese dem Kaisertum. Bei verschiedenen Friedensschlüssen war dies bisher schon so gehalten worden (S. 210, S. 225), nun aber wurde es, da die Hauptsorge Karls VI. der Anerkennung der Pragmatischen Sanktion durch die deutschen und außerdeutschen Mächte galt, immer mehr die Regierungsmaxime des Wiener Hofes. Sogar das Richteramt des Reichshofrates wurde hierfür ganz offensichtlich mißbraucht, so behandelte es unter anderem die Klagen von Reichsständen über preußische Werber in ihren Gebieten und die Beschwerden der Magdeburger Ritterschaft über ihren König Friedrich Wilhelm I. zu dessen Gunsten oder Ungunsten nach dem jeweiligen Stand der politischen Beziehungen des Berliner zum Wiener Hof, und bei Verhandlungen mit Georg I. machte die Wiener Hofkanzlei weder zwischen hannoverschen und englischen Angelegenheiten noch zwischen Karl VI. als Kaiser und als österreichischer Landesfürst einen Unterschied. Natürlich erregte das den Unwillen derer, die sich dadurch benachteiligt fühlten, wer aber gerade einen Vorteil davon hatte, fand es ganz in der Ordnung, wenn der Kaiser auf Kosten des Reiches seinen Wünschen entgegenkam. Die die Zeit formenden Kräfte, im Politischen damals die armierten Stände, hatten eben das Übergewicht über die von einer früheren Entwicklungsstufe her noch bestehenden Elemente, über Kaiser und Reich.

Der stärkste Reichsstand war nun das Haus Habsburg, und zwar so sehr, daß man am Wiener Hof mit gutem Grund die Ansicht vertrat, der Habsburgerstaat könne ohne das Reich, nicht aber das Reich ohne ihn existieren, wie es denn auch sein Ende nahm, als am 6. August 1806 Franz II. die deutsche Kaiserkrone niederlegte. Demnach war es, so wie es damals um das Reich stand und nach den Praktiken jener Zeit, geschichtlich gesehen nur konsequent, wenn die Habsburger in verschiedenen Fällen den Interessen ihres Hauses den Vorzug gaben vor denen des Reiches. Daraus folgt indes keineswegs die Richtigkeit der These von einer *zwangsläufigen* Entwicklung zum österreichisch-preußischen Dualismus und von ihm zu dem Zweiten und dann zu dem Dritten Reich, vielmehr hätte ein durch die Schlesischen Kriege Friedrichs II. und deren Folgen nicht geschwächtes Österreich die *Möglichkeit* zur Schaffung eines Reichsgebildes in sich geschlossen, das man vielleicht heute, etwa im Hinblick auf die gegenwärtige Verfassung der britischen Commonwealth, gewissermaßen als die Vorwegnahme einer ganz modernen Staatsgestaltung betrachten würde.

Diese Möglichkeit war gegeben durch die mannigfachen Aufgaben, vor die der Alltag des politischen Lebens Kaiser und Reich stellte, und durch die infolgedessen noch allgemein vorherrschende Überzeugung, wie sie in den Worten des Preußenkönigs Friedrich Wilhelms I. zum Ausdruck kam, man könne das Reich nicht entbehren, brauche also auch ein Reichsoberhaupt, wer solle es aber sein: „Wollen sie mir dazu machen? gut, aber das wird Sachsen, Hannover, Baiern nicht leiden. Ergo, wer soll das Haupt sein? Sachsen? aber da lasse ich mir lieber mein Land brennen. Soll's Hannover sein? da lasse ich mich aber lieber Glied vor Glied abhauen," und so fahre man am besten, wenn man es beim alten läßt und sich innerhalb der Schranken der Reichsverfassung zum Kaiser hält. — Auch das Haus Österreich selbst legte aus ideellen und realpolitischen Gründen nach wie vor großen Wert darauf, daß es durch eine Art Gewohnheitsrecht Träger der Kaiserkrone war, und manches spricht dafür, daß der Habsburgerstaat, gerade weil er selbst viele Völkerschaften umfaßte, an und für sich besonders berufen gewesen wäre, zu geeigneter Zeit das alte Erste Reich in einen Bundesstaat von echt föderativem Charakter umzuwandeln. Ob freilich diese Möglichkeit ohne den österreichisch-preußischen Dualismus zur Wirklichkeit geworden und ob einer solchen Wirklichkeit nicht ebenfalls unermeßliches Leid gefolgt wäre, vermag niemand zu sagen. Jede geschichtliche Lage birgt in ihrem Schoße Gedeih und Verderb, und so sehr Segen und Fluch der Vergangenheit auf jeder Gegenwart ruhen, hat doch jede Gegenwart selbst die Verantwortung dafür zu tragen, ob sie als eine Zeit des Heils oder des Unheils in die Geschichte eingeht.

TEIL II

Erstes Buch

Die Wirtschaft

DIE LANDWIRTSCHAFT

Die Bevölkerung Deutschlands nahm von 1500 bis 1600, begünstigt durch die friedlichen Verhältnisse während der zweiten Hälfte des Jahrhunderts, von ungefähr 11,3 auf 15,8 Millionen zu, verminderte sich während des Dreißigjährigen Krieges um 40 bis 50 vom Hundert und betrug ein halbes Jahrhundert später 13,1 und 1750 16,6 Millionen. Diese Zahlen beruhen allerdings nicht auf genauen statistischen Verzeichnissen, die vor 1700 verhältnismäßig selten und nur für enge Bezirke, besonders einzelne Städte, angelegt wurden, sondern hauptsächlich auf Schätzungen nach Angaben von sehr ungleichem Quellenwert; doch sind auch auf diesem Gebiete die Forschungsmethoden so weit fortgeschritten, daß ihre Ergebnisse der Wirklichkeit einigermaßen nahekommen dürften und das Auf und Ab der Bevölkerungsbewegung deutlich erkennen lassen. Gegenüber der städtischen überwog die ländliche Bevölkerung bei weitem, wenn auch nicht mehr so stark wie im Mittelalter; sie machte gegen Ende der hier behandelten Epoche zum Beispiel in Schlesien und Hessen vier Fünftel, in Württemberg drei Viertel und in Preußen 72,9 vom Hundert der Gesamtbevölkerung aus.

Beim Landvolk setzten sich Entwicklungen fort, die teils im Hoch-, teils im Spätmittelalter begonnen hatten. Im Westen des Reiches wurden weiterhin die persönlichen Dienstleistungen, die Eigentumsbeschränkungen und die Eingriffe in das Privatleben, wie etwa in Ehesachen, in Geld- und Naturalabgaben umgewandelt. In Baden und Württemberg konnten die Bauern durch die Bezahlung einer für ihre Verhältnisse freilich hohen Summe sich die völlige persönliche Unabhängigkeit von den Grundherren erkaufen; in Baden durften bäuerliche Anwesen gegen Bezahlung eines Fünftels bis eines Drittels ihres Wertes an den Grundherrn durch Kauf, Tausch oder Erbfall in andere Hände übergehen. Im größten Teile Nordwestdeutschlands verboten die Landesherren Ende des 16. und Anfang des 17. Jahrhunderts den Grundherren, nach ihrem Belieben Bauern von ihren Stellen abzusetzen, und anerkannten die Erblichkeit der Bauernstellen. „Das Bauernland wurde zum Eigentum des Bauern; es war bloß mit Grundzins und Zehnt, selten mit Frondienst belastet, das Eigentumsrecht nur durch die Verpflichtung eingeschränkt, bei der Veräußerung des Gutes die Genehmigung des Grundherrn einzuholen" (Kulischer). Der fürstliche Absolutismus des 17. und 18. Jahrhunderts hob in Westdeutschland die kommunale Selbstverwaltung nicht auf, sie machte sogar Fortschritte. Manche Landesherren am Rhein gewährten Dorfgemeinden bei guter wirtschaftlicher Entwicklung dieselben Freiheiten wie den Städten mit kommunaler Selbstverwaltung, zu den landesherrlichen Steuern wurden freilich auch hier die Bauern am meisten herangezogen, und auf Landtagen waren sie überhaupt ganz selten vertreten.

In stärkerem Maße als im Westen die dem Landvolk günstige Entwicklung nahm die ihm ungünstige im rechtselbischen kolonialen Osten zu. Hier bildeten sich an Stelle der nun sehr gemilderten westlichen Grundherrschaft die Gutsherrschaften aus. Die Grundherren des Westens waren im wesentlichen zu Empfängern von Renten aus ihren Grundherrschaften geworden, die adligen Gutsbesitzer im Osten hatten im 15. Jahrhundert begonnen, Landwirte großen Stiles zu werden. Sie produzierten auf ihren Gütern für den Markt möglichst viel Getreide und führten es, soweit es nicht vom Inlandsmarkt aufgenommen wurde, auf den norddeutschen Wasserstraßen dem Fernhandel zu. Das lockte zu steter Vergrößerung des Grundbesitzes, in vielen Fällen über die Grenzen dessen hinaus, was ein Gutsherr selbst zu bewirtschaften vermochte. Er vergab dann eines oder mehrere seiner Güter an Pächter, was indes nichts an den für diese Gegenden charakteristischen Zuständen änderte, weil den Pächtern von den Gutsherren dieselben Rechte und Befugnisse übertragen wurden, die sie auf den von ihnen selbst bewirtschafteten Gütern über die Bauern und Landarbeiter ausübten.

In den ostelbischen Gebieten mußten die Landesherren immer darauf bedacht sein, für die Feldbestellung ausreichende Arbeitskräfte zur Verfügung zu haben; denn das Land war hier auch nach Durchführung der Kolonisation im allgemeinen weniger dicht bevölkert als im übrigen Deutschland. Vor allem galt es zu verhüten, daß infolge des Aussterbens oder Abwanderns von Bauernfamilien Äcker unbebaut blieben. Deshalb wurde seit Ausgang des Mittelalters die persönliche Freiheit der Bauern immer mehr eingeengt, die Obrigkeitsgewalt der Großgrundbesitzer über alle in ihrem Gutsbezirke ansässigen Bauern immer weiter ausgedehnt: der Gutsbezirk wurde zur Gutsherrschaft, der Bauer zum Gutsuntertanen. So kam es schließlich dahin, daß die Gutsherren eine vom Landesherrn nicht mehr oder kaum noch eingeschränkte Rechtshoheit über das Landvolk ihres Gebietes gewannen und daß die Gutsuntertanen ihre persönliche Freiheit ganz oder zum Teil einbüßten. Der Bauer war nun „schollenpflichtig", er mußte zeit seines Lebens auf seinem Hofe bleiben und hatte auf dem Gutshofe Frondienste zu leisten. Die Kinder unterstanden dem Gesindezwang, der Bauer mußte sie, soweit er sie auf seinem Hofe einigermaßen entbehren konnte, dem Gutsherrn als Gesinde anbieten, und sie durften nur mit seiner Erlaubnis anderswo Dienst suchen oder ein Handwerk lernen. Keinem Gutsuntertanen war erlaubt, ohne Genehmigung seines Herrn zu heiraten. Die erblichen „Laßbauern" (Laßgut, eigentlich unter Vorbehalt des Widerrufes überlassenes Gut) konnten ihren Hof an die Witwe, ein Kind oder eines der Geschwister vererben, die Erbzinser und Erbpächter auch an entfernte Seitenverwandte, sie hatten an ihren Gebäuden das volle Eigentumsrecht und auf der Dorfflur Ackerland als „Nutzeigentum", doch waren selbst diese am besten gestellten Gruppen gewissermaßen Privatuntertanen des Grundherrn, der auch bestimmte, welches der Kinder eines Erb-Laßbauern den Hof zu übernehmen habe. In Pommern, Ost- und Westpreußen, in der Ucker- und Neumark und in Oberschlesien gehörten seit dem 17. Jahrhundert zahlreiche Familien zum Herrengut, nicht zu einem bestimmten Bauernhof. Über diese Leute verfügte der Gutsherr ganz nach seinem Belieben. In manchen Gegenden steigerte sich die Abhängigkeit bis zu einer der Sklaverei gleichkommenden Leibeigenschaft, so daß alles, was solch ein Untertan erwarb, dem Herrn zufiel und dieser ihn verpfänden, verkaufen, versteigern oder statt Geld beim Kartenspiel einsetzen konnte.

In Norddeutschland bewirtschafteten die Gutsherrschaften außerdem in steigendem Maße Bauernland von ihren Gutshöfen aus unmittelbar durch Fronarbeiter, Knechte, Taglöhner und Leibeigene. Im 16. Jahrhundert erhielten die Gutsherren das Recht, unter bestimmten Bedingungen, zum Beispiel bei grober Widersetzlichkeit eines Bauern oder wenn ein Hof für die Errichtung eines Rittergutes benötigt wurde, Bauerngüter zwangsweise aufzukaufen und zum Herrenlande zu schlagen. Ihre obrigkeitlichen Befugnisse boten den Gutsherrn mancherlei Handhaben, das Eintreten solcher Bedingungen auch künstlich herbeizuführen. Hinterließ ferner ein Laßbauer keinen nahen Verwandten, so konnte der Gutsherr die Felder und Wiesen einziehen, wie es mit den Laßbauernhöfen ohne Erbrecht und den auf Zeit verpachteten Bauernhöfen überhaupt vielfach geschah. Die Aufhebung des kirchlichen Grundeigentums kam in erster Linie dem Großgrundbesitz zugute, zahlreiche Bauernstellen, die während der Fehden des Mittelalters und dann besonders während des Dreißigjährigen Krieges verlassen worden waren, wurden nicht mehr besetzt. In Mecklenburg ging die Bevölkerung infolge des Dreißigjährigen Krieges von dreihunderttausend auf vierzig- bis fünfzigtausend Menschen zurück, so daß hier der Großgrundbesitz außerordentlich anwuchs; von den zwölftausendfünfhundert Bauernhöfen, die es dort beim Ausbruch des Großen Krieges gegeben hatte, waren 1848 nur noch zwölfhundertdreizehn vorhanden. Wurden Bauern auf Höfen, die während des Dreißigjährigen Krieges verödet waren, mit etwas Inventar umsonst angesiedelt, dann hatten sie keinerlei Besitzrechte, sie verfügten nur über ihre Ernte. In der Regel fiel sie recht armselig aus, denn mit der Erweiterung der Gutswirtschaft wurden die Frondienste gesteigert, und sie waren auch da die Grundlage des Betriebes, wo, wie in Ostpreußen, persönlich freie, für eine gewisse Zeit gemietete Landarbeiter verwendet wurden. Waren die Frondienste gemessen, betrugen sie jetzt drei bis vier, öfter aber fünf bis sechs Tage in der Woche, lieber noch waren den Gutsherren die ungemessenen, die als „das schönste Kleinod der Rittergüter" gepriesen wurden, während man von den Landarbeitern sagte: „Die Felder mit gedungenen Leuten bestellen, heißt Wasser mit dem Siebe schöpfen." So brachten zahlreiche Bauern fast ihre ganze Zeit „auf dem gutsherrlichen Acker zu, von den mit der Peitsche versehenen Aufsehern zur Arbeit angetrieben. Für die Bearbeitung des eigenen Ackers blieben zuweilen den Bauern nur die Nächte, die er nun mit erschöpften Tieren bei Mondschein durcharbeitete" (Kulischer). Bei ihrer Ansiedlung in Ostdeutschland während des Hochmittelalters hatten die Kolonisten mehr Freiheiten und mehr Grund und Boden erhalten, als die meisten Bauern in Altdeutschland besaßen. Im Spätmittelalter und in der Reformationszeit standen sich die Nachkommen dieser Kolonisten durchschnittlich immer noch besser als die übrigen Bauern im Reiche. Im 17. Jahrhundert und in der ersten Hälfte des 18. Jahrhunderts sank unter dem deutschen Landvolk das ostelbische wirtschaftlich und sozial auf die tiefste Stufe und zu einem großen Teil in bitteres Elend herab.

Eine Zwischenstellung zwischen dem gutsherrlichen Nordosten und den mehr oder weniger zu bloßen Rentenempfängern gewordenen Grundherrschaften Westdeutschlands nahmen mitteldeutsche Gebiete und namentlich Baiern ein. In Baiern waren von rund dreißigtausend Höfen elfhundertsechzig keiner Grundherrschaft unterworfen, von viertausend Höfen war der Landesherr zugleich der Grundherr, von siebentausendeinhundert Höfen der Adel und von sechzehntausendsechshundert die Kirche: Bischöfe, Domkapitel, Klöster, Pfarreien und dergleichen. Zu einem Hof gehörten durchschnittlich vierundzwanzig Juchert, ungefähr acht Hektar Land. Es gab ganze, halbe, Viertel-, Achtel- und Sechzehntelhöfe, am zahlreichsten waren die halben und die Viertelhöfe. Nach dem alten bairischen Volksrecht hatten Geschwister gleiches Erbrecht, die Grundherren verlangten aber die Übernahme des bäuerlichen Anwesens durch e i n e n Erben, der die Geschwister abzufinden hatte. Vom Mittelalter her bestanden verschiedene Formen von Besitzrecht für grundhörige Bauernhöfe: erbliches und auf Lebenszeit; beim Tode des Grundherrn oder sonstwie kündbares, bei diesem gab es ebenfalls für den Bauern günstigere oder ungünstigere Abstufungen. Ungefähr die Hälfte der Höfe fielen unter die ersten zwei Arten, und nur im ersten Falle vererbte sich der Hof von Rechts wegen innerhalb einer Familie. Wieweit im allgemeinen die Grundherren im zweiten Falle den Hof dem Mitglied einer anderen Familie übergaben und im dritten von ihrem Kündigungsrecht Gebrauch machten, in welchem Umfange also die bäuerliche Bevölkerung Baierns fluktuierte, ist noch nicht festgestellt. Die Leibeigenschaft war nicht mehr an bestimmte Bauerngüter gebunden, sondern ein rein persönliches, den Leibeigenen nicht mehr so wie früher belastendes Rechtsverhältnis; er mußte jährlich einen geringen Leibzins zahlen und durfte nur mit Genehmigung seines Herrn heiraten und wegziehen. Der Gesindezwang wurde durch das bairische Landrecht von 1553 abgeschafft, doch hatten im elterlichen Anwesen nicht benötigte Söhne und Töchter der Grundherrschaft auf Anforderung um den üblichen Lohn zu dienen.

Manche Nachrichten und amtliche Verordnungen erwecken den Anschein, als hätte in Baiern weithin bäuerlicher Wohlstand geherrscht, sogar während des Dreißigjährigen Krieges. Ein landesherrliches Verbot von 1617, zu Hochzeiten außer Spielleuten mehr als fünfzig Personen einzuladen und kostbare Weine aufzutischen, umgingen Bauern nahe der Grenze durch Verlegung der Hochzeiten außer Landes. Den zum Dienst für die Landwehr Ausgemusterten wurde gestattet, zu ihrer Hochzeit mehr Leute einzuladen, im Jahre 1644 wurde für diesen Fall die Zahl der Gäste auf hundert eingeschränkt und erklärt, diese Vergünstigung gelte nur für die Ausgemusterten selbst, nicht für ihre Witwen und Kinder. Um 1700 erregten vermögliche Bauern Anstoß, weil sie durch die Zurückhaltung ihrer reichen Erntevorräte den Getreidepreis in die Höhe zu treiben suchten. Da aber Regierungsbeamte Inhaber von zwei bis dritthalb Höfen als „Bauernkönige" bezeichneten und da das Landvolk auch bei sonst großer Sparsamkeit bei außerordentlichen Anlässen unverhältnismäßige Aufwendungen zu machen pflegt, fallen einzelne Zeugnisse von Wohlstand und Wohlleben der damaligen bäuerlichen Bevölkerung in Baiern wenig ins Gewicht gegenüber allgemeinen Zeugnissen wie dem des Kanzlers Simon Eck von 1571: „Von dem wenigen Getreide, das ein Bauer aus dem Erdboden kratzt, muß er geben seinem Landesfürsten, seinem Grundherrn, dem Pfarrer, dem Zehentherrn, dem Pfleger (entspricht etwa dem Landrat), Schergen (Vorsteher der Dorfgemeinde, später Amtmann genannt), Überreiter (Revierförster), Forstmeister und Förster, Meßner, Müller, Bäcker, Bettlern, Landstreichern und Hausierern."

Mit den Abgaben für den Landesherrn sind hauptsächlich die jährlich ausgeschriebenen direkten Steuern gemeint, von denen die Bauern bis zur Mitte des 19. Jahrhunderts acht Neuntel aufzubringen hatten, die Prälaten, Ritterschaft und Städte zusammen nur ein Neuntel. Von den verschiedenen Abgaben an den Grundherrn fielen den Bauern am schwersten die beim Tode des jeweiligen Hofinhabers zu entrichtenden Gebühren; sie betrugen siebeneinhalb vom Hundert des Gutswertes und stiegen bei den auf Lebenszeit verliehenen Höfen, die häufig ebenfalls den Erben des bisherigen Inhabers überlassen wurden, bis zum Kaufpreis des Gutes; bei der Berechnung des Gutswertes wurden die auf dem Hof lastenden Schulden nicht berücksichtigt. Zu den Abgaben kamen noch die Hand- und Spanndienste für die Gutsherrschaft: Bestellung des Herrenlandes, Einernten und Dreschen des Getreides, Fällen und Aufarbeiten des Brennholzes, Fahren des Getreides und Holzes zu den Gutshöfen, zu den Stadthäusern der Gutsherrschaft, namentlich der Klöster, und zur Schranne. Für das Ausmaß des Spanndienstes ist bezeichnend, daß auf den Bauernhöfen damals fast gar keine Ochsen, sondern nur die für den Transport auf weitere Entfernungen geeigneteren Pferde gehalten wurden und zwar von den meisten Bauern, auch von den mit Halb- und Viertelhöfen, so wurden zum Beispiel bei einer Viehzählung in dem oberbairischen Dorfe Deining siebzig Pferde, keine Ochsen und Ziegen, hundertvierzig Kühe, zweihundertelf Schafe und einundneunzig Schweine festgestellt. Lediglich für die landesfürstlichen Bauern wurden die Hand- und Spanndienste im Jahre 1666 in jährliche Abgaben von sechs und mehr Gulden umgewandelt. Steuern und sonstige Abgaben, Kriege, Mißernten, Unglück im Stall, Brandschaden und besonders die Erbabfindung der den Hof verlassenden Geschwister zwangen oft einen Bauern, Geld aufzunehmen. Schwoll die Schuldenlast zu sehr an, dann wurde das Anwesen dem Meistbietenden übergeben; die Grundherren konnten dies nach dem geltenden Recht nicht verhindern. Viele Bauern verloren auf diese Weise Haus und Hof und mußten sich mit den Ihren als Taglöhner und Dienstboten kümmerlich fortbringen. So war in Baiern, freilich nicht in dem Maße wie im ostelbischen Kolonialgebiet, die Lage des Landvolkes im allgemeinen gedrückt. Daher wurde auch hier der Bauernstand noch immer so mißachtet wie in früheren Zeiten. Ehedem hatte es beim Adel und bei den Bürgern geheißen: „Der Bauer ist an Ochsen Statt, nur daß er keine Hörner hat", nun faßte um 1700 ein bairischer Jurist die Überheblichkeit der gebildeten Stände über die großenteils ohne jeden Schulunterricht aufwachsenden Bauern in die Worte: „Das rauhe Bauernvolk pflegt nicht auf die Landtage zitiert zu werden, und zwar mit Recht, denn die Bauern stehen zwischen dem unvernünftigen Vieh und dem Menschen."

Wesentlicher war jedoch, daß von den bairischen Grundherrschaften verhältnismäßig wenig Bauernstellen eingezogen wurden und die Regierung wiederholt Verbote gegen eine die bäuerliche Existenz gefährdende Güterzertrümmerung erließ. Infolgedessen konnten die in Baiern die Mehrzahl des Landvolkes bildenden kleinen und mittleren Bauern trotz der auf ihnen lastenden Verpflichtungen eine gewisse persönliche und wirtschaftliche Selbständigkeit behaupten und gewannen nach der Aufhebung des grundherrschaftlichen Systems und der Einführung eines wenn auch zunächst noch beschränkten Parlamentarismus im 19. Jahrhundert neben ihrer großen wirtschaftlichen Bedeutung als die nun freien Inhaber des meisten Acker- und Wiesenlandes unter der Führung des größtenteils aus ihren Reihen hervorgegangenen Klerus als die zahlreichste Wählerschicht einen ausschlaggebenden Einfluß auf die Gestaltung der bairischen Innenpolitik. Der noch im Zeitalter des Industrialismus nicht völlig verwischte Unterschied in der Bevölkerungsstruktur des nordöstlichen und des übrigen Deutschlands beruht unter anderem auf der Entwicklung der Agrarverhältnisse im Zeitalter des Barocks, die in Baiern und im linkselbischen Deutschland zu einem stark überwiegenden bäuerlichen Mittel- und Kleinbesitz und im rechtselbischen zu dem weitaus vorherrschenden, hauptsächlich adligen Großgrundbesitz führte, woraus sich schließlich in den beiden Gebieten andersartige Voraussetzungen für die Bodenreform nach dem zweiten Weltkrieg ergaben.

In Holland, England und Frankreich wurden während des 16. und 17. Jahrhunderts große Fortschritte im landwirtschaftlichen Betrieb erzielt, das meiste davon fand in Deutschland erst nach 1750 Eingang. Interesse an landwirtschaftlichen Fragen bestand allerdings auch hier schon seit längerem, wie verschiedene im 17. Jahrhundert erschienene landwirtschaftliche Kalender und Almanache, die „Hausväterliteratur" mit Ratschlägen für den Landbau, agronomische Fachschriften und die Errichtung von Lehrstühlen an deutschen Universitäten für Kameralien zeigen, zu denen auch die Landwirtschaft zählte, doch wurde im allgemeinen neben der Wiederholung von Altüberliefertem nur gelegentlich auf die Notwendigkeit von Änderungen in Einzelheiten hingewiesen. Immerhin wurden wenigstens in verschiedenen Gegenden von Brandenburg, hauptsächlich in dem als „Neuholland" bezeichneten Gebiet an der Havel, durch die vom Kurfürsten Friedrich Wilhelm herbeigerufenen Kolonisten aus Holland und Friesland in der Entwässerung und Meliorisierung von sumpfigem Flußgelände, in der Viehzucht und in der Milchwirtschaft größere Neuerungen eingeführt. König Friedrich Wilhelm I. nahm sodann auf den staatlichen Domänen Verbesserungen in einem Umfange vor, daß die jährlichen Einkünfte aus ihnen während seiner Regierung von einer Million achthunderttausend auf drei Millionen dreihunderttausend Taler stiegen, womit er seiner Aufrüstung einen festen Rückhalt gab. Mit großem Eifer bemühte er sich besonders um das „Retablissement von Ostpreußen".

Die Pest hatte hier in den Jahren 1709 und 1710 an zweihunderttausend Menschen, ungefähr ein Drittel der Bevölkerung, weggerafft, weite Landstriche waren verödet und die Bestände an Vieh durch Seuchen stark zurückgegangen. Allmählich erholte sich Ostpreußen dank der Fürsorge des Königs wieder. Einen wesentlichen Anteil daran hatten die von ihm neben anderen unter günstigen Bedingungen für sie angesiedelten zwanzigtausend Protestanten, die der Erzbischof von Salzburg ihres Glaubens wegen 1731 aus seinem Lande auswies.

Mit seinen Verordnungen gegen das Bauernlegen hatte König Friedrich Wilhelm jedoch wenig Erfolg. Die adligen Gutsbesitzer machten geltend, von den Staatsdomänen würde nicht weniger Bauernland eingezogen als von den Rittergütern, und setzten durch, daß sie eine erledigte Bauernstelle nicht neu zu besetzen brauchten, wenn sie keinen geeigneten Bauern dafür finden konnten, und so fanden die Gutsherren eben keinen Bauern, wenn sie frei gewordenes Bauernland zum Herrschaftsgut schlagen wollten. Auch anderwärts stand einer wirksamen Durchführung von Gesetzen und Regierungserlassen zugunsten des gemeinen Mannes, namentlich des Landvolkes, der in den oberen Klassen herrschende Zeitgeist gegenüber, wie er sich zum Beispiel in dem Kommentar des Kanzlers Schmid zum bairischen Landrecht ausspricht: das Anliegen der Grundherren ist allezeit mehr zu berücksichtigen als das ihrer Bauern. Die Politik der bairischen Regierung, die Getreidepreise niedrig zu halten, traf dagegen die adligen Gutsbesitzer ebenso wie die Bauern. Dadurch und durch Lohnvorschriften wie die vom 6. Mai 1707, wonach der vom Bauern oder Gutsbesitzer verköstigte Taglöhner nur sechs Kreuzer täglich zu erhalten hatte, sollten die Produktionskosten der einheimischen Gewerbetreibenden so verbilligt werden, daß möglichst wenig Geld für Luxuswaren außer Landes ginge. Mit einer derartigen Preis- und Lohnpolitik suchten schon damals die Regierungen die Landwirtschaft in den Dienst des Merkantilismus zu stellen, auf breiterer Grundlage und in größerem Umfange geschah dies dann seit König Friedrich II. von Preußen und der Kaiserin Maria Theresia.

DER MERKANTILISMUS

Das im Zeitalter des Absolutismus herrschende Wirtschaftssystem des Merkantilismus dehnte die Gewerbe- und Handelspolitik der mittelalterlichen Städte auf den Staat aus, erstreckte sich also nicht nur, wie man nach der vom französischen mercantile abgeleiteten Bezeichnung vermuten könnte, auf Kaufmännisches. Wie einst die mittelalterlichen Städte schützten nun die Staaten ihre Gewerbe durch Beschränkung oder Verbot der Einfuhr und hohe Zölle und trachteten, die Bedürfnisse der Einwohner durch Eigenproduktion zu befriedigen. Für Gewerbezweige, die im eigenen Lande noch nicht vorhanden waren, suchte man Meister von auswärts zur Niederlassung durch Vergünstigungen wie Steuerfreiheit, Geldvorschüsse und Überlassung von Gebäuden zu gewinnen. Trotz dieser und anderer gleichartiger Erscheinungen unterscheiden sich die Stadtwirtschaft des Mittelalters und die Staatswirtschaft des Absolutismus nicht bloß darin, daß diese weit größere Gebilde, Reiche wie Frankreich und England, umfaßte, auch in Deutschland gab es keine Stadt mehr, deren Wirtschaftsraum sich mit dem von Ländern wie Österreich, Preußen, Baiern oder Sachsen messen konnte. Die städtische Wirtschaftspolitik bestand hauptsächlich in der Wahrung des Vorteils der eigenen Bürgerschaft gegenüber allen Fremden und den Bauern der Umgebung, die den städtischen Markt belieferten, und in der Abgrenzung der Gerechtsame der einzelnen Produzenten-, Verkäufer- und Konsumentengruppen innerhalb der Stadtgemeinde. Dem Merkantilismus dagegen war die Schutzpolitik nicht Selbstzweck, sondern nur eines der Mittel zur Beschaffung von möglichst viel Geld für den Landesfürsten. Ob er sich als den Herrn oder als den ersten Diener seines Staates betrachtete, in jedem Fall beanspruchten der Unterhalt der neu aufkommenden Berufsbeamten und der stehenden Heere, bei den kleineren Fürsten allein schon der Aufwand für die jetzt üblichen Schloßbauten, für prunkvolle Hofhaltung, kostspielige Opern und dergleichen so große Summen, daß sich die deutschen Landesfürsten um die planmäßige Zusammenfassung und Hebung der wirtschaftlichen Kräfte ihres ganzen Staates und um die Erschließung neuer Finanzquellen bemühten. Zunächst standen Schutzmaßnahmen, neben Einfuhr- auch Ausfuhrverbote wie die für Holz, Kupfer, Rohhäute, Wolle, und die Förderung der Produktion, des Binnenverkehrs und Binnenhandels im Vordergrunde, später der Außenhandel mit dem Ziele einer aktiven Handelspolitik.

Das System des Merkantilismus wurde während des hier behandelten Zeitraumes am straffsten von König Friedrich Wilhelm I. durchgeführt. Er faßte das Generalfinanzdirektorium und das Generalkriegskommissariat, bis dahin die zwei obersten Finanzbehörden des preußischen Staates, in dem „Generaldirektorium" zusammen (S. 282) und übertrug ihm die Aufgaben, die nach heutigen Begriffen der Heeresverwaltung und den Ministerien des Innern, der Finanzen und der Wirtschaft obliegen. Durch diese verwaltungsorganisatorische Vereinheitlichung sollte die gesamte Wirtschaft des Landes dem Aufbau und Unterhalt des stehenden Heeres dienstbar gemacht werden. Der König entwarf für das Generaldirektorium im Dezember 1722 selbst eine Instruktion. Sie läßt noch in der von seinem Sekretär „in die Kanzleisprache umgesetzten endgültigen Fassung das Ursprüngliche und Unkonventionelle der Sprech- und Schreibweise des Monarchen klar erkennen und zeigt die Persönlichkeit Friedrich Wilhelms in aller Lebendigkeit mit ihrem gewaltigen Schaffensdrang, der alle Zweige der Verwaltung umfaßt, mit der Unerbittlichkeit, die jede Nachlässigkeit im Dienst ‚exemplarisch und auf gut russisch' zu bestrafen droht, endlich in der nüchternen Klarheit, die sich keinen ‚Wind' vormachen läßt". Der König hat den Inhalt seiner Instruktion, wie er hervorhob, nicht aus Büchern geschöpft, sondern „aus seiner Experience". Wichtiger als ins allgemeine gehende grundsätzliche Erörterungen sind ihm „bis ins einzelne gehende Anweisungen, wie das Wirtschaftsleben zu befördern sei; bis in den privaten Haushalt des Bürgers erstreckt sich die Aufsicht der königlichen Beamten, und wer kein guter Wirt ist und sich auf Ermahnung nicht bessert, hat damit zu rechnen, daß er am Leibe gestraft wird" (Hartung). Übrigens verschmähte Friedrich Wilhelm, obwohl er im allgemeinen von wissenschaftlichen Studien wenig hielt, in wirtschaftlichen Dingen Gelehrsamkeit keineswegs, sonst hätte er nicht als erster Fürst in Europa an seinen Universitäten Halle und Frankfurt a. O. staatswissenschaftlich-kameralistische Lehrstühle errichtet. Wirtschaftstheorie und -praxis wurden nach der

„camera“, der fürstlichen Schatzkammer, Kameralismus genannt, in Deutschland damals auch, kennzeichnend für den in diesen Dingen herrschenden Geist, Polizeiwissenschaft. Der erste bedeutende deutsche Kameralist war der auch als Naturwissenschaftler hervorragende, 1635 in Speier geborene Johann Joachim Becher (S. 258); von seinen volkwirtschaftlichen Schriften stand das Werk „Politischer Diskurs von den Ursachen des Auf- und Abnehmens der Städte und Länder“ noch gegen Ende des 19. Jahrhunderts in Ansehen. Trotz alledem und trotz des Hochkommens der Hausindustrie und der Manufaktur wurden Handwerk, Gewerbe und Handel in Deutschland bis gegen Ende des 18. Jahrhunderts großenteils vom Geiste des mittelalterlichen Konservativismus beherrscht.

DAS GEWERBE

Das Handwerk

Die Hauptänderungen, die sich beim Handwerk ergaben, betrafen den Warenabsatz und die Beschränkung der Warenerzeugung im wesentlichen auf die zum unmittelbaren Gebrauch bestimmten Gegenstände wie Kleider, Schuhe, Möbel, Werkzeuge, Holz- und Metallgeschirr. Oft stellten jetzt Meister mehr Gesellen ein, ließen auch arme Zunftgenossen für sich arbeiten und verkauften die auf Vorrat hergestellten Waren in einem Laden. Darunter litt freilich nicht selten der Betrieb in der Werkstatt, wo sich nun die ungenügend beaufsichtigten Gesellen und Lehrlinge gehen ließen. Außerdem lag der Kleinhandel für zahlreiche von auswärts eingeführte Erzeugnisse ursprünglich in der Hand von Zunftmeistern, so durften Radnägel, Schiffsketten, Fensterbeschläge nur von Schlossern, Säbel, Degen und Klingen nur von Schwertfegern und Messerschmieden, Steigbügel, Striegel und Sporen nur von Sporern (Spornmachern) verkauft werden. Freimeister, denen gegen Zahlung von Gebühren an die Stadt- oder landesherrliche Kasse — daher auch Hofhandwerker genannt — die Ausübung ihres Berufes gestattet wurde, ohne daß sie einer Zunft angehörten, Pfuscher, die widerrechtlich und heimlich arbeiteten, Handwerker auf dem platten Lande, wo es teils keine Zünfte gab, teils ihre Vorschriften sehr locker gehandhabt wurden, schädigten das zunftgemäße Handwerk empfindlich; außerdem durften die Kleinhändler immer mehr Waren führen, deren Vertrieb früher Zunftmeistern vorbehalten war, und von Zeit zu Zeit nahm das Hausierwesen trotz des Einschreitens der Behörden überhand.

Die Zünfte waren um so eifriger auf die Erhaltung ihrer alten Einrichtungen und Privilegien und auf die Abschließung nach außen bedacht, je mehr sie sich in ihren alten Gerechtsamen bedroht sahen. Schließlich setzte man für jede Zunft eine Höchstzahl von Mitgliedern fest, ein neuer Meister wurde nur zugelassen, wenn durch Todesfall eine Stelle frei geworden war. In der Regel wurden bloß noch Söhne oder Schwiegersöhne von Meistern oder wer eine Meisterswitwe heiratete in eine

Zunft aufgenommen. Und auch da wurde der denkbar strengste Maßstab angelegt. So stieß man zum Beispiel einen Meister aus der Zunft aus, weil seine Frau angeblich eine Schäferstochter war, einen anderen, weil er ein Pferd geritten hatte, das, ohne daß er es wußte, einem Scharfrichter gehörte, einen dritten, weil er mit einem Henker, dessen Beruf er nicht gekannt hatte, zechte. Es kam dahin, daß Männern, die in der Heeres- oder Zivilverwaltung die höchsten Posten hätten bekleiden können, die Aufnahme in eine Schuhmacher- oder Schneiderzunft verweigert worden wäre.

An diesen Zuständen änderte es auch nichts, daß jetzt der Staat an Stelle der Städte die Oberaufsicht über die Zünfte führte und sich auch das Reich der Regelung des Zunftwesens annahm, und daß sich Meister desselben Handwerks wie Schlosser, Töpfer, Papiermacher eines Landes oder mehrerer Länder zur Wahrung ihrer Zunftinteressen zusammenschlossen; auf ihren Tagungen wurde über Angelegenheiten wie das Verhältnis zwischen Meistern und Gesellen, Preisfestsetzungen, das Vorgehen gegen die Zunftverfassungen verletzende Mitglieder verhandelt und über die schlechten Zeiten geklagt. Tatsächlich gestaltete sich die Lage des nach den Bauern zahlreichsten Standes, der Handwerker, besonders der in Zünften zusammengefaßten, großenteils immer schwieriger durch Überfüllung, durch Hausindustrie und Manufaktur und durch die nie völlig unterbundene Einfuhr von außen. Aber nicht jeder Handwerker verknöcherte im Zunftwesen und verdiente mühsam nur das für den Lebensunterhalt unbedingt Notwendige. Neben Kunsthandwerkern, die noch ganz dem zünftigen Handwerk angehörten, und aus ihm hervorgegangenen Künstlern brachten es, wenn auch seltener, Meister der verschiedensten Gewerbe zu Ansehen und Wohlstand.

Das Verlagssystem

Die beste Aussicht vermögend zu werden bot dem Handwerker das Verlagssystem. Es hatte sich schon im Mittelalter daraus zu entwickeln begonnen, daß einzelne Meister beim Besuch fremder Märkte auch Waren von Zunftgenossen zum Verkauf mitnahmen. Manche, die auf diese Weise gut vorwärts kamen, gaben die Eigenproduktion auf, ließen mehrere Kleinmeister für sich arbeiten und wurden kaufmännische Unternehmer und hausindustrielle Verleger. An Orten, die für gewisse Gewerbe eine Art Monopol hatten, wie einige italienische Städte für die Herstellung von Seidenstoffen, flandrische Städte für das Weben besonders feiner und farbenprächtiger Tuchsorten, Ulm und Regensburg für die Fabrikation von Barchent, Nürnberg für die von Metallwaren, war das Verlagssystem für diese Zweige, ebenfalls schon im Mittelalter, die vorherrschende Wirtschaftsform geworden. Eine allgemeinere Bedeutung erlangte das Verlagssystem indes erst im 17. Jahrhundert, weil nun der trotz des auf manchen Gebieten regen Fernhandels im ganzen enge Rahmen der mittelalterlichen Stadtwirtschaft grundsätzlich durchbrochen wurde, die eine möglichst weitgehende Autarkie der einzelnen Stadt und ihres unmittelbaren Umlandes erstrebt hatte. Die Landesfürsten hatten dagegen bei ihrer merkantilistischen Wirtschaftspolitik nicht eine einzelne Stadt, sondern ihren ganzen Herrschaftsbereich im Auge und waren bei autarkischen Maßnahmen nicht so sehr auf den Vorteil der Gewerbetreibenden als darauf bedacht, daß im eigenen Lande viel und billig produziert wurde, um möglichst wenig einführen zu müssen und möglichst viel ausführen zu können. Die Landesfürsten förderten deshalb die wirtschaftliche Konkurrenz und den Warenaustausch der Städte innerhalb ihres Gebietes und die Erweiterung der Produktion besonders durch die Hausindustrie in Gegenden mit geringem landwirtschaftlichem Ertrag wie im Schwarzwald, Fränkischen und Schwäbischen Jura, Frankenwald, Thüringer Wald, Erzgebirge.

Die Hausindustrie stellte hauptsächlich Gegenstände her, die Luxusartikel waren oder zu jener Zeit dafür galten, unter anderem Spitzen, Seiden- und Samtstoffe, Teppiche und Tapeten, Porzellan, Spiegel, Kunstmöbel mit Intarsien, Uhren, Spielsachen, Seife, Tabakwaren, trat aber auch mit dem Handwerk bei einigen diesem einst allein vorbehaltenen Gewerbezweigen wie etwa der Anfertigung gewisser Tucharten und Lederwaren in Wettbewerb. Den Massenbedarf der Armeen an Ausrüstungsgegenständen, wie er sich seit dem 17. Jahrhundert infolge des Dreißigjährigen und der ihm folgenden Kriege und der Einrichtung von stehenden Heeren einstellte, vermochte das zünftige Handwerk von vorneherein nicht zu befriedigen.

Den Bergbau und die Eisenerzeugung beherrschte das Verlagssystem fast ganz, das Metallgewerbe großenteils. Im Mittelalter und mancherorts noch im Reformationszeitalter war der Bergbau in der Art des zunftmäßigen Handwerks betrieben worden; aber die größere Geldmittel erfordernde fortschreitende Technik des Bergbaus in der Wasserabfuhr an den Stollen und in der Ventilation der Bergwerke hatte dazu geführt, daß die bis dahin in ihrem Absatz selbständigen Meister von den Erzhändlern Kapital aufnahmen und ihnen dafür zu einem vertraglich festgesetzten Preis auf mehrere Jahre die ganze Produktion überließen. Ähnlich verhielt es sich, besonders seit dem Aufkommen der Hochöfen (S. 389), mit der Eisenerzeugung. In verschiedenen Zweigen des Metallgewerbes, dessen Mittelpunkt in Deutschland für die Herstellung von Messerwaren, Sensen und dergleichen Solingen und Ruhla wurden, verdrängte die für Verleger arbeitende Hausindustrie die alte Form der handwerklichen Organisation nahezu völlig.

Mit der Zunahme der Hausindustrie vollzog sich sowohl bei den Verlegern als auch bei den Produzenten eine Auflockerung. Ursprünglich hatten die einen wie die anderen Mitglieder einer der dem herzustellenden Gegenstand entsprechenden Zunft, zum Beispiel der Tuchmacherzunft, zu sein. In der Regel arbeiteten in irgendeine Notlage geratene Meister für einen Verleger, der ihnen Geld oder Rohstoffe gab. Bei der Kapitalarmut eines großen Teiles der Handwerker und dem Interesse der Landesobrigkeiten an dem Gedeihen der Hausindustrie erhielten immer mehr Kaufleute die Erlaubnis zur Gründung eines Verlagsgeschäftes, mitunter auf dem Umwege, daß sie in die für die Hersteller der von ihnen vertriebenen Waren zuständige Zunft eintraten; übrigens brauchten die Verleger schon deshalb immer weniger Rücksicht auf den Zunftzwang zu nehmen, weil auch die Zahl der keiner Zunft angehörenden Heimarbeiter und der in der Hausindustrie beschäftigten Frauen ständig stieg und immer mehr zuerst den zünftigen Meistern in den Städten vorbehaltene Handwerke in Dörfern ausgeübt wurden. Den Dorfbewohnern des sächsischen Vogtlandes zum Beispiel gestattete ein amtlicher Erlaß von 1715 als Heimarbeit die Spinnerei und untersagte die Weberei; sie kümmerten sich aber nicht um das Verbot, und ein halbes

Jahrhundert später gaben die Behörden die Weberei den Stadt- und Landbewohnern, Männern und Frauen, Zünftigen und Unzünftigen in aller Form frei.

Die Betriebsform des Verlagssystems blieb im wesentlichen die des Handwerks, alle arbeiteten in der bei diesem üblichen Weise für den Verleger. Aber das früher weitaus vorherrschende Prinzip, daß der Handwerksmeister seine Ware unmittelbar an den Kunden absetzte, war nun in großem Umfange durchbrochen. Das hatte tiefgreifende wirtschaftliche und soziale Folgen. Nur der Meister, der in der alten Weise den Kunden direkt belieferte, war selbständig und erhielt den vollen, in der Regel von der Zunft oder einer Behörde vorgeschriebenen Preis, den der Käufer zu bezahlen hatte, die übrigen sanken größtenteils zu Arbeitern der Verleger herab, die ihre wirtschaftliche Überlegenheit ähnlich ausnützten wie später die Fabrikherren beim Aufkommen des modernen Industrialismus.

Die Manufakturen

Die Heimarbeiter waren meist nicht imstande, die Rohstoffe selbst zu kaufen oder in der von ihren Auftraggebern gewünschten Art zu beschaffen. Deshalb wurden die Heimarbeiter mit den notwendigen Rohstoffen in vielen Fällen von den Verlegern beliefert. Das hatte jedoch für diese den Nachteil, daß sie oft eigene Leute, Faktoren, mit der Verteilung des Materials betrauen mußten, und daß häufig in großem Umfange Rohstoffe von den Heimarbeitern unterschlagen wurden. Aus diesen und anderen Gründen, wie etwa um die Herstellung genau überwachen oder den Arbeitsprozeß in Teilverrichtungen zerlegen zu können, die die Schnelligkeit und Exaktheit der Produktion förderten, errichteten die Verleger Manufakturen, Werkstätten für eine größere Anzahl von Arbeitern. Von der modernen Fabrik unterscheidet sich die Manufaktur jener Zeit dadurch, daß in ihr immer noch, wie schon der Name sagt, die Handarbeit vorherrschte. Auch die Ende des 16. Jahrhunderts erfundenen Bandstühle für die Anfertigung von Bändern, Schnüren, Spitzen und die Strumpfwirkerstühle, auf denen man wollene Strümpfe, Hosen, Röcke, Hausschuhe, Mützen und dergleichen herstellte, wurden mit der Hand bewegt. Immerhin brachten diese Neuerungen eine zahlreiche Arbeitskräfte sparende Umwälzung des bisherigen Produktionsverfahrens mit sich, weshalb sich der Einführung von Bandstühlen und dergleichen die Zünfte und Arbeiter widersetzten; der Erfinder einer Bandmühle wurde zu Danzig in die Weichsel geworfen, William Lee, der Erfinder des Strumpfwirkerstuhles aus England vertrieben.

Erst um die Mitte des 17. Jahrhunderts begannen der Band- und der Wirkerstuhl größere Verbreitung zu finden, in Deutschland besonders durch landesherrliche Begünstigung; überhaupt hätte das gesamte Manufakturwesen, wie auch bis zu einem gewissen Grade das Verlagssystem, ohne staatliches Eingreifen kaum eine nennenswerte Bedeutung erlangt. Wer irgendwie dazu in der Lage war, arbeitete lieber zu Hause in der alten Weise als in den großen Werkstätten des Unternehmers; der Handwerker, seine Frau und seine Kinder betrachteten es geradezu als sozialen Abstieg, in die obendrein als Grab der Moral verrufene Manufaktur überzugehen. Für den Unternehmer war es deshalb schwer, geeignete Facharbeiter und vor allem

Werkmeister zu gewinnen. Außerdem war die Gründung von Manufakturen mit erheblichen Kosten verbunden. Die Beschaffung einer Großwerkstätte, der Werkzeuge, der Wohnungen für die Arbeiter und ihre Familien, der Rohstoffe, die Löhne und der Warenvertrieb erforderten ein beträchtliches Kapital, und nach dem Dreißigjährigen Kriege waren die zunächst für die Errichtung von Manufakturen in Betracht kommenden Kreise großenteils nicht mehr kapitalkräftig. In Augsburg zum Beispiel „gab es 1617 noch hundertdreiundvierzig Vermögen, die zwischen fünfzig und hundert Gulden steuerten, sowie hundert Vermögen, die über hundert Gulden steuerten, und die Steuer des höchsten Vermögens betrug zweitausendsechshundertsechsundsechzig Gulden. Im Jahre 1661 dagegen gab es nur noch sechsunddreißig Vermögen, die zwischen fünfzig und hundert Gulden steuerten, und nur zwanzig, die über hundert Gulden steuerten; die höchste Steuer aber betrug vierhundertachtundzwanzig Gulden, obgleich die Besteuerung strenger gehandhabt wurde als vor dem Kriege und der Gulden etwas weniger galt" (Lamprecht).

Das Verlagssystem behielt deshalb im großen und ganzen das Übergewicht, immerhin wurde auch die Manufaktur in die gewerbepolitischen Maßnahmen des landesherrlichen Merkantilismus einbezogen und unter anderem dadurch gefördert, daß Unternehmer staatlichen Kapitalzuschuß und Kredit, Steuererleichterungen, das ausschließliche Recht, bestimmte Manufakturen zu betreiben, und Belohnungen erhielten, oft in der Form der Verleihung eines Adelsbriefes. Dafür beanspruchte der absolutistische Staat ein weitgehendes Aufsichtsrecht über solche Manufakturen. Wie dem übrigen Gewerbewesen kam der Manufaktur die Aufnahme aus Frankreich vertriebener Hugenotten, der Refugiés, in Gebiete evangelischer deutscher Landesfürsten zugute: in Hessen-Kassel, in der Rheinpfalz, in Baden-Durlach, in Württemberg, in Braunschweig, in den Reichsstädten Hamburg und Frankfurt und namentlich in die Gebiete des brandenburgischen Kurfürsten Friedrich Wilhelm. Auch noch nach seinem Tode wanderten in sie Hugenotten ein, um das Jahr 1700 zählte man ihrer insgesamt ungefähr zwanzigtausend, für das Wirtschaftsleben einer Bevölkerung von ungefähr eineinhalb Millionen ein wichtiger Faktor, zumal die meisten Kapital mitbrachten und Gewerbetreibende waren, die bis dahin in Deutschland nicht oder in einem weniger fortschrittlichen Verfahren hergestellte Waren anfertigten wie Samt, Seide, Brokat, Spitzen, feine Hüte, Tapeten, Uhren.

In Deutschland wurden die größten Manufakturen von den Landesherren und Stadtgemeinden selbst ins Leben gerufen, wobei sie neben den merkantilistischen oft sozialpolitische Zwecke verfolgten, allerdings vielfach in einer Weise, die nach heutigen Begriffen nichts weniger als human war. Die nebeneinander gebrauchten Bezeichnungen Werkhaus, Arbeitshaus und Zuchthaus, ebenso die Bezeichnung von Zuchthäusern als Spinnhäuser weisen auf den Charakter so mancher der staatlichen Manufakturen hin. Überdies wurden mit ihnen oft Waisen- und Irrenhäuser vereinigt, mit dem Pforzheimer Waisenhaus zum Beispiel waren ein Zuchthaus, eine Taubstummen-, Blinden-, Idioten- und Irrenanstalt und eine Säuglingsstation verbunden; über dem Portal des Leipziger Arbeitshauses stand die Inschrift: „Et improbis coercendis et quos deseruit sanae mentis usura custodiendis" (Zur Bestrafung der Verbrecher und zur Verwahrung derer, die den Gebrauch der Vernunft verloren haben). Wolle-,

Hanf- und Flachsspinnerei, Strumpfwirkerei und Tuchfabrikation waren die in solchen Zucht- und Erziehungshäusern hauptsächlich betriebenen Gewerbe. Die Insassen, die irgendwie dazu imstande waren, auch die Kinder, mußten arbeiten, viel arbeiten, denn diese Anstalten sollten sich selbst erhalten, dem Staat und der Stadt womöglich noch etwas einbringen und das Gewerbewesen des ganzen Landes beleben. Zum Anlernen der Sträflinge und Kinder wurden Meister sogar vom Auslande herangezogen. Manchmal wurden Zuchthäuser an Unternehmer verpachtet, die dann deren Insassen in erster Linie als Arbeiter betrachteten und ihnen, ihren Eifer anzuspornen, Löhne bezahlten.

Übrigens waren nicht alle staatlichen Manufakturen mit anderen öffentlichen Anstalten verbunden. Die bairische Hofkammer gab 1682 für die kurz zuvor in der Au bei München gegründete kurfürstliche Tuchmanufaktur bekannt, in ihr fänden wohl Arme Arbeit, Faulenzer aber seien ins Zuchthaus einzuführen; im Jahre 1690 waren hier ungefähr zweitausend Personen beschäftigt, für das Garnspinnen Frauen, Kinder und Invalide. Die Manufaktur war zugleich Verlag, der zünftigen Handwerksmeistern, Heimarbeitern und Gefängnisinsassen Aufträge erteilte, und Bekleidungsamt für die bairische Armee, der es Tuch, Uniformen (von 1682 bis 1704 um drei Millionen siebenhundertsechzigtausend Gulden), Hüte, Lederzeug und Schuhe lieferte. Auch die sogenannte „große Fabrik" von Luckenwalde verband Manufaktur und Verlag für die Anfertigung von Garn und Tuch, das von König Friedrich Wilhelm 1714 errichtete königliche Berliner Lagerhaus, das die preußische Armee mit Tuch versorgte, war nur Verlag. Großen Gewinn erwarteten sich die Landesfürsten von Porzellanmanufakturen, doch rentierten sich keineswegs alle in dem Maße wie die Meißner, und so gaben verschiedene Fürsten ihre Porzellanmanufaktur bald wieder auf oder verkauften sie an Privatunternehmer. Infolge der Vorliebe des Rokokozeitalters für Porzellan kam es nach der Mitte des 18. Jahrhunderts trotzdem weiterhin zur Errichtung von landesherrlichen Manufakturen, wie 1754 zu der von Nymphenburg bei München, und die private Berliner Porzellanmanufaktur ging in staatlichen Besitz über (S. 333).

In den Manufakturen wurden im wesentlichen dieselben Waren erzeugt wie in der Hausindustrie, aber dieser und dem Handwerk gegenüber alles in allem in so viel geringerem Umfange, daß die Zeit von der Mitte des 16. bis zur Mitte des 18. Jahrhunderts nicht als die Wirtschaftsperiode der Manufaktur gelten kann. Und die Annahme, die Manufaktur habe den Übergang vom mittelalterlichen Handwerk zu der gegen Ende des 18. Jahrhunderts einsetzenden modernen Großindustrie gebildet, ist nur insofern berechtigt, als in manchen Manufakturen zahlreiche Personen gemeinsam an einer Arbeitsstätte beschäftigt wurden. Nur hierin war die Manufaktur die Vorläuferin der Fabrik, in den meisten Fällen aber hat praktisch der Übergang zu ihr unmittelbar vom Verlagssystem und dem Handwerk aus stattgefunden. Von den vier Hauptwirtschaftsformen des Barockzeitalters stand der Masse der Gütererzeugung nach die Manufaktur an letzter Stelle, an erster immer noch die Landwirtschaft, die weitaus die meisten Nahrungsmittel und Rohstoffe für das Bekleidungsgewerbe lieferte, an zweiter Stelle im allgemeinen das Handwerk, in manchen Gegenden das Verlagssystem mit der Hausindustrie.

DER HANDEL

Seehandel und Kolonien

Von den Erzeugnissen der Landwirtschaft und des zunftgebundenen Handwerks kam von vorneherein ein großer Teil für den Handel nicht in Betracht. Das zünftige Handwerk arbeitete überwiegend unmittelbar für den Verbraucher; die Bauern und die städtischen Ackerbürger waren mehr oder weniger Konsumenten ihrer Produktion, auch bei Rohstoffen wie Wolle und Flachs. Ostdeutschland war wie auch Polen infolge seiner Boden- und Besitzverhältnisse allerdings ein landwirtschaftliches Überschußgebiet und konnte neben einigem anderem Bauholz und besonders Getreide in beträchtlichen Mengen ausführen; aber der Ostseehandel geriet immer mehr in außerdeutsche Hände. Ende des 16. Jahrhunderts brach die handelspolitische Vormacht der Hanse in Schweden zusammen, Christian IV. (1588—1648) hob die Privilegien der Hanse in Dänemark auf, weil es nun genug Kaufleute im eigenen Lande gäbe, in Rußland verdrängten nach dem Tode Zar Feodors I. (1598) Engländer und Niederländer die Hanseaten. Im Jahre 1585 fuhren zweihundertneunundsechzig hansische Schiffe durch den Öresund und 1639/40 nur noch fünfundzwanzig; im Jahre 1669 tagten die Hansestädte zum letzten Male. Den Getreidehandel, der wegen der hohen Frachtkosten für Massengüter zu Lande auf den Wasserweg angewiesen war, brachten die Holländer an sich, weil jetzt nur noch sie die hierfür nötigen Schiffe hatten; in Königsberg zum Beispiel gab es 1675 bloß dreiundzwanzig und 1704 keine für die Seefahrt geeigneten Schiffe, und selbst aus Danzig, mit einer jährlichen Ausfuhr von sechzigtausend Tonnen Korn der Haupthafen für den nordischen Getreideexport, vollzog sich dieser mit Seglern und auf Rechnung der Holländer. Sie kauften in guten Erntejahren Getreide in großen Mengen auf, stapelten es in Amsterdam und lieferten es dann in Gebiete, in denen Mißernten oder andere Gründe die Lebensmittel verteuert hatten. Amsterdam wurde so zum „Kornspeicher Europas, die an der Amsterdamer Börse fixierten Getreidepreise waren maßgebend für die Getreidepreise ganz Europas, für Genua, Madrid, Lissabon ebensosehr wie für London, Hamburg und Danzig" (Kulischer). Im Ostseehandel waren Deutsche fast nur noch als Aufkäufer, Kommissionäre und Faktoren der Holländer tätig.

Der Niedergang und die Auflösung der Hanse, von der nur der 1630 zwischen Lübeck, Hamburg und Bremen geschlossene engere Bund fortbestand, war nicht, jedenfalls nicht in erster Linie, durch die Entdeckung Amerikas und durch den neuen Seeweg nach Ostindien um das Kap der Guten Hoffnung bedingt. Während des 16. Jahrhunderts genügten für den Verkehr mit Amerika jährlich vierzig bis hundert Schiffe, für den mit Indien sogar noch weniger, dagegen liefen zum Beispiel im Jahr 1589 im Hafen von Amsterdam sechshundert Getreideschiffe aus Ostseegebieten ein. Dabei ist allerdings zu berücksichtigen, daß die Segler für den Güteraustausch zwischen Deutschland, Skandinavien, den Niederlanden, England und Frankreich im allgemeinen nur hundertfünfzig bis zweihundert, die Überseeschiffe meist fünfhundert Tonnen faßten und ihre Ladungen weit wertvoller waren. Übrigens nahm nach der

Entdeckung der neuen Seewege die Schiffahrt der Hanse nach Spanien und Portugal zunächst noch zu, und zur Zeit der spanischen Kämpfe gegen die Niederlande brachten hansische Segler erhebliche Mengen von Getreide und Holz in die Pyrenäenhäfen. Die eigentlichen Ursachen des Verfalls der Hanse waren die Uneinigkeit der Mitglieder, die immer mehr ihren Sondervorteilen die gemeinsamen Interessen des Bundes opferten, und die Schwäche des der Hanse keinen Rückhalt bietenden Reiches, der Aufstieg der Generalstaaten und Englands zu den führenden Seemächten, zunehmende Selbständigkeit des dänischen, norwegischen und schwedischen Handels, die nordischen Kriege im 17. und 18. Jahrhundert und der allgemeine Rückgang des deutschen Handels gegenüber dem holländischen seit der Mitte des 16. Jahrhunderts überhaupt.

Im Reformationszeitalter waren die oberdeutschen Kaufleute, allen voran die Fugger, die reichsten von ganz Europa. Bedeutender noch als ihr über Mittel-, West- und Südeuropa nach Indien und Südamerika sich erstreckender Warenhandel und als ihr Bergbau in den österreichischen Erbländern, in Sachsen, Spanien und Venezuela waren die Kreditgeschäfte dieser Kaufleute, durch die sie auch die große Politik weitgehend beeinflußten. In der zweiten Hälfte des 16. und in den ersten Jahrzehnten des 17. Jahrhunderts erlitten die Fugger besonders infolge wiederholter Zahlungsunfähigkeit ihres Hauptschuldners, der spanischen Krone, schwerste Verluste, mehrere große oberdeutsche Firmen büßten viel durch Anleihen an den französischen König ein, zwischen 1570 und 1580 häuften sich die Bankrotte in Straßburg, Nürnberg und München, im Jahre 1614 brach das nach den Fuggern größte oberdeutsche Handelshaus, das der Welser, zusammen. Um 1620 war der im Laufe eines Jahrhunderts angesammelte Reichtum der oberdeutschen Großkaufleute bis auf einen geringen Rest dahingeschwunden. Auf diese Entwicklung hatte unter anderem auch das Schicksal Antwerpens eingewirkt. In der ersten Hälfte des 16. Jahrhunderts war Antwerpen der Mittelpunkt des europäischen Großhandels und Geldmarktes geworden, es wurde dann aber in den niederländischen Freiheitskriegen hart mitgenommen und, als im Westfälischen Frieden die Scheldemündungen an die Holländer kamen und diese sie sperrten, vom Meere abgeschnitten. Das Erbe der Scheldestadt trat Amsterdam an und mehrte es mit dem nun auch mengenmäßig rasch ansteigenden Welthandel. Die Handels- und Weltgeschäfte in Antwerpen waren im wesentlichen von Fremden unternommen worden, die dort Kontore errichtet oder sich ganz niedergelassen hatten, die Fugger und andere oberdeutsche Kaufleute spielten einige Zeit an der Antwerpener Börse die ausschlaggebende Rolle. Die Holländer dagegen betrieben den Amsterdamer Handel möglichst selbst, wie die Erzeugnisse der Ostseegebiete so gingen nun auch die aus Ost- und Westindien eingeführten Waren größtenteils durch ihre Hände. Die Verarmung Deutschlands im Dreißigjährigen Krieg beeinträchtigte auf lange Zeit hinaus seinen Handel. Da überdies im Westfälischen Frieden auch die Rheinmündungen Holland zugesprochen wurden, konnten die Kaufleute der Rheinstädte, namentlich die von Köln, in den folgenden zweihundert Jahren keine Waren mehr selbständig ein- und ausführen, sondern nur noch als Kommissionäre der Holländer und dann auch der Engländer, deren Schiffsraum freilich um 1670 noch nicht den sechsten Teil der damals sechshunderttausend Tonnen fassenden holländischen Handelsflotte betrug, und sahen sich im übrigen auf den deutschen Binnenmarkt beschränkt.

Ursprünglich waren auch Deutsche am Kolonialhandel unmittelbar beteiligt. Zu Anfang des 16. Jahrhunderts ließen oberdeutsche Kaufleute eigene Schiffe gemeinsam mit den portugiesischen Seglern nach Indien fahren und erhielten in Lissabon, dem damaligen Hauptstapel- und Handelsplatz für die Gewürze des Orients, von König Manuel größere Privilegien als seine Untertanen. Zu jener Zeit legten die Welser auf den kanarischen Inseln Zuckerplantagen an, verkauften sie allerdings bald an zwei Kölner, in deren Händen sie bis zur Mitte des 16. Jahrhundets blieben. Vom spanischen König erhielten die Welser das Recht, nach Neuspanien (Amerika) auf eigene Gefahr Schiffe auszurüsten, als wenn sie Spanier wären, und 1528 überließ ihnen Karl V. Venezuela als Lehen zum Pfand für seine Schulden, doch mußten es die Welser bereits 1545 dem Kaiser zurückgeben. Die Verdrängung aller Nichtportugiesen und Nichtspanier aus Süd- und Mittelamerika brachte für den deutschen Großhandel keine ernstlichen Einbußen mit sich, weil inzwischen Antwerpen der erste Umschlagplatz für die Einfuhr aus Indien und Amerika geworden war. Erst als Amsterdam auf Kosten Antwerpens hochkam und die Holländer und Engländer die Portugiesen aus dem größten Teil ihrer ostindischen Besitzungen verdrängten, wurden die Deutschen bei dem Handel mit den Erzeugnissen der Neuen Welt und Ostasiens völlig abhängig von den Seemächten.

Die durch die Erfahrungen der Holländer und anderer bestätigte merkantilistische Lehre, daß direkter überseeischer Handel und besonders Kolonialbesitz ein Land reich mache, das damals erwachende rege geographische Interesse, Reise- und Abenteuerlust erweckten an verschiedenen deutschen Höfen den Wunsch, mit den seefahrenden Nationen zu wetteifern. Während des Dreißigjährigen Krieges schickte Herzog Friedrich von Holstein-Gottorp Gesandte nach Rußland und Persien zur Anknüpfung von Handelsbeziehungen und unterhandelte, ebenfalls ergebnislos, der Kurfürst Georg Wilhelm von Brandenburg mit Schweden über die gemeinsame Errichtung einer indischen Handelskompanie. Sein Sohn, Friedrich Wilhelm, auch sonst für das Merkantilwesen eingenommen, hatte bei seinem Aufenthalt als Kurprinz in den Niederlanden eine große Vorliebe für die Schiffahrt und das Kolonialwesen gefaßt. Nachdem sich der niederländische Admiral und Gouverneur der Molukkeninsel Ambon Gysels van Lier mit der holländischen Ostindischen Kompanie, seiner bisherigen Herrin, überworfen hatte, nahm ihn Kurfürst Friedrich Wilhelm in seine Dienste als Berater in Handels- und Schiffahrtsangelegenheiten. In dem von ihm 1658 ausgearbeiteten Consilium maritinum schlug van Lier vor, unter der Autorität des Kaisers solle das Reich eine seiner Größe gemäße Stellung im Überseehandel zu erringen trachten. Dafür sei ein Reichsadmiralitätsamt zu schaffen und die Leitung des Ganzen dem künftigen Admiral-General des Reiches, dem Brandenburger Kurfürsten, zu übertragen; niemand könne gegen ein derartiges Unternehmen Einspruch erheben, denn „die Luft und die See sind jedem Souverän gemein". Eine Flotten- und Kolonialpolitik des Reiches war nun freilich von vorneherein ausgeschlossen, doch wollte Kurfürst Friedrich Wilhelm auf dem Wege von Sonderabkommen mit dem Kaiser, dem König von Spanien und verschiedenen Reichsfürsten eine ost- und westindische Handelskompanie gründen. Eigene Schiffe und die Erwerbung von Kolonien sollten der Kompanie einen festen Rückhalt geben. Die Verhandlungen nahmen zunächst einen günstigen Fortgang in der Hoffnung, die überseeischen Waren nicht mehr zu ungeheuren Preisen durch Zwischenhändler von den Holländern erwerben zu müssen, die, wie es hieß, im Laufe der Jahre aus den österreichischen Erblanden allein zwanzig Millionen Gulden gezogen hätten. Als aber der Brandenburger im Herbst 1661 „aus allerhand Ursachen und Bedenken", die er nicht näher angab, sich an den Verhandlungen nicht mehr beteiligte, versandete allmählich die ganze Angelegenheit.

Das Projekt einer deutsch-spanischen Ostindienkompanie hatte Ludwigs XIV. Minister Colbert, den bedeutendsten und erfolgreichsten Vertreter des Merkantilismus, auf den Plan gerufen. Colbert ließ mehreren deutschen Fürsten, darunter den Kurfürsten von Baiern und Mainz, eine Denkschrift zugehen, in der dargelegt war, daß für sie eine derartige Verbindung mit Frankreich weit vorteilhafter wäre als mit Spanien, und in der ihnen die Überlassung von Gebieten in Guayana als französische Lehen angeboten wurde. Am meisten bemühte sich Colbert um den Kurfürsten Johann Georg von Sachsen. Dieser lehnte jedoch nach jahrelangen Verhandlungen ab und zog einen ihm sofort bares Geld einbringenden Subsidienvertrag mit der französischen Krone vor. Gelegentlich dieser Verhandlungen suchte Colbert Aufschluß über das Frankreich noch unbekannte Verfahren der Weißblechherstellung zu erhalten, aber die schlauen Sachsen ließen sich ihr sorgfältig gehütetes Geheimnis nicht entlocken. Auch Baiern versuchte eine Kolonialmacht zu werden. Die Holländer zeigten sich geneigt, dem Kurfürsten Ferdinand Maria Neuamsterdam zu überlassen, doch besetzten es damals, im Jahre 1664, gerade die Engländer, und so ist aus Neuamsterdam Neuyork und nicht Neumünchen geworden. Die Holländer boten nun dem Kurfürsten einen Landstrich an der Küste von Guayana in Südamerika mit allen Hoheitsrechten an, verlangten aber, daß die Westindische Kompanie für alle Erzeugnisse der Kolonisten das Vorkaufsrecht erhalten solle und die Kolonisten nach zwanzig Jahren den zwölften Teil aller Landesprodukte als Steuer der Kompanie abliefern müßten. Daraufhin lehnte der Kurfürst ab und knüpfte mit den Engländern Verhandlungen an, die ebenso ergebnislos blieben. Entgegen den Vorstellungen Bechers, seit 1664 kurfürstlicher Rat und dann Hofmedikus und Mathematikus in München, gab jetzt der Kurfürst alle Kolonialpläne auf.

Becher war überhaupt der eifrigste Verfechter des Kolonialgedankens in Deutschland, unter anderem schrieb er hierüber in seinem „Politischen Diskurs": „Derjenige Potentat, er sei, wer er wolle, so sich eine indische Kolonie zu erheben ernstlich unterstehen wird, dem verspreche ich, kann es ihm auch in der Tat in wenig Stunden beweisen, daß er an Volk, Macht und Geld der mächtigste könne werden, welcher etwan jetzt und bei uns in Deutschland oder angrenzenden Ländern sein mag." Den Widersachern seiner kolonialen Bestrebungen hielt Becher entgegen: „Die alle möglichen Entschuldigungen für ihr Daheimbleiben einwenden, seind genug bestraft, daß sie in ihrem neidigen Winkel in Deutschland übereinander hocken und in der höchsten Servitut verderben." Täuschte sich Becher zwar im allgemeinen über die Schwierigkeit der Ausführung seiner Pläne, so gab er doch im einzelnen seiner Zeit vorauseilende Ratschläge wie etwa: „Das Fundament einer Kolonie darf nicht aus ungeratenen, sondern muß aus den besten Leuten bestehen. Die Indianer (Inder) und ihre Weiber sollen die Kolonisten in Ruhe lassen und sich als Freunde halten, und man soll nicht glauben, daß man alles leichtfertige Gesindel und Menschen, die zu Hause nicht gut tun, in die Kolonien nehmen dürfe." Wie die Baiern versuchte Becher vergebens auch die Österreicher für koloniale Unternehmungen zu begeistern. Nur bei dem Grafen Friedrich Kasimir von Hanau-Lichtenberg, dem schwer verschuldeten Herrn eines winzigen Ländchens, kam er über das Stadium von Verhandlungen hinaus. Durch Bechers Vermittlung schloß der Graf einen Vertrag mit der holländischen Westindischen Kompanie. Sie überließ ihm ein großes Gebiet in Guayana als erbliches Lehen mit dem Recht, Teile davon als Afterlehen weiter zu vergeben. Am 22. August 1669 wurde in Hanau die Gründung der Kolonialgesellschaft mit großem Prunk gefeiert; aber dem Grafen fehlten Geld und Kredit für die Gründung der Kolonie, ihm blieb nur der Spott, König auf dem Mond oder im Schlaraffenland zu sein. Der von England und Frankreich 1672 gegen Holland begonnene Krieg setzte dann allen derartigen Plänen Bechers ein Ende.

Die Durchführung kolonialer Unternehmungen leitete von den deutschen Fürsten erstmals Kurfürst Friedrich Wilhelm mit der Schaffung einer Flotte in die Wege, vierzehn Jahre nachdem er das Projekt der Gründung einer ost- und westindischen Kompanie aufgegeben hatte. Den Anstoß hierzu gab der Krieg gegen Schweden und Frankreich (S. 195), die Flotte stellte eine Gesellschaft holländischer Reeder, an deren Spitze Benjamin Raute stand. Im Februar 1675 erhielt er vom Kurfürsten Kaperbriefe gegen Schweden und Franzosen; den Reedern sollten die Prisen zufallen und davon sechs vom Hundert ihres Wertes dem Kurfürsten als Gewinnanteil. Die Kaperfahrten verliefen erfolgreich, Friedrich Wilhelm ernannte Raute zum kurfürstlichen Rat, später zum „Generaldirektor der Marine". Mit Genehmigung des Kurfürsten ließ Raute nach Friedensschluß im Herbst 1680 auf eigene Kosten und Gefahr zwei von ihm geheuerte holländische Schiffe mit den Namen „Wappen von Brandenburg" und „Morian" unter brandenburgischer Flagge nach Guinea segeln, um dort Handel zu treiben und einen für die Anlage eines Forts geeigneten Platz an der Küste auszusuchen. Nach der Landung wurde von Beamten der holländischen Westindischen Kompanie, die keine Konkurrenz aufkommen lassen wollten, das eine der Schiffe unweit des holländischen Forts Axim beschlagnahmt, der Kapitän des „Morian" erhielt dagegen von drei Negerhäuptlingen in größerer Entfernung von Axim die Zusage, sie würden in ihrem Gebiet den Mitgliedern einer zweiten brandenburgischen Expedition bei der Errichtung eines Forts und beim Handel behilflich sein. Im August 1681 lief der „Morian" in seinen Ausgangshafen Pillau mit einer leichten Ladung von Gold und Elefantenzähnen wieder ein. Im März 1682 wurde die „Afrikanisch-Brandenburgische Handelskompanie" mit dem Kurfürsten als erstem Gesellschaftsmitglied gegründet, Ende dieses Jahres landeten der „Kurprinz" und der „Morian" an der Küste von Guinea. Der militärische Befehlshaber errichtete auf einer Landzunge das Fort Großfriedrichsburg, vierzehn Häuptlinge schlossen mit der Kompanie einen Vertrag und versprachen, mit ihr allein Handel zu treiben; im Jahre 1684 wurden noch zwei Forts erbaut. Die Kompanie führte Gold, Elfenbein, Gummi, Straußenfedern und namentlich Sklaven aus, der Handel mit ihnen bildete die Grundlage des ganzen Unternehmens.

Um die „schwarze Ware" ohne Zwischenhandel in Amerika absetzen zu können, verhandelte die Kompanie mit dem Dänenkönig Christian V. Er überließ ihr ein Stück Land auf der Insel St. Thomas, wo sie Plantagen anlegte, eine Handelsstation einrichtete und den Sklavenhandel betrieb. Der Sitz der Kompanie war inzwischen 1683 von Pillau nach Emden verlegt worden. Das gab ihr zwar einigen Auftrieb, zumal sich an ihr die ostfriesischen Stände finanziell beteiligten, aber im ganzen verfügte sie über zu wenig Kapital, und die Anfeindungen der reichen und mächtigen holländischen Westindischen Kompanie bereiteten ihr zu große Schwierigkeiten, als daß sie je richtig hätte aufblühen können. Der Enkel des Kurfürsten, König Friedrich Wilhelm I., der, wie er sich einmal äußerte, dieses „Comerzien-Wesen jedesmal und von aller Zeit her als eine Chimere angesehen", verkaufte 1721 die brandenburgischen Besitzungen in Afrika um siebentausendzweihundert Dukaten an die Westindische Kompanie und verpflichtete sich für seine eigene Person und seine Nachkommen, an der Küste von Guinea und den benachbarten Teilen von Afrika nie wieder zu navigieren, Handel zu treiben oder eine Niederlassung zu gründen. Zu jener Zeit nahmen die Dänen auch die völlig verfallene brandenburgische Niederlassung auf St. Thomas wieder in Besitz.

Wie Friedrich Wilhelm bei seinem Aufenthalt als Kurprinz in den Niederlanden hatte Karl VI., der als König von Spanien (S. 221) in der großen Mittelmeerhafenstadt Barcelona residiert hatte, schon in der Jugend seine Aufmerksamkeit der Schiffahrt und dem Handel zuzuwenden begonnen. Nach der Erwerbung der spanischen Niederlande, Belgiens, im Rastatter Frieden von 1714 (S. 224) ging er daran, Ostende zu einem von den Holländern und Engländern unabhängigen Handelsmittelpunkt für Belgien und, wenigstens mittelbar, auch für das Reich zu machen. Gleich dem Brandenburger bediente sich der Kaiser hierfür vorerst einiger Ausländer, in Belgien wohnender englischer Kaufleute. Er gestattete ihnen, eine Handelskompanie mit dem Sitz in Ostende zu gründen und ihre Schiffe unter seinem Namen fahren zu lassen. Wie früher die Afrikanische suchten die Holländer nun die Ostendesche Kompanie zu unterdrücken. Als sie zwei ihrer Schiffe gekapert hatten, wurde die Kompanie am 16. Juni 1722 als Kaiserlich-Ostendesche Kompanie neu gegründet. Ihr Stammkapital war auf sechs Millionen Gulden festgesetzt. Die Anteilscheine wurden auf der Antwerpener Börse an e i n e m Tage gezeichnet, wenige Tage später stand der Kurs auf hundertzwölf, allmählich stieg er bis auf zweihundert Prozent des Nennwertes; die Afrikanische Kompanie dagegen hat es während der ganzen Zeit ihres Bestehens auf ein Kapital von kaum hunderttausend Gulden gebracht.

Auch im übrigen entwickelte sich die Ostendesche Kompanie sehr günstig, unter anderem errichtete sie gewinnbringende Faktoreien in Kanton, an der Bengalen- und an der Koromandelküste und in Afrika. Wenn Kaiser Karl trotzdem im Frühjahr 1727 die Ostendesche Kompanie auf zehn Jahre suspendierte und am 16. März 1731 für immer auflöste, so bestimmten ihn dazu ausschließlich politische Gründe. Klüger als die deutsche Diplomatie vor dem Weltkrieg von 1914 in einer einigermaßen ähnlichen Lage, wollte es Kaiser Karl bei den damaligen internationalen Spannungen (S. 231 f.), in welche auch die von Holland, Frankreich und England als eine gegen den Westfälischen Frieden verstoßende Konkurrenz empfundene Ostendesche Kompanie mit hereinspielte, nicht zu einem Krieg kommen lassen, vor allem nicht mit England. Hauptsächlich durch die Aufhebung der Ostendeschen Kompanie bewahrte Karl VI. die österreichische Monarchie vor dem Schicksal, das sie ungefähr zweihundert Jahre später erlitt, und gewann obendrein die Zustimmung Englands zur Pragmatischen Sanktion. Eine etwas längere Lebensdauer war der „kaiserlich privilegierten Orientalischen Kompanie" beschieden. Im Passarowitzer Frieden vom 21. Juli 1718 (S. 229) hatte Sultan Achmed III. in seinem ganzen Reiche den Angehörigen der österreichischen Monarchie Handelsfreiheit eingeräumt. Dies gab den Anstoß zur Erklärung Triests und Fiumes als Freihäfen und zur Gründung der Orientalischen Kompanie. Triest wurde im Levantehandel bald eine gefährliche Rivalin Venedigs; durch die Verbesserung der Straßen von Fiume nach Triest und von dort nach Wien sollte dieses der Mittelpunkt für den Orienthandel in den österreichischen Ländern werden. Eine eigene Handelsmarine besaß allerdings auch die Orientalische Kompanie nicht, sie bediente sich meist ausländischer Schiffe. Unter Karls VI. Nachfolgerin, der Kaiserin Maria Theresia, zerfiel sie; aber Triest behielt seine Bedeutung als der nun zweitgrößte Stapelplatz des nordöstlichen Mittelmeergebietes.

An Plänen und Unternehmungen für den Überseehandel hat es also in Deutschland während der für die Entstehung von Kolonialreichen entscheidenden Epoche nicht gefehlt. Wenn die Deutschen dabei keine oder nur vorübergehende Erfolge hatten, lag dies hauptsächlich an ihnen selbst. Die Zeiten, in denen deutsche Schiffe und Kaufleute in den Ost- und Nordseegebieten auf keine Konkurrenz stießen, waren freilich wegen des Hochkommens eigener holländischer, englischer und skandinavischer Handelsflotten für immer vorbei. Die Deutschen konnten indes doch nur infolge des Dreißigjährigen Krieges und seiner Auswirkungen aus ihrer ehemaligen Domäne im Außenhandel völlig verdrängt und aus dem Überseewettbewerb ausgeschaltet werden, in den Dreißigjährigen Krieg aber hatte sie ihre eigene politische Unfähigkeit hineingetrieben (S. 82). Die Angriffe gegen die Afrikanisch-Brandenburgische und gegen die Ostendesche Kompanie richteten sich auch nicht gegen die Deutschen als solche, sondern jeder suchte jedem den Platz im Welthandel streitig zu machen und womöglich Kolonialgebiete zu entreißen. Die Engländer schlossen bei der Besiedlung der Neuen Welt im Bereiche der späteren Vereinigten Staaten Deutsche so wenig aus wie Angehörige anderer Nationen. Dem Rufe des Quäkers William Penn zum Beispiel folgten auch deutsche Sektierer vom Rhein. Sie gründeten 1683 Germantown, eine Vorstadt von Philadelphia. Anfangs des 18. Jahrhunderts wanderten zahlreiche Pfälzer nach Pennsylvanien aus, es machte damals fast den Eindruck einer deutschen Kolonie. Aber gleich anderen gingen die deutschen Einwanderer, selbst wenn sie in manchen Gegenden mehr oder weniger an der Sprache ihrer ehemaligen Heimat festhielten, in dem kolonialenglischen und dann im amerikanischen Volkstum auf. Im übrigen sind die Deutschen während der Zeit, da sich die moderne Welt gestaltete, fern dem Welthandel und ohne Kolonialreich in „ihrem neidigen Winkel übereinander hocken" geblieben und haben die dadurch bedingte Weltfremdheit und Enge auch dann, als sie das Versäumte überstürzt nachzuholen trachteten, nicht zu überwinden vermocht, ihrem politischen, wirtschaftlichen und kulturellen Leben gleichermaßen zum Verhängnis.

Der Binnenhandel

Der deutsche Binnenhandel litt unter Kapitalarmut, unter Mängeln des Münzwesens, unter rückständigen Auffassungen des Erwerbslebens und unter der Kleinstaaterei mit ihren den Warenaustausch erschwerenden und verteuernden zahlreichen Zollschranken. Die Kapitalarmut war eine Folge der schweren finanziellen Einbußen des oberdeutschen Großhandels im 16. Jahrhundert, des Dreißigjährigen Krieges und der Kriege in der zweiten Hälfte des 17. und der ersten Jahrzehnte des 18. Jahrhunderts und des Geldabflusses für die aus dem Ausland bezogenen Luxus- und Kolonialwaren bei einer wertmäßig viel geringeren Ausfuhr. Das Münzwesen nahm zwar einigen Aufschwung, aber die alten Übelstände verschwanden nicht. Die Silberproduktion hatte seit der zweiten Hälfte des 15. Jahrhunderts innerhalb des deutschen Reiches sehr zugenommen. Der Jahresdurchschnitt von 1545 bis 1560 betrug mit etwas über fünfzigtausend Kilogramm nahezu das Fünffache der Produktion im übrigen Europa. Von da ab ging die Silberausbeute der Bergwerke im Reiche zurück, und die nun sprunghaft einsetzende Silbereinfuhr aus der Neuen Welt überstieg bald bei weitem das Höchstmaß der in den europäischen Bergwerken je erreichten Silberförderung. Die europäische Goldgewinnung war gering. Die Einfuhr von Gold stieg zwar an, aber nicht in dem Grade wie die des Silbers, was auch in dem Wertverhältnis zwischen Silber und Gold zum Ausdruck kam: während des 16. Jahrhunderts eins zu elf, vom 17. bis zum Beginn des 19. Jahrhunderts, abgesehen von gelegentlichen Schwankungen, eins zu fünfzehn. Der größte Teil der beiden Edelmetalle diente zur Prägung von Münzen. Als das eigentlich „rechtmäßige" galt das Silbergeld, weil das Silber den Preis der übrigen Metalle, so auch des Goldes und des Kupfers bestimmte, die Amsterdamer und die Hamburger Bank zum Beispiel erkannten nur Silbergeld als Zahlungsmittel an. Der Geldbedarf wuchs infolge der fortschreitenden Zurückdrängung der Natural- durch die Geldwirtschaft, der Aufwendungen für das Militär- und Beamtenwesen, der Einfuhr aus dem Fernen Osten und Amerika und der vermehrten Warenerzeugung durch Hausindustrie und Manufaktur, aber nicht so wie das maßgebende Zahlungsmittel, das Silbergeld. Daraus ergab sich in Europa eine allgemeine Preissteigerung um hundert bis dreihundert Prozent. Darunter litt Deutschland besonders, weil seine eigene Silberproduktion zurückging und es wegen des Ausscheidens aus dem Überseehandel an dem unmittelbaren Zufluß von Edelmetallen aus der Neuen Welt nicht beteiligt war.

Die Wertschätzung und die Menge des zur Verfügung stehenden Silbers veranlaßten die reichliche Herstellung einer bald überall anerkannten Münze. Vom Jahre 1484 an, bald nachdem der Tiroler Silbersegen eingesetzt hatte, ließ Erzherzog Sigismund von Tirol aus dem in seinem Lande gewonnenen Silber zu Joachimstal im böhmischen Erzgebirge, einer berühmten Prägestätte, Münzen schlagen, die größtenteils an die Stelle des seit dem 13. Jahrhundert Florin oder Dukat genannten Goldgulden traten. Die neue Münze hieß nach ihrem ersten Prägeort Joachimstaler, dann Taler, und wog gegenüber dem dreieinhalb Gramm schweren Goldgulden nach dem damals ungefähr siebeneinhalb zu eins stehenden Verhältnis des Silbers zum Gold zwei Lot, rund sechsundzwanzig Gramm. Während des 16. und 17. Jahrhunderts wurden in vielen europäischen Staaten dem Taler entsprechende Münzen geprägt, so in Spanien der Piaster, in Frankreich der Louis d'argent oder écu blanc, in Holland der Leeuwendalder (Löwentaler), woraus in den Vereinigten Staaten Dollar wurde. In verschiedenen Ländern wurden außerdem weiterhin Dukaten geprägt. Neben ihnen kamen am 17. Jahrhundert die doppelt so schweren Pistolen oder Dublonen und der ihnen gleichwertige Louis d'or als Weltgoldmünzen auf.

Trotz der Zunahme des aus Edelmetall geprägten Geldes besserten sich die schon vom Mittelalter her zerrütteten Münzverhältnisse nicht, namentlich nicht in Deutschland, obwohl hier wiederholt eine Regelung von Reichs wegen versucht wurde. Reichsmünzordnungen setzten Edelmetallgehalt und Gewicht für Dukaten, Reichsgold- und Reichssilbergulden und Reichstaler fest. Von den Hunderten deutscher Territorialstaaten und den Städten, an welche Kaiser und Fürsten häufig das Münzrecht verkauften, wurde teils selbst, teils in ihrem Auftrag in den Kreismünzstätten ebenfalls Geld geprägt. Münzprobationstage der Reichskreise sollten darüber wachen, daß die Münzen der Reichsstände in den einzelnen Kreisen im Gehalt und Wert den Reichsgold- und -silbermünzen und ihrer Relation zu den kleineren Geldsorten entsprächen. Wie auf anderen Gebieten wurden auch hier die Reichs- und Kreisordnungen vielfach nicht beachtet. Überdies gab es bei den Reichsmünzen selbst mancherlei Schwankungen. Bei hundert Dukaten wechselte zum Beispiel seit 1559 in verschiedenen Zeiten das Verhältnis zum Goldgulden zwischen hundertachtundzwanzig und hundertfünfundsechzig. Der Reichstaler hatte zwar offiziell von 1566 bis 1748 dasselbe Gewicht und den gleichen Feingehalt, aber auf einen Taler gingen von vierundzwanzig Silbergroschen oder zweiundsiebzig Kreuzern bis zu zweiunddreißig Groschen oder hundertzwanzig Kreuzer, auch deren Wert änderte sich gegenüber dem Silbergroschen fortwährend. Zwischen den Kupfer- und Silbermünzen bestand häufig kein tatsächlicher Wertunterschied, weil diese sehr oft nur weißgesottene Kupfermünzen waren. Bei der damaligen Herstellungsweise mit Hammer und Schere fielen auch Münzen gleicher Sorte in ihrem Gewicht verschieden aus. Man verzichtete auf eine Nachbehandlung und begnügte sich damit, darauf zu sehen, daß eine bestimmte Zahl von ihnen dasselbe Gewicht hatten. Das Geld wurde deshalb, zumal im Handelsverkehr, im allgemeinen mehr gewogen als gezählt, wobei oft mit erstaunlicher Handfertigkeit die schweren Stücke mit Edelmetallgehalt „ausgekippt" und von der Waage „gewippt" wurden.

Am schlimmsten trieben die Kipper und Wipper während des Dreißigjährigen Krieges ihr Unwesen, doch bot sich ihnen hierzu wie schon zuvor so auch hernach ausgiebig Gelegenheit, denn die Landesherren betrachteten es als ihr gutes Recht, minderwertige Münzen schlagen zu lassen, und setzten eine Unmenge schlechten Geldes in Umlauf. Je mehr sich die finanziellen Nöte eines Fürsten steigerten, desto weniger Edelmetall verwendete er für seine Münzen, bis sie schließlich überhaupt keines mehr enthielten. Auf diese Weise kam es zu den übelsten Inflationserscheinungen, wie etwa, daß sich einzelne Schichten ungeheuer bereicherten und die Bauern keine Lebensmittel mehr verkauften. Die durch Kaiser Ferdinand II. in den Jahren von 1620 bis 1623 hervorgerufene war die größte dieser Inflationen. Er hatte die Verwaltung des gesamten Münzwesens in Österreich, Böhmen und Mähren einem Konsortium adliger

Herren und kaiserlicher Hofkammerherren übertragen. Sie nützten ihre Vollmacht schamlos aus, ließen schlechtes Geld in unerhörtem Ausmaß schlagen, und Kipper sorgten für das Verschwinden des guten aus der Öffentlichkeit. Mit dem auf diesem Wege erzielten enormen Gewinn kauften sich die Mitglieder dieses Konsortiums, unter denen sich besonders Wallenstein hervortat, vor allem die Güter der geächteten Adligen Böhmens (S. 117). Wie alle endete auch diese Inflation teils mit der Ungültigkeitserklärung, teils mit der Wertherabsetzung des schlechten Geldes, wie etwa von fünfundsiebzig auf zehn Kreuzer. Unter der Münzverschlechterung, der Kipperei und dem finanziellen Zusammenbruch während jener Jahre hatten nicht nur Österreich und Böhmen zu leiden, sondern auch allenthalben im Reiche zahlreiche Einzelpersonen, Dorf- und Stadtgemeinden und ganze Territorien; die kurfürstliche Kasse von Sachsen zum Beispiel büßte eine Million, die württembergische Landesverwaltung eine Viertelmillion Taler ein. Ähnliche Katastrophen, wenn auch nicht in demselben Ausmaße, erschütterten immer wieder das Wirtschaftsleben, und die schleichende Krise der Kipperei und der „nichtswürdigen Scheidemünzen" wurde nie überwunden. Dem Münzelend und dessen Auswirkungen hätte einigermaßen nur eine massenhafte Ausprägung von vollwertigen Reichsmünzen abhelfen können, aber das Reich hatte hierfür weder Mittel noch Interesse. Und selbst mit gutem Gelde wickelten sich etwas größere Barzahlungen zum mindesten sehr umständlich ab. Da eine feste Wertrelation zwischen den verschiedenen Münzsorten, auch denen von gleichem Metall, fehlte, mußte Fall für Fall die Zahlung in einer bestimmten Gold- oder Silbermünze vereinbart werden, wobei immer noch die Gefahr bestand, daß unter die Summe eine kleinere oder größere Zahl nicht vollwertiger Stücke geschmuggelt wurde.

Eine fortschrittliche Entwicklung des Handels wie überhaupt des gesamten Wirtschaftslebens wurde in Deutschland schließlich auch durch das Festhalten an mittelalterlichen Auffassungen vom Erwerbsleben gehemmt. Nach diesen sollte jeder Händler nur bestimmte Waren vertreiben und einen festen Kundenkreis haben. Die Kundenwerbung war verpönt. Als die Zeitungen aufkamen (S. 457), fand man es zwar schicklich, in ihnen Nachrichten über den Schiffs- und Postkutschenverkehr, über Versteigerungen, über das Erscheinen neuer Bücher und dergleichen zu veröffentlichen, aber nicht, die eigenen Waren anzupreisen. Wer dies tat und dabei gar noch bemerkte, seine Preise wären niedriger als die anderer, von dem nahm man an, er stehe vor dem Bankrott, sonst würde er nicht zu einem solch verwerflichen, eines redlichen Kaufmanns unwürdigen Mittel greifen. Religiöse, ethische und soziale Erwägungen lagen dieser auch dem zünftigen Handwerk eigenen, in das Zeitalter des Merkantilismus noch hineinwirkenden Einstellung zugrunde. Erwerbstrieb war dem Mittelalter und erst recht den ersten zwei Jahrhunderten der Neuzeit gewiß nicht fremd, doch sah man darin große Gefahren für das Seelenheil, insbesondere hielt man den Handel für ein, allerdings notwendiges, Übel. Der Mensch sollte arbeiten, aber nicht in der Arbeit aufgehen, das ganze Wirtschaftsleben sollte so gestaltet sein, daß die Produzenten und Kaufleute ein sicheres Einkommen hätten und die Käufer vor Übervorteilung geschützt wären. Daher widerstrebte man auch der Einführung von Maschinen, von denen man fürchtete, sie würden viele arbeitslos machen und die alte, gediegene, oft kunstvolle Art der Herstellung verdrängen.

Ideale Anschauungen zeitigen indes nicht nur ideale Wirkungen. Gut verdienen wollten auch damals die meisten. Da nun ein großer Umtrieb nicht geschätzt war, hielt man es mit dem bequemen: „Kleiner Umsatz, großer Nutzen." Und wenn der Handel schon an sich nicht in gutem Rufe stand, führte das nicht zu einer soliden Geschäftsmoral. Vor allem standen einer freien Entfaltung des Wirtschaftslebens der vom Mittelalter übernommene Zunft- und Monopolgeist im Wege. Das Zunftwesen verknöcherte nun vollends. Seinen schlimmsten Auswüchsen suchten zwar Reichs- und landesfürstliche Verordnungen und Gesetze zu steuern, auch durchbrachen verschiedenerorts Großkaufleute, Heimarbeiter, Handwerker auf dem platten Lande und Hausierer den Zunftzwang, doch war er mit seiner Enge immer noch in großem Umfange für das Erwerbsleben maßgebend. Schon das Zunftwesen war insofern monopolistisch, als es die Herstellung und den Vertrieb zahlreicher Waren auf bestimmte Personenkreise beschränkte. Ebenso lebte der Geist des Monopolismus in den Unternehmern und Handelsherren, die, wie die Fugger, in gewissen Zweigen der Wirtschaft eine beherrschende Stellung einnahmen, in den staatlich privilegierten Manufakturen, in den Verlegerkompanien und in den Handelsgesellschaften. Die weitgehende Ausschaltung der freien Konkurrenz durch das Zunft- und Monopolwesen ermöglichte bei langsamem Arbeitstempo ohne Verbesserung der Herstellungs- und Vertriebsweise und ohne sorgfältige Kalkulation in vielen Fällen die Erzielung ausreichender und selbst hoher Gewinne. Zu Anfang des 18. Jahrhunderts begannen sich zunächst in Holland und dann in England neue Auffassungen und Methoden des Wirtschaftslebens durchzusetzen, da sie aber in Deutschland erst später Aufnahme fanden, ist in diesem Bande noch nicht darauf einzugehen.

Landwirtschaftliche Produkte. Kolonialwaren

Obwohl Deutschland am Seehandel kaum noch unmittelbar beteiligt und sein Binnenhandel durch mancherlei Hemmungen beeinträchtigt war, vollzog sich immerhin ein beträchtlicher, den Stand der materiellen Kultur beleuchtender Warenaustausch. Den größten Umfang hatte der Handel mit den dem Lebensunterhalt dienenden landwirtschaftlichen Produkten. Dieser Handel bot mitunter auch Bauern Gelegenheit, zu Wohlstand zu kommen. Über den Getreidehandel, von dem, soweit er nicht Binnenhandel war, die Holländer den größten Nutzen zogen, wurde bereits einiges erwähnt (S. 255), im übrigen beschränken wir uns auf die Anführung von Neuerungen. Unter ihnen wurde für die Ernährung die folgenreichste das Aufkommen des Kartoffelanbaus. Um 1560 waren die ersten Knollen nach Europa gekommen, etwa dreißig Jahre später pflanzte Clusius Kartoffeln in Wien und Frankfurt als botanische Seltenheit an, während des Dreißigjährigen Krieges wurden sie in weiteren Kreisen bekannt, von den deutschen Fürsten bemühte sich dann besonders Karl Ludwig von der Pfalz (1649—1680) um die Einführung des Kartoffelbaues in seinem Lande; eine größere wirtschaftliche Bedeutung für Deutschland erlangte er aber erst in der zweiten Hälfte des 18. Jahrhunderts.

Neu waren für Europa auch Kaffee, Tee, Kakao, Tabak und Arzneimittel wie die in Peru heimischen Fieberrinden, die zum Andenken an die Gemahlin des Vizekönigs von Peru, die Gräfin von Chinchon, Chinarinden genannt wurden. Um 1680 begann man in Frankfurt mit Kaffee zu handeln, die Bohnen wurden zunächst zur Herstellung von Konfekt und Likören gebraucht. In Hamburg richtete, ebenfalls um 1680, der holländische Arzt Bontekoe das erste Kaffeehaus auf deutschem Boden ein, bald folgten Wien, wo man 1683 im Lager der Türken große Mengen Kaffee erbeutet hatte, Nürnberg und Frankfurt. Die Kaffeehäuser wurden nur von Männern besucht; der Leipziger Rat schritt 1692 gegen das Ärgernis erregende Benehmen der die Gäste bedienenden „Kaffeemädchen" ein. In den norddeutschen Städten war um 1720 Kaffee das am meisten begehrte Getränk. Im Laufe des 17. Jahrhunderts fand auch der Tee in Deutschland Eingang, aber des höheren Preises wegen nicht in dem Maße wie der Kaffee. Für noch vornehmer als der Tee galt die Schokolade. Sie hatte ihren Namen aus Mexiko, dem Heimatlande des Kakaobaumes: choco = Kakao und latl = Wasser. Während aber die mexikanischen Indianer unter anderem Mais und Pfeffer beimengten, verwandte man in Europa hierzu Vanille, Zimt, Honig und Zucker. Der Tabakgenuß verbreitete sich in Deutschland während des Dreißigjährigen Krieges; mit dem Anbau von Tabak hatte man zunächst für Heilzwecke und als Zierpflanzen schon gegen Ende des 16. Jahrhunderts begonnen. Wie in anderen Ländern so wandten sich auch in Deutschland besonders die Geistlichen gegen das Rauchen und Schnupfen von Tabak; die Zehn wurden auf Elf Gebote vermehrt, nach dem Gebot „Du sollst nicht ehebrechen" folgte nun „Du sollst keinen Tabak gebrauchen". Aber immer mehr griffen zum Tabak, dem man nachrühmte, er stille die Schmerzen, löse die Sorgen und mache den Menschen fröhlich. Durch Einfuhr und durch Anbau in Deutschland selbst, zunächst in der Pfalz, in Hessen, Sachsen und Thüringen, seit 1700 in Brandenburg und Mecklenburg, konnten hoch und niedrig reichlich mit Tabak versorgt werden. Die Regierungen wendeten nichts mehr gegen das Rauchen und Schnupfen ein, nachdem für sie der Tabak, auf den sie hohe Einfuhrzölle und schwere Steuern legten, eine sehr ergiebige Einnahmequelle geworden war.

Reis, Zucker, die Gewürze des Orients und Branntwein waren in Deutschland zwar schon im Mittelalter bekannt, wurden aber jetzt in viel größerem Umfange konsumiert. Reis wurde in Europa erstmals von den Arabern nach der Eroberung Spaniens gepflanzt. Als die Spanier unter Kaiser Karl V. in Italien festen Fuß gefaßt hatten, führten sie dort den Reisbau ein. Aus Italien und etwas später durch holländischen Import aus Ostasien gelangte so viel Reis nach Deutschland, daß seit der zweiten Hälfte des 16. Jahrhunderts Reismus für einigermaßen wohlhabende Bürger keine Seltenheit mehr war. Die Kreuzfahrer hatten im Morgenlande den Zucker kennengelernt, doch wurden davon jahrhundertelang im Levantehandel ganz geringe Mengen nach dem Abendlande gebracht. Das änderte sich auch nicht wesentlich, als nach der Entdeckung der neuen Seewege Zucker unmittelbar aus Ostasien kam. Erst als man Zuckerrohr in den englischen und französischen Kolonien der Neuen Welt plantagenweis anpflanzte, wurden die europäischen Länder in größerem Umfange mit Zucker versorgt. Man verwendete ihn nicht nur zum Süßen, wofür Honig gebraucht worden war, sondern auch zum Kandieren der verschiedensten Früchte und Gewürze. In vornehmen Kreisen wurde es Mode, kunstvoll in die Form von Schiffen, Schlössern und allerlei Tieren gegossenen Zucker zu genießen, außerdem zuckerte man fast alle Getränke und Speisen, selbst Fleisch und Fische. Wie in anderen europäischen Ländern wurden in Deutschland Raffinerien zur Reinigung des Kolonialzuckers errichtet. Zucker war jedoch, zumal in Deutschland, immer noch so teuer, daß ihn sich nur der Wohlhabende für den täglichen Gebrauch leisten konnte. Eine völlige Umwälzung in der Produktion, im Handel und im Preis des Zuckers brachte erst die Gründung von Rübenzuckerfabriken mit sich, ungefähr ein halbes Jahrhundert, nachdem 1747 der Berliner Chemiker Andreas Markgraf den hohen Zuckergehalt der Runkelrübe entdeckt hatte. Der Handel mit ostindischen Gewürzen, wie Ingwer, Gewürznelken, Muskatnuß, Zimt, Kardamom und namentlich Pfeffer, hatte schon im Mittelalter eine große Rolle gespielt. Der Preis für sie senkte sich durch das Wegfallen des arabischen Zwischenhandels und seit dem 17. Jahrhundert, ebenso wie bei Kaffee und Zucker, durch den Anbau in der Neuen Welt, besonders auf den Antillen.

Branntwein wurde im Abendland seit dem 13. Jahrhundert hergestellt und längere Zeit fast ausschließlich als Arzneimittel gebraucht. Allmählich nahm der Genuß von Branntwein, der nun auch durch das Destillieren von Korn, Beeren und Baumfrüchten gewonnen wurde, bei Männern und Frauen so zu, daß die bairische Landesverordnung von 1553 verbot, Kornschnaps zu brennen und täglich mehr Branntwein zu trinken, als um zwei Pfennig zu erhalten war; in Zittau gab es 1577 über vierzig und in Zwickau 1600 vierunddreißig Brennereien. In Deutschland verbreitete sich besonders seit dem Dreißigjährigen Krieg das Branntweintrinken in einem den Wohlstand, die Gesundheit und die Moral breiter Volksschichten untergrabenden Ausmaße, in der zweiten Hälfte des 17. Jahrhunderts begann in den vermögenderen Kreisen aus Frankreich eingeführter Branntwein den heimischen Korn zu verdrängen. Die alte Vorliebe der Deutschen für ausländische Weine steigerte sich im 16., 17. und 18. Jahrhundert, namentlich wurde der Tokaier hochgeschätzt, als man von ihm seit 1560 Ausbruch gewann, und der Champagner, nachdem es dem Mönche Perignon, Kellermeister der Benediktinerabtei d'Hautvillers bei Epernay, gegen Ende des 17. Jahrhunderts gelungen war, den feinen, duftigen, aber stillen Wein der Champagne in schäumenden Nektar umzuwandeln. Ebenso scheute man keine Mühe und Kosten, sich teuere Leckerbissen zu verschaffen, wie Hechtlebern, Kaviar und Austern, die nach dem Vorbild der französischen Kochkunst auch zu pikanten Saucen verwendet wurden; das gelegentlich der Leipziger Herbstmesse übliche Gericht von Lerchen war wie die Messe selbst weitum berühmt. Für ein Paar kapaunter und gemästeter Fasanen zahlte man bis zu einem Dukaten, für hundert Austern acht bis zehn Taler — für eine Kuh vier bis zehn Gulden. Auch mit Tafelschmuck und Anrichten wurde oft großer Aufwand getrieben, so hat man neben Schaugerichten zum Verzehren bestimmte Speisen vergoldet aufgetragen.

Um 1700, je nach Gegenden, Gegenständen und Gesellschaftsschichten etwas früher oder später, boten neu aufkommende Eßgeräte durch Verwendung kostspieligen und kunstvoll bearbeiteten Materials ebenfalls Gelegenheit zu verschwenderischem Luxus. Im Mittelalter hatte man nur Schüsseln, spitze Messer und Löffel benützt. Die festen Speisen wurden mit der Hand oder dem Messer aus der Schüssel genommen, meist mit den Fingern in kleinere Stücke zerteilt und auf Brot, manchmal auch auf einige

Holz- oder Zinnteller gelegt; wer auf Anstand hielt, schneuzte sich nicht mit der Rechten, weil mit ihr die festen Speisen zum Munde geführt wurden und Taschentücher eine große Seltenheit waren. Allmählich ging man allgemein zum Gebrauch von Tellern und Eßgabeln über, außerdem wurde es in besseren Kreisen üblich, jeden Tischgenossen mit einem eigenen Messer und Trinkgefäß zu versehen; man brauchte nun nicht mehr, wie es bisher die gute Sitte verlangt hatte, den Becher oder das Glas, die man ja an den Tischnachbarn weiterzugeben hatte, jedesmal bis zum Grunde auszutrinken. Tischmesser wurden vorne abgerundet, da man sich jetzt zum Herausnehmen von festen Speisen der Gabeln bediente; die Eßlöffel versah man mit breiteren und bequemeren Stielen, die kleinen silbernen Löffel zum Umrühren des Zuckers in den Kaffee- und Teeschälchen mit langen Stielen. In vornehmen und reichen Häusern wurden die Schüsseln mit silbernen Glocken bedeckt aufgetragen, um sie warm zu halten und um zu verhindern, daß in die Speisen Puder von den Perrücken fiel. Neben Tafelgeräte aus Edelmetall traten seit Anfang des 18. Jahrhunderts oft kaum weniger kostbare aus Porzellan. — Der Tabakgenuß verschaffte dem Kunsthandwerk und damit auch dem Handel ebenfalls Aufträge. Die Schnupftabaksdose des Herrn und der Dame waren aus Gold, Silber, Elfenbein, Schildpatt oder kostbarem Holz, und ein guter Tabak schmeckte in einer teuren Pfeife aus Meerschaum noch besser als in der üblichen aus holländischem Ton.

Textilien

Als ein Gewerbe und Handel stark belebendes Element erwies sich die Mode. Für die Herstellung der Bekleidung wurden allerdings die seit langem bekannten Grundstoffe Wolle, Leinwand, Baumwolle, Seide und Leder verwendet, doch ergaben sich in der Vorliebe für gewisse Stoffarten, in der Fabrikationsweise und in der Bedeutung einzelner Länder für die Erzeugung bestimmter Stoffe mancherlei Änderungen. Woll- und Leinenweberei war in Deutschland schon von der germanischen Zeit her bekannt. Zwar blühte hier auch im Zeitalter des Barocks das Tuchgewerbe, aber die feineren Sorten wurden vielfach von Frankreich und von England bezogen, das während des 16. Jahrhunderts die im Tuchgewerbe führenden Niederlande im internationalen Handel zurückzudrängen begonnen hatte. Die deutsche Leinenweberei nahm nun, hauptsächlich in Schlesien und in der Lausitz, wo Leipziger und Nürnberger Kaufherren als Verleger der Hausindustrie sehr große Aufträge erteilten, einen derartigen Aufschwung, daß Leinen den ergiebigsten deutschen Ausfuhrartikel bildete, der vor allem in den Ländern Westeuropas, einschließlich England, und in den spanischen Kolonien Amerikas abgesetzt wurde; 1748/49 ging allein aus Schlesien für dreieinhalb Millionen Taler Leinen ins Ausland. Baumwolle war im Mittelalter über Kleinasien nach Europa gekommen und unter Beimischung von Flachs zu Barchent verarbeitet worden; Süddeutschland, namentlich Ulm, hatte dabei an der Spitze gestanden. Als der neue Seeweg nach Indien entdeckt worden war, wurden von dort neben weißen Baumwollgeweben bedruckte, indiennes oder nach Kalkutta calicoes genannt, Stoffe aus reiner Baumwolle in beträchtlichen

Mengen eingeführt. Ungefähr zu derselben Zeit ging man auch in Europa zum Zeugdruck auf Baumwollstoffe und Barchent über. Wegen ihrer Farbenpracht und ihres verhältnismäßig billigen Preises fanden die indischen und die europäischen Zeugdrucke für Frauen- und Kinderkleider, für Möbelbezüge, Vorhänge und ähnliche Zwecke reißenden Absatz. Das rief den Konkurrenzneid der Schafzüchter und Wollenweber hervor; sie erreichten von den Regierungen Englands, Frankreichs, Preußens und anderer Staaten strenge Verbote der rein- und halbbaumwollenen bedruckten Stoffe. Da aber der Zeugdruck in manchen Ländern gemäß den merkantilistischen Grundsätzen für den Export und in verschiedenen anderen Staaten, besonders in deutschen Kleinstaaten, überhaupt erlaubt blieb, ließ sich das Verbot nicht auf die Dauer aufrechterhalten.

In den vornehmen Kreisen wurde neben den von jeher bevorzugten feinen Tuchen Seide der Modestoff. Bis ins 16. Jahrhundert führte man Seide aus Italien ein. Während des 17. Jahrhunderts verlagerte sich das Schwergewicht der Seidenindustrie nach Frankreich, wo Lyon der Mittelpunkt der Seidengewinnung und des Seidenhandels wurde. In Deutschland gab es seit dem Mittelalter einige Seidenwebereien, sie mußten jedoch ihren Rohstoff vom Ausland beziehen und standen in ihrer Fabrikationsweise hinter der italienischen und französischen zurück. Als erster deutscher Fürst beabsichtigte Maximilian von Baiern, in seinem Lande eine selbständige Seidenindustrie ins Leben zu rufen. Er wies die Regierung an, für die Anpflanzung zahlreicher Maulbeerbäume in Niederbaiern zu sorgen; infolge der Kriegsnöte der nächsten Jahre unterblieb die Ausführung des Planes. Am 30. November 1665 kam es auf Anregung von Becher in München zur Gründung der „kurbairischen Seidenkompanie"; die technische Leitung erhielt ein Niederländer. Das Unternehmen geriet jedoch bald in Verfall. Seidenzucht und Seidenindustrie gewannen in Deutschland erst durch die Einwanderung von Hugenotten größere Bedeutung, und daran hatte das streng katholische Baiern keinen Anteil.

In Potsdam, Frankfurt an der Oder und im Kreise Kottbus wurden Maulbeerpflanzungen angelegt, in Berlin und Potsdam Seidenmanufakturen eingerichtet, die dann besonders in der folgenden Epoche Erhebliches leisteten. So waren in den Berliner Seidenwebereien 1783 über fünftausend Arbeiter beschäftigt, deren Produktion fast zwei Millionen Taler einbrachte; in Hannover wurde zu dieser Zeit der Seidenbau ebenfalls eifrig gepflegt. Durch die Abwanderung der Hugenotten verlor Frankreich außerdem seine besten Fabrikanten feiner Tuch- und Lederarten, ferner der bei der damaligen Mode viel verwendeten Borten, Tressen und sonstiger dem Ausputz der Kleider dienenden Dinge aus Gold- und Silberfäden. Schließlich waren die Hugenotten auch die Träger des allerdings noch bescheidenen gewerblichen Fortschritts. Sie brachten den Strumpfwirkerstuhl (S. 252) und den Bandwirkstuhl mit. Diese verschiedenen Zweige des Bekleidungswesens belebten den deutschen Binnenmarkt. Trotzdem ging für solche Sachen immer noch viel Geld ins Ausland, denn fremdländische Waren galten nach wie vor als besonders begehrenswert, und in Frankreich wurden immer noch beträchtliche Mengen an Luxusstoffen hergestellt, auch siedelten sich von den ungefähr dreihunderttausend Hugenotten, die ihre Heimat verließen, nur ein verhältnismäßig geringer Teil in Deutschland an.

Einer der Hauptmodeartikel wurden die Spitzen. Ursprünglich beschäftigten sich mit ihrer Anfertigung nur Nonnen und die Damen der höchsten Gesellschaftskreise, dann nahm die Hausindustrie, zunächst in Flandern, Brabant und Venedig, die Spitzenherstellung auf. Während der niederländischen Kriege geflüchtete Flamen führten die Spitzenindustrie in Frankreich ein. Hier pflegten sie hauptsächlich die Hugenotten, durch die sie schließlich auch nach Deutschland kam. Spitzen begleiteten nun „den Menschen durchs Leben, von der Spitzendecke des Kindleins in der Taufe bis zu dem spitzengeschmückten Bette der reichen Verstorbenen. Der Brautschleier, das Haarnetz der verheirateten Frauen ebenso wie Manschetten, Kragen, Jabots wurden reich mit Spitzen geschmückt. Spitzen rieselten über Meßgewänder; Altardecken, Kleider, Röcke, Bademäntel, Mantillen, Vorhänge waren mit Spitzen besetzt. Der Spitzenkonsum in Frankreich wurde zu Anfang des 18. Jahrhunderts auf acht Millionen Francs jährlich geschätzt. Mit dem Triumph der Spitzen hatte eine neue Richtung in der Geschichte der Kleidung eingesetzt. Die Wäsche, die früher wenig beachtet wurde, kam jetzt zur Geltung" (Kulischer).

Das Tragen von Hemden wurde nun allmählich gebräuchlich, ebenso die Benützung von Taschentüchern. Der Nürnberger Kaufmann Paumgartner zum Beispiel ließ sich nach Frankfurt, wo er sich gelegentlich der Messe länger aufhielt, von seiner Gattin unter anderem fünf „alte Hemden" und vier „Fazanet" (Taschentücher) nachsenden; ungefähr zu derselben Zeit besaß freilich selbst Heinrich IV., als er 1589 König von Frankreich wurde, nur zwölf Hemden, darunter einige zerrissene, und fünf Taschentücher. Während des Barockzeitalters gingen wenigstens die Wohlhabenden dazu über, nicht mehr nackt zu schlafen. Zur Verteidigung der alten Sitte wurde vielfach eingewendet, bei dieser spare man Hemden und Leinwand, was aber andere als eine vom geilen Venusteufel erfundene Ausrede bezeichneten. Man stieß sich auch daran, daß durch den Gebrauch von Taschentüchern dem aus der Nase kommenden Schmutz ein besonderes Privileg zuteil würde; statt ihn in feine Leinewand einzuwickeln und in der Tasche aufzubewahren, wäre er wegzuwerfen, und daran, daß, wenn man das Hemd nachts anbehalte, das Ungezieſer darin mit ins Bett genommen würde. Aber gegenüber dem alten Brauch hatte das Neue, jedenfalls für Frauen, vor allem den Vorzug, daß es die Zahl der Modeartikel vermehrte. Hatte man das Hemd auch nachts an, so war das ein Grund mehr, es gleich dem bis dahin unbekannten Nachtjäckchen reich zu verzieren. Dazu hatte nun die Frau das „Rammelhäubchen" auf, daran sich ebenfalls mancherlei Ausputz anbringen ließ. Und der auf Bequemlichkeit bedachte Mann freute sich an der Wärme des Schlafrocks und benützte, wenn er kahlköpfig und alt war, auch tagsüber gerne die „Schlafhaube".

Für die Gestaltung der Mode war im wesentlichen das Ausland maßgebend, doch bildeten sich gelegentlich deutsche Sonderformen aus. Zuerst wurde die spanische Mode tonangebend. Die Deutschen lernten sie unter Kaiser Karl V. kennen, seit etwa 1540 nahmen sie allmählich die höheren Stände an, gegen Ende des 16. Jahrhunderts beherrschte sie das ganze Abendland. Die spanische Tracht war eng, steif und düster. Eines ihrer Hauptkennzeichen ist die Halskrause, die Kröse, von ungeheurem Umfang, steif gestärkt und mit einer Drahtunterlage. Das straff anliegende, hochgeschlossene und abgesteppte Wams hatte keinen oder nur einen kurzen Schoß, der

Ärmel an der Schulternaht einen Wulst, der untere Teil einige Zeit lang den „Gänsebauch", eine Modeschöpfung Heinrichs III. von Frankreich, der das spanische Wams vorne in eine ausgestopfte Spitze enden ließ. Die ebenfalls eng anliegende Strumpfhose war aus Seidentrikot; die puffige, mit Roßhaaren ausgestopfte rund geschnittene, nur den Oberschenkel und auch diesen bloß zur Hälfte bedeckende Oberhose hieß in Deutschland „spanische Heerpauke". Daneben wurden Pluderhosen und weniger weite, bis zu den Knien reichende Hosen getragen. Die halblange, runde Pelerine aus Seide mit hochstehendem Kragen sollte nur dekorativ wirken, nicht vor Kälte und Nässe schützen. Den Kopf bedeckte man mit einem kleinen Federbarett oder einem hohen, schmalkrempigen Hut; die schmalen Spitzschuhe waren sehr unbequem. Auf dem Kopf der Dame saß ein Barett oder die kleine Toque, so daß die hohe Frisur zur Geltung kam. Hatte die Natur blondes Haar versagt, so half man durch Bleichen nach. Ein „Flohpelzchen" unter der Kröse sollte das lästige Ungeziefer an sich ziehen. Das Unterkleid über dem in ein Korsett gepreßten Körper war von anderer Farbe als das hochgeschlossene Oberkleid und in dem dreieckigen Ausschnitt an der Vorderseite des über Eisenreifen oder Stahlbügel gespannten weiten, kegelförmigen Rockes zu sehen.

Die spanische wurde während des Dreißigjährigen Krieges von der französischen Mode abgelöst. Einige Stände, wie die evangelischen Geistlichen und die Richter, hielten zwar teilweise an der spanischen Halskrause fest, im allgemeinen aber trat an ihre Stelle erst ein weicher, breiter Umlegkragen, später bei den Männern ein Spitzenhalstuch. So konnte man jetzt das Haar lang tragen und auf den Kragen herabfallen lassen, dazu paßte ein breitkrempiger, oft auf einer Seite hochgeschlagener, mit großen Federn geschmückter Filzhut besser als der schmalrandige spanische Hut. Zur Zeit des Großen Krieges trug man einen langgezwirbelten, oft dunkel gefärbten Spitzbart, hernach nur einen schmalen Schnurrbart. Die Kleidung wurde bei Männern und Frauen weit und bauschig. Das ärmellose Wams verwandelte sich in die Weste, die Schaube, ein vorne offener Überrock, in das Justaucorps, den langen in der Taille anliegenden Rock, erst nur von den Soldaten getragen, dann wie manch anderes, zum Beispiel die Stulpenstiefel, der Degen und das Wehrgehenk, allgemein auf kürzere oder längere Zeit von der Mode der vornehmen Welt übernommen. Die spanische Polsterung der Hose verschwand. Die Strümpfe waren aus Seide, die Schuhe breiter als bei der spanischen Mode. Der Hut der Dame war ähnlich dem des Kavaliers, das Leibchen weiter und weicher, der Rock faltig. Zur Zeit Ludwigs XIV. kam der Dreispitz als Kopfbedeckung auf. Der reich betreßte und bestickte Staatsrock reichte wie die nun wieder engen Hosen bis zum Knie; Spitzenkrawatte, Manschetten, weiße Lederhandschuhe und Schnallenschuhe hoben die Eleganz.

Der auf imposantes Aussehen sehr bedachte Sonnenkönig verdeckte seine Kahlheit mit einer riesigen Allongeperücke, worin ihm wie in allem anderen die deutschen Fürsten nacheiferten. Die Perücke wurde überhaupt im ganzen Abendlande Mode, bei den Bürgern allerdings in einfacherer Form; nach dem Tode Ludwigs XIV. wurde die Allongeperücke allgemein zur Stutzperücke gekürzt. Zu dem löwenmäßigen Haarputz, fand man, passe kein Bart, deshalb rasierte man Wangen, Oberlippe und Kinn glatt. König Friedrich Wilhelm I., der die Perücke verabscheute, befahl seinen

Offizieren und Soldaten einen Zopf zu tragen, und von der als mustergültig angesehenen preußischen Armee übernahmen ihn die Heere der übrigen Länder Europas. Die Damen konnten sich nicht entschließen, ihr Haar unter einer Perücke zu verbergen, dafür trugen sie eine hohe Spitzenhaube, die Fontange. Den Oberkörper preßten sie wieder in ein möglichst eng geschnürtes Korsett und dabei die Brüste nach oben, die infolge des weiten Ausschnittes zu sehen waren. Über diese und andere Modeerscheinungen eiferten die Sittenprediger und spotteten die Satiriker, ohne hiermit damals wie je etwas auszurichten. Mode wird ja immer nur durch Mode verdrängt, hat sich das Auge an einer Form satt gesehen, folgt ihr eine andere.

Die Mode für die vornehme Gesellschaft — nur sie berücksichtigen wir wegen der großen Bedeutung für Gewerbe und Handel, und zwar nur in ihren Hauptformen — belebte die hierfür in Betracht kommenden Wirtschaftskreise außerordentlich und brachte viel Geld unter die Leute. Der Stoffverbrauch war im allgemeinen beträchtlich, für verschiedene Kleidungsstücke sogar sehr groß. Bei der zu Anfang der Epoche getragenen Pluderhose wurden für die wollenen Längsstreifen an die fünf Ellen, für die dazwischen hervorquellenden leichteren Stoffe zwanzig und mehr Ellen verwendet. Das Hochzeitskleid der 1702 vermählten Luise Dorothea Sophie von Preußen wog einen Zentner. Stoffe für Gesellschafts- und Festkleider, ferner Tuche, Seide, Samt, Brokat, Gold- und Silbergewebe waren teuer, von den billigeren Gold- und Silberstoffen kostete eine Elle soviel wie mehrere Kühe. Bei fürstlichen Vermählungen brachten Prinzessinnen gelegentlich Kleider im Wert von fünfzigtausend und mehr Talern mit in die Ehe; bei einer Hochzeit im Jahr 1662 wandte der sächsische Hof für Ehrenkleider und Livreen über fünfundzwanzigtausend Taler auf. Viel wurde auch für Schmuck ausgegeben: für Edelsteine aller Art, besonders für Diamanten, als man um die Mitte des 17. Jahrhunderts auf ihre Facettierung gekommen war, für goldene Knöpfe, Ketten, Armbänder und Hutschnüre. Mit Fächern, Parfüms, Schminke, Schönheitspflästerchen wurde ebenfalls ein großer Luxus getrieben. Um sich von dem Sitz der raffinierten Kleidung und der Frisur und der guten Wirkung der Schönheitsmittel zu überzeugen, um die Komplimente, die sonstigen höflich-höfischen Formen, auf die großes Gewicht gelegt wurde, um die elegante Handhabung des Fächers und dergleichen einzuüben, waren Spiegel von dem hohen venezianischen im Ankleideraum bis zum Taschenspiegel unentbehrlich.

Die Weltwirtschaft verdankte so der Mode starke Antriebe. Für die deutsche Wirtschaft wirkte sie sich allerdings nur insofern günstig aus, als weite Kreise des Gewerbes und Handels dadurch gut verdienten. Schon die Einfuhr von Rohstoffen wie Baumwolle und Seide belastete die deutsche Handelsbilanz, weil dem keine entsprechende Ausfuhr von Fertigwaren gegenüberstand. Dazu wurden viele Modeartikel vom Ausland bezogen, teils weil sie infolge verschiedener in einzelnen Staaten sorgsam geheimgehaltener Fabrikationsmethoden in Deutschland nicht hergestellt werden konnten, teils weil ausländische Erzeugnisse an und für sich bevorzugt wurden, besonders wenn sie teuer waren. Selbst bei einem Herzog, dem man zwölf Paar Seidenstrümpfe im Werte einer stattlichen Rinderherde von einer Englandreise mitbrachte, hob man große Ehre auf, und ein Duodezfürst kam sich in der von einem Pariser Meister um tausend Taler angefertigten Allongeperücke wie der Sonnen-

Tafel 7

Zuckergewinnung aus Zuckerrohr (Ende 16. Jahrhundert)

aus Stradanus (Jan van der Straet) „Nova Reperta"

Pommerscher Kunstschrank. 1605—1617
Berlin, Schloßmuseum

könig selbst vor. Die Klagen der Merkantilisten, daß auf diese Weise riesige Summen ins Ausland flossen, hatten so wenig Erfolg wie die der Sittenprediger über gewisse Modeerscheinungen, und soziale Erwägungen über das Mißverhältnis der Aufwendungen für den Kleiderluxus der vornehmen Kreise, namentlich an den fürstlichen Höfen, zu den drückenden Verhältnissen, in denen große Teile des Volkes lebten, lagen jener Zeit im allgemeinen ferne.

Die Möbel folgten ebenfalls der Stilrichtung des Barock. Auch da machte sich ausländischer Einfluß geltend, wie schon der Name „Kommode" erkennen läßt, die jetzt neben dem Schrank, zunächst in den Räumen der Vornehmen, die bisher vorherrschende Truhe ersetzte. Die Abhängigkeit vom Ausland ging hier indes nicht so weit wie bei der Kleidermode. Das gewissermaßen repräsentative Möbel der Barockzeit, den Schrank (S. 311), gestalteten die deutschen Kunsthandwerker selbständig; sie standen überhaupt auf diesem und manch anderen Gebieten hinter den Kunsthandwerkern keines Landes zurück, weshalb bei den Möbeln die Einfuhr von Fertigfabrikaten keine so große Rolle spielte wie bei der Gesellschaftskleidung. Für die Rohstoffe dagegen war man auch hier großenteils auf das Ausland angewiesen, weil jetzt vielfach kostbare, in Deutschland nicht wachsende Holzarten für die Herstellung von Möbeln verwendet wurden und für deren Verzierung Gold, Silber, Schildpatt und dergleichen. Für Elfenbein hatte die Barockzeit eine ausgesprochene Vorliebe (S. 332). Edelsteine und Kristalle schmückten in verschwenderischer Fülle die Prachtwerke der Juweliere. In der Teppich-, Glas- und Spiegelindustrie machte sich im Laufe dieser Epoche, großenteils mit Hilfe der eingewanderten Hugenotten, Deutschland vom Ausland mehr oder weniger unabhängig, in einigen Zweigen der Glasindustrie, so in der Gravierung und in der farbigen Behandlung des Glases, wurden die Glashütten des Böhmerwaldes und Fichtelgebirges führend, aber auch auf diesen Gebieten schätzte man in Deutschland nach wie vor fremdländische Spezialerzeugnisse.

Die Herrschaft der Mode, das heißt der durch die führenden Gesellschaftsschichten bestimmten Geschmacksrichtung im Bereiche der Kleidung, in der Ausstattung der Wohnräume und im Bauwesen, ist keineswegs nur dem Zeitalter des Barocks eigen, aber kaum je wurde in derart schroffem Gegensatz zu der allgemeinen wirtschaftlichen Lage wie der damaligen in Deutschland für die Befriedigung der Modeansprüche von den höchsten Kreisen herab bis zum mittleren Bürgertum soviel Geld aufgewendet. Rechnet man hierzu den mengenmäßig weit größeren Umsatz in Gewerbeerzeugnissen einfacherer Art und in Landesprodukten und die stetig steigende Einfuhr von Kolonialwaren, so ergibt sich trotz des Niedergangs der führenden oberdeutschen Handelshäuser und der Hanse alles in allem ein umfangreicheres Wirtschafts- und damit auch Handelsvolumen als bisher je in Deutschland.

Handelsmittelpunkte. Geldwesen

Die alten Gewerbe- und Handelsmittelpunkte hatten fast alle ihre frühere Größe ganz oder teilweise eingebüßt. Regensburg hatte nur noch als die Stadt des immerwährenden Reichstages eine ergiebige Einnahmequelle durch die zahlreichen vornehmen Fremden, die sich hier als Mitglieder der höchsten Reichsinstanz oder als

Gesandte der fremden Mächte in seinen Mauern aufhielten. Konfessionelle Unduldsamkeit und Neid der alteingesessenen Gewerbe- und Handeltreibenden veranlaßten viele Kaufleute, darunter über hundert der reichsten und regsamsten, aus Köln auszuwandern, die dort während der niederländischen und französischen Glaubensverfolgungen Zuflucht gesucht hatten. Im protestantischen Nürnberg zeitigte die fremdenfeindliche Politik dieselben schädlichen Folgen wie im katholischen Köln. Nur noch im Kunstgewerbe, in der Kartendruckerei und in der Zeug- und Kurzwarenindustrie konnte Nürnberg mühsam einigermaßen seine frühere Stellung behaupten; im übrigen taten seinem Wirtschaftsleben Städte schweren Abbruch, die, wie Erlangen, Würzburg, Ansbach, Bayreuth, Hugenotten aufgenommen hatten, und Fürth, wohin die Nürnberger Juden schon um 1530 übergesiedelt waren. Auch Augsburg hatte viel von seinem einstigen Glanz und Reichtum verloren, immerhin erholte es sich nach dem Dreißigjährigen Krieg wieder etwas, hauptsächlich durch seine Kattunindustrie und Zeugdruckerei; mit den nun hochkommenden Messestädten Frankfurt und Leipzig und mit Hamburg, jetzt der wichtigste deutsche Handelsplatz, vermochte Augsburg freilich nicht mehr in Wettbewerb zu treten.

Die verkehrsgünstige Lage Frankfurts und die fremdenfreundliche Politik seiner von nationalen und konfessionellen Vorurteilen verhältnismäßig freien Bürger lockten Flüchtlinge, die schon in ihrer Heimat tüchtige und erfolgreiche Handelsleute waren, zur Niederlassung an. So entwickelte sich Frankfurt zu der ersten binnendeutschen Handelsstadt. Ihre Messen wurden maßgebend für die Kaufleute auch aus Städten, die, wie Köln, Augsburg und Nürnberg, einst selbst Handelsmittelpunkte gewesen waren, überdies trafen sich auf der Frankfurter Messe Kaufleute aus fast allen europäischen Ländern. Wegen seiner starken Abhängigkeit von Amsterdam blieb freilich auch Frankfurt in gewissem Sinne ein Handelsplatz zweiten Ranges, und im Laufe des 18. Jahrhunderts wurde die Frankfurter von der Leipziger Messe überflügelt, denn Leipzig lag als Schnittpunkt der vom Osten nach dem Westen Mitteleuropas und vom östlichen Oberdeutschland nach Hamburg führenden Straßen noch günstiger; Engländer, Niederländer und die bis zu einem Viertel der Leipziger Messebesucher stellenden polnischen Juden kamen in die Stadt an der Pleiße; überhaupt erwiesen sich hier wie überall, wo man sie nicht allzusehr einschränkte, die Juden als belebendes und fortschrittliches Element im Handelsleben. Eine fühlbare Konkurrenz erwuchs Leipzig gegen Ende des 17. Jahrhunderts in Berlin infolge seiner zentralen Lage zwischen Breslau und Hamburg und der Wasserwege Fürstenberg an der Oder — Friedrich-Wilhelm-Kanal (S. 276) —Spree—Havel—Elbe und Friedrich-Wilhelm-kanal und die Oder abwärts bis Stettin. Berlins zunehmender Handel und aufblühendes Gewerbe kamen auch im Anwachsen seiner Bevölkerung zum Ausdruck, im Jahre 1661 zählte Berlin sechstausendfünfhundert, 1721 über sechzigtausend und um 1760 hundertzwanzigtausend Einwohner. Hamburgs allmählicher Aufstieg zu dem nach Amsterdam wichtigsten Seehafen des Festlandes begann während des 16. Jahrhunderts mit der Verlagerung des Welthandels vom Mittelmeer und von Lissabon an die Nordseeküsten, mit Antwerpens Ausscheiden (S. 256), mit der wachsenden Seegeltung der Niederlande und dann Englands und mit dem Rückgang des Handels in den Städten der Ostsee. Anfangs des 17. Jahrhunderts wurde Hamburg der größte Umschlagplatz englischer Waren auf dem Kontinent und für die allerdings viel geringere deutsche Ausfuhr. Da Hamburg in den Kriegen des 17. und 18. Jahrhunderts seine Neutralität zu behaupten vermochte, hatte es unter ihnen wenig zu leiden, es zog vielmehr aus ihnen infolge der zeitweisen Lahmlegung der in den Kampfgebieten liegenden Hafenstädte Gewinn. Aber selbst in Hamburg herrschte der Schiffsverkehr der Ausländer bei weitem vor, von den hier in der zweiten Hälfte des 18. Jahrhunderts jährlich ein- und auslaufenden zweitausend Schiffen gehörten nur etwa hundertfünfzig einheimischen Reedern.

Mit dem Handel war naturgemäß das Geldwesen aufs engste verknüpft, zumal Kaufleute auch reine Geldgeschäfte machten, wie sich überhaupt die Spezialisierung der Handelsformen, des Groß- und Kleinhandels, der Kommission, der Spedition und nach Warengattungen erst jetzt allmählich anbahnte. Wegen der damaligen Zerrüttung des Münzwesens (S. 263 f.) bediente man sich bei der Abwicklung größerer Geschäfte vielfach einer durch Vergleichung (Skontierung) der Rechnungen vorgenommenen Kompensation der Zahlungsverpflichtungen und glich die Saldi mit Wechselbriefen aus. Außerdem wurde, hauptsächlich für den Meßverkehr, das „Bankgeld" eingeführt, eine feste, von allen Münzsorten unabhängige Rechnungseinheit auf Goldbasis. Um dieser an sich fiktiven Währung allgemeinere Geltung zu verschaffen, wurden öffentliche Girobanken gegründet, die erste deutsche in Hamburg im Jahr 1619, drei Jahre später die Nürnberger. Privatbanken, die Depositen annahmen und Kredite gewährten, ohne selbst Warengeschäfte zu betreiben, entstanden in Deutschland erst nach dem Zeitalter des Barocks, und die wenigen ständischen und staatlichen Anstalten dieser Art aus dem Ende des 17. Jahrhunderts begannen erst in der zweiten Hälfte des 18. Jahrhunderts aufzublühen. Handelsgesellschaften nahmen allerdings schon seit dem Mittelalter gelegentlich Depositen an, im allgemeinen pflegte aber, wer Geld erübrigt hatte, es zu Hause aufzubewahren oder sich Grundstücke dafür zu kaufen. Infolgedessen standen von privater Seite Mittel zur Kreditgewährung nur in geringem Umfang zur Verfügung.

Am ehesten erhielten adlige Grundbesitzer von Privaten Kredit, weil der Immobilienkredit als sicherste Kapitalanlage galt. Dabei handelte es sich allerdings nicht um Produktiv-, sondern um Konsumtivkredite, immerhin kamen diese der Wirtschaft durch den großen Aufwand des höheren Adels für Kleider- und Wohnungsluxus mittelbar zugute. Erheblich größere Summen als für die privaten kamen für die öffentlichen Kredite in Betracht. Die meisten Fürsten konnten ihre Aufwendungen für Kriege, Verwaltung, Bauten und Hofhaltung nicht aus den Erträgnissen ihrer Domänen und Staatseinkünfte bestreiten. Sie nahmen deshalb kurzfristige Anleihen auf, im 16. Jahrhundert hauptsächlich von einzelnen ausländischen Geldgebern. Später wandten sie sich an die Börsen, namentlich die in Amsterdam, schließlich legten sie ihren Untertanen Zwangsanleihen auf. Obwohl trotz der Anleihen die Staatskassen meist leer waren, gewährten die Fürsten aus merkantilistischen Gründen oft Unternehmern, die Manufakturen errichteten, erhebliche Kredite und förderten damit wie auch durch die Gründung staatlicher Manufakturen das Wirtschaftsleben ihres Landes.

Die Brennpunkte des Handels- und Geldwesens bildeten die Messen und Börsen. Beide Einrichtungen bestanden schon im Mittelalter. Neu war der Aktienhandel und der Handel mit Staatspapieren an den Börsen. Neben der für die Beteiligung an Unternehmungen längst üblichen Form der Handelsgesellschaft entwickelte sich im Zusammenhang mit den Überseekompanien die Aktiengesellschaft. Ursprünglich gab es fast ausschließlich die nur unter Einhaltung umständlicher Formalitäten übertragbaren Namensaktien, sie überwogen auch dann noch geraume Zeit, als im 18. Jahrhundert die Inhaberaktien aufkamen. Trotzdem setzte an der Amsterdamer Börse, dem Hauptplatz des internationalen Effektenhandels, alsbald eine äußerst rege Spekulation ein. Hier begann auch in der zweiten Hälfte des 17. Jahrhunderts der Verkehr in Staatsanleihen. Ähnlich gestalteten sich, allerdings in geringerem Umfange und etwas später, die Verhältnisse an den deutschen Börsen. Sie gingen aus kaufmännischen Korporationen hervor wie in Hamburg aus dem 1558 von den England-, Schonen- und Flandernfahrern gegründeten „Meenen Kopmann" (Gesamtheit der Kaufmannschaft) und in Berlin 1716 aus den zu einer Gilde zusammengeschlossenen deutschen und französischen Kaufleuten.

DAS VERKEHRSWESEN

Das Verkehrswesen diente hauptsächlich dem Handel. Er spornte zur Entdeckung neuer Seewege an, führte zur stetigen Vermehrung der für den Überseeverkehr bestimmten Schiffe und zur Erhöhung ihres Tonnagegehaltes. An all dem hatte indes Deutschland fast nur mittelbaren Anteil. Der Verkehr auf den Flüssen ging in der alten Weise auf Flößen und mit geruderten oder getreidelten Kähnen vor sich, die, oft mehrere aneinandergebunden, von Menschen oder Pferden gezogen wurden. Das Fehlen von Flußregulierungen, die in den Gewässern liegenden Steine und Bäume und zahlreiche Mühlen erschwerten die Fahrt, andererseits erstreckte sich der Verkehr viel weiter flußaufwärts und auf heute nicht mehr befahrene Flüsse. Eine Neuerung war die Einführung von regelmäßigen Verbindungen, so beförderten auf der Donau wöchentlich die sogenannten „Ulmer Schachteln" und die hundertzwanzig Personen fassenden „Wiener Zillen" Menschen, Tiere und Frachtgüter; von München fuhr, ebenfalls wöchentlich, in sechs bis sieben Tagen ein Floß nach Wien. Eifrig beschäftigte man sich gemäß den merkantilistischen Grundsätzen mit der Planung von Kanälen, gebaut wurden jedoch vor der Mitte des 18. Jahrhunderts nur wenige wie etwa der von Kurfürst Friedrich Wilhelm die Spree mit der Oder verbindende, nach ihm oder der Stadt Müllrose benannte Kanal. Weit größer als auf den Wasserwegen war der Verkehr auf den Landwegen, obwohl sich in Deutschland anders als in Frankreich trotz zahlreicher obrigkeitlicher Vorschriften für die Straßenverbesserung und trotz der Erhebung von Wegegeldern die Straßen in äußerst schlechtem Zustande befanden. Chausseen begann man auf deutschem Boden erst im 18. Jahrhundert anzulegen, so in Hessen 1720 und in Baden 1733, dazu war das Straßennetz in den meisten Gegenden Deutschlands weitmaschig. Infolge der schlechten Straßen und der vielen und hohen Wegegelder kam der Warenverkehr in Deutschland teurer zu stehen als in Frankreich, ein sechsspänniger Frachtwagen von Basel bis Frankfurt zum Beispiel kostete auf der französischen Seite des Rheins sechzig, auf der deutschen hunderteinunddreißig Gulden. Dafür wurde wenigstens das Reisen bequemer, als man im 16. Jahrhundert begann, für den Wagenkasten Riemengehänge zu verwenden, und als im 17. Jahrhundert in Berlin die „Berline", eine Kutsche mit rückschlagbarem Dache, erfunden wurde.

Für die Allgemeinheit wurde jetzt die P o s t das wichtigste Verkehrsmittel. Kaiser Maximilian hatte gegen Ende des 15. Jahrhunderts an Stelle der kaiserlichen Boten, die meist nur e i n e n Brief zu Fuß an den Bestimmungsort brachten, zunächst auf einigen wenigen Linien einen Postreiterdienst eingeführt und mit dieser Neuorganisierung des Nachrichtenwesens, „Post" genannt, erst Johann Dax und dann Franz Taxis betraut. Die Postreiter trugen nun die ihnen übergebenen Briefe und Päckchen in einem Felleisen bis zur nächsten Poststation und übergaben es dort einem neuen Postreiter mit frischem Pferd. Zu diesem Zweck wurden in Abständen von zwanzig bis fünfundzwanzig Kilometern „Postleger" eingerichtet. Deren Inhaber, die Posthalter, hatten für den sofortigen Weitertransport der ankommenden Felleisen Pferde bereitzustellen. Anfänglich ging die Post alle vierzehn Tage, später wöchentlich. Briefe von Innsbruck bis Brüssel, eine der ersten neuen Postlinien, waren im Sommer fünfeinhalb, im Winter sechseinhalb Tage und Nächte unterwegs; im Mittelalter hatte man für diese Strecke von ungefähr tausend Kilometern vierzig Tage gebraucht. Außerdem befaßten sich die Posthalter damit, an Reisende Pferde zu vermieten, die ebenfalls bei jeder Station gewechselt wurden. Für die Benutzung der Briefpost wurden anfangs keine Taxen erhoben, weil sie nur für den Briefverkehr der kaiserlichen Behörden bestimmt war; die Posthalter bekamen für jedes ihrer Pferde monatlich acht Goldgulden, soviel wie damals ein Schlachtochse kostete. Die Posthalter nahmen jedoch auch von Privaten Briefe an und erhielten dafür von ihren Kunden beträchtliche „Neujahrsdouceurs". Für ein Reitpferd betrug die Miete von Station zu Station je einen Goldgulden, dabei war das Postieren, das Reisen mit Postpferden, unbequem, weil man Tag und Nacht mit den Postboten reiten mußte. Die Taxis selbst hatten damals aus dem privaten Brief- und Reiseverkehr keine Einnahmen, sondern bezogen von ihren unmittelbaren Auftraggebern, dem deutschen Kaiser und dem König von Spanien, hohe Einkünfte; Franz von Taxis schloß im Jahre 1505 einen Vertrag mit König Philipp I. ab, worin ihm dieser eine jährliche Entschädigung von zwölftausend Livres, nach heutigem Geldwert zweihundertvierzigtausend Goldmark, für den Betrieb der internationalen Postverbindungen der spanischen Krone zwischen Frankreich, den Niederlanden und Deutschland zusicherte.

Während der zweiten Hälfte des 16. Jahrhunderts gerieten die Taxis infolge des Niederländischen Aufstandes und von Familienzwistigkeiten in finanzielle Schwierigkeiten, die Kaiser waren immer säumige Zahler gewesen, nun blieben auch die Gelder des spanischen Königs und der niederländischen Regierung aus. Das gesamte Postwesen geriet in Verfall; die Angestellten der Taxis in Deutschland suchten sich selbständig zu machen und ihre Postkurse auf eigene Rechnung weiterzuführen. Auch nach der Ernennung des Leonhard von Taxis zum kaiserlichen Generalpostmeister im Jahre 1595 und der Erklärung des Postwesens als kaiserliches Regal 1597 trat keine

Besserung ein. Erst seinem Sohne Leonhard II. gelang die Reorganisation. Kaiser Matthias erhob ihn 1615 in den Grafenstand und übertrug ihm das „Generalpostmeisteramt über die Posten im Reich" als erbliches Lehen. Auf Grund dieser Belehnung beanspruchten Graf Leonhard und seine Nachfolger die gesamte Post im Reich als ihr Monopol. Inzwischen hatten verschiedene Reichsstädte und deutsche Fürsten selbst Postverbindungen eingerichtet, mitunter in der Form, daß sie sie gewissermaßen als Nebenlinien an die Taxispost anschlossen. Unter Berufung auf ihr Monopol suchten nun die Taxis die städtischen und fürstlichen Posten zu unterdrücken. Dagegen machten eine Reihe der größeren Landesfürsten geltend, ihnen stehe für ihre eigenen Gebiete das Postregal zu; nach den ihnen im Westfälischen Frieden zugestandenen Rechten war ihnen das kaum noch streitig zu machen. Österreich, Brandenburg, Kursachsen, Hannover, Württemberg und andere Reichsstände schufen sich eigene Landesposten, die schließlich völlig verstaatlicht wurden.

Kurfürst Friedrich Wilhelm von Brandenburg ging als erster deutscher Fürst daran, unter völligem Ausschluß der Taxis in seinem Lande das Postwesen straff zu organisieren und weiter auszubauen. Neben der Reitpost führte er die Wagenpost ein, zunächst für die Gepäckbeförderung, dann auch für den Personenverkehr. Nach dem Vorbild der Taxischen Reitpost ließ er die Reisewagen Tag und Nacht fahren, was in ganz Europa Aufsehen erregte. Als schnellste Post galt die kurbrandenburgische Dragonerpost von Memel bis Kleve. In Preußen konnte man wie auch anderwärts von der Post Reitpferde mieten und den Postreiter oder Postwagen begleiten oder sich eine Extrapost zu Pferde oder mit Wagen nehmen, wobei man von den für den regelmäßigen Postverkehr festgesetzten Zeiten unabhängig war. Der Postbetrieb warf dem preußischen Staate sich stetig steigernde Überschüsse ab, im Jahr 1688 neununddreißigtausend, im Jahr 1712 hundertsiebenunddreißigtausend Taler, obwohl auch die Posthalter gut verdienten, mehr durch die Beteiligung an den Einnahmen als durch ihr Jahresgehalt von zwanzig bis hundert Talern.

Der im allgemeinen noch nicht gebesserte schlechte Zustand der Straßen erschwerte allerdings den Verkehr mit Postwagen, immerhin konnte man zum Beispiel von Leipzig bis Holland durchfahren. Von Frankfurt am Main bis Hamburg brauchte man fünfeinhalb Tage, der in Leipzig neun Uhr abends abfahrende Postwagen traf nach vier Tagen morgens drei Uhr in Breslau ein; für die Postmeile, sieben Kilometer, rechnete man jetzt durchschnittlich eine Stunde. Das Reisen mit Postreitpferden war nun billiger als früher, von Leipzig nach Dresden kam es auf vier, von Leipzig nach Nürnberg auf sechs Taler zu stehen, wozu noch Trinkgelder zu zahlen waren. Für die Benutzung der zur Zeit des Kurfürsten Max Emanuel wöchentlich von München über Köln nach Brüssel in sechzehn Tagen fahrenden „Ordinari Landkutsche" war eine Taxe von siebzehn Talern und sechs Groschen festgesetzt. Mit der Erhebung eines Briefportos hatten die Taxis gegen Ende des 16. Jahrhunderts begonnen, für eine Unze Briefgewicht wurden zehn Kreuzer verlangt, weshalb sparsame Leute den Rat gaben: „Mach kleine und leichte Briefe, schreibe aber ziemlich viel darauf." Das Porto der kursächsischen Post von einem Groschen für einen Brief von Leipzig nach Dresden scheint an moderne Verhältnisse zu erinnern, doch war die Kaufkraft eines damaligen Groschens um ein Vielfaches größer als heute die von zehn Pfennigen.

Das Entscheidende aber ist, daß sich im Zeitalter des Barocks ein der Allgemeinheit ohne weiteres zugänglicher, Deutschland, Italien, Spanien, Frankreich, die Niederlande und England umspannender regelmäßiger Brief- und Reisepostverkehr ausgebildet hat. Im wesentlichen war dies eine Leistung der Taxis. Sie haben die Postorganisation in ihrer Grundlage geschaffen und waren, besonders durch ihre weit verzweigten Familienverbindungen, imstande, den internationalen Postverkehr anzubahnen; so haben sie im Jahre 1633 mit dem englischen Generalpostmeister Briefkurse zwischen Antwerpen und London vereinbart. Für die Posthalter und die Öffentlichkeit wurden Landkarten mit den Postlinien, Tabellen mit Angabe der Entfernungen, der Abfahrtzeiten und dergleichen und zahlreiche „Itinerarien" (Reisebücher) herausgegeben. Im Postwesen tritt besonders deutlich zutage, was in der Wirtschaft trotz mancher binnenländischer Bindungen überhaupt, ebenso im Geistes- und Kunstleben des Barockzeitalters immer wieder zu beobachten ist: die dem ganzen Abendland gemeinsamen Grundzüge der Kultur.

Zweites Buch

Kulturgestaltung und Stände

DIE FÜRSTEN

Die Kultur des Spätmittelalters und im Zeitalter der Reformation trug trotz der Gliederung des Volkes in Stände und trotz Renaissance und Humanismus überwiegend allgemein-volkstümliche Züge. Zum großen Teil lag das an dem damaligen körperschaftlichen Gesellschaftsaufbau, bei dem die einzelnen Schichten mit eigenen in ihrer Korporation wurzelnden Rechten und Pflichten dem großen Ganzen der kirchlichen und staatlichen Gemeinschaft eingeordnet waren. Im Zeitalter des Barocks trat in dem Maße, wie der fürstliche Absolutismus das beherrschende Element auf wichtigen Gebieten der materiellen und geistigen Kultur wurde, das Volkstümliche in der Kulturgestaltung zurück. Wohl blieben die Korporationen mehr oder weniger bestehen und zogen zum Beispiel die Zünfte in der alten Weise bei Prozessionen mit, aber in allem Wesentlichen lag nun die Entwicklung in den meisten deutschen Territorien beim Landesherrn. Infolgedessen wurde vielfach auch in Dingen, welche die Korporationen bisher von sich aus geregelt hatten, von oben herab regiert und reglementiert. Aber nicht nur deshalb gewann jetzt der Fürst für den einzelnen eine weit größere unmittelbare Bedeutung. Nach der Auffassung des voll entwickelten Absolutismus stand der Fürst hoch über dem Volke, sein Hof erschien bei festlichen Anlässen den ehrfürchtig staunenden Untertanen als ein Abglanz der himmlischen Herrlichkeit. Und wie der Wille des Fürsten für alle verpflichtend wurde, richteten sich die vornehmen Kreise, denen das gehobene und mittlere Bürgertum innerhalb seiner Verhältnisse nacheiferte, in allem nach dem Vorbilde des Hofes. An die Stelle der einst auch Kaiser und Fürsten umfassenden Volkskultur trat so die höfische Kultur, höfisch, weil sie sich nach dem an den fürstlichen Höfen Maßgebenden richtete, und in dem weiteren Sinne, weil fast die gesamte Kulturgestaltung vom Hofe des Landesfürsten aus geregelt oder wenigstens irgendwie beeinflußt wurde.

Das vorzüglichste Wirkungsfeld der Fürsten war naturgemäß der Staat. Das Reich ist allerdings nie ein Staat im modernen Sinne geworden, dagegen haben die meisten der größeren weltlichen Territorialfürsten aus ihren Ländern während des Barockzeitalters im Zeichen des Absolutismus eigentliche Staaten geschaffen. Staatliche Einrichtungen mit Beamten hatte es zwar schon in den mittelalterlichen Landesfürstentümern gegeben, aber deren Aufbau war im wesentlichen wie der des Reiches feudal, die Landstände hatten in den Territorien eine ähnliche Stellung wie die Reichsstände im Reiche. Um die Durchführung eines absolutistischen Regimes zu ermöglichen, mußten deshalb die Vorrechte der ständischen Körperschaften, vor allem ihr Recht der Steuerbewilligung, beseitigt werden (S. 168). Das war indessen gewissermaßen nur die negative Seite; die Hauptsache war die Errichtung einer das ganze Land umfassenden, in der Person des Fürsten gipfelnden Zentralverwaltung, der die bis dahin weitgehend selbständigen lokalen Gewalten und Behörden straff untergeordnet wurden. Der Beamte wird nun nicht mehr als der Diener des Fürsten und des Landes betrachtet, sondern nur noch als der des Fürsten; in Baiern wurde 1576 der hier seit dem 14. Jahrhundert übliche Eid der Beamten auf die „Landesfreiheiten", das heißt auf die ständische Verfassung, ausdrücklich abgeschafft.

Die Zentralisierung der Verwaltung erfolgte zunächst von dem in den einzelnen Ländern bereits bestehenden Hofrat aus. Er wurde um die Mitte des 16. Jahrhunderts zu einem unter dem Vorsitz des Fürsten oder eines von ihm ernannten Präsidenten beratenden und beschließenden Regierungskollegium ausgebaut und zählte wenigstens vier, in manchen Territorialstaaten zwölf und mehr Mitglieder, fest angestellte, gut besoldete Beamte, die täglich Sitzungen abhielten, in der Regel ab sechs oder sieben Uhr, an den nicht dienstfreien Nachmittagen ab zwei oder drei Uhr. Das dann auch bei anderen Zentralbehörden eingeführte kollegialische System wirkte scheinbar in einem gewissen Grade dem Absolutismus entgegen, weil ein die etwaige Opposition oder die Beschlüsse des Hofrates öfters mißachtender Fürst zu seinem Schaden bald ohne tüchtige, gewissenhafte Beamte gewesen wäre. Aber schon im 16. und 17. Jahrhundert bestand neben der Rats- eine Kabinettsregierung, also ein durchaus persönliches Regiment der deutschen Territorialfürsten, das sehr oft gegenüber anderen Meinungen des Hofrates in der Außen- und Innenpolitik den Ausschlag gab; überdies lag die Exekutive ausschließlich beim Fürsten. So war trotz des kollegialen Regierungssystems eine üble Günstlingswirtschaft in der nächsten Umgebung des Fürsten, wie etwa unter König Friedrich I. von Preußen, nicht ausgeschlossen.

Aus dem Hofrat ging der Geheime Rat hervor. Seine Mitglieder gehörten in manchen Staaten dem Hofrat an und hatten hauptsächlich die Geschäfte der Außenpolitik zu führen, in den größeren Ländern wie Preußen, Baiern und Sachsen wurde der Geheime Rat eine eigene kollegiale Behörde. In Brandenburg-Preußen übertrug Kurfürst Friedrich Wilhelm den einzelnen Geheimen Räten, wirkliche Geheimräte genannt zum Unterschied von dem manchen ehrenhalber verliehenen Titel Geheimrat, bestimmte Ressorts; für diese wirklichen Geheimräte kam bald auch der Titel Minister auf. Der Geheime Rat war nun die oberste Zentralbehörde; außer der Behandlung außenpolitischer Fragen oblag ihr die Aufsicht über die anderen Zentralbehörden, die ihr auch besonders wichtige Angelegenheiten zu unterbreiten hatten. Der Hofrat blieb oberster Gerichtshof und behielt auch sonst verschiedene Funktionen, in Baiern war er zum Beispiel für alle bedeutenderen Sachen zuständig, für die keine eigenen Behörden vorhanden waren.

Oberste Finanzbehörde wurde die Hofkammer mit einem eigenen Kollegium. Sie hatte die Oberaufsicht über die fürstlichen Domänen, über die Einnahmen und Ausgaben des Staates, über die Regelung der Staatsschulden, über den Bergbau, das Zoll-, Münz- und Forstwesen, Moorkulturen, Wiederherstellung im Kriege verwüsteter Dörfer, Ansiedlung von Einwanderern wie der Refugiés, Erteilung der Lizenz für die Errichtung von Manufakturen und dergleichen mehr. Die Überwachung der für diese Dinge verantwortlichen mittleren und unteren Instanzen stieß, ebenso beim Gerichtswesen, infolge altüberkommener Gepflogenheiten, des Schlendrians und der Bestechlichkeit der lokalen Gewalten, oft auf große Schwierigkeiten. In Preußen wurde das 1713 aus der Hofkammer hervorgegangene Generalfinanzdirektorium hauptsächlich damit betraut, die an den Staat zu leistenden Natural- in Geldabgaben umzuwandeln. In den größeren Territorien wurde während des 16. oder der ersten Jahrzehnte des 17. Jahrhunderts ein Kriegsrat oder ein Kriegskommissariat für die Verproviantierung, Besoldung und Einquartierung der Truppen gegründet. Daraus entwickelte sich nach dem Aufkommen der stehenden Heere eine Behörde, die zu den bisherigen weitgehende polizeiliche und steuerliche Aufgaben hatte, und, am deutlichsten in Preußen ausgeprägt, eine Zweiteilung der Finanzverwaltung, wofür König Friedrich Wilhelm im März 1713 zwei Zentralbehörden schuf, das Generalfinanzdirektorium für die Verwaltung der Domänen, der Post, des Münz- und Zollwesens und das Generalkriegskommissariat für die im wesentlichen zur Erhaltung der Armee eingezogenen Steuern, der sogenannten Kontributionen des flachen Landes und der von den Städten aufzubringenden Akzise (S. 180). Die beiden Behörden unterstanden der Kontrolle der ein Jahr später ebenfalls neu geschaffenen Generalrechenkammer. Trotz des gegenüber Frankreich, England und Holland armen Deutschlands hatten die Finanzbehörden für die damaligen Geldverhältnisse ziemlich hohe Summen zu verwalten; von 1688 bis 1714 betrug das jährliche Durchschnittseinkommen des brandenburgischen Staates ungefähr dreieinhalb, des bairischen etwa sechs und des österreichischen etwa neun Millionen Taler.

Die von König Friedrich Wilhelm 1723 und in den folgenden Jahren vorgenommene Zentralisierung der Verwaltung, die straffste in ganz Deutschland, kann als aufschlußreiches Beispiel für die Zentralisierungsmaßnahmen in den übrigen deutschen Staaten betrachtet werden, weil in ihr die Regierungstendenzen jener Zeit am offenkundigsten zutage treten. Dem Kabinettsministerium mit zwei, später drei Ministern wurden die Angelegenheiten übertragen, welche die Familie des königlichen Hauses, die Landeshoheit, das Reich und die Außenpolitik betrafen. Das Generalfinanzdirektorium und das Generalkriegskommissariat vereinigte 1723 König Friedrich Wilhelm zu dem für Inneres und Finanzen zuständigen Generaldirektorium (S. 248) mit erst fünf, dann vier Ministern, die bestimmte Sachen gemeinsam zu bearbeiten hatten, sonst aber nach Gegenständen oder Provinzen verteilten Departements vorstanden. Für die Provinzen wurden als Organe des Generaldirektoriums je eine Kriegs- und Domänenkammer eingerichtet und innerhalb der Provinzen Kreisdirektoren mit dem Titel Landrat aufgestellt. Sie übernahmen neben den militärisch-fiskalischen allmählich auch die Aufgaben der Landespolizei in ihrem Kreis, die entsprechend dem Wesen des Polizeistaates weitgehend und vielseitig waren, fielen doch nach der damaligen Auffassung unter den Begriff der Polizeiordnung „die Vorschriften über Kleidertrachten und Gastereien, Maßregeln gegen die Ausschreitungen des fahrenden Volkes sowie gegen Unzucht, Kuppelei, Gotteslästerung. Mißbräuche im Handel und Wandel, auch Zunft-, Lehrlings- und Gesellenwesen, Bücherzensur" (Schröder-Künßberg). Die Kreisverfassung galt nur für das platte Land, die Ortspolizei lag hier in den Händen der königlichen Domänenpächter und der Gutsherrschaften, ihre Organe waren die Ortschulzen und die Dorfgerichte. In den meisten größeren Territorien büßten im Zeitalter des Absolutismus die Städte ihre Selbstverwaltung nahezu ganz ein. In Preußen war dafür entscheidend, daß seit 1680 die Verwaltung der Akzise vom Stadtmagistrat immer mehr auf die landesherrlichen Behörden überging. Damit wurde schließlich der „Steuerrat" genannte königliche Commissarius loci neben dem Garnisonschef der eigentliche Herr der Stadt. Durch die Zentralisierung der Verwaltung im Generaldirektorium erhöhten sich die Einnahmen des preußischen Staates rasch, in dem Rechnungsjahr 1726/27 waren sie bereits auf sieben Millionen Taler gestiegen.

Als dritte Zentralbehörde schuf König Friedrich Wilhelm das Justizministerium oder Justizdepartement unter einem Großkanzler und einigen Ministern. Den obersten Gerichtshöfen oblag nur die Rechtspflege, den Appellationsgerichten (Provinziallandesjustizkollegien) neben der Justizverwaltung auch die Erledigung verschiedener anderer Verwaltungsangelegenheiten in den Provinzen. Im Justizwesen vermochte indes der König nicht in dem Maße wie auf den übrigen Gebieten eine einheitliche Organisation durchzuführen. Hier blieben mehrere miteinander praktisch unverbundene Spitzen bestehen, bis unter König Friedrich II. auch in der Rechtsverfassung und Rechtsverwaltung der Gedanke des preußischen Einheitsstaates zum Durchbruch kam. Eine oberstrichterliche Gewalt gab es im Preußen Friedrich Wilhelms nur insofern, als in der Justizpflege wie auf allen Gebieten letzthin der Wille des absoluten Königs entscheidend war. Ein Kriegsministerium hat Friedrich Wilhelm nicht eingerichtet; die wichtigsten Militärsachen wurden durch das ihm unmittelbar unterstehende Oberkriegskollegium, andere durch das Militärdepartement des Generaldirektoriums erledigt. Wie das Oberkriegskollegium waren dem König ohne Zwischeninstanz die Generalkontrolle der Finanzen, die Oberrechnungskammer, und das die Einhaltung der Gesetze durch die Beamten beaufsichtigende Generalfiskalat unterstellt.

Die kollegiale Verfassung behielt König Friedrich Wilhelm für die drei Zentralbehörden bei, alles war von dem zuständigen Kollegium unter dem Vorsitz des Ressortministers oder in gemeinsamen Sitzungen der Minister zu bearbeiten. Aber der König wohnte höchst selten den Verhandlungen bei. Die Minister mußten ihre kollegialen Gutachten und Beschlüsse dem König schriftlich einreichen, und dieser ließ dann seine Entscheidung durch Kabinettsschreiben den Ministern oder anderen hierfür in Betracht kommenden Behörden durch Feldjäger zustellen. In dieser Form der Kabinettsregierung, in dem durchaus persönlichen Regiment des Monarchen vollendete sich der Absolutismus. Er machte aber den Beamten das Leben nicht leichter, stellte vielmehr die höchsten Forderungen an sie, wie dies in dem abschlägigen Bescheid Friedrich Wilhelms an einen aus Gesundheitsgründen um Rücknahme seiner Versetzung nach Tilsit bittenden Beamten zum Ausdruck kam: „Man muß dem Herrn mit Leib und Leben, mit Hab und Gut dienen; die Seligkeit ist für Gott, aber alles andere muß mein sein." Das war im Grunde die Auffassung der meisten Fürsten, nicht nur in Deutschland, wenn sie sie auch nicht alle so folgerichtig und hart gegen ihre Beamten geltend machten. So manche Fürsten führten nach wie vor ein patriarchalisches Regiment, das freilich nicht selten, wie man von der österreichischen Monarchie in den letzten Jahrzehnten ihres Bestehens sagte, nur eine durch Schlamperei gemilderte Tyrannis war. König Friedrich Wilhelm hat übrigens das preußische Beamtentum nicht bloß zu widerspruchslosem Parieren erzogen, er hat ihm auch eine bis zum ersten Weltkrieg vorhaltende mustergültige Pflichttreue und Unbestechlichkeit eingepflanzt. Allerdings verband sich damit vielfach bürokratische Engstirnigkeit, aber sie war und ist kein Monopol Preußens und jener Zeit, und der militärische Befehlston in den preußischen und dann auch anderen deutschen Kanzleien geht zwar zum guten Teil auf den „Soldatenkönig" zurück, daß er sich aber so lange hielt, ist nicht so sehr König Friedrich Wilhelm und seinem Nachfolger Friedrich II. zuzuschreiben wie der Unfähigkeit der führenden Gesellschaftsschichten Deutschlands, mit der Demokratisierung des öffentlichen und privaten Lebens in Westeuropa seit der französischen Revolution Schritt zu halten.

Die mehr oder weniger durchgreifende Zentralisierung der Staatsverwaltung in den deutschen Ländern, trotz der durch die absolutistische Willkür bedingten Schattenseiten schon an und für sich eine bedeutende kulturelle Leistung, erstreckte sich auf die verschiedensten Gebiete der materiellen und geistigen Kultur. Von dem Einfluß des Absolutismus auf die Gestaltung der materiellen Kultur, hauptsächlich durch den Merkantilismus, war bereits in dem Kapitel über die Wirtschaft die Rede. Die Hauptträgerin der geistigen und sittlichen Kultur war immer noch die Kirche. Bereits im späteren Mittelalter hatten die Landesfürsten ein mehr oder weniger weitgehendes Kirchenregiment ausgeübt, im Reformationszeitalter wurden sie insofern in ihren Gebieten Herren der Kirche, als sie die Konfession ihrer Untertanen bestimmten, die katholischen Fürsten waren sodann für die Gegenreformation maßgebend, und die evangelischen Fürsten betrachteten sich, nachdem durch den Augsburger Religionsfrieden für die protestantischen Territorien das Kirchenregiment der Bischöfe aufgehoben war, nun vollends als oberste Bischöfe ihres Landes. An der Spitze der Gegenreformation stand Baiern. Die Durchführung der gegenreformatorischen Maßnahmen übertrug Herzog Albrecht V. 1557 einem „Religionsrat", den er von seinem Hofrat abzweigte und mit fünf Hofräten, lauter Laien, besetzte, die sogar in das Oberaufsichtsrecht der damals in Glaubenssachen noch ziemlich gleichgültigen Bischöfe eingreifen konnten. Ebenso waren die Mitglieder des 1570 an die Stelle des Religionsrates getretenen „Geistlichen Ratskollegium", kurz Geistlicher Rat genannt, meist Laien. Einer der Räte des Kollegiums mußte jährlich alle Geistlichen und Kirchen des Herzogtums visitieren, außerdem übte der Geistliche Rat die Funktionen einer obersten Schulbehörde aus. Erst nach der Neuordnung des Geistlichen Rats gehörten fünf Priester und vier Hofräte dieser Behörde an. Sie hatte unter anderem für die Wahrung der landesfürstlichen Rechte in kirchlichen Sachen, für die Erhaltung der katholischen Lehre und für die Unterdrückung von Ketzereien zu sorgen, die lateinischen und deutschen Schulen mit Ausnahme der von Jesuiten geleiteten zu visitieren, der Wahl von Klosteräbten beizuwohnen, die Bibliotheken von Klöstern und sonstigen geistlichen Anstalten nach ketzerischen Büchern zu durchsuchen und sie zu entfernen, die guten Bücher aber zu notieren, um so ein Generalverzeichnis über die Bestände aller Bibliotheken im Lande zu erhalten.

Viel weiter als das Kirchenregiment der katholischen Landesfürsten ging das der evangelischen. Innerhalb des Katholizismus waren und blieben der Papst und die Bischöfe die eigentlichen Gesetzgeber der kirchlichen Lehre und des kirchlichen Lebens, die katholischen Fürsten wachten nur über die Einhaltung der kirchlichen Gesetze und darüber, daß die landesherrlichen Rechte in den Grenzgebieten von Staat und Kirche nicht durch die geistlichen Behörden geschmälert wurden. Im Protestantismus fiel das Papsttum weg, und die spärlichen Versuche, in Deutschland das Episkopalsystem beizubehalten, scheiterten vor allem, weil nach der lutherischen Lehre das geistliche Regiment auf das Wort beschränkt sein sollte und alles, was durch weltlichen Zwang zu erledigen war, der weltlichen Obrigkeit oblag. Aber auch in den evangelischen Ländern kam man nicht ohne eine feste Organisation der Kirche aus, obwohl die Fürsten sehr bald in den verschiedensten Angelegenheiten, zum Beispiel durch den Erlaß von Kirchenordnungen, persönlich entschieden und zur Aufsicht über die Geistlichen ihres Gebietes Superintendenten ernannten. Als Vorbild für die Organisationsform des lutherischen Kirchenregimentes, die sich schließlich durchsetzte, diente die früher zur Ausübung der bischöflichen Jurisdiktion bestimmte Behörde, das Konsistorium. Ursprünglich waren in den meisten evangelischen Territorien für die einzelnen Landesteile selbständige Konsistorien eingerichtet worden, später wurden sie einer kirchlichen Zentralbehörde, dem neu geschaffenen Oberkonsistorium, unterstellt.

Theoretisch standen den Konsistorien und dann dem Oberkonsistorium im Kirchenregiment dieselben Befugnisse zu wie ehemals den Bischöfen, und sie sollten Kirchenorgane, nicht landesherrliche Behörden sein. Praktisch aber war der Wille des Landesfürsten in jeder Hinsicht für die Konsistorien maßgebend. Er rief sie ins Leben, setzte ihre Mitglieder ein und ab und gab ihnen für die Ausübung ihres Amtes genaue Weisungen, an die sie sich streng zu halten hatten. Auf die Stände seines Landes hatte der Fürst bei seinem Kirchenregiment allerdings Rücksicht zu nehmen, solange sie auf die Regierung in den einzelnen Territorien noch Einfluß hatten, und die adligen Grundbesitzer griffen auf Grund ihres Patronatsrechtes und ihrer niederen Gerichtsbarkeit stark in die kirchlichen Verhältnisse ihres Bezirkes ein. Die Organisation der Konsistorien war in den einzelnen Ländern verschieden; in manchen waren sie eigene kirchliche Behörden, in anderen Staatsbehörden mit geistlichen Beisitzern für die Erledigung kirchlicher Aufgaben, oder sie waren einer weltlichen Zentralbehörde untergeordnet, in Preußen zum Beispiel das Oberkonsistorium ebenso wie das Oberschulkollegium dem Justizdepartement. Auch die Kompetenzen waren nicht überall dieselben; wofür in dem einen Lande eine weltliche Behörde zuständig war, war es in einem anderen Lande das Konsistorium oder Oberkonsistorium.

Mit größtem Eifer nahmen sich die evangelischen Fürsten nach dem Dreißigjährigen Kriege des Wiederaufbaus der kirchlichen Einrichtungen und des kirchlichen Lebens an. Sie befahlen zahlreiche Kirchenvisitationen, erließen neue Kirchen- und Gottesdienstordnungen, setzten die Pfarrgehälter fest, sorgten für einen ausreichenden Nachwuchs an Geistlichen, schärften den Pfarrern ein, der Beichte größere Sorgfalt als bisher zuzuwenden, drangen auf den Besuch der Katechismuslehre teils bis zum zwanzigsten Jahre, teils aller Erwachsenen, ebenso wurde die Teilnahme am sonntäglichen Hauptgottesdienst mit staatlichen Mitteln erzwungen. In Sachsen-Gotha ordnete Herzog Ernst 1645 an, jeden Sonntag in allen Kirchen des Landes über dasselbe von ihm vorgeschriebene Thema zu predigen und so im Laufe eines Jahres die ganze christliche Lehre zu behandeln. Manche Landesfürsten ließen fromme Bücher, Bibelerklärungen und dergleichen hauptsächlich für die damals üblichen Hausandachten verbreiten, die Gesangbücher erhielten einen Anhang mit Gebeten für die häusliche Erbauung. Der kirchliche Unterricht wurde mit dem von den Regierungen sehr geförderten Schulunterricht enger verknüpft; unter König Friedrich Wilhelm I. wurden allein in Ostpreußen ungefähr tausend neue Schulen eingerichtet. In Württemberg und in zahlreichen anderen Territorien führte die Regierung ein Sittenaufsichtsamt ein, den Kirchenkonventen beigegebene Aufpasser hatten die Gemeinden zu überwachen. Ein eigentliches Bestrafungsrecht gestand der Staat der Kirche und erst recht dem einzelnen Pfarrer freilich nicht zu, doch wurde überall die öffentliche Kirchenbuße, meist für geschlechtliche Vergehen, wiederhergestellt, eine dem modernen Empfinden aus guten Gründen zwar widerstrebende, aber bei der Sittenverwilderung nach dem Großen Kriege und bei der damaligen Stellung der Kirche im Volks- und Gesellschaftsleben vielfach heilsame Maßnahme. Überhaupt wäre „ohne die treue Kleinarbeit, die von den Regierungen nach dem Dreißigjährigen Kriege auch in der Fürsorge für die Kirche verrichtet wurde, der geistige Aufschwung des 18. Jahrhunderts, die Hochblüte unseres Schrifttums, nicht vorstellbar" (Holl).

Das Kirchenregiment der Landesfürsten schloß aber auch schwere Schädigungen des kirchlichen, des religiösen und damit des kulturellen Lebens schlechthin in sich. Der absolute Herrscher erkannte neben sich keine andere Gewalt im Staate an, überdies galten nach der um die Mitte des 17. Jahrhunderts aufkommenden Lehre vom Naturrecht (S. 401 f.) die Kirchen als der Staatsgewalt, also dem Fürsten, untergebene Vereine und das jus circa sacra, die Staatsgewalt in Bezug auf die Kirchen, als das vorzüglichste Regal des Landesherrn. Da nun der absolute Staat ein möglichst alles bis ins einzelne reglementierender Polizeistaat war, nahm die unter seiner Herrschaft stehende Kirche großenteils den Charakter eines polizeilichen Zwangsinstitutes an, wodurch das religiöse Leben in vielem veräußerlicht wurde. Außerdem stellten sich die Theologen und Pfarrer durch die übermäßige Betonung der Gehorsamspflicht gegenüber der Obrigkeit nur allzu willig in den Dienst auch von nichts weniger als religiösen Interessen. Manche Theologen gingen noch weiter, sie bestärkten ihren Landesfürsten in der dem Absolutismus schon an sich naheliegenden Theorie und Praxis des Machiavellismus, indem sie mit der Bibel in der Hand auch die verschlagenste und gewalttätigste Politik rechtfertigten. Andere kehrten sich vom politischen Treiben ganz ab und unterließen es nicht bloß, vom christlichen Standpunkt aus Kritik zu üben an unchristlichen Handlungen und Maßnahmen der Obrigkeit, sondern verzichteten überhaupt darauf, sich mit der Frage Politik und Religion ernsthaft zu befassen. All das führte, freilich erst in späteren Zeiten, dazu, daß, wer zum Staat mehr oder weniger absolutistischen Gepräges in Gegensatz geriet, auch die Kirche und ihre Diener als Widersacher des geistigen, politischen und sozialen Fortschrittes ansah und bekämpfte.

Manche der in das Wirtschaftsleben, in die Armenpflege und dergleichen eingreifenden Verordnungen der Fürsten erwecken den Anschein, als ob es damals schon einen Staatssozialismus oder doch Vorstufen hierzu gegeben habe. Dabei handelte es sich indes keineswegs um eigentlich sozialistische Bestrebungen: um die Einführung einer klassenlosen Demokratie, um die Überführung der Produktionsmittel in Gemeinschaftseigentum zum Wohle der Allgemeinheit und um deren Beteiligung an den Leistungen des einzelnen in Geistesleben, Wissenschaft und Kunst. Das absolute Fürstentum stand vielmehr in stärkstem Gegensatz zum Sozialismus, wenn auch verschiedene Maßnahmen tüchtiger Fürsten ihren Untertanen zugute kamen, und der Fürsorge für Arme, Arbeitslose und dergleichen lag die merkantilistische Wirtschaftspolitik zugrunde, die in erster Linie darauf abzielte, den Fürsten die Mittel für die Befriedigung ihrer Prunksucht, ihres Machtstrebens oder sonstiger persönlicher Liebhabereien zu verschaffen. Die wichtigsten Sondervorrechte der Landstände wurden zwar aufgehoben (S. 167 f.), und vor den absoluten Fürsten waren an und für sich alle Untertanen gleich, weil sich jeder seinem Willen fügen mußte; aber die Standesunterschiede nahmen unter ihm, besonders durch die Ausgestaltung des Beamtenwesens noch zu. Die gesellschaftliche Bewertung der einzelnen sich streng von einander absondernden Gruppen richtete sich großenteils nach ihrer Stellung am Hofe oder innerhalb der Beamtenhierarchie, was auch für die evangelische Kirche galt, da sie praktisch eine Staatskirche war. In verschiedenen Ländern, besonders in Württemberg und Sachsen, besetzten einzelne einander durch Verwandtschaft nahestehende Familien alle höheren Kirchenstellen und gehörten zur oberen Beamtenschicht. Die Superintendenten und selbst die Pfarrer rechneten nun zu den „gestrengen Herren", mit denen man es nicht verderben dürfe; von den höheren Kreisen wurden allerdings die einfachen Pfarrer nicht als ihresgleichen betrachtet. Kunst, Literatur und Wissenschaft standen soweit wie irgend möglich im Dienste des weltlichen und geistlichen Fürstentums, wurden aber auch außerordentlich von ihm gefördert. Vieles vom wertvollsten abendländischen Kulturbesitz aus der Barockzeit geht auf diese Förderung zurück; bei dem wegen seiner Minderwertigkeit Verschollenen ist es gleichgültig, ob dies in der Unzulänglichkeit der Künstler und Gelehrten oder in einem späteren Geschlechtern unerträglichen Servilismus seinen Grund hat.

Immer gibt es Menschen verschiedener Art, doch ist jeder Epoche ein Typ eigentümlich, der für sie als repräsentativ angesehen und von dem sich wenigstens der eine oder andere charakteristische Zug bei der Mehrzahl der Zeitgenossen findet. In diesem Sinne spricht man von *dem* Menschen etwa der Gotik, der Aufklärung oder des technischen Zeitalters. Der Mensch des Barocks wurde vor allem durch das absolute Fürstentum geformt. Der Fürst ist nach der Auffassung jener Zeit der irdische Gott, wie dies Klopstock am Ende der Epistel in der Widmung seiner Messiade an König Friedrich V. von Dänemark im Jahre 1750 zum Ausdruck brachte:

„Lange sinnt er ihm nach, welch ein Gedank' es ist:
Gott nachahmen und selbst Schöpfer des Glückes sein
Vieler Tausend! Er hat eilend die Höh' erreicht,
Und er entschließt sich, wie Gott zu sein!"

„Wie Gott sein" hieß selbstverständlich nicht, den Herrscher in der Weise zum Gott erklären, wie es zur Zeit des Hellenismus und der römischen Kaiserzeit geschah. Immerhin wurden bewußt und unbewußt Vorstellungen, die man von Gott hatte, auf den Herrscher übertragen, wie man andererseits sich die himmlische Herrlichkeit in der Art der an fürstlichen Höfen üblichen ausmalte, gehen ja von jeher „Gott schuf den Menschen zu seinem Ebenbilde" und „der Mensch schafft sich Gott nach seinem Bilde" vielfach ineinander über. „Omnia ad maiorem Dei gloriam" war der Wahlspruch nicht nur der Jesuiten. Calvin hat den Gedanken, alles, was ist und geschieht, habe Gottes Ruhm und Ehre zu mehren, nicht weniger stark betont, und das Luthertum war von diesem Gedanken ebenfalls durchdrungen. Zu dem „omnia ad maiorem Dei gloriam" der Kirchen kam das „omnia ad maiorem Principis gloriam" des Absolutismus, war doch der Fürst König an Gottes Statt mit Generalvollmacht für den irdischen Bereich, der, wie bei dem fürstlichen Kirchenregiment bereits erwähnt, über das rein Weltliche weit hinausging.

Ein gewisses Gepränge gehörte von jeher zum Herrschertum als Zeugnis seiner Macht und seines Ruhmes, jetzt aber entfalteten mit wenigen Ausnahmen selbst kleinere Fürsten einen Prunk, der wetteiferte mit dem himmlischen, wie er den Katholiken in den Gemälden und Skulpturen ihrer Kirchen vor Augen geführt, und wie er in den Kirchenliedern der Protestanten besungen wurde. Ruhm und Ehre sind dem Barockzeitalter das Gott und den Fürsten vor allem Auszeichnende, und da sich beider Glorie in Prunk und Pracht offenbart, sind diese der Maßstab für himmlische und irdische Größe und Herrlichkeit. Als Äußerung der Ehr- und Ruhmsucht will der Prunk Aufmerksamkeit auf sich ziehen und liebt den Überschwang; das Ideal des Barocks ist nicht edle Einfalt und stille Größe, es zielt auf Effekt ab und schwelgt in Affekten. Wesen und Leistungen zahlreicher Fürsten standen in schroffstem Gegensatz zu dem Anspruch, den sie auf Verherrlichung machten, und nicht einer war vollkommen das, was die übliche Apotheosierung in Wort, Schrift und Bild aus den Herrschern machte. Und da, den Fürsten nacheifernd, die Untertanen innerhalb ihrer Sphäre ebenfalls möglichst viel zu scheinen und pompös aufzutreten trachteten, erweckt die Kultur des Barockzeitalters in verschiedenen ihrer Erscheinungen den Eindruck des Unnatürlichen, Unehrlichen, des Übertriebenen und besonders des Schwülstigen, wonach die Barockzeit geradezu als die Schwulstzeit bezeichnet wurde. Der Prunk der Barockzeit war indes keineswegs nur Schein. Viele waren bestrebt, soweit es in ihren Kräften stand, ihr Denken und Fühlen und ihre Taten in Einklang zu bringen mit dem glänzenden Äußeren und sich so von den Niederungen des irdischen Daseins zu erheben; starke Willensanspannung, rastlose Aktivität, hochgemute Beschwingtheit, heroische Haltung und Gesinnung kennzeichnen deshalb oft Menschen des Barock und ihre Schöpfungen.

Der seinen Untertanen wie ein Gott gebietende Fürst war von stärkstem Selbstbewußtsein erfüllt und verlangte von ihnen außer unbedingtem Gehorsam ehrerbietigste Unterwürfigkeit in Wort und Gebärde. Sie fanden das durchaus in Ordnung und folgten im übrigen auch hierin dem fürstlichen Beispiel je nach ihrer sozialen Stellung, was namentlich in den gesellschaftlichen Formen und im Titelwesen zum Ausdruck kam. Wer wem den Vortritt zu lassen und wie tief man sich zu verbeugen hatte, vor wem und wann der Hut aufzubehalten und abzunehmen, was für Komplimente zu machen und mit welcher Kopf- und Achseldrehung sie zu begleiten waren und hunderterlei dergleichen war genau vorgeschrieben. Die Angehörigen der einzelnen Stände und Berufe hielten streng darauf, daß sie, wenigstens bei mehr oder weniger offiziellen Anlässen, in der ihnen gebührenden Weise angesprochen wurden, wie etwa der Doktor der Jurisprudenz als hochgelahrt und der Doktor der Medizin als hocherfahren, der Superintendent als hochehrwürdig und der Pastor als wohlehrwürdig, der Bürgermeister als hochedel, der Ratsherr als wohlweise und der Kaufmann als wohlehrenfest. Am meisten stritten sich die Adligen um Rang und Titel. Als Lady Montague 1716 nach Regensburg kam, fiel ihr auf, daß die dort zahlreich anwesenden Adligen alle miteinander verfeindet waren, weil jeder den Anspruch auf den Titel Exzellenz erhob und keiner ihn den anderen zuerkennen wollte. An Stelle von „Ihr" wurde jetzt „Sie" üblich, ausgehend von der im weiteren Verlauf des Gespräches durch die dritte Person Pluralis des Personalpronomens ersetzte Anredeform „Ihro Gnaden". In die schwierige Kunst, allen Anforderungen eines „höflichen" Benehmens gerecht zu werden, führten zahlreiche Bücher ein wie die 1649 erschienene „Anleitung zur Höflichkeit" oder des Julius Bernhard Rohr „Einleitung in die Ceremonialwissenschaft der Privatpersonen" (1728) und „der großen Herren" (1729).

Trotz seiner Gespreiztheit und Geschraubtheit war das höfisch-höfliche Wesen der Barockzeit ein Element äußerer Zivilisation und innerer Bildung. Dem Ideal höfischer Zucht zur Zeit der Blüte des Rittertums war im Spätmittelalter der Grobianismus (S. 412 f.) gefolgt. An seinen Roheiten und Unflätereien fanden auch Grafen, Fürsten und Kaiser Gefallen; den Höhepunkt erreichte er im 16. Jahrhundert. Mit dem Eindringen der spanischen, der italienischen und der schließlich völlig tonangebenden französischen Etikette und Geisteshaltung an den deutschen Höfen war der Grobianismus nicht mehr vereinbar. Bei Hofe mußte man jetzt gute Manieren haben und gewandt und möglichst auch geistvoll Konversation zu machen imstande sein. Der Hofton wurde allgemein für die gute Gesellschaft maßgebend. Auch dafür konnte man sich in der „Anleitung zur Höflichkeit" und ähnlichen Büchern Rat holen, worin vor Themen wie dem „abgeschmackten Wetter-Diskurs" oder gar dem im Zeitalter des Grobianismus so sehr beliebten „Läuten der Sauglocke" gewarnt wurde; man solle sich einwandfreie, interessante Anekdoten und Witze erzählen und sich ohne pedantische Gelehrsamkeit über die verschiedenartigsten Bildungsstoffe unterhalten. Die Bildungswerte der Barockzeit wurden in ihrer reichen Mannigfaltigkeit und in ihrem tieferen Gehalt allerdings nicht von den Fürsten und an ihren Höfen geschaffen, deren es um 1700 mit den Seitenlinien und Nebenzweigen der größeren fürstlichen Häuser in Deutschland ungefähr fünf- bis sechshundert gab, doch ist durch die von den Höfen ausgehenden Wirkungen das gesellschaftliche Leben zivilisierter geworden, und die geistige Bildung wurde aus der Enge der Schul- und Gelehrtenstube in die große Welt eingeführt.

DER ADEL

Den Einfluß der Adligen auf die Kulturgestaltungen bestimmte neben ihren persönlichen Anlagen, Bestrebungen und Schicksalen hauptsächlich die Zugehörigkeit zu den einzelnen Gruppen der Aristokratie. Die erste Gruppe war der hohe Adel, die Reichsfürsten und die Reichsgrafen. Zu diesem, dem ersten und vornehmsten Stande, zählten nur die Mitglieder von Geschlechtern, welche die Landeshoheit über ein Territorium besaßen, ausnahmsweise auch solche, die einmal eines besessen hatten, und in gewissem Sinne die Inhaber reichsunmittelbarer Bistümer und Abteien. Der Kaiser konnte auch andere Personen und Familien in den hohen Adel erheben, aber seit 1654 nur noch dem Titel nach ohne die ihm zustehenden Rechte. In Süd- und Westdeutschland hatte es im Mittelalter zahlreiche Reichsministerialen gegeben. Sie schlossen sich während des 15. Jahrhunderts mit den nicht zum hohen Adel aufgestiegenen freien Herren, den Baronen, in Ritterbünden zusammen und bildeten den Reichsadel. Seine Mitglieder hatten über ihre Gebiete zwar keine souveräne, aber immerhin wenigstens eine beschränkte landesherrliche Gewalt, rechneten jedoch zum niederen Adel, weil sie gleich diesem keine Reichsstandschaft hatten. Der Landesadel, ursprünglich ebenfalls ein grundbesitzender Geburtsadel, war den Territorialfürsten untertan und besaß nur landständische Rechte; Landadel bezeichnet an und für sich den auf seinen Gütern lebenden Adel, doch fielen Landes- und Landadel praktisch vielfach zusammen. Der Stadtadel wurde, soweit er auf altpatrizische Geschlechter der Reichsstädte zurückging, dem Landesadel gleichgeachtet. Kaiser Karl IV. (1346 bis 1378) hatte nach französischem Vorbild den Briefadel eingeführt, die Verleihung des Adels ohne Rücksicht auf Abstammung und Beruf durch eine Urkunde. Wie die Erhebung in den hohen so stand ursprünglich auch die in den niederen Adel nur dem Kaiser zu, doch beanspruchten später dieses Recht auch die Landesfürsten für sich, die, wie die von Preußen, Sachsen und Baiern, als europäische Mächte galten, überdies verlieh der Kaiser noch anderen Reichsständen das Recht der Adelsernennung, von dem nun alle hierzu Befugten steigenden Gebrauch machten. Außerdem war mit der Würde eines Doktors der Jurisprudenz seit dem späteren Mittelalter der persönliche Adel verbunden. Das kam jetzt ab, dafür trat vielfach die Gleichstellung der höheren Beamten mit den Niederadligen.

Die durch den Absolutismus bedingte Kulturgestaltung ist insofern ein Werk des Hochadels, als aus ihm die Fürsten hervorgegangen sind. Darüber hinaus beteiligten sich manche regierende Fürsten, besonders kleinerer Territorien, und andere Angehörige der Fürsten- und hochadligen Herrengeschlechter persönlich am Kulturschaffen jener Zeit. Fürst Ludwig von Anhalt-Köthen gründete 1617 den ersten der für das damalige literarische Leben bedeutsamen Vereine „Die Fruchtbringende Gesellschaft" (S. 451 f.), der unter anderen Karl X. Gustav, König von Schweden und Pfalzgraf von Pfalz-Zweibrücken, und Kurfürst Friedrich Wilhelm von Brandenburg beitraten;

Fürst Ludwigs Schwester, Anna Sophie von Schwarzburg, stiftete die „Tugendliche Gesellschaft", in die nur fürstliche und Frauen des Hochadels aufgenommen wurden. Im allgemeinen förderten die hohen Herren und Damen, obwohl nicht wenige von ihnen selbst zur Feder griffen, Literatur und Wissenschaft nicht so sehr durch eigene Leistungen wie durch große Aufwendungen für Kunst, Theater, Oper und Musik und als Gönner von Dichtern und Gelehrten. Immerhin gehören die Romane des Herzogs Anton Ulrich von Braunschweig (S. 430) zu den besten jener Zeit, veröffentlichte Graf Ehrenfried Walter von Tschirnhaus (1651—1708), der an der Erfindung des Porzellans erheblichen Anteil hatte, hervorragende philosophische und naturwissenschaftliche Arbeiten und zeichnen sich des Grafen Heinrich von Bünau-Dahlen (1697—1762) geschichtliche Werke durch gründliches, umfassendes Quellenstudium aus. Unter den Dichterinnen, namentlich religiöser Lieder, ragen einzelne fürstliche Frauen hervor, so die Gemahlin des Kurfürsten Friedrich Wilhelm, Luise Henriette, Prinzessin von Oranien. — Der Reichsadel spielte politisch keine nennenswerte Rolle mehr. In seinen kleinen Herrschaftsgebieten konnte er auch kulturell mit den großen Fürsten nicht wetteifern. Dagegen waren die meisten der einträglichen Pfründen in den reichen Kirchenstaaten Westdeutschlands und Frankens in seinen Händen, auch zogen viele nicht dem geistlichen Stande angehörende Mitglieder des Reichsadels in die Hauptstädte der geistlichen Staaten, so daß die Kultur an den Höfen der Erzbischöfe jener Gegenden, die, zumal am Rhein, einen starken französischen Einschlag hatte, hauptsächlich von Mitgliedern des Reichsadels bestimmt war.

Der Landesadel büßte seinen früheren politischen Einfluß in den Territorien fast ganz ein, in denen die Fürsten das Steuerbewilligungsrecht der Landstände aufhoben. Die wirtschaftliche Lage des Landadels war abgesehen von individuellen Verschiedenheiten je nach Zeit, Ort und sonstigen Umständen mancherlei Schwankungen unterworfen. Gegen Ende des 16. Jahrhunderts war der adlige Grundbesitz tief verschuldet. Während des Dreißigjährigen Krieges wuchsen infolge der Verwüstung der Güter und der fehlenden Arbeitskräfte die Schulden so an, daß sie in zahlreichen Fällen den Wert des Grundbesitzes erheblich überstiegen, selbst vermögende Adelsfamilien mußten beträchtliche Summen aufnehmen. Nach dem Kriege sahen sich viele gezwungen, einen mehr oder weniger großen Teil ihrer Güter zu verkaufen. In Baiern erwarben das meiste davon die Klöster. Hier gab es gegenüber fünfhundertdreiundneunzig adligen Grundbesitzern um 1600 im Jahre 1669 nur noch zweihundertachtundsiebzig. Um 1700 hieß es vom bairischen Adel, daß nicht der zehnte Teil davon dreihundert Gulden in bar besitze. Durch diese Entwicklung wurde die Kulturpflege auf dem platten Lande sehr gefördert, weil besonders die Benediktiner- und Zisterzienserabteien für die Kunst, für den Ausbau ihrer Bibliotheken und dergleichen große Summen ausgaben. Der bairische Adel, der nun von seinen Schlössern mehr und mehr in die Städte übersiedelte, gewann mit dem Kulturleben in ihnen engere Fühlung und hatte jetzt weniger Interesse daran, Bauerngüter seinem Grundbesitz einzuverleiben, was zur Erhaltung eines gesunden Bauernstandes in Baiern viel beitrug.

Die Auswirkungen des Dreißigjährigen Krieges brachten indes dem Adel mitunter auch wirtschaftliche Vorteile. Reich und Fürsten, auf die Erhaltung des Landesadels bedacht, erließen Verordnungen, wonach Kriegsschulden und Zinsrückstände von

Adligen teils herabzusetzen, teils ganz zu löschen waren, außerdem waren in den Wirren der Kriegszeit in vielen Fällen Rechte von Gläubigern und Verpflichtungen von Schuldnern fraglich geworden. Darf man auch den Ausspruch des 1677 gestorbenen Juristen Kaspar Manz „Die Junker sein durch den Krieg von ihren Schulden gekommen wie durch den Heiland", nicht verallgemeinern, so trifft dies doch für nicht wenige zu. In Böhmen und Mähren bildete sich während des Krieges eine reiche Adelsschicht (S. 89), die vielfach kulturell eine ähnliche Stellung wie der Hochadel einnahm. Im rechtselbischen Norddeutschland bot die Verwüstung des platten Landes dem Adel die Möglichkeit, einen sehr großen Teil des bäuerlichen Grundeigentums einzuziehen und das Bauerntum überhaupt wirtschaftlich und rechtlich zu knechten. Den adligen Großagrariern standen hier nun meist ausreichende Mittel zur Verfügung. Auch im übrigen Deutschland erholte sich der grundbesitzende Adel großenteils allmählich so weit, daß er wenigstens einigermaßen standesgemäß leben konnte. Hierzu trug viel die in Deutschland erstmals 1672 in Baiern vollzogene gesetzliche Anerkennung der in Spanien aufgekommenen Fideikommisse oder Majorate bei. Daneben saßen freilich immer noch, besonders östlich der Elbe, auf kleinen völlig heruntergewirtschafteten Gütern zahlreiche Junker, die in den kümmerlichsten Verhältnissen ihr Dasein fristeten und als „Krippenreiter" verspottet und gefürchtet für ihre adligen und nichtadligen Nachbarn eine Landplage waren.

Während des 16. Jahrhunderts zeichnete sich der Landesadel als Kulturfaktor durchschnittlich keineswegs aus, das Grobianische herrschte in seinen Worten, seinem Benehmen und dem maßlosen Essen und Trinken vor. Der Dreißigjährige Krieg war nicht dazu angetan, seine Sitten zu verfeinern. Dann aber wurde der Landesadel zum großen Teil der Hauptträger der höfischen Kultur. Schon früher war es üblich gewesen, daß sich zahlreiche Adlige kürzere oder längere Zeit in der Umgebung ihres Fürsten aufhielten und so den Glanz seines Hofes erhöhten. Jetzt kam es auch darin mit der Ausbildung der Hofetikette zu einer nach Rang und Aufgaben gegliederten Hofgesellschaft. Ihre vorzüglichsten Mitglieder waren zunächst Angehörige der angesehensten alten Adelsgeschlechter des Landes, denen dann oft vom Ausland, namentlich Italien und Frankreich, an den Hof gezogene Kavaliere gleichgestellt wurden. Da eine gewisse allgemeine Bildung zum höfischen Wesen gehörte, bemühten sich die Adligen mehr, sie sich anzueignen, und, wer es sich leisten konnte, ließ seine Söhne, die ja auch einmal zu Hofe gehen sollten, auf seinem Adelssitz durch eigene Lehrer unterrichten. Der vollendete Hofmann sprach französisch und etwa auch italienisch, und war an andere deutsche Fürstenhöfe und ins Ausland, namentlich nach Holland, Italien und Frankreich gereist. So erhielt das höfische Wesen neben der partikularistischen und deutschen auch gemeineuropäische Züge. Adlige Grundherren hielten sich meist nur zeitweise am Hofe auf, sahen es aber gerne, wenn einer ihrer Söhne für länger oder für immer ein Hofamt übernahm.

Die höchsten Beamtenstellen waren ursprünglich ebenfalls einheimischen und ausländischen Adligen vorbehalten, doch konnten allmählich immer mehr Männer bürgerlicher Herkunft eine glänzende Beamtenkarriere machen und erhielten dann oft einen Adelstitel. Bei Hofe und auch sonst in der Gesellschaft hatten die altadligen Beamten zwar den Vorrang, im übrigen erfolgte jedoch eine weitgehende Angleichung der zwei

Gruppen, so daß man von ihnen in gewissem Sinne als dem Beamtenadel sprechen kann. Man erwartete nun vom altadligen Beamten, daß er an gründlicher Ausbildung und Sachkenntnis hinter dem bürgerlichen, der beides um hochzukommen besitzen mußte, nicht allzusehr zurückstehe, und von diesem, daß er sich wie ein Kavalier zu benehmen wisse. Der wohlhabende, weltmännisch gewandte und geistig interessierte Beamtenadel hielt nicht nur auf vornehme Kleidung und repräsentatives Wohnen viel, sondern auch auf die Pflege von Wissenschaft, Kunst und Literatur. Seine kulturellen Interessen übertrugen sich auf Mitglieder anderer Adelsschichten, mit denen er, wie mit dem gehobenen Bürgertum, durch verwandtschaftliche Bande und sonstige Beziehungen in näherer Fühlung stand. Wissenschaft und Literatur gewannen dadurch an gesellschaftlichem Ansehen; nicht selten wurden nun Gelehrte und Dichter durch Verleihung des Adelstitels ausgezeichnet. Andere Angehörige des Briefadels, meist reiche Handelsherren, wurden, zumal wenn sie sich verschuldete Adelsgüter kauften und damit die mit ihnen verbundenen Rechte erwarben, von den Mitgliedern der alten Adelsgeschlechter in der Regel als parvenühafte Eindringlinge in ihre Kreise verachtet, waren aber eifrig bemüht, es dem alten Adel gleichzutun. Wie immer in ähnlichen Fällen stand dabei Äußerliches im Vordergrund, doch erhielten auch von den Neuadligen neben Schneidern und Perückenmachern Künstler und Meister des Kunsthandwerks Aufträge, und manche folgten in der Förderung von Wissenschaft und Literatur dem Beispiel der geistig Regsamsten des Landes-, des Beamten- und des von jeher kulturfreudigen altpatrizischen Stadtadels.

Im allgemeinen war der Adel, soweit er bewußt am Kulturleben teilnahm, dem für jene Zeit Fortschrittlichen zugewandt; so fand zum Beispiel der Mystiker Böhme bei dem Adel seiner Lausitzer Heimat den stärksten Widerhall, der Pietismus hatte unter dem Adel, besonders dem Reichsadel, zahlreiche Anhänger, für die Ausbildung des literarischen Geschmackes der gebildeten Kreise war der Adel, namentlich der Beamtenadel tonangebend, und wie der Hochadel ließen sich die Reichsten der übrigen Adelsgruppen in dem neuen Stile, dem Barockstil, Schlösser und Stadtpaläste bauen und Gärten anlegen. Auch nach dem Zeitalter des Barock haben sich auf allen Gebieten der materiellen und geistigen Kultur zahlreiche Adlige Verdienste erworben, und manche sind bei revolutionären Bewegungen und in linksgerichteten politischen Parteien führend hervorgetreten. Im allgemeinen war freilich die politische und kulturelle Einstellung des Adels seit der französischen Revolution überwiegend konservativ, und was Gustav Freytag vor nahezu einem Jahrhundert von dem „neuen Junkertum" sagte, galt bis in unsere jüngste Vergangenheit hinein für eine gewisse Schicht des Adels. Sie „ist, wenn man genau zusieht, nichts weiter als anspruchsvolle Fortsetzung der alten Krippenreiterei. Hinter Uniform und Ordenskreuz birgt sich nicht selten derselbe Haß gegen die Bildung der Zeit, dieselben Vorurteile, der gleiche Hochmut, eine ähnliche groteske Verehrung absterbender Vorrechte und dieselbe rohe Selbstsucht gegenüber dem Gemeinwesen. Denn nicht wenige unter jenem Hofadel und Landadel betrachten noch immer den Staat ähnlich wie ihre Ahnen (die Krippenreiter) die gefüllten Vorratskammern eines Nachbars".

Als nach dem Dreißigjährigen Krieg die stehenden Heere aufkamen, stellte der einheimische Adel allmählich den größten Teil des Offiziersnachwuchses. Das hatte für die Fürsten den Vorteil, daß sie dadurch für ihre Person und ihr Haus eine feste Stütze gewannen an dem bis vor kurzem wegen der Zurückdrängung der landständischen Rechte zur Opposition neigenden ersten Stand ihres Territoriums, und für den Adel, daß viele von ihm, die kein Gut besaßen und für die Beamtenkarriere nicht geeignet waren, einen Beruf ergreifen konnten, der nun als der vornehmste galt, was auch darin zum Ausdruck kam, daß die Offiziersuniform das Ehrenkleid selbst des Fürsten wurde. Die meisten Offizierspatente waren jetzt dem Adel vorbehalten, brachte es ausnahmsweise ein Bürgerlicher zum höheren Offizier, dann wurde er in der Regel nobilitiert. Diese enge Verbindung mit dem Offizierswesen bot dem Adel bei dem öden Drill auf den Kasernenhöfen und der oft menschenunwürdigen Behandlung der Soldaten nach dem Grundsatz, der Soldat müsse seine Vorgesetzten mehr fürchten als den Feind, keine günstigen Voraussetzungen für ein fruchtbares Verhältnis zur Kultur. Doch so sehr die unerfreulichen Erscheinungen des Junkertums gerade beim adligen Offizierskorps hervortraten, darf darüber nicht übersehen werden, daß ein Prinz Eugen sich durch Werke des Friedens nicht weniger als durch seine Kriegstaten auszeichnete, daß die Lust, persönliche Erlebnisse in Memoiren festzuhalten, nach dem Dreißigjährigen Krieg auch bei Offizieren gewachsen ist und daß aus ihren Schriften im Zeitalter der nächstfolgenden Epoche der Aufklärung „der Aufschrei der gequälten Menschheit widerklingt, die sich aus einer Zeit nicht endender Kriege heraus nach Frieden, nach einem ruhigen, kulturfreudigen Dasein sehnte" (Frauenholz).

DIE ÜBRIGEN STÄNDE

Die Reichsstädte hatten trotz ihrer vollen Gleichstellung mit den übrigen Reichsständen ihre frühere politische Bedeutung eingebüßt (S. 163), auch waren sie, abgesehen von wenigen Ausnahmen, wirtschaftlich zurückgekommen, doch hatten immer noch verschiedene von ihnen über ihre Stadtmark hinaus gleich den Landesfürsten ein eigenes Territorium und nahmen kulturell eine beachtenswerte Stellung ein. Die Stadträte und Magistrate der fürstlichen Landesstädte wurden zwar in der Regel auch fernerhin von der Bürgerschaft gewählt, mußten aber von der Landesregierung bestätigt werden und hingen von ihr in der Geschäftsführung, besonders in Preußen, derart ab, daß sie eigentlich nur noch Staatsbeamte waren. Dafür überflügelten nun in den größeren Territorien die Landesstädte, wenn sie zugleich Residenzstädte waren, und mitunter auch andere wie etwa Leipzig, die meisten Reichsstädte, und selbst kleine Residenzen bildeten Mittelpunkte eines vielgestaltigen und reichen Kulturlebens. Für die Gestaltung der Kultur war freilich das B ü r g e r t u m bei weitem nicht mehr so wie im Spätmittelalter maßgebend, und die Vertiefung der Standesunterschiede zwischen den Patriziern, den Großhändlern, die nicht zum Patriziat zählten, den Kleinhändlern, den Beamten, den Zunftmeistern und den Gesellen trug zur Aufspaltung der ehemaligen Volkskultur viel bei. Schlimmer noch als der zunehmende Kastengeist innerhalb der einzelnen Gruppen war die sich allmählich durchsetzende Zweiteilung der gesamten städtischen Bevölkerung in einen Patrizier, Großkaufleute und Beamte umfassenden höheren und einen niederen Bürgerstand, dessen Angehörige gleich den Bauern gesellschaftlich als „viles et turpes", als geringe und nicht „ehrbare" Personen galten; bis zu einem gewissen Grade war diese Einstellung in manchen Kreisen noch am Anfang des 20. Jahrhunderts nicht überwunden.

Der höhere Bürgerstand richtete sich in allem nach dem höfischen Vorbild. Bei der großen Zahl der Residenzen kamen viele vom niederen Bürgertum in Beziehung zu einem Hofe als Kaufleute, als Handwerker oder auch nur als Lakaien. Und wer immer mit den allergnädigsten Herrschaften, einem ihrer Beamten oder sonst einer höhergestellten Persönlichkeit zu tun hatte, bemühte sich zu zeigen, daß er wußte, was sich für einen „höflichen" Mann schickte, besonders wenn er mit dem Titel eines Hofschlossermeisters oder dergleichen ausgezeichnet war oder zu werden hoffte. Obwohl also für alle Schichten des Bürgertums der fürstliche Hof tonangebend war, machten sich im Kulturleben natürlich auch das städtische Wesen und die bürgerlichen Berufe an und für sich geltend. Die unteren Schichten erhielten in den Volksschulen der Städte durchschnittlich einen besseren Unterricht als auf dem platten Lande. In den größeren Städten gab es gute Schreib- und Rechenschulen, die hauptsächlich von angehenden Kaufleuten und künftigen Handwerksmeistern besucht wurden, und Gymnasien, deren Theateraufführungen (S. 421 f.) eine starke Anziehungskraft ausübten. Den Universitätsstädten gaben die Professoren und die Studenten ein besonderes Gepräge. Die kirchlichen Stellen wurden in den Städten meist mit geistig regsameren Pfarrern und Pastoren besetzt, in den katholischen war die Zahl der Kirchen und Klöster sehr groß. In den Städten standen die Theater und Opernhäuser und lebte der weitaus größte Teil der Künstler und Kunsthandwerker, der Beamten, Gelehrten, Dichter und Schriftsteller; die kulturschaffenden Kräfte entstammten überwiegend dem Bürgertum.

Dem höheren Bürgertum ermöglichte sein Einkommen, die Früchte der materiellen und geistigen Kultur in reichlichem Maße zu genießen, dem niederen blieb daran meist nur ein bescheidener Anteil, die Mehrzahl der Arbeiter verdiente kaum das Nötigste für den Lebensunterhalt. Einen einheitlichen geschlossenen Arbeiterstand im modernen Sinne gab es damals noch nicht, aber viele Menschen, die gleich den Lohnarbeitern der Neuzeit von einem Arbeitgeber abhängig waren. Von den gewerblichen Arbeitern standen sich verhältnismäßig am besten die Handwerksgesellen. Gegen Ausbeutung und allzu willkürliche Behandlung der Meister schützten sie sich durch örtliche und interlokale Verbände. Ihr wirksamstes Kampfmittel war die Arbeitsniederlegung. Gesellen, die sich an die Beschlüsse ihres Verbandes nicht kehrten, wurden „geschmäht", „gescholten", und ein so Verfehmter konnte sich in keiner Werkstatt mehr halten, deren Gesellen dem Landesverband angeschlossen waren. Meister, die sich gegen Verbandsgenossen verfehlt hatten, wurden für „unredlich" erklärt und in den „Bann" getan, worauf kein Geselle mehr bei ihnen arbeiten durfte; mitunter kam es selbst zu Aufständen der Gesellen gegen die Meister. Da die Gesellen vielfach im Haushalt ihres Meisters verpflegt wurden, litten sie nicht in dem Maße wie die Taglöhner und Heimarbeiter darunter, daß die Erhöhung der Geldlöhne im 16. und 17. Jahrhundert gegenüber der allgemeinen Preissteigerung zurückblieb, um 1700 war der Reallohn der Arbeiter nur noch halb so hoch wie am Ende des Mittelalters.

Die Bergleute, die Arbeiter in den Manufakturen und die Heimarbeiter, unter ihnen auch zahlreiche für Verleger arbeitende, eigentlich dem Bürgerstande angehörende Handwerksmeister (S. 250), lebten vielfach in den drückendsten Verhältnissen; so sah sich zum Beispiel die Hessen-Darmstädtische Regierung 1716 veranlaßt, den Frauen und Kindern der Bergleute das Betteln zu verbieten. An der weitverbreiteten Kinderarbeit nahm niemand Anstoß, vielmehr war man der Überzeugung, die Kinder sollten möglichst früh, vom fünften oder sechsten Jahr an, zur gewerblichen Arbeit angehalten werden, damit ihnen das Arbeiten zur zweiten Natur würde. Der Anteil der Arbeiter an den Gütern der materiellen Kultur, in beträchtlichem Maße das Werk ihrer Hände, war äußerst gering, und ihr Anteil an der geistig-künstlerischen beschränkte sich im wesentlichen auf das, was ihnen die Kirchen davon vermittelten. Die freien landwirtschaftlichen Arbeiter, das Gesinde und die Taglöhner, hatten, falls nicht infolge von Mißernten und Krieg gerade eine Hungersnot herrschte, keine Nahrungssorgen und mußten, weil schon damals Mangel an Landarbeitern war, von den Bauern gut bezahlt und behandelt werden. Im allgemeinen waren jedoch die Verhältnisse, unter denen das Landvolk, besonders östlich der Elbe, lebte, nicht dazu angetan, es kulturell zu heben, zumal das Dorfschulwesen noch sehr im argen lag.

Bei verschuldeten Bauern, bei vielen kleinen Handwerksmeistern und bei dem größten Teil der Heim- und Manufakturarbeiter bedurfte es nur eines geringen Mißgeschickes, um sie und ihre Familie in bitterste Armut fallen zu lassen, in den langen Kriegszeiten büßten Ungezählte aus den verschiedensten Berufen ihre Existenz ein, Tausende entlassener Soldaten fanden nicht mehr in ein geregeltes Leben zurück, und so gab es eine Unmenge von Bettlern, Landstreichern und Straßenräubern. Die sich daraus ergebenden Übelstände suchte der absolutistische Polizeistaat schon aus Gründen der öffentlichen Sicherheit abzustellen. Die Unterstützung Erwerbsunfähiger wurde von Staats wegen genauer geregelt; in den bereits bestehenden oder neu erbauten Spitälern fanden unvermögende alte, kranke oder sonstwie hilfsbedürftige Personen Unterkunft. Bettler, die keine Arbeit fanden oder Arbeitsscheue wurden in Arbeits- und Zuchthäuser eingewiesen (S. 253), auch zu Festungsarbeiten und dergleichen verwendet oder mitunter venetianischen Werbern als Galeerensträflinge übergeben. Trotzdem wurde man des Landstreicherunwesens zeitweise nicht Herr, hauptsächlich wegen des Versagens von lokalen Behörden, und Maßnahmen, wie die der bairischen Regierung, die im April 1669 eine Generalstreife anordnete und die Kosten dafür den Beamten aufbürdete, weil ihre Nachlässigkeit sie notwendig gemacht habe, hatten nur vorübergehenden Erfolg. Bettlerkinder sollten möglichst früh ihren Eltern abgenommen und von der Obrigkeit zur Arbeit gezwungen werden. Die in Waisenhäusern untergebrachten Kinder mußten dort viel arbeiten oder wurden tagsüber in staatlichen Manufakturen oder bei privaten Unternehmern beschäftigt; in großem Maßstab begann erst August Hermann Francke (S. 447) sein Waisenhaus in Halle nicht mehr bloß als Zucht- und Arbeitsanstalt zu führen.

Der Wille, den Notleidenden zu helfen und die durch eigene Schuld und widrige Umstände Entgleisten zu nützlichen Mitgliedern der menschlichen Gesellschaft zu machen, fehlte also keineswegs, wohl aber war man noch weit entfernt von dem Gedanken einer sozialen Ordnung, die allen Ständen die Teilnahme am Kulturleben ermöglichte. Ohne weiteres fand man sich damit ab, daß sehr viele kaum das Allernötigste zum Leben hatten. Das gemeine Volk, der „Pofel", sollte wirtschaftlich und geistig niedergehalten werden, um es am besten ausnützen und möglichst bequem regieren zu können, es sollte nur arbeiten, höchstens etwas schreiben und lesen lernen. Man übte zwar private Mildtätigkeit und baute Spitäler und Waisenhäuser, fühlte sich aber nicht verpflichtet, Zustände zu beseitigen, die zur Massenarmut führten, zumal da die Armut nach ihrer Hochschätzung im Neuen Testament als gottgewollt galt. Den Staat leiteten bei seinen Maßnahmen gegen das Bettler- und Landstreicherunwesen neben dem Bestreben, die öffentliche Sicherheit aufrechtzuerhalten, hauptsächlich merkantilistische Erwägungen, bei denen nicht das Wohl der Armen, sondern der Vorteil des Fiskus obenan stand. Die Kirchen ermahnten alle Stände zu einer christlichen Lebensführung und so auch zur Übung der Nächstenliebe und der Gerechtigkeit, aber durchaus im Rahmen des absolutistischen Polizeistaates und der bestehenden Wirtschafts- und Gesellschaftsordnung. Völlig ausgeschlossen von der höheren Kultur war indes niemand. Die Gotteshäuser standen jedem offen, und hier hatten arm und reich, gebildet und ungebildet grundsätzlich den gleichen Anteil an den bleibenden Kulturschöpfungen der Barockzeit, an ihren Werken der Kunst und Musik.

Drittes Buch

Die Kunst

Um die Mitte des 16. Jahrhunderts schieden die letzten großen Meister aus dem Leben, durch deren Leistungen in Graphik, Malerei und Plastik das Reformationszeitalter eine der glänzendsten Epochen deutscher Kunst geworden ist. Die lange Friedenszeit vom Augsburger Reichstag des Jahres 1555 bis zum Ausbruch des Dreißigjährigen Krieges, eine der längsten Friedensperioden, die Deutschland bisher beschieden waren, schien eine günstige Voraussetzung zu bieten für die Behauptung des in der vorausgegangenen Epoche erreichten hohen Standes der darstellenden Künste. Tatsächlich sind auch noch sehr viele Werke mit der alten Kunstfertigkeit geschaffen worden, aber der innere Gehalt steht zurück hinter dem der Werke aus der ersten Hälfte des Jahrhunderts. Dieser Rückgang lag nur zum Teil an der durch die Reformation hervorgerufenen Änderung des Verhältnisses zwischen Religion und Kunst, da ja die katholische Kirche grundsätzlich an dem bisherigen festhielt und sowohl innerhalb der katholischen als auch der protestantischen Welt das profane Kunstschaffen zunahm. Bei dem Absinken des inneren Gehaltes handelte es sich im wesentlichen um einen Vorgang, wie er sich auch sonst mehr oder weniger ähnlich von Zeit zu Zeit in Kunst und Literatur abspielt. Der im 14. Jahrhundert einsetzende Aufstieg hatte um 1530 seinen Höhepunkt erreicht, in den nächsten zwei Jahrzehnten machten sich die ersten Anzeichen des Niederganges bemerkbar, schließlich blieb vielfach nur die kunstvolle äußere Form. Da man aber wenigstens an dieser festhielt, kam es keineswegs zu einem völligen Verfall, auch entsprachen sich bei den Werken mancher Künstler immer noch Gestalt und Gehalt. Überhaupt wird man dem Kunstschaffen dieser Zeit oft nicht ganz gerecht, weil man ihre Vorliebe für das rein Dekorative allzu einseitig an den vorausgegangenen Hochleistungen der darstellenden Künste mißt, und vor allem sollte man nicht vergessen, daß sich in jenem Halbjahrhundert der Übergang zu einer neuen großen Kunstepoche, zu der des Barocks vollzog.

RENAISSANCE UND FRÜHBAROCK

Die Baukunst

In Deutschland verlief die Stilentwicklung während der zweiten Hälfte des 16. Jahrhunderts wie schon während der ersten weder zeitlich noch örtlich einheitlich. Elemente der Gotik, der Renaissance und des Frühbarock gingen nebeneinander her; trotzdem ist auch für die deutsche Kunst dieses Jahrhunderts nach den von Italien übernommenen und beeinflußten Formen die Bezeichnung Renaissance üblich geworden. Auf die Graphik, Malerei und Bildhauerkunst der ersten Hälfte des Jahrhunderts sind wir als sehr aufschlußreich für die geistige Haltung des deutschen Volkes in jener Epoche bereits in dem der Reformationszeit gewidmeten Bande eingegangen; die Baukunst haben wir außer acht gelassen, weil in ihr schon vor Beginn der Reformation ein Stillstand eingetreten war, der erst um 1530 etwas überwunden zu werden begann. Renaissancemotive wurden in der Architektur zunächst — zwischen 1480 und 1490 — für das Zierwerk verwendet. In der italienischen Renaissance und in der Spätgotik war es nicht mehr so streng wie in der Hochgotik der Baukonstruktion ein- und untergeordnet und hatte dadurch gewissermaßen ein Eigenleben gewonnen. Vorerst diente die schmuckreiche lombardische Frührenaissance als Vorbild. Vermittler waren hauptsächlich Zeichnungen, Holzschnitte und Architekturbilder wie etwa die Altdorfers und namentlich Holbeins des Jüngeren. Italien bot indes im wesentlichen nur Anregungen. Die Deutschen wandelten die lombardischen Ornamentmotive vielfach ab oder schufen neue, und zwar noch so sehr im Geiste der vorausgegangenen Epoche, daß im spätgotischen Stil errichtete Bauwerke des 16. Jahrhunderts mit ihrem Renaissancezüge aufweisenden Schmuckwerk einen einheitlichen Eindruck machen.

Auch in den konstruktiven Grundlagen und in den architektonischen Formen blieb bis tief in das 16. Jahrhundert hinein im allgemeinen die Gotik maßgebend, hauptsächlich wohl deshalb, weil weit mehr Profanbauten errichtet wurden und für sie Raumgestaltung und Proportion, die Grundelemente der eigentlichen Renaissancearchitektur, keine so große Rolle spielten wie für die Kirchen. Alle „Hauptmotive der spätgotischen Profanarchitektur: die Höfe mit Laubengängen und Galerien, die Treppentürme mit ihrem Wendelstein, die Erker, die hohen Dächer mit Staffelgiebeln und Zwerchhäusern erreichten erst in der ‚Renaissance' ihre Vollendung und ausgebreitetste Verwendung. Noch wichtiger als in diesen — der italienischen Kunst durchweg unbekannten — Einzelmotiven ist die Gegensätzlichkeit in der Gesamtkomposition. Die italienische Renaissance fordert vom Bauwerk einen im Grundriß, in der Fassade, in der Raumdisposition einheitlich durchgeführten Formgedanken; die deutsche weiß davon nichts, sie gibt eine lockere, geometrisch nicht faßbare Gruppe" (Dehio). An der deutschen Fassade war außerdem immer noch die Senkrechte bestimmend, auch wenn die Entwicklung in die Breite die in die Höhe überwog, nicht wie in der italienischen die Waagrechte, ebenso war die Einheit, welche die Teile zu einem Ganzen verband, hier und dort verschieden: an der italienischen Fassade wurde sie bewirkt durch „das in geometrischen Beziehungen sich ausdrückende Gesetz der stetigen Proportion, das heißt der Vergleichbarkeit der Teile unter sich und zugleich mit dem Ganzen", an der deutschen Fassade durch „die nach malerischen Belangen durchgeführte Zusammenstimmung kontrastierender Teile" (Dehio). Monumental wie die italienische ist die deutsche Baukunst der Renaissance nur selten, dafür abwechslungs- und stimmungsreicher. Sie wird in der Regel in drei Perioden eingeteilt: die Übergangszeit mit vorwiegend noch gotischem Charakter bis etwa 1525 oder 1530, die Frührenaissance mit manchenorts stark italienischem Einschlag bis gegen 1580, und das halbe Jahrhundert bis 1630, in dem teils das Barock ankündende, teils klassizistische Stilelemente vorherrschen. Da aber in all diesen Abschnitten Gotisches, eigentliche Renaissance und Barockes nebeneinander hergingen, gliedern wir unsere Übersicht in bürgerlichen, Schloß- und Kirchenbau.

Im Reformationszeitalter und während der langen Friedenszeit vor dem Dreißigjährigen Krieg wurden zahlreiche stattliche Bürger- und Rathäuser erbaut. Obwohl sie in Einzelheiten meist mehr oder weniger der Renaissance Eigentümliches aufweisen, haben sie häufig so sehr das Gepräge der Spätgotik, daß der Besucher Städte, in denen ganze Straßenzüge derartiger Bauten erhalten geblieben sind, als mittelalterlich empfindet. Dies gilt namentlich für die Fachwerkbauten. Bei ihnen tritt das Konstruktive stärker hervor, und dieses hat in der damaligen deutschen Architektur den mittelalterlich-gotischen Charakter am meisten bewahrt. Mitteldeutschland, besonders die Harzgegenden mit ihrem westlichen und nördlichen Vorland, war das Hauptgebiet der Fachwerkhäuser, doch wurde auch anderwärts, wie etwa in Schwaben, Franken und am Rhein, in dieser Art gebaut. Um 1530 begann man die Holzteile reicher mit bunt bemalten figürlichen und ornamentalen Schnitzereien im Renaissancestil zu schmücken, später wurde auch die Füllung des Rahmenwerkes, Lehm, Ziegel und bemörtelte Bruchsteine, mit ornamentierten Holzplatten verkleidet. Durch die um 1580 einsetzende überreiche Verzierung wurde die klare, organische Gliederung des Fachwerkbaues, worin er die Steinbauten der deutschen Renaissance übertraf, verwischt; schließlich verlor man den Geschmack an ihm. Bauherren, die mit der Zeit gingen, ließen höchstens noch das Obergeschoß als Fachwerk ausführen. Die ganze Entwicklung war vor dem zweiten Weltkrieg zum Beispiel in Hildesheim gut zu verfolgen. Das 1529 in spätgotischem Stil errichtete Knochenhauer-Amtshaus zeigte nur in seinem Zierwerk einzelne Renaissanceformen, die sich dem mittelalterlichen Gesamtcharakter dieses wohl monumentalsten Holzbaues in Deutschland noch völlig einfügten. Die Wohnhäuser gegenüber der Andreaskirche aus den zwei ersten Jahrzehnten des 17. Jahrhunderts wiesen für die spätere Holzbaukunst kennzeichnende Merkmale auf: Pilasterdekorationen an den senkrechten Ständern und holzgeschnitzte Bildwerke, wie etwa Allegorien der Tugenden und fünf Sinne, auch die Wappen der Besitzer in den Füllungen der Fensterbrüstungen; die waagrechten Schwellhölzer und Konsolen trugen in Hildesheim vornehmlich rein ornamentalen Schmuck, in manch anderen Städten, so in Halberstadt, Braunschweig, Dinkelsbühl, auch figürlichen.

Bei den bürgerlichen Bauten aus Stein setzten sich die Anlehnung an italienische Vorbilder und das rein Renaissancemäßige teilweise mehr durch. Das erste dieser Bauwerke ist das 1512—1515 errichtete Augsburger Wohnhaus der Fugger mit regelmäßigem Grundriß, zwei Säulenhöfen und großen bemalten Wandflächen. In größerem Umfange fand die Renaissance am frühesten Eingang in Obersachsen und Schlesien. Die Wohn- und Rathäuser erhielten hier zunächst nur an den Portalen und Giebeln reiche Verzierungen. Die Aufgabe, ein aus dem Mittelalter stammendes Gebäude mit An- und Einbauten im neuen Stil zu versehen, ist bei der Treppenanlage von 1537 des Görlitzer Rathauses besonders glücklich gelöst worden. Die Treppe liegt in dem einspringenden Winkel zwischen dem alten Rathausturm und dem einige Jahre zuvor errichteten Renaissanceanbau, führt zu dessen Portal empor und erweitert sich nach links zu einer von massiven Halbsäulen getragenen, für die Verkündigung von Bekanntmachungen und gerichtlichen Urteilen bestimmten Kanzel, deren Brüstungen mit Sirenen darstellenden Figuren geschmückt sind. Unten an der linken Seite des Treppenaufganges erhebt sich eine reichskulptierte Säule, auf ihr steht die Gestalt der Justitia mit Schwert und Waage. Diagonal zur Kanzel und etwas höher als die sie überragende Figur der Justitia ist an der Turmwand das auf einem Löwen ruhende, von einer Frau und einem Ritter flankierte Stadtwappen angebracht. Die meisten Bürgerhäuser Nürnbergs aus dem 16. Jahrhundert stellen in ihrer Anlage, dem tiefen, schmalen Grundplan, den an den Seiten offenen Galerien des kleinen Innenhofes und dem spätgotische und Renaissanceelemente verbindenden sparsamen Schmuckwerk, die Vollendung einer schon im 15. Jahrhundert begonnenen Entwicklung dar. Bei einzelnen Häusern machen sich italienische Einflüsse stärker bemerkbar, und im 17. Jahrhundert trat — so etwa beim Pellerhaus — an die Stelle der einfachen Verzierung an den Giebelfassaden und Galerien ein überladener, mehr systematisch angeordneter Prunk.

Die Nürnberger Bürgerhäuser sind typisch für viele Bauten dieser Art in süddeutschen Städten wie Augsburg, Ulm, Rothenburg, daneben trat in manchen Gebieten die Vorliebe für gewisse aus Italien kommende Anregungen besonders stark hervor, so am Oberrhein und in Baiern (S. 318) für eine reiche Bemalung der Fassaden, in Tirol, Baiern und Österreich für die Straßen und Plätze einsäumenden Lauben, doch waren derartige Erscheinungen weder auf einzelne Gegenden noch auf die Renaissancezeit beschränkt. Im Steinwohnbau der norddeutschen Städte setzte sich die Renaissance allgemeiner verhältnismäßig spät durch, im Westfälischen erst im letzten Drittel des 16. Jahrhunderts. Mehr noch als im Süden wurde im Norden an der schmalen Straßenfront und einer großen Diele festgehalten. Die Renaissance beschränkte sich hier zunächst auf wenige Einzelheiten, so daß der Charakter der im Niederdeutschen üblichen einfachen, etwas düster wirkenden Backsteinbauten vorerst gewahrt blieb. Das änderte sich, als in den letzten Jahrzehnten des 16. Jahrhunderts die Füllungen der Fensterbrüstungen mit Reliefplatten in Terrakotta versehen wurden und nach niederländischem Vorbild weiteres Zierwerk, teilweise unter Verwendung von Haustein, an den Fassaden angebracht wurde. Einen großen Einfluß übte die niederländische Renaissance auf die Ostseegebiete aus, seitdem in ihnen Holland die führende Handelsmacht geworden war (S. 255); gegen Ende des 16. und zu Anfang des 17. Jahrhunderts entstand namentlich in Danzig eine Reihe von Bürgerhäusern und öffentlichen Bauten, die es zu einer der herrlichsten Renaissancestädte nördlich der Alpen machten.

Die von den Städten errichteten Rats- und sonstigen Amtshäuser übertrafen nicht nur an Größe, sondern oft auch an Pracht die Wohnhäuser reicher Bürger. Rechnet man hierzu die glänzende, kostspielige Innenausstattung, die zur Zeit der Renaissance vielfach auch ältere Gebäude erhielten, dann scheinen diese Ausgaben in schroffem Gegensatz zu stehen zu den wiederholt erwähnten wirtschaftlichen Nöten des Bürgertums und der politischen Ohnmacht der Reichsstädte. Nun gilt aber auch in diesem Falle, daß von Feststellungen allgemeiner Art nicht ohne weiteres allzu strenge Rückschlüsse auf die einzelnen Erscheinungen des Kulturlebens gezogen werden dürfen. Trotz des finanziellen Zusammenbruches großer Firmen in Oberdeutschland, trotz des Niedergangs der Hanse, trotz des Zurückdrängens Deutschlands vom Welthandel und der Schwierigkeiten eines großen Teiles des zunftgebundenen Handwerks gab es infolge der rund sechzigjährigen Friedenszeit vor dem Großen Kriege und der steigenden Umsätze in Gewerbe und Handel (S. 273) einen gewissen bürgerlichen Wohlstand und, namentlich in den Reichsstädten, ein stark ausgeprägtes bürgerliches Selbstbewußtsein; beides bekundet sich natürlich auch im Bauwesen gemäß dem jener Zeit eigentümlichen Streben nach würdevoller Repräsentation und — je mehr man sich dem Barock näherte — nach auffallendem Prunk.

Viele Rats- und sonstige Amtshäuser aus dem Mittelalter erhielten Anbauten oder wurden umgebaut, wobei die Aufgabe, das Neue und Alte miteinander in Einklang zu bringen, durch malerische Zusammenstimmung der Teile im Renaissancestil mit den früheren oft sehr gut bewältigt wurde, eines der schönsten Beispiele hierfür, die Treppenanlage des Görlitzer Rathauses, haben wir schon erwähnt. Bei dem in Lemgo mit zwei aneinandergeschobenen gotischen Langbauten und dem von Rothenburg ob der Tauber mit ebenso angeordneten zwei Langbauten, einem im Renaissancestil und einem gotischen, an dessen Vorderseite sich ein Turm mit Renaissancegalerie und Renaissancelaterne erhebt, ist die Ansicht über Eck entscheidend. Zu Rothenburg bildet der Erker am Neubau die Verbindung zwischen den zwei Hauptfronten, zu Lemgo ziehen eine zweigeschossige Laube mit Doppeltreppe an der Nordfront und ein erkerartiger Vorbau mit besonders reich verziertem Giebel an der Nordecke der Westfront den Blick auf sich; beide Rathäuser rufen so, obwohl die Fronten nicht gleichmäßig überarbeitet sind, in der Hauptansicht einen einheitlichen Gesamteindruck hervor. Das Halberstädter Rathaus zeigt sowohl den Übergang vom Mittelalter zur Renaissance als auch zum Barock; die Südseite des gotischen Baues erhielt 1541 einen Erker im Renaissancestil und 1663 eine Vorhalle, der Anlage nach ebenfalls Renaissance, aber mit barocker Ornamentik. Das aus dem Anfang des 15. Jahrhunderts stammende Bremer Rathaus bekam eine 1614 vollendete neue Ostfassade. Dabei entstand keine bloß malerische Verbindung von Altem und Neuem, sondern unter teilweiser Umarbeitung gotischer Teile ein in sich geschlossenes Ganzes. Mit seiner Bogenhalle, dem von einem hohen Giebel gekrönten Mittelrisalit und der Fülle des phantasievollen figürlichen Schmuckes ist dieses Rathaus eine der glänzendsten Leistungen der deutschen Renaissance. — Das Neben- und Ineinander von Gotik und Renaissance, später auch von Rokoko und Klassizismus bei bürgerlichen, Schloß- und Kirchenbauten, wofür wir in diesem nicht kunst-, sondern allgemein geschichtlichen Werke jeweils nur wenige typische Beispiele nennen, bietet mannigfache ästhetische Reize und veranschaulicht das vielschichtige Gefüge der Kultur; den seit etwa der Mitte des 19. Jahrhunderts vorgenommenen Restaurationen, die den alten Bauzustand herzustellen versuchten, fehlte jedes Verständnis dafür. Auch das Vermögen, Altes und Neues zu vereinen, büßte man ein; soweit man nicht moderne Wege ging, schuf man nur etwas abgewandelte Kopien im Stile vergangener Epochen.

Bei den meisten von den etwa 1540 bis 1580 neu erbauten Rathäusern ist ebenfalls noch auf symmetrische Anordnung der einzelnen Bauteile verzichtet und die Ansicht über Eck entscheidend. Um 1580 begann sich aber das Architektonische gegenüber dem Malerischem mehr und mehr durchzusetzen. Man hielt sich nun an einen geschlossenen Grundriß, erstrebte im Aufriß Symmetrie und ordnete die einzelnen Verzierungen dem Gesamtrhythmus des Baues ein. Verschiedene deutsche Baumeister dieser Zeit, so auch Elias Holl, nahmen sich Andrea Palladio, den größten Architekten am Ausgang der italienischen Renaissance, zum Vorbild, ohne ihn jedoch sklavisch nachzuahmen. Elias Holl ist am 23. Februar 1573 zu Augsburg geboren, wurde in jungen Jahren von seinem Vater in die Baukunst eingeführt, lernte während des Winters 1600/1601 in Vicenza und Venedig die bedeutendsten Schöpfungen Palladios kennen und wurde 1602 Stadtbaumeister in Augsburg. Als 1631 die Kaiserlichen die Stadt besetzten, mußte er als Protestant sein Amt aufgeben, erhielt es im folgenden Jahre beim Vormarsch der Schweden wieder, verlor es nach der Schlacht bei Nördlingen endgültig und starb 1646 in Armut. Das von ihm 1602 gebaute Bäckerzunfthaus war sein erster öffentlicher Auftrag. In dem Maße wie hier ist Holl sonst nirgends von einem bestimmten italienischen Bau — von Palladios Hof der Carità in Venedig — abhängig. Holl versah das Zunfthaus der Bäcker mit dem in der italienischen Hochrenaissance, dann in der deutschen Spätrenaissance und im Barock hauptsächlich im Untergeschoß und an den Ecken viel verwendeten Bossenwerk, der Rustica, mit Quadern, die meist nur an den Rändern geglättet sind. In dem 1607 vollendeten Zeughaus, das ein Ausdruck des wehrhaften Sinnes der Augsburger Bürger sein sollte, hat Holl die italienischen Anregungen im Geiste deutscher Stilgesinnung durchaus selbständig verarbeitet. Die Fassade mutet mit der Zusammenpressung des mittleren Vertikalabschnittes und der Brechung an den Fensterstürzen und am Giebel schon barock an. Den Mittelpunkt der Fassadenkomposition bildet eine große Statuengruppe aus Erzguß von Hans Reichel aus Schongau (S. 316). Sie stellt den Erzengel Michael dar, wie er über Satan triumphiert, das Symbol des für Gott kämpfenden christlichen Kriegertums.

Nachdem sich Holl durch diese und andere Bauten das Vertrauen der Bürgerschaft seiner Vaterstadt erworben hatte, schlug er dem Rat vor, „ein schönes neues, wohlproportioniertes Rathaus von heroischem Ansehen" zu errichten. Sechs voneinander sehr verschiedene Entwürfe zeugen davon, wie sehr er darum rang, das die italienischen Bauten, namentlich die Palladios, auszeichnende „Heroische", im Gegensatz zur malerischen Willkür der deutschen Renaissance, in seine Heimat zu übertragen, ohne daß es als fremdartig empfunden würde. Mit der großzügigen Silhouette, der klaren symmetrischen Gestaltung des Gesamtaufbaus, der Wucht und Masse der kubischen Verhältnisse hat Holl hier erreicht, was einem Deutschen des 17. Jahrhunderts in der Nachfolge Palladios erreichbar war. Holl wich aber auch in wichtigen Punkten vom Palladianismus ab, besonders darin, daß er die Stockwerke niedriger hielt und dafür ihre Zahl vermehrte und an Stelle eines waagrechten dem Mittelbau ein gegiebeltes Obergeschoß gab und über dem Treppenhaus an der rechten und linken Seite je einen Turm errichtete. Die Elemente der italienischen Renaissance und die an den Höhendrang der gotischen Überlieferung anknüpfenden faßte Holl so zusammen, daß dadurch die Einheitlichkeit des 1620 vollendeten Bauwerkes nicht im geringsten beeinträchtigt wurde. Wie am Rathaus, hat Holl auch sonst Zierwerk sparsam angebracht. Das lag zwar ebenfalls in der Richtung des Palladianismus, doch ging Holl hierin gemäß seinem ernsten und etwas steifen Wesen viel weiter. Als Holl mit der Planung des Augsburger Rathauses begann, warf der kommende Große Krieg bereits seine düsteren Schatten voraus, im Jahre der Vollendung ist am Weißen Berge bei Prag seine erste große Schlacht geschlagen worden. Unwillkürlich ruft dieser Bau, in seiner ernsten Strenge ehemals einer der monumentalsten in Deutschland, die Erinnerung wach an die Zeit seiner Entstehung, als das deutsche Volk einer ähnlichen Katastrophe entgegenging wie der, die das Augsburger Rathaus dreihundertfünfundzwanzig Jahre später in Flammen aufgehen ließ.

Die Entwicklung des Schloßbaues verlief im allgemeinen ebenso wie die des bürgerlichen Baues. Ein gewisser Unterschied ergab sich allerdings schon daraus, daß dieser seine bisherige Bestimmung als Wohn- oder Amtshaus behielt, während das Schloß nicht mehr der Verteidigung diente. Nun wollte man aber dem Schloß sein wehrhaftes Aussehen wahren, wie man auch sonst wenigstens den Schein ritterlichen Wesens aufrechterhielt. Turniere zum Beispiel fanden noch in der zweiten Hälfte des 16. Jahrhunderts statt. Man verzichtete deshalb beim Schloßbau geraume Zeit auf die Umgestaltung der Außenfassaden, beim bürgerlichen Bau die Hauptsache, und richtete sich nur bei den Fassaden in den Höfen nach dem neuen Stil. Außerdem sind fremde Einflüsse beim Schloßbau teilweise stärker hervorgetreten, weil die Fürsten mehr dazu neigten als die Städte, ausländische Baumeister heranzuziehen. Auf dem platten Lande und in den Städten wurden zahlreiche Schlösser um- oder neugebaut. Fürsten, Grafen, Angehörige des wohlhabenden Landes- und des Stadtadels, von dem viele herrschaftliche Güter mit ihrem Edelsitz erwarben, folgten dabei mehr oder weniger der neuen Stilrichtung. Sie mit der alten harmonisch zu vereinen, war hier mitunter besonders schwierig, weil die mittelalterlichen Burgen häufig einen recht unregelmäßigen Grundriß hatten, führte aber nicht selten zu einer besonders reizvollen malerischen Wirkung, die dann zuweilen auch noch bei völliger Neuanlage erstrebt wurde.

Hohentübingen, das früheste dieser Schlösser, hat mit seinen einen geräumigen Hof umgebenden vier Flügeln allerdings schon einen regelmäßigen Grundriß, obwohl mit dem Umbau und der Erweiterung der mittelalterlichen Burg bereits im Jahre 1507 begonnen worden war, zu einer Zeit, da in der deutschen Architektur die Renaissance sich erst gelegentlich in Einzelheiten, wie etwa dem achteckigen Turmaufsatz der Kilianskirche zu Heilbronn, bemerkbar machte. Aber die hohe Lage gibt diesem gewaltigen Schloß wie zahlreichen anderen, gleichviel in welchem Stil sie erbaut sind, ein malerisches und romantisches Aussehen. In ihrer Hauptstadt Stuttgart ließen die Herzöge von Württemberg um die Mitte des 16. Jahrhunderts im Alten Schloß einen Hallenhof anlegen, mit seinen dreigeschossigen Lauben auf drei Seiten einer der schönsten der deutschen Renaissance, gegen Ende des Jahrhunderts inmitten von Gärten das ganz symmetrisch angeordnete monumentale Lusthaus aus weißen Quadern und zu Anfang des 17. Jahrhunderts von Heinrich Schickhardt den Neuen Bau errichten. Schickhardt folgte der Richtung Palladios unter Verwertung weiterer italienischer und auch französischer Anregungen. Er war als Baumeister für Schlösser und Kirchen viel begehrt und übernahm im Auftrag Herzog Friedrichs von Württemberg die Planung für die Neuanlage der Städte Mömpelgard und Freudenstadt. Württemberg war der einzige einigermaßen große Territorialstaat in Südwestdeutschland, aber auch die vielen kleinen Fürsten und die Mitglieder des Reichsadels (S. 290) entfalteten in ihren Städtlein und auf ihren Burgsitzen eine rege Bautätigkeit. Im allgemeinen überwogen hier und, wo solche Herren sonst in größerer Zahl vertreten waren, in Franken, am Mittel- und Niederrhein und beim Landesadel in den verschiedensten Gauen Deutschlands Umbauten in der herkömmlichen malerischen Weise. Sie fügten sich bei den hochgelegenen Schlössern und bei den Wasserburgen des Münsterlandes und am Niederrhein dem Landschaftsbild gut ein und belebten es, doch nahmen um 1600 auch bei den Adelsschlössern eine regelmäßige Anlage und die stärkere Betonung der Außenansicht zu. Der Adel von Brandenburg hatte eine große Vorliebe für Terrakottaschmuck an seinen Schlössern auf dem platten Lande. Außerdem machte sich natürlich auch der persönliche Geschmack der Bauherren geltend. Das Schloß Friedewald der Grafen von Sayn zum Beispiel gehört mit seiner strengen Formgebung der italienisch-palladianischen und das außergewöhnlich kunstvoll und reich verzierte Schloß des Rüttger von Horst bei Essen der französisch-niederländischen Richtung an.

Im Westen des Reiches stellt von den mannigfaltigen Schloßbauten der geistlichen Kurfürsten der des Mainzer Erzbischofs Johann Schweikhart von Kronberg zu Aschaffenburg den ersten vollständigen Sieg der Grundsätze der Renaissance gegen den spätgotischen Irrationalismus dar. Der burgartige Charakter des Aschaffenburger Schlosses und der mittelalterliche Bergfried an der Innenseite des Nordwestflügels erinnern zwar an die ehemalige 1122 erbaute, im Bauernkrieg und 1552 fast ganz zerstörte Feste, aber die vier den Hof umgebenden Flügel, die 58 Meter hohen Ecktürme und die ornamentalen Einzelheiten des mächtigen, von dem Straßburger Architekten Riedinger 1605—1614 ausgeführten Neubaues mit einem Gesamtumfang von 348 Meter bilden eine unter rein architektonischen Gesichtspunkten straff zusammengefaßte Einheit. Die weltlichen Fürsten westlich der Elbe haben zur Zeit der deutschen Renaissance für den Schloßbau verhältnismäßig wenig aufgewendet. Dagegen hat er östlich der Elbe seinen ersten Höhepunkt erreicht, wie ja überhaupt Obersachsen, die Oberlausitz und Schlesien die Gebiete waren, in denen die Baukunst der Frührenaissance am ehesten allgemeine Verbreitung fand. Schon bei dem 1533 von dem sächsischen Kurfürsten Johann Friedrich I. begonnenen Ausbau des Schlosses Hartenfels bei Torgau ist das Streben nach einem regelmäßigen Grundriß unverkennbar, doch verraten Einzelheiten, wie der ohne Berücksichtigung der Gesamtarchitektur am Nordflügel angebrachte Erker, das Fortwirken spätgotischer Zierlust. Das schönste der ostdeutschen Schlösser ist der 1550—1555 erbaute Fürstenhof in Wismar, ausgezeichnet durch seine offensichtlich nach dem Vorbild oberitalienischer Paläste wohl abgewogenen Proportionen und die prachtvollen Fenstereinfassungen und Friese in Terrakotta. Die wenigen Schloßbauten der Habsburger im Renaissancestil hatten italienischen Charakter und standen außerhalb der allgemeinen Entwicklung der deutschen Baukunst.

Zwei der vollkommensten Schöpfungen fürstlichen Bauwillens jener Zeit verdankt Deutschland den Wittelsbachern: den Ottheinrichs-Bau des Heidelberger Schlosses und die Münchener Residenz. Die ältesten Teile des Heidelberger Schlosses gehen auf das 13. Jahrhundert zurück. Der 1547 vollendete sogenannte Gläserne Saal zeigt Übergangsformen zwischen Gotik und Renaissance. Ottheinrich begann, nachdem er 1556 Kurfürst von der Pfalz geworden war, alsbald den nach ihm benannten Bau. Zuvor hatte er als Pfalzgraf von Pfalz-Neuburg im Schloß zu Neuburg an der Donau 1530—1538 einem Neubau gleichkommende Umbauten vorgenommen, wobei das Architektonische mit der unausgeglichenen Vermischung von Gotik und Renaissance weit hinter der glänzenden Innenausstattung zurückstand. Im Ottheinrichs-Bau dagegen herrscht in Nacheiferung, aber nicht Nachahmung italienischer Palastarchitektur ein in Deutschland bis dahin unbekanntes Ebenmaß der Proportionen; die reiche, doch keineswegs überladene, mit ihrer geometrisch-flächenhaften Komposition die edlen Formen des Architektonischen eindrucksvoll zur Wirkung bringende Dekoration ist in der Hauptsache das Werk eines niederländischen Meisters. An der Münchener Residenz ist in verschiedenen Zeitabschnitten von 1384 bis unmittelbar vor Ausbruch des Dreißigjährigen Krieges gebaut worden. Herzog Wilhelm V. (1579—1597) und sein Sohn Maximilian zogen als Baumeister hauptsächlich in Italien ausgebildete Niederländer heran. Maximilian faßte die von ihm umgebauten früheren Teile der Residenz und die von ihm 1611—1619 errichteten vier Flügel um den quadratischen sogenannten Kaiserhof zu einer übersichtlich gegliederten Anlage zusammen. Gustav Adolf soll bei seinem Aufenthalt in München gesagt haben, er bedaure, die Residenz nicht auf Walzen nach Stockholm führen zu können; Viscount Doncaster, der als Gesandter König Jakobs von England Maximilian besuchte, erklärte, sie werde von keinem Palast in Europa übertroffen; andere rühmten sie als das achte Weltwunder. Sicher wurde sie mit ihrer Innenausstattung an Weiträumigkeit, rationeller Ordnung und maßvoller Pracht damals von keinem deutschen Fürstensitz erreicht. — Das Heidelberger Schloß wurde bei der Verwüstung der Pfalz durch Ludwig XIV. 1689 und 1693 zur Ruine, durch ihre Lage und den künstlerischen Wert des erhalten Gebliebenen, namentlich der Fassade des Ottheinrichs-Baues, zu einer der schönsten, und die Münchener Residenz wurde 1944 großenteils ein Trümmerhaufen.

In Kirchen begannen Renaissancemotive für den Altarbau (S. 310), für Verzierungen an Portalen, an Pfeilern, an Umfassungen von Grabdenkmälern und dergleichen ebenfalls um die Wende des 15. zum 16. Jahrhundert verwendet zu werden. Eine Neubelebung des Kirchenbaus brachten zunächst die zahlreichen Schloßbauten mit sich. Im Zeitalter der Orthodoxie war es auch für die evangelischen Fürsten selbstverständlich, daß sie in ihrer Residenz eine Kapelle hatten, erst in einem Flügel des Schlosses, später nicht selten eine eigene Schloßkirche. Bei der großen Bedeutung der Predigt im protestantischen Gottesdienst suchte man für die Zuhörer durch Emporen möglichst viel Raum in der Nähe der Kanzel zu schaffen. Außerdem wurden in protestantischen und katholischen Kirchen gemäß der kastenartigen gesellschaftlichen Gliederung für bestimmte Personenkreise besondere Emporen errichtet. In Kirchen aus dem Mittelalter schob man hölzerne Emporen ein, in Neubauten wurden die oft mehrgeschossigen Emporen ein wesentliches Element der Innenarchitektur. Im übrigen hielten Katholiken und Protestanten bei der Gesamtanlage in der Regel an der gotischen Hallenkirche fest, sie umkleideten nur deren Strukturformen mehr und mehr mit Renaissanceornamenten. Ausnahmen wie etwa die 1509 bis 1511 in der Art der venezianischen Frührenaissance errichtete Grabkapelle der Fugger in Augsburg oder die protestantischen Kirchen zu Freudenstadt und Göppingen, beides Werke Schickhardts, blieben ohne Einfluß auf die allgemeine Entwicklung; die Freudenstadter ist eine Winkelhakenkirche mit zwei gleich großen rechtwinklig zusammenstoßenden Schiffen, im Gegensatz zu ihr hat auch das Äußere bei der Göppinger Kirche reine Renaissanceformen. Der Baumeister der Braunschweiger Herzöge, Paul Franke, versuchte in dem von ihm 1608 begonnenen und bis zu seinem Tode 1615 geleiteten Bau der Wolfenbütteler Marienkirche (vollendet 1623) Elemente der deutschen Renaissance mit der spätgotischen Hallenkirche zu einem wirklich neuen Stil zu verschmelzen. Ganz ist Franke sein Vorhaben nicht geglückt, Gotik und Renaissance haben je von ihrer Eigenart zuviel behalten, als daß sich ein einheitliches Stilganzes ergeben hätte. Aber auch so ist diese Kirche mit ihren beträchtlichen Ausmaßen, der ruhigen, würdevollen Raumgestaltung und den von einer reichen, schöpferischen Phantasie zeugenden Einzelheiten der bedeutendste evangelische Sakralbau dieser Epoche.

Als Hauptträger der Gegenreformation hatten an dem mit ihrem Fortschreiten wieder auflebenden katholischen Kirchenbau die Jesuiten großen Anteil. Da sie das gemeinsame Chorgebet der Domstifte und alten Mönchsorden aufgegeben hatten, legten sie nicht mehr soviel Wert auf die bisher übliche Ausgestaltung des Chores und auf den ihn abschließenden, oft mit Bildwerken reich ausgestatteten Lettner. Die Andächtigen sollten jetzt überhaupt möglichst von allen Plätzen aus freien Blick auf den Hochaltar haben, und helles Tageslicht sollte das Kircheninnere durchfluten. All das brachte mancherlei Änderungen im Kirchenbau mit sich, führte aber nicht ohne weiteres zu einem neuen, dem sogenannten Jesuitenstil. Die Jesuiten hielten es vielmehr auch hier wie sonst: dem Volke vertraut und lieb Gewordenem paßten sie sich zunächst soweit an, wie es ihre Grundsätze und Ziele zuließen, und formten erst allmählich jegliches ihrem Geiste gemäß um oder durchsetzten es wenigstens mit ihm. Sie ließen deshalb im Westen des Reiches, wo man die Gotik für ein Gotteshaus immer noch als selbstverständlich betrachtete, ihre Kirchen, so auch die beiden größten, die 1619 zu Molsheim im Elsaß und die 1629 zu Köln vollendeten, im gotischen Stil erbauen und trugen der neuen Richtung nur in der Innenausstattung Rechnung.

Aber wenn auch die verschiedenen Kunststile den Jesuiten an und für sich gleichgültig waren, richteten sie, wenn sie keine andere Rücksicht zu nehmen hatten, bei ihrer zentralistischen Einstellung den Blick vor allem auf die Hauptkirche ihres Ordens, auf Il Gesù in Rom. Von diesem 1575 vollendeten Prachtbau ist offensichtlich die Michaelskirche in München beeinflußt, mit der 1583 begonnen wurde. Die Abkehr von der Gotik lag hier gewissermaßen in der Luft, denn in Baiern stand das vom Hofe aus bestimmte Kulturleben stark unter romanischem Einfluß, und so liegt die Vermutung nahe, daß Herzog Wilhelm V. von den Jesuiten, auf deren Rat er auch sonst hörte, und für die er die Michaelskirche und an sie anstoßend ein großes Kolleg erbauen ließ, auf das italienische Vorbild hingewiesen wurde. Ihren Ruhm als herrlichster katholischer Kirchenbau der Renaissance verdankte die im zweiten Weltkrieg sehr schwer beschädigte Michaelskirche vor allem dem riesigen halbkreisförmigen Tonnengewölbe mit einer Spannweite von zwanzigeinhalb Metern. Die Querwände, zwischen denen sich Kapellen und darüber Emporen befanden, dienten als Widerlager des Hauptgewölbes und waren durch quergestellte Tonnen miteinander verbunden. Die Langhaustonne setzte sich in dem etwas eingezogenen, polygonal abgeschlossenen Chor fort. Allein schon durch seine Struktur rief der gewaltige Raum ein Gefühl der Ruhe und Sammlung hervor. Es wurde noch gesteigert durch das gleichmäßige Licht, dessen Quelle, Fenster in den Emporen, unten vom Kirchenschiff aus nicht sichtbar war, und durch die hauptsächlich in geometrischen Linien gehaltene maßvolle Dekoration in weißem Stuck mit etwas Gold. Die Fassade dagegen ist, abgesehen von dem Erdgeschoß mit der Kolossalfigur des Erzengels Michael in Bronze (S. 316) zwischen zwei schönen einfachen Marmorportalen, ein wenig geglückter Versuch, Renaissance und Gotik zu vereinen. Die Statuen in den oberen Nischen waren immerhin für Deutschland eine bald allgemeiner aufgenommene Neuerung. Überhaupt hat die Michaelskirche in Süddeutschland und namentlich in Baiern für die Überarbeitung alter und den Bau neuer Kirchen im Renaissancestil und für manche Einzelheiten dann auch im Barockstil wie kaum ein anderer Sakralbau beispielgebend gewirkt. Eine ähnliche Bedeutung wie die Münchener Michaelskirche für Süddeutschland gewann der Salzburger Dom (1614—1628) für Österreich. Er schließt sich ebenfalls dem Typus von Il Gesù an; die Stukkaturen (um 1630) haben barocken Charakter.

Ornament. Kunstgewerbe

Keine Gattung der bildenden Künste ist ohne Ornamente. Ihr Hauptfeld sind jene Kunstzweige, die als reine Formen keinen Darstellungsinhalt haben: die Baukunst und das Kunstgewerbe. Vor allem in ihrer Ornamentik verwerteten die Deutschen die italienischen Anregungen selbständig und ließen ihrer Phantasie freien Spielraum, vielfach unter Fortführung und Weiterbildung spätgotischer Elemente. Häufig wurden Fassaden, Säulen und sonstige Teile der Außenarchitektur mit Schmuckwerk ganz oder teilweise überzogen. Unter anderem kam das dann auch im

Barock beibehaltene Roll- und Kartuschenwerk auf, an ihren Rändern aufgerollte Ziermotive. Bei der Kartusche bildet das Rollwerk die Umrahmung einer schildartigen Fläche, die gern mit Inschriften, Wappen und Emblemen aller Art versehen wurde. Mit dem Rollwerk wurden oft verbunden die Maureske und die Groteske. Die Maureske hatte innerhalb der islamischen Kunst das spätgriechische Pflanzenornament in der Form schematischer Linien mit stark stilisierten Blättern und Blüten als reines Flächenornament weiterentwickelt und war über Venedig nach Deutschland gekommen. Die auf die römische Antike zurückgehende Groteske fügt in dünnes Rankenwerk Tiere und Menschen, Masken, Früchte, Blumen, Trophäen und dergleichen ein, wobei die einzelnen Elemente oft miteinander vermischt werden, besonders zu Fabelgestalten, wie etwa Säugetiere mit Schnäbeln und Flügeln und in Fischleiber oder in eine pflanzliche Ranke endende Menschenleiber. Derartiges war, wie zum Beispiel mittelalterliche Figuren zeigen, längst bekannt, wurde aber jetzt neu aufgenommen und im Barock noch mehr ausgebildet, nachdem man während der Renaissance in den „Grotten" genannten römischen Grabanlagen — daher der Name Groteske — auf phantastische Schöpfungen dieser Art gestoßen war. Grotesk im weiteren Sinne ist das aus knorpelig sich verdickenden Gebilden zusammengesetzte Knorpelwerk. Eine Sonderform, der von 1580 bis 1680 in den Niederlanden und in Deutschland verbreitete Ohrmuschelstil, wiederholt immer wieder ein ungegenständliches, mit seinen weichen kurvigen Formen an die Ohrmuschel erinnerndes Motiv, das durch ihm eingefügte Figuren oder Teile von Figuren in der Art des Knorpelwerkes belebt wird.

Noch mehr als die Außenarchitektur boten der Zierkunst und dem Kunstgewerbe die Innenarchitektur, die Einrichtung der Wohnräume, der Festsäle und Kirchen ein weites Betätigungsfeld, wobei großenteils dieselben oder ähnliche Schmuckmotive wie bei der Außenarchitektur gebraucht wurden. Die Einteilung der einfacheren Bürgerhäuser blieb wie im Mittelalter: Keller für Fässer, Kraut und dergleichen; Wohnstube, Küche, Werkstätte, Laden und Kontor im Erdgeschoß; Schlafzimmer, Gästezimmer und in Niederdeutschland ursprünglich auch die Wohnzimmer in den oberen Geschossen; Speicherkram im hochgiebligen Dachgeschoß. Soweit es die Mittel der Besitzer gestatteten, erhielten das Äußere, die Wohn- und Schlafräume und die Einrichtungsgegenstände auch dieser einfachen Häuser Verzierungen im Renaissancegeschmack. Bei Rathäusern, Stadtpalästen und Schlössern wurde jetzt besonderes Gewicht gelegt auf einen großen, prunkvoll dekorierten und ausgestatteten Saal für repräsentative Zwecke; außerdem ging man bei derartigen Bauten seit dem Ende des 16. Jahrhunderts allmählich zur Anlage von breiten, lichten Binnentreppen und Korridoren über. Damit gab man zwar die malerischen Treppentürme mit ihren engen Wendelstiegen und die Galerien der Hofseite auf, von denen aus die Zimmer der oberen Stockwerke zugänglich waren, dafür wurden aber die Treppenhäuser und Korridore am Ausgang der Renaissance und noch mehr im Barock zu Prachträumen mit reichem künstlerischem und kunstgewerblichem Schmuck.

Das Streben nach Helligkeit im Kircheninnern hatte neben den strukturellen auch Änderungen der Dekoration zur Folge. Man verzichtete immer mehr auf Glasgemälde und bevorzugte bei den mannigfach abgestuften Profilierungen an den Gesimsen, bei den Pilaster- und Wandfüllungen und den Deckenverzierungen das

Feine, Leichte und Lichte, wofür sich rein weiße und vergoldete Stuckornamente auf hellfarbenem Grund besonders eigneten. Vom gotischen Flügelaltar ging man allmählich zum Säulenaltar der Renaissance über. An dem Mittelschrein mit Figuren wurde noch festgehalten, doch flankierten ihn nun zwei Säulen. An die Stelle der Seitenflügel traten kleine Holzbaldachine über Statuen. Die Säule, in der Frührenaissance in erster Linie dekorativen Zwecken dienend, wurde später für die Konstruktion des Altaraufbaues maßgebend, bildete aber auch nebenbei durch ihre Verzierungen, wie etwa auf das Meßopfer anspielende Rebenranken und Trauben, einen Bestandteil der Gesamtdekoration. Gegen Ende der Renaissance begann man den Säulenschaft mehr und mehr in Windungen zu drehen, im Barock erhielt er schließlich oft eine schraubenartige Form. Der Hauptteil des Altars mit dem Mittelschrein wurde vom Giebel durch das Gebälk und vom Unterbau durch Volutenkonsolen getrennt. Das Renaissancemäßige kam hauptsächlich in dem waagerechten Gebälk, den Säulen, Pilastern und Voluten zur Geltung. Dem immer noch lebendigen Empfinden für das Gotische trugen schlanke Vasen, schmale Pyramiden und Spitzkugeln auf dem Gebälk, dem Giebel und wo sie sonst anzubringen waren, Rechnung, weshalb sich selbst erst im 17. Jahrhundert errichteten Altären aus dem Mittelalter stammende Figuren einfügen ließen, ohne die Einheitlichkeit des Stiles zu stören.

Die Diele, von jeher Hauptraum des niedersächsischen Bauernhauses, wurde während der Renaissance und des Barocks auch in Bürgerhäusern Norddeutschlands wohnlich eingerichtet und, namentlich in Rathäusern, repräsentativ ausgestattet, wozu besonders das kunstvoll geschnitzte Geländer von Galerien und die aus einer Ecke der Diele frei schwebend aufsteigende Wendeltreppe Gelegenheit boten. Die Prunkliebe der Renaissance entfaltete sich natürlich vor allem in den Festsälen und im Kircheninnern, das, wie dann noch mehr im Barock, den Charakter eines Festsaales annahm. Die Säle waren in der Regel unverhältnismäßig lang, der Saal im Stuttgarter Lusthaus zum Beispiel hatte bei einer Länge von 66 eine Breite von 20 und eine Höhe von 14 Metern; Verhältnisse wie die des Goldenen Saales im Augsburger Rathaus mit einer Länge von 32,5, einer Breite von 17,3 und einer Höhe von 14 Metern bildeten seltene Ausnahmen. Die Decken hatten zunächst die Form einer flachen Tonne und waren meist aus Holz mit aufgemalter Dekoration. Später, als man zum horizontalen Plafond überging, wurden die Decken kassetiert oder stuckiert. Die Kassettierung wurde in Holz mit quadratischen, polygonalen oder sonstigen Mustern verschiedenster Art ausgeführt und mit reichem Schmuckwerk von Schnitzereien, Intarsien, bemalten und vergoldeten Hängezapfen und Rosetten besetzt, mitunter waren auch größere Felder für Gemälde ausgespart. Mit der beliebig modellierbaren, aber rasch erhärtenden Stuckmasse aus Gips, Kalk und Sand ließen sich plastische Verzierungen jederlei Art herstellen. Im Gegensatz zu den dunklen Holzdecken mit farbensatter Ornamentierung waren die Stuckdecken farblos oder in zarten Farbtönen gehalten und gaben deshalb dem ganzen Raum eine lichtere Stimmung.

Besonders üppig und reizvoll entfaltete sich in den mannigfachsten Gestaltungen die Zierkunst der Renaissance an den mit Teppichen, auch Gobelins, Samt oder Ledertapeten verkleideten, am häufigsten mit Holz vertäfelten Wänden. In großen

Räumen waren die Wandflächen oft ziemlich einfach behandelt, die Dekoration konzentrierte sich hier an den Türen und am Kamin. Der Türrahmen erhielt einen riesigen Um- und Aufbau von Pilastern, Säulen, Gesimsen und Giebeln mit überquellendem figürlichem und ornamentalem Schmuck. In ähnlicher Weise umkleidete man den die Feuerstelle einfassenden Kaminmantel, wofür als Werkstoff erst Marmor und Sandstein, dann immer mehr der Stuck verwendet wurde; er kann nicht nur zu allen erdenklichen Formen verarbeitet werden, sondern bekommt auch, mit heißer Mauerkelle geglättet, eine glänzende Oberfläche und gleicht, mit Adern bemalt, täuschend dem Marmor. Der oft fast bis zur Decke reichende Kachelofen in kleineren, doch ebenfalls mehr oder weniger repräsentativen Räumen von Schlössern, Rathäusern und Häusern wohlhabender Bürger stand, wenn auch in etwas anderer Art, an Fülle und Schönheit des Schmuckes hinter den Kaminen großer Säle kaum zurück. Die Fenster kleinerer Räume, namentlich von Erkern, wurden im 15. und 16. Jahrhundert gern mit Butzenscheiben verglast. Dem Wunsche der Renaissance nach Helligkeit besonders in Sälen und Kirchen kam es sehr zustatten, daß man seit der Mitte des 16. Jahrhunderts fast rein weißes Glas herzustellen vermochte; soweit man noch farbiges für Fenster verwendete, geschah es im wesentlichen nur am Rande und in der Mitte. Außerdem hatte sich die Technik der Glasmalerei geändert. Früher waren in der Masse gefärbte Glasstücke mittels Bleiruten zu einem Gemälde zusammengefügt worden. Gegen Ende des Mittelalters entdeckte man verglasbare und dem farblosen Glas aufschmelzbare Farbstoffe, und so wurde in der Renaissance die mosaikartige von der Kabinettglasmalerei verdrängt. Ihre Motive waren in erster Linie Familienwappen sowie allegorische und mythologische Darstellungen.

Von den Einrichtungsgegenständen wurde der Schrank das repräsentativste Möbel der Renaissance und des Barocks. Die Frührenaissance hielt sich im wesentlichen an den Aufbau des mittelalterlichen Schrankes: rechtwinklig zusammengefügtes Rahmenwerk mit flachen Bretterfüllungen und eine der Konstruktion angepaßte Ornamentierung; nur die Proportionen änderten sich etwas. Für die Verzierungen wurden die Formen der Renaissance übernommen und vielfach Intarsien verwendet. In der zweiten Hälfte des 16. Jahrhunderts verwandelten sich die immer prunkvoller und schwerer werdenden Schränke unter stärkerer Durchbildung des plastischen Schmuckes zu architekturartigen Gebilden ohne Rücksicht auf die Konstruktion, so daß sich beim Öffnen Säulen und sonstige Glieder der Fassade teilen. Wie sehr manche Schreiner zugleich Architekten waren, geht unter anderem daraus hervor, daß Herzog Wilhelm V. den Augsburger Schreiner Wendel Dietrich als Baumeister nach München berief; die mitunter starke gegenseitige Beeinflussung von Steinarchitektur und Schreinerei hat sich allerdings auf die eine wie auf die andere nicht immer günstig ausgewirkt. Neben den großen Schränken für Kleider, Wäsche und dergleichen wurden zur Aufbewahrung kleinerer wertvoller Gegenstände mit verschwenderischem Aufwand an kostbarem Material auf einem tischartigen Gestell stehende Schränkchen mit vielen Schubladen und Fächern angefertigt; der in Augsburg 1605—1617 hergestellte „Pommersche Kunstschrank" ist der mit Recht berühmteste dieser „Kabinettsschränke". Zu einem riesigen, ebenfalls architekturartigen Möbel gestaltete sich das Himmelbett. Die ornamentalen und die figürlichen Verzierungen des

Fuß- und des Kopfendes hatten die Form von Fassaden, auf vier hohen Säulen ruhte ein Baldachin oder eine Holzdecke. Auf zwei oder drei Staffeln mußte man zum Bett hinaufsteigen, so angefüllt war es mit Strohsack oder Matratze, Decken, Polstern und Kissen. — Entsprechend der geringen Zahl von Kirchenbauten zur Zeit der Renaissance wurden jetzt nicht mehr so viele Chor- und Kirchenstühle wie im Spätmittelalter angefertigt, aber, soweit es sich dabei um Schreinerarbeit handelte, mit nicht weniger Kunstfertigkeit, dazu stellten nun äußerst prunkvoll ausgestattete Kanzeln und Orgelbühnen, die Einrichtung fürstlicher Emporen und Epitaphe aus Holz die Schreiner vor neue, besonders dankbare Aufgaben.

Die Geräte des bürgerlichen Haushaltes, wie früher getrieben, geschlagen oder gegossen aus Kupfer, Messing, Zinn, seltener aus Bronze, zeugen selbst in einfachen Formen von dem erlesenen Geschmack der Renaissance. Zinn wurde namentlich für die Ausstattung der Zunftstuben mit den Wahrzeichen der Handwerke, mit Kannen, Krügen und Bechern gebraucht; besonders reich verziert waren die oft über einen halben Meter hohen „Schleifkannen", die wegen ihrer Schwere herangeschleift werden mußten; aus ihnen wurde bei Zunftfesten der Wein in die Becher gegossen. In der Spätrenaissance kamen außerdem fast nur zur Augenweide bestimmte Prunkstücke aus Zinn auf; dieses „Edelzinn" hatte statt der Gravierung Reliefschmuck mit antikisierenden Ornamenten, allegorischen und mythologischen Darstellungen in der Art der Silberarbeiten. Ton und Glas, bisher fast nur für Gefäße des täglichen Gebrauches verwendet, wurden jetzt auch Werkstoffe des Kunstgewerbes. Des Tons bedienten sich die Hafner für die Herstellung von Ofenkacheln, die sie mit Wappen, biblischen, mythologischen und allegorischen Szenen in Relief verzierten, und von Geschirr, wie den hauptsächlich in Nürnberg fabrizierten „Hirschvogelkrügen" mit Reliefs auf gefärbten Bleiglasuren. An charakteristischer Eigenart werden diese Gefäße noch übertroffen von den straff geformten Steinzeugtöpfereien, hauptsächlich Krügen und Kannen. Sie trugen ebenfalls ornamentale und figürliche Reliefs und sind in brauner, kobaltblauer und manganvioletter Farbe gehalten. Mittelpunkte der Steinzeugindustrie waren Köln, von dem aus auch die Erzeugnisse benachbarter Orte wie Siegburg und Nären exportiert wurden, und etwas später Kreußen in Oberfranken. Die bekanntesten dieser Erzeugnisse sind die Siegburger „Schnellen", weißlichgraue, hohe, zylinderförmige Krüge mit scharf ausgeprägten Reliefs; die Närener Bartmänner, braunglasierte bauchige Krüge mit der in Relief aufgelegten Maske eines bärtigen Mannes am Ausguß; die Kreußener niedrigen und weiten Apostelkrüge mit farbiger Reliefdarstellung der zwölf Apostel ringsum in Nischen oder durch Pilaster voneinander getrennt. — Für Luxusgefäße geeignetes helles Hohlglas begann man in Deutschland erst im 16. Jahrhundert herzustellen. Obwohl nun die Glashütten des Böhmerwaldes und des Fichtelgebirges im Europa nördlich der Alpen führend waren (S. 273), vermochten auch sie kein völlig reines Glas herzustellen. Man bemalte deshalb humpenförmige und andere Glasgefäße, soweit sie nicht, wie etwa die Römer, aus grünem oder braunem Glas waren, in der Art der Glasfenster, nur verwendete man für Hohlglas dunkle Emailfarben.

Infolge der Reformation gingen die kirchlichen Aufträge für Goldschmiede in den protestantischen Gebieten sehr zurück, in den katholischen blieb sich der Bedarf an

Monstranzen, Kelchen, Meßkännchen und sonstigen Geräten für den Gottesdienst gleich. Man verzierte sie reich mit Edelsteinen, Perlen und Email; zum Teil wurden sie nun aus ausgehöhltem und geschliffenem Bergkristall, Onyx, Achat, Jaspis, Topas und anderen Halbedelsteinen geformt und in Gold gefaßt. Außerdem nahm die Verwendung von Edelmetall und Juwelen für die Herstellung weltlicher Gegenstände, namentlich von Tafelgeräten, außerordentlich zu. Dabei legte man noch größeres Gewicht auf die kunstvolle Verarbeitung als auf die Kostbarkeit des Materials. Möglichst viel solchen mehr dem Prunk als dem praktischen Gebrauch dienenden Gerätes zu besitzen, war der Stolz der Fürsten, Adligen, Patrizier und der städtischen Gemeinwesen. Die glänzendsten Stücke waren die oft riesigen Pokale mit ihrer Fülle an ornamentalem und figürlichem Zierwerk. Die damalige Vorliebe auch der Männer für pompöse Zurschaustellung von Schmuck, wie Ketten, Armbänder, Anhänger, Fingerringe, und seine geschmackvolle Gestaltung führte auch auf diesem Gebiete zu hervorragenden Leistungen. Wie sehr das Handwerk der Goldschmiede blühte, ist schon daraus zu erkennen, daß in Augsburg 1588 hundertsiebzig Goldschmiedemeister gezählt wurden, von denen jeder drei Gesellen und einen Lehrling beschäftigen durfte. Neben Augsburg war Nürnberg Mittelpunkt des Goldschmiedegewerbes. Von dem, was hier und in zahlreichen anderen deutschen Städten geschaffen wurde, ist freilich verhältnismäßig wenig erhalten, das meiste wanderte in den folgenden Kriegs- und Notzeiten in den Schmelztiegel.

An Formschönheit standen hinter den Arbeiten der Goldschmiede die der Kunstschmiede nicht zurück: vielverschlungene Gitter, Türklopfer in den mannigfaltigsten Gestaltungen, darunter sehr grotesken, Türschlösser und Schlüssel, Beschläge auf Türen, Truhen und Schränken, Wandarme, Leuchter und manch anderes. Ofen- und Grabplatten in Eisenguß erhielten ebenfalls figürlichen und ornamentalen Schmuck, die Grabplatten wurden obendrein zuweilen bunt bemalt. Durch das im 16. Jahrhundert aus dem Orient über Italien nach Deutschland gekommene Tauschieren und durch das auch bei anderen Metallen übliche Gravieren, Ätzen und Treiben erhielt die Oberfläche der von den Kunstschmieden gefertigten Gegenstände die verschiedenartigsten Verzierungen, die herrlichsten die Werke der Waffenschmiede, vor allem die bei festlichem Anlaß immer noch getragene Prunkrüstung. Die Deutschen standen auf diesem Gebiet an der Spitze, auf anderen Gebieten, wie etwa der Kunsttischlerei, hinter keinem der europäischen Völker zurück. In der Textilkunst waren die Niederlande mit ihren Bildteppichen führend, immerhin wurde auf deutschem Boden auch hierin manch Beachtenswertes geleistet, und die seit der Mitte des 16. Jahrhunderts besonders im sächsischen Erzgebirge betriebenen Klöppelarbeiten waren einer der wenigen kunstgewerblichen Zweige, die durch den Dreißigjährigen Krieg nicht zum Erliegen kamen.

Die Meister der Baukunst und des Kunstgewerbes waren im allgemeinen nach der vom Mittelalter überkommenen Auffassung dem Handwerkerstand angehörende Praktiker. Über theoretische Fragen der Baukunst schrieben hauptsächlich Männer aus anderen Berufskreisen, wie der Arzt und Mathematiker Walter Riff aus Straßburg in seinem 1547 erschienenen und in mehreren Auflagen verbreiteten Lehrbuch „Vitruvius teutsch", der Maler Dietterlin, ebenfalls ein Straßburger, in dem Werke

„Architectura“ (1598) und der Ulmer Kaufmann Furtenbach in seiner „Architectura civilis“ (1628). Daneben gingen starke Wirkungen aus von den 1542 und 1609 ins Deutsche übersetzten „Libri dell' architettura“ (1540) des italienischen Architekten Serlio. Viel benutzt wurden die aus italienischen Lehrbüchern schöpfenden, die ihnen entnommenen Vorbilder aber oft ganz willkürlich umgestaltenden „Säulenbücher“, „Zierbüchlein“ und dergleichen Mustersammlungen für architektonisches und kunstgewerbliches Detail. Die Verfasser waren Maler oder Kunsthandwerker, wie der Steinmetz Hans Blum mit seiner „Kunstmäßigen Beschreibung der fünf Säulen“ (1550). Außerdem lieferten den Kunsthandwerkern eine Fülle von Vorlagen durch den Buchhandel vertriebene oder von Werkstatt zu Werkstatt weitergegebene Kupferstich- und Holzschnitt-Einzelblätter. In sie und in die Mustersammlungen vertieften sich nicht nur die Handwerker, sondern auch ihre Auftraggeber, und manche von ihnen, wie der Augsburger Patrizier Philipp Hainhofer, erwarben sich Fachkenntnisse wie der beste Meister. Das kunstgewerbliche Zeichnen diente übrigens nicht bloß praktischen Zwecken, selbst große Künstler übten es um seiner selbst willen; schon die Entwürfe Dürers und des jüngeren Holbein für Waffen, Pokale, Leuchter, Uhrgehäuse, Schränke, Brunnen und dergleichen waren nicht alle zur Ausführung bestimmt; bei der großen Vorliebe der Renaissance für Zierwerk ergötzte man sich eben auch an der rein zeichnerischen Darstellung.

Die darstellenden Künste

Die Plastik

Skulptur und Malerei, die als „freie“ Künste Vorstellungen um ihrer selbst willen gestalten, sind von dem Kunstgewerbe, der einen Gegenstand künstlerisch formenden oder verzierenden „angewandten“ Kunst, theoretisch ohne weiteres zu unterscheiden. Praktisch gehen aber die darstellenden Künste und das Kunstgewerbe vielfach ineinander über, besonders in der deutschen Renaissance seit der zweiten Hälfte des 16. Jahrhunderts mit dem alles überwuchernden Zierbedürfnis. Die Verquickung von freier und angewandter Kunst wurde dadurch gefördert, daß sehr oft ein und derselbe Meister verschiedene Kunstzweige beherrschte und in großem Umfange Entwürfe für das Kunstgewerbe schuf. Mit der Vorliebe für das Dekorative hängt auch zusammen, daß die weithin in seinem Dienste stehenden darstellenden Künste verhältnismäßig früh barocke Elemente aufweisen, wie sich ja überhaupt eine neu heraufkommende Stilrichtung zuerst im Schmuckwerk deutlicher anzukündigen und in größerem Umfange durchzusetzen pflegt, doch ist das Frühbarock noch aufs engste mit der Renaissance verflochten.

Um die Mitte des 16. Jahrhunderts war die deutsche Plastik von ihrer im Reformationszeitalter erreichten Höhe herabgesunken. Die Ausführung bedeutenderer Werke wurde deshalb größtenteils „Romanisten“ überlassen, niederländischen Künstlern, die sich in Italien mit der dort üblichen Art der Bearbeitung des Marmors und des Bronzegusses vertraut gemacht hatten. Sie hielten sich unter Aufgabe des bisher in Deutschland vorherrschenden gemäßigten Realismus an das Idealschema der italienischen Hochrenaissance. Gegen Ende des Jahrhunderts traten an die Stelle der niederländischen wieder mehr einheimische Künstler. Sie gaben zwar im allgemeinen die Renaissanceformen nicht auf, leiteten aber in manchen Einzelheiten zum Barock über. In Süddeutschland übten dagegen noch um 1600 Niederländer einen maßgebenden Einfluß aus, auch sie neigten jetzt mehr oder weniger dem Frühbarock zu.

Fürsten, Adlige, geistliche Würdenträger, Patrizier und reiche Bürger strebten damals wie nur je danach, ihr Andenken durch Grabmäler zu sichern. Ihr figürlicher Schmuck steht unter den Skulpturen aus der Mitte des 16. Jahrhunderts der Zahl und dem künstlerischen Wert nach an erster Stelle und rechnet auch später noch bis zum Dreißigjährigen Krieg mit zu den besten Leistungen der Plastik. Das Epitaph, ein an der Innen- oder Außenwand der Kirche oder an einem Pfeiler aufgestelltes oder aufgehängtes Gedächtnismal, wurde äußerlich und in seinem Darstellungsinhalt immer reicher, das Bild des Toten und das Andachtsbild waren schon seit den ersten Jahrzehnten des Jahrhunderts zu einer einheitlichen Komposition zusammengefaßt worden. Im Barock ging man schließlich zu mehrgeschossigen Epitaphbauten und zu Hängeepitaphen in Prunkrahmen über. Die Tumba, ein Grabmal in der Form eines — leeren — Sarkophages, ist hoch aufgebaut, um an ihren Wandungen mehr Raum für Reliefs zu gewinnen; die Grabmäler wurden mitunter überhaupt zu monumentalen Bauten. Bei dem größten, dem 1558—1563 von italienischen und niederländischen Künstlern hergestellten Grabmal des Kurfürsten Moritz von Sachsen im Dom von Freiberg, ebenso bei dem 1572 vollendeten Grabmal des Herzogs Albrecht I. von Preußen im Königsberger Dom, einem Werk des Cornelius Floris aus Antwerpen, ist der Verstorbene kniend und betend dargestellt, nicht mehr liegend, wie bis dahin bei Tumbagräbern in Deutschland üblich. Neben dem Gemahl oder ihm gegenüber kniet, namentlich auf Epitaphen, oft die Gattin. Auf die porträtmäßige Herausarbeitung der Gesichtszüge wurde im allgemeinen keine besondere Sorgfalt verwendet, wie man überhaupt in Deutschland die Bildnisbüste vernachlässigte, um so zahlreicher waren dafür die Porträtbilder und die Porträtmedaillen. Die Tumbagrabmäler wurden gleich den Fassaden von Schlössern des öfteren auch mit Standbildern von fürstlichen Vorfahren ausgestattet; freistehende Denkmäler außerhalb von Kirchen kamen in Deutschland erst während des Barockzeitalters auf. Die sonstigen figürlichen Darstellungen an Grabmälern in Relief und Vollplastik hatten namentlich seit dem späteren 16. Jahrhundert und der stärkeren Heranziehung deutscher Meister Hinweise auf den Tod in Gestalt des Knochenmannes, auf die Vergänglichkeit alles Irdischen, auf das Jüngste Gericht und dergleichen zum Gegenstand, wobei sich barocke Elemente immer mehr geltend machten.

Die Grabmäler der Protestanten und der Katholiken zeigen nur wenig Unterschiede im Darstellungsinhalt. In der eigentlich religiösen Kunst dagegen bot sich den Protestanten weniger Gelegenheit zur Pflege figürlich-plastischer Kunst. Sie beschränkte sich vorzüglich auf die Kanzeln, unter denen die des Magdeburger Domes aus dem Jahre 1595 durch den Reichtum an Figuren und ihrer formvollendeten Ausführung hervorragt. Vereinzelt begegnen auch bei Altären, die die Protestanten natürlich viel einfacher hielten, ausgezeichnete Leistungen, der Altar in der Bückeburger Schloßkirche von 1608 ist mit den zwei die Altarplatte tragenden Engeln von einer edlen Schönheit wie kaum ein anderer aus dieser Zeit. Neben Christian Kapup, dem Schöpfer der Magdeburger Domkanzel, und Eckbert Wolff, dem Meister des Bückeburger Altares, besaß Norddeutschland noch eine beträchtliche Zahl tüchtiger Künstler.

In den Gebieten eifriger Förderer der Gegenreformation nahm die Plastik mengenmäßig und teilweise auch im künstlerischen Wert einen neuen Aufschwung mit freistehenden Andachtsbildern, wie Kreuzigungsgruppen, Kreuzwegen, Vesperbildern Heiligenstatuen und in Verbindung mit Altären, Kanzeln, Sakramentshäuschen, Taufbecken und dergleichen. Altäre gleich den drei riesigen in der Abteikirche des reichsunmittelbaren Benediktinerstiftes Sankt Ulrich und Afra in Augsburg aus dem ersten Jahrzehnt des 17. Jahrhunderts von Johann Degler oder dem Hochaltar des Münsters in Überlingen (1613) von Jörg Zürn erinnern mit der Fülle ihrer Figuren und dem Geist, der aus ihnen spricht, an die Spätgotik und weisen zugleich auf das Barock hin. Neben dem Wohlgefallen an Pompösem, das in den gewaltigen Ausmaßen so mancher Grabmäler und Altäre zum Ausdruck kam, ging die Freude an Lieblichem, ein besonders häufiges und reizvolles Motiv waren, wie dann auch im Barock, polychromierte Engelsköpfchen zwischen zwei Flügeln. Ein weiterer, ebenfalls im Barock noch mehr ausgeprägter Zug ist namentlich bei mainfränkischen Skulpturen zu beobachten, eine gewisse Vorliebe für das Nackte und die Verbindung lebensfroher Sinnlichkeit mit religiöser Ekstase.

In Augsburg und in München, nun ebenfalls ein Mittelpunkt süddeutschen Kunstlebens, rührte der frühbarocke Einschlag in der Plastik hauptsächlich nicht von Deutschen, sondern von Niederländern her, von Schülern ihres Landsmannes Jean Boulogne aus Douay, der sich in Italien niedergelassen hatte und Giambologna genannt wurde. Seine Schüler schufen vor allem Bronzefiguren, die in ihrer rein plastischen Auffassung, in der kontrapunktischen Bewegung und in der großzügigen Monumentalität bis dahin in Deutschland nicht ihresgleichen hatten. Anregungen des Giambologna folgend, gelang es seinen Schülern, Platzanlage, Gartenkunst, Architektur und Plastik wirkungsvoll aufeinander abzustimmen. Eines von Giambolognas Hauptwerken war der Neptunbrunnen in Bologna, er diente als mannigfach abgewandeltes Vorbild bei verschiedenen der zahlreichen auf öffentlichen Plätzen, in Gärten und Schloßhöfen errichteten großen Brunnen mit vollplastischen Figuren. Die bedeutendsten Künstler aus Giambolognas Schule, die für deutsche Auftraggeber arbeiteten, waren die zwei Holländer Hubert Gerhard und Adrian de Vries und Hans Reichel aus Schongau in Oberbaiern. Gerhard schuf unter anderem den mächtigen, kraftvoll bewegten Kämpfer Sankt Michael für die Fassade der Michaelskirche in München, einen lebensgroßen Engel am Taufbecken derselben Kirche, eine Gestalt von edler, ruhiger Würde, in Augsburg den Augustusbrunnen mit halb stehenden und halb liegenden Flußgottheiten, darüber den Kaiser Augustus, seine Rechte in imperatorischer Geste ausgestreckt. Reichels Erzengel Michael über dem Hauptportal des Augsburger Zeughauses ist nicht so formvollendet wie der Gerhards, dafür ist er mehr vom heiligen Zorn des Gottesstreiters durchglüht. Mit Werken wie dem Merkur- und Herkulesbrunnen in Augsburg, dem Taufbecken in der Bückeburger

Stadtkirche und den Skulpturen für das Grabdenkmal des Fürsten Ernst von Schaumburg in dem Mausoleum zu Stadthagen zeigte sich Adrian de Vries in der Zielsetzung von seinem ehemaligen Meister Giambologna noch unabhängiger als Reichel. De Vries modellierte seine plastischen Arbeiten nicht nur virtuos und schwungvoll wie die besten Künstler seiner Zeit, er hat auch „in dem an kühnen Überschneidungen reichen Linienspiel verschlungener Gruppen und der Auflockerung der körperlichen Oberfläche durch Licht und Atmosphäre eigentlich schon alles vorweggenommen, worin der reife Barock" glänzte (Dehio).

Graphik und Malerei

Das Kunsthandwerk mit seinem massenhaften Bedarf an Vorlagen, die vielbegehrten Kupferstiche mit Porträts von Fürsten oder berühmten Männern, die zahlreichen Kupferstichreproduktionen von Zeichnungen und Gemälden, die Freude am illustrierten Buch mit reichverziertem Einband, die weitverbreiteten Bilderbogen über seltsame Naturerscheinungen und sonstige Darstellungen verschiedenster Art, dazu der sich immer mehr belebende Buchhandel, der all das mit regem Interesse vertrieb und selbst zur Produktion anspornte, führten in der Zeit von der Mitte des 16. Jahrhunderts bis zum Dreißigjährigen Krieg zu einer außerordentlichen Zunahme von Erzeugnissen der Graphik. Der künstlerische Wert kam der Menge freilich nicht gleich. Vieles, namentlich von den Ornamentstichen, fällt von vorneherein nicht unter den Begriff der eigentlichen Kunst und rührt teilweise von Schreinern und anderen Kunsthandwerkern her. Auffallender noch als in der Graphik ist der künstlerische Rückgang in der Malerei, immerhin schuf auch sie im einzelnen manch tüchtiges Werk und trug nicht wenig zu der Befriedigung des damals allgemeinen Verlangens nach schöner Form und interessantem Inhalt bei.

Die Tradition der großen Meister riß übrigens um die Mitte des 16. Jahrhunderts nicht plötzlich ab. Die Schule Cranachs zum Beispiel wurde in Sachsen bis 1586 von seinem Sohn Lukas Cranach dem Jüngeren fortgesetzt, doch zeigt sich schon bei diesem, daß nunmehr nur im Porträt der vorausgegangenen Epoche einigermaßen Gleichwertiges gelang. Der 1560 von Zürich nach Nürnberg übergesiedelte und hier 1591 gestorbene Jost Amman erinnert mit seinen Stichen und Holzschnitten von berühmten Frauen aus dem Alten Testament, seinen Illustrationen zu Livius, der „Beschreibung aller Stände", seinen Geschlechter- und Turnierbüchern stofflich und in der Auffassung an die teilweise bis um 1550 tätigen „Kleinmeister". Sie waren entweder wie die Nürnberger Brüder Beham und Georg Pencz noch unmittelbare Schüler von Dürer gewesen oder wie der Westfale Heinrich Aldegreven von seiner Kunst stark beeinflußt worden und hatten in glänzender Technik hauptsächlich kleinformatige Kupferstiche mit Ornamenten und Darstellungen des Volkslebens, der biblischen und antiken Historie, der Mythologie und Allegorie ausgeführt. An Holbein knüpfte der 1561/62 in Augsburg gestorbene Christoph Amberger an, er nahm sich aber auch Tizian zum Vorbild. Ambergers religiöse und mythologische Bilder zeugen von feinem Geschmack und seine Porträts wie die Kaiser Karls V., des Christoph Fugger und des Humanisten Peutinger von selbständigem, kraftvollem

Gestaltungsvermögen, überhaupt ist bei den einzelnen Künstlern dieser Epoche immer wieder festzustellen, daß ihre besten und persönlichsten Leistungen in Malerei, Kupferstich und dem seit der Mitte des 16. Jahrhunderts an Umfang und Bedeutung allerdings immer mehr zurückgehenden Holzschnitt Bildnisse sind. Das hängt wohl auch mit der allgemeinen Vorliebe für Porträts zusammen. Fürsten ließen sich, ihre Frau und Verwandte häufig, mitunter zweimal im Jahr „cunterfeien", manche sammelten von überallher mit großen Kosten Bildnisse, auch wurden Bücher mit Bildnissen gerne gekauft.

Tobias Stimmer, 1539 wie Jost Amman in der Schweiz geboren, war der bedeutendste Maler und Graphiker seiner Generation und überhaupt der deutschen Spätrenaissance. Seine Fassadenmalereien am Haus zum Ritter in Schaffhausen stellten ähnlich wie Holbein in den Rahmen einer Scheinarchitektur antike und zeitgenössische Gestalten; noch großartiger sind nach den Berichten darüber wahrscheinlich seine untergegangenen Gemälde des Fürstensaales im Schloß von Baden-Baden gewesen. Stimmers Bildnisse, vor allem die lebensgroßen des Zürichers Jakob Schwytzer und seiner Gattin, zeichnen sich durch scharfe Charakteristik und malerische Meisterschaft aus. Für den Straßburger Verleger Jobin zeichnete Stimmer eine Menge von Entwürfen für Holzschnittfolgen und Buchillustrationen; am lebendigsten und wirkungsvollsten sind auch hier seine Bildnisse, so die berühmter Gelehrter in Reußners „Contrafacturbuch", das 1587 erschien, drei Jahre nach dem Tode Stimmers. Seine Zeichnungen behandeln vielfach denselben Stoffkreis wie die Kleinmeister. Von den damals üblichen überreichen Ornamentformen, auch dem Rollwerk, sind namentlich die hundertsiebzig Bilder zählenden „Neuen Figuren zu biblischen Historien" zu Versen Fischarts umrahmt; noch Rubens hat dieses Werk mit seinen schwungvoll bewegten Figuren, der kühnen Perspektive und der einfachen, klaren Lichtwirkung als die hohe Schule des Malers gerühmt.

Die Zeitgenossen schätzten allerdings den aus der Gegend von Ingolstadt stammenden Christoph Schwarz (1550—1597) höher. Er hatte sich in Venedig weitergebildet und erhielt dann einen Ruf als Hofmaler nach München. Im allgemeinen wurden die Hofmaler schlecht bezahlt, eine rühmliche Ausnahme machten die bairischen Herzöge. Für eines seiner Altargemälde, den Engelssturz auf dem Hochaltar in der Michaelskirche in der Art des Tintoretto, zum Beispiel erhielt Schwarz die für damalige Verhältnisse sehr hohe Summe von tausend Gulden. Dafür wurden aber die Hofmaler in München zu emsigem Arbeiten angehalten. Herzog Wilhelm drohte dem Schwarz einmal mit einer Leibesstrafe, wenn er ein bei ihm bestelltes Porträt nicht bald abliefere. So anerkannt Schwarz als Maler fürstlicher Porträts war, am besten gelang ihm doch sein Selbstbildnis mit Frau und Kind, echt altbairische Typen. Schwarz hatte auch wesentlichen Anteil an den Fassadengemälden, die in München ganze Straßenzüge schmückten und deretwegen es damals für eine der schönsten Städte Deutschlands galt. Auch anderwärts in Baiern, in Landshut, Ingolstadt, Regensburg, Passau, ebenso in Salzburg blühte die Fassadenmalerei, am Oberrhein schon seit Holbein und in Augsburg seit Burgkmaier. Zu jener Zeit wurden diese Gemälde auf höchste gepriesen, wie weit zu Recht, läßt sich heute nicht mehr nachprüfen, weil das meiste davon zugrunde gegangen ist. Etwas mehr ist von den Wandmalereien der Innenräume fürstlicher Schlösser und von Rathäusern erhalten, es fügte sich dem allgemeinen Stand der damaligen Malerei ein.

In höherem Ansehen als die einheimischen Meister Schwarz, Hans Müelich (1516—1573), der neben großen Gemälden eine Unmenge phantastischer farbenprächtiger Illustrationen zu Orlando di Lassos Kompositionen schuf, und Johann Rotthamer, dessen kleinformatige religiöse und mythologische Bilder großes Können und feinen Geschmack erkennen lassen, jedoch ganz in der italienischen Art aufgehend, ohne persönliche Eigenart sind, standen am Münchner Hof die Romanisten Friedrich Sustris aus Amsterdam (1526—1599) und der 1628 gestorbene Peter de Witte aus Brügge, genannt Peter Candid. Beide waren in Florenz Gehilfen Vasaris gewesen und hatten sich den etwas trockenen florentinischen Klassizismus angeeignet. Sustris beteiligte sich an der Ausschmückung der Burg Trausnitz und der Münchner Residenz mit Wandgemälden, doch trat bei ihm der Maler hinter den Architekten und Organisator mehr und mehr zurück, nachdem ihm Herzog Wilhelm V. die Aufsicht über das gesamte Hofbauwesen und über die Hofkünstler übertragen hatte. In seinen Altargemälden, dann in der Darstellung der Eitelkeit des Ruhmes, des Triumphes der Kirche, in den Allegorien der Tugenden und was sonst noch den Gegenstand seiner Hauptwerke bildet, in den Deckengemälden und den Entwürfen zu den Gobelins in den Prunkräumen der Münchner Residenz, verkörperte Peter Candid die Weltanschauung der Gegenreformation. Von 1590 bis um 1600 hielt sich in München auch Hans von Aachen auf, ein gewandter Hofmann und einer der beliebtesten Porträtisten seiner Zeit. Er wurde schließlich wie der Basler Josef Heinz und Bartholomäus Spranger aus Antwerpen (1546—1611) Hofmaler des unermüdlichen Sammlers, Kaiser Rudolfs II. (S. 54). Spranger hat den in der florentinischen Malerei der Spätrenaissance hochgekommenen Stil des Manierismus, für den unter anderem langgestreckte, kleinköpfige, sehr bewegliche Figuren, jäher Wechsel von hell und dunkel und unruhige Farben kennzeichnend sind, mit großer „malerischer Feinheit zu einer artistisch raffinierten, sinnlich höchst reizvollen Kunstform durchgebildet und wurde darin von vielen Deutschen nachgeahmt, aber von keinem erreicht" (Fischer).

Der 1578 zu Frankfurt geborene Adam Elsheimer empfing die ersten entscheidenden Eindrücke aus einem von der Hofkunst, die in der vollendeten Form das Höchste sah, ganz verschiedenen Kreise. Elsheimers frühestes Bild, die Predigt Johannes des Täufers, zeigt mit einem stimmungsvollen Eichenwald deutlich den Einfluß flämischer Maler, die sich, wegen ihres Glaubens verfolgt, in Frankfurt und im pfälzischen Frankenthal niedergelassen hatten und hier die Landschaftsmalerei ihrer ehemaligen Heimat weiter pflegten. Zwanzig Jahre alt reiste Elsheimer nach Italien; bis 1600 lebte er in Venedig, dann in Rom, wo er am 11. Dezember 1610 starb. Seine Bilder, meist auf Kupfertafeln in kleinem Format, sind ihrem inneren Gehalt nach das Größte, was damals ein deutscher Maler geschaffen hat. Hier ist „die klare Weite und Fülle der Natur selber mit ihren Wassern und mächtigen Baumgruppen, mit Hügeln und Schluchten und weit gebreiteten blauen Höhen der Ferne, mit all ihren Wundern von Morgen, Mittag, Abend und Nacht die große Lehrmeisterin des Malers geworden, der die Landschaft als Spiegelbild der eigenen Seele empfand und die biblischen, die mythologischen Figuren und Szenen nur als kleine idyllische Ausdeutung in sie verwob" (Fischer). Auf die Entwicklung der Malerei in Deutschland hat Elsheimer nicht eingewirkt, sehr stark dagegen auf den mit ihm befreundeten Rubens und dann auf Rembrandt und Claude Lorrain.

Trotz zahlreicher tüchtiger und mancher hervorragender Leistungen rechnet die Kunst in der Zeit vom Augsburger Religionsfrieden bis zum Dreißigjährigen Krieg nicht zu den großen Epochen der deutschen Kunstgeschichte. Man hat gegen diese Zwischenzeit vor allem eingewendet, daß sie wie auf anderen Gebieten so auch in der Kunst immer mehr darauf ausgegangen sei, alle nationalen Besonderheiten zu verwischen. Das geschah jedoch nicht in bewußter Ablehnung, vielmehr richteten sich die Künstler in Deutschland wie auch anderwärts nach dem im ganzen Abendlande als mustergültig Geltenden, und das war in erster Linie die italienische Spätrenaissance. Wenn nun dabei sehr viele und besonders die Hofkünstler deutscher und niederländischer Abstammung in der Modeströmung aufgingen, so lag dies daran, daß sie keine Künstlerpersönlichkeiten von ausgeprägter Eigenart waren; bei Männern wie Elias Holl wurde sie durch das Studium der italienischen Kunst keineswegs unterdrückt, und Elsheimer hat in dem Maße, in dem er sich mit ihr vertraut machte, seinen eigenen Stil entwickelt. Gerade weil Deutschland in jenen Jahren verhältnismäßig arm war an großen schöpferischen Künstlern, war es gut, daß in enger Anlehnung an die italienischen Meister in Kunst und Kunsthandwerk wenigstens formal teilweise Ausgezeichnetes und im allgemeinen ein achtbarer Durchschnitt erreicht wurde. Und kulturgeschichtlich gesehen hat das Kunstleben dieser Epoche den einen großen Vorzug, daß bis herab zu den Dingen des täglichen Bedarfes alles, was sich hierfür nur irgendwie eignete, in derart großem Umfange wie sonst nie, geschmackvoll geschmückt wurde.

DAS BAROCK

Die Bezeichnung Barock geht wahrscheinlich auf den Namen des italienischen Malers Federigo Barocci (1537—1612) zurück, der den Barockstil in der Malerei begründet hat. Die ältesten bekannten Belege für den Begriff Barock — „im barockischen Geschmack" 1754 und „en goût Barocque" 1759 — beziehen sich allerdings nicht mehr unmittelbar auf Barocci, sondern unter dem Einfluß der neu heraufkommenden klassizistischen Strömung mit verächtlichem Beigeschmack auf die aus dem vorausgegangenen Jahrhundert noch vorherrschende Kunstrichtung. „Barockisch" wurde so zunächst ein Scheltwort, wie es einst „gotisch" bei seiner ersten Verwendung als Stilbegriff im 16. Jahrhundert gewesen war. Zur Sammelbezeichnung für die Kunst einer bestimmten Epoche, der Zeit zwischen Renaissance und Klassizismus, wurde Barock erst gegen Ende des 19. Jahrhunderts, als sich ein Umschwung in der Bewertung des Barock anzubahnen begann. Den von der Kunstgeschichte geschaffenen Begriff übertrug man dann auch auf Literatur, Musik und Philosophie und schließlich auf das ganze Zeitalter. Daneben gewann barock eine noch allgemeinere Bedeutung. Wie klassisch und gotisch wird barock für die Charakterisierung einer seelischen Grundhaltung und eines Lebensstiles verwendet, die sich mehr oder weniger ähnlich nicht bloß in der Epoche finden, nach der sie benannt sind.

Pommersfelden, Schloß Weißenstein, Treppenhaus. 1711—1718

Balthasar Neumann. 1727
Gemälde in Schloß Werneck

Cosmas Damian Asam
Selbstbildnis des Malers
Gemälde, München, Johann-Nepomuk-Priesterhaus

Die Kunst des Barockzeitalters bedeutet im rein Formalen nicht etwas grundsätzlich Neues wie etwa der mittelalterlichen Kunst gegenüber die der Renaissance; vielmehr übernahm das Barock ihre Stilformen, die es allerdings stark abänderte. So bog das Barock zum Beispiel, was in der Renaissance waagrecht war, drehte das Senkrechte, dehnte den Kreis ins Oval und das Quadrat ins Oblongum, verkröpfte und zerstückelte die Gesimse und brach den Scheitel des Giebels aus. Jeder Stil ist eben steter Entwicklung unterworfen, und ein klassischer wie die Renaissance pflegt sich in barocker Art umzubilden. Ebenso wandelt sich die Geistes- und Seelenhaltung fortwährend. Ist sie in einer mächtigen Aufwärtsbewegung und die Kunst gleichzeitig imstande, der Aufwärtsbewegung zu folgen, dann verkörpert sie das Sehnen, Streben und höchste Vollbringen dieser Epoche. Im Italien des 16. Jahrhunderts nun waren sowohl vom Geistesleben als auch von der Kunst her günstige Voraussetzungen für die Ausbildung des neuen Stiles gegeben.

Bereits unter Leo X. (1513—1521) hatte sich in Rom ein kleiner Kreis frommer Männer zusammengefunden, die sich gegen die Verweltlichung der Kirche durch die von den Päpsten geförderte Renaissancekultur wandten. Der Sacco di Roma, die Eroberung und Plünderung Roms im Jahre 1527 von deutschen, spanischen und italienischen Truppen des mit Papst Klemens VII. im Kriege liegenden Kaisers Karl V., wurde sodann von vielen als ein Strafgericht Gottes über die sündige Hauptstadt der Christenheit angesehen und erschütterte die dem Diesseits zugekehrte Renaissancestimmung. Die Fortschritte des Protestantismus bewogen schließlich selbst einen Paul III. (1534—1549), für seine Person in der Förderung von Kunst und Wissenschaft, in der Freude an weltlichem Prunk und frohem Lebensgenuß und in der Fürsorge für seine Kinder und Enkel noch ganz ein Renaissancepapst, zu Maßnahmen, die zum Geiste der Renaissance in schärfstem Gegensatz standen: er bestätigte den Jesuitenorden, erneuerte die Inquisition und berief das Konzil von Trient. Die Abwendung von der Renaissance hatte indes keineswegs eine Kulturmüdigkeit der katholischen Kirche zur Folge. Sie stellte nun zwar das Jenseits wieder in den Mittelpunkt, fühlte sich aber in der durch die Erfolge der Gegenreformation und der eben jetzt mit großem Eifer aufgenommenen Weltmission hervorgerufenen hochgemuten Stimmung wie nur je zur Führung des gesamten Kulturlebens berufen.

So sehr der nachtridentinische Katholizismus mit seinen Kulturleistungen, seinem Wunderglauben, der Heiligenverehrung, den Andachtsübungen, der Reform alter und der Gründung neuer Orden und ähnlichem als Weiterführung des mittelalterlichen erscheint, unterscheidet er sich doch von ihm in einem wesentlichen Punkte. Trotz der Konflikte zwischen weltlichen und geistlichen Gewalten, trotz der oft leidenschaftlichen Kritik an kirchlichen Zuständen und trotz zeitweise starker ketzerischer Strömungen war im Mittelalter der weitaus überwiegenden Mehrzahl die katholische Religion eine Selbstverständlichkeit. Flut und Ebbe des kirchlichen Lebens folgten jeweils in gewissermaßen natürlichem Wechsel aufeinander. Deshalb hatte auch die Renaissance mit ihrem antik-heidnischen Einschlag so leicht Eingang in die Kirche gefunden und sie so sehr verweltlichen können. Diese Unbefangenheit fand durch die von Luther ausgegangene Bewegung ein Ende. Die Papstkirche, zum erstenmal seit ihrem Bestehen in ihrer Existenz ernstlich bedroht, überwand die Gefahr, aber nur in einem Teil ihres ehemaligen Gebietes und war damit nicht mehr die katholische in dem Sinne, daß sie das gesamte christliche Abendland umfaßte. Den Anspruch auf „katholisch" gab die römische Kirche jedoch nicht auf, es tatsächlich wieder zu werden, war fortan ihr vornehmstes Ziel, das sie auf diplomatischem und kriegerischem Wege und im geistigen Kampf zu erreichen suchte. Dabei prägte sich ihre Eigenart erst so recht aus und vollzog sich unter Führung der Jesuiten eine aufs Äußerste getriebene und auf ganz bestimmte Gemütswirkungen berechnete Systematisierung der Frömmigkeit (S. 26). Die Kirche sucht jetzt bewußt mehr als je auch die Kunst in den Dienst ihrer Innen- und Außenpropaganda zu stellen, und die Entwicklung, in der sich die Kunst beim Übergang von der Renaissance zum Barock befand, kam diesem Streben entgegen. Auf ihrem Höhepunkt ist dann die kirchliche Barockkunst zu einem vollgültigen Ausdruck des nachtridentinischen Katholizismus geworden.

Als die Kunst „des ruhigen, schönen Seins" trachtete die Renaissance nach der Harmonie jedes einzelnen Teiles mit dem Ganzen. Seine vulkanische, fortwährend mit inneren Gegensätzen ringende Persönlichkeit führte Michelangelo (1475—1564) von diesem Ideal weg: in seinen weltberühmten Skulpturen und Gemälden stellte er in mächtiger Bewegung und ungeheurer Anspannung sich offenbarende Kraft dar. Correggio (1494—1534) wurde mit seiner in der Diagonale sich entwickelnden Kompositionsweise, mit den starken Überschneidungen und Verkürzungen der Figuren, ihrer Beweglichkeit in Luft und Licht und mit seiner empfindsamen Süße ebenfalls ein Wegbereiter des Barocks, allerdings in einer der „terribilità" des Michelangelo entgegengesetzten Art. Die Manieristen knüpften teils an Michelangelo, teils an Correggio an, die bedeutenderen wie Pontormo (1494—1557), einer der Begründer dieser Richtung, und Tintoretto (1518—1594), der Hauptmeister des Spätmanierismus, gelangten zwar zu einem weitgehend persönlichen Stil, wurden aber im ganzen die unmittelbare Vorstufe zum Barock. Einen ausgesprochen barocken Eindruck macht unter den Malern zuerst Barocci (1537—1612). In der Architektur ging die Entwicklung von Michelangelo, der namentlich in seinem Projekt für die Kuppel der Peterskirche barockes Streben zum Ausdruck brachte, über Vignola (1507—1573) und Giacomo della Porta (1541—1604), den Schöpfern der Jesuitenkirche Il Gesù, zu Maderna (1556—1629), mit der von ihm ausgeführten Vorhalle und Hauptschauseite der Peterskirche der Vollender des bis um 1630 gerechneten römischen Frühbarocks. Damals wirkte in Rom bereits auch Bernini, als Architekt ein hervorragender und als Bildhauer der größte Meister des Hochbarocks.

Das Barock gibt sich nicht damit zufrieden, die Einzelheiten mit dem Ganzen in Einklang zu bringen, sein Ziel ist absolute Einheit; das einzelne hat für ihn kaum noch einen Eigenwert. Dies schließt zwar nicht aus, daß auch dem einzelnen an und für sich ein hoher künstlerischer Rang zukommt; aber entscheidend ist, wie weit es dazu dient, einen bewußt erstrebten Gesamteindruck hervorzurufen: Kraft, Pathos, Pracht, Inbrunst, kurz, etwas von dem, worin der Mensch des Barock die höchsten Werte des irdischen Daseins und seiner Jenseitshoffnungen sah. Dabei verwischen sich die Grenzen der Kunstgattungen. Aus „dem Bauwerk scheinen plastische Kräfte zu dringen, Plastik verbindet sich mühelos mit Architektur, und wenn im barocken Innenraum noch die Malerei dazukommt, so entsteht ein Gesamtkunstwerk, das die

Künste nicht im Beieinander, sondern im Ineinander zeigt" (Jahn). Dies totalitäre Streben begegnete sich mit dem der Kirche, die sich jetzt mit besonderem Nachdruck als die „streitende" bezeichnete und des Sieges über Ketzer und Heiden sicher fühlte. Für den barocken Künstler gab es keine lockendere Aufgabe, als den Triumph der Kirche in den Herzen der Gläubigen und über ihre Widersacher darzustellen und die Krönung dieses Triumphes in der Himmelsherrlichkeit. Dem kirchlichen Absolutismus entsprach im weltlichen Bereich der fürstliche. Ihn zu glorifizieren, bildete die zweite Hauptaufgabe des Künstlers im Zeitalter des Barocks, und er suchte sie in ähnlicher Weise zu lösen wie die erste. Infolgedessen glichen sich die katholisch-kirchliche und die weltliche Kunst einander mehr an als je zuvor und hernach. Das vorherrschende Prinzip war aber doch das katholische, weshalb die Barockkunst in den katholischen Ländern die weiteste Verbreitung fand und als Ganzes ihre höchste Vollendung erreichte.

In Deutschland weisen Werke des Bildhauers Hans Backofen (gestorben 1519) und des Bildschnitzers Hans Leinberger (gestorben um 1530), ebenso die Baukunst der Renaissance barocke Züge in dem oben erwähnten allgemeinen Sinne auf. Das dadurch vorbereitete Frühbarock geriet zwar stark unter italienischen Einfluß, zeigte aber doch mancherlei Ansätze zu einer selbständigen Weiterentwicklung. Sie wurde durch den Dreißigjährigen Krieg fast ganz abgebrochen. Als nach dem Westfälischen Frieden das Kunstleben allmählich wieder aufblühte, knüpfte es nicht an das Frühbarock an. Zunächst übernahm man das römische Hochbarock und berief fremde Baumeister. Johann Bernhard Fischer von Erlach (S. 337) war der erste der großen deutschen Architekten des Hochbarocks. Trotz ihrer Selbständigkeit hatten sie mancherlei Beziehungen zur italienischen Baukunst. Erst spätbarocke Meister wie Dominikus Zimmermann (S. 350) schufen Werke, die ihrer ganzen Art nach außerhalb des katholischen Deutschlands ihresgleichen nicht haben. Zwischen 1710 und 1720 begann französischer Einfluß sich überwältigend geltend zu machen; er erstreckte sich indes nur auf die weltliche Kunst.

Auch noch als Deutschland selbst einheimische Künstler von hohem Range aufwies, wurden fremdländische herangezogen, sie waren aber nicht mehr wie zu Anfang dieser Epoche vorherrschend. Ein bewußter Gegensatz zwischen fremder und eigener Kunstgestaltung bestand überhaupt nicht. Im großen und ganzen war für sie primär nicht das Nationale, sondern das allgemein Europäische maßgebend; im einzelnen waren freilich Triebkräfte verschiedener Art bestimmend. Italien übte dank der überragenden Bedeutung seiner Künstler bis gegen Ende des Hochbarocks die stärkste Anziehungskraft aus, die Macht Ludwigs XIV. und der Glanz seines Hofes bereiteten dem Siegeszug der französischen Kunst und Kultur den Weg, im österreichischen Barock spiegelt sich der politische Aufschwung des Habsburgerstaates, der Katholizismus wirkte in viel höherem Grade und anders als der Protestantismus auf die religiöse Kunst ein, und der Geschmack der Auftraggeber, die Eigenart der Künstler, regionale, auf Volksart und Überlieferung beruhende Unterschiede machten sich auch damals geltend. Überdies war das Barock nicht alleinherrschend. Von der Renaissance her blieb immer eine klassizistische Strömung lebendig, am wenigsten in Spanien, dagegen ist es in England überhaupt zu keiner Barockkunst im festländischen Sinne gekommen.

In Holland schloß sich der Klassizismus unmittelbar der Renaissance an. Holländer und französische Hugenotten verbreiteten ihn im protestantischen Deutschland, doch entstanden daneben auch hier Barockbauten. Für den ersten großen Kirchenbau Süddeutschlands nach dem Dreißigjährigen Krieg, die Stiftskirche der Abtei Kempten (1561—1566), dienten im wesentlichen italienische Renaissancebauten als Vorbild. Später gingen vielfach, wie zum Beispiel im Stil des Fischer von Erlach, Klassizismus und Barock derart ineinander über, daß man von einer klassizistischen Seite des Barocks spricht. In den für das deutsche Kunstleben repräsentativen katholischen Gegenden war das beherrschende Element aber doch das eigentliche Barock.

Die darstellenden Künste

Malerei und Graphik

Im Zeitalter des Barocks ist die Malerei der die Allgemeinheit seither am meisten interessierende Zweig der bildenden Künste geworden. Das eigentlich Malerische, das im Gegensatz zum Linearen ein Bild aus der Farbe, nicht aus der Zeichnung entwickelt, setzte sich im Gefolge von Correggio und ihm nahestehenden Künstlern erst jetzt durch. Die Interieurmalerei nahm als selbständige Bildgattung ihren Anfang. Der Übergang von der Pastellzeichnung zur Pastellmalerei fand seinen Abschluß. Die Landschafts-, die Genremalerei und das Stilleben wurden weitgehend spezialisiert. In der Freskomalerei wetteiferten nunmehr auch die Länder nördlich der Alpen mit Italien; die Deckenmalerei erzielte bisher unbekannte Illusionswirkungen. Auf keinem dieser Gebiete waren die deutschen Maler bahnbrechend, und unter ihnen ist keiner vom Range eines Velasquez und Murillo, Rubens und Van Dyk, Hals und Rembrandt, Poussin und Claude Lorrain, sie trugen aber doch ihr redlich Teil bei zu dem Hochstand der künstlerischen Kultur ihres Vaterlandes.

Der zu seiner Zeit international am meisten anerkannte deutsche Maler war Joachim von Sandrart, geboren am 12. Mai 1606 zu Frankfurt am Main. In seiner Vaterstadt, in Nürnberg, Prag und Utrecht legte er den Grund zu seiner Ausbildung als Maler und Kupferstecher, reiste dann nach London, von da nach Italien, verweilte hier sieben und hernach in Amsterdam fünf Jahre. Gegen Ende des Dreißigjährigen Krieges kehrte er für immer nach Deutschland zurück; am 14. Oktober 1688 starb er in Nürnberg. Heute ist Sandrart vor allem als Verfasser der 1675—1679 erschienenen „Teutschen Akademie der Edlen Bau-, Bild- und Malereikünste" berühmt. Der erste Teil enthält ein theoretisches Lehrgebäude der Kunst, der zweite Lebensbeschreibungen hervorragender Künstler seit der Antike, der dritte eine Übersicht über die bedeutendsten Kunstsammlungen. Dieses erste große deutsche kunstgeschichtliche Werk ist nicht bloß eine Kompilation aus Vasari und anderen Autoren, es bietet auch Eigenes, besonders über viele Künstler, die Sandrart auf seinen Reisen kennengelernt hat. In seinem persönlichen, vielseitigen und ausgedehnten Schaffen ist er nicht der überragende Künstler gewesen, für den ihn seine Zeit hielt, immerhin steht er mit seiner Beherrschung der italienischen und niederländischen Malweise und als tüchtiger Porträtist in der ersten Reihe der damaligen deutschen Maler. Obwohl er Kalvinist war, ließ Papst Urban VIII. von ihm mehrere Bilder für römische Kirchen malen, erteilte ihm Maximilian I. von Baiern zahlreiche weltliche und kirchliche Aufträge und erhob ihn Ferdinand III. in den Adelsstand, nachdem er in Wien den Kaiser und andere Mitglieder des Hauses Österreich gemalt hatte; seine vielen Altarbilder in bairischen und fränkischen Kirchen zählen zu den besten seiner Zeit. Der „moderne" Künstler vermochte selbst inmitten der Ära der Orthodoxie die konfessionelle Enge zu durchbrechen, wenn er wie Sandrart berühmt und ein vollendeter Kavalier war.

Die Vorliebe für Porträts hatte sich gegenüber der ausgehenden Renaissance und dem Frühbarock womöglich noch gesteigert. Da sich fast jedermann von höherem Rang oder sonstwie von Bedeutung malen ließ und sich die Künstler bemühten, neben der gesellschaftstypischen Erscheinung die individuelle Eigenart mit anschaulicher Sachlichkeit und mit der vollen Entfaltung ihres malerischen Könnens darzustellen, gehören die Bildnisse zu den gediegensten und selbständigsten Leistungen der deutschen Maler des Barocks und des Rokokos und sind zugleich kulturgeschichtlich sehr aufschlußreich. An manchen deutschen Höfen wurden ausländische, besonders französische Porträtmaler bevorzugt, wie etwa Pesne, den König Friedrich I. von Preußen als Hofmaler nach Berlin berief und bald darauf zum Direktor der Akademie ernannte. In ihrer Meisterschaft der Charakterisierung und der hochentwickelten Malkultur kamen ihnen, wenn auch in etwas anderer Art, verschiedene einheimische Künstler gleich, darunter auch eine Frau, Anna Dorothea Therbusch, geborene Liesiewska (1722—1782) in Berlin.

In den späteren Bildnissen von Georg Ziesenis (1716—1779), erst Hofmaler in Zweibrücken, dann in Hannover, vereinigten sich trotz mancher noch rokokohafter Einzelheiten Einfachheit und Natürlichkeit mit großzügiger Auffassung und Gestaltung. Anton Raphael Mengs (1728—1779), der sich lange in Rom, einige Jahre in Madrid und wiederholt in Dresden aufhielt, war in Deutschland einer der Hauptvertreter des im Rokoko so beliebten Pastellbildnisses, in seinen größeren Gemälden dagegen einer der ersten Wegbereiter des Klassizismus, für den er auch in dem zu seiner Zeit viel beachteten Buch „Gedanken über die Schönheit und den Geschmack in der Malerei" (1762) eintrat. Johann August Friedrich Tischbein (1750 bis 1802), der Onkel und Lehrer des sogenannten Goethe-Tischbein, huldigte unter dem Einfluß der glänzenden englischen Porträtmalerei einem empfindsamen Klassizismus; in seinen Bildnissen, namentlich von Frauen, lebt aber immer noch auch die Grazie und Eleganz des Rokokos. Anton Graff (1736—1813), in der Schweiz geboren, hauptsächlich in Dresden, Leipzig und Berlin wirkend, hat mancherlei Wandlungen des Stils miterlebt, hielt sich aber, in seinen ungefähr dreihundert Bildnissen nur auf nüchterne, scharfe Charakterisierung bedacht, vom jeweiligen Zeitgeschmack frei. Graff ist vor allem bekannt als Maler der meisten im Geistesleben Deutschlands hervorragenden Männer von Hagedorn, der in seiner Jugend noch dem Barockdichter Hofmann von Hofmannswaldau nacheiferte, bis Schiller. In den übrigen Zweigen der weltlichen Tafelmalerei: allegorischen, mythologischen und historischen Gemälden, Landschafts- und Genrebildern und dem Stilleben, wurde ebenfalls ungemein viel, aber kaum etwas Außerordentliches geschaffen; immerhin ist der gute Durchschnitt, aus dem die Kunstgeschichte einzelne Meister wegen der einen oder anderen besonderen Vorzüge hervorhebt, recht beträchtlich.

Für die kirchliche Malerei wurden vorzüglich Themen gewählt wie: Wunderszenen aus dem Leben der Heiligen, ihre Visionen und Ekstasen, ihr glückseliges Sterben oder ihr heroischer Tod unter unsäglichen Martern, ihre Verklärung und ewige Glorie vor Gottes Thron, die Himmelsherrlichkeit der Allerheiligsten Dreifaltigkeit, der Triumph des Kreuzes und der Kirche über die Mächte der Finsternis und des Unglaubens, die Verbreitung des wahren Glaubens und der göttlichen Gnade über die damals bekannten vier Erdteile, Allegorien von Glaube, Hoffnung, Liebe und sonstigen Tugenden. Der Beschauer sollte all das als blutvolle Wirklichkeit erleben, mitgerissen und über das irdische Dasein erhoben, aber auch angespornt werden, in ihm gemäß den Lehren der Kirche zu denken und zu wirken, daher die naturalistische Sinnlichkeit, der leidenschaftliche Schwung, die mystische Entrückung und die kluge Berechnung in diesen Bildern. Im Gefolge der regen kirchlichen Bautätigkeit (S. 343) entstanden Tausende von Altarbildern, nicht wenige von großem künstlerischen Wert wie die des Johann Heinrich Schönfeld (1609—1682/83), der nach langem Aufenthalt in Italien seit 1652 für viele Kirchen Süddeutschlands Altarbilder mit reicher Phantasie und voller Beherrschung der barocken Maltechnik schuf. Für Schlesien erlangte eine ähnliche Bedeutung der an Schwung der Phantasie und an Darstellungskraft den Schwaben Schönfeld noch übertreffende Ostpreuße Willmann (1630—1706). Er trat 1660 zum Katholizismus über, nahm seinen dauernden Aufenthalt im Kloster Leubus (Kreis Wohlau) und malte nun für dieses und zahlreiche schlesische Kirchen von heißer Leidenschaft durchglühte Heilige in ihrer Marterqual, Verzückung und Verklärung.

Die Kirchen und Schlösser in außerordentlich großem Umfange schmückende Deckenmalerei bildet mit der Architektur so sehr ein organisches Ganzes, daß sie im Zusammenhang mit ihr zu behandeln ist. Hier sei nur bemerkt, daß die besten der Deckenfresken von Johann Rottmayr (1654—1730), Cosmas Damian Asam (1686 bis 1739), Paul Troger (1698 bis 1762), Maulbertsch (1724—1796), Januarius Zick (1732—1797) und anderen die bedeutendsten Leistungen der deutschen Barock- und Rokokomalerei sind.

In der Graphik trat der Holzschnitt weiterhin gegenüber dem Kupferstich zurück. Das anfangs des 16. Jahrhunderts aufgekommene Verfahren der Radierung wurde nun vervollkommnet, um 1640 erfand der Deutsche Ludwig von Siegen die Schabkunst. Radierungen von so hohem Wert wie etwa die von Rembrandt oder von Callot und Claude Lorrain hat Deutschland nicht hervorgebracht, doch spielte der Kupferstich immer noch eine bedeutende Rolle. Er diente nach wie vor zur Illustrierung von Werken des verschiedensten Inhaltes, so hat Sandrart seine „Teutsche Akademie" mit Kupfern reich ausgestattet. Das bekannteste und heute noch als Hilfsmittel für die Architekturgeschichte viel benutzte Werk dieser Art ist die von Matthäus Merian (1593—1650) begonnene und von seinen Söhnen fortgesetzte „Topographie", die in dreißig Bänden 1642—1688 erschienen ist und zweitausend Ansichten, Pläne, Karten und dergleichen enthält. Die Verwendung des Kupferstichs für die Reproduktion von Gemälden, auch Porträts, nahm sehr zu. Dabei bemühte man sich, die Vorlage in ihrem malerischen Charakter mit den Mitteln des Stiches, der Radierung oder der hierfür besonders geeigneten Schabkunst und anderen im 18. Jahrhundert neu ausgebildeten Verfahren möglichst getreu nachzuahmen. Neben der Reproduktion behauptete sich der Kupferstich aber auch als selbständige Kunst. Mit scharfer Beobachtung und in ganz persönlicher Weise schilderten zum Beispiel in ihren Radierungen der Augsburger Georg Philipp Rugendas (1666—1742) das Soldatenleben, der Schwabe Johann Elias Ridinger (1698—1767) das Wild in Wald und Feld, der Schweizer Idyllendichter Salomon Geßner (1730—1788) romantische Landschaften und der Danziger Daniel Chodowiecki (1726—1801) das zopfige norddeutsche Bürgertum am Ausgang der Rokokozeit.

Die Plastik

Eine Unterbrechung durch den Dreißigjährigen Krieg wie bei der Architektur und Malerei trat bei der Plastik nicht ein. Geraume Zeit führte sie den Stil des Frühbarocks ohne wesentliche Änderungen fort und waren wie in der vorausgegangenen Epoche Grabdenkmäler die vorzüglichsten Leistungen der Bildhauer. Eine größere Wandlung brachte erst die während der letzten Jahrzehnte des 17. Jahrhunderts einsetzende rege Bautätigkeit mit sich. Gleich ihr richtete sich nun die Bildhauerkunst nach fremdländischen Vorbildern, die allerdings in steigendem Maße selbständig verarbeitet wurden; auch die Gartenplastik und das unter freiem Himmel stehende Reiterdenkmal kamen damals nach Deutschland. Die künstlerische Gartengestaltung in großem Maßstabe hat seit der Antike erstmals das Barock aufgenommen (S. 336). Dem italienischen und dem französischen Beispiel folgend, belebte man die zu Parken erweiterten Schloßgärten mit Statuen und Statuengruppen von Göttern und Göttinnen, Nymphen und Satyrn, dem Raub der Sabinerinnen und anderen Motiven der antiken Mythologie und Sagenwelt, aber auch mit zeitnahen, sehr getreu wiedergegebenen Darstellungen, wie etwa von musizierenden höfischen Damen und Herren, von Schäfern und Schäferinnen in barock dramatischer Bewegung und mit vollendeter rokokohafter Grazie, im allgemeinen nicht gerade Werke einer erhabenen Kunst, aber zum großen Teil von virtuosem Können und erlesenem Geschmack.

Das erste deutsche Reiterdenkmal unter freiem Himmel ohne Beziehung zu Kirche und Rechtssymbolik ist das 1703 errichtete Standbild Kurfürst Friedrich Wilhelms von Andreas Schlüter (um 1664—1714). Das Wesen des barocken Denkmals war Repräsentation, und dieses Denkmal, in dem einer der größten Künstler jener Zeit antik-römische Feldherrntracht und barocke Allongeperücke, Idealisierung und Wirklichkeitstreue zu einem einheitlichen Ganzen verschmolzen hat, verkörpert ungemein eindrucksvoll den kühnen Sieger von Fehrbellin, den hochstrebenden Begründer des preußischen Staates, den absoluten Herrscher. Zu Denkmälern, die wie der Rundtempel im Park von Sanssouci mit der Statue der Markgräfin von Bayreuth (1768) der stillen Erinnerung, nicht der Repräsentation dienten, ging man erst in der zweiten Hälfte des 18. Jahrhunderts, im Zeitalter der Empfindsamkeit, über. In barockem

Überschwang erhebt sich auf dem Graben zu Wien ein religiöses Denkmal, die während einer Pestseuche von Kaiser Leopold I. gelobte, gegen Ende des 17. Jahrhunderts vollendete Pestsäule aus Marmor. Am Sockel zeigt eine Frauengestalt, die Kirche, auf die überwunden niederstürzende Ketzerei, darüber kniet der betende Kaiser. Der Sockel trägt einen hohen, von Wolken umwallten Obelisk, auf ihnen stehen oder sitzen Vertreter der neun Engelchöre und thront zuoberst die heiligste Dreifaltigkeit. Der Entwurf zu diesem Denkmal, das zu vielen Nachahmungen anregte, rührt von einem Italiener her, die Bildhauerarbeiten haben Deutsche ausgeführt, die besten davon Matthias Rauchmiller (um 1660—1720). Ihm wird auch das Urbild der Nepomukstatuen zugeschrieben, die seither dem auf Befehl König Wenzels 1393 in der Moldau ertränkten Heiligen an zahllosen Brücken als ihrem Schutzpatron aufgestellt wurden. Der vierzehn Meter hohe Hof- oder Residenzbrunnen in Salzburg (1664—1680), der monumentalste unter den auch in dieser Epoche mit großem Aufwand errichteten Zierbrunnen, ist im Aufbau und mit den gewaltigen Skulpturen, vier Flußpferden, drei Atlanten und dem einen dreifachen Wasserstrahl zweieinhalb Meter emporspritzenden Triton, ein Werk in der hochbarocken Art Berninis von dem Italiener Antonio Dario. Georg Raphael Donner (1693—1741), der bedeutendste österreichische Bildhauer seiner Zeit, hielt sich bei seinem bekanntesten Werk, dem Brunnen auf dem Neumarkt in Wien (1739) zwar im allgemeinen an das für solche Anlagen übliche Barockschema, verlieh aber den Plastiken ein vom architektonischen Aufbau unabhängiges Eigenleben und neigte in der Ausführung der mattschimmernden Bleigußfiguren, der Putten und der prachtvollen, edlen Allegorien der vier Hauptflüsse Niederösterreichs und der erhöht in der Mitte sitzenden „Fürsichtigkeit", zum Klassizismus.

Trotz der großen Zahl und Mannigfaltigkeit der Skulpturen unter freiem Himmel, aus deren Fülle nur einige charakteristische Beispiele hervorgehoben werden konnten, waren die Hauptaufgaben der Bildhauer die Bauplastik und die Ausstattung der Innenräume mit Bildwerken. Die Gesimse und Nischen vieler Kirchen und Paläste zierten zahlreiche Statuen. Ihr barocker Schwung fügte sich der Architektur völlig ein, wie ihr überhaupt die Bauplastik wieder streng untergeordnet war. Zu deren besten Leistungen zählen die Figuren des Balthasar Permoser (1651—1733) am Dresdner Zwinger und Schlüters Köpfe sterbender Krieger an den Schlußsteinen des Berliner Zeughauses; der Schlachtentod ist hier keineswegs heroisiert, vielmehr kommt seine körperliche und seelische Qual erschütternd zum Ausdruck. An der Dekoration von Treppenhäusern, Sälen und sonstigen repräsentativen Räumen hatte neben der Malerei und dem Kunstgewerbe die Bildhauerkunst einen wesentlichen Anteil mit Statuen, Porträtbüsten, Figurengruppen wie Schlüters Allegorien der vier Weltteile in Relief als Supraporten im „Rittersaal" des Berliner Schlosses.

Am reichsten und für den Geist des Barocks am bezeichnendsten entfaltete sich die Bildnerei in den Kirchen, auch hier großenteils Hand in Hand mit dem Kunstgewerbe. Bei den kirchlichen Neubauten und der Umgestaltung des Innern der meisten katholischen Kirchen wurden auch Kanzel, Orgelgehäuse, Chor und Beichtstühle im Stile des Barocks und Rokokos ausgeführt; dabei übernahm der Bildhauer oft das Amt des Predigers, wenn etwa die Kanzel in der Klosterkirche Irsee (Schwaben) im

Anschluß an damals gebräuchliche Allegorien der Kanzelberedsamkeit das Vorderteil eines Seeschiffes mit Anker, Tauen, Mastkorb, am Bugspriet den guten Hirten, darstellt oder an einem Beichtstuhl des Klosters Aldersbach (Niederbaiern) links eine sich das Haar raufende weinende Putte, eine Schlange an der Brust, den sündigen Menschen vor der Beichte und rechts, eine jubilierende Putte ohne Schlange, denselben Menschen nach der Beichte. Zahllose Statuen geben Zeugnis von der Heiligenverehrung, die in betontem Gegensatz zum Protestantismus nun erst recht gepflegt wurde, doch beweisen die vielen Kruzifixe, darunter Kunstwerke von hohem Rang und stärkster Ausdruckskraft wie der gekreuzigte Heiland im Mainzer Dom von Rauchmiller, daß der Katholik nicht weniger als der Protestant das „Haupt voll Blut und Wunden" verehrte.

Die Zahl der Altäre wurde aus künstlerischen und seelsorgerischen Gründen beträchtlich vermehrt, der Flügelaltar durch eine feste Altarrückwand verdrängt. Ihren Mittelpunkt bildete jetzt meist ein Ölgemälde auf Leinwand, das von Säulen und Statuen flankierte Altbarblatt, an dessen Stelle zuweilen ein Bildwerk trat. Vor allem der architektonische Aufbau und die Skulpturen machten die Hochaltäre mit ihren oft riesigen Ausmaßen zu grandiosen Schöpfungen des Barocks. In ihrer Gesamtanlage meist einander ähnlich, sind diese Hochaltäre doch jeder für sich Kunstwerke von ausgeprägter Eigenart, selbst wenn sie, wie der Hochaltar in der Kirche zu Dießen am Ammersee und der zu Rohr (Niederbaiern) dasselbe Thema behandeln: Mariä Himmelfahrt. In Dießen trägt der freistehende Altartisch Engelkinder und Silberbüsten von Jesus und Maria, die Altarvorderwand zieren reiche Schnitzereien, darunter die Symbole von Glaube, Liebe, Hoffnung und des Meßopfers, Ähren und Weintrauben. Der rückwärtige Aufbau füllt die ganze Wand. Das Altarblatt mit der Himmelfahrt Mariä, eine gute Durchschnittsarbeit, ist rechts und links von je zwei hohen Holzsäulen mit vorzüglichen Reliefs an den Sockeln flankiert. Im Giebelfeld erwarten zwei große Figuren, Gott Vater und Gott Sohn, und über ihnen der heilige Geist in Gestalt einer Taube schwebend, die Ankunft der Gottesmutter; die für sie bestimmte Krone halten Engel in dem Gewölbefeld des stuckierten Baldachins bereit, der den Giebel abschließt. Rechts und links vom Altare stehen die mit Recht als Gipfelpunkte deutscher Barockplastik gerühmten Kolossalfiguren der vier großen abendländischen Kirchenlehrer: links Papst Gregor I. und vor ihm niedriger und etwas seitwärts der heilige Augustin, sein unruhiges, flammendes Herz mit der Rechten vor die Brust haltend, auf der anderen Seite in derselben Anordnung der heilige Ambrosius und der heilige Hieronymus, vor ihm eine lustige Putte, die sich den Kardinalshut des Heiligen über den Kopf hält; daß es zu jener Zeit noch keine Kardinäle gegeben hatte, störte niemand, und der andächtigste Katholik des Barocks hörte und sah auch in der Kirche gerne etwas Vergnügliches. Von dem Dießener unterscheidet sich der Rohrer Hochaltar vor allem dadurch, daß nicht ein Altarblatt, sondern ein Bildwerk im Mittelpunkt steht. Gewaltige Säulen bilden die Bühne, auf der sich das Wunder von Mariens Himmelfahrt abspielt. Einige Meter vor dem Hintergrund des Stuckvorhangs Antlitz und rechte Hand zu der Dreifaltigkeit in den Wolken erhoben, schwebt Maria in völlig geglückter Illusion zwischen Himmel und Erde. Zwei prachtvolle Engel zu ihren Füßen tragen Maria mit mächtigem Flügelschlag empor, doch ist sie schon an sich ganz aufstrebende, schwerelose Bewegung. Um das Marmorgrab unten führen die Apostel ein leidenschaftliches Barockdrama auf: Entsetzen über das leere Grab und Jubel über Mariens Triumph. Nur in Stuck ist solch ein Werk möglich, und nur Egid Quirin Asam hat solche Anmut, Würde und Leidenschaftlichkeit zugleich in Stuckfiguren zu bannen vermocht. Eines der Hauptanliegen der damaligen kirchlichen Kunst ist hier unübertrefflich erfüllt: die Wunderwelt des Glaubens in Gestalten von beglückender Schönheit dem sinnenfrohen Menschen des Barocks als lebensvolle Wirklichkeit erscheinen zu lassen.

Ornament. Kunstgewerbe

Das Ornament der barocken Architektur ging in deren Bewegungsrhythmus auf, wurde kräftiger und derber als in der Renaissance, in den letzten Jahrzehnten des 17. Jahrhunderts oft schwerfällig pompös und im Übermaß verwendet. Um 1700 begann das Zierwerk wieder leichter zu werden, der üppige Akanthus lockerte sich auf und wurde mit Eichenlaub, Trauben, Rosen, Putten und Fratzen durchsetzt, in die langgezogenen zierlichen Ranken mischten sich Bänder und Schleifen, und vereinzelt fand bereits das Muschelwerk Eingang. Diese das Rokoko ankündigenden Erscheinungen traten zuerst hauptsächlich bei der Innendekoration von Schlössern auf, sehr bald aber auch in der Kirchenarchitektur, so schon 1710 im Deckenstukko einer Landkirche in Kreuzpullach bei München. Im allgemeinen wird das R o k o k o von ungefähr 1730 bis um 1780 angesetzt. Der Name leitet sich vom französischen rocaille, Grotten- und Muschelwerk, her, einem in verschiedenen Abwandlungen immer wiederkehrenden Ornamentmotiv. „Rokoko" wird häufig als Bezeichnung für die Kunst dieses halben Jahrhunderts überhaupt gebraucht, ist aber nur für die Dekoration und das Kunstgewerbe berechtigt, denn nur auf diesen Gebieten grenzt sich das Rokoko als eigene Stilstufe vom Spätbarock einigermaßen scharf ab.

Die Bauornamente, im allgemeinen Stuckreliefs, wurden erst meist von Italienern ausgeführt, seit der Mitte des 17. Jahrhunderts mehr und mehr von Deutschen. Am berühmtesten sind die Stukkateure aus dem oberbairischen Dorf Wessobrunn. Zwischen 1680 und 1720 bildeten sie einen eigenen Schulcharakter aus, der reich und kraftvoll, aber nicht so überladen war wie der der Italiener. Die Wessobrunner wirkten hauptsächlich in Süddeutschland, doch wurden sie auch in die übrigen Teile von Deutschland, in die Niederlande, nach Italien, Frankreich, Spanien, Polen und Rußland berufen. Die Zahl der Kirchen, bei deren Bau und Ausschmückung Wessobrunner beschäftigt waren, wird auf dreitausendfünfhundert geschätzt; in dem Taufbuch und im Gesellschaftsbuch der Stukkateure von Wessobrunn sind sechshundert Meister eingetragen, noch am Anfang des 19. Jahrhunderts lebten dort hundertzehn Stuckarbeiter. Mittelpunkte des Stuckgewerbes waren ferner die Miesbacher Gegend (Oberbaiern), die Grafschaft Wiesensteig (Württemberg) und der Bregenzer Wald. An der repräsentativ großartigen, der festlich erhebenden und der fröhlich beschwingten Stimmung der Barock- und Rokokoräume hat die Stuckierung einen wesentlichen Anteil. Mit ihr befaßten sich auch hervorragende Künstler, so der Wessobrunner Baumeister Dominikus Zimmermann (S. 350) und die besten süddeutschen Bildhauer des Spätbarocks, wie Egid Quirin Asam (S. 350), Josef Anton und Johann Michael Feichtmayr (1696—1770 und 1709—1772), Ignaz Günther (1725—1775) und Johann Straub (1704—1784). Die Menge der zumal im Voralpenland für Architektur, Plastik und Malerei kunsthandwerklich und künstlerisch Begabten und die Fülle ihrer Schöpfungen vermag man sich kaum vorzustellen; Martin Johann Schmidt (1718—1801) aus Grafenwörth bei Krems, wohl der produktivste Meister, hat zum Beispiel über tausend Altarbilder und Fresken gemalt.

Im profanen Bereich wurde ein viel und vielseitig verwendetes Ziermotiv die Chinoiserie. Aus Reisebeschreibungen hatte man den Eindruck gewonnen, die Chinesen verständen wie kein anderes Volk das Leben zu genießen und es zu einem heiteren Spiel zu gestalten. Eine Bestätigung dieser Auffassung sah man in den seit Ende des 17. Jahrhunderts in größerem Umfange aus China eingeführten Erzeugnissen der Kunst und des Kunstgewerbes. In der Zeit des Rokokos ahmte man sie in dem Gefühl, der eigene Lebensstil und Geschmack stimme mit dem der Chinesen weitgehend überein, eifrig nach. Mit gemalten, gewebten oder stuckierten Szenen aus dem Leben der Chinesen wurden die Wände geschmückt und für die Fayence- und Porzellankunst gerne chinesische Vorbilder gewählt. Die graziösesten Formen der Chinoiserie zeigen Ornamentstiche des Rokokos. Eine Abart der Chinoiserie, mit ihr oft verbunden, war die Singerie, die Darstellung des munteren, verspielten Treibens menschenähnlicher Affen. Chinoiserie und Singerie ergötzten Fürsten, Prälaten und Adlige in Schlössern, Prunkräumen der Abteien und entlegenen Landsitzen.

Mit gedrehten Säulen, mit Verkröpfungen an Gesimsen und mit geschwungenen Flächen glichen sich die Möbel der Architektur des Barocks an. Die Schränke, namentlich die riesigen Dielenschränke in Norddeutschland, wurden teilweise noch schwerer als in der Spätrenaissance. Die Sitzmöbel, ebenfalls schwer und in ihren Formen steif, erhielten jetzt an Stelle der früher üblichen Kissen eine feste Polsterung. Damit stellte sich das Bedürfnis ein, die Sitzmöbel bequemer zu gestalten. Sie werden leichter, die Rücken- und Armlehnen der Sessel passen sich der natürlichen Körperhaltung an, die Truhen werden nicht mehr zum Sitzen benützt, die Sitzbänke verwandeln sich zum Sofa. Nippsachen stehen auf eigens für sie angefertigten Tischchen, die Dame erhält einen Schreibtisch für die galante Korrespondenz und einen Frisiertisch mit vielen Flaschen und Döschen für die Schönheitsmittel und mit einem kostbaren Spiegel. Bei all dem wirkte auch der Geschmack des Rokokos mit. Prunktische, Kommoden, Konsolen und dergleichen wurden vielfach in der nach dem Hoftischler Ludwigs XIV. Charles André Boulle (1642—1732) benannten Boullearbeit verziert. Boulle hat die bisherige Intarsienarbeit vervollkommnet und für die Einlagen nicht mehr wie bis dahin im allgemeinen üblich nur Elfenbein und Ebenholz verwendet, sondern auch Perlmutter, Schildpatt, Zinn und Messing, außerdem die Möbel maßvoll mit plastischem Schmuck aus fein ziselierter und vergoldeter Bronze versehen. In Deutschland kam während des Rokokos das durch die Boullearbeit zurückgedrängte üppige Zierwerk wieder in Aufnahme, so wurden zwischen Tischfüßen schwere plastische Blumen- und Fruchtgehänge angebracht. Ebenso wie die Möbel in den Prunkräumen beweisen

Chor- und Beichtstühle, Kanzeln, Orgelbühnen und sonstige Schreinerarbeiten in den Kirchen, daß im Barock und Rokoko dieser Zweig des Kunsthandwerks mit nicht geringerer Hingabe und Meisterschaft gepflegt wurde als in der Renaissance.

Auf einigen anderen Gebieten des Kunsthandwerks trat, wenigstens teilweise, ein Rückgang ein. Die Tauschierung und Ätzung des Eisens wurde aufgegeben, und damit war die große Zeit der deutschen Waffenschmiede vorbei. Die im Barock aufgekommenen senkrechten Staketgitter erreichten nicht mehr die Schönheit des früheren kunstvoll verschlungenen Gitterwerks, dagegen zählen die Arbeiten der Kunstschmiede des Rokokos für Treppengeländer, Tore und namentlich Gitter zu dem Formvollendetsten, was je in Eisen hergestellt worden ist. Die Goldschmiede gestalteten im Barock die Ornamente derber und stimmten bei den Schmucksachen die Farben nicht mehr so harmonisch wie in der Renaissance aufeinander ab, sondern achteten vor allem auf den Schliff und Schnitt der einzelnen Edelsteine, vorzüglich der Diamanten. Tafelgeräte aus Edelmetall waren sehr begehrt. Der Begriff des „Tafelsilbers" kam jetzt auf, bei festlichem Mahle damit prunken zu können, war der Stolz des vornehmen Haushaltes. Die berühmteste Goldschmiedewerkstatt hatte Johann Melchior Dinglinger (1664—1731), seit 1698 Hofgoldschmied Augusts des Starken in Dresden. Dinglinger setzte seine Schalen, Tafelaufsätze und Figurengruppen wie „Hofhalt des Großmoguls in Delhi" oder „Die Freuden des Lebens" aus Gold, Silber, Email, Kristall und Juwelen mit überquellender Phantasie zusammen. Die bei ihm hervortretende Neigung für das Kuriose und Bizarre ist bezeichnend für jene Zeit und besonders für seine beiden Hauptauftraggeber König August den Starken und Zar Peter den Großen. Bei der damaligen Vorliebe für gleißenden Prunk wurden die Altargeräte mehr denn je aus Edelmetallen hergestellt und mit Juwelen verziert, ja selbst ganze Altäre aus Silber errichtet. Wenn an hohen Festtagen die Priester, bekleidet mit goldgestickten Gewändern, den Gottesdienst feierten, Weihrauchwolken aus goldglänzenden Rauchfässern aufstiegen, von silbernen Leuchtern das milde Licht der Kerzen strahlte, fühlte sich der Andächtige inmitten dieser schimmernden Pracht und umbraust von den Orgeltönen bereits im himmlischen Jerusalem.

Das Edelzinn war wie in der Renaissance (S. 312) hauptsächlich Prunkgegenstand; das Gebrauchszinn nahm jetzt in den bürgerlichen Kreisen eine ähnliche Stellung ein wie bei den Vornehmen das Tafelsilber und erhielt ähnliche Ziermuster. Für verarmte evangelische Kirchen wurden nach dem Dreißigjährigen Kriege Abendmahlskannen, Kelche, Hostienbüchsen und Kruzifixe aus Zinn angefertigt. Infolge der andersartigen Auffassung von der Transsubstantiotion und der grundsätzlichen Ablehnung kirchlichen Pompes lag der Gebrauch von Geräten aus Edelmetall für den protestantischen Gottesdienst überhaupt nicht so nahe; auf edle Formen wurde indes auch hier geachtet. Die im Barock aufgekommene Gepflogenheit, fürstliche Persönlichkeiten in prunkvollen Zinn- oder Bleisärgen beizusetzen, bot den Zinngießern und Bildhauern neue, reiche Möglichkeiten kunstgewerblicher und selbst künstlerischer Gestaltung.

Das Elfenbein, ein seit der Steinzeit für Erzeugnisse der Kleinkunst und des Kunstgewerbes viel benutzter Werkstoff, war während der Renaissance verhältnismäßig wenig verwendet worden; im Barock und Rokoko wurde es wieder außerordentlich geschätzt. Künstler vom Range eines Permoser und Rauchmiller bildeten daraus entzückende Kleinbildwerke, Kunsthandwerker unter anderem Schiffsmodelle, Tafelaufsätze und Prunkgefäße. Schüsseln aus Holz oder Horn wurden häufig mit Elfenbeinreliefs belegt und gern auf Büfetts in Jagdschlössern aufgestellt. Besonders beliebt waren die Darstellungen von Musen, Amazonen, Heroenschlachten und bacchischen Szenen. Die Fürsten waren eifrige Sammler von Gegenständen aus Elfenbein, und manche verstanden sich selbst gut darauf, es zu schnitzen und zu drechseln. — Die kunstgewerbliche Bearbeitung des Glases machte große Fortschritte. Der Glasschliff wurde vervollkommnet und für das Gravieren ein neues Verfahren angewandt, der mit einem Rädchen vorgenommene „Glasschnitt". In England erfand man das Bleikristall, das sich durch starke Lichtbrechung und glockenreinen Klang auszeichnet, und in Deutschland Johann Kunckel (1630—1703) das Rubinglas, aus dem er gegen Ende des 17. Jahrhunderts herrliche Gefäße zu formen begann. — Fayencen sind in Nürnberg und einigen anderen süddeutschen Städten bereits während des 16. Jahrhunderts hergestellt worden, doch handelte es sich dabei nur um Töpferwaren mit Bleiglasur und ihre Verzierung mit Reliefs, noch nicht um eine Farbenkunst. Die eigentliche Fayence kam erst in der zweiten Hälfte des 17. Jahrhunderts von Holland nach Deutschland, wo allmählich zahlreiche Fayencewerkstätten eingerichtet wurden. Dem Delfter Beispiel folgend dienten als Schmuckmotive zunächst großenteils Blumen, Felsen und Vögel in der Art des chinesischen Porzellans, dann auch figürliche Darstellungen, Landschaften und Ziermuster, wie sie ähnlich auch sonst im deutschen Barock und Rokoko üblich waren. Um 1800 ging die Fayencenfabrikation stark zurück, nachdem die Steingutherzeugung, eine englische Erfindung, auch in Deutschland aufgenommen worden und das Porzellan billiger geworden war.

Das europäische Porzellan ist die Frucht eines der zahllosen vergeblichen Versuche, Gold zu machen. Als der Apothekerlehrling Johann Friedrich Böttger (1682—1719) zu Berlin in den Ruf eines Goldmachers kam und davon Unannehmlichkeiten für sich befürchtete, entwich er nach Dresden. August der Starke hielt ihn gefangen, er sollte Gold für ihn gewinnen. Böttger gelang dies zwar nicht, er erfand aber 1708/09 gemeinsam mit dem Mathematiker und Physiker Ehrenfried Walter Graf von Tschirnhaus ein braunrotes Steinzeug, das „Böttgerporzellan", und bald darauf das weiße dem chinesischen gleichartige Porzellan. Im Jahre 1710 wurde in Meißen die erste Porzellanmanufaktur gegründet, der dann weitere in Deutschland und in verschiedenen anderen Ländern Europas folgten. Die Leitung der Meißner Manufaktur lag bis zu seinem Tod in Böttgers Händen. Er und der Maler Höroldt, sein Nachfolger von 1720 bis 1735, hielten sich im Stil hauptsächlich an ostasiatische Vorbilder; die plastischen Ornamente wurden zunächst noch aufgelegt, mit der malerischen Verzierung erzielte schon Höroldt wesentliche Fortschritte. Die plastischen Möglichkeiten des Porzellans hat erst der Bildhauer Johann Joachim Kändler, der von 1735—1775 der Meißner Manufaktur vorstand, voll entwickelt. Neben der berühmtesten, der Meißner, war die Frankenthaler Manufaktur (gegründet 1755) besonders vielseitig, namentlich in Porzellanfiguren; die Wiener (1718), obwohl die zweitälteste, machte sich erst in der Zeit des Klassizismus von fremden Vorbildern frei und leistete nun in der Form der Gefäße und in der Bemalung Selbständiges und Hervorragendes; die Höchster (1746) zeichnete sich in der figürlichen Plastik und in der naturgetreuen Wiedergabe von Blumen, der sogenannten „deutschen Malerei" aus, die Berliner (1750) durch ihre Prunkgeschirre; Sondergebiete der Manufaktur zu Fürstenberg an der Weser (1753) waren Medaillonbildnisse von Fürsten, Köpfe und Büsten bekannter Persönlichkeiten und Vasen und Geschirr mit Landschaften in Blau- und Buntmalerei; die 1758 bis um 1765 unter dem Modellmeister Bustelli in der Nymphenburger Manufaktur (1754) ausgeführten Figuren und Figurengruppen zählen zu den köstlichsten Schöpfungen des Rokokos; die Ludwigsburger ging wenige Jahre nach ihrer Gründung (1756) im Figürlichen als erste zum Klassizismus über. Die spielerische und mitunter frivole Lebensauffassung gewisser Kreise des Rokokos kommt bei den leichten, zierlichen, beschwingt graziösen Kolombinen, Komödiantinnen, Tänzerinnen, Schäfern und Schäferinnen, Damen und Kavalieren, Göttern und Göttinnen in Porzellan reizvoll zum Ausdruck. Das ist indes nur e i n e Seite des Rokokos. Zu derselben Zeit entstanden Bauwerke, die mit ihrer Innenausstattung, zumal den Freskomalereien, hohe weltliche und überweltliche Ideale verkörpern.

Die Baukunst

Obwohl nach wie vor meist Angehörige des Bürgerstandes, dem soziologisch auch auf dem Lande beheimatete Meister wie die Wessobrunner Stukkateure und Architekten zuzurechnen sind, die verschiedenen Kunstzweige ausübten, hatte im Barock für die Entfaltung der Architektur das Bürgertum nicht mehr die Bedeutung wie in der Renaissance und im Frühbarock. Mit wenigen Ausnahmen wurden jetzt die Reichsstädte im Wirtschafts- und Kulturleben von den Residenz- und verschiedenen anderen landesherrlichen Städten überholt, und in diesen war auch in der baulichen Gestaltung der Wille und das Vorbild der Fürsten maßgebend. Auf ihren Befehl erfolgte die Neuanlage von Städten wie Rastatt und Karlsruhe und von Vorstädten wie in Kassel, Bayreuth und Berlin. Die Neuanlage und die Regulierung von Städten wurde auf das fürstliche Schloß hin ausgerichtet, zu dem weiten Platz vor ihm führte eine Prachtstraße. Die großzügigiste städtebauliche Planung jener Zeit ließ Kurfürst Friedrich Wilhelm für Berlin von holländischen Architekten vornehmen. Die Vorstädte erhielten breite Straßen und niedrige Häuser, in den Altstädten blieb es bei den engen Gassen und den schmalen Häusern, die mitunter hoch aufgestockt wurden. Die durch Ansiedlung von Refugiés entstandenen Vorstädte hatten mit ihren einfachen, ein bis zwei Stock hohen Häusern, den Mansardendächern und Balkonen ein besonderes Gepräge. Im allgemeinen gab man jetzt den Stufengiebel auf und wählte einen geschweiften, etwas breiteren Giebel oder einen horizontalen Abschluß. Einfachere Bürgerhäuser wurden vielfach unter Verzicht auf die in der Renaissance übliche Verzierung mit Reliefs und Bemalung einheitlich mit Putz beworfen, doch umgaben manchenorts, besonders in Österreich und Baiern, gefällige Stuckdekorationen die Fenster. Auch sonst finden sich in einzelnen Gegenden erfreuliche Erscheinungen einfachen bürgerlichen Bauens, so am Niederrhein das geschieferte bergische Haus. Wohlhabende ließen die Fassade ähnlich manchen Stadtschlössern durch einen Risalit, durch Pilaster oder Lisenen gliedern und die Fenster prunkvoll umrahmen. Diese bürgerliche Baukunst blühte namentlich in Dresden, Leipzig, Augsburg, Bamberg und Würzburg. Als seit der Mitte des 18. Jahrhunderts nach französischem Beispiel die Fassaden der Adelspaläste nicht mehr so prunkvoll gestaltet wurden, folgten auch darin die reichen Bürger der Aristokatie, die ihrerseits den Fürsten nacheiferte.

Schloßbauten

Paläste entstanden während des Barocks und Rokokos in Deutschland so zahlreich und mit solchem Aufwand wie nie zuvor. Der Palast sollte den Glanz des absoluten Herrschers aller Welt vor Augen führen und für ihn und die Hofgesellschaft einen würdigen Rahmen bilden. Die Gebiete der meisten deutschen Landesherren waren zwar klein, aber jeder war von seinem Gottesgnadentum überzeugt und hielt es deshalb für angemessen, daß auch er in einem prunkvollen Palaste residiere; reiche Adlige, Patrizier und hohe Beamte bauten sich ebenfalls Stadtpaläste und schloßartige Landsitze. Die Bauleidenschaft, der „Bauwurm", wie man damals sagte, beherrschte viele Fürsten und Aristokraten. Vom Bauwesen etwas zu verstehen, galt für den vornehmen Mann als selbstverständlich, und nicht wenige, wie der Mainzer Kurfürst Lothar Franz von Schönborn und namentlich Prinz Eugen, besaßen darin große Sachkenntnis. Oft wurden mehrere Architekten zum Entwerfen von Plänen oder zum Überprüfen bereits ausgearbeiteter herangezogen und verschiedene Baumeister mit der Ausführung einzelner Teile eines Schlosses betraut, und so manche Bauherren korrespondierten unermüdlich über ihre Pläne mit Standesgenossen und berühmten Architekten.

Mit der aus einer ritterlich-romantischen Stimmung heraus noch im Frühbarock beibehaltenen Gepflogenheit, den Schloßbauten ein wehrhaftes Aussehen zu geben, brach das Barock. Die Enge hochgelegener Burgen eignete sich nicht für ein pompöses, sich auch in der Umgebung des Schlosses abspielendes Hofleben, wie man es nun liebte. Die Residenz wurde deshalb in ebneres Terrain verlegt und dafür eine neue Stadt gegründet, wie etwa Mannheim, wohin die Pfälzer Kurfürsten von Heidelberg übersiedelten, oder der Fürst zog, wie etwa der Erzbischof von Salzburg oder der Fürstbischof von Würzburg, von der außerhalb gelegenen Hochburg in den neu erbauten Stadtpalast herab. Aber lieber als in ihm hielten sich die weltlichen und geistlichen Fürsten in den jetzt zahlreich entstehenden oder umgebauten, ebenfalls groß angelegten und prachtvoll ausgestatteten Landschlössern auf. Bei den Lustschlössern der Rokokozeit weisen schon Namen wie Eremitage, Solitude, Monrepos und Sanssouci darauf hin, daß sie nicht zur Repräsentation, sondern für die persönlichen Neigungen des Fürsten bestimmt waren, der hier je nach Geschmack Amor oder den Musen oder beiden ungestört huldigen konnte.

Die geschlossene Anlage, wie sie von den Wehrbauten her üblich gewesen war, wurde mit Ausnahme von Residenzen in großen Städten meist aufgegeben. Erst fiel einer der vier den Hof umgebenden Wohnflügel weg, dann löste man die Seitenflügel vom Mittelbau los oder verlängerte sie staffelförmig, schließlich wurden sie stark gekürzt oder man ging zum reinen Einflügelbau über. Die Landschlösser sind im allgemeinen niedriger gehalten als die Residenzen, die Lustschlösser ein- oder zweigeschossig. Die Deckengemälde der Festsäle, der gleich diesen prunkvoll ausgeschmückten Treppenhäuser und der Bibliotheken erzielten ähnliche Raumwirkungen wie die Deckenfresken der Kirchen (S. 344); von ihnen unterscheidet sich die weltliche Deckenmalerei nur durch die Wahl der Themen. Im Innern der Schloßbauten kam der repräsentative Charakter am stärksten im Treppenhaus zur Geltung; den Höhepunkt seiner Entwicklung erreichte es im 18. Jahrhundert.

Der Barockpark ist die Fortsetzung der Architektur weit in die Landschaft hinaus, die Pläne entwarfen Architekten. In Verlängerung der Mittelachse des Schlosses erstreckt sich durch den ganzen Park ein breiter Mittelweg, den eine Gloriette, ein Pavillon oder sonst ein Bauwerk abschließt. Die wie mit dem Lineal gezogenen Wege, unterbrochen von Rondells oder ovalen Plätzen, ergeben ein einheitliches System geometrischer Formen. In großen Parks bilden Schlößchen, Tempelchen, Teehäuschen eigene derartige Systeme außerhalb des Mittelweges, die sich aber ebenfalls dem Gesamtplan einordnen. Als erster Abschnitt breitet sich vor der Schloßterrasse das Blumenparterre aus, wofür man Blumen mit möglichst ungewöhnlichen Formen und Farben wählte, am beliebtesten waren Tulpen. An das Blumenparterre schließen sich, symmetrisch zum Mittelweg, Boskets mit beschnittenen Laubenwänden. Skulpturen, ein Kanal, Wasserkünste und dergleichen beleben besonders den Mittelweg, oft sind auch Hecken und Bäume zu kunstvollen Gebilden zurechtgeschnitten. Von der Schloßterrasse aus ist der Park in seinem Grundriß vollkommen übersichtlich und erscheint als das Werk eines nüchternen Mathematikers. Dem zwischen den Boskets Lustwandelnden dagegen bieten die Einzelheiten die mannigfachsten Überraschungen, und mitunter gerät er, so gerade sich die Wege hinziehen, in die Zauberwelt eines Irrgartens, in dem künstliche Vögel singen und Vexierwässer ihr Naß über ihn ergießen. So faßte der Barockpark Nationales und Irrationales, Überschwang und gemessene Haltung, Natur und Zwang, Kunst und Künstelei, Ruhe und Bewegung zu einer straff gefügten Einheit zusammen.

Aus der Fülle von Schlössern und anderen weltlichen Bauten können in diesem allgemeingeschichtlichen Werke nur einige hervorgehoben werden. Mit ihrem Treppenhaus und dem Verzicht auf einen riesigen Festsaal, wie er für die Schlösser der Renaissance und des Frühbarocks charakteristisch ist, leitet die Münchner Residenz am frühesten zum Barock über. Unter Kurfürst Ferdinand Maria (1651—1679) und in den ersten Jahrzehnten der Regierung Max Emanuels (1679—1726) wurden verschiedene bauliche Änderungen vorgenommen. Die Ausstattung der neuen und die Neuausstattung älterer Gemächer wie der für Ferdinand Marias Gemahlin Adelheid Henriette von Savoyen mit den für jene Zeit bezeichnenden Namen: „Liebeszimmer", „Reiche Zimmer", „Rosenzimmer" und für Max Emanuels „Sommerzimmer" erfolgte im schweren italienischen Barockstil durch italienische Baumeister, erst Barelli und Pistorini, dann Enrico Zucalli. Als Max Emanuel 1715 nach dem Rastatter Frieden (S. 224) in die Heimat zurückgekehrt war, ließ er einen großen Trakt der Residenz umbauen und neu einrichten, nicht mehr durch Italiener, sondern durch den Oberbaiern Josef Effner (1687—1745), den er zur Ausbildung nach Paris geschickt

Nymphenburger Porzellan

Bustelli († um 1764), Der stürmische Liebhaber

München, Nationalmuseum

Entwurf eines Palastes
aus Paul Decker „Der fürstliche Baumeister". 1716

hatte. Effner hatte hier die klassizistische Richtung des französischen Barocks kennengelernt, machte sich aber dann von ihr in seinem eigenen Schaffen weitgehend frei. Ein Brand 1729 zerstörte mehrere Räume der Residenz. Ihre Wiederherstellung wurde François Cuvilliés (1695—1768), einem im Hennegau geborenen Wallonen, übertragen. Er war im Knabenalter als Hofzwerg in den Hofstaat Max Emanuels aufgenommen worden, wurde Zeichner im Generalbaudirektorium unter Effner, studierte dann vier Jahre lang Architektur an der Pariser Universität und bereiste hierauf Italien; 1725 ernannte ihn der Kurfürst zum Hofbaumeister neben Effner.

Im architektonischen Aufbau seiner mannigfachen Werke, darunter mehrere Münchner Adelspaläste, schloß sich Cuvilliés im allgemeinen keiner bestimmten Richtung an, in der Innenausstattung, jetzt die Hauptsache, verschmolz er französische Elemente des Rokokos mit der bairischen Kunstentwicklung zu einer untrennbaren Einheit. Cuvilliés vorzüglichste Leistungen sind das der Residenz angegliederte Theater, eines der vollkommensten Rokokotheater, und die auf gleicher künstlerischer Höhe stehende Amalienburg, die Kurfürst Karl Albrecht 1734—1739 für seine Gattin Amalie als Jagdschlößchen im Park des Nymphenburger Schlosses erbauen ließ. Die überreiche Verzierung im Residenztheater, bei allem Prunk vornehm ausgeglichen, in der Amalienburg von beschwingter Leichtigkeit und Grazie, ist in Holz ausgeführt; im Theater sind die Farben auf Weiß, Gold und Purpur abgestimmt, im Schlößchen auf Silber, Gelb und Mattblau. Den Bau des 330 Meter langen, ehemals kurfürstlichen „Neuen Schlosses" in Schleißheim bei München begann Zucalli 1701; im wesentlichen ist es ein Werk Effners, der es nach wiederholter Unterbrechung 1727 vollendete. Die Innenausstattung, hauptsächlich weißer Stuck und Deckengemälde, wurde unter Effners Leitung von italienischen, deutschen und französischen Künstlern in einem Stil ausgeführt, der von einem italienisch und französisch beeinflußten Spätbarock zum deutschen Rokoko führt. Als Baumeister des Nymphenburger Schlosses (1663—1728) folgten sich Barelli, Viscardi und Effner. Die weitläufige Anlage enthielt außer den fürstlichen Gemächern und den Wirtschaftsräumen eine Orangerie, einen Komödiensaal, Kavalierswohnungen und ein Kloster mit Kirche für die Chorfrauen von Notre Dame. Im Park liegen die Pagodenburg mit Chinoiserien, die Badenburg mit einem lustigen, im französischen Geschmack stuckierten Gartensaal und mit einem Schwimmbecken im Untergeschoß, die Magdalenenkapelle mit einer für den greisen Kurfürsten Max Emanuel erbauten, außen ruinenhaften, innen grottenartigen Klause und das Kleinod der gesamten Schloß- und Parkanlage, die Amalienburg. In der Art der Objekte, in der Mannigfaltigkeit der Stilrichtungen, in der Heranziehung ausländischer und deutscher Künstler ist das fürstliche Bauwesen in und bei München für das der übrigen Teile Deutschlands typisch, so groß auch im einzelnen die Unterschiede sein mögen.

Die in Österreich nach den Verheerungen der Türkenkriege um 1700 einsetzende rege Bautätigkeit war von der hochgemuten Stimmung, man habe nun endlich die von Osten drohende Gefahr überwunden und sei zu einer europäischen Großmacht aufgestiegen, getragen und fand in Johann Fischer von Erlach (1656—1723) und Johann Lukas von Hildebrandt (1668—1745) geniale Architekten, die eine der damaligen Stellung des Habsburgerstaates würdige Epoche der Baukunst einleiteten.

Fischer von Erlach schuf, den italienischen Hochbarock mit der Strenge des klassizierenden französischen Barocks zur Zeit Ludwigs XIV. in eigenartiger Weise verbindend, die Grundlagen für eine neue Stilrichtung, für den österreichischen Barock. Fischer von Erlachs Einfluß auf Hildebrandt ist zwar unverkennbar, doch strebte dieser nicht wie Fischer nach dem Ernst-Großartigen, er gab dem österreichischen Barock das Leichte, Festlich-Heitere. Von Fischers Plänen für das kaiserliche Schloß Schönbrunn und für den Neubau der Hofburg wurde nur wenig ausgeführt, darunter die Hofbibliothek; in ihrem großartigen Innenraum sind die Bücherwände der architektonischen Dekoration besonders wirkungsvoll eingegliedert. Die zu jener Zeit in Wien, Prag und anderwärts entstandenen Paläste und Lustschlösser des Adels künden von dem Reichtum, der glänzenden politischen und sozialen Stellung, dem stolzen Selbstbewußtsein und dem hochkultivierten Lebensstil der österreichischen Aristokratie. Die von ihr bevorzugten Baumeister waren Fischer von Erlach und Hildebrandt. Von Fischers Palastbauten zeichnen sich das Winterpalais des Prinzen Eugen durch die in ihrer Pracht oft nachgeahmte Treppenanlage und das Palais für den Grafen Trautson durch seine herrliche Fassade aus. Das Anmutige und Lebhaft-Bewegte in Hildebrandts Stil hat in dem Sommersitz Belvedere bei Wien für Prinz Eugen die höchste Vollendung erreicht.

In Vorderösterreich und den übrigen Gebieten Oberschwabens trat die profane Baukunst gegenüber der kirchlichen sehr zurück. In Unterschwaben ließ sich Herzog Eberhard Ludwig von Württemberg das Schloß Ludwigsburg erbauen. Es sollte in der Größe seiner Anlage ein zweites Versailles werden und ist eines der größten deutschen Fürstenschlösser geworden. Westlich, dem Rhein zu, war das vom Markgrafen Ludwig Wilhelm von Baden-Baden, dem Türkenlouis, 1705 gegründete Rastatt gewissermaßen die Erweiterung eines von ihm hier in französisch-italienischem Barockstil erbauten Schlosses, in ähnlicher Weise wurde dann Karlsruhe die Residenzstadt der Durlacher Linie der Markgrafen von Baden. Das Bruchsaler Schloß des Speirer Bischofs Damian Hugo Grafen von Schönborn ist eines der schönsten in Deutschland. Die geistlichen Fürsten bauten damals überhaupt Schlösser in großer Zahl, Bischöfe und Erzbischöfe aus dem Geschlechte der Schönborn übertrafen darin alle ihre Standesgenossen. Das weiter rheinabwärts gelegene Lustschloß Schwetzingen der Kurfürsten von der Pfalz ist durch seinen mit Zierbauten und Wasserkünsten reich ausgestatteten Garten berühmt geworden; der Mannheimer Palast der Pfälzer Kurfürsten galt als das drittgrößte Residenzschloß Europas. Der Park des Schlosses Weikersheim in dem an das bairische Mittelfranken angrenzenden nordöstlichen Teil Württembergs blieb während der letzten zwei Jahrhunderte fast unverändert, und so fühlt man sich hier unter den vielen Statuen, den Obelisken und im Pomeranzenhaus mit seinen Götterbildern wie sonst kaum in einem der Schloßgärten aus jener Zeit unmittelbar in die Welt des Barocks versetzt; der Schloßbau selbst geht größtenteils auf das Mittelalter und die Renaissance zurück.

Das mächtige Schloß Ellingen in Mittelfranken, damals Sitz des Deutschordenskomturs der Ballei Franken, vereinigt in imposanter Weise barocke Formgebung mit dem früher üblichen Bautypus: vier Flügel umgeben einen weiten Hof, und Hauptgeschoß ist das zweite Stockwerk. Im Vergleich zur Wucht des Schlosses wirkt das kleine Rathaus des Städtchens Ellingen mit seinem feinen figürlichen und ornamentalen Rokokoschmuck ungemein zierlich. Die Landesherren eines großen Teiles von Mittel- und Oberfranken waren Hohenzollern der fränkischen Linie. Ihre Ansbacher Residenz behielt ebenfalls die geschlossene Anlage bei; die von feinstem Geschmack zeugende Innenausstattung, die erste eines deutschen Schlosses im Rokokostil, stammt aus den zwanziger Jahren des 18. Jahrhunderts. Von den markgräflich hohenzollernschen Bauten in Bayreuth aus der Mitte des 18. Jahrhunderts weisen das im Innern auf Schieferblau, Okergelb und Gold abgestimmte Opernhaus, in der Eremitage das Musikzimmer mit feiner, maßvoller Dekoration und ein Zimmer, dessen Wände echt chinesische Flachreliefs mit bunter Lackmalerei schmücken, auf die Vorliebe der hohen Herrschaften für Oper, Kammermusik und Chinoiserie hin. Im westlichen Franken fügt sich die Neue Residenz zu Bamberg den sie umgebenden Bauten aus verschiedenen Stilperioden gut ein. Sie wurde im Auftrag des Lothar Franz von Schönborn, Fürstbischofs von Bamberg und Kurfürsten von Mainz, von Leonhard Dientzenhofer errichtet; mehrere Mitglieder dieser aus Aibling in Oberbaiern stammenden Familie waren, hauptsächlich in Franken und in Böhmen, als Architekten tätig.

Unweit Bamberg ließ sich Lothar Franz das Schloß Pommersfelden 1711—1718 durch Johann Dientzenhofer, einen Bruder des Leonhard, bauen. Verschiedene Einzelheiten wurden nach Vorschlägen anderer Architekten ausgeführt, das Treppenhaus ist wahrscheinlich nach persönlichen Anweisungen des Kurfürsten gestaltet. Dieses Schloß hat als erstes in Deutschland eine vollausgebildete Hufeisenform mit weit vorspringenden Seitenflügeln. Durch starkes Vorziehen des Mittelrisalits nach der Hof- und nach der Gartenseite ist für das Treppenhaus, einen Galerienbau, reichlich Raum gewonnen. Die Treppe steigt in zwei gesonderten, rechtwinklig gebogenen, zweimal durch Ruhebänke unterbrochenen Läufen zum dritten, dem Hauptgeschoß, empor, wo sich die zwei Läufe vor dem Eingang zum Festsaal treffen. Wie auch sonst oft bildet ein Grottensaal im Erdgeschoß den Übergang zum Garten. Pommersfelden hat namentlich mit seinem Treppenhaus bei vielen Schloßbauten als Vorbild gedient. Die ersten Gärten nach französischem Muster ließ Lothar Franz bei seinem Mainzer Lustschloß Favorite anlegen; bis zur Zerstörung durch die Franzosen im Jahre 1795 galten sie als die schönsten in Deutschland.

Der großartigste Schloßbau des 18. Jahrhunderts, die Residenz in Würzburg, ist im wesentlichen ebenfalls Angehörigen des Hauses Schönborn zu verdanken: Johann Philipp Franz, 1719—1724 Fürstbischof von Würzburg, und Friedrich Karl, 1729 bis 1746 Fürstbischof von Würzburg und Bischof von Bamberg. Wie andere Schlösser jener Zeit ist das Würzburger bis zu einem gewissen Grade das Ergebnis der Zusammenarbeit des Bauherrn und mehrerer Architekten, erhielt aber doch ein im großen und ganzen einheitliches Gepräge dadurch, daß Philipp Franz mit der technischen Oberaufsicht des 1720 begonnenen Baues Balthasar Neumann (1687—1753), einen der führenden Architekten seiner Zeit, betraute, und dieser dann allmählich auch die künstlerische Leitung übernahm. Sein persönliches Werk ist insbesondere das Treppenhaus. Während das Pommersfeldener schon von unten her in seinen Einzelheiten überschaubar ist, empfängt der aus dem halbdunklen Erdgeschoß des Würzburger Treppenhauses zu dem lichtdurchfluteten Obergeschoß Hinansteigende immer wieder neue Eindrücke und hat hier ein so herrliches Raumerlebnis, wie kaum in einem anderen Profanbau der deutschen Kunst. Das riesige, ungefähr 550 Quadratmeter große Deckengemälde von Tiepolo, ein Meisterwerk illusionistischer Malerei, fügt sich harmonisch dem Raumganzen ein und steigert seine Monumentalität. Außerdem enthält das Schloß eine geräumige Hofkirche an der Südwestecke, fünf Säle, fünfundzwanzig Küchen und dreihundertzwölf Zimmer; die Gemälde Tiepolos im Kaiserfaal stellen geschichtliche Szenen und Persönlichkeiten aus der Zeit Kaiser Friedrichs I. dar, das Deckenfresko Apollo, wie er auf dem Sonnenwagen Barbarossa seine Braut, die Prinzessin Beatrix von Burgund, zuführt.

In Mitteldeutschland hat Landgraf Karl von Hessen bei seinen Schlössern aus dem Anfang des 18. Jahrhunderts, dem Orangerieschloß in Kassel und dem Schloß Weißenstein, später Wilhelmshöhe genannt, in hierfür sehr geeigneter Landschaft prunkvolle Gärten angelegt. Die nach dem Dreißigjährigen Krieg erbauten Schlösser der thüringischen Wettiner bieten, abgesehen von den Schloßkapellen, weder im architektonischen Aufbau noch in der Innenausstattung besonders Bemerkenswertes; dagegen hat sich im Kurfürstentum Sachsen der Spätbarock reich entfaltet. Die glänzendste Schöpfung der profanen Baukunst ist hier der Dresdner Zwinger, den Matthes Daniel Pöppelmann (1662—1736) für die Hoffeste Augusts des Starken 1711—1722 errichtete. Der Grundriß vereinigt geometrische Klarheit mit malerisch wirkendem Ineinanderschwingen der Linien. Einen ungefähr quadratischen Hof von etwas über hundert Meter Seitenlänge umgeben sieben durch Bogengänge verbundene Saal- und Torbauten, die West- und die Ostseite haben starke halbkreisförmige Ausbuchtungen mit Pavillons in ihrem Scheitel. Da der Hof als Festplatz diente, sind ihm die Fassaden zugekehrt und ist ihr Schmuck, darunter eine Fülle kraftstrotzender Bildwerke namentlich an den beiden Pavillons, in der Art von Innendekoration gehalten.

Das Hauptwerk des norddeutschen Barocks ist Schlüters Um- und Neubau des Berliner Schlosses. König Friedrich I. hatte Schlüter 1694 als Bildhauer berufen, 1698 übertrug er ihm die Leitung des einige Jahre zuvor begonnenen Schloßbaues. Im Aufbau sind italienische Einflüsse unverkennbar, die Fassaden aber, die eine nach dem Schloßplatz hin, die andere nach der Lustgartenseite, und den östlichen Schloßhof hat Schlüter besonders durch die mächtige Säulenarchitektur höchst eigenartig gestaltet. Schlüters überquellender Reichtum der Phantasie zeigt sich vor allem in der prunkvollen Innenausstattung (S. 328). Während Schlüter als Architekt einen für seine Zeit schon etwas altertümlich schwer wirkenden Barock pflegte, zeigen die Bauten König Friedrichs II. mehr oder weniger den Übergang zu dem sich allmählich anbahnenden Klassizismus. Friedrich knüpfte dabei nicht an klassizistische Elemente an, die schon früher in Berlin und Potsdam durch holländische Architekten Eingang gefunden hatten, sondern an den Palladianismus (S. 303), wie er sich in England entwickelt hatte. Die Rokoko-Innenausstattung von Friedrichs II. Schlössern, namentlich in Charlottenburg und in Sanssouci, ist von origineller Leichtigkeit und Anmut. In den ersten Jahren seiner Regierung war des Königs Baumeister Georg Wenzeslaus von Knobelsdorff (1699—1753), der unter anderem das Berliner Opernhaus und die Erweiterungsbauten der Schlösser Charlottenburg und Potsdam ausführte. Bei dem Bau des Lustschlosses Sanssouci (1745—1747) entzweite sich der König mit Knobelsdorff und behalf sich nun längere Zeit mit zweitrangigen Architekten, was an dem unausgeglichenen Stil des Neuen Palais im Park von Sanssouci, dem größten und prunkvollsten Friderizianischen Bau, zu erkennen ist. An Karl von Gontard gewann der König wieder einen tüchtigen Architekten. Von ihm sind die vorzüglich gruppierten „Communs", zwei durch prächtige Kolonnaden gegenüber der Hauptfassade des Neuen Palais verbundene Gebäude, und die schönsten der auf Befehl und großenteils auch auf Kosten des Königs in Potsdam erbauten Bürger- und Beamtenhäuser. Ganz in dem barock-rokokohaften Zeitgeschmack gehalten ist Friedrichs „Chinesisches Haus" im Park von Sanssouci, ein funkelndes Prunkstück im Waldesgrün, solange die überreiche Vergoldung nicht verblaßt war.

Als Herzog Ernst August von Braunschweig-Lüneburg 1692 Kurfürst geworden war (S. 211), gedachte er, das Schloß Herrenhausen bei Hannover seiner neuen Würde entsprechend ausbauen zu lassen. Das Schloß selbst wurde allerdings in keiner Hinsicht besonders bedeutend, aber der Park, dessen Wege 20 Kilometer Hecken säumen, ist in seiner Anlage mit dem Gartentheater, einer großen Orangerie, Fontänen und Wasserkünsten ein Wunderwerk des Barocks geworden. Im Westfälischen bekam das Barock seine Eigenart durch das Festhalten an der holländisch-norddeutschen Überlieferung, Backstein und Haustein miteinander zu verbinden, auch waren hier einheimische Architekten am Werke, vor allem Konrad Schlaun (1694—1773), ein Schüler Balthasar Neumanns. Die geistlichen Fürsten, die Bischöfe von Paderborn und Münster, bauten gleich ihren Standesgenossen in den übrigen Teilen des Reiches Schlösser; die 1772 vollendete fürstbischöfliche Residenz in Münster von Schlaun ist einer der letzten großen, auf deutschem Boden entstandenen Barockbauten.

Bevor sich Schlaun dauernd in seiner Heimat niedergelassen hatte, war er 1725—1728 kurkölnischer Oberbaumeister in Bonn gewesen, hat aber hier die Entwicklung nicht unterbrochen, die unter dem Kurfürsten und Erzbischof Josef Clemens (1688—1723), einem Bruder des bairischen Kurfürsten Max Emanuel, eingesetzt hatte. Wie dieser zunächst der italienischen, dann der französischen Richtung folgte, so berief Josef Clemens für den Bau seiner Bonner Residenz erst Enrico Zucalli aus München und hierauf einen Franzosen. Kurfürst Clemens August von Köln (1723—1761), ebenfalls ein Wittelsbacher, betraute zwar Schlaun mit der Leitung des Schloßbaues in Brühl, ließ aber die Innenausstattung nach Entwürfen von Cuvilliés und Balthasar Neumann ausführen, und auf dieser Innenausstattung, namentlich dem Treppenhaus Neumanns, beruht der Hauptwert des Brühler Schlosses. Für den Trierer Kurfürsten und Erzbischof Graf Franz Georg von Schönborn (1729—1756) schuf Neumann den Sommersitz Schönbornlust bei Koblenz. Das Treppenhaus soll das der Würzburger Residenz noch übertroffen haben, ein Vergleich ist allerdings nicht mehr möglich, weil Schönbornlust in der Revolutionszeit 1793 von den Franzosen zerstört worden ist. So groß Neumann als Erbauer von Schlössern war, hat er sein Größtes doch im Kirchenbau geleistet, der während des Barocks überhaupt in der künstlerischen und allgemein kulturellen Bedeutung die erste Stelle einnimmt.

Kirchen- und Klosterbauten

Evangelische Kirchen wurden während der Barockzeit in beträchtlicher Zahl von Landesfürsten, städtischen Gemeinden und Gutsherren gebaut. Die dem Protestantismus an und für sich innewohnende Tendenz, das Gotteshaus möglichst schlicht zu halten, tritt am deutlichsten zutage in den Kirchen zu Hanau, Erlangen, Kassel, Zerbst, Dessau, Berlin, Potsdam und in anderen Städten für die aus Frankreich und den Niederlanden eingewanderten Reformierten. Die Aufgabe, das evangelische Gotteshaus in erster Linie als Predigtkirche zu gestalten, wurde hier erstmals bewußt in Angriff genommen und deshalb dafür die Form des Zentralbaus gewählt. Er setzte sich indes nicht allgemein durch, in vielen Fällen errichtete man Langbauten, wobei Altar und Kanzel entweder in einem Ausbau der einen Langseite oder am Ostende aufgestellt wurden, und nach wie vor legte man großes Gewicht auf die Ausstattung mit Emporen. Sehr rege war in verschiedenen Gegenden die kirchliche Bautätigkeit auf dem platten Lande, wo im Dreißigjährigen Kriege viele Kirchen zerstört worden waren. Im allgemeinen begnügte man sich mit sehr einfachen Neubauten und beschränkte ihre Einrichtung auf das Notwendigste, doch erhielten zuweilen, wie in Buch im Norden Berlins, Dorfkirchen reichen Barockschmuck, und sehr oft gab man den Bretterdecken und den Emporen durch Bemalung ein gefälliges Aussehen und versah die Kanzel mit einigen Verzierungen.

In den Städten entstanden während des 18. Jahrhunderts eine Reihe von Kirchen, die als Ganzes oder in Einzelheiten den Durchschnitt überragen, so zu Saarbrücken die für ein evangelisches Gotteshaus außerordentlich prunkvolle Ludwigskirche, die Trinitätskirche zu Wolfenbüttel mit ihrer wirkungsvollen Innengestaltung, in dem rechteckigen Raum ruhen auf acht Säulen in Ovalstellung die Emporen, Altar und Kanzel sind, wie damals vielfach üblich, miteinander verbunden, die Garnisonkirche in Potsdam mit dem in vier Stufen schlank aufsteigenden Turm, die Friedenskirche zu Schweidnitz in Schlesien mit der malerischen Anordnung der Emporen und reichem figürlichem Schmuck an Altar, Orgel und Kanzel; doch Bauwerke ersten Ranges waren nur die Dresdner Frauenkirche und die Hamburger Michaeliskirche. Der Frauenkirche (1726—1738), einem Zentralbau mit einer ganz aus Stein gewölbten Kuppel, gab der Architekt Georg Bähr ein monumentales Aussehen, wie es bis dahin keine evangelische Kirche hatte. Die sechs Ränge Emporen zwischen den acht die Kuppel tragenden Pfeilern ließen es allerdings nicht zu einer der Außenarchitektur entsprechenden feierlich großen Raumwirkung kommen, fügten sich aber der malerischen Innenausstattung harmonisch ein. Sie erreichte ihren Höhepunkt im Chor. Zu ihm führte eine doppelte Freitreppe hinauf, der Altar und darüber das Orgelgehäuse waren von einer katholisch anmutenden Pracht. Die 1906 abgebrannte Michaeliskirche (1751—1762), ein Zentralbau in Form einer Kreuzkirche, stand in ihrer Außenarchitektur an Monumentalität hinter der Dresdner Frauenkirche nicht zurück und übertraf sie durch die großzügige, klar gegliederte Raumgestaltung. Das eigentlich Architektonische kam beim evangelischen Kirchenbau des Spätbarocks überhaupt stärker zur Geltung als bei dem katholischen, der die Grenzen zwischen den einzelnen Kunstgattungen aufhob.

Die drei bedeutendsten der im Auftrag weltlicher Fürsten erbauten katholischen Kirchen sind in keiner Weise typisch für den deutschen Barock. Die Theatinerkirche in München (1663—1675) ist im Äußeren und Inneren rein italienisch. Die Karlskirche in Wien (1716—1737) des Fischer von Erlach vereinigt mit dem auf sechs korinthischen Säulen ruhenden Portal zwischen zwei es weit überragenden Säulen in der Art altrömischer Triumphsäulen und mit den zwei niedrigen, von barocken Helmen bekrönten Glockentürmen, mit der ovalen 28 Meter hohen Kuppel und mit dem Kuppelgemälde von Rottmayr Antikes und Barockes zu einem großartigen, aber etwas frostig wirkenden Bau. Die nicht auf die Fassade beschränkte, sondern sich über alle Seiten gleichmäßig erstreckende üppige Verzierung der Außenseite der Dresdner Hofkirche (1738—1746) ist eine der wenigen Ausnahmen und die glänzendste bei Barockkirchen. Die meisten geistlichen Fürsten wandten für ihre Schlösser mehr auf als für Kirchen, doch sorgten sie, wenn, wie etwa in Passau nach einem verheerenden Brande, die Wiederherstellung eines bischöflichen Domes notwendig wurde, dafür, daß der Neubau mit großer Pracht aufgeführt wurde, auch haben verschiedene Bischöfe in ihrer Diözese eine größere Zahl von Kirchen errichtet. Im allgemeinen erhielten Dome, Stadt- und Dorfkirchen aus früheren Zeiten barocke Innenausstattungen, oft wurde auch das Äußere ganz oder teilweise dem neuen Stil angepaßt. Überdies entstanden in Stadt und Land infolge des Wiederauflebens der Wallfahrten, des Aufkommens neuer Andachtsformen, überhaupt der zunehmenden Frömmigkeit, eine Menge neuer Kirchen, darunter viele köstliche und reizvolle Schöpfungen der Architektur und der bildenden Künste.

Als gegen Ende des 17. Jahrhunderts die Nachwirkungen des Dreißigjährigen Krieges einigermaßen überwunden waren, entfalteten die regste kirchliche Bautätigkeit die Äbte der Benediktiner, Zisterzienser und Prämonstratenser und die Pröpste der Augustinerchorherren. Einfache Klosteranlagen kamen auf fünfundzwanzig- bis fünfzigtausend, die größten auf zweihundert- bis siebenhunderttausend und mehr Gulden zu stehen. Kein Wunder, wenn es in Klosterkreisen hieß, solange man sein Geld noch zählen könne, solle man nicht bauen, man könne es erst wagen, wenn man das Geld mit Scheffeln messen müsse. Man hielt sich jedoch nicht an diesen Grundsatz, die Abteien und Chorherrenstifte in Süddeutschland und Österreich verbauten zur Zeit des Spätbarocks, gerechnet nach der Kaufkraft einer Mark zu Beginn des 20. Jahrhunderts, insgesamt wohl weit über fünfzig Millionen Goldmark. Das war für diese Klöster eine ungeheure Belastung, obwohl sie von alters her großen Grundbesitz hatten und dieser infolge der nun rationelleren Bewirtschaftung reiche Erträgnisse abwarf. Dem Vorwurf der Verschwendung hielten die Äbte entgegen, die jetzige populose (menschenreiche) Welt wolle erhalten und ernährt sein, viele Leute müßten, wenn sie nicht ein Stück Brot beim Bau zu gewinnen hätten, große Not und Mangel leiden. Und die weltliche Obrigkeit sah die Bautätigkeit der Klöster nicht ungern, weil sie der einzige Kanal wäre, durch den von der Toten Hand das Geld dem Verkehr zufließe.

Erwerbslosenfürsorge war indes für die Klöster sowenig wie für die Fürsten die eigentliche Triebfeder zum Bauen. Die Äbte gehörten zu den Prälaten, dem ersten Stand in den katholischen Landesfürstentümern, und standen an der Spitze von

Körperschaften, die zu den größten Grundbesitzern zählten; die Äbte von reichsunmittelbaren Stiftern waren sogar Reichsfürsten. Da lag es nahe, daß die Äbte durch das, worin man vor allem den Glanz des Herrentums sah, durch imposante Gebäude sich auszuzeichnen trachteten. Und auch die Mönche selbst, wiewohl sie gelegentlich über die kostspielige Bauleidenschaft ihrer hochwürdigsten Herren Prälaten murrten, waren stolz auf ihre Klöster, von denen so manches im Laufe des 18. Jahrhunderts das tausendjährige Jubiläum seines Bestehens feierte. In großen und reichen Klöstern und Augustinerchorherrenstiften wetteiferten Treppenhaus, die Gemächer für den Prälaten und für vornehme Gäste, die Bibliothek, oft auch ein Festsaal an Pracht mit der Einrichtung von Schlössern. Während aber in diesen die Kapelle nur e i n e r der Haupträume ist, bildet in den Klöstern die Kirche den ideellen und den baulichen Mittelpunkt. Dem „opus Dei" darf nichts vorgezogen werden, hatte der heilige Benedikt in seiner Regel den Mönchen vorgeschrieben, und die klösterlichen Bauherren ließen sich nichts soviel kosten wie die Kirche, darin die Mönche einige Stunden des Tages und der Nacht dem „opus Dei", dem Gottesdienst, widmeten. Verschiedene dieser Kirchen zählen zu den herrlichsten Bauten des Spätbarocks, auch manche kleinere, besonders Wallfahrtskirchen, welche Prälaten in größerer oder geringerer Entfernung von ihrem Kloster errichteten, stehen an künstlerischem Wert hinter den eigentlichen Ordenskirchen nicht zurück.

Das Streben des Barocks, Architektur, Plastik und Malerei zu untrennbarer Einheit zu verschmelzen und die Gläubigen in einen Himmel zu versetzen, in dem sich das Übermaß der Glückseligkeit in überschwenglicher Bewegtheit äußert, hat seine Erfüllung ganz besonders im Kirchenbau der Klöster von ungefähr 1700 bis um 1780 gefunden. In der Architektur wurde die statische Logik von Last und Tragen aufgegeben. Alles ist im Fluß. Einschiffige Kirchen erhielten Ansätze zu dreischiffigen, bei dreischiffigen Freipfeilerkirchen wurden die Seitenschiffe vom Hauptschiff nicht mehr klar getrennt und der Zentralbau geht häufig vorne oder rückwärts oder in beiden Richtungen in einen Langbau über. Von den Mauern und Pfeilern grenzt sich das Gewölbe immer weniger ab, dadurch wird der Blick zu der im Spätbarock das ganze Gewölbe überziehenden D e c k e n m a l e r e i emporgeführt. Sie kulminiert in der Darstellung von überirdischem Geschehen, das mit dem schwungvollen Rhythmus der Scharen von Engeln und Heiligen und der göttlichen Gestalten über Wolken und in Lichtsphären die die gesamte Architektur erfüllende Bewegung steigert und den begrenzten Raum zu scheinbarer Unendlichkeit erweitert. Zu diesem Himmel leitet von der wirklichen Architektur unten oft eine gemalte über, in ihrem Rahmen spielen sich zuweilen weltliche Szenen ab, die zu den himmlischen darüber in Beziehung stehen. Auf weite Sicht und auf weite Wirkung im Großen berechnet, wandte die Deckenmalerei alle Mittel der perspektivischen Täuschung an, vereinfachte und übertrieb und arbeitete so das Charakteristische aufs stärkste heraus. Den in Museen nicht ausstellbaren grandiosen Kompositionen der Deckenmalerei mit ihrer Fülle von Figuren, den kräftigen, frischen Farben und den zauberischen Lichtgegensätzen wurde man erst wieder gerecht, als um die Wende zum 20. Jahrhundert das Verständnis für die barocke Kunst wieder erwacht war und die modernen Verkehrsmittel die meist entlegenen Kirchen der alten Orden leicht zugänglich machten.

Das Konzil von Trient hatte vorgeschrieben, daß die konsekrierten Hostien in einem Tabernakel auf dem Hochaltar aufzubewahren seien. Damit verloren die im 12. Jahrhundert aufgekommenen Sakramentshäuschen ihren Zweck, und am Hochaltar wurde nicht mehr nur wie bisher der Gottesdienst am feierlichsten begangen, sondern dort war nun auch die Stätte, wo nach katholischem Glauben Christus Tag und Nacht in der Gestalt der Hostie körperhaft verweilte und sich in der Kommunion mit dem Menschen vereinigte. In den Barockkirchen tragen deshalb Grundriß, Aufriß und die Dekoration, deren Gesamtduktus die Nebenaltäre gewissermaßen als Stationen eingeordnet sind, den Andächtigen geistig dem Hochaltar entgegen. Dabei werden die Kirchenbesucher bereits unterwegs „in die Sphäre eines überirdischen Seins aufgenommen. Sie sind nicht allein, Himmelsbewohner sind in das Gotteshaus herabgestiegen, Heilige umgeben die Altäre, Engel gesellen sich zu ihnen, haben sich auf Gesimsen niedergelassen, schweben und kreisen im Raume, und die göttlichen Personen selbst erscheinen sinnlich gegenwärtig in dieser festlichen Vereinigung, die Betenden zu empfangen und in seinem Innern die aufgetürmten Massen in ein unbegrenztes Sursum zu verwandeln, den Körpern die Schwere zu nehmen, das Sinnliche zu adeln und einen ununterbrochenen bewegten geistigen Kontakt zwischen der religiösen Erhebung, dem Geschehen am Hochaltar und der himmlischen Überwelt herzustellen" (Dvořak).

Unter den deutschen Abteien stand Fulda im höchsten Ansehen. Die durch Brand zerstörte Stiftskirche wurde von Johann Dientzenhofer 1704—1714 neu erbaut. Für sie, die Grabstätte des heiligen Bonifatius, des „Apostels der Deutschen", der im 8. Jahrhundert die fränkisch-deutsche Kirche aufs engste mit dem Papsttum verbunden hatte, diente neben anderen römischen Kirchen die des Apostelfürsten Petrus als Vorbild; der kraftvoll gegliederte, von der Kuppel beherrschte Innenraum des Fuldaer Domes gehört zu den besten Bauleistungen jener Zeit. Ein Werk ganz anderer Art, wahrscheinlich ebenfalls von Johann Dientzenhofer, ist die Kirche (1710—1718) des ehemaligen Benediktinerklosters Banz, auf einem Bergrücken unweit Bamberg mit herrlicher Aussicht in das Maintal. Hier ist alles auf malerische Wirkung abgestellt: die geschwungene Linie des Grundrisses, das in Halbellipsen auslaufende quergestellte Gewölbe über dem Hauptraum, die Gewölbegurten mit unregelmäßigen Krümmungen, die farbenprächtige Dekoration. Auch die für den deutschen Spätbarock so bezeichnende Kunst der Lichtführung, die mit ihren Übergängen von geheimnisvollem Dunkel zu strahlender Helligkeit Einzelnes aufleuchten läßt und dem Ganzen magisch fluktuierendes Leben verleiht, ist hier bereits mit vollendeter Meisterschaft angewandt. Banz gegenüber liegt auf dem linken Ufer des Mains Vierzehnheiligen, seit Mitte des 15. Jahrhunderts ein Wallfahrtsort. Grundherr war das Zisterzienserkloster Langheim. Sein Abt Stephan Mösinger faßte einige Jahre, nachdem er 1739 das Kloster aufs prunkvollste durch den Architekten Krohne aus Thüringen hatte umbauen lassen, den Plan, an Stelle der im Dreißigjährigen Krieg schwer beschädigten Wallfahrtskirche Vierzehnheiligen ein neues Gotteshaus bauen zu lassen. Mösinger wollte Krohne auch mit dieser Aufgabe betrauen, daß der Thüringer Protestant war, störte den toleranten Abt nicht. Aber der ihm übergeordnete Bamberger Fürstbischof Graf Friedrich Karl von Schönborn setzte durch, daß der Auftrag Balthasar Neumann erteilt wurde, zweifellos eine glückliche Wahl, denn ihr ist es zu verdanken, daß die Wallfahrtskirche Vierzehnheiligen (1743—1772) mit der phantasiereichen Gestaltung des in anmutigen Kurven schwingenden Innenraums eines der Hauptwerke des deutschen Spätbarocks geworden ist. Das Klostergebäude der Zisterzienser zu Ebrach im Steigerwald wurde um die Wende des 18. Jahrhunderts im neuen Stil umgebaut, besonders prunkvoll die Prälatur. Das Äußere der Kirche, eine der schönsten frühgotischen Deutschlands aus dem 13. Jahrhundert, blieb unverändert. Das Innere erhielt 1773—1791 eine geschmackvoll originelle Stuckdekoration im barock-klassizistischen Übergangsstil, sie verwischt die klare Linienführung und die feine Abwägung der Raumverhältnisse und die Massenwirkungen der alten Strukturformen keineswegs, sondern läßt sie voll zur Geltung kommen.

In Österreich liegen die meisten ganz großen Klöster. Die Kirche des Augustinerchorherrenstiftes Klosterneuburg vor den Toren Wiens wurde bereits in der ersten Hälfte des 17. Jahrhunderts barockisiert. Neben den aus dem Mittelalter stammenden Klostergebäuden begann man im Jahre 1730 einen barocken Neubau zu errichten. Auf Wunsch Kaiser Karls VI. sollte er ein österreichisches Escorial werden. Von dem riesigen Projekt kam indes nur ein Teil zustande, doch schon dieser zeugt von einer höchst monumentalen Baugesinnung. Der Große Hof des Augustinerchorherrenstiftes Sankt Florian bei Linz bietet mit den gelben Wandflächen, den weißen Pilastern und Gesimsstreifen, den schmückenden Einzelheiten in Naturstein, den die drei Mittelrisalite gliedernden Kolossalpilasterordnungen und den sich nach außen öffnenden Arkaden der großartigen Treppenanlage im Westrisalit eines der ansprechendsten Beispiele für die vornehme Heiterkeit des österreichischen Barocks. Die Kirche (begonnen 1686) in schwerem prunkendem Barock schließt sich eng dem Vorbild Il Gesù in Rom an. Ihr Erbauer, Carlo Antonio Carlone, ist der bedeutendste Architekt aus einer italienischen Familie, von der einige zwanzig Mitglieder, hauptsächlich als Stukkatoren und Maler, in Österreich tätig waren. Er hat auch den Anlageplan zu den Klostergebäuden geschaffen und die Ausführung bis zu seinem Tode im Jahre 1708 geleitet. Sein Nachfolger wurde der Tiroler Jakob Prandtauer (1660—1726), neben Fischer von Erlach einer der Begründer der deutschen Formung des Spätbarocks. Carlone hatte, wie bis dahin meist üblich, lange einförmige Trakte um einen Hof vorgesehen; durch Prandtauer, der des Italieners Pläne teilweise änderte und in manchem ganz nach eigenen arbeitete, wurde nun die Anlage reicher gegliedert, architektonisch gestrafft und akzentuiert, vor allem ist ihm die beschwingte Gestaltung des Treppenhauses zu verdanken.

Unter den österreichischen Benediktinerklöstern nehmen Göttweig auf einem sich steil aus dem Donautal erhebenden Bergkegel und flußaufwärts Melk auf dem 57 Meter hohen Uferfelsen zwischen der gleichnamigen Stadt und dem Strom schon landschaftlich eine bevorzugte Stellung ein. Für Göttweig entwarf Johann Lukas von Hildebrandt den Plan, für die Klostergebäude wurde er nur zum Teil und für die Kirche (1750—1765) in veränderter Form ausgeführt. Aber auch so ist Göttweig mit der 149 Meter langen Ost- und der 188 Meter langen Nordfront und mit der zweitürmigen Westfassade der Kirche, zu der eine geschwungene vierzehnstufige Freitreppe emporführt, ein ungemein imposanter klösterlicher Bau. Die ursprüngliche und bodenständige Kunst Prandtauers schuf in dem Melker Stift ein Werk von ausgesprochen österreichischem Charakter und zugleich eines der bedeutendsten des europäischen Barocks. Die sich von Osten nach Westen auf dem Felsrücken längs einer Achse von 320 Metern hinziehenden Bauten beginnen mit einer Toreinfahrt zwischen zwei gewaltigen Basteien und schließen mit einer Aussichtsterrasse ab, unter der die Felsen steil zur Donau abfallen. Die Prälatur, die Kaiserzimmer, der Marmorsaal und namentlich die Bibliothek, deren Hauptsaal durch zwei Geschosse geht, sind prachtvoll mit Ornamenten, Figuren und Deckenmalereien geschmückt. Den Höhepunkt, auf den hin die Gesamtanlage sich entwickelt, bildet die Kirche (1702—1726) mit der herrlichen doppeltürmigen Westfassade zwischen den Eckflügeln des Klosterbaues und der 64 Meter hohen Kuppel. Im Innern ergeben Architektur, Plastik und Malerei einen wundervollen barock bewegten Zusammenklang vor allem durch die fein aufeinander abgestimmten Farben mit überwiegend Rotbraun, Grau, Orangegelb und Gold; alle Einzelheiten, wie etwa die Kanzel, sind mit verschwenderischem Reichtum gestaltet. Das Innere der von Josef Munggenast, einem Schüler Prandtauers, 1730—1733 umgebauten Kirche des Benediktinerklosters Altenburg mit einem mächtigen, von einer ovalen Kuppel bekrönten Zentralraum gliedern Kolossalpilaster. Aus Marmorstuck sind das Gebälk über ihnen und die in Rot und Grün gehaltenen Säulen der neun Altäre, weiße und grüne Stuckverzierungen schmücken die Wandglieder und Fresken die Gewölbe, so daß der Raumeindruck im wesentlichen nicht von der architektonischen Struktur, sondern von der Farbenwirkung bestimmt wird. Die repräsentativen Innenräume des Klosters, besonders das Stiegenhaus mit einer dreiteiligen Treppe, der „Marmortrakt" mit sechs Sälen und der 50 Meter lange Bibliothekssaal mit drei Kuppeln, sind ebenfalls außerordentlich reich stukkiert. Die hervorragendste Rokoko-Innenausstattung aller Kirchen Österreichs erhielt die der Zisterzienserabtei Wilhering in den dreißiger und vierziger Jahren des 18. Jahrhunderts. — Die zweitürmige Fassade des Zisterzienserklosters Grüßau (um 1730) in Schlesien wird trotz der durchaus malerischen Komposition an monumentaler Wirkung von keiner anderen Barockkirche übertroffen. Im übrigen schließen sich die schlesischen Klosterbauten, wie die zu Leubus, Trebnitz und Heinrichsau, in ihrer Art den großen österreichischen Abteien an.

In den schwäbischen Landen liegen die zwei größten Klosterkirchen Süddeutschlands, Weingarten und Ottobeuren, Balthasar Neumanns großartigste Raumschöpfung Neresheim, Wiblingen und Rot bei Leutkirch, die zu den letzten bedeutenden Barockbauten zählen. An der Planung von Weingarten (1715—1723) war maßgeblich beteiligt Kaspar Mosbrugger, einer der Vorarlberger Architekten, die im schwäbischen Bereich unter anderen die Wallfahrtskirche Schönenberg bei Ellwangen und die Klosterkirchen von Wettenhausen bei Günzburg, Irsee bei Kaufbeuren, Kempten, Weißenau bei Ravensburg, Rot bei Leutkirch, am Bodensee Salem und Hofen (jetzt Friedrichshafen) und in der Schweiz vor allem die Stiftskirche von Einsiedeln bauten. Die 102 Meter lange und im Querschiff 43 Meter breite Weingartner Kirche und ihre Emporen fassen ungefähr zwölftausend Menschen. Der Grundriß verbindet Langhaus und Zentralbau. Das Innere ist ein einziger riesiger Raum ohne Seitenkapellen, die sechs Seitenaltäre lehnen sich an die Innenwand der Außenmauern. Die

Weite und Großzügigkeit der Innenarchitektur setzt sich in der Gewölbezone fort mit den lichten, farbenfrohen Deckenfresken von Cosmas Damian Asam. In Weiterbildung des Grundrisses von Weingarten wird bei der Kirche von Ottobeuren (1737 bis 1753, Innenausstattung 1766 vollendet) das Langhaus genau auf seiner durch eine hohe Kuppel noch besonders betonten Mitte von dem fast ebenso langen Querschiff durchkreuzt und dieses an beiden Enden mit halbkreisförmigen Apsiden abgeschlossen. Je nach dem Standpunkt hat man den Eindruck eines gleichmäßig rhythmischen Langbaus oder eines Zentralbaus, immer aber ergibt sich ein einheitliches mächtig emporstrebendes Raumbild, in dem sich alle Kurven und Einzelformen in einer großen Harmonie auflösen. Die Ausstattung mit dem Taufstein, den Beichtstühlen, dem herrlichen Chorgestühl, dem meisterhaft komponierten Hochaltar, den Nebenaltären in farbenreichem Stuckmarmor, den Scharen von Heiligengestalten und spielenden, kopfstehenden, purzelbaumschlagenden Putten ist eine Glanzleistung des Rokoko und bildet ein heiteres Gegengewicht zu der majestätischen Größe und ernsten Ruhe der Architektur. Der Neubau der Neresheimer Klosterkirche wurde von Balthasar Neumann 1745 begonnen und nach seinem Tode (1753) im wesentlichen seinem Plane folgend weitergeführt, ist aber bis auf die Deckengemälde (1771—1775) von Josef Schöpf und von dem letzten großen Kirchenmaler des Barocks Martin Knoller fast ohne Dekoration geblieben. Die einheitliche Raumbildung, die nahe an die Wände gerückten und mit ihnen und untereinander durch Bogen verbundenen Pfeiler und die Gewölbegurten, abwechselnd Korb-, Halbkreis- und Spitzbogen, ergeben einen einzigartig kraftvollen Rhythmus. In der Klosterkirche von Wiblingen (1772 bis 1781) steht der einfache Aufbau der Altäre und das Eindämmen der sonst die Architektur überflutenden Ornamentik in bewußtem Gegensatz zum Überschwang des Rokokos. Aber wenn sich auch in manchem der Einfluß der auf Mengs (S. 325) zurückgehenden klassizistischen Richtung geltend machte, herrscht im Kirchenraum doch eine echt barocke Bewegung vor, und die Fassade ist noch sehr barock empfunden.

Am reichsten entfaltete sich die kirchliche Kunst des Barocks und besonders des Rokokos in Altbaiern, zu dem auch die Oberpfalz gehört. Man zog daraus den Schluß, im Wesen des Baiern müsse etwas dem Barocken Verwandtes liegen. Für diese Annahme sprechen der stark barocke Einschlag schon in der bairischen Spätgotik und die große Zahl namhafter, aus Baiern stammender Künstler und Kunsthandwerker jener Zeit. Zunächst zogen allerdings auch altbairische Klöster für ihre Kirchenbauten Italiener heran: Christoforo Zucalli entwarf 1661 die Pläne für die Chorherrenstifte Au und Gars bei Wasserburg, unbekannte Italiener bauten Ende des 17. Jahrhunderts die Kirche des Benediktinerklosters Tegernsee um, die Kirche der Prämonstratenser von Neustift bei Freising wurde 1712 und die der Zisterzienser von Fürstenfeldbruck bei München 1718—1736 nach den Plänen des Hofarchitekten Viscardi neu errichtet. Zu derselben Zeit waren aber auch bereits einheimische Architekten am Werke. Konstantin Bader aus München schuf 1661—1668 im Auftrag der Deutschordensherren von Blumental bei Aichach die Wallfahrtskirche Maria Birnbaum, einen eigenartigen Rundbau mit kleeblattförmigen Ausbauten. Für die von bairischen Maurermeistern errichtete Benediktbeurer Klosterkirche (1683—1686) diente als Vorbild die strengere Richtung des italienischen Barocks, andererseits wirkt Viscardis Kirche des Zisterzienserklosters Fürstenfeld, eine der imposantesten in Oberbaiern, mit der hochaufstrebenden dreiteiligen Fassade und mit der farbenreichen Innenausstattung deutsch. Die aus Aibling stammenden Dientzenhofer (S. 339) waren hauptsächlich in Böhmen und Franken tätig, in der Oberpfalz baute um 1700 Wolfgang Dientzenhofer die Kirche der Prämonstratenser in Speinshart und war Georg an dem Neubau der Zisterzienserkirche Waldsassen beteiligt. Die Dekoration beider Kirchen besorgten hauptsächlich Italiener; die in Waldsassen ist eine der vorzüglichsten aus diesen Jahren, ebenso zählt der Innenraum der Bibliothek (1724) zu den schönsten dieser Art. Zum Umbau der gotischen Kirche des Benediktinerklosters Ettal in eine barocke wurde 1710 der Italiener Zucalli berufen. Nach einem verheerenden Brand im Jahre 1744 übernahm Josef Schmutzer aus einer der führenden Wessobrunner Architekten- und Stukkatorenfamilien die Bauleitung. Die mächtige Kuppel wurde von Schmutzer im wesentlichen nach Zucallis Plan ausgeführt, die herrliche Rokokoausstattung von verschiedenen der berühmtesten bairischen und Tiroler Maler, Bildhauer und Stukkatoren.

Innerhalb sieben Jahren, von 1685 bis 1692, wurden in Altbaiern fünf hervorragende Baumeister geboren. Als um 1730 die Hochblüte des Rokokos einsetzte, standen sie in den besten Mannesjahren. Der am wenigsten volkstümliche unter ihnen war Johann Gunetsrhainer (1692—1763) aus München, dafür zeichnen ihn Einfachheit, Klarheit und künstlerische Vornehmheit aus, wie sie unter anderen die Kirche der Zisterzienserinnen von Seligental in Landshut (1722—1738) und die Kirche von Schäftlarn bei München (1732—1764), damals ein Prämonstratenserstift, zeigen. Für Schäftlarn entwarf Gunetsrhainer die ersten Pläne, später waren an dem Bau, einer der besten Leistungen des Rokokos, beteiligt François Cuvilliés und Johann Michael Fischer (um 1691—1766) aus Burglengenfeld in der Oberpfalz. Im Jahr 1724 erwarb Fischer das Münchner Bürger- und Meisterrecht. Auf seinem Grabstein an der Frauenkirche zu München steht, er habe zweiunddreißig Gotteshäuser und dreiundzwanzig Klöster erbaut, wobei wohl auch Kirchen, wie die von Schäftlarn und Ochsenhausen mitgezählt sind, bei denen er mehr oder weniger an bereits vorliegende Pläne gebunden war. Die großartigsten von ihm im wesentlichen oder ausschließlich geschaffenen Kirchen sind die der Benediktinerabteien Zwiefalten in Württemberg und Ottobeuren im jetzigen bairischen Schwaben und die des Augustinerchorherrenstiftes Dießen am Ammersee.

Der vollkommenste Bau Fischers ist die Kirche des Benediktinerklosters Rott am Inn (1759). Neben dem klar ausgebildeten Mittelschiff treten „die Seitenschiffe als Faktoren in der Gesamtkomposition auf, geben schon beim Eintritt den Auftakt links und rechts des Atriums, schwingen sogar in den Emporen über wundervoll gelösten Diagonalkapellen weiter ... und vollenden endlich symmetrisch zur vorderen Hälfte des Kirchenbaus ihre Funktion auch in der hinteren Hälfte. Merkwürdigerweise erscheint die Kirche gleichzeitig wie ein mächtig heiterer, nach allen Seiten fein ausbalancierter Zentralbau. Hier hat der jahrhundertelange Kampf zwischen Langhaus und Zentralbau seine klassische versöhnende Form gefunden. Das scheinbar Unmögliche ist gelungen, und die im Grundrißschema so einfach anmutenden Linien sind im Zusammenhang mit den so heiß errungenen Gewölberaumformen das Resultat einer technisch wie künstlerisch hohen Schule und Tradition" (Sörgel). — Dominikus Zimmermann (1685—1766) aus Wessobrunn befaßte sich in seinen jüngeren Jahren nur mit Stuckarbeiten, später wandte er sich auch der kirchlichen Architektur zu. Die Zahl seiner Bauten ist gering. Der früheste, die Kirche für das Dominikanerinnenkloster Mödingen bei Dillingen (1716—1718) war noch ohne persönliche Eigenart. Um so mehr überrascht die originelle Gestaltung der Wallfahrtskirche Steinhausen (1727—1733) in Württemberg. Die oberbairische Wallfahrtskirche In der Wies (1745 bis 1754), die Zimmermann neben einem Einödhof in einer Waldlichtung erbaute, gehört wie Fischers Kirche in Rott unter den Schöpfungen des deutschen Rokokos der ersten künstlerischen Rangordnung an, wirkt aber in der hellen Farbenpracht des Innenraumes volkstümlicher als irgendeine der Kirchen Fischers.

Am stärksten kommt das bairisch-volkstümliche Element bei den Brüdern Asam zum Ausdruck. Cosmas Damian (1686—1739), geboren in Benediktbeuren, war in erster Linie Freskomaler, Egid Quirin (1692—1750), geboren in Tegernsee, Bildner in Stuck; überdies waren beide ausgezeichnete Baumeister. Unter den vielen von anderen Architekten errichteten Kirchen, deren Innenausstattung die Brüder ganz oder teilweise besorgten, tritt ihre Art besonders markant hervor in der ehemaligen niederbairischen Prämonstratenserkirche zu Osterhofen. Sie wurde 1726—1731 von Johann Michael Fischer erbaut, die Dekoration und Ausstattung 1740 von den Asam vollendet. Chor und Hochaltar stehen hier im hellen Licht, das rechts und links durch große Fenster einfällt. Auf viereckigen Sockeln mit vergoldeten Stuckreliefs erheben sich zwei gewundene hellgetönte Säulenpaare, zwischen ihnen das von Cosmas gemalte Altarbild mit dem Martyrium der heiligen Margarete. Links und rechts überbrückt je eine schneeweiße Figurengruppe, Glaube und Hoffnung, den Raum zwischen dem Altar und den Seitenwänden. Der Glaube, eine in ihrer Rechten das Kreuz sieghaft hochhaltende Frauengestalt, stürzt den Teufel in die Tiefe und führt einen Jüngling aufwärts. Die Hoffnung mit riesigem Anker reicht einem Sünder die Bußgeißel, die er, ein Bild männlicher Schönheit, von der holdseligen Jungfrau gern entgegennimmt. Das Lamm Gottes in der Mitte des graugrünen, formenreichen Altargebälks wird bei Sonnenschein durchglüht von dem Lichte eines Rundfensters mit gelben Scheiben. Die Gesimse der beiden großen Fenster haben die Form von Brüstungen. Darauf stützen sich, als knieten sie in Emporen, auf der einen Seite das Stifterehepaar Herzog Odilo von Baiern und seine Gattin Hiltrud, auf der anderen Seite die Wiederhersteller des Klosters, Herzog Heinrich IV. und seine Gattin Luitgard, die Herzöge in ritterlicher Rüstung, Hiltrud in einem schwarzen hochgeschlossenen Kleid und einem geblümten, zur Brüstung herabfallenden Kopftuch, Luitgard in weißem halbgeschlossenem Gewand mit Spitzenkragen und offenem Lockenhaar, graziös hält sie einen mit Schwalben, Blumen und Schmetterlingen bemalten Fächer, ihr Antlitz gegen die einfallende Sonne zu schützen. Von den Seitenaltären fesselt besonders der von Sankt Anna. Zu dieser gütigen Mutter kann man wirklich Vertrauen haben. Egid Asam stellte die ältere Frau bürgerlichen Standes ebenso verblüffend realistisch dar wie die eleganten fürstlichen Damen und wies jeder den ihr in der Kirche gebührenden Platz an, den Herzoginnen als Beterinnen auf den Emporen, Anna, der Mutter Mariä, als einer Heiligen auf dem Altare. Das Mittelfresko in der Langhauswölbung mit Darstellungen aus dem Leben des heiligen Norbert, des Stifters des Prämonstratenserordens, von Cosmas ist eine seiner besten Arbeiten.

In den von den Asam selbst gebauten Kirchen ist das Architektonische dem Malerischen ganz untergeordnet. Für die Kirche der Augustinerchorherren in Rohr unweit Kelheim (1717—1719) entwarf den Plan Egid, von dem auch der einzigartige Hochaltar (S. 329) ist. Anders als in den übrigen Asamkirchen überwiegt zu Rohr der Eindruck der dem Hochbarock eigentümlichen Wucht, aber wie fast alle Kirchen der beiden Brüder hat sie bereits die indirekte Lichtführung und das Fenster mit gelbem Glas hinter dem Hochaltar. Die dadurch erzielten ständig wechselnden Lichtwirkungen lassen das Auge nie ermüden. Den Plan für die Kirche des Benediktinerklosters Weltenburg an der Donau (1717—1721), ebenfalls in der Gegend von Kelheim, hat Cosmas ausgearbeitet. Das Äußere ist, wie in der Regel, bei diesen Kirchen schlicht gehalten; immerhin hebt sich die gut gegliederte Fassade mit der auf ihrem Giebel thronenden Figur des heiligen Benedikt von den übrigen, den großen Hof umgebenden Gebäuden festlich ab. Im Innern nimmt sofort der Raum als solcher gefangen: die ovale Eingangshalle mit freiem Blick in das ebenfalls ovale einzige Schiff und in den Chor mit dem halbrunden Abschluß.

Bei dem Hochaltar von Weltenburg liegt der Vergleich mit einer Aufführung auf einer Barockbühne womöglich noch näher als in Rohr. Vier hohe gewundene Säulen aus Weltenburger Marmor tragen einen starken Architrav, die Giebelstücke darüber schließen eine Gruppe Mariä Himmelfahrt ein. Da kein Altarblatt eingesetzt ist, hat man einen freien Durchblick in den Raum dahinter. Auf dem ihn abschließenden farbenfrohen Fresko an der Rückwand schwebt Maria, unter ihr, auf ein breites Spruchband gestützt, ein Benediktinerabt und neben ihm der bairische Kurfürst Karl Albrecht als Georgiritter. Mit diesem wird eine gewisse ideelle Beziehung zur Gruppe des heiligen Georg, des Kirchenpatrons, hergestellt. Es hat den Anschein, als sei er eben auf seinem Ritt von dem hellen Hinterraum in das dunklere Kircheninnere mitten auf dem Altar zwischen die Königstochter und den Drachen gesprengt, der sich in diesem Augenblick auf sie stürzen will. Sankt Georg stößt sein riesiges Schwert in den Hals des Untiers, die königliche Maid hebt in ihrem Schrecken die rechte Hand über ihr Haupt. Hier wie anderswo ist das vorzüglichste Zaubermittel der Asam das Licht, es umspielt in seiner indirekten Zuführung das silberne Antlitz und die goldene Rüstung des heiligen Ritters und das silberne Pferd. Links und rechts von der Georgsszene stehen zwischen den je zwei zusammengehörenden Hochaltarsäulen die würdevollen Gestalten des heiligen Bischofs Martin und des heiligen Abtes Maurus. Der Abt wendet sich dem heiligen Georg und der Bischof dem Kirchenschiff zu, als wolle er das Volk belehren, während die Gans zu seinen Füßen, selbst ein kleiner Drache, mit weit aufgerissenem Schnabel zu dem Fabeltier hinüberzischt. Durch zwölf große, vom Gewölbestumpf verdeckte Fenster wird das die „triumphierende Kirche", die Vereinigung der Heiligen in der Anschauung Gottes, darstellende Kuppelfresko von Licht überflutet. Verschiedene Heilige von der Kirche unten begegnen uns hier wieder. Der heilige Georg, ohne Drachen und Königstochter, senkt eine gewaltige Turnierlanze vor Maria, der heilige Martin aber durfte die nun zwischen den Engeln friedliche und freundliche Gans mit in den Himmel hinaufnehmen. An der Hohlkehle unter dem heiligen Martin schaut Cosmas Damian selbst mit einer dem „kurfürstlichen Hofmaler" wohl anstehenden stattlichen Perücke hinab auf seine Kirche. — Die bekannteste Schöpfung der Asam ist die Johann-Nepomuk-Kirche in München, auf eigene Kosten von Egid unter Mitwirkung seines Bruders 1733—1735 gebaut. Die Architektur des verhältnismäßig kleinen, einschiffigen Raumes hat jede Eigenbedeutung verloren unter dem „wunderbar schimmernden Kleid von Stuckmarmor, Vergoldung und Freskomalerei". Hier wird inmitten des Getriebes einer Großstadt der Besucher ebenso in den rauschenden Jubel des Rokokohimmels entrückt wie draußen in der ländlichen Einsamkeit der Wies.

Heute noch entzücken die Schlösser des Barocks und Rokokos das Auge und dienen mancherlei ideellen und praktischen Zwecken, sind jetzt aber doch in erster Linie Zeugen von Vergangenem, von der Welt des fürstlichen Absolutismus und der Aristokratie. Und die Erinnerung an die Schlösser als einstige Mittelpunkte glänzender Repräsentation, galanter Geselligkeit, der Pflege von Theater, Oper, Kammermusik, Kunst und Literatur wird getrübt durch den Gedanken an soziale Mißstände, die zum großen Teil die Voraussetzung bildeten für die Prachtbauten und die Kultur einer dünnen Oberschicht. Dagegen leben für Millionen deutscher Katholiken Barock und Rokoko in den Kirchen aus jener Zeit als unmittelbar Gegenwärtiges fort. Gewiß bestand auch da ein Mißverhältnis zwischen dem Lebensstandard des weitaus überwiegenden Teiles der Bevölkerung und dem Aufwand für die Kirchen; unsere knappe Auslese vermag keine Vorstellung zu geben von der Unmenge der damaligen Kirchenbauten und ihrer reichen Ausstattung. Aber von dieser Herrlichkeit waren die unteren Schichten nicht ausgeschlossen, sie wurden hier emporgehoben aus der Enge und Dürftigkeit ihres Daseins und von der beglückenden Hoffnung erfüllt, sie würden nach der irdischen Mühsal für alle Ewigkeit in den Jubel und in die Freuden des Himmels eingehen, für dessen Abbild sie die Kirchen hielten. Und da von allen Stilrichtungen der religiösen Kunst Barock und Rokoko dem Empfinden des katholischen Volkes am meisten entgegenkommen, hat es für diese Kirchen immer noch dieselbe Vorliebe wie vor zweihundert Jahren.

Tafel 13

Kloster Melk, Bibliothek. 1731

Egid Quirin Asam, Hochaltar in der Klosterkirche Rohr. 1717—1719

Viertes Buch

Seelen= und Geistesleben

DIE KONFESSIONEN

Der Breitenwirkung nach übten in der Zeit vom Augsburger Religionsfrieden bis zum Durchbruch der Aufklärung die Kirchen auf das Seelen- und Geistesleben immer noch den größten Einfluß aus. Kunst und Musik standen weithin in ihrem Dienst. Von der gesamten literarischen Produktion in Deutschland betrugen die lateinischen und deutschen theologischen Schriften um die Wende zum 18. Jahrhundert einundsiebzig Prozent. Auch bei der profanen Literatur machte sich teilweise ein religiös-kirchlicher Einschlag mehr oder weniger geltend. Das Schulwesen war eng mit der Kirche verbunden. Den unteren Schichten boten fast nur Katechese, Predigt und Gottesdienst geistige und sittliche Erhebung.

Der Katholizismus

Den Katholizismus erfüllten die Fortschritte der Gegenreformation in den Ländern der Fürsten, die am alten Glauben festhielten, und die Reorganisation durch das Konzil von Trient (S. 22 ff.) mit neuem Leben. Am schwersten hielt es, den Seelsorgsklerus auf dem Lande geistig und sittlich zu heben. Selbst in Baiern, wo die Regierung mit allem Nachdruck für die Wiederherstellung der kirchlichen Zucht sorgte, wurde von amtlichen Stellen vielfach noch um 1600 unter anderem über Mißbrauch des Beichtstuhls, Notzuchtversuche, Körperverletzungen durch Seelsorger und die große Zahl von Priesterkindern geklagt. Immerhin trat allmählich eine Besserung ein; auf der Grundlage der von dem Jesuiten Petrus Canisius verfaßten Katechismen wurde nun allenthalben im Volke Religionsunterricht erteilt. Das mühsam Erreichte ging großenteils in der Barbarei des Dreißigjährigen Krieges unter. Erst mit der Überwindung seiner Folgen kamen die Impulse des Trienter

Konzils zu voller Auswirkung. Die Vorschrift, die Bischöfe sollten für die Ausbildung des Weltklerus eigene Seminare errichten, wurde jetzt allgemeiner durchgeführt. Die Pfarrgeistlichen zeigten sich nunmehr meist ihren Aufgaben gewachsen.

Neben den Weltgeistlichen wirkten in Stadt und Land die verschiedenen Zweige der Bettelorden mit neuem Eifer, namentlich die Kapuziner. Sie waren gegen Ende des 16. Jahrhunderts nach Deutschland gekommen und gewannen durch ihre volkstümlichen Predigten und durch Krankenbesuche bei Armen besonders die unteren Schichten für sich. Als Katecheten, Prediger, Beichtväter, Volksmissionare, Professoren an Universitäten, Lehrer an höheren Schulen, Leiter von Priesterseminaren und anderen Erziehungsanstalten und als Schriftsteller entfalteten die Jesuiten eine ungemein rege und vielseitige Tätigkeit, die unmittelbar oder mittelbar der Seelsorge diente. Für eine streng kirchliche Erziehung von Mädchen aus dem Adels- und dem gehobenen Bürgerstand wurden während des 17. Jahrhunderts Niederlassungen der Englischen Fräulein, der Salesianerinnen und Ursulinerinnen gegründet.

Der alte Mißstand, Erzbistümer, Bistümer und Domkapitel Mitgliedern fürstlicher und adliger Familien vorzubehalten, wurde allerdings nicht abgeschafft. Siebenjährigen adligen Knaben wurden die Pfründen von Domstiften zugewiesen, und um Domkapitular zu werden, brauchte ein geistlicher Junker nur zwei Jahre an einer katholischen Universität zu studieren und die Subdiakonatsweihe zu empfangen. Viele der geistlichen Würdenträger wetteiferten mit den weltlichen Fürsten an Prunkentfaltung und im Genuß irdischer Freuden und befaßten sich nur wenig mit der Ausübung ihres Amtes, so daß zum Beispiel von dem Erzbischof Franz Georg von Schönborn rühmlich hervorgehoben wurde, er habe als erster seit hundertvierzig Jahren wieder persönlich die Pontifikalhandlungen in der Trierer Kathedrale vorgenommen. Aber all das beeinträchtigte das kirchliche Leben nur wenig.

Einen großen Aufschwung nahmen die Bruderschaften zur Pflege der Frömmigkeit und Wohltätigkeit, vor allem die Marianischen Kongregationen der Jesuiten für den Adel, für Lehrlinge, für Gesellen, für Bürger, für Gymnasiasten und für Universitätsstudenten. Für Schüler unter vierzehn Jahren errichteten die Jesuiten die Schutzengelsodalität, für Männer und Frauen die Kongregation der Heiligen Familie Jesus, Maria und Josef, sonst ließen die Jesuiten zu ihren Kongregationen nur fürstliche Damen und auch solche nur ausnahmsweise zu. Bei den breiten Massen war die Bruderschaft „Todesangst" oder „Vom guten Tod" sehr beliebt. Die Todesangst Christi und Anweisungen zur Vorbereitung auf die eigene Todesstunde waren die Hauptthemen der Predigten bei den Andachtsübungen dieser Bruderschaft. Ein italienischer Jesuit hatte sie gegründet, die Einführung in Deutschland empfahl der Jesuitengeneral 1673 mit den Worten: „Ich weiß wohl, daß es dort an verschiedenen Kongregationen und frommen Übungen nicht fehlt, aber in diesen Dingen pflegt das Neue zur Frömmigkeit anzulocken." Auch Bruderschaften, die in keiner näheren Beziehung zu den Jesuiten standen, brachten es auf eine hohe Mitgliederzahl; im Jahre 1732 hatte zum Beispiel hunderttausend Mitglieder die von dem Freisinger Bischof und Kölner Erzbischof Josef Clemens gestiftete Sankt-Michaels-Bruderschaft. Für sie baute Johann Michael Fischer 1737—1752 zu Berg am Laim bei München eine seiner schönsten Kirchen.

Die Bemühungen des Welt- und Ordensklerus um Aufrechterhaltung der kirchlichen Zucht und Hebung der Frömmigkeit unterstützten die Regierungen nachdrücklich. So wurde zu Geldstrafen verurteilt, wer den Sonntagsgottesdienst nicht besuchte oder zur österlichen Zeit das Abendmahl nicht empfing; Kurfürst Maximilian von Baiern verordnete, jeder seiner Untertanen müsse einen Rosenkranz besitzen, und befahl den Beamten, bei den wöchentlichen Prozessionen mitzugehen. Nicht weniger als derartige Vorschriften wirkte das auch sonst maßgebende Vorbild der fürstlichen Persönlichkeiten. Sie nahmen am kirchlichen Leben, zumal soweit es sich in der Öffentlichkeit abspielte, regsten Anteil, und auch an den Höfen selbst wurde großes Gewicht gelegt auf mancherlei Übungen der Frömmigkeit. Ausschlaggebend aber für die starke Durchdringung des Seelenlebens mit kirchlichen Elementen war, daß der Katholizismus des Barocks dem Empfinden aller Schichten so sehr entgegenkam. Dabei handelte es sich nicht, wenigstens nicht in erster Linie, darum, daß die Bevölkerung in den katholischen Gegenden, im Rheinland, in Süddeutschland und in Österreich, von vorneherein für das sinnliche Gepränge religiöser Veranstaltungen viel empfänglicher gewesen wäre als in den protestantischen Gebieten. Während des Spätmittelalters hatten in ganz Deutschland aus einer den verschiedenen Ständen gemeinsamen volkhaften Stimmung heraus Fürsten, Bürger und Bauern, Gelehrte und des Schreibens Unkundige an kirchlichem und weltlichem Pomp, an Passions- und Fastnachtsspielen, an Prozessionen und anderen prunkvollen Aufzügen in gleicher Weise Gefallen gefunden, in Nord- und Mitteldeutschland waren nicht weniger Kirchen und Kapellen als in Süddeutschland gebaut und ebenso reich ausgestattet worden. Gewiß ist etwa der Friese und der Niedersachse von Natur zurückhaltender und schwerblütiger als der Rheinländer oder der Baier, aber dieser Unterschied wurde durch die konfessionelle Spaltung erst so recht ausgeprägt; der Katholizismus nahm im Barockzeitalter das spätmittelalterliche, sinnenfrohe Wesen wieder auf und steigerte es, der Protestantismus wandte sich davon ab.

Die aus der heidnischen und christlichen Antike übernommenen Gebärden und die Verwendung der lateinischen Sprache beeinträchtigten die Wirkung des katholischen Gottesdienstes auf Auge, Ohr und Gemüt nicht. Über die wesentlichen, der Liturgie zugrunde liegenden Gedanken unterrichteten Katechese und Predigt, es gab auch Gebetbücher mit Übersetzung der lateinischen Texte, und viele fühlten sich inmitten der sie überirdisch anmutenden Werke der kirchlichen Kunst gerade dadurch in eine transzendentale Welt versetzt, daß sie nicht jede Einzelheit der sakralen Worte, Gesänge und Gebärden verstanden. Nach wie vor bildete das Meßopfer, zumal in der Form des Hochamtes, den Mittelpunkt des katholischen Kultes. Zu den bereits üblichen kamen neue Andachten auf, wie die der Kongregationen und Bruderschaften zu ihren Schutzheiligen, die ständige Verehrung konsekrierter Hostien, „Ewige Anbetung" genannt, die Herz-Jesu-Andacht, die Errichtung des Heiligen Grabes in der Karwoche, das man in Trauerkleidern besuchte, der Gebrauch des Weihwassers jetzt auch in Wohnungen, wo es neben jeder Tür in einem Gefäß aufbewahrt wurde, und dergleichen mehr. Prozessionen fanden an vielen Orten jede Woche statt. Weitum berühmt war die Münchner Fronleichnamsprozession mit ihren von den Zünften gestellten Figurengruppen aus dem Alten und Neuen Testament, darunter mehrere

Gott Vater und Abraham in langen Bärten, neunzig Engel, sechzehn Marien in verschiedenen Gestalten, von denen die auf einem Esel nach Ägypten reisende das längste und schönste Haar haben und die zwölfte von Zeit zu Zeit weinen sollte, von Natur oder durch eingeschobene Kissen dickbäuchige Hohe Priester, Job auf dem Mist sitzend, kratzte sich mit Scherben, Jonas kroch an bestimmten Straßenecken in den Walfisch hinein und an anderen wieder heraus, die Heiligen Drei Könige ritten auf Kamelen aus landesherrlichem Besitz. Die Heiligen- und die Reliquienverehrung lebte in mittelalterlichem Ausmaße wieder auf und damit auch der Wunderglaube. Tausende von wunderbaren Gebetserhörungen in allen erdenklichen Nöten des Leibes und der Seele wurden in allen Wallfahrtskirchen verzeichnet und viele davon in oft sehr realistischen Bildern dargestellt. Die Zahl solcher Gnadenstätten, namentlich der Marienwallfahrtsorte, mehrte sich im Barockzeitalter ungemein. Fahnen, Musik, fromme Lieder und Litaneien, gemeinsame Gebete und die farbenbunten Volkstrachten machten die Pilgerzüge zu den landschaftlich meist reizvoll gelegenen und künstlerisch nicht selten der ersten Rangordnung angehörenden Wallfahrtskirchen für jung und alt zu einem festlichen und tröstlichen Erlebnis.

Neben den Werken der kirchlichen Kunst, den Prozessionen und Wallfahrten sind für die Art und Weise der katholischen Frömmigkeit mit am aufschlußreichsten die Gebetbücher. Immer noch wurden viele in lateinischer Sprache verfaßt, die ja gewissermaßen eine lebende für alle durch die höheren Schulen Gegangenen war, doch büßte das lateinische Gebetbuch allmählich seine bisherige dominierende Stellung ein. In den zwanziger Jahren des 16. Jahrhunderts begannen Gebetbücher mit Verdeutschungen und Erklärungen der liturgischen Texte zu erscheinen, und Gebetbücher wie „Geistlicher Wecker" (1572), „Der geistliche Herzenströster" (1576), „Heilsamer Brunnquell der gnadendürftigen Seel" (1583), „Würzgärtlein" (1586), „Gülden Schatzkämmerlein" (1591), „Catholisch Rosengärtlein" (1594), „Der Seelen Proviantbüchlein" (1594), „Spaziergärtlein christlicher Seelen" (1600) näherten sich mit ihrem Inhalt immer mehr dem bis zur Gegenwart vorherrschenden Typus des katholischen deutschen Gebetbuches. Im 17. Jahrhundert wuchs die Zahl der Gebetbücher rasch an. Eine Sonderstellung nahmen durch ihre mystische Haltung ein des Kölner Pfarrers Jakob Merlo-Horst „Paradisus animae christianae" (1644 lateinisch, 1697 deutsch) und des Jesuiten Friedrich von Spee „Güldenes Tugend-Buch" (1649). Eines der am meisten verbreiteten Gebetbücher, das auch Anleitungen zu einem christlichen Leben enthält und bis in die neueste Zeit hinein ungezählte Male aufgelegt worden ist, wurde des Jesuiten Wilhelm Nakatenus „Himmlisches Palmgärtlein" (1660). Der Kapuziner Martin von Cochem (1634—1712), ein hervorragender Prediger und der bedeutendste religiöse Volksschriftsteller des Katholizismus in Deutschland, hat ungefähr dreißig Gebetbücher verfaßt, verschiedene von ihnen sind, mehr oder weniger durchgreifend bearbeitet, ebenfalls heute noch in Gebrauch. Cochem versuchte vor allem das Gemüt zu entflammen und dadurch Verstand und Willen mitzureißen, die von Jesuiten herausgegebenen Gebetbücher dagegen bemühten sich meist darum, durch den Verstand auf Willen und Gemüt einzuwirken.

Der offizielle liturgische Gesang war in der katholischen Kirche immer lateinisch, doch wurden schon während des Mittelalters an Festtagen wie Weihnachten, Ostern,

Christi Himmelfahrt und Pfingsten vom Volke in Verbindung mit dem liturgischen Gottesdienst, ferner vor und nach der Predigt, bei Prozessionen und Wallfahrten deutsche Lieder gesungen. Die Bedeutung, die das geistliche Lied für den Protestantismus gewann, veranlaßte die Katholiken, es noch mehr zu pflegen. In steigendem Maße wurden Lieder den Gebetbüchern eingefügt. Katholische Gesangbücher gab es in größerer Zahl erst seit dem Ende des 16. Jahrhunderts; das erste war 1537, das zweite 1567 erschienen. Auch evangelische Lieder fanden vielfach Aufnahme in katholische Gesangbücher, obwohl deren Vorreden oft heftig gegen den Protestantismus und die „falschen sectischen Gesangbücher" polemisierten. Im 17. Jahrhundert behielt man zwar immer noch viel von dem alten Liederbestand bei, änderte aber mehr oder weniger die Texte. Der Versbau wurde jetzt nach dem Vorbild der weltlichen Dichtung glatter und regelmäßiger. Die Nachahmung der Schäferpoesie (S. 425f.) und die Hingabe an die der Barockmystik eigentümlichen Liebesstimmung des alttestamentlichen Hohen Liedes führten bei den zahlreichen religiösen Neudichtungen zu einem süßlichen Diminutivstil. Die Empfindung „des Einzelnen hob sich heraus aus dem Empfinden der Volksgemeinde. Nicht mehr aus dem Denken und Fühlen des Volkes entstand das Kirchenlied, sondern es wurde für das Volk gedichtet" (Gotzen). Wie bei den Gebetbüchern weisen bei den Gesangbüchern die Titel auf den Zeitgeschmack hin: „Himmlischer Harfenklang" (1624), „Geistlicher Paradeißvogel" (1663), „Keusche Meerfräulein" (1664), „Himmlische Nachtigall" (1673), „Heilige Herzens-Freud" (1696) und dergleichen mehr. Lieder eines der bedeutendsten Dichter der Barockzeit, Friedrichs von Spee (S.426), enthält besonders das „Echo hymnodiae celestis" (1675); die 1730 von dem Jesuiten Anton Koniaß herausgegebene „Lob-klingende Harfe des Neuen Testamentes" bietet mit ihren fünfhundertvierundsiebzig Texten ein Kompendium aus den bisherigen katholischen Gesangbüchern.

Einen tiefgreifenden Einfluß auf das Geistes- und Seelenleben der Katholiken übte die Predigt aus, obwohl ihr grundsätzlich für den Gottesdienst nicht dieselbe Bedeutung beigemessen wurde wie bei den Protestanten. Gepredigt wurde während des Hauptgottesdienstes an den Sonn- und den vielen Feiertagen, in Städten außerdem nachmittags, in manchen auch am frühen Morgen für die Dienstboten, an Werktagen des Advents und besonders der Fastenzeit, bei den Gottesdiensten der Kongregationen und Bruderschaften und sonst noch bei mancherlei Anlässen. Neben der Pfarrgeistlichkeit wirkten Mitglieder verschiedener Orden, besonders Jesuiten und Kapuziner, als Prediger. Gegen die Kanzelberedsamkeit des Barocks wird oft eingewendet, sie sei zu trocken, lehrhaft und trivial gewesen und habe sich andererseits allzusehr in Wortspielereien, halbwissenschaftlichen, kuriosen und burlesken Abschweifungen und groben Ausfällen gegen Andersgläubige ergangen. Gewiß ist manches als schwerer Verstoß gegen das religiöse Empfinden und gegen den guten Geschmack zu bezeichnen, so wenn etwa ein Jesuitenpater in den fünfziger Jahren des 17. Jahrhunderts zu Hall in Tirol einen lächerlichen Sang, Streit zwischen Mann und Frau, auf der Kanzel vortrug oder in einer anderen Predigt die Unterhaltung zwischen einem Liebhaber und der Geliebten in einer Weise wiedergab, daß die Zuhörer hernach äußerten, der Pater habe die Liebeskunst gelehrt. Aber der Jesuitengeneral ordnete, als er davon gehört hatte, die sofortige Absetzung des Predigers an, auch sonst suchte die geistliche Obrigkeit die schlimmsten Auswüchse zu beschneiden. Im übrigen gab es damals wie immer schlechte, mittelmäßige und hervorragende Kanzelredner, und alle suchten ihre Zuhörer mit den rhetorischen Mitteln, welche die Menschen ihrer Zeit besonders ansprachen, zu fesseln.

Viele Predigten wurden gedruckt und bildeten so einen wesentlichen Bestandteil der Erbauungsliteratur; manche Predigtsammlungen, wie die „Tuba Tragica" und die „Tuba Rustica", Städter- und Bauernpredigten des 1708 gestorbenen oberbairischen Pfarrers Christoph Selhamer, sind aufschlußreiche Quellen für das damalige Volksleben. Im allgemeinen waren die Kanzelredner scharfe Sittenrichter und liebten einen kräftigen Ton. Der Jesuit Wolfgang Schallerer zum Beispiel, Hofprediger in München unter den Kurfürsten Ferdinand Maria und Max Emanuel, schloß beißende Bemerkungen gegen die Beamten und gegen die Faulheit und Eitelkeit des Adels mit den Worten: „Wenn solche Leut ihren Lebenslauf vollenden, verdienen sie einst, daß man ihnen eines Affen Grabschrift mache, weil sie ihr Leben mit lauter Affenwerk vollendet" und veröffentlichte dann diese Predigt in seinem 1682 erschienenen „Jesu Christi letzte Urlaubsreden", einem siebenhundertdreißig Seiten starken Band. Ein sehr volkstümlicher und erfolgreicher Prediger war der Kapuziner Prokop aus Templin an der Havel, ein Konvertit, von dem 1659—1660 je drei Bände Predigten und frommer Lieder erschienen. Um den Menschen in ihren Seelennöten zu helfen, wies er auch auf Mittel hin, wie sie der gesunde Menschenverstand nahelegt; so empfahl er in langen Ausführungen gegen melancholische Stimmungen: 1. einen guten Trunk, 2. Kurzweil wie Spazierengehen oder Kegelschieben, 3. auf einer Laute schlagen, Singen oder Zuhören.

Der bekannteste Kanzelredner des Barocks ist Ulrich Megerle (1644—1709), geboren zu Kreenheimstetten bei Meßkirch in Baden als Sohn eines Gastwirtes. Im Jahre 1662 trat Megerle in das Kloster der Augustiner-Barfüßer zu Wien ein, wo er den Ordensnamen Abraham a Sancta Clara erhielt. Nach der Priesterweihe kam er in das Kloster Maria Stern in Oberbaiern, wurde aber bald nach Wien zurückberufen. Etwas über zweihundert Predigten sind von Abraham a Sancta Clara erhalten, den Ruhm in der Nachwelt verdankt er im wesentlichen seinen Büchern. Die Pest (1679) veranlaßte ihn zur Abfassung von drei Schriften, darunter „Merk's Wien! das ist des wütenden Tods umständliche Beschreibung", die Türkengefahr von 1683 zu „Auf, auf, ihr Christen! Das ist eine bewegliche Auffrischung der christlichen Waffen wider den türkischen Blutegel"; Schiller hat sich diese Schrift für die Kapuzinerpredigt in „Wallensteins Lager" zum Vorbild genommen. „Judas, der Erzschelm, oder eigentlicher Entwurf und Lebensbeschreibung des Iscariotischen Bößwicht" in vier Quartbänden ist Abraham a Sancta Claras umfänglichstes Werk. Darin durchwob er die Judaslegende mit „unterschiedlichen Diskursen, sittlichen Lehrpunkten, Gedicht und Geschicht". Im Vorwort zum dritten Bande des „Judas" erklärte er: die hierin enthaltene Sittenlehre ist „zuzeiten mit einer kurzweiligen Zeil untermengt, welches ich in allen meinen teutsch verfaßten Schriften („Neueröffnete Welt-Galleria", „Heilsames Gemisch-Gemasch", „Wohlangefüllter Weinkeller", „Narren-Nest" und andere) gepflegt, nicht darum, als wollt ich der heiligen Lehr einen Fastnachtsmantel anlegen, darvor mich der Allerhöchste bewahre, sondern damit ich die jetzt verkehrte Welt durch dergleichen Köder desto ehender fange, als welche sonsten an dem bloßen Angel der Wahrheit ein Abscheuen trägt".

Offensichtlich hatte aber Abraham auch persönlich eine große Vorliebe für „Kurzweiliges", sonst hätte er es nicht in derartigem Umfange seinen Predigten und Schriften eingeflochten. Den Stoff hierfür entnahm er den Fabeln der Antike, mittelalterlichen Legenden und Volkssagen, dem satirischen Schrifttum und dem Anekdotenschatz aller Zeiten. Die gedankliche und sprachliche Schwungkraft, die völlige Beherrschung der rhetorischen Mittel und der volkstümliche Witz und Humor verschmolzen diesen ungeheuren, disparaten Stoff und die Fülle der eigenen, oft überraschenden Einfälle des spannendsten Predigers jener Zeit, des letzten hervorragenden Vertreters der im 15. Jahrhundert aufgekommenen humoristisch-satirischen Kanzelberedsamkeit und des „Österreichisch-Teutsch" als Literatursprache, mit der katholischen Glaubens- und Sittenlehre zu einer inneren Einheit. Im gleichen Jahre (1669) wie Abraham a Sancta Clara von Kaiser Leopold I. ist der Jesuit Louis Bourdaloue, der sich mit französischer Klarheit und mit kraftvoll dialektischer Beweisführung in erster Linie an den Verstand wandte, durch Ludwig XIV. zum Hofprediger ernannt worden; kaum etwas beleuchtet so den Unterschied zwischen dem barocken Wien und dem klassizistischen Paris wie die gegensätzliche Art, in der beide Männer desselben Amtes walteten und dieselben Ziele verfolgten. Daß der zum Österreicher gewordene Schwabe aber nicht bloß Menschen mit barockem Geschmack anzusprechen vermag, bezeugen Schillers Äußerung gegenüber Goethe: „Dieser Pater Abraham ist ein prächtiges Original, vor dem man Respekt bekommen muß, und es ist eine interessante und keine leichte Aufgabe, es ihm in der Tollheit und Geschmeidigkeit nach- oder gar zuvorzutun", und Goethes Antwort: „Er ist ein so reicher Schatz, der die höchste Stimmung mit sich führt."

Am lebendigsten hat sich von den deutschen Erbauungsbüchern des Barocks in katholischen Kreisen des Prämonstratenser Chorherrn Leonhard Goffiné aus Köln „Handpostille" (1690), Erklärungen der sonntäglichen Episteln und Evangelien, erhalten; sie wurde in die meisten europäischen Sprachen übersetzt. Martin von Cochem gab außer Gebetbüchern und einer weitverbreiteten Neubearbeitung des Mainzer Gesangbuches „Catholisches Cantual" verschiedene Erbauungsschriften heraus. Unter ihnen sind die „Meßerklärung" (lateinisch 1697, deutsch 1702) und das „Leben und Leiden Jesu Christi" (1677), das häufig als Text für Passionsspiele verwendet wurde, bis in die neueste Zeit hinein immer wieder aufgelegt worden. Sein „Auserlesenes History-Buch" (1687) enthält neben biblischen und weltlichen Geschichten zahlreiche Legenden. Manches aus dem History-Buch, besonders die Genoveva- und Griseldisgeschichte, erschien dank der schlichten und gemütvollen Darstellungsweise des Pater Martin, bei dem im allgemeinen das rein zeitbedingte Barocke verhältnismäßig wenig in Erscheinung trat, in Sonderdrucken und wurde von Katholiken und Protestanten viel gelesen. Die Legende spielte in Predigten, in Erbauungsschriften, in der religiösen und selbst in der weltlichen Dichtung und im Jesuitendrama überhaupt eine große Rolle. Dabei ließ man die Ergebnisse der damals unter Führung der Jesuiten einsetzenden kritischen Forschung in der Hagiographie (S. 409) völlig außer acht und verstieß sogar gelegentlich gegen die offizielle katholische Glaubenslehre, wenn etwa ein Prediger ausführte, manche Seelen, so auch die des römischen Kaisers Trajan, wären durch Mariens Fürbitte aus der Hölle erlöst worden. — Die Erbauungsbücher wurden öfters mit Andachtsbildern geschmückt. Das kleine Andachtsbild, meist als Kupferstich, war im Spätmittelalter aufgekommen; es wurde jetzt hauptsächlich in Augsburg hergestellt und besonders von Mitgliedern der Bettelorden an Erwachsene und Kinder verteilt. Die kleinen Andachtsbilder des Barocks hatten zum Gegenstand fromme Symbole und Allegorien, mystische Motive wie Christus und die minnende Seele oder das Herz Jesu, und namentlich die Darstellung von Heiligen, wonach die ganze, auch heute noch weit verbreitete Gattung vom Volksmunde Heiligenbildchen genannt wird.

Einige Teilnehmer des Konzils von Trient hatten beantragt, die Musik aus dem Gottesdienst zu verbannen. Die Mehrzahl war jedoch gegen diesen Vorschlag, nur wurde jegliches „Laszive und Unreine" beim Gesang und bei der Instrumentalmusik in Kirchen verboten. Die Entwicklung der kirchlichen Musik verlief nun großenteils wie die der weltlichen. Darüber wurden zwar gelegentlich Klagen laut, zumal da lasziv und unrein dehnbare Begriffe sind, aber der weltliche Einschlag übte in dieser musikliebenden Zeit eine starke Anziehungskraft aus, und das Barocke kam hier wie in den bildenden Künsten an und für sich den kirchlichen Bestrebungen entgegen. Zunächst wurde in Deutschland noch die von den Niederlanden ausgegangene polyphone Musik gepflegt. Sie erreichte ihren Höhepunkt in Orlando di Lasso (1532—1594). Er war zu Mons im Hennegau geboren, in jungen Jahren nach Italien gekommen und lernte hier Palestrinas harmonischen A-cappella-Stil kennen. Orlando verband ihn mit der kunstvollen niederländischen Art, war aber, wie auch in seinen weltlichen Tonschöpfungen, im Gegensatz zu Palestrinas maßvoller Stimmführung auf starke dramatische Wirkungen bedacht. Wahrscheinlich gegen Ende 1556 berief ihn, vorerst als einfachen Tenoristen, Albrecht V. nach München, 1563 übertrug er ihm die Leitung der herzoglichen Kapelle. Mehrere von Orlandos einundfünfzig Messen und seine berühmten Bußpsalmen werden noch heute aufgeführt. Um 1600 begann die kontrapunktische Polyphonie von dem homophonen Gesangstil, von der Monodie, zurückgedrängt zu werden; die Einzelstimme gibt den Text deutlich wieder und wird von einer auf Akkorden aufgebauten Begleitung, dem Generalbaß, unterstützt. Die Kirchenmusik pflegte die Monodie besonders in der Solokantate. Den Meßkompositionen der Barockzeit diente die Opernmusik zum Vorbild; zuweilen wurden einfach italienische Opernarien übernommen und nur statt der weltlichen liturgische Texte gesungen.

Zu der unmittelbaren, in ihrer Gesamtheit auf das Seelen- und Geistesleben einen unermeßlichen Einfluß ausübenden Tätigkeit der katholischen Kirche: liturgischer Gottesdienst, Volksandachten, Kirchengesang und Kirchenmusik, Sakramentspendung, namentlich die Ohrenbeichte, Katechese, Predigt und Erbauungsschrifttum, Prozessionen und Wallfahrten, kam noch die mittelbare Einwirkung auf verschiedene Zweige der Geisteskultur, was bei diesen zu erwähnen ist. Innere Spannungen, wie sie der die Staatsallmacht über die Kirche fordernde Gallikanismus, der unter Mißachtung der äußeren kirchlichen Formen Gottesgemeinschaft erstrebende Quietismus und der jesuitenfeindliche, rigorose Jansenismus besonders in Frankreich hervorriefen, machten sich im deutschen

Katholizismus nur wenig bemerkbar. Undifferenziert aber war er keineswegs. Die dem Weltklerus, den einzelnen Zweigen der Bettel- und der alten Mönchsorden eigentümliche institutionelle und traditionelle Sonderart brachte mancherlei Unterschiede in Theorie und Praxis des religiösen Lebens mit sich, und die Rivalität zwischen dem Weltklerus und den Orden und dieser untereinander zeitigte neben allzu menschlichen Begleiterscheinungen einen in vielfacher Hinsicht heilsamen Wetteifer. Für die höheren Stände und die Gebildeten und für die Allgemeinheit gab es eigene Gebet- und Andachtsbücher. Wer in dem überaus mannigfaltigen durchschnittlichen religiösen Leben kein Genüge fand, suchte sich in mystische Ekstasen hineinzusteigern; ein reichhaltiges Schrifttum, in dem mystische Erfahrungen gesammelt und Theorien über sie mehr oder weniger wissenschaftlich dargelegt waren, leitete hierzu an. Die straffe, im Papsttum gipfelnde Organisation sorgte dafür, daß die Einheit der Lehre und des Kultes trotz der vielen verschiedenartigen Elemente, die der Katholizismus in sich schloß, in allem Wesentlichen gewahrt blieb.

Der Protestantismus

Da für den Protestantismus zahlreiche Feiertage, die Fasttage, die Heiligenverehrung, Prozessionen, Wallfahrten und dergleichen mehr wegfielen, hat er seine Anhänger, jedenfalls äußerlich, nicht derart in Anspruch genommen wie der Katholizismus, aber doch weit mehr, als man nach den Verhältnissen seit der Aufklärung vermuten möchte. Die Zahl der frommen evangelischen Fürsten war kaum geringer als die der katholischen, und im allgemeinen befaßten sich die evangelischen noch intensiver mit den kirchlichen Angelegenheiten ihrer Länder (S. 285 ff.). An seinen Dogmen hielt auch der Protestantismus fest, seine Orthodoxie wurde womöglich noch starrer als die katholische durch die Überspannung der Inspirationslehre, die man dahin auslegte, daß jedes Wort der Bibel vom Heiligen Geist eingegeben sei, und durch die Gleichsetzung der Bekenntnisschriften mit der Bibel. Er ging jedoch keineswegs in verknöcherter Orthodoxie auf noch in dem sich an sie knüpfenden Theologengezänk sowohl zwischen Lutheranern, Kalvinisten und ihren Spielarten als auch zwischen den verschiedenen Richtungen innerhalb der einzelnen Konfessionen. Viele der auf die „wahre Lehre" pochenden streitbaren Pastoren waren tüchtige Seelsorger, die ihre Pfarrkinder zu einem glaubensstarken und sittlichen Leben anhielten. Überdies traten neben dem offiziellen Kirchentum, teilweise im Gegensatz zu ihm, religiöse Strömungen privater Art hervor.

Bereits in der Frühzeit der Reformation hatte sich in einzelnen Kreisen ein mystischer Spiritualismus herausgebildet, der am Kirchentum scharfe Kritik übte und betonte, die Religion sei mehr eine Angelegenheit des Herzens als landesherrlicher Verordnungen und theologischer Schulmeinungen. Einer der ersten Vertreter dieses Spiritualismus, dem mittelalterliche Mystik und protestantische Auffassungen zugrunde liegen, der Schwabe Sebastian Franck (1499—1543), betonte besonders das allen Menschen in gleicher Weise eingepflanzte „innere Wort"; in seinem Geschichtswerk, der „Chronika", ironisierte er aller Welt Ketzerei und wandte sich gegen das alte und neue „unter mancherlei Schrift verkappte" Papsttum. Nach

Heinrich Niclaes (1502 bis um 1580), einem Kaufmann, vielleicht aus Münster, können auch „Juden, Mahomiten, Türken, Heiden" Freunde der Wahrheit sein, da nicht der Buchstabe, sondern der Geist gelte. Der Schlesier Kaspar Schwenckfeld von Ossig (1489—1561) knüpfte an die mittelalterlichen Mystiker und an Luther an, ging aber über sie mit der Ablehnung der Taufe als einer äußerlichen Zeremonie und der Erklärung der Erlösung als eines religiös-sittlichen Prozesses weit hinaus. Gemeinden der Schwenckfelder bestanden in Schlesien und Württemberg bis ins 18. Jahrhundert. Um 1720 wanderten die schlesischen Schwenckfelder nach Amerika aus und gründeten dort heute noch blühende Kirchen. Valentin Weigel (1533—1588), lutherischer Pfarrer zu Zschoppau in Sachsen, fiel, solange er lebte, durch keine im kirchlichen Sinne irgendwie anstößigen Meinungen auf. Er hatte aber eine Reihe von Büchern verfaßt, die bei ihrer Veröffentlichung nach seinem Tode erst handschriftlich, dann im Druck, das Entsetzen der orthodoxen Theologen hervorriefen. Weigel entpuppte sich hier teils als Nachfolger der mittelalterlichen Mystik, teils als Anhänger einer zur Zeit der Renaissance ausgebildeten Naturphilosophie. In ihren letzten Konsequenzen führt diese Naturphilosophie, was Weigel allerdings nicht ahnte, zu einer subjektivistischen Erkenntnistheorie und zu einem idealistischen Monismus.

Der Görlitzer Schuster Jakob B ö h m e (1575—1624) war gut bewandert in der Heiligen Schrift, hatte mancherlei von den mittelalterlichen Mystikern, von Paracelsus, Luther, Schwenckfeld und Weigel gelesen und suchte all das mit dem schlichten Bibelglauben und den kirchlichen Hauptlehren zu innerer Einheit zusammenzufassen. Ein tiefsinniger, frommer Grübler, sprachgewaltig, begabt mit einer außerordentlichen spekulativen und visionären Kraft, schrieb Böhme Werke, die einen großen Einfluß auf die pietistische Bewegung, auf die Romantik und auf die Philosophie Hegels, Schellings und Baaders gewannen. Für Böhme ist Gott bewegtes Leben, nicht ruhiges Sein. In dem Prozeß der göttlichen Selbstentfaltung und in dem der Weltwerdung bildet das Böse einen notwendigen Faktor, denn ohne Böses kann Gutes nicht geschaffen werden. Alles Leben ist deshalb an und für sich gut u n d böse. Aber „ein jeder Mensch ist frei und ist wie ein eigener Gott, er mag sich in diesem Leben in Zorn oder ins Licht verwandeln; was einer für ein Kleid anzieht, das verklärt ihn, und was der Mensch für einen Corpus in die Erde säet, ein solcher wird auch aufwachsen, obgleich in anderer Form und Klarheit, jedoch alles nach des Samens Qualität". Mit der Überzeugung, das Prinzip der Gegensätzlichkeit herrsche im Göttlichen, im Menschlichen und in der ganzen Natur, und mit der ausschlaggebenden Bedeutung, die er dem Willen beimißt, zeigt sich Böhme durchdrungen von barockem Lebensgefühl.

Bei den von der orthodoxen Lehre und von dem äußeren Kirchenwesen unbefriedigten Spiritualisten, denen bis zu einem gewissen Grad auch Johann Arndt (S. 365) zuzurechnen ist, finden sich bereits Ansätze zum P i e t i s m u s, der bedeutendsten, eine einfache lebendige Herzensfrömmigkeit anstrebenden Bewegung des deutschen Protestantismus. Der „Vater des Pietismus", Philipp Jakob Spener (1635—1705) wurde zu Rappoltsweiler im Oberelsaß geboren. Er studierte an den Universitäten Straßburg, Basel, Genf und Tübingen. Nachdem er 1666 Pfarrer in Frankfurt a. M. geworden war, begann er 1670 in seinem Hause und seit 1682 in der Kirche mit

Gemeindemitgliedern Versammlungen (Collegia pietatis) abzuhalten. Im Jahre 1675 erschien Speners Programmschrift „Pia desideria" mit dem Untertitel „Herzliches Verlangen nach gottgefälliger Besserung der wahren evangelischen Kirche samt einigen dahin einfältig abzweckenden christlichen Vorschlägen". Er wies darin unter anderem auf die „Mängel des obrigkeitlichen, geistlichen und des Hausstandes" hin; empfahl die Abhaltung von Bibelstunden und Hausandachten; forderte das Aufhören der Religionsstreitigkeiten, die Unterschiede sollten im Geiste der Liebe ausgeglichen werden; betonte, das Christentum wäre nicht ein Wissen, sondern eine Tat der Liebe; ermahnte die Prediger, schlicht und leicht faßlich den lebendigen Glauben zu verkünden, auf sichtbare Früchte zu dringen und nicht mit kunstvoller Beredsamkeit zu prunken. In gleicher Weise wie in Frankfurt wirkte dann Spener mit Wort und Schrift seit 1686 als Oberhofprediger in Dresden und seit 1696 als Propst in Berlin. Wie weit er mit seinen Anschauungen und mit der Gründung der Collegia pietatis von anderen, zum Beispiel von dem zum Kalvinismus übergetretenen Exjesuiten Jean de Labadie aus Südfrankreich, den er in Genf kennengelernt hatte, abhängig war, ist im einzelnen nicht nachzuweisen, jedenfalls stand Spener inmitten von Reformbewegungen, wie sie sich im deutschen Luthertum, in der französisch-reformierten Kirche und besonders im niederländischen Kalvinismus seit längerem angebahnt hatten und jetzt stärker hervortraten.

Bei den orthodoxen Theologen hatte Spener zunächst keinen Anstoß erregt. Erst als sich ihm August Hermann Francke (1663—1727), eine feurige Kampfnatur, angeschlossen hatte, entbrannte der Streit zwischen Pietismus und Orthodoxie. Francke hatte eine plötzliche „Bekehrung" erfahren. Ein derartiges persönliches Erlebnis galt nun bald allgemein als ein Kennzeichen des Pietismus, dadurch wurde das in ihm beschlossene subjektive Element noch mehr gesteigert. Die von Francke in Halle gestifteten Anstalten (S. 447) übten in großartigem Umfange die von Spener geforderte christliche Liebestätigkeit. Auch zu der mit dem Pietismus einsetzenden großen Verbreitung der Heiligen Schrift in Laienkreisen hat Francke wesentlich beigetragen; durch Verwendung des stehenden Satzes in der mit seinen Anstalten verbundenen Cansteinschen Bibelanstalt konnte der Preis für Bibeln sehr erheblich gesenkt werden.

Nikolaus Ludwig Reichsgraf von Zinzendorf (1700—1760) hatte auf Franckes Pädagogium in Halle eine pietistische Erziehung erhalten. Die dort empfangenen Eindrücke entwickelte er höchst eigenartig weiter. In den Mittelpunkt der von ihm propagierten Frömmigkeit stellte er einen teilweise fast krankhaft anmutenden Jesuskult, bei seinen weitausschauenden Unternehmungen bewährte er sich als ein Mann von Tatkraft und Organisationstalent. Von seinen Gründungen erlangte die Brüdergemeinde zu Herrnhut in Sachsen Weltruf. Er nahm in sie zunächst aus Mähren ausgewanderte „Böhmische Brüder" und von den orthodoxen Landeskirchen verfolgte pietistische Flüchtlinge auf. Die Herrnhuter bilden zwar innerhalb des Protestantismus und seiner Landeskirchen eine Sondergemeinde mit eigenen Frömmigkeitsübungen, doch steht sie, da Zinzendorf sie der Augsburgischen Konfession anschloß, dem Luthertum nahe. Zinzendorf war auch der erste deutsche Protestant, der die Heidenmission in größerem Ausmaße in Angriff nahm. Um 1940 zählte die „Brüderunität", die Vereinigung der Herrnhuter Brüdergemeinden, in Deutschland neuntausendvierhundert, in Böhmen sechstausendzweihundert, in England viertausend, in Nordamerika fünfundzwanzigtausend, in Südamerika neuntausendzweihundert Mitglieder und unterhielt in dreizehn Missionsgebieten hundertzweiundachtzig Hauptstationen mit sechshundertachtundzwanzig Nebenstationen.

Zwischen den das offizielle Kirchenwesen für wesentlich haltenden Orthodoxen und den es gering schätzenden Pietisten ergaben sich mancherlei Spannungen. Trotzdem befruchtete der Pietismus sehr bald und nachhaltig auch innerhalb der Orthodoxie das kirchliche Leben: er hat „die Predigt und Jugendlehre neu belebt, den Ernst der Seelsorge geweckt, hat Großes geleistet für biblischen Religionsunterricht und Bibelstunden der Erwachsenen. Mit der Armen- und Waisenfürsorge hat er die innere Mission begründet und hat die Heidenmission daneben gestellt" (Schuster). Die Tonschöpfungen des ganz orthodoxen Sebastian Bach (S. 369) wären ohne die vom Pietismus ausgegangene Verinnerlichung und Vertiefung des religiösen Gefühls kaum möglich gewesen. Viele Lieder der Pietisten werden noch heute beim Gottesdienst gesungen. Infolge der Ablehnung weltlicher Freuden und Vergnügungen wie Tanz und Theater gerieten die Pietisten in Gegensatz zum Lebensstil des Barocks und überhaupt in eine dem Geiste Luthers und des Luthertums fremde, mitunter hochmütige und pharisäische Abkehr von allem Weltlichen. Aber wie sie von ihren Konventikeln aus auf die Landeskirchen segensreich einwirkten, halfen sie, freilich unbewußt, mit, die dem Diesseits zugewandte Aufklärung anbahnen. Indem der Pietismus die religiösen Kräfte mehr als den Gegenstand der Religion betonte, verlor für ihn die Zugehörigkeit zu einem bestimmten Bekenntnis an Bedeutung und bereitete er die Toleranz, ein Hauptanliegen der Aufklärung, vor. Mit seiner „Ketzergeschichte" suchte der Pietist Arnold (S. 407 f.) nachzuweisen, daß echte Gläubigkeit und wahre Religiosität besonders bei den sogenannten Ketzern zu finden sei, und die radikal pietistischen Reichsgrafen von Sayn-Wittgenstein und Isenburg-Büdingen boten entgegen dem Reichsrecht in ihren Gebieten allen eine sichere Zuflucht an, welche sich zu einer anderen Religion oder zu gar keiner äußeren Religion hielten, aber doch im bürgerlichen Wandel gegen Obrigkeit und Untertanen sowohl als in ihren Häusern ehrbar, sittsam und christlich sich aufführen wollten. Den utilitaristischen Standpunkt und den Individualismus der Aufklärung nahm der Pietismus, allerdings auf einer anderen Grundlage, durch die Bewertung des religiösen Lebens nur nach seinen praktischen Ergebnissen und durch die Pflege einer rein subjektiven Frömmigkeit voraus. Der beseelte Ausdruck, den er ihr in Liedern und Erbauungsbüchern gab, förderte die Entwicklung der Schriftsprache und bildete eine der Voraussetzungen für die Sprachkunst der klassischen deutschen Dichtung. Bei einzelnen Pietisten, die auf den menschlichen Einschlag in der Heiligen Schrift achteten und sie einer gewissermaßen literaturgeschichtlichen Würdigung unterzogen, begegnen bereits Ansätze zur Bibelkritik. Die mannigfachen Beziehungen zur Aufklärung führten dazu, daß der Pietismus im großen und ganzen in ihr während des 18. Jahrhunderts aufging. Nur in einzelnen engeren Kreisen, hauptsächlich am Niederrhein und in Württemberg, bestand er in seiner ursprünglichen und bei den Herrnhutern in der ihm von Zinzendorf gegebenen Art fort. Zu Beginn des 19. Jahrhunderts lebte der Pietismus, nun in veränderter Form und im Anschluß an die Orthodoxie, wieder auf.

Der Protestantismus legte auf die **Predigt**, den Mittelpunkt seines Gottesdienstes, noch mehr Gewicht als der Katholizismus. Der Predigtstil beider Konfessionen hatte miteinander gemeinsam das Vorherrschen formaler Logik und Rhetorik, das oft allzulange Verweilen bei Einzelheiten und überhaupt die Anpassung an den barocken Geschmack. Der trefflichste evangelische Kanzelredner war Johann Balthasar Schupp (1610—1661), erst Prediger und Professor der Geschichte und Beredsamkeit in Marburg, dann Hofprediger des Landgrafen von Hessen-Rheinfeld in Braubach und seit 1649 Pastor zu Sankt Jakobi in Hamburg. In manchem erinnert er an Abraham a Sancta Clara. Dessen Popularität erreichte er allerdings nicht, übertraf ihn aber an Gelehrsamkeit, Würde und beißender Schärfe. Die steifen Hamburger Amtsbrüder warfen Schupp vor, er führe neben Aussprüchen der Heiligen Schrift „Fabeln, Scherze und lächerliche Geschichten" an. Schupp ließ sich dadurch nicht irremachen; den Schimpfnamen „Fabul-Hanß", den ihm seine Widersacher gaben, wählte er als Titel für eine Schrift und fragt in ihrer Vorrede, ob es eine Todsünde sei, wenn ein Theologus aus guter Intention eine Fabel erzähle, dem gemeinen Mann dadurch gute Lehre beizubringen. Auch plattdeutsch wurde gepredigt, so von Jobst Sackmann (1643—1718), Pfarrer zu Limmer bei Hannover; seine originellen, oft drolligen und derb-naiven Predigten wurden nachgeschrieben und nach seinem Tode veröffentlicht.

Wie bei den Katholiken bildeten bei den Protestanten gedruckte Predigten einen beträchtlichen Teil der **Erbauungsliteratur** und veröffentlichten viele Kanzelredner Erbauungsschriften, manche übersetzten jesuitische Andachtsbücher oder schlossen sich an deren Art in den von ihnen selbst verfaßten an. Wohl am meisten wurden von den evangelischen Andachtsbüchern die in fast alle europäischen Sprachen übersetzten „Vier Bücher vom wahren Christentum" (1605) des in Celle als Generalsuperintendent gestorbenen Johann Arndt (1555—1621) verbreitet. Seinen Zusammenhang mit den mystischen Spiritualisten läßt die Aufnahme einer kleinen Schrift Valentin Weigels in das „Wahre Christentum" erkennen, und als einen Vorläufer des Pietismus zeigen Arndt die Bemerkungen, er habe dieses Werk geschrieben, weil „über dem vielen heftigen Disputieren des christlichen Lebens der wahren Buße, der Gottseligkeit und der christlichen Liebe gar vergessen ist", und es sei zu beklagen, daß die Bibel aus einem „Lebensbuch" ein „Lesebuch" geworden sei. Großen Anklang fanden von Arndts sonstigen Büchern auch das „Paradeisgärtlein voller christlicher Tugenden", die „Postille" und die „Auslegung des Katechismus Lutheri". Valerius Herzberger (1562—1627), ein drastisch witziger Prediger, später der „kleine Luther und der evangelische Abraham a Sancta Clara" genannt, verfaßte unter dem Gesichtspunkt: Jesus der Kern und Stern des Alten und des Neuen Testamentes, einen Bibelkommentar und verschiedene andere Erbauungsbücher, von denen besonders die „Evangelische Hauspostille" weithin bekannt wurde. Der „Vorschmack der göttlichen Güte" von Joachim Lütkemann († 1635) ist einfach und volkstümlich in der Art der Schriften Arndts gehalten.

Sehr vielseitig war der Württemberger Johann Valentin Andreae (1586—1654), von 1628—1647 Hofprediger in Stuttgart und schließlich Prälat in Adelberg. Trotz seines orthodox-lutherischen Eifers für die reine Lehre hatte er Verständnis für das Gute in anderen Kirchen und betonte vor allem ein praktisches, in der Liebe wurzelndes Christentum; auch bewahrte er, der nach seiner Universitätszeit in Tübingen als Hofmeister junge Edelleute auf weiten Reisen begleitet hatte, sich immer Sinn für weltmännische Bildung nach französischem Vorbild. Von seinen Schriften sind verschiedene ausgesprochen erbaulich, so die „Geistliche Kurzweil", eine Folge von Gedichten, deren vorzüglichstes „Vom guten Leben eines rechtschaffenen Dieners Gottes" warmherzig schildert, wie ein wackerer Geistlicher sein soll, und wie sicher auch manch einer wurde. Das Idealbild eines christlichen Gemeinwesens entwarf Andreae in seiner „Reipublicae Christianopolitanae descriptio" (S. 404). Die mit Aberglauben vermischte Alchimie und ähnliche Erscheinungen wollte Andreae mit Schriften wie „Fama Fraternitatis Roseae Crucis" (1614) und „Chymische Hochzeit Christiani Rosenkreuz" (1616) bekämpfen, erreichte jedoch das Gegenteil, denn von ihnen ging die Rosenkreuzer-Literatur aus (S. 382). Gegen das willkürliche Kirchenregiment unchristlich gesinnter Fürsten richtet sich der „Apap", das heißt das verkehrte (papa-apap) und verschlimmerte Papsttum. Mit Andreae hat Johann Balthasar Schupp das Eintreten für die deutsche Muttersprache, das Interesse für das Schulwesen und die Empfehlung weltmännischer Bildung gemeinsam. Wie in den Predigten behandelte Schupp auch in seinen Schriften manche Stoffe satirisch, gegen die Unzucht zum Beispiel wandte er sich in „Corinna, die ehrbare Hure". Noch in der zweiten Hälfte des 19. Jahrhunderts wurden die vielgelesenen Bücher „Seelenschatz" und „Gottholds zufällige Andachten" von Christian Scriver (1629—1693), gestorben als Hofprediger in Quedlinburg, neu aufgelegt. Mit dem Hochkommen des Pietismus schwoll die Flut erbaulicher Schriften noch mehr an; hundertundacht verfaßte allein Zinzendorf.

Für den evangelischen Gottesdienst ist der liturgische Gesang in deutscher Sprache schon von Luther eingeführt worden. Aber lange sang die Gemeinde in der Kirche nur auswendig, und zwar nur Lieder aus der Reformationszeit von gewissermaßen kanonischer Geltung. Die übrige, ungemein reiche religiöse Liederdichtung des Protestantismus war für den Gesang bei Privatandachten, im häuslichen Leben, in der Werkstatt und auf der Wanderschaft bestimmt; die Herausgabe von G e s a n g b ü c h e r n erfolgte nicht von kirchlichen Stellen oder in ihrem Auftrag. Erst in der zweiten Hälfte des 18. Jahrhunderts begannen sie für den Gottesdienst Gesangbücher einzuführen, in die auch neue Lieder aufgenommen wurden. In heute noch beim Gottesdienst benutzten Gesangbüchern machen den Hauptbestandteil von der Mitte des 16. bis zur Mitte des 18. Jahrhunderts gedichtete Lieder aus, ungefähr je vierhundert zum Beispiel von den insgesamt sechshundertvierundfünfzig des vom damaligen königlichen Konsistorium herausgegebenen „Evangelischen Gesangbuches für die Provinz Brandenburg" (1911) und von den fünfhundertsiebenundachtzig des „Gesangbuches für die Evangelisch-lutherische Kirche in Bayern" (1935). Obwohl also die religiösen Lieder des Protestantismus aus der Zeit, die Gegenstand dieses Bandes ist, erst später zu Kirchenliedern im eigentlichen Sinne des Wortes geworden sind, ist doch hier auf sie einzugehen, weil sie im engen Zusammenhang mit der kirchlichen Entwicklung des 16., des 17. und der ersten Jahrzehnte des 18. Jahrhunderts stehen.

Um Luthers Wunsch, „ich wollte gern, daß die Jugend etwas hätte, damit sie der Buhllieder und fleischlichen Gesänge loswerde", zu erfüllen, war es das Nächstliegende, weltliche Lieder in geistliche umzudichten. So entstanden, oft unter Beibehaltung oder nur geringer Veränderung der alten Melodie „O Welt, ich muß dich lassen" aus „Innsbruck, ich muß dich lassen" und Sammlungen wie „Geistliche Reigenlieder", „Geistliche Ringeltänze" und 1571 von dem Hamburger Heinrich Knaust: „Gassenhauer, Reuter- und Bergliedl christlich, moraliter und sittlich verändert". Unter den Neudichtungen um die Mitte des 16. Jahrhunderts entsprachen dem Volksempfinden besonders die „Sonntagsevangelien" (1560) und die „Historien von der Sündflut" (1562) des Nikolaus Herman, Kantor zu Joachimstal. Seine Lieder sind in dem schlichten Ton des Volksliedes gehalten, und die von ihm umgearbeiteten weltlichen Liebeslieder eigneten sich gut dazu, die Buhllieder zurückzudrängen. Die vorherrschenden Gattungen des geistlichen Liedes waren jedoch auch noch in der zweiten Hälfte des 16. Jahrhunderts die Psalmennachdichtung, wodurch das evangelische Lied einen stark alttestamentarischen Einschlag erhielt, und Kampflieder gegen den Papst, gegen die Türken und gegen wirkliche oder vermeintliche Widersacher der reinen Lehre innerhalb des Protestantismus selber. Gegen Ende des Jahrhunderts steigerten sich mit der Versteifung der Orthodoxie Dogmatismus und Polemik, überdies machten sich Verfallserscheinungen bemerkbar: Verflachung des Inhalts und übermäßige Breite, verkünstelter Strophenbau, spielerische Verwendung des Akrostichons und des Refrains, Vermischung des Deutschen mit Lateinischem und dergleichen.

Gleichzeitig kündigte sich aber auch neues Leben im geistlichen Lied an. Es wird „persönlicher und wärmer, der Ausdruck weniger des Gemeindegefühles als tiefer Ergriffenheit des Dichters; die Person Christi tritt stärker in den Vordergrund und verdrängt den (alttestamentarischen) Gott der Rache; die Betrachtung der Natur als Schöpfung Gottes, die im 16. Jahrhundert kaum berücksichtigt worden war, tritt als neues und fruchtbares Element in den Kreis der Dichtung" (Wolkan). Aus dieser Übergangszeit stammen unter anderen die Lieder „Wachet auf! ruft uns die Stimme" und „Wie schön leucht't uns der Morgenstern" von Philipp Nicolai († 1608). Inmitten der Nöte des Dreißigjährigen Krieges ermutigte das geistliche Lied zu treuem, gläubigem Ausharren, hielt sich großenteils frei von den modischen Auswüchsen der gleichzeitigen weltlichen Dichtung und übertraf sie an Tiefe der Empfindung.

Der nächst Luther größte Dichter geistlicher Lieder des deutschen Protestantismus ist Paul Gerhardt (1607—1676), geboren zu Gräfenhainichen bei Wittenberg. Nach Beendigung der theologischen Studien war er viele Jahre Hauslehrer; infolge der Kriegswirren erhielt er erst 1651 eine Pfarrei. Sechs Jahre später wurde er Diakonus an der Nikolaikirche zu Berlin. Als streng orthodoxer Lutheraner weigerte er sich, den Toleranzedikten des Kurfürsten Friedrich Wilhelm (S. 371) Folge zu leisten und mußte deshalb Berlin verlassen, 1669 ernannte ihn Herzog Christian von Sachsen-Merseburg zum Archidiakonus in Lübben. Hundertdreiundzwanzig Lieder sind von ihm erhalten, etwa vierzig davon werden noch heute beim Gottesdienst gesungen. Viele seiner Lieder haben den Klang und die Seele des Volksliedes und wirken zeitlos, obwohl sie aus ganz persönlichem Erleben gestaltet und in einzelnen Bildern und Wendungen barock sind. „Wie soll ich Dich empfangen" (Advent), „Fröhlich soll mein Herze springen" (Weihnachten), „O Haupt voll Blut und Wunden" (Passionszeit), „Nun freut euch hier und überall" (Ostern), „O Du allersüßte Freude, o Du allerschönstes Licht" (Pfingsten) begleiten durch das Kirchenjahr; in unerschütterlicher Glaubenszuversicht bestärken „Ist Gott für mich, so trete" und „Befiehl du deine Wege". „Geh aus mein Herz und suche Freud" und „Nun ruhen alle Wälder" rufen auf, sich von der irdischen Gotteswelt, so schön sie auch ist, zur himmlischen zu erheben.

Im Gegensatz zu Paul Gerhardt und seiner Art mehr oder weniger Nahestehenden wie Johann Heermann (1585—1647), Johann Rist (1607—1667) und Georg Neumark (1621—1681), dem Verfasser von „Wer nur den lieben Gott läßt walten", war Angelus Silesius (S. 426) Mystiker. Von seinen 1657 unter dem Titel „Heilige Seelenlust oder geistliche Hirtenlieder der in ihren Jesum verliebten Psyche" erschienenen Lieder sind mehrere, so „Ich will Dich lieben meine Stärke", von katholischen und von evangelischen Gesangbüchern übernommen worden. Fast jeder pietistische Erbauungsschriftsteller dichtete geistliche Lieder, in ihnen klingen manche der von Angelus Silesius angeschlagenen Töne wieder. Am nächsten ist ihm der Bandmacher Tersteegen (1697—1769), Mitglied der reformierten Gemeinde in Mühlheim an der Ruhr, gekommen. Sein Zeitgenosse Christian Fürchtegott Gellert (1716—1769) stand bereits in der neuen geistigen Bewegung, in der Aufklärung.

Ursprünglich hatten beim lutherischen Gottesdienst geschulte Sänger die Kirchenlieder vorgetragen, doch wurden noch im 16. Jahrhundert ihr Rhythmus vereinfacht und die mehrstimmige Begleitung der Melodie auf die Orgel beschränkt, so daß den nun einstimmigen Choralgesang die Kirchengemeinde übernehmen konnte. Daneben pflegte man das kunstvolle mehrstimmige Lied besonders in der Form der Motette weiter. Um 1600 begann auch bei den Protestanten die Monodie (S. 360) die Polyphonie abzulösen, und damit bereitete sich die deutsche evangelische Kirchenkantate vor. Ihr eigentlicher Schöpfer ist Heinrich Schütz (1585—1672). Seine Kantaten für Chor- und Solostimmen mit Instrumentalbegleitung, ebenso seine Weihnachts- und Passionsoratorien sind von außerordentlicher Ausdruckskraft. Die Orgelkunst hat namentlich Dietrich Buxtehude (1637—1717) gefördert, berühmt ist er vor allem durch seine „Abendmusiken" geworden, die er als Organist an der Marienkirche in Lübeck veranstaltete.

Die geistlichen Musikwerke: Kantaten, Oratorien, Passionen und ähnliches setzten sich zusammen aus Chören und Rezitativen, Arien, Ariosos, Duetten der Solisten mit Orgel- und Instrumentalbegleitung. Als Texte dienten Bibeltexte, Kirchenliedstrophen und eigens für das Musikstück, namentlich für die Arien, verfaßte Strophen. Manche von diesen sind ausgesprochen barocker Schwulst wie etwa: „Buß und Reu knirscht das Sünderherz entzwei, daß die Tropfen meiner Zähren angenehme Spezerei, treuer Jesus, Dir gebären". Damals stieß man sich an dergleichen als dem gerade Modernen nicht; werden heute Kantaten oder Oratorien mit solchen Texten aufgeführt, dann hört man lächelnd über sie hinweg nach dem alten, für Opern geprägten Spruch: was zu dumm ist gesprochen zu werden, das singt man, und achtet nur auf die herrliche, nie veraltende Musik. In größeren Städten nahm die Musik beim lutherischen Gottesdienst einen breiten Raum ein. Motetten eröffneten den Früh-, Haupt- und Vespergottesdienst. Eine Kantate, die „Hauptmusik" wurde entweder ganz vor der Predigt oder mit ihrem zweiten Teil vor dem Abendmahl, das damals noch eng mit dem sonntäglichen Gottesdienst verbunden war, vorgetragen. Dazu kamen an verschiedenen Stellen freigeformte Orgelspiele und Gesänge der Chöre und der Gemeinde.

Als Komponist, Dirigent und Orgelvirtuose ist Johann Sebastian Bach (1685—1750) der letzte und größte Meister der Kirchenmusik des Barocks. Er stammte aus einer alten Musikerfamilie Thüringens. Schon von seinem Urgroßvater Veit Bach, einem Müller, wird berichtet, er habe an Musik und Musizieren am meisten Vergnügen gehabt, und alle seine unmittelbaren Nachkommen bis zu Sebastians Vater, dem Eisenacher Stadtpfeifer Johann Ambrosius Bach, waren Spielleute, die als Kunstgeiger, Rats- und Hofmusiker das Instrumentspiel als zünftiges Handwerk trieben. Den ersten Unterricht in der Geige erhielt Sebastian von seinem Vater. Nach dessen Tod nahm den zehnjährigen Waisenknaben sein ältester Bruder, Johann Christoph, Organist in Ohrdruf, auf. Hier machte Sebastian rasch Fortschritte im Orgel- und Klavierspiel und besuchte die Lateinschule bis zur Prima, dann bekam er als Diskantist eine Freistelle an der Klosterschule der Michaelskirche in Lüneburg. Die Organisten an der Nikolai- und der Johanneskirche dieser Stadt vervollkommneten ihn in der Orgel- und Organistenkunst. Nachdem er kurze Zeit Geiger am Weimarer Hof, Kirchenorganist in Arnstadt und in Mühlhausen, Hoforganist und Hofkonzertmeister in Weimar und Hofkapellmeister in Köthen gewesen war, wurde er 1723 Thomaskantor in Leipzig. Hier oblag ihm laut seiner Anstellungsurkunde, die Knaben der Thomasschule in der Vokal- und in der Instrumentalmusik zu unterrichten und „die Musik in den beiden Hauptkirchen dieser Stadt nach bestem Vermögen in gutes Aufnehmen zu bringen".

Mit dem Komponieren von Kirchenkantaten, Orgelchorälen, Präludien und dergleichen hatte Bach bereits in Arnstadt (1703—1707) nach dem Vorbild älterer italienischer und französischer Meister der Fuge begonnen und während eines Urlaubs Dietrich Buxtehude in Lübeck besucht, der sein „eigentlicher Meisterlehrer" wurde. Die von Bach in Weimar 1708—1717 geschaffenen Orgelstücke „gehören zu den unbestritten großen Kunstwerken musikalischer Spielphantasie aller Zeiten und Völker" (Gurlitt). Seine Kirchenkantaten aus dieser Zeit sind bereits, wie das nun allgemein üblich wurde, mit Elementen der weltlichen Kantate und der Oper durchsetzt. Den darüber empörten Pietisten hielt der orthodoxe Weimarer Hofgeistliche Neumeister entgegen, das der Kirchenmusik und der Oper eigene instrumentale Wesen sei dem Geistlichen und dem Weltlichen gleichermaßen zugänglich. Da der Köthener Hof dem die Kirchenmusik ablehnenden reformierten Bekenntnis anhing, widmete sich Bach hier neben seiner Tätigkeit als Hofkapellmeister und Hofkomponist hauptsächlich dem Unterricht und der Abfassung von Lehrbüchern wie dem ersten Teil des „Wohltemperierten Klaviers" und dem „Orgelbüchlein, worinne einem anfahenden Organisten Anleitung gegeben wird, auf allerhand Art einen Choral durchzuführen ...". Als Thomaskantor befaßte er sich auch noch mit profaner Musik, so ließ er dem „Wohltemperierten Klavier" einen zweiten Teil folgen, schrieb Klavierübungen, Klavierkonzerte und weltliche Kantaten und verfaßte „Die Kunst der Fuge", aber seine Zeit und seine Kraft gehörten nun ganz überwiegend der geistlichen Musik, nicht nur, weil sein Beruf es so mit sich brachte, sondern weil sie ihm von jeher am meisten am Herzen lag. Hundertfünfundsechzig der von ihm erhaltenen hundertneunzig Kirchenkantaten sind in Leipzig entstanden, ebenso das lateinische Magnificat, mehrere Messen, Oratorien für Weihnachten, Ostern und Christi Himmelfahrt, die Passionen nach den vier Evangelisten und Choralmotetten wie „Jesu meine Freude" und „O Jesu Christ, meins Lebens Licht". In seinen letzten zwei Jahrzehnten geriet Bach bewußt in Gegensatz zu der hochkommenden „musikalischen Empfindsamkeit einer sanften und rührenden Melodie", nach seinem Tode kannten bald nur noch wenige seine Werke. Das änderte sich erst, als Mendelssohn 1829 unter großem Beifall die Matthäuspassion aufführte. Nun erkannten immer mehr Bachs überragende Bedeutung, und mit dem Verständnis für ihn wuchs auch das für die übrigen großen Meister der Barockmusik.

Kehrseiten des kirchlichen Lebens

Katholizismus und Protestantismus, dieser besonders in der Form des Luthertums, hatten in der Glaubenslehre und in der Art des Gottesdienstes, der Seelsorge, des Erbauungsbuches und des geistlichen Liedes bis zur Aufklärung viel mehr miteinander gemein als im 19. Jahrhundert und in der Gegenwart. Dies hätte nach den stürmischen Auseinandersetzungen der Reformationszeit, wenn vielleicht auch nicht zur Wiedervereinigung, so doch zu gegenseitiger Annäherung führen können. Aber zu diesem Zweck abgehaltene offizielle „Religionsgespräche" vertieften nur die Kluft; auf dem in Regensburg von 1601 zum Beispiel versteifte sich der Traditionsstandpunkt der Katholiken, der die Kirche gewissermaßen über die Bibel stellt, weil deren Auslegung ihr allein zustehe, und auf der anderen Seite das Schriftprinzip der Protestanten, wonach die Bibel die ausschließliche Lehrautorität ist. Schlimmer als die konfessionelle Spaltung an sich, die in manchem fruchtbar und anregend hätte wirken können und teilweise auch gewirkt hat, war, daß vielfach mit fanatischem Haß, maßlosen Verleumdungen, nicht zu überbietender Grobheit und Roheit von der Kanzel und durch dicke Bände und kleinere Schmähschriften die Glaubensstreitigkeiten in gebildete Kreise und in das Volk hineingetragen wurden; katholisch und lutherisch wurden geradezu Schimpfworte. Bei dem ungeheuren Einfluß der Kirchen hemmte und vergiftete die konfessionelle Enge und Gehässigkeit weithin das Geistes- und Seelenleben auch außerhalb des religiösen Bereiches. Die üblen Folgen davon sind bis heute nicht völlig überwunden und erklären zum Teil, weshalb in Deutschland des öfteren Vorurteile stärker eingewurzelt sind und Gegensätze weniger fair ausgetragen werden als anderwärts, wo in der Barockzeit *eine* Konfession die unbedingte Vorherrschaft besaß oder wo, wie in den Vereinigten Staaten von Nordamerika, von vorneherein Glaubensfreiheit bestand.

Ganz ohne religiöse *Toleranz* ging es in Deutschland freilich nicht, weil es weder den Katholiken noch den Protestanten gelang, ihrem Bekenntnis die Alleinherrschaft zu erkämpfen. Die reichsrechtliche Einführung des Grundsatzes „cuius regio eius religio" auf dem Augsburger Reichstag von 1555 für die lutherischen und für die katholischen Landesfürsten und die Ausdehnung dieses Grundsatzes auf die Reformierten im Westfälischen Frieden ermöglichten ein einigermaßen friedliches Nebeneinander, versteiften aber auch die konfessionelle Aufspaltung Deutschlands und verschärften in manchen Fällen politische Gegensätze zwischen einzelnen Fürsten. Ebenfalls unter politischen Gesichtspunkten mußte ein gewisses Maß von religiöser Duldung geübt werden, wenn ein Landesherr die Konfession wechselte oder Gebiete mit einer andersgläubigen Bevölkerung gewann und nach den hierfür einschlägigen Bestimmungen des Westfälischen Friedens die Anwendung des jus reformandi untersagt war.

Schon früher hatte der 1613 zum Kalvinismus übergetretene Kurfürst Johann Sigmund von Brandenburg freiwillig auf die Ausübung dieses Rechtes verzichtet gegenüber seinen lutherischen Untertanen in Brandenburg-Preußen und gegenüber Katholiken in dem von ihm erworbenen Herzogtum Kleve (S. 71). Den Geistlichen verbot er, von der Kanzel herab Andersgläubige zu lästern, hatte damit aber keinen Erfolg. Unter Kurfürst Friedrich Wilhelm predigte in Berlin Paul Gerhardt: „Ich kann die Kalvinisten quatenus tales nicht für Christen halten", und ein anderer Geistlicher: „Wir verdammen die Baptisten und Kalvinisten; wer nicht lutherisch ist, der ist verflucht." Friedrich Wilhelm verlangte nun in seinen Toleranzedikten von 1662 und 1664 von den lutherischen und den reformierten Predigern, sie sollten Beschimpfungen vermeiden und sich in einem von ihnen unterschriebenen Revers zu gewissenhafter Einhaltung der Edikte verpflichten, stieß jedoch auf solchen Widerstand, daß er schließlich auf die Unterzeichnung des Reverses verzichtete und die Behandlung der Glaubensunterschiede auf den Kanzeln gestattete, wenn es „ohne Verketzerung und Verdammung" geschehe und die „bürgerliche Eintracht" nicht gestört würde. In Hamburg, der Hochburg des Luthertums in Norddeutschland, verhielt sich im Interesse des Handels selbst die Geistlichkeit tolerant gegenüber den aus den Niederlanden zugezogenen Kalvinisten, den Katholiken und portugiesischen Juden. Abgesehen von einigen kleinen Gebieten, wie dem des Reichsgrafen von Sayn-Wittgenstein (S. 364), kam es auch sonst hauptsächlich nur aus politischen und wirtschaftlichen Gründen zur Durchführung der Toleranz, und zwar im wesentlichen nur zur „bürgerlichen" Duldung. Nebenher spielte bei einzelnen Landesfürsten auch die persönliche Auffassung mit herein. Als Kurfürst Karl Ludwig von der Pfalz nach dem Westfälischen Frieden seine Erblande zurückerhielt (S. 161), führte er in ihnen das reformierte Bekenntnis wieder ein, sah aber als ein Mann, dem die Glaubensunterschiede im Grunde gleichgültig waren, darauf, daß auch die Rechte der Lutheraner und Katholiken nicht verletzt wurden. Gegen Ende seines Lebens ließ er in Mannheim die Kirche „Zur heiligen Eintracht" bauen, in der Gottesdienste der drei Konfessionen abgehalten werden sollten.

Friedrich Wilhelm von Brandenburg, Karl Ludwig von der Pfalz und andere evangelische Fürsten wünschten über die bürgerliche Toleranz hinaus eine Union der Lutheraner und Reformierten, scheiterten aber damit an dem Widerstand der Geistlichen und der unter ihrem Einfluß stehenden Bevölkerung. Die Wiedervereinigung aller christlichen Konfessionen war das Ziel des lutherischen Theologen Georg Calixt (1586—1656), Professor an der Universität Helmstädt. Er lehrte, für die Laien genüge die Kenntnis der Glaubensartikel des Apostolikums und für die Geistlichen die Kenntnis der positiven Theologie, die in dem bestehe, worin die Christen der ersten fünf Jahrhunderte übereinstimmten. Dieser von den orthodoxen Lutheranern aufs heftigste bekämpfte „Synkretismus" fand auch außerhalb der Helmstädter Universität einigen Anklang und leitete zu weiteren Unionsbestrebungen über, für die auch die Kurfürstin Sophie von Hannover und der mit ihr befreundete Leibniz eintraten. Auf katholischer Seite nahm in erster Linie Christoph Rojas de Spinola (1626—1695), früher Franziskanergeneral in Madrid, seit 1685 Bischof von Wiener-Neustadt, den Unionsgedanken auf. Er verhandelte, von Kaiser Leopold I. dazu ermuntert, mit Leibniz, mit evangelischen Theologen und Fürsten, von denen ihm namentlich Ernst August von Hannover, der Gemahl der Pfälzerin Sophie, entgegenkam, weil er dadurch seine Erhebung zum Kurfürsten (S. 211) beim Kaiser leichter durchzusetzen hoffte. Spinola verlangte von den Protestanten nur die Anerkennung des Papstes als Oberhaupt der Christenheit. Auch der berühmte Kanzelredner und Bischof von Meaux Bossuet unterstützte die Unionsbestrebungen, stieß jedoch dabei auf den Widerstand Ludwigs XIV., der aus politischen Gründen gegen die konfessionelle Einigung Deutschlands arbeitete, und Spinola erhielt von Rom die Weisung, die Verhandlungen bis auf weiteres zu vertagen. So kam weder eine Union in dem engeren Sinne einer Vereinigung der Reformierten mit den Lutheranern noch in dem weiteren einer Wiedervereinigung aller Kirchen des Abendlandes zustande. Und der konfessionelle Hader, wenn auch durch die weltliche Obrigkeit im Interesse des friedlichen bürgerlichen Zusammenlebens etwas zurückgedrängt, erlosch nie ganz und flammte bei verschiedenen Gelegenheiten immer wieder mit der alten Erbitterung auf.

Trotzdem machte der Gedanke der religiösen Duldung stete Fortschritte. Des Erasmus von Rotterdam Geist der Verträglichkeit und des friedliebenden Wohlwollens und seine extremem Dogmatismus abholde Einstellung: „Überall wohnt Christus; in jedem Kleid dient man der Frömmigkeit, wenn es nur nicht an der Gesinnung fehlt", wirkten während des Barockzeitalters im stillen weiter. Die Pietisten waren bei den Auseinandersetzungen mit ihren orthodoxen Gegnern nicht immer Muster der Toleranz, bereiteten aber mit manchen ihrer Grundsätze die moderne Auffassung von religiöser Duldung vor (S. 364). In den Sprachgesellschaften (S. 451 f.) hielt man sich an einen akonfessionellen Theismus. Der Begründer der ältesten und angesehensten dieser Gesellschaften, der „Fruchtbringenden", Fürst Ludwig von Anhalt-Köthen, nahm in die Satzungen die Vorschrift auf, die Mitglieder sollten sich ehrbar, heiter und verträglich aufführen, sich der Reinigung der hochdeutschen Sprache befleißigen und sich auf bekenntnismäßige Fragen nicht einlassen. Bei berühmten Künstlern wurde wenig darauf geachtet, welchem Bekenntnis sie angehörten. Benedikt Skytte, ein schwedischer Emigrant, gewann 1667 den Brandenburger Kurfürsten Friedrich Wilhelm für den, freilich nicht ausgeführten, Plan, eine Anstalt zu gründen, an der alle Künste und Wissenschaften gepflegt werden und zu der alle Nationen und Konfessionen, auch Juden und Araber, zugelassen werden sollten. Leibniz wollte mit der von ihm angestrebten vermittelnden Theologie weitgehende wissenschaftliche Freiheit verbinden; Samuel Pufendorf forderte allgemeine religiöse Duldung als Gebot des Naturrechtes ohne Rücksicht auf irgendeinen geoffenbarten Glauben, und Christian Thomasius wandte sich scharf gegen jede Art von Intoleranz.

Selbstverständlich hielten die Kirchen an ihren Bekenntnissen fest, verteidigten sie und suchten Andersgläubige für sich zu gewinnen. Die Art aber, wie sie dies taten, und daß sie oft nicht einmal Verständnis für die bürgerliche Toleranz zeigten und sich ihr zuweilen sogar widersetzten, brachte sie zu ihrem Schaden in Gegensatz zu dem sich schon während des Barockzeitalters allmählich formenden neuen Geist der Aufklärung. Er faßte schließlich „Toleranz" nicht mehr bloß im Sinne der Duldung verschiedener Konfessionen auf, sondern sah in der Freiheit, sich nach der persönlichen Überzeugung Vorstellungen von den letzten Dingen und den Dingen dieser Welt zu bilden und nach dem eigenen Gewissen zu handeln, einen wesentlichen Bestandteil der menschlichen Bestimmung und Würde.

Den in allen erdenklichen Formen und in größtem Ausmaße sein Unwesen treibenden Aberglauben haben die Kirchen dadurch weit mehr gefördert als zurückgedrängt, daß sie Zauberei, Hexerei, Teufelsaustreibung und ähnliches nicht als unsinnigen Wahn, sondern allen Ernstes als unbestreitbare Wirklichkeit bekämpften und damit, freilich ungewollt, im Volke verbreiteten. Wenn etwa der General des Barnabitenordens die Unfruchtbarkeit der ersten Gattin des bairischen Kurfürsten Maximilian I. als Folge einer Verzauberung erklärte und ein berühmter Spezialist für die Entzauberung fürstlicher Personen zu Rate gezogen wurde, konnte ein biederer Bauer kaum noch daran zweifeln, daß es sich bei derartigen Teufelskünsten um etwas sehr Reales handle. Seit 1611 wurde auf Maximilians Befehl zweimal jährlich von den Kanzeln gegen den Aberglauben ein Verbot verlesen, das dessen Arten bis ins einzelnste aufzählte; so lernte man zu dem, was man vom allgemeinen Hörensagen schon wußte, noch allerlei hinzu. Ähnlich wie in Baiern gingen die kirchlichen und staatlichen Stellen in den übrigen Teilen Deutschlands vor, und wenn auch nicht überall solche Verzeichnisse vorgelesen wurden, befaßten sich immerhin die Prediger und das einschlägige Schrifttum allzu ausführlich und eingehend mit diesem Thema. Von den protestantischen unterschieden sich die katholischen Gegenden insofern, als der reicher ausgestaltete Kult, namentlich die Heiligenverehrung, zu mancherlei besonderen abergläubischen Vorstellungen und Gebräuchen führte, doch waren sie gegenüber dem Hexenwahn harmlos, und diesem waren die Protestanten ebenso verfallen.

Die Germanen hatten an Waldgeister und Waldfrauen geglaubt, die sie nach der Bekehrung zum Christentum für bösartige Zauberer und Zauberinnen, für Hexenmeister und Hexen hielten. Diese Bezeichnungen wurden auf Männer und Frauen übertragen, von denen man annahm, sie hätten mit Teufeln einen Bund geschlossen, trieben mit ihnen Unzucht und fügten mit ihrer Hilfe Menschen und Tieren Schaden zu. Im Zusammenhang mit der Verfolgung von Ketzern begann man zunächst in Südfrankreich während des 13. und 14. Jahrhunderts Hexen in größerer Zahl zu verbrennen. Die Hexenbulle des Papstes Innozenz VIII. von 1484, der „Hexenhammer" der Dominikaner Heinrich Institoris und Jakob Sprenger (erste Auflage 1487, bis 1669 in Deutschland sechzehn und in Frankreich elf Auflagen) mit ausführlicher Beschreibung des Hexenwesens und mit Anweisungen für geistliche und weltliche Richter zum Vorgehen gegen die Hexen und die Vorschrift in der „Carolina" von 1532, dem ersten deutschen Gesetzbuch, das den Strafprozeß und das Strafrecht reichsgesetzlich regelte, Zauberei und Hexerei als Kriminalverbrechen zu behandeln, zeigen, wie der Hexenwahn immer mehr um sich griff. In der Barockzeit artete er zu einer allgemeinen geistigen Epidemie aus. Sie ist nicht völlig zu erklären wie jeder Massenwahn, der die Dämme vernünftigen Überlegens und Handelns durchbricht und das Gemeine und Niederträchtige aufwühlt: Neid, Haß, Habsucht und überhaupt die Lust am Bösen und Grausamen. Viele Tausende fielen unter entsetzlichen Qualen dem Hexenwahn zum Opfer. Ein Verzeichnis aus Würzburg von 1627 bis Anfang 1629, das also ungefähr nur zwei Jahre umfaßt, zählt in dieser e i n e n Stadt neunundzwanzig „Hexenbrände" auf. Dabei wurden hundertachtzig Personen hingerichtet, darunter zwanzig Geistliche, ungefähr ebensoviel Knaben im Alter von zehn bis vierzehn Jahren, „ein klein Mägdlein von neun oder zehn Jahren, ein geringeres, ihr Schwesterlein, der zwei Mägdlein Mutter, das Göbel Babelin, die schönste Jungfrau in Würzburg, und ein blind Mägdelein". Bei der Rolle, die Satan und die übrigen Teufel in der Heiligen Schrift und noch mehr in den christlichen Legenden spielen, ist es nicht erstaunlich, daß die Kirchen aller Konfessionen grundsätzlich am Hexenglauben festhielten und sich für die Epidemie des Hexenunwesens als besonders anfällig erwiesen. Dagegen ist es nicht zu entschuldigen, daß sie gegen die unsinnige Grausamkeit der Hexenprozesse keinen Einspruch erhoben und sich an ihr eifrigst beteiligten. Die Kirchen verhielten sich, von wenigen rühmlichen Ausnahmen abgesehen, überhaupt in einer jeglicher Humanität Hohn sprechenden Weise gleichgültig gegenüber der maßlosen Roheit, die neben den Kriegsgreueln am augenfälligsten in der Strafjustiz und im Gefängniswesen hervortrat.

In Deutschland wandte sich als erster offen gegen die Hexenverfolgung und gegen die Anwendung der Folter in Hexenprozessen Johannes Weyer, Leibarzt Herzog Wilhelms von Kleve, mit der Schrift „De praestigiis daemonum et incantationibus et veneficiis" (Die Blendwerke der Teufel, die Zaubereien und Giftmischereien, erste Auflage 1563 in lateinischer Sprache, 1565 ins Deutsche übertragen). Einige stimmten Weyer in persönlichen Briefen zu, weit stärker war der Widerspruch, die Schrift kam katholischerseits auf den Index der verbotenen Bücher und blieb noch in dessen Ausgaben vom 19. Jahrhundert stehen. Der Jesuit Adam Tanner legte im dritten Bande seiner „Theologia scholastica" (1627) dar, den Erzählungen von Hexenritten lägen meist Träume zugrunde, und die bei den Hexenprozessen angewandten Torturen wären so schrecklich, daß sich fast jeder Angeklagte als schuldig bekenne, sie müßten deshalb gemildert werden. Andererseits betonte Tanner, gerichtliche Strenge gegen die Hexerei sei notwendig, weil sonst die Einfältigen wähnen, ein solches Verbrechen gäbe es nicht. Am eindringlichsten schilderte und verurteilte die Unmenschlichkeit der Hexenprozesse der Jesuit Friedrich von Spee in seiner „Cautio criminalis" (Vorsicht in Kriminalprozessen, erste Auflage 1631, ins Deutsche übersetzt 1649 von dem protestantischen Pfarrer Hermann Schmidt); als Beichtvater hatte Spee nach seiner eigenen Angabe viele der Hexerei angeklagte Personen zum Scheiterhaufen begleitet und war zur Überzeugung gekommen, daß alle unschuldig gewesen seien. Friedrich von Spee und ihm Gleichgesinnte erreichten nur, daß einige Landesfürsten in ihren Gebieten die Hexenprozesse untersagten oder wenigstens einschränkten. Im großen und ganzen änderte sich jedoch nichts, bis endlich im 18. Jahrhundert mit dem Fortschreiten der Aufklärung Schriften gegen den Hexenwahn, zunächst die des Christian Thomasius, die öffentliche Meinung wirksam zu beeinflussen vermochten und damit allmählich die Hexenbrände erloschen.

Der Gedanke der religiösen Toleranz und die Überwindung des Hexenwahns gingen nicht von den Kirchen aus und setzten sich großenteils gegen ihren Widerstand durch. Ähnlich verhielt es sich mit verschiedenen Fortschritten der Natur- und der Geisteswissenschaft, mit der bürgerlichen und mit der sozialen Emanzipation. Gewiß waren viele hervorragende Gelehrte der Barockzeit fromme Geistliche und strenggläubige Laien, aber von offiziell kirchlicher Seite wurden die neu aufblühenden naturwissenschaftlichen, historisch- und philologisch-kritischen Forschungen mißtrauisch beobachtet und, soweit ihre Ergebnisse mit den traditionellen kirchlichen Lehrmeinungen nicht übereinstimmten, zu unterdrücken versucht. Infolge des straffen zentralistischen Gefüges und von Einrichtungen wie Inquisition und Bücherzensur erwies sich der Katholizismus als die stärker retardierende Macht, doch war der Protestantismus grundsätzlich nicht weniger starr. Das Kopernikanische System zum Beispiel bekämpfte er ebenso. Noch um 1600 durfte der von dessen Richtigkeit überzeugte Michael Mästlin als Professor an der Universität Tübingen bei seinen Vorlesungen über Astronomie nicht wagen, vom ptolemäischen System abzuweichen, den Schüler Mästlins, Kepler (S. 384 f.), nannte das Stuttgarter Konsistorium ein „Schwindelhirnlein", und den 1582 ausgearbeiteten Gregorianischen Kalender nahmen die evangelischen Stände des deutschen Reiches nur deshalb erst im Jahre 1699 an, weil die Anregung zur Verbesserung des Kalenders ein Papst gegeben hatte.

Die Bereitwilligkeit, mit der sich die Kirchen dem System des fürstlichen Absolutismus einordneten, und der Eifer, mit dem sie im allgemeinen die Gehorsamspflicht gegen die gottgesetzte Obrigkeit predigten, waren nicht dazu angetan, in den Bürgern den Sinn für selbständiges politisches Denken und Handeln zu wecken. Zu Werken der christlichen Nächstenliebe forderten die katholischen und die evangelischen Kirchen nachdrücklich auf und schufen auch mancherlei charitative Anstalten, kümmerten sich aber nicht um die Behebung sozialer Mißstände, wie sie sich besonders aus der maßlosen Verschwendungssucht der meisten Fürsten und vieler Mitglieder der Aristokratie und aus der drückenden Armut weiter Kreise des Bürgertums, der Bauern und der Arbeiter (S. 296 f.) ergaben. Die seit dem Ausgang des Barockzeitalters rasch zunehmende Säkularisation der Kultur ist in erster Linie darauf zurückzuführen, daß die Fortschritte im wissenschaftlichen, politischen und sozialen Leben bis in das 19. Jahrhundert hinein fast ausschließlich ohne Zutun der Kirchen und oft im Gegensatz zu ihnen erzielt wurden.

WELTANSCHAUUNG. WISSENSCHAFT

Im großen und ganzen beruhte die Weltanschauung der meisten Menschen des Barocks immer noch auf der Glaubenslehre des Christentums und auf Erfahrungen und Beobachtungen des täglichen Lebens. Daneben entfaltete sich in engeren Kreisen ein ungemein reiches und vielfältiges geistiges Leben, das wie kaum je die

„Spannungen zwischen den Polen Glauben und Unglauben, Begeisterung und Kritik, Macht und Hingabe, Wille und Selbstaufgabe entwickelte" (Brinckmann). Die Denker und Forscher des Barockzeitalters waren auch der damals noch sehr regen europäischen Kulturgemeinschaft verbunden, so daß der Zusammenhang mit ihr bei der Behandlung weltanschaulicher Probleme und bei den wissenschaftlichen Bestrebungen der deutschen wie aller abendländischen Nationen ein wesentliches Element bildete. Den internationalen Gedankenaustausch erleichterten das Latein als die Sprache der Gelehrten, die besonders bei den Deutschen ziemlich weit verbreitete Kenntnis fremder Sprachen, namentlich des Italienischen und des Französischen, zahlreiche Übersetzungen und Reisen ins Ausland, zumal die „Kavaliersreisen", bei denen die Söhne Adliger von jungen Gelehrten begleitet wurden.

Lebensweisheit

Wie schon in der vorausgegangenen Epoche der Renaissance galt im Barock die Vertrautheit mit der Antike für den Gebildeten als selbstverständlich. Von ihrem Gedankengut bot sowohl für die streng christliche Richtung des Barocks als auch für deren freiere Ausgestaltung mannigfache Anregungen die römische Stoa, da vieles von ihren Auffassungen durch Ambrosius, Augustinus und andere Kirchenväter zu einem Bestand der christlichen Sittenlehre geworden war, und da die Stoa auch von dem Epikureismus und dem Skeptizismus Grundsätze übernommen hatte, die den Menschen gegenüber den eigenen Leidenschaften, der Umwelt und den Schicksalsfügungen frei und überlegen machen sollten. Großes Gewicht legte das Barock auf die schon von Philosophen der Antike und dann von christlichen Theologen hochgepriesenen sogenannten Kardinal- oder Haupttugenden: auf die Sapientia (Weisheit und Klugheit), auf die Justitia (Gerechtigkeit), auf die sich in der Constantia (Beständigkeit) bewährende Fortitudo (Tapferkeit), die jeglichen Schwierigkeiten und Gefahren trotzend am Guten und Edlen festhält, und auf die Temperantia, das Maßhalten in allem. Durch seine Schrift „De Constantia" (1582) suchte Justus Lipsius (1547 bis 1606) mit dem Hinweis auf die Lehren der Stoiker den zu seiner Zeit aufkommenden Nationalismus dem Christentum anzupassen, in den „Politica" (1583) leitete er, von den Kardinaltugenden ausgehend, zu einem vernunftgemäßen und christlichen Leben an. Kaspar Schoppe (1576—1649) bot in seinen „Elementa stoicae philosophiae moralis" (1606) als erster eine allgemeine Theorie der Lebenswerte, im zweiten Teil dieses Werkes mit der systematischen Behandlung der Affekte eine Psychologie, im dritten Teil genau nach Gruppen eingeteilte Lebensregeln. Der in Belgien geborene Lipsius studierte in Köln und Löwen, hielt sich einige Zeit in Rom und Wien auf, war dann Professor in Jena, Köln und Leiden. Hier trat er zum Kalvinismus über und forderte in den „Politicorum libri IV" die Obrigkeit zum Einschreiten gegen die Störer des konfessionellen Friedens auf. Nach der Rückkehr zum Katholizismus lehrte er bis zu seinem Tode an der Universität Löwen. Schoppe, wie Lipsius ein hervorragender Altphilologe, stammte aus Neumarkt in der Oberpfalz, besuchte die Universitäten Heidelberg, Altdorf und Ingolstadt, wurde 1598 in

Rom katholisch, wirkte als Diplomat an deutschen Fürstenhöfen, an der römischen Kurie und in Madrid. Durch gehässige Streitschriften gegen Philologen, Lutheraner, Kalvinisten, den König Jakob von England und die Jesuiten, machte sich Schoppe alle Welt zum Feinde; seine letzten Jahre verbrachte er in tiefster Zurückgezogenheit zu Padua. Ähnlich wie Lipsius und Schoppe waren viele Gelehrte jener Zeit Männer eigenwüchsiger Art und führten ein unstetes, bewegtes Leben.

Die Anweisungen des Johann Fischart (S. 416 ff.) für ein ehrbares und glückliches Haus- und Familienleben in dem „Philosophischen Ehezuchtbüchlein" (erste Auflage 1578) waren noch in dem bürgerlichen Geist des Spätmittelalters und des Humanismus gehalten. Fischart würzte seine großenteils an Plutarchs „Ehevorschriften" und „Kinderzucht" und an das „Ehegespräch" des Erasmus von Rotterdam sich anschließenden Ausführungen reichlich mit Anekdoten, Beispielen und Sprichwörtern. Für diese hatte man im 17. Jahrhundert eine große Vorliebe, die umfangreichste der damaligen Sprichwortsammlungen, des Christoph Lehmann „Blumengarten", enthält in der vierbändigen Ausgabe von 1662 ungefähr dreiundzwanzigtausend Sprichwörter und Sinnsprüche, unter diesen auch viele von Autoren aus der Antike. Aufschluß über höfische Lebensart suchten die Deutschen hauptsächlich in Werken von Ausländern. Den bereits ins Englische und Französische übersetzten „Cortegiano" (Hofmann) des Italieners Balthasar Castiglione gab Lorenz Kratzer, ein bairischer Beamter, 1565 in deutscher Sprache heraus. Eine noch größere Verbreitung erlangte im ganzen Abendland des Antonio de Guevara „Uhrwerk des Fürsten und goldenes Buch des Kaisers Mark Aurel", das bald als „Bibel und Orakel der Hofleute" galt. Dieses und andere Werke Guevaras erschienen 1600 in deutscher Bearbeitung von Aegidius Albertinus, einem geborenen Niederländer. Er lebte von 1593 bis zu seinem Tode im Jahre 1620 als Hofsekretär und Bibliothekar in München und verfaßte hier über fünfzig Schriften verschiedensten Inhalts, aber alle mit einer mehr oder weniger moralisierenden Tendenz. Das Idealbild eines christlichen Fürsten schilderte Fénelon in den „Aventures de Télémaque". Benjamin Neukirch, Erzieher des Erbprinzen von Ansbach, übertrug 1727—1739 den „Télémaque" in deutsche Alexandriner; Ludwig XIV. hatte die französische Originalausgabe verboten, weil sein eigenes Regime diesem Fürstenspiegel keineswegs entsprach.

Weltmännische Lebensweisheit schöpften viele Deutsche aus der philosophia elegans von Franzosen wie Michael Eyquem de Montaigne (1533—1592), François de Larochefoucauld (1630—1680) und Jean de La Bruyère (1645—1696), des Engländers Francis Bacon von Verulam (1561—1626) und des Spaniers Balthasar Gracian (1601—1658). Montaigne läßt das Übernatürliche als eine Sache des Glaubens auf sich beruhen und empfiehlt, sich einfach an die von den Vätern überkommenen religiösen Gebräuche zu halten. Der Metaphysik steht er skeptisch gegenüber, als Moralist ist er im wesentlichen Epikureer mit stoischem Einschlag. Seine meist kurzgefaßten äußerst lebendigen Darlegungen mit immer wieder überraschenden originellen Wendungen nannte Montaigne „essais", eine Bezeichnung, die in der englischen Schreibweise essay seit der Goethezeit auch in Deutschland für gewisse allgemeinverständliche Abhandlungen üblich geworden ist. Die „Réflexions ou sentences et maximes morales" des Herzogs François de Larochefoucauld sind unmoralische, den Egoismus und die Genußsucht in geistreichen Formulierungen und mit kristallener Klarheit verherrlichende Aphorismen eines Aristokraten, dem nichts heilig ist, und der den „grands hommes" das Recht auf „grands défauts" zubilligt. Des Jean de La Bruyère „Caractères de Theophraste, traduits du grec, avec les caractères ou les mœurs de ce siècle" wurden in fast alle europäischen Sprachen übersetzt. Der Ruhm des Werkes beruht auf dem zweiten, zeitgenössische Sitten und Menschen schildernden Teil. In reizvoller Abwechslung folgen sich Maximen, Charakterbilder, Dialoge und dergleichen; Kapitel wie: der Gelehrte, der Egoist, der Parvenu, der Feinschmecker sind Meisterstückchen der Darstellungskunst. Neben großen wissenschaftlichen Werken veröffentlichte Francis Bacon Essays. Sie befassen sich, wie er selbst sagte, mit der Menschen Geschäfte und Herzen und seien wie die kürzlich neu herausgebrachten halfpences klein und von gutem Silber. Von Deutschen wählte sich namentlich der gute Beobachter des Lebens und scharfe Satiriker Balthasar Schupp (S. 365) den Engländer zum Vorbild. In Fragen der Weltklugheit und vornehmen Benehmens hielten sich die deutschen Hofdichter vielfach an des Jesuiten Gracian „Oraculo manual y arte de prudencia". Eine deutsche Übersetzung erschien 1715 in Leipzig, durch die Übertragung von Schopenhauer und deren Nachdrucke ist „Gracians Handorakel" auch in neuerer Zeit wieder berühmt geworden. Den dreihundert Aphorismen seines „Handorakels" hat Gracian je einen Merkspruch vorangesetzt und eine kurze Erläuterung daran geknüpft, zum Beispiel: „Von der Dummheit Gebrauch zu machen verstehen. Der größte Weise nimmt zuweilen diese als Maske an, und es gibt Gelegenheiten, wo das beste Wissen darin besteht, daß man nicht zu wissen scheine ... Bei den Dummen weise und bei den Narren gescheit zu sein, wird wenig helfen. Man rede also zu jedem in seiner Sprache ... Das einzige Mittel beliebt zu sein ist, daß man sich mit der Haut des einfältigsten der Tiere bekleide."

Beiträge zur Lebenskunde enthalten außerdem in reicher Fülle sehr viele, dieses Thema oft nur mittelbar behandelnde Schriften: Werke der Moraltheologie, Erbauungsbücher, Satiren in Prosa und in Versen, gelegentlich auch in der Form des Dramas, Schelmen-, Reise- und Staatsromane und die um 1710 in England aufgekommenen und bald darauf auch in Deutschland, zunächst in Hamburg erscheinenden sogenannten „moralischen Wochenschriften". „Der Vernünftler" (1713—1714) brachte unter Anpassung der englischen an Hamburger Verhältnisse nur Auswahlen aus dem „Tatler" (Plauderer) und dem „Spectator" (Zuschauer). Die erste selbständige deutsche moralische Wochenschrift „Lustige Fama aus der närrischen Welt" (Hamburg 1718) übte Sittenkritik in der Art der spätmittelalterlichen Satiriker und des Moscherosch (S. 432) „Der Patriot" (Hamburg 1724 ff.), eine der besten deutschen moralischen Wochenschriften, fand schon im ersten Jahrgang fünftausend Abnehmer. „Der getreue Hofmeister" (1728), „Die für ihre Kinder sorgfältige Mutter" (1731), „Die für ihre Söhne sorgfältigen Väter" (1735) und ähnliches waren hauptsächlich für die Erziehung bestimmt; manche dieser Veröffentlichungen suchten die allgemeine Bildung zu fördern und berücksichtigten dabei besonders die Kunstlehre und die Literatur, so „Die vernünftigen Tadlerinnen" (1725 ff.) des Gottsched, die er mit den Worten ankündigte, er beabsichtige: „dem deutschen Frauenzimmer ein Blatt in die Hände zu bringen, welches ihm zu einer angenehmen Zeitkürzung dienen und doch von nützlicherem und lehrreicherem Inhalt sein soll als die gewöhnlichen Romane". Die verschiedenartigen Bestrebungen der einzelnen Zeitschriften faßten „Die Maler der Sitten" in ihrem Programm von 1746 zusammen: „Unser Gegenstand ist der Mensch mit allem, was zum Menschen gehört. Die Tugenden, die Wissenschaften, die Glückseligkeit, die Neigungen, die Laster, die Fehler, die Torheiten, das Elend, das Leben und Sterben des Menschen soll uns Stoff an die Hand geben." Diese Wochenschriften kamen fast alle in protestantischen Städten heraus, richteten sich an das gehobene Bürgertum, zielten auf Sittenbesserung und auf eine vernunftgemäße, irdisches Glück verbürgende Gestaltung des Lebens im Geiste der Aufklärung ab. Mit dessen weiterer Verbreitung in der zweiten Hälfte des 18. Jahrhunderts vermehrte sich die Zahl dieser Zeitschriften, auch für einfachere Leser erschienen nun derartige Blätter.

Die magische Naturphilosophie

Die während der Renaissance auf neuplatonischer, neupythagoreischer und kabbalistischer Grundlage entwickelte, im 16. und 17. Jahrhundert weiter ausgebaute Naturphilosophie betrachtete die Welt, den in die drei Bereiche des Terrestrischen (Irdischen), des Astralischen (der als beseelt gedachten Gestirne) und des Spiritualen (Geistig-Übersinnlichen) gegliederten Makrokosmos, als ein lebendiges Ganzes. In den Mikrokosmen, den Lebewesen, vor allem den Menschen, spiegelt sich der Makrokosmos in seiner Dreiteilung wider. Die Mikrokosmen sind aus den drei Grundsubstanzen Quecksilber, Schwefel und Salz und aus den vier Elementen Erde, Feuer, Luft und Wasser zusammengesetzt, und jeder Mikrokosmos wird von einem eigenen Archeus (Lebensgeist) zusammengehalten. Die oberen Geister des Makrokosmos haben Gewalt über die unteren; als Archonten (Gebieter) der Erde bestimmen die Gestirne das Geschehen auf ihr. Da im Makrokosmos und in den Mikrokosmen dieselben Grundkräfte wirksam sind, wird, wer forschend in das Innerste der dynamischen Natureinheit dringt, immer wieder auf diese Kräfte stoßen, und hat er sie richtig erkannt, dann vermag er sie zu beherrschen.

Astrologie, Magie und Alchimie, vielfach miteinander verquickt, galten als Wege zur Enthüllung der Naturgeheimnisse und als Mittel zur Naturbeherrschung. In den Sternen holte man sich über persönliche Angelegenheiten und über kommende Ereignisse von allgemeiner Bedeutung Aufschluß. Selbst Kepler suchte die Berechtigung der Astrologie theoretisch zu beweisen, und noch 1732 befahl König Friedrich Wilhelm I. von Preußen in einem Dekret dem Vizepräsidenten der Akademie der Wissenschaften, dem Grafen von Stein: „Daferne der Vizepräsident besondere Umstände oder Veränderungen in dem Lauf des Gestirns (der Sterne) anmerken sollte, zum Exempel, daß der Mars einen freundlichen Blick in die Sonne geworfen hätte..., so hat er ohne den geringsten Zeitverlust mit den übrigen Sociis (Mitgliedern der Akademie) darüber zu conferieren." Der von Astrologen bearbeitete und besonders von Landwirten zu Rate gezogene „Hundertjährige Kalender" wurde auch in den unter Aufsicht der preußischen Akademie herausgegebenen Kalendern abgedruckt. Im Jahre 1779 unterblieb die Aufnahme dieser nun von den Gelehrten als unwissenschaftlich und wertlos erachteten Wetterprognosen, aber fast niemand kaufte daraufhin den Kalender, und so erschien der folgende Jahrgang wieder mit dem „Hundertjährigen".

An der astrologischen Medizin hielten manche noch während des 17. Jahrhunderts fest. Danach hat die Sonne großen Einfluß auf das Herz, der Mond auf Gehirn und Schleim, die Venus auf die Nieren, Jupiter auf die Leber, Saturn auf Milz und Knochen, Mars auf die Mandeln und auf die Galle. Der Ort der Krankheit im Körper ließ sich aus der Stellung des in Betracht kommenden Planeten im Tierkreis erkennen. Das Horoskop des Kranken unterrichtete den Arzt über die allgemeine Konstitution, die kritischen Tage und dergleichen, die beste Aussicht auf Genesung war gegeben, wenn des Kranken Horoskop in günstiger Beziehung zu dem des Arztes stand. Bei den Heilmitteln kam es vor allem auf die Feststellung des Verhältnisses zwischen der Krankheit und dem ihr entsprechenden Gestirn an. War die Krankheit durch Schwächung einer planetarischen Kraft hervorgerufen, dann waren stärkende Pflanzen und Metalle von gleicher Art anzuwenden, ihnen entgegengesetzte jedoch, wenn eine übermäßige Kraftsendung des Planeten das Leiden verursacht hatte. Man kannte also schon die Grundzüge des homöopathischen und des allopathischen Heilverfahrens, nur ging man dabei nicht von modern-wissenschaftlichen Forschungen, sondern von naturphilosophisch-astrologischen Spekulationen aus, so setzte man zum Beispiel das Gold zur Sonne, das Silber zum Mond, das Blei zum Saturn, das Zinn zum Jupiter, das Eisen zum Mars und das Kupfer zur Venus in Beziehung. Daneben rief man die Magie zur Hilfe: Amulette mit dem astrologischen Tierkreis oder ähnlichen Zeichnungen auf Pergament oder auf edlen Steinen, bei denen auf die planetarische Zugehörigkeit sorgfältig geachtet wurde. Für besonders wirksam galten die magischen Zahlenquadrate. Sie sollten, in ihren Zahlen das unaussprechliche Wesen des betreffenden Planeten in sich schließend und zur rechten Sternstunde auf die geeignete Metallplatte geschrieben, die vorzüglichsten Gaben vermitteln, die der Planet zu spenden vermochte. Im übrigen traute man den in die Magie Eingeweihten alle nur erdenklichen Zauberkünste zu; die weiße Magie bediente sich dabei angeblich himmlischer Geister oder geheimer irdischer Kräfte, die schwarze, hauptsächlich von Hexen ausgeübte Magie des Teufels und der ihm untergeordneten Geister.

Die auf die alten Ägypter zurückgehende, im Abendlande seit dem Mittelalter eifrig geübte Alchimie (von arabisch al kimia, die Chemie) erreichte ihren Höhepunkt im 17. Jahrhundert. Die Alchimisten hielten die sieben altbekannten Metalle, Gold, Silber und so weiter, für die vierte Grundsubstanz; je nach ihrer besonderen Mischung aus Quecksilber, Schwefel und Salz entsprechen sie je den sieben Planeten, den sieben Erzengeln und den sieben Öffnungen des Kopfes (Augen, Ohren, Nase, Mund). Außerdem glaubte man an einen fünften Grundstoff, die Quintessenz. Wem es gelingt, sie herzustellen, hat den Stein der Weisen gefunden. Als „großes Elixier", „roter Löwe", „rote Tinktur" oder „Magisterium" besitzt dieser außerordentliche Heilkräfte und vermag den Menschen zu verjüngen. Mit dem „Universal", einer Sonderart des Steines der Weisen, lassen sich alle unedlen Metalle in Gold verwandeln. Diese Kraft schrieben manche auch der „roten Tinte" zu, wie überhaupt die Alchimisten in ihren Lehren und Praktiken oft voneinander abwichen. Wer im Rufe stand, in die tiefsten Geheimnisse der Alchimie, namentlich der Goldmacherkunst, eingedrungen zu sein, wurde Adept („der erlangt hat") genannt.

Berühmte Adepten fanden, gleichviel welcher Nation und Konfession sie angehörten, ihr dankbarstes, allerdings auch gefährlichstes Wirkungsfeld an fürstlichen Höfen. Die englische Königin Elisabeth ließ sich von dem „Mathematiker, Astrologen, Alchimisten und Magus" Dr. John Dee (1526—1608) beraten, der Horoskope stellte, mit Amuletten handelte und behauptete, er sei mit dem Erzengel Uriel befreundet und höre Engelsstimmen. Im Auftrag Kaiser Rudolfs II. sollten dann Dee und Kelley, ebenfalls ein Engländer, in Prag aus Quecksilber Gold herstellen. Dee kehrte, einer Weisung Elisabeths folgend, nach mehreren Jahren in seine Heimat zurück. Kelley, der eigentlich Talbot hieß, war inzwischen vom Kaiser zum „Freiherrn von Böhmen" ernannt worden, fiel aber in Ungnade und wurde eingekerkert, als er trotz Anwendung von Dees „magischem Apparat" und trotz der Beschwörung höllischer Geister dem Kaiser das Geheimnis der goldmachenden „roten Tinktur" nicht mitzuteilen vermochte. Bei einem Fluchtversuch brach sich Kelley das Bein und starb bald darauf im Gefängnis. Dees „Fasciculus chemicus" gab sein Sohn Arthur, der sich den Titel „Erster Leibarzt des großen Kaisers von ganz Rußland" beigelegt hatte, 1631 in Paris neu heraus; ein Nachdruck von John Dees „Tractatus varii alchemiae" erschien 1630 zu Frankfurt a. M. und von seinem alchimistischen „Testamentum" 1652 in London. Oft führten Adepten ein noch wechselvolleres und abenteuerlicheres Leben als Dee, in Verschwendung und Genuß, solange sie einen von ihren Künsten überzeugten Gönner hatten, nicht selten aber wurden sie von einem mißtrauisch gewordenen fürstlichen Auftraggeber schimpflich verjagt oder kurz gehalten, ins Gefängnis geworfen und mit der Todesstrafe bedroht.

Wie weit die Adepten selbst ihre Praktiken für wirksam hielten oder von vorneherein betrügerische Glücksritter waren, ist im einzelnen schwer zu entscheiden, oft ging wohl beides Hand in Hand. Da aber in den weitesten Kreisen der Glaube an Astrologie, Magie und Alchimie verbreitet war, richteten sich etwaige Zweifel nur gegen einen bestimmten Adepten, nicht gegen die Geheimwissenschaften und ihre Anwendung an sich. Als Urbild des Magiers galt in Deutschland der um 1540 zu Staufen im Breisgau gestorbene Dr. F a u st. Mehr oder weniger zuverlässige Berichte über ihn verschmolz ein geistlicher Autor mit älteren Zaubergeschichten zu der 1587 in Frankfurt a. M. gedruckten „Historia von D. Johann Fausten, dem weit beschreyten Zauberer und Schwartzkünstler". Bereits dieses erste Buch über Faust, das in zahlreichen Auflagen mit neu hinzugefügten Kapiteln erschien und ins Englische, Holländische und Französische übersetzt wurde, verfolgte seelsorgerische Zwecke; es sollte, wie das Titelblatt vermerkt, „allen hochtragenden, fürwitzigen und Gottlosen Menschen zum schrecklichen Beyspiel, abscheulichen Exempel und treuhertziger Warnung" dienen. Einen noch breiteren Raum nehmen die Belehrungen, Ermahnungen und Warnungen in den späteren Bearbeitungen des Fauststoffes von Georg Rudolf Widmann (Hamburg 1599) und Nikolaus Pfitzer (Nürnberg 1674) ein. Gelesen wurden diese Bücher aber doch wohl vor allem aus Interesse an dem, wovor abgeschreckt werden sollte: an dem Teufelsbündnis, an den Abenteuern und den Zauberkünsten des Dr. Faust. — Im Anschluß an die Schriften des Johann Valentin

Andreae gegen Sterndeuterei und Alchimie (S. 366), worin höchst seltsame Dinge von einer seit angeblich zweihundert Jahren bestehenden Bruderschaft von Jesusjüngern, der „Fraternitas Roseae Crucis", berichtet wurden, entstand eine reichhaltige Literatur. Sie nahm teils für, teils gegen die Rosenkreuzer Stellung, die Existenz der Bruderschaft vom Rosenkreuze bezweifelte niemand. Sie war indes lediglich eine Erfindung Andreaes, doch gab es verschiedene Geheimgesellschaften, die sich im Geiste der Renaissance-Naturphilosophie mit Magie und Alchimie befaßten, und als Rosenkreuzer bezeichneten sich in der Folge hauptsächlich Mitglieder derartiger Gesellschaften.

Die Spekulationen der Naturphilosophie und die Praktiken der Adepten waren keineswegs Zeiterscheinungen, welche die Nachwelt nur noch als Kulturkuriosa interessieren, sondern schlossen auch für die Zukunft fruchtbare Ansätze in sich. Bei dem Bestreben, die Geheimnisse der Natur zu entschleiern, begann sich neben der magischen Betrachtungsweise, zunächst oft mit ihr verbunden, die empirische Einzelforschung vorzubereiten. Die Alchimie erzielte wesentliche Fortschritte in der Herstellung von Heilmitteln, gelegentlich, wenn auch unbeabsichtigt, Ergebnisse wie die Erfindung des Porzellans (S. 333) und leitete zur Ausbildung der wissenschaftlichen Chemie über. Das während des 17. Jahrhunderts als Pansophie (Allweisheit) innerhalb verschiedener Geistesrichtungen hervortretende naturphilosophische Denken hat mit dem Suchen nach dem Urgrund aller Dinge und nach einem einheitlichen, den ganzen Kosmos umfassenden Weltbild Männer stark beeinflußt, von denen, wie von Comenius als Schulreformer oder wie von Leibniz als Philosophen, bis heute nachwirkende Anregungen ausgingen.

Die Naturwissenschaften

Die Naturwissenschaft im neuzeitlichen Sinne hat der Italiener Galileo Galilei (1564—1642) begründet. Er zerlegte unter Ausschaltung der zufälligen Erscheinungen Vorgänge in ihre meßbaren Einzelheiten: den freien Fall des Körpers in Fallraum und Fallzeit, die schwingende Bewegung des Pendels in Schwingungsdauer und Pendellänge und untersuchte experimentell die funktionelle Abhängigkeit der gemessenen Einzelheiten voneinander. Wird ein Vorgang in dieser Weise genau erforscht, dann weiß man, wie er sich ein für allemal vollzieht. Damit ist das für Vorgänge derselben Art geltende Gesetz gefunden. Da jegliches auf empirischem Wege feststellbare Tatsächliche durch Zahlen oder geometrische Figuren bestimmt ist, sind die Naturgesetze in mathematische Formeln zu fassen. Auf der Überzeugung von der mathematischen Gesetzlichkeit des Naturgeschehens wurde nunmehr die Naturwissenschaft aufgebaut. Von ihren verschiedenen Zweigen bildet die Lehre von den Bewegungen und den sie hervorrufenden Kräften, die Mechanik, die Grundwissenschaft. Die „klassische", von Galilei gegen Ende des 16. Jahrhunderts begründete Mechanik wird allerdings nicht mehr als die alleingültige angesehen, sondern nur noch als ein Sonderfall der allgemeinen Mechanik, seitdem Max Planck 1900 die Quantentheorie aufgestellt und dann für das Innere der Atome eine eigene Art der Mechanik, die Quantenmechanik, entwickelt wurde. Aber gleichviel, welche Bedeutung die Atomphysik noch gewinnen wird, jedenfalls sind der klassischen Mechanik eine Fülle wichtiger theoretischer Erkenntnisse und deren praktischer Anwendung zahllose Erfindungen zu verdanken. Diese, die Gestaltung der geistigen und materiellen Kultur weithin bestimmenden Ergebnisse wären ohne die gleichzeitigen Fortschritte in der Mathematik nicht möglich gewesen. Schon Galilei war ein hervorragender Mathematiker, mit Recht hat er seinem 1638 zu Leiden erschienenen Werke, das die Grundlage für die mechanische Physik schuf, den Titel „Discorsi e dimostrazioni matematiche" gegeben. Wegen der großen Leistungen auf dem Gebiete der Mathematik, des allgemeinen Interesses an ihr und ihres Einflusses auf die naturwissenschaftliche Forschung und auf das philosophische Denken wird die Zeit von ungefähr 1650 bis 1750 oft das Jahrhundert der Mathematik genannt.

Der internationale Charakter des Geisteslebens während des in diesem Bande behandelten Zeitraums erwies sich am fruchtbarsten für die Mathematik und die Naturwissenschaften. Denn die hier von den Forschern der einzelnen Länder ausgearbeiteten Methoden und erzielten Ergebnisse waren ihrer ganzen Art nach besonders geeignet, Gemeingut aller abendländischen Kulturvölker zu werden. Wie vielfältig das in stetem Fortschreiten damals Erreichte war, läßt schon ein flüchtiger Überblick erkennen. In der Mathematik wurden während der zweiten Hälfte des 16. Jahrhunderts die Dezimalbruchrechnung vervollkommnet, die Buchstabenrechnung eingeführt und die Logarithmen erfunden. Auf Descartes (1596—1650) gehen unter anderem die analytische Geometrie und die Rechnung mit Potenzen zurück. Anfänge der Wahrscheinlichkeitsrechnung finden sich Mitte des 17. Jahrhunderts bei Pascal, ihre erste zusammenhängende Darstellung bot Jakob Bernoulli in der 1713 erschienenen „Ars conjectandi". Gegen Ende des 17. Jahrhunderts schufen voneinander unabhängig Newton und Leibniz mit der Differentialrechnung die Grundlage der höheren Mathematik und der exakten Naturwissenschaften und die für Physik, Chemie und Technik äußerst wichtige Integralrechnung. Auch Rechenmaschinen wurden schon konstruiert, die erste für die vier Spezies von Pascal (1642), weitere von Leibniz (1673), Poloni (1709) und Leupold (1727). Der von dem Niederländer Pierre Vernier erstmals 1631 beschriebene Hilfsmaßstab zum Ablesen von kleineren Einheiten des Hauptmaßstabes, der Nonius, auch Vernier oder Werner genannt, ist in verbesserter Form noch heute in Gebrauch.

Die Ablehnung des Kopernikanischen Systems durch die offiziellen kirchlichen Stellen vermochte die Entwicklung der astronomischen Forschung nicht aufzuhalten. Im Jahre 1608 hatte der holländische Brillenmacher Lipperhey das Fernrohr erfunden. Die Kunde davon erreichte Galilei schon im nächsten Jahr, und er baute nun selbst ebenfalls ein Fernrohr. Er entdeckte damit vier von den neun Monden des Jupiter, den Ring des Saturn, die Phasen der Venus und des Merkur, die Zusammensetzung der Milchstraße aus einer Menge kleiner Sterne, die Sonnenflecke und die Mondgebirge. Die Phasen der Venus bestätigten ihm die Richtigkeit des Kopernikanischen Systems, und aus der Bewegung der Sonnenflecke schloß er, daß sich die Sonne drehe. Zur Bereicherung des astronomischen Wissens trugen übrigens auch Anhänger des alten ptolemäischen Systems bei wie etwa die Jesuiten Christoph Scheiner (1579—1650), Nicasius Grammatici (1684—1736) und Ignaz

Kögler (1680—1746). Scheiner konstruierte ein Fernrohr mit Blendglas und parallaktischer Aufstellung zur Sonnenbeobachtung; Grammatici fand mit Arbeiten, wie er sie in der zu Nürnberg erscheinenden Zeitschrift „Commercium litterarium ad astronomiae incrementum" und in der verschiedene wissenschaftliche Gebiete pflegenden Zeitschrift „Parnassus Boicus oder Neueröffneter Musenberg" veröffentlichte, auch bei Protestanten Anklang, und Kögler erwarb sich durch seine mathematischen und astrologischen Kenntnisse in China solches Ansehen, daß ihn Kaiser Kanghi 1716 zum Vorstand des mathematischen Tribunals in Peking und zum Mandarin ernannte.

Einer der größten Astronomen aller Zeiten ist Johannes Kepler (1571 bis 1630). Er wurde zu Weil der Stadt in Württemberg geboren. Achtzehnjährig kam er auf das Tübinger Stift zum Theologiestudium, wo ihn Mästlin (S. 375) privatim mit dem Kopernikanischen System vertraut machte. Wegen seiner von der streng lutherischen Orthodoxie abweichenden Ansichten erhielt Kepler in Württemberg keine Kirchenstelle und so folgte er 1594 einem Rufe der protestantischen Stände Steiermarks als Landschaftsmathematikus und als Lehrer der Mathematik und Moral am Gymnasium in Graz. Nach Aufhebung der Religionsfreiheit in Steiermark lud Tycho Brahe ihn 1600 nach Prag ein. Er arbeitete hier zunächst als Brahes Gehilfe, nach dessen Tod, im Oktober 1601, ernannte Rudolf II. Kepler zum kaiserlichen Mathematiker und zum Hofastronomen. Als Rudolf II. gestorben war, ließ sich Kepler 1612 in Linz nieder, 1620 und 1621 reiste er in seine Heimat, um seine der Hexerei angeklagte Mutter vor der Tortur zu bewahren, was mit knapper Not gelang. Im folgenden Jahre setzte er die Berufung in sein Amt als kaiserlicher Mathematiker bei Ferdinand II. durch, aber nicht die Auszahlung der inzwischen auf zwölftausend Gulden angewachsenen Gehaltsrückstände. Auch Wallenstein, an den der Kaiser Kepler verwies, verhalf ihm nicht zu seinem Gelde, sondern nahm ihn 1628 nur als Astrologen in Sagan auf. Im Spätherbst 1630 begab sich Kepler nach Regensburg, um auf dem dort tagenden Reichstag seine Ansprüche geltend zu machen, erlag jedoch sechs Tage nach seiner Ankunft einem Fieberanfall.

Von pythagoreisch-platonischen Lehren ausgehend war Kepler davon überzeugt, daß unser Planetensystem ein organisches Gebilde sei. Dessen innere Gesetze nachzuweisen war das Hauptanliegen Keplers. Schon in seiner ersten Schrift, dem „Mysterium cosmographicum" (1596) suchte er die „wunderbare Proportion der Himmelskörper" als eine Notwendigkeit a priori zu begründen. Damit, mit seinen astrologischen und manch anderen Anschauungen wurzelte Kepler noch in der Renaissance-Naturphilosophie, und so hielt er auch die Existenz einer Weltseele nicht für ausgeschlossen. Gibt es sie, bemerkte er einmal, dann muß sie im Mittelpunkt der Welt, in der Sonne, ihren Sitz haben und wirkt von hier aus durch die ganzen Weiten der Welträume mittels der Lichtstrahlen, denen die Lebensgeister im tierischen Körper entsprechen. An die Enträtselung der Naturgeheimnisse ging Kepler indes nicht als Magier heran, sondern als Wissenschaftler, seine Hilfsmittel waren Physik und Mathematik, namentlich die Geometrie. Und seine philosophischen Meinungen und Ziele hemmten ihn bei der wissenschaftlichen Arbeit nicht, sie beflügelten vielmehr seinen Forschergeist. Nach Kepler gehört die Geometrie von Ewigkeit her zu Gott, ist

Gott selbst, da alles, was in Gott ist, selbst Gott ist, und hat die Geometrie Gott die Urbilder für die Erschaffung der Welt geliefert; in den Menschen ist die Geometrie mit dem Bilde Gottes übergegangen. Die Feststellung der geometrischen Formen und ihrer Zahlenverhältnisse in der Natur und im Menschen führt deshalb zur Erkenntnis der in ihnen herrschenden Gesetze und Gottes selbst.

Der Däne Tycho Brahe, der in der Genauigkeit seiner Beobachtungen alle Astronomen seiner Zeit übertraf, hinterließ ein reiches Material über die Bewegungen der Planeten, besonders über die des Mars. Davon ausgehend fand Kepler die zwei ersten der nach ihm benannten Gesetze und veröffentlichte sie in seiner „Astronomia nova“ (1609): Die Planeten bewegen sich in Ellipsen, in deren einem Brennpunkt die Sonne steht, und: Die Verbindungslinie zwischen dem Mittelpunkt der Sonne und dem des Planeten überstreicht in gleichen Zeiten gleiche Flächen. Zwei Jahre später behandelte Kepler in der Schrift „Dioptrice“ die Theorie des astronomischen Fernrohrs mit praktischen Hinweisen. Sein drittes und wichtigstes astronomisches Gesetz: „Die Quadrate der Umlaufzeiten verhalten sich wie die Kuben der mittleren Entfernungen von der Sonne“, legte er in dem Buche „Harmonices mundi“ (1619) dar. Die „Weltharmonik“ ist aber weit mehr als eine wissenschaftliche Fachschrift. Kepler entwarf hier ein großartiges Bild des Weltganzen. Es ist durchwaltet von harmonischen Beziehungen, wie sie am Himmel zahlenmäßig nachzuweisen sind und sich in der Musik offenbaren. Sie existieren als die „Sphärenharmonien, nicht real erklingend wie die unseren Ohren vernehmlichen musikalischen Harmonien, sondern sie sind da, so wie rein Geometrisches da ist, oder wie die musikalischen Harmonien losgelöst von allem Sinnlichen und Akustischen da sind; und der Geist Gottes, den Kepler ‚konjekturaliter‘ in die Sonne versetzt, vernimmt von dort aus mit irgendwelchen übersinnlichen Organen die Musik seiner Sphären und läßt sich von den Planetenseelen die Symphonie seiner Schöpfung vormusizieren, in kunstreichen vielstimmigen Sätzen von Harmonie zu Harmonie durch teils sich auflösende, teils sequenzartige Dissonanzfolgen und Kadenzen fortschreitend, von dem vollen Anfangsakkord am ersten Tag bis zur großen Coda am Jüngsten Tag, an dem Gott der Herr seiner Schöpfung den Schlußakkord bestimmt hat“ (Harburger). — Die Planetenbewegungen hatte bereits Kepler mit seiner Annahme, daß sie durch eine von der Sonne ausgehende Kraft bewirkt würden, dynamisch erklärt. Dem Engländer Isaac Newton (1643—1727) gelang es, diese Kraft mit dem von ihm entdeckten Gravitationsgesetz genau zu bestimmen und dessen Allgemeingültigkeit nachzuweisen. Dadurch trat an die Stelle des organisch-naturphilosophischen das mechanistisch-naturwissenschaftliche Weltbild.

Newton hat auch die jeder Bewegung zugrunde liegenden drei Gesetze gefunden: das der Trägheit, das der Kraft (Kraft = Masse mal Beschleunigung) und das der Gleichheit von Kraft und Gegenkraft. Da um diese Zeit außerdem weitere Bewegungsgesetze wie das Stoßgesetz, die Zentrifugalgesetze, das Massenanziehungsgesetz und das Parallelogramm der Kräfte entdeckt wurden, konnte als erster Johann Bernoulli aus Basel (1667—1748) ein umfassendes System der Mechanik ausarbeiten. Die Wissenschaft der O p t i k leitete der Holländer Willebrord Snellius (1591—1626) mit der Beobachtung der Lichtbrechung und dem nach ihm benannten Brechungsgesetz ein. Newton wies die Zusammensetzung des weißen Lichtes aus den Spektralfarben experimentell nach; die von ihm vertretene Emissionstheorie des Lichtes wurde überholt von dem ausgezeichneten holländischen Mathematiker, Physiker und Astronomen Christian Huygens (1629—1695) durch die Wellenlehre des Lichtes. Den Unterschied zwischen Magnetismus und Elektrizität erkannte als erster der englische Arzt und Naturforscher William Gilbert (1540—1603). Er bildete die Lehre vom Magnetismus und Erdmagnetismus aus, prägte das Wort Elektrizität und entwickelte eine Theorie der elektrischen Erscheinungen, an der man bis ins 18. Jahrhundert hinein festhielt. Die Reibungs-Elektrisiermaschine erfand der Bürgermeister von Magdeburg, Otto von Guericke (1602—1686), mit einer derartigen Maschine hat zuerst Leibniz im Jahre 1671 einen elektrischen Funken erzeugt. Das Quecksilberbarometer wurde im Jahre 1644 von dem Italiener Evangelista Torricelli erfunden. Über der Quecksilbersäule schuf er den ersten luftleeren Raum und bewies damit die Unrichtigkeit des bis dahin allgemein anerkannten Gesetzes vom horror vacui, von dem Widerstreben der Natur gegen luftleere Räume. Guericke stellte bei seinen Untersuchungen der Luft ihre Körperlichkeit, ihre Ausdehnung und ihr Gewicht fest, ebenso den Einfluß des Luftdruckes auf das Wetter. Großes Aufsehen erregte Guericke, als er 1654 auf dem Reichstag zu Regensburg die ersten öffentlichen Versuche mit der von ihm erfundenen Luftpumpe und den „Magdeburger Halbkugeln" vorführte. Die ersten Thermometer beruhten auf der Beobachtung der Luftausdehnung durch Wärme, die früheste Benutzung ist für das Jahr 1592, in dem es Galilei verwendete, bezeugt. Um die Mitte des 17. Jahrhunderts kamen Flüssigkeits-, besonders Weingeistthermometer auf; der Engländer Robert Hooke nahm 1664 den Gefrierpunkt des Wassers, Huygens im folgenden Jahre den Siedepunkt als Fixpunkt des Thermometers an. Gabriel Daniel Fahrenheit (1686—1736) aus Danzig füllte es mit Quecksilber; Fahrenheits Skala, für deren Nullpunkt er die Kälte des Danziger Winters von 1709 ansetzte, ist noch heute in England und in den Vereinigten Staaten von Amerika üblich, sonst sind meist die 1730 von dem Franzosen René Antoine Ferchault de Réaumur und die 1742 von dem Schweden Anders Celsius eingeführten Skalen in Gebrauch.

Die Chemie stand zunächst noch in enger Beziehung zur Naturphilosophie und der mit ihr verbundenen Alchimie und Heilkunde. So war der in Brüssel geborene Arzt und Chemiker Johann van Helmont (1577—1644), der als erster den Unterschied zwischen der atmosphärischen Luft und anderen Luftarten erkannte und diese als Gas bezeichnete, das Kohlensäure-Ammoniak und den Hirschhorngeist entdeckte, ein Anhänger kabbalistischer und sonstiger mystisch-spekulativer Geheimlehren. Die eigentlich wissenschaftliche Chemie wurde durch die Forschungen des Engländers Robert Boyle (1627—1691) eingeleitet. Er führte den Atombegriff in die Chemie ein, widerlegte und bekämpfte in seinem Werke „Chemista scepticus" (1661) die Elementarlehre des Aristoteles und die alchimistische Hypothese von den drei Grundelementen Schwefel, Quecksilber und Salz (S. 379). Bei seinen Versuchen über die Elastizität der Luft fand Boyle, daß bei gleichbleibender Temperatur das Produkt aus Druck und Rauminhalt eines Gases bei Änderung der beiden Größen sich nicht ändert (Boyle-Mariottisches Gesetz). Der auf vielen Gebieten bewanderte Johann Joachim Becher (S. 249) gab in seiner 1669 erschienenen Schrift „Physica subterranea" die erste Anregung zur phlogistischen Theorie. Sie wurde durch Georg

Ernst Stahl (1660—1734) aus Ansbach, von 1716 bis zu seinem Tode Leibarzt König Friedrich Wilhelms I. von Preußen, ausgebaut und fand im In- und Auslande zahlreiche Anhänger. Die Theorie, daß bei Verbrennungen ein phlogiston (griechisch: verbrannt) genannter Stoff entweiche, wurde um die Wende zum 19. Jahrhundert als irrig aufgegeben, doch haben Stahl und andere „Phlogisten" durch ihre Experimente und Beobachtungen die chemische Forschung in Einzelheiten sehr gefördert.

In der Heilkunde führte der Glaube, die sieben seit alters bekannten Metalle entsprächen nach der Art ihrer Mischung aus den drei Grundsubstanzen je einem der sieben Planeten (S. 387), zur Iatrochemie (von griechisch iatros = Arzt). Ihre Anhänger betrachteten die Krankheiten als chemische Veränderungen des Körpers und suchten sie mit chemischen Mitteln zu heilen. Obwohl die Iatrochemisten teilweise noch in Vorstellungen der magisch-naturphilosophischen Heilkunde befangen waren, gaben sie den Anstoß zur chemischen Vorbildung der Pharmazeuten, auch gelangen ihnen, wie etwa Helmont, wichtige chemische Entdeckungen und wesentliche medizinische Feststellungen; so beschrieb einer der berühmtesten Iatrochemisten, der Leidener Professor Franz Le Boë (1614—1672) als erster Tuberkeln. Die Iatromathematiker und Iatromechaniker übertrugen des mechanische Weltbild auf den menschlichen Körper; sie suchten das Leben aus den Gesetzen der Statik und Hydraulik nachzuweisen und sahen in der Heilkunde einen Teil der angewandten Mathematik und mechanischen Physik. Diese Auffassung gab ebenfalls manchen sich nicht an ihre strenge Schematik Bindenden wertvolle Anregungen. Einen großen Aufschwung nahm die Anatomie, weil jetzt die Vorurteile gegen das Sezieren von Leichen und gegen medizinische Demonstrationen an ihnen allmählich verschwanden. Infolge des zunehmenden Weltverkehrs wurde man auf die klimatischen Unterschiede der Krankheiten aufmerksam, bei der Bekämpfung der durch die langwährenden Kriegsnöte hervorgerufenen Seuchen kam man zu neuen Erkenntnissen über das Wesen der Epidemien, auch begann man jetzt endemische Krankheiten wie die zuerst in England um die Mitte des 17. Jahrhunderts beobachtete Rachitis und den Kretinismus in den Alpentälern zu erforschen.

Der englische Arzt William Harvey (1578—1652) behandelte den von ihm festgestellten großen Blutkreislauf in seinem 1628 zu Frankfurt a. M. erschienenen Werke „De motu cordis et sanguinis" (Bewegung des Herzens und des Blutes). Ebenso epochemachend wurden Harveys Forschungen über die Zeugung; er kam dabei zur Ablehnung der alten Theorie von der Urzeugung und ersetzte sie durch die Evolutions- und Eitheorie: „Omne animal ex ovo." Der Italiener Marcello Malpighi (1628—1694) war einer der ersten Ärzte, der sich bei seinen anatomischen Untersuchungen des gegen Ende des 16. Jahrhunderts erfundenen Mikroskops bediente. In Fortsetzung der Arbeiten Harveys verfolgte er den Blutkreislauf in den Haargefäßen und wies der Niederländer Reinier de Graaf (1641—1673) die Bildung von Eiern im Eierstock nach: die Graafschen Bläschen oder Follikel. Im 17. Jahrhundert konstruierte der Londoner Arzt Peter Chamberlen die erste Geburtszange. Die ersten Bluttransfusionen führte der 1704 gestorbene französische Arzt Jean Denis aus, die Blutkörperchen entdeckte der niederländische Zoologe Antony van Leeuwenhoek (1632—1723).

Stahl, in der Chemie Hauptvertreter des Phlogismus, wurde in der Medizin als der Begründer des Animismus berühmt, wonach die Seele bei der Zeugung allein das Wirksame sei, sich den Körper baue und deshalb bei der Heilung von Krankheiten den Ausschlag gebe. Im Gegensatz zu Stahl knüpfte Friedrich Hoffmann (1660 bis 1742) aus Halle wieder an die Iatromechanik an. Er verlegte sich vor allem auf die Arzneimittelkunde und erzielte durch Diätvorschriften und Anwendung einfacher Mittel große Erfolge. Einige seiner Präparate, besonders die Hoffmannschen Tropfen, werden noch heute gebraucht. Im größten Ansehen stand von den Ärzten jener Zeit der Niederländer Hermann Boerhave (1668—1738), Professor und zweimal Rektor der Universität Leiden. Aus allen Ländern Europas kamen Kranke, ihn zu konsultieren, und seine Schriften wurden in fast alle abendländischen Sprachen übersetzt. Seine außerordentlichen Kenntnisse in der Chemie und in anderen Zweigen der Naturwissenschaften verwandte er systematisch für den Ausbau der theoretischen und praktischen Heilkunde, für seine Berufsauffassung ist bezeichnend die im Jahre 1736 von ihm gehaltene und dann gedruckte Rektoratsrede „De honore medici...": Die höchste Ehre des Arztes ist es, Diener der Natur zu sein.

Die B o t a n i k und die Z o o l o g i e wurden an den Universitäten in der Regel von Mitgliedern der medizinischen Fakultät gelehrt, auch als Forscher waren auf beiden Gebieten hauptsächlich Ärzte tätig. Infolge der stetig anwachsenden Zahl der Pflanzen, die man von der europäischen und von der Flora fremder Erdteile kennenlernte, begnügte man sich nicht mehr mit der Beschreibung der einzelnen Pflanzen, sondern begann sich um ihre Gruppierung zu bemühen. Als Ordnungsprinzip schlug Konrad von Gesner (1516—1565) aus Zürich die Fruchtteile vor. Diese Anregung nahm der Italiener Andrea Cesalpinus auf und bestimmte die Pflanzen nach ihrer Frucht und den wesentlichen Samenteilen. Der Leibarzt Kurfürst Friedrich Wilhelms von Brandenburg, Christian Mentzel (1622—1701), Verfasser eines Lexikons der Pflanzennamen (1682) in allen damals erreichbaren Sprachen und Dialekten, empfahl ebenfalls die Sexualität der Pflanzen für die Systematik. Vollständig ausgebaut hat dieses System der schwedische Arzt und Naturforscher Karl von Linné (1707 bis 1778) in verschiedenen Werken wie „Systema naturae" (1735), „Genera plantarum" (1737) und „Classes plantarum" (Leiden 1738 und Halle 1747). Neben diesem „künstlichen", für Herbarien noch heute benützten System hat er eine Reihe „natürlicher" Pflanzenordnungen aufgestellt, für die der Gesamtbau der Pflanzen maßgebend ist; die botanische Fachsprache geht auf Linné zurück. Auch für die Zoologie schuf er unter Verwendung von Vorarbeiten anderer Gelehrter ein nur die Einzelmerkmale des inneren und äußeren Baues berücksichtigendes künstliches System, wie überhaupt die Entwicklung der Zoologie im großen und ganzen entsprechend der der Botanik verlief. Große Fortschritte machte namentlich die Pflanzen- und Tieranatomie. Durch die Verwendung von Mikroskopen gewann man Einblick in eine bis dahin dem menschlichen Auge verschlossene Kleinwelt. Unter anderem wurden entdeckt: die Pflanzenzellen, der Unterschied zwischen den echten Gefäßen und den luftführenden Kanälen, die Gewebeformen in den Organen der Pflanzen, das Aufsteigen der Säfte in ihnen, die Bazillen, die Infusorien und die Samenfäden, die man zunächst für Tierchen hielt. Zahlreiche Universitäten richteten botanische Gärten ein, in Deutschland zum Beispiel Leipzig, Heidelberg, Gießen, Helmstedt und Jena, auch reiche Privatpersonen ließen sich derartige Gärten anlegen. Die Tiergärten und Menagerien waren damals noch lediglich eine Angelegenheit fürstlicher Liebhaberei und der Schaulust des Volkes. In der Mineralogie kam man über Einzelbeobachtungen hauptsächlich chemischer Art nicht viel heraus; in der Systematik blieb man im wesentlichen bei der Einteilung des Georg Agricola (1494—1555) aus Sachsen in Erden, Steine und Metalle stehen.

Von einer systematischen Verwertung der naturwissenschaftlichen Forschungsergebnisse für die Technik war man im Zeitalter des Barocks noch weit entfernt, immerhin mehrten sich die Erfindungen in rascher Folge. Über sie und mancherlei technische Versuche geben zahlreiche zeitgenössische Schriften Aufschluß, so des Franzosen Jacques Besson „Théatre des instruments mathématiques et mécaniques" (1579), Guerickes „Experimenta nova Magdeburgica" (1672), Bechers Bericht über seine Erfindungen und Experimente „Närrische Weisheit und weise Narrheit" (1682) und namentlich des Leipziger Hofmechanikers Jakob Leupold siebenbändiges Werk mit über vierhundert Kupfertafeln „Theatrum machinarum . . ." (1723—1735). Die Forscher schufen sich ihre technischen Hilfsmittel großenteils selbst oder verbesserten sie, außer den schon erwähnten wie Fernrohr, Mikroskop und Luftpumpe, unter anderem den für die Astronomie und die Seefahrt sehr wichtigen Spiegelsextanten. Beinahe wäre bereits auch das Photographieren geglückt, um 1725 stellte Heinrich Schulze in Halle die Lichtempfindlichkeit der Silbersalze fest und photographierte ausgeschnittene Worte, da er aber nicht auf das Fixieren kam, wurde diese Entdeckung nicht weiter verfolgt.

Beim Bergbau bereitete eindringendes Wasser große Schwierigkeiten. Früher hatte man es mit ledernen Kübeln ausgeschöpft, im 16. Jahrhundert ging man dazu über, es mit primitiven, von Pferdegöpeln in Bewegung gesetzten Maschinen zu entfernen, und auch diese führten sich nur langsam ein. Größere Fortschritte machte die Eisenerzeugung. Man betrieb jetzt mit Wasserrädern große Blasebälge und baute Hochöfen. Auf diese Weise konnte man nun die Produktion von Gußeisen in großem Umfange aufnehmen. Es wurde damals besonders für Geschütze verwendet, für deren Herstellung neue Werkzeuge, Dreh- und Bohrbänke, konstruiert wurden. Seit längerem hatte man versucht, sich zur Verhüttung des Eisens statt der Holzkohle der Steinkohle zu bedienen, ein sich in der Praxis bewährendes Verfahren erfand erst der Engländer Abraham Derby im Jahre 1735, ebenso gelang es damals, Kohle für industrielle Zwecke zu verkoken. Große volkswirtschaftliche Bedeutung erlangte namentlich die Erfindung der Band- und Wirkerstühle (S. 252), auch in verschiedenen anderen Gewerben, zum Beispiel beim Zeugdruck (S. 269), bei der Herstellung von Spiegelglas und Farbglas und bei dem Glasschnitt (S. 333), wurden neue technische Verfahrungsweisen ausgearbeitet.

Die Feinmechanik wurde mit großem Eifer und Geschick gepflegt. Christian Huygens führte 1656 das Pendel als Gangregler für Uhren ein, im Jahre 1665 erfand er die Unruh, 1676 George Graham die Ankerhemmung. Quecksilberuhren verwendete Ende des 16. Jahrhunderts Tycho Brahe für astronomische Beobachtungen und um 1680 Johann Joachim Becher zum Ausgleich von Wärmeschwankungen;

ungefähr zu derselben Zeit begannen die Schwarzwälder mit ihrer weltberühmt gewordenen Uhrenfabrikation. Uhrmacher stellten auch meist die in der Barock- und Rokokozeit ungemein beliebten Automaten her, so etwa Johann Hautsch in Nürnberg um 1650 ein „Kunstwerk mit etlich hundert Bewegungen". Der unterste Teil führte biblische Szenen vor, darunter die Erschaffung der Welt und „wie Kain den Abel totschlägt", der mittlere Teil zweiundsiebzig Handwerker bei ihrer Arbeit, und der oberste ein Bad „mit Spritzwerken". Bei Gottfried, dem Sohn des Johann Hautsch, bestellte Ludwig XIV. für seinen im Kindesalter stehenden Thronfolger ein bewegliches Soldatenspiel mit „etlich hundert Soldaten, sowohl Reiter als Musketiere, die alle von Silber waren und vermöge eines Räderwerkes die gewöhnlichen Exerzitia machten". Ein „türkisch gekleideter Flauto-Traversist in Mannesgröße" von dem Münchner Hofuhrmacher und Mechaniker Josef Gallmayr (1717—1790) blies „die Flauto-Travers wie ein lebend gelernter Mensch" und gab mit den Füßen den Takt dazu. Besonders entzückt war ein fürstlicher Auftraggeber von Gallmayrs „Moperhund, der auf einen Pfiff aus seinem Häusgen herausspaziert, wie ein lebender Hund bellet und solang fortgeht, bis er endlich Wasser machen muß; wenn er fertig ist, geht er wieder fort, bis ihn die Hauptnotdurft angreift; alsdann hockt er nieder auf die hinteren zwei Füße und machet etliche trockne weiße Pölleln von Stopselholz, die man wieder zusammenklauben und dem Hund eingeben muß". Derartige „curieuse Inventionen" und „Kunststückgen" wurden um teures Geld viel gekauft und großenteils in den Kunst- und Raritätenkammern von Fürsten und anderen hohen Herren des In- und Auslandes aufgestellt. An die phantastische Zauberwelt der Androiden und Tiere mit einem Räderwerk statt eines Herzens in der Brust und Drähten statt Sehnen und Adern, der mechanischen Miniaturtheater und Bergwerke, in denen es emsig pochte und hämmerte, erinnern nur noch spärliche Überreste, wie sie gelegentlich auf Jahrmärkten in Schaubuden gezeigt werden, und Kuckucksuhren, deren Produktion um 1730 im Schwarzwald aufgenommen worden ist. Mittelbar aber leben die Feinmechaniker des Barocks und Rokokos in der Technik des modernen Maschinenbaus fort, denn sie standen für ihn, als er in der zweiten Hälfte des 18. Jahrhunderts einsetzte, als Facharbeiter und zum Teil auch als Erfinder bereit.

Manche der technischen Errungenschaften wurden bereits für die *Erdkunde* benützt; bei Beobachtungen des Pariser Sekundenpendels in Cayenne stellte der Franzose Jean Richer 1672 fest, daß die Erde[1] keine reine Kugel ist, der Schweizer Johann Jakob Scheuchzer hat um 1705 als erster Höhenbestimmungen einzelner Orte mit dem Barometer vorgenommen, die Spiegelsextanten ermöglichten die Messung der Sonnenhöhe selbst vom schwankenden Schiffe aus, und die von dem Engländer John Harrison (1693—1776) verbesserten Chronometer die Messung von Polhöhen. In der zweiten Hälfte des 17. Jahrhunderts begannen namentlich Franzosen mit geographisch-wissenschaftlichen Expeditionen. Den Hauptanstoß zur Entdeckung überseeischer Länder und neuer Seewege gaben während der Barockzeit immer noch die Handels- und Kolonialinteressen. Dabei gewann man allmählich eine genauere Vorstellung von der Ausdehnung der Meere. Kolumbus war davon überzeugt gewesen, daß das Festland überwiege, um 1600 meinte man, die Kontinente und die Meere hielten sich ungefähr die Waage, daß diese weit größere Flächen bedeckten, erkannte der Holländer Abel Tasman, als er 1642—1643 den Ozean im Süden von Australien befuhr. Darüber, daß es sich bei Australien um einen neuen, den fünften Erdteil handle, wurde sich erst der Naturforscher Johann Reinhold Forster (1729—1798) aus Dirschau klar, der 1772—1775 James Cook auf dessen zweiter Erdumseglung begleitet hatte.

Gegenüber den Angehörigen der Kolonialmächte Spanien, Portugal, Frankreich, Holland und England war der Anteil der Deutschen an der Erforschung außereuropäischer Länder gering. Westafrika und das Kapland lernten verschiedene Deutsche im Dienste der holländischen Ostindienkompanie kennen, die hier Niederlassungen für ihren Handelsverkehr anlegte und um 1650 die Südspitze Afrikas als Stützpunkt für ihre Fahrten nach dem Malaiischen Archipel besetzte. Manche von diesen Deutschen verfaßten Berichte über ihre Erlebnisse und Beobachtungen, den ausführlichsten über das Kapland zu Anfang des 18. Jahrhunderts Peter Kolb. Die 1694 erschienene „Guineische Reisebeschreibung" des Majors Otto Friedrich von der Gröben, des ersten militärischen Befehlshabers der im Auftrag des Kurfürsten Friedrich Wilhelm in Guinea gegründeten brandenburgisch-preußischen Kolonie (S. 259), schildert die damaligen Zustände an der Goldküste. Herzog Friedrich III. von Holstein-Gottorp schickte, um den Seidenhandel über die Ostsee und seine Herzogtümer zu leiten, 1633 bis 1638 nach Rußland und nach Persien Gesandtschaften. An ihnen beteiligten sich Adam Oelschläger, genannt Olearius, aus Aschersleben, der Dichter Paul Fleming und der holsteinische Junker Johann Albrecht von Mandelslo, der dann nach Surat und Goa in Vorderindien weiterreiste und 1639 den Heimweg über Madagaskar, das Kap der Guten Hoffnung und England nahm. Von Mandelslos teilweise ausführlichen Aufzeichnungen verwertete Olearius die Abschnitte über Rußland und Persien für seine lebendige „Beschreibung der moskowitischen und persischen Reise", die in mehreren Auflagen erschien.

Eine Fülle von Nachrichten über fremde Erdteile und ihre Bewohner erhielt man durch Missionare, war doch das Barockzeitalter eine der glänzendsten Epochen katholischer Missionstätigkeit, die namentlich in Südamerika, Indien und China großartige Erfolge erzielte. Die katholischen Missionare waren meist Angehörige der romanischen Staaten, mitunter aber auch Deutsche, da die Missionstätigkeit ganz überwiegend von international organisierten Orden, wie denen der Franziskaner, der Dominikaner und namentlich der Jesuiten, ausgeübt wurde. So wirkten einzelne deutsche Jesuiten in Paraguay, Mexiko und Kalifornien; in China erwarben sich P. Johann Schall aus Köln um die Mitte des 17. Jahrhunderts und nach ihm P. Ignaz Kögler (S. 384) großes Ansehen. König Friedrich IV. von Dänemark gründete 1705 für seine ostindischen Besitzungen die Mission Trankebar und berief dazu ehemalige Zöglinge aus dem Waisenhaus Franckes in Halle (S. 447).

Die Deutschen hatten, obwohl nur verhältnismäßig wenige von ihnen Land und Leute fremder Erdteile an Ort und Stelle kennenlernten, an allem Geographischen großes Interesse und verfaßten zahlreiche Werke darüber. Des Philipp Clüver aus Danzig „Introductio in universam geographiam tam veterem quam novam" (1629, deutsch 1733) begründete die neuzeitliche geschichtliche Erdkunde, und des

Bernhard Varenius aus Hitzacker an der Elbe „Geographia generalis" (erste lateinische Ausgabe 1650, englische 1672) die allgemeine Geographie. Ein Musterbeispiel der Beschreibung einer einzelnen Landschaft ist die 1607—1617 von dem Freiherrn Max Sittich von Wolkenstein-Trostburg verfaßte „Tirolische Chronik". Außer geschichtlichen Darlegungen enthält sie eingehende Schilderungen von Land und Leuten Südtirols. Da das Reisen als eines der vorzüglichsten Bildungsmittel für Söhne des Adels und des wohlhabenden Bürgertums galt, wurden eine Menge von Reisehandbüchern herausgegeben. Einer der fruchtbarsten Autoren auf diesem Gebiete war der 1589 zu Murnau in der Steiermark geborene Martin Zeiller; nachdem er verschiedene junge Kavaliere auf ihren Reisen begleitet hatte, ließ er sich 1630 dauernd in Ulm nieder. Für seine Reisebücher, die alle Länder Europas mit Ausnahme Rußlands und der Türkei behandelten, verwertete er seine eigenen Beobachtungen, mündliche Berichte und Angaben ihm glaubwürdig erscheinender einschlägiger Schriften. Die größte Verbreitung fand sein mehrmals aufgelegter und erweiterter „Fidus Achates oder getreuer Reisegefährte". Als Einleitung gab er allgemeine Winke für die Reisenden wie: man solle kein unnötiges Gepäck mitnehmen, den Zöllnern ein gutes Trinkgeld geben, dann könne man sich größere Ausgaben für den Zoll sparen, und sein Augenmerk besonders auf Kirchen, Schlösser, Rathäuser, Bibliotheken, Denkmäler, Krankenhäuser, Findelhäuser, Brücken und dergleichen richten. Im Hauptteil werden die einzelnen Routen beschrieben, wobei jeweils mehrere in der Weise zusammengefaßt sind, daß sie von einer bestimmten Stadt ausgehen, die meisten, fünfzig, von Augsburg, von Nürnberg neunzehn, von Wien sieben und so fort; die Ausgangspunkte selbst sind alphabetisch geordnet. Eine oft phantastische Umgestaltung erfuhr die mehr oder weniger wissenschaftliche erdkundliche Literatur in den schon damals sehr beliebten Abenteuer- und Reiseromanen (S. 432 ff.).

Die Kartographie suchte mit Erweiterung des geographischen Gesichtskreises Schritt zu halten. Der bedeutendste Kartograph des 16. Jahrhunderts, Gerhard Kremer genannt Mercator (1512—1594), stammte aus dem Jülicher Lande. Schon in seinen früheren Karten wie der von Palästina (1537) und einer herzförmigen Weltkarte (1538) erwies sich Mercator als ein Meister des Kupferstiches und als ein Forscher, der alles ihm zugängliche Material kritisch sichtete. Mit einer großen Karte von Europa (1554) erwarb sich Mercator den Ruhm als hervorragendster Kartenzeichner seiner Zeit. Im Jahre 1569 gab er eine Weltkarte in achtzehn Blättern für Seefahrer heraus und wendete dafür eine neue Art des Netzentwurfes an, noch heute werden Erdkarten in „Mercatorprojektion" wiedergegeben. Kurz nach seinem Tode erschien sein Hauptwerk, für das Mercator den Titel Atlas gewählt hat, den Namen des Himmelsträgers der antiken Sage. Dieser erste „Atlas" ist eine Kosmologie; seine Texte und bildlichen Darstellungen behandeln Schöpfungsgeschichte, Geologie, Ethnographie, Chronologie, Staatengeschichte, die historische und auf hundertsieben Karten die neue Geographie. Der Landkartenstich wurde nun, wie es der Buchdruck bereits war, ein Gewerbe; im 17. Jahrhundert entstanden auch eigene Verlage für die Herstellung und den Vertrieb von Landkarten und Atlanten.

In der Geographie tritt besonders deutlich zutage, daß, was auf den verschiedenen Gebieten des Geisteslebens die einzelnen Nationen leisteten, zum Gemeingut aller wurde. Ohne die Berichte der seefahrenden Völker und eine rege Korrespondenz mit ausländischen Gelehrten wären zum Beispiel Mercators hervorragende Arbeiten auf den Gebieten der Kartographie und Kosmographie nicht möglich gewesen, andererseits sind sein Projektionssystem und seine Weltkarte zum Vorbild für Kartenwerke auch außerhalb Deutschlands geworden. Überdies gab die Erweiterung des geographischen Gesichtskreises, namentlich die Bekanntschaft mit China, Anregungen für die Kunst (S. 331) und die Literatur (S. 430), und „für die geschichtlichen und kulturellen Vorstellungen spielte China eine ähnliche Rolle wie das Fernrohr Galileis in der Umgestaltung des astronomischen Wissens. Auf einmal war man instand gesetzt, europäische Verhältnisse von außen mit Distanz zu beobachten ... China wurde im besonderen Sinn der geistige Standpunkt, von dem aus bisher selbstverständliche Traditionen des Abendlandes aus den Angeln gehoben wurden; China, wo die Philosophen Könige sind" (Kägi).

Philosophie

An den Hochschulen blieb das aristotelisch-scholastische System infolge seiner engen Verbindung mit der Theologie, die im konfessionellen Zeitalter wie schon im Mittelalter der Philosophie übergeordnet war, nach dem Augsburger Religionsfrieden von 1555 noch ein Jahrhundert lang alleinherrschend und wurde dann erst allmählich von der Aufklärung zurückgedrängt. Bei den Katholiken ergab sich das Festhalten am Aristotelismus ohne weiteres aus der bisherigen Tradition und dem konservativen Charakter ihrer Kirche. Luther hatte zwar eine lehr- und schulmäßige Ausformung der reformatorischen Lehre ferne gelegen, doch konnte auch der Protestantismus nicht darauf verzichten. Melanchthon leitete die theologische Systembildung ein. Sie hatte mit dem Katholizismus die philosophische Grundlage, den Aristotelismus, und in vielem die Fachsprache gemeinsam, so daß es im Lauf der Zeit, besonders unter dem Einfluß der Orthodoxie, zu einer protestantischen Scholastik kam. Sie blieb, ebenso wie die katholische, nicht in allem bei der mittelalterlichen stehen, vielmehr entwickelte sich in manchen wesentlichen Punkten ein barocker Neoscholastizismus, wobei sich natürlich in der Theologie die Unterschiede in den Glaubensauffassungen der einzelnen Konfessionen und Richtungen stark geltend machten. Die Schulphilosophie gestaltete sich aber, namentlich in der Metaphysik, bei Katholiken und Protestanten zum großen Teil einheitlich. Des spanischen Jesuiten Francisco Suarez (1548—1617) erstmals 1597 in Salamanca veröffentlichte „Disputationes metaphysicae" wurden 1600 in Mainz nachgedruckt und fortan auch in Deutschland von den Jesuiten ihren philosophischen Vorlesungen zugrunde gelegt.

Der lutherische Philosophieprofessor an der Universität Wittenberg Jakob Martini übernahm für seine „Theorematum metaphysicorum exercitationes" (1604) das Schema des Suarez, der Gießener Professor Christoph Scheibler schloß sich in seinem an vielen evangelischen Universitäten benützten und als „protestantischer Suarez" bezeichneten „Opus metaphysicum" (1617) ebenfalls an die Lehren des spanischen Vorbildes an. Für die allgemeine Entwicklung waren übrigens nicht die Um- und Fortbildung mancher Elemente der mittelalterlichen Scholastik durch Suarez und die größere oder geringere Abhängigkeit von ihm das Wesentliche, da ja die Schulphilosophie durchweg darauf bedacht war, nicht in Widerspruch zu den Grundlehren des Christentums zu geraten und ihr damit von vorneherein gewisse Grenzen gezogen waren, sondern daß nun die Metaphysik als „prima Philosophia" an allen Hochschulen gelehrt und dabei die Seinslehre besonders ausführlich behandelt wurde, für die im 17. Jahrhundert die Bezeichnung Ontologie aufkam, ferner daß man jetzt die Erkenntnistheorie klar von der Metaphysik schied und daß man sie zu einer eigenen Disziplin erhob. In Deutschland befaßten sich mit der Erkenntnistheorie zunächst hauptsächlich die Reformierten; einige von ihnen begannen außerdem bereits um die Mitte des 17. Jahrhunderts von der Schulmetaphysik zu den neuen philosophischen Strömungen überzugehen.

Die Grundhaltung der Vertreter der Schulphilosophie war konservativ, ihnen standen die Philosophen gegenüber, die seit dem Anfang des 17. Jahrhunderts streng methodisch nach neuen Erkenntnissen strebten. Um einen festen Ausgangspunkt für das Philosophieren zu gewinnen, untersuchte der in einem französischen Jesuitenkolleg erzogene René Descartes (1596—1650), was sich alles bezweifeln lasse, und kam dabei zu dem Ergebnis, ganz sicher seien nur die Tatsache seines Zweifelns und damit seines Denkens und seiner Existenz: cogito, ergo sum, ich denke, also bin ich, und die Existenz Gottes, weil der Mensch als endliches Wesen von sich aus nie zu dem Begriff des Unendlichen gekommen wäre, ihn kann uns nur Gott eingepflanzt haben. Im Vertrauen auf Gottes Wahrhaftigkeit dürfen wir annehmen, daß die von unseren Sinnen wahrgenommene äußere Körperwelt kein Trugbild ist. Aber die Sinneseindrücke und die von ihnen abgeleiteten Begriffe sind unklar, deshalb läßt sich auf ihnen keine wissenschaftliche Welterkenntnis aufbauen, dies ist nur möglich mit Hilfe uns eingeborener Ideen: des Gottesbegriffes, der Begriffe Substanz, Ursache, Ausdehnung, Zahl und der logischen Grundprinzipien. Die Seele ist die substantia cogitans, die denkende Substanz, das Bewußtsein ihre Wesenseigenschaft. Von einem Körper kann man alles: Gestalt, Farbe und so weiter wegdenken, ohne ihn im ganzen aufzuheben, nur eines nicht, die Ausdehnung, daher ist der Körper eine substantia extensa, eine ausgedehnte Substanz. Die Eigenschaften der Körper sind nach Descartes als Modifikationen der Ausdehnung und die physikalischen Vorgänge als Bewegungen aufzufassen. Das System des Descartes ist ausgesprochen rationalistisch, denn es leitet alle klare Erkenntnis von eingeborenen Begriffen her; es ist weitgehend mechanistisch, da sich nach ihm mit Ausnahme von der Seele ausgehender willkürlicher Handlungen alle Vorgänge auch in den lebenden Körpern rein physikalisch-mechanisch vollziehen, so daß die Pflanzen und Tiere gewissermaßen nur Uhrwerke seien, und es ist dualistisch: die substantia cogitans und die substantia extensa sind wesensverschieden. An bestimmten Punkten treten allerdings beide in Wechselwirkung: von „einem menschlichen Gehirn empfängt ein menschliches Bewußtsein Wirkungen, die es zu Empfindungen und Gefühlen anregen, von der wollenden Seele gehen Impulse aus, die in eine nervöse Reizung und Bewegung der Glieder des Körpers auslaufen. Dieser Dualismus hindert indessen nicht, sondern begünstigt eher den Versuch, die Seele und das innerseelische Geschehen nach ‚mathematischer Methode' und damit nach Analogie der Körperwelt zu betrachten". (Aster).

In der Nachfolge von Descartes betrachtete Blaise Pascal (1623—1662) die mathematische Methode als die einzig wissenschaftliche, sie führt jedoch nicht zu dem höchsten Ziel menschlichen Erkenntnisstrebens: sie beantwortet nicht die Frage nach dem Wesen des Unendlichen, Gottes und der eigenen Persönlichkeit. Aber „le cœur a des raisons que la raison ne connait pas". So wandte sich Pascal von dem rationalistischen Kartesianismus dem „unbeweisbaren und unwiderlegbaren" religiösen Gefühl zu. Zwei seiner Schriften, die die Jesuitenmoral bekämpfenden, in über sechzig Auflagen erschienenen „Provinciales où les lettres écrites ... à un provincial" und die „Pensées sur la religion", eine der geistvollsten Verteidigungen des Christentums, gehören der Weltliteratur an. Baruch (Benedictus) Spinoza (1632 bis 1677) ging ebenfalls von Descartes aus. Dessen Dualismus überwand er durch seinen Pantheismus. Nach Spinoza gibt es nur e i n e Substanz: Gott. Ihm setzte er die Natur gleich: Deus sive natura, Gott oder die Natur. Die Einzeldinge tauchen auf und verschwinden gleich den Wellen des Meeres und sind von der Substanz, von Gott, abzuleiten wie die Sätze über das Dreieck aus seiner Definition. So herrscht in der Natur und im Seelenleben das Gesetz streng mathematischer Notwendigkeit. Wer dies erkannt hat, dessen Gemütsruhe wird weder durch äußere Ereignisse noch durch die eigenen Leidenschaften erschüttert. Der Franzose Pierre Bayle (1647 bis 1706) erweiterte den methodischen auf einen positiven Standpunkt abzielenden Zweifel des Descartes zum grundsätzlichen Skeptizismus: die Vernunft vermag nichts als ganz sicher zu beweisen. Trotz seines philosophischen Skeptizismus erwarb sich Bayle auf den verschiedensten Gebieten, auch auf dem der Geschichte, ausgebreitete Kenntnisse. Sein „Dictionaire historique et critique" wurde eine der maßgebenden Enzyklopädien des 18. Jahrhunderts; Gottsched übersetzte sie ins Deutsche und gab sie 1741—1744 in vier Bänden heraus.

Den englischen Empirismus leitete Francis Bacon (1561—1626) ein. Wie Galilei legte er grundsätzlich großes Gewicht auf Experimente, ohne sie aber methodisch zur Gewinnung wissenschaftlicher Gesetze durchzuführen. Bacon ging es bei seinem Forschen überhaupt nicht so sehr um theoretische Erkenntnisse wie darum, Mittel und Wege zur technischen Beherrschung der Natur zu finden; in diesem Sinne ist sein Ausspruch „Wissen ist Macht" zu verstehen. Thomas Hobbes (1588—1679) war in seinen jungen Jahren Sekretär Bacons und gleich diesem betrachtete er die Erfahrung als Ausgangspunkt des Wissens und als die eigentliche Aufgabe der Wissenschaft, den Menschen zu nützen. Mit Descartes stimmte Hobbes darin überein, daß sich alle Vorgänge in der Körperwelt physikalisch-mechanisch vollziehen, übertrug aber diese Auffassung auch auf das Seelische. Deren Regungen sind zwar keine körperlichen Bewegungen, können jedoch durch solche hervorgerufen sein, jedenfalls vermag sich niemand eine immaterielle Seele vorzustellen, und so wurde Hobbes zum philosophischen Materialisten, der von seiner naturalistischen Einstellung aus, daß alles in der Welt nach festen Naturgesetzen geschehe, auch die Willensfreiheit leugnete. John Locke (1632—1704) ist mit seinem „Essay concerning human understanding" der Vollender des englischen Empirismus geworden und hat auf die Aufklärung des 18. Jahrhunderts sehr stark eingewirkt. Locke ging von der Frage nach den Grundlagen und nach den Grenzen unseres geistigen Erkennens aus. Die Entstehung von

Begriffen führte er ausschließlich auf die Erfahrung zurück; an die Erforschung von Problemen, die wir nicht lösen können, solle man keine Zeit und Mühe verschwenden, sondern „dem gesunden Menschenverstand" gemäß nur die Dinge und Normen kennenzulernen trachten, die für unsere Lebensführung wichtig sind.

Bacon, Bayle und Hobbes schieden von der Welt des Wissens streng die Welt des Glaubens, ohne jedoch diese grundsätzlich abzulehnen. Bacon vertrat sogar die Ansicht, je unsinniger eine übernatürliche Offenbarung unserem Verstande erscheine, desto verdienstlicher sei es, an sie zu glauben, und Bayle griff mit seiner Behauptung, die christlichen Dogmen stünden zwar in direktem Widerspruch zur Vernunft, müßten aber gerade deshalb geglaubt werden, das alte „credo quia absurdum" wieder auf. Hobbes erkannte allerdings nur die durch staatliche Gesetze vorgeschriebenen Dogmen an, die „unzerkaut wie Pillen herunterzuschlucken" seien, die übrigen Dogmen der positiven Religionen rechnete er zum Aberglauben. Gegenüber derartigen Auffassungen betonte der zur Zeit von Hobbes einsetzende Deismus das Rationale in der Religion. Eduard Herbert von Cherbury (1581—1648) sah die wahre, die Vernunftreligion in dem seiner Meinung nach allen Religionen Gemeinsamen: dem Glauben an Gott, der Pflicht, ihn zu verehren, rechtschaffen zu leben und Sünden zu bereuen, und in dem Glauben an die Vergeltung für Gutes und Böses im Jenseits und teilweise schon auf dieser Welt. Die Verschiedenheit der Religionen habe ihren Grund in der Allegorisierung und Poetisierung der Natur, in Selbsttäuschung und im Priesterbetrug. Andere, wie John Locke in „The reasonableness of christianity", suchten nachzuweisen, daß das Christentum die Vernunftreligion sei oder ihr am nächsten komme. Manche, so John Toland (1670—1722) in seinem Hauptwerk „Christianity not mysterious", wandten sich gegen jeden übernatürlichen Offenbarungsglauben. Für die Deisten kam im Jahre 1697 die Bezeichnung freethinkers, Freidenker, auf, ob sie nun den Offenbarungsglauben überhaupt bekämpften oder, wie Locke, die Vernunft zur Richterin über ihn erhoben, da sie zu entscheiden habe, was von einer Religion, auch von der christlichen, in Wahrheit als geoffenbart zu gelten habe.

Die in Frankreich, England und Holland entstandenen neuen philosophischen und religionsphilosophischen Richtungen, von denen hier nur einige der hauptsächlichsten in summarischer Zusammenfassung ihrer Grundzüge erwähnt werden konnten, fanden in Deutschland auf den üblichen Wegen des internationalen Gedankenaustausches Eingang. Mit verhältnismäßig wenigen Ausnahmen verschlossen sich freilich gerade die Universitäten lange diesem Neuen, aber in den übrigen geistig regen Kreisen wuchs seit den letzten Jahrzehnten des 17. Jahrhunderts das Interesse am Kartesianismus, an Spinoza, an den englischen Empiristen und Deisten, namentlich an Locke und an Bayle immer mehr. Man blieb jedoch nicht bei einer bloßen Rezeption von philosophischen Methoden und Systemen des Auslandes stehen, sondern verarbeitete sie in vielem auch selbständig und kam dabei zu neuen, eigenen Ergebnissen. Dies gilt vor allem für Leibniz.

Gottfried Wilhelm Leibniz (1646—1716) wurde in Leipzig als Sohn eines Universitätsprofessors geboren. Geistig frühreif, bezog er schon als Fünfzehnjähriger die Universität seiner Vaterstadt. Neben seinem Fachstudium, der Jurisprudenz, vertiefte er sich in Mathematik, Physik, in die Philosophie der Antike und der Scholastik und in die wesentlichsten Schriften von Descartes und Hobbes. In Jena hörte Leibniz bei Erhard Weigel, einem hervorragenden Naturwissenschaftler, der unter dem Protest seiner Kollegen auch Recht und Theologie nach der Methode und im Geiste von Descartes dozierte. Von Jena begab sich Leibniz an die Universität Altdorf und promovierte im Jahre 1666 zum Doktor der Jurisprudenz. Er trat damals einer alchimistischen Gesellschaft im benachbarten Nürnberg bei und wurde deren Sekretär, was ihm Gelegenheit bot, sich mit dem Gedankenkreis der auf die Renaissance zurückgehenden Naturphilosophie (S. 379 ff.) vertraut zu machen und sich mit chemischen Experimenten zu befassen. Durch die Vermittlung des mit ihm befreundeten Freiherrn Johann Christian von Boineburg trat Leibniz 1670 in den Dienst des Kurfürsten von Mainz und Reichserzkanzlers Johann Philipp von Schönborn. Er betraute Leibniz mit juristischen und politischen Aufgaben, unter anderem verfaßte dieser die Schriftstücke, in denen Ludwig XIV. zur Ablenkung von seinen den europäischen Frieden bedrohenden Angriffsplänen gegen Holland die Eroberung von Ägypten nahegelegt wurde (S. 187). In dieser Angelegenheit begab sich Leibniz im Frühjahr 1672 nach Paris und nahm hier bis 1676 seinen Aufenthalt, der nur von einer Reise nach London unterbrochen wurde. Seine politischen Bemühungen hatten keinen Erfolg, um so fruchtbarer gestaltete sich für seine wissenschaftlichen Bestrebungen die Begegnung mit französischen Philosophen, mit Newton in England und mit Spinoza, den er auf dem Rückweg von London nach Paris in Holland kennenlernte. Da Johann Christian von Boineburg und Johann Philipp von Schönborn inzwischen gestorben waren, folgte Leibniz 1676 dem Rufe Herzog Ernst Augusts nach Hannover als herzoglicher Rat und Bibliothekar, etwas später übernahm er auch das Amt des Hofhistoriographen. Seine geschichtlichen Forschungen (S. 410 f.) veranlaßten ihn zwischen 1687 und 1689 zu mehreren Reisen, die ihn nach Wien, Norditalien, Rom und Neapel führten und auch seine sonstigen wissenschaftlichen Pläne förderten. Die Tochter Ernst Augusts, die geistvolle Sophie Charlotte, war mit dem preußischen König Friedrich I. vermählt. Von ihr unterstützt, bewog Leibniz Friedrich im Jahre 1700 zur Gründung der Berliner Akademie, er wurde ihr erster Präsident und hielt sich zwischen 1700 und 1705 oft am Berliner Hofe auf. In Wien hatte er an Prinz Eugen einen begeisterten Gönner. Kaiser Karl VI. erhob Leibniz 1709 in den Freiherrnstand und ernannte ihn zum Reichshofrat; während der Jahre 1712—1714 weilte er in Wien. Auch andere Fürsten zeichneten den berühmten Gelehrten durch Verleihung von Titeln und Jahresgehältern aus, doch blieb er bis zu seinem Tode offiziell im Dienste des Hauses Hannover.

Leibniz äußerte einmal, seinen Erziehern wäre entgangen, daß sich sein Geist nicht durch eine einzige Art von Dingen ausfüllen ließe. Die Vielseitigkeit ist zeit seines Lebens eines seiner Wesensmerkmale geblieben; im Umfange seines Wissens und in der Mannigfaltigkeit seiner Arbeiten hat ihn in der neueren Zeit niemand übertroffen. Dabei begnügte er sich keineswegs mit der damals sehr verbreiteten Polyhistorie, mit der Aneignung eines weit verzweigten Wissens auf den verschiedensten Gebieten, vielmehr suchte er sowohl in den Einzelheiten zu neuen Erkenntnissen fortzuschreiten als auch, sie miteinander verknüpfend, schöpferisch ein das Universum umfassendes und durchdringendes Weltbild zu gewinnen. In der Rechtswissenschaft, seinem ursprünglichen Fachstudium, war Leibniz der hervorragendste Vertreter einer seit dem 16. Jahrhundert von vielen erstrebten neuen Kodifikation des Rechtes. Sie sollte, namentlich im bürgerlichen Recht, auf philosophischer Grundlage mit einer systematisch durchgeführten „Jurisprudentia rationalis" den Dualismus zwischen dem römischen und dem einheimischen Recht beseitigen (S. 405). Als Hofhistoriograph hatte sich Leibniz der Erforschung und Darstellung der braunschweigischen Geschichte zu widmen (S. 410). Darüber hinaus behandelte Leibniz für einen Historiker wesentliche Fragen wie: die Möglichkeit objektiver Geschichtserkenntnis, Forschungsmethoden und den Einfluß von Umweltbedingungen, zum Beispiel des Klimas und der geographischen Lage auf das historische Geschehen. Die Kreislauftheorie lehnte er ab und vertrat ihr gegenüber die kontinuierliche geschichtliche Entwicklung. Sie ist mit einem stetigen Fortschritt verbunden, vollzieht sich aber nicht gradlinig, sondern in Form einer Spirale. Das höchste Ziel des Historikers sah Leibniz in einer die weltgeschichtlichen Zusammenhänge nachweisenden Universalgeschichte. Die Entwicklung der Sprache setzte er in enge Beziehung zur Geschichte, in der Regel falle mit der Hochblüte einer nationalen Kultur die der Sprache des betreffenden Volkes zusammen, so in der Antike bei den Griechen und Römern und gegenwärtig bei den Franzosen unter Ludwig XIV. Für seine etymologischen Studien beschaffte sich Leibniz die Unterlagen auch von weit her, so aus China durch Jesuiten-Missionare. Den gesamten Wissensbereich teilte Leibniz in vérités de fait, Tatsachenwahrheiten, und vérités de raison, Vernunftwahrheiten. Wie sehr er aber auch die vérités de fait einem universalen Vernunftsystem ein- und unterzuordnen bestrebt war, zeigen seine Bemühungen um eine jurisprudentia rationalis, seine geschichtsphilosophischen Auffassungen und der Plan, eine Sprache zu schaffen, in der die Zeichen, die „Characteristica", und ihre Bedeutung funktionell miteinander verschmolzen sein sollten.

Wie in der Mathematik (S. 383) hat sich Leibniz in der Erkenntnistheorie, in der Logik, in der Metaphysik, kurz in allen Zweigen der Philosophie als ein selbständiger, ideenreicher Denker bewährt. Am berühmtesten ist er durch seine Monadenlehre geworden. Monade wurde schon im griechischen Altertum als Bezeichnung für Zahleneinheit und metaphysische Einheit gebraucht. Nach Leibniz sind die Monaden kraftbegabte, selbsttätige seelische Einheiten; in jeder von ihnen spiegelt sich das Universum ähnlich wie nach der Auffassung der Naturphilosophie der Makrokosmos in den Mikrokosmen (S. 379). In einer Stufenfolge steigen die Monaden von den untersten, in denen das Seelenleben noch schlummert, empor bis zur göttlichen Monade, der Monade der Monaden. Sie wirken nicht aufeinander ein, sondern alle sind durch die von Gott prästabilierte Harmonie einheitlich aufeinander abgestimmt. Die körperlichen und die seelischen Vorgänge verlaufen demgemäß einander genau entsprechend, so daß Leib und Seele gewissermaßen stets völlig gleichgehende Uhren sind. Die prästabilierte Harmonie schließt nach Leibniz die Willensfreiheit des Menschen und das Übel in der Welt nicht aus. Denn die menschliche Seele ist wie jede Monade eine individuelle und selbständige Substanz, die alle ihre Zustände und Aktionen ohne Einflüsse von außen aus sich selbst entwickelt. Und von all den Welten, die Gott hätte erschaffen können, verwirklichte er die bestmögliche, das heißt die Welt, die „ein Maximum des Guten und ein Minimum des Übels" in sich schließt. Damit ist nun freilich das Problem der Willensfreiheit im Sinne von Wahlfreiheit nicht gelöst, weil ja der einzelne Mensch sich seine Substanz mit ihrer ein für allemal festgelegten Struktur nicht selbst ausgewählt hat, und Leibniz' „beste aller Welten" ist trotz der von ihm für sie angeführten rationalen Argumente im Grunde mehr eine Angelegenheit des Glaubens als der Vernunft.

Mit den englischen Empiristen teilte Leibniz die Auffassung, die Wissenschaft habe den Menschen zu nützen, überdies war er von Natur ebenso ein Mann der Praxis wie der Theorie. Er machte sich eingehend mit dem Bergbau des Harzes vertraut und entwarf Pläne für eine kreislaufartige Kombination von Windmühlen und Stauteichen zur Entwässerung der Bergwerke. Als Jurist bemühte er sich um die Reform der Reichsverfassung und den internationalen Ausbau des Völkerrechtes. In die Tagespolitik griff er ein mit Besprechungen an Fürstenhöfen, mit Denkschriften wie die über Ägypten und mit Kampfschriften wie „Mars christianissimus" (der allerchristlichste Kriegsgott), worin sich Leibniz mit beißendem Spott gegen König Ludwig XIV. und seine deutschen Anhänger wandte. Eines der Hauptanliegen von Leibniz war die Gründung einer Einheitsorganisation der abendländischen Kulturmenschheit und die Errichtung des „ewigen Friedens"; den Vorschlag des französischen Pazifisten St. Pierre, das deutsche Reich zu zerschlagen, weil es einem europäischen Völkerbund im Wege stehe, und zu diesem Zweck Hannover England, Sachsen Polen einzuverleiben und den übrigen deutschen Ländern, namentlich Baiern, in diesem Völkerbund eine solche Selbständigkeit einzuräumen, „wie wenn sie mit Kaiser und Reich nichts zu tun hätten", lehnte Leibniz allerdings entschieden ab. Ebenso lagen ihm die kirchlichen Unionsbestrebungen sehr am Herzen (S. 372). In den von ihm für die Stiftung der Berliner Akademie verfaßten Schriftstücken empfahl er die Förderung aller Natur- und Geisteswissenschaften, aber nicht so sehr um ihrer selbst wie um ihres Kulturwertes willen, freilich dürfe dabei die streng wissenschaftliche Forschung auf keinem Gebiet vernachlässigt werden, denn in der Technik, im Ackerbau, im Handwerk, in der Industrie, im Handels- und Verkehrswesen, in der Geschichtserkenntnis, in Politik, Moral und Religion beruhe jeder Fortschritt auf einem Fortschritt der Vernunft.

Abgesehen von Arbeiten juristischen und geschichtlichen Inhalts hat Leibniz nur zwei Werke größeren Umfanges verfaßt: die „Nouveaux essais sur l'entendement humain" (Neue Studien über den menschlichen Verstand), worin er sich mit der rein empirischen Erkenntnistheorie Lockes auseinandersetzte, und die sich gegen den Skeptizismus Bayles wendende „Theodizee" (Rechtfertigung Gottes). Sie behandelt unter anderem die Gesetze der Bewegung, die Monadenlehre und die prästabilierte Harmonie. Zu einer ausführlichen Gesamtdarstellung seines Systems ist Leibniz nie gekommen. Die Verbreitung seiner verschiedenen kleineren Werke, soweit sie zu seinen Lebzeiten gedruckt wurden, blieb auf einen verhältnismäßig engen Kreis beschränkt. Eine wissenschaftlich einwandfreie Gesamtausgabe seiner Schriften, besonders seines umfangreichen handschriftlichen Nachlasses mit dem für seine philosophischen Ideen und Bestrebungen sehr aufschlußreichen weit ausgedehnten Briefwechsel, ist erst vor einigen Jahrzehnten in Angriff genommen worden. Trotzdem ist Leibniz' Philosophie schon während der Aufklärungsepoche in der Bearbeitung von

Christian Wolff (1679—1754) an zahlreichen Hochschulen gelehrt worden und hat mit der alle Wissenszweige umfassenden genialen Universalität das deutsche Geistesleben bis in unsere Zeit hinein reich befruchtet.

Rechts- und Staatsphilosophie. Rechtswissenschaft

Bereits die Antike hatte zwischen dem positiven Recht, den auf äußerer Autorität beruhenden Gesetzen, und dem Natur- und Vernunftrecht unterschieden, das in der Natur des Menschen begründet und deshalb unveränderlich sei. Die Scholastik des Hochmittelalters fügte das antike Naturrecht ihrem philosophisch-theologischen System ein: der Mensch vermag dank seiner überirdischen Bestimmung Gottes ewiges natürliches Gesetz, das Naturrecht, zu erkennen. Und da der Mensch für ein Gemeinschaftsleben geschaffen ist, hat er gemäß dem Naturrecht in sozialen Ordnungen zu leben, deren oberste im weltlichen Bereich der Staat ist. Er geht demnach auf Gott zurück und hat sittliche Aufgaben; die Staatsführung und sämtliche Gesetze des positiven Rechts müssen deshalb mit dem Naturrecht übereinstimmen. Diese Staatslehre hat dann Suarez (S. 393) unter Berücksichtigung der neueren Verhältnisse, die sich aus der Auflösung des universalen mittelalterlichen Kaisertums, aus dem Hochkommen von Nationalstaaten und aus der konfessionellen Spaltung der abendländischen Christenheit ergeben hatten, weiter ausgebaut, im wesentlichen aber an der mittelalterlichen Naturrechtstheorie festgehalten.

Dieser Theorie hat die Wirklichkeit zu allen Zeiten bald mehr, bald weniger widersprochen, besonders stark im Italien der Renaissance. Der inmitten der politischen Intrigen und Gewalttaten seines Vaterlandes stehende Staatsmann und Historiker Niccolo Machiavelli (1469—1527) zog aus seinen Erfahrungen, Beobachtungen und Studien den Schluß, im Staatsleben komme es in erster Linie auf die Macht an, und, um sie zu gewinnen und zu behaupten, sei die Staatsleitung, ob monarchisch oder demokratisch, berechtigt, ja verpflichtet, jedes erforderliche Mittel aufzuwenden, gleichviel ob es moralisch gut oder böse ist. Ein grundsätzlicher Gegner von Religion und Moral war Machiavelli indes nicht. Er erkannte sie für das Privatleben ohne weiteres an und erklärte sie auch als unentbehrlich für den Staat, ordnete sie ihm aber als Mittel der Politik unter. Mit all dem zerriß Machiavelli die Bindung der Staatsgewalt an das christliche Sittengesetz und löste den Staat aus den nach christlicher Auffassung von Gott festgelegten Ordnungen. Und wenn auch von jeher die Staatskunst sehr oft die Gebote der Religion und Moral mißachtet hatte, Machiavelli also in mehreren seiner Schriften, namentlich in den „Discorsi sopra la prima decade di Tito Livio" und noch mehr in dem „Principe", gewissermaßen nur diesen Tatbestand festgestellt und daraus die seiner Ansicht nach einzig richtigen Nutzanwendungen gezogen hat, trägt doch seinen Namen das sich zur Macht als höchstem Ziel und zu dem Grundsatz „Der Zweck heiligt die Mittel" bekennende politische System mit demselben Recht, wie häufig Theorien nach ihrem Schöpfer benannt werden. Überdies blieb der Machiavellismus keine blasse Theorie; indem er grenzenloses Machtstreben und in dessen Dienste Gewalttat, Lug, Trug und Treulosigkeit als in der menschlichen

Paul Gerhardt
Gemälde in der Kirche von Lübben

Friedrich von Spee
Gemälde in der Bibliothek des Marzellen-Gymnasiums zu Köln

Johannes Keppler. 1620
Gemälde in der Universität Straßburg

Gottfried Wilhelm Leibniz. 1703
Kupferstich von M. Bernigeroth
nach einem Gemälde von Andreas Scheits

Natur und in den politischen Verhältnissen begründete Gesetze rechtfertigte, reizte er so manche dazu an, die sonst nicht oder wenigstens nicht in dem Maße der Dämonie der Macht verfallen wären, und gab ihnen einen Rückhalt an einer machiavellistisch beeinflußten öffentlichen Meinung.

Die „Discorsi" und der „Principe" wurden im 16. und 17. Jahrhundert oft nachgedruckt, die „Discorsi" zum Beispiel 1532 und 1630 in Wien, 1643 erschien in Leiden eine Ausgabe des „Principe" in der allen Gebildeten verständlichen lateinischen Sprache. Neben anerkennenden Äußerungen, von denen die Bacons, man sei Machiavelli zu Dank verpflichtet, weil er offen gesagt habe, wie die Menschen in der Regel handeln, nicht wie sie handeln sollten, einen der Hauptpunkte des Florentiners hervorhob, stehen Schriften von Italienern, Spaniern und Deutschen, die entweder, wie Arnold Clapenarius, Professor an der Universität Altdorf, und der Tübinger Professor Christoph Besold, den Machiavellismus direkt bekämpften oder ihm, wie Adam Contzen aus Monschau in den „Politicorum libri decem" und Veit Ludwig von Seckendorf in dem „Teutschen Fürstenstaat" (1655), der bald das politische Lehrbuch des damaligen protestantischen Deutschland wurde, und im „Christenstaat" (1685) eine vom Geiste christlicher Ethik getragene Staatsauffassung gegenüberstellten.

Im Zusammenhang mit Machiavelli wird häufig Jean Bodin (1530—1596) genannt. Frankreich befand sich damals infolge bürgerlicher Unruhen und der Hugenottenkriege in einer ähnlichen Lage wie Italien, und so sah auch Bodin in einem Einheitsstaat mit zentraler Machtfülle die Rettung für sein Vaterland und sprach dem Staate überhaupt Absolutheit zu, für die er den fortan im politischen Leben Europas eine maßgebende Rolle spielenden Begriff „Souveränität" schuf. Wer außer Gott niemanden über sich hat, gilt als souverän. Diese Gewalt ist ewig, unbeschränkt und jeweils persönlich im Fürsten zusammengefaßt. In einem sehr wesentlichen Punkte unterscheidet sich jedoch der Franzose von dem Italiener. Bodin bekannte sich zum Rechtsstaat. Der Fürst entscheidet zwar über Krieg und Frieden, gibt Gesetze, ohne selbst an sie gebunden zu sein, kurz besitzt alle entscheidenden Rechte, aber unumschränkten Gebrauch darf er von ihnen nur innerhalb des Naturrechtes machen. Bei Bodin schließt es sowohl Elemente des antiken und christlichen als auch des eben sich anbahnenden neueren Naturrechtes in sich, das auf der allen Menschen gemeinsamen Vernunft beruht. Dieses rationale Naturrecht wurde in der Staatstheorie des Hobbes (S. 395) zu einem reinen Machtrecht. Einerseits möchte der Mensch, seinem Urtrieb folgend, was ihm begehrenswert erscheint, an sich reißen, andererseits sagt ihm seine Vernunft, daß dies den Krieg aller gegen alle und stete Furcht vor einem gewaltsamen Tode bedeuten würde. Ein friedliches Leben ist nur möglich, wenn man e i n e m alles überläßt und sich ihm in allem unterwirft, und wenn diejenigen, die den einen erkoren haben, sich untereinander vertraglich verpflichten, ihm nie und in nichts Widerstand zu leisten. So ist der Staat in der Person des Herrschers verkörpert und dieser im vollsten Sinne absolut. Es gibt, wie Hobbes näher ausführt, in solch einem Staat kein Eigentum, auf das der Herrscher nicht ein Recht hat, keine Geistesfreiheit in politischen Dingen, Staatsrecht darf nur nach offiziellen Lehrbüchern doziert werden, und es gibt keine religiöse Freiheit, der Herrscher kann bestimmen, was von Gott und seinem Wirken zu glauben und öffentlich zu bekennen ist. Ein Völkerrecht kann es nach Hobbes nicht geben, weil über den einzelnen Völkern keine gemeinsame höchste Gewalt existiert.

Der wenige Jahre ältere Zeitgenosse des Hobbes, der Niederländer Hugo Grotius (1583—1645), hat mit ihm die Vertragstheorie insofern gemeinsam, als er den Staat aus Verträgen von Individuen entstehen läßt, er faßt den Staat aber nicht in dem Maße als absolut auf, wenn er auch die Staatsmacht als die höchste Macht bezeichnet. Aus der Bemerkung, das Naturrecht gelte auch dann, wenn es keinen Gott gäbe, und es sei so unveränderlich, daß Gott es so wenig ändern könne wie die Tatsache, daß zwei mal zwei vier ist, und daß Gott nicht bewirken könne, daß das seiner Natur nach Schlechte nicht schlecht sei, hat man geschlossen, Grotius wolle wie Hobbes Gott aus dem Rechtsleben ausschalten, was jedoch dem Niederländer bei seiner tief religiösen Veranlagung ferne lag. In seinem Hauptwerk „De jure belli et pacis“ führt Grotius das Bestehen eines Völkerrechtes auf göttliche Satzung, auf gemeinsame Sitten und auf stillschweigendes Übereinkommen zurück. In der göttlichen Satzung offenbart sich die göttliche Vernunft; der Mensch vermag sie zu erkennen, er kann auch, dem Antrieb seiner eigenen Vernunft folgend, selbst Recht schaffen und kommt dabei im richtigen methodischen Gebrauch seiner Vernunft zu klaren und gesicherten Ergebnissen. Wenn schon in den zwischenstaatlichen Beziehungen, so hat das Recht vor allem in den Einzelstaaten zu herrschen. Hervorgegangen aus dem Vertragsrecht, haben sie den Zweck, nicht nur die Allgemeinheit zu schützen, sondern ihr auch den Genuß des Rechtes zu sichern. Und so räumt Grotius der staatlichen Obrigkeit neben anderen Gründen vorzüglich deshalb, weil sie über die im Vernunftrecht begründete religiöse Toleranz zu wachen habe, weitgehende Rechte über die Kirche ein.

Bodins Hauptwerk „Sechs Bücher vom Staate“, worin sich bereits starke Ansätze zu einem naturrechtlichen, monarchisch-absolutistischen Staatsideal finden, wurde 1591 ins Lateinische und 1592 ins Deutsche übersetzt. Ein etwas jüngerer Zeitgenosse, Johann Althusius (1557—1638) aus Emden, Professor der Jurisprudenz an der Universität Herborn, verfocht dagegen im kalvinistischen Geiste leidenschaftlich die Souveränität des Volkes („Politica methodice digesta“ 1603). Alle Gewalt liegt beim Volk, der Regent handelt nur in seinem Auftrag und kann jederzeit von ihm abgesetzt werden. Diese Ideen des Althusius blieben lange ohne Nachwirkung, erst Rousseau griff sie wieder auf. Bei verschiedenen deutschen Staatstheoretikern der ersten Hälfte des 17. Jahrhunderts ist zwar ein gewisser Einfluß Bodins unverkennbar, aber zu einer systematischen Staatsauffassung im Sinne des neueren Naturrechts kamen sie noch nicht, obwohl es schon von Gelehrten wie Schoppe und Lipsius (S. 376) und dann von Benedikt Winkler (1597—1648) im Anschluß an das antike Naturrecht vorbereitet wurde. Nach Althusius hat erst der Rechtslehrer und Geschichtsschreiber Samuel von Pufendorf (1632—1694), geboren in Dorf-Chemnitz, Professor in Heidelberg, wo für ihn 1661 der erste Lehrstuhl für Naturrecht errichtet wurde, in Stockholm schwedischer und schließlich in Berlin brandenburgischer Hofhistoriograph, das neue Naturrecht wieder rein vertreten und in den Schriften „De jure naturae et gentium“ (1672) und „De officio hominis et civis iuxta legem naturalem“ (1673) weiter ausgebaut. Er knüpfte an die Vertragstheorie des Grotius an, löste aber das Naturrecht in Anlehnung an Hobbes von allen religiösen Bindungen. Der

Souverän ist, ähnlich wie bei Hobbes, für die Untertanen grundsätzlich die höchste, niemandem verantwortliche Gewalt, und der Staat ist identisch mit dem Monarchen: der König ist das Volk, doch hält Pufendorf den Herrscher für verpflichtet, der Stimme seines Gewissens folgend, auf das natürliche Sittengesetz zu achten, und läßt auch Staatsformen zu, in denen der Regent für gewisse Staatshandlungen die Zustimmung des Volkes oder einer Deputiertenversammlung einholen müsse, immer aber hat das Staatswohl an erster Stelle zu stehen.

Christian Thomasius (1655—1728) sah die höchste Aufgabe jeder Regierung in der Förderung der Wohlfahrt aller, wie sich bei ihm überhaupt die Aufklärung entschiedener als bei seinen Vorgängern ankündigt. In seinen systematischen Schriften behandelt er meist das Naturrecht und die Ethik; unter Ausschluß aller theologischen Gesichtspunkte erklärte er die menschliche Vernunft für das gesamte staatliche, geistige und sittliche Leben als maßgebend. Dabei erwies er sich nicht gerade als ein tiefer und origineller Denker, sein Leitstern war der gesunde Menschenverstand. Den besaß er in hohem Grade, dazu mannhaften Mut und Lust am Geisteskampf, besonders wichtige Eigenschaften in einer Zeitwende wie der vom Barock zur Aufklärung, wo es galt, alteingewurzelte Vorurteile und Mißstände richtig zu erkennen und wirkungsvoll anzuprangern, um das Tor zu öffnen für neue, fortschrittliche Ideen. Am meisten lag Thomasius die Freiheit der Religion und der Wissenschaft am Herzen, denn „sie ist es", wie er an Kurfürst Friedrich III., den späteren König Friedrich I. in Preußen, schrieb, „die allem Geist das rechte Leben gibt, und ohne welche der menschliche Verstand, er möge sonst noch so viele Vorteile (Vorzüge) haben, gleichsam tot und entseelt erscheint". Thomasius betrachtete es deshalb als eine Aufgabe des Herrschers, wenn nötig mit Gewalt gegen Störer des konfessionellen Friedens einzuschreiten, nicht aber für das Seelenheil der Untertanen und für die Einheit der Religion in seinem Lande zu sorgen.

Die Ethik galt Thomasius als die Kunst, durch „Vernunft und Tugend zu einem glückseligen, galanten und vergnügten Leben zu gelangen", und so war er der Meinung, die Jugend solle auf den höheren Schulen nicht in einem lebensfremden Buchwissen gedrillt, sondern nach französischem Vorbild unterwiesen werden in weltoffener Gelehrsamkeit, in „honnêteté, beauté d'esprit, bon goût, galanterie", aber in einer den Deutschen angemessenen Weise, weshalb er, der Professor der Jurisprudenz an der damals noch stockkonservativen Leipziger Universität, als einer der ersten Vorlesungen in deutscher Sprache hielt. Er gab auch in Opposition zu dem lateinisch geschriebenen Gelehrtenorgan „Acta eruditorum" 1688/89 die erste deutschsprachige Zeitschrift heraus, die Monatsschrift „Scherz- und ernsthafte, vernünftige und einfältige Gedanken über allerhand lustige und nützliche Bücher und Fragen". Die über seine freimütigen und sarkastischen Ausfälle gegen den pedantischen Universitätsbetrieb und über seine nach ihren Begriffen allzu freigeistige Einstellung erbitterten Kollegen der theologischen Fakultät erwirkten vom sächsischen Kurfürsten einen Verhaftsbefehl gegen Thomasius. Er floh daraufhin 1690 über Berlin nach Halle, wo er zunächst an der Ritterakademie Vorlesungen hielt. Der Beifall, den sie fanden, trug wesentlich zur Gründung der Universität Halle im Jahre 1694 bei. Auch an dieser Hochschule und in Schriften wie „Historie der Weisheit und Torheit" (1693) und „Vernünftige und christliche, aber nicht scheinheilige Gedanken und Erinnerungen über allerhand gemischte philosophische und juristische Händel" (3 Bände, 1723—1725) setzte Thomasius seinen Kampf gegen jede Art von Aberglauben, namentlich gegen den Hexenwahn, und gegen Barbareien wie die Anwendung der Folter bei Gerichtsverfahren unermüdlich fort.

In Form einer erdichteten Erzählung schilderte der Engländer Thomas Morus in seiner 1516 veröffentlichten „Utopia" den vollkommenen Staat mit kommunistischer Gesellschaftsordnung, acht Jahre später erschien eine deutsche Ausgabe. Im Barock, das für die allegorische und utopische Idealisierung der wirklichen Welt mit moralisch-didaktischer Tendenz eine große Vorliebe hatte, mehrten sich die Darstellungen von meist irgendwohin in weite Ferne verlegten Staatswesen, in denen ein goldenes Zeitalter herrsche. Des italienischen Dominikaners Thomas Campanella (1568 bis 1639) „Civitas solis" ist ein extrem totalitär kommunistischer Staat. Allen ist alles gemeinsam, auch die Frauen, bei der Fortpflanzung wird ein körperlich und geistig gesunder Nachwuchs erstrebt, die Kinder kommen sofort nach der Geburt in staatliche Obhut, Leib und Seele werden harmonisch ausgebildet, eine gestrenge Polizei sorgt mit harten Strafen dafür, daß sich jedermann der kommunistischen Ordnung einfügt und je nach seinen Fähigkeiten das Beste für den Staat leistet. Die „Civitas solis" hat Campanella in einem Gefängnis zu Neapel verfaßt, in dem er nach der Entdeckung einer von ihm angezettelten Verschwörung mit sozialreformerischen Zielen in Haft gehalten wurde. Er konnte Tobias Adami, einem lutherischen Deutschen aus Württemberg, der ihn auf der Rückkehr von einer Reise nach Jerusalem besuchte, die Handschrift des „Sonnenstaates" übergeben, und dieser ließ dann das Werk 1620 in Frankfurt drucken.

Zuvor hatte Adami seinen Landsmann Johann Valentin Andreae (S. 366) das Manuskript lesen lassen. Campanellas heidnischem Idealbild eines Staates stellte Andreae das eines von protestantischem Ethos erfüllten Staates in der „Reipublicae christianopolitanae descriptio" (1619) gegenüber, die erste Staatsutopie eines Deutschen. Christus ist der König dieses Staates, regiert wird er von drei Männern: einem Geistlichen, einem Richter und einem Gelehrten, ihre Gattinnen stehen ihnen als Helferinnen zur Seite. Die Zehn Gebote und das christliche Glaubensbekenntnis bilden das Staatsgrundgesetz. Großer Wert wird auf gute Schulen gelegt, in denen auch die Naturwissenschaften gelehrt werden. Im 3. und 5. Buch seines „Abenteuerlichen Simplicius Simplizissimus" gibt Grimmelshausen der Sehnsucht nach einem christlich-sozialen Idealstaat Ausdruck, an der ersten Stelle mit den Zukunftsträumen eines Narren, an der zweiten mit dem Bericht über die Zustände, wie sie Simplicius bei den Wiedertäufern in Ungarn beobachtet haben will. Des öfteren wurden derartige Utopien in Reisebeschreibungen oder in Robinsonaden gekleidet wie etwa „Ophirischer Staat oder curieuse Beschreibung des bishero von vielen gesuchten, aber nicht gefundenen Königreiches Ophir" (anonym 1699), „Erklärung der wunderseltsamen Landkarte Utopiae, so da ist das neu entdeckte Schlaraffenland" (anonym und ohne Jahresangabe), „Land der Zufriedenheit, Faramunds glückseligste Insel", von Ph. B. Linold-Schütz (1723) und des Johann Gottfried Schnabel „Insel Felsenburg" (1731), eine sozial-humane Utopie im Geiste des Pietismus.

Soweit sie nicht bloß den Leser unterhalten wollten, zeigten die Utopien meist phantastische Wunschbilder und oft indirekt, womit man im eigenen Staats- und Gesellschaftsleben unzufrieden war, immerhin enthielten manche dieser Schriften auch praktische Anregungen. Näher kamen die Theorien eines Bodin, Grotius, Pufendorf und anderer der Wirklichkeit, ganz entsprachen sie ihr indes keineswegs, namentlich nicht in Deutschland. Vom Reiche wußte man nicht recht, welcher Staatsform es zuzurechnen sei. Ein Gießener Professor der Jurisprudenz erklärte es 1609 für eine absolute Monarchie, der Historiker Bogislaw Philipp von Chemnitz (1605—1678) aus Stettin als eine souveräne Fürstenaristokratie in seiner unter dem Pseudonym Hippolithus a Lapide 1640 erschienenen „Dissertatio de ratione status in imperio nostro Romano-Germanico", Pufendorf 1667 als einen staatsrechtlich undefinierbaren irregulären, einem Monstrum ähnlichen Körper (S. 165), Leibniz rühmte es 1679 in seiner „Ermahnung an die Deutschen" als das freieste Reich auf der Welt und so wohl geordnet, daß es nur an den Deutschen selbst läge, glückselig zu sein. Die nach dem Dreißigjährigen Krieg am meisten vertretene und einigermaßen zutreffende Auffassung war, das Reich habe eine aus monarchischen und aristokratischen Elementen „gemischte Form". Den Landesherren war im Westfälischen Frieden die Souveränität über ihre Untertanen und das Recht, mit außerdeutschen Mächten Bündnisse zu schließen, zuerkannt worden. Eine völlig absolute Herrschergewalt besaßen die deutschen Landesfürsten trotzdem nicht. Grundsätzlich waren sie in manchen wichtigen Angelegenheiten von Kaiser und Reich abhängig. Die Rechte der Landstände wurden zwar in den meisten größeren weltlichen Territorien stark beschnitten, einige Reste blieben jedoch auch hier erhalten, und in den katholischen und evangelischen Ländern des Reiches behauptete sich während der Barockzeit die Auffassung vom christlich-patriarchalischen Charakter des Herrschertums wenigstens theoretisch. In der Praxis freilich fühlten sich nicht wenige deutsche Landesfürsten als „irdische Götter" (S. 287 f.) und lebten und regierten dementsprechend. Der aufgeklärte Absolutismus (S. 168) richtete sich in seiner Zielsetzung zum guten Teil nach Ideen und Lehren von Pufendorf und Thomasius.

Während des 15. Jahrhunderts hatte das römische Recht in Deutschland Eingang gefunden, das deutsche jedoch nicht durchweg verdrängt. Hier einen Ausgleich zu schaffen, war eine der vordringlichsten Aufgaben der R e c h t s w i s s e n s c h a f t, die sich mit dem unmittelbar für die praktische Anwendung bestimmten positiven Recht befaßte. Nachdem im 16. Jahrhundert das römische Recht durch Übersetzungen und durch allgemeinverständliche Darstellungen weiteren Kreisen zugänglich gemacht und deutsche Rechtsbücher neben einheimischen Quellen das römische und das kanonische Recht berücksichtigt hatten, erschienen in der zweiten Hälfte des 17. Jahrhunderts Werke, die wie die drei Bände von Johann Schilter (1632—1705) aus Pegau in Sachsen „Praxis juris Romani in foro Germanico" (1. Auflage 1698) das deutsche Recht systematisch im Zusammenhang mit dem römischen behandelten. Das Staatsrecht begann man gegen Ende des 16. Jahrhunderts allgemeiner vom Privatrecht zu scheiden und wissenschaftliche Untersuchungen über die Rechte des Reiches und der Landesfürsten anzustellen. In den evangelischen Gebieten änderten die

Landesobrigkeiten das vorreformatorisch-kanonische Recht in vielen Punkten um. Die protestantische Kirchenrechtswissenschaft begründete Benedikt Carpzow (1595—1666) aus Wittenberg, Rechtslehrer an der Universität Leipzig, mit dem Werke „Jurisprudentia ecclesiastica" (1645); die von ihm gewählte Bezeichnung „jus ecclesiasticum" statt „jus canonicum" wurde fortan bei den Protestanten üblich. Für die Katholiken galt nach wie vor das kanonische Recht. Zu den am meisten verbreiteten Arbeiten darüber zählten das „Jus canonicum universum" in sechs Bänden (1. Auflage 1700) von Anaklet Reiffenstuel und des Franz Schmalzgrueber siebenbändiger Kommentar zum Jus canonicum (1. Auflage 1717—1727). Die Wissenschaft des deutschen Privatrechtes förderten besonders Schilter und Thomasius, dieser hat als erster darüber an einer Universität, in Halle, Vorlesungen gehalten.

Für das Strafrecht war an und für sich maßgebend die 1532 von Kaiser Karl V. als Reichsgesetz eingeführte „Constitutio Carolina Criminalis" kurz „Carolina", auch „Peinliche" oder „Halsgerichtsordnung" genannt. Die Reichsstände hatten aber ihre Zustimmung zu diesem Gesetz nur unter der Bedingung gegeben, daß dadurch den „alten, wohlhergebrachten, rechtmäßigen und billigen Gebräuchen nichts benommen" würde, und dehnten sie dann auch auf spätere Gesetze aus. Auf der Grundlage der Carolina, altüberkommener Rechte und von den Territorialfürsten weiterhin erlassener Gesetze entstanden zahlreiche neue Landrechte. Manche von ihnen erlangten über ihren ursprünglichen Bereich hinaus großen Einfluß. In der Ausarbeitung von Landrechten und in ihrer Kommentierung unter wissenschaftlichen Gesichtspunkten und für praktische Zwecke haben hohe Beamte und Rechtslehrer der Barockzeit viel und Ausgezeichnetes geleistet. Da diese Arbeiten für die Landesherren und ihre Regierungen von größter Bedeutung waren, gewannen nun die Juristen ein höheres Ansehen als die Theologen. Der erste Systematiker des Strafrechtes ist Benedikt Carpzow geworden mit seinen Werken „Practica nova rerum criminalium" (1635) und namentlich der auch außerhalb Sachsens viel benützten „Practica criminalis" (1638), von ihr erschien ein Auszug in deutscher Sprache („Peinlicher sächsischer Inquisitions- und Achtsprozeß"). Ein sehr frommer Herr, der sich rühmte, die Bibel dreiundfünfzigmal ganz durchgelesen zu haben, hat Carpzow doch viel dazu beigetragen, daß die „peinliche Frage", die Anwendung der Folter zur Erzwingung eines Geständnisses, und das grausame Strafsystem der Carolina beibehalten wurden, bis endlich die Aufklärung dieser Barbarei allmählich ein Ende machte. Die rechtsgeschichtliche Forschung, die zu Beginn des 19. Jahrhunderts ein wesentlicher Bestandteil der Rechtswissenschaft wurde, geht in ihren Anfängen auf die Barockzeit zurück; bahnbrechend wirkte hier das Werk „De origine juris Germanici" (1643) des auch als Staatsrechtslehrer hervorragenden Helmstedter Professors Hermann Conring.

Geschichtsschreibung und Geschichtswissenschaft

Die Reformatoren hatten ihre Trennung von der päpstlichen Kirche mit dem Vorwurf begründet, sie wäre vom ursprünglichen Christentum abgefallen. Indem man dies von evangelischer Seite historisch zu beweisen und von katholischer zu widerlegen suchte, entstand die neuere Kirchengeschichtsschreibung. Eingeleitet wurde sie durch ein gewaltiges Werk, das unter dem Titel „Ecclesiastica historia ... secundum singulas centurias" in dreizehn Bänden 1559 bis 1574 zu Basel erschien und nach dem ersten Sitz der Redaktion und nach der Einteilung in Jahrhunderte gewöhnlich „die Magdeburger Zenturien" genannt wird. Den Plan zu dem Werk und zu seiner großzügig aufgebauten Organisation entwarf Matthias Flacius (S. 17), auch an der Ausführung war er wesentlich beteiligt. Nach seinem Tode 1575 wurde das Werk nicht mehr fortgesetzt, der letzte Band behandelt die Zeit bis 1308. Flacius und seine Mitarbeiter erstrebten keine flüssige, den Leser fesselnde Darstellung und mit ihrer Einteilung nicht eine die Hauptbewegungen der einzelnen Jahrhunderte hervorhebende Periodisierung, sie wollten für den konfessionellen Kampf des Protestantismus wider die Papstkirche ein denkbar reichhaltiges Arsenal schaffen, in dem sich die für einen bestimmten Fall geeigneten Waffen schnell finden ließen, und dafür war die Gruppierung nach Jahrhunderten mit Kapiteln, die schematisch wie eine Kartothek jeweils den gleichartigen Stoff darbieten, durchaus geeignet. Den Gegenschlag führte der Italiener Caesar Baronius (1538—1607) mit seinen „Annales ecclesiastici" (zwölf Bände, 1588—1607). Sie halten immer die chronologische Reihenfolge ein. Diese eignete sich zur Berücksichtigung des inneren Lebens der Kirche weniger als die sachliche Gruppierung des Flacius innerhalb der einzelnen Jahrhunderte. Die Tendenz der Magdeburger Zenturiatoren, die sich um den Nachweis eines stetig fortschreitenden Abfalls der Papstkirche vom wahren Christentum bemühten, war pessimistisch, die Tendenz des Baronius dagegen wollte zeigen, wie die katholische Kirche grundsätzlich jederzeit am ursprünglichen Christentum festgehalten und von ihm aus sich im einzelnen folgerichtig weiterentwickelt habe. Die „Magdeburger Zenturien" standen bei den orthodoxen Protestanten während des konfessionellen Zeitalters in höchstem Ansehen, für die katholische Kirchengeschichtsschreibung wurde die Auffassung des Baronius in allen Ländern maßgebend.

Gegen das katholische und das protestantische Kirchentum wandte sich der dem Pietismus und Spiritualismus nahestehende lutherische Theologe Gottfried Arnold (1666—1714) aus Annaberg. In seinem Hauptwerk „Unparteiische Kirchen- und Ketzerhistorie von Anfang des Neuen Testaments bis auf das Jahr Christi 1688" (zwei Foliobände, 1699 und 1700) führte Arnold aus, im 1. Jahrhundert ist die Kirche noch „rein" und im 2. Jahrhundert ihr Zustand im allgemeinen noch gut gewesen, im nächsten hat der Verfall des Christentums begonnen, erst, infolge der für das christliche Leben heilsamen Verfolgungen, nur langsam, immer rascher fortgeschritten ist er seit der Vereinigung von Staat und Kirche unter Konstantin I. und den folgenden Kaisern. Dadurch wurde die Kirche zu einem „Hurenhaus", Streit- und Zanksucht nahmen überhand, die Christen fingen an, sich gegenseitig zu „beißen und zu fressen". Das Mittelalter war „voller dicker Finsternis und unzähliger Irrtümer". Als die „blühende Jugend der neugeborenen christlichen Religion" pries Arnold die ersten sieben Jahre der Reformation, rügte aber die „greulichen Exzesse" bei ihrer Einführung, und da die Reformation eigentlich nur die Lehre und nicht das Leben verändert habe, besteht „kein Unterschied zwischen Papisten und Lutheranern", in ihrer Unchristlichkeit sind sie einander gleich. Aber ganz erloschen ist die wahre, sich in einem gottgefälligen Leben erprobende Frömmigkeit nie, sie fand ihre Zuflucht bei denen, die sich dem Zwange der offiziellen Kirche nicht fügten und deshalb von ihr ausgestoßen und als Ketzer verfolgt wurden. Natürlich erregte Arnold bei seinen Amtsbrüdern ein ungeheures Ärgernis mit seiner Kirchengeschichte, der ersten in deutscher Sprache geschriebenen, zumal da fast zwei Drittel von ihr das 16. und 17. Jahrhundert behandeln. Um so größer war der Beifall von Männern wie Thomasius. Er hielt „des Herrn Arnoldi Historie nach der Heiligen Schrift für das beste und nützlichste Buch, das man in hoc scribendi genere gehabt hat, und scheue mich nicht, dasselbe allen meinen auditoribus hiemit auf das Nachdrücklichst zu empfehlen und wenn sie das Geld dafür ihrem Mund absparen oder erbetteln" müßten.

Die Zenturiatoren, Baronius und Arnold haben eine überreiche Fülle bis dahin unbekannten oder wenig beachteten geschichtlichen Stoffes zusammengetragen. Die Mitarbeiter des Flacius durchforschten zahlreiche Bibliotheken und Archive des In- und Auslandes, nicht selten verkleideten sie sich, um sich Zugang zu Klöstern und sonstigen geistlichen Anstalten zu verschaffen, mitunter schreckten sie auch nicht davor zurück, ihnen für ihre Zwecke besonders geeignet Erscheinendes zu stehlen, um durch das Abschreiben derartiger Texte nicht aufzufallen. Baronius öffneten sich die päpstlichen Archive mit ihren sonst sorgsam geheimgehaltenen Akten, überdies war er Vorsteher der vatikanischen Bibliothek, und Arnolds „Kirchen- und Ketzergeschichte" enthält viel Material aus der nachmittelalterlichen Zeit, das uns nur durch ihn überliefert ist. Über die Geschichte des Geisteslebens bietet Baronius verhältnismäßig am wenigsten, ihm kam es vor allem auf die Darstellung der Haupt- und Staatsaktionen der katholischen Kirche an, ihr Glaube und ihre Lehre sind nach Baronius sich von Anfang an immer gleich geblieben. Die Zenturiatoren gingen von ihrer Zielsetzung aus, den Abfall der Papstkirche vom wahren Christentum nachzuweisen, etwas mehr auf das Geistesleben ein. Für Arnold aber ist es oder, genauer, das Seelenleben der Hauptgegenstand seiner Geschichte, denn „das menschliche Herz und sein Leben, das ist im tiefsten sein Thema" (Seeberg). Kritik übten die Zenturiatoren und Baronius an den Quellen nur von ihrem konfessionellen Standpunkt aus, wobei sich Baronius etwas mehr an die kritische Forschungsmethode und an einzelne ihrer Ergebnisse aus der vorausgegangenen humanistischen Epoche hielt. Dagegen führte er „zum ersten Male die moderne Vertuschungsmethode in großem Umfang in die Kirchengeschichte ein" (Fueter), Arnold legte auf die kritische Untersuchung der Quellen noch geringeren Wert als die Zenturiatoren, von denen er seinen Stoff für die ältere Zeit und die Einteilung nach Jahrhunderten übernahm; immerhin verzichtete er auf die Wiedergabe von allzu grotesken Teufelsgeschichten und dergleichen unter dem Einfluß der inzwischen weiter fortgeschrittenen naturwissenschaftlichen Aufklärung. Bei seiner grundsätzlichen Ablehnung jeglichen offiziellen Kirchenwesens konnte Arnold den Kirchen natürlich nicht gerecht werden; aber wenn er auch selbst die von ihm erstrebte Objektivität nicht zu verwirklichen vermochte, hat er sie doch mit seinem ehrlichen Willen, unter „Hintansetzung aller vorgefaßten Meinungen" und „ohne Absehen auf menschliche Autorität" zu Werke zu gehen, seiner Zeit vorauseilend, als ein Postulat der Geschichtswissenschaft und einer unverfälschten Geschichtsdarstellung richtig erkannt.

Quellenkritik wurde methodisch erstmals im Zusammenhang mit einem Zweig der Kirchengeschichte geübt. Der belgische Jesuit Jean de Bolland (1596—1665) begann 1643 die bis heute fortgesetzten „Acta sanctorum", Heiligenleben, herauszugeben. In den Vorreden, die er, seine Mitarbeiter und Nachfolger, die „Bollandisten", den einzelnen Heiligenbiographien vorausstellten, wurden die Quellen systematisch nach ihrem Alter und ihrer Echtheit untersucht. Einer der Bollandisten, Daniel Papebroch (1628—1714) schoß dabei weit über das Ziel, er erklärte alle Urkunden vor dem Frankenkönig Dagobert I. (623—639) als Fälschungen. Daraufhin verfaßte Jean Mabillon (1632—1707), Mitglied der durch ihre wissenschaftlichen Leistungen auf geschichtlichem Gebiet berühmten französischen Benediktinerkongregation St. Maur, das Werk „De re diplomatica" und begründete damit eine der wichtigsten historischen Hilfswissenschaften, die Diplomatik oder Urkundenlehre. Die Bollandisten und Mabillon erstreckten ihre Kritik als Ordenspriester selbstverständlich nicht auf Dinge, die durch das Dogma festgelegt waren, auch machten sie sich nicht genügend klar, daß echte Urkunden und sonstige zeitgenössische Quellen absichtlich oder unabsichtlich falsche Angaben enthalten können, einen großen, sich auch in Deutschland auswirkenden Fortschritt für die geschichtliche Forschung bedeuteten die methodisch-kritischen Errungenschaften der Bollandisten, Mabillons und seiner Ordensgenossen aber doch.

Am dürftigsten entwickelte sich in Deutschland das Studium der Weltgeschichte. Von protestantischer Seite wurden mehrere Abrisse der Universalgeschichte herausgegeben, wie von Johann Sleidan (1507—1556) „De quattuor summis imperiis" (1556, in einigen siebzig Auflagen verbreitet), von Melanchthon 1558—1560 die Neubearbeitung einer bereits 1532 in Wittenberg erschienenen Weltchronik, von Georg Horn „Brevis et perspicua introductio ad universalem historiam" (1665), von Christoph Cellarius (1638—1707) „Historia universalis in antiquam et medii aevi ac novam divisa" (1702) und von Johann Hübner „Kurze Fragen aus der politischen Historia" (1702 ff.), in der Form eines Katechismus. Kulturgeschichtlich sind diese Bücher von Interesse, weil sie bis ins Aufklärungszeitalter hinein gelesen wurden und so Rückschlüsse auf die durchschnittlichen geschichtlichen Vorstellungen der Gebildeten ermöglichen. Von allgemeiner Bedeutung für die Historiographie wurde des Cellarius Handbuch dadurch, daß er für die bis dahin übliche Periodisierung in quattuor summa imperia oder in die vier Weltmonarchien: die babylonisch-assyrische, die persische, die mazedonische und die römische, als deren unmittelbare Fortsetzung das Heilige Römische Reich deutscher Nation galt, die Einteilung in die Geschichte des Altertums bis Kaiser Konstantin I. (306—337), des Mittelalters bis zur Eroberung Konstantinopels durch die Türken (1453) und der Neuzeit wählte. Cellarius stieß damit zunächst auf viel Widerspruch, doch setzte sich seine Periodisierung der Universalgeschichte schließlich durch. Die „Historische Chronik oder Beschreibung der vornehmsten Geschichte vom Anfang der Welt bis auf das Jahr 1619" (1629) von dem Straßburger Johann Philipp Abele und die „Allgemeine Schaubühne der Welt oder Beschreibung der vornehmsten Weltgeschichte" (1699) des Hiob Ludolf aus Erfurt dienten der Unterhaltung und Belehrung breiter Kreise. Des Bischofs und berühmten Kanzelredners Jacques

Bénigne Bossuet „Discours sur l'histoire universelle jusqu'à l'empire de Charlemagne" (1681) wurde auch in Deutschland viel gelesen. Eine wirklich universalhistorische Darstellung lag den Geschichtsschreibern des Barocks noch fern.

Die Reichs- und die Ländergeschichtsschreibung, die meist Dynastengeschichte zum Gegenstand hatte, verfolgte zum Teil praktische Zwecke mit juristischem Einschlag. Bei gegenseitigen Auseinandersetzungen oder mit der Reichsgewalt suchten die Reichsstände die öffentliche Meinung durch den Nachweis für sich zu gewinnen, sie hätten sich bei ihrem Vorgehen an das alte Recht und Herkommen gehalten. Die Historiker, welche diese Aufgabe übernahmen, ließen möglichst nur die Akten oder Auszüge daraus sprechen, wobei die Versuchung nahelag, durch Auswahl und Gruppierung die geschichtliche Wahrheit zu verfälschen. Als erster hat Sleidan diese Methode weitgehend angewendet in dem Werke „De statu religionis et reipublicae Carolo V. Caesare". Es umfaßt in der ersten Ausgabe (1555) die Zeit von 1517—1555, also nahezu die ganze Reformationsepoche, in der zweiten Ausgabe (1556) auch noch ihren Abschluß durch den Augsburger Religionsfrieden und sollte den Abfall der evangelischen Reichsstände vom alten Glauben und ihren bewaffneten Widerstand gegen den Kaiser rechtfertigen. Unparteiisch ist dieses Werk natürlich nicht, doch vertritt es seinen Standpunkt maßvoll, vermeidet die damals in der konfessionellen Polemik üblichen gehässigen Ausfälle und bietet die Aktenauszüge in knapper, leicht verständlicher und ansprechender Form. Die ganze Reichsgeschichte oder Teile davon behandelten manche Rechtsgelehrte und Historiker, um juristische Gutachten zu stützen oder ihre Studenten in das geltende Reichsrecht einzuführen; Simon Friedrich Hahn, Professor der Geschichte zu Helmstedt, hob in seinem Werke „Vollständige Einleitung zu der deutschen Staats-, Reichs- und Kaiserhistorie und dem daraus fließenden Jure publico" (1721—1724) ausdrücklich hervor, er wolle, „nichts vorbeilassen, was in dem deutschen Staats-, Lehen- und Kirchenrechte oder in den Streitigkeiten und Ansprüchen hoher Potentaten Licht zu geben vermag". Wesentlich unter staatsrechtlichen Gesichtspunkten sind auch die Bücher über Reichsgeschichte von dem Leipziger Professor Johann Jakob Mascov (1689—1761) und dem sächsischen Grafen Heinrich von Bünau (1697—1762) abgefaßt.

Am vollkommensten ist die Methode der aktenmäßigen Geschichtsschreibung mit politischer Tendenz von der Art Sleidans ausgebildet in einem Werke der Ländergeschichtsschreibung, in Pufendorfs „De rebus gestis Friderici Wilhelmi Magni, Electoris Brandenburgici" (1695). Pufendorf gab hier einen in erster Linie für die Reichsstände und für die auswärtigen Mächte bestimmten Rechenschaftsbericht über die Kriegshandlungen und die Außenpolitik des Kurfürsten Friedrich Wilhelm, teilte aber darin so viel aus den Archiven mit, daß alsbald nach Erscheinen des Werkes der Vorwurf laut wurde, es schädige den Ruf der brandenburgischen Politik. Ebenfalls aktenmäßig hatten zuvor Teile der Geschichte des Dreißigjährigen Krieges Bogislaw Philipp von Chemnitz (S. 405) im Auftrage der Königin Christine von Schweden und Pufendorf im Auftrage des schwedischen Königs Karl XI. veröffentlicht. Die exakte Forschungsmethode Mabillons führte Leibniz in Deutschland ein und verband sie in seiner umfangreichsten historischen Darstellung, den erst im 19. Jahrhundert gedruckten „Annales imperii occidentis Brunsvicenses", mit der

Art der offiziellen Reichs- und Länderhistoriographie, und so reihen sich in dieser von Braunschweig ausgehenden Geschichte des Deutschen Reiches fast nur Staats-, Kirchen- und Kriegsgeschehnisse meist ohne innere Verbindung aneinander. Von den mancherlei Ansätzen zu einer geschichtsphilosophischen Betrachtungsweise, die sich in anderen Schriften von Leibniz finden, ist in seinen eigentlich historischen Arbeiten nur selten etwas zu spüren. An der damals in großem Umfange unternommenen Veröffentlichung von Quellensammlungen zur Reichs-, Kirchen- und Ländergeschichte nahm Leibniz regen Anteil, und er gab selbst drei auch für die Reichsgeschichte aufschlußreiche Bände „Scriptores rerum Brunsvicarum" (1707—1711) heraus.

Neben Landesgeschichte in der Art von Pufendorfs „Res gestae Friderici Wilhelmi Magni" und von Staatengeschichten für die allgemeine Unterrichtung, wie Pufendorfs „Einleitung zu der Historie der vornehmsten Reiche und Staaten in Europa" (1682—1686), die Geschichtsabrisse von vierzig europäischen Staaten (1702 bis 1708) des Ludwig Heinrich Gude und die unter dem Titel „Germania princeps" (1702) erschienenen geschichtlichen und staatsrechtlichen Kompendien des auch um die Herausgabe von Quellensammlungen verdienten Württembergers Johann Peter von Ludewig, entwickelte sich eine höfisch-vaterländische, in der Verherrlichung des Herrscherhauses gipfelnde Historiographie. Eines der übelsten Beispiele dieser Gattung sind Sigmund von Birkens zwei Folianten „Spiegel der Ehren des... Erzhauses Österreich" (1668), geschrieben in einem unerträglich schwülstigen Stil und bar jeglichen geschichtlichen Verständnisses. In maßvollen Grenzen hält sich die panegyrische Tendenz in den auf Veranlassung des bairischen Kurfürsten Maximilian I. von dem Jesuiten Vervaux verfaßten „Annales Boicae gentis" (1662), die zu den bedeutendsten Leistungen der höfischen Geschichtsschreibung zählen. Jegliche Lobhudelei lag dem biederen Edelmann und ehemaligen hohen bairischen Staatsbeamten Wiguläus Hund (1514—1588) ferne. Er hatte, wie er einmal sagte, die höchste Freude und Lust an Historien, auf eine eigentliche Landesgeschichte wollte er sich jedoch nicht einlassen, weil über die frühere schon Aventin mit großem Fleiß geschrieben habe und über jüngst Vergangenes und Gegenwärtiges viel zu schreiben hoch bedenklich und gefährlich wäre, und so veröffentlichte er die „Metropolis Salisburgensis" (1582) mit der Geschichte der bairischen Bistümer und Klöster und zu seiner „ehrlichen Kurzweil und dem geliebten Vaterland zu Ehren" das „Bairische Stammenbuch" (1585), worin über die Schicksale von hundertfünfundsiebzig Adelsgeschlechtern berichtet wird; beide Werke enthalten eine Fülle noch heute für Historiker wertvollen Stoffes. An den teils streng wissenschaftlich, teils liebhabermäßig, oft mit großem Aufwand an Phantasie betriebenen historischen Hilfswissenschaften der Heraldik und der Genealogie nahm besonders der Adel ein höchst persönliches Interesse. Unter den verschiedenen Geschichten von Adelsfamilien jener Zeit ist die der schwäbischen Herren von Zimmern kulturhistorisch am aufschlußreichsten und am amüsantesten zu lesen; die „Zimmerische Chronik" ist das gemeinsame Werk der Grafen Froben Christoph und Wilhelm Werner von Zimmern und von Frobens Sekretär Johannes Müller (niedergeschrieben 1564 bis 1566, erstmals gedruckt 1868/69). Die Reichsstädte waren auf ihre Vergangenheit nicht weniger stolz als die Fürsten und die adligen Herren auf die Geschichte ihres Geschlechtes. In der „Chronica der Freien Stadt Speyr" (1612), der Stadt der

Kaisergräber, entscheidender Reichstage in der Reformationszeit und schließlich des Reichskammergerichtes hat der Chronist Christoph Lehmann auch die Reichsgeschichte gebührend berücksichtigt.

Zeitgenössisches Geschehen wurde fortlaufend in dem von Johann Philipp Abele begründeten „Theatrum Europaeum" festgehalten. Es umfaßt in einundzwanzig von verschiedenen Verfassern bearbeiteten Bänden die Zeit von 1618 bis 1718 und wurde, nachdem die Familie Merian (S. 326) das Verlagsrecht erworben hatte, mit Kupferstichen ausgestattet. Daneben erschienen ähnliche, wenn auch nicht so bedeutende, zwischen Zeitung und Geschichtswerk stehende Veröffentlichungen, zum Teil nur über die Ereignisse in einem einzelnen Lande. Für Tagebücher, Memoiren, Lebensbeschreibungen und Selbstbiographien hatten die Menschen des Barocks eine große Vorliebe, vieles davon ist allerdings erst später gedruckt worden. Oft wurde Geschichtliches im Zusammenhang mit Länderkunde, mit Reiseschilderungen und dergleichen behandelt, in Anekdotensammlungen aufgenommen und bot den Stoff für Romane.

DIE DICHTUNG

Die Dichtung der zweiten Hälfte des 16. Jahrhunderts

Während der zweiten Hälfte des 16. Jahrhunderts behielt die Dichtung überwiegend den bürgerlich-volkstümlichen Charakter, die lehrhafte Tendenz und die Vorliebe für das Satirische der vorausgegangenen Epoche des Reformationszeitalters. Durch das „Narrenschiff" (1494) des Sebastian Brant war der „Narr", der in seiner Glaubens- und Sittenlosigkeit törichte und verderbte Mensch, eine Hauptfigur der didaktisch-satirischen Dichtung des 16. Jahrhunderts geworden. Das wüste Treiben der „groben" Narren hatte Brant in einem eigenen Abschnitt geschildert und mit dem Vers eingeleitet: „Ein neuer Heiliger heißt Grobian". Die Prosaschrift eines anonymen Autors (W. S.) „Grobianus Tischzucht bin ich genannt / Den Brüdern im Säuorden wohl bekannt" (1538) gibt Ratschläge für ein möglichst unflätiges Benehmen bei Tisch, ebenso, neben Anweisungen zu ungehobeltem Betragen von Morgen bis Abend, der „Grobianus" des Friedrich Dedekind in lateinischen Distichen. Die erste Ausgabe (1549) verfaßte Dedekind in Marburg als Student der Theologie, die zweite, erweiterte (1552) als Pastor in Neustadt an der Leine, die dritte (1554) erschien bis 1704 in sechzehn Auflagen; die freie, durch allerlei Zutaten auf den doppelten Umfang des Originals vermehrte Bearbeitung in deutscher Sprache von Kaspar Scheit mit dem Titel „Grobianus. Von groben Sitten und unhöflichen Gebärden" (1551) brachte es bis 1615 auf fünfzehn Auflagen. Außer in der eigentlich grobianischen Dichtung mit ihren ironisch-satirischen Anstandsregeln mehrte sich nach dem damals vielgepriesenen und geübten Grundsatz „durch Scherz belehren" das grobianische Narrenwesen in fast allen Zweigen des didaktischen und unterhaltenden Schrifttums, fanden doch auch damals, wie etwa die Zimmernsche Chronik zeigt, hohe Damen und Herren an grobschlächtigen Dingen Wohlgefallen.

Eine erhebliche Konkurrenz erwuchs den Narrengeschichten, namentlich bei den Protestanten, in der Teufelsliteratur. Die dämonische Verkörperung der verschiedenen Laster und üblen Eigenschaften lag dem Christentum an und für sich nahe. Die ungeheure Bedeutung, die Luther dem Teufel als Widersacher Gottes beimaß, führte dazu, daß man das Schlechte, Gemeine und die mannigfachsten Mißstände im staatlichen, kirchlichen und gesellschaftlichen Leben ähnlich wie in Narren so nun auch in Teufeln personifizierte: im Neid-, Geiz-, Wucher-, Hoffahrts-, Sauf-, Zauber-, Gelehrten-, Schriftsteller-, Ehe-, Weiber-, Huren-, Mode-, Pfarr-, Schul-, Kriegs-, Soldatenteufel und so fort. Das riesige Teufelsheer ließ der Frankfurter Verleger Feyerabend in dem von ihm 1569 herausgegebenen „Theatrum Diabolorum", einem gewaltigen Wälzer, aufmarschieren. Durch seine sich gegen die Pluderhosen mit ihrem ungeheuren Stoffaufwand (S. 272) richtende Schrift „Der Hosenteufel" (1555, letzte Auflage 1629) verhalf der Theologieprofessor Andreas Musculus diesem verhältnismäßig harmlosen Teufel zu weitverbreitetem, nachhaltigem Ruhm. Im übrigen hatte der Teufel schon während des Mittelalters in der Heiligenlegende, im geistlichen Drama, in Sage und Märchen eine große Rolle gespielt und spielte sie jetzt bei Protestanten und Katholiken nicht nur in der nach ihm benannten Literaturgattung weiter.

Das über viertausend Meistersingerlieder, ungefähr zweihundert dramatische Dichtungen, siebzehnhundert Erzählungen, Schwänke und dergleichen umfassende Schaffen des zu Nürnberg als Sohn eines Schneidermeisters geborenen Hans Sachs (1494—1576) hatte durchweg eine didaktisch-moralische Tendenz und, soweit es dem Gegenstand angemessen war, satirischen Charakter. Von seinem siebten bis fünfzehnten Jahre besuchte Hans Sachs die lateinische Schule seiner Vaterstadt, erlernte dann das Schusterhandwerk, durchzog auf seinen Gesellenwanderungen Süddeutschland und die Rheingegenden, kehrte 1516 nach Nürnberg zurück und wurde 1520 als Meister in die Schuhmacherzunft aufgenommen. Er nannte sich selbst einen „ungelehrten Mann, der weder Latein noch Griechisch kann", und das meiste vergessen habe, was man ihm in der Schule beigebracht hatte, aber er verdankte ihr doch wohl zum guten Teil, daß er, der Handwerker, sich später so viel vom damaligen Bildungsgut anzueignen vermochte. In die Kunst des Meistergesangs ließ sich Hans Sachs schon während seiner Lehrlingszeit einführen, und wohin er auf seinen Wanderungen kam, besuchte er die Gesangsschulen und beteiligte sich an ihren Übungen. Vom Mittelalter her wurden beim „Hauptsingen" in der Kirche oder im Rathaussaal religiöse Themen behandelt, seit dem 16. Jahrhundert auch Stoffe aus der Sage, aus der Geschichte, aus Romanen und aus dem Zeitgeschehen, wie Szenen vom Leben Luthers oder von den Türkenkriegen; beim „Zechsingen" im Wirtshaus immer mehr Schlüpfriges und Derbes aus italienischen Facetien und Novellen wie Boccaccios Dekamerone und aus den jetzt in großer Zahl erscheinenden deutschen Schwankbüchern. Zu dem Stoffreichtum des Meistergesangs und der übrigen damals üblichen Gattungen der Dichtkunst hat Hans Sachs als unermüdlicher Leser einer Menge von Büchern aus der Antike, dem Mittelalter, der Renaissance, dem deutschen Humanismus und namentlich der Bibel wesentlich beigetragen. Sehr vieles davon war ihm nicht im Originaltext, sondern nur in der seit dem 15. Jahrhundert stark anschwellenden, von den Vorlagen häufig willkürlich abweichenden Übersetzungsliteratur zugänglich, doch hatte dies nicht viel auf sich, weil man ja alle diese Stoffe in dem eigenen Geiste und Empfinden, dem bürgerlichen des 16. Jahrhunderts, zu gestalten trachtete.

Weit über seine Vaterstadt hinaus ist Hans Sachs zuerst durch das Eintreten für Luther und seine Lehre mit dem Spruchgedicht „Die Wittenbergisch Nachtigall, die man jetzt höret überall" (1523) und im folgenden Jahre mit vier Dialogen in Prosa, darunter die „Disputation zwischen einem Chorherrn und Schuhmacher, darin das Wort Gottes und ein recht christlich Wesen verfochten wird", bekannt geworden. Den größten Teil seiner Dichtungen, die Meisterlieder, ließ Hans Sachs nicht drucken, weil den Mitgliedern der Meistersingerzünfte streng verboten war, die Meistergesänge zu veröffentlichen; er behandelte aber oft denselben Stoff außerdem in der Spruchdichtung, der er sein übriges Schaffen, auch das dramatische und die Volks- und Kirchenlieder zurechnete. Sein Ruhm in neuerer Zeit beruht hauptsächlich auf seinen Schwänken, Erzählungen und dramatischen Werken, namentlich den Fastnachtsspielen. Die Nürnberger Aufführungen wurden zum Vorbild für ähnliche in Augsburg, Magdeburg, Breslau und anderen Städten. Die biblischen Dramen, die Weihnachts- und die Osterspiele erhielten sich, auf dem Wege mündlicher Überlieferung mannigfach umgewandelt, jahrhundertelang als Volksschauspiele besonders in einigen Teilen Österreichs und in Oberbaiern.

In Hans Sachsens Persönlichkeit und Dichtung verkörpern sich die besten Seiten des damaligen deutschen Bürgertums. Als tüchtiger Handwerker brachte er es zu einem behäbigen Wohlstand, von dem aus das private und öffentliche Treiben sich mit Gelassenheit und Humor beobachten und mit einer Satire schildern ließ, die, ohne bitter zu werden, darauf ausging, zu ergötzen und zu bessern. Hoher Geistesflug lag dem biederen Meister nicht, doch war er vielseitig interessiert, und für die neue Lehre begeisterte er sich ehrlich, verfiel aber auch darin nicht einseitiger Voreingenommenheit, vielmehr warnte er jeden Christenmenschen vor fanatischem Übereifer, suchte der alten Kirche gerecht zu werden und nahm den ärgerlichen Wandel von Leuten, die sich lutherisch nannten, ebenso aufs Korn wie die „Scheinwerke" katholischer Geistlicher. Das stolze Selbstbewußtsein als Bürger der von ihm hochgepriesenen freien Reichsstadt Nürnberg machte ihn nicht überheblich; in seinen Fastnachtsspielen, die sich trotz volkstümlicher Derbheit von den groben, oft witzlosen Unflätereien seiner Vorgänger freihielten, ist nicht, wie sonst üblich, der Bauer immer ein einfältiger Tölpel. Unter seinen Dichtungen, die größtenteils Handwerkerware und Gelegenheitsarbeiten sind, zeugen immerhin so viele von tiefem Gemüt und echt poetischer Auffassung und Gestaltungskraft, daß Hans Sachs alles in allem mit Recht als der fruchtbarste und trefflichste deutsche Dichter des 16. Jahrhunderts gilt.

Die Vorzüge von Hans Sachsens Art treten besonders auch bei seinen zahlreichen Schwankdichtungen hervor. Um die Mitte des 16. Jahrhunderts verlegte man sich mehr auf das Herausgeben von Schwanksammlungen, die meist Altbekanntes für kurzweilige Unterhaltung in Gesellschaft oder für einsame Stunden in Fülle bieten sollten: „Rollwagenbüchlein" (Reisewagenbüchlein, 1555 und 1557 in erweiterter Ausgabe) von Jörg Wickram, „Gartengesellschaft" von Jakob Frey, „Wegkürzer" (1557) und „Der Gartengesellschaft anderer Teil" (1559/1566) von Martin Montanus, „Rastbüchlein" und „Katzipori" (beide 1558) von Michael Lindner, „Nachtbüchlein" (1559) von Valentin Schumann, „Wendunmut" (1563) von Wilhelm Kirchhof. Vor allem kleinbürgerliche und bäuerliche Narrenstreiche gab das 1597 in Straßburg erschienene „Lalebuch" zum besten; der Hesse Hans Friedrich von Schönberg arbeitete es etwas um, verlegte den Schauplatz nach dem sächsischen Städtchen Schilda (Schildau) und gab dem Buch den Titel „Die Schildbürger" (1598). Im Stofflichen sind sich diese Sammlungen sehr ähnlich, im übrigen unterscheiden sie sich fast nur dadurch, daß manche das Lehrhafte betonen, andere darauf verzichten, und daß zum Beispiel das „Rollwagenbüchlein" Obszönes vermeidet, während das „Nachtbüchlein" darin schwelgt; die Art der italienischen Facetisten, denen es mehr auf das facete dictum, den Wortwitz, als auf das facete factum, die Situationskomik, ankam, hat einzig Michael Lindner auf die Schwänke in deutscher Sprache zu übertragen versucht. Neben der Schwankdichtung war bereits im Mittelalter die ebenfalls auf grotesk-komische Wirkung abzielende Lügendichtung hergegangen. Gleich den Schwänken trug man jetzt Lügengeschichten zusammen, und wie Hans Friedrich von Schönberg alle die von ihm erzählten Schwänke an dem einen Ort Schilda sich abspielen ließ, hatte schon zuvor ein anonymer Herausgeber zum Träger der von ihm wiedergegebenen Lügengeschichten, die mit ihren maßlosen Aufschneidereien die tollsten Narrenstücke übertrumpfen sollten, eine einzelne Person gemacht, den „Finkenritter", und unter diesem Namen um 1560 ein Lügenbuch erscheinen lassen.

Komik, Satire und sittliche Belehrung verband man vielfach auch mit der Tierfabel. Hans Sachs gab am Schluß seiner Fabeldichtungen, wie dem „Kranken Esel", dem „Kargen Wolf", dem „Fuchs mit dem Hahn", eine moralische Nutzanwendung und verwendete des öfteren Tiergestalten für allegorische Vergleiche: Luther ist die Wittenbergische Nachtigal, Doktor Eck, der zu Leipzig wider Luther focht, das wilde Schwein, Emser, der Tröster aller Nonnen, der Bock. Die unter dem Namen des Aesop gehenden Fabelsammlungen des Mittelalters haben neu bearbeitet und ins Deutsche übersetzt der Hesse Burkhard Waldis in seinem „Esopus. Ganz neu gemacht und in Reimen gefaßt. Mitsamt hundert neuen Fabeln" (1548) und Erasmus Alberus aus Sprendlingen in der Grafschaft Isenburg-Büdingen in dem „Buch von der Tugend und Weisheit, nämlich neunundvierzig Fabeln, der mehrer Teil aus Esopo gezogen und mit guten Reimen verkläret" (1550); während der zweiten Hälfte des 16. Jahrhunderts erschienen des Waldis Sammlung in vier und die des Alberus in fünf weiteren Auflagen. Beide Bücher verraten in manchen Stücken eine antikatholische Tendenz. Alberus wandte sich gelegentlich auch gegen Schwarmgeister wie Thomas Münzer. Waldis preist in erster Linie die bürgerlichen Tugenden und gibt dem ruhigen, einfachen Dasein der Leute geringen Standes den Vorzug vor dem Leben der Reichen und Mächtigen; seine Darstellung zeichnet sich durch gewandte Beherrschung der epischen Kunstmittel und echtes dichterisches Empfinden aus. Alberus ist weitschweifiger, kommt oft vom eigentlichen Thema ab und verfällt zuweilen in eine bänkelsängerische Weise. Das Polemische tritt bei ihm schärfer hervor, mit ihm beginnt erst so recht die ausführliche konfessionell gefärbte Tierfabel; aus dem „Esel mit der Löwenhaut", der bei Hans Sachs fünfunddreißig Verse zählt und keinerlei Tendenz hat, machte Alberus den „Papstesel" mit hundertzweiundachtzig Versen, der mit der „tollen Pracht der Löwenhaut", bis sie ihm Luther abzog, die „Menschen all zu Narrn gemacht".

Die bedeutendste mittelalterliche Tiererzählung, der „Reineke Fuchs", wurde auch noch im 16. Jahrhundert wegen der lehrhaften und satirischen Anspielungen gern gelesen und bot Waldis und Alberus für ihre Fabeln, ebenso dem zu Bernau in der Mark geborenen Georg Rollenhagen für sein Tierepos „Froschmäuseler. Der Frösche und Mäuse wunderbare Hofhaltung" (1595) mancherlei Anregungen. Rollenhagen legte seiner Dichtung die aus der Antike stammende, dem Homer zugeschriebene „Batrachomyomachie" (Froschmäusekrieg) zugrunde, erweiterte aber die dreihundert Hexameter der griechischen Vorlage auf ungefähr zwanzigtausend deutsche Verse. Im ersten Kapitel bittet Rollenhagen die Musen um ihren Beistand. „Denn weil Ihr seid Jungfräulein zart, / So bleibt Ihr stets fröhlicher Art, / Sehet nicht ernstlich saur alle Stund, / Sagt oft wahr mit lachendem Mund, / Damit im Scherz die gute Lehr / Bei der Jugend schaff desto mehr. / Lasset die auch etwas Weisheit / Allhie lesen in Fröhlichkeit / Und an Fröschen und Mäusen sehen, / Wie es pflegt in der Welt zu gehen." Tatsächlich enthält der „Froschmäuseler" so manches nicht bloß für die damalige Zeit und für die Jugend Bemerkenswerte und Merkenswerte über den Lauf der Welt, im privaten Leben wie im weltlichen und im geistlichen Regiment, aber zu einem der besten Dichtwerke des ganzen 16. Jahrhunderts ist er doch durch die Art geworden, wie hier Rollenhagen meist humorvoll witzig und zuweilen bissig satirisch das von ihm liebevoll beobachtete und mit dem Auge des Dichters gesehene Leben der Natur zum Spiegelbild menschlichen Tuns und Treibens gestaltet hat.

Als Satiriker überragt alle seine Zeitgenossen Johann F i s c h a r t , als Dichter steht er freilich hinter Hans Sachs und Rollenhagen zurück. Fischart wurde 1546 oder 1547 als Sohn eines wohlhabenden Bürgers in Straßburg geboren, besuchte erst das Gymnasium seiner Vaterstadt, dann das in Worms, wo er bei einem Verwandten, dem Präzeptor Kaspar Scheit, wohnte, und studierte hierauf ungefähr zwei Jahre lang an den Universitäten Paris und Siena. Um 1570 ließ er sich in Straßburg als Schriftsteller und Mitarbeiter seines Schwagers Jobin, eines sehr rührigen Verlegers, nieder und machte verschiedene Reisen nach Frankfurt, Mainz, Tübingen, Nürnberg und anderen deutschen Städten. Seinem eigentlichen Fachstudium, der Rechtswissenschaft, hatte er sich wie damals viele Deutsche in Siena gewidmet, den Titel eines Doktors der Jurisprudenz erwarb er sich im August 1574 an der Basler Universität und blieb noch etwas in der an geistiger Regsamkeit mit Straßburg wetteifernden Stadt. Während dieser Zeit und den folgenden vier Jahren in Straßburg stand er auf dem Höhepunkt seines literarischen Schaffens. Von 1580 bis 1583 weilte Fischart in Speier, um am Reichskammergericht zu praktizieren. Hier lernte er Egenolf von Rappoltstein kennen. Als Vormund des minderjährigen Besitzers der Herrschaft Formbach in Lothringen ernannte Egenolf im Herbst 1583

Fischart zum Amtmann dieser Herrschaft. Die damit verbundenen mannigfaltigen Pflichten, mit denen sich Fischart erst vertraut machen mußte, ließen ihn längere Zeit nur wenig zu literarischen Arbeiten kommen. Erst zu Beginn des Jahres 1588 setzte eine neue Schaffensperiode ein. Sie war von kurzer Dauer, denn bereits gegen Ende 1590 starb Fischart, wahrscheinlich an einer der Seuchen, von denen damals Lothringen heimgesucht war.

In Straßburg genoß Fischart eine gründliche humanistische Bildung; Scheit, der Korrektor in einer Druckerei zu Lyon gewesen war und Dedekinds „Grobianus" übersetzt hatte (S. 412), führte seinen ungefähr siebzehnjährigen Schüler in die französische Sprache und Literatur, in die deutsche „Reimkunst", Schwankdichtung, Sagenwelt und dergleichen ein. Zeit seines Lebens interessierte sich Fischart für zahlreiche Zweige der Wissenschaft und erwarb sich so ausgebreitete Kenntnisse, daß er ein wahrer Polyhistor wurde. Wohin er kam, beobachtete er scharf und liebevoll das Volksleben, auch die Geisteskultur und die Werke der Kunst. Alles das bereicherte und belebte sein literarisches Schaffen. Er besaß eine überschäumende Einbildungskraft, ein reiches und tiefes Gemüt, sein Instrument als Schriftsteller, die Sprache, spielte er mit virtuoser Meisterschaft, und sein Stil ist, wie er selbst, von ausgeprägter Eigenart. Seine religiösen und wenigen weltlichen Lieder und manche seiner Erzählungen in Versen beweisen, daß er eine gewisse Begabung für Lyrik und noch mehr für Epik hatte.

Nach dem Augsburger Religionsfrieden war die konfessionelle literarische Polemik etwas abgeflaut, mit dem Fortschreiten der Gegenreformation erhob sie sich mit neuer Erbitterung und Heftigkeit, in Straßburg gelegentlich einer Bischofswahl im Januar 1569. Die sie begleitenden Auseinandersetzungen zwischen Alt- und Neugläubigen veranlaßten Jakob Rabe, einen zur katholischen Kirche übergetretenen gebürtigen Straßburger, eine Schrift zu veröffentlichen, in der er die segensreiche Tätigkeit der Jesuiten rühmte und den protestantischen Predigern Unbildung und einen liederlichen Lebenswandel vorwarf. Dagegen ließ Fischart 1570 sein erstes Werk, ein Gedicht von ungefähr dreitausend Versen, unter dem Titel „Nacht Rab oder Nebelkräh" erscheinen. Darin bezeichnete er Rabe, der Weltpriester war, irrtümlich oder absichtlich als einen Jesuiten und nahm dies zum Anlaß zahlreicher Ausfälle gegen den Jesuitenorden, das letzte Drittel des Werkes ist geradezu eine Schmähschrift. Auf dem Felde der literarischen konfessionellen Polemik kam unter den Katholiken Johann Nas, in der Art seiner Predigten ein Vorläufer des Abraham a Sancta Clara (S. 358), an Sprachgewalt, volkstümlicher Urwüchsigkeit und bissiger Satire Fischart am nächsten. Nas war 1534 zu Eltmann bei Würzburg von protestantischen Eltern geboren, lernte das Schneiderhandwerk, wurde 1551 zu München katholisch, trat hier im folgenden Jahre in den Franziskanerorden ein, studierte nun Latein und Griechisch und schließlich Theologie. Den Kampf wider die Evangelischen nahm er 1565 mit den „Antipapistischen eins und hundert" auf, worin er hundertundeine protestantische Lehrmeinungen derb-komisch verhöhnte und mit theologischen Argumenten zerpflückte; dieser „Centuria" ließ er weitere fünf folgen. In allen seinen Zenturien wies Nas mit offensichtlicher Schadenfreude immer wieder auf die Zerwürfnisse der Protestanten untereinander hin. Dem hielt Fischart in „Der Barfüßer Sekten und Kuttenstreit" (1570) entgegen, daß es innerhalb des Franziskanerordens selbst viele sich befeindende Rotten und Sekten gäbe, und in der umfangreichen Dichtung „Von S. Dominici des Predigermönches und S. Francisci Barfüßers artlichem Leben und großen Greueln" (1571) machte er die theologischen Streitigkeiten und die gegenseitige Eifersucht der Franziskaner, Dominikaner, Karthäuser und Augustiner lächerlich. Am gröbsten von Fischarts Reimdichtungen dieser Art ist „Die wunderlich unerhörtest Legend und Beschreibung des abgeführten, quartierten, gevierten und viereckichten vierhörnigen Hütleins" (1580), später kurz „Das Jesuiterhütlein" genannt.

Das freie Erfinden von Motiven und Gestalten war nicht die Stärke Fischarts. Er benützte deshalb meist Vorlagen, für seine konfessionellen Streitschriften zum Beispiel die „Epistolae Indicae et Japonicae" der Gesellschaft Jesu und Schriften von Dominikanern und Franziskanern über ihre Ordensstifter, verkehrte aber die Tendenz derartiger Quellen durch höhnische Zwischenbemerkungen, Wortverdrehungen, Einfügung von Fabeln und Schwänken ins Gegenteil. Dann wieder, wie im „Jesuiterhütlein" ging er von Schriften aus, die den Gegenstand in seinem Sinne behandelt hatten. Selbst sein Hauptwerk ist eine Übersetzung und Bearbeitung, die „Affenteuerliche und ungeheuerliche Geschichtsschrift vom Leben, Raten und Taten der vor langen Weilen vollenwohl beschrieenen Herren Grandgusier, Gargantua und Pantagruel, Königen in Utopien und Ninenreich. Etwan von M. Francisco Rabelais französisch entworfen: Nun aber überschrecklich lustig auf den teutschen Meridian visiert und ungefähr obenhin, wie man den Grindigen laust, vertiert" (1575). In Wirklichkeit hat Fischart seine Vorlage, das erste Buch vom Gargantua des Rabelais, nicht frei „vertiert", sondern, abgesehen von einigen wenigen Auslassungen und Änderungen, genau übertragen. Die dem Original eingefügten, es auf den dreifachen Umfang erweiternden Zusätze sind allerdings „auf einen deutschen Meridian visiert". Fischarts Wortspiele, Wortverdrehungen und Übertreibungen wirken oft noch grotesker als die von Rabelais. Die meisten Zusätze lassen deutlich Fischarts Bestreben erkennen, die moralisierende Tendenz der französischen Satire auf den deutschen Schauplatz seiner Zeit hinzulenken; er hat nicht nur die fremden Sitten, Gebräuche, Redensarten, Anspielungen, die bloß Franzosen verständlich waren, durch näherliegende deutsche Gewohnheiten erläutert, sondern auch ausführliche Schilderungen deutscher Lebensverhältnisse eingeflochten und dabei als deutscher Patriot mit Lob und Tadel nicht zurückgehalten.

Zu den besten kleineren Dichtungen Fischarts zählt der „Flöh Hatz, Weiber Tratz. Der wunder unrichtige und spottwichtige Rechtshandel der Flöh mit den Weibern" (erste Auflage 1573, zweite erheblich erweiterte, mehrmals nachgedruckte Ausgabe 1577). Der erste Teil, die Flöhklage, eine abgerundete Dichtung für sich, ist „ein Meisterstück eines kleinen, rein komischen Tierepos" (Hauffen). Im zweiten Teil fällt der Flohkanzler das Urteil: die Flöhe müssen von Rechts wegen die Verfolgungen dulden, weil sie vom Hunde zur Magd und von dieser zur vornehmen Dame aufstreben. Offensichtlich hat Fischarts „Flöhhatz" einen anonymen Dichter aus Hamburg zur Abfassung der „Floia ... de flois ..., qui omnes fere Minschos, Mannos, Weibras, Jungfras etc. behuppere et spitzibus suis schnaflis stekkere et bitere solent, autore Gripholdo Knickknackio ex Floilandia" (1593, oft aufgelegt und neu bearbeitet) in makkaronischen Versen angeregt. Sie bestehen aus einem Mischmasch von Wörtern der lateinischen und einer lebenden Sprache, hier des Niederdeutschen, wobei alle Wörter wie im Lateinischen flektiert werden. Auch Fischart streute gelegentlich Makkaronisches ein und übersetzte es mit „Nuttelverse" (Nudelverse), was heute noch als die wahrscheinlichste Erklärung gilt.

Fischarts zahlreiche Schriften, von denen hier nur einige hervorgehoben werden konnten, geben im ganzen ein farbenreiches Bild seiner Zeit. In dem Geist und in dem Ethos der nun abklingenden Epoche der bürgerlichen Kultur wurzeln das „Philosophische Ehezuchtbüchlein" (S. 377) und „Das glückhaft Schiff von Zürich. Ein Lobspruch von der glücklichen und wohlfertigen Schiffahrt einer bürgerlichen Gesellschaft aus Zürich auf das ausgeschriebene Schießen gen Straßburg" (1576), worin mit der anschaulichen Schilderung der Fahrt ein Lobpreis bürgerlicher Arbeitsamkeit, vaterländischer und nachbarlicher Treue verbunden ist. Werke wie die „Affenteuerliche und ungeheuerliche Geschichtsschrift" wiesen mit ihrer Titelfassung und ihrem Stil bereits auf das Barock hin; bei Valentin Andreae, Johann Balthasar Schupp, Moscherosch, Grimmelshausen und anderen Schriftstellern des Barockzeitalters ist der Einfluß von Fischarts Stil unverkennbar. Und durch die Übersetzung eines Teiles des „Amadis" aus dem Französischen hat Fischart zur Verbreitung dieses Romans in Deutschland, der zum höfisch-barocken Roman überleitete, viel beigetragen.

Der Stoff für Prosaromane wurde in Deutschland bis zur Mitte des 16. Jahrhunderts irgendwelchen Vorlagen entnommen. Die ersten Prosaromane von freier Erfindung schuf Jörg Wickram (um 1500 bis um 1560) aus Kolmar. Sein „Knabenspiegel" (1554), in dem die Erziehung und die Entwicklung zweier Jünglinge geschildert wird, zeigt überdies die ersten Ansätze zu einem Bildungsroman. „Von guten und bösen Nachbarn" (1556) ist der erste deutsche Kaufmannsroman, hier hat Wickram auch das Robinsonmotiv, das längst vor Defoe in der Literatur der verschiedensten Völker Eingang gefunden hatte, in Deutschland nach einer Pause von dreihundert Jahren wieder aufgenommen. Das Schicksal von glücklich oder unglücklich Liebenden ungleichen Standes behandelte Wickram mehrmals, im „Goldfaden" (1557) gewinnt ein armer Hirtenknabe die Liebe einer Grafentochter und überwindet durch kühne Abenteuer den Widerstand ihres Vaters. Wickrams schlichter, kerniger Stil steht dem der Volksbücher nahe, was bei dem Herausgeber des „Rollwagenbüchleins (S. 415) nicht überrascht. Der Stoffkreis der Volksbücher umfaßte „alles, was das Volk durch eine gewisse phantastische Unterhaltsamkeit und anschauliche Greifbarkeit ansprach" (Liepe). Sehr beliebte Volksbücher waren Prosaromane, die auf die französischen Ritterdichtungen zurückgingen. Viele derartige Helden- und Liebesgeschichten und aus dem Italienischen übersetzte, oft märchenhafte Erzählungen enthält das „Buch der Liebe" (1587). Spanien ist das Ausgangsland des Amadisromans, der im Laufe der Zeit in Spanien zu zwölf, in Frankreich zu vierundzwanzig und in Deutschland zu dreißig Bänden anschwoll. Im Jahre 1540 übertrug ihn erstmals des Essarts ins Französische, wobei er seine Vorlage frei bearbeitete. Den deutschen Ausgaben, zunächst einzelne Bände seit 1569, lagen französische Übersetzungen zugrunde. Mit den unterhaltsamen Schilderungen von Liebesszenen, von zahllosen Abenteuern und Kämpfen, von Riesen und Ungeheuern, von Zauber- und Wunderwerken und mit der chevaleresken Galanterie und einem hochgemuten aristokratischen Lebensgefühl stand der „Amadis" zwischen dem Volksbuch des 16. Jahrhunderts und dem höfisch-barocken Roman und fand bei Bürgersleuten und bei hohen Herrschaften, die sich gern Szenen daraus an die Wände ihrer Schlösser malen ließen, weite Verbreitung.

Inhalt und Form der von Hans Sachs dramatisierten Schwänke, seine Fastnachtsspiele und Meistersingerdramen und mehrere Komödien des Württembergers Nikodemus Frischlin (1547—1599) schlossen mancherlei Möglichkeiten zur Ausbildung eines weltlichen Dramas in sich, doch wurden hierfür um die Wende zum 17. Jahrhundert englische Komödianten maßgebend. Im Herbst 1586 trat erstmals eine Truppe von ihnen in Deutschland, in Dresden, auf, im Sommer des nächsten Jahres kehrte sie in ihre Heimat zurück. Von 1592 an kamen wieder englische Komödiantentruppen und faßten nun in Deutschland festen Fuß; um die Mitte des 17. Jahrhunderts endete ihre Tätigkeit auf deutschem Boden. Sie durchzogen alle Teile des damaligen Deutschlands, ihr Auftreten ist in ungefähr sechzig Städten nachgewiesen, den Winter über hatten sie meist ein Engagement an dem Hofe eines Fürsten. Die Bühnen waren einfach, das Repertoire umfaßte biblische und noch mehr weltliche Prosastücke, darunter auch, allerdings stark umgearbeitet und entstellt, Dramen von Shakespeare. Während die Bürger- und Schuldramen episch-rezitatorischen Charakter hatten, waren die Theaterstücke der englischen Komödianten rein auf schauspielerische Wirkung berechnet und mit tänzerischen, akrobatischen und musikalischen Darbietungen verbunden. Die Frauenrollen wurden von Männern gespielt. Den größten Beifall erzielte gewöhnlich der in den Pausen auftretende, in der Regel vom Prinzipal der Truppe agierte Clown, Stockfisch, Pickelhering (eingepökelter Hering) oder Hanswurst genannt. Zum Gebrauch der deutschen Sprache gingen die englischen Komödianten bereits im ersten Jahrzehnt des 17. Jahrhunderts über, bis dahin hatten sie sich durch ihre lebhafte Gestik und die reich bewegte Handlung den Zuschauern einigermaßen verständlich gemacht. Neben dem rein Schauspielerischen und der Entstehung eines eigenen Schauspielerstandes war die größte Neuerung für Deutschland die Einführung des Singspieles zwischen oder nach der Hauptaktion. Geprellte Ehemänner, zank- und herrschsüchtige Weiber, verliebte Pedanten, geckenhafte Greise, vagierende Studenten und buhlerische Mönche als Galane und der Pickelhering als Diener ergötzten mit ihrem Gesang und ihren Gebärden das Publikum.

Je eine Gruppe der 1592 in Deutschland erschienenen englischen Komödianten nahmen Herzog Heinrich Julius von Braunschweig-Lüneburg und der Landgraf Moritz von Hessen bei sich auf und wurden dadurch selbst zur Abfassung von Dramen in der Art der Stücke ihrer Gäste angeregt. Die Werke des Hessen sind verlorengegangen, von den Dramen des Braunschweigers erschienen zwölf im Druck (1593—1594); die Bauern und Narren ließ er in niederdeutscher Mundart sprechen. Der Nürnberger Jurist Jakob Ayrer (um 1534—1605) schrieb zahlreiche Fastnachtsspiele, Komödien, Tragödien und Singspiele. Im „Opus theatricum" (1618) wurden sechsundsechzig seiner Stücke veröffentlicht. Der Herausgeber bemerkte dazu, alle wären „gleichsam auf neue englische Manier und Art gerichtet" und „ausbündig schön". Ayrer hatte aber die erzählende Weise und die Versform des Hans Sachs beibehalten, es den Engländern nur in dem Streben nach schauspielerischen Effekten gleichzutun gesucht, und durch poetische Schönheit zeichnen sich Ayrers Knittelverse gewiß nicht aus. Der letzte Ausläufer der im allgemeinen ziemlich unbedeutenden Dramen, die in ihrer Art zwischen der älteren deutschen Überlieferung und den Stücken der englischen Komödianten stehen, ist des Johann Rist „Friedejauchzendes Teutschland" (1648).

Das von Luther wiederholt empfohlene biblische Schauspiel und das konfessionelle Streitdrama wurden von den P r o t e s t a n t e n eifrig gepflegt. Bevorzugte Stoffe aus dem Alten Testament waren zum Beispiel: Rebekka als Vorbild christlicher Brautwerbung, die keusche Susanne, Esther, Ruth, Josef und die Frau des Potiphar, Tobias; aus dem Neuen Testament: Themen aus dem Leben Christi, jedoch nicht die Passion, von deren Darstellung Luther abgeraten hatte, der arme Lazarus und der reiche Prasser, vor allem der verlorene Sohn. Manche der biblischen Dramen enthielten eine antikatholische Tendenz, so richteten sich „Susanna" und „Die Hochzeit zu Cana" gegen die Ehelosigkeit der Priester und Mönche. Sehr aggressiv und grobschlächtig waren die eigentlich polemischen Dramen wie etwa der gegen den Papstteufel, den Antichrist, wütende „Pammachius" (1538) des aus Niederbaiern stammenden Thomas Kirchmayr, genannt Naogeorg, oder Frischlins „Phasma" (Gespenst, 1580), in dem der Teufel das Konzil von Trient holt. Neben Neuschöpfungen spielte man in der zweiten Hälfte des 16. Jahrhunderts oft Dramen aus der ersten Hälfte und übersetzte manche der von Naogeorg, Frischlin und anderen in lateinischer Sprache geschriebenen ins Deutsche. Die biblischen Dramen und die konfessionellen Streitdramen waren hauptsächlich für die Aufführung durch Schulen bestimmt.

Eine Schulordnung von Zittau aus dem Jahre 1523 schrieb die Aufführung von Stücken des römischen Lustspieldichters Terenz durch Schüler vor, damit sie lernten, sich leicht und gefällig in klassischem Latein zu unterhalten und in der Öffentlichkeit sicher und unbefangen aufzutreten. Dem Vorbild von Zittau folgten andere Städte. Man begnügte sich bald nicht mehr mit Terenz; die Schulmänner setzten ihren Stolz darein, selbst Dramen zu schreiben, formal in der Art des Römers, aber mit ernstem Inhalt: biblische und konfessionell polemische Stücke mit dem Jedermann-Motiv, in geringerer Zahl auch rein weltliche aus der antiken Geschichte und Sagenwelt und sittlich lehrhafte aus dem Schul- und Studentenleben. Die Zuschauer wollten aber auch lachen. So wurden der Handlung komische Szenen eingefügt und schließlich auch ausgesprochene Lustspiele verfaßt, den Stoff hierzu lieferten volkstümliche Schwänke. Allmählich wurden die Aufführungen einer größeren Öffentlichkeit zugänglich, aber auch dann noch blieben bei den Protestanten die Ausstattung der Bühne und die Kostüme bis zum Barock höchst einfach. Einzig das Straßburger Schultheater entfaltete seit 1583 einen großen Aufwand und hatte deshalb auch von des Lateinischen Unkundigen starken Zulauf; an sie wurden gereimte Inhaltsangaben, manchmal auch ganze Übersetzungen verteilt. Schulaufführungen in deutscher Sprache kamen ungefähr zu derselben Zeit auf wie die in lateinischer, auch die weitere Entwicklung verlief ziemlich gleichartig. Erst brachte man Übertragungen von römischen Lustspielen, dann neue Stücke aus denselben Stoffkreisen wie die lateinischen Schuldramen, doch nahmen die konfessionellen Streitdramen einen etwas breiteren Raum ein und die volkstümlichen Elemente traten noch stärker hervor. In Sachsen, dem Stammland des deutschen Schuldramas, entstanden gewissermaßen als dessen Ableger selbständige Bürgerspiele, bei ihnen wirkten gelegentlich Schüler und Handwerksgesellen zusammen.

Während der ersten Hälfte des 16. Jahrhunderts haben die Katholiken das Schuldrama noch nicht in dem Ausmaße gefördert wie die Protestanten, immerhin hat zum Beispiel Georg Lancveld (genannt Macropedius, 1475—1558) fünfzehn derartige Dramen geschrieben, darunter 1538 den in neun Auflagen erschienenen „Hecastus" (Jedermann). Die Jesuiten begannen zunächst etwas zögernd ihre Schüler Theater spielen zu lassen, und zwar Stücke von Autoren, die ihrem Orden nicht angehörten. Als sich aber herausstellte, daß sich die Schüleraufführungen zur Erreichung der mit ihnen erstrebten pädagogischen Ziele bewährten, das Ansehen der Bildungs- und Erziehungsanstalten hoben und auf breitere Kreise tiefgreifende seelsorgerliche Wirkungen auszuüben vermochten, bauten die Jesuiten ihr Theaterwesen großzügig aus. Das Dichten ging freilich selbst bei ihnen nicht auf Befehl, aber aus erprobten Dramen ein neues kunstgerecht zusammenstellen zu können, wurde nun von den Lehrern an einem Gymnasium verlangt. Die Schüler mußten eifrig üben. Zu diesem Zweck wurden in der Schule eigens hierfür ausgearbeitete Stücke gespielt, wobei die einzelnen Klassen miteinander wetteiferten. Öffentliche Aufführungen fanden seit ungefähr 1560 in Kirchen oder auf freien Plätzen statt. Hier kam es bald zu großartigen Veranstaltungen, namentlich in München. Die Akteure waren immer Schüler, dazu wurden oft eine stattliche Zahl von Statisten aufgeboten. Bei dem Drama „Konstantin" (1574), das den ersten christlichen Kaiser als den Besieger des Heidentums und den Baiernherzog Albrecht als Schirmherrn der Kirche gegen die Ketzer feierte, traten hundertfünfundachtzig Schauspieler auf, vierhundert glänzende Reiter umgaben den Kaiser. Ein Chor von neunhundert Personen wirkte bei dem Einweihungsstück der Michaelskirche (1597) mit, am Schluß wurden der Teufelsdrache und dreihundert Teufel in den Höllenschlund hinabgestoßen. Auch die in München wie anderwärts von den Jesuiten ins Leben gerufene Marianische Kongregation spielte unter ihrer Leitung Theater; in dem 1596 in München aufgeführten, den Kampf gegen die Ungläubigen verherrlichenden „Gottfried von Bouillon" stiegen Geister aus Gräbern empor und tanzten ein phantastisches Ballett. So herrschte schon vor dem eigentlichen Barock im Jesuitentheater barocker Prunk und Überschwang.

Die Dichtung des Barockzeitalters

Im Jesuitenschauspiel, in der literarischen Prosa und in der Dichtung der zweiten Hälfte des 16. Jahrhunderts begegnen barocke Ansätze. Der deutsche Sprachschatz enthielt um 1550 noch kaum französische Wörter, zwanzig Jahre später aber stellte sich das Bedürfnis nach einem deutschen Fremdwörterbuch ein. Das erste, herausgegeben von Simon Roth (1571) führte bereits eine Fülle französischer Ausdrücke an. Italienische, englische und namentlich französische Schriften erschienen in deutschen Übersetzungen oder in freier Bearbeitung, und ausländische Originalausgaben waren unschwer auf dem deutschen Büchermarkt zu erhalten. Gleichzeitig rühmte Fischart die „deutsche Heldensprache", die uralte „für sich selbst beständige Muttersprach" und schilderte Frischlin in dem lateinisch geschriebenen Drama „Julius redivivus" (1584) wie Cäsar und Cicero über die Leistungen der Deutschen, die Erfindung des Schießpulvers und der Buchdruckerkunst, die humanistische Dichtung und so fort erstaunt sind, von ihrem eigenen Volke jedoch nur einen italienischen Kaminfeger und einen savoyardischen Krämer antreffen. Der Einfluß des Auslandes auf die deutsche Sprache und Literatur, der Kampf gegen diesen Einfluß mit gelegentlich einseitiger Übertreibung der eigenen Vorzüge und Verachtung fremden Wesens, wesentliche Elemente im Schrifttum des Barock, hatten sich also ebenfalls damals schon angebahnt.

Von jeher sind die meisten Menschen, die zur sogenannten guten Gesellschaft zählen wollen, sorgsam darauf bedacht, in Kleidung, Benehmen und in ihrem geistigen Habitus sich der herrschenden Mode anzugleichen. Da im Deutschland des 17. Jahrhunderts ausländisches Wesen eine tonangebende Rolle spielte, gewann das damals geprägte Wort „alamodisch" die Bedeutung nach fremdländischer, vor allem französischer Art, und als feingebildet galt im allgemeinen nur der oder die Alamodische. Selbstverständlich waren auch die mit der Zeit gehenden Schriftsteller darauf bedacht, in der Stoffwahl und in ihrem Stil alamodisch zu sein. Die dem Barock an und für sich eigentümliche gekünstelte Ausdrucksweise begünstigte das mit der übertriebenen Ausländerei zusammenhängende Hochkommen einer üblen Sprachmengerei; in der Unterhaltung, in dem damals sehr ausgedehnten Briefwechsel und im Schrifttum war das Deutsch besonders von französischen und lateinischen Brocken durchsetzt. Andererseits empfing nicht nur die wissenschaftliche, sondern auch die Schöne Literatur vom Ausland fruchtbare Anregungen, und wirkliche Talente wußten sie wohl zu nutzen. Überdies boten die Auswüchse des Alamodischen zur Satire Neigenden reichlich Gelegenheit, ihrem Temperament und Witz die Zügel schießen zu lassen und teils wahrheitsgetreue, teils karikierende Sittenbilder zu schaffen; aber selbst eines der Hauptwerke dieser Art, die „Visiones de Don Quevedo. Wunderbarliche und wahrhaftige Gesichte Philanders von Sittewalt" geht auf eine ausländische Vorlage zurück (S. 432). Am frühesten, gegen Ende des 16. Jahrhunderts, ist der „teils süßlich tändelnde, teils hochtrabende" Barockstil, der „zwar die Ausdrucksfähigkeit hob, aber zuletzt doch in Unnatur ausmündete" (Ellinger), in der neulateinischen Dichtung voll ausgebildet worden. Auch da sind die Deutschen nicht unmittelbar von der antiken römischen Dichtung ausgegangen, die längst allgemein europäisches Kulturgut geworden war, sondern von Neulateinern des Auslandes. Auf die sehr umfangreiche neulateinische Dichtung in Deutschland kann als auf ein heute allzu entlegenes Gebiet nicht näher eingegangen werden; für die eigentlich deutsche Literatur ist sie immerhin dadurch von Bedeutung geworden, daß sich von Opitz an Barockdichter unablässig um die Einführung neulateinischer Formelemente in die deutsche Dichtung bemühten.

Lyrik. Epos

Die dem Barock innewohnende Tendenz zum Individuell-Subjektiven brachte in der Lyrik erstmals des Pfälzers Theobald Hock Liederbuch „Schönes Blumenfeld" (1601) zum Ausdruck. An persönlichem Erlebnisgehalt übertrifft Hocks Liebeslyrik die der meisten späteren Barockdichter. Zu barockem Schwulst, der mit seiner überladenen Fülle in Form und Inhalt erst während der zweiten Hälfte des 17. Jahrhunderts voll zum Durchbruch kam, neigte schon etwas der Schwabe Georg Rudolf Weckherlin (1584—1653). Er lebte seit 1625 in London und wurde dort Unterstaats-, dann Parlamentssekretär; seine „Oden und Gesänge" erschienen 1618 in Stuttgart, die „Geistlichen und weltlichen Gedichte" 1641 in Amsterdam. Der Schwulst ist bei ihm eine noch nicht allzu stark störende Nebenerscheinung seiner temperamentvollen, feurigen Art. Der in Heidelberg geborene Julius Wilhelm Zincgref (1591—1635) bemühte sich besonders um die Erneuerung der deutschen Dichtkunst nach französischem Vorbild; inhaltlich gehören verschiedene seiner Gedichte zur Gelehrtenpoesie.

Der eigentliche Begründer der Barockdichtung wurde der Schlesier Martin Opitz (1597—1639), obwohl ihn an Begabung Hock und Weckherlin überragten und ihre Bestrebungen und Werke, ebenso die Zincgrefs, bereits wesentliche Elemente des Barocks in sich schlossen. Opitz war nur ein mittelmäßiges Talent, aber „in dieser Zeit des Ringens nach einer harmonischen Verbindung der übernommenen Formen mit eigenem zeitgemäßem Gehalt wußte (er, ein) nüchterner Opportunist mit didaktischer Begabung, gestützt auf angelernte moderne Auslandsbildung, eine Stellung zu erwerben und zu behaupten, die sonst nur dem Genie zuteil zu werden pflegt" (Scholte). Sein „Buch von der deutschen Poeterey" (1624) genoß als Lehr- und Handbuch der Dichtkunst ein Jahrhundert lang geradezu kanonisches Ansehen und hat viel dazu beigetragen, daß die weltliche Lyrik jener Zeit vorwiegend einen gelehrten Charakter erhielt. Durch Opitz wurde das Sonett, das damals Klinggedicht oder Klinggesang hieß, nach holländisch-französischem Muster die beliebteste Modeform; mit seinem antithetischen Aufbau kam das Sonett der Geschmacksrichtung des Barocks, das ja oft die Kunst der Antithese genannt wird, besonders entgegen. Die im Knittelvers des 16. Jahrhunderts vernachlässigte Übereinstimmung von Wort- und Versakzent hat Opitz wieder nachdrücklich und erfolgreich gefordert, und damit erwarb er sich sein größtes Verdienst um die deutsche Dichtung.

Seine letzten Lebensjahre verbrachte Opitz in Danzig. Von hier aus kam er in nähere Berührung mit den ihn begeistert verehrenden Mitgliedern des Königsberger Dichterkreises. Dessen geistigen und gesellschaftlichen Mittelpunkt bildete Robert Roberthin (1600—1648), den musikalischen Heinrich Albert (1604—1651). Er komponierte eine größere Zahl seiner und anderer Königsberger Lieder und Arien und veröffentlichte sie in den „Arien" (acht Hefte 1638—1650) und in der „Musikalischen Kürbishütte" (1641); von ihm und nicht von Simon Dach (1605 bis 1659), dem menschlich sympathischsten und bedeutendsten Dichter dieses Kreises, stammt wohl auch das Lied „Anke von Tharau" (Ännchen von Tharau). Ein großer Bewunderer von Opitz war der Sachse Paul Fleming (1609—1640). Er nannte ihn den „Herzog deutscher Saiten, den Pindar und Vergil unserer Zeiten", rühmte sich aber mit einer gewissen Berechtigung in der drei Tage vor seinem Tode von ihm selbst verfaßten Grabschrift: „Mein Schall floh überweit. Kein Landsmann sang mir gleich"; denn seine weltlichen und geistlichen Lieder sind wie die ganz weniger Dichter des 17. Jahrhunderts der Niederschlag unmittelbaren persönlichen Erlebens, und er hat trotz seines frühen Todes viel erlebt, zumal auf seinen Reisen nach Rußland und Persien (S. 391): Kämpfe, Schiffbrüche und mit „weichen Cirkassinnen" (Tscherkessinnen).

„Die Schäfereien von der schönen Juliana" (1595), weitere Übersetzungen ähnlicher Dichtungen aus dem Französischen, einige Lieder von Opitz, seine freie Bearbeitung eines englischen Schäferromans und sein eigener „Schäferei von der Nymphe Hercynia" (1630) haben die Schäferpoesie in Deutschland eingeleitet. Sie fand großen Anklang, weil man in ihr mit der Kenntnis der antiken Vorbilder prunken, allerlei Belehrungen, wie etwa über die Segnungen eines einfachen, genügsamen Lebens anbringen, sich aus der rauhen Welt der Kriegszeiten in ein friedliches Traumland versetzen, im Gewande der Hirten hohen Herren schmeicheln und von ihnen eine Belohnung erbitten konnte. Ein Mittelpunkt der Schäferpoesie war die 1644 in Nürnberg von Georg Philipp Harsdörffer und Johann Klaj gegründete Dichterschule (S. 452). Im letzten Drittel des 17. Jahrhunderts wurde man der Schäferei-Mode überdrüssig, und, wie Cervantes mit dem „Don Quixote" die Ritterromane seiner Zeit ironisiert hatte, verspottete Georg Wilhelm Sacer in seiner literarischen Satire „Reim Dich oder ich fresse Dich" (1673) die Schäferpoesie, doch lebte sie im Rokoko wieder auf.

Im Gegensatz zu Opitz lehnte Hofmann von Hofmannswaldau (1617—1679) Gelehrsamkeit, überhaupt alles Nüchterne in der Poesie ab; phantasievoll, sinnenfroh und möglichst originell soll sie sein. In seinem Stil lehnte er sich aber doch an einen Ausländer, den Italiener Giambattista Marino (1569—1625) an, der als den Zweck der Dichtung, Staunen und Verwunderung hervorzurufen, erklärte und dies durch einen riesigen Aufwand an Bombast und durch überraschende Bilder zu erreichen suchte. Anklänge an den Marinismus begegnen schon bei Fleming und den Nürnbergern, voll ausgebildet haben dann den Schwulst Hofmannswaldau und ihm nahestehende Dichter wie Daniel Caspar von Lohenstein (1635—1683), Hans Aßmann von Abschatz und Heinrich Anselm von Zigler und Kliphausen. Sie schwelgten vor allem in Vergleichen, wobei neben einigermaßen erträglichen: die Brauen sind ein Gewölbe von Ebenholz, die Blicke Sonnenstrahlen, der Atem duftet Ambra, Bisam und Zimt, auch geschmacklose Entgleisungen nicht fehlen, so wenn Hofmannswaldau die Liebe der Poesie Klistier nennt. Er hat auch der auf die römische Antike zurückgehenden, von Italienern, Spaniern und Franzosen während des 16. Jahrhunderts wieder aufgenommenen und weiter ausgebauten Heroidendichtung in Deutschland den Weg gebahnt. Sie knüpft an das Liebesverhältnis aus der Sage, der Bibel oder der Geschichte bekannter Persönlichkeiten an, meist folgen einer in Prosa abgefaßten Einleitung in gereimten Alexandrinern der leidenschaftliche Werbebrief, in dem es von Ausdrücken wie Lilienbrust, Keuschheitsschnee und Liebeszucker wimmelt, und die Antwort der Geliebten, die erst entrüstet ablehnt, zum Schluß aber erklärt, die Liebe zwinge sie, jeden Widerstand aufzugeben. Die von Benjamin Neukirch (S. 377) herausgegebenen „Herrn von Hofmannswaldaus und anderer Deutschen auserlesene und bisher ungedruckte Gedichte" (1695) und ähnliche Anthologien brachten für besonders „galant" Gehaltenes; galant war damals das Modewort für elegant, und wie von galanter Kleidung und Bildung, galanten Manieren, Hunden, Pferden und Predigern sprach man auch von galanten Dichtungen.

Das Süßliche, Spielerische, Gezierte und Weichliche der Schäferpoesie steht in den geistlichen Liebesliedern des zu Kaiserswerth geborenen Jesuiten Friedrich von Spee (1591—1635) neben tiefem religiösem Empfinden, einer echt dichterischen Versenkung in die Natur und einem schlichten, mitreißenden, zu Herzen sprechenden Ton in Gedichten wie dem „Liebesgesang der Gespons Jesu im Anfang der Sommerzeit". Gelegentlich Verkrampftes dürfte auf seine entsetzlichen Erlebnisse als Seelsorger bei den Würzburger Hexenprozessen zurückgehen, worunter der feinfühlige Dichter schwer gelitten hat (S. 374). Für die Sammlung seiner Lieder, die erst 1649 herauskam, hatte er den Titel „Trutz Nachtigall" gewählt, weil das Büchlein, wie er im Vorwort sagt, „trutz aller Nachtigallen süß und lieblich (singt) und zwar auf recht poetisch. Also daß es sich auch wohl bei sehr guten lateinischen und anderen Poeten dörfe hören lassen." Im großen und ganzen trägt die Sammlung von einundfünfzig Liedern diesen Titel zu Recht. Ein sehr guter, der beste neulateinische Lyriker des Barocks war Spees Ordensgenosse Jakob Balde (1604—1668), ein Elsässer, der hauptsächlich in Baiern wirkte. Neben dem für ihn selbstverständlichen Religiösen widmete er seine formvollendete, in ihrer edlen Menschlichkeit auch von Protestanten anerkannte Kunst manch Weltlichem, namentlich sinniger Naturbetrachtung und mit ergreifenden Klagen und Mahnungen dem von den Drangsalen des Großen Krieges heimgesuchten und von den Türken bedrohten deutschen Vaterlande.

Der unter dem Namen Angelus Silesius bekannte Schlesier Johann Scheffler (1624—1677) war 1653 zum Katholizismus übergetreten und hatte bei der Firmung den Vornamen Angelus angenommen; vier Jahre später erschienen seine zwei Hauptwerke: die „Heilige Seelenlust oder geistliche Hirtenlieder der in ihren Jesum verliebten Psyche" und „Geistreiche Sinn- und Schlußreime", die seit der zweiten, vermehrten und teilweise umgearbeiteten Auflage (1675) unter dem Titel „Cherubimischer Wandersmann" erschienen. In der „Zuschrift" zur „Heiligen Seelenlust" machte Scheffler darauf aufmerksam, daß er hier der alten mystischen Jesusminne das „neueste schäferische Kostüm umgehängt" habe. Wie nach dieser Vorbemerkung nicht anders zu erwarten, ist manches in dieser Sammlung allzu schwülstig, doch enthält sie auch einige der innigsten und schönsten Mystikerlieder. Seinen „Geistreichen Sinnreimen" gab Scheffler die damals sehr beliebte Form von Epigrammen. Die in ihnen niedergelegten wesentlichen Gedanken und Lehren hat er aus den Schriften mittelalterlicher, spanischer und protestantischer Mystiker (S. 361 f.) geschöpft und in einer Weise mit religiöser Inbrunst durchglüht und dichterisch gestaltet, daß „das mystische Woher und Wohin des geistigen Eros nirgends sonst in der Dichtung des Zeitalters so sichtbar geworden ist" (Müller) und der

„Cherubimische Wandersmann" zu dem verhältnismäßig Wenigen zählt, was von der Literatur des Barocks bis in die Gegenwart herein lebendig blieb.

Die wohl eigenartigste Erscheinung unter den Mystikern, nicht nur des Barocks, ist ein Landsmann des Angelus Silesius, Quirin Kuhlmann (1651—1689). Nicht selten schlägt bei ihm die religiöse Exaltation in Wahnwitz um. Er hielt sich für den von Böhme und anderen protestantischen Mystikern prophezeiten Vernichter des Antichrist und für berufen, eine neue geistliche Monarchie, das „Kuhlmanntum", zu errichten. Aber auch da, wo sich sein Geist verwirrt, geht durch Kuhlmanns Dichtungen, den „Himmlischen Liebes-Küssen" (1671) und den „Kühlpsalter" (1684) ein großer Zug, und wenn er auch zuweilen in einen banalen Bombast verfällt, gelingt es ihm doch oft, dem gewaltigen Schwung seiner Gefühle und Gesichte in kühnen Metaphern und Wortbildungen vollgültigen Ausdruck zu verleihen. Der Glaube an seine Mission, sein Dichten und sein Leben verschmolzen zu einer untrennbaren Einheit. Um den Sultan zum „Kuhlmanntum" zu bekehren, reiste er nach Konstantinopel. Nachdem er hier nichts ausgerichtet und eine Bastonnade von hundert Hieben auf die Fußsohlen erhalten hatte, begab er sich nach Moskau, aber auch da wollte man von seiner geistlichen Monarchie nichts wissen, der russische Patriarch ließ ihn als Ketzer verbrennen.

Die Lieder der Pietisten schlossen sich vielfach an die barocke Mystik des Angelus Silesius an, während die besten geistlichen Lieder von Paul Gerhard und von religiösen Dichtern seiner Art von dem zeitbedingten Überschwang nur wenig berührt sind (S. 367 f.). Die Dichter von Gesellschafts-, Studenten- und Soldatenliedern bemühten sich zwar „kunstreich" zu sein, aber das Volk bemächtigte sich oft dieser Texte und zersang sie ohne Rücksicht auf die modischen Feinheiten; der Sachse Johann Georg Schoch (1627 bis nach 1688) beklagte sich bitter, die Lieder seines „Neu erbauten poetischen Lust- und Blumengartens" (1660) müßten „allen Halunken, Nassen-Fliegen und Bierzapfen, so oft sie die Nasen begossen, aufwarten und zu Gebote sein" und würden dabei „gar jämmerlich und erbärmlich geradbrecht, zerstümpelt und zerkrümpelt". Obwohl Professor der Poetik in seiner Heimatstadt Rostock und dann Lehrer an der Ritterakademie Soroe auf Seeland, richteten sich des Johann Lauremberg (1590—1658) einfache, frische und teilweise derbe „Schertzgedichte" (1652) in niederdeutscher Sprache gegen „itzigen verdorwenen Wandel und Maneren der Minschen, almodische Kledertracht, almodische Sprake und Titule und almodische Poesie". Ebenso lehnte Friedrich Freiherr von Logau (1604—1655), geboren zu Brockut in Schlesien, Fremdtümelei und Schwulst ab. Er vermied überhaupt das Barock-Modische in seinen zahlreichen Sinnsprüchen, die sich durch kernige Kürze, Lebensweisheit, inniges Gefühl, vaterländische Begeisterung und durch eine den landesfürstlichen Religionszwang, den konfessionellen Hader und scheinheilige Frömmigkeit verachtende geistige Freiheit auszeichnen. Sie wurden deshalb von den Zeitgenossen wenig beachtet, gelten jedoch, seitdem Lessing auf sie aufmerksam gemacht hat, nach Form und Inhalt mit als die besten deutschen Epigramme. Ebenso fanden die ganz persönlich bekenntnishaften, an keine Zeitströmung gebundenen Lieder des hochbegabten, vergebens um einen Ausgleich zwischen übermütigem Leichtsinn und verzweifelnder Hoffnungslosigkeit ringenden und schließlich elend verkommenen Schlesiers Johann Christian Günther (1695—1723) erst nach seinem Tode Anerkennung. Um 1700 begann sich im Zusammenhang mit der aus Frankreich und England vordringenden Aufklärung und mit der französischen Klassik eine den barocken Schwulst grundsätzlich ablehnende neue Richtung anzubahnen; auf sie gehen wir erst in dem das Aufklärungszeitalter behandelnden Band näher ein.

Trotz der großen Vorliebe der Barockzeit für Heroisches gedieh die besonders das Heldische rühmende Gattung der Dichtkunst, das Epos, in Deutschland nur kümmerlich. Man übersetzte allerdings unter anderem Homers „Ilias", Tassos „Befreites Jerusalem", Ariosts „Rasenden Roland", Miltons „Verlorenes Paradies" und Marinos „Bethlehemitischen Kindermord" mit seinem Bombast und seiner Überfülle von Bildern ein Hauptwerk des italienischen Schwulstes. Was man aber an Eigenem hervorbrachte, waren mittelmäßige Verse und Reimereien, ob nun Stoffe aus der Antike, der Bibel und der Heiligenlegende behandelt oder Gustav Adolf, der Große Kurfürst und Kaiser Karls VI. Türkensieg verherrlicht wurden. Als eine der glänzendsten epischen Leistungen pries man damals „August im Lager", die mit Allegorien überladene Beschreibung eines von August dem Starken abgehaltenen Manövers.

Den riesigen Umfang, die Bildungstendenz und das Zurückgreifen auf die deutsche Frühgeschichte haben die Versepen „Der Habsburgische Ottobert" (1664) von dem Österreicher Wolfgang Helmhard von Hohberg (1612—1688) und „Der große Wittekind" von Christian Heinrich Postel (1658—1705) aus Hadeln mit einigen historischen Romanen des Barocks gemeinsam. Wie der Amadisroman (S. 419) erzählt das Epos von Ottobert, einem sagenhaften Vorfahren der Habsburger, eine Menge ritterlicher Abenteuer, es wollte aber nicht nur unterhalten, sondern auch ein politisches Lehrgedicht sein. Postel hat in seinen „Großen Wittekind", an dem er bis zu seinem Lebensende arbeitete, alle mögliche Gelehrsamkeit hineingepfercht und in der Art seiner Darstellung Ariost und besonders Marino nachgeeifert. Die Veröffentlichung dieses sechsbändigen Werkes im Jahre 1724 und die große Bewunderung für das 1723 verfaßte Epos „August im Lager" lassen erkennen, daß noch viele an ausgesprochen Barockem Gefallen fanden, als die Aufklärung auch in der Dichtkunst die herrschende Richtung wurde.

Literarische Prosa

Durch eingestreute Gedichte vereinigen sich im Schäferroman Poesie und Prosa. Ihm liegen meist persönlichere Erlebnisse des Verfassers zugrunde als der Schäferdichtung (S. 425), so daß manche dieser Romane, wie Jakob Schwiegers „Verführte Schäferin Cynthie" (1660) und Matthias Jonsohns „Gedoppelte Liebesflamme" (1663), an unmittelbarem Erlebnisgehalt dem „Simplizissimus" von Grimmelshausen nahekommen. Das Schäferliche ist in derartigen Romanen oft auf eine oder einige Episoden beschränkt, in Philipp von Zesens (1619—1689) „Adriatischer Rosemund" (1645) zum Beispiel darauf, daß Rosemund, die ihren Geliebten nicht heiraten kann, weil er anderer Konfession ist, Schäferin wird und nun, bis sie an gebrochenem Herzen stirbt, im sterbeblauen Atlaskleid ihren sterbeblauen Liebesgedanken nachhängt. Feinde Zesens behaupteten, er habe hier nicht die Liebesgeschichte eines vornehmen Paares, sondern seine eigene mit einem Leipziger Wäschermädchen hochtrabend erzählt. In neuerer Zeit sahen manche in der „Adriatischen Rosemund" einen bürgerlichen Gesellschaftsroman; jedenfalls hat Zesen hier zum Teil eigenes Erleben dichterisch gestaltet, aber auch der Liebesgeschichte eine Fülle topographischer Beschreibungen, gelehrter Kenntnisse und sittlicher Erwägungen eingefügt. Diese und ähnliche Elemente überwucherten fortan seine wie alle die von Gebildeten für Gebildete geschriebenen höfisch-heroischen, galanten Romane des Barocks.

In Frankreich hatte sich aus dem Amadis, aus der Schäferpoesie und aus dem antiken griechischen Roman, mit dem das Abendland zur Zeit der Renaissance durch lateinische Übersetzungen bekannt geworden war, der höfisch-galante Roman entwickelt. Zu seiner Aufnahme in Deutschland haben die Übertragungen der „Argenis" des in Frankreich geborenen Schotten John Barclay durch Opitz, des „Ibrahim" der Madeleine de Scudéri und der „Sophonisbe" des Sieur de Gerzan durch Zesen viel beigetragen. In ihren eigenen Romanen waren die Deutschen sorgsam darauf bedacht, gegen das höfisch-galante Wesen nach französischem Muster nicht zu verstoßen. Das Hauptgewicht legten sie jedoch, wie oft schon Titel und Vorwort anpreisen, im Ideellen auf das Heroische, das sich in der teils antik-stoischen, teils christlich-frommen Haltung der Helden bewährt, und im Stofflichen auf Gelehrt-Kurioses und auf Geschichtliches, besonders aus der germanischen Zeit und aus fernen Ländern. In manchem berühren sich Romane dieser Richtung mit den Staatsutopien (S. 404).

Zesens „Assenat, das ist derselben und des Josephs heilige Staats-, Lieb- und Lebensgeschichte" (1670) spielt im alten Ägypten. „Heilig" nennt der Verfasser die Geschichte, weil sie von der Bibel (1. Buch Moses 41, 45) ausgeht: Pharao gab Joseph „ein Weib, Asnath, die Tochter des Potipheras, des Priesters zu On", und weil Josephs Ehe und sein Wirken im Auftrag Pharaos unter religiösen Gesichtspunkten dargestellt werden. Besonders ausführlich und mit einem großen Aufwand an Gelehrsamkeit sind die Regierung und die prunkvolle Hofhaltung geschildert. Bis tief in das 18. Jahrhundert hinein wurden zwei von dem braunschweigischen Superintendenten Andreas Heinrich Buchholtz verfaßte, sehr umfangreiche und weitschweifige Romane gerne gelesen: „Des christlichen deutschen Großfürsten Hercules und des böhmischen königlichen Fräulein Valisca Wundergeschichte" (1659/60) und „Der christlichen königlichen Fürsten Herculiscus und Herculadisla Wundergeschichte" (1665). Buchholtz rühmte sich, er habe hier den „ganzen Dreißigjährigen Krieg durch Veränderung etlicher weniger Umstände mit eingebracht und fast die ganze Theologie und Philosophie hin und wieder in erbaulichen Diskursen fürgebracht"; dabei störte es ihn nicht im mindesten, daß er die Handlung mitsamt dem theologisch-philosophischen Beiwerk in das 3. Jahrhundert n. Chr. verlegt hatte. Diese Geschichten sollten den unchristlichen „schandsüchtigen" Amadisroman verdrängen, des Lesers „geisthimmlisches Gemüt erquicken und ihn auf der Bahn der rechtschaffenen Gottseligkeit erhalten". Und besonders den Ausländern wollte er, „dem spanischen

Hochtrab, der italienischen Ruhmredigkeit und dem französischen eingebildeten Vorzug zum Possen", vor Augen führen, daß „die Deutschen nicht lauter wilde Säue und Bären, sondern auch manchen trefflichen Fürsten unter sich gehabt haben".

Das Religiös-Sittliche und das Deutsch-Patriotische treten ebenfalls stark hervor in den zwei mehrbändigen Romanen „Die durchleuchtige Syrerin Aramena" (1669—1673) und „Die römische Octavia" (1677) von Anton Ulrich Herzog von Braunschweig und in des Daniel Caspar von Lohenstein (S. 425) „Großmütiger Feldherr Arminius oder Hermann als ein tapferer Beschirmer der deutschen Freiheit nebst seiner durchlauchtigsten Thusnelda in einer sinnreichen Staats-, Liebes- und Heldengeschichte dem Vaterland zu Liebe, dem deutschen Adel aber zu Ehren und ähnlicher Nachfolge in zwei Teilen vorgestellt und mit sauberen Kupfern ausgeziert" (1689). Der Schauplatz der „Aramena" ist Syrien zur Zeit Abrahams, Isaaks und Jakobs. „Die Tugenden und Laster sind, soferne dieselben bei hohen und niedrigen Standespersonen anzutreffen sind, so anmutig abgemalet, daß man (den Roman) mehr als einmal, sein Vergnügen zu stillen, durchlesen muß und solcher Gestalt der Welt Lauf als in einem Spiegel ohne Verdruß erlernet." In der die römische Geschichte im 1. Jahrhundert unter den Kaisern von Claudius bis Vespasian behandelnden „Octavia" konnte man sich an der Frömmigkeit und dem Glaubensmut der ersten Christen erbauen und fürstliche Skandalgeschichten aus Gegenwart und jüngster Vergangenheit genießen, die der hohe Herr, durchsichtig genug, in römischem Gewande darbot. Lohenstein verschmilzt das Geschehen von rund zweitausend Jahren: Arminius erscheint als das Ebenbild Kaiser Leopolds I. und der römische Feldherr Drusus als das König Ludwigs XIV.; die Recken des Arminius tragen die Namen deutscher Adelsgeschlechter; Arminius und Thusnelda treffen sich in Bad Schwalbach; der Germanenkönig Marbod will ebenfalls Thusneldas Liebe gewinnen und wirft in ihren Becher den Ring des Polykrates; Hannibal konnte seine Siege über die Römer nur mit Hilfe der Deutschen erringen, wie nach Lohenstein überhaupt alles Große in der Welt der Antike von Deutschen ausgeführt worden ist. Der meistgelesene dieser Romane war des Heinrich Anselm von Zigler und Kliphausen „Asiatische Banise oder das blutige doch mutige Pegu. Dessen hohe Reichs-Sonne bei geendigtem letztern Jahrhundert an dem (durch) Xemindo erbärmlichst unter- an dem (durch) Balacin aber erfreulichst wieder aufgehet. Welchem sich die merkwürdigen und erschrecklichen Veränderungen der benachbarten Reiche Ava, Aracan, Martabane, Siam und Prom anmutigst beigesellen. Alles in historischer und mit dem Mantel einer annehmlichen Helden- und Liebesgeschichte bedeckten Wahrheit beruhend" (1688). Nach China führen mehrere Abschnitte in Lohensteins „Arminius", Christian Wilhelm Hagdorns vom Untergang der Ming-Dynastie handelnder „Aquan oder der Große Mogol" (1670) und Wilhelm Eberhard Happels Roman „Der asiatische Onogambo" (1673) über den ersten Mandschu-Kaiser Schun-dschi.

Die Charakterisierung von Frauen gelang am besten Zesen. Buchholtz erreichte sein Hauptziel, zu erschüttern und zu erbauen, bei vielen seiner Leser durch ein echt religiöses Pathos lutherischer Prägung. Der Braunschweiger Herzog, ein guter Erzähler und in seiner Ausdrucksweise verhältnismäßig wenig barock, ist der klassische

Schilderer höfischen Lebens und Wesens. Ganz und gar barock wirkt Lohenstein mit seinem Schwulststil und seiner zwischen Rationalismus und irrationalem Schicksalsglauben hin- und herpendelnden Weltanschauung; sein „Arminius" bietet „eine Gesamtdarstellung der höfisch-barocken Kultur und ihres ganzen Wissens und Wollens gewissermaßen als ein Lexikon, dessen Benutzung durch ausführliche Register erleichtert wurde" (Rehm). Das Grundthema aller derartigen Romane, Erprobung der Helden in großen Gefahren und schwierigen Lagen, ist am abenteuerlichsten abgewandelt in Ziglers „Banise". Man hatte allerlei Erstaunliches von geschichtlichen Umwälzungen vernommen, die sich um 1600 in Pegu und in anderen Ländern des fernen Hinterindiens zugetragen hatten. Ein phantasiebegabter Mann wie Zigler konnte daraufhin die merkwürdigsten Dinge über Bauten, Kultgebräuche, Kriege, unmenschliche Grausamkeit, den Edelmut und den unerschütterlichen Gleichmut des heroischen Liebespaares Balacin und Banise und über die abgründige Bosheit ihres Widersachers, des blutdürstigen Tyrannen Chaumigrem als „historische Wahrheit" erzählen, dazu ist die Fülle an aufregenden, spannenden Ereignissen und Handlungen wie in keinem anderen dieser Romane straff aufgebaut. Da die Begebenheiten der „Banise" noch keine hundert Jahre zurücklagen, reihte sie sich einigermaßen den damals sehr beliebten zeitgeschichtlichen Romanen mit ausführlichen geographischen und ethnographischen Exkursen ein. Der rührigste Autor auf diesem Gebiet war Eberhard Werner Happel (1648—1690). Er veröffentlichte unter anderem eine Reihe von „Europäischen Geschichtsromanen"; sie haben die kriegerischen und politischen Ereignisse des jeweils vorausgegangenen Jahres zum Gegenstand.

Höfisch-galant waren auch die von der Rokokostimmung getragenen Romane seit dem Ende des 17. Jahrhunderts. Aber in „Des galanten Frauenzimmers Sekretariatskunst" (1692) von August Bohse (Talander), in „Der europäischen Höfe Liebes- und Heldengeschichte" (1704) von Christian Hunold (Menantes), in Joachim Meiers „Curiosen und galanten Liebesgeschichten" und in zahlreichen Erscheinungen ähnlicher Art leuchtete nicht heroisches Ethos, sondern glühte schwüle Erotik, wurden nicht Vorbilder und Lehren für ein christlich tugendhaftes Leben geboten, sondern Anweisungen und Beispiele für die Kunst des Verführens. Daß der galante Rokokoroman gegen Mitte des 18. Jahrhunderts allmählich verschwand, war mehr eine Folge des Geschmackswandels und des neuen Geistes der Aufklärung als der pietistischen Ermahnungen, die Johann Schnabel, der Verfasser der Robinsonade „Insel Felsenburg" (S. 404), mit seiner Schilderung höchst frivolen Treibens der Rokoko-Herren und -Damen seines „Im Irrgarten der Liebe herumtaumelnden Kavaliers" (1738) verband.

Darüber, wie die vornehme Welt des Barocks war oder sein sollte, und noch mehr darüber, wie sie die Romanschreiber sahen, gibt die höfisch-galante Literatur jener Zeit mannigfachen Aufschluß. Sie ist deshalb eine ergiebige Fundgrube für den Kultur- und für den Literarhistoriker. Auch für den, der keine wissenschaftlichen Zwecke verfolgt, lohnt es sich, wenn er Sinn für unfreiwilligen Humor hat, in diesen Wälzern zu blättern und Blüten zu sammeln wie: „Die Sonnen ihrer (der Banise) Augen spielten mit solchen Blitzen, wodurch auch stählerne Herzen zerfließen mußten, und wenn sie die schwarzen Augäpfel nur einmal umwendete, so mußten alle Herzen brennen".

Der Gegenpol zum höfisch-galanten ist der Schelmen- und Landstörzer-(Landstreicher-) Roman. Erzählungen, wie ein gerissener Spitzbube reiche Leute prellte oder die hohe Obrigkeit zum Narren hielt, waren längst im Umlauf, doch hatte man dergleichen zusammenhanglos in Schwanksammlungen aneinandergereiht. Als erste haben Spanier während der zweiten Hälfte des 16. Jahrhunderts den Pikaro (Schelm, Gauner) zum Helden von eigentlichen Romanen gemacht. In ihnen wurde auch das Tun und Treiben der Personen- und Gesellschaftskreise, mit denen der Pikaro in Berührung kam, geschildert, und zwar, wie dies die Art dieser Erzählungen mit sich brachte, weitgehend satirisch. Meist berichtete der Pikaro seine Abenteuer selbst, was diesen Romanen eine persönlich-lebendige Note gibt. Die nach ihm benannte pikarische Romangattung bürgerte sich durch Übersetzungen, durch mehr oder weniger freie Bearbeitung der Originale und durch eigene Werke nach ihrem Vorbild in Frankreich, Italien, Holland und Deutschland ein. Hier trat die pikarische Handlung oft gegenüber den ihr eingeschobenen weitschweifigen Reisebeschreibungen und langatmigen moralischen Ergüssen zurück, doch sind für die deutsche Literatur nicht die Schelmenromane selbst, sondern die von ihnen ausgehenden und selbständig weiter verarbeiteten Anregungen das Wesentliche geworden. Gleich die erste freie, ins Religiös-Erbauliche umgewandelte Übertragung eines spanischen Schelmenromans „Der Landstörzer Gusman von Alfarche oder Pikaro genannt" durch den bairischen Hoffsekretär Albertinus (S. 377) brachte es von 1615 bis 1670 zu acht Auflagen. Niclas Ulenhart übersetzte den „Lazarillo von Tormes" (1617), mit dem 1554 in Spanien die pikarische Gattung begonnen hatte, und gab ihm unter dem Titel „Historie von Isaak Winckelfelder und Jobst von der Schneid" eine Novelle von Cervantes bei, verlegte ihren Schauplatz von Madrid nach Prag und dichtete sie auch im übrigen derart geschickt auf böhmische und deutsche Verhältnisse um, daß Ulenhart lange für den Verfasser dieser Gaunergeschichte gehalten wurde. Das weibliche Gegenstück zum Pikaro, die Pikara des spanischen Dominikaners Andreas Perez, erschien deutsch nach einer italienischen Vorlage als „Landstörzerin Justina Dietzin, Pikara genannt" (erste Auflage 1620, vier weitere Ausgaben folgten bis 1688).

Die „Sueños" (Träume) des Spaniers Francisco Gomez de Quevedo y Villegas erhielten durch Abenteuerliches, satirische Gesellschaftskritik und die Ich-Form pikarische Züge. Die „Sueños" mit der ihnen beigegebenen „La casa de los locos (Narren) de Amor" von einem anderen Autor hat der zu Willstätt bei Kehl geborene und in Worms gestorbene Johann Michael Moscherosch (1601—1669) nach einer französischen Bearbeitung wie Fischart den „Gargantua" (S. 418) erweitert und „auf den deutschen Meridian visiert" in seinem Hauptwerk „Visiones de Don Quevedo. Wunderbarliche und wahrhaftige Gesichte Philanders von Sittewalt. In welchem aller Welt Wesen, aller Menschen Händel mit ihren natürlichen Farben, der Eitelkeit, Gewalt, Heuchelei und Torheit bekleidet, offen auf die Schau geführt werden" (1. Teil 1642, 2. Teil 1643 und einige Gesamtausgaben). Zahlreiche

Anekdoten beleben die „Gesichte". In den „Venus-Narren", einem Katalog der Torheiten Verliebter, erwidert der Königin Elisabeth von England ein armer Poet, der sie um eine milde Gabe gebeten und dem sie geantwortet hatte, der Arme müsse allenthalben liegen: „Nun jetzt, Gottlob, bin ich aufs höchst gestiegen / Und wie ich hör aus aller Not errett, / Denn wenn der Arm' muß allenthalben liegen, / So schlaf ich heut in meiner Kön'gin Bett". Die Quintessenz des Gesichtes „Weiber-Lob" ist: es gibt ebensoviel böse und gute Weiber wie Männer, und Zwischenfälle sind nicht so tragisch zu nehmen, so hat etwa ein Fürst von Salerno am Tor seines Palastes ein paar große Hörner und darunter den „Reimen" anbringen lassen: „Ich trag die Hörner, daß mans sicht, / Ein ander trägt und glaubt es nicht". Das „Soldatenleben" reiht grauenvolle Bilder von der Roheit und Verkommenheit der Soldateska gegen Ende des Dreißigjährigen Krieges aneinander. „A-la-mode-Kehraus" eifert gegen die Nachäffer des Fremdländischen in Kleidung, Nahrung und Sprache. Trotzdem hat Moscherosch selbst nicht lassen können, mit einer Unmenge lateinischer, französischer und spanischer Zitate zu prunken. Vielleicht hat ihm, dem deutschen Patrioten und Franzosenfeind, davon am besten gefallen das spanische: „Los Spagnoles parescan sabios, y sont locos . . .", „Die Spanier scheinen Weise und sind Narren, / Die Franzosen scheinen und sind Narren, / Die Italiener scheinen und sind Weise, / Die Deutschen scheinen Narren und sind Weise."

Mit der Übersetzung des französischen Werkes „L'homme dans la lune" von Baudoin unter dem Titel „Der fliegende Wandersmann nach dem Mond" (1659), der phantastischen Geschichte eines von Vögeln zu dem von siebenundzwanzig Fuß großen Menschen bewohnten Mond emporgetragenen Spaniers, begann Hans Jakob Christoffel von G r i m m e l s h a u s e n (um 1620—1676) seine literarische Tätigkeit. Im folgenden Jahre erschien von ihm „Traumgesicht von Dir und Mir". Sodann die „Reise in die Neue Obere Welt des Mondes", beide Stücke sind Traumerzählungen in der Art von Moscherosch. „Dietwalds und Amelindens anmutige Liebs- und Leidsbeschreibung" (1669), „Des vortrefflich keuschen Josephs in Ägypten . . . Lebensbeschreibung" (1670) und „Proximus und Lympadia" (1673) kommen stofflich dem höfisch-galanten Roman entgegen und breiten wie dieser viel gelehrtes Wissen aus, doch bleibt die einfach gehaltene Erzählungsweise ziemlich frei von Schwulst. Über jeder Moderichtung steht, obwohl er seine Herkunft aus dem Barock nicht verleugnet und Motive des Schelmenromans und der Traumsatire verwertet, „Der abenteuerliche Simplizissimus . . ." (1669). Grimmelshausen wurde in oder bei Gelnhausen geboren, kam wahrscheinlich schon in jungen Jahren zu den kaiserlichen Truppen und machte, vielleicht mit einigen Unterbrechungen, den Großen Krieg, teilweise als Regimentsschreiber, bis zu Ende mit. Auch während der nächsten Jahre scheint er ein sehr unruhiges Leben geführt und weite Reisen unternommen zu haben. Zeitweise war er als Verwalter von Gütern und als Gastwirt tätig. Erst während seiner letzten zehn Jahre hatte er als Schultheiß des unter der Herrschaft des Straßburger Bischofs stehenden badischen Städtchens Renchen eine gesicherte Existenz und reichlich Muße für literarische Arbeiten, zum Katholizismus war er wohl schon früher übergetreten. Ist auch im einzelnen von seinen persönlichen Schicksalen viel in Dunkel gehüllt, jedenfalls hat er in und nach dem Kriege viel erlebt.

Von regem und aufgeschlossenem Geist, erwarb er sich ohne Schulbildung als Autodidakt reiche Kenntnisse auf den verschiedensten Gebieten und rang ernsthaft mit den Problemen seiner Zeit. Mit außerordentlicher dichterischer Gestaltungskraft hat Grimmelshausen aus Selbsterfahrenem und aus Büchern Geschöpftem in seinem „Simplizissimus" eines der Meisterwerke der deutschen Literatur geschaffen.

Wie die Schelmenromane beginnt der „Simplizissimus" mit den Kinderjahren des seine Geschichte in ihrem zeitlichen Ablauf erzählenden Helden, bleibt aber nicht im äußeren Geschehen stecken, vielmehr wird auch die innere Entwicklung gezeigt nach Grimmelshausens Erkenntnis, daß „gleich wie selten jemand in dieser Welt auf einmal den höchsten Gradum der Heiligkeit erlanget, also auch keiner jählings und sozusagen in einem Augenblick aus einem Frommen zu einem Schelmen wird; sondern jeder Teil allgemach sacht und sacht fein staffelweise hinansteigt". So wurde der „Simplizissimus" der erste deutsche Bildungsroman. Daß er sich nicht, wie oft der moderne, auf die seelische Entwicklung beschränkt, ist gewiß kein Nachteil. Neben der psychologischen Vertiefung und neben dem sittlichen und religiösen Gehalt haben den „Simplizissimus" gerade die höchst anschaulichen Schilderungen mit ihrem das Menschliche und Allzumenschliche beleuchtenden und das Grauenvolle mildernden Humor bis heute lebendig erhalten. Der Schelmen-, Abenteuer- und Reiseroman ist hier zu einem umfassenden, von sonst niemandem erreichten Sittengemälde des Dreißigjährigen Krieges erweitert. Das Gegenstück zu der Aufwärtsentwicklung des „Simplizissimus" bildet der allmähliche soziale und moralische Niedergang der „Erzbetrügerin und Landstörzerin Courasche" (1670) von einer Rittmeisterin zur Marketenderin und Zigeunerin. Von ihrem Zuhälter, einem Kameraden des Simplizissimus, handelt der „Seltsame Springinsfeld" (1670). Er findet ein Vogelnest, mit dem man sich unsichtbar machen kann. Daran anknüpfend gab Grimmelshausen mehrere von ihm verfaßte moralische Novellen unter dem Titel „Das wunderbarliche Vogelnest" (1672) heraus. Keine dieser simplizianischen Schriften kommt dem „Simplizissimus" gleich, immerhin gewähren die „Courasche" und der „Springinsfeld" tiefe Einblicke in menschliche Verworfenheit, und die Novellen des „Vogelnestes" sind glänzend erzählt.

Nachahmungen des „Simplizissimus" wie der „Simplizianische Weltkucker" (1677) oder der „Französische Kriegssimplizissimus" (1682) gingen ganz im Abenteuerlichen auf. Ein wesentlicher Bestandteil war dies auch in Romanen, welche didaktische Zwecke verfolgten. Christian Weise (1642—1708) aus Zittau läßt seine Helden „Die drei ärgsten Erznarren" (1672) und „Die drei klügsten Leute" (1675) auf weiten Reisen suchen, Welterfahrung und Lebensweisheit zu erwerben; das Ethos ist hier bereits aufklärerisch-rational, nicht mehr religiös-konfessionell und höfisch-heroisch. Die „kuriösen" Liebesgeschichten und Reiseabenteuer der Kavaliere, das Prahlen der Landstörzer mit ihren Streichen in aller Herren Ländern, das unbeholfene Bemühen kleiner Leute, es in Sprache und Benehmen den Vornehmen gleichzutun, verspotten die amüsanten Lügenberichte in „Schelmuffskis wahrhaftiger, kuriöser und sehr gefährlicher Reisebeschreibung zu Wasser und zu Lande" (1696) von Christian Reuter. Paul Winckler stellte in seinem „Edelmann" (1696) dem Protzentum Neuadliger und der Verkommenheit der Krippenreiter (S. 293) das

Wissen und die Manieren eines wirklichen galant homme gegenüber. Galantes und Satirisches verbinden ebenfalls der auch die gröbsten Auswüchse des damaligen Studentenlebens schildernde „Akademische Roman" (1690) von Eberhard Werner Happel und der „Satirische Roman" (1705), der seinen Verfasser Christian Friedrich Hunold in allerlei Ungelegenheiten brachte, weil darin auf kompromittierende Liebesgeschichten bekannter Hamburger Bürger allzu deutlich angespielt war. Um die Mitte des 18. Jahrhunderts begann der aus England kommende psychologische Familienroman in ganz Europa die erste Stelle einzunehmen, doch lebt der Schelmen- und noch mehr der Abenteuerroman in verschiedenen Formen der Unterhaltungsliteratur bis heute fort.

Drama. Oper

Mit dem Auftreten englischer Komödianten gegen Ende des 16. Jahrhunderts hatte eine neue Epoche des deutschen Theaterwesens begonnen (S. 420). Den englischen folgten im 17. Jahrhundert französische und italienische Wandertruppen; die erste bedeutende deutsche stellte Johann Velten (1640—1692) zusammen. Er übertrug auch mehr und mehr die Frauenrollen Schauspielerinnen, was bis dahin nur ausnahmsweise, erstmals 1654 in Frankfurt durch den englischen Schauspieldirektor George Jolliphus, geschehen war. Wo die Wandertruppen auf ihre eigenen Hilfsmittel angewiesen waren, mußten sie sich meist mit einer Bretterbude, mit einer sehr einfachen Bühnenausstattung und oft mit einer armseligen Kostümierung begnügen. Nun zogen aber Fürsten, wie schon Herzog Heinrich Julius von Braunschweig, hauptsächlich ausländische Wandertruppen gern für längere Zeit an ihren Hof, zahlten ihnen für damalige Zeit hohe Gagen und wandten für Kostüme Bühneneinrichtungen und Theaterbauten große Summen auf, in erster Linie allerdings für die Oper, doch kam dies auch dem Schauspiel zugute, da man Oper und Schauspiel oft in demselben Theater aufführte und, wenn ein eigenes Schauspielhaus errichtet wurde, es ähnlich wie ein Operntheater ausstattete. Ausgezeichnete Techniker und Künstler wirkten zusammen, die Bühne in ein Zauberreich zu verwandeln. Wolken „flogen vorüber, Regen rauschte hernieder, die Szene ward zum Meer, von Schiffen durchfurcht, Helios eilte mit seinem Sonnenwagen durch die Luft, Zeus mit seiner ganzen Götterfamilie erschien auf den Wolken, ja bisweilen kamen Götter in der Luft von der Bühne her in den Zuschauerraum geflogen" (Zöpfl), einen prächtigen Festraum wie etwa im Münchener Residenztheater (S. 337). Die von den Berufskomödianten aufgeführten Schauspiele hatten im allgemeinen keinerlei literarischen Wert, doch ergötzten sich hoch und nieder an den Blut- und Schauerstücken, an den derben Späßen des Hanswurst und an den prunkvollen höfischen Festspielen. Erst Velten, der von 1685—1690 zu Dresden im Dienste des kursächsischen Hofes stand, nahm in sein Repertoire Stücke aus dem klassischen französischen Schauspiel, namentlich von Molière, auf und wurde so ein Wegbereiter der im Geiste der Aufklärung von Gottsched eingeleiteten und zu Lessing hinführenden Reform des deutschen Dramas und Theaters.

Das Schuldrama der Jesuiten (S. 422) wurde seit dem Beginn des 17. Jahrhunderts hauptsächlich in der Aula ihrer Lehranstalten aufgeführt. Große

Jesuitengymnasien kamen in der Entfaltung von Pomp, in der reichlichen Ausstattung mit Flug-, Wolken- und anderen Theatermaschinen und in der musikalischen Begleitung fürstlichen Theatern ungefähr gleich. In München und Wien war das Jesuitentheater geradezu ein zweites Hoftheater und verherrlichte ebenfalls den Landesherren durch eigene Festspiele. Durch die lateinische Sprache, den sittlichen Ernst und die erbauliche Tendenz seiner Stücke unterschied sich jedoch das Jesuitentheater wesentlich von den Darbietungen der Wandertruppen. Eine glückliche Fügung war es für die Jesuiten, daß sie, gerade als sie zum Aula-Theater übergingen, in dem Schwaben Jakob Bidermann (1578—1639) einen den Durchschnitt ihrer Dramenverfasser weit überragenden Dichter hatten. Außerordentlich war die Wirkung seines 1609 in München gespielten Stückes „Cenodoxus, der Doktor von Paris". Darin wird der zu seinen Lebzeiten von ganz Paris als Heiliger verehrte Cenodoxus nach seinem Tode verdammt, weil er im Grunde ein herzloser Egoist war. Vierzehn Hofleute baten daraufhin sofort erschüttert und zerknirscht um Aufnahme in den Jesuitenorden. An dichterischer Kraft wurde Bidermann von keinem Nachfolger erreicht, in der psychologischen Vertiefung hat ihn allerdings Balde (S. 426) in seiner „Jephtes tragoedia" (1637) übertroffen. Viele Zuschauer achteten indes weniger auf solche Feinheiten als auf das theatralische Beiwerk, wie es gelegentlich einer Wiener Aufführung von 1651 ein Zeitgenosse schilderte: „Voll banger Erwartung saßen die Zuseher in dem ganz verfinsterten Saale, den nur gelbe, aufzuckende Blitze und schweflige Flammen mit ungewissem Lichte erhellten. Ferner, grollender Donner, wehklagende Stimmen verbreiteten Angst, die durch die Bilder des Vorhangs, die gequälten Gestalten der Unterwelt zeigend, noch gesteigert wurde. Aber plötzlich schwieg der Lärm, der Vorhang hob sich unter lieblicher Musik wie mit Zephirhauch, und die Bühne zeigte den Himmel mit allen seinen Gottheiten. Lange durfte sich das Publikum, das ganz Aug und Ohr zu sein wünschte, des Friedens nicht freuen, es ertönte der Schall von sechshundert Trompeten und Pauken, Wurfspieße und Schwerter regneten herab und ein kriegerisches Heer erschien." Die „Türkenstücke" standen in unmittelbarer Beziehung zum Zeitgeschehen, zu den Türkenkriegen. Auch sonst berührten die Jesuiten in ihrem Theater vielfach Aktuelles. Je nach der Zeitlage kam die Sehnsucht nach dem Frieden oder eine kriegerische Stimmung zum Ausdruck. Fastnachtsspiele verspotteten in der Art der Satiriker das à-la-mode-Unwesen. Des öfteren wurden, zumal an kleineren Orten, Gesänge und Zwischenspiele in deutscher Sprache eingefügt. Auch vor Hinweisen auf soziale Mißstände schreckten die Jesuiten nicht zurück: „Ehr, Weisheit wird verkauft um Geld, / Ohn dies bei Hof man nichts erhält". Als sie aber einmal wagten, in einem Zwischenspiel Klagen der Bauern über die großen Wildschäden vorzubringen, beschwerte sich der bairische Kurfürst Ferdinand Maria darüber bei dem Ordensoberen und verlangte von ihm, dafür zu sorgen, daß in Zukunft eine derartige „Erweckung von Unruhe" unterbliebe. Im allgemeinen wurden jedoch wie früher die Stoffe meist der Bibel, der Legende und der Geschichte entnommen. Das Kunstdrama des Barocks hat sowohl der Bühnentechnik als auch dem gegenüber den Blut- und Schauerstücken der Komödianten höheren geistigen und sittlichen Niveau des Jesuitentheaters viel zu verdanken.

Auf den protestantischen Schultheatern wurden meist dem Repertoire von Wandertruppen entnommene, von Schulmännern verfaßte und Stücke von lateinischen Klassikern gespielt. Die Bühnenausstattung war durchschnittlich einfacher als die der Jesuiten. In Breslau wetteiferte man allerdings mit ihrer hochentwickelten Bühnentechnik in einer Weise, daß hier das Kunstdrama, die Tragödie hohen Stiles, aufgeführt werden konnte. Den Anstoß, sich ihr zuzuwenden, gaben Opitz mit seinen Übersetzungen von Tragödien des römischen Philosophen und Dramendichters Seneca und Joost van den Vondel (1587—1679), der sich für die formale Gestaltung seiner Tragödien Seneca und griechische Klassiker zum Vorbild genommen hatte. Diese Anregungen verwertete sehr selbständig Andreas Gryphius (1616 bis 1664) aus Glogau. Auf verschiedenen deutschen Schulen und während eines längeren Aufenthaltes in Holland eignete er sich ein vielseitiges und gründliches Wissen an. Reisen in Frankreich und Italien machten ihn mit der damaligen internationalen Bildung eines Kavaliers vertraut. Als Syndikus der Stände des Fürstentums Glogau von 1650 bis zu seinem Tode gewann er Einblick in die staatspolitischen Verhältnisse eines von religiösen und wirtschaftlichen Nöten heimgesuchten Gebietes. Eine freudlose Jugend, den Vater verlor er mit fünf, die Mutter mit elf Jahren, und schwere Krankheiten warfen tiefe Schatten auf das Leben des wohl schon an und für sich schwermütig Veranlagten. So durchzieht viele seiner geistlichen Lieder und lyrischen Gedichte, namentlich die fünfzig Strophen der „Kirchhofgedanken", eine düstere und klagende Angst, der hoffendes Gottvertrauen etwas gewaltsam gegenübergestellt wird. In den Trauerspielen ist das irdische Leben geradezu ein Sterben, ist der Blick der Helden, deren Heroismus sich im Ertragen von entsetzlichen Martern und unermeßlichem Leid bewährt, unabwendbar auf das Jenseits gerichtet.

Nach Opitz sollte die Tragödie darstellen: Fürsten und andere Personen hohen Standes, „Totschläge, Verzweiflung, Kinder- und Vatermord, Brände, Blutschande, Kriege und Aufruhr, Heulen, Seufzen und dergleichen". Daran hielt sich im wesentlichen Gryphius in seinen historischen Trauerspielen: „Leo Armenius" (1646), ein im Jahr 820 zu Konstantinopel ermordeter byzantinischer Kaiser; „Katharina von Georgien" (1647), eine Prinzessin, die 1624 einen grausamen Martertod erlitt, weil sie die Bewerbung des Schahs von Persien aus religiösen Gründen zurückgewiesen hatte; „Carolus Stuardus" (1649), der am 30. Januar 1649 hingerichtete König Karl I. von England; „Aemilius Paulus Papinianus" (1657), der von seinen Zeitgenossen als „Asyl des Rechtes" gefeierte, 212 n. Chr. als Opfer seiner Wahrhaftigkeit getötete große römische Jurist. Das eigentlich Tragische liegt bei Gryphius jedoch nicht in dem leidvollen Schicksal der Helden, sondern darin, daß es an und für sich nur ein eitles Spiel ist, das Spiel alles Vergänglichen. Bedeutung gewinnt das heroische Dulden der Helden erst durch die Beziehung zum Jenseits mit seinen unabänderlichen Gesetzen der Wahrheit, Sittlichkeit und des Rechtes. Und auf diesem Hineinragen des Irdischen in das Überirdische beruht die innere Größe der Tragödien des Gryphius. „Cardenio und Celinde" (1647) hat nichts mit der höfischen Welt und mit Staatsaktionen zu tun, es spielt, wie Gryphius selbst entschuldigend bemerkte, unter Bürgern. Außerdem wird das Liebespaar erst durch furchtbare

Schicksalsschläge geläutert, und die Tragödie endet mit stillem Entsagen, nicht mit Tod, die Schlußmoral ist indes auch da: „Wer hier recht leben will, denk jede Stund' ans Sterben." Menschliche Schwächen beobachtete und gestaltete Gryphius mit Humor. Das satirische Lustspiel „Peter Squenz" (um 1650) parodiert den schwerfälligen Stil und die „herzzerbrechenden" Redensarten der damaligen Volkskomödie und der „Horribilicribrifax" (um 1650) mit einem Kauderwelsch in sieben Sprachen pedantische Schulmeisterei und soldatisches Bramarbasieren. In dem „Verliebten Gespenst" (1660) folgt jedem der vier Akte einer aus der „Geliebten Dornrose". Das „Gespenst" ist ein Lust- und Singspiel in Alexandrinern, dessen Handlung in vornehmen Kreisen vor sich geht. Die „Dornrose" bildet hierzu in schlesischer Dialektprosa das bäuerliche Gegenstück; ein gemeinsames Tanzlied schließt das Ganze ab. Gryphius hat als erster Kunstdramen in deutscher Sprache geschrieben; seine Trauerspiele sind von wahrhaft tragischer Stimmung beseelt und erheben sich mit ihrer Problematik ins Kosmische jenseits von Zeit und Raum, aber unmittelbar spricht uns heute nur noch die heitere Anmut der „Dornrose" an.

Daniel Caspar von Lohenstein (1635—1683) war ebenfalls ein Schlesier und als Syndikus der Stadt Breslau ein hoher Beamter. Die Problematik seiner Tragödien, von denen zwei im Orient und vier im alten Rom spielen, kreist um das irdische Dasein und ein dunkles Verhängnis. Das Trauerspielprogramm des Opitz hat Lohenstein noch krasser durchgeführt. Seine Helden sind von kämpferischer Natur. Die Handlung geht rascher vor sich und bietet mehr Abwechslung. Der Stil seiner Dramen ist ebenso schwülstig wie der seines Arminiusromans (S. 430). So unterscheidet sich Lohenstein wesentlich von Gryphius, obwohl ihn im Aufbau der Tragödien und im Stofflichen, wie etwa den Staatsaktionen, manches mit ihm verbindet. Das, worin sich beide gleichen und worin sie einander entgegengesetzt sind, gibt eine Vorstellung von den allgemeinen kulturellen Grundlagen und von der großen Spannweite des barocken Kunstdramas. Während es von dem Schlesier Johann Christian Hallmann (1640—1704) und von dem Lausitzer August Adolf von Haugwitz (1645 bis 1706) noch fortgesetzt wurde, schrieb Christian Weise (S. 434) bereits in bewußter Abkehr vom barocken Schwulst für Schulaufführungen sechsundfünfzig Lust- und Trauerspiele, die nicht Phantastereien, sondern Lebensklugheit lehren sollten. In „der Herrschaft der Handlung über die Worte, in der naturwahren Lebendigkeit seines prosaischen Dialogs, in dem ungesuchten Ineinandergreifen von Rede und Antwort, in dem leichten Hin- und Herwerfen von Gedanken und Worten, in der kurz angebundenen Dialektik ist Weise ein Vorläufer der dramatischen Sprache Lessings gewesen" (Dilthey). Im Komischen erwies sich als das stärkste Talent der Sachse Christian Reuter (1665—1710), ein verbummelter Student, mit seinen Lustspielen „L'honnête femme oder die ehrliche Frau zu Plißine" (1695), die Mutter des Schellmuffski (S. 434), „La maladie et la mort de l'honnête femme, das ist der ehrlichen Frau Schlampampe Krankheit und Tod" (1696) und mit dem hochstaplerischen „Graf Ehrenfried, in einem Lustspiel vorgestellet" (1700).

Zu Anfang des 18. Jahrhunderts lehnten die Pietisten das Schulschauspiel grundsätzlich ab, im Jahre 1718 wurde es in Brandenburg-Preußen verboten, bald darauf folgten Sachsen und andere protestantische Länder diesem Beispiel. Bei den Jesuiten befruchtete nach Bidermann namentlich der in Wien wirkende Südtiroler Nikolaus von Avancini das lateinische Kunstdrama. Er gab fünf Bände „Poesis dramatica“ (1655—1686) heraus; manches darin ist nur als Lesedrama gedacht. Seine vaterländischen, der Verherrlichung des habsburgischen Herrscherhauses dienenden Festspiele und die nun auch von Benediktinerklöstern Süddeutschlands und Österreichs aufgenommenen Schuldramen waren echt barocke Prunkstücke, namentlich die der Benediktiner-Universität Salzburg und der Benediktinerabtei Kremsmünster. Beide Theater verdankten ihre Blüte besonders dem auch als Verfasser lateinischer Oden, deutscher Gedichte und die Schulpedanterie geißelnder Satiren hervorragenden Pater Simon Rettenbacher (1634—1706). Als Kaiser Leopold I. 1680 zu den Benediktinern nach Kremsmünster kam, bemerkte er bewundernd, ihr Theater stände hinter der kaiserlichen Bühne in Wien nicht zurück. Unter dem Einfluß der fürstlichen Höfe, an denen die Oper das Schauspiel allmählich fast ganz verdrängte, näherten sich die Jesuiten und Benediktiner seit der Mitte des 17. Jahrhunderts mit den Musik- und Balletteinlagen und in der Bühnenausstattung mehr und mehr der Oper und ließen des öfteren ihre Schulen auch Oratorien, Singspiele und Opern aufführen.

Das Heimatland der Oper ist Italien. Sie begann damit, daß man gegen Ende des 16. Jahrhunderts in Florenz den Dialog von Dramen vertonte. Wie in der damaligen Kirchenmusik (S. 360) war zunächst der von Einzelstimmen deutlich wiedergegebene Text das beherrschende Element. Durch Claudio Monteverdi (1567—1643) und durch Francesco Cavalli (1602—1672) gewann Venedig die Führung in der nun von der Musik her gestalteten Opernkunst. Das Orchester wurde bereichert, und Arien traten immer stärker hervor; die Texte, Intrigenstücke und Staatsaktionen in der Art des italienischen Theaters, waren, wie überhaupt in der Oper des Barocks, von geringem literarischem Wert. Die Epoche des Belkanto schließlich, die den Komponisten zum Diener des Sängers machte, nahm um die Wende zum 18. Jahrhundert mit der neapolitanischen Schule den Anfang. Die erste deutsche Oper wurde bei der Vermählung des Landgrafen Georg von Hessen-Darmstadt mit einer kursächsischen Prinzessin im Jahre 1627 auf Schloß Hartenfels aufgeführt. Opitz hatte hierfür des Italieners Rinuccini „Dafne“ übertragen und der in Italien ausgebildete Heinrich Schütz (S. 368) die Musik geschrieben. Damit war an und für sich ein vielversprechender Ansatz für eine deutsche Oper gegeben; in ähnlicher Weise hatten verschiedene Zweige der deutschen Literatur ihren Ausgang von fremdländischen Anregungen genommen. Mehrere größere Städte, wie Nürnberg, Leipzig und Danzig, der Braunschweigische und einige kleinere Höfe zogen deutsche Komponisten heran, die deutsche Originaltexte, Übersetzungen oder wenigstens deutsche Zutaten vertonten. In Hamburg, einem Mittelpunkt des deutschen Musiklebens, wurde 1678 ein Operntheater eröffnet. Zeitweilig hatte Reinhold Keiser (1674—1739), damals der größte Meister der deutschen Oper, die Leitung, nach ihm war an ihr einige Jahre lang Georg Friedrich Händel (1685—1759) beteiligt. Er komponierte hier seine ersten Opern; die Werke, auf denen sein Weltruhm beruht, schuf er in England, wohin er 1712 übersiedelte.

Gegenüber der deutschen überwog die italienische Oper bei weitem. Für der fremden Sprache nicht genügend Kundige wurden Opernbücher mit dem italienischen Text auf der einen und mit einer meist schlechten Übersetzung auf der anderen Seite herausgegeben. Die Oper venezianischer Art kam in der ersten Hälfte des 17. Jahrhunderts unter Kaiser Ferdinand III. nach Wien. Noch mehr war ihr sein Enkel Leopold I. zugetan. Beide Kaiser waren große Musikfreunde und komponierten auch selbst. Leopold liebte, den Opern seiner Kapellmeister von ihm vertonte Arien einzufügen, bisweilen unter Verwendung deutscher Texte. Am Münchener Hof fand 1653 bei einem Besuche Kaiser Ferdinands III. die erste Opernaufführung statt; italienische Komponisten und Musiker nahmen hier als Landsleute der Gattin des Kurfürsten Ferdinand Maria, Adelheid von Savoyen, eine bevorzugte Stellung ein. Die Regie der Opernvorstellungen in dem Schloßgarten zu Herrenhausen (S. 341), die 1689 begannen und 1714 endeten, als der Kurfürst von Hannover König von England wurde, lag in den Händen des aus Castelfranco stammenden Kapellmeisters Agostino Steffani. Nach Dresden, ebenfalls ein Mittelpunkt der italienischen Oper auf deutschem Boden, wurde zwar 1731 der in Bergedorf bei Hamburg geborene Johann Adolf Hasse (1699—1783) als Opernkapellmeister berufen, doch hatte sich dieser Künstler, der wie wenige seiner Zeit in der Oper seelischen Regungen Ausdruck zu verleihen vermochte, bereits in Neapel und Venedig einen Namen gemacht und komponierte nach wie vor Opern in italienischer Sprache; Faustina Bordoni, die er in Venedig geheiratet hatte, feierte auch in Dresden als erste Hof- und Opernsängerin glänzende Triumphe. Mit den großen wetteiferten viele der kleinen Höfe. Auch sie gaben Unsummen für Operntheater und ihre Ausstattung, für Konzertmeister, Sänger und Sängerinnen und für Tänzerinnen aus. Denn die Vereinigung von Raumkunst, Dekoration, Schauspiel, Musik, Tanz, Bühneneffekten und prunkvoller Kostümierung zu einer Gesamtwirkung deckte sich vollkommen mit dem Streben des Barock nach absoluter Einheit in den bildenden Künsten (S. 322 f.), zudem ist die Oper die „Form, in der das Zeitalter rein ästhetisch sein Wollen erfüllt und seine Spannung entlädt, glanzvoller Traum hohen Lebens, heldisch und schwärmerisch, sinnlich und überwirklich zugleich, aus dem aber nicht streng die Forderung in den Tag führte; Festrausch aller Sinne, der befriedigt und erschöpft" (Hankamer).

UNTERRICHT UND BILDUNG

Volks- und Höhere Schulen

Von den Schulgattungen, die seit dem späteren Mittelalter in Deutschland bestanden, entwickelten sich am kümmerlichsten die Dorfschulen, obwohl einzelne Landesfürsten sie zu fördern trachteten. Die ersten, auch das platte Land mit einbeziehenden, evangelischen Schulordnungen für die Elementarschulen erließen

1559 Württemberg und 1580 Kursachsen. Die Lehrgegenstände waren Religion, immer das Hauptfach, Lesen, Schreiben, und in Württemberg auch Rechnen. Den Unterricht hatte der Küster unter Aufsicht des Pfarrers zu erteilen; Schulzwang gab es noch nicht. Unterricht fand gewöhnlich nur während des Winters statt, und in vielen Dörfern konnten die Küster selbst nicht oder nur sehr mangelhaft lesen und schreiben. Trotzdem nahm die Zahl der Dorfschulen in der zweiten Hälfte des 16. Jahrhunderts ständig zu. Der Dreißigjährige Krieg brachte einen schweren Rückschlag. Im Herzogtum Sachsen-Weimar schrieb eine Schulordnung von 1619 für sämtliche Knaben und Mädchen von sechs bis zwölf Jahren den Schulzwang und Unterricht im Sommer und Winter vor, wieweit dies aber tatsächlich durchgeführt wurde, ist nicht näher bekannt. Der auf Veranlassung Ernsts des Frommen für die Volks- und die höheren Schulen seines Herzogtums Sachsen-Gotha von Andreas Reyher ausgearbeitete „Schulmethodus" übernahm für die Elementarschulen von der Weimarer Schulordnung den Schulzwang und den ganzjährigen Unterricht, und von Ratke und Comenius (S. 445 f.) wesentliche Reformvorschläge. Außer den üblichen Fächern sollten in allen Volksschulen, auch auf den Dörfern, das Wichtigste vom eigenen Staats- und Gemeindewesen, Natur-, Heimat- und Himmelskunde, die landesüblichen Maße, Gewichte und Münzen behandelt werden, wobei großes Gewicht auf den Anschauungsunterricht gelegt wurde. Während seiner langjährigen Regierung (1640—1675) visitierte der Herzog immer wieder die Schulen seines Landes und ließ sich den Bau von Schulhäusern, die Aufbesserung der Lehrergehälter, die Versorgung der Lehrerwitwen, die Anschaffung von Lehrbüchern und von Anschauungsmaterialien viel kosten. Er erzielte mit all dem ein so günstiges Ergebnis, daß es hieß, Herzog Ernsts Bauern wären gelehrter als anderswo die Städter und Edelleute. Im übrigen Deutschland geschah jedoch bis zum Ende des 17. Jahrhunderts nur wenig für die Hebung des Schulwesens auf den Dörfern.

Eine Wendung zum Besseren zeigte sich erst im Zusammenhang mit der Tätigkeit August Hermann Franckes (S. 447). Er beriet König Friedrich Wilhelm I. bei der Reform des preußischen Volksschulwesens; es wurde das verhältnismäßig fortschrittlichste von ganz Deutschland. In allen Teilen seiner Monarchie ließ der „Soldatenkönig" Elementarschulen errichten, besonders in Ostpreußen (S. 286). Von den adligen Gutsbesitzern weigerten sich freilich viele, in ihren Dörfern die Schulordnungen Friedrich Wilhelms durchzuführen, und für die Staatsdomänen geeignete Lehrer zu finden, hielt oft schwer; in der Regel waren sie noch Handwerker. Aber auch da begann man für Abhilfe zu sorgen; Schinmeyer, ein Schüler Franckes, gründete im Jahre 1732 zu Stettin das erste „Dorfschulmeister- und Küsterseminar", dem bald weitere folgten. Im katholischen Deutschland berücksichtigten ebenfalls manche staatliche Schulordnungen dörfliche Verhältnisse, und die Unterrichtsgegenstände waren um die Mitte des 16. Jahrhunderts dieselben wie in Württemberg. In der Weise wie Herzog Ernst der Fromme und König Friedrich Wilhelm I. nahm sich indes keiner der katholischen Landesfürsten der Schulen auf dem platten Lande an; noch hundert Jahre nach dem Dreißigjährigen Kriege gab es in weiten Gebieten der österreichischen Monarchie und Baierns keine oder nur ganz wenige Dorfschulen. Die Städte hatten im allgemeinen mehr und etwas bessere Volksschulen.

Für das höhere Schulwesen, die Lateinschulen und die Gymnasien, wurden an vielen Anstalten die von Melanchthon ausgearbeiteten Grundsätze maßgebend, namentlich in der Art, wie sie Johannes Sturm (1507—1589) in einer Programmschrift dargelegt und in dem von ihm geleiteten Straßburger Gymnasium durchgeführt hat. Die Schüler sollten erzogen werden zur Pietas, zu Frömmigkeit und sittlicher Tüchtigkeit nach der Heiligen Schrift und Luthers Katechismus und durch Gebet, Gesang und Musikübungen, zur Sapientia und zur Eloquentia. Da Sturm unter Sapientia die Kenntnis der alten Sprachen und der alten Klassiker verstand und diese nur vom rhetorischen Standpunkt aus behandelte im Hinblick auf die Eloquentia, die Gewandtheit im Gebrauch des Lateinischen zu einem logisch klaren und rednerisch wirksamen Vortrag, worin er neben der Pietas das Hauptziel des Gymnasiums sah, wurde der Schulbetrieb einseitig formalistisch und humanistisch. Im wesentlichen gilt dies auch für die städtischen Gymnasien und für die sogenannten Fürstenschulen, an denen außerdem einiger Unterricht in Arithmetik und Geometrie erteilt wurde.

Mit dem Straßburger Gymnasium hatten die höheren Schulen der Jesuiten den formalistischen Betrieb, das Latein-Sprechen, die körperliche Kräftigung der Schüler und die Theateraufführungen gemeinsam. Die Straßburger Gymnasiasten mußten am Schlusse der Quinta einundzwanzigtausend Vokabeln auswendig wissen; auch im Unterricht der Jesuiten stand der Gedächtnisdrill obenan, und selbst die von ihnen eingeführten „Disputationen" liefen im Grunde auf eine Übung des Gedächtnisses hinaus. Auf die sachliche Kenntnis der Antike legten sie ebenfalls keinen oder nur geringen Wert, das Ziel der Klassikerlektüre war auch hier die Eloquentia. Die Schüler der Gymnasien von der Art des Straßburger und der höheren Lehranstalten der Jesuiten durften mit den Lehrern und unter sich nur lateinisch sprechen. Sturm ist als einer der ersten Pädagogen für Leibesübungen und Spiele im Freien eingetreten, ebenso waren die Jesuiten auf Bewegung und Spiele im Freien bedacht und sorgten überhaupt für das körperliche Wohl ihrer Schüler. Unter der Bezeichnung „Erudition" lehrten die Jesuiten mancherlei aus der Geschichte und den Realfächern, einen zusammenhängenden Unterricht darin gab es jedoch bei ihnen bis ins 18. Jahrhundert hinein nicht, und an protestantischen Gymnasien war er eine seltene Ausnahme. Trotz dem vielen Gleichartigen hatten die Jesuitenanstalten Wesentliches voraus. Ihre sämtlich dem Orden angehörenden Lehrer waren gut und gleichmäßig vorbereitet und angewiesen, die Individualität der Schüler genau zu beobachten. Diese zwar nicht theoretisch-wissenschaftlich fundierte, aber aus einer reichen Erfahrung gewonnene Psychologie, die der unterrichtenden und erziehenden Tätigkeit der Jesuiten zugrunde lag, bedeutete für die Pädagogik jener Zeit einen großen Fortschritt, ebenso die Abkehr von dem sonst an den Volks- und an den höheren Schulen herrschenden barbarischen Prügelsystem. Körperliche Züchtigungen sollten äußerst selten und nie vom Lehrer persönlich, sondern nach seiner Anweisung von einem „Korrektor", der nicht Mitglied des Ordens war, vorgenommen und selbst Beleidigungen eines Schülers durch Worte sorgfältig vermieden werden. Das grobianische Wesen bekämpften die Jesuiten nachdrücklich. Sie hielten die Schüler zu anständigen und feinen Umgangsformen an und suchten ihnen eine vornehme, weltmännische

Bildung zu vermitteln, wozu enge Beziehungen zu hohen und höchsten Kreisen, die internationale Einstellung und weltweites Wirken die Jesuiten besonders befähigten. So geflissentlich sie auf die beträchtliche Zahl von Adligen in ihren Internaten und Schulen hinwiesen, verhielten sie sich in der Praxis für jene Zeit doch auffallend sozial. Als zum Beispiel einmal Adlige verlangten, ihren Söhnen sollten in der Schule und in der Kirche eigene Plätze angewiesen werden, schlugen dies die Jesuiten rundweg ab. Die Zöglinge in den Internaten hatten meist eine Pension zu zahlen, dagegen war der Unterricht für alle Schüler frei. Das hatte, zumal in größeren Städten, eine Überfüllung der Jesuitengymnasien zur Folge. Weltliche Obrigkeiten beklagten sich des öfteren, die Handwerker könnten fast keine Lehrbuben mehr bekommen, weil zu viele Bürger und Bauern ihre Knaben studieren ließen. Die Jesuiten erklärten sich zwar bereit, auf rechtzeitige Entlassung Untauglicher zu achten, betonten aber, sie würden einfacher und armer Leute Kinder nicht vom Studium ausschließen, wenn diese „gute Ingenia und Sitten" hätten.

Selbstverständlich übertrugen die Jesuiten die Ideale und Methoden ihres Ordens soweit wie möglich auf Erziehung und Unterricht. Der Schüler sollte immer der Kirche völlig ergeben bleiben und ihre Interessen nach besten Kräften fördern; ihn autoritätshörig zu machen und Regungen selbständigen, mit der Autorität des Lehrers, der Schulordnung und letzten Endes der Kirche nicht ganz übereinstimmenden Denkens und Wollens zu unterdrücken, war deshalb das erste Ziel der jesuitischen Pädagogik. Um den Schüler zu einem erfolgreichen Kämpfer für die Kirche heranzuziehen, wurden die intellektuellen Fähigkeiten, die Willenskraft und die gesellschaftlichen Talente unter Berücksichtigung der individuellen Veranlagung innerhalb des Rahmens der Autorität hochgezüchtet. Das beste Mittel hierfür sahen die Jesuiten in der Erweckung und fortwährenden Anstachelung des Ehrgeizes. Alles war auf Wettkampf abgestellt. Die verschiedenen Klassen und Gruppen innerhalb einer Klasse lagen andauernd miteinander im Wettstreit, der unter anderem zu bestimmten Stunden in der „Concertatio", dem „Wettkampf", ausgetragen wurde, nach dem die Auszeichnung der Sieger durch Preise, Belobigungen und dergleichen erfolgte. Jeder Schüler sollte die anderen, namentlich seinen „Aemulus", den „Spezialkonkurrenten", auszustechen trachten, und wenn einer Fehler oder Schwächen eines Kameraden auf Befragen des Lehrers bei der Concertatio oder von sich aus nachwies, erhielt er einen Preis oder ein Siegeszeichen und das kleine Ehrenamt des Gegners, wenn dieser eines innehatte. Die Protestanten haben damals den Jesuiten besonders verübelt, daß sie auch Evangelische in ihre Schulen aufnahmen und sich dann, oft mit Erfolg, um ihre Bekehrung zum Katholizismus bemühten. Von dem, was späterhin viele als Schattenseiten der jesuitischen Pädagogik hervorhoben, waren drei wesentliche Punkte nicht bloß auf die jesuitischen Lehranstalten beschränkt: die konfessionelle Intoleranz, die nicht zu selbständigem Denken und zu freier Forschung, sondern zum Auswendiglernen hinführende autoritäre Richtung und das unbedingte Festhalten an dem von der Autorität, an die man glaubte, Anerkannten. All das ist nun freilich bei den Jesuiten infolge ihrer straffen Organisation zu stärkster Wirkung gekommen. Von der Unübertrefflichkeit ihres Systems überzeugt, verhielten sie sich gegenüber den fortschrittlichen Tendenzen zurückhaltend, vermochten aber auch in den

Gebieten, deren höheres Schulwesen und Universitäten sie weitgehend beherrschten, den Siegeszug der Aufklärung, selbst bei einem großen Teil des katholischen Klerus, nicht aufzuhalten. Den von Natur zu selbständigem Denken und Forschen Veranlagten hat der jesuitische Drill kaum allzusehr geschadet und in manchem sie wohl auch gefördert.

Für die Erziehung Adliger sind gegen Ende des 16. Jahrhunderts vereinzelt Ritterakademien gegründet worden; die meisten entstanden zwischen 1650 und 1750, als der Adel der Hauptträger der höfischen Kultur war und größtenteils ihm die höheren Stellen in der Staatsverwaltung und in der Armee übertragen wurden. Auf das Latein konnte man zwar nicht ganz verzichten, aber es trat erheblich zurück, da auch Französisch, Geschichte, Geographie, Genealogie, Heraldik, einiges aus der Rechtswissenschaft und dergleichen gelehrt und Reiten, Fechten, Tanzen, Musik und was sonst zur Ausbildung eines Kavaliers gehörte eifrig betrieben wurden. Die Benediktinerabtei in Ettal errichtete im Jahre 1711 eine Ritterakademie für katholische Adlige. Die Zöglinge, die hauptsächlich aus Baiern, Tirol, Wien, Ungarn und den belgischen Niederlanden kamen, hießen hier offiziell „die Herren Kavaliere". Wer von ihnen wünschte, durfte sich einen eigenen Diener halten. Mittags gab es sechs Gänge und Wein, an Sonn- und Feiertagen und an zwei Tagen der Woche dazu Extraspeisen und Extratrunk. Außer prunkvollen Aufführungen lateinischer Dramen fanden großartig angelegte Kriegsübungen statt, wozu gelegentlich auch kurfürstliche Truppen herangezogen wurden.

Die Mädchen auf den Dörfern besuchten gemeinsam mit den Knaben die Volksschule, wurden aber dazu, wo es keinen Schulzwang gab, noch weniger angehalten. In größeren Städten richtete man „Jungfrauenschulen" ein. Die Mädchen lernten hier Lesen, Schreiben und Nähen. In katholischen Gegenden übernahmen fromme Frauen oder Nonnen, oft unter Mitwirkung und Leitung von Jesuiten, diese Schulen; Töchter aus dem Adel und dem höheren Bürgerstand erhielten in Anstalten der Salesianerinnen, Ursulinerinnen, Servitinnen oder der Englischen Fräulein Unterricht in Lesen, Schreiben, Rechnen, Französisch, Italienisch und feinen Handarbeiten. Die von August Hermann Francke (S. 448) im Jahre 1698 zu Halle gegründete erste protestantische höhere Mädchenschule ging nach sieben Jahren wieder ein. Schulen, die wie die Gymnasien auf ein gelehrtes Studium vorbereiteten, gab es für Mädchen überhaupt nicht. Trotzdem erwarben sich seit der Mitte des 17. Jahrhunderts, wie dies schon die höfische Kultur nach dem Dreißigjährigen Kriege mit sich brachte, viele fürstliche, adlige und Frauen aus dem gehobenen Bürgerstand eine vielseitige höhere geistige Bildung, zum Teil sogar eine ausgesprochen wissenschaftliche. Fénelons von Francke übersetzte Schrift „Sur l'éducation des filles" (1687) wurde in Deutschland viel beachtet; sie behandelt die Psychologie des Kindes und empfiehlt, die Töchter im elterlichen Haus sorgfältig zu erziehen und sie auch mit Geschichte und Literatur etwas vertraut zu machen. Hofmeister und Hauslehrer auf Adelsschlössern und in vornehmen Bürgerhäusern haben neben ihrer eigentlichen Aufgabe, dem Unterricht der Knaben, sicher auch den Töchtern und der Dame des Hauses, soweit sie Interesse daran hatten, geistige Anregung geboten.

Manche Frauen vertieften sich in philosophische und fachwissenschaftliche Werke und korrespondierten darüber mit Gelehrten. Die mit den Schriften von Descartes, Spinoza, Leibniz und anderen berühmten Autoren des In- und Auslandes vertraute Gemahlin König Friedrichs I. von Preußen, Sophie Charlotte, erwarb sich durch die Förderung von Leibnizens Bemühungen um die Gründung der Berliner Akademie der Wissenschaften große Verdienste. Eine Unmasse leicht zugänglichen Bildungsstoffes enthielten die höfisch-galanten Romane (S. 429 ff.). Zu „gebildeter" Unterhaltung leiteten des Nürnbergers Harsdörffer (S. 425) „Frauenzimmergesprächsspiele" (acht Bändchen, 1644—1649) an. Auf ihre Vielseitigkeit deuten schon die Namen der die Gespräche führenden Personen hin: Angela von Keuschewitz, eine adlige Jungfrau; Raymund Discretin, ein gereist- und belesener Student; Julia von Freudenstein, eine kluge Matrone; Vespasian von Lustgau, ein alter Hofmann; Cassandra Schönlebin, eine adlige Jungfrau; Degenwart von Ruhmeck, ein verständiger und gelehrter Soldat. Die „moralischen Wochenschriften" suchten besonders auch weibliche Leserinnen zu gewinnen; „Die vernünftigen Tadlerinnen" (S. 378) waren eine ausgesprochene Bildungszeitschrift für Frauen. Nachschlagewerke von der Art des „Nutzbaren Frauenzimmerlexikons" (1715) von Amaranthes oder des „Nutzbaren, galanten, curieusen Frauenzimmerlexikons samt Kochbuch" (1739) gaben zum Beispiel an, was ein Roman oder Opernbuch sei, und berichteten allerlei von gelehrten Frauen und Schriftstellerinnen. Deren waren nicht wenige, im großen und ganzen blieben sie aber doch Ausnahmeerscheinungen, da die wichtigste Voraussetzung für eine allgemeiner zugängliche wissenschaftliche Ausbildung, höhere Mädchenschulen und die Zulassung von Frauen an den Universitäten, noch fehlten.

Pädagogische Reformbestrebungen

Das um 1600 sich anbahnende rationale und naturwissenschaftliche Denken führte alsbald im Unterricht und in der Erziehung zu Reformbestrebungen. In Einzelheiten voneinander verschieden, stimmten sie doch in vier wesentlichen Punkten überein: „Nicht bloß die Sprachen, sondern auch die Sachen! Die Schule soll nicht bloß Latein lehren, sondern zum Sachwissen führen, in Mathematik und Naturwissenschaft, in Geschichte und Erdkunde. — Die Sprache recht lehren! Nicht die Sprache aus der Grammatik, sondern die Grammatik an und aus der Sprache. — Die deutsche Sprache treiben! Sie ist die Sprache, welche die Kinder mitbringen, also die erste Unterrichtssprache, und die Sprache, in der Besinnung auf die grammatischen Kategorien zuerst stattfinden kann. Auch ist sie die Sprache, die der Theolog und Jurist im praktischen Leben als Redner und Schriftsteller braucht; daher ist Übung in der deutschen Sprache notwendig. — Des Zwangs und der Prügel ledig werden! Der Weg dazu ist, durch vernünftige Wahl der Unterrichtsgegenstände und durch vernünftige Methoden das Lernen erleichtern und das Interesse gewinnen" (Paulsen). Am umfassendsten waren die Reformpläne von Ratke und Comenius. Wolfgang Ratke (1571—1635) aus Wilster in Holstein legte 1612 den in Frankfurt zur Wahl des Kaisers Matthias versammelten Fürsten eine Denkschrift vor, die großes Aufsehen erregte. Die Herzogin Dorothea Maria von Weimar, geborne Prinzessin von Anhalt-Köthen, und ihre Schwester Anna Sophia, denen Ratke in leicht verständlicher Weise Lateinisch und Hebräisch beigebracht hatte, bewogen ihren Bruder, den Fürsten Ludwig von Anhalt, Ratke zur Errichtung und Leitung einer Musterschule nach Köthen zu berufen, doch scheiterte er hier, ebenso bei einem zweiten Versuch in Magdeburg wegen seines heftigen und unverträglichen Wesens, und weil die Erfolge gegen die Versprechungen erheblich zurückblieben.

Johannes Amos Comenius (1592—1670) stammte aus Mähren. Schon als Student in Heidelberg verfolgte er mit großem Interesse die Bestrebungen Ratkes. Von ihm, dem Engländer Bacon und anderen übernahm Comenius verschiedene Gedanken, verarbeitete sie aber selbständig. Alle seine Vorgänger übertraf er durch den streng methodischen, von der Idee der Menschenbildung getragenen Ausbau des gesamten Erziehungs- und Unterrichtswesens. Das „Informatorium der Mutterschule" (1628 tschechisch, 1633 deutsch, 1653 lateinisch) leitete dazu an, die Kinder vom ersten bis sechsten Jahr, anknüpfend an ihre eigenen Erfahrungen und Beobachtungen, in die Elemente der Bildung einzuführen. Die „Bedeutung der persönlichsten Beziehung des Kindes zur Mutter im Haus für die Erziehung ist hier zum ersten Male erkannt worden" (Leser). Der Mutterschule hat für alle Kinder vom sechsten bis zwölften Jahre in sechs Klassen die „Muttersprachenschule", die Volksschule, zu folgen. Die Fächer sind ungefähr dieselben, wie sie auch die Schulordnung für Sachsen-Gotha vorschrieb. In der ebenfalls sechsklassigen „Lateinschule" sind Religion, Muttersprache und Lateinisch gründlich, etwas Griechisch und Hebräisch, die Realien und die Anfangsgründe der Philosophie zu lehren. Antike Klassiker sollen gar nicht oder nur in Auswahl gelesen werden, weil diese Heiden die Schüler mit heidnischem Geist erfüllen würden. Weitere sechs Jahre sind für den Besuch der „Akademie" festgesetzt. Ihr Ziel ist „die Ergänzung und Vollendung aller Wissenschaften" im Sinne der Pansophie (S. 382). Von den didaktischen Werken des Comenius wurde am weitesten verbreitet die in zwölf europäische und mehrere orientalische Sprachen übersetzte „Janua linguarum reserta", das geöffnete Sprachentor, und der „Orbis pictus", die gemalte Welt. Die „Janua" ist in der Originalfassung ein lateinisches Lesebuch. In tausend Sätzen bringt es das Wichtigste aus den verschiedensten Wissensgebieten, der Schüler soll hier nach dem Grundsatz erst den Stoff und dann die Grammatik, die lateinische Sprache leicht und in anregender Weise lernen und zugleich eine Menge Sachkenntnisse erwerben. Der „Orbis pictus" mit einem ähnlichen Inhalt fügt dem lateinischen Text eine deutsche Übersetzung an und auf hundertfünfzig Holzschnitten ein reiches Anschauungsmaterial. Die „Didactica magna", die große Unterrichtslehre, in der Comenius seine zum Teil modern anmutenden pädagogischen Anschauungen ausführlich darlegte, hat erst in neuerer Zeit größere Beachtung gefunden.

Verschiedene landesherrliche Schulordnungen nahmen Gedanken des Ratke und Comenius auf, und Männer wie Andreae und Schupp (S. 365 f.) trugen ähnliche durch ihre Schriften in weitere Kreise. Manche der von Ratke und Comenius verfaßten Lehrbücher wurden viel benutzt und so die deutsche Sprache, die Geschichte und die Realien etwas mehr berücksichtigt; auch die Jesuiten begannen um 1730 in ihren

Anstalten etwas Geschichts- und Geographieunterricht einzuführen. Auf ganz persönliche Weise hat August Hermann Francke (1663—1727) Ideen der Reformpädagogen in die Tat umgesetzt. Er ist als Sohn eines Juristen in Lübeck geboren, der später als Hofrat Herzog Ernsts des Frommen nach Gotha kam. An dem Gymnasium dieser Stadt, das August Hermann einige Zeit besuchte, wurde nach den Reformplänen von Ratke und Comenius unterrichtet. Nach Abschluß seiner philologischen und theologischen Studien an mehreren Universitäten habilitierte er sich 1685 als Dozent in Leipzig, verließ es 1687, begab sich nach Lüneburg, wo er seine pietistische „Bekehrung" erlebte (S. 363), dann nach Hamburg und schließlich zu Spener nach Dresden. Im Jahre 1689 nahm Francke in Leipzig seine biblischen Vorlesungen wieder auf. Da sie bei seinen orthodoxen Kollegen Anstoß erregten, übernahm er 1690 in Erfurt eine Pfarrstelle, stieß hier aber erst recht auf die Feindseligkeit orthodoxer Amtsbrüder; sie erreichten seine Absetzung und die Ausweisung aus der Stadt. Spener, der eben Propst und Konsistorialrat in Berlin geworden war, bewog König Friedrich I. von Preußen, Francke 1692 die Professur für orientalische Sprachen in Halle und das mit ihr verbundene Pfarramt in dem Vorort Glauchau zu übertragen.

Francke hatte in seinem Hause eine Almosenbüchse aufgehängt. Als er darin 1695 einmal sieben Gulden fand, sagte er voll Freude: „Das ist ein ehrlich Kapital, davon muß man etwas Rechtes stiften, ich will eine Armenschule damit anfangen", kaufte Lehrbücher und ließ täglich einen Studenten im Pfarrhaus arme Kinder unterrichten. Bald baten Hallesche Bürger um Aufnahme ihrer Kinder in die Armenschule und erboten sich, dafür ein Schulgeld zu zahlen. Francke richtete für diese Kinder eine eigene Klasse ein, daraus entwickelte sich in Kürze eine vollständige Bürgerschule. Ebenfalls im Jahre 1695 gründete er eine Waisenanstalt; als erste sorgte sie für eine regelrechte Erziehung und Ausbildung von Waisenkindern und nützte sie nicht, wie sonst üblich (S. 296 f.), bloß als Arbeitskräfte aus. Franckes „Pädagogium" (seit 1696) für Söhne aus besseren Familien wurde in wenigen Jahren eine ausgezeichnete höhere Schule, die „unbehindert durch historische Tradition oder hemmenden Einfluß fremder Gewalten sich ganz nach den Anforderungen der Zeit gestaltete" (Paulsen). Latein sollte der Schüler in Rede und Schrift völlig beherrschen lernen. Die „Hallische lateinische Grammatik" in deutscher Sprache, eine große Neuerung, erschien von 1703 bis 1819 in rund sechzig Auflagen, fast ebensoviele erreichte die griechische Grammatik von 1705 bis 1821. Gelesen wurde im griechischen Unterricht fast nur das Neue Testament, im französischen unter anderem auch Zeitungen; Sprechübungen und Konversation in dieser Sprache hielt ein französischer maître ab. Zur Vervollkommnung im Deutschen mußten die Schüler Reden, Briefe und Gedichte verfassen; um ihnen in der damals meist willkürlichen Rechtschreibung einen festen Anhaltspunkt zu bieten, ließ Francke 1721 einen etwas über 400 Seiten starken Band „Anweisung zur deutschen Orthographie" mit einem Regel- und Wörterverzeichnis herausgeben. Großes Gewicht legte das Pädagogium auch auf die Realien und den Anschauungsunterricht. Das Hauptanliegen Franckes war, daß die Zöglinge aller seiner Anstalten in den Glaubenswahrheiten gründlich unterwiesen und zu wahrer Frömmigkeit im Geiste des Pietismus angeleitet wurden. In der obersten Klasse des Pädagogiums trieb man eifrig Theologie, um die Jugend zu rüsten wider „die verführerischen und heutzutage sehr überhandnehmenden Lehrsätze der Atheorum, Deistarum ... und anderer dergleichen Freigeister, damit die Scholaren, welche meistenteils das Studium juridicum oder medicum zu ergreifen pflegen, gegen die künftigen Versuchungen, worin sie durch die Lesung solcher Bücher oder auch in der Konversation mit solchen Leuten auf Reisen, an Höfen oder bei anderer Gelegenheit geraten können, in etwas gewappnet werden". Außerdem bestanden noch eine einfache Latein- und vorübergehend eine höhere Mädchenschule. Bei dem Tode Franckes zählten seine in dem von ihm erbauten Halleschen Waisenhaus zusammengefaßten Anstalten über zweitausend Zöglinge.

Als Erzieher und Lehrer verwendete Francke fast nur arme Studenten der Theologie gegen freien Tisch. Ihn erhielten auch solche, die erst von ihm und dem Inspektor der Lateinschule auf die Lehrtätigkeit vorbereitet wurden, im ganzen genossen etwa zweihundertdreißig Theologiestudenten den Freitisch im Waisenhause. Damit standen Francke jederzeit zahlreiche billige und verhältnismäßig gut ausgebildete Lehrkräfte zur Verfügung, von denen freilich die meisten Halle sofort oder wenige Jahre nach Beendigung der eigenen Studien verließen. Auch dies lag von vorneherein in der Absicht Franckes, wünschte er doch eine möglichst weite Verbreitung seiner pädagogischen Ideen und Methoden. Am größten war sein Einfluß auf das preußische Schulwesen, da König Friedrich Wilhelm I. sehr viel von dem Halleschen Waisenvater und seinem Werke hielt. Auch anderwärts regte sich, zum Teil schon vor Francke, neues Leben in den höheren Schulen, so im sächsischen Weißenfels, wo Christian Weise (S. 438) wirkte, in der Thomasschule zu Leipzig, an der Thomasius (S. 403) einige Zeit lehrte, in Braunschweig und Göttingen. Im allgemeinen aber war es um das höhere Schulwesen, soweit nicht wie bei den Jesuiten oder im Halleschen Waisenhaus eine große, festgefügte Organisation dahinterstand, auch im 18. Jahrhundert ziemlich schlecht bestellt. Das lag vor allem daran, daß immer noch, wie schon Balthasar Schupp gesagt hatte, „sich heute kein generoses und tugendreiches Ingenium zum Schulwesen will gebrauchen lassen, weil man den Schulbedienten Zeisigenfutter gibt, aber Eselsarbeit auferlegt", und infolgedessen, wie es in der braunschweigischen Schulordnung von 1651 hieß, „sie keine Ehre, sondern hingegen lauter Verachtung und Beschimpfung in bürgerlichen Konversationen und Zusammenkünften zu erwarten" hatten.

Universitäten

Die mit der Reformation verbundenen geistigen, sozialen und politischen Wirren hatten einen erschreckenden Niedergang der Universitäten zur Folge, doch begann man bald, alte Universitäten zu reorganisieren, außerdem wurden bis 1623 acht evangelische und sechs katholische Universitäten neu gegründet; diese hatten in der Regel nur eine philosophische und eine theologische Fakultät und standen ganz unter der Leitung von Jesuiten oder unter ihrem Einfluß. Anders als im Mittelalter hatten jetzt die deutschen Universitäten einen im wesentlichen territorialen, nicht mehr internationalen Charakter. Im übrigen änderten Neuerungen, wie die Einführung von Vorlesungen über die Metaphysik und ihre Trennung von der Erkenntnistheorie (S. 394), nicht viel daran, daß in der Philosophie und in der Theologie wie bisher als autoritativ anerkannter Lehrstoff überliefert und behandelt wurde; an protestantischen Universitäten waren vielfach Lehrbücher des Melanchthon maßgebend. In der Jurisprudenz und in der Medizin hielt man sich ebenfalls an Werke von gewissermaßen kanonischem Ansehen; die „Carolina" von 1532, die Bemühungen um einen Ausgleich des römischen und des deutschen Rechtes und die Gesetzgebung der Territorialfürsten stellten die Professoren der Jurisprudenz allerdings auch vor neue Aufgaben (S. 405 f.). Die im Mittelalter üblichen, unter dem Einfluß der Humanisten zurückgedrängten Disputationen wurden wiederaufgenommen. Sie dienten der Einübung des Gelernten, der Student sollte ein sicheres Wissen besitzen und es immer bereit haben. Die philosophische Fakultät war eigentlich nur die unmittelbare Fortsetzung des Gymnasiums. Die antiken Klassiker wurden an den Universitäten ebenfalls unter dem Gesichtspunkt der Eloquenz gelesen, von einer kritischen, philologisch-historischen Interpretation der Texte war man noch weit entfernt. Stofflich ging man in der Logik, Metaphysik, Mathematik und den naturwissenschaftlichen Fächern etwas über das hinaus, was mitunter auch an Gymnasien gelehrt wurde, aber die Behandlung dieser Fächer stand im allgemeinen auf keiner höheren wissenschaftlichen Stufe. Da lag es nahe, größeren Gymnasien einen philosophischen Kurs, eine „Akademie", anzufügen, um die Schüler besser auf die Universität vorzubereiten oder ihnen den Besuch der philosophischen Fakultät teilweise oder ganz zu ersparen. Die Jesuiten verbanden außerdem mit mehreren ihrer Gymnasien einen theologischen Kurs, so daß Söhne armer Eltern die für einen Priester notwendige Ausbildung völlig in ihrer Heimat erhalten konnten. Ähnliche Anstalten errichteten auch einzelne evangelische Landesherren.

Im großen und ganzen waren die Universitäten noch zur Zeit von Leibniz so rückständig, daß er und andere auf der Höhe der damaligen wissenschaftlichen und höfischen Bildung stehenden Männer sie als überlebt betrachteten und gelegentlich ihre Aufhebung empfahlen. Immerhin vertraten schon seit längerem in der Philosophie, in der Naturrechtslehre und in den Naturwissenschaften einzelne Professoren, großenteils im Anschluß an französische, englische und holländische Gelehrte, neue Ideen, und seit dem Dreißigjährigen Krieg nahm die Zahl der fortschrittlich eingestellten Dozenten immer mehr zu. An der Universität Herborn lehrte um 1600 Althusius revolutionäre staatsrechtliche Theorien (S. 402). Als Vermittlerin französischen und holländischen Geistesgutes erwies sich besonders die 1655 vom Großen Kurfürsten gestiftete Universität Duisburg, sie war die erste, an der die kartesianische Lehre Eingang fand. In Heidelberg wurde 1661 der erste Lehrstuhl für das Naturrecht geschaffen und Pufendorf übertragen. Die dem Straßburger Gymnasium angegliederte Akademie erhielt 1621 die Rechte einer Universität, die mathematischen und historischen Wissenschaften gewannen nun hier das Übergewicht über die Eloquenz. An der 1665 von Herzog Christian Albrecht von Holstein-Gottorp gegründeten Universität Kiel herrschte in der Jurisprudenz von Anfang an die fortschrittliche Richtung. Der Professor der Eloquenz und Poesie, Morhof, gab in seinem Werke „Unterricht von der deutschen Sprache und Poesie" erstmals in Deutschland eine Übersicht über die moderne europäische Literatur. Über den Kartesianer Placentius und über Wesenfeld, einen Anhänger des Bacon, beschwerten sich ihre konservativen Kollegen der Universität Frankfurt a. d. O. bei ihrem Landesherrn, dem Kurfürsten Friedrich Wilhelm, der ihnen antwortete, er könne nicht absehen, warum einem Philosopho es nicht konzediert werden möchte, pro et contra, ungeachtet es des Aristoteles placitum (Meinung) zuwiderlaufe, zu mehrer Erläuterung der philosophischen Wahrheit zu lehren und zu disputieren. In Leipzig kündete Thomasius 1688 zu Ostern ein Kolleg über die christliche Sittenlehre mit einem Diskurs von den Mängeln der aristotelischen Ethik an, im Herbst ein Disputatorium über die Logik als Anleitung zum Raisonnieren und den Kopf von Vorurteilen zu säubern, sodann über die Historie, als dem „Auge der Wissenschaft", besonders über die Geschichte der Philosophie, und schließlich über die „wichtigste Disziplin, die praktische Philosophie mit ihren drei Teilen, der Ethik, der Politik und der Ökonomik, die lehrt, wie man ehrlich ein Vermögen erwirbt, es bewahrt und gut verwaltet".

Durch die Berufung von Thomasius und Francke nach Halle wurde die von Kurfürst Friedrich, dem späteren König Friedrich I. von Preußen 1694 gegründete Universität von vorneherein in neue Bahnen gelenkt. Thomasius war als Jurist mit naturrechtlichen Anschauungen und als Philosoph ein Bahnbrecher der Aufklärung, Francke wandte sich von der Scholastik der lutherischen Orthodoxie ab und unter dem Gesichtspunkt religiöser Erbauung der Bibelexegese zu. „Du gehst nach Halle? Du wirst als Atheist oder Pietist zurückkehren", sagten deshalb Anhänger der alten Richtung zu Studenten, welche diese Universität bezogen. In einer Festrede am Geburtstag König Friedrich I. 1711 legte der Philosophieprofessor Nikolaus Hieronymus Gundling dar, die Universität habe die Aufgabe, zur Weisheit zu führen, das heißt zur Fähigkeit, das Wahre und das Falsche zu unterscheiden; dies sei aber nur möglich, wenn der Forschung keine Grenzen gezogen sind. Keinem Menschen komme das Recht zu, einen anderen durch Strafandrohung zu der Meinung zu nötigen, die er selbst für wahr hält. Im Jahre 1707 war Christian Wolff (S. 400) eine Professur in Halle übertragen worden. An seiner aufklärerischen Philosophie nahm Francke schweren Anstoß. Er setzte es bei König Friedrich Wilhelm I. durch, daß der „Religionsverächter" 1723 Halle verlassen mußte. Dieser Rückschlag war indes nur vorübergehend. König Friedrich II. ernannte 1740 Wolff zum Professor und zum Vizekanzler der Universität Halle, und nun trat seine Philosophie erst so recht ihren Siegeszug durch Deutschland an. Die Universität Leipzig modernisierte sich durch die Errichtung von neuen Lehrstühlen für Chemie und für Reichsrecht (1710) und für Naturrecht (1711). Außerdem lehrte hier seit 1724 Johann Christoph Gottsched. In seinen philosophischen Vorlesungen folgte er im wesentlichen Wolff. Dazu wurde Gottsched 1730 Professor extraordinarius für deutsche Poesie, die damit erstmals offiziell an einer deutschen Universität vertreten war. Eine völlige Neuerung bedeutete die Errichtung der Universität Göttingen im Jahre 1737. Ihr Organisator, der hannöversche Minister Gerlach Adolf von Münchhausen, drang auf die gleichmäßige Pflege von Forschung und Lehre und lehnte das bisher allgemein übliche Aufsichtsrecht der theologischen über die anderen Fakultäten ab.

Während des Mittelalters hatten die Studenten meist in Bursen gruppenweise unter Leitung eines Magisters gelebt. Im 16. Jahrhundert gingen fast alle Bursen ein. Viel übler als im Mittelalter, wo Studenten mit ihren Zechereien, Liebeshändeln, Raufereien und sonstigem Unfug oft zu einer wahren Stadtplage geworden waren, wurde dadurch das Treiben der Studenten nicht, es nahm nur im einzelnen manche neue Formen an. Die bisherige, mit mancherlei Quälereien verbundene Abhängigkeit der jungen Studenten von älteren führte zum Pennalismus, wer die Universität bezog, mußte den älteren Kommilitonen die verschiedensten Dienste leisten und ihnen auf Verlangen Geld und Kleider überlassen. Das Beispiel vieler Adliger, die nun mit Hofmeistern, Bedienten und Reitknechten auf die Universität kamen, ahmten bürgerliche Studenten, soweit es ihnen möglich war, nach und machten deshalb nicht selten große Schulden. Neben den seit alters üblichen Raufereien der Studenten untereinander und mit anderen, namentlich Handwerksgesellen, wurden jetzt zahllose Duelle ausgefochten. Kurz nach der Gründung der Universität Jena (1558) waren dort vier Fechtmeister tätig. Wohl erließen die Obrigkeiten Verordnungen wider die Auswüchse des Studententums, eiferten Prediger dagegen, spotteten Satiriker in Prosa und Versen darüber, bemühten sich Thomasius und Francke in Halle einigermaßen erfolgreich um Besserung, aber im allgemeinen nahm das grobianische Wesen der Studenten mit Saufen und Raufen noch zu, um die Mitte des 18. Jahrhunderts erreichte es den Höhepunkt.

Sprachgesellschaften. Akademien

In viel höherem Ansehen als die Universitäten, deren Professoren größtenteils sehr bescheidene Gehälter erhielten und daher nicht selten auch auf einen weniger ehrenvollen Nebenerwerb bedacht waren, standen die Sprachgesellschaften und die Akademien. Fürst Ludwig von Anhalt-Köthen war während eines dreijährigen Aufenthaltes in Italien im Jahre 1600 Mitglied der Florentiner „Accademia della crusca" geworden. Sie widmete sich der Pflege eines reinen Italienisch und nannte sich „della crusca" (Kleie), weil sie darauf aus war, in der Sprache das Mehl von der Kleie zu säubern. Nach dem italienischen Vorbild wurde am 24. August 1617 unter dem Vorsitz des Fürsten Ludwig die „Fruchtbringende Gesellschaft", die erste deutsche Sprachgesellschaft gestiftet. In ihrem Wappen führte sie den Palmbaum, weil an ihm alles und jedes nutzbar sei, und hieß danach später auch der „Palmenorden". Die deutschen Sprachgesellschaften gaben wie die italienischen jedem Mitglied einen eigenen Gesellschaftsnamen, Moscherosch zum Beispiel den des „Träumenden". Bis 1688 wurden in den Palmenorden etwas über sechshundert Fürsten und Adlige und ungefähr hundertfünfzig Bürgerliche, meist Dichter und Gelehrte, aufgenommen. Georg Schottel (1612—1676) aus Einbeck, der „Suchende", erwarb sich mit seiner „Deutschen Sprechkunst" (1641) große Verdienste um die deutsche Grammatik, in dem Werke „Ausführliche Arbeit von der deutschen Hauptsprache" (1663) pries Schottel die Herrlichkeit und die Urtümlichkeit der deutschen Sprache, deren rechter Gebrauch zur naturnahen Art der Altvordern zurückführe. Der Palmenorden ging übrigens nicht in sprachlichen und vaterländischen Bestrebungen auf, sondern verpflichtete seine Mitglieder auch zu einem rechtschaffenen Lebenswandel und zur Toleranz (S. 372). Er regte zur Errichtung einer Reihe ähnlicher Gesellschaften an, von denen die 1633 zu Straßburg entstandene „Aufrichtige Gesellschaft von der Tannen" für Südwestdeutschland größere Bedeutung gewann. „Der deutschen Sprache Ehrenkranz" (1644) von H. Schill, einem Mitglied dieser Gesellschaft, ist eines der besten Werke, welche die damalige Sprachverderbnis bekämpfen. Zesen (S. 428 f.) übertrug seine eigenen, teilweise maßlosen puristischen Bestrebungen auf die von ihm 1642 gegründete „Deutschgesinnte Genossenschaft". In Nürnberg riefen Harsdörffer und Klaj eine Vereinigung ins Leben, die jetzt gewöhnlich als die Nürnberger Dichterschule bezeichnet wird und verschiedene Namen geführt hat, wie „Löblicher Hirten- und Blumenorden an der Pegnitz", „Pegnitzer Hirtengesellschaft" und „Gekrönter Blumenorden". Die Pflege der Poesie stand hier an erster Stelle, doch wurde auch die der Sprache nicht vernachlässigt; außerdem verfolgten die Pegnitzer ethisch-religiöse Ziele und allgemeine Bildungstendenzen wie in den „Frauenzimmergesprächsspielen" (S. 445). Von den verschiedenen aus diesem Kreise hervorgegangenen Anleitungen zur Dichtkunst ist am bekanntesten geworden Harsdörffers Nürnberger Trichter „Poetischer Trichter, die teutsche Dicht- und Reimkunst ohne Behuf der lateinischen Sprache in sechs Stunden einzugießen" (1647; 2. Teil 1648; 3. Teil 1653).

Die national-deutsche Richtung der Sprachgesellschaften fand nicht allenthalben Beifall. Franzosenfreunde, darunter eine Schwägerin des Fürsten Ludwig von Anhalt-Köthen, stellten der „Fruchtbringenden Gesellschaft" noch im Jahre ihrer Gründung die „Académie des vrais amants" und die „Noble Académie des loyales", die nebenbei die Bezeichnung „L'ordre de la Palme d'or" oder „Güldener Palmenorden" führte, gegenüber. Und den oft grotesk anmutenden Purismus und sonstige Überspanntheiten der „Sprachpolierer", wie Grimmelshausen eifrige Vorkämpfer der Sprachgesellschaften, besonders Zesen, nannte und von denen Johann Balthasar Schupp einmal sagte: „ich muß solcher Phantasten oft von Herzen lachen", verspotteten auch gut deutsch Gesinnte. Nun, Abgeschmacktes, so die Ersetzung von Lehnwörtern wie Natur und Vers durch Zeugemutter und Reimband, hat sich nicht durchgesetzt, aber Hunderte von Verdeutschungen Zesens, Harsdörffers, Schottels und anderer sind noch heute im Gebrauch: beobachten für observieren, Bücherei für Bibliothek, Briefwechsel für Korrespondenz, Jahrhundert für Säculum, dazu eine Fülle sprachwissenschaftlicher Fachausdrücke: Sprachlehre, Mundart, Wörterbuch, Zahlwort und so fort. Aus dem 1677 in Leipzig gegründeten, zwischen Dichterschule und literarischem Verein stehenden „Collegium poeticum" ist 1727 unter Gottscheds Leitung die „Deutsche Gesellschaft" hervorgegangen. Sie, ebenso die im Anschluß an sie 1738 in Göttingen gestiftete „Deutsche Gesellschaft" haben in der folgenden Epoche das Ideengut und die moralischen Bestrebungen der Aufklärung in weite gebildete Kreise hineingetragen.

Neben Geheimgesellschaften, die sich mit der magischen Naturphilosophie, mit alchimistischen Experimenten und dergleichen befaßten, bildeten sich seit der Mitte des 17. Jahrhunderts in Deutschland wissenschaftliche Akademien: in

Breslau die „Academia naturae curiosorum“ für Naturwissenschaft und Technik, unter derselben Bezeichnung 1652 in Schweinfurt die spätere, bis in die Gegenwart herein bestehende und 1878 nach Halle verlegte „Academia Caesarea Leopoldo Carolina“. Kaiser Leopold I. erweiterte 1677 die Wiener Gelehrtenakademie zur „Sacri Romani imperii academia naturae curiosorum“. Schon vor dem Zustandekommen der ersten deutschen naturwissenschaftlichen Akademie hatte der Rostokker Professor Joachim Jung 1620 eine Vereinigung mit dem Zweck geschaffen, sich allen Wissenschaften und Künsten zu widmen, die sich auf Vernunft und Erfahrung stützen, aber Jungs „Collegium philosophicum“ war nur von kurzer Dauer. Skyttes Plan einer alle Wissenszweige und Männer der verschiedensten Nationen und Glaubensbekenntnisse umfassenden Akademie (S. 372) wurde nicht ausgeführt. Leibniz trug sich schon früh mit Projekten für eine Akademie. Nachdem die mit ihm befreundete hannoversche Prinzessin Sophie Charlotte den späteren König Friedrich I. geheiratet hatte, durfte Leibniz hoffen, seinen Plan in Berlin verwirklichen zu können. Zunächst widerstrebte allerdings der damals leitende Staatsmann Preußens, Danckelmann, außerdem war man sich über die Finanzierung im unklaren. Danckelmanns Sturz (1697) und die 1699 endlich auch in den evangelischen Ländern erfolgte Einführung des Gregorianischen Kalenders (S. 375) behoben diese Schwierigkeiten. Die Herstellung und der Vertrieb des neuen Kalenders und der folgenden Jahrgänge wurden als staatliches Monopol erklärt und mit den Erträgnissen die Aufwendungen für die Akademie bestritten, der die Bearbeitung des Kalenders übertragen war. Der Stiftungsbrief und die Ernennung von Leibniz zum Präsidenten sind vom 12. Juli 1700 datiert, die feierliche Eröffnung der die Natur- und Geisteswissenschaften gleichermaßen umfassenden Berliner „Societät der Wissenschaften“ fand indes erst 1711 statt. Zwei Jahre später kam König Friedrich Wilhelm I. auf den Thron. Er hat sich gewiß manche Verdienste um die Bildung seiner Untertanen, besonders um das Volksschulwesen, erworben, und er war auch nicht jeden Sinnes für Wissenschaftliches bar, so hat er als erster Fürst in Europa staatswirtschaftlich-kameralistische Lehrstühle an Universitäten errichtet (S. 248), für seiner Meinung nach so Unnützes wie die Akademie hatte er jedoch nichts übrig, und so verkümmerte sie unter seiner Regierung. König Friedrich II. ließ die Berliner Sozietät reorganisieren. In Göttingen wurde 1751 die Gesellschaft der Wissenschaft gegründet, ähnliche Stiftungen folgten. Die Akademien sind, wie es Leibniz beabsichtigte und wozu er den Grund gelegt hatte, die Träger einer freien Wissenschaft und wissenschaftlich bestimmten Kultur geworden und haben mit ihrem Geist mehr und mehr auch die Universitäten erfüllt.

Zeitschriften. Polyhistorie. Raritätenkammern

Die erste gelehrte Zeitschrift in Deutschland, die „Miscellanea curiosa medico-physica“ gab die Schweinfurter Academia naturae curiosorum seit 1670 heraus. Großes Ansehen gewannen in ganz Europa die nach dem französischen Vorbild „Journal des sçavans“ (seit 1665) von Otto Mencke 1682 in Leipzig gegründeten „Acta eruditorum". Ihr Herausgeber und ihre Mitarbeiter, darunter Leibniz und Thomasius, bildeten gewissermaßen ebenfalls eine Vereinigung. Die in lateinischer Sprache erscheinenden „Acta eruditorum" enthielten unter besonderer Berücksichtigung der Naturwissenschaften hauptsächlich Anzeigen und Besprechungen von Büchern aus den verschiedensten Ländern. Die „Acta" brachten es während der hundert Jahre ihres Bestehens auf hundertsiebzehn Bände, andere ähnliche Unternehmungen aus der ersten Hälfte des 18. Jahrhunderts waren dagegen durchweg kurzlebig. Die Beteiligung an den „Acta eruditorum" hat den publizistischen Tatendrang des Thomasius offensichtlich nicht befriedigt. Er schuf sich 1688 eine eigene Monatsschrift (S. 403). Durch den Gebrauch der deutschen Sprache und durch ihre angriffslustige Haltung stellte er sie bewußt in Gegensatz zu den „Acta", die geflissentlich alles vermieden, was bei einer hohen Obrigkeit und bei steifen gelehrten Lesern hätte Anstoß erregen können. Der Monatsschrift des Thomasius folgten zahlreiche Nachahmungen; dem Vorbilde kamen Tentzels „Monatliche Unterredungen" (seit 1689) am nächsten. Schließlich gingen auch die sogenannten „moralischen Wochenschriften" (S. 378 f.) immer mehr dazu über, sich in den Dienst der allgemeinen Bildungspflege zu stellen.

Dem Hang zur Polyhistorie, zur Vielwisserei, einem für das Geistesleben des Barocks charakteristischen Zug, kamen natürlich die Zeitschriften besonders entgegen, ob sie sich nun an eigentliche Gelehrte oder an interessierte Laien wandten. Eine ungefähre Vorstellung von dem, was man damals zur allgemeinen Bildung rechnete, gibt das Titelblatt der 1692—1697 in Frankfurt und Gotha erschienenen „Monatlichen Nouvellen aus der gelehrten und kuriösen Welt, darinnen die Quintessence mannigfaltiger Gelehrsamkeit oder sonderbarer Sachen in Historia, Chronologia, Genealogia, Geographia, Rerum publ. et Astronomia, in Jure naturali, civili et publico, in Theol., Polit., Moral., Phys., Medic., Philosoph., Philologicis, in Militar. et Civilibus enthalten, viele alte und neue Bücher und Autores erzählet und beurteilet, auch nicht wenig Partikularitäten von hohen Standespersonen, Staats-, Kriegs- und gelehrten Leuten untermenget, viel Mängel bei allerhand Ständen vorgestellet, gute Lehren erteilet, ingleichen Rat und Mittel zu vielen Wissenschaften an Händen gegeben werden; auch endlich artige Geschichten und lustige Scherze mit beigebracht und alles kürzlich abgehandelt wird, vermittelst öfterer Zusammenkunft einer kuriösen und gelehrten Gesellschaft ergangen und zu Erlangung einer galanten Erudition monatlich kommunizieret von G(ottfried) Z(enner)". Polyhistorie und Pansophie schlossen sich an und für sich nicht aus; Leibniz zum Beispiel war ein die Wissensgebiete seiner Zeit beherrschender Polyhistor, der das Vielartige pansophisch zu einem einheitlichen Weltbild zusammenzufassen und in dessen Urgrund einzudringen trachtete. Im allgemeinen stellten sich die Menschen des Barocks freilich unter einem Polyhistor einen Gelehrten vor, der über eine Unsumme von Einzelheiten aus den verschiedensten Zweigen der Natur- und Geisteswissenschaften Bescheid wußte, und ein bißchen Polyhistor mußte eigentlich jeder sein, der als gebildet gelten wollte. Einem Thomasius imponierte allerdings nicht einmal des Daniel Georg Morhof Standardwerk, das die Summe der für eine gelehrte Bildung als unerläßlich geltenden Kenntnisse enthielt, der „Polyhistor literarius, philosophicus et practicus" (1. Aufl. 1688, 4. Aufl. 1747), wie die kritischen Bemerkungen erkennen lassen: was durch dieses Werk „dem Gedächtnis auf der einen Seite zugehe, das geht gewiß dem Judicio auf der andern Seite wieder ab, während doch nicht zu leugnen ist, daß ein Lot Judicium viel besser ist als ein Pfund Memoria".

Über die barocke Polyhistorie und über die oft mit ihr verbundene Sammelwut ist schon damals und später selbstverständlich noch viel mehr gespottet worden. Bedenkt man jedoch die ungeheure Fülle völlig neuartiger Erkenntnisse, Entdeckungen und Erfindungen, die seit der Renaissance und namentlich im Zeitalter des Barocks über die Menschen hereinbrach, dann ist es nicht erstaunlich, daß viele sich mit heißhungriger Gier bemühten, altes und neues Wissen in ihrem Gedächtnis aufzustapeln, daß gelehrte Enzyklopädien und belletristische Bücher mit enzyklopädischem Einschlag guten Absatz fanden und daß, wer es sich leisten konnte, für seine Wunder- und Raritätenkammer ausgestopfte Tiere aus fernen Ländern, groteske Korallenbildungen, Muscheln und Mineralien, Abnormitäten, mexikanische Götzenbilder und chinesische Lackarbeiten, physikalische und musikalische Instrumente, feinmechanische Spielereien (S. 390), Antiquitäten, Münzen, historische Erinnerungsstücke wie etwa des Dr. Martinus Luther Brillenfutteral, kurz möglichst von all dem etwas zusammentrug, was unter den Begriff des „Curiösen" fiel. Und da er nicht nur Seltenes und Absonderliches umfaßte, sondern auch wegen des künstlerischen Wertes oder der Berühmtheit eines Künstlers Hochgeschätztes, waren die Raritätenkammern vielfach zugleich Kunstkabinette. Meist gingen die verschiedenartigsten Dinge wirr durcheinander, doch trennte schon in der zweiten Hälfte des 16. Jahrhunderts Herzog Albrecht V. von Baiern als erster die Antikensammlung, das „Antiquarium", mit Kleinbronzen, Gemmen, Münzen und hundertzweiundneunzig Porträtstatuen von der Kunstkammer und richtete in dieser Abteilungen für Porträts ein, von denen freilich die fürstlicher Persönlichkeiten bis hinauf zu Karl dem Großen und die dreihundertfünfundvierzig Bildnisse „beachtenswerter Mörder" größtenteils ebensowenig historisch getreu waren wie die Porträtbüsten der römischen Kaiser, Feldherren und Dichter im Antiquarium. Albrechts Enkel Maximilian I. war bereits ein Kunstsammler im modernen Sinne und verlegte sich auf ein bestimmtes Gebiet, auf die ältere deutsche Kunst. Seit dem Anfang des 18. Jahrhunderts richtete sich dann der Sammeleifer verschiedener Fürsten überhaupt vorzüglich auf Gemälde. Für sie wurden nun eigene Galerien gebaut oder in Schlössern eingerichtet. Vieles von dem damals mit hohen Kosten und zum Teil mit gutem Verständnis Erworbenen hat bis in die Gegenwart herein den Grundstock von Galerien gebildet, wie der Münchener Alten Pinakothek, und von den „Raritäten" hat manches für Naturalienkabinette, für Institute wie staatliche Münzsammlungen und für technische Museen dauernden Wert behalten. Zu einem allgemeinen Bildungsgut sind die Bestände der Gemäldegalerien und sonstigen Sammlungen freilich erst geworden, als seit der Mitte des 18. Jahrhunderts immer mehr davon dem Publikum zugänglich wurden.

Flugschriften. Zeitungen. Buchproduktion

Die im 15. Jahrhundert aufgekommenen Flugblätter und Flugschriften waren von vorneherein für alle Bevölkerungskreise berechnet. Bei den nur einseitig bedruckten und oft mit Kupferstichen oder Holzschnitten illustrierten Flugblättern stand für den Text in Prosa oder Versen wenig Raum zur Verfügung. Trotzdem ging von knapp, leicht verständlich und packend abgefaßten Flugblättern eine starke Wirkung aus. Eigentlich für die Weitergabe von Hand zu Hand bestimmt, wurden sie von vielen als Wandschmuck verwendet oder in Mappen aufbewahrt und geben nun mancherlei Aufschlüsse über geschichtliche Ereignisse und über den Geist ihrer Zeit. Die Flugschrift ist ihrem Wesen nach ein erweitertes Flugblatt, sowohl im Umfange — manche waren hundert und mehr Seiten stark — als auch im Stoffkreis. Neben „den großen religiösen und politischen Bewegungen greifen die Flugschriften alles auf, was die Masse des Volkes nur irgend interessiert, wie Aberglaube, Prophezeiungen, wunderbare Erscheinungen und Begebenheiten aller Art, Untaten, Unglücksfälle, Krankheiten und ihre Heilmittel, Kalender, Feste und Feierlichkeiten, Gesetz, Sitte, Mode, Küche und Keller, Schule und Beruf" (Bebermeyer). Menschen aller Schichten erfuhren so von den die Allgemeinheit interessierenden und erregenden religiösen, politischen, geistigen und kulturellen Vorgängen und Zuständen und sollten für oder gegen sie eingenommen werden. Als hervorragendes Kampfmittel hatten sich die Flugschriften zunächst bei den konfessionellen Auseinandersetzungen des Reformationszeitalters bewährt. In der zweiten Hälfte des 16. Jahrhunderts versuchten erfolglos Reichspolizeiverordnungen das obrigkeitlichen Stellen durch heftige Ausfälle und durch den großen Einfluß auf die öffentliche Meinung unbequem gewordene Flugschriftenwesen zu beschneiden. Während des Dreißigjährigen Krieges, der Reunionen und der Eroberungskriege Ludwigs XIV. ergoß sich über Deutschland eine Flut von Flugschriften. Zum Teil gaben sie in der Art moderner Weiß- und Farbbücher amtliche Dokumente wieder, andere, ebenfalls im Auftrag einer Regierung veröffentlichte Flugschriften, schlugen einen polemischen Ton an, die meisten hatten rein privaten Charakter, kamen oft anonym heraus und waren von leidenschaftlichem Patriotismus getragen. Neben den politischen erschienen zahlreiche Flugschriften, die in der grobianischen Weise des vorausgegangenen 16. Jahrhunderts gesellschaftliche und kulturelle Mißstände beleuchteten. Im allgemeinen waren die Flugschriften, obwohl sie die verschiedensten literarischen Arten und Formen übernahmen, wie die der Satire, der Ironie, der Parodie und des Dialogs, keine glänzenden schriftstellerischen Leistungen, doch ist manches von echtem poetischem Stimmungsgehalt, von künstlerischer Gestaltung und geistreichem Witz darunter.

Flugblätter und Flugschriften mit Nachrichten aus der jüngsten oder wenigstens nicht allzuweit zurückliegenden Vergangenheit bildeten eine Vorstufe der Zeitung. In einer derartigen Veröffentlichung von 1502 begegnet zum ersten Male gedruckt die Bezeichnung „Neue Zeitung" als Überschrift einer Mitteilung von der Rückeroberung der Insel Lesbos durch Venezianer und Franzosen im Jahre 1500. Zuweilen kamen solche Berichte in Fortsetzungen heraus, zum Beispiel „Fünfte Zeitung aus Ungarn" über die Türkenkämpfe von 1594, doch fehlte auch in diesen Fällen immer noch ein wesentliches Element der Zeitung im modernen Sinne: periodisches Erscheinen. Den Anfang damit machte Michael von Aitzing, ein geborener Österreicher. Er gab seit 1588 zur Frankfurter Frühjahrs- und Herbstmesse unter dem Titel „Relationen" Berichte hauptsächlich über die bedeutenderen politischen Ereignisse in Europa während des jeweils abgelaufenen halben Jahres heraus. Infolge des guten Absatzes kam es bald zu mehreren Konkurrenzunternehmungen. Wochenzeitungen scheinen etwas vor 1609 aufgetaucht zu sein, aus diesem Jahre stammen die beiden ältesten bekannten und erhaltenen: die „Relation aller fürnehmen und gedenkwürdigen Historien..." des Straßburgers Johann Carolus und die wahrscheinlich in Wolfenbüttel gedruckte „Avisa, Relation oder Zeitung..." Auch die Zahl der Wochenzeitungen nahm rasch zu, doch hielten sie sich meist nur kurze Zeit. Die „Leipziger Zeitung" eröffnete 1660 die Reihe der Tagesblätter. In den Meßrelationen und in den Zeitungen wurden die Mitteilungen aneinandergereiht, wie sie von den Ausgangspunkten, von Handelszentren wie Venedig, Amsterdam, Hamburg oder von Städten wie Rom, Wien, Prag und Regensburg, dem Sitz des „Immerwährenden Reichstages", beim Verleger und Herausgeber einliefen. Unter den weitaus überwiegenden Hof-, Gesandtschafts-, Schlachtenberichten und dergleichen findet sich gelegentlich auch Kulturhistorisches, so in Nr. 27 der Straßburger „Relation" von 1609, die Regierung von Venedig habe dem Signor Galilei aus Florenz für das von ihm erfundene Fernrohr „eine stattliche Verehrung getan und seine Provision um hundert Kronen jährlich gebessert". Bei verschiedenen Zeitungen tritt eine politische und konfessionelle Tendenz hervor; die (Wolfenbüttler?) „Avisen" zum Beispiel waren ausgesprochen protestantisch und antihabsburgisch eingestellt.

Fragen der Zeitungswissenschaft behandelte namentlich Kaspar von Stieler in seiner Schrift „Zeitungs Lust und Nutz oder der sogenannten Nouvellen oder Zeitungen wirkende Ergötzlichkeit, Anmut, Notwendigkeit und Frommen, auch was bei deren Lesung zu lernen, zu beobachten und zu bedenken sei" (1697). Stieler untersuchte, wie die Zeitung entstanden war, woher ihr Name kommt und was in eine Zeitung gehört: „alle Sachen, aber nur Neuigkeiten". Stieler meinte, Zeitungen hätten sich der Urteile zu enthalten; ein Zeitungsschreiber, der überall seinen Senf dazugebe, zeige, daß er nicht viel zu berichten wisse und dafür seine Naseweisheit zum besten gebe. Den Handwerkern, gemeinen Bürgern und Bauern riet der Herr von Stieler, lieber ihren Geschäften nachzugehen und aus der Bibel zu lesen. Doch wir, „die wir in der Welt leben, müssen auch die jetzige Welt erkennen und hilft uns weder Alexander, Cäsar noch Mahomet nicht, wenn wir klug sein wollen. Will aber wer klug sein und werden, wo er anders in der Staats-Handel und bürgerlichen Gesellschaft leben will, so muß er die Zeitungen wissen, er muß sie stets lesen, erwägen, merken und einen Verstand haben, wie er mit denselben umgehen soll". Für diese Zwecke waren Werke bestimmt wie des Christian Juncker „Curieuse Gedanken von den Nouvellen oder Zeitungen, denen außer der Einleitung, wie man Nouvellen mit Nutzen lesen solle, beigefügt sind: Der Kern der Zeitungen vom Jahre 1660 bis 1706, eine kurz gefaßte Geographie, eine compendieuse Genealogie aller in Europa regierenden hohen Häuser und dann ein sehr dienliches Zeitungslexikon". Über allzu eifriges Zeitungslesen und die damit verbundene Bierbankpolitik spottete freilich selbst ein Lobredner der Zeitung wie Stieler. Die bekannteste Satire über diese Art Menschen ist des Dänen Ludwig Freiherr von Holberg Lustspiel „Den politiske Kandestøber" (1722), es wurde 1742 ins Deutsche übertragen unter dem Titel „Der politische Kannegießer".

Die Verbreitung der Bildung spiegelt sich wohl am deutlichsten in der Buchproduktion wider. Seit 1564 wurden zur Frankfurter Herbst- und Frühjahrsmesse, damals Mittelpunkt des Buchhandels, Kataloge über die neu herausgekommenen oder demnächst erscheinenden Schriften herausgegeben. Die Frankfurter und die im 17. Jahrhundert einsetzenden Leipziger Meßkataloge waren zwar keineswegs vollständig, sind aber doch für die Gesamtentwicklung sehr aufschlußreich. Bis zum Dreißigjährigen Krieg wuchs die Zahl der Neuerscheinungen ständig, während des Krieges ging sie zurück und stieg dann wieder an. In dem Jahrzehnt von 1571 bis 1580 waren es: 4809 (davon 3281 in lateinischer, 1367 in deutscher und 161 in französischer Sprache); 1591 bis 1600: 7685 (5038, 2472, 175); 1611 bis 1620: 15 416 (9930, 5000, 486); 1631 bis 1640: 6869 (4090, 2611, 168); 1661 bis 1670: 8368 (4940, 3076, 352); 1691 bis 1700: 9983, zum ersten Male überwiegen jetzt die deutschen Bücher (5342) gegenüber denen in lateinischer Sprache (4377); von den 11736 zwischen 1731 und 1740 in den Meßkatalogen angezeigten Büchern sind bereits rund 70 vom Hundert (8224) in deutscher und nur noch ungefähr 26 vom Hundert (3068) in lateinischer Sprache. Mit der Zunahme der größtenteils in protestantischen Gebieten veröffentlichten deutschen Bücher verlagerte sich im Laufe des 17. Jahrhunderts das Schwergewicht des Buchhandels nach Leipzig, wo man die sich gegen „ketzerische" Bücher richtenden Zensurvorschriften der 1569 in Frankfurt eingesetzten „Kaiserlichen Bücherkommission" nicht beachtete.

In der Frühzeit des Buchhandels hatten die Verleger ihre Werke unmittelbar an die Leser verkauft. Später übernahmen Verleger vielfach auch fremde Erzeugnisse, die sie gegen eigene auf den Buchhandelsmessen eintauschten. Für den Kleinvertrieb schalteten sich seit der Reformation immer mehr von Ort zu Ort wandernde Hausierer, Buchführer genannt, ein, daneben Kaufleute verschiedener Art, Studenten und wer sonst auf diese Weise einen Nebenerwerb zu gewinnen suchte. Die Schriftsteller, meist Geistliche, Schulmänner, Beamte und Gelehrte mit einigermaßen festem Einkommen, erhielten vom Verleger kaum je ein Honorar, nur eine größere oder kleinere Anzahl von Freiexemplaren. Das Bücherschreiben galt im 16. und 17. und auch noch anfangs des 18. Jahrhunderts als ein „nobile officium", für das Ruhm und Ehre Lohn genug sei. Sie wurden anerkannten Autoren in großem Maße zuteil und brachten nicht selten wirtschaftliche und gesellschaftliche Vorteile mit sich. Hohe Herren zeigten sich für die Widmung eines Werkes erkenntlich, überreichten dem Verfasser oft ein Geldgeschenk, zuweilen wiesen sie ihm eine Pension an oder verhalfen ihm zu einem Amte; Kaiser und Landesfürsten erhoben berühmte Dichter und Gelehrte in den Adelsstand. Derartige Auszeichnungen von Autoren und reiche und prunkvolle Bibliotheken, wie die der Wiener Hofburg und des Benediktinerklosters Melk, zeugen von der Hochschätzung des Buches und damit der freien geistigen Arbeit im Zeitalter des Barocks.

RÜCKBLICK

Die Zeit vom Augsburger Reichstag des Jahres 1555 bis zum Tode des Preußenkönigs Friedrich Wilhelm I. am 31. Mai und Kaiser Karls VI. am 20. Oktober 1740 bildet weder politisch noch kulturell eine einheitliche Epoche, stellt aber doch mit den mannigfachen ineinandergreifenden Entwicklungen auf den verschiedensten Gebieten einen eigenen Abschnitt der deutschen Geschichte dar, der sich von dem vorausgegangenen, dem Reformationszeitalter, und von dem mit dem Regierungsantritt Friedrichs II. von Preußen und Maria Theresias und mit der allgemeinen Verbreitung der Aufklärung einsetzenden deutlich abhebt. Der Augsburger Reichstag stellte den unter Kaiser Karl V. schwer erschütterten Land- und Religionsfrieden durch Stärkung der ständisch-partikularistischen Elemente im Reichsaufbau und durch die Einführung des jus reformandi wieder her, vermochte aber nicht, alle Konfliktstoffe, die es in sich barg, zu beseitigen. Sie beschworen nach einer zwei Menschenalter währenden Friedensperiode den Dreißigjährigen Krieg herauf. Der ihn abschließende Westfälische Friede bestätigte, ergänzte und erweiterte die Bestimmungen des Augsburger Reichstages. Die Reichsstände erhielten nun Souveränitätsrechte über ihre Untertanen und durften untereinander und mit auswärtigen Mächten Bündnisse schließen. Im deutschen politischen Leben wurden jetzt die „armierten Stände", die Reichsstände ausschlaggebend, welche ein eigenes Heer zu unterhalten vermochten. Von ihnen rückte Brandenburg-Preußen durch die Gebietserwerbungen im Westen und Osten, durch die vorzügliche Verwaltung und durch eine starke, gut disziplinierte Armee allmählich zur zweiten Stelle vor. Die erste nahm seit dem Ausgang des Mittelalters Österreich ein; in den letzten Jahrzehnten des 17. Jahrhunderts stieg es zu einer europäischen Großmacht auf. Als sein eigentliches Vaterland betrachtete der Deutsche mehr und mehr das Territorium, in dem er lebte. Trotzdem bestand nach zahlreichen Zeugnissen in Poesie und Prosa ein weitverbreitetes Gefühl für die Zusammengehörigkeit aller Deutschen, und in der Innenpolitik spielten Kaiser und Reich immer noch eine nicht zu unterschätzende Rolle.

Außenpolitisch beteiligte sich das Reich als solches vor allem an der Abwehr der Türken. Die von den Reichsständen dafür zu entrichtende Steuer war lange einer der wichtigsten Verhandlungspunkte auf den Reichstagen, und zu den Türkenkriegen stellte das Reich wiederholt ein beträchtliches Truppenaufgebot. Die Hauptlast trug freilich Österreich, und es hatte auch den größten Gewinn von den Siegen über die Türken. Bei dem Ringen in Nordosteuropa um die Ostseeherrschaft, das um die Mitte des 16. Jahrhunderts infolge des Hochkommens von Schweden und des Vordringens von Rußland und Polen begann, versagte das Reich völlig. Ein Reichstag sagte allerdings 1559 den um Beistand bittenden Livländern Hilfsgelder zu, und 1570 verpflichtete sich das Reich, den Schweden eine Entschädigung zu zahlen, wofür sich diese bereit erklärten, ihm ihre livländischen Eroberungen abzutreten; da es aber beide Male sein Versprechen nicht hielt und keine weiteren Schritte in dieser Angelegenheit unternahm, schaltete es sich selbst aus der nordischen Politik aus. Der Westfälische Friede stärkte Schwedens Stellung an der Ostsee durch die Überlassung von Vorpommern, Rügen, Stettin, einem Landstrich auf dem rechten Oderufer und Wismar. Infolge seines Eingreifens in den Schwedisch-Polnischen Krieg (1655 bis 1660) erreichte Kurfürst Friedrich Wilhelm I. für sich und seine Nachfolger die volle Souveränität über Ostpreußen, König Friedrich Wilhelm I. gewann 1720 Vorpommern mit Stettin. Im Nordwesten hatte Schweden die ehemaligen geistlichen Territorien Bremen und Verden erhalten, durch den Großen Nordischen Krieg kamen sie 1719 an Hannover. Die Mündungen der Oder, Elbe und Weser waren nun wieder in deutschem Besitz, der daniederliegende deutsche Seehandel nahm trotzdem keinen Aufschwung. Die Rheinmündungen blieben bei den nördlichen Niederlanden, bei Holland, das wie die Schweiz durch den Westfälischen Frieden aus dem Reiche ausschied und schon seit längerem politisch und kulturell ein Eigenleben geführt hatte; die südlichen, die spanischen Niederlande gehörten lediglich formell weiterhin zum Reiche.

Die schwerste außenpolitische Belastung hatte für Deutschland die Rivalität der Herrscherhäuser Habsburg und Valois-Bourbon zur Folge. Um 1550 waren in der Hand der Habsburger die noch ungeteilten Niederlande, die österreichischen Erblande, zu denen beträchtliche Gebiete am Oberrhein gehörten, die Freigrafschaft Burgund, Spanien und große Teile Italiens. In den Auseinandersetzungen mit den ihr Reich im Norden, Osten und Süden umklammernden Habsburgern betonten die französischen Könige, es gehe ihnen um die „gemeine Freiheit Europas" und um die Wahrung des „europäischen Gleichgewichtes". Als aber Deutschland durch den Dreißigjährigen Krieg völlig erschöpft war und im Pyrenäenfrieden von 1659 Spanien endgültig die Hoffnung begraben mußte, die von ihm erstrebte Hegemonie über Europa zu erringen, zeigte sich immer deutlicher, daß Ludwig XIV. sich zum Herrn von Europa machen wollte. Er erreichte dies so wenig wie zuvor Spanien; auf dem Utrechter Frieden von 1713 setzte England das Prinzip des europäischen Gleichgewichtes durch. Da der österreichische Zweig der Habsburger sich vielfach nach den Wünschen des spanischen richtete und dafür in zahlreichen Fällen von diesem unterstützt wurde, bekämpfte Frankreich, obwohl es in Spanien seinen Hauptfeind sah, mit allen Mitteln der Diplomatie und des Krieges auch Österreich. Wann immer es in eine Schwierigkeit geriet, bei Aufständen in Ungarn und Siebenbürgen, bei Einfällen der Türken, im Dreißigjährigen Kriege, stand Frankreich in Verbindung mit den Feinden Österreichs. Eine Stärkung der Kaisermacht hätte sich mittelbar auch vorteilhaft für Österreich ausgewirkt, und so tat Frankreich alles, den Partikularismus in Deutschland zu fördern, verbündete sich jeweils mit den zum Kaiser in Opposition stehenden Reichsständen, warf sich zum Beschützer der fürstlichen „Libertät" gegenüber Kaiser und Reich auf und sorgte für ihre Verankerung im Westfälischen Friedensinstrument. Wo sich Gelegenheit bot, bemächtigte sich Frankreich auch nicht-habsburgischer Gebiete im Westen Deutschlands. Solange und soweit sich die französischen Könige von den Habsburgern bedroht fühlen konnten, läßt sich diese Politik mehr oder weniger unter dem Gesichtspunkt der Defensive betrachten, durch den auf die Beherrschung Europas abzielenden Imperialismus Ludwigs XIV. nahmen aber die von Frankreich aus auch weiterhin verfolgte Schwächung des Reiches und die Annexionen deutschen Landes einen aggressiven Charakter an. Wie es in solchen Fällen zu geschehen pflegt, wurde das Verhältnis Frankreich-Deutschland während des in diesem Bande behandelten Zeitraumes und darüber hinaus später von der nationalistischen Geschichtschreibung der Franzosen als eine Kette von Abwehr- und Sicherungsmaßnahmen und von der anderen Seite als Ausfluß der Eroberungssucht Frankreichs hingestellt.

Von der Mitte des 16. bis zur Mitte des 18. Jahrhunderts ist das Reich nach außen fast ganz ohnmächtig geworden und hat erhebliche territoriale Einbußen erlitten, im Innern wurde die Zentralgewalt zugunsten des Partikularismus noch weiter zurückgedrängt. Im einzelnen hat Frankreich zu all dem viel beigetragen, und so manches war das Ergebnis von Schicksalsfügungen, von Fehlgriffen und Unterlassungen, wie sie der Geschichtsverlauf mit sich bringt; im großen und ganzen vollzog sich eine Entwicklung, deren Fortschreiten auf der Bahn, die sie schon im Mittelalter eingeschlagen hatte, nicht mehr aufzuhalten war. Immerhin schloß der Aufstieg von Brandenburg-Preußen und von Österreich, das eine Macht ersten Ranges in Europa geworden war, neue große Möglichkeiten für Deutschland in sich. Sie sind nicht nach dem zu beurteilen, was in unserer Zeit aus ihnen geworden ist, sondern nach ihren jeweiligen negativen und positiven Ergebnissen. Eine Geschichtsbetrachtung von Tiefpunkten aus wird ebenso einseitig pessimistisch wie von Höhepunkten aus einseitig optimistisch; die Geschichte ist, soll ein zutreffendes, lebendiges Bild von ihren Einzelheiten und von ihren Zusammenhängen gewonnen werden, zu durchwandern wie eine Landschaft.

Das Barock kündeten mancherlei Erscheinungen des Kulturlebens im 16. Jahrhundert an, das folgende wird oft schlechthin als das Zeitalter des Barocks bezeichnet, im 18. Jahrhundert klang es allmählich ab. Wie jeder Epochenwechsel vollzog sich auch der zum Barock teils durch Weiter- und Umbildung von bereits Vorhandenem, teils, weil man dessen überdrüssig geworden, in bewußter und unbewußter Abkehr davon und, das Entscheidende, im Gefolge des Hochkommens neuer konstitutiver Elemente, damals hauptsächlich im Bereich des Religiösen und Staatlichen. Die Barockkultur umfaßte fast ganz Europa, die Zeit ihrer Aufnahme war allerdings in den einzelnen Ländern verschieden, auch machte sich die nationale Eigenart in der Ausgestaltung der Barockkultur mehr oder weniger geltend. Anknüpfungspunkte für die barocke Kunst bot in Deutschland das neben der Renaissance hergehende Festhalten an der Spätgotik bis ins 17. Jahrhundert hinein, namentlich beim Kirchenbau. Mit dem Vordringen der Gegenreformation zog einer der wesentlichsten Faktoren des Barockzeitalters, der durch das Konzil von Trient und durch die Jesuiten neu belebte und von einem neuen Geiste getragene Katholizismus, in weite Gebiete Deutschlands ein. Die lutherische Orthodoxie, so sehr sie kirchlichem Prunk abhold war, barg dem barocken Lebensgefühl Entgegenkommendes oder ihm wenigstens nicht Widerstrebendes in sich. Den fürstlichen Absolutismus hatten Katholiken und Protestanten miteinander gemeinsam, ebenso wirkten auf beide, allerdings nicht immer in demselben Maße und in der gleichen Art, fremde Einflüsse stark ein, besonders des Landes, das in der Barockkultur oder in einem ihrer Zweige eben führend war, oft spielten auch nähere persönliche und wirtschaftliche Beziehungen zum Ausland mit.

Für die Formung des barocken Menschen waren zunächst die Kirchen mit ihrem Religionsunterricht, ihrer Seelsorgetätigkeit, den vielen und langen Gottesdiensten und der umfangreichen Erbauungsliteratur maßgebend. Die katholische und die protestantische Auffassung, alles, was ist und geschieht, habe Gottes Ruhm und Ehre zu mehren, ließen diese gewissermaßen als höchste Güter erscheinen. Als „sterblicher Gott", als „Gott des Vaterlandes" war der absolute Fürst, und nicht nur er selbst, davon überzeugt, daß ihm innerhalb der irdischen Sphäre Ruhm und Ehre in ähnlicher Weise gebühre. Die Fürsten erfüllte daher ein ungeheures Selbstbewußtsein. Am auffallendsten äußerte es sich in einer oft maßlosen Prunkentfaltung, die bewunderndes Staunen hervorrufen sollte. Soweit ihre Verhältnisse erlaubten, suchten die Untertanen das fürstliche Vorbild nachzuahmen, also sich durch Erlangung einer hohen Stellung, durch aufsehenerregende Leistungen und durch repräsentatives Auftreten zur Geltung zu bringen. In der Welt, im Vaterland oder wenigstens im persönlichen Gesellschafts- und Wirkungskreis als eine Art Heros betrachtet zu werden, hielt man für ein höchst begehrenswertes Ziel; schrankenloser Ehrgeiz wurde als d i e heroische Leidenschaft gepriesen. Die Kirchen aber predigten die Ohnmacht des Menschen, seine Sündhaftigkeit und daß er, hätte ihn Christus nicht erlöst, der Hölle verfallen wäre. In dem Schicksal von Herrschern, die Land und Leute verloren, von Feldherren, die das Schlachtenglück verließ, von Staatsmännern, die ein Mißgeschick oder die Laune ihrer Fürsten stürzte, und in den Leiden des Krieges, die hoch und niedrig heimsuchten, sah man unentrinnbare Fügungen Gottes oder der Fortuna. Und immer wieder rief man sich die Vergänglichkeit alles Irdischen mit dem Gedanken an den niemand verschonenden Tod ins Bewußtsein. Wie sich das barocke Lebensgefühl darbietet in den bildenden Künsten, in der Literatur, in Musik, Theater und Oper, in den gesellschaftlichen Formen und dergleichen, ist primär bedingt durch die Vorstellung von dem Ruhm und der Ehre Gottes und der Menschen, von der Ohnmacht gegenüber Gott und dem Schicksal, von der Vergänglichkeit alles Irdischen und durch die Willensanspannung, diesen Gegensatz zu überbrücken.

Alleinherrschend war das Barocke während des nach ihm benannten Zeitalters freilich nicht. In der Kunst wirkte von der Renaissance her eine klassizistische Strömung weiter. Mit Galilei nahm die moderne Naturwissenschaft ihren Anfang, Bacon, Hobbes und Descartes leiteten die empirisch und rational gerichtete Philosophie ein und bahnten damit die Aufklärung an. In Deutschland erschütterten die Erlebnisse des Dreißigjährigen Krieges den kirchlichen Glauben vieler. Die Werke der französischen und englischen Rationalisten und Freidenker und die Schriften Spinozas fanden seit den letzten Jahrzehnten des 17. Jahrhunderts bei den höheren Schichten in steigendem Maße Anklang. Verschiedene deutsche Denker, namentlich Leibniz, drangen teils im Anschluß an die philosophischen Methoden und Systeme des Auslandes, teils unabhängig von ihnen zu neuen Lehren vor und schufen sich ein neues Weltbild. Der Pietismus führte ebenfalls in manchem zur Aufklärung hin; schließlich gaben auch die Universitäten mehr und mehr den Widerstand gegen sie auf und suchten ihrer Forderung nach freier Lehre und Forschung gerecht zu werden. Die Mehrzahl der Menschen war indes von den Ideen und Bestrebungen der Aufklärung am Ende des hier behandelten Zeitraumes nur wenig berührt; im Jahre 1740 zum

Beispiel machte die Erbauungsliteratur mehr als drei Viertel der gesamten deutschen Buchproduktion aus, auch wurden immer noch Meisterwerke der Barockkunst geschaffen. Im großen und ganzen waren aber doch schon so viele neue Kräfte am Werke, daß sie die weitere Entwicklung der Kultur bestimmten.

Zu einem allgemein anerkannten Epochebegriff ist das Barock erst anfangs des 20. Jahrhunderts geworden. Die wissenschaftliche Forschung hat seitdem eine Fülle von Stoff zur Geschichte dieser an politischem und kulturellem Geschehen und Gestalten überreichen Epoche zusammengetragen und ihren Geist und ihr Ethos erschlossen. Weit über Fachkreise hinaus schöpfen heute wieder viele aus der Kunst und aus der Musik des Barocks Freude und Erhebung.

Anmerkungen

Vorbemerkung: Der zweite, die Kulturgeschichte behandelnde Teil dieses Bandes greift, um Zusammengehöriges nicht zu trennen, in verschiedenen Fällen vor 1555 zurück und, namentlich in der Darstellung der Kunst, über 1740 hinaus.

Werden Bücher, die nicht bei den unten folgenden Abkürzungen stehen, wiederholt zitiert, dann findet sich der vollständige Titel bei der ersten Nennung; die in Klammern beigefügte Zahl bezieht sich auf die Anmerkung, welche die erste Nennung enthält, z. B.: Frauenholz (zu S. 106). Die bibliographischen Angaben der Autoren ohne diesen Zusatz sind nachzusehen in:

Verzeichnis der Bibliographien und allgemeinen Werke (mit ihren Abkürzungen): K. Brandi „Deutsche Geschichte im Zeitalter der Reformation und Gegenreformation" 2. Aufl. 1942. — O. Brandt und A. O. Meyer „Handbuch der deutschen Geschichte" 1935 ff. (Brandt-Meyer). — J. Bühler „Deutsche Geschichte" 2. Bd. „Fürsten, Ritterschaft und Bürgertum" 1935; 3. Bd. „Das Reformationszeitalter" 1938; (Bühler D. G.). — Dahlmann-Waitz „Quellenkunde der deutschen Geschichte" 9. Aufl. 1931/32. — Deutscher Kulturatlas hgg. von G. Lüdtke und L. Mackensen, Gruppe Kirchengeschichte der Reformationszeit. 1934 (KA). — W. Dilthey „Gesammelte Schriften" 3. Bd. „Studien zur Geschichte des deutschen Geistes" 1927 (Dilthey). — M. Doeberl „Entwicklungsgeschichte Baierns" 1. Bd. 3. Aufl. 1916; 2. Bd. 3. Aufl. 1928. — W. Flemming „Deutsche Kultur im Zeitalter des Barock" 1937 (Flemming). — Gebhardt „Handbuch der deutschen Geschichte" 1. Bd. 7. Aufl. hgg. von R. Holtzmann 1930 (Gebhardt). — H. Günter „Deutsche Kultur in ihrer Entwicklung" 1932 (Günter). — F. Hartung „Deutsche Verfassungsgeschichte vom 15. Jahrhundert bis zur Gegenwart" 3. Aufl. 1928. — H. Hermelink „Reformation und Gegenreformation" 2. Aufl. 1931. — J. Kulischer „Allgemeine Wirtschaftsgeschichte" 2. Bd. „Die Neuzeit" 1929 (Kulischer). — K. Lamprecht „Deutsche Geschichte" 4.—7. Bd. 4. Aufl. 1921, 8. Bd. 5. Aufl. 1921 (Lamprecht). — Neue Propyläen-Weltgeschichte 3. Bd. „Das Zeitalter der Entdeckungen, der Renaissance und der Glaubenskämpfe" bearbeitet von L. v. Muralt u. a. 1941. — G. Pagès „Naissance du Grand Siècle. La France de Henri IV. à Louis XIV. 1598—1661" 1948. — L. von Pastor „Geschichte der Päpste seit dem Ausgang des Mittelalters" 6.—14. Bd. 1913/1930. — W. Platzhoff „Geschichte des europäischen Staatensystems 1559—1660" 1928 (Platzhoff). — Propyläen-Weltgeschichte hgg. von W. Götz, 5. Bd. „Das Zeitalter der religiösen Umwälzung, Reformation und Gegenreformation" 1930; 6. Bd. „Das Zeitalter des Absolutismus" 1931. — Reallexikon der deutschen Literaturgeschichte hgg. von P. Merker-W. Stammler, 4 Bde. 1926/1931 (RDL). — S. Riezler „Geschichte Baierns" 4.—8. Bd. 1899/1914 (Riezler). — G. Schnürer „Katholische Kirche und Kultur in der Barockzeit" 1937 (Schnürer). — R. Schröder und E. von Künßberg „Lehrbuch der deutschen Rechtsgeschichte" 7. Aufl. 1932 (Schröder-Künßberg). — H. Schuster „Das Werden der Kirche. Eine Geschichte der Kirche auf deutschem Boden" 1941 (Schuster). — F. X. Seppelt „Geschichte des Papsttums" 5. Bd. 1936. — J. von Walter „Die Geschichte des Christentums" II, 2. 1938. — F. Zöpfl „Deutsche Kulturgeschichte" 2. Bd. 1930 (Zöpfl). — Für die Ausgaben zeitgenössischer Quellen siehe Dahlmann-Waitz, Gebhardt und Brandt-Meyer.

Teil I

S. 3—79: K. Schottenloher „Bibliographie zur deutschen Geschichte im Zeitalter der Glaubensspaltung 1517—1585" 6 Bd. 1933/1940 und „Zeittafel zur deutschen Geschichte des 16. Jahrhunderts" (1939). — L. v. Ranke **„Zur deutschen Geschichte. Vom Religionsfrieden bis zum Dreißigjährigen Krieg"** (1869). — G. Droysen „Geschichte der Gegenreformation" (1893). — Moritz Ritter „Deutsche Geschichte im Zeitalter der Gegenreformation und des Dreißigjährigen Krieges" 3 Bde. (1890/1908). — W. Götz „Die Gegenreformation in Deutschland" im 5. Bd. der Propyläen-Weltgeschichte (1930). — Joh. Paul „Die Gegenreformation" in Brandt-Meyer.

S. 8: Über die **Wahlkapitulationen** der Kaiser von 1519—1792 s. F. Hartung „Volk und Staat in der deutschen Geschichte. Gesammelte Abhandlungen" (1940).

S. 9: Im **Reichsfürstenrat** hatten die weltlichen Kurfürsten als Inhaber von fürstlichen Herrschaften mehrere Stimmen, Brandenburg z. B. acht; auch einzelne Fürsten hatten oft einige Stimmen, Baden z. B. drei. Vor Beginn des französischen Revolutionskrieges bestand der Reichsfürstenrat aus siebenunddreißig geistlichen und dreiundsechzig weltlichen Stimmen; vergl. Schröder-Künßberg S. 906.

S. 11: O. v. Gschließer „**Der Reichshofrat.** Bedeutung und Verfassung 1559—1806" (1942).

S. 13: Die Stimmen über **Rußland** sind zitiert in Platzhoff S. 64 Anm. 1. Näheres außerdem bei W. Platzhoff: „Das erste Auftauchen Rußlands und der russischen Gefahr in der europäischen Politik" in „Historische Zeitschrift" 115. Bd.

S. 21: Das Zitat über **Lehensindulte** für Protestanten ist entnommen Ranke (zu S. 3) S. 43.

S. 22: K. D. Schmidt „Studien zur Geschichte des **Konzils von Trient**" (1925). — P. Richard „Concile de Trente" 2 Bde. (1930 f.). — S. Merkle „Die weltgeschichtliche Bedeutung des Tridentiner Konzils" (1936). — H. Jedin „Krisis und Wendepunkt des Trienter Konzils (1562/3). Die neuentdeckten Geheimberichte des Bischofs Gualterio von Viterbo an den heiligen Karl Borromäus" (1941). — Martin Chemnitz (1522—1586), der wesentlichen Anteil hatte an der Organisation des Kirchenwesens von Braunschweig-Wolfenbüttel, an der Abfassung der Konkordienformel (S. 55 f.) und an der Gründung der Universität Helmstädt, verfaßte von lutherischer Seite das Hauptwerk gegen das Konzil von Trient: „Examen concilii Tridentini" 4 Bde. (1565—1573, Neuausgabe von E. Preuß 1861 und Neudruck 1915).

S. 24: Das Zitat über die bairischen **Pfarreien** ist Riezler 4. Bd. S. 408 f. entnommen. Ähnliche Quellenzeugnisse enthalten die „Bilder aus dem Leben der Geistlichen der Diözese Eichstätt um die Mitte des 16. Jahrhunderts" von Adam Hirschmann in „Archiv für Kulturgeschichte" 12. Bd. (1916).

S. 25: A. Huonder „**Ignatius von Loyola.**" (1932). — P. Dudon „Ignace de Loyola" (1934). — H. Boehmer „Ignatius von Loyola. Neu herausgegeben von Hans Leube" (1941). — P. Lippert „Zur Psychologie des **Jesuitenordens**" (1912). — H. Böhmer „Die Jesuiten" (4. Aufl. 1921). — René Fülop-Miller „Macht und Geheimnis der Jesuiten" (1930). — B. Duhr „Geschichte der Jesuiten in den Ländern deutscher Zunge" 3. Bd. (1921), 4. Bd. (1928).

S. 29: F. Siebert „Zwischen Kaiser und Papst. **Kardinal Truchseß von Waldburg** und die Anfänge der Gegenreformation in Deutschland" (1943).

S. 32 ff.: „Briefe und Akten zur Geschichte **Maximilians II.**" hgg. von W. E. Schwarz (1891). — „Die Korrespondenz Maximilians II." hgg. von V. Bibl (1916 ff.). — O. H. Hopfen „Kaiser Maximilian II. und der Kompromißkatholizismus" (1895). — R. Holtzmann „Kaiser Maximilian II. bis zu seiner Thronbesteigung" (1903). — V. Bibl „Maximilian II. der rätselhafte Kaiser" (1929). — Gebhardt 1. Bd. S. 644 ff. — Paul (zu S. 3) S. 212 f.

S. 38: F. Rachfahl „**Wilhelm von Oranien** und der niederländische Aufstand" 3 Bde. (1906—1924).

S. 39: Imbart de la Tour „**Calvin,** der Mensch, die Kirche, die Zeit" (1936). — J. Bohatec „Calvins Lehre von Staat und Kirche" (1937). — G. Glöde „Zucht und Weite. Calvins Weg und Werk" (1938).

S. 46: Das Zitat über die **polnische Adelsrepublik** ist entnommen Platzhoff S. 72 f.

S. 48: G. Lösche „Geschichte des **Protestantismus in Österreich**" (3. Aufl. 1930).

S. 53 ff: Felix Stieve „**Rudolf II.**" in der „Allgemeinen Deutschen Biographie" 29. Bd. und in „Abhandlungen, Vorträge und Reden" (1900).

S. 58 ff.: M. Lossen „**Der Kölnische Krieg**" (1885/98). — W. Götz „Gebhard Truchseß" (in Haucks „Realenzyklopädie für protestantische Theologie und Kirche" 6. Bd.).

S. 64: Ob **Heinrich IV.** nur eine Vorherrschaft in den Rheingegenden erstrebte, um die hier von den Habsburgern drohende Gefahr abzuwenden, oder ob er eigentliche Eroberungsabsichten hatte, läßt sich nicht entscheiden; vergl. J. Haller „Tausend Jahre deutsch-französischer Beziehungen" (1930) S. 26.

S. 77: In dem 1612 mit der Union abgeschlossenen Vertrag hatte sich **England** zu einer Bundeshilfe von viertausend **Mann verpflichtet.**

S. 80—166: G. Winter „Geschichte des **Dreißigjährigen Krieges**" (1893). — Ritter (zu S. 3). — R. Huch „Der Große Krieg in Deutschland" 2. Bd. (17.—20. Tausend 1929, enthält ausgezeichnete Zeit- und Charakterschilderungen). — W. Mommsen „Der Dreißigjährige Krieg" im 5. Bd. der Propyläen-Weltgeschichte (1930). — Paul (zu S. 3). — Brandi.

S. 82 ff.: B. Bretholz „Geschichte **Böhmens** und Mährens" (1924).

S. 90: J. Schnitzer „Zur Politik des **Heiligen Stuhles** in der ersten Hälfte des Dreißigjährigen Krieges" in „Römische Quartalschrift" (1899).

S. 91: F. Stieve „**Ferdinand II.**" in „Abhandlungen, Vorträge und Reden" (1900).

S. 92: Über Kurfürst **Maximilian von Baiern** s. Riezler 5. und 6. Bd.; M. Döberl 1. Bd. Das Zitat über die für eine Wahl Maximilians zum Kaiser sprechenden Gründe ist entnommen Riezler 5. Bd. S. 118.

S. 94: Über Kurfürst **Johann Georg von Sachsen** s. R. Kötzschke und H. Kretzschmar „Sächsische Geschichte" 2. Bd. (1935).

S. 100 f.: Carl J. Burckhardt „**Richelieu**, der Aufstieg zur Macht" (1935). — W. Andreas „Richelieu" (1941) und „Richelieus Weltkampf gegen Spanien" in „Forschungen und Fortschritte" (1942 Nr. 1) S. 14 ff.

S. 106—114: E. von Frauenholz „Das **Heerwesen** in der Zeit des Dreißigjährigen Krieges" 2 Teile (1938/39). — Per Sörensson „Das Kriegswesen während der letzten Periode des Dreißigjährigen Krieges" in „Historische Vierteljahrsschrift" 27. Bd. (1932). — **S. 107 f.:** Die Kosten für Regimenter usw. s. Frauenholz S. 45, S. 37; für die ligistische und die bairische Armee Riezler 5. Bd. S. 666; bairische Staatseinnahmen Riezler 6. Bd. S. 58; Taglohn in Baiern Riezler 6. Bd. S. 219; die „vivers" Frauenholz S. 163 bis 170. — **S. 111:** Nationalitäten in der bairischen Armee Riezler 6. Bd. S. 138, 164. — **S. 112:** Die Caracole Frauenholz S. 60. — **S. 113:** Schlachtverlauf im letzten Drittel des Krieges Sörensson S. 594 f.

S. 114—120: L. von Ranke „Geschichte **Wallensteins**" (6. Aufl. 1910). — F. Stieve „Wallenstein bis zur Übernahme des ersten Generalats" in „Historische Vierteljahrsschrift" 2. Bd. (1899). — H. v. Srbik „Wallensteins Ende" (1920). — J. Pekař „Wallenstein" 2 Bde. (1936). — A. Ernsberger „Wallenstein als Volkswirt im Herzogtum Friedland" (1929). — H. Schwarz „Wallenstein und Gustav Adolf" (1937). — G. Bohlmann „Wallenstein ringt um das Reich" (1938); wie Schwarz sieht Bohlmann in Wallenstein einen Vorkämpfer der deutschen Reichspolitik gegen die Hausmachtpolitik der Habsburger. — W. Tritsch „Wallenstein. Herr des Schicksals, Knecht der Sterne" (1938). — F. Watson „Wallenstein. Soldier under Saturn. Biography" (1938).

S. 123 f.: W. Andreas „Pater Joseph" in „Geist und Staat" (2. Aufl. 1927).

S. 124—140: G. Milch „**Gustav Adolf** in der deutschen und schwedischen Literatur" (1928). — J. Paul „Gustav Adolf in der deutschen Geschichtschreibung" in „Historische Vierteljahrsschrift" 25. Bd. (1930). — G. Wittrock „Gustav Adolf" (aus dem Schwedischen 1930). — J. Paul „Gustav Adolf" 3 Bde. (1927/1932). — N. Ahnlund „Gustav Adolf" (aus dem Schwedischen 1938). — „Sweriges Krig 1611—1632" hgg. vom schwedischen Generalstab, 8 Bde. (1936/1939), die zuverlässigste und erschöpfendste Darstellung des Schwedenkrieges bis zum Tode Gustav Adolfs unter militärischem Gesichtspunkt. — **S. 127:** Über die **religiösen und politischen Beweggründe des Schwedenkrieges** s. G. Ritter „Gustav Adolf, Deutschland und das nordische Luthertum" in Ritters Aufsatzsammlung „Die Weltwirkung der Reformation" (1941). — **S. 130:** An dem **Fall Magdeburgs** waren neben dem brandenburgischen und dem sächsischen Kurfürsten auch protestantische Städte mitschuldig; Hamburg z. B. unterstützte Tilly derart mit Munitions- und Lebensmittellieferungen, daß man dieser Hilfe auf kaiserlicher Seite einen wesentlichen Anteil an dem für sie günstigen Ausgang der Belagerung zuschrieb, vgl. K. Holl „Gesammelte Aufsätze zur Kirchengeschichte" 3. B. (1928) S. 304. — **S. 135:** Pöllinger „Johann Tserklaes Graf von **Tilly**" (1932). — **S. 139:** H. v. Srbik „Zur Schlacht von **Lützen** und zu Gustav Adolfs Tod" in „Mitteilungen des österreichischen Instituts für Geschichtsforschung" 41. Bd. (1926). — J. Seidler „Neues zur Schlacht von Lützen" in „Forschungen und Fortschritte" (1938, Nr. 28). — O. Rudert „Die **Kämpfe um Leipzig** im Großen Krieg 1631—1642" (1937).

S. 141: J. Kretzschmar „Der **Heilbronner Bund** 1633—1635" 3 Bde. (1922).

S. 145 ff.: Zu **Wallensteins Tod** s. die zu S. 114—120 angegebene Literatur.

S. 148: K. Jakob „Von Lützen bis **Nördlingen**" (1904). — H. Leo „Die Schlacht bei Nördlingen" in „Hallesche Abhandlungen zur neueren Geschichte" (1900).

S. 150—158: W. Mommsen „Richelieu, **Elsaß und Lothringen**" (1922). — J. Baur „Philipp von **Sötern**, geistlicher Kurfürst zu Trier" 2 Bde. (1897—1914). — G. Droysen „**Bernhard von Weimar**" 2 Bde. (1885). — A. Thoma „Bernhard von Weimar" (1904).

S. 158—166: J. Paul „Der Frieden von Münster und Osnabrück" (1932). — F. Kopp und E. Schulte „Der **Westfälische Frieden.** Vorgeschichte, Verhandlungen, Folgen" (1940). — M. Braubach „Der Westfälische Friede" (1948). — „Der Friede in Osnabrück 1648. Beiträge zu seiner Geschichte" hgg. von L. Bäte (1948). — **S. 161:** Mit Maximilian und seinen katholischen Anhängern hatten mehrere von Sachsen und Brandenburg geführte protestantische Reichsstände die **fürstliche Mittelpartei** gebildet. — S. 166: Trotz starken Vorwiegens des Partikularismus hatten **Kaiser und Reich** für die Außen- und namentlich die Innenpolitik nicht jede Bedeutung verloren, vgl. S. 235.

S. 167—238: B. Erdmannsdörffer „Deutsche Geschichte **vom Westfälischen Frieden bis zum Regierungsantritt Friedrichs des Großen**" 2 Bde. (1892—1894; von uns zitiert nach dem Neudruck des Hendel-Verlags 1932). — H. v. Zwiedineck-Südenhorst „Deutsche Geschichte im Zeitraum des preußischen Königtums" (2 Bde. 1890—1894). — Gebhardt 1. Bd. S. 747—787. — W. Platzhoff „Europäische Geschichte im Zeitalter Ludwigs XIV. und des Großen Kurfürsten" (1921) und „Das Zeitalter Ludwigs XIV." in Propyläen-Weltgeschichte 6. Bd. (1931). — K. Kaser „Geschichte Europas im Zeitalter des Absolutismus und der Vollendung des modernen Staatensystems 1660—1789" (1923). — F. Schnabel „Das 18. Jahrhundert bis zur französischen Revolution" in Propyläen-Weltgeschichte 6. Bd. — R. Lorenz „Die Grundlegung des Absolutismus" in Brandt-Meyer 2. Bd. St. 215—303. — R. Wagner „Europa im Zeitalter des Absolutismus 1648—1789" (1948). — H. H. Jakobs „Neue Forschungen zur Geschichte des Absolutismus in Deutschland" in „Die Welt als Geschichte" 6. Jahrgang (1940) S. 80 ff.

S 167 f.: Über die Beschneidung der Rechte der **Landstände** s. Schröder-Künßberg S. 940 ff. Außer in den geistlichen Territorien behauptete sich das Ständewesen in der alten Weise nur in Sachsen, Braunschweig, Hessen, Württemberg und Mecklenburg; in den kleinsten Territorien und Herrschaften war es überhaupt nicht zur Ausbildung eines Ständewesens gekommen.

S. 169 f.: E. v. Frauenholz „Das **Heerwesen** in der Zeit des Absolutismus" (1940).

S. 172: Stimmten die **Städte** dem Beschluß der Kurfürsten und Fürsten zu, dann lag ein „Reichsgutachten vor, das der Kaiser nach freier Entscheidung ablehnen oder dem er seine Ratifikation" erteilen konnte, s. Schröder-Künßberg S. 908.

S. 173: G. F. R. Sie „Die **Kandidatur Ludwigs XIV.** bei der Kaiserwahl 1658" (1916).

S. 174: G. Mentz „Johann Philipp von **Schönborn**" 2 Bde. (1896/1899).

S. 178 ff.: M. Philippson „Der Große Kurfürst **Friedrich Wilhelm** von Brandenburg" 3 Bde. (1897/1903). — M. Spahn „Der Große Kurfürst" (1901). — E. Heyck „Der Große Kurfürst" (1902). — A. Waddington „Le Grand Electeur Frédéric Guillaume de Brandebourg. Sa politique extérieure 1640—1688" 2 Bde. (1905/1908). — H. v. Petersdorff „Der Große Kurfürst" (1926). — H. Kania „Der Große Kurfürst" (1930).

S. 183: K. Hauck „**Karl Ludwig**, Kurfürst von der Pfalz" (1903). — F. Auffaresses und H. Gautiers-Villars „La vie privée d'un prince allemand au XVIIe siècle: L'électeur palatin Charles-Louis" (1926).

S. 188—191: M. Doeberl „**Baiern und Frankreich**" 2 Bde. (1900/1903). — M. Doeberl 2. Bd. — M. Strich „Das Kurhaus Baiern im Zeitalter Ludwigs XIV." 2 Bde. (1931).

S. 191—198: K. Tschamber „Der **Deutsch-Französische Krieg** von 1674 und 1675" (1906). — Zu dem **Krieg des Großen Kurfürsten** gegen Schweden s. die zu S. 178 ff. angegebene Literatur. — **S. 187:** Leibniz hat den **Ägypten-Plan** auch weiterhin schriftlich und in mündlichen Verhandlungen zu Paris vertreten und dabei die Schaffung eines Suez-Kanals angeregt; s. F. J. Krappmann „Johann Philipp von Schönborn und das Leibnizsche Consilium Aegyptiacum" in „Zeitschrift für Geschichte des Oberrheins" (1932).

S. 198 f.: Über die **Reunionen** s. A. Schulte „Frankreich und das linke Rheinufer" (2. Aufl. 1918); über die Annexion **Straßburgs** s. E. Marcks „Ludwig XIV. und Straßburg" in „Männer und Zeiten" 1. Bd. (6. Aufl. 1922).

S. 200—205: R. Lorenz „**Das Türkenjahr** 1683" (2. Aufl. 1934). — P. Wentzke „Feldherr des Kaisers. Leben und Taten Herzog **Karls V. von Lothringen**" (1943). — K. von Landmann „**Prinz Eugen**" (1905). — R. Lorenz „Prinz Eugen" in „Die großen Deutschen" 2 Bde. (1935). — R. von Schumacher „Prinz Eugen" (1935). — W. Elze „Prinz Eugen" (1940). — V. Bibl „Prinz Eugen" (1941). — H. Oehler „Prinz Eugen im Volkslied und Flugschrift" (1941). — B. Böhm „Bibliographie zur Geschichte des Prinzen Eugen von Savoyen und seiner Zeit" (1943).

S. 205 f.: O. Redlich „**Österreichs Großmachtbildung** in der Zeit Leopolds I." (1926) und „Das Werden einer Großmacht. Österreich 1700 bis 1740" (1939). — H. Hantsch „Die Entwicklung Österreichs zu einer Großmacht" (1933).

S. 208 f.: K. v. Raumer „Die Zerstörung der **Pfalz** von 1689" (1930). — Al. Schulte „Markgraf **Ludwig Wilhelm von Baden** und der Reichskrieg gegen Frankreich 1693—1697" (2. Aufl. 1901).

S. 210: Zum **Frieden von Rijswijk** s. H. v. Srbik „Wien und Versailles 1692 bis 1697" (1944), worin unter anderem nachgewiesen ist, daß sich die österreichische Diplomatie während der dem Friedensschluß vorausgegangenen Verhandlungen ernstlich aber infolge der Eigensucht der Seemächte, der Uneinigkeit der deutschen Reichsfürsten, der kraftlosen Haltung Spaniens und der weit überlegenen politischen Strategie Frankreichs vergebens bemüht hatte, dem Reiche Straßburg, die Dekapolis (S. 163) und die Reunionen zurückzugewinnen.

S. 211 f.: G. Schnath „Geschichte **Hannovers** im Zeitalter der neunten Kur und der englischen Sukzession 1674—1714" (1938). — **Georg Ludwig** war als Kurprinz seit 1682 mit Sophie Dorothea, einer Tochter Herzog Georg Wilhelms von Lüneburg und der Eleonore d'Olbreuse, verheiratet. Georg Ludwig ließ sich 1694 von Sophie Dorothea wegen ihres Liebesverhältnisses mit Graf Philipp Christoph von Königsmarck scheiden und verbannte sie auf das Schloß Ahlden, wo sie als „Prinzessin von Ahlden" 1726 starb, sie war die Großmutter Friedrichs des Großen, s. R. Geerds „Die Prinzessin von Ahlden und Graf Königsmarck" in „Zeitschrift des Historischen Vereins für Niedersachsen" (1915).

S. 212—214: C. Gurlitt „**August der Starke**" 2 Bde. (2. Aufl. 1924). — P. Haake „August der Starke" (1926). — R. Kötzschke „August der Starke" in „Vergangenheit und Gegenwart" (1933).

S. 214—217: E. Heyck „**Friedrich I.** und die Begründung des preußischen Königtums" (1901). — W. Koch „Hof und Regierungsverfassung König Friedrichs I. von Preußen" (1926). — F. v. Oppeln-Bronikowski „Der Baumeister des preußischen Staats. Leben und Wirken des Soldatenkönigs **Friedrich Wilhelm I.**" (1934). — K. Heidkamp „Friedrich Wilhelm I." (1935). — F. Hartung „König Friedrich Wilhelm I., der Begründer des preußischen Staates" (1942). — L. Tümpel „Die Entstehung des brandenburgisch-preußischen Einheitsstaates im Zeitalter des Absolutismus" (1915). — M. Braubach „Der Aufstieg Brandenburg-Preußens" (1933).

S. 217—226: Über **Prinz Eugen** im spanischen Erbfolgekrieg s. die zu S. 200 bis 205 und S. 205 f. angegebene Literatur. — Über **Max Emanuel** von Baiern s. Riezler 7. und 8. Band; Döberl 2. Bd.; Strich (zu S. 188). — Über **Marlborough** s. G. M. Trevelyan „Blenheim" (1930) und W. Churchill „Marlborough" 4 Bde. (1933/35). — W. Reese „Das Ringen um Frieden und Sicherheit in den **Entscheidungsjahren des Spanischen Erbfolgekrieges** 1708/09" (1933). — **S. 226:** „Der **Frieden von Utrecht** ist der erste der großen europäischen Friedensschlüsse, den England entscheidend beeinflußt hat... Faktisch war (nun) England der Regulator des sogenannten Gleichgewichts. Seit dem Spanischen Erbfolgekrieg und dem Frieden von Utrecht hat die britische Politik eine dauernde Verbindung mit dem Kontinent geknüpft. Ihre Schiedsrichterrolle in Europa, die im 19. und 20. Jahrhundert durch den Wiener Kongreß, Versailles und den Völkerbund weiter ausgebaut wurde, geht im Keim auf den Utrechter Vertrag zurück." W. Platzhoff „England und der Utrechter Frieden" in „Forschungen und Fortschritte" (1943) S. 30.

S. 227 f.: O. Haintz „König **Karl XII.** von Schweden. I. Der Kampf der schwedischen Militärmonarchie um die Vormacht in Nord- und Osteuropa" (1936). — F. G. Bengtsson „Karl XII. 1682—1707". Aus dem Schwedischen von K. Reichardt (1939). — D. Gerhard „England und der Aufstieg **Rußlands**" (1933). — H. Doerries „Rußlands Eindringen in Europa in der Epoche Peters des Großen" (1939).

S. 229—234: P. Muret „La Préponderence Anglaise 1715—1763" (1937). — M. Naumann „**Österreich, England und das Reich** 1719—1732" (1936). — S. 230: Am 12. September 1703 hatte Kaiser Leopold I. mit seinen Söhnen Josef und Karl einen Erbfolgevertrag, das „Pactum mutuae successionis", abgeschlossen, wonach in jedem Falle der Mannesstamm vorangehen solle, falls aber dieser völlig erlischt, habe die weibliche Erbfolge nach dem Erstgeburtsrecht einzutreten. Die Frage, ob nach dieser Vereinbarung den Töchtern des älteren Bruders Josef vor denen des jüngeren Karl ein Vorrecht zustand, ist nicht geklärt, doch scheint manches dafür zu sprechen. Karl hielt sich als Kaiser für berechtigt, ein neues Hausgesetz für die Erbfolge, die **Pragmatische Sanktion**, zu erlassen, die zunächst als Staatsgeheimnis behandelt wurde. — G. Turba „Die Grundlagen der Pragmatischen Sanktion" 2 Bde. (1911/12). — W. Michael „Zur Entstehung der Pragmatischen Sanktion Karls VI." (1938). — **S. 231:** G. Mecenseffy „Karls VI. **spanische Bündnispolitik** 1725—1729" (1934). — **S. 232:** Kurbrandenburg hatte **Ravenstein** 1614 erhalten (S. 72), der Große Kurfürst es aber 1670 gegen eine Geldentschädigung Pfalz-Neuburg überlassen. — **S. 233:** L. Just „Wie **Lothringen** dem Reich verloren ging" in „Rheinische Vierteljahrsblätter" (1937).

S. 235: **Erdmannsdörffer** (zu S. 167) 2. Bd. S. 144; **Naumann** (zu S. 229) S. 133.

S. 237: König Friedrich Wilhelm I. verlangte von den auf Grund des mittelalterlichen Lehenssystems zur Stellung von Ritterpferden Verpflichteten jährlich vierzig oder fünfzig Taler, um damit neue Regimenter aufzustellen und zu unterhalten. Dagegen opponierte namentlich die **Magdeburgische Ritterschaft** und der ostpreußische Adel nicht nur des Geldes wegen, sondern auch weil auf diese Weise der Edelmann dem Bauern gleichgestellt würde. Der König setzte, nachdem er einige Konzessionen gemacht hatte, seinen Willen durch, vergl. Erdmannsdörffer (zu S. 167) 2. Bd S. 455.

Teil II

S. 241—279: Erdmannsdörffer (zu S. 167). — R. Kötzschke „Grundzüge der deutschen **Wirtschaftsgeschichte** bis zum 17. Jahrhundert" (2. Aufl. 1921). — M. Weber „Wirtschaftsgeschichte" (1924). — H. Sieveking „Grundzüge der neueren Wirtschaftsgeschichte bis zum 17. Jahrhundert" (5. Aufl. 1928). — Kulischer.

S. 241: W. Wernicke „Die zahlenmäßige Entwicklung der **Bevölkerung** im deutschen Reich" in „Geistige Arbeit" (1941 Nr. 5). — Über die Bevölkerungsabnahme im Dreißigjährigen Krieg s. G. Franz „Der Dreißigjährige Krieg und das deutsche Volk. Untersuchungen zur Bevölkerungs- und Agrargeschichte" (1940). Die Verluste waren weit mehr durch Epidemien und durch Hungersnöte als durch Kriegshandlungen bedingt. Auch später noch forderte besonders die Pest wiederholt zahlreiche Todesopfer: 1665—1670 am Nieder- und Oberrhein, 1678—1681 in Österreich, 1681 in Schlesien und Sachsen, 1709 in Ostpreußen, und 1713 in Österreich, vergl. Lorenz (zu S. 167) S. 291 f. — Für das Zahlenverhältnis des **Landvolkes** zur übrigen Bevölkerung s. Kulischer 2. Bd. S. 7 f. — Über die Verhältnisse des Landvolkes im Hochmittelalter s. J. Bühler D.G. 2. Bd. S. 228—232, im Spätmittelalter 3. Bd. S. 135—151 und S. 322—330.

S. 242: Das Zitat über das **Eigentumsrecht** der Bauern in Nordwestdeutschland ist entnommen Kulischer 2. Bd. S. 89. — Zur **Selbstverwaltung von Dorfgemeinden** in Westdeutschland s. F. Steinbach „Geschichtliche Grundlagen der kommunalen Selbstverwaltung in Deutschland" (1937) S. 96 f., 101 f.

S. 243: Über den Rückgang der Bevölkerung in **Mecklenburg** s. H. Maybaum „Die Entstehung der Grundherrschaft im nordwestlichen Mecklenburg" (1926) S. 192, über die Zahl der Bauernhöfe Kulischer 2. Bd. S. 92, über die Arbeiten der Bauern auf den gutsherrlichen Äckern S. 96.

S. 244 ff.: Über die Verhältnisse in **Baiern** s. Riezler 5. Bd. S. 661, 6. Bd. S. 209 f., über das Zurückhalten des Getreides 6. Bd. S. 224, die „Bauernkönige" 8. Bd. S. 505; die Bemerkung des Kanzlers Eck ist zitiert im 6. Bd. S. 222. — Über die **Abgaben an den Landesherrn** s. H. Schmelzle „Der Staatshaushalt des Herzogtums Baiern im 18. Jahrhundert" (1900). — Über die Viehhaltung s. J. Pflaumer-Resenberger „Die Anerbensitte in Altbaiern" (1939) S. 20 f. — **S. 246:** Das Zitat über das rauhe Bauernvolk ist entnommen Riezler 8. Bd. S. 517. — Die **Hausväterliteratur** bot außerdem Anleitungen verschiedenster Art zur Führung der Hauswirtschaft, medizinische Ratschläge, volkstümliche Behandlung religiöser Fragen usw.

S. 247: Für das Reich war infolge des Partikularismus ein **merkantilistisches** Wirtschaftssystem ausgeschlossen, frühe Ansätze hierzu in einem deutschen Territorialfürstentum sind für Württemberg nachgewiesen von K. Weidner „Die Anfänge einer staatlichen Wirtschaftspolitik in Württemberg (15. und 16. Jahrhundert)" (1932).

S. 248 f.: Die Äußerungen von König **Friedrich Wilhelm I.** und über ihn sind entnommen F. Hartung „Die Entwicklung des Generaldirektoriums in Preußen 1723—1786" in „Forschungen und Fortschritte" (1942 Nr. 11) S. 110 ff. — K. Zielenziger „Die alten deutschen **Kameralisten**" (1914). — L. Sommer „Die österreichischen Kameralisten" 2 Bde. (1920/25). — Kauder „J. J. **Becher** als Wirtschafts- und Sozialpolitiker" in „Schmollers Jahrbuch für Gesetzgebung, Verwaltung und Volkswirtschaft" 48. Bd. (1924). — Jansen „J. J. Becher als theoretischer und praktischer Nationalökonom" (1926). — K. L. Wolf und R. Ramsauer „J. J. Becher" in „Zeitschrift für die gesamte Naturwissenschaft" 1. Jahrgang (1936) S. 494 ff.

S. 250: Die **Zahl der Handwerker** betrug z. B. in manchen württembergischen Städten zwei Drittel, in den brandenburgischen über vierzig und in den bairischen überschritt er durchschnittlich nicht zwölf vom Hundert der Gesamteinwohnerschaft, s. Kulischer 2. Bd. S. 143.

S. 252 f.: Den Bericht über die Ertränkung des Erfinders einer **Bandmühle** s. Kulischer 2. Bd. S. 111. — Die Angaben über die Vermögensverhältnisse in **Augsburg** sind entnommen K. Lamprecht 6. Bd. S. 356.

S. 255 f.: Die Angaben über **Schiffsverkehr** und Tonnage sind entnommen Kulischer 2. Bd. S. 212 und 242 f. und K. Pagel „Die Hanse" (1942) S. 518. — R. Ehrenberg „Das Zeitalter der **Fugger**, Geldkapital und Kreditverkehr im 16. Jahrhundert" 2 Bde. (3. Aufl. 1922). — O. H. Brandt „Die Fugger" (1928).

S. 257—261: R. Schück „Brandenburg-Preußens **Kolonialpolitik** unter dem Großen Kurfürsten und seinen Nachfolgern 1647—1721" 2 Bde. (1889); vgl. auch die zu S. 178 ff. angegebene Literatur über den Großen Kurfürsten. — Über **Becher** s. die zu S. 248 f. angegebene Literatur. — **S 260 f.:** H. v. Srbik „Der staatliche Exporthandel **Österreichs** von Leopold I. bis Maria Theresia" (1907).

S. 262: F. Friedensburg „**Münzkunde und Geldgeschichte der Einzelstaaten**" (1926). — Über die **Silberproduktion** vom Ausgang des Mittelalters bis 1560 s. J. Strieder „Die deutsche Montan- und Metallindustrie im Zeitalter der Fugger" (1931). — **Zollstätten** gab es z. B. an der Weser oberhalb Bremens 26, an der Elbe zwischen Hamburg und Magdeburg 19, dann nach Dresden 16, von der Moldau bis Hamburg 47, am Rhein von Straßburg bis Holland 30, ein mit zwanzig Tonnen Weizen beladenes Schiff mußte 1669 von Magdeburg nach Hamburg vier- bis fünfhundert Taler Zoll bezahlen, ähnlich war es auf den Landstraßen s. Flemming S. 173. — Ende des 17. Jahrhunderts wurden nach Frankreich **ausgeführt** Waren im Werte von 8 Millionen Livres, davon über ein Drittel Rohstoffe, von Frankreich **eingeführt** um 14 Millionen Livres, s. Flemming S. 174.

S. 265 ff.: Über die **Kolonialwaren** s. Kulischer 2. Bd. S. 26 ff. und Zöpfl 2. Bd. S. 400—406. — E. C. Conte Corti „Die trockne Trunkenheit. Ursprung, Kampf und Triumph des **Rauchens** (1930).

S. 270 ff.: M. v. Boehn „Menschen und **Moden** vom Mittelalter bis zur Neuzeit"; 2. Bd. „Die Mode im 16. Jahrhundert"; 3. Bd. „Die Mode im 17. Jahrhundert"; 4. Bd. „Die Mode im 18. Jahrhundert" (o. J.). — Das Zitat über die **Spitzen** ist Kulischer 2. Bd. S. 31 entnommen.

S. 274 f. Die Bevölkerungszahlen von **Berlin** sind entnommen Lamprecht 8. Bd. S. 153. — Wie sehr **Hamburg** das einst seemächtigere Lübeck überflügelt hatte, geht daraus hervor, daß dessen Hafen zu jener Zeit jährlich nur von achthundert Schiffen besucht wurde, der von Bremen freilich nur von etwa fünfhundert, s. Lamprecht 8. Bd. S. 136 f. — Über das **Börsenwesen** s. Seiler „Entwicklung der deutschen Kultur im Spiegel des Lehnworts" 2. Bd. (3. Aufl. 1921) S. 212 ff.

S. 277 ff.: B. E. Crole „Geschichte der deutschen **Post**" (3. Aufl. 1900). — A. Korzendorfer „Von Postreutern und Postillionen" (1936) und „Die Anfänge des Postwesens in Deutschland" im „Archiv für Postgeschichte in Baiern" (1941). — H. Stephan „Geschichte des preußischen Postwesens und die **Taxis**" (1909).

S. 280: Über die spätmittelalterliche **Volkskultur** s. J. Bühler D. G. 2. Bd. S. 233 ff.

S. 281: G. Östreich „Das **persönliche Regiment** der deutschen Fürsten am Beginn der Neuzeit" in „Die Welt als Geschichte" 1. Jahrgang (1935) S. 218 ff., 300 ff.

S. 282: Die Angaben über das jährliche **Staatseinkommen** von Brandenburg usw. sind entnommen Flemming S. 168. — Für König **Friedrich Wilhelm I.** vergl. die zu S. 214 bis 217 angegebene Literatur. — Über das **Kriegskommissariat** s. H. Helfritz „Geschichte der preußischen Heeresverwaltung" (1938).

S. 283: Das Zitat über die **Polizeiordnung** ist entnommen Schröder-Künßberg S. 924. — Über das **preußische Justizwesen** s. E. Schmidt „Rechtsentwicklung in Preußen" (2. Aufl. 1929).

S. 285: Über das **evangelische Kirchenregiment** s. E. Sehling „Geschichte der protestantischen Kirchenverfassung" (2. Aufl. 1914).

S. 286: Über die Leistungen der evangelischen Fürsten für den **kirchlichen Wiederaufbau** s. K. Holl „Die Bedeutung der großen Kriege für das religiöse und kirchliche Leben innerhalb des deutschen Protestantismus" in „Gesammelte Aufsätze zur Kirchengeschichte" 3. Bd. (1928) S. 302 ff., das wörtlich daraus zitierte S. 343. — Die **Beichte** spielte damals im religiösen Leben auch der Protestanten vielfach noch eine große Rolle. In Berlin z. B. war die Bevölkerung sehr für die Privatbeichte. Diaconus Kaspar Schade (1666—1698) von der Nikolaikirche, der Dichter von „Meine Seel ist stille zu Gott", „Auf, hinauf zu Deiner Freude" und anderen Kirchenliedern, erregte mit seinem Ausspruch: „Es lobe, wer da will, ich sage Beichtstuhl, Satansstuhl, Feuerpfuhl" großes Ärgernis. Stadtverordnete und Zünfte nahmen gegen ihn Stellung, und nur der Tod bewahrte ihn vor der Absetzung durch den Kurfürsten („Die Kirche", Evangelische Wochenzeitung, Berlin 1. Jahrgang 1946 Nr. 34).

S. 287: Bei der **Fürsorge für Arme** und dergleichen ließen sich verschiedene Fürsten, z. B. Herzog Ernst der Fromme von Sachsen-Gotha, aber auch sehr stark von religiösen und humanitären Beweggründen leiten. — Zur **Formung des Menschen** im Barockzeitalter durch das absolute Fürstentum s. W. Götz „Die kulturelle Bedeutung des Absolutismus" im 6. Bd. der Propyläen-Weltgeschichte.

S. 288: Ähnliche Verse wie die Klopstocks finden sich des öfteren, so z. B. in einem 1668 zu Eichstätt vor vier Prinzen aufgeführten Jesuitendrama: „Wie ein Altar sei Du den Deinen Trost, / Ein **Gott des Vaterlandes.**" Duhr (zu S. 25) 3. Bd. S. 477.

S. 292 f.: Das Treiben der **Krippenreiter** schildert anschaulich G. Freytag in „Bilder aus der deutschen Vergangenheit" (in der Ausgabe von J. Bühler [1926] 2. Bd. S. 429 ff.), dort (S. 458) auch die aus G. Freytag zitierte Bemerkung über das **neue Junkertum.**

S. 294: Die Bemerkung über die **Memoiren von Offizieren ist entnommen** E. v. Frauenholz (zu S. 169) S. VII. — Während früher, abgesehen von Fällen, in denen, wie z. B. für die Erlangung gewisser Domherrnstellen, eine bestimmte Anzahl adliger Ahnen verlangt wurde, die Ehen zwischen Adligen und Nichtadligen freien Standes allgemein als ebenbürtige Ehen angesehen wurden, machte sich nun allmählich „in Doktrin und Praxis eine Richtung geltend, welche die Ehe eines adligen Mannes mit einer vilis et turpis persona als ungebührlich bezeichnete und der Ehefrau wie den aus einer solchen Ehe entsprossenen Kindern die besonderen Standesvorrechte des Vaters versagte" (Schröder-Künßberg S. 889).

S. 295: Über die **Arbeitsniederlegung** der Gesellen und dergl. s. Kulischer 2. Bd. S. 145.

S. 298—352: A. Springer „Handbuch der **Kunstgeschichte**" 4. Bd.: „Die Kunst der Renaissance im Norden, Barock und Rokoko" 12. Aufl. (1920) bearbeitet von P. Schubrink. — W. Lübke-M. Semrau „Grundriß der Kunstgeschichte" 3. Bd.: „Die Kunst der Renaissance in Italien und im Norden" 15. Aufl. (1920), 4. Bd. „Die Kunst der Barockzeit und des Rokoko" 15. Aufl. (1921). — G. Dehio „Geschichte der deutschen Kunst" 3. Bd.: „Die Neuzeit von der Reformation bis zur Auflösung des Alten Reichs. Renaissance und Barock" 2. Aufl. (1931). — M. Hauttmann „Geschichte der kirchlichen Baukunst in Baiern, Schwaben und Franken 1550—1780" (1921). — O. Fischer „Geschichte der deutschen Malerei" (1942).

S. 299—320: W. Lübke „Geschichte der **Renaissance** in Deutschland" 3. Aufl. bearbeitet von A. Haupt (1917). — G. Glück „Die Kunst der Renaissance in Deutschland, den Niederlanden, Frankreich" (1928). — A. Haupt „Baukunst der Renaissance in Deutschland und Frankreich" (1923). — E. Horst „Architektur der deutschen Renaissance" (1928).

S. 299 f.: Die Zitate sind entnommen Dehio (zu S. 298) 3. Bd. S. 208.

S. 303: O. Schnürer „Elias **Holl**, der Augsburger Stadtwerkmeister" (1938).

S. 311: A. Feulner „Kunstgeschichte des **Möbels**" (3. Aufl. 1930). — Im **Pommerschen Kunstschrank** wurden silberne Geräte, mathematische und physikalische Instrumente und eine Hausapotheke aufbewahrt, an der Rückseite ist ein Orgelwerk, s. J. Lessing und A. Brüning „Der Pommersche Kunstschrank" (1905).

S. 312: Augustin **Hirschvogel** (1503—1553), ein tüchtiger Graphiker, leitete seit 1525 in Nürnberg eine Töpferwerkstatt, die nach ihm benannten Krüge stammen jedoch, soweit ihre Herkunft bekannt ist, aus anderen Nürnberger Werkstätten, s. K. Schwarz „August Hirschvogel" (1917).

S. 314: P. Jessen „Der **Ornamentstich**. Geschichte der Vorlagen des Kunsthandwerks seit dem Mittelalter" (1920). — Philipp **Hainhofer** (1578—1647) aus Augsburg war ein zu seiner Zeit weit berühmter Kunstsammler. Nach seinen Angaben wurde unter anderem der „Pommersche Kunstschrank" für Herzog Philipp II. von Pommern angefertigt, s. E. Nienholdt „Philipp Hainhofer" in „Geistige Arbeit" (1936 Nr. 20).

S. 315: Die Kunst der **Medaille** stand während des 16. Jahrhunderts besonders auch in Deutschland in hoher Blüte; s. G. Habich „Deutsche Schaumünzen der Renaissance" 3 Bde. (1929—1934).

S. 317: Das Zitat über **de Vries** ist Dehio (zu S. 298) 3. Bd. S. 203 entnommen. — Von den spätmittelalterlichen Holzdeckeln mit Leder ging die Renaissance zu **Bucheinbänden** aus Pappe über. Sie wurden mit Leder bezogen, das reichen Ornamentschmuck in Gold- oder Silberpressung erhielt, s. E. P. Goldschmidt „Gothic and Renaissance Bookbindings" 2 Bde. (1928).

S. 319 f.: Das Zitat über **Spranger** ist entnommen Fischer (zu S. 298) S. 312. — H. Weizsäcker „Adam **Elsheimer**. 1. Teil. Des Künstlers Leben und Werke" 2 Bde. (1936). — F. Bothe „Adam Elsheimer, der Maler von Frankfurt" (1939). — Das Zitat über Elsheimer ist aus Fischer S. 316.

S. 320—352: W. Weisbach „Die **Kunst des Barock**" (1924). — W. Pinder „Deutscher Barock" (1929). — H. Rose „Spätbarock" (1922). — M. Osborn „Die Kunst des Rokoko" (1929). — A. E. Brinckmann „Die Kunst des Rokoko" (1940). — H. Sedlmayr „Der Reichsstil" in „Gesamtdeutsche Vergangenheit" (1938). — A. Feulner „Bayerisches Rokoko" (1923). — H. Schnell „Der bairische Barock" (1936).

S. 320: Die **Bezeichnung Barock** wird meist hergeleitet von spanisch „barucco", unregelmäßig geformte Perle, oder von italienisch „baroco", eine besonders gekünstelte logische Schlußform, wahrscheinlich geht sie aber auf den Namen des Barocci zurück, s. A. Schmarsow „Federigo Barocci" in „Abhandlungen der sächsischen Gesellschaft der Wissenschaften phil. hist. Klasse 26 Nr. 4, 5" (1909).

S. 321: H. Wölfflin „**Renaissance und Barock**" (4. Aufl. 1926).

S. 322 f.: Das Zitat über die **Verwischung der Grenzen der Kunstgattungen** ist entnommen J. Jahn „Wörterbuch der Kunst" (1940) S. 46.

S. 324 ff.: W. Drost „**Barockmalerei** in den germanischen Ländern" (1926). — M. Göring „Deutsche Malerei des 17. und 18. Jahrhunderts" (1940). — A. Feulner „Skulptur und Malerei des 18. Jahrhunderts in Deutschland" (1929). — H. Ginter „Südwestdeutsche Kirchenmalerei" (1930). — H. Gundersheimer „Matthäus Günther. Die Freskomalerei im süddeutschen Kirchenbau" (1930). — R. Pelzer „**Sandrart**-Studien" (1925). — **S. 325:** O. Waser „Anton **Graff**" (1926). — **S. 326:** E. Kloß „Michael **Willmann**" (1934). — Benesch „Franz Anton **Maulpertsch**" (1924). — A. Feulner „Die **Zick**, deutsche Maler des 18. Jahrhunderts" (1921).

S. 326 f.: E. Bock „Die deutsche **Graphik**" (1922) und „Geschichte der graphischen Kunst" (1930). — J. Leisching „**Schabkunst**. Ihre Technik und Geschichte." (1914). — H. Eckart „Matthäus **Merian**" (1891). — E. W. Bredt „Daniel **Chodowiecki**" (1918).

S. 327 ff.: A. Feulner „**Deutsche Plastik** des 17. Jahrhunderts" (1927) und „Skulptur und Malerei des 18. Jahrhunderts in Deutschland" (1929). — M. Sauerlandt „Deutsche Plastik des 18. Jahrhunderts" (1926). — A. E. Brinckmann „Barockskulptur in den romanischen und germanischen Ländern" (4. Aufl. 1931). — W. Pinder „Deutsche Barockplastik" (1933). — H. Decker „Barockplastik in den Alpenländern" (1943). — E. Benkard „Andreas **Schlüter**" (1925). — H. Ladendorf „Der Bildhauer und Baumeister Andreas Schlüter" (1935) und „Andreas Schlüter" (1937). — A. Pigler „Georg Raphael **Donner**" (1929). — E. Michalski „Balthasar **Permoser**" (1927).

S. 330: G. Hager „Die Bautätigkeit im Kloster Wessobrunn und die **Wessobrunner Stukkatoren**" in „Oberbairisches Archiv" 48. Bd. (1894) S. 195 bis 522.

S. 331 ff.: R. Graul „**Ostasiatische** Kunst und ihr Einfluß auf Europa" (1906). — Ch. Ymada „Die **Chinamode** des Spätbarock" (1935). — A. Feulner „Kunstgeschichte des

Möbels" (3. Aufl. 1930). — O. Pelka „**Elfenbein**" (2. Aufl. 1923). — A. Stoehr „Deutsche **Fayencen** und deutsches Steingut" (1920). — O. Riesebieter „Die deutschen Fayencen des 17. und 18. Jahrhunderts" (1921). — E. Zimmermann „Die Erfindung und Frühzeit des Meißner **Porzellans** (1908). — L. Schnorr v. Carolsfeld „Porzellan der europäischen Fabriken des 18. Jahrhunderts" (4. Aufl. 1922). — M. Sauerlandt „Deutsche Porzellanfiguren des 18. Jahrhunderts" (1923). — R. Rieke „Das Porzellan" (2. Aufl. 1928). — F. H. Hofmann „Das Porzellan der europäischen Manufakturen des 18. Jahrhunderts" (1932).

S. 334: W. Hager „Die **Bauten des deutschen Barocks** 1690—1770" (1942).

S. 336 ff: K. Lohmeyer „Südwestdeutsche **Gärten des Barocks** und der Romantik" (1938). — M. Hauttmann „Der kurbairische Hofbaumeister Josef **Effner**" (1913). — A. Feulner „**Nymphenburg**" (1921). — H. Sedlmayr „**Österreichische Barockarchitektur**" (1930).

S. 339 ff.: J. M. Ritz „**Unterfränkische Barockschlösser**" (1925). — R. Sedlmaier und R. Pfister „Die fürstbischöfliche **Residenz zu Würzburg**" 2 Bde. (1923). — J. L. Sponsel „Der **Zwinger**, die Hoffeste und der Schloßbauplatz zu **Dresden**" (1910). — F. Knapp „**Balthasar Neumann**" (1937).

S. 343—352: M. Pest „Die **Finanzierung** des süddeutschen **Kirchen-** und **Klosterbaus** in der Barockzeit" (1937). — J. Hoffmann „Der **süddeutsche Kirchenbau** am Ausgang des **Barocks**" (1938). — W. Hege „Barockkirchen Altbaierns und Schwabens" (1938). — G. Adriani „Die **Klosterbibliotheken** des Spätbarocks in Österreich und Süddeutschland" (1935). — M. Dreyer „Zur Baugeschichte der **Wiener Karlskirche**" (1934). — **S. 345:** M. Dvořak „Die Entwicklungsgeschichte der barocken **Deckenmalerei** in Wien" (o. J.); das ihm entnommene Zitat S. 5 f. — K. H. Esser „Darstellung der Formen und Wirkungen der Wallfahrtskirche **Vierzehnheiligen**" (1940). — **S. 347:** W. Hotz „**Melk** und die Wachau" (1938). — L. Birchler „Bruder Caspar **Mosbrugger**" in „Alemannia" 3. Jahrgang (1929) S. 2 ff. — **S. 348:** N. Lieb „**Ottobeuren** und die Barockarchitektur Oberschwabens" (1932). — P. Weißenberger „Baugeschichte der Abtei **Neresheim**" (1934). — **S. 349:** N. Lieb „Münchner Barockbaumeister" (1941). — A. Feulner „Johann Michael **Fischer**" (1922) und „**Rott** am Inn" (1927). — J. Heilbronner „Michael Fischer" (1933). Das Zitat über die Kirche zu Rott am Inn ist entnommen dem Aufsatz von H. Görgel „Bairische Baukunst im 18. Jahrhundert" in „Baukunst" 1. Jahrgang Heft 8/9 (1925) S. 203. — **S. 350:** E. Lamb „Die **Wies**" (1948). — A. Mitterwieser „Herkunft, Aufstieg und Niedergang der Künstlerfamilie **Asam**" (1936). — O. Endres „Untersuchungen zur Baukunst der Brüder Asam" (1934). — E. Hanfstaengel „Cosmas Damian Asam" (1939). — **S. 352:** A. Feulner „Die Asamkirche in München" (1932).

S. 353: Die Angabe über die **theologischen Schriften** ist entnommen J. Goldfriedrich „Geschichte des deutschen Buchhandels" 2. Bd. (1908) S. 24. — J. Schmidlin „Die **kirchlichen Zustände** in Deutschland vor dem Dreißigjährigen Krieg (ab 1584) nach den bischöflichen Diözesanberichten an den Heiligen Stuhl" 3 Teile (1908/10) und „Kirchliche Zustände und Schicksale des deutschen Katholizismus während des Dreißigjährigen Krieges nach bischöflichen Romberichten" (1940). — Über die Verhältnisse in Baiern um 1600 s. Riezler 6. Bd. S. 240.

S. 355: Die **Herz-Jesu-Andacht** war in Deutschland bereits Ende des Mittelalters ziemlich weit verbreitet, in der Barockzeit nahm sie im Anschluß an die Visionen (1673—1675) der Marie Marguerite d'Alacoque und durch die Bemühungen der Jesuiten einen neuen Aufschwung.

S. 356 f.: Zur Geschichte des **katholischen Gebetbuches, Gesangbuches** und **Kirchenliedes** s. J. Gotzen in RDL 1. Bd. S. 408 ff. und 432 ff., 2. Bd. S. 72 ff.; das Zitat S. 357 von Gotzen RDL. 2. Bd. S. 79. — Über die Predigten zu **Hall** s. Duhr (zu S. 25) 3. Bd. S. 606.

S. 358 f.: O. Wieser „**Procopius von Templin**" (1916). — K. Bertsche „**Abraham a Sancta Clara**" 2. Aufl. (1922). — W. Kosch „**Martin von Cochem**" (1915).

S. 360 f.: A. Spamer „Das kleine **Andachtsbild** vom 14.—20. Jahrhundert" (1930). — A. Sandberger „**Orlando di Lasso**" (1926). — W. Deinhardt Der **Jansenismus** in deutschen Landen" (1929). — Für die **Mystik** gewann Spanien durch die heilige Theresia von Jesus (1515—1585) und durch den heiligen Johann vom Kreuz (1542—1591) große Bedeutung. Die „sinnlich-übersinnlichen Erlebnisse der heiligen Theresia klingen in einigen Gedichten Spees an, und als Nebenklänge oder doch als Schwingungen färben sie den Ton der mystischen Frömmigkeitssprache fast der ganzen Zeit." (P. Hankamer „Deutsche Gegenreformation und deutsches Barock" [1935] S. 163.)

S. 361—364: Einen Überblick über **protestantische Mystik, lutherische Orthodoxie, Pietismus, Zinzendorf und die Brüdergemeinde** geben die Karten 219, 219a, 220, 220b von H. Achtenberg in KA. — H. E. Weber „Reformation, Orthodoxie und Rationalismus" 1. Teil 2 Halbbde. (1937/1940). — H. Bornkamm „Mystik, Spiritualismus und die Anfänge des Spiritualismus im Luthertum" (1926). — W. E. Peuckert „Sebastian **Franck**" (1943). — Über Kaspar **Schwenckfeld** und die Schwenckfelder s. R. Wolkan in NDL. 3. Bd. S. 233 f. — W. Zeller „Die Schriften Valentin **Weigels**" (1940). — H. Maier „Der mystische Spiritualismus Valentin Weigels" (1926). — H. Vetterling „The Illuminate of Görlitz or Jacob **Böhme's** life and philosophy" (1923). — W. E. Peuckert „Das Leben Jacob Böhmes" (1924). — P. Hankamer „Jacob Böhme" (1924). — J. Winter „Johann **Arndt**, der Verfasser des wahren Christentums" (1911). — W. Koepp „Johann Arndt, eine Untersuchung über die Mystik im Luthertum" (1912). — Mit **französischen und spanischen Mystikern** machte die deutschen Protestanten namentlich Gottfried Arnold (S. 407) durch die Übersetzung von Schriften der heiligen Theresia von Jesus, der Madame Guyon, des Pierre Poiret und anderer bekannt; vgl. E. Seeberg „Gottfried **Arnold**, die Wissenschaft und die Mystik seiner Zeit" (1923). — A. Ritschl „Geschichte des **Pietismus**" 3 Bde. (1880/86). — H. Stephan „Der Pietismus als Träger des Fortschritts" (1908). — W. Mahrholz „Der deutsche Pietismus" (1921). — P. Grünberg „**Spener**" 3 Bde. (1893/1906). — K. Aland „Spener-Studien" (1943). — Über **Zinzendorf** und die **Herrnhuter** s. St. Hirzel „Der Graf und die Brüder" (2. Aufl. 1937). — Das Zitat über den Pietismus und das kirchliche Leben ist entnommen Schuster S. 334, dort auch die Angaben über die Verbreitung der Herrnhuter.

S. 365 f.: J. Lühmann „Johann Balthasar **Schupp**" (1907). — Über **Arndt** s. Winter und Koepp (zu S. 361 ff.). — P. Joachimsen „Johann Valentin **Andreae** und die evangelische Utopie" in „Zeitwende" (1926). — W. E. Peuckert „Die **Rosenkreuzer**" (1926). — R. Kienast „J. V. Andreae und die echten Rosenkreuzerschriften" (1926). — H. Bornkamm „Rosenkreuzerfragen" in „Zeitschrift für Kirchengeschichte" (1928). — G. Krüger „Die Rosenkreuzer" (1932). — H. Schick „Das ältere Rosenkreuzertum. Ein Beitrag zur Entstehungsgeschichte der Freimaurerei" (1942).

S. 366—369: Zur Geschichte des **evangelischen Kirchenliedes** und **Gesangbuches** s. R. Wolkan in NDL. 2. Bd. S. 82 ff. (das Zitat S. 85) und die Karten 221, 221a und 221b von B. Schlauch in KA. — R. Eckardt „Paul **Gerhardt**-Bibliographie" (1908). — H. Petrich „Paul Gerhardt" (3. Aufl. 1914). — E. Kochs „Paul Gerhardt" (1926). — E. Schweitzer „Johann Sebastian **Bach**" (4. Aufl. 1920). — Ph. Spitta — W. Schmieder „Johann Sebastian Bach" (2. Aufl. 1941). — A. Schering „Bach und das Musikleben Leipzigs im 18. Jahrhundert" (1941). — H. J. Moser „Johann Sebastian Bach" (2. Aufl. 1943). — W. Gurlitt „Johann Sebastian Bach. Der Meister und sein Werk" (1947). — A. von Grolman „Johann Sebastian Bach" (1948). — Das **S. 368 f.** über die **Musik beim lutherischen Gottesdienst** Erwähnte trifft nicht für alle größeren Städte in gleicher Weise zu. In Leipzig umfaßte nach Bachs Aufzeichnungen der lutherische Meßgottesdienst: 1. Präludiert. 2. Motette. 3. Präludiert auf das Kyrie, „so ganz musiziert wird". 4. Intoniert vor dem Altar. Der Geistliche stimmt das „Gloria in excelsis Deo" an. 5. Epistola verlesen. 6. Wird die Litanei gesungen. 7. Präludiert auf den Choral. 8. Evangelium verlesen. 9. Präludiert auf die Hauptmusik mit Arien, Duetten und Chorstücken. 10. Der „Glaube" gesungen. 11 Predigt. 12. Gesang der Gemeinde. 13. Der Geistliche verliest am Altar den Bericht über die Einsetzung des Heiligen Abendmahles. 14. Präludiert „auf die Musik. Und nach selbiger wechselweise praeludiert und Choräle gesungen, bis die Kommunion zu Ende" (vgl. Gurlitt S. 66 ff.).

S. 371: Wie sehr sich Kurfürst Friedrich Wilhelm bei seiner **Toleranz** gegenüber den Katholiken von politischen Erwägungen leiten ließ, zeigt der Rat in seinem Testament, in der Mark, wo man keine Rücksicht auf die Katholiken zu nehmen brauchte, unter keinen Umständen die Ansiedlung eines Papisten zu dulden, die verbrieften Rechte der Katholiken im Herzogtum Preußen dagegen zu achten, vgl. Lorenz (zu S. 167) S. 293.

S. 373 f.: J. Hansen „Zauberwahn, Inquisition und Hexenprozeß im Mittelalter und die Entstehung der großen **Hexenverfolgung**" (1900). — N. Paulus „Hexenwahn und Hexenprozeß vornehmlich im 16. Jahrhundert" (1910). — Soldan und Heppe „Geschichte der Hexenprozesse" 2 Bde. (3. Aufl. bearbeitet von M. Bauer 1912). — J. Kemper „Hexenwahn und Hexenprozesse in Deutschland" (2. Aufl. 1927). — Bächtold-Stäubli „Handwörterbuch des deutschen Aberglaubens" 3. Bd. (1930/31). — Das **Würzburger Verzeichnis** in Kemper S. 89—97. — **Spee** gab die „Cautio criminalis" anonym heraus, er erregte mit ihr auch bei Ordensgenossen solchen Anstoß, daß der Jesuitengeneral ernstlich überlegte, ob er Spee aus dem Orden entlassen solle; s. Schnürer S. 316.

S. 376: A. E. **Brinckmann** im Nachwort zu der von ihm herausgegebenen Übersetzung Harriet Wegeners von Paul Hazards „John Locke und sein Zeitalter" (1947).

S. 378 f.: Über die **moralischen Wochenschriften** s. J. Wiegand in RDL. 2. Bd. S. 404 ff. und K. Schottenloher „Flugblatt und Zeitung" (1922) S. 308 ff.

S. 379—382: C. Siegel „Geschichte der deutschen **Naturphilosophie**" (1913). — L. Thorndicke „A History of **Magic and Experimental Science** during the Last 13 Centuries of our Era" (1923). — L. v. Renthe-Fink „Magisches und naturwissenschaftliches Denken in der Renaissance" (1933). — H. A. Strauß „Der **astrologische Gedanke** in der deutschen Vergangenheit" (1926). — Boll-Bezold „Sternglaube und Sterndeutung" (3. Aufl. 1926). — Über John **Dee** s. P. Walden „Kristallseher und Alchimisten" in „Forschungen und Fortschritte" (1939) Nr. 1. — H. W. Geißler „Gestaltungen des **Faust**, die bedeutendsten Werke der Faustdarstellung seit 1587" 3 Bde. (1928). — Über die **Rosenkreuzer** s. die zu ihnen und zu Andreae angegebene Literatur (zu S. 365). — W. E. Peuckert „**Pansophische** Bewegung" (1931); „Pansophie, ein Versuch zur Geschichte der weißen und schwarzen Magie" (1936).

S. 382: „Handwörterbuch der **Naturwissenschaften**" 10 Bde. (2. Aufl. 1931/35). — L. Darmstädter „Handbuch zur Geschichte der Naturwissenschaften und Technik" (2. Aufl. 1908). — F. Dannemann „Die Naturwissenschaften in ihrer Entwicklung" 4 Bde. (2. Aufl. 1920/23). — L. Thorndicke (zu S. 379). — H. Schimank „Epochen der Naturforschung" (1930) und „Naturwissenschaft und Technik im Zeitalter des Barock" in „Gottfried Wilhelm Leibniz. Vorträge der zu seinem 300. Geburtstag in Hamburg abgehaltenen Tagung" hgg. von der Redaktion der Hamburger Akademischen Rundschau (1948). — H. Dingler „Das Experiment, sein Wissen und seine Geschichte" (1928).

S. 383: In seinen späteren Jahren (1726) trat **Grammatici** für das kopernikanische System ein, früher hatte er es unter Berufung auf die Heilige Schrift und auf physikalische Experimente abgelehnt; s. Riezler 8. Bd. S. 609 und Duhr (zu S. 25) 4. Bd. 2. Teil S. 49.

S. 384 f.: M. Caspar „Johannes **Kepler**" (1948). — Das Zitat über die **Sphärenharmonie** ist entnommen W. Harburger „Johannes Keplers Kosmische Harmonie" (1925) S. 35.

S. 386: P. Diepgen „Geschichte der Medizin" 3. Bd. (1919).

S. 389 f.: Über **Technik** s. Darmstädter und Schimank (beide zu S. 382). — C. Matschoß „Große Ingenieure" (1937). — Zu **Hautsch** und **Gallmayr** s. K. Trautmann „Kulturbilder aus Alt-München" 3. Bd. (2. Aufl. 1923) S. 96 ff.

S. 391 ff.: Zur **Reiseliteratur** s. G. Atkinson „Les relations de voyages du 17e siècle et l'évolution des idées" (1925). — Über Persien, Arabien, Indien, Java, Siam, Japan berichten die „Amoenitates exoticae" (1712) von Engelbert Kämpfer (1651—1716). Er war als Sekretär einer schwedischen Gesandtschaft über Moskau nach Persien gekommen und bereiste von da aus Arabien und den Fernen Osten, s. K. Meier-Lemgo „Seltsames Asien" (1933), H. G. Thielen „Das unterhimmlische Reich" (1935), W. Hinz „Engelbert Kämpfer. Am Hofe des persischen Großkönigs" (1940). — **Francke** selbst trat „mit dem geistigen Führer der Puritanerkolonie an der Massachusethsbay Cotton Mather in engste Beziehung, mit Daniel Falckner in Pennsylvanien, mit Petrus Schofer in Virginien" (Karl Weiske „A. H. Francke. Kulturausstrahlungen des Halleschen Pietismus" KA. 220a). — Über M. **Sittich von Wolkenstein** s. „Geistige Arbeit" 1937 Nr. 10. — Die 1. Aufl. von **Zeillers** „Fidus Achates" erschien 1651, die 3. Aufl. enthält 175 Reisen, s. Zöpfl 2. Bd. S. 369. — Über **Mercator** s. A. Herrmann in „Forschungen und Fortschritte" (1944 Nr. 34); der vollständige Titel des Atlas von Mercator lautet „Atlas sive cosmographicae meditationes de fabrica mundi et fabricati figura". — Das Zitat über die Bedeutung **Chinas** für das europäische Geistesleben ist entnommen W. Kägi „Historische Meditationen" (1942) S. 243.

S. 393—399: R. Hönigswald „Die **Philosophie** von der Renaissance bis Kant" (1923). — F. Überweg „Grundriß der Geschichte der Philosophie" 3. Bd. Neuzeit bis Ende des 18. Jahrhunderts (12. Aufl. 1924 bearbeitet von W. Moog). — E. v. Aster „Geschichte der Philosophie" (2. Aufl. 1935). — K. Eschweiler „Die Philosophie der **spanischen** Spätscholastik auf den deutschen Universitäten des 17. Jahrhunderts" (1928). — M. Wundt „Die deutsche **Schulmetaphysik** des 17. Jahrhunderts" (1939). — Das Zitat über **Descartes** ist entnommen Aster S. 203. — **S. 396:** Die von Frankreich, England und Holland ausgehenden **neuen philosophischen Richtungen** erschütterten die Grundlagen der bisherigen Weltanschauung des Abendlandes, vgl. P. Hazard „La Crise de la Conscience Européenne 1680—1715" 3 Bde. (1934), deutsche Übersetzung von H. Wegener unter dem Titel „Die Krise des europäischen Geistes" (4. Aufl. 1948). — Kuno Fischer **„Leibniz"** (5. Aufl. 1920). — H. Schmalenbach „Leibniz" (1921). — H. Pichler „Leibniz" (1921). — G. Krüger „Gottfried Wilhelm Leibniz. Hauptwerke" (1933, mit ausführlicher Einleitung). — G. Stammler „Leibniz" (1930). — K. Huber „Leibniz, Bildnis eines Menschen" (1949). — N. Hartmann „Leibniz als Metaphysiker" (1946). — E. Benz „Leibniz und Peter der Große. Der Beitrag Leibnizens zur russischen Kultur-, Religions- und Wirtschaftspolitik" (1947). — Rudolf W. Meyer „Leibniz und die europäische Ordnungskrise" (1948). — **S. 399: Saint Pierre** „Projet de paix perpétuelle" (1713).

S. 400—403: O. Schilling **„Naturrecht und Staat** nach der Lehre der alten Kirche" (1904). — G. Holstein „Geschichte der **Staatsphilosophie"** in „Handbuch der Philosophie" hgg. von A. Baeumler und M. Schröter 4. Bd. (1934). — H. Rommen „Die Staatslehre des **Suarez"** (1927). — G. Prezzolini „Das Leben Niccolo **Machiavellis"** (deutsch 1929). — H. Freyer „Machiavelli" (1938). — H. E. Kinck „Machiavelli. Seine Geschichte und seine Zeit" (1938). — E. Muir „Machiavelli" (1939). — R. Zorn „Machiavelli. Gedanken über Politik und Staatsführung" (1941). — G. Ritter „Die Dämonie der Macht" (6. Aufl. 1948). — E. Wolf **„Grotius, Pufendorf, Thomasius"** (1927). — H. Welzel „Die kulturphilosophischen Grundlagen der Naturrechtslehre Samuel Pufendorfs und ihre kulturhistorische Bedeutung" in „Deutsche Vierteljahrsschrift für Literaturwissenschaft und Geistesgeschichte" (1930) S. 585 ff. — O. v. Gierke „Johann **Althusius** und die Entwicklung der naturrechtlichen Staatstheorien" (4. Aufl. 1929). — M. Fleischmann „Christian **Thomasius**, Leben und Lebenswerk" (1931).

S. 404 f.: K. Weber „Staats- und Bildungsideale in den **Utopien** des 16. und 17. Jahrhunderts" in „Historisches Jahrbuch" (1931). — W. Rehm „Staatsroman" in RDL. 3. Bd. S. 293 ff. — Über Thomas **Morus** s. Ritter (zu S. 400). — J. Kvačala „Thomas **Campanella"** (1909). — Über **Andreae** s. (zu S. 365). — Schöne „Die Schriften über deutsche **Reichsverfassung** in der zweiten Hälfte des 17. Jahrhunderts" (1901). — Über **Rechtswissenschaft** und **Gesetzgebung** s. Schröder-Künßberg S. 964—979.

S. 407—412: E. Fueter „Geschichte der neueren **Historiographie"** 3. Aufl. (1936). — F. Meinecke „Die Entstehung des Historismus" 2. Aufl. (1946) S. 27 bis 53. — K. Brandi „Geschichte der Geschichtswissenschaft" (1947). — F. Gundolf—E. Wind „Anfänge deutscher Geschichtsschreibung von Tschudi bis Winckelmann" (o. J.); deutscher bedeutet hier in deutscher Sprache geschrieben. — W. Nigg „Die **Kirchengeschichtsschreibung"** (1934). — E. Seeberg „Gottfried **Arnold"** (1934) und das zu S. 361 angegebene Werk. — **S. 408:** Das Zitat über das **Seelenleben** als Hauptgegenstand von Arnolds Geschichte ist Seeberg (zu S. 361) S. 79 und das über des Baronius **Vertuschungsmethode** Fueter S. 264 entnommen. — **S. 411:** Über **Aventin** s. Bühler D. G. 3. Bd. S. 132 ff. — Über die **Zimmernsche Chronik** s. J. Bühler die Einführung zu „Wappen, Becher, Liebesspiel. Die Chronik der Grafen von Zimmern 1288—1566" (1940) S. 14—40.

S. 412—440: J. Wiegand „Geschichte der deutschen **Dichtung"** (2. Aufl. 1922). — H. Cysarz „Deutsche Barockdichtung" (1924). — J. H. Scholte „Barockliteratur" in RDL. 1. Bd. (1926) s. 111—124. — E. Ermatinger „Barock und Rokoko in der deutschen Dichtung" (2. Aufl. 1928). — G. Müller „Deutsche Dichtung von der Renaissance bis zum Ausgang des Barock" (1930). — P. Hankamer „Deutsche Literaturgeschichte" (1930). — G. Müller „Deutsches Dichten und Denken vom Mittelalter bis zur Neuzeit. Deutsche Literaturgeschichte 1270—1700" (1934). — G. Müller „Vom Faustbuch zu Goethes Faust" (1939). — P. Hankamer „Deutsche Gegenreformation und deutsches Barock. Die deutsche Literatur im Zeitraum des 17. Jahrhunderts" (2. Aufl. 1947).

S. 412—422: W. Stammler „Von der Mystik zum Barock, 1400—1600" (1927). — Über die **didaktisch-satirische Dichtung** s. J. Wiegand in RDL. 3. Bd. S. 138 ff., über die **grobianische** A. Hauffen in RDL. 1. Bd. S. 463 ff. — Über die **Teufelsliteratur** s. G. Bebermeyer in RDL. 4. Bd. S. 90 ff. — Über das Leben von **Hans Sachs** s. R. B. im Nachwort zu „Hans Sachsens ausgewählte Werke" 2 Bde. (1923/24) 2. Bd. S. 319—340. — **S. 414:** Über die **Schwankliteratur** s. G. Bebermeyer in RDL. 3. Bd. S. 208 ff. — **S. 415:** Über die **Tierfabel** s. W. Kühlhorn in RDL. 3. Bd. S. 366 f. — **S. 416 ff.:** A. Hauffen „Johann **Fischart"** 2 Bde. (1921/22). — Über die **maccaronische Dichtung** s. G. Ellinger in RDL. 2. Bd. S. 324 ff. — **S. 419:** Über Jörg **Wickram** s. die Einleitung von

G. Fauth zu „Jörg Wickram. Der jungen Knaben Spiegel" (1917) S. V—XXXI. — Über den **Amadisroman** s. G. Müller in RDL. 1. Bd. S. 38 f. — Das Zitat über die **Volksbücher** ist entnommen W. Liepe „Volksbuch" in RDL. 3. Bd. S. 481. — **S. 420:** Über das **Drama** s. H. Schauer RDL. 1. Bd. S. 241 ff.; die **englischen Komödianten** s. W. Flemming RDL. 1. Bd. S. 271 ff.; über das **biblische Drama** O. Stempell RDL. 1. Bd. S. 135 ff.; das **Schuldrama** E. Kaulfuß-Diesch RDL. 3. Bd. S. 194 ff. — **S. 422: Jesuitendrama** s. Duhr (zu S. 25) s. Register des 3. und 4. Bandes; W. Flemming in RDL. 2. Bd. S. 17 bis 24; N. Scheid „Das lateinische Jesuitendrama im deutschen Sprachgebiet" (1930). — J. Müller „Das Jesuitendrama in den Ländern deutscher Zunge 1555—1665" 2 Bde. (1930).

S. 423: Über die **Alamode-Literatur** s. J. H. Scholte in RDL. 1. Bd. S. 7 ff.; über die **neulateinische** Dichtung s. G. Ellinger in RDL. 2. Bd. S. 471 bis 495, das Zitat daraus S. 482.

S. 424 f.: H. Cysarz „Deutsches Barock in der **Lyrik**" (1936). — Fr. Gundolf „Martin **Opitz**„ (1923); das Zitat über Opitz ist entnommen J. H. Scholte in RDL. 1. Bd. S. 114. — Zur **Schäferdichtung** s. J. H. Scholte in RDL. 1. Bd. S. 499 ff.

S. 426 ff.: W. Kosch „Friedrich **Spee**" (2. Aufl. 1921). — G. Ellinger „**Angelus Silesius**" (1927); das Zitat über ihn aus Müller (zu S. 412: „Deutsches Dichten...") S. 139. — P. Hempel „Die Kunst Friedrichs von **Logau**" (1916). — Weyer und Hoffmann „**Günthers** Leben" (1909). — A. Hoffmann „Johann Christian Günther. Bibliographie" (1930).

S. 428—434: H. H. Borcherdt „Geschichte des **Romans** und der Novelle in Deutschland" 1. Teil (1926). — W. Rehm „Geschichte des deutschen Romans" 1. Bd. (1927). — Über den **Schäferroman** s. H. Meyer in RDL. 3. Bd. S. 151 ff. — **S. 430:** H. Körnchen „**Zesens** Romane" (1912). — M. Gutzeit „Darstellung und Auffassung der Frau in den Romanen Philipp von Zesens" (1917). — P. Baumgartner „Die Gestaltung des Seelischen in Zesens Romanen" (1942). — Fr. Stöffler „Die Romane des Andreas Heinrich **Buchholtz**" (1918). — Cl. Heselhaus „Anton Ulrichs **Aramena.** Studien zur dichterischen Struktur des deutschbarocken Geschichtgedicht" (1939). — Das Zitat über Lohensteins **Arminius** ist entnommen Rehm S. 50. — W. Pfeiffer-Belli „Die **asiatische Banise.** Studien zur Geschichte des höfisch-historischen Romans in Deutschland" (1940). — H. Tiedemann „Die heroisch-galanten Romane August **Bohses** als Ausdruck der seelischen Entwicklung in der Generation von 1680 bis 1715" (1932). — H. Vogel „Christian Friedrich **Hunold**" (1897). — E. Vogt „Die **gegenhöfische** Strömung in der Barockzeit" (1932). — Über den **Schelmen-** und den **Abenteuerroman** s. Bechtold in RDL. 3. Bd. S. 164 ff. und W. Rehm RDL. 1. Bd. S. 1 ff. — H. Rausse „Zur Geschichte des **spanischen** Schelmenromans in Deutschland" (1908). — A. Bechtold „Jakob Christoph von **Grimmelshausen** und seine Zeit" (1919). — G. Könnecke „Quellen und Forschungen zur Lebensgeschichte Grimmelshausens" 2 Bde. (1926/1928). — J. Alt „Grimmelshausen und der Simplizissimus" (1936).

S. 435—438: Für das **Drama** s. die zu S. 420 angegebene Literatur. — Das Zitat über das Zauberreich der **Bühne** ist entnommen Zöpfl 2. Bd. S. 428; das über die **Wiener Aufführung** von 1651 Duhr (zu S. 25) 3. Bd. S. 461. — **S. 437:** E. Lunding „Das **schlesische Kunstdrama**" (1940). — W. Jockisch „**Gryphius** und das literarische Barock" (1930). — Das Zitat über **Weise** ist entnommen Dilthey 3. Bd. S. 60.

S. 439 f.: Über die **Oper** s. Th. Werner in RDL. 2. Bd. S. 529 ff. — H. Kretzschmar „Geschichte der Oper" (1919). Das Zitat über die Oper als Erfüllung des Barockstrebens ist entnommen Hankamer (zu S. 412) 1. Aufl. S. 327.

S. 440—451: Fr. Paulsen „Geschichte des **gelehrten Unterrichts** auf den deutschen Schulen und Universitäten" 2 Bde. (3. Aufl. 1919). — H. Leser „Das pädagogische Problem in der Geistesgeschichte der Neuzeit" 2 Bde. (1925/1928). — H. Weimer „Geschichte der Pädagogik" (7. Aufl. 1930). — A. Messer „Geschichte der Pädagogik" 3 Teile (1925/1931). — W. Moog „Geschichte der Pädagogik" 3 Bde. (1928/1933). — Duhr (zu S. 25) 3. und 4. Bd. s. Register unter Gymnasium, Schulen, Universitäten. — **S. 442:** Die **Fürstenschulen** hießen auch „Klosterschulen", weil sie meist aus ehemaligem Klostergut dotiert und oft, z. B. Schulpforta, in einem alten Klosterbau errichtet wurden. — **S. 445:** G. A. Narciß „Studien zu den **Frauenzimmergesprächsspielen** G. P. Harsdörfers" (1928). — Das Zitat über die **Reformbestrebungen** ist entnommen Paulsen 1. Bd. S. 347.— K. Seiler „Das pädagogische System Wolfgang **Ratkes**" (1931). — **S. 446:** J. Kvačala „Die pädagogische Reform des **Comenius** in Deutschland bis zum Ausgang des 17. Jahrhunderts" 2 Bde. (1904) und „Amos

Comenius" (1914). — Das Zitat über die Bedeutung der **Mutterschule** ist entnommen Leser 1. Bd. S. 271. — **S. 447:** A. Otto „August Hermann **Francke**" 2 Bde. (1902/1904). — K. Weiske „August Hermann Franckes Pädagogik" (1927). — W. Fries „Die Franckeschen Stiftungen" (9. Aufl. 1926). — Das Zitat über Franckes Pädagogium ist entnommen Paulsen 1. Bd. S. 567. — **S. 450:** G. von Selle „Die Georg August Universität zu **Göttingen** (1737—1937)" (1937).

S. 451 ff.: „Das Dissertationenliefern der **Professoren** gegen Bezahlung, die Gelegenheitspoemata ... auf dem Brotbettel, der Professor als Wirt seiner Zöglinge, mit Steuerfreiheit für Bier- und Weinausschank: das sind keine würdigen Kulturbilder. Johann Matthäus Meyfarts ‚Christliche Erinnerung' 1636 schildert sie — die Professoren — als Zech- und Radaukumpane der Studenten, insonderheit die Theologen bei den Tänzen der akademischen Jugend auf offenen Plätzen, in Sälen, Gärten, auf Wiesen" (Günter S. 195). — J. H. Scholte **Sprachgesellschaften**" in RDL. 3. Bd. S. 270 ff. und **„Nürnberger Dichterschule"** in RDL. 2. Bd. S. 515 ff.

S. 453: J. Kirchner „Die Grundlagen des deutschen **Zeitschriftenwesens** 2 Bde. (1928/1931) und „Das deutsche Zeitschriftenwesen, seine Geschichte und seine Probleme" 1. Teil (1942). — E. Lorenz „Die Entwicklung des deutschen Zeitschriftenwesens" (1937).

S. 455: J. v. Schlosser „Die **Kunst- und Wunderkammern** der Spätrenaissance" (1908).

S. 456 f.: K. Schottenloher **„Flugblatt** und **Zeitung"** (1922). — G. Bebermeyer **„Flugschrift"** in RDL. 1. Bd. S. 361 ff. — L. Salomon „Geschichte des deutschen Zeitungswesens" 3 Bde. (1899/1906). — W. Schöne „Zeitung" in RDL. 3. Bd. S. 318 ff. — W. Schöne „Die deutsche Zeitung im ersten Jahrhundert ihres Bestehens 1609—1700" 1. Bd. „Der Aviso des Jahres 1609" (1939); 2. Bd. „Die Relation des Jahres 1609" (1940); 3. Bd. „Die deutsche Zeitung des 17. Jahrhunderts in Abbildungen" (1940). — Für den Erscheinungsort des „Aviso" hielt man früher Augsburg, doch ist er nach Schöne wahrscheinlich in Wolfenbüttel gedruckt worden. — Neben den gedruckten „Neuen Zeitungen" gingen bis um 1600 handgeschriebene her, die sich auf briefliche und auf Berichte von Reisenden stützten; über diese sogenannten „brieflichen Zeitungen" s. Schottenloher S. 152 ff.

S. 458: Die Zahlen über die **Buchproduktion** sind entnommen Paulsen (zu S. 440) 1 Bd. S. 627.

S. 462 f.: Beim gemeinen Mann des **Dreißigjährigen Krieges** „prallten die Kriegserfahrungen mit dem (in der Heiligen Schrift) Erzählten zusammen. Wenn der Soldat von den Heldentaten eines Simson las, der Hunderte erschlagen hätte, so fand er das unglaublich: ‚die anderen würden ja doch auch Fäuste gehabt haben, damit sie sich wehren konnten'. Er war auch nicht sehr in der Stimmung, durch einen Hinweis auf die Wunder des Alten Testaments sich stärken zu lassen: ‚Das wären alte Sachen, die hierher nicht gehörten; das war im Alten Testament geschehen, man müßte heute lange warten, bis Gott so helfen würde'. Bei den Gebildeten griffen die Einwände tiefer. Hier lauteten die Fragen, ob eigentlich die Weissagungen des Alten Testaments wirklich eingetroffen seien, und ob es sich überhaupt um Weissagungen handle und nicht vielmehr um Aufzeichnungen, die erst nach den betreffenden Ereignissen geschrieben seien? Woher eigentlich Moses alles hätte wissen können, was seit Anbeginn der Welt geschehen sei, da man doch nicht von Anbeginn schreiben konnte ..." (Holl zu S. 286) S. 315. — Vor allem durch den Pietismus hatte die **Erbauungsliteratur** bis 1740 gegenüber dem Stand um 1700 (s. S. 353) noch zugenommen, um 1770 machte aber die weltliche Unterhaltungsliteratur bereits über sechs Zehntel der Produktion aus (s. K. Holl in RDL. 3. Bd. S. 500). — Eine Übersicht über die neuere **Barockforschung** bietet E. Trunz in „Deutsche Vierteljahrsschrift für Literaturwissenschaft und Geistesgeschichte" Referatenheft (1941).

Personen=, Orts= und Sachverzeichnis

B. = Bischof; D.K. = Deutscher Kaiser; Erzb. = Erzbischof; Gem. = Gemahl(in); Gr. = Graf; H. = Herzog; K. = König(in); Kf. = Kurfürst.

Abbildungsnachweis

Bayerisches Nationalmuseum, München. Tafel 3 und 11

Dehio, Geschichte der deutschen Kunst. III. 2. Aufl. Berlin 1931. Walter de Gruyter & Co. Tafel 5, 9, 13, 14

Deutscher Kunstverlag Berlin. Tafel 8

Deutsches Museum, München. Tafel 7, 16a und b

Foto Marburg. Tafel 6a

Gundermann, Würzburg. Tafel 10a

Hanfstaengl, Kunstverlag, München. Tafel 6b

König, Robert, Deutsche Literaturgeschichte I. Bielefeld-Berlin 1906. Velhagen & Klasing. Tafel 15a und b

Propyläen-Kunstgeschichte. XI. Berlin, o. J. Propyläenverlag. Tafel 12

Propyläen-Weltgeschichte. V. Berlin, o. J. Propyläenverlag. Tafel 4a und b

Seydlitz, Allgem. hist. Portraitwerk. I. München 1884. Münchener Verlagsanstalt für Kunst und Wissenschaft. Tafel 2a und b

Staatl. Graphische Sammlung, München. Tafel 1

Trautmann, Karl, Kulturbilder aus Alt-München. München 1923. Lindauersche Universitätsbuchhandlung. Tafel 10b

Karl XII. Die eigenhändigen Briefe König Karls XII. Gesammelt u. hrsg. von Ernst Carlson. Autorisierte deutsche Übers. von F. Mewius. — 8°. XLVIII, 455 S. (1894) DM 5.—.

Albrecht von Wallenstein, Herzog von Friedland und Mecklenburg. Ungedruckte, eigenhändige vertrauliche Briefe und amtliche Schreiben aus den Jahren 1627 bis 1634 an Arnheim (v. Arnimb), Aldringer, Gallas, Piccolomini, Tilly nebst dem Briefwechsel mit Kaiser Ferdinand II., König Ferdinand III., Kurfürsten Maximilian I., Trautmannsdorff, Eggenberg, Werdenberg u. a. Mit einer Charakteristik des Lebens und der Feldzüge Wallensteins. Hrsg. von Friedrich Förster. 3 Theile. 8°. Komplett DM 18.—.

1. Theil. Mit 2 lithograph. Briefen. — XVIII, 416 S. (1828)

2. Theil. Die Briefe aus den Jahren 1629 bis 1633, eine Kritik der verfälschten Quellen und ein Anhang über Gustav Adolphs Tod. Mit einem Plan der Aufstellung des kaiserlichen Heeres in der Schlacht von Lützen von Wallensteins Hand. — XX, 360 S. (1829)

3. Theil: Briefe und Actenstücke aus den Jahren 1633 und 1634, die Unterhandlungen Wallensteins mit dem Französischen Hofe, die Prozeßakten der Mitverschworenen und ein Abriß der Lebensgeschichte Arnimbs. Mit 8 Faksimiles u. einem Anh. — XII, 468 u. 160 S. (1829)

Des Don Diego de Aedo y Gallart Schilderung der Schlacht von Nördlingen (i. J. 1634) Von *Franz Weinitz.* Aus dessen Viaja del Infante Cardenal Don Fernando de Austria übersetzt und mit Anmerkungen versehen. Mit einem Anhang und einer Karte. — 8°. IV, 105 S. (1884) DM 2.50.

Johann Sebastian Bach Von *Hans Engel.* Mit Notenbeispielen und Tafeln. Etwa 320 Seiten. (1949) Ganzleinen etwa DM 19.—.

Sainte Beuve, Kritiker und Humanist. Von *H. Deiters.* 1947. 272 Seiten. DM 14.—.

Beiträge zur Geschichte Katharinas II. Von *Friedrich Andreae.* Die Instruktion vom Jahre 1767 für die Kommission zur Abfassung eines neuen Gesetzbuches. — 8°. 139 Seiten. (1912) DM 4.—.

Zur Geschichte der Regierung Pauls I. und Nikolaus I. Von *Theodor Schiemann.* Neue Materialien. 2. Aufl. Russisch und deutsch in einem Bande. (Neuausg. der im Jahre 1902 unter dem Titel „Die Ermordung Pauls und die Thronbesteigung Nikolaus I." erschienenen Publikation.) — 8°. XXIV, 420 Seiten. (1906) DM 7.—.

Geschichte Rußlands unter Kaiser Nikolaus I. 4 Bände. 8°.

1. Band: Kaiser Alexander I. und die Ergebnisse seiner Lebensarbeit. — X, 637 S. (1904) DM 16.—.

2. Band: Vom Tode Alexanders I. bis zur Julirevolution. Mit 1 Karte. — XIV, 521 S. (1908) DM 12.—, geb. DM 16.—.

3. Band: Kaiser Nikolaus im Kampf mit Polen und im Gegensatz zu Frankreich und England 1830—1840. — X, 516 S. (1913) DM 12.—, geb. DM 16.—.

4. Band: Kaiser Nikolaus vom Höhepunkt seiner Macht bis zum Zusammenbruch im Krimkriege 1840—1855. — XII, 435 S. (1919) DM 12.—, geb. DM 16.—.

Zur Geschichte Friedrich Wilhelms des Großen, Churfürsten von Brandenburg Von *Karl Heinrich Siegfried Roedenbeck.* 3 Aktenstücke. Mit erl. Anm. und biographischen und genealogischen Beilagen. — 8°. 52 S. (1851) DM —.80.

Abhandlungen zur neueren Geschichte Von *Johann Gustav Droysen.* — 8°. 447 S. (1876) DM 8.—.

Albrechts I. Bemühungen um die Nachfolge im Reich. — 8°. 101 S. (1862) DM 1.50.

Geschichte der Preußischen Politik. 5 Theile in 14 Bänden. — 8°.

1. Theil: Die Gründung. 2. Aufl. — VIII, 471 S. (1868) DM 6.—.

2. Theil: Die territoriale Zeit. 2. Aufl. 2 Abth. 1. Abth.: VI, 380 S. (1868) DM 6.—. 2. Abth.: IV, 476 S. (1870) DM 7.20.

3. Theil: Der Staat des großen Kurfürsten. 2. Aufl. 3. Abth. 1. Abth.: VI, 287 S. (1870) DM 3.60. 2. Abth.: VI, 521 S. (1871) DM 7.20. 3. Abth.: VI, 642 S. (1872) DM 13.20.

4. Theil: 1. Abth.: Friedrich I. König von Preußen. 2. Aufl. VI, 323 S. (1872) DM 6.—. 2. u. 3. Abth. Friedrich Wilhelm I. König von Preußen. 2 Bände. — 1. Band: VIII, 453 S.; 2. Band: VI, 428 S. (1869) DM 14.40. 4. Abth.: Zur Geschichte Friedrichs I. und Friedrich Wilhelms I. von Preußen. — VIII, 509 S. (1870) DM 9.—.

5. Theil: Friedrich der Große. 4 Bände. 1. Band: VI, 492 S. (1874) DM 9.—. 2. Band: 659 S. (1876) DM 13.50. 3. Band: VIII, 410 S. (1881) DM 10.80. 4. Band: VI, 492 S. (1886) DM 10.80.

Index zum 1.—4. Theil, hrsg. von Karl Gerstenberg. — 75 S. (1876) DM 1.80.

ALLGEMEINE UND EUROPÄISCHE GESCHICHTE

Ipek Jahrbuch für prähistorische und ethnographische Kunst. Hrsg. von *Herbert Kühn*. Unter Mitwirkung von Fachgelehrten. — 4°. Jahrgang 1925—1931 (1925—1931) je DM 28.—, geb. je DM 32.—. Jahrgang 1932—1933. 8. Band (1934) DM 30.—, geb. DM 34.—. Jahrgang 1934. 9. Band (1935) DM 30.—, geb. DM 34.—. Jahrgang 1935. 10. Band (1936) DM 30.—, geb. DM 34.—. Jahrgang 1936—1937. 11. Band (1937) DM 26.—, geb. DM 28.—. Jahrgang 1938. 12. Band (1939) DM 32.—, geb. DM 34.—. Jahrgang 1939—1940. 13. u. 14. Band (1941) DM 46.—, geb. DM 48.—. Jahrgang 1941—1942. 15. u. 16. Band (1943) DM 46.—. Jahrgang 1949. 17. Band. 100 Tafeln u. etwa 360 S. Im Druck (1949) ca. DM. 60.—.
Jahrgang 1928 und 1929 vergriffen.

Handbuch der Urgeschichte Deutschlands Hrsg. von *Ernst Sprockhoff*. 4°.

1. Band: Die Bronzezeit Süd- und Westdeutschlands. Von Friedrich Holste. Mit 50 Tafeln. — 8°. 160 S. In Vorbereitung.

2. Band: Der donauländische und westische Kulturkreis der jüngeren Steinzeit. Von Werner Buttler. Mit 32 Abb. im Text, 24 Tafeln und 5 Karten. — III, 108 S. (1938) DM 5.80.

3. Band: Die nordische Megalithkultur. Von Ernst Sprockhoff. Mit 91 Abb. im Text, 66 Tafeln und 6 Karten. — IV, 164 S. (1938) DM 7.20.

Alteuropa Von *Carl Schuchhardt*. Die Entwicklung seiner Kulturen und Völker. 5. Aufl. Mit 51 Tafeln u. 217 Textabb. — Gr.-8°. XV, 378 S. (1944) DM 8.50, geb. DM 10.50.
Arkona, Rethra, Vineta. Ortsuntersuchungen und Ausgrabungen. 2., verb. u. verm. Aufl. Mit 29 Abb. u. 12 Tafeln. — 4°. 103 S. (1926) DM 8.—.
Aus Leben und Arbeit. Mit 51 Tafeln. — Gr.-8°. XIV, 392 S. (1944) geb. DM 16.—.

Peter von Meyendorff, ein russischer Diplomat an den Höfen von Berlin und Wien. Politischer und privater Briefwechsel 1826 bis 1863. Hrsg. u. eingel. von *Otto Hoetzsch*. 3 Bde. — 8°. 1. Bd. Mit einem Titelbild LXXXIII, 404 S.; 2. Bd. VIII, 473 S.; 3. Bd. IX, 477 S. (1923) 36.—, geb. 42.—.

Graf Benckendorffs diplomatischer Schriftwechsel Herausgegeben von *B. von Siebert*. Neue, stark vermehrte Auflage der „Diplomatischen Aktenstücke zur Geschichte der Ententepolitik der Vorkriegsjahre". 8°. 3 Bände. 1. Band: 1907—1910. 2. Band: 1911 und 1912. 3. Band: 1913 und 1914. Zusammen 1315 Seiten. (1928) DM 30.—, geb. DM 35.—.

Preußische Jahrbücher, 1.—17. Band, hrsg. von R. Haym, 18. Band von *Heinrich von Treitschke*, 19.—43. Band von Heinrich von Treitschke und W. Wehrenpfennig, 44. bis 51. Band von Heinrich von Treitschke, 52.—63. Band von Heinrich von Treitschke u. Hans Delbrück, 64.—70. Band von Hans Delbrück. 8°. 1.—70. Band (1858—1892) je DM 9.—. Register zum 1.—25. Band, zum 26.—50. Band und zum 51.—70. Band (1872, 1883, 1893) je DM —.80. Einzelne Bände und Hefte nur nach Maßgabe des Vorrates.

Grundlagen der Volksgeschichte Deutschlands und Frankreichs
Vergleichende Studien zur Rassen-, Kultur- und Staatsgeschichte. Von *Adolf Helbok*. 4°. Textband VII, 726 S. (1937) DM 27.50, geb. DM 29.50. Tafelband mit 127 Karten (1939) DM 27.50, geb. DM 30.—.

Geschichte der Vereinigten Staaten von Amerika Von *Friedrich Luckwaldt*. Groß-8°. DM 16.—.

1. Band: Die Werdezeit 1607—1848. X, 351 Seiten.

2. Band: Der Kampf um Einheit und Weltgeltung 1848—1920. VIII, 336 Seiten (1920).

VORGESCHICHTE UND GESCHICHTE

Reallexikon der Vorgeschichte Unter Mitwirkung zahlreicher Fachgelehrter hrsg. von *Max Ebert*. Oktav. 1. Bd. A—Beschneidung. Mit 135 Taf. — XX, 446 S. (1924) 34.—, geb. 42.—. 2. Bd. Beschwörung—Dynastie. Mit 225 Taf. — 476 S. (1925) 51.50, geb. 65.50. 3. Bd. Ebenalphöhle—Franken. Mit 154 Taf. — 408 S. (1925) 36.—, geb. 44.—. 4. Bd. 1. Hälfte. Frankreich—Gezer. Mit 132 Taf. — 330 S. (1926) 32.50, geb. 41.50 2. Hälfte. Ghirla—Gynokratie. Mit 141 Taf. — S. 331—581. (1926) 33.60, geb. 42.50. 5. Bd. Haag bis Hyksos. Mit 136 Taf. — 416 S. (1926) 38.—, geb. 47.—. 6. Bd. Iberer—Kleidung. Mit 106 Taf. — 394 S. (1926) 36.—, geb. 45.—. 7. Bd. Kleinasien—Malta. Mit 234 Taf. — 370 S. (1926) 50.50, geb. 60.50. 8. Bd. Maltaja—Noppenring. Mit 196 Taf. — 548 S. (1927) 54.—, geb. 64.—. 9. Bd. Norddeutschland—Oxusschatz. Mit 251 Taf. — 322 S. (1927) 50.—, geb. 59.—. 10. Bd. Pacht—Pyrenäenhalbinsel. Mit 172 Taf. — 391 S. (1927—1928) 43.50, geb. 52.50. 11. Bd. Quadesch—Seddin. Mit 160 Taf. — 445 S. (1927—1928) 41.—, geb. 50.—. 12. Bd. Seedorfer Typus—Südliches Afrika. Mit 122 Taf. — 466 S. (1928) 49.80, geb. 58.80. 13. Bd. Südostbaltikum—Tyrus. Mit 178 Taf. — 519 S. (1929) 55.50, geb. 64.50. 14. Bd. Uckermarck—Zyprische Schleifennadel. Mit 135 Taf. — 571 S. (1929) 55.80, geb. 64.80. 15. Bd. Register. Mit einem Nachruf auf Max Ebert und seinem Bildnis. — VIII, 515 S. (1932) 34.20, geb. 38.70.

Tell Halaf Von *M. v. Oppenheim*. Bd. I: Die prähistorischen Funde, bearb. von *H. Schmidt*. (1943) 140 S., 6 Beil., CXIV Taf. 100.—. Bd. II. Mit vielen Tafeln, ca. 800 S. In Vorbereitung.

Quartär Jahrbuch für Erforschung des Eiszeitalters und seiner Kulturen. Bd. I. (1938) VIII, 196 S. m. Abb. 21 Taf. 20.—. Bd. II (1939) VI, 168 S. m. Abb. 19 Taf. 20.—. Bd. III. (1941) VI, 189 S. m. Abb. 16 Taf. 18.—.

Indogermanisches Jahrbuch Herausgegeben von *Hans Krahe*. XXVII. Bd. Bibliographie des Jahres 1941. III, 318 S. Mit einem Bildnis von Prof. Dr. Eduard Schwyzer. 35.—.

XXVIII. Bd. Bibliographie des Jahres 1942. 320 S. 35.—.

Indogermanische Forschungen Zeitschrift für Indogermanistik und vergleichende Sprachwissenschaft. Begründet von Karl Brugmann und Wilhelm Streitberg. Hrsg. von Prof. Dr. *Hans Krahe*, Heidelberg. Bd. 59. Kompl. 56.—. Bd. 60 im Druck.

Kriegs- und Wanderzüge Von *Alexander* und *Eugen Kulischer*. Weltgeschichte als Völkerbewegung. Mit 3 Karten. — Oktav. VIII, 230 S. (1932) 15.30, geb. 16.65.

Grundlagen der Volksgeschichte Deutschlands und Frankreichs Von *Adolf Helbok*. Vergleichende Studien zur deutschen Rassen-, Kultur- und Staatsgeschichte. Text- und Tafelbd. — Quart. Textbd. — VII, 725 S. (1937) 27.50, geb. 29.50. Tafelbd. — IV S., 127 Karten. (1939) 27.50, geb. 30.—.

Deutsche Reichsgeschichte im Zeitalter Friedrichs III. und Max I. Von *Adolf Bachmann.* Mit besonderer Berücksichtigung der österreichischen Staatengeschichte. 2 Bde. — Oktav. 1. Bd. Kaisertum und Territorialität. Anfänge der Großmacht des Hauses Habsburg. — XIV, 636 S. (1884) 13.—. 2. Bd. Kaisertum und moderne Staatenbildungen im Osten und Westen des Reiches. Gründung der Großmacht des Hauses Habsburg. — XII, 768 S. (1894) 18.—.

Straßburg im Schmalkaldischen Kriege Von *Alcuin Hollaender.* — Oktav. VII, 94 S. (1881) 2.—.

Frankfurt a. M. im Schmalkaldischen Kriege Von *Paul Collischonn.* — Oktav. 108 S. (1890) 2.50.

William Pitt (Chatham) und Graf Bute Von *Albert v. Ruville.* Ein Beitrag zur inneren Geschichte Englands unter Georg III. — Oktav. 119 S. (1895) 2.—.

Die kaiserlich Politik auf dem Regensburger Reichstag von 1653–54 Von *Albert v. Ruville.* — Oktav. 124 S. (1896) 2.50.

Franz Paul Freiherr von Lisola 1613—1674 — und die Politik seiner Zeit. Von *Alfred Francis Pribram.* Mit dem Bildnis Lisolas. — Oktav. VIII, 714 S. (1894) 18.—.

Geschichte Spaniens zur Zeit der Französischen Revolution Von *Hermann Baumgarten.* Mit einer Einleitung über die innere Entwicklung Spaniens im 18. Jahrhundert. — Oktav. XX, 586 S. (1861) 8.—.

Die polnischen Provinzen Rußlands unter Katharina II. in den Jahren 1772 bis 1782 Von *U. L. Lehtonen.* Versuch einer Darstellung der anfänglichen Beziehungen der russischen Regierung zu ihren polnischen Untertanen. Aus dem finnischen Original übers. von Gustav Schmidt. — Oktav. XXXVII, 634 S. (1907) 12.—.

Polens Auflösung Von *Freiherr Ernst von der Brüggen.* Kulturgeschichtliche Skizzen aus den letzten Jahrzehnten der polnischen Selbständigkeit. — Oktav. IV, 417 S. (1878) 6.—.

Wie Rußland europäisch wurde Von *Freiherr Ernst von der Brüggen.* Studien zur Kulturgeschichte. — Oktav. X, 514 S. (1885) 10.—.

Das heutige Rußland Von *Freiherr Ernst von der Brüggen.* Kulturstudien. — Oktav. 276 S. (1902) 6.—.

Rußland und die Juden Von *Freiherr Ernst von der Brüggen.* Kulturgeschichtliche Skizzen. — Oktav. IV, 100 S. (1882) 2.—.

Das politische System Alexander Hamiltons Von *Walter Gerhard.* (Überseegeschichte. Eine Schriftenfolge. Hrsg. von A. Rein.) — Oktav. VIII, 160 S. (1929) 6.—.

Carl Schurz, Lebenserinnerungen Neuausg. in einem Bde. in Vorbereitung.

Die Beziehungen zwischen Brandenburg und Pommern unter Kurfürst Friedrich II. (1437) Von *P. Gäthgens.* 1440—1470. — Groß-Oktav. VI, 152 S. (1890) 2.—.

Veranlassung und Geschichte des Krieges in der Mark Brandenburg im Jahre 1675 Von *H. von Gansauge.* Nach Archivalien des Geh. Staatsarchivs zu Berlin sowie nach anderen Urkunden bearbeitet Mit einer Operationskarte, nebst Plänen des Gefechts bei Rathenow und der Schlacht bei Fehrbellin. — Oktav. IV, 104 S. (1834) 2.75.

Markgraf Karl Philipp von Brandenburg und die Gräfin Salmour Von *Julius Friedlaender.* Mit Benutzung archivalischer Quellen. — Oktav. 37 S. (1881) —.60.

Kurbrandenburgs Staatsverträge von 1601–1700 Von *Theodor von Moerner.* Nach den Originalen des Königl. Geh. Staatsarchivs bearb. — Oktav. XX, 864 S. (1867) 6.—.

Elisabeth Christine, Königin von Preußen, Gemahlin Friedrichs des Großen Von *Friedrich Wilhelm M. von Hahnke.* Eine Biographie. — Oktav. VIII, 519 S. (1848) 3.—.

Geschichte des Preußischen Staatswesens vom Tode Friedrich des Großen bis zu den Freiheitskriegen Von *Martin Philippson.* 2 Bde. — Oktav. 17.—. 1. Bd. X, 469 S. (1880) 7.—. 2. Bd. VI, 384 S. (Schließt mit dem Jahre 1797 ab.) (1882) 10.—.

Friedrich des Großen Annäherung an England im Jahre 1755 und die Sendung des Herzogs von Nivernais nach Berlin. Von *Adam Heußel.* — VIII, 43 S. (1897) 1.—. (Gießener Studien auf dem Gebiete der Geschichte Nr. IX.)

Urkunden und Actenstücke zur Geschichte des Kurfürsten Friedrich Wilhelm von Brandenburg. Veranlaßt durch Kaiser Friedrich als Kronprinzen von Preußen, hrsg. von der Preuß. Kommission bei der Preuß. Akademie d.Wissensch. Oktav. 1. Bd.: Politische Verhandlungen. 1. Bd.: Hrsg. von *B. Erdmannsdörffer.* — XXII, 890 S. (1864) 14.—. 2. Bd.: Auswärtige Acten. 1. Bd. (Frankreich.) Hrsg. von *B. Ed. Simson.* — XII, 550 S. (1865) 9.—. 3. Bd.: Auswärtige Acten. 2. Bd. (Niederlande.) Hrsg. von *H. Peter.* — XX, 817 S. (1866)

14.—. 4. Bd.: Politische Verhandlungen. 2. Bd. Hrsg. von *Bernhard Erdmannsdörffer.* — VI, 933 S. (1867) 15.—. 5. Bd.: Ständische Verhandlungen. 1. Bd. (Cleve-Mark.) Hrsg. von *August von Haeften.* — XIV, 1040 S. (1869) 18.—. 6. Bd.: Politische Verhandlungen. 3. Bd. Hrsg. von *Bernhard Erdmannsdörffer.* — X, 732 S. (1872) 13.—. 7. Bd.: Politische Verhandlungen. 4. Bd. Hrsg. von *Bernhard Erdmannsdörffer.* — 834 S. (1877) 15.—. 8. Bd.: Politische Verhandlungen. 5. Bd. Hrsg. von *Bernhard Erdmannsdörffer.* — VIII, 751 S. (1884) 14.—. 9. Bd.: Politische Verhandlungen. 6. Bd. Hrsg. von *Theodor Hirsch.* — VII, 878 S. (1879) 16.—. 10. Bd.: Ständische Verhandlungen. 2. Bd. (Mark Brandenburg.) Hrsg. von *Siegfried Isaacsohn.* — XII, 628 S. (1880) 12.—. 11. Bd.: Politische Verhandlungen. 7. Bd. Hrsg. von *Ferdinand Hirsch.* — X, 789 S. (1887) 15.—. 12. Bd.: Politische Verhandlungen. 8. Bd. Hrsg. von *Ferdinand Hirsch.* — X, 968 S. (1892) 25.—. 13. Bd.: Politische Verhandlungen. 9. Bd. Hrsg. von *Reinhold Brode.* — X, 826 S. (1890) 20.—. 14. Bd.: Auswärtige Acten. 3. Bd. (Österreich.) Hrsg. von *Alfred Francis Pribram.* 2 Theile. — X, 1428 S. (1890—1891) 40.—. 15. Bd.: Ständische Verhandlungen. 3. Bd. (Preußen. 1. Bd.) Hrsg. von *Kurt Breysig.* — XII, 775 S. (1894) 20.—. 16. Bd.: Ständische Verhandlungen. 3. Bd. (Preußen. 2. Bd.) 2 Theile (1899) 44.—. 1. Theil. Hrsg. von *Kurt Breysig.* — 425 S. 2. Theil. Hrsg. von *Martin Spahn.* — S. 426—1166. 17. Bd.: Politische Verhandlungen. 10. Bd. Hrsg. von *Reinhold Brode.* — VIII, 566 S. (1901) 24.—. 18. Bd.: Politische Verhandlungen. 11. Bd. Hrsg. von *Ferdinand Hirsch.* — VIII, 854 S. (1902) 32.—. 19. Bd.: Politische Verhandlungen. 12. Bd. Hrsg. von *Ferdinand Hirsch.* — VI, 907 S. (1906) 36.—. 20. Bd.: Auswärtige Acten. 4. Bd. (Frankreich 1667—1668.) Hrsg. von *Ferdinand Fehling.* 2 Teile. — XIV, 1304 S. (1911) 60.—. 21. Bd.: Politische Verhandlungen. 13. Bd. Hrsg. von *Ferdinand Hirsch.* — VI, 458 S. (1915) 23.—. 22. Bd.: Politische Verhandlungen. 14. Bd. Hrsg. von *Max Hein.* — VI, 605 S. (1926) 42.—. 23. Bd.: Auswärtige Acten. 5. Bd. (Schweden.) Hrsg. von *Max Hein.* 2 Teile. 1. Teil. VI, 594 S. (1929) 42.—. 2. Teil. S. 595—1092. (1930) 35.—.

Quellenkunde der deutschen Geschichte im Mittelalter (bis zur Mitte des 15. Jahrhunderts). Von *K. Jacob.* 1. Bd. Einleitung. Allgem. Teil. Die Zeit der Karolinger. 5. Aufl. (1949) 118 S. 2.40. 2. Bd. Die Kaiserzeit (918—1250). 4. Aufl. (1949) 127 S. 2.40. (Sammlung Göschen Bd. 279 u. 280.)

Weltgeschichte in Zahlen Von *F. Stuhlmann.* (1948) 300 S. 7.80.

SPRACHE UND LITERATUR DEUTSCHLANDS UND EUROPAS

Acta nationis Germanicae universitatis Bononiensis ex archetypis tabularii Malvezziani. Iussu instituti Germanici Savignyani ediderunt *Ernestus Friedlaender et Carolus Malagola.* Cum quinque tabulis. — Quart. XXXIX, 503 S. (1887) 24.—.

Altnordische Literaturgeschichte Von *J. de Vries.* Bd. 1. Frühhistorische Literaturformen — Die heidnische Periode — Die Zeit der Bekehrung bis zum Jahre 1100. (1941) 295 S. 10.20. (Grundriß der germanischen Philologie. Bd. 15.) Bd. 2. Übergang und Vorbereitung (1100—1150) — Aufstieg und Wiederbelebung (1150—1200) — Die Zeit der Vollendung (1200—1250) — Der Verfall der alten Kunstformen (1250—1300) — Das Spätmittelalter. (1942) 532 S., 1 Karte 20.—. (Grundriß der germ. Philologie Bd. 16.)

Germanisch und Deutsch Studien zur Sprache und Kultur. Oktav. 1. Heft. Die Textgeschichte des Wolframschen Parzival. Von *Eduard Hartl.* 1. Teil. Die jüngeren *G-Handschriften. 1. Abt.: Die Wiener Mischhandschriftengruppe *W (Gη Gδ Gν Gφ). — XXIII, 163 S. (1928) 10.—. 2. Heft. Johann Rists Monatsgespräche. Von *Alfred Jericke.* — VIII, 204 S. (1928) 10.—. 3. Heft. Klopstocks Deutsche Gelehrtenrepublik. Von *Max Kirschstein.* — 191 S. (1928) 8.—. 4. Heft. Die altsächsische Genesis und der Heliand, das Werk *eines* Dichters. Von *Wilhelm Bruckner.* — 118 S. (1929) 7.—. 5. Heft. Der Altonaer „Joseph", Goethes angebliche Jugenddichtung. Von *Fritz Tschirch.* Mit 2 Karten im Text. — XXIV, 163 S. (1929) 10.—. 6. Heft. Örtlichkeit und Schauplatz in Fontanes Werken. Von *Wolfgang E. Rost.* — 157 S. (1931) 10.—. 7. Heft. Heine und Goethe. Von *Fritz Friedlaender.* — VIII, 70 S. (1932) 3.—. 8. Heft. Die Rolle der Maria Magdalena im geistlichen Spiel des Mittelalters. Ein Beitrag zur Kultur- und Theatergeschichte Deutschlands. Von *Friedrich-Otto Knoll.* — 112 S. (1934) 5.—. 9. Heft. Christian Weise und seine Bühne. Von *Walther Eggert.* Mit 4 Taf. — VIII, 381 S. (1935) 18.—.

Nordische Brücke Deutsche Studien zur nordischen Sprach-, Literatur- und Kulturgeschichte. Hrsg. von *Walter A. Berendson.* — Groß-Oktav. 1. Heft. Die Darstellung der Gemütsbewegungen in der isländischen Familiensage. Von *August Goedecke.* — 62 S. (1933) 3.—. 2. Heft. Die Darstellung der Gemütsbewegungen in den Liedern der Edda. Von *Gerd Will.* — Oktav. 90 S. (1934) 4.—.

Germanische Sprachwissenschaft Von *Hans Krahe.* 2 Bde. (Samml. Göschen Nr. 238 u. 780.) — Oktav. I. (Nr. 238.) Einleitung und Lautlehre. 2. Aufl. — 127 S. (1948) 2.40. II. (Nr. 780.) Formenlehre. 2. Aufl. — 140 S. (1948) 2.40. Indogermanische Sprachwissenschaft. 2. Aufl. — 134 S. (1948) 2.40.

Altdeutsch. Von Ulfila bis Leibniz Zum Gebrauch für höhere Schulen ausgew. u. erl. von *Karl Hessel.* — Oktav. VIII, 279 S. (1910) 3.80, geb. 4.50. Ernst und Spiel. — Oktav. VIII, 215 S. (1907) geb. 2.50. Grundzüge der deutschen Grammatik. Im Auftrage des rheinischen Provinzialvereins für das höhere Mädchenschulwesen unter Mitwirkung von Fachgenossen zusammengestellt. Umgearb. unter Mitw. von Friedrich Fitschen. 7., mit der 6. übereinstimmende Aufl. — Oktav. IV, 43 S. (1921) —.60.

Grundriß der germanischen Philologie Unter Mitwirkung zahlreicher Fachgelehrter. Begründet von *Hermann Paul.* Oktav. Der „Grundriß der germanischen Philologie" hat von der dritten Auflage an einen Umbau erfahren. Die Darstellungen erscheinen jede für sich in Einzelbänden. Der Ausbau des Grundrisses wird in nächster Zeit besonders gefördert werden. Abgezweigt ist ein besonderer „Grundriß der deutschen Literaturgeschichte" (siehe diesen), weil die Darstellung der Literaturgeschichte bis zur Neuzeit fortgeführt werden soll; das gleiche gilt für einen besonderen „Grundriß der englischen Literaturgeschichte". — Von der neuen Auflage des Paulschen Grundrisses sind die folgenden Bände erschienen: 1. Bd. Geschichte der gotischen Sprache. Von *Max Hermann Jellinek.* — IX, 209 S. (1926) 9.—, geb. 10.80. 2. Bd. Urgermanisch. Vorgeschichte der altgermanischen Dialekte. Von *Friedrich Kluge.* 3., verbesserte und vermehrte Aufl. — XI, 289 S. (1913) 5.40, geb. 7.20. 3. Bd. Geschichte der deutschen Sprache. Von *Otto Behaghel.* 5., verb. u. stark erw. Aufl. Mit 1 Karte. — XXIX, 588 S. (1928) 16.20, geb. 18.—. 4. Bd. Geschichte der nordischen Sprachen, besonders in altnordischer Zeit. Von *Adolf Noreen.* 3., vollständig umgearb. Aufl. — VII, 239 S. (1913) 4.50, geb. 6.30. 5. Bd. Grundriß des germanischen Rechts. Von *Karl von Amira.* 3., verb. u. erw. Aufl. — XII, 302 S. (1913) 4.50, geb. 6.30. 6. Bd. Geschichte der englischen Sprache. 2. Historische Syntax. Von *Eugen Einenkel.* 3., verb. u. erw. Aufl. — XVIII, 222 S. (1916) 5.40, geb. 7.20. 7. Bd. Geschichte der mittelniederdeutschen Literatur. Von *Hermann Jellinghaus.* 3., verb. Aufl. — VIII, 90 S. (1925) 4.50, geb. 6.30. 8. Bd. Deutsche Versgeschichte mit Einschluß des altenglischen und altnordischen Stabreimverses. Von *Andreas Heusler.* 1. Bd. Teil 1 u. 2. Einführendes. Grundbegriffe der Verslehre. Der altgermanische Vers. — III, 314 S. (1925) 14.40, geb. 16.20. 2. Bd. Teil 3. Der altdeutsche Vers. — VII, 341 S. (1927) 14.40, geb. 16.20. 3. Bd. Teil 4 u. 5. Der frühneudeutsche Vers. Der neudeutsche Vers. — V, 427 S. (1929) 19.80, geb. 21.60. 9. Bd. Die Germanen. Eine Einführung in die Geschichte ihrer Sprache und Kultur. Von *Torsten Evert Karsten.* — X, 241 S. (1928) 11.70, geb. 13.50. 10. Bd. Germanische Heldensage. Von *Hermann Schneider.* 1. Bd. Einleitung. Ursprung und Wesen der Heldensage. 1. Buch: Deutsche Heldensage. — X, 442 S. (1928) 13.50, geb. 15.30. 2. Bd. 1. Abt. 2. Buch: Nordgermanische Heldensage. — VII, 327 S. (1933) 9.—, geb. 9.80. 2. Bd. 2. Abt. 3. Buch: Englische Heldensage. Festländische Heldensage in nordgermanischer und englischer Überlieferung. Verlorene Heldensage. — VIII, 181 S. (1934) 6.50, geb. 7.80. 11. Bd. Romania Germanica. Sprach- und Siedlungsgeschichte der Germanen auf dem Boden des alten Römerreichs. Von *Ernst Gamillscheg.* 1. Bd. Zu den ältesten Berührungen zwischen Römern und Germanen. Die Franken. Die Westgoten. Mit 12 Karten. — XVII, 434 S. (1934) 11.—, geb. 12.—. 2. Bd. Die Ostgoten. Die Langobarden. Die altgermanischen Bestandteile des Ostromanischen. Altgermanisches im Alpenromanischen. Mit 8 Karten. — XIV, 329 S. (1935) 12.—, geb. 13.—. 3. Bd. Die Burgunder. Schlußwort. Mit 3 Karten. — XII, 252 S. (1936) 12.—, geb. 13.—. 12. Bd. Altgermanische Religionsgeschichte. Von *Jan de Vries.* 1. Bd. Einleitung. Die vorgeschichtliche Zeit. Religion der Südgermanen. Mit 8 Karten. — VIII, 325 S. (1935) 9.—, geb. 9.80. 2. Bd. Religion der Nordgermanen. Mit 9 Tafeln sowie 8 Karten. — XV, 460 S. (1937) 12.—, geb. 13.—. 13. Bd. Geschichte der deutschen Poetik. Von *Bruno Markwardt.* 1. Bd. Barock und Aufklärung. — XII, 457 S. (1937) 14.—, geb. 15.—. 14. Bd. Geschichte der deutschen Elegie. Von *Friedrich Beissner.* — XIII, 246 S. (1941) 10.50, geb. 12.—. 15. Bd. Altnordische Literaturgeschichte. Von *Jan de Vries.* I. Frühhistorische Literaturformen. — Die heidnische Periode. — Die Zeit der Bekehrung bis zum Jahre 1100. — 275 S. (1941) 10.50, geb. 12.—. 16. Bd. Altnordische Literaturgeschichte. Von *Jan de Vries.* II. Übergang und Vorbereitung (1100—1150). — Aufstieg und Wiederbelebung (1150—1200). — Die Zeit der Vollendung (1200—1250). — Der Verfall der alten Kunstformen (1250—1300). — Das Spätmittelalter. — 532 S. (1942) 20.—. 17. Bd. Deutsche Wortgeschichte. Bd. 1—3. Vergriffen. 18. Bd. Die deutschen Personennamen. Von *Adolf Bach.* Mit 3 Kartenskizzen. — XXI, 630 S. (1943) 18.—.

Trübners philologische Bibliothek — Oktav. 1. Abriß der deutschen Grammatik. Von *Hans Schulz.* 3. Aufl. bearb. von *Friedrich Stroh.* Mit 1 Taf. — VII, 135 S. (1947) 4.—. 2. Kurze historische Syntax der deutschen Sprache. Von *Hans Naumann.* — VI, 125 S. (1915) 2.—. 3. Moderne türkische Texte. Zwei Skizzen von Ahmed Hikmet. Umschrieben und mit Glossar versehen von *Franz Taeschner.* Unter Zugrundelegung eines Glossars von Theodor Menzel. — X, 7 u. 53 S. (1916) 2.— geb. 3.—. 4. Das deutsche Soldatenlied im Felde. Von *John Meier.* — 76 S. (1916) 1.—, geb. 2.—. 5. Altdeutsches Prosalesebuch. Texte vom 12.—14. Jahrhundert. Von *Hans Naumann.* — VIII, 162 S. (1916) 2.—, geb. 3.—. 6. Das deutsche Volksrätsel. Von *Robert Petsch.* — IV, 88 S. (1917) 1.—. 7. Deutscher Soldatenbrauch und Soldatenglaube. Von *Hanns Bächtold.* Hrsg. vom Verband deutscher Vereine für Volkskunde. — 48 S. (1917) 1.—. 8. Volksliedstudien. Von *John Meier.* — IX, 246 S. (1917) 4.—. 9. Deutsche Soldatensprache. Ihr Aufbau und ihre Probleme dargestellt von *Otto Maußer.* Hrsg. vom Verband deutscher Vereine für Volkskunde. — VII, 132 S. (1917) 2.—. 10. Das deutsche Sprichwort. Von *Friedrich Seiler.* — VIII, 77 S. (1918) 1.—. 11. Altgermanische Kulturprobleme. Von *Franz Rolf Schröder.* — 151 S. (1929) 5.40, geb. 6.30. 12. Des Haushälters Erzählung aus den Canterbury-Geschichten Gottfried Chaucers. Hrsg. von *Gustav Plessow.* Mit 2 Beilagen. — IX, 169 S. (1929) 9.—, geb. 9.90. 13. Frühgermanisches Dichterbuch. Zeugnisse und Texte für Übungen und Vorlesungen über ältere germanische Poesie. Von *Hans Naumann.* — IV, 138 S. (1931) 5.40, geb. 6.75. 14. Quellenbuch zur germanischen Religionsgeschichte. Für Übungen und Vorlesungen. Von *Franz Rolf Schröder.* — VIII, 182 S. (kart.) (1933) 5.—.

Handschriftenproben des sechzehnten Jahrhunderts nach Straßburger Originalen hrsg. von *Johannes Ficker* und *Otto Winckelmann.* 2 Bde. Mit 102 Taf. in Lichtdr. mit Text. Folio. 1. Bd. Zur politischen Geschichte. Taf. 1—46 mit Text. XV S. In Mappe. (1902) 40.—. 2. Bd. Zur geistigen Geschichte. Taf. 47—102 mit Text. XIII S. In Mappe. (1905) 50.—. Kleine Ausgabe. 35 Taf. in Lichtdr. mit Transkription und biographischen Skizzen. — Folio. IX S. In Mappe. (1906). 20.—.

Britannica Hrsg. vom Seminar für englische Sprache und Kultur an der Hamburgischen Universität. — Oktav. 1. Heft. Die englische Biographie der Tudorzeit. Von *Marie Schütt.* — 162 S. (1930) 9.—. 3. Heft. Thomas Hardys Naturansicht in seinen Romanen. Von *Frida Vogt.* — 120 S. (1932) 6.—. 4. Heft. Die Erzählkunst in Thackeray's „Vanity Fair". Von *Ludwig Baucke.* — 202 S. (1932) 8.—. 5. Heft. Drydens Fabeln und ihre Quellen. Von *Wolfgang Jünemann.* — 103 S. (1932) 5.—. 6. Heft. Joel Barlow: Revolutionist, London 1791—92. Von *Victor Clyde Miller.* — 124 S. (1932) 4.20. 7. Heft. Untersuchungen zur Bienenfabel Mandvilles und zu ihrer Entstehungsgeschichte im Hinblick auf die Bienenfabelthese. Von *Wilhelm Deckelmann.* — 136 S. (1933) 6.—. 11. Heft. Der Stil der Davideis von Abraham Cowley im Kreise ihrer Vorläufer. Von *Hans Hellmut Krempien.* — 147 S. (1936) 6.50. 12. Heft. Swift: Guliver's Travels. Von *Lilli Handro.* — 168 S. (1936) 7.—. 13. Heft. Sonderdruck: Zur Fortsetzung Bagehots: Die Waverley-Romane Sir Walter Scotts. Von *Gerhard Buck.* — 28 S. (1937) 2.—. 14. Heft. John Keats und das romantische Bewußtsein. Von *E. Hildegard Schumann.* — 68 S. (1938) 3.—. 15. Heft. Fair Play und der „Englische Sportgeist". Von *Hans Indorf.* — 77 S. (1938) 3.—. 16. Heft. Ironischer und sentimentaler Realismus bei Thackeray. Von *Hilda Hurst.* — 118 S. (1938) 4.—. 17. Heft. Three Satirists of Snobbery, Thackeray, Meredith, Proust. Von *Margaret Moore Goodell.* — 218 S. (1939) 9.—. 19. Heft. Molière in der angelsächsischen Kritik. Von *Karlernst Schmidt.* — 169 S. (1940) 7.50.

Die deutsche Literatur des Mittelalters Verfasser-Lexikon. Begründet von *Wolfgang Stammler,* herausgegeben von *Karl Langosch.* Bd. I. (1933) 25.—. Bd. II. (1936) 31.50. Bd. III. (1943) 36.50. Bd. IV. 1. Lfg. etwa 80 S. ca. 8.—.

WALTER DE GRUYTER & CO. / BERLIN W 35

Grundriß der deutschen Literaturgeschichte Oktav. 1. Geschichte der deutschen Literatur bis zur Mitte des 11. Jahrhunderts. Von *Wolf von Unwerth* und *Theodor Siebs*. — 261 S. (1920) 6.—, geb. 8.—. 2. Geschichte der mittelhochdeutschen Literatur. 1. Teil. Die frühmittelhochdeutsche Zeit. Blütezeit 1: Das höfische Epos bis auf Gottfried von Straßburg. Von *Friedrich Vogt*. 3., umgearbeitete Aufl. — X, 363 S. (1922) 5.—, geb. 6.—.

Kürschners Deutscher Literatur-Kalender 1949 Redaktion *Friedrich Bertkau*. 51. Jg. — Oktav. IX, 742 S. (1949) 16.—. Ältere Jahrgänge s. Abt. XIV.
Nachtrag. 90 S. 2.80.

Freie Forschungen zur deutschen Literaturgeschichte Herausg. von *Franz Schultz*. Oktav. 1. Die Frau von der Weißenburg. Das Lied und die Sage. Von *Johannes Vollschwitz*. Mit 5 Beil. — 144 S. (1914) 5.—. 2. J. H. Voß als Kritiker und Gelehrter in seinen Beziehungen zu Lessing. Eine stilgeschichtliche Studie. Von *Carl Kuhlmann*. — 122 S. (1914) 3.—. 3. Wieland und das Drama. Von *Emilie Marx*. — VI, 136 S. (1914) 4.—. 4. G. Ch. Lichtenberg in seiner Stellung zur deutschen Literatur. Von *Richard Kleineibst*. — 172 S. (1915) 5.—. 5. Zur Stoff- und Formengeschichte des neueren Volksliedes: Das Lied von der Amsel. Von *Eugen K. Fischer*. — VIII, 200 S. (1916) 6.—.

Deutsche Gedichte des Mittelalters Hrsg. von *Friedrich Heinrich von der Hagen* und *Johann Gustav Büsching*. 2 Bde. Quart. Komplett 15.—. 1. Bd. Mit 4 Holzschnitten. Inhalt: Vorrede XII S. Einl. XL S. König Rother XII, 64 S. Herzog Ernst des Heinrich von Veldeck XX, 64 S. Wigamur VIII, 80 S. Der Heilige Georg des Reinbot von Dorn XXIV, 80. S. Salomon und Morolf XXIV, 99 S. (1808). 2. Bd. Auch unter dem Titel: Der Helden Buch in der Ursprache. Hrsg. von *F. H. v. d. Hagen* und *Anton Primisser*. 2 Theile. 1. Theil. Vorwort VIII S. Gudrun (Aus der Wiener Handschrift) 88 S. Biterolf und Dietlieb (Aus der Wiener Handschrift) 137 S. Der große Rosengarten (Aus der Heidelberger und Straßburger Handschrift) 30 S. Das Heldenbuch Kaspars von der Roen (Aus der Dresdener Urschrift) 54 S. (1820). 2. Theil. Das Heldenbuch Kaspars von der Roen (Fortsetzung und Schluß) S. 54—234. Hörnen Siegfried (Aus dem ältesten Drucke) 16 S. Dietrichs Ahnen und Flucht zu den Heunen (Aus der Heidelberger und Wiener Handschrift) 104 S. Die Ravenna-Schlacht (Aus der Heidelberger und Wiener Handschrift) 72 S. Anm. über die Handschriften, Lesarten und Verbesserungen 60 S. (1825).

Walther von der Vogelweide Die Gedichte Walthers von der Vogelweide. Urtext mit Prosaübersetzung von *Hans Böhm*. (1944) 293 S. 4.80.

Deutsches Dichten und Denken vom Mittelalter zur Neuzeit (1270—1700) von *Günther Müller*. 2. Aufl. (1949) 159 S. 2.40. (Sammlung Göschen Bd. 1086.)

Gotthold Ephraim Lessing Sämtliche Schriften. Hrsg. von *Karl Lachmann*. 3., aufs neue durchgesehene u. verm. Aufl., besorgt durch *Franz Muncker*. 23 Bde. Oktav. 300.—. 1. Bd. Sinngedichte. Epigrammata. Lieder. Oden. Fabeln und Erzählungen. Fabeln (in Prosa). Fragmente. — Der junge Gelehrte. Die Juden (Lustspiele). — XXIX, 411 S. (1886). 2. Bd. Der Misogyn. Der Freygeist. Der Schatz. Minna von Barnhelm (Lustspiele). — Miß Sara Sampson. Philotas. Emilia Galotti (Trauerspiele). — VII, 450 S.

(1886). 3. Bd. Nathan der Weise (Dramatisches Gedicht). — Dramatischer Anhang: Damon. Die Alte Jungfer (Lustspiele). — Theatralischer Nachlaß. — XX, 500 S. (1887). 4. Bd. Aufsätze aus: Der Naturforscher von 1747 und 1748. Berlinische privilegirte Zeitung von 1748 und 1749. — Beyträge zur Historie und Aufnahme des Theaters 1750. — Aufsätze aus: Berlinische Privilegirte Zeitung von 1750. Critische Nachrichten aus dem Reiche der Gelehrsamkeit von 1750 und 1751. — Das Neueste aus dem Reiche des Witzes 1751. — XXIII, 475 S. (1889). 5. Bd. Vorreden. — Aufsätze aus: Berlinische privilegirte Staats- und gelehrte Zeitung von 1752. — Schrifften 1753 (Briefe). Aufsätze aus: Berlinische privilegirte Staats- und gelehrte Zeitung 1753. — Vade mecum für Sam. Gotth. Lange 1754. — Schrifften 1754 (Rettungen). — Vorbericht zu: Zergliederung der Schönheit von Wilhelm Hogarth. — Aufsätze aus: Berlinische privilegirte Zeitung 1754. — XIX, 456 S. (1890). 6. Bd. Theatralische Bibliothek 1754 bis 1758. — Vorrede zu Mylius' Schriften 1754. — Pope ein Metaphysiker 1755. — IX, 445 S. (1890). 7. Bd. Aufsätze aus: Berlinische privilegirte Zeitung 1755. — Vorreden. — Aufsätze aus: Bibliothek der schönen Wissenschaften und freyen Künste. — Vorberichte. Aufsätze aus: Berlinische privilegirte Zeitung 1758. — Logaus Sinngedichte mit Wörterbuch 1759. — Abhandlungen über die Fabel 1759. — XV, 479 S. (1891). 8. Bd. Briefe, die neueste Litteratur betreffend 1759—1765. — Vorreden. — Leben des Sophokles. — XIII, 377 S. (1892). 9. Bd. Laokoon, 1. Teil 1766. — Hamburgische Dramaturgie. 1. Bd.: 1767. — X, 406 S. (1893). 10. Bd. Hamburgische Dramaturgie. 2. Bd.: 1767—1768. — Aufsätze aus: Hamburgische Neue Zeitung 1767 und 1768. Staats- und gelehrte Zeitung des Hamburgischen unparteyischen Correspondenten 1768. — Briefe antiquarischen Inhalts 1768—1769. — XI, 439 S. (1894). 11. Bd. Wie die Alten den Tod gebildet (Untersuchung). 1769. — Aufsatz aus: Hamburgische Neue Zeitung 1770. — Berengarius Turonensis. 1770. — Gedichte von Andreas Scultetus. 1771. — Aufsatz aus: Neue Braunschweigische Zeitung 1771. Anmerkungen über das Epigramm. — Zur Geschichte und Litteratur. 1. Beitrag. 1773. — VIII, 498 S. (1895). 12. Bd. Zur Geschichte und Litteratur. 2. Beitrag 1773. — Vom Alter der Ölmalerey 1774. Zur Geschichte und Litteratur. 3. Beitrag 1774. — Vorrede und Zusätze zu Karl Wilhelm Jerusalems Philosophischen Aufsätzen 1776. — Zur Geschichte und Litteratur. 4. Beitrag 1777. Aus: Briefe an Ärzte von Marcus Herz 1777. Mit 2 Taf. — VIII, 452 S. (1897). 13. Bd. Über den Beweis des Geistes und der Kraft 1777. — Das Testament Johannis 1777. — Eine Duplik 1778. — Eine Parabel 1778. — Axiomata 1778. Anti-Goeze 1778. — Von dem Zwecke Jesu und seiner Jünger 1778. — Nöthige Antwort auf eine sehr unnöthige Frage des Herrn Hauptpastor Goeze 1778. — Ankündigung des Nathan 1778. — Ernst und Falk. Gespräche für Freymäurer 1778. — Der nöthigen Antwort usw. 1. Folge 1778. — Noch nähere Berichtigung des Mährchens von 1000 Dukaten 1779. — Gespräche für Freymäurer. Forts. 1780. — Die Erziehung des Menschengeschlechts 1780. — IX, 436 S. (1897). 14. Bd. Zur Geschichte und Litteratur. 5. u. 6. Beitrag 1781. — Entwürfe und unvollendete Schriften. — XII, 440 S. (1898). 15. Bd. Entwürfe und unvollendete Schriften. — X, 522 S. (1900). 16. Bd. Entwürfe und unvollendete Schriften. — XII, 539 S. (1902). 17. Bd. Briefe von Lessing. 1. Teil. Nr. 1 bis 334, vom 30. Dezember 1743 bis zum 31. Dezember 1771. — X, 429 S. (1904). 18. Bd. Briefe von Lessing. 2. Teil. Nr. 335—710, vom 2. Januar 1772 bis zum 1. Februar 1781. Anhang: Amtsbriefe Lessings, im Auftrage des Generalleutnants B. F. von Tauentzien verfaßt: Nr. 711—903, vom 16. November 1760 bis zum 12. November 1764. — X, 501 S. (1907). 19. Bd. Briefe an Lessing. 1. Teil. Nr. 1—355, vom Januar 1746 bis zum 24. Dezember 1770. — V, 431 S. (1904). 20. Bd. Briefe an Lessing. 2. Teil. Nr. 356—554, vom 1. Januar 1771 bis zum 23. Dezember 1773. — VI, 296 S. (1905). 21. Bd. Briefe an Lessing. 3. Teil. Nr. 555—883, vom Anfang Januar 1774 bis zum 9. Februar 1781. — LIV, 323 S. (1907). 22. Bd. 1. Teil. Stammbuchblätter und sonstige kleine Aufzeichnungen. Berichtigungen und Nachträge zu Bd. 1—21 dieser Ausgabe. — XXII, 314 S (1915). 22. Bd. 2. Teil. Verzeichnis der Drucke von Lessings Schriften. 1747—1919. Nachträge. — XIX u. S. 315—807 (1919). 23. Bd. Register. Bearb. von *Hedwig Guggenheimer, Franz Steinleitner* u. *Franz Muncker.* — XV, 265 S. (1924).

Briefe von und an Gotthold Ephraim Lessing. In fünf Bdn. Hrsg. von *Franz Muncker.* Oktav. 1. Bd. Briefe von Lessing aus den Jahren 1743—1771. — XI, 429 S. (1904). 2. Bd. Briefe von Lessing aus den Jahren 1772—1781. Amtsbriefe aus den Jahren 1760—1764 — XI, 501 S. (1907). 3. Bd. Briefe an Lessing aus den Jahren 1746—1770. — VI, 431 S. (1904). 4. Bd. Briefe an Lessing aus den Jahren 1771—1773. — VII, 296 S. (1905). 5. Bd. Briefe an Lessing aus den Jahren 1774—1781. — LIV, 323 S. (1907). Bd. 1 ist vergriffen. 2.—4. Bd. 40.—.

Gesammelte Dichtungen (Gedichte, Fabeln, Dramen). Hrsg. von *Karl Lachmann.* Neue vermehrte Aufl. besorgt durch *Franz Muncker.* 3 Bde. Oktav. (1922) je 8.—. 1. Bd. Sinngedichte. Epigrammata. Lieder. Oden. Fabeln und Erzählungen. Fabeln. Fragmente. Der junge Gelehrte. Die Juden. — XXIX, 411 S. 2. Bd. Der Misogyn. Der Freygeist. Der Schatz. Minna von Barnhelm. Miß Sara Sampson. Philotas. Emilia Galotti. — 450 S. 3. Bd. Nathan der Weise. Damon. Die alte Jungfer. Theatralischer Nachlaß. — 500 S. Bd. 1 und 3 sind vergriffen.

Hamburgische Dramaturgie. 2. Aufl. — Oktav. VI, 342 S. (1897) 1.20. Emilia Galotti. Ein Trauerspiel in 5 Aufzügen. — Oktav. IV, 93 S. (1884) —.60. Minna von Barnhelm oder das Soldatenglück. Ein Lustspiel in 5 Aufzügen. — Oktav. IV, 115 S. (1887) —.60. Miniaturausgabe. IV, 151 S. (1856) geb. 3.—.

Die deutschen Lieder der Carmina Burana Von *Friedrich Lüers.* Nach der Handschrift CLM 4660 der Staatsbibliothek München herausgegeben. (Kleine Texte Nr. 148.) — Oktav. 34 S. (1922) 1.—.

Die Melodien der Troubadours Von *Jean-Baptiste Beck.* Nach dem gesamten handschriftlichen Material zum erstenmal bearb. u. hrsg. nebst einer Untersuchung über die Entwicklung der Notenschrift (bis um 1250) und das rhythmisch-metrische Prinzip der mittelalterlich-lyrischen Dichtungen sowie mit Übertragung in moderne Noten der Melodien der Troubadours und Trouvères. — Quart. VIII, 202 S. (1908) 30.—.

Johann Fischart Ein Literaturbild aus der Zeit der Gegenreformation. Von *Adolf Hauffen.* 2 Bde. Oktav. zus. 10.—, geb. 12.—. 1. Bd. X, 290 S. (1921). 2. Bd. 429 S. (1922).

Goethe Grundzüge seines Lebens und Werkes. Von *H. Böhm.* Mit 8 Bildern. 3. Aufl. (1944) IX, 280 S. 4.50.

Goethes Bild der Landschaft Untersuchungen zur Landschaftsdarstellung in Goethes Kunstprosa. Von *Richard Beitl.* — Oktav. XI, 245 S. (1929) 16.—.

Goethes Faust und die Vollendung des Menschen. Von *Kurt Levinstein.* — Oktav. 132 S. (1948) 3.80.

Schiller's Verhältniß zu dem Publikum seiner Zeit Von *Oscar Brosin.* — Oktav. 60 S. (1875) 1.60.

(1927) 44.—, geb. 52.—. 2. Bd. C—Frautragen. — 1778 Sp. (1929/30) 45.—, geb. 53.—. 3. Bd. Freen—Hexenschuß. — 1920 Sp. (1930/31) 53.—, geb. 61.—. 4. Bd. Hieb- und stichfest—knistern. — 1584 Sp. (1931/32) 44.—, geb. 52.—. 5. Bd. Knoblauch—Matthias. — 1872 Sp. (1932/33) 52.—, geb. 57.—. 6. Bd. Mauer—Pflugbrot. — 1728 Sp. (1934/35) 48.—, geb. 53.—. 7. Bd. Pflügen—Signatur. — 1712 Sp. (1935/36) 48.—, geb. 53.—. 8. Bd. Silber—Vulkan. — 1762 Sp. (1936/37) 49.—, geb. 54.—. 9. Bd. Waage—Zypresse. Nachträge. 996 u. 1138 Sp. (1938/41) 60.—, geb. 65.—. 10. Bd. Register. — 417 S. (1942) 23.50. 2. Abt. **Handwörterbuch des deutschen Märchens.** Hrsg. unter besonderer Mitw. von Johannes Bolte u. Mitarbeit zahlreicher Fachgenossen von *Lutz Mackensen*. 1. Bd. A—E. — VII, 659 S. (1930/33) 42.50, geb. 45.—. 2. Bd. F—G. — 698 S. (1934/40).

Hort deutscher Volkskunde Schriften des Bundes für deutsche Volkskunde. Oktav. 3. Bd. Niederdeutsches Bauernleben in Glasbildern der neueren Jahrhunderte. Von *Otto Lauffer*. — Mit 8 Taf. — 66 S. (1936) geb. 1.20. 4. Bd. Geburtstag und Namenstag im deutschen Volksbrauch. Von *Fritz Boehm*. Mit 10 Abb. — 78 S. (1938) geb. 1 20. 5. Bd. Singvögel als Hausgenossen im deutschen Glauben und Brauch. Von *Otto Lauffer*. Mit 6 Taf. — 77 S. (1940) geb. 1.20. — Die Bände 1 und 2 sind vergriffen.

Von deutschen Bäumen Von *W. Schoenichen*. (1949) Mit 16 Tafeln und zahlreichen Textabb. 209 S. Geb. 5.80.

Waldbäume und Kulturpflanzen im germanischen Altertum Von *Johannes Hoops*. Mit 8 Abb. u. 1 Taf. — Oktav. XVI, 689 S. (1905) 16.—.

Deutsche Volksmedizin, Von *Gustav Jungbauer*. Ein Grundriß. — Oktav. VIII, 248 S. (1934) 4.80.

Eingeweide, Lebens- und Seelenkräfte des Leibesinneren im deutschen Glauben und Brauch Von *Ernst Bargheer*. Mit 8 Taf. u. 8 Abb. im Text. — Oktav. XV, 443 S. (1931) 28.—, geb. 30.—.

Was ist deutsche Volksgeschichte? Von *Adolf Helbok*. Ziele, Aufgaben und Wege. Mit 19 Karten. — Oktav. VII, 70 S. (1935) 3.30.

Deutsches Volksgut Von *Fritz Brather*. Ein volkskundliches Lese- und Arbeitsbuch. — Oktav. VIII, 278 S. (1934) 3.—.

Deutsches Volkstum in Sitte und Brauch Von *P. Geiger*. (1936) 226 S. (Deutsches Volkstum Bd. 5.) Geb. 4.80

Der deutsche Rhythmus und sein eigenes Gesetz Von *Siegfried Behn*. Eine experimentelle Untersuchung. Aus dem Psychologischen Institut der Universität Bonn. Mit zahlreichen Kurvenzeichnungen im Text. — Oktav. VIII, 168 S. (1912) 6.50.

Etymologisches Wörterbuch der deutschen Sprache Von *F. Kluge* und *A. Götze*. 14. unveränd. Aufl. (1948) XV, 740 S. Geb. 27.—.

WALTER DE GRUYTER & CO. / BERLIN W 35

Abriß der deutschen Grammatik Von *H. Schulz.* 3. Aufl. bearbeitet von Friedrich Stroh. VII, 135 S. (1947) (Trübners Philologische Bibliothek, Bd. I.) 4.—.

Deutsches Fremdwörterbuch Von *H. Schulz.* Fortgeführt von Otto Basler. Bd. I, A—K. (1913) XXII, 416 S. Geb. 14.—. Bd. II, L—P. (1942) 748 S. Geb. 32.50.

Die altpreußischen Ortsnamen gesammelt und sprachlich behandelt Von Georg *Gerullis.* — Oktav. 256 S. (1922) 3.—.

Der deutsche Wortschatz nach Sachgruppen Von *Franz Dornseiff.* 3., neubearb. Auflage. — Groß-Oktav. 720 S. (1943) 14.50. Neuaufl. in Vorbereitung.

Der deutsche Wortschatz Von *K. Bergmann.* Auf Grund des deutschen Wörterbuchs von Weigand dargestellt. Ein Hilfsbuch für den deutschen Sprachunterricht auf höheren Schulen, wie zum Selbststudium. (1912) 156 S. 1.20.

Deutsche Sprichwörter im Spiegel fremder Sprachen unter Berücksichtigung des Englischen, Französischen, Italienischen, Lateinischen u. Spanischen. Von *E. Herg.* — Oktav. 130 S. (1933) 5.—.

Pennälersprache Von *Rudolf Eilenberger.* Entwicklung, Wortschatz und Wörterbuch. — Oktav. 68 S. (1910) 1.80.

Die Lehninische Weissagung über die Mark Brandenburg nebst der Weissagung von Benedictbeuern über Baiern. Untersucht, hrsg. u. erklärt von *Adolf Hilgenfeld.* — Oktav. VIII, 127 S. (1875) 2.40.

Sprachwissenschaft und Philosophie Von *E. Otto.* Ein Beitrag zur Einheit von Forschung und Lehre. (1949) 78 S. 3.—.

Gestalten und Geschlechter Oktav. 1. Bd. München als deutsche Kulturstadt im 19. Jahrhundert. Von *Eugen Franz.* Mit 8 Bildnissen. — XII, 249 S. (1936) geb. 4.80. (Zur Zeit nicht lieferbar.) 2. Bd. Die pommerschen Konservativen. Männer und Ideen 1810—1860. Von *Hermann Witte.* Mit einem Bildnis. — VIII, 126 S. (1936) geb. 4.80. (Zur Zeit nicht lieferbar.) 3. Bd. Die deutsche Tracht im Wandel der Jahrhunderte. Von *Eva Nienholdt.* Mit 56 Taf. — VII, 235 S. (1937) geb. 8.20. 4. Bd. Goethe. Grundzüge seines Lebens und Werkes. Von *Hans Böhm.* Mit 4 Taf. — 168 S. (1938) geb. 4.80.

Rembrandt Von *W. Weisbach.* Mit zahlreichen Abbildungen. (1926) XI, 643 S. 45.—.

KULTUR UND KUNST DER ANTIKE

Theseus und Ariadne Von *A. v. Salis.* Festschrift der Archäologischen Gesellschaft zu Berlin zur Feier des hundertjährigen Bestehens der Staatlichen Museen zu Berlin am 1. Oktober 1930. Mit einem Beitrag von Fritz Eichler. Mit 2 Tafeln und 38 Abb. im Text. (1930) 47 S. 12.—.

WALTER DE GRUYTER & CO. / BERLIN W 35

Paideia Von *W. Jaeger*. Die Formung des griechischen Menschen. Bd. III. (1947) 462 S. 17.—.

Einführung in die griechische Plastik Von *W. Reinecke*. An der Hand von Meisterwerken im Alten Museum. Vorwort von Karl Anton Neugebauer. (1931) 112 S. 2.85.

Griechische Bildhauer an der Arbeit Von *C. Blümel*. 3. Aufl. (1943) Mit 68 Abb. 92 S. Geb. 6.—.

Des Praxiteles Hermes von Olympia Von *A. Kreuzer*. (1948) 28 S. 3.—.

Satyrspiele Von *F. Brommer*. Bilder griechischer Vasen. (1944) 86 S. 6.—.

Staatskameen des 4. Jahrhunderts nach Christi Geburt Von *G. Bruns*. (1948) 40 S. mit 27 Textabbildungen 22.—. (104. Winckelmannsprogramm der Archäologischen Gesellschaft zu Berlin.)

Kunst der Spätantike im Mittelmeerraum Spätantike und byzantinische Kleinkunst aus Berliner Besitz. Archäologisches Institut d. Dtsch. Reiches. Ausstellung aus Anlaß des 6. Internationalen Kongresses für Archäologie. (1939) 96 S. 48 Bl. Abb. 3.—.

Land der Griechen Reiseschilderungen aus sieben Jahrhunderten. Ausgewählt und mit einem Nachwort versehen von *M. Wegner*. 2. Aufl. (1943) 336 S. Geb. 4.80.

Musikleben der Griechen Von *Max Wegner*. 223 S., 32 Tafeln. Geb. 9.80.

GESCHICHTE UND KULTUR DES OSTENS

Der Islam Zeitschrift für Geschichte und Kultur des islamischen Orients. Hrsg. von *R. Strothmann* und *B. Spuler*. Bd. 28. (1948) 140 S. 28.—. Bd. 29. (1949) 256 S. 28.—.

Istanbuler Forschungen Herausgegeben von der Abteilung Istanbul des Archäologischen Institutes des Deutschen Reiches. 17. Bd. Kleinasien und Byzanz. Gesammelte Aufsätze zur Altertumskunde und Kunstgeschichte. In Vorbereitung.

Geschichte des chinesischen Reiches Von *O. Franke*. Eine Darstellung seiner Entstehung, seines Wesens und seiner Entwicklung bis zur neuesten Zeit. I. Bd. Das Altertum und das Werden des konfuzianischen Staates. (1930) XXVI, 431 S. 28.—. II. Bd. Der konfuzianische Staat, 1. Der Aufstieg zur Weltmacht. (1936) 610 S. 1 Kt. 36.—. III. Bd. Anmerkungen, Ergänzungen und Berichtigungen zu Bd. I u. II. Sach- und Namenverzeichnis. (1937) 576 S. 42.—. IV. Bd. Der konfuzianische Staat, 2. Krisen und Fremdvölker. (1948) VII, 595 S. 40.—, geb. 43.—. V. Bd. in Vorbereitung.

Die Dichtungen der T'ang und Sung-Zeit. Chin. Text Von *Alfred Forke*. (1930) 96 S. 9.—. (Veröff. d. Sem. f. Sprache u. Kultur Chinas a. d. Hamburger Universität.) (Verlag Cram, de Gruyter & Co., Hamburg)

WALTER DE GRUYTER & CO. / BERLIN W 35

Universismus Von *J. J. M. de Groot*. Die Grundlagen der Religion und Ethik des Staatswesens und der Wissenschaften Chinas. Mit 7 Bildern. (1908) XIII, 404 S. 10.—.

Die japanische Ernährung und ihre Fragen unter Berücksichtigung neuerer japanischer Literatur. Von *Richard Huch*. (1939) 128 S. 5.—. (Veröff. d. Sem. f. Sprache u. Kultur Japans a. d. Hamb. Universität.)

Rassendynamik von Ostasien Von *E. v. Eickstedt*. China und Japan, Tai und Kmer von der Urzeit bis heute. (1944) 648 S. 28.—, geb. 30.—.

Japanische Masken. No und Kyogen Von *Friedrich Perzynski*. Mit zahlreichen Abbildungen. 2 Bde. (1925) XII, 426, 235 S. Leinen 80.—.

Die Schaukunst der Japaner Von *Maria Piper*. (1927) Mit 112 Abb. im Text. X, 204 S. Brosch. 12.—.

Zeittafel Ostasien und Pazifik Von *Otto Mossdorf*. 2 Bde. Bd. I. (1949) 301 S. Ganzleinen 14.—.

RELIGION UND RELIGIONSGESCHICHTE

Geschichte der alten Kirche Von *H. Lietzmann*. 4 Bände. Neuauflage in Vorbereitung. 1. Bd. Die Anfänge. 2. Bd. Ecclesia catholica. 3. Bd. Die Reichskirche bis zum Tode Julians. 4. Bd. Die Zeit der Kirchenväter.

Die deutschen Geißlerlieder Studien zum geistlichen Volksliede des Mittelalters. Von *Arthur Hübner*. Mit 4 Taf. — Oktav. III, 263 S. (1931) 12.60, geb. 14.40.

Deutsche Mystik zwischen Mittelalter und Neuzeit Einheit und Wandlung ihrer Erscheinungsformen. Von *F. W. Wentzlaff-Eggebert*. 2. durchges. Aufl. (1947) 339 S. 12.—.

Luthers Werke in Auswahl. Unter Mitwirkung von Albert Leitzmann, herausg. von *Otto Clemen*. 8 Bde. Bd. I—IV bearbeitet von *Otto Clemen*. Ergänzung zu Luthers Werken. Bd. V. Der junge Luther. Bearbeitet von *Erich Vogelsang*. Bd. VI. Luthers Briefe. Bearb. von *Hans Rückert*. Bd. VII. Predigten. Herausg. von *Emanuel Hirsch*. Bd. VIII. Tischreden. Herausg. von *Otto Clemen*. Neue Aufl. in Vorbereitung.

Martin Luther Dr. Martin Luthers Briefe, Sendschreiben und Bedenken. Vollständig aus den verschiedenen Ausgaben seiner Werke und Briefe, aus andern Büchern und noch unbenutzten Handschriften gesammelt, kritisch und historisch bearbeitet von *Wilhelm Martin Leberecht de Wette*. 6 Theile. Zusammen 18.—. 1. Theil. Luthers Briefe bis zu seinem Aufenthalt auf der Wartburg. Mit Luthers Bildniß. XXVIII, 605 S. (1825). 2. Theil. Luthers Briefe von seinem Aufenthalt auf Wartburg bis zu seiner Verheurathung. Mit 2 nachgezeichneten Briefen in Steindruck. IX, 680 S. (1826). 3. Theil. Luthers Briefe von seiner Verheurathung bis zu seinem Aufenthalt auf der Koburger Veste während des Reichstags zu Augsburg. Mit 2 nachgezeichneten Briefen in Steindruck. XI, 570 S. (1827). 4. Theil. Luthers Briefe von seinem Aufenthalt auf der Koburger

Veste während des Reichstags bis zur Schließung der Wittenberger Concordie. XVI, 695 S. (1827). 5. Theil. Luthers Briefe von Schließung der Wittenberger Concordie bis zu seinem Tode. XXVI, 801 S. (1828). 6. Theil. Die in den fünf Theilen fehlenden Briefe und Bedenken Luthers nebst zwei Registern. Gesammelt, bearb. und unter Benutzung des de Wette'schen Nachlasses hrsg. von *Johann Karl Seidemann.* XXVI, 716 S. (1856).

Luther und Kant Ein geistesgeschichtlicher Vergleich im Anschluß an den Gewissensbegriff. Von *Th. Siegfried.* (1930) 130 S. 3.60. (Aus der Welt der Religion. Religionswissenschaftl. Reihe 15.)

Lessing und Semler Ein Beitrag zur Entstehungsgeschichte des Rationalismus und der kritischen Theologie. Von *Leopold Zscharnack.* VII, 388 S. (1905) 4.50.

Spener-Studien Arbeiten zur Geschichte des Pietismus I. Von *K. Aland.* (1943) 213 S. 14.—. (Arbeiten zur Kirchengeschichte Bd. 28.)

Orthodoxie und Pietismus im Kampf um die Predigt Ein Beitrag zur Geschichte des endenden 17. und des beginnenden 18. Jahrhunderts. Von *Martin Schian.* VIII, 180 S. (1912) 2.70. (Studien zur Geschichte des neueren Protestantismus Heft 7.)

Uriel Acosta Leben und Bekenntnisse eines Freidenkers vor 300 Jahren. Von *Alfred Klaar.* 169 S. (1909) 2.50.

Herder und die ästhetische Behandlung der Heiligen Schrift Von *H. Dechent.* (Gieß. Vortr., 22. Folge.) — Oktav. 34 S. (1904) —.40.

Siebenhundert Jahre Kirchengeschichte Berlins Von *W. Wendland.* 397 S. (1930) 16.20.

Die Erde Zeitschrift der Gesellschaft für Erdkunde zu Berlin. Herausgegeben von *Walter Behrmann.* Jährlich erscheinen 4 Hefte im Umfang von je 96 Seiten. Format 17×24 cm. Preis pro Jahrgang 22.—. Preis je Heft 6.—. Inhaltsaufbau: A) Aufsätze: 1. Wissenschaftliche Abhandlungen aus dem Gesamtgebiet der Geographie (Allgemeine Geographie und Länderkunde). Mit Bildbeilagen, Diagrammen und Karten. 2. Geographische Aufsätze für Schulen und von allgemeinem Interesse. Reisebeschreibungen, Landschaftsschilderungen, landeskundliche und landschaftskundliche Referate, gemeinverständliche Erörterungen, vornehmlich aus dem Gebiet der Anthrcpogeographie und der Kulturgeographie. Weitgehende Bebilderung. 3. Auserwählte Vorträge aus den Veranstaltungen der Gesellschaft für Erdkunde zu Berlin. B) Kleine Mitteilungen: 1. Berichte über geographische Forschungen und Expeditionen. 2. Aktuelle geographische Nachrichten (Grenzänderungen, Naturkatastrophen, Bevölkerungsbewegungen u. ä.). 3. Geographisches Archiv (wichtige Tabellenangaben). 4. Vorgänge in wissenschaftlich-geographischen Anstalten und Gesellschaften, einschließlich Tagungen und Kongresse. 5. Bericht über den Stand der Forschung in geographischen Rand- und Teilgebieten (Meteorologie, Geophysik, Geomedizin u. ä.). 6. Persönliche Mitteilungen (Ernennungen, Berufungen, Ableben usw.). C) Biographien. D) Schrifttum: 1. Besprechungen. 2. Neuerscheinungen. E) Verhandlungen der Gesellschaft für Erdkunde zu Berlin. F) Kartenbeilagen. Ausführlicher Prospekt steht auf Wunsch kostenlos zur Verfügung.

WALTER DE GRUYTER & CO. / BERLIN W 35

FSC
www.fsc.org
MIX
Papier | Fördert
gute Waldnutzung
FSC® C083411

Kolibri 360 GmbH
Ferdinand-Jühlke-Straße 7
99095 Erfurt, Deutschland
produktsicherheit@kolibri360.de